AF385725

Optische Eigenschaften von Festkörpern

von
Prof. Dr. Mark Fox

Oldenbourg Verlag München

Prof. Dr. Mark Fox forscht am Institut für Physik und Astronomie der Universität in Sheffield hauptsächlich auf dem Gebiet der III-V-Halbleiter mit dem Schwerpunkt ultraschnelle nichtlineare Optik. Außerdem beschäftigt er sich mit Quantenoptik und Polymerverbindungen.

Titelbild
Wir danken Prof. Dr. Ulrich Bismayer (Mineralogisch-Petrographisches Institut, Universität Hamburg) für die Abbildung des doppelbrechenden Calcits.

Autorisierte Übersetzung der englischsprachigen Originalausgabe, erschienen 2010 im Verlag Oxford University Press unter dem Titel „Optical Properties of Solids".
Korrekturen der 1. Auflage wurden bereits berücksichtigt.
"Optical Properties of Solids", 2nd ed. was originally published in English in 2010.
This translation is published by arrangement with Oxford University Press.
Copyright © Oxford University Press 2010

Übersetzung
Dr. Karen Lippert, Leipzig

Bibliografische Information der Deutschen Nationalbibliothek

Die Deutsche Nationalbibliothek verzeichnet diese Publikation in der Deutschen Nationalbibliografie; detaillierte bibliografische Daten sind im Internet über http://dnb.d-nb.de abrufbar.

© 2012 Oldenbourg Wissenschaftsverlag GmbH
Rosenheimer Straße 145, D-81671 München
Telefon: (089) 45051-0
www.oldenbourg-verlag.de

Das Werk einschließlich aller Abbildungen ist urheberrechtlich geschützt. Jede Verwertung außerhalb der Grenzen des Urheberrechtsgesetzes ist ohne Zustimmung des Verlages unzulässig und strafbar. Das gilt insbesondere für Vervielfältigungen, Übersetzungen, Mikroverfilmungen und die Einspeicherung und Bearbeitung in elektronischen Systemen.

Lektorat: Kristin Berber-Nerlinger
Herstellung: Constanze Müller
Titelbild: Prof. Dr. Ulrich Bismayer
Einbandgestaltung: hauser lacour
Gesamtherstellung: Beltz Bad Langensalza GmbH, Bad Langensalza

Dieses Papier ist alterungsbeständig nach DIN/ISO 9706.

ISBN   978-3-486-71240-7

Vorwort

Neun Jahre sind seit der Veröffentlichung der ersten Auflage von *Optical properties of solids* vergangen, und in dieser Zeit habe ich viele hilfreiche Kommentare und Vorschläge erhalten, wie sich dieser Text verbessern lässt. Die Kommentare von Studenten betrafen im Wesentlichen jene Abschnitte, die einer genaueren Erläuterung bedürfen, während es bei den Hinweisen von Kollegen vor allem um die Aufnahme neuer Themen ging.

Die Wissenschaft schreitet voran, und innerhalb der vergleichsweise kurzen Zeit seit Veröffentlichung der ersten Auflage sind einige völlig neue Fachgebiete entstanden, während andere an Bedeutung hinzugewonnen haben. Davon abgesehen gibt es Themen, die man in die erste Auflage hätte aufnehmen können, die aber dennoch ausgelassen wurden. Es ist nicht möglich, in einem Buch dieses Umfangs das gesamte Gebiet abzudecken, weshalb ich mich letztendlich auf die folgenden neuen Themen beschränkt habe:

Elektrooptik und Magnetooptik Es wurden neue Abschnitte zur induzierten Doppelbrechung, zur optischen Chiralität und zur Elektrooptik aufgenommen. Es sind dies die Abschnitte 2.5.2, 2.6 und 11.3.4.

Spintronik Es wurde drei neue Abschnitte aufgenommen – die Abschnitte 3.3.7, 5.3.4 und 6.4.5 –, die der optischen Spininjektion in Halbleitern gewidmet sind.

Kathodolumineszenz Dieses Thema wird in Abschnitt 5.4.4 behandelt.

Quantenpunkte Abschnitt 6.8 wurde erheblich erweitert, um der Bedeutung der Quantenpunkte für die moderne Halbleiterforschung und -entwicklung Rechnung zu tragen.

Plasmonik In Abschnitt 7.5 wurde die Behandlung von Volumenplasmonen überarbeitet. Neu ist ein Unterabschnitt über Oberflächenplasmonen.

Negative Brechung Dieses Phänomen wird in Abschnitt 7.6 behandelt.

Kohlenstoffnanostrukturen In Abschnitt 8.5 werden Graphen, Nanoröhren und Fullerene diskutiert.

Diamant-NV-Zentren Abschnitt 9.2.2 wurde aufgenommen, um dem starken Interesse an Diamant-NV-Zentren im Zusammenhang mit der Quanteninformationsverarbeitung Rechnung zu tragen.

Leuchtstoffe Abschnitt 9.5 wurde um eine Diskussion von Weißlicht-LEDs erweitert.

Diese Auswahl spiegelt natürlich meine persönliche Einschätzung des gegenwärtigen Forschungsstandes wider, doch diese basiert durchaus auch auf den Vorschlägen seitens meiner Kollegen. Mit einem gewissen Einfallsreichtum war es mir möglich, all den neuen Stoff in die Kapitelstruktur der ersten Auflage zu integrieren, die in Abbildung 1 skizziert ist. Allerdings lautet die Überschrift von Kapitel 6 nun nicht mehr „Quantentöpfe", sondern „Quantenbeschränkung", womit der gewachsenen Bedeutung der Quantenpunkte Rechnung getragen wird.

Abgesehen von diesen neuen Themen habe ich gegenüber der ersten Auflage zahlreiche Verbesserungen vorgenommen, Fehler korrigiert und missverständliche Formulierungen überarbeitet. Alle Kapitel wurden aktualisiert und um neue Beispiele und geeignete Aufgaben bereichert. In einigen Fällen wurden neue Messdaten aufgenommen. Die gravierendsten Eingriffe betreffen die Abschnitte über die Kramers-Kronig-Relationen (2.3), die Doppelbrechung (2.5.1) und den quantenbeschränkten Stark-Effekt (6.5). Unvermeidlich werden einige Fehler der ersten Auflage auch in die zweite Auflage eingegangen sein, und vermutlich sind auch einige neue hinzugekommen. Eine Liste der entdeckten Fehler wird auf einer Webseite bereitgestellt.

M.F.
Sheffield
Januar 2010

Vorwort zu ersten Auflage

In diesem Buch geht es um die Art und Weise, wie Licht mit Festkörpern wechselwirken kann. Die schönen Farben von Edelsteinen haben in allen Kulturen Wertschätzung erfahren, und auch die Verwendung von Metallen zur Herstellung von Spiegeln hat seit Jahrtausenden Tradition. Wissenschaftliche Erklärungen für diese Phänomene wurden allerdings erst in der jüngeren Vergangenheit vorgelegt. Heute werden diese Erkenntnisse beispielsweise bei der Entwicklung leistungsstarker Festkörperlaser angewendet, in denen Rubine und Saphire zum Einsatz kommen. Mittlerweile hat sich dank des Aufkommens anorganischer und organischer Halbleiter eine moderne optoelektronische Industrie entwickelt. Das Voranschreiten von Wissenschaft und Technologie sorgt also dafür, dass dieses seit langem etablierte Fachgebiet lebendig und aktiv bleibt.

Das Buch ist für Physikstudenten am Übergang vom Grundstudium zum Hauptstudium konzipiert. Gleichzeitig hoffe ich, dass einige Themen auch für Studenten und Wissenschaftler anderer Disziplinen von Interesse sind, insbesondere für Ingenieure und Materialwissenschaftler. Es ist entstanden aus einer Kursvorlesung zur Physik der kondensierten Materie, die als Bestandteil des Physik-Masterstudiengangs an der Oxford University gehalten wurde. Bei der Vorbereitung dieser Vorlesung ist mir bewusst geworden, dass die Behandlung optischer Phänomene in den meisten allgemeinen Texten zur Festkörperphysik relativ kurz kommt. Ich habe das Buch daher in der Absicht verfasst, eine Ergänzung zu den Standardtexten vorzulegen und gleichzeitig einige neue Teilgebiete darzustellen, die sich in den letzten 10–20 Jahren herausgebildet haben.

Praktisch alle Lehrbücher zu diesem Thema sind um eine Reihe von Kerngebieten aufgebaut, zu denen Interbandübergänge, Exzitonen, die Reflektivität freier Elektronen und Phononpolaritonen gehören. Dieses Buch stellt in dieser Hinsicht keine Ausnahme dar. Die genannten Kernthemen bilden das Gerüst für unser Verständnis der Optik und legen den Grundstein für die Einführung in modernere Spezialthemen. Ein großer Teil dieser Grundlagen wird bereits von Standardlehrbüchern hinreichend abgedeckt, doch kann der Leser davon profitieren, dass im vorliegenden Buch vielfach neuere experimentelle Daten berücksichtigt wurden. Verfügbar sind diese dank der sich

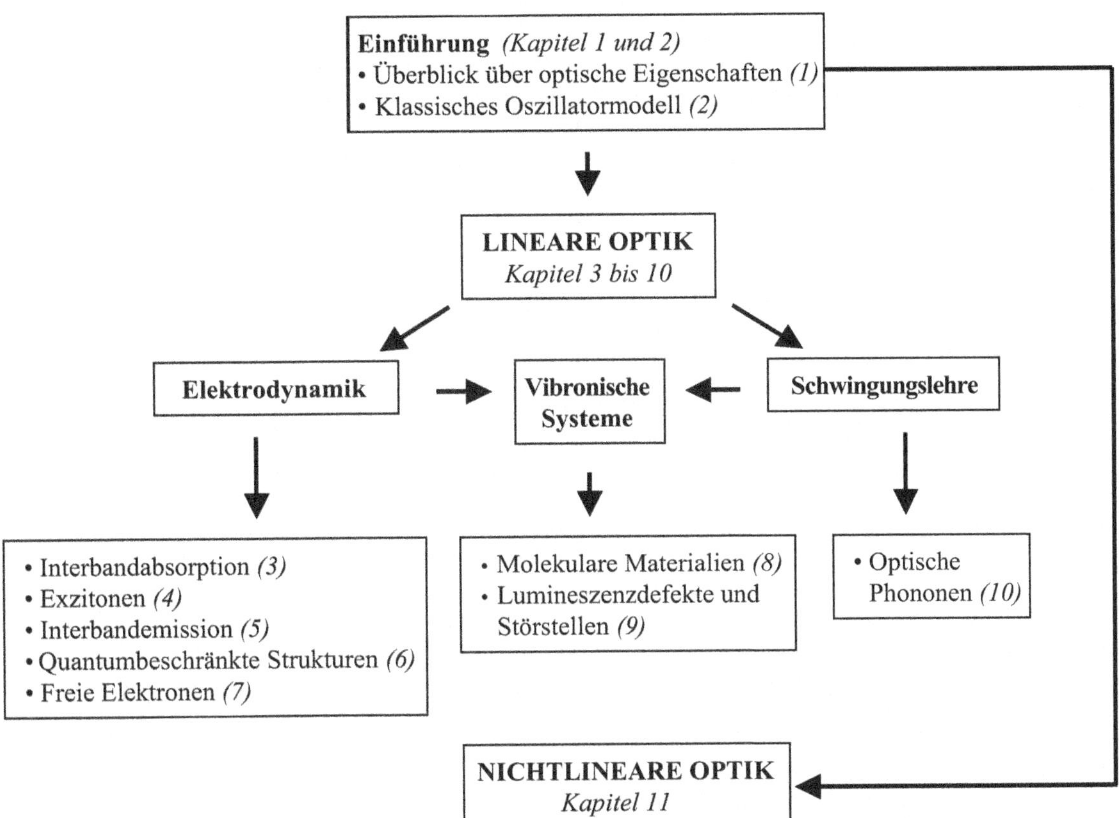

Abb. 1: Logische Struktur der in diesem Buch behandelten Themen. Die Zahlen in den Klammern beziehen sich auf die Kapitelnummer.

stetig verbessernden Reinheit optischer Materialien und der heute weit verbreiteten Laserspektroskopie.

Der generelle thematische Aufbau des Buches ist in Abbildung 1 zusammengefasst. Das Flussdiagramm zeigt, dass manche Kapitel mehr oder weniger unabhängig von den anderen gelesen werden können, vorausgesetzt, der Leser ist mit dem Stoff aus den einführenden Kapiteln 1 und 2 vollständig vertraut. Ich schreibe hier „mehr oder weniger", weil es beispielsweise nicht wirklich Sinn macht, die nichtlineare Optik ohne sichere Kenntnis der linearen Optik verstehen zu wollen. Die übrigen Kapitel sind in Gruppen angeordnet, wobei die Reihenfolge einem gewissen logischen Voranschreiten entspricht. So ist etwa das Verständnis der Interbandabsorption erforderlich, um Quantentöpfe zu verstehen, und es wird auch benötigt, um bestimmte Details in den Reflexionsspektren von Metallen zu erklären. Ebenso bildet das Kapitel über molekulare Materialien eine intuitive Einführung in das Konzept der Konfigurationsdiagramme, welches für das Verständnis von Farbzentren und Lumineszenzdefekten erforderlich ist.

Die Berücksichtigung neuerer Entwicklungen auf dem Gebiet der Festkörperoptik hatte hohe Priorität bei der Konzeption des Buches. Kapitel über Halbleiterquantentöpfe, molekulare Materialien und nichtlineare Optik wird man in den meisten Standardlehrbüchern nicht finden. Andere neue Themen wie die Bose-Einstein-Kondensation von Exzitonen werden im Zusammenhang mit traditionellem Stoff abgehandelt. Außerdem war es mir wichtig, die Physik durch aktuelle Beispiele aus der optischen Technologie zu illustrieren. Dies stellt eine interessante und moderne Motivation dar, sich mit traditionellen Themen wie Farbzentren zu beschäftigen, und unterstreicht zudem die Bedeutung von Festkörperbauelementen.

In diesem Buch habe ich den Begriff „optisch" generell breiter aufgefasst als in seiner strengen Bedeutung, die sich auf den sichtbaren Spektralbereich bezieht. Dieser Auffassung gemäß behandle ich auch Infrarotphänomene wie jene, die mit Phononen und freien Ladungsträgern zusammenhängen, oder auch die Eigenschaften von Isolatoren und Metallen im ultravioletten Spektralbereich. Ebenso habe ich den Begriff „Festkörper" von der traditionellen Fokussierung auf kristalline Materialien wie Metalle, Halbleiter und Isolatoren gelöst und betrachte hier auch wichtige nichtkristalline Materialien wie Gläser und Polymere.

Um experimentell beobachtete optische Phänomene mit den elektronischen und vibronischen Eigenschaften des Materials in Beziehung zu setzen, kann man auf zwei unterschiedliche Arten vorgehen. Zum einen können wir von bekannten elektronischen oder vibronischen Eigenschaften ausgehen und Ergebnisse optischer Experimente vorhersagen. Wir können aber auch in der umgekehrten Richtung aus den experimentellen Daten mikroskopische Eigenschaften ableiten. Ein Beispiel für die erste Vorgehensweise ist die Verwendung der Theorie freier Elektronen, um zu erklären, warum Metalle Licht reflektieren. Dagegen entspricht die Verwendung von Absorptions- oder Emissionsdaten zur Rekonstruktion der Elektronenkonfiguration eines Kristalls dem zweiten Ansatz. Lehrbücher wie das vorliegende bevorzugen naheliegenderweise immer den Weg von den mikroskopischen Eigenschaften zu den Messdaten, während ein Experimentator vermutlich den umgekehrten Weg beschreiten wird.

Es wird vorausgesetzt, dass der Leser solide Kenntnisse der Festkörperphysik besitzt, etwa auf dem Niveau wie in dem Buch von H. M. Rosenberg, *The solid state* (Oxford University Press, 3. Auflage, 1988). Damit liegt die Darstellung etwa auf dem gleichen Niveau oder geringfügig höher als in *Einführung in die Festkörperphysik* von Charles Kittel. Das Buch setzt notwendigerweise auch solides Wissen in der Elektrodynamik und der Quantentheorie voraus. Es werden hier immer wieder klassische wie auch quantenmechanische Argumente benutzt, und der Leser sollte die von ihm bevorzugten Bücher zu diesen Gebieten zu Rate ziehen, wenn er mit dem vorausgesetzten Material nicht hinreichend vertraut ist. Die Anhänge geben eine knappe Zusammenfassung der wichtigsten Aussagen der Bändertheorie, der Elektrodynamik und der Quantentheorie, die an vielen Stellen des Buches vorausgesetzt werden.

Der Text ist im Stile eines Tutorials verfasst und die meisten Kapitel enthalten ausgearbeitete Beispiele. Am Ende jedes Kapitels ist eine Sammlung von Aufgaben angefügt, deren Lösungen Sie am Ende des Buches nachlesen können. Die Aufgaben folgen der Präsentation des Stoffes innerhalb des Kapitels, wobei die anspruchsvolleren mit einem Stern gekennzeichnet sind. Ein Lösungshandbuch ist für Dozenten auf Nachfrage über die Website des Oldenbourg Wissenschaftsverlags erhältlich.

M.F.
Sheffield
Januar 2001

Danksagung

Ich möchte mich bei den vielen Menschen bedanken, die mir auf unterschiedliche Weise bei der Arbeit an beiden Auflagen dieses Buches geholfen haben. Der Ehrenplatz gebührt Sönke Adlung und seinen Mitarbeitern bei Oxford University Press – ganz besonders Anja Tschörtner, Richard Lawrence, Emma Lonie und April Warman – die die Bücher zur Vollendung gebracht haben, sowie Julie Harris für ihre Unterstützung beim LaTeX-Satz. Besonderen Dank schulde ich außerdem Dr. Geoff Brooker von der Oxford University für das kritische Lesen des gesamten Manuskripts der ersten Auflage und für wichtige Beiträge zum überarbeiteten Abschnitt über Plasmonen (Abschnitt 7.5) in der vorliegenden Auflage.

Viele Kollegen haben mir geholfen, meine Kenntnisse zu bestimmten Spezialthemen zu vertiefen; auch verdanke ich ihnen wertvolle Kommentare zu Teilen des Textes. Mein besonderer Dank richtet sich in diesem Zusammenhang an Prof. Arturo Lousa von der Universidad de Barcelona für Kommentare zu verschiedenen Kapiteln und für die Erlaubnis, Übungsaufgaben aus seiner Vorlesung verwenden zu dürfen; Prof. David Smith von der University of Vermont für Kommentare zur Theorie der Dispersion; Prof. Richard Harley von der University of Southampton und Dr. Odilon Couto Jr. von der University of Sheffield für Vorschläge zur optischen Spininjektion; Prof. Jeremy Allam von der University of Surrey für das Bereitstellen von Material über Kohlenstoffnanoröhren; meinen früheren Kollegen Dr. Simon Martin und Dr. Paul Lane von der University of Sheffield für das kritische Lesen des Kapitels über molekulare Materialien in der ersten Auflage; Dr. Friedemann Reinhard von der Universität Stuttgart sowie Victor Acosta und Prof. Dmitry Budker von der University of California für das kritische Lesen des Abschnitts über Diamant-NV-Zentren; und schließlich Dr. Oleg Shchekin von Philips Lumileds Lighting für Kommentare zu Weißlicht-LEDs. Außerdem bin ich natürlich den Studenten dankbar, die das Buch benutzt haben und mir Hinweise gaben, wie man es verbessern kann.

Die Abbildungen sind ein wesentlicher Bestandteil des Buches, und ich möchte hiermit den Herausgebern meinen Dank aussprechen, die mir für beide Auflagen die Genehmigung für die Reproduktion von Diagrammen erteilt haben. Außerdem danke ich den vielen Kollegen, die mir ihre Originaldaten oder unveröffentlichte Daten zur Verfügung gestellt haben. Insbesondere gilt mein Dank Dr. Steve Collins für Abbildung 2.12b; Prof. Robert Taylor für unveröffentlichte Daten, die ich in den Abbildungen 5.3, 6.16 und 6.23 verwendet habe; Dr. Adam Ashmore für die Aufnahme der Daten in den Abbildungen 5.6 und 5.13; Prof. Gero von Plessen und Dr. Andrew Tomlinson für die in Abbildung 4.5 gezeigten Daten; Prof. Mark Hopkinson für Abbildung 5.6a; Prof. Maurice Skolnick für Abbildung 6.22; Dr. Tim Richardson und Mark Sugden für Abbildung 7.17; Prof. Frank Hegmann und Dr. Aaron Slepkov für Abbildung 8.11; Prof. David Lidzey für Abbildung 8.19; Dr. Fedor Jelezko, Philipp Neumann, Dr. Friedemann Reinhard und Prof. Jörg Wrachtrup für Abbildung 9.6; Prof. Dmitry Budker und Victor Acosta für seine Hilfe bei Abbildung 9.7b; Prof. Richard Warburton für Wrachtrup 11.12; und Prof. Steve Blundell für die Tafel mit dem Periodensystem und die Liste der Naturkonstanten auf der hinteren Innenseite.

Zu guter Letzt bedanke ich mich bei der Royal Society, die mich als University Research Fellow unterstützt hat, während ich den größten Teil der ersten Auflage geschrieben habe, sowie bei der University of Sheffield für die Unterstützung in den übrigen Jahren.

Inhaltsverzeichnis

1 Einführung

Licht kann auf unterschiedliche Weise mit Materie wechselwirken. Metalle sind glänzend, Glas dagegen ist transparent. Buntglas und Edelsteine sind für manche Farben durchlässig, während sie andere absorbieren. Andere Stoffe wie etwa Milch erscheinen uns weiß, weil sie einfallendes Licht in alle Richtungen streuen.

In den folgenden Kapiteln werden wir uns mit zahlreichen derartigen optischen Phänomenen beschäftigen, die in recht unterschiedlichen Typen von Festkörpern auftreten. Bevor wir damit beginnen, befassen wir uns mit der Klassifikation dieser Phänomene und definieren verschiedene Koeffizienten, mit deren Hilfe sich die Phänomene quantifizieren lassen. Außerdem stellen wir die Materialien vor, die wir im Folgenden untersuchen werden. Dabei wird deutlich, in welchen Merkmalen sich Festkörper von der gasförmigen und der flüssigen Phase unterscheiden.

1.1 Optische Phänomene

Die vielfältigen optischen Eigenschaften von Festkörpern lassen sich in eine kleine Anzahl allgemeiner Phänomene unterteilen. Die einfachste Gruppe besteht aus den Phänomenen **Reflexion, Propagation** und **Transmission** und ist in Abbildung 1.1 illustriert. Gezeigt ist ein Lichtstrahl, der auf ein optisches Medium trifft. Ein Teil des Lichts wird an der vorderen Grenzfläche reflektiert, während der Rest in das Medium eindringt und durch dieses propagiert. Wenn ein Teil dieses Lichts die hintere Grenzfläche erreicht, wird es entweder wieder nach innen reflektiert oder auf die andere Seite transmittiert. Der Anteil des transmittierten Lichtes hängt somit von den Reflexionsgraden der vorderen und hinteren Grenzfläche ab sowie von der Art und Weise, wie das Licht durch das Medium propagiert.

Die Phänomene, die bei der Propagation von Licht durch ein optisches Medium auftreten können, sind in Abbildung 1.2 illustriert. Die **Brechung** bewirkt, dass die Lichtwellen mit geringerer Geschwindigkeit als im Vakuum propagieren. Diese Verringerung führt zu jener Ablenkung von Lichtstrahlen an Grenzflächen, die durch das snelliussche Brechungsgesetz beschrieben werden. Die Brechung an sich beeinflusst die Intensität der propagierenden Lichtwelle nicht.

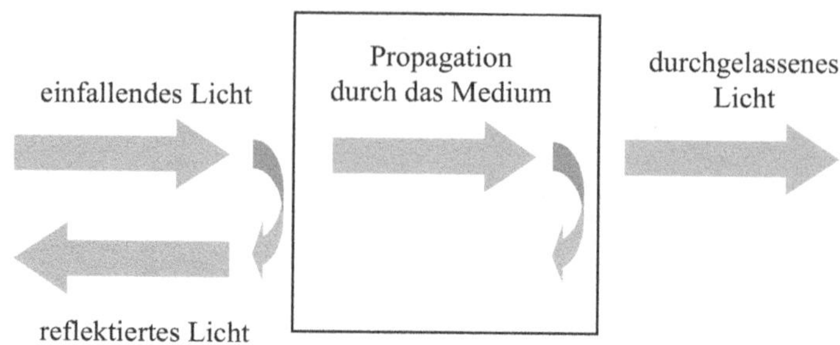

Abb. 1.1: Reflexion, Propagation und Transmission eines auf ein optisches Medium einfallenden Lichtstrahls.

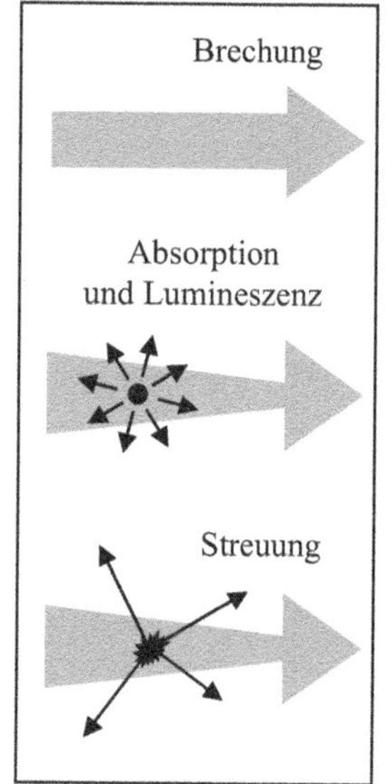

Abb. 1.2: Die Brechung reduziert die Geschwindigkeit der Welle, die Absorption bewirkt eine Abschwächung. Die Absorption kann mit Lumineszenz einhergehen, wenn die angeregten Atome durch spontane Emission reemittiert werden. Die Streuung ändert die Richtung des Lichts. Die Verjüngung der Pfeile bei Absorption und Streuung spiegelt die Abschwächung des Strahls wider.

Während der Propagation tritt eine **Absorption** auf, wenn die Frequenz des Lichts resonant mit den Übergangsfrequenzen der Atome des Mediums ist. In diesem Fall wird der Strahl während seiner Propagation abgeschwächt. Die Transmission in einem Medium hängt offensichtlich mit der Absorption zusammen, da nur das nicht absorbierte Licht transmittiert wird. Selektive Absorption ist die Ursache für die Färbung vieler optischer Materialien. Rubine beispielsweise sind rot, weil sie blaues und grünes Licht absorbieren, aber kein rotes.

Lumineszenz ist der allgemeine Begriff für die spontane Emission von Licht durch angeregte Atome in einem Festkörper. Eine Möglichkeit, durch die die Atome vor der spontanen Emission in einen angeregten Zustand versetzt werden können, ist die Absorption von Licht. Die Lumineszenz kann daher die Propagation von Licht in einem absorbierenden Medium begleiten. Das Licht wird in alle Richtungen emittiert und hat gewöhnlich eine andere Frequenz als der einfallende Strahl.

Die Absorption muss nicht zwangsläufig von Lumineszenz begleitet sein. Die angeregten Atome benötigen eine charakteristische Zeit, bevor sie durch spontane Emission wieder ein Photon verlieren. Dies bedeutet, dass es den angeregten Atomen möglich ist, die Anregungsenergie in Form von Wärme zu dissoziieren, bevor es zur Reemission kommt. Die Effizienz des Lumineszenzvorgangs ist daher eng mit der Dynamik des Abregungsmechanismus in den Atomen verbunden.

Die **Streuung** ist ein Vorgang, bei dem das Licht infolge einer Wechselwirkung mit dem Medium seine Richtung und eventuell auch seine Frequenz ändert. Die Gesamtzahl der Photonen bleibt dabei unverändert, doch die Anzahl der sich in Vorwärtsrichtung bewegenden Photonen nimmt ab, da das Licht in andere Richtungen abgelenkt wird. Die Streuung hat somit die gleiche abschwächende Wirkung wie die Absorption. Von einer elastischen Streuung spricht man, wenn die Frequenz des gestreuten Lichts unverändert bleibt; wenn sie sich ändert, handelt es sich um eine **inelastische Streuung.** Bei einer inelastischen Streuung stammt die Differenz der Photonenergie aus dem Medium (wenn die Frequenz größer wird) bzw. wird an diese abgegeben (wenn die Frequenz kleiner wird).

Wenn die Intensität des Strahls sehr hoch ist, können bei der Propagation des Lichts durch das Medium weitere Phänomene auftreten. Diese werden im Rahmen der *nichtlinearen Optik* beschrieben. Ein Beispiel ist die Frequenzverdopplung. Dabei wird die Frequenz eines Teils des Strahls durch Wechselwirkung mit dem optischen Medium verdoppelt. Die meisten nichtlinearen Phänomene konnten erst mithilfe von Lasern entdeckt werden. An dieser Stelle begnügen wir uns damit, die Existenz dieser Phänomene zu erwähnen. Eine ausführliche Diskussion folgt in Kapitel 11.

1.2 Optische Koeffizienten

Die im letzten Abschnitt beschriebenen Phänomene können durch eine Reihe von Parametern quantifiziert werden, welche die Eigenschaften des Mediums auf makroskopischer Ebene beschreiben.

Die Reflexion an den Grenzflächen wird durch den **Reflexionskoeffizienten** oder **Reflexionsgrad** beschrieben. Dieser Parameter wird gewöhnlich mit dem Symbol R bezeichnet und ist als das Verhältnis von reflektierter Leistung zu der auf die Grenzfläche einfallenden Leistung definiert. Entsprechend wird der **Transmissionskoeffizient** oder **Transmissionsgrad** T als das Verhältnis von transmittierter Leistung zur einfallenden Leistung definiert. Wenn es keine Absorption oder Streuung gibt, dann gilt wegen der Energieerhaltung

$$R + T = 1 \tag{1.1}$$

Die Propagation des Strahls durch ein transparentes Medium wird durch den **Brechungsindex** n beschrieben. Dieser ist als das Verhältnis der Vakuumlichtgeschwindigkeit c zur Geschwindigkeit v des Lichts im Medium definiert:

$$n = \frac{c}{v} \tag{1.2}$$

Der Brechungsindex hängt von der Frequenz des Lichtstrahls ab. Dieser Effekt wird als Dispersion bezeichnet und ausführlich in Abschnitt 2.4 diskutiert. In farblosen transparenten Medien wie Glas ist die Dispersion bei sichtbarem Licht klein, sodass es gerechtfertigt ist, von „dem" Brechungsindex einer bestimmten Substanz zu sprechen.

Die Absorption von Licht durch ein optisches Medium wird durch den **Absorptionskoeffizienten** α quantifiziert. Dieser ist als der

Anteil der absorbierten Leistung pro Längeneinheit des Mediums definiert. Wenn der Strahl in z-Richtung propagiert und die Intensität (optische Leistung pro Flächeneinheit) an der Stelle z durch $I(z)$ gegeben ist, dann ist die Intensitätsverringerung in einer infinitesimalen Schicht der Dicke $\mathrm{d}z$ gegeben durch

$$\mathrm{d}I = -\alpha\mathrm{d}z \times I(z) \tag{1.3}$$

Durch Integration erhalten wir hieraus das **beersche Gesetz**

$$I(z) = I_0\mathrm{e}^{-\alpha z} \tag{1.4}$$

Dabei bezeichnet I_0 die optische Intensität bei $z = 0$. Der Absorptionskoeffizient ist stark frequenzabhängig, weshalb optische Materialien bestimmte Farben absorbieren und andere nicht.

Im nächsten Abschnitt wird erklärt, wie die Phänomene Absorption und Brechung in einer einzigen Größe berücksichtigt werden, die als komplexer Brechungsindex bezeichnet wird. Mithilfe dieser Größe können wir den Reflexionsgrad R berechnen und somit auch den Transmissionsgrad T. Der Transmissionsgrad einer planaren Scheibe, die aus einem optischen Material besteht (wie in Abbildung 1.1 dargestellt), lässt sich berechnen, indem man die mehrmalige Reflexion an der vorderen und hinteren Grenzfläche betrachtet. Dabei ist es sinnvoll, zwei Grenzfälle zu betrachten.

Aus Symmetrieüberlegungen folgt unmittelbar, dass für eine homogene Scheibe, die auf beiden Seiten an Luft angrenzt, R_1 und R_2 gleich sein müssen. Anders ist die Situation bei absorbierenden dünnen Filmen auf Glas oder ähnlichen transparenten Substraten. In diesem Fall haben wir eine Luft-Medium-Grenzfläche auf der einen Seite und eine Medium-Substrat-Grenzfläche auf der anderen. Es gilt dann $R_1 \neq R_2$ (siehe Aufgabe 1.12).

1. **Inkohärentes Licht.** Wenn die Dicke l der Scheibe viel größer ist als die Kohärenzlänge l_c des Lichts, dann sind Interferenzeffekte vernachlässigbar und wir können die Intensitäten der mehrfach reflektierten Strahlen einfach addieren. In diesem Fall ist die Transmission durch

$$T = \frac{(1 - R_1)(1 - R_2)\mathrm{e}^{-\alpha l}}{1 - R_1 R_2 \mathrm{e}^{-2\alpha l}} \tag{1.5}$$

gegeben (siehe Aufgabe 1.8). Dabei ist R_1 bzw. R_2 der Reflexionsgrad an der vorderen bzw. hinteren Grenzfläche und α ist der Absorptionskoeffizient des Mediums. Wenn beide Grenzflächen den gleichen Reflexionsgrad haben, dann vereinfacht sich (1.5) zu

$$T = \frac{(1 - R)^2\mathrm{e}^{-\alpha l}}{1 - R^2 \mathrm{e}^{-2\alpha l}} \tag{1.6}$$

mit dem Reflexionsgrad R.

2. **Kohärentes Licht.** Wenn die Kohärenzlänge nicht vernachlässigbar ist ($l_\mathrm{c} > l$), dann treten Interferenzstreifen auf. Die

Transmission einer Scheibe mit gleichem Reflexionsgrad an beiden Grenzflächen ist durch

$$T = \frac{(1-R)^2 \mathrm{e}^{-\alpha l}}{1 - 2R^2 \mathrm{e}^{-2\alpha l} \cos\Phi + R^2 \mathrm{e}^{-2\alpha l}} \tag{1.7}$$

gegeben (siehe Aufgabe 1.9), wobei Φ die totale Phasenverschiebung ist.

In einem stark absorbierenden Medium ($\alpha l \gg 1$) sind Mehrfachreflexionen vernachlässigbar, sodass sich die Gleichungen (1.6) und (1.7) auf

$$T = (1-R)^2 \, \mathrm{e}^{-\alpha l} \tag{1.8}$$

reduzieren. Der Term $(1-R)^2$ beschreibt die Transmission an den beiden Grenzflächen, während der Exponentialterm die Verringerung der Intensität infolge der Absorption widerspiegelt (beersches Gesetz). Falls das Medium transparent ist ($\alpha = 0$), dann vereinfacht sich die durch Gleichung (1.6) gegebene Transmission für inkohärentes Licht zu

$$T = \frac{1-R}{1+R} \tag{1.9}$$

Für kohärentes Licht hingegen oszilliert sie, weil sich die Wellenlänge entsprechend der hellen und dunklen Interferenzstreifen ändert.

Die Absorption in einem optischen Medium kann auch mithilfe der **optischen Dichte** (O.D.) quantifiziert werden. Diese wird manchmal auch **Absorbanz** genannt und ist definiert als

$$\mathrm{O.D.} = -\log_{10}\left(\frac{I(l)}{I_0}\right) \tag{1.10}$$

Dabei ist l die räumliche Ausdehnung des optischen Mediums. Aus (1.4) folgt unmittelbar, dass die optische Dichte über die Beziehung

$$\mathrm{O.D.} = \frac{\alpha l}{\log_{\mathrm{e}}(10)} = 0{,}434\,\alpha l \tag{1.11}$$

mit dem Absorptionskoeffizienten α zusammenhängt. In diesem Buch werden wir α anstelle der optischen Dichte verwenden, da α von der räumlichen Ausdehnung der Probe unabhängig ist.

Das Phänomen der Lumineszenz wurde im 19. Jahrhundert intensiv von George Stokes untersucht, also bevor die Quantentheorie aufgestellt wurde. Stokes entdeckte, dass die Lumineszenz im Vergleich zur Absorption gewöhnlich zu kleineren Frequenzen verschoben ist.

> Eine planare Scheibe, bei der Interferenzeffekte wichtig sind, wird als Fabry-Pérot-Resonator bezeichnet.

> Die optische Dichte (und folglich auch der Absorptionskoeffizient) wird gewöhnlich aus dem gemessenen Transmissionsgrad der Probe abgeleitet. Dies erfordert eine sehr genaue Normierung der Reflexionsverluste an den Grenzflächen. (Siehe Aufgabe 1.13.)

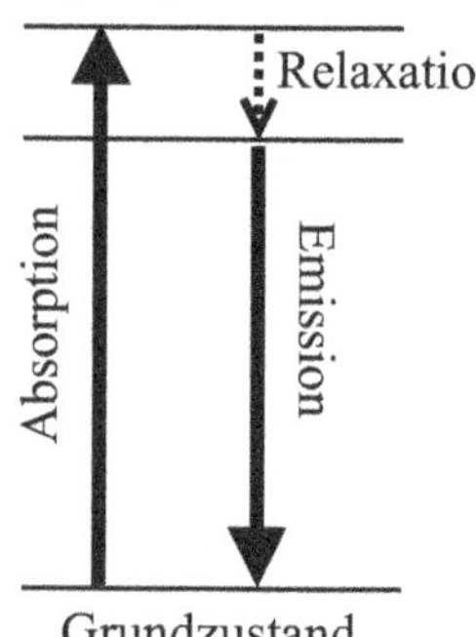

Abb. 1.3: Lumineszenz in einem Atom. Das Atom springt durch Absorption eines Photons in einen angeregten Zustand, relaxiert dann in einen Zwischenzustand und fällt schließlich wieder in den Grundzustand zurück, indem es durch spontane Emission wieder ein Photon abgibt. Das emittierte Photon hat eine niedrigere Energie als das absorbierte. Diese Verringerung der Photonenergie wird als Stokes-Shift bezeichnet.

Dieser Effekt wird heute **Stokes-Shift** (oder Stokes-Verschiebung) genannt. Die Lumineszenz lässt sich nicht wirklich durch makroskopische klassische Parameter beschreiben, da die spontane Emission von ihrer Natur her ein Quantenphämomen ist (siehe Anhang B).

Die einfache Sequenz von Ereignissen, die bei der Lumineszenz stattfinden, ist in Abbildung 1.3 illustriert. Das Atom springt in einen angeregten Zustand, indem es ein Photon absorbiert. Dann relaxiert es in einen Zwischenzustand und schließlich reemittiert es ein Photon, um auf diese Weise zurück in den Grundzustand zu fallen. Die Stokes-Shift lässt sich leicht durch Anwendung des Energieerhaltungssatzes auf diesen Prozess erklären. Wie man leicht einsieht, muss die Energie des emittierten Photons kleiner sein als die des absorbierten Photons. Folglich ist die Frequenz des emittierten Lichts kleiner als die des absorbierten Lichts. Der Betrag der Stokes-Shift ist daher durch die Energieniveaus der Atome des Mediums festgelegt.

Ursache der Streuung sind Variationen im Brechungsindex des Mediums, deren charakteristische Länge kleiner ist als die Wellenlänge des Lichts. Solche Variationen entstehen durch Beimengungen, Defekte oder Inhomogenitäten. Durch die Streuung wird der Lichtstrahl in analoger Weise wie bei der Absorption abgeschwächt. Die Intensität fällt exponentiell mit dem Eindringen des Lichts in das Medium:

$$I(z) = I_0 \exp(-N\,\sigma_{\mathrm{s}} z) \tag{1.12}$$

Hierbei ist N die Anzahl der Streuzentren pro Volumeneinheit und σ_{s} der **Streuquerschnitt** der Streuzentren. Diese Beziehung hat die gleiche Form wie das durch (1.4) gegebene beersche Gesetz, wobei α durch $N\sigma_{\mathrm{s}}$ ersetzt wurde.

Die Streuung wird als **Rayleigh-Streuung** bezeichnet, wenn die räumliche Ausdehnung der Streuzentren wesentlich kleiner ist als die Wellenlänge des Lichts. In diesem Fall variiert der Streuquerschnitt mit der Wellenlänge λ gemäß

$$\sigma_{\mathrm{s}}(\lambda) \propto \frac{1}{\lambda^4} \tag{1.13}$$

Aus diesem Streugesetz folgt, dass inhomogene Materialien dazu neigen, kürzere Wellenlängen stärker zu streuen als lange.

Beispiel 1.1

Die Reflektivität von Silicium bei 633 nm ist 35 % und der Absorptionskoeffizient ist $3{,}8 \times 10^5\,\mathrm{m}^{-1}$. Berechnen Sie die Transmission und die optische Dichte einer Probe mit einer Dicke von 10 µm.

Lösung: In diesem Beispiel ist $\alpha l = (3{,}8 \times 10^5) \times (10 \times 10^{-6}) = 3{,}8$, und es ist gerechtfertigt, Gleichung (1.8) für die Transmission zu verwenden. Mit $R = 0{,}35$ ergibt dies

$$T = (1 - 0{,}35)^2 \cdot \exp(-3{,}8) = 0{,}0095$$

Die optische Dichte ist durch (1.11) gegeben:

$$\text{O.D.} = 0{,}434 \times 3{,}8 = 1{,}65$$

1.3   Komplexer Brechungsindex und Permittivität

Im letzten Abschnitt hatten wir erwähnt, dass Absorption und Brechung in einem Medium mithilfe einer einzigen Größe beschrieben werden können, die als **komplexer Brechungsindex** bezeichnet wird. Für diese wird gewöhnlich das Symbol $\tilde{n}$ verwendet und sie ist definiert als

$$\tilde{n} = n + i\kappa \tag{1.14}$$

Der Realteil von $\tilde{n}$, also n, ist identisch mit dem normalen Brechungsindex gemäß (1.2). Der Imaginärteil von $\tilde{n}$, also κ, wird als **Extinktionskoeffizient** bezeichnet. Wie wir noch sehen werden, hängt κ direkt mit dem Absorptionskoeffizienten α des Mediums zusammen.

Wir können die Beziehung zwischen α und κ herleiten, indem wir die Propagation ebener elektromagnetischer Wellen durch ein Medium mit komplexem Brechungsindex betrachten. Wenn die Welle in z-Richtung propagiert, ist die räumliche und zeitliche Abhängigkeit des elektrischen Feldes gegeben durch

$$\mathcal{E}(z,t) = \mathcal{E}_0 e^{i(kz - \omega t)} \tag{1.15}$$

(siehe Gleichung (A.32) in Anhang A). Dabei ist k der Wellenvektor des Lichts und ω die Kreisfrequenz. $\mathcal{E}_0$ ist die Amplitude bei $z = 0$. In einem nicht absorbierenden Medium mit dem Brechungsindex n ist die Wellenlänge des Lichts gegenüber der Wellenlänge λ im Vakuum um einen Faktor n reduziert. k und ω stehen daher miteinander in der Beziehung

$$k = \frac{2\pi}{(\lambda/n)} = \frac{n\omega}{c} \tag{1.16}$$

Dies kann auf den Fall eines absorbierenden Mediums verallgemeinert werden, indem man zulässt, dass der Brechungsindex komplex ist:

$$k = \tilde{n}\frac{\omega}{c} = (n + i\kappa)\frac{\omega}{c} \tag{1.17}$$

Durch Einsetzen von (1.17) in (1.15) erhalten wir

$$\mathcal{E}(z,t) = \mathcal{E}_0\, e^{i(\omega \tilde{n}z/c - \omega t)}$$
$$= \mathcal{E}_0\, e^{-\kappa \omega z/c}\, e^{i(\omega n z/c - \omega t)} \tag{1.18}$$

Dies zeigt, dass ein von null verschiedener Extinktionskoeffizient zum exponentiellen Zerfall der Welle im Medium führt. Der Realteil $\tilde{n}$ bestimmt wie bei der durch (1.2) gegebenen Standarddefinition des Brechungsindex die Phasengeschwindigkeit der Wellenfront.

Die optische Intensität einer Lichtwelle ist proportional zum Quadrat des elektrischen Feldes: $I \propto \mathcal{E}\mathcal{E}^*$ (vgl. (A.44)). Wir können daher aus (1.18) schließen, dass die Intensität im Medium exponentiell fällt, wobei die Zerfallskonstante gleich $2\times(\kappa\omega/c)$ ist. Wenn wir dies mit dem durch (1.4) gegebenen beerschen Gesetz vergleichen, erhalten wir

$$\alpha = \frac{2\kappa\omega}{c} = \frac{4\pi\kappa}{\lambda} \tag{1.19}$$

wobei λ die Vakuumwellenlänge des Lichts ist. Wir sehen also, dass κ direkt proportional zum Absorptionskoeffizienten ist.

Die relative Permittivität wird auch als **Dielektrizitätskonstante** bezeichnet.

Wir können den Brechungsindex eines Mediums zu seiner relativen Permittivität ϵ_r in Beziehung setzen, indem wir ein Standardergebnis verwenden, das aus den Maxwell-Gleichungen abgeleitet ist:

$$n = \sqrt{\epsilon_r} \tag{1.20}$$

(vgl. Gleichung (A.31) in Anhang A). Dies zeigt, dass ϵ_r ebenfalls komplex sein muss, wenn n komplex ist. Wir definieren daher die **komplexe relative Permittivität** $\tilde{\epsilon}_r$ als

$$\tilde{\epsilon}_r = \epsilon_1 + i\epsilon_2 \tag{1.21}$$

Wegen der Analogie mit Gleichung (1.20) sollten $\tilde{n}$ und $\tilde{\epsilon}_r$ in der Beziehung

$$\tilde{n}^2 = \tilde{\epsilon}_r \tag{1.22}$$

miteinander stehen. Wir können nun explizit die Beziehungen für den Real- und den Imaginärteil von $\tilde{n}$ und $\tilde{\epsilon}_r$ herleiten, indem wir die Gleichungen (1.14), (1.21) und (1.22) kombinieren. Wir erhalten

$$\epsilon_1 = n^2 - \kappa^2 \tag{1.23}$$
$$\epsilon_2 = 2n\kappa \tag{1.24}$$

bzw.

$$n = \frac{1}{\sqrt{2}}\left(\epsilon_1 + \left(\epsilon_1^2 + \epsilon_2^2\right)^{1/2}\right)^{1/2} \tag{1.25}$$

$$\kappa = \frac{1}{\sqrt{2}}\left(-\epsilon_1 + \left(\epsilon_1^2 + \epsilon_2^2\right)^{1/2}\right)^{1/2} \tag{1.26}$$

Diese Analyse zeigt, dass $\tilde{n}$ und $\tilde{\epsilon}_r$ keine unabhängigen Variablen sind: Aus ϵ_1 und ϵ_2 können wir n und κ berechnen und umgekehrt. Falls das Medium nur schwach absorbierend ist, können wir κ als sehr klein annehmen. In diesem Fall vereinfachen sich die Gleichungen (1.23) und (1.24) zu

$$n = \sqrt{\epsilon_1} \tag{1.27}$$

$$\kappa = \frac{\epsilon_2}{2n} \tag{1.28}$$

Aus diesen Gleichungen wird ersichtlich, dass der Brechungsindex im Wesentlichen durch den Realteil der relativen Permittivität bestimmt ist, die Absorption dagegen hauptsächlich durch den Imaginärteil. Diese Vereinfachung gilt offensichtlich nicht, wenn das Medium einen sehr großen Absorptionskoeffizienten hat.

Die mikroskopischen Modelle, die wir in diesem Buch behandeln werden, versetzen uns eher in die Lage, $\tilde{\epsilon}_r$ anstatt $\tilde{n}$ zu berechnen. Die messbaren optischen Eigenschaften erhalten wir dann, indem wir die Größen ϵ_1 und ϵ_2 mittels (1.25) und (1.26) in n und κ umwandeln. Der Brechungsindex ist durch n direkt gegeben, während der Absorptionskoeffizient unter Verwendung von (1.19) aus κ abgeleitet wird. Der Reflexionsgrad hängt sowohl von n als auch von κ ab:

$$R = \left| \frac{\tilde{n} - 1}{\tilde{n} + 1} \right|^2 = \frac{(n - 1)^2 + \kappa^2}{(n + 1)^2 + \kappa^2} \tag{1.29}$$

Diese Formel wird in (A.54) hergeleitet. Sie liefert den Reflexionskoeffizienten zwischen Medium und Luft (oder Vakuum) bei normalem Einfall.

In einem transparenten Material wie Glas ist der Absorptionskoeffizient im sichtbaren Spektralbereich sehr klein. Aus den Gleichungen (1.19) und (1.24) sehen wir, dass in diesem Fall κ und ϵ_2 vernachlässigbar sind und dass folglich $\tilde{n}$ und $\tilde{\epsilon}_r$ als reelle Zahlen betrachtet werden können. Dies ist der Grund, warum Tabellen mit den Eigenschaften transparenter optischer Materialien nur die Realteile des Brechungsindex und der Dielektrizitätskonstanten auflisten. Wenn es dagegen eine signifikante Absorption gibt, dann benötigen wir sowohl die Real- als auch die Imaginärteile von $\tilde{n}$ und $\tilde{\epsilon}_r$.

In diesem Buch wird stets vorausgesetzt, dass Brechungsindex und Dielektrizitätskonstante komplexe Größen sind. Wir lassen daher von nun an die Tilden über n und ϵ_r weg, es sei denn diese Notation ist explizit erforderlich, um Missverständnisse zu vermeiden. Normalerweise erschließt es sich aus dem Kontext, ob wir es mit reellen oder komplexen Größen zu tun haben.

Beispiel 1.2

Der komplexe Brechungsindex vom Germanium bei 400 nm ist $\tilde{n} = 4{,}141 + \mathrm{i}2{,}215$. Berechnen Sie für Germanium bei 400 nm (a) die Phasengeschwindigkeit von Licht, (b) den Absorptionskoeffizienten und (c) den Reflexionsgrad.

Lösung: (a) Die Geschwindigkeit des Lichts ist durch (1.2) gegeben, wobei n der Realteil von $\tilde{n}$ ist. Damit erhalten wir

$$v = \frac{c}{n} = \frac{2{,}998 \times 10^8}{4{,}141}\,\mathrm{m\,s^{-1}} = 7{,}24 \times 10^7\,\mathrm{m\,s^{-1}}$$

(b) Der Absorptionskoeffizient ist durch (1.19) gegeben. Durch Einsetzen von $\kappa = 2{,}215$ und $\lambda = 400\,\mathrm{nm}$ erhalten wir

$$\alpha = \frac{4\pi \times 2{,}215}{400 \times 10^{-9}}\,\mathrm{m^{-1}} = 6{,}96 \times 10^7\,\mathrm{m^{-1}}$$

(c) Der Reflexionsgrad ist durch (1.29) gegeben. Durch Einsetzen von $n = 4{,}141$ und $\kappa = 2{,}215$ erhalten wir

$$R = \frac{(4{,}141 - 1)^2 + 2{,}215^2}{(4{,}141 + 1)^2 + 2{,}215^2} = 47{,}1\,\%$$

Beispiel 1.3

In Kapitel 10 werden wir sehen, dass die Reststrahlabsorption aus der Wechselwirkung zwischen Licht und den optischen Phononen resultiert.

Kochsalz (NaCl) absorbiert sehr stark bei Infrarot-Wellenlängen im „Reststrahlband". Die komplexe relative Permittivität bei 60 µm ist $\tilde{\epsilon}_{\mathrm{r}} = -16{,}8 + \mathrm{i}91{,}4$. Berechnen Sie den Absorptionskoeffizienten und den Reflexionsgrad bei dieser Wellenlänge.

Lösung: Zunächst müssen wir mithilfe von (1.25) und (1.26) den komplexen Brechungsindex bestimmen. Wir erhalten

$$n = \frac{1}{\sqrt{2}} \left(-16{,}8 + \left((-16{,}8)^2 + 91{,}4^2 \right)^{1/2} \right)^{1/2} = 6{,}17$$

und

$$\kappa = \frac{1}{\sqrt{2}} \left(+16{,}8 + \left((-16{,}8)^2 + 91{,}4^2 \right)^{1/2} \right)^{1/2} = 7{,}41$$

Diese Werte setzen wir in (1.19) und (1.29) ein und erhalten die gewünschten Ergebnisse:

$$\alpha = \frac{4\pi \times 7{,}41}{60 \times 10^{-6}}\,\mathrm{m^{-1}} = 1{,}55 \times 10^6\,\mathrm{m^{-1}}$$

und

$$R = \frac{(6{,}17 - 1)^2 + 7{,}41^2}{(6{,}17 + 1)^2 + 7{,}41^2} = 76{,}8\,\%$$

1.4 Optische Materialien

Wir werden in diesem Buch die optischen Eigenschaften vieler verschiedener Typen von Festkörpern untersuchen. Die Materialien können grob in fünf Kategorien unterteilt werden:

- kristalline Isolatoren und Halbleiter

- Gläser

- Metalle

- molekulare Materialien

- dotierte Gläser und Isolatoren

Bevor wir ins Detail gehen, wollen wir hier einen kurzen Überblick über die wichtigsten optischen Eigenschaften dieser Materialien geben und damit gleichzeitig eine Einführung in die durch das vorliegende Buch abgedeckten Themen der Optik bieten.

1.4.1 Kristalline Isolatoren und Halbleiter

Abbildung 1.4a zeigt das Transmissionsspektrum von kristallinem Saphir (Al_2O_3) vom Infrarot- bis zum Ultraviolettbereich. Dieses Spektrum für Saphir illustriert die wichtigsten Merkmale, die in allen Isolatoren zu beobachten sind, auch wenn sich natürlich die Details von einem Material zum anderen erheblich unterscheiden können. Die prinzipiellen optischen Eigenschaften können wie folgt zusammengefasst werden.

1. Saphir hat einen hohen Transmissionsgrad für Wellenlängen zwischen 0,2 und 6 µm. Diese Werte definieren den **Transparenzbereich** des Kristalls. Der Transparenzbereich von Saphir umfasst das gesamte sichtbare Spektrum, was erklärt, warum das Material für das menschliche Auge farblos und transparent erscheint.

2. Im Transparenzbereich ist der Absorptionskoeffizient sehr klein. Der Brechungsindex kann daher als reell angenommen werden. Er hat einen näherungsweise konstanten Wert, in Saphir beispielsweise 1,77.

3. Der Transmissionsgrad im Transparenzbereich wird durch den Reflexionsgrad der Oberfläche bestimmt, siehe (1.9). Der Reflexionsgrad wiederum wird durch den Brechungsindex bestimmt, siehe (1.29). Für Saphir mit $n = 1{,}77$ ergibt dies $R = 0{,}077$. Damit erhalten wir $T = (1 - R)/(1 + R) = 0{,}86$.

Saphir-Edelsteine tendieren ins Blaue. Dieser Farbton entsteht durch die im Al_2O_3-Kristall enthaltenen Spuren von Chrom, Titan und Eisen. Reine synthetische Al_2O_3-Kristalle sind farblos.

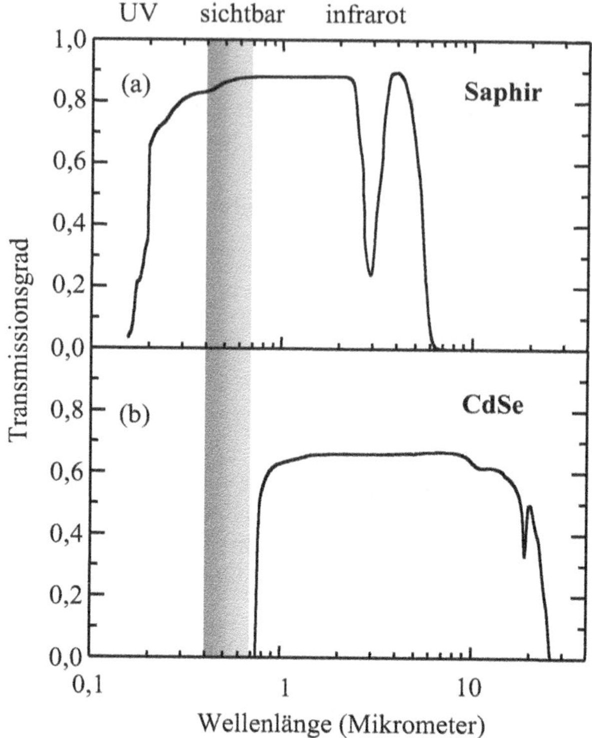

Abb. 1.4: (a) Transmissionsspektrum eines 3 mm dicken Saphirkristalls (Al_2O_3). (b) Transmissionsspektrum eines 1,67 mm dicken CdSe-Kristalls. Daten aus Driscoll & Vaughan (1978).

Tatsächlich ist Saphir im Ferninfrarotbereich lichtdurchlässig, wenn die Frequenz deutlich unterhalb der von optischen Phononen liegt.

4. Die Einkerbung der Transmissionskurve im Infrarotbereich bei etwa 3 µm und der scharfe Abfall für $\lambda > 6$ µm werden durch Vibrationsabsorption verursacht. Dieser Absorptionsmechanismus ist analog zur Infrarotabsorption aufgrund von Oszillationen in polaren Molekülen. Die Vibrationsanregungen eines Kristallgitters werden als Phononmoden bezeichnet, und deshalb nennt man die Vibrationsabsorption in einem Festkörper auch Phononenabsorption oder Gitterabsorption. Dieser Absorptionsmechanismus wird in Kapitel 10 diskutiert.

5. Im ultravioletten Bereich fällt die Transmission für $\lambda < 0{,}2$ µm infolge der Absorption durch gebundene Elektronen scharf ab. Das Einsetzen der Absorption wird **fundamentale Absorptionskante** genannt. Die Wellenlänge dieser fundamentalen Kante ist durch die Bandlücke des Isolators bestimmt. Die Erklärung von Absorptionsspektren, die durch gebundene Elektronen entstehen, stützt sich auf die Bändertheorie und wird in den Kapiteln 3 und 4 diskutiert.

Punkt (1) ist vielleicht der offensichtlichste Aspekt der optischen Eigenschaften von Isolatoren: Sie haben alle die Tendenz, im sicht-

Tab. 1.1: Transparenzbereich und Brechungsindex n (Näherungswerte) für verschiedene kristalline Isolatoren. n wurde bei 546 nm gemessen. Die Werte von n wurden sowohl für den ordentlichen (o) als auch für den außerordentlichen Strahl (e) doppelbrechender Materialien gemessen. Daten aus Driscoll & Vaughan (1978) und Kaye & Laby (1986).

Kristall	Trivialname	Transparenzbereich (μm)	Doppelbrechung	n
Al_2O_3	Saphir	$0{,}2 - 6$	ja	$1{,}771$ (o), $1{,}7663$ (e)
BaF_2		$0{,}2 - 12$		$1{,}476$
Diamant		$0{,}25 - > 80$		$2{,}424$
KBr		$0{,}3 - 30$		$1{,}564$
KCl		$0{,}21 - 25$		$1{,}493$
KI		$0{,}3 - 40$		$1{,}673$
MgF_2		$0{,}12 - 8$	ja	$1{,}379$ (o), $1{,}390$ (e)
NaCl	Kochsalz	$0{,}21 - 20$		$1{,}55$
NaF		$0{,}19 - 15$		$1{,}326$
SiO_2	Quarz	$0{,}2 - 3$	ja	$1{,}546$ (o), $1{,}555$ (e)
TiO_2	Rutil	$0{,}45 - 5$	ja	$2{,}652$ (o), $2{,}958$ (e)

baren Spektralbereich farblos und transparent zu sein. Wenn sie farbig sind, ist dies mit großer Wahrscheinlichkeit die Folge von Beimengungen, was in Abschnitt 1.4.5 näher erläutert wird. Diese Transparenz darf nicht missverstanden werden. Die Isolatoren absorbieren sehr stark im infraroten und ultravioletten Spektralbereich, doch dies bleibt dem menschlichen Auge verborgen. Der transparente Bereich zwischen dem infraroten und dem ultravioletten Absorptionsband ist besonders nützlich für die Herstellung optischer Fenster und Linsen. In Tabelle 1.4.1 sind Näherungswerte für den Transparenzbereich und den Brechungsindex einiger häufig vorkommender kristalliner Isolatoren aufgelistet.

Die Kristallinität von Materialien führt zu einer Reihe von Eigenschaften, die die Gittersymmetrie widerspiegeln. Dieser Punkt wird in Abschnitt 1.5.1 vertieft. Eine unmittelbare Konsequenz besteht darin, dass die in Tabelle 1.4.1 aufgelisteten Materialien doppelbrechend sind. Die optischen Eigenschaften sind anisotrop und der Brechungsindex hängt von der Richtung des Lichtes relativ zu den kristallografischen Achsen ab. Das Phänomen der Doppelbrechung wird in Abschnitt 2.5.1 ausführlicher behandelt.

Die optischen Eigenschaften von Halbleitern ähneln denen von Isolatoren, mit dem Unterschied, dass Elektronenübergänge bei größeren Wellenlängen auftreten. Als Beispiel ist in Abbildung 1.4b das Transmissionsspektrum des II-VI-Verbindungshalbleiters CdSe für den gleichen Wellenlängenbereich wie für den Saphirkristall dargestellt. Wie im Falle von Saphir haben wir einen Transparenzbereich, der für kleine Wellenlängen durch Elektronenabsorption und

Bemerkenswert ist die außerordentlich hohe Transparenz von Diamanten im Infrarotbereich. Diese entsteht dadurch, dass der Diamant ein rein kovalenter Kristall ist, was bedeutet, dass seine optischen Phononen nicht direkt mit Lichtwellen wechselwirken können. Dieser Punkt wird in Kapitel 10 ausführlicher diskutiert.

Tab. 1.2: Transparenzbereich, Bandlückenwellenlänge λ_g und Brechungsindex für verschiedene Halbleiter. n wurde bei 10 μm gemessen. Daten aus Driscoll & Vaughan (1978), Kaye & Laby (1986) und Madelung (1996).

Kristall	Bereich (μm)	λ_g (μm)	n
Ge	1,8 – 23	1,8	4,00
Si	1,2 – 15	1,1	3,42
GaAs	1,0 – 20	0,87	3,16
CdTe	0,9 – 14	0,83	2,67
CdSe	0,75 – 24	0,71	2,50
ZnSe	0,45 – 20	0,44	2,41
ZnS	0,4 – 14	0,33	2,20

für große Wellenlängen durch Gitterabsorption beschränkt ist. Die maximale Transmission beträgt etwa 60 %, was auch in diesem Fall hauptsächlich durch die Reflexionen an den Grenzflächen limitiert ist. Die Kante für kurze Wellenlängen befindet sich bei ungefähr 700 nm, was bedeutet, dass der gesamte Transparenzbereich außerhalb des sichtbaren Spektrums liegt. Es wird also kein sichtbares Licht durch den Kristall transmittiert. Für das Auge hat dieser ein dunkles, metallisches Erscheinungsbild.

In Tabelle 1.2 ist der Transparenzbereich und der Brechungsindex verschiedener Halbleiter angegeben. Die Daten zeigen, dass die untere Grenze des Transmissionsbereichs dicht bei der Wellenlänge der fundamentalen Bandlücke liegt. Das liegt daran, dass die Bandlücke die niedrigste Energie für Interbandübergänge bestimmt. Dies wird in Kapitel 3 genauer erläutert. Man beachte, dass der Brechungsindex mit größer werdender Bandlückenwellenlänge wächst. Dies folgt aus den Kramers-Kronig-Relationen, die für den Real- und den Imaginärteil des komplexen Brechungsindex gelten (siehe Abschnitt 2.3).

Die obere Grenze für den Transmissionsbereich wird wie bei den Isolatoren durch die Gitterabsorption bestimmt sowie durch die Absorption freier Ladungsträger. Freie Ladungsträger sind in Halbleitern bei Raumtemperatur vorhanden, entweder infolge thermischer Anregung von Elektronen über die Bandlücke oder wegen vorhandener Beimengungen. Dies führt zur Infrarotabsorption, was in Abschnitt 7.4 erklärt wird. Isolatoren haben wegen ihrer großen Bandlücken sehr kleine Ladungsträgerdichten.

Ein sehr wichtiger Aspekt der optischen Eigenschaften von Halbleitern ist der, dass eine Untergruppe dieser Materialien – nämlich die Halbleiter mit direkten Bandlücken – sehr starke Lumineszenz zeigen, wenn Elektronen zum Leitungsband befördert werden. Dies ist die physikalische Grundlage von LEDs. Der physikalische Prozess hinter der Lumineszenz wird in Kapitel 5 erklärt. Der zentrale Punkt ist hier, dass die Wellenlänge der Lumineszenz mit der Bandlücke des Halbleiters zusammenfällt. In Kapitel 6 werden wir sehen, wie Quantengrößeneffekte in niedrigdimensionalen Halbleitern ausgenutzt werden können, um die effektive Bandlücke zu höheren Wellenlängen zu verschieben. Dies ist eine außerordentlich wünschenswerte Eigenschaft, da sie eine Möglichkeit bietet, die Emissionswellenlänge durch kontrollierte Variation der Parameter während des Kristallwachstums zu „stimmen".

1.4.2 Gläser

Gläser sind extrem wichtige optische Materialien. Abgesehen von ihrem allgegenwärtigen Einsatz in Form von Fenstern und Glaserzeugnissen werden sie seit Langem als Prismen und Linsen in optischen Instrumenten verwendet. In der jüngeren Vergangenheit haben sie in der Glasfasertechnologie ein neues Anwendungsfeld gefunden. Gewöhnlich werden Gläser so hergestellt, dass sie im sichtbaren Bereich transparent sind; eine Ausnahme ist Buntglas. Gläser sind keine kristallinen Festkörper, weshalb sie auch nicht die optische Anisotropie zeigen, die für manche Kristalle charakteristisch ist.

Die meisten Typen von Gläsern werden durch Schmelzen von Sand (Quarz, SiO_2) unter Zusatz von weiteren Chemikalien hergestellt. Reines Quarzglas ist ein Isolator, und es zeigt alle typischen Merkmale, die wir im letzten Abschnitt diskutiert haben. Es ist im sichtbaren Bereich transparent. Im ultravioletten Bereich absorbiert es aufgrund von Elektronenübergängen der SiO_2-Moleküle und im infraroten Bereich kommt es zur Vibrationsabsorption. Der Transparenzbereich reicht somit von etwa 200 nm (ultraviolett) bis nach 2000 nm (infrarot).

Die Eigenschaften von Quarzglas werden in Abschnitt 2.2.3 ausführlicher beschrieben. Quarzglas wird in großem Umfang in der Glasfasertechnologie genutzt; es ist das Basismaterial, aus dem viele verschiedene Fasern hergestellt werden. Die Herstellung wurde in einem Maße verfeinert, dass die Verluste durch Absorption und Streuung so klein sind, dass Licht viele Kilometer durch die Faser zurücklegen kann, bevor es vollständig abgeschwächt ist.

Der Brechungsindex von Quarz im Transparenzbereich ist für verschiedene Wellenlängen in Tabelle 1.3 angegeben. Die Variation des Brechungsindex mit der Wellenlänge wird als Dispersion bezeichnet. Der Effekt ist nicht sehr groß: n ändert sich über den gesamten sichtbaren Spektralbereich um weniger als 1 %. Am größten ist die Dispersion bei den kürzesten Wellenlängen nahe der fundamentalen Absorptionskante. Dispersion tritt in allen optischen Materialien auf, was in Abschnitt 2.4 diskutiert wird.

Tab. 1.3: Brechungsindex n von synthetischem Quarzglas in Abhängigkeit von der Wellenlänge λ. Daten aus Kaye & Laby (1986).

λ (nm)	n
213,9	1,53430
239,9	1,51336
275,3	1,49591
334,2	1,47977
404,7	1,46962
467,8	1,46429
508,6	1,46186
546,1	1,46008
632,8	1,45702
706,5	1,45515
780,0	1,45367
1060	1,44968
1395	1,44583
1530	1,44427
1970	1,43852
2325	1,43293

Tab. 1.4: Zusammensetzung, Brechungsindex und Ultravioletttransmission einiger Gläser. Angegeben ist Masseanteil in Prozent. Der Brechungsindex wurde bei 546,1 nm gemessen. Die Transmission ist für eine 1 cm dicke Scheibe bei 310 nm angegeben. Daten aus Driscoll & Vaughan (1978) und Lide (1996).

Name	SiO_2	B_2O_3	Al_2O_3	Na_2O	K_2O	CaO	BaO	PbO	P_2O_5	n	T
Quarzglas	100									1,460	0,91
Kronglas	74			9	11	6				1,513	0,4
Borosilikatglas	70	10		8	8	1	3			1,519	0,35
Phosphatglas		3	10		12	5			70	1,527	0,46
Leichtflintglas	53			5	8			34		1,585	0,008
Flintglas	47			2	7			44		1,607	–
Schwerflintglas	33				5			62		1,746	–

Reines SiO_2 hat eine sehr große Bandlücke von etwa 10 eV, was einer Wellenlänge von 120 nm entspricht. Die Zusätze reduzieren die Energie der fundamentalen Absorptionskante, allerdings nicht über den ultravioletten Bereich hinaus. Dies bedeutet, dass die Gläser bei Wellenlängen im sichtbaren Bereich weiterhin transparent sind, aber eine geringere Durchlässigkeit für Ultraviolett haben. Die kleinere Bandlücke vergrößert den Brechungsindex (Kramers-Kronig-Relation). Siehe Abschnitt 2.3.

Während des Schmelzprozesses werden dem Quarz oft Chemikalien zugesetzt, was die Herstellung einer großen Bandbreite von Glastypen erlaubt. Durch diese Zusätze können sich der Brechungsindex und der Transmissionsbereich ändern. In Tabelle 1.4 ist die Zusammensetzung einer Reihe häufig verwendeter Glastypen sowie ihr Brechungsindex und ihre Ultravioletttransmission angegeben. Wie man sieht, bewirken die Zusätze eine Vergrößerung des Brechungsindex auf Kosten der reduzierten Ultravioletttransmission. Ein hoher Brechungsindex ist wünschenswert für Kristallwaren, da dieser das Reflexionsvermögen erhöht (siehe Aufgabe 1.2) und den Produkten dadurch ein funkelndes Aussehen verleiht. Man beachte, dass das Glas mit dem höchsten Brechungsindex in Tabelle 1.4 das Schwerflintglas ist. Dieses Glas enthält einen hohen Anteil Blei, was erklärt, warum stark funkelndes, geschliffenes Glas („Bleiglas") ziemlich schwer ist.

Farbiges Glas kann durch Hinzufügen von Halbleitern mit Bandlücken im sichtbaren Spektralbereich hergestellt werden. Die Eigenschaften solcher farbiger Gläser werden in Abschnitt 1.4.5 diskutiert.

1.4.3　Metalle

Die charakteristische optische Eigenschaft von Metallen ist ihr starker Glanz. Dies ist auch der Grund, weshalb Metalle wie Silber und Aluminium seit Jahrhunderten zur Herstellung von Spiegeln verwendet werden. Das glänzende Aussehen ist eine Folge der sehr großen Reflexionskoeffizienten von Metallen. In Kapitel 7 werden wir sehen, dass das starke Reflexionsvermögen durch die Wechselwirkung des Lichts mit den freien Elektronen im Metall entsteht.

Abbildung 1.5 zeigt den Reflexionsgrad von Silber im Spektralbereich von Infrarot bis Ultraviolett. Wir sehen, dass der Reflexionsgrad im Infrarotbereich sehr nahe bei 100 % liegt und im gesamten sichtbaren Spektralbereich bei über 80 % bleibt. Im ultravioletten

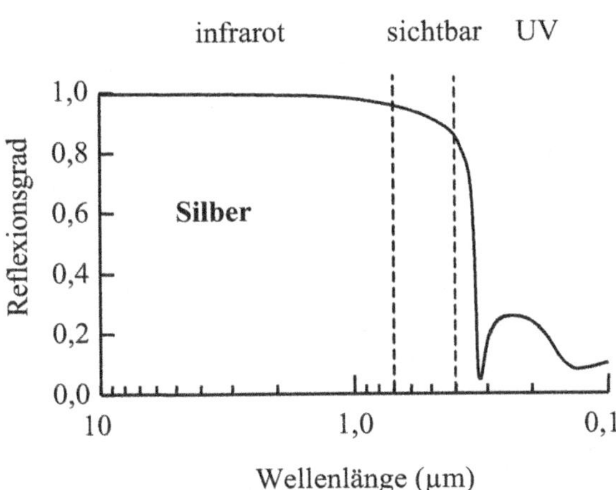

Abb. 1.5: Reflexionsgrad von Silber für Wellenlängen von Infrarot bis Ultraviolett. Daten aus Lide (1986).

Bereich fällt er scharf ab. Dieses grundsätzliche Verhalten findet sich bei sämtlichen Metallen. Es gibt eine starke Reflexion für alle Frequenzen unterhalb einer charakteristischen cut-off-Frequenz, die als Plasmafrequenz bezeichnet wird. Die Plasmafrequenz entspricht gewöhnlich einer Wellenlänge im ultravioletten Spektralbereich, sodass Metalle infrarotes und sichtbares Licht reflektieren, aber ultraviolettes durchlassen. Dieser Effekt ist die Ultravioletttransparenz von Metallen.

Manche Metalle haben charakteristische Farben. Kupfer ist beispielsweise rötlich und Gold gelblich. Diese Farben entstehen durch Interbandübergänge der Elektronen, die zusätzlich zu den durch freie Ladungsträger verursachten Effekten auftreten, welche für die Reflexion verantwortlich sind. Dies wird in Abschnitt 7.3.2 genauer erklärt.

1.4.4 Molekulare Materialien

Der Begriff „molekulares Material" ließe sich im Prinzip auf die feste Phase jedes beliebigen Moleküls anwenden. In diesem Buch wollen wir jedoch die kristallinen Phasen in anorganischen Molekülen wie NaCl oder GaAS als Isolatoren oder Halbleiter klassifizieren, während einfache organische Moleküle wie Methan (CH_4) bei Raumtemperatur eher Gase oder Flüssigkeiten sind. Wie beziehen den Begriff daher exklusiv auf große organische Moleküle.

Manche organischen Komponenten bilden in der kondensierten Phase Kristalle, viele andere sind dagegen amorph. Die Festkörper werden durch relativ schwache van-der-Waals-Kräfte zwischen den Molekülen zusammengehalten, diese selbst wiederum durch starke kovalente Bindungen. Die optischen Eigenschaften von Festkörpern ähneln daher tendenziell stark denen der individuellen Moleküle.

Organische Moleküle können in gesättigte und konjugierte Systeme unterteilt werden. Diese Klassifikation bezieht sich auf den Bindungstyp im Molekül. Dies wird ausführlich in Kapitel 8 erklärt.

In gesättigten Verbindungen befinden sich die Valenzelektronen in starken, lokalisierten Bindungen zwischen benachbarten Atomen. Dies bedeutet, dass alle Elektronen in ihren jeweiligen Bindungen festgehalten sind und nur auf hohe Frequenzen im ultravioletten Spektralbereich ansprechen. Gesättigte Verbindungen sind daher in der Regel farblos und absorbieren im sichtbaren Bereich nicht. Ihre Eigenschaften ähneln im Allgemeinen denen von Gläsern (siehe Abschnitt 1.4.2): Im infraroten und im ultravioletten Spektralbereich sind sie aufgrund von Vibrations- bzw. elektronischen Übergängen absorbierend und im sichtbaren Bereich sind sie transparent. Kunststoffe wie Polymethylmethacrylat (bekannt unter der Bezeichnung „Plexiglas") oder Polyetylen sind typische Beispiele.

Konjugierte Moleküle haben im Vergleich dazu weit mehr interessante optische Eigenschaften. Die Elektronen aus den p-artigen atomaren Zuständen der Kohlenstoffatome bilden große delokalisierte Orbitale, die als π-Orbitale bezeichnet werden und sich über das gesamte Molekül ausbreiten. Das Standardbeispiel für ein konjugiertes Molekül ist Benzen (C_6H_6). Bei diesem Molekül bilden die π-Elektronen ein ringförmiges Orbital über und unter der Ebene der Kohlenstoff- und Wasserstoffatome. Weitere Beispiel sind neben den anderen aromatischen Kohlenwasserstoffen Farbstoffmoleküle und konjugierte Polymere.

π-Elektronen sind weniger stark gebunden als die Elektronen in abgesättigten Molekülen, und sie wechselwirken mit Licht niedrigerer Frequenzen. In Benzen liegt die Absorptionskante im ultravioletten Spektralbereich bei 260 nm, doch bei anderen Molekülen ist die Übergangsenergie nach unten, also hin zu sichtbaren Frequenzen, verschoben. Die Moleküle mit sichtbarer Absorption neigen außerdem stark zur Emission bei sichtbaren Frequenzen, was sie für Anwendungen wie LEDs sehr interessant macht. Diese sind gewissermaßen die Festkörpervariante der organischen Farbstoffe, die seit Jahrzehnten in Flüssigkeitslasern verwendet werden.

Die optischen Eigenschaften, die in π-konjugierten Materialien auftreten, werden in Kapitel 8 beschrieben. Um ein Beispiel zu geben, ist in Abbildung 1.6 das Absorptionsspektrum des technologisch wichtigen Polyfluoren-basierten Polymers F8 dargestellt. Dünne Filme aus diesem Material werden typischerweise durch Rotationsbeschichtung der Moleküle auf eine Glasscheibe präpariert. Die Daten in Abbildung 1.6 zeigen, dass das Polymer fast im gesamten sichtbaren Spektralbereich transparent ist, während es bei ultravioletten Wellenlängen stark absorbiert. Das breite Absorptionsband mit seinem Peak bei 380 nm entsteht durch vibronische Übergänge

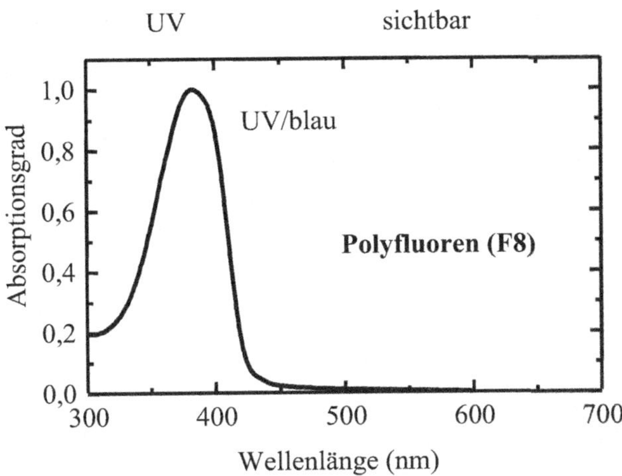

Abb. 1.6: Absorptionsspektrum des polyfluorenbasierten Polymers F8 [Poly(9,9-Dioctylfluorene)]. Nach Buckley et al. (2001). ©Excerpta Medica Inc.

(elektronischer Übergang plus Änderung des Vibrationszustands) in den ersten angeregten Singulettzustand des Moleküls. Dieses Band erstreckt sich leicht in den blauen Spektralbereich hinein und gibt dem Material eine blassgelbe Farbe.

Konjugierte Polymere wie F8 sind stark lumineszent, wenn Elektronen in die angeregten Zustände des Moleküls befördert werden. Die Lumineszenz weist eine Stokes-Shift zu niedrigeren Energien im Vergleich zur Absorption auf und tritt typischerweise in der Mitte des sichtbaren Bereichs auf. Eine interessante Eigenschaft dieser Materialien ist die, dass die Emissionswellenlänge durch kleine Änderungen der chemischen Struktur der molekularen Einheiten innerhalb der Polymere „gestimmt" werden kann. In Kapitel 8.4 werden wir sehen, wie diese Eigenschaft ausgenutzt werden kann, um organische LEDs (OLEDs) zu entwerfen, die den gesamten sichtbaren Spektralbereich abdecken.

1.4.5   Dotierte Gläser und Isolatoren

In Abschnitt 1.4.2 haben wir bereits erwähnt, dass farbiges Glas hergestellt werden kann, indem man während des Schmelzens geeignete Halbleiter zum Quarzsand hinzufügt. Dies ist ein typisches Beispiel dafür, wie einem farblosen Material wie Quarz durch kontrolliertes Dotieren mit optisch aktiven Substanzen neue Eigenschaften verliehen werden können.

Es gibt zwei verschiedene Möglichkeiten, um die Farbe von dotiertem Glas zu steuern.

1. Der naheliegende Weg besteht darin, die Zusammensetzung des Dopanten zu variieren. Beispielsweise kann Glas während

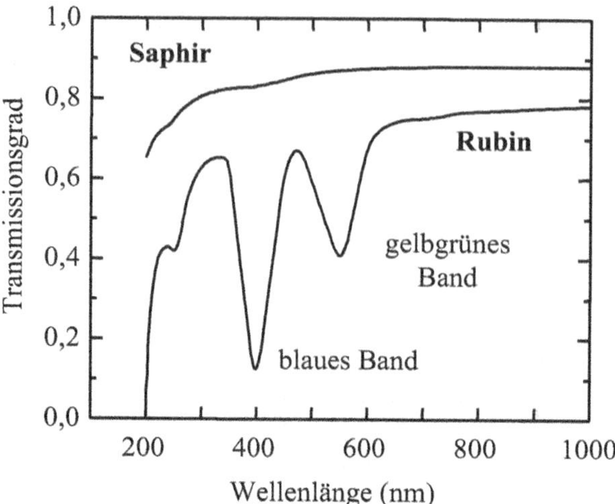

Abb. 1.7: Transmissionsspektrum von Rubin (Al_2O_3 mit 0,05 % Cr^{3+}) und Saphir (reines Al_2O_3). Die beiden Kristalle waren 6,1 mm bzw. 3,0 mm dick. Nach McCarthy (1967), genehmigter Nachdruck.

des Schmelzens mit dem Legierungshalbleiter $Cd_xZn_{1-x}Se$ dotiert werden, wobei x durch das Verhältnis $ZnSe : CdSe$ in der ursprünglichen Schmelze bestimmt ist. Die Bandlücke der Legierung kann durch Variieren von x innerhalb des sichtbaren Spektralbereichs „durchgestimmt" werden. Dies bestimmt den kurzwelligen Cut-off der Transmission für das Glas.

2. Die räumliche Ausdehnung der Halbleiterkristallite innerhalb des Glases kann sehr gering sein, was ebenfalls einen Einfluss auf die resultierende Farbe haben kann. Normalerweise sind die optischen Eigenschaften eines Materials unabhängig von der Größe des Kristalls, doch dies gilt nicht mehr, wenn die Abmessungen mit der Wellenlänge des Elektrons vergleichbar werden. Der „Quantengrößeneffekt" erhöht die Energie der Elektronen und verschiebt dadurch die effektive Bandlücke zu höheren Energien. Dieser Punkt wird in Abschnitt 6.8 ausführlicher behandelt.

Das Prinzip des Dotierens farbloser Trägermaterialien mit optisch aktiven Atomen wird in starkem Maße bei Kristallen in Festkörperlasern angewendet. Ein typisches Beispiel ist der Rubinkristall. Rubine bestehen aus Al_2O_3 (Saphir), das mit Cr^{3+}-Ionen dotiert ist. In den natürlichen Kristallen sind die Cr^{3+}-Ionen als Beimengungen vorhanden. In synthetischen Kristallen dagegen werden die Dopanten gezielt und in genau kontrollierten Mengen während des Kristallwachstums hinzugefügt.

Abbildung 1.7 zeigt die Transmissionsspektren von synthetischem Rubin (Al_2O_3 mit 0,05 % Cr^{3+}) und von synthetischem Saphir (reines Al_2O_3) im Vergleich. Wie man sieht, führen die Chromionen zu zwei starken Absorptionsbändern, von denen das eine im blauen und das andere im gelb/grünen Bereich liegt. Diese beiden Absorptionsbänder verleihen Rubinen ihre charakteristische rote Farbe. Der andere offensichtliche Unterschied zwischen den beiden Materialien besteht darin, dass die Transmissionskurve von Rubin insgesamt unter der von Saphir liegt. Unter anderem liegt dies an der stärkeren Streuung an den Beimengungen im Kristall.

Die optischen Eigenschaften von Kristallen wie Rubin werden in Kapitel 9 behandelt. Dort werden wir sehen, dass die Verbreiterung der diskreten Übergangslinien für die isolierten Fremdionen in Absorptionsbänder durch vibronische Kopplung zwischen den Valenzelektronen des Dopanten und den Phononen im Trägerkristall verursacht wird. Außerdem werden wir sehen, wie die zentrale Wellenlänge der Bänder durch den Kristallfeldeffekt beeinflusst wird, d. h. durch die Wechselwirkung zwischen den Dopant-Ionen und dem elektrischen Feld des Trägerkristalls. Diese Eigenschaften sind von großer Bedeutung für das Design von Festkörperlasern und Leuchtstoffen.

1.5 Charakteristika der Optik von Festkörpern

Der letzte Abschnitt soll einen kurzen Überblick über die optischen Eigenschaften unterschiedlicher Klassen von Festkörpern vermitteln. Es ist naheliegend zu fragen, ob einige dieser Eigenschaften ausschließlich bei Festkörpern zu finden sind. Oder anders formuliert: Inwieweit unterscheiden sich die optischen Eigenschaften eines Festkörpers von denen der Atome bzw. Moleküle, aus denen er aufgebaut ist? Diese Frage ist im Wesentlichen die gleiche wie die Frage nach dem Unterschied zwischen der Festkörperphysik und der Atom- und Molekülphysik.

Die Antwort hängt offensichtlich von der Art des betrachteten Materials ab. Bei manchen Materialien ist eine Fülle neuer Effekte mit dem festen Zustand verbunden, während bei anderen die Unterschiede nicht allzu bedeutend sind. Molekulare Materialien gehören zur zweiten Gruppe. Es ist zu erwarten, dass das Absorptionsspektrum eines festen Films und das einer äquivalenten verdünnten Lösung sehr ähnlich sind. Der Grund ist, dass die Kräfte zwischen den Molekülen in der kondensierten Phase relativ schwach sind im Vergleich zu den Kräften innerhalb des Moleküls. Das Besondere am festen Zustand ist in diesem Fall einfach die hohe Dichte der Moleküle sowie die Möglichkeit, feste Stoffe in elektronischen Bauelementen verarbeiten zu können.

Bei vielen anderen Materialien gibt es dagegen wesentliche Unterschiede zwischen der kondensierten Phase und dem gasförmigen oder flüssigen Zustand. Es ist natürlich unmöglich, in einem Einführungskapitel wie diesem eine vollständige Aufzählung all dieser Effekte zu liefern. Stattdessen seien hier fünf Aspekte besonders herausgestellt, die die Physik des festen Zustands interessant und speziell machen, und zwar

- die Kristallsymmetrie

- elektronische Bänder

- vibronische Bänder

- die Zustandsdichte

- delokalisierte Zustände und kollektive Anregungen

Es gibt natürlich noch viele andere, doch die genannten Themen werden uns immer wieder begegnen. Deshalb wollen wir uns kurz mit ihren allgemeinen Aspekten beschäftigen, bevor wir ins Detail gehen.

1.5.1   Kristallsymmetrie

Die meisten Materialien, die wir untersuchen werden, kommen als Kristalle vor. Kristalle haben eine langreichweitige **Translationsordnung** und können anhand ihrer **Punktgruppensymmetrie** in 32 Klassen unterteilt werden. Die Punktgruppensymmetrie bezieht sich auf die Gruppe der Symmetrieoperationen, unter denen der Kristall invariant bleibt. Beispiele für solche Operationen sind Drehungen um spezielle Achsen, Spiegelungen an Ebenen und Inversionen an Punkten in der Elementarzelle. Manche Kristallklassen wie zum Beispiel die kubischen weisen einen hohen Grad an Symmetrie auf, andere dagegen einen viel geringeren.

Die Verbindung zwischen den messbaren Eigenschaften und der Punktgruppensymmetrie eines Kristalls kann durch das **Neumann-Prinzip** hergestellt werden. Dieses besagt Folgendes:

Jede makroskopische physikalische Eigenschaft muss zumindest die Symmetrie der zugrunde liegenden Kristallstruktur haben.

Wenn ein Kristall zum Beispiel eine vierzählige Rotationssymmetrie um eine spezielle Achse hat, dann muss jedes Experiment, das in den vier äquivalenten Orientierungen durchgeführt wird, das gleiche Ergebnis liefern.

Es ist instruktiv, die Eigenschaften eines Kristalls mit denen der Atome zu vergleichen, die den Kristall bilden. Ein Gas besitzt keine Translationsordnung. Es sind daher neue Effekte im Festkörper zu erwarten, die dessen Translationssymmetrie widerspiegeln. Beispiele hierfür sind die Formation elektronischer Bänder und delokalisierter Zustände (siehe Abschnitte 1.5.2 und 1.5.5). Gleichzeitig ist die Punktgruppensymmetrie eines Kristalls niedriger als die der individuellen Atome, die aufgrund ihrer sphärischen Invarianz die größtmögliche Symmetrie besitzen. Wir erwarten daher, dass im festen Zustand andere Effekte auftreten, die mit der Verringerung der Symmetrie beim Übergang von freien Atomen zur speziellen Kristallklasse zu tun haben. Zwei Beispiele hierfür wollen wir an dieser Stelle kurz diskutieren, nämlich die **optische Anisotropie** und die **Aufhebung von Entartungen**.

Ein Kristall wird als anisotrop bezeichnet, wenn seine Eigenschaften nicht in allen Richtungen gleich sind. Anisotropie tritt nur im festen Zustand auf, da es in Gasen und Flüssigkeiten keine Vorzugsrichtung gibt. Wie stark die Anisotropie in einem Kristall ist, hängt von seiner Punktgruppensymmetrie ab. In kubischen Kristallen müssen zum Beispiel die optischen Eigenschaften in x-, y- und z-Richtung gleich sein, da die Achsen physikalisch nicht zu unterscheiden sind. In einem uniaxialen Kristall dagegen sind die Eigenschaften in Richtung der optischen Achse andere als in Richtung der Achsen, die senkrecht zur optischen Achse stehen. Die optische Anisotropie manifestiert sich in der Eigenschaft der Doppelbrechung, die in Abschnitt 2.5.1 diskutiert wird. Von Bedeutung ist sie außerdem bei der Beschreibung der nichtlinearen optischen Koeffizienten von Kristallen (siehe Kapitel 11).

Die Aufhebung von Entartungen durch Reduktion der Symmetrie ist ein bekanntes Phänomen der Atomphysik. Freie Atome haben eine sphärische Symmetrie und keine Vorzugsrichtungen. Durch Anlegen eines äußeren magnetischen oder elektrischen Feldes kann die Symmetrie gebrochen werden, da die Feldrichtung eine Vorzugsachse definiert. Dies kann zur Aufhebung bestimmter Niveauentartungen führen, die in den freien Atomen auftreten. Der Zeeman-Effekt zum Beispiel besteht in der Aufspaltung der entarteten magnetischen Niveaus beim Anlegen eines Magnetfelds. Wenn das gleiche Atom in einen Kristall eingefügt wird, findet es sich in einer Umgebung wieder, die eine durch das Gitter bestimmte Punktgruppensymmetrie besitzt. Diese Symmetrie ist niedriger als die des freien Atoms, und daher können einige Niveauentartungen aufgehoben werden.

Schematisch dargestellt ist dies in Abbildung 1.8. Die Abbildung zeigt, wie die magnetischen Niveaus eines freien Atoms in analoger Weise wie beim Zeeman-Effekt durch den Kristallfeldeffekt aufgespalten werden. Verursacht wird die Aufspaltung durch die Wechselwirkung der Orbitale des Atoms mit den elektrischen Feldern der Kristallumgebung. Die Details sollen uns hier nicht beschäftigen. Der springende Punkt ist, dass die Aufspaltungen durch die Sym-

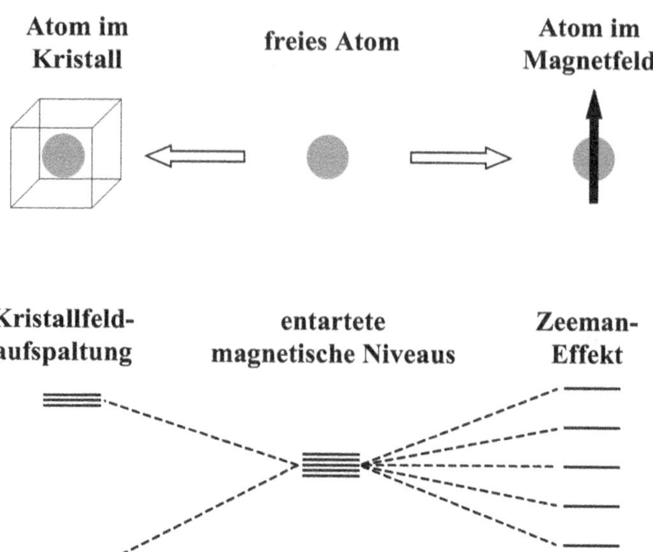

Abb. 1.8: Aufspaltung der magnetischen Niveaus eines freien Atoms durch den Kristallfeldeffekt. In freien Atomen sind die magnetischen Niveaus entartet. Durch Anlegen eines Magnetfeldes werden sie aufgespalten (Zeeman-Effekt). In einem Kristall können die magnetischen Niveaus auch ohne äußeres Magnetfeld aufgespalten werden. Die Details der Aufspaltung sind durch die Symmetrieklasse des Kristalls festgelegt.

metrieklasse des Kristalls festgelegt sind und kein externes Feld erfordern. Optische Übergänge zwischen diesen durch das Kristallfeld aufgespaltenen Niveaus treten häufig im sichtbaren Spektralbereich auf und verleihen dem Material sehr interessante Eigenschaften, die in freien Atomen nicht auftreten. Diese Effekte werden ausführlicher in Kapitel 9 behandelt.

Zum Schluss dieses Abschnitts zur Kristallsymmetrie sollte der Hinweis nicht fehlen, dass viele wichtige Festkörper keine langreichweitige Translationssymmetrie besitzen. Ein offensichtliches Beispiel ist Glas. Andere Beispiele sind dünne molekulare Filme, wie etwa lichtemmittierende Polymere, die auf Substrate aufgebracht werden, sowie amorphes Silicium. Die optischen Eigenschaften dieser Materialien können denen der sie konstituierenden Atome oder Moleküle sehr ähnlich sein. Die Bedeutung dieser Materialien liegt in der Praktikabilität der festen Phase – diese Sichtweise ist verbreiteter, als die neuen optischen Eigenschaften in Festkörpern in den Vordergrund zu rücken.

1.5.2 Elektronische Bänder

Die Atome in einem Festkörper sind sehr dicht gepackt, sodass der interatomare Abstand näherungsweise der Größe der Atome selbst entspricht. Folglich überlappen sich die äußeren Orbitale der Atome und wechselwirken untereinander stark. Dadurch verbreitern sich die diskreten Niveaus der freien Atome zu Bändern, was schematisch in Abbildung 1.9 dargestellt ist.

Die elektronischen Zustände innerhalb der Bänder sind delokalisiert und besitzen die Translationssymmetrie des Kristalls. Das **Bloch-Theorem** besagt, dass die Wellenfunktionen in der Form

$$\psi_{\mathbf{k}}(\mathbf{r}) = u_{\mathbf{k}}(\mathbf{r}) \exp(i\mathbf{k} \cdot \mathbf{r}) \tag{1.30}$$

geschrieben werden können, wobei $u_{\mathbf{k}}(\mathbf{r})$ eine Funktion ist, die die Periodizität des Gitters besitzt. Die durch (1.30) beschriebenen Bloch-Zustände sind modulierte ebene Wellen. Jedes elektronische Band hat eine andere Einhüllende $u_{\mathbf{k}}(\mathbf{r})$, die einen Teil des atomaren Charakters der Zustände bewahrt, aus denen das Band abgeleitet ist.

Zwischen den elektronischen Bändern können optische Übergänge auftreten, falls sie durch die Auswahlregeln zugelassen sind. Diese „Interbandabsorption" ist über einen stetigen Bereich von Photonenergien möglich, der durch die untere und obere Energiegrenze der Bänder festgelegt ist. Das Auftreten von breiten Absorptionsbändern anstelle von diskreten Linien ist eines der charakteristischen Merkmale des festen Zustands.

Interbandübergänge werden in mehreren Kapiteln in diesem Buch ausführlich diskutiert, am ausführlichsten in Kapitel 3 und 5. Die Absorptionsstärke ist wegen der hohen Dichte der absorbierenden Atome im Festkörper gewöhnlich sehr hoch. Dies bedeutet, dass man merkliche optische Effekte in sehr dünnen Proben erzeugen kann. Diese machen es möglich, kompakte optische Geräte zu bauen, die die Grundlage der modernen Optoelektronik bilden.

1.5.3 Vibronische Bänder

Die elektronischen Zustände der Atome oder Moleküle in einem Festkörper können über die vibronische Wechselwirkung stark an die Vibrationsmoden des Kristalls gekoppelt sein. Ein typisches Beispiel, bei dem dieser Effekt auftritt, sind die in Abschnitt 1.4.5 eingeführten dotierten Isolatorkristalle. Die vibronische Kopplung verbreitert die diskreten elektronischen Zustände der isolierten Fremdatome zu Bändern. Dies bewirkt eine Verbreiterung der Absorptions- und Emissionslinien der Atome zu kontinuierlichen Bändern. Diese vibronischen Effekte werden ausführlicher in Kapitel 9 diskutiert.

Es ist wichtig zu bemerken, dass der Grund für die Formation der vibronischen Bänder ein anderer ist als bei den elektronischen Bändern, die wir im letzten Abschnitt behandelt hatten. Im Falle von vibronischen Bändern resultiert das Kontinuum von Zuständen aus der Kopplung diskreter elektronischer Zustände an ein kontinuierliches Spektrum von Vibrationsmoden (also Phononen). Dies steht im

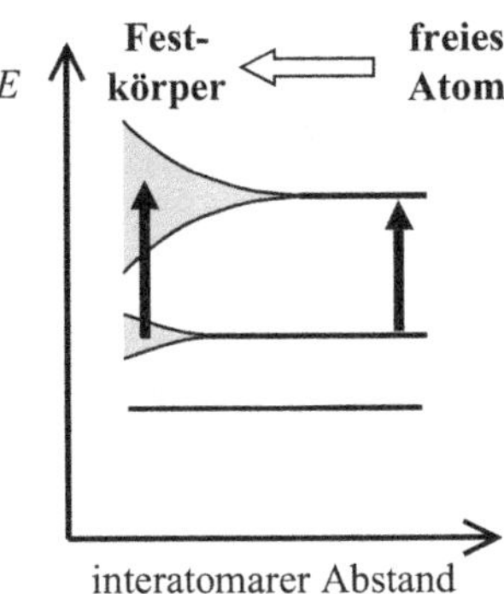

Abb. 1.9: Schematische Darstellung der Formation elektronischer Bänder durch Kondensation freier Atome in einem Festkörper. Wenn die Atome dicht zusammengebracht werden, sodass sie einen Festkörper bilden, beginnen sich ihre äußeren Orbitale zu überlappen. Diese überlappenden Orbitale wechselwirken stark und es bilden sich breite Bänder. Die inneren Rumpforbitale überlappen sich nicht und bleiben daher auch im festen Zustand diskret. Zwischen den Bändern können optische Übergänge auftreten, was dazu führt, dass die Absorption in einem stetigen Frequenzbereich auftritt, anstatt an diskreten Linien.

Gegensatz zu den elektronischen Bändern, bei denen das Kontinuum aus den Wechselwirkungen zwischen elektronischen Zuständen benachbarter Atome resultiert.

Vibronische Effekte treten auch in molekularen Materialien auf. Dies ist ein interessanter Fall, der den Unterschied zwischen dem festen Zustand und der flüssigen oder gasförmigen Phase unterstreicht. Die Absorptionsspektren einfacher freier Moleküle zeigen ebenfalls vibronische Bänder, doch die Übergangsfrequenzen sind diskret, da sowohl die elektronischen Energien als auch die Vibrationsenergien diskret sind. In molekularen Festkörpern dagegen sind die Vibrationsfrequenzen kontinuierlich verteilt, was zu kontinuierlichen Absorptions- und Emissionsspektren führt.

1.5.4   Die Zustandsdichte

Das Konzept der **Zustandsdichte** ist eine unvermeidliche Konsequenz aus der Ausbildung von Bändern in Festkörpern. Die elektronischen und Vibrationszustände freier Moleküle und Atome haben diskrete Energien, doch dies gilt nicht in einem Festkörper: Sowohl die elektronischen Zustände als auch die Phononmoden haben kontinuierliche Energien. Dieses Kontinuum von Zuständen führt zu kontinuierlichen Absorptions- und Emissionsbändern, worauf bereits in den beiden letzten Abschnitten hingewiesen wurde.

Die Anzahl der Zustände innerhalb eines gegebenen Energiebereichs eines Bandes lässt sich bequem durch die Zustandsdichte $g(E)$ ausdrücken. Diese ist definiert als

$$\text{Anzahl der Zustände in } E \rightarrow (E + \mathrm{d}E) = g(E)\,\mathrm{d}E \qquad (1.31)$$

Die Funktion $g(E)$ wird gewöhnlich bestimmt, indem man zunächst die Dichte der Zustände im Impulsraum, $g(k)$, berechnet und dann die Beziehung zwischen $g(E)$ und $g(k)$ verwendet. Diese lautet

$$g(E) = g(k)\,\frac{\mathrm{d}k}{\mathrm{d}E} \qquad (1.32)$$

Dies kann aus der Beziehung zwischen E und k für die Elektronen oder Phononen abgeleitet werden. Die Kenntnis von $g(E)$ ist für die Berechnung der Absorptions- und Emissionsspektren bei Interbandübergängen wesentlich, ebenso für die Berechnung der Form von vibronischen Bändern.

1.5.5   Delokalisierte Zustände und kollektive Anregungen

Die Tatsache, dass die Atome in einem Festkörper sehr eng benachbart sind, bedeutet, dass es für die elektronischen Zustände möglich ist, sich über viele Atome auszubreiten. Die Wellenfunktionen dieser delokalisierten Zustände zeigt die zugrunde liegende Translationssymmetrie des Kristalls. Die durch (1.30) beschriebenen Bloch-Wellen sind ein typisches Beispiel. Die delokalisierten Elektronwellen bewegen sich frei durch den ganzen Kristall und wechselwirken miteinander in einer Weise, die in Atomen nicht möglich ist. Die Delokalisierung erlaubt außerdem kollektive Anregungen des ganzen Kristalls anstatt nur von individuellen Atomen. Zwei Beispiele, die wir in diesem Buch betrachten werden, sind die Exzitonen, die durch delokalisierte Elektronen und Löcher in einem Halbleiter gebildet werden, und die Plasmonen, die durch freie Elektronen in Metallen und dotierten Halbleitern entstehen. Exzitonen werden in Kapitel 4 behandelt und Plasmonen in Abschnitt 7.5. Die kollektiven Anregungen sind in den optischen Spektren beobachtbar; sie haben keine offensichtliche Entsprechung in den Spektren freier Atome.

Andere wellenartige Anregungen des Kristalls sind in der gleichen Weise wie die Elektronen delokalisiert. Im Falle der Gitterschwingungen werden die delokalisierten Anregungen durch die Phononmoden beschrieben. Wir hatten bereits erwähnt, dass die Phononfrequenzen kontinuierlich sind, was im Gegensatz zu den diskreten Vibrationsfrequenzen der Moleküle steht. Einige optische Effekte, die mit Phononen im Zusammenhang stehen, weisen Analogien mit den Vibrationsphänomenen auf, die in isolierten Molekülen auftreten. Andere dagegen finden sich ausschließlich im festen Zustand. Beispiele für den ersten Fall sind die Raman-Streuung und die Infrarotabsorption, Beispiele für Letzteres sind u. a. phononvermittelte Interbandübergänge in Halbleitern mit indirekten Bandlücken (siehe Abschnitt 3.4) und die Verbreiterung der diskreten Niveaus von Fremdatomen zu kontinuierlichen vibronischen Bändern durch Wechselwirkungen mit Phononen (siehe Kapitel 9).

Die delokalisierten Zustände eines Kristalls werden durch Quantenzahlen wie $\mathbf{k}$ und $\mathbf{q}$ beschrieben, die die Dimension von inversen Längen haben. Diese Quantenzahlen folgen aus der Translationsinvarianz und sind daher eine fundamentale Manifestation der Kristallsymmetrie. Sie verhalten sich in jeder Hinsicht wie Wellenvektoren der Anregungen und wann immer wir ihnen bei unseren Herleitungen begegnen, werden wir sie auch als solche behandeln. Dabei sollten wir allerdings im Hinterkopf behalten, dass sie in Wirklichkeit eine Konsequenz der zugrunde liegenden Symmetrie sind und somit eine Eigenschaft des festen Zustands.

1.6   Mikroskopische Modelle

In den folgenden Kapiteln werden wir viele mikroskopische Modelle entwickeln, um die optischen Phänomene zu erklären, die im festen Zustand auftreten. Die Modelltypen werden aus naheliegenden Gründen stark variieren, doch zumindest können sie alle einer der folgenden drei allgemeinen Kategorien zugeordnet werden:

- klassisch

- semiklassisch

- vollständig quantenphysikalisch

Diese drei Ansätze werden in der aufgeführten Reihenfolge immer komplizierter, weshalb wir sie üblicherweise in eben dieser Reihenfolge anwenden.

Beim klassischen Ansatz behandeln wir sowohl das Medium als auch das Licht gemäß den Gesetzen der klassischen Physik. Das in Kapitel 2 beschriebene Modell des Dipoloszillators ist ein typisches Beispiel. Dieses Modell dient als Ausgangspunkt, um die allgemeinen optischen Eigenschaften eines Mediums zu verstehen. Insbesondere werden mit diesem Modell die wichtigsten Effekte beschrieben, die durch freie Elektronen (Kapitel 7) und Phononen (Kapitel 10) hervorgerufen werden. Außerdem werden wir es in Kapitel 11 als Ausgangspunkt bei der Behandlung der nichtlinearen Optik verwenden. Es wäre ein Fehler, den klassischen Zugang im Zeitalter der modernen Physik gering zu schätzen. Es ist nur dann möglich, Nutzen aus den avancierteren Modellen zu ziehen, wenn man zuvor die klassische Physik wirklich verstanden hat.

In semiklassischen Modellen wenden wir die Quantenmechanik auf die Atome an, behandeln aber das Licht weiterhin als klassische elektromagnetische Welle. Ein typisches Beispiel für diesen Ansatz ist die Behandlung der Interbandabsorption in Kapitel 3. Der Absorptionskoeffizient wird mithilfe von Fermis goldener Regel berechnet, was die Kenntnis der Wellenfunktionen der quantisierten Niveaus der Atome erfordert, während die Licht-Materie-Wechselwirkung als Wechselwirkung zwischen einem quantisierten Atom und einem klassischen elektrischen Feld behandelt wird. Dieser semiklassische Ansatz wird in diesem Buch sehr häufig verfolgt. In Anhang B sind die wichtigsten Ergebnisse zusammengefasst, die wir dabei benötigen werden.

Der dritte mögliche Ansatz ist schließlich eine vollständig quantenphysikalische Behandlung. Dies ist das Ziel der **Quantenoptik,** die sowohl die Atome als auch das Licht quantenmechanisch behandelt. Wir verwenden diesen Ansatz implizit, wenn wir das Licht als Strahl von Photonen betrachten und Feynman-Diagramme zeichnen, um die auftretenden Wechselwirkungen darzustellen. Dies könnte den Eindruck erwecken, dass die vorgelegten Erklärungen rein quantenphysikalisch sind, da wir von Photonen sprechen, die mit Atomen wechselwirken. Jedoch wird in den Gleichungen, die wir zur Beschreibung der Prozesse verwenden, das Licht klassisch behandelt, und lediglich die Atome sind quantisiert. Die quantitative Beschreibung ist daher lediglich semiklassisch. Der vollständig quantenphysikalische Zugang auf quantitativem Niveau würde den Rahmen des vorliegenden Buches sprengen.

Zusammenfassung

- Die Propagation von Licht durch ein Medium wird durch den komplexen Brechungsindex $\tilde{n}$ quantitativ beschrieben. Der Realteil von $\tilde{n}$ bestimmt die Geschwindigkeit des Lichts im Medium und der Imaginärteil den Absorptionskoeffizienten. Das beersche Gesetz (1.4) zeigt, dass die Intensität von Licht in einem absorbierenden Medium exponentiell fällt.

- Reflexion tritt an der Grenzfläche zwischen zwei optischen Materialien mit unterschiedlichen Brechungsindizes auf. Der Reflexionsgrad kann mithilfe von (1.29) aus dem komplexen Brechungsindex berechnet werden.

- Die Transmission einer Probe ist durch die Reflexionsgrade der Grenzflächen und den Absorptionskoeffizienten bestimmt. Für inkohärentes Licht ist der Transmissionsgrad einer Scheibe durch (1.6) gegeben.

- Der komplexe Brechungsindex hängt mit der komplexen Dielektrizitätskonstanten über (1.22) zusammen. Mikroskopische Modelle von optischen Materialien berechnen normalerweise $\tilde{\epsilon}_r$ anstatt $\tilde{n}$, und die messbaren optischen Koeffizienten werden dann mithilfe von (1.23) bis (1.29) aus dem Real- und Imaginärteil von $\tilde{n}$ bestimmt.

- Lumineszente Materialien reemittieren Licht durch spontane Emission nachdem sie Photonen absorbiert haben. Die Frequenzverschiebung zwischen Emission und Absorption wird als Stokes-Shift bezeichnet.

- Die Streuung bewirkt eine exponentielle Abschwächung des optischen Strahls. Sie wird als elastisch bezeichnet, wenn die Frequenz unverändert bleibt; andernfalls spricht man von einer inelastischen Streuung.

- Die optischen Spektren von Festkörpern zeigen gewöhnlich breite Bänder anstatt scharfe Linien. Die Bänder resultieren entweder aus elektronischen Wechselwirkungen zwischen benachbarten Atomen oder aus der vibronischen Kopplung an die Phononmoden.

- In Isolatoren und Gläsern tritt im Infrarotbereich Vibrationsabsorption auf und im Ultraviolettbereich elektronische Absorption. Diese Materialien sind im sichtbaren Spektralbereich, also zwischen diesen beiden Absorptionsbändern, transparent und farblos. In Halbleitern und molekularen Materialien tritt die elektronische Absorption gewöhnlich bei niedrigeren Frequenzen im Nahinfrarotbereich oder im sichtbaren Spektralbereich auf.

- Die in Metallen vorhandenen freien Ladungsträger sorgen dafür, dass diese im infraroten und sichtbaren Spektralbereich stark reflektieren. Die Farbe mancher Metalle entsteht durch elektronische Interbandabsorption.

- Durch Hinzufügen optisch aktiver Dopanten zu einem farblosen Trägerkristall oder Glas entstehen die charakteristischen Farben von Buntglas und Edelsteinen.

- Kristalle besitzen eine Translationssymmetrie und eine Punktgruppensymmetrie. Die Implikationen aus der Punktgruppensymmetrie für die optischen Eigenschaften sind durch das Neumann-Prinzip gegeben.

Weiterführende Literatur

Eine gute allgemeine Diskussion der optischen Eigenschaften von Materialien finden Sie in Hecht (2009). Eine avanciertere Behandlung wurde von Born & Wolf (1999) vorgelegt. Die in Abschnitt 1.4 begonnene Diskussion der optischen Eigenschaften unterschiedlicher Materialien wird in späteren Kapiteln fortgeführt. Dort finden Sie gegebenenfalls Hinweise auf weiterführende Literatur zu diesen Themen. Eine Ausnahme sind die Gläser, die an anderen Stellen in diesem Buch nur kurz behandelt werden. Eine ausführlichere Behandlung der optischen Eigenschaften der unterschiedlichen Glasarten finden Sie in Krause (2005) oder Bach & Neuroth (1995).

Die Beziehung zwischen den optischen Eigenschaften und dem komplexen Brechungsindex sowie der relativen Permittivität wird in den meisten Büchern zum Elektromagnetismus diskutiert, etwa in Bleaney & Bleaney (1976) oder Lorrain *et al.* (2000). Dieses Thema wird auch in dem Buch von Born & Wolf (1999) behandelt.

Eine klassische Behandlung der Auswirkungen der Punktgruppensymmetrie auf die physikalischen Eigenschaften von Kristallen ist in Nye (1985) enthalten.

Aufgaben

1.1 Kronglas hat im sichtbaren Spektralbereich einen Brechungsindex von 1,51. Berechnen Sie den Reflexionsgrad der Luft-Glas-Grenzfläche und den Transmissionsgrad eines typischen Glasfensters.

1.2 Verwenden Sie die Daten aus Tabelle 1.4, um das Verhältnis der Reflexionsgrade von Quarzglas und dichtem Flintglas zu berechnen.

1.3 Die komplexe relative Permittivität des Halbleiters Cadmiumtellurid (CdTe) ist bei $500\,\mathrm{nm}$ durch $\tilde{\epsilon}_r = 8{,}92 + \mathrm{i}\,2{,}29$ gegeben. Berechnen Sie für CdTe bei dieser Wellenlänge die Phasengeschwindigkeit des Lichts, den Absorptionskoeffizienten und den Reflexionsgrad.

1.4 Die in Glasfasernetzen, welche bei $850\,\mathrm{nm}$ arbeiten, verwendeten Detektoren bestehen gewöhnlich aus Silicium. Dieses Material hat bei $850\,\mathrm{nm}$ einen Absorptionskoeffizienten von $1{,}3 \times 10^5\,\mathrm{m}^{-1}$. Die Detektoren haben auf der Frontfläche Beschichtungen, die den Reflexionsgrad bei der Auslegungswellenlänge vernachlässigbar klein macht. Berechnen Sie die Dicke der aktiven Zone einer Photodiode, die so ausgelegt ist, dass sie 90% des Lichts absorbiert.

1.5 GaAs hat bei $800\,\mathrm{nm}$ einen Brechungsindex von 3,68 und einen Absorptionskoeffizienten von $1{,}3 \times 10^6\,\mathrm{m}^{-1}$. Berechnen Sie den Transmissionsgrad und die optische Dichte einer GaAs-Scheibe der Dicke $2\,\mu\mathrm{m}$.

1.6 Salzwasser hat einen Brechungsindex von 1,33 und absorbiert in einer Tiefe von $10\,\mathrm{m}$ 99,8% des Lichtes mit einer Wellenlänge von $700\,\mathrm{nm}$ (rotes Licht). Wie groß ist die komplexe relative Permittivität des Mediums bei dieser Wellenlänge?

1.7 Was erwarten Sie, wie der Absorptionskoeffizient eines gelben Glasfilters mit der Wellenlänge variiert?

1.8 Ein Lichtstrahl fällt wie in Abbildung 1.10 dargestellt auf eine planare Scheibe der Dicke l. Wir nehmen an, dass die Scheibe „dick" ist, sodass l die Kohärenzlänge des Lichts übersteigt und keine Interferenzeffekte zu berücksichtigen sind. R_1 und R_2 seien die Reflexionsgrade an der vorderen bzw. hinteren Grenzfläche und α der Absorptionskoeffizient des Mediums.

 (a) Addieren Sie die Intensitäten der Strahlen, die nach mehrfachen Reflexionen transmittiert werden, zur Intensität des beim ersten Durchgang transmittierten Strahls, und

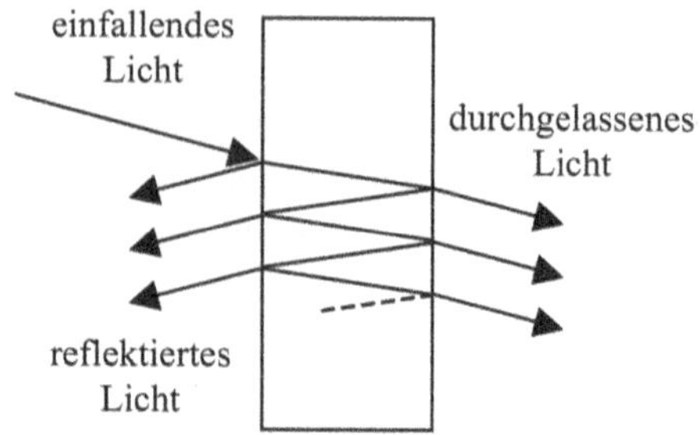

Abb. 1.10: Mehrfachreflexion in einer planaren Scheibe.

zeigen Sie auf diese Weise, dass die Transmission der Scheibe durch

$$T = \frac{(1 - R_1)(1 - R_2)\, \mathrm{e}^{-\alpha l}}{1 - R_1 R_2\, \mathrm{e}^{-2\alpha l}}$$

gegeben ist.

(b) Berechnen Sie die Größe des Fehlers, der durch die Vernachlässigung von Mehrfachreflexionen entsteht (d. h. durch die Verwendung von (1.8) bei der Berechnung der Transmission), und zwar für folgende Fälle:

(i) eine Siliciumscheibe bei einer Frequenz im Transparenzbereich, wobeis $n = 3{,}4$ und $\alpha l = 0$;

(ii) eine Siliciumscheibe für eine Frequenz dicht über der Bandkante, wobei $n = 3{,}4$ und $\alpha l = 1$, unter der Annahme $n \gg \kappa$;

(iii) eine Saphirscheibe bei einer Frequenz im Transparenzbereich, wobei $n = 1{,}77$ und $\alpha l = 0$.

(c) Diskutieren Sie, welche Konsequenzen die Ergebnisse aus Teil (b) haben.

1.9 Diese Aufgabe wiederholt Aufgabe 1.8 für den Fall, dass die Kohärenzlänge des Lichts die Dicke l des Mediums übersteigt, sodass Interferenzeffekte von Bedeutung sind. Der Einfachheit halber beschränken wir uns auf den Fall, dass der Reflexionsgrad an der vorderen und der hinteren Grenzfläche gleich ist, was zum Beispiel bei einer festen Scheibe mit Luft zu beiden Seiten gegeben ist. Sei n der Realteil des Brechungsindex und α der Absorptionskoeffizient des Mediums.

(a) Berücksichtigen Sie die Interferenz zwischen den mehrfach reflektierten Strahlen (Abbildung 1.10) und zeigen Sie, dass die Tramsmission durch die Scheibe durch

$$T = \frac{(1 - R)^2\, \mathrm{e}^{-\alpha l}}{1 - 2R\mathrm{e}^{-\alpha l}\cos\Phi + R^2\mathrm{e}^{-2\alpha l}}$$

gegeben ist. R ist der Reflexionsgrad und $\Phi = 4\pi n l/\lambda$ die Gesamt-Phasenverschiebung mit der Vakuumwellenlänge λ.

(b) Zeigen Sie, dass das Verhältnis der reflektierten Intensität I_r zur einfallenden Intensität I_i gegeben ist durch

$$\frac{I_\mathrm{r}}{I_\mathrm{i}} = \frac{R(1 - 2\mathrm{e}^{-\alpha l}\cos\Phi + \mathrm{e}^{-2\alpha l})}{1 - 2R\,\mathrm{e}^{-\alpha l}\cos\Phi + R^2\,\mathrm{e}^{-2\alpha l}}$$

Hinweis: Denken Sie daran, dass sich die Reflexionskoeffizienten für Luft-Medium und Medium-Luft um einen Phasenfaktor $\mathrm{e}^{\mathrm{i}\pi}$ unterscheiden.

(c) Überprüfen Sie, dass im Grenzfall $\alpha = 0$ die Einfallsintensiät gleich der Summe der reflektierten und transmittierten Intensitäten ist.

(d) Wie groß ist die Transmission der Scheibe im Fall $\alpha l \gg 1$?

(e) Diskutieren Sie die Variation von T mit der Wellenlänge, wenn die Absorption vernachlässigbar klein ist.

1.10 Eine kleine Scheibe eines Halbleitermaterials, das nach beiden Seiten an Luft angrenzt, hat eine Dicke von 2 μm. Das Material hat einen Brechungsindex von 3,5 und eine Absorptionskante von 870 nm. Für Wellenlängen oberhalb der Absorptionskante gibt es keine Absorption, während der Absorptionskoeffizient unterhalb der Kante durch

$$\alpha(\hbar\omega) = C(\hbar\omega - E_\mathrm{g})^{1/2}$$

gegeben ist (vgl. Gleichung 3.25). Hierbei ist $\hbar\omega$ die Photonenergie, E_g die Photonenergie an der Absorptionskante und $C = 5 \times 10^6\,\mathrm{m}^{-1}\,\mathrm{eV}^{-1/2}$. Nehmen Sie an, dass der Realteil des Brechungsindex sich mit der Wellenlänge nicht signifikant ändert, und verwenden Sie die Ergebnisse aus Aufgabe 1.9, um Graphen für den Transmissionsgrad und den Reflexionsgrad der Scheibe im Wellenlängenbereich 600 bis 1000 nm zu zeichnen.

1.11 Zeigen Sie, dass für den Transmissionsgrad einer transparenten Scheibe mit dem Brechungsindex n im inkohärenten Grenzfall gilt:

$$T = \frac{2n}{n^2 + 1}$$

1.12 Betrachten Sie einen dünnen Film eines Mediums mit einem Brechungsindex von 2,5, der sich auf einem Glassubstrat mit dem Brechungsindex 1,5 befindet. Berechnen Sie die Reflexionsgrade an den Grenzflächen Luft-Medium, Medium-Glas und Glas-Luft. (Vernachlässigen Sie Mehrfachreflexionen.)

1.13 Zeigen Sie, dass die optische Dichte (O.D.) einer dicken absorbierenden Probe mit dem Transmissionsgrad T und dem Reflexionsgrad R über die Beziehung

$$\text{O.D.} = -\log_{10}(T) + 2\log_{10}(1 - R)$$

zusammenhängt. Erläutern Sie ausgehend hiervon, wie sich mithilfe von zwei Transmissionsmessungen die optische Dichte bestimmen lässt, wobei eine dieser Messungen bei der Wellenlänge λ im absorbierenden Regime erfolgt und die andere bei einer Wellenlänge λ', bei der das Material transparent ist.

1.14 Die komplexe relative Permittivität eines Metalls bei Frequenzen im Infrarotbereich ist gegeben durch

$$\tilde{\epsilon}_\mathrm{r} = \epsilon_\mathrm{r} + \mathrm{i}\frac{\sigma}{\epsilon_0\omega}$$

Dabei ist ϵ_r die statische relative Permittivität, σ die elektrische Leitfähigkeit und ω die Kreisfrequenz. (Siehe (A.49) mit $\mu_\mathrm{r} = 1$.) Schätzen Sie den Reflexionsgrad eines Silberspiegels bei einer Wellenlänge von 100 µm ab. Nehmen Sie $\epsilon_2 \gg \epsilon_1$ an, und verwenden Sie für die Leitfähigkeit von Silber den Wert $6{,}6 \times 10^7\,\Omega^{-1}\mathrm{m}$.

1.15 Schätzen Sie die Distanz ab, über die die Lichtintensität in einem Goldfilm bei einer Wellenlänge von 100 µm um den Faktor 2 fällt. Die elektrische Leitfähigkeit von Gold ist $4{,}9 \times 10^7\,\Omega^{-1}\mathrm{m}$. Gehen Sie von den gleichen Annahmen aus wie bei der vorherigen Frage.

1.16 Die Daten in Abbildung 1.5 zeigen, dass der Reflexionsgrad von Silber bei 320 nm fast null ist. Welcher Näherungswert ergibt sich hieraus für die komplexe relative Permittivität bei dieser Wellenlänge?

1.17 Ein Neodymlaser absorbiert Photonen bei 850 nm und zeigt Lumineszenz bei 1064 nm. Die Effizienz des Lumineszenzvorgangs lässt sich durch die Strahlungseffizienz η_R quantifizieren. Diese ist definiert als der Anteil der Atome, die nach der Absorption eines Photons ein Photon emittieren.

   (a) Berechnen Sie den Energiebetrag, der bei jedem Emissionsprozess in Form von Wärme dissipiert wird.

   (b) Angenommen, die bei 850 nm absorbierte Gesamtleistung beträgt 10 W. Berechnen Sie die bei 1064 nm emittierte Leistung für den Fall, dass $\eta = 100\,\%$ ist. Wie viel Leistung wird in Form von Wärme im Kristall dissipiert?

   (c) Wiederholen Sie Teil (b) für einen Kristall mit $\eta_\mathrm{R} = 50\,\%$.

1.18 Ein Photon der Wellenlänge 514 nm wird an einem NaCl-Kristall inelastisch gestreut, indem ein Phonon der Frequenz $7{,}92 \times 10^{12}$ Hz angeregt wird. Wenden Sie den Energieerhaltungssatz auf den Streuprozess an und berechnen Sie auf diese Weise die Wellenlänge des gestreuten Photons.

1.19 Eine bestimmte Faser lässt bei 850 nm 10% des eingekoppelten Lichts durch. Berechnen Sie den Transmissionsgrad der gleichen Faser bei 1550 nm unter der Annahme, dass die dominierende Verlustquelle die Rayleigh-Streuung an Inhomogenitäten in der Faser ist. Erklären Sie auf Grundlage Ihrer Ergebnisse, warum Telekommunikationsunternehmen für ihre Glasfasernetze eine Wellenlänge von 1550 nm verwenden und nicht 850 nm wie bei LANs.

1.20 Berechnen Sie die Distanz, über die die Intensität auf 50% ihres ursprünglichen Wertes fällt, wenn das Medium 10^{16} m^{-3} Streuzentren mit $\sigma_\mathrm{s} = 2 \times 10^{-17}$ m^2 enthält. Berechnen Sie unter der Annahme, dass das Rayleigh-Gesetz angewendet werden kann, die entsprechende Distanz bei der Hälfte der Wellenlänge.

1.21 Erklären Sie, warum Eis doppelbrechend ist, Wasser dagegen nicht.

2 Klassische Propagation

Allgemeine Aspekte der Propagation von Licht durch ein optisches Medium wurden in den Abschnitten 1.1 bis 1.3 diskutiert. Dort haben wir gesehen, dass die Propagation durch zwei Parameter charakterisiert ist: den Brechungsindex und den Absorptionskoeffizienten. In diesem Abschnitt befassen wir uns mit der klassischen Theorie der optischen Propagation, bei der Licht als elektromagnetische Welle behandelt wird und die Atome oder Moleküle durch klassische Dipolozillatoren modelliert werden. Es zeigt sich, dass dieses Modell einen guten allgemeinen Überblick über die optischen Eigenschaften liefert und uns in die Lage versetzt, die Frequenzabhängigkeit der komplexen relative Permittivität zu berechnen. Dies liefert uns die Frequenzabhängigkeit des Absorptionskoeffizienten und des Brechungsindex, was es uns ermöglicht, das Phänomen der Dispersion zu erklären. Außerdem werden wir sehen, dass das Modell Effekte erklären kann, die aus der optischen Anisotropie resultieren. Ein Beispiel hierfür ist die Doppelbrechung.

Die hier vorgestellte Behandlung setzt Grundkenntnisse der elektromagnetischen Eigenschaften von Dielektrika voraus. Eine Zusammenfassung der wichtigsten Aussagen ist in Anhang A gegeben. Das Modell wird in späteren Kapiteln noch einmal aufgegriffen, wenn wir die optischen Eigenschaften von freien Elektronen betrachten (Kapitel 7) sowie auch bei der Diskussion von Gitterschwingungen (Kapitel 10). Außerdem ist das Modell der Ausgangspunkt für die Behandlung nichtlinearer optischer Effekte (Kapitel 11).

2.1 Propagation von Licht in optisch dichten Medien

Das klassische Modell der Propagation von Licht wurde Ende des 19. Jahrhunderts entwickelt, nachdem Maxwell seine Theorie der elektromagnetischen Wellen formuliert hatte und das Konzept des Dipoloszillators vorlag. Dieser Abschnitt enthält eine qualitative Diskussion der dem Modell zugrunde liegenden physikalischen Annahmen. Quantitative Berechnungen folgen im nächsten Abschnitt.

Das Modell geht davon aus, dass es mehrere unterschiedliche Typen von Oszillatoren in einem Medium gibt, von denen jeder seine eigene charakteristische Frequenz hat. In einem Isolator oder Halbleiter kommt der wichtigste Beitrag zu den optischen Frequenzen von den Oszillationen der **gebundenen Elektronen** der Atome. Daher beginnen wir diesen Abschnitt mit der Betrachtung atomarer Oszillatoren. Anschließend führen wir das Konzept der **Molekülschwingungen** ein, die viel niedrigere Resonanzfrequenzen (im Infrarotbereich) haben und erwähnen zum Schluss die Oszillationen **freier Elektronen,** die für die grundlegenden optischen Eigenschaften von Metallen verantwortlich sind.

2.1.1 Atomare Oszillatoren

Das Konzept des Dipoloszillators wurde bald nach Maxwells Theorie des Elektromagnetismus eingeführt. Es wurde theoretisch vorhergesagt, dass ein oszillierender elektrischer Dipol elektromagnetische Wellen emittieren muss, was 1887 bestätigt wurde, als es Heinrich Hertz gelang, im Labor Radiowellen zu erzeugen und zu detektieren. Er verwendete eine oszillatorische Entladung über eine Funkenstrecke als Quelle und eine Drahtschleife als Antenne des Detektors. Dies war eine elegante Bestätigung der maxwellschen Theorie des Elektromagnetismus und der Beginn der Telekommunikation mittels Radiowellen.

Die Idee, Atome als oszillierende Dipole aufzufassen, wurde erstmals 1878 von Henrick Antoon Lorentz vorgeschlagen, also einige Jahre vor der Demonstration durch Hertz. Es war bekannt, dass Atome bei diskreten Frequenzen emittieren und absorbieren, und das von Lorentz vorgeschlagene Modell lieferte hierfür eine einfache Erklärung, die sich auf die neue Theorie des Elektromagnetismus stützte.

Das Oszillatormodell des Atoms ist in Abbildung 2.1 schematisch dargestellt. Es wird angenommen, dass jedes Elektron auf einer stabilen Bahn um den Kern gehalten wird. Die Feder repräsentiert die Rückstellkraft für kleine Auslenkungen aus dem Gleichgewicht. Das negativ geladene Elektron und der positiv geladene Kern bilden einen elektrischen Dipol, dessen Stärke proportional zum Abstand ist. Lorentz konnte freilich nichts von Elektronen und Kernen wissen, da diese erst 1897 durch J. J. Thomson bzw. 1911 durch Ernest Rutherford entdeckt wurden. Lorentz postulierte einfach die Existenz von Dipolen, ohne etwas über ihren Ursprung auszusagen.

Die natürliche Resonanzfrequenz ω_0 der atomaren Dipole wird durch ihre Masse sowie die Stärke der auf kleine Auslenkungen wirkenden Rückstellkraft bestimmt. Die geeignete Masse ist hierbei die **reduzierte Masse,** die durch

$$\frac{1}{\mu} = \frac{1}{m_0} + \frac{1}{m_N} \tag{2.1}$$

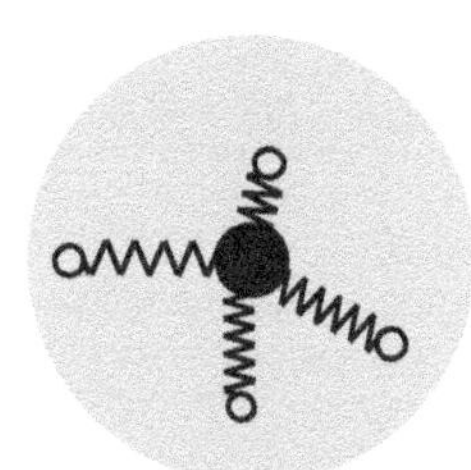

Abb. 2.1: Klassisches Modell der in einem Atom gebundenen Elektronen. Die Elektronen sind durch die nicht gefüllten Kreise dargestellt; der schwarze Kreis in der Mitte repräsentiert den Atomkern. Die Elektronen sind durch Federn mit dem schweren Kern verbunden, wobei die Feder jeweils die Rückstellkraft zwischen Elektron und Kern repräsentiert. Jedes Atom hat eine Reihe von charakteristischen Resonanzfrequenzen, von denen wir heute wissen, dass sie den quantisierten Übergangsenergien entsprechen.

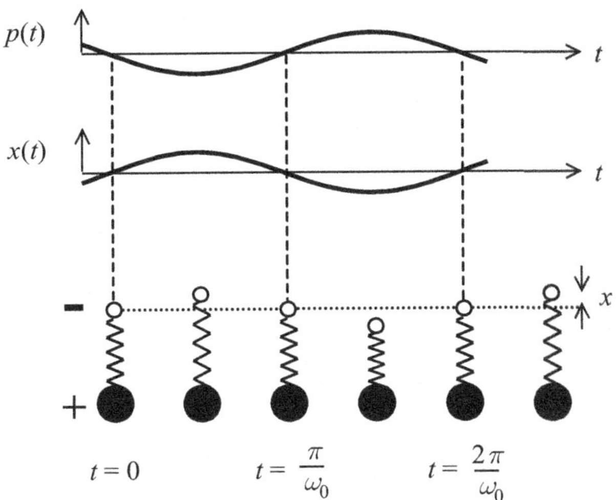

Abb. 2.2: Oszillationen eines klassischen Dipols bestehend aus einer schweren positiven und einer leichten negativen Ladung, die durch eine Feder verbunden sind. $x(t)$ ist die zeitabhängige Auslenkung der negativen Ladung aus ihrer Gleichgewichtslage. Die natürlichen Oszillationen des Dipols um die Gleichgewichtslage mit der Kreisfrequenz ω_0 erzeugen ein zeitabhängiges Dipolmoment $p(t)$, wie es im oberen Teil der Abbildung skizziert ist.

gegeben ist. Dabei sind m_0 und m_N die Massen von Elektron und Kern. Wegen $m_N \gg m_0$ können wir einfach $\mu \approx m_0$ annehmen. Die Rückstellkraft wird durch eine Federkonstante K_s quantifiziert, die so gewählt ist, dass ω_0 mit einer Eigenfrequenz des Atoms zusammenfällt (siehe Aufgabe 2.1):

$$\omega_0 = \sqrt{\frac{K_S}{\mu}} \tag{2.2}$$

Wir müssen voraussetzen, dass es in jedem Atom mehrere Dipole gibt, um der Tatsache Rechnung zu tragen, dass ein gegebenes Atom mehrere Übergangsfrequenzen besitzt. Diese sind aus den Emissions- und Absorptionsspektren bekannt; die Frequenzen liegen im nahinfraroten, im sichtbaren und im ultravioletten Spektralbereich (10^{14} bis $10^{15}\,\mathrm{Hz}$).

Um die Beziehung zwischen den atomaren Dipolen und den Emissionsspektren zu verstehen, betrachten wir die in Abbildung 2.2 gezeigten Oszillationen. Ein elektrischer Dipol besteht aus einer positiven Ladung $+q$ am Ort $\mathbf{r}_+$ und einer negativen Ladung $-q$ am Ort $\mathbf{r}_-$. Das elektrische Dipolmoment ist definiert als

$$\mathbf{p} = q(\mathbf{r}_+ - \mathbf{r}_-) \tag{2.3}$$

Der positive Kern und das negative Elektron bilden also einen Dipol mit dem Betrag $e|\mathbf{r}_N - \mathbf{r}_e|$.

Bei den Oszillationen des atomaren Dipols bleibt der Kern aufgrund seiner großen Masse mehr oder weniger stationär, während das Elektron mit der Kreisfrequenz ω_0 oszilliert. Folglich erzeugen die Oszillationen einen zeitlich variierenden Dipol, der zu dem eventuell vorhandenen permanenten Dipol des Atoms hinzukommt. Der Betrag des zeitlich variierenden Dipols ist durch

$$p(t) = -ex(t) \tag{2.4}$$

gegeben, wobei $x(t)$ die zeitabhängige Auslenkung des Elektrons aus seiner Gleichgewichtslage ist. Diese Beziehung zwischen der Auslenkung des Elektrons und dem zeitabhängigen atomaren Dipol ist im oberen Teil von Abbildung 2.2 skizziert. Der oszillierende Dipol verhält sich wie eine winzige Antenne und strahlt nach der Theorie des klassischen hertzschen Dipols elektromagnetische Wellen bei einer Kreisfrequenz von ω_0 ab. Wir erwarten daher, dass das Atom Licht seiner Resonanzfrequenz abstrahlt, wenn die Energie ausreicht, um Oszillationen anzuregen.

Wir nehmen hier an, dass die durch die elektrischen Felder ausgeübten Kräfte sehr klein sind im Vergleich zu den Bindungskräften, die die Elektronen am Kern halten. Diese Bedingung kann verletzt sein, wenn ein sehr starker Laserstrahl zum Anregen des Mediums benutzt wird. Dann befinden wir uns im Regime der nichtlinearen Optik. Die dabei auftretenden Effekte werden in Kapitel 11 untersucht.

Anhand des Dipolmodells können wir auch verstehen, wie das Atom mit einer externen elektromagnetischen Welle der Kreisfrequenz ω wechselwirkt. Das elektrische Wechselfeld übt Kräfte auf das Elektron und den Kern aus und treibt Oszillationen des Systems mit der Frequenz ω an. Wenn ω mit einer Eigenfrequenz des Atoms zusammenfällt, kommt es zur Resonanz. Dabei entstehen sehr große Amplituden, wobei Energie von der externen Welle auf das Atom übertragen wird. Das Atom kann also Energie aus der Lichtwelle absorbieren, falls $\omega = \omega_0$. Die Absorptionsstärke ist charakterisiert durch den Absorptionskoeffizienten α, und die Intensität der Welle fällt nach dem beerschen Gesetz (siehe (1.4)) exponentiell.

Aus der Quantentheorie wissen wir, was tatsächlich bei der Absorption passiert, nämlich dass das Atom in einen angeregten Zustand springt und dabei ein Photon absorbiert. Dies geschieht nur, wenn $\hbar\omega = E_2 - E_1$, wobei E_1 und E_2 die quantisierten Energien von Anfangs- und Endzustand sind. Nachdem es einmal angeregt wurde, kann das Atom in einer Folge von nicht strahlenden Übergängen in den Grundzustand zurückkehren, wobei die von dem absorbierten Photon stammende Energie schließlich in Wärme umgewandelt wird. Alternativ kann es Lumineszenz zeigen, indem es zu einem späteren Zeitpunkt ein Photon reemittiert. Die reemittierten Photonen sind untereinander inkohärent und werden in alle möglichen Richtungen emittiert anstatt in die spezielle Richtung der einfallenden Welle. Folglich kommt es wie bei der Absorption zu einem Nettoverlust von Energie in Richtung des Strahls.

Wenn ω nicht mit einer Resonanzfrequenz zusammenfällt, dann absorbieren die Atome nicht und das Medium erscheint transparent. In diesem Fall regt die Lichtwelle nichtresonante Oszillationen der Atome mit ihrer eigenen Frequenz ω an. Die Oszillationen der Atome folgen denen der treibenden Welle, allerdings mit verzögerter Phase. Diese Phasenverzögerung ist ein Standardmerkmal getriebener Oszillatoren und wird durch Dämpfung verursacht (siehe Aufgabe 2.2).

Die oszillierenden Atome strahlen alle instantan zurück, doch die bei dem Prozess erlangte Phasenverzögerung akkumuliert sich innerhalb des Mediums und bremst die Propagation der Wellenfront. Hieraus folgt, dass die Propagationsgeschwindigkeit kleiner ist als im Vakuum. Die Verringerung der Geschwindigkeit im Medium wird durch den in (1.2) definierten Brechungsindex charakterisiert.

Das Verlangsamen der Welle aufgrund nichtresonanter Wechselwirkungen kann als Folge von Streuvorgängen aufgefasst werden. Die Streuung ist kohärent und elastisch, wobei sich jedes Atom nach dem Huygens-Prinzip wie eine Punktquelle verhält. Das gestreute Licht interferiert in Vorwärtsrichtung konstruktiv und in allen anderen Richtungen destruktiv, sodass die Richtung des Strahls durch die wiederholte Streuung nicht verändert wird. Allerdings führt jedes Streuereignis zu einer Phasenverzögerung, was eine Verlangsamung der Propagation der Phasenfront durch das Medium bewirkt.

2.1.2 Molekül- und Gitterschwingungen

Ein optisches Medium kann zusätzlich zu den Dipoloszillatoren, die aus den im Atom gebundenen Elektronen herrühren, andere Typen von Dipoloszillatoren enthalten. Wenn das Medium ionisch ist, wird es entgegengesetzt geladene Ionen enthalten. Oszillationen dieser geladenen Atome um ihre Gleichgewichtslagen innerhalb des Kristallgitters erzeugen in den individuellen Atomen (siehe letzter Abschnitt) auf die gleiche Weise wie die Oszillationen der Elektronen ein oszillierendes Dipolmoment. Wir müssen daher bei der Wechselwirkung von Licht mit einem ionischen optischen Medium auch die optischen Effekte aufgrund dieser Gitterschwingungen berücksichtigen.

Die optischen Effekte von Gitterschwingungen sind aus der Molekülphysik bekannt. In Abbildung 2.3 ist ein klassisches polares Molekül schematisch dargestellt. Dieses besteht aus zwei geladenen Atomen, die in einer stabilen Konfiguration gebunden sind. Die molekulare Bindung wird im Modell durch eine Feder repräsentiert. Die geladenen Atome können um ihre Gleichgewichtslagen oszillieren und in der gleichen Weise wie die in den Atomen gebundenen Elektronen einen oszillierenden elektrischen Dipol induzieren. Aus Gleichung (2.2) erkennen wir unmittelbar, dass die Schwingungen bei niedrigeren Frequenzen auftreten, da die reduzierte Masse größer ist. Die Schwingungen treten daher bei Infrarotfrequenzen mit $\omega_0/2\pi \sim 10^{12}$ bis 10^{13} Hz auf. Diesen Molekülschwingungen entsprechen die Absorptionslinien im infraroten Spektralbereich.

Die Wechselwirkung zwischen den Molekülschwingungen und der Lichtwelle tritt wegen der Kräfte auf, die das elektrische Feld auf die Atome ausübt. Offensichtlich ist dies nur dann möglich, wenn

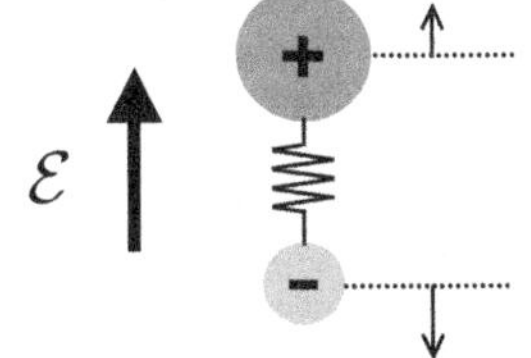

Abb. 2.3: Klassisches Modell eines polaren Moleküls. Die Atome sind positiv bzw. negativ geladen und können um ihre Gleichgewichtslage oszillieren. Diese Oszillationen erzeugen einen oszillierenden elektrischen Dipol, der elektromagnetische Wellen der Resonanzfrequenz abstrahlt. Alternativ wechselwirkt das Molekül mit dem elektrischen Feld $\mathcal{E}$ einer Lichtwelle aufgrund der auf die geladenen Atome ausgeübten Kräfte.

die Atome innerhalb des Moleküls geladen sind. Dies ist der Grund, weshalb wir das Molekül im vorherigen Absatz als **polar** spezifiziert haben. Ein polares Molekül ist eines, bei dem die Ladungswolke der Elektronen, welche die Bindung bildet, sich näher an dem einen der beiden Atome befindet als an dem anderen. Ionische Moleküle wie die Alkalihalogenide (z. B. Na^+Cl^-) fallen eindeutig in diese Kategorie, rein kovalente Moleküle wie die Elementmoleküle (z. B. O_2) dagegen nicht. Viele andere Moleküle liegen irgendwo zwischen diesen beiden Grenzfällen. Ein bekanntes Beispiel ist Wasser (H_2O). Sauerstoff hat eine größere Elektronenaffinität als Wasserstoff, weshalb die Valenzelektronen in der O–H-Bindung näher am Sauerstoffatom sitzen. Die beiden Wasserstoffatome weisen daher eine kleine positive Ladung auf, die durch eine negative Ladung der doppelten Stärke am Sauerstoffatom ausgeglichen wird.

In einem kristallinen Festkörper, der durch Kondensation polarer Moleküle gebildet wird, sind die Atome in einer alternierenden Folge von positiven und negativen Ionen angeordnet. Die Ionen können um ihre Gleichgewichtslagen schwingen, wodurch oszillierende Dipolwellen entstehen. Diese Oszillationen sind mit **Gitterschwingungen** verbunden, und sie treten bei Frequenzen im infraroten Spektralbereich auf. In Kapitel 10 werden wir die mit den Gitterschwingungen verbundenen optischen Eigenschaften ausführlich betrachten. Dabei werden wir sehen, dass die Licht-Materie-Wechselwirkung mit der Anregung von **Phononen** verbunden ist, also mit quantisierten Gitterschwingungen. An dieser Stelle belassen wir es bei der Feststellung, dass Gitterschwingungen eines polaren Kristalls zu starken optischen Effekten im infraroten Spektralbereich führen. Diese Effekte treten zusätzlich zu jenen auf, die durch die in den Atomen des Kristalls gebundenen Elektronen hervorgerufen werden. In der Praxis können wir diese beiden Typen von Dipolen separat behandeln, da die Resonanzen bei sehr unterschiedlichen Frequenzen auftreten. Die Resonanzeffekte der gebundenen Elektronen sind also bei den Frequenzen der Gitterschwingungen vernachlässigbar und umgekehrt. Mit diesem Punkt werden wir uns in Abschnitt 2.2.2 noch ausführlicher befassen.

2.1.3   Oszillationen freier Elektronen

Die in den beiden letzten Abschnitten betrachteten Oszillationen von gebundenen Elektronen und Molekülen sind Beispiele für gebundene Oszillatoren. Metalle und dotierte Halbleiter enthalten jedoch in signifikanter Anzahl **freie Elektronen.** Wie der Begriff schon sagt, sind diese Elektronen nicht an irgendwelche Atome gebunden und erfahren daher auch keine Rückstellkraft, wenn sie ausgelenkt werden. Die Federkonstante in Gleichung (2.2) ist also null. Folglich ist auch die Eigenresonanzfrequenz ω_0 gleich null.

Das Modell der freien Elektronen in Metallen geht auf Paul Drude zurück, weshalb die Anwendung des Modells des oszillierenden Dipols auf Systeme freier Elektronen allgemein als **Drude-Lorentz-Modell** bezeichnet wird. Das Modell des Dipoloszillators passt perfekt, außer dass wir überall $\omega_0 = 0$ setzen müssen. Die optischen Eigenschaften von Systemen freier Elektronen werden in Kapitel 7 diskutiert.

2.2 Das Modell des oszillierenden Dipols

Im letzten Abschnitt haben wir die allgemeinen Annahmen des Modells des oszillierenden Dipols eingeführt. Nun wollen wir das Modell verwenden, um die Frequenzabhängigkeit des Brechungsindex und des Absorptionskoeffizienten zu berechnen. Dies liefert eine einfache Erklärung für die Dispersion des Brechungsindex in optischen Materialien. Gleichzeitig illustriert diese Berechnung den allgemeinen Befund, dass die Phänomene Absorption und Brechung miteinander zusammenhängen. Dies werden wir in Abschnitt 2.3 näher untersuchen.

2.2.1 Der Lorentz-Oszillator

Wir betrachten die Wechselwirkung zwischen einer Lichtwelle und einem Atom mit einer einzigen Resonanzfrequenz ω_0, gegeben durch (2.2), aufgrund der gebundenen Elektronen. Die Auslenkungen der atomaren Dipole modellieren wir als harmonische Oszillatoren. Eine Dämpfung muss berücksichtigt werden, weil die oszillierenden Dipole ihre Energie durch Stoßprozesse verlieren. In Festkörpern tritt dies typischerweise durch Wechselwirkung mit einem Phonon auf, das in dem Kristall thermisch angeregt wurde. Wie wir sehen werden, hat der Dämpfungsterm den Effekt, den Peak des Absorptionskoeffizienten zu reduzieren und die Absorptionslinie zu verbreitern.

Das elektrische Feld der Lichtwelle induziert über die auf die Elektronen wirkenden Kräfte getriebene Oszillationen des atomaren Dipols. Wir treffen die plausible Annahme, dass die Kernmasse viel größer ist als die Elektronenmasse (d. h. $m_\mathrm{N} \gg m_0$), sodass wir die Bewegung des Kerns vernachlässigen können. Die Auslenkung x des Elektrons wird durch eine Bewegungsgleichung der Form

$$m_0 \frac{\mathrm{d}^2 x}{\mathrm{d}t^2} + m_0 \gamma \frac{\mathrm{d}x}{\mathrm{d}t} + m_0 \omega_0^2 x = -e\mathcal{E} \qquad (2.5)$$

beschrieben. Dabei ist γ die Dämpfungsrate, e der Betrag der elektrischen Ladung des Elektrons und $\mathcal{E}$ das elektrische Feld der Lichtwel-

Aus experimentellen Beobachtungen weiß man, dass Atome viele natürliche Resonanzfrequenzen haben, da sonst die Vielzahl der Linien in den Absorptions- und Emissionsspektren nicht zu erklären wäre. Das typische physikalische Verhalten wird jedoch gut durch ein System mit einer einzigen Resonanz illustriert, während die Berücksichtigung multipler Resonanzen die Diskussion kompliziert, ohne viel zum physikalischen Verständnis beizutragen. Wir verschieben daher die Behandlung multipler Resonanzen auf den Abschnitt 2.2.2.

le. Die Terme auf der linken Seite repräsentieren die Beschleunigung, die Dämpfung und die Rückstellkraft. Die Dämpfung wird durch eine Reibungskraft modelliert, die proportional zur Geschwindigkeit ist und die Bewegung hemmt. Der Term auf der rechten Seite repräsentiert die treibende Kraft aufgrund des elektrischen Wechselfeldes der Lichtwelle.

Wir betrachten die Wechselwirkung des Atoms mit einer monochromatischen Lichtwelle der Kreisfrequenz ω. Die Zeitabhängigkeit des elektrischen Feldes ist gegeben durch

$$\mathcal{E}(t) = \mathcal{E}_0 \cos(\omega t + \Phi) = \mathcal{E}_0 \, \mathrm{Re}\left(\mathrm{e}^{-\mathrm{i}(\omega t + \Phi)}\right) \tag{2.6}$$

wobei $\mathcal{E}_0$ die Amplitude und Φ die Phase des Lichts ist. Um Konsistenz mit der Vorzeichenkonvention zu erreichen, die wir später einführen werden, haben wir den negativen Frequenzteil der komplexen Exponentialfunktion gewählt.

Das elektrische Wechselfeld regt Oszillationen seiner eigenen Frequenz ω an. Wir setzen daher (2.6) in (2.5) ein und suchen nach Lösungen der Form

$$x(t) = X_0 \, \mathrm{Re}\left(\mathrm{e}^{-\mathrm{i}(\omega t + \Phi')}\right) \tag{2.7}$$

wobei X_0 die Amplitude und Φ' die Phase der Oszillationen ist. Wir können die Phasenfaktoren aus den Gleichungen (2.6) und (2.7) in die Amplituden einbauen, indem wir zulassen, dass $\mathcal{E}_0$ und X_0 komplexe Zahlen sind. Dann substituieren wir $\mathcal{E}(t) = \mathcal{E}_0 \mathrm{e}^{-\mathrm{i}\omega t}$ in (2.5) und suchen nach Lösungen der Form $x(t) = X_0 \mathrm{e}^{-\mathrm{i}\omega t}$. Dies ergibt

$$-m_0\omega^2 X_0 \, \mathrm{e}^{-\mathrm{i}\omega t} - \mathrm{i}m_0\gamma\omega X_0 \, \mathrm{e}^{-\mathrm{i}\omega t} + m_0\omega_0^2 X_0 \, \mathrm{e}^{-\mathrm{i}\omega t}$$
$$= -e\mathcal{E}_0 \, \mathrm{e}^{-\mathrm{i}\omega t} \tag{2.8}$$

und daraus folgt

$$X_0 = \frac{-e\mathcal{E}_0/m_0}{\omega_0^2 - \omega^2 - \mathrm{i}\gamma\omega} \tag{2.9}$$

Die Auslenkung der Elektronen aus ihren Gleichgewichtslagen erzeugt ein zeitlich variierendes Dipolmoment $p(t)$, wie es in Abbildung 2.2 dargestellt ist. Der Betrag des Dipols ist durch (2.4) gegeben. Dies liefert einen resonanten Beitrag zur makroskopischen Polarisierung (Dipolmoment pro Volumeneinheit) des Mediums. Wenn N die Anzahl der Atome pro Volumeneinheit ist, dann ist die resonante Polarisation

$$\begin{aligned} P_{\mathrm{resonant}} &= N\,p \\ &= -N\,ex \\ &= \frac{N\,e^2}{m_0}\frac{1}{\omega_0^2 - \omega^2 - \mathrm{i}\gamma\omega}\mathcal{E} \end{aligned} \tag{2.10}$$

Manchmal wird $\mathrm{e}^{\mathrm{j}\omega t}$ anstelle von $\mathrm{e}^{-\mathrm{i}\omega t}$ geschrieben. Dies macht keinen physikalischen Unterschied. Um Konsistenz zu erreichen, ersetze man überall -i durch +j.

Beachten Sie, dass die Phasenfaktoren Φ und Φ' in (2.6) und (2.7) nicht zwangsläufig gleich sind. Tatsächlich läuft die Phase der Elektronen der Phase des Lichts hinterher. Dies ist eine bekannte Eigenschaft getriebener Oszillationen. Die Oszillationen haben die gleiche Frequenz wie die treibende Kraft, doch wegen der Dämpfung folgen sie mit einer gewissen Verzögerung. Diese Phasenverzögerung ist der Grund für die Verlangsamung des Lichts im optischen Medium und demzufolge für den Brechungsindex (siehe Abschnitt 2.1).

Ein kurzer Blick auf (2.10) zeigt, dass der Betrag von P_{resonant} klein ist, es sei denn, die Frequenz liegt nahe bei ω_0. Dies ist eine weitere allgemeine Eigenschaft von getriebenen Oszillationen: Der Respons ist schwach, außer wenn die Frequenz nahe der Resonanz mit der Eigenfrequenz des Oszillators ist.

Aus (2.10) können wir die komplexe relative Permiitivität ϵ_r bestimmen. Die elektrische Flussdichte $\mathbf{D}$ des Mediums hängt mit dem elektrischen Feld $\boldsymbol{\mathcal{E}}$ und der Polarisation $\mathbf{P}$ über die Beziehung

$$\mathbf{D} = \epsilon_0 \boldsymbol{\mathcal{E}} + \mathbf{P} \tag{2.11}$$

zusammen. Fett gedruckte Symbole bezeichnen wie üblich vektorielle Größen (siehe auch (A.2)). Was uns interessiert, ist der optische Respons für Frequenzen nahe ω_0, und daher spalten wir die Polarisation in einen nichtresonanten Hintergrundterm und einen resonanten Term, der aus dem getriebenen Respons des Oszillators resultiert. Wir schreiben daher

$$\begin{aligned} \mathbf{D} &= \epsilon_0 \boldsymbol{\mathcal{E}} + \mathbf{P}_{\text{background}} + \mathbf{P}_{\text{resonant}} \\ &= \epsilon_0 \boldsymbol{\mathcal{E}} + \mathbf{P}_{\text{resonant}} \end{aligned} \tag{2.12}$$

Um die Rechnung einfach zu halten, nehmen wir an, dass das Material isotrop ist. Dann ist die relative Permittivität durch

$$\mathbf{D} = \epsilon_0 \epsilon_r \boldsymbol{\mathcal{E}} \tag{2.13}$$

definiert. Durch Kombination der Gleichungen (2.10) bis (2.13) erhalten wir

$$\epsilon_r(\omega) = 1 + \chi + \frac{N e^2}{\epsilon_0 m_0} \frac{1}{(\omega_0^2 - \omega^2 - i\gamma\omega)} \tag{2.14}$$

Dies kann gemäß (1.21) in Real- und Imaginärteil aufgespalten werden. Wir erhalten

$$\epsilon_1(\omega) = 1 + \chi + \frac{N e^2}{\epsilon_0 m_0} \frac{\omega_0^2 - \omega^2}{(\omega_0^2 - \omega^2)^2 + (\gamma\omega)^2} \tag{2.15}$$

$$\epsilon_2(\omega) = \frac{N e^2}{\epsilon_0 m_0} \frac{\gamma\omega}{(\omega_0^2 - \omega^2)^2 + (\gamma\omega)^2} \tag{2.16}$$

Diese Formeln können weiter vereinfacht werden, wenn wir mit Frequenzen nahe der Resonanz arbeiten, sodass $\omega \approx \omega_0 \gg \gamma$ gilt. Dies erlaubt es uns, den Term $(\omega_0^2 - \omega^2)$ durch $2\omega_0\Delta\omega$ zu approximieren, wobei $\Delta\omega = (\omega - \omega_0)$ die Abweichung von ω_0 ist. Dann stellen wir fest, dass die Grenzfälle hoher und niedriger Frequenz von $\epsilon_r(\omega)$ durch

$$\epsilon_r(0) \equiv \epsilon_{\text{st}} = 1 + \chi + \frac{N e^2}{\epsilon_0 m_0 \omega_0^2} \tag{2.17}$$

Die elektrische Suszeptibilität χ in (2.12) ist für alle anderen Beiträge zur Polarisierbarkeit der Atome verantwortlich. Wir werden die „nichtresonante Polarisierung" in Abschnitt 2.2.2 beschreiben.

Die Betrachtung von anisotropen Materialien würde an dieser Stelle lediglich unnötige Komplikationen mit sich bringen, weshalb wir die Behandlung der Anisotropie auf Abschnitt 2.5.1 verschieben.

bzw.

$$\epsilon_{\mathrm{r}}(\infty) \equiv \epsilon_{\infty} = 1 + \chi \tag{2.18}$$

gegeben sind. ϵ_{st} steht für „statisch"; die Größe repräsentiert den dielektrischen Respons auf statische (niedrigfrequente) elektrische Felder. Mit dieser Notation erhalten wir

$$(\epsilon_{\mathrm{st}} - \epsilon_{\infty}) = \frac{N e^2}{\epsilon_0 m_0 \omega_0^2} \tag{2.19}$$

Schließlich schreiben wir (2.15) und (2.16) in der folgenden Form, die für Frequenzen nahe der Resonanz gültig ist:

$$\epsilon_1(\Delta\omega) = \epsilon_{\infty} - (\epsilon_{\mathrm{st}} - \epsilon_{\infty}) \frac{2\omega_0 \Delta\omega}{4(\Delta\omega)^2 + \gamma^2} \tag{2.20}$$

$$\epsilon_1(\Delta\omega) = (\epsilon_{\mathrm{st}} - \epsilon_{\infty}) \frac{\gamma\omega_0}{4(\Delta\omega)^2 + \gamma^2} \tag{2.21}$$

Diese Gleichungen beschreiben eine scharfe atomare Absorptionslinie, die um ω_0 zentriert ist und eine Halbwertsbreite von γ hat.

Abbildung 2.4 zeigt die durch (2.20) und (2.21) vorhergesagte Frequenzabhängigkeit von ϵ_1 und ϵ_2 für ein Ensemble von Oszillatoren mit $\omega_0 = 10^{14}\,\mathrm{rad/s}$, $\gamma = 5 \times 10^{12}\,\mathrm{s}^{-1}$, $\epsilon_{\mathrm{st}} = 12{,}1$ und $\epsilon_{\infty} = 10$. Wir sehen, dass ϵ_2 eine Funktion von ω mit scharfem Maximum bei ω_0 und der Halbwertsbreite γ ist. Die Frequenzabhängigkeit von ϵ_1 ist komplizierter. Wenn wir uns ω_0 von unten nähern, erwächst ϵ_1 allmählich aus dem niedrigfrequenten Wert von ϵ_{st} und erreicht einen Peak bei $\omega_0 - \gamma/2$ (siehe Beispiel 2.1). Dann fällt die Funktion scharf ab, durchläuft ein Minimum bei $\omega_0 + \gamma/2$, um schließlich wieder auf den hochfrequenten Grenzwert ϵ_{∞} anzusteigen. Beachten Sie, dass die Frequenzskala, auf der diese Effekte auftreten, sowohl für ϵ_1 als auch für ϵ_2 durch γ festgelegt ist. Dies zeigt, dass die Dämpfung des Oszillators eine Linienverbreiterung verursacht. Die Frequenzabhängigkeit von ϵ_1 und ϵ_2, die in Abbildung 2.4 dargestellt ist, wird nach dem Urheber des Dipolmodells **Lorentz-Kurve** genannt.

Was wir im Experiment tatsächlich messen, ist der Brechungsindex n und der Absorptionskoeffizient α. Durch die Messung von α ist dann gemäß (1.19) der Extinktionskoeffizient festgelegt. Abbildung 2.4 zeigt die mithilfe von (1.25) und (1.26) aus ϵ_1 und ϵ_2 berechneten Werte von n und κ. Wir sehen, dass n näherungsweise der Frequenzabhängigkeit von $\sqrt{\epsilon_1(\omega)}$ folgt, während κ mehr oder weniger $\epsilon_2(\omega)$ folgt. Die Korrespondenz zwischen n und $\sqrt{\epsilon_1(\omega)}$ sowie zwischen κ und ϵ_2 wäre exakt, wenn κ sehr viel kleiner wäre als n (vgl. (1.27) und (1.28)). Dies ist es, was generell in Gasen passiert, wo die geringe Dichte dazu führt, dass die Absorption insgesamt gering ist. In dem in Abbildung 2.4 gezeigten Beispiel gilt die Korre-

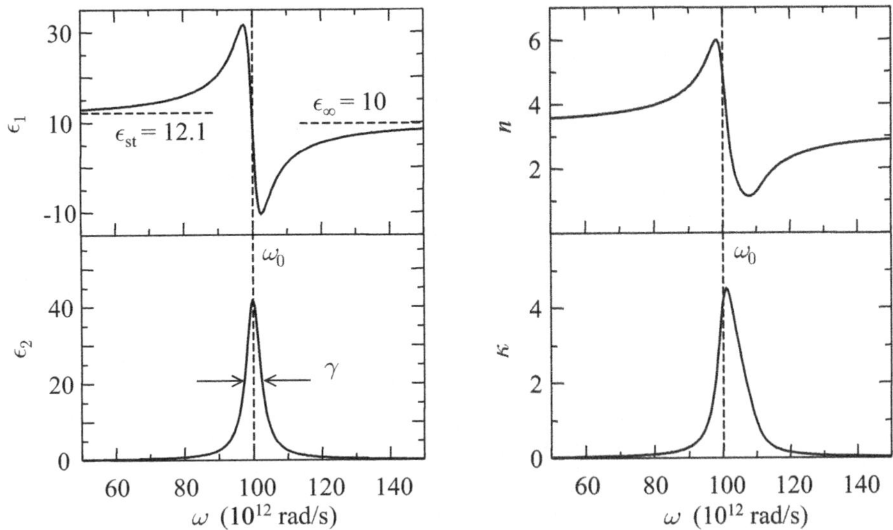

Abb. 2.4: Frequenzabhängigkeit von Real- und Imaginärteil der komplexen Dielektrizitätskonstante eines Dipoloszillators bei Frequenzen in der Nähe der Resonanz. Die Kurven sind für einen Oszillator mit $\omega_0 = 10^{14}\,\mathrm{rad/s}$, $\gamma = 5 \times 10^{12}\,\mathrm{s}^{-1}$, $\epsilon_{\mathrm{st}} = 12{,}1$ und $\epsilon_\infty = 10$. Dargestellt sind außerdem Real- und Imaginärteil des Brechungsindex, welche aus der relativen Permittivität berechnet wurden.

spondenz nur näherungsweise, da die Absorption nahe ω_0 sehr stark ist, sodass wir nicht allgemein $n \gg \kappa$ annehmen können. Nichtsdestotrotz erkennen wir das generelle Verhalten: Die Absorption hat bei einer Frequenz nahe ω_0 einen Peak und ihre Halbwertsbreite ist etwa γ; der Brechungsindex hat vor und nach ω_0 kurze Ausschläge nach oben bzw. unten. Dies ist das typische Verhalten, dass man von einer atomaren Absorptionslinie erwartet.

Ein wichtiger Aspekt eines resonanten lorentzschen Dipols besteht darin, dass der Einfluss auf den Brechungsindex über einen weit größeren Frequenzbereich auftritt als der Einfluss auf die Absorption. Dies ist anhand der Kurven in Abbildung 2.4 gut zu erkennen. Die Absorption ist eine Funktion von ω mit ausgeprägtem Peak und fällt mit dem Abstand von der Resonanz wie $(\Delta\omega)^{-2}$. Somit gibt es in hinreichend großer Entfernung von der Resonanz keine signifikante Absorption. Die Frequenzabhängigkeit des Brechungsindex hingegen variiert für große $|\Delta\omega|$ langsamer als $|\Delta\omega|^{-1}$. Dies folgt aus Gleichung (2.20), wenn wir die Näherung $n = \sqrt{\epsilon_1}$ verwenden, die für große $|\Delta\omega|$ gültig ist, falls ϵ_2 sehr klein ist. Dies bedeutet, dass es auch dann noch einen signifikanten Beitrag zum Brechungsindex geben kann, wenn die Frequenz des Lichts weit entfernt von der Resonanz mit der Absorptionsfrequenz ist.

Beispiel 2.1

Die Halbwertsbreite einer atomaren Übergangslinie bei 589,0 nm sei 100 MHz. Ein Lichtstrahl durchdringt ein Gas mit einer Atomdichte von $1 \times 10^{17}\,\mathrm{m}^{-3}$. Berechnen Sie:

(a) Den Peak des Absorptionskoeffizienten gemäß dieser Absorptionslinie.

(b) Die Frequenz, bei der der resonante Beitrag zum Brechungsindex sein Maximum hat.

(c) Den Peak des resonanten Beitrags zum Brechungsindex.

Lösung: (a) Wir haben es mit einem Gas zu tun, das eine geringe Atomdichte hat. In diesem Fall gelten die durch (1.27) und (1.28) gegebenen Näherungen. Dies bedeutet, dass die Absorption direkt aus der Frequenzabhängigkeit von $\epsilon_2(\omega)$ folgt und der Absorptionspeak genau in der Mitte der Linie liegt. Der Peak des Extinktionskoeffizienten kann aus den Gleichungen (2.16) und (1.28) abgeleitet werden. Wir erhalten

$$\kappa(\omega_0) = \frac{\epsilon_2(\omega_0)}{2n} = \frac{N\,e^2}{2n\epsilon_0 m_0}\,\frac{1}{\gamma\omega_0}$$

Den Wert von n kennen wir nicht, doch da wir es mit einem Gas zu tun haben, wissen wir, dass er nur wenig von eins abweichen kann. Diese Überlegung wird durch Teil (c) bestätigt. Wir nehmen hier also $n = 1$ an und setzen $N = 1 \times 10^{17}\,\mathrm{m}^{-3}$, $\gamma = 2\pi \times 10^8\,\mathrm{s}^{-1}$ und $\omega_0 = 2\pi c/\lambda = 3{,}20 \times 10^{15}\,\mathrm{rad/s}$ ein. Damit erhalten wir $\kappa(\omega_0) = 7{,}90 \times 10^{-5}$. Es gilt also $n \gg \kappa$, sodass es offenbar gerechtfertigt war, Gleichung (1.28) zu verwenden. Aus (1.19) können wir nun den Absorptionskoeffizienten ableiten:

$$\alpha_{\mathrm{max}} \equiv \alpha(\omega_0) = \frac{4\pi\kappa(\omega_0)}{\lambda} = 1{,}7 \times 10^3\,\mathrm{m}^{-1}$$

(b) Aus Abbildung 2.4 wissen wir, dass der Brechungsindex dicht unterhalb von ω_0 ein Maximum hat. Nach Gleichung (1.27) ist $n(\omega) = \sqrt{\epsilon_1(\omega)}$, d. h., das lokale Maximum von n tritt für die gleiche Frequenz auf wie das Maximum von ϵ_1. Da der Peak in der Nähe von ω_0 liegt, ist es gerechtfertigt, Gleichung (2.20) zu verwenden. Das lokale Maximum tritt auf, wenn

$$\frac{\mathrm{d}\epsilon_1(\omega)}{\mathrm{d}\omega} \equiv \frac{\mathrm{d}\epsilon_1(\Delta\omega)}{\mathrm{d}\Delta\omega} \propto \frac{4(\Delta\omega)^2 - \gamma^2}{[4(\Delta\omega)^2 + \gamma^2]^2} = 0$$

Dies liefert $\Delta\omega = \pm\gamma/2$. Aus Abbildung 2.4 ist ersichtlich, dass $\Delta\omega = -\gamma/2$ mit dem lokalen Maximum korrespondiert und

---

Die Wellenlänge und die Linienbreite des in diesem Beispiel betrachteten Übergangs entspricht der stärksten Hyperfeinkomponente der D_2-Linie in Natrium. Der tatsächliche Wert des Absorptionskoeffizienten für diesen Übergang ist etwa um den Faktor 3 kleiner als der hier berechnete Wert. Diese Abweichung ist auf die nicht zutreffende Annahme zurückzuführen, dass die Oszillatorstärke des Übergangs eins ist. Das Konzept der Oszillatorstärke wird in Abschnitt 2.2.2 eingeführt.

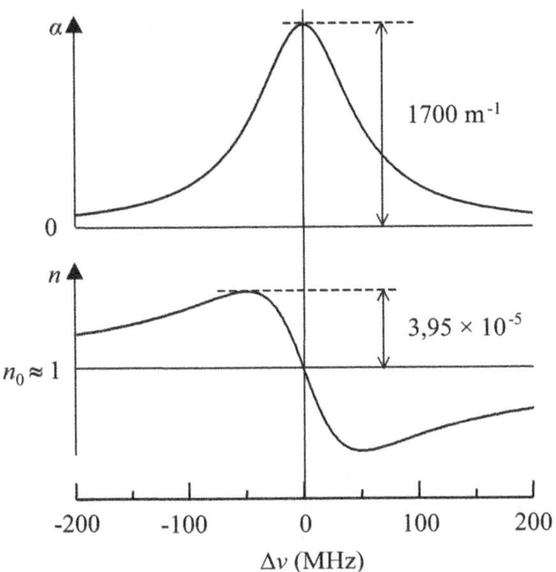

Abb. 2.5: Absorptionskoeffizient und Brechungsindex des in Beispiel 2.1 betrachteten atomaren Gases. n_0 repräsentiert den Brechungsindex fern der Resonanz, der näherungsweise eins ist.

$\Delta\omega = +\gamma/2$ mit dem lokalen Minimum. Der Peak im Brechungsindex liegt also 50 MHz unterhalb des Linienzentrums.

(c) Aus Teil (b) wissen wir, dass das lokale Minimum des Brechungsindex für $\Delta\omega = -\gamma/2$ auftritt. Aus (1.27) und (2.20) erhalten wir den Brechungsindex bei dieser Frequenz:

$$n_{\mathrm{max}} = \sqrt{\epsilon_1} = \left(\epsilon_\infty + \frac{N\,e^2}{2\epsilon_0 m_0 \omega_0 \gamma}\right)^{1/2}$$

$$= n_0 \left(1 + \frac{7{,}90 \times 10^{-5}}{n_0^2}\right)^{1/2}$$

Dabei ist $n_0 = \sqrt{\epsilon_\infty}$ der Brechungsindex fern der Resonanz. Wir haben es mit einem Gas geringer Dichte zu tun, sodass die Annahme $n_0 \approx 1$ gerechtfertigt ist. Dies bedeutet, dass der Peak des resonanten Beitrags zum Brechungsindex $3{,}95 \times 10^{-5}$ ist.

Die vollständige Frequenzabhängigkeit des Absorptionskoeffizienten und des Brechungsindex in der Umgebung dieser Absorptionslinie ist in Abbildung 2.5 dargestellt.

2.2.2 Multiple Resonanzen

Im Allgemeinen hat ein optisches Medium mehrere charakteristische Resonanzfrequenzen. In Abschnitt 2.1 haben wir bereits diskutiert, warum wir erwarten, separate Resonanzen aufgrund von Gitterschwingungen einerseits und von Oszillationen der in den Atomen gebundenen Elektronen andererseits zu beobachten. Darüber hinaus kann ein gegebenes Medium mehrere Resonanzen von jedem Typ haben. Wir können diese multiplen Resonanzen problemlos in unserem Modell behandeln, vorausgesetzt, sie treten bei unterschiedlichen Frequenzen auf.

In (2.12) haben wir die Polarisation in einen resonanten und einen nichtresonanten Teil aufgespalten. Dann haben wir den resonanten Teil ausführlich diskutiert, ohne allzu genau zu spezifizieren, was unter der Bezeichnung „nichtresonanter Term" zu verstehen ist. Wir haben einfach behauptet, dass $\mathbf{P}$ proportional zu $\mathcal{E}$ ist, wobei die Suszeptibilität χ als Proportionalitätskonstante auftritt. In Wirklichkeit muss die nichtresonante Polarisation des Mediums in exakt der gleichen Weise wie der resonante Teil aus der Polarisierbarkeit der Atome herrühren. Aus Gleichung (2.19) entnehmen wir, dass die relative Permittivität jedesmal abnimmt, wenn wir eine Absorptionslinie überqueren. Die Beiträge, die in (2.12) in die Hintergrund-Suszeptibilität χ eingehen, resultieren also aus der Polarisation aufgrund aller anderen Oszillatoren höherer Frequenzen.

Verständlicher wird dieser Punkt, wenn wir die Sache ansatzweise quantitativ betrachten. Der Beitrag zur Polarisation eines speziellen Oszillators ist durch (2.10) gegeben. In einem Medium mit vielen elektronischen Oszillatoren verschiedener Frequenzen ist die Gesamtpolarisation somit durch

$$\mathbf{P} = \left(\frac{N e^2}{m_0} \sum_j \frac{1}{\left(\omega_j^2 - \omega^2 - \mathrm{i}\gamma_j \omega \right)} \right) \mathcal{E} \qquad (2.22)$$

gegeben, wobei ω_j die Kreisfrequenz und γ_j der Dämpfungskoeffizient einer bestimmten Resonanzlinie ist. Dies substituieren wir nun in (2.11) und verwenden die durch (2.13) gegebene Definition von ϵ_r. Wir erhalten

$$\epsilon_r(\omega) = 1 + \frac{N e^2}{\epsilon_0 m_0} \sum_j \frac{1}{\left(\omega_j^2 - \omega^2 - \mathrm{i}\gamma_j \omega \right)} \qquad (2.23)$$

Diese Gleichung berücksichtigt alle Übergänge im Medium. Sie kann verwendet werden, um die Frequenzabhängigkeit der relativen Permittivität vollständig zu berechnen.

Der Brechungsindex und der durch (2.23) gegebene Absorptionskoeffizient sind in Abbildung 2.6 gegen die Frequenz aufgetragen. Die Abbildung wurde für einen hypothetischen Festkörper mit drei gut separierten Resonanzen, $\omega_j = 4 \times 10^{13}\,\mathrm{rad/s}$, 4×10^{15} und $1 \times 10^{17}\,\mathrm{rad/s}$, berechnet. Die Breite der einzelnen Absorptionslinien wurde durch geeignete Wahl der Dämpfungsrate auf 10% der

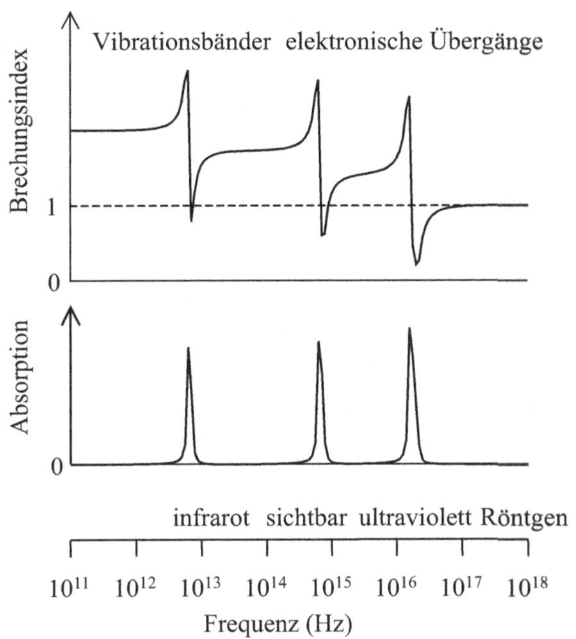

Abb. 2.6: Schematische Darstellung der Frequenzabhängigkeit des Brechungsindex und des Absorptionskoeffizienten für einen hypothetischen Festkörper vom infraroten Spektralbereich bis zum Röntgenbereich. Für den Festkörper wurden drei Resonanzfrequenzen, $\omega_j = 4 \times 10^{13}\,\text{rad/s}$, 4×10^{15} und $1 \times 10^{17}\,\text{rad/s}$, angenommen. Die Breite der einzelnen Absorptionslinien wurde durch geeignete Wahl von γ_j auf 10% der zentralen Frequenz gesetzt.

zentralen Frequenz gesetzt. Die Resonanz im infraroten Bereich wurde hinzugenommen, um die Vibrationsabsorption zu repräsentieren. Für einen realen Festkörper müssten wir das Modell geeignet modifizieren, um unterschiedliche Werte der reduzierten Masse und der effektiven Ladung des Oszillators berücksichtigen zu können.

Am besten können wir diese Abbildung verstehen, wenn wir mit den höchsten Frequenzen beginnen und uns dann zu immer niedrigeren Frequenzen durcharbeiten. Bei den allerhöchsten Frequenzen sind die Elektronen zu träge, um auf das treibende Feld zu reagieren. Das Medium hat daher keine Polarisation und die Permittivität ist eins. Wenn wir die Frequenz reduzieren, gelangen wir als erstes an die Übergänge der inneren Elektronen im ultravioletten und sichtbaren Bereich. Dann haben wir einen Bereich ohne Übergänge, bis wir schließlich die Vibrationsfrequenzen im Infrarotbereich erreichen. Jedesmal, wenn wir eine dieser Resonanzen kreuzen, sehen wir die typische Frequenzabhängigkeit des Lorentz-Oszillators, charakterisiert durch einen Peak im Absorptionsspektrum und einen scharfen Ausschlag im Brechungsindex. Zwischen den Resonanzen ist das Medium transparent, der Absorptionskoeffizient ist dann null und der Brechungsindex ist nahezu konstant.

Der Wert des Brechungsindex in den Transparenzbereichen wächst allmählich an, während wir mit zunehmender Frequenz immer mehr Resonanzlinien überqueren. Die Zunahme des Brechungsindex ist

Der aufmerksame Leser wird bemerkt haben, dass der Peak des Absorptionskoeffizienten für die drei in Abbildung 2.6 gezeigten Übergangslinien mit abnehmender Frequenz geringfügig kleiner wird. Der Grund hierfür ist, dass n bei kleineren Frequenzen größer ist. Die Übergänge haben alle den gleichen Peak ϵ_2, doch wie wir aus Gleichung (1.24) ablesen, muss κ etwas kleiner sein, wenn n größer ist.

auf die Tatsache zurückzuführen, dass $\epsilon_{\mathrm{st}} > \epsilon_\infty$ (vgl. (2.19)), woraus folgt, dass n unterhalb einer Absorptionslinie größer ist als oberhalb. Mit Blick auf Abbildung 2.6 sehen wir nun, dass die Bezeichnungen „statisch" und „∞" auf eine spezielle Resonanz bezogen werden müssen. Aus der Tatsache, dass n aufgrund der Resonanzen mit der Frequenz variiert, resultiert die Dispersion, die in optischen Materialien auch dann auftritt, wenn diese transparent sind. Dieser Punkt wird in Abschnitt 2.4 ausführlicher diskutiert.

Das Modell des Dipoloszillators sagt vorher, dass jeder Oszillator einen Term beiträgt, der durch (2.10) gegeben ist. Dies führt zu einer Reihe von Absorptionslinien gleicher Stärke. Allerdings zeigen experimentelle Daten, dass die Absorptionsstärke für unterschiedliche Übergänge beträchtlich variiert. Im Nachhinein wissen wir natürlich, dass dies durch die Variation der quantenmechanischen Übergangswahrscheinlichkeit verursacht wird (siehe Anhang B). Im Rahmen der klassischen Physik gibt es hierfür keine Erklärung. Wir ordnen einfach jedem Übergang eine phänomenologische **Oszillatorstärke** f_j zu, sodass wir (2.23) in der Form

$$\epsilon_{\mathrm{r}}(\omega) = 1 + \frac{N e^2}{\epsilon_0 m_0} \sum_j \frac{f_j}{\left(\omega_{0j}^2 - \omega^2 - \mathrm{i}\gamma_j\omega\right)} \qquad (2.24)$$

schreiben können. Quantenmechanische Überlegungen führen zu dem Schluss, dass für jedes Elektron $\sum_j f_j = 1$ gelten muss. Da das klassische Modell für jeden Oszillator $f_j = 1$ vorhersagt, interpretieren wir dies so, dass ein gegebenes Elektron zur gleichen Zeit an verschiedenen Übergängen beteiligt ist und die Absorptionsstärke zwischen diesen Übergängen aufgeteilt wird.

2.2.3 Vergleich mit experimentellen Daten

Vergleichen wir nun das in Abbildung 2.6 schematisch dargestellte Verhalten mit experimentellen Daten für ein typisches optisches Material. Abbildung 2.7 zeigt die Frequenzabhängigkeit des Brechungsindex und des Extinktionskoeffizienten von Quarzglas (SiO_2) vom infraroten bis zum Röntgenbereich. Der allgemeine Verlauf, wie er in Abbildung 2.6 skizziert ist, findet sich hier offensichtlich wieder, wobei eine starke Absorption im infraroten und im ultravioletten Bereich zu beobachten ist. Dazwischen liegt ein breiter Bereich mit geringer Absorption. Die Daten bestätigen, dass außer in der Nähe der Absorptionspeaks $n \gg \kappa$ gilt. Dies bedeutet, dass die Näherung, nach der die Frequenzabhängigkeit von n mit der von ϵ_1 assoziiert wird und die von κ mit ϵ_2 (Gleichungen (1.27) und (1.28)) für die meisten Frequenzen zutreffend ist.

Der allgemeine Verlauf der Kurven in 2.7 ist typisch für optische Materialien, die im sichtbaren Bereich transparent sind. Wie wir

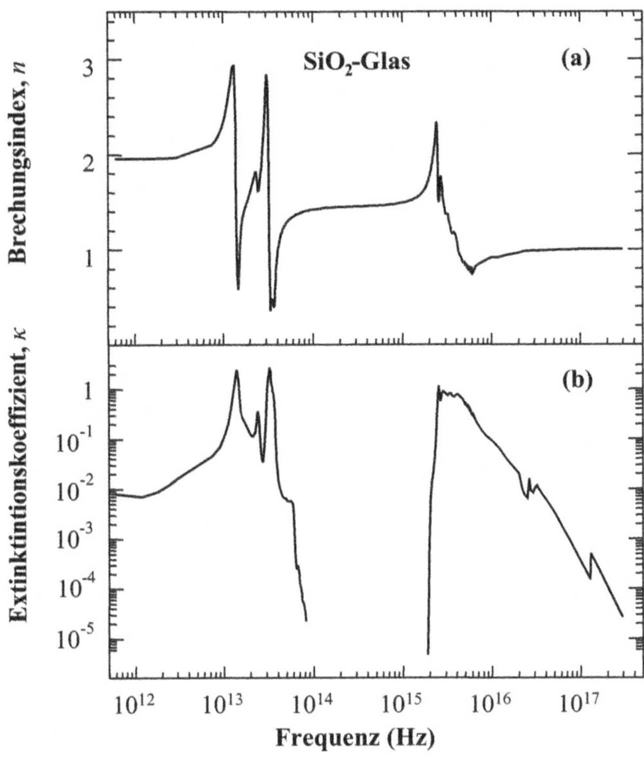

Abb. 2.7: (a) Brechungsindex und (b) Extinktionskoeffizient von Quarzglas vom infraroten bis zum Röntgenbereich. Nach Palik (1985).

bereits in den Abschnitten 1.4.1 und 1.4.2 bemerkt hatten, wird der Transmissionsbereich farbloser Materialien durch die elektronische Absorption im ultravioletten und die Schwingungsabsorption im infraroten Bereich bestimmt. Illustriert wird dies durch die Transmissionsdaten für Saphir, die in Abbildung 1.4a zu sehen sind.

Quarz ist ein Glas und besitzt somit kein reguläres Kristallgitter. Die Infrarotabsorption wird demzufolge durch Anregung von Schwingungsquanten in den SiO$_2$-Molekülen selbst verursacht. Es werden zwei Peaks beobachtet, der eine bei $1,4 \times 10^{13}$ Hz (21 µm) und der andere bei $3,3 \times 10^{13}$ Hz (9,1 µm). Diese beiden Peaks korrespondieren mit unterschiedlichen Schwingungsmoden des Moleküls. Die genaue Modellierung dieser Absorptionsbänder durch das Oszillatormodell wird in Kapitel 10 diskutiert.

Die Ultraviolettabsorption in Quarz wird durch elektronische Interbandübergänge verursacht. SiO$_2$ hat eine fundamentale Bandlücke von etwa 10 eV, und Interbandübergänge sind immer dann möglich, wenn die Photonenergie diesen Wert übersteigt. Folglich beobachten wir eine Absorptionsschwelle im Ultravioletten bei 2×10^{15} Hz (150 nm). Die Interbandabsorption erreicht ihr Maximum bei etwa 3×10^{15} Hz mit einem extrem hohen Absorptionskoeffizienten von

$\sim 10^8 \, \mathrm{m}^{-1}$ und fällt dann in Richtung höherer Frequenzen allmählich ab. Nebenmaxima werden bei $\sim 3 \times 10^{16} \, \mathrm{Hz}$ und $1{,}3 \times 10^{17} \, \mathrm{Hz}$ beobachtet. Diese entstehen durch Übergänge der inneren Rumpfelektronen der Silicium- und Sauerstoffatome. Da die elektronische Absorption aus einem kontinuierlichen Band anstatt aus einer diskreten Linie besteht, kann sie nicht gut durch einen Lorentz-Oszillator modelliert werden. Wir werden die Quantentheorie der Interbandabsorption in Kapitel 3 diskutieren.

Der Brechungsindex von Glas hat Resonanzen im infraroten und im ultravioletten Spektralbereich, was mit Vibrations- und Interbandabsorptionsbändern korrespondiert. Im Ferninfrarot unterhalb der Vibrationsresonanz ist der Brechungsindex ~ 2, während er im harten Ultraviolettbereich und im Röntgenbereich den Wert 1 erreicht. Im Transparenzbereich zwischen der Vibrations- und Interbandabsorption hat der Brechungsindex einen Wert von $\sim 1{,}5$. Eine genauere Betrachtung von Abbildung 2.7 zeigt, dass der Brechungsindex in diesem Transparenzbereich mit der Frequenz steigt, nämlich von dem Wert 1,40 bei $8 \times 10^{13} \, \mathrm{Hz}$ ($3{,}5 \, \mu\mathrm{m}$) bis 1,55 bei $1{,}5 \times 10^{15} \, \mathrm{Hz}$ ($200 \, \mathrm{nm}$). Die Dispersion ergibt sich aus der niedrigfrequenten Flanke der Ultraviolettabsorption und der hochfrequenten Flanke der Infrarotabsorption. Dies wird ausführlicher in Abschnitt 2.4 diskutiert.

Die Daten in Abbildung 2.7 zeigen, dass der Brechungsindex für eine Reihe von Frequenzen unter eins fällt. Dies impliziert, dass die Phasengeschwindigkeit des Lichts größer ist als c, was im Widerspruch zur Relativitätstheorie zu stehen scheint. Der Widerspruch löst sich jedoch auf, wenn man beachtet, dass das Signal als Wellenpaket und nicht als monochromatische Welle übertragen werden muss. In einem dispersiven Medium propagiert ein Wellenpaket mit einer **Gruppengeschwindigkeit** v_{g}, die durch

$$v_{\mathrm{g}} = \frac{\mathrm{d}\omega}{\mathrm{d}k} \tag{2.25}$$

gegeben ist, anstatt mit der Phasengeschwindigkeit $v = \omega/k = c/n$. Die Beziehung zwischen v_{g} und v ist

$$v_{\mathrm{g}} = v \left(1 + \frac{\omega}{n} \frac{\mathrm{d}n}{\mathrm{d}\omega} \right)^{-1} = v \left(1 - \frac{\lambda}{n} \frac{\mathrm{d}n}{\mathrm{d}\lambda} \right)^{-1} \tag{2.26}$$

wobei λ die Vakuumwellenlänge des Lichts ist. Die Herleitung dieses Zusammenhangs wird dem Leser als Übungsaufgabe überlassen (siehe Aufgabe 2.7). In Abschnitt 2.4 werden wir sehen, dass $\mathrm{d}n/\mathrm{d}\omega$ in fast allen Materialien bei optischen Frequenzen positiv ist. Hieraus folgt, dass v_{g} immer kleiner ist als v, und wenn wir versuchen würden, ein Signal in einem Spektralbereich mit $v > c$ zu übertragen, würden wir feststellen, dass v_{g} kleiner ist als c. Der Beweis hierfür wird für einen einfachen Lorentz-Oszillator in Aufgabe 2.7 geführt.

Aus Abbildung 2.6 ist ersichtlich, dass $\mathrm{d}n/\mathrm{d}\omega$ für einige Frequenzen in der Nähe einer Resonanzlinie negativ ist. Aus Gleichung 2.26 folgt dann $v_{\mathrm{g}} > v$, sodass wir scheinbar wieder ein Problem mit der Relativitätstheorie bekommen. Doch das Medium ist in diesen Frequenzbereichen stark absorbierend, was bedeutet, dass sich das Signal mit einer anderen Geschwindigkeit fortpflanzt, welche als Signalgeschwindigkeit bezeichnet wird. Diese ist immer kleiner als c.

2.2.4   Lokalfeldkorrekturen

Der in (2.24) gegebene Ausdruck für die relative Permittivität gilt
für ein verdünntes Gas, d. h. für eine geringe Atomdichte. In einem
dichten optischen Medium wie einem Festkörper müssen wir noch
einen anderen Faktor berücksichtigen. Die individuellen atomaren
Dipole antworten auf das von ihnen gespürte **Lokalfeld.** Dies muss
nicht unbedingt das gleiche sein wie das externe Feld, da die Dipole selbst elektrische Felder generieren, die auf alle anderen Dipole
wirken. Das Lokalfeld, das ein Atom tatsächlich spürt, hat die Form

$$\mathcal{E}_{\text{lokal}} = \mathcal{E} + \mathcal{E}_{\text{andere Dipole}} \tag{2.27}$$

wobei $\mathcal{E}$ und $\mathcal{E}_{\text{andere Dipole}}$ die durch das externe Feld und die anderen Dipole erzeugten Felder bezeichnen. Für die Berechnungen in
den Abschnitten 2.2.1 und 2.2.2 hätten wir besser $\mathcal{E}_{\text{lokal}}$ anstatt $\mathcal{E}$
verwenden müssen.

Die Berechnung des Korrekturfeldes aufgrund der anderen Dipole im Medium ist recht kompliziert. Eine Näherungslösung, die auf
Lorentz zurückgeht, erhalten wir, wenn wir annehmen, dass alle Dipole parallel zum angelegten Feld und in einem kubischen Gitter
angeordnet sind. Bei der Berechnung wird der Beitrag der benachbarten Dipole von dem der restlichen Probe separiert (siehe Abbildung 2.8). Die Separation wird durch eine gedachte sphärische
Oberfläche erreicht, deren Radius groß genug ist, um das außerhalb
von ihr liegende Material auszugleichen. Das Problem wird dann
darauf reduziert, die Felder der Dipole innerhalb der Kugel zu dem
des Dipols in der Mitte zu summieren und dann den Effekt eines
homogen polarisierten Dielektrikums außerhalb der Kugel zu berechnen. Das Endergebnis ist

$$\mathcal{E}_{\text{andere Dipole}} = \frac{\mathbf{P}}{3\epsilon_0} \tag{2.28}$$

wobei $\mathbf{P}$ die Polarisation des Dielektrikums außerhalb der Kugel ist.
Die Herleitung dieses Ergebnisses ist Gegenstand von Aufgabe 2.7.
Mit (2.28) in (2.27) erhalten wir

$$\mathcal{E}_{\text{lokal}} = \mathcal{E} + \frac{\mathbf{P}}{3\epsilon_0} \tag{2.29}$$

Die makroskopische Polarisation $\mathbf{P}$ ist gegeben durch

$$\mathbf{P} = N\epsilon_0\chi_{\text{a}}\mathcal{E}_{\text{lokal}} \tag{2.30}$$

wobei χ_{a} die elektrische Suszeptibilität pro Atom ist. χ_{a} ist festgelegt durch

$$\mathbf{p} = \epsilon_0\chi_{\text{a}}\mathcal{E}_{\text{lokal}} \tag{2.31}$$

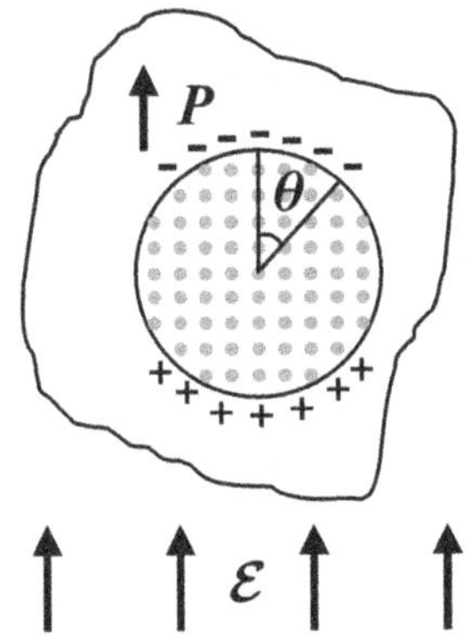

Abb. 2.8: Modell
zur Berechnung des
Lokalfeldes durch die
Lorentz-Korrektur. Um
ein gegebenes Atom wird
eine gedachte sphärische
Oberfläche gezeichnet,
die das Medium in
benachbarte und weit
entfernte Dipole teilt. Das
von den benachbarten
Dipolen hervorgerufene
Feld in der Mitte der
Kugel wird exakt summiert,
während das durch entfernte
Dipole hervorgerufene Feld
berechnet wird, indem man
das Material außerhalb
der Kugel als homogen
polarisiertes Dielektrikum
behandelt.

wobei $\mathbf{p}$ das pro Atom induzierte Dipolmoment ist. Dies ist analog zu der üblichen Definition der makroskopischen Suszeptibilität, die in (A.1) gegeben ist. Der Unterschied besteht darin, dass sie nun auf individuelle Atome angewendet wird, die mit dem Lokalfeld wechselwirken. Aus Gleichung (2.10) entnehmen wir, dass χ_a durch

$$\chi_a = \frac{e^2}{\epsilon_0 m_0} \frac{1}{(\omega_0^2 - \omega^2 - \mathrm{i}\gamma\omega)} \tag{2.32}$$

gegeben ist, falls es nur eine einzige Resonanz gibt. Im Falle multipler Resonanzen modifiziert sich dies zu

$$\chi_a = \frac{e^2}{\epsilon_0 m_0} \sum_j \frac{f_j}{(\omega_j^2 - \omega^2 - \mathrm{i}\gamma_j\omega)} \tag{2.33}$$

(siehe auch (2.24)).

Wir können (2.29) und (2.30) mit (2.11) und (2.13) kombinieren, indem wir schreiben

$$\mathbf{P} = N\epsilon_0 \chi_a \left(\boldsymbol{\mathcal{E}} + \frac{\mathbf{P}}{3\epsilon_0} \right) = (\epsilon_r - 1)\epsilon_0 \boldsymbol{\mathcal{E}} \tag{2.34}$$

Wir fügen all dies zusammen und erhalten

$$\frac{\epsilon_r - 1}{\epsilon_r + 2} = \frac{N\chi_a}{3} \tag{2.35}$$

Dieses Ergebnis ist als **Clausius-Mossotti-Gleichung** bekannt. Für Gase und Flüssigkeiten ist diese Beziehung gut erfüllt, ebenso gilt sie für solche Kristalle, in denen die durch (2.29) gegebene Lorentz-Korrektur ein genaues Maß für die Lokalfeldeffekte liefert. Dies sind die kubischen Kristalle.

2.3   Die Kramers-Kronig-Relationen

Die Herleitung der Kramers-Kronig-Relationen ist z. B. in Dressel & Grüner (2002) nachzulesen. Der Hauptwert eines Integrals, das im Integrationsbereich $[a, b]$ eine Divergenz bei c hat, ist definiert als $\mathrm{P} \int_a^b f(x)\mathrm{d}x = \lim_{\delta \to 0} \left(\int_a^{c-\delta} f(x)\mathrm{d}x + \int_{c+\delta}^b f(x)\mathrm{d}x \right)$

Die Diskussion des Dipoloszillators zeigt, dass der Brechungsindex und der Absorptionskoeffizient keine unabhängigen Parameter sind, sondern in einer Beziehung zueinander stehen. Dies ist eine Konsequenz aus der Tatsache, dass sie aus dem Real- und Imaginärteil des gleichen Parameters abgeleitet sind, nämlich aus dem komplexen Brechungsindex. Aus dem Kausalitätsprinzip, wonach die Wirkung niemals ihrer Ursache vorausgehen kann, und den Regeln für das Rechnen mit komplexen Zahlen können wir allgemeine Beziehungen zwischen dem Real- und dem Imaginärteil des Brechungsindex ableiten. Diese werden **Kramers-Kronig-Relationen** genannt und können wie folgt formuliert werden:

$$n(\omega) - 1 = \frac{2}{\pi} \, \mathrm{P} \int_0^\infty \frac{\omega' \kappa(\omega')}{\omega'^2 - \omega^2} \, \mathrm{d}\omega' \qquad (2.36)$$

$$\kappa(\omega) = -\frac{2}{\pi\omega} \, \mathrm{P} \int_0^\infty \frac{\omega'^2 [n(\omega' - 1]}{\omega'^2 - \omega^2} \, \mathrm{d}\omega' \qquad (2.37)$$

Hierbei bezeichnet P den Hauptwert des Integrals.

Die Kramers-Kronig-Relationen gestatten es, n aus κ zu berechnen und umgekehrt. Dies kann in der Praxis sehr nützlich sein, beispielsweise wenn die Frequenzabhängigkeit der optischen Absorption gemessen wird. Mithilfe der Kramers-Kronig-Relation kann dann die Dispersion berechnet werden, ohne dass eine separate Messung von n nötig ist.

Um die Anwendung der Kramers-Kronig-Relationen zu illustrieren, greifen wir hier zwei Aspekte auf, die uns in Abschnitt 1.4 begegnet sind.

(1) Bei der Diskussion der Daten in Tabelle 1.2, Abschnitt 1.4.1, hatten wir festgestellt, dass der Brechungsindex eines Halbleiters in seinem Transparenzbereich tendenziell mit der Bandlückenwellenlänge wächst. Das im Folgenden betrachtete Beispiel 2.2 zeigt, dass der Brechungsindex bei Frequenzen weit unterhalb eines um ω_0 zentrierten Absorptionsbandes einen Beitrag hat, der wie $1/\omega_0$ variiert. Im Falle eines Halbleiters können wir $\omega_0 \approx E_\mathrm{g}/\hbar = 2\pi c/\lambda_\mathrm{g}$ setzen. Dann folgt, dass der Brechungsindex linear mit λ_g wächst. In Abbildung 2.9 sind die in Tabelle 1.2 enthaltenen Daten für den Brechungsindex gegen die Bandlückenwellenlänge aufgetragen. Wie man sieht, ist die Beziehung zwischen n und λ_g tatsächlich näherungsweise linear, was die grundlegende Aussage bestätigt, dass die höhere Absorptionsfrequenz in Materialien mit größeren Bandlücken über den ω'^2-Term im Nenner von (2.36) einen kleineren Beitrag zum Brechungsindex liefert. Dass der Graph bei $\lambda_\mathrm{g} = 0$ nicht bis zu $n = 1$ extrapoliert werden kann, ist ein Hinweis darauf, dass die Annahme des schmalen Absorptionsbandes in Beispiel 2.2 nicht uneingeschränkt gültig ist und dass es andere Beiträge zum Brechungsindex gibt, die hier nicht berücksichtigt wurden.

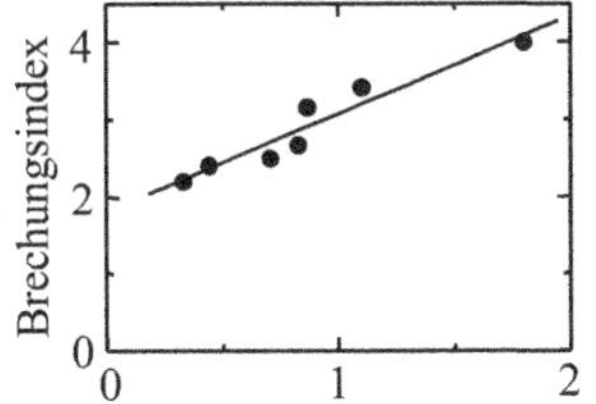

Abb. 2.9: Der bei 10 µm gemessene Brechungsindex, aufgetragen gegen die Bandlückenwellenlänge verschiedener Halbleiter. Die Daten wurden Tabelle 1.2 entnommen.

(2) Bei der Diskussion der Daten in Tabelle 1.4, Abschnitt 1.4.2, hatten wir bemerkt, dass das Hinzufügen von Verbindungen wie PbO zu SiO_2-Glas zu einer geringeren Frequenz der fundamentalen Absorptionskante und einem größeren Brechungsindex im sichtbaren Spektralbereich führt. Wir können dies mithilfe eines sehr einfachen Modells für das Glas erklären, bei

dem wir annehmen, dass das Material ein Absorptionsband hat, das von der Photonenergie E_1 bis E_2 reicht. Wenn wir annehmen, dass die Absorption über das gesamte Band einen konstanten Wert α_0 hat, dann zeigt eine Kramers-Kronig-Analyse, dass der Brechungsindex bei einer Photonenergie E unterhalb von E_1 durch

$$n(E) = 1 + \frac{c\hbar\alpha_0}{2\pi E} \ln \frac{(E_2 - E)(E_1 + E)}{(E_2 + E)(E_1 - E)} \qquad (2.38)$$

gegeben ist (siehe Aufgabe 2.12). Für reines SiO_2 liegt der Wert von E_1 bei etwa 10 eV, was einer Wellenlänge von 120 nm entspricht. Die Zusätze reduzieren E_1, was wegen des Terms $(E_1 - E)$ im Nenner den Effekt hat, dass n größer wird.

Beispiel 2.2

Ein Festkörper hat ein einziges Absorptionsband der Breite γ, welches um die Frequenz ω_0 zentriert ist, sodass der Extinktionskoeffizient in der Form

$$\kappa(\omega) = \begin{cases} \kappa_0 & \text{falls } \omega_0 - \gamma/2 \leq \omega \leq \omega_0 + \gamma/2 \\ 0 & \text{sonst} \end{cases}$$

geschrieben werden kann. Berechnen Sie den Brechungsindex bei niedrigen Frequenzen unter der Annahme $\omega_0 \gg \gamma$.

Lösung: Bei der Berechnung des Brechungsindex für niedrige Frequenzen dürfen wir $\omega_0 \gg \omega$ annehmen und können daher $\omega = 0$ in die Kramers-Kronig-Relationen einsetzen. Durch Substitution in Gleichung (2.36) und unter Ausnutzung der Tatsache, dass $\kappa(\omega)$ für alle Frequenzen außerhalb des Absorptionsbandes null ist, können wir schreiben

$$n(0) = 1 + \frac{2}{\pi} \int_{\omega_0 - \gamma/2}^{\omega_0 + \gamma/2} \frac{\kappa_0}{\omega'} \, d\omega'$$

Wegen $\omega_0 \gg \gamma$ können wir im Nenner des Integranden $\omega' = $ konstant $= \omega_0$ annehmen. Damit erhalten wir

$$n(0) = 1 + \frac{2}{\pi} \frac{\kappa_0}{\omega_0} \times \gamma = 1 + \frac{2\gamma\kappa_0}{\pi\omega_0}$$

2.4   Dispersion

Abbildung 2.10 zeigt die Daten für den Brechungsindex aus Abbildung 2.7 in größerer Auflösung. Wir sehen, dass der Brechungsindex im nahinfraroten und im sichtbaren Spektralbereich mit der

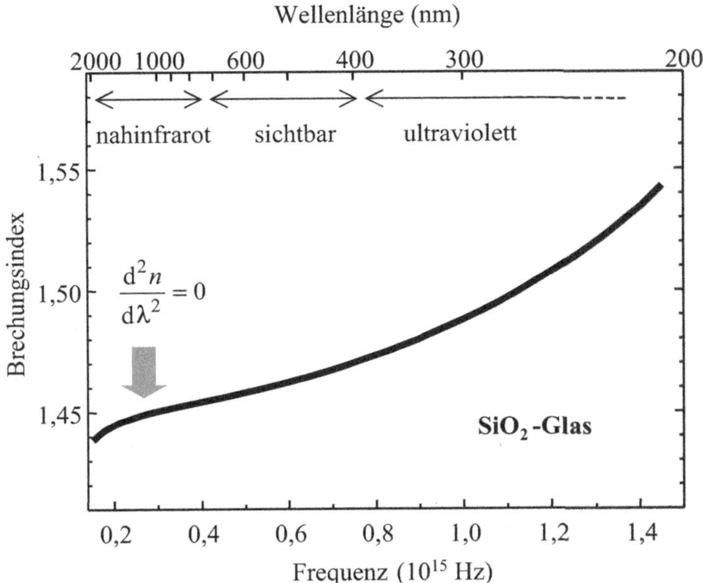

$$\frac{\mathrm{d}^2 n}{\mathrm{d}\lambda^2} = 0$$

Abb. 2.10: Der Brechungsindex von SiO$_2$-Glas im nahinfraroten, im sichtbaren und im ultravioletten Spektralbereich. Der dicke Pfeil kennzeichnet die Frequenz, bei der die Dispersion der Gruppengeschwindigkeit null ist. Nach Palik (1985).

Frequenz wächst. Aus Abschnitt 2.2.3 wissen wir, dass die Dispersion hauptsächlich aus der Interbandabsorption im ultravioletten Spektralbereich resultiert. Bei sichtbaren Frequenzen ist die Absorption bei diesen Übergängen vernachlässigbar und das Glas ist transparent. Die Ultraviolettabsorption beeinflusst jedoch über die extremen Ausläufer der Lorentz-Kurve weiterhin den Brechungsindex. Im nahinfraroten Bereich wird die Dispersion auch durch die hochfrequenten Ausläufer der Schwingungsabsorption bei niedriger Frequenz beeinflusst.

Wenn der Brechungsindex eines Materials mit der Frequenz wächst, spricht man von einer **normalen** Dispersion, anderenfalls von einer **anomalen** Dispersion. Es gibt eine ganze Reihe von empirischen Formeln, mit denen die normale Dispersion von Gläsern beschrieben werden kann (siehe hierzu Aufgabe 2.13).

Die Dispersion des Brechungsindex von Gläsern wie Quarz kann ausgenutzt werden, um die unterschiedlichen Wellenlängen von Licht mit einem Prisma aufzuspalten. Dies ist in Abbildung 2.11 illustriert. Blaues Licht wird von dem Prisma wegen des höheren Brechungsindex stärker gebrochen, also um einen größeren Winkel abgelenkt (siehe Aufgabe 2.14). Dieser Effekt wird in Prismenspektrometern ausgenutzt.

Die Dispersion bewirkt, dass Licht unterschiedlicher Frequenzen unterschiedlich viel Zeit benötigt, um durch das Material zu propagieren. Ein Lichtpuls der Dauer t_p muss zwangsläufig mit einem Ausein-

Die Begriffe „normal" und „anomal" sind hier ein wenig irreführend. Das Modell des oszillierenden Dipols zeigt, dass alle Materialien in bestimmten Frequenzbereichen eine anomale Dispersion haben. Die Terminologie wurde eingeführt, bevor Messungen des Brechungsindex über einen großen Frequenzbereich durchgeführt wurden und der Ursprung der Dispersion richtig verstanden war.

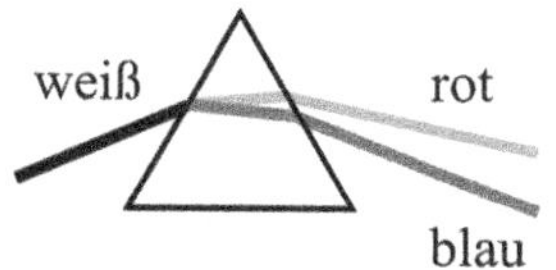

Abb. 2.11: Aufspaltung von weißem Licht in verschiedene Farben aufgrund der Dispersion in einem Glasprisma.

anderlaufen der Frequenzen einhergehen, das näherungsweise durch

$$\Delta\nu \approx \frac{1}{t_{\mathrm{p}}} \tag{2.39}$$

beschrieben wird. Dies folgt aus dem „Unschärfeprinzip" $\Delta\nu\Delta t \sim 1$. Die Dispersion führt also dazu, dass der Puls wegen der unterschiedlichen Geschwindigkeiten seiner Frequenzkomponenten während der Propagation durch das Medium breiter wird. Dies kann zu einem echten Problem werden, wenn man versucht, sehr kurze Pulse in einem optischen Material über eine große Entfernung zu übertragen, beispielsweise in einem Hochgeschwindigkeitsglasfasernetz.

In Abschnitt 2.2.3 hatten wir erwähnt, dass sich ein Lichtpuls mit der Gruppengeschwindigkeit v_{g} fortpflanzt. Der entscheidende Parameter für die Pulsverbreiterung aufgrund der Dispersion ist daher die **Gruppengeschwindigkeitsdispersion.** In Aufgabe 2.15 ist zu zeigen, dass die zeitliche Verbreiterung eines Pulses aufgrund der Gruppengeschwindigkeitsdispersion proportional zur zweiten Ableitung des Brechungsindex bezüglich der Vakuumwellenlänge ist. Es ist daher nützlich, einen **materialabhängigen Dispersionsparameter** wie folgt zu definieren:

$$D = -\frac{\lambda}{c}\frac{\mathrm{d}^2 n}{\mathrm{d}\lambda^2} \tag{2.40}$$

Dieser wird gewöhnlich in Einheiten von $\mathrm{ps}\,\mathrm{nm}^{-1}\,\mathrm{km}^{-1}$ geschrieben, sodass die zeitliche Verbreiterung $\Delta\tau$ eines Pulses durch

$$\Delta\tau(\mathrm{ps}) = |D|\,\Delta\lambda\,L \tag{2.41}$$

gegeben ist. Dabei ist $\Delta\lambda$ die in nm gemessene Spektralbreite des Pulses und L die Ausdehnung des Mediums in km.

Das Lorentz-Modell besagt, dass $\mathrm{d}^2 n/\mathrm{d}\lambda^2$ im normalen Dispersionsbereich für Frequenzen unterhalb einer Absorptionslinie negativ ist und oberhalb dieser positiv. Wenn wir dies auf die Daten in Abbildung 2.10 anwenden, dann sehen wir, dass im infraroten Bereich der Materialdispersionsparameter aufgrund der Vibrationsabsorption positiv ist und im sichtbaren Bereich aufgrund der Interbandabsorption im ultravioletten negativ. Diese beiden Effekte halten sich bei einer Wellenlänge im Nahinfrarot die Waage, und zwar dort, wo die Krümmung der Kurve von negativ nach positiv wechselt (in Abbildung 2.10 markiert durch den Pfeil). Dort ist die Gruppengeschwindigkeitsdispersion null; der Wert liegt für optische Quarzfasern bei etwa 1,3 µm. Kurze Pulse dieser Wellenlänge können entlang der Faser mit sehr geringer zeitlicher Verbreiterung übertragen werden, weshalb sie eine der bevorzugten Wellenlängen für die optische Telekommunikation ist.

2.5   Optische Anisotropie

Für Flüssigkeiten und Gase ist es vernünftig anzunehmen, dass die
optischen Eigenschaften isotrop sind, also in allen Richtungen gleich.
Dies gilt auch für Gläser und andere amorphe Materialien, da diese
keine bevorzugten physikalischen Achsen haben. Kristalle erfüllen
diese Annahme jedoch im Allgemeinen nicht, denn sie besitzen klar
definierte Achsen, aus denen sich ihre Struktur ergibt. In diesem
Abschnitt diskutieren wir die Effekte der Anisotropie in optischen
Materialien. Wir beginnen mit der natürlichen Anisotropie aufgrund
der Kristallstruktur und wenden uns dann der durch mechanische
Verformung und externe Felder induzierten Anisotropie zu.

2.5.1   Natürliche Anisotropie: Doppelbrechung

Die Atome in einem Festkörper sind in einem Kristallgitter mit klar
definierten Achsen gebunden. Im Allgemeinen können wir nicht voraussetzen, dass die optischen Eigenschaften entlang der verschiedenen Kristallachsen äquivalent sind. Beispielsweise kann es sein, dass
der Abstand der Atome nicht in allen Richtungen gleich ist. Dies
führt zu unterschiedlichen Vibrationsfrequenzen und folglich dazu,
dass der Brechungsindex richtungsabhängig ist. Eine andere Ursache der Anisotropie ist die, dass die im Gitter gebundenen Moleküle
Licht einer bestimmten Polarisation bevorzugt absorbieren.

Besonders deutlich manifestiert sich die Anisotropie im Phänomen
der **Doppelbrechung,** die in transparenten anisotropen Kristallen
zu beobachten ist. Wir können die Eigenschaften eines doppelbrechenden Kristalls beschreiben, indem wir die Beziehung zwischen
der Polarisation und dem angelegten elektrischen Feld verallgemeinern. Wenn das elektrische Feld in einer beliebigen Richtung relativ
zu den Kristallachsen angelegt wird, müssen wir eine Tensorglei-
chung aufschreiben, die $\mathbf{P}$ mit $\boldsymbol{\mathcal{E}}$ in Beziehung setzt:

$$\mathbf{P} = \epsilon_0 \chi \boldsymbol{\mathcal{E}} \tag{2.42}$$

Hierbei repräsentiert χ den **Suszeptibilitätstensor.** Explizit für
die einzelnen Komponenten ausgeschrieben lautet die Beziehung

$$P_i = \epsilon_0 \sum_j \chi_{ij} \mathcal{E}_j \tag{2.43}$$

Mithilfe von Matrizen lässt sich dies bequem schreiben:

$$\begin{pmatrix} P_x \\ P_y \\ P_z \end{pmatrix} = \epsilon_0 \begin{pmatrix} \chi_{11} & \chi_{12} & \chi_{13} \\ \chi_{21} & \chi_{22} & \chi_{23} \\ \chi_{31} & \chi_{32} & \chi_{33} \end{pmatrix} \begin{pmatrix} \mathcal{E}_x \\ \mathcal{E}_y \\ \mathcal{E}_z \end{pmatrix} \tag{2.44}$$

Gleichung (2.42) sollte als Gegenstück zu der gewöhnlichen *skalaren* Beziehung zwischen $\mathbf{P}$ und $\boldsymbol{\mathcal{E}}$ gesehen werden. Diese lautet $\mathbf{P} = \epsilon_0 \chi \boldsymbol{\mathcal{E}}$ und ist nur für isotrope Materialien gültig.

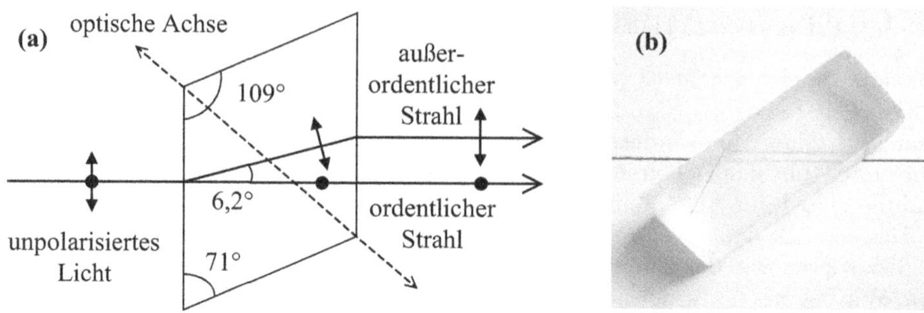

Abb. 2.12: (a) Doppelbrechung in einem Calcit-Kristall. Die Form des Kristalls und die Orientierung der optischen Achse wird durch die natürlichen Spaltebenen des Calcits bestimmt. Ein nicht polarisierter einfallender Lichtstrahl wird in zwei räumlich separierte, orthogonal polarisierte Strahlen aufgespalten. Das Symbol • am ordentlichen Strahl zeigt an, dass seine Polarisationsrichtung aus der Zeichenebene heraus zeigt. (b) Beispiel einer Doppelbrechung in einem doppelbrechenden Kristall. Die unter dem Kristall verlaufende Linie erscheint wegen der Aufspaltung in den ordentlichen und den außerordentlichen Strahl doppelt. Das Foto wurde freundlicherweise von S. Collins zur Verfügung gestellt.

Kristalle mit kubischer Symmetrie sind nur im Hinblick auf ihre *linearen* optischen Eigenschaften isotrop. Wie wir in Kapitel 11 sehen werden, können kubische Kristalle durchaus anisotrope *nichtlineare* optische Eigenschaften haben. Möglich ist dies, weil die nichtlinearen Eigenschaften durch Tensoren *zweiter Stufe* beschrieben werden (z. B. $\chi_{ijk}^{(2)}$) anstatt durch Tensoren *erster Stufe* (z. B. χ_{ij}), wie sie für die linearen optischen Eigenschaften verwendet werden. Ausführlicher wird dies in Nye (1985) erörtert.

Wir können die Form von χ vereinfachen, wenn wir die Achsen x, y und z des kartesischen Koordinatensystems so legen, dass sie mit den Hauptachsen des Kristalls korrespondieren. Dann sind die Nichtdiagonalelemente null und der Suszeptibilitätstensor hat die Form

$$\chi = \begin{pmatrix} \chi_{11} & 0 & 0 \\ 0 & \chi_{22} & 0 \\ 0 & 0 & \chi_{33} \end{pmatrix} \tag{2.45}$$

Die Beziehungen zwischen den Komponenten sind durch die Kristallsymmetrie festgelegt.

- In kubischen Kristallen sind die Achsen x, y und z nicht unterscheidbar. Es gilt daher $\chi_{11} = \chi_{22} = \chi_{33}$, und die optischen Eigenschaften dieser Kristalle sind isotrop.

- Kristalle mit tetragonaler, hexagonaler oder trigonaler (rhomboedrischer) Symmetrie werden als **uniaxiale** Kristalle bezeichnet. Sie besitzen eine einzige **optische Achse,** die üblicherweise in die z-Achse gelegt wird. In hexagonalen Kristallen beispielsweise ist die optische Achse senkrecht zur Ebene der Hexagone definiert. Die optischen Eigenschaften sind in x- und y-Richtung gleich, nicht aber in z-Richtung. Es gilt also $\chi_{11} = \chi_{22} \neq \chi_{33}$. Einige Beispiele für uniaxiale Kristalle sind in Tabelle 2.1 aufgelistet.

- Kristalle mit orthorombischer, monokliner oder trikliner Symmetrie werden als **biaxiale** Kristalle bezeichnet. Sie haben

Tab. 2.1: Brechungsindizes einiger gewöhnlicher uniaxialer Kristalle bei 589,3 nm. Daten aus Driscoll & Vaughan (1978).

Kristall	chem. Struktur	Sym.-klasse	Typ	n_o	n_e
Eis	H_2O	trigonal	positiv	1,309	1,313
Quarz	SiO_2	trigonal	positiv	1,544	1,553
Beryll	$Be_3Al_2(SiO_3)_6$	hexagonal	negativ	1,581	1,575
Natriumnitrat	$NaNO_3$	trigonal	negativ	1,584	1,336
Calcit	$CaCO_3$	trigonal	negativ	1,658	1,486
Turmaline	komplexe Silikate	trigonal	negativ	1,669	1,638
Saphir	Al_2O_3	trigonal	negativ	1,768	1,760
Zirkon	$ZrSiO_4$	tetragonal	positiv	1,923	1,968
Rutil	TiO_2	tetragonal	positiv	2,616	2,903

zwei optische Achsen, und alle drei Diagonalkomponenten des Suszeptibiltätstensors sind unterschiedlich. Glimmer ist ein wichtiges Beispiel für einen biaxialen Kristall.

Eine sehr eindrucksvolle Demonstration der Doppelbrechung ist die Aufspaltung eines unpolarisierten Lichtstrahls in zwei Strahlen, die gegeneinander verschoben erscheinen (siehe Abbildung 2.12). Diese beiden Strahlen sind zueinander orthogonal und werden als „ordentlicher" und „außerordentlicher" Strahl bezeichnet. Aus Abbildung 2.12 ist ersichtlich, dass der außerordentliche Strahl das snelliussche Brechungsgesetz nicht erfüllt.

Das Phänomen der Doppelbrechung lässt sich erklären, indem man annimmt, dass der Kristall für die orthogonalen Polarisationen des ordentlichen und des außerordentlichen Strahls unterschiedliche Brechungsindizes hat. Diese beiden Brechungsindizes werden gewöhnlich mit n_o und n_e bezeichnet. Betrachten wir die Propagation eines unpolarisierten Lichtstrahls, der unter einem Winkel θ zur optischen Achse in einen uniaxialen Kristall eintritt, wobei wieder angenommen wird, dass die optische Achse in z-Richtung liegt. Die optischen Eigenschaften sind in der x-y-Ebene isotrop, weshalb wir die Achsen ohne Beschränkung der Allgemeinheit so wählen können, dass der Strahl wie in Abbildung 2.13 in der y-z-Ebene propagiert. Dies erlaubt es uns, die Polarisation des Lichts in zwei orthogonale Komponenten aufzuspalten, von denen eine in x-Richtung polarisiert ist und die andere einen Winkel von $(90° - \theta)$ mit der optischen Achse bildet. Die erste Komponente ist der ordentliche (engl. ordinary) Strahl und der zweite der außerordentliche (engl. extraordinary) Strahl. Nun wird der Brechungsindex für Licht, das in z-Richtung polarisiert ist, anders sein als bei Polarisation in der x-y-Ebene. Daher unterliegt der ordentliche Strahl, der keine Polarisationskomponente in z-Richtung hat, einem anderen Brechungsindex als der außerordentliche Strahl, der eine Komponente in z-Richtung hat. Die beiden Strahlen werden daher unterschiedlich gebrochen

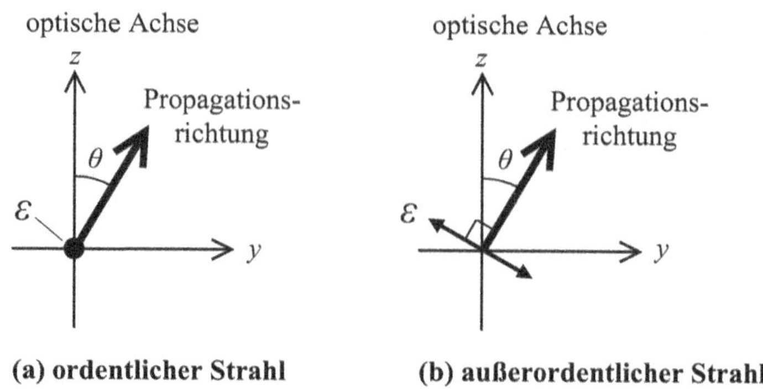

(a) ordentlicher Strahl **(b) außerordentlicher Strahl**

Abb. 2.13: Das elektrische Feld eines Strahls, der in einem uniaxialen Kristall propagiert, dessen optische Achse in z-Richtung zeigt. Die Propagationsrichtung ist durch die Richtung des Poynting-Vektors definiert. Der Strahl bildet mit der optischen Achse den Winkel θ. x- und y-Achse sind so gewählt, dass der Strahl in der y-z-Ebene propagiert. Die Polarisation kann folgendermaßen aufgelöst werden: (a) eine Komponente in x-Richtung, (b) eine Komponente im Winkel $90° - \theta$ zur optischen Achse. (a) zeigt den ordentlichen Strahl und (b) den außerordentlichen.

– aus diesem Grund spricht man von Doppelbrechung. Wenn der Strahl hingegen in Richtung der optischen Achse propagiert, sodass $\theta = 0$, dann liegt der $\mathcal{E}$-Vektor des Lichts immer in der x-y-Ebene. In diesem Fall beobachtet man keine Doppelbrechung, da x- und y-Richtung äquivalent sind.

Die Doppelbrechung wurde erstmals in natürlichen unaxialen Kristallen wie Calcit (Kalkspat) beobachtet. In Tabelle 2.1 sind die Brechungsindizes für die ordentlichen und außerordentlichen Strahlen von Calcit und einigen weiteren uniaxialen Kristallen aufgelistet. Die doppelbrechenden Kristalle werden als positiv bzw. negativ klassifiziert, je nachdem, ob n_e größer oder kleiner ist als n_o.

Uniaxiale doppelbrechende Kristalle haben ein breites Anwendungsspektrum bei der Herstellung optischer Komponenten, mit denen der Polarisierungszustand von Licht kontrolliert werden kann. Abbildung 2.14 illustriert das Arbeitsprinzip eines **Glan-Foucault-Prismas.** Dieser Polarisator besteht aus zwei identischen doppelbrechenden Prismen, die so montiert sind, dass sich zwischen ihnen ein Luftspalt befindet. Ihre optischen Achsen liegen in der Ebene der Eintrittsfläche. An der Eingangsfläche des Prismas wird unpolarisiertes Licht in den ordentlichen und den außerordentlichen Strahl aufgespalten, die dann beide auf die luftgefüllte Zwischenschicht treffen. Im Falle eines positiven uniaxialen Kristalls wird der Öffnungswinkel θ des Prismas so gewählt, dass der ordentliche Strahl im Inneren totalreflektiert wird, der außerordentliche Strahl dagegen nicht (siehe hierzu Aufgabe 2.17). Das an der Austrittsfläche austretende Licht besteht daher nur aus dem außerordentlichen Strahl und ist linear polarisiert. Das Glan-Foucault-Prisma wandelt somit unpolarisiertes Licht in linear polarisiertes Licht. Das **Glan-Thomson-Prisma** ist eine Variante des Glan-Foucault-Prismas, bei der die Lücke zwischen den beiden doppelbrechenden Prismen mit optischem Zement gefüllt ist. Dies verbessert den Akzeptanzwinkel des Polarisators (d. h. die Toleranz bezüglich des Einfallsswinkels des Strahls) auf Kosten der Reduzierung des Schwellwerts der opti-

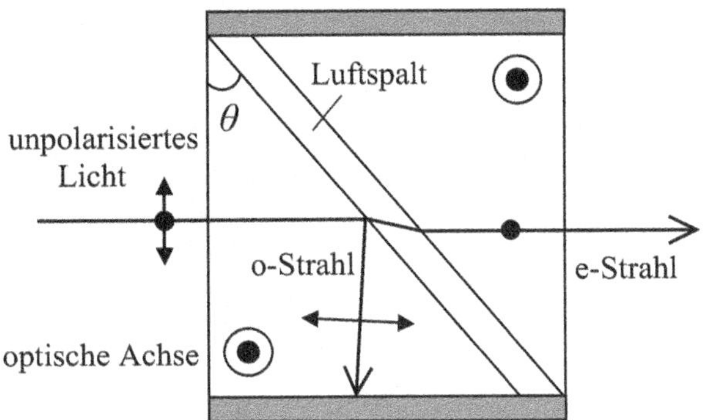

Abb. 2.14: Glan-Foucault-Prisma. Die optische Achse des Kristalls zeigt vertikal aus der Papierebene. In dem hier dargestellten Fall wird angenommen, dass die Kristalle positiv doppelbrechend sind. Bei negativer Doppelbrechung kehren sich die Rollen von ordentlichem und außerordentlichem Strahl um.

schen Zerstörung. Dies macht das Glan-Thompson-Prisma zu einem nützlicheren Instrument für den allgemeinen Einsatz, aber weniger zweckmäßig, wenn man mit Hochleistungslasern arbeitet.

Abbildung 2.15 zeigt eine weitere wichtige optische Komponente, die die Doppelbrechung ausnutzt: die **Verzögerungsplatte**. Die Verzögerungsplatte wurde aus einem uniaxialen doppelbrechenden Kristall hergestellt, indem dieser so geschnitten wurde, dass die optische Achse in der Ebene der Eintrittsfläche der Platte liegt. Abbildung 2.15 zeigt eine Verzögerungsplatte mit linear polarisiertem Eingangsstrahl. Während der Strahl durch den Kristall propagiert, kann er in einen ordentlichen und einen außerordentlichen Strahl aufgelöst werden, was in Teil (b) der Abbildung dargestellt ist. Für die beiden Strahlen gelten unterschiedliche Brechungsindizes, sodass sie mit unterschiedlichen Geschwindigkeiten propagieren. Dadurch kommt es zu einer Phasendifferenz (oder einer „Phasenverzögerung") zwischen ordentlichem und außerordentlichem Strahl. Der Betrag $\Delta\phi$ der Phasenänderung ist durch

$$\Delta\phi = \frac{2\pi|n_\mathrm{o} - n_\mathrm{e}|d}{\lambda} = \frac{2\pi|\Delta n|d}{\lambda} \qquad (2.46)$$

gegeben, wobei d die Dicke der Platte, λ die Vakuumwellenlänge des Lichts und Δn die Differenz zwischen den Brechungsindizes für den ordentlichen und den außerordentlichen Strahl ist. Die Dicke der Platte wird gewöhnlich so gewählt, dass $\Delta\phi$ gleich $\pi/2$ oder gleich π ist. Im Falle $\Delta\phi = \pi/2$ entspricht die Phasendifferenz einem Viertel einer Welle, weshalb die Platte in diesem Fall als **Viertelwellenplatte** bezeichnet wird. Aus dem gleichen Grund nennt man eine Platte mit $\Delta\phi = \pi$ auch **Halbwellenplatte**. Eine Viertelwellenplatte wandelt linear polarisiertes Licht in zirkular polarisiertes Licht und umgekehrt, während eine Halbwellenplatte die Polarisation von linear polarisiertem Licht dreht (siehe Aufgabe 2.18).

In den meisten Büchern zur Optik werden die Effekte der Doppelbrechung ausführlich behandelt. Hier ging es vor allem darum, das

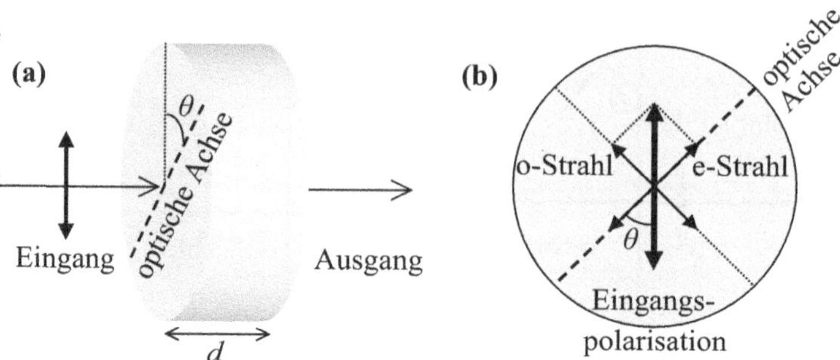

Abb. 2.15: (a) Eine doppelbrechende Verzögerungsplatte mit linearer Eingangspolarisation. Die optische Achse des doppelbrechenden Kristalls liegt in der Ebene der Eintrittsfläche. Teil (b) zeigt die Eintrittsfläche der Verzögerungsplatte, wo die Eingangspolarisation in einen ordentlichen und einen außerordentlichen Strahl aufgelöst wird. θ ist der Winkel zwischen der Eingangspolarisation und der optischen Achse und d ist die Dicke der Platte.

Phänomen der optischen Anisotropie zu illustrieren und deutlich zu machen, dass sie aus der zugrunde liegenden Symmetrie der Kristallstruktur resultiert. Dies ist ein Standardbeispiel für einen optischen Effekt, der nur in kristallinen Festkörpern auftritt, nicht aber in Gasen oder Flüssigkeiten.

Beispiel 2.3

Die optische Achse eines unaxialen Kristalls liegt in z-Richtung. In z-Richtung polarisiertes Licht hat den Brechungsindex n_e, während in der x-y-Ebene polarisiertes Licht den Brechungsindex n_o hat. Schreiben Sie den Tensor der relativen Permittivität auf, welche durch die Tensorbeziehung

$$\mathbf{D} = \epsilon_0 \epsilon_\mathrm{r} \boldsymbol{\mathcal{E}}$$

definiert ist.

Lösung: Unter Verwendung von (2.11) und (2.42) können wir schreiben

$$\begin{aligned}
\mathbf{D} &= \epsilon_0 \boldsymbol{\mathcal{E}} + \mathbf{P} \\
&= \epsilon_0 \boldsymbol{\mathcal{E}} + \epsilon_0 \chi \boldsymbol{\mathcal{E}} \\
&= \epsilon_0 (1 + \chi) \boldsymbol{\mathcal{E}} \equiv \epsilon_0 \epsilon_\mathrm{r} \boldsymbol{\mathcal{E}}
\end{aligned} \tag{2.47}$$

Hieraus sehen wir, dass

$$\epsilon_\mathrm{r} = 1 + \chi \tag{2.48}$$

Der Suszeptibilitätstensor ist durch (2.45) gegeben. Demnach hat der Tensor der relativen Permittivität die Form

$$\epsilon_\mathrm{r} = \begin{pmatrix} 1 + \chi_{11} & 0 & 0 \\ 0 & 1 + \chi_{22} & 0 \\ 0 & 0 & \chi_{33} \end{pmatrix} \tag{2.49}$$

In einem uniaxialen Kristall, deren optische Achse in z-Richtung liegt, gilt $\chi_{11} = \chi_{22} \neq \chi_{33}$.

Wir nehmen nun weiter an, dass der Kristall transparent ist, sodass die relative Permittivität einfach gleich dem Quadrat des Brechungsindex ist (vgl. (1.27) und (1.28) mit $\kappa = 0$). Wenn wir einen linear polarisierten Lichtstrahl mit einem elektrischen Feld in x- oder y-Richtung hätten, dann würden wir einen Brechungsindex von n_{o} messen. Daraus folgern wir, dass

$$1 + \chi_{11} = 1 + \chi_{22} = n_{\mathrm{o}}^2$$

Wenn $\mathcal{E}$ dagegen in z-Richtung liegt, dann messen wir einen Brechungsindex von n_{e}, und dies impliziert

$$1 + \chi_{33} = n_{\mathrm{e}}^2$$

Daraus folgt für den Tensor der relativen Permittivität

$$\epsilon_{\mathrm{r}} = \begin{pmatrix} n_{\mathrm{o}}^2 & 0 & 0 \\ 0 & n_{\mathrm{o}}^2 & 0 \\ 0 & 0 & n_{\mathrm{e}}^2 \end{pmatrix} \tag{2.50}$$

Beispiel 2.4

Berechnen Sie die Dicke einer Halbwellenplatte aus Quarz für eine Wellenlänge von 589 nm.

Lösung: Die Dicke kann berechnet werden, indem man die in Tabelle 2.1 gegebenen Werte für den Brechungsindex in Gleichung (2.46) einsetzt. Mit $n_{\mathrm{o}} = 1{,}544$ und $n_{\mathrm{e}} = 1{,}544$ erhalten wir $|\Delta n| = 0{,}009$. Eine Halbwellenplatte erfüllt die Bedingung $\Delta\phi = \pi$, woraus wir für d die Gleichung

$$\Delta\phi = \pi = \frac{2\pi|\Delta n|d}{\lambda}$$

erhalten. Dies liefert $d = \lambda/2|\Delta n| = 0{,}033\,\mathrm{mm}$.

Eine 0,033 mm dicke Quarzplatte wäre sehr fragil, weshalb Hersteller optischer Materialien ihre Wellenplatten so entwerfen, dass diese eine Retardierung von $(2\pi m + \Delta\phi)$ haben, wobei m eine ganze Zahl ist. Dies macht keinen Unterschied für die Auslegungswellenlänge und erlaubt es, praktikablere Dicken zu verwenden.

2.5.2 Induzierte optische Anisotropie

Isotrope Materialien wie Flüssigkeiten, Gase und Gläser sind nicht doppelbrechend. Externe Störungen können jedoch die Symmetrie brechen und auf diese Weise eine Doppelbrechung möglich machen. Hieraus resultieren verschiedene induzierte optische Phänomene, die mit mechanischer Verformung und elektrischen Feldern verbunden sind. Man beachte aber, dass das Anlegen eines Magnetfeldes optische Aktivität anstatt Doppelbrechung induziert und deshalb gesondert behandelt werden muss (siehe Abschnitt 2.6).

Die naheliegendste Möglichkeit für eine Symmetriebrechung in einem isotropen Medium besteht darin, es in einer Richtung zu komprimieren. Die sich daraus ergebende verformungsinduzierte Doppelbrechung wird als **photoelastischer Effekt** bezeichnet. Diesen

Da eine elektromagnetische Welle aus einem oszillierenden transversalen elektrischen Feld besteht, kann ein Lichtstrahl hoher Intensität aufgrund des Kerr-Effekts zu einer selbstinduzierten Doppelbrechung führen. Dies ist ein Beispiel für einen nichtlinearen optischen Effekt. Mehr hierzu in Kapitel 11.

Tab. 2.2: Kerr-Konstante einiger ausgewählter Substanzen. Für Oxidgläser wächst die Kerr-Konstante generell mit dem PbO-Anteil. Daten aus Kaye & Laby (1986) sowie Hoffmann (1995).

Substanz	K $(\mathrm{m\,V^{-2}})$
Nitrobenzen	$4{,}4 \times 10^{-12}$
CS_2	$3{,}6 \times 10^{-14}$
Wasser	$5{,}2 \times 10^{-14}$
Oxidglas	$0{,}1\text{-}3 \times 10^{-14}$
Chalkogenidglas (As_2O_3)	$8{,}7 \times 10^{-14}$

Effekt kann man leicht beobachten, wenn man ein Stück gespanntes Glas zwischen orthogonalen Polarisatoren platziert. Ohne mechanische Spannung sollte das Glas keinen Einfluss auf die Polarisation des Lichts haben. Durch die Spannung jedoch ändert sich der Polarisationsvektor, und ein Teil des Lichts wird transmittiert. Tatsächlich wird diese Methode verwendet, um Spannungen in Gläsern und anderen isotropen optischen Materialien zu detektieren.

Eine Doppelbrechung in einem isotropen Material kann auch induziert werden, indem man ein elektrisches Feld anlegt, welches die Symmetrie bricht. Dieser Effekt wurde 1875 von John Kerr entdeckt und wird deshalb **Kerr-Effekt** genannt. Kerr bemerkte, dass sich ein isotropes Medium wie ein uniaxialer Kristall verhält, wenn transversal zur Richtung des Lichtes ein elektrisches Feld angelegt wird. Die optische Achse verläuft parallel zum Feld, und die induzierte Doppelbrechung ist durch

$$\Delta n = \lambda K \mathcal{E}^2 \tag{2.51}$$

gegeben. Dabei ist λ die Vakuumwellenlänge, K die Kerr-Konstante und $\mathcal{E}$ die Feldstärke. Da die Doppelbrechung proportional zum Quadrat der Feldstärke ist, wird der Kerr-Effekt manchmal auch **quadratischer elektrooptischer Effekt** genannt. In Tabelle 2.2 sind einige repräsentative Werte der Kerr-Konstante aufgelistet.

Die quadratische Feldabhängigkeit des Kerr-Effektes kann durch ein recht einfaches Argument erklärt werden: die erste Potenz des Feldes bricht die Symmetrie und die zweite Potenz induziert eine Änderung des Brechungsindex. Dies steht im Gegensatz zum **Pockels-Effekt**, der in anisotropen Kristallen beobachtet wird und bei dem keine Symmetriebrechung notwendig ist. Eine Änderung des Brechungsindex proportional zum Feld erzeugt daher immer eine Doppelbrechung, was als **linearer elektrooptischer Effekt** bezeichnet wird.

Abgesehen von der unterschiedlichen funktionalen Abhängigkeit der Feldstärke gibt es eine Reihe weiterer wichtiger Unterschiede zwischen dem linearen und dem quadratischen elektrooptischen Effekt.

(1) Der Kerr-Effekt kann im Prinzip in jedem Medium auftreten, der Pockels-Effekt dagegen nur in anisotropen Kristallen.

(2) Der Kerr-Effekt wird nur bei transversalen Feldern beobachtet, der Pockels-Effekt dagegen nur bei longitudinalen Feldern.

(3) Da für den Pockels-Effekt keine Symmetriebrechung notwendig ist, sind die erforderlichen Felder zum Induzieren eines bestimmten Wertes von Δn kleiner als für den Kerr-Effekt. Deshalb ist der Kerr-Effekt in einem anisotropen Medium, das den

Pockels-Effekt zeigt, gewöhnlich vernachlässigbar. Der Kerr-Effekt wird normalerweise nur in isotropen Medien wie Flüssigkeiten, Gasen und Gläsern untersucht, wobei große Feldstärken notwendig sind, um signifikante Effekte zu beobachten (siehe Aufgabe 2.21).

Die weitere Diskussion des linearen elektrooptischen Effekts und des Kerr-Effekts verschieben wir auf die Abschnitte 11.3.4 und 11.4.3.

2.6   Optische Chiralität

Objekte, die nicht spiegelsymmetrisch sind, erscheinen seitenverkehrt, wenn man sie in einem Spiegel betrachtet. Beispiele hierfür sind die linke und die rechte Hand, Schraubenfedern, Korkenzieher und Helices. Von solchen Objekten sagt man, dass sie eine **Chiralität** (oder Händigkeit) besitzen. Die Tatsache, dass ein optisches Medium eine Chiralität besitzt, impliziert, dass der Respons auf links- und rechtszirkular polarisiertes Licht unterschiedlich ist. Wir können deshalb die optische Chiralität durch die Differenz der für links- und rechtszirkular polarisiertes Licht geltenden Brechungsindizes quantifizieren. Eine Differenz der Realteile des komplexen Brechungsindex bewirkt eine **optische Aktivität**, während eine Differenz der Imaginärteile die Ursache für **zirkularen Dichroismus** ist.

Eine optische Aktivität wird in transparenten chiralen Materialien beobachtet. Sie bewirkt, dass sich die Richtung der linearen Polarisation dreht, während das Licht durch das Medium propagiert. Die Drehung kann in beiden Richtungen erfolgen, weshalb man chirale Medien feiner in **rechtsdrehende** und **linksdrehende** unterteilen kann, je nachdem, ob die Drehung im Uhrzeigersinn oder entgegen den Uhrzeigersinn (von der Quelle aus in Strahlrichtung gesehen) erfolgt. Da die optische Aktivität aus einer Differenz des Brechungsindex für zirkular polarisiertes Licht resultiert, spricht man mitunter von **zirkularer Doppelbrechung.** Dies darf nicht mit der in Abschnitt 2.5.1 diskutierten Doppelbrechung verwechselt werden, die ihre Ursache in der Anisotropie hat und durch die Differenz der Brechungsindizes für orthogonale *lineare* Polarisationen quantifiziert wird.

Der Drehwinkel θ der Polarisation in einem optisch aktiven Medium der Dicke d ist durch

$$\theta = \frac{\pi d}{\lambda}(n_R - n_L) \tag{2.52}$$

gegeben (siehe Aufgabe 2.22), wobei n_R und n_L die Brechungsindizes für rechts- bzw. linkszirkulares Licht sind. λ ist die Vakuumwellenlänge. Für ein rechtsdrehendes Medium gilt $n_R < n_L$, für ein linksdrehendes $n_R > n_L$.

Zirkularer Dichroismus tritt in absorbierenden chiralen Materialien auf. Die Chiralität manifestiert sich als Differenz der Imaginärteile des Brechungsindex für links- und rechtszirkulares Licht. Das Wort „dichrom" bedeutet zweifarbig, und der Begriff Dichroismus wird für verschiedene optische Phänomene gebraucht, bei denen zwei Farben unterschiedlich beeinflusst werden. Im Falle des zirkularen Dichroismus ist der Absorptionskoeffizient sensitiv bezüglich der Richtung der zirkularen Polarisation. Für Absorptionsbänder im sichtbaren Spektralbereich ist die Farbe daher unterschiedlich, je nachdem, ob man sie mit links- oder rechtszirkularen Licht betrachtet.

Die Untersuchung der Chiralität von Molekülen ist sehr wichtig für die Chemie und die Biologie. Da die Chiralität aus den Molekülen selbst entsteht, ist sie auch in isotropen Medien wie Flüssigkeiten zu beobachten. Ein bekanntes Beispiel ist Zuckerlösung. Die ältere Bezeichnung Dextrose für Glukose ist abgeleitet aus lateinisch „dextro" (rechts). Fruktose wiederum hat auch den Namen Laevulose, abgeleitet aus lateinisch „laevo" (links).

Die Chiralität kann aus der Kristallstruktur oder den Molekülen des Mediums resultieren. Wir konzentrieren uns hier auf den ersten Fall, für den kristalliner Quarz (SiO_2) ein gutes Beispiel ist, das in der Natur sowohl in linksdrehender als auch in rechtsdrehender Form vorkommt. Quarz ist ein uniaxialer doppelbrechender Kristall. Die optische Aktivität lässt sich am besten beobachten, wenn das Licht in Richtung der optischen Achse propagiert. In dieser Konfiguration erfährt linear polarisiertes Licht unabhängig von der Orientierung einen Brechungsindex n_o, sodass es in einem nicht chiralen uniaxialen Kristall wie Calcit nicht beeinflusst würde. Da die Quarzzelle jedoch chiral ist, tritt linear polarisiertes Licht selbst dann gedreht aus, wenn es in Richtung der optischen Achse propagiert.

Die optische Aktivität von kristallinem Quarz steht im Gegensatz zu der nicht vorhandenen optischen Aktivität in Quarzglas (SiO_2-Glas). Dies zeigt, dass die optische Aktivität aus der kristallinen Struktur und nicht aus den Molekülen resultiert. Die Elementarzelle von Quarz gehört zur trigonalen Kristallklasse 32, die keine Spiegelsymmetrie besitzt und somit chiral ist. Calcit dagegen hat die $\overline{3}2/m$-Struktur, wobei das Symbol m die Spiegelsymmetrie in der Elementarzelle anzeigt, also das Fehlen der Chiralität.

Die optische Aktivität kann in nicht chiralen Materialien durch Anlegen eines Magnetfeldes induziert werden, was zu einer Reihe von **magnetooptischen Phänomenen** führt. Bei transparenten Materialien wird durch das Feld optische Aktivität induziert. Das Phänomen wird als **Faraday-Effekt** oder **magnetooptischer Kerr-Effekt** bezeichnet, je nachdem, ob die Polarisation bei der Transmission oder Reflexion beobachtet wird. Wenn das Medium absorbierend ist, kann das Feld zirkularen Dichroismus induzieren. Dann spricht man von **magnetischem zirkularen Dichroismus**. All diese magnetooptischen Effekte haben ihren Ursprung letztendlich im Zeeman-Effekt (siehe Aufgabe 2.23).

Abbildung 2.16 illustriert den Faraday-Effekt. Das Feld wird in Richtung der Achse eines optischen Materials angelegt, was eine

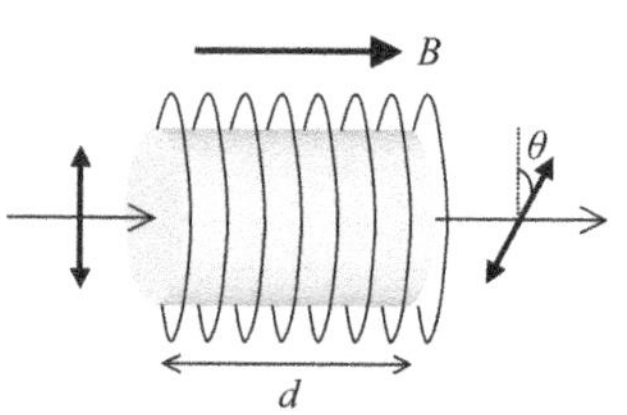

Abb. 2.16: Der Faraday-Effekt. Ein in Richtung der optischen Achse angelegtes Magnetfeld B induziert optische Aktivität und bewirkt eine Drehung von linear polarisiertem Licht um den Winkel θ.

Tab. 2.3: Verdet-Koeffizienten ausgewählter Substanzen. Da V mit λ variiert, muss die Wellenlänge spezifiziert werden, bei der die Messung ausgeführt wurde. Daten aus Kaye & Laby (1986).

Substanz	Wellenlänge (nm)	V (Bogenmaß T^{-1} m^{-1})
Quarzglas (SiO_2)	546,1	5,0
hartes Kronglas	589,3	5,5
leichtes Flintglas	589,3	9,0
dichtes Flintglas	589,3	11,2
Steinsalz (NaCl)	670,8	7,1
Fluorit (CaF_2)	589,3	7,1
Wasser	589,3	3,8
CS_2	589,3	12,2

Drehung von linear polarisiertem Licht bewirkt. Der Drehwinkel θ hängt mit der Feldstärke über die Beziehung

$$\theta = VBd \tag{2.53}$$

zusammen, wobei V der **Verdet-Koeffizient** des Mediums und d dessen Dicke ist. In Tabelle 2.3 sind die Verdet-Koeffizienten verschiedener Materialien aufgelistet. Im Allgemeinen sind die Verdet-Koeffizienten im sichtbaren Spektralbereich klein und nehmen stark ab, wenn die Abweichung von den ultravioletten Absorptionsbändern wächst. In der Praxis bedeutet dies, dass erhebliche Dicken verwendet werden müssen, um für Feldstärken, die mit Permanentmagneten typischerweise zu erreichen sind, signifikante Drehungen zu erhalten (siehe Aufgabe 2.24).

Zusammenfassung

- Das klassische Modell des Festkörpers behandelt Atome und Moleküle als oszillierende elektrische Dipole mit charakteristischen Resonanzfrequenzen. Die Resonanzen aufgrund der gebundenen Elektronen treten im nahinfraroten, sichtbaren und ultravioletten Spektralbereich auf (10^{14} bis 10^{15} Hz), während die mit den Vibrationen verbundenen im Infrarotbereich (10^{12} bis 10^{13} Hz) zu beobachten sind. Freie Elektronen können im Modell des Dipoloszillators behandelt werden, wobei angenommen wird, dass die Eigenresonanzfrequenz null ist.

- Das Medium absorbiert Licht, wenn die Frequenz mit einer Resonanzfrequenz zusammenfällt. Unter nicht resonanten Bedingungen ist das Medium transparent, doch die Geschwindigkeit des Lichts wird durch die Phasenverzögerung aufgrund der multiplen kohärenten elastischen Streuung reduziert.

- Der Absorptionskoeffizient eines einzelnen Dipoloszillators hat eine lorentzsche Linienform, siehe (2.21). Die Spektralbreite der Absorptionslinie ist gleich der Dämpfungsrate γ. Der Absorptionspeak ist proportional zu $1/\gamma$.

- Der Brechungsindex eines einzelnen Dipoloszillators wächst, wenn sich die Frequenz der Resonanzfrequenz nähert, fällt dann in der absorbierenden Region scharf ab, um für höhere Frequenzen wieder zu wachsen. Der nicht resonante Brechungsindex fällt jedesmal, wenn bei der Frequenzerhöhung eine Absorptionslinie überquert wird.

- Die relative Permittivität eines Mediums mit mehreren Resonanzfrequenzen ist durch (2.24) gegeben. Brechungsindex und Absorptionskoeffizient können aus dem Real- und dem Imaginärteil von ϵ_r berechnet werden.

- Das Modell des Dipoloszillators zeigt, dass Absorption und Brechung in einem optischen Medium fundamental zusammenhängen. Dieser Zusammenhang wird in der Kramers-Kronig-Formel explizit formuliert.

- Die Dispersion im Brechungsindex resultiert aus den Ausläufern der Resonanzen an den Übergangsfrequenzen. Die Dispersion wird als normal bezeichnet, wenn der Brechungsindex mit der Frequenz wächst. Die Dispersion der Gruppengeschwindigkeit bewirkt eine zeitliche Verbreiterung kurzer Pulse.

- Die optische Anisotropie führt zur Doppelbrechung. Die Anisotropie wird durch den Tensor der elektrischen Suszeptibilität oder den Tensor der relativen Permittivität beschrieben. In einem isotropen Medium kann durch mechanische Verformung oder durch elektrische Felder eine Anisotropie induziert werden, was zum photoelastischen bzw. zum elektrooptischen Effekt führt.

- Strukturelle Chiralität führt zur optischen Aktivität und zum zirkularen Dichroismus. Chiralität kann durch Magnetfelder verursacht werden, was zu magnetooptischen Effekten führt.

Weiterführende Literatur

Die Thematik dieses Kapitels wird in den meisten Büchern über Elektrodynamik und Optik mehr oder weniger vollständig abgedeckt. Siehe beispielsweise Bleaney & Bleaney (1976), Born & Wolf (1999), Hecht (2009), Smith, King & Wilkins (2007) oder Klein & Furtak (1986).

Eine hervorragende Zusammenstellung von optischen Daten für eine Vielzahl von Festkörpern finden Sie in Palik (1985). Die Arbeit von Smith et al. (2004) enthält eine ausführliche Diskussion über den Ursprung der Dispersion in Quarzglas sowie den Zusammenhang mit der Ultraviolett- und Infrarotabsorption.

Mehr zur Doppelbrechung und zur optischen Aktivität finden Sie in den folgenden Büchern: Hecht (2009), Smith, King & Wilkins (2007), Born & Wolf (1999) sowie Klein & Furtak (1986).

Aufgaben

2.1 Schreiben Sie die Bewegungsgleichung für die reibungsfreien Auslenkungen x_1, x_2 zweier Massen m_1 und m_2 auf, die über eine leichte Feder mit der Federkonstante K verbunden sind. Zeigen Sie dann, dass die Kreisfrequenz für kleine Oszillationen gleich $(K/\mu)^{1/2}$ mit $\mu^{-1} = m_1^{-1} + m_2^{-1}$ ist.

2.2 Ein gedämpfter Oszillator mit der Masse m, der natürlichen Kreisfrequenz ω_0 und der Dämpfungsrate γ wird durch eine Kraft mit der Amplitude F_0 und der Kreisfrequenz ω angetrieben. Die Bewegungsgleichung für die Auslenkung x des Oszillators ist

$$m\frac{\mathrm{d}^2 x}{\mathrm{d}t^2} + m\gamma\frac{\mathrm{d}x}{\mathrm{d}t} + m\omega_0^2 x = F_0 \cos\omega t$$

Wie lautet die Phase von x relativ zur Phase der treibenden Kraft?

2.3 Ein mit Titan dotierter Saphirkristall ist bei etwa 500 nm stark absorbierend. Berechnen Sie die Differenz im Brechungsindex des dotierten Kristalls oberhalb und unterhalb des 500 nm-Absorptionsbandes, wenn die Dichte der absorbierenden Atome $1 \times 10^{25}\,\mathrm{m}^{-3}$ beträgt. Der Brechungsindex von undotiertem Saphir ist 1,77.

2.4 Der Laserkristall $\mathrm{Ni}^{2+}{:}\mathrm{MgF}_2$ weist ein breites Absorptionsband im blauen Bereich auf, wobei der Peak bei 450 nm liegt und die Halbwertsbreite $8{,}2 \times 10^{13}\,\mathrm{Hz}$ beträgt. Die Oszillatorstärke des Übergangs ist 9×10^{-5}. Schätzen Sie den Absorptionspeak in einem Kristall ab, der pro Volumeneinheit $2 \times 10^{26}\,\mathrm{m}^{-3}$ absorbierende Atome enthält. Der Brechungsindex des Kristalls ist 1,39.

2.5 Zeigen Sie, dass der Absorptionskoeffizient eines Lorentz-Oszillators im Linienzentrum nicht vom Wert von ω_0 abhängt.

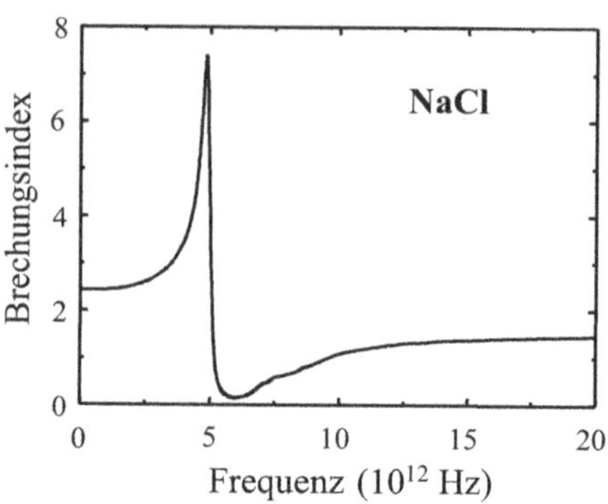

Abb. 2.17: Infrarot-Brechungsindex von NaCl. Nach Palik (1985).

2.6 Abbildung 2.17 zeigt den Brechungsindex von NaCl im infraroten Spektralbereich. Die Daten können näherungsweise modelliert werden, wenn man annimmt, dass die Resonanz durch die Vibrationen der vollständig ionischen Na^+Cl^--Moleküle verursacht wird. Die Atommassen von Natrium und Chlor sind 23 bzw. 35,5. Verwenden Sie diese Werte, um folgende Größen abzuschätzen:

(a) die statische relative Permittivität von NaCl,

(b) die Eigenfrequenz der Vibrationen,

(c) die Rückstellkraft pro Einheit der Auslenkung des Oszillators,

(d) die Dichte von NaCl-Molekülen pro Volumeneinheit,

(e) die Dämpfungsrate γ für die Vibrationen,

(f) den Peak des Absorptionskoeffizienten.

2.7 Leiten Sie die beiden durch (2.26) gegebenen Beziehungen zwischen der Gruppengeschwindigkeit und der Phasengeschwindigkeit her.

2.8* Betrachten Sie einen einfachen Lorentz-Oszillator mit einer einzigen ungedämpften Resonanz. Die relative Permittivität ist durch (2.14) gegeben, wobei χ und γ beide null sind. Dies liefert

$$\epsilon_{\mathrm{r}}(\omega) = 1 + \frac{N e^2}{\epsilon_0 m_0} \frac{1}{(\omega_0^2 - \omega^2)}$$

Beweisen Sie, dass die Gruppengeschwindigkeit immer kleiner als c ist.

2.9* Betrachten Sie eine Probe eines Dielektrikums, die in einem homogenen, in z-Richtung zeigenden elektrischen Feld platziert wird (siehe Abbildung 2.8). Nehmen Sie an, dass die Atome in einem kubischen Gitter angeordnet sind und die Dipole alle in Richtung des externen Feldes zeigen.

(a) Betrachten Sie zunächst das durch die Dipole innerhalb der Kugel erzeugte Feld. Verwenden Sie die Standardformel für das von einem elektrischen Dipol erzeugte elektrische Feld und zeigen Sie so, dass das Feld im Zentrum der Kugel durch

$$\mathcal{E}_{\text{Kugel}} = \frac{1}{4\pi\epsilon_0} \sum_j p_j \frac{3z_j^2 - r_j^2}{r_j^5}$$

gegeben ist. Die Summe ist hierbei über alle Dipole innerhalb der Kugel zu nehmen, mit Ausnahme des genau im Zentrum liegenden. p_j bezeichnet das Dipolmoment des Atoms im j-ten Gitterpunkt.

(b) Zeigen Sie, dass in einem homogenen Medium, in dem alle Werte der p_j identisch sind, $\mathcal{E}_{\text{Kugel}} = 0$ gilt.

(c) Betrachten Sie nun das homogen polarisierte dielektrische Medium außerhalb der Kugel. Sei $\mathbf{P}$ die makroskopische Polarisation des Mediums. Diese wird als parallel zum externen Feld angenommen. Zeigen Sie, dass die Oberflächenladungsdichte auf der Kugel im Winkel θ von der z-Achse gleich $-P\cos\theta$ ist. Zeigen Sie damit, dass das Material außerhalb der sphärischen Oberfläche im Zentrum der Kugel ein Feld der Stärke $-\mathbf{P}/3\epsilon_0$ erzeugt.

2.10 Unter welchen Bedingungen reduziert sich die Clausius-Mossotti-Gleichung (2.35) auf die übliche Beziehung zwischen der relativen Permittivität und der elektrischen Suszeptibilität, wie sie durch (A.4) gegeben ist?

2.11 Die relative Permittivität von N_2-Gas bei Standardtemperatur und Standarddruck ist 1,000588. Berechnen Sie χ_a für das N_2-Molekül. Zeigen Sie, dass die erforderliche elektrische Feldstärke zur Erzeugung eines Dipols, der einer Auslenkung des Elektrons um 1Å (10^{-10} m) entspricht, von vergleichbarer Größenordnung ist wie das elektrische Feld zwischen einem Proton und einem Elektron, die den gleichen Abstand voneinander haben.

2.12 Ein gegebenes Material hat ein einziges Absorptionsband, das zwischen den Photonenergien E_1 und E_2 liegt. Nehmen Sie an, dass der Absorptionskoeffizient innerhalb des Bandes den konstanten Wert α_0 hat und ansonsten null ist. Zeien Sie mithilfe der Kramers-Kronig-Relationen, dass der Brechungsindex für eine Photonenergie E unterhalb von E_1 durch

$$n(E) = 1 + \frac{c\hbar\alpha_0}{2\pi E} \ln \frac{(E_2 - E)(E_1 + E)}{(E_2 + E)(E_1 - E)}$$

gegeben ist.

2.13 (a) Sellmeier leitete im Jahr 1871 die folgende Gleichung für die Wellenlängenabhängigkeit des Brechungsindex her:

$$n^2 = 1 + \sum_j \frac{A_j \lambda^2}{\left(\lambda^2 - \lambda_j^2\right)}$$

Zeigen Sie, dass diese Gleichung in großer Entfernung von Absorptionslinien äquivalent zu (2.24) ist. Bestimmen Sie die Werte von A_j und λ_j.

(b) Nehmen Sie an, dass die Dispersion durch die nächstliegende Resonanz dominiert wird, sodass wir in der Sellmeier-Gleichung bei der Summation nur einen Term berücksichtigen müssen (also beispielsweise den mit $j = 1$). Unter der Annahme, dass λ_1^2/λ^2 klein ist, und durch Entwicklung der Sellmeier-Gleichung finden wir die älteste Variante der Dispersionsgleichung, die empirisch von Cauchy gefunden wurde:

$$n = C_1 + \frac{C_2}{\lambda^2} + \frac{C_3}{\lambda^4} + \dots$$

Bestimmen Sie Ausdrücke für C_1, C_2 und C_3 in Abhängigkeit von A_1 und λ_1.

2.14 Der Brechungsindex von Kronglas ist 1,5553 bei 402,6 nm und 1,5352 bei 706,5 nm.

(a) Bestimmen Sie die Koeffizienten C_1 und C_2 der Cauchy-Gleichung aus der vorherigen Aufgabe für den Fall, dass C_3 vernachlässigbar ist.

(b) Schätzen Sie den Brechungsindex für blaues Licht bei 450 nm und für rotes Licht bei 650 nm ab.

(c) Weißes Licht trifft auf ein Prisma aus Kronglas, wobei der Öffnungswinkel 60° beträgt (siehe Abbildung 2.11). Der Einfallswinkel an der ersten Grenzfläche beträgt 45°. Berechnen Sie die Differenz der Winkel zwischen dem Licht der Wellenlängen 450 nm und 650 nm an der Austrittsfläche des Prismas.

2.15 Zeigen Sie, dass die zeitliche Verbreiterung eines kurzen Pulses in einem dispersiven Medium der Länge L näherungsweise

$$\Delta\tau = L \left| \frac{\lambda}{c} \frac{\mathrm{d}^2 n}{\mathrm{d}\lambda^2} \right| \Delta\lambda$$

ist, wobei λ die Vakuumwellenlänge und $\Delta\lambda$ die Spektralbreite des Pulses ist. Schätzen Sie $\Delta\tau$ für einen Laserpuls der zeitlichen Breite 10 ps in einer 1 km langen optischen Faser bei 1550 nm ab, wobei $|(\lambda/c)\,\mathrm{d}^2 n/\mathrm{d}\lambda^2| = 17\,\mathrm{ps\,km^{-1}\,nm^{-1}}$.

2.16 Betrachten Sie die Propagation einer Welle in einem doppelbrechenden Medium, wenn die Komponenten (x, y, z) des Polarisationsvektors die Gleichung $x^2 + y^2 + z^2 = 1$ erfüllen. Zur Beschreibung der Permittivität, welche die Welle spürt, ist das Indexellipsoid

$$\frac{x^2}{\epsilon_{11}/\epsilon_0} + \frac{y^2}{\epsilon_{22}/\epsilon_0} + \frac{z^2}{\epsilon_{33}/\epsilon_0} = 1$$

geeignet. Dabei sind die ϵ_{ij} die Komponenten des in (2.49) definierten Tensors der relativen Permittivität. Zeigen Sie mithilfe des Indexellipsoids, dass der Brechungsindex für den außerordentlichen Strahl, der unter einem Winkel θ zur optischen Achse des uniaxialen Kristalls propagiert (siehe Abbildung 2.13b), durch

$$\frac{1}{n(\theta)^2} = \frac{\sin^2 \theta}{n_e^2} + \frac{\cos^2 \theta}{n_o^2}$$

gegeben ist. n_e und n_o sind in Beispiel 2.3 definiert.

2.17 Berechnen Sie mit den in Tabelle 2.1 gegebenen Daten für den Brechungsindex den Bereich der Öffnungswinkel, die in einem polarisierenden Glan-Foucault-Prisma aus Calcit zu einer selektiven Totalreflexion des ordentlichen Strahls führen.

2.18 (a) Betrachten Sie eine Halbwellenplatte, auf die linear polarisiertes Licht fällt (Abbildung 2.15). Zeigen Sie, dass die Wellenplatte die Polarisation des Lichts um einen Winkel 2θ dreht, wobei θ der von der Eintrittsfläche und der optischen Achse gebildete Winkel ist.

(b) Zeigen Sie, dass eine Viertelwellenplatte einen linear polarisierten Eingangsstrahl in zirkular polarisiertes Licht umwandelt und umgekehrt, wenn der Winkel 45° beträgt.

(c) Beschreiben Sie den Ausgang aus einer Viertelwellenplatte für $\theta \neq 45°$.

2.19 Ein uniaxialer doppelbrechender Kristall aus Quarz hat die Brechungsindizes $n_o = 1{,}5443$ und $n_e = 1{,}5434$. Aus einem Kristall wird eine Verzögerungsplatte so geschnitten, dass die optische Achse parallel zu den Plattenoberflächen liegt (siehe Abbildung 2.15). Wie dick muss der Kristall sein, damit er sich bei 500 nm wie eine Viertelwellenplatte verhält?

2.20 Betrachten Sie die Kristallstrukturen der folgenden Materialien und finden Sie heraus, ob diese doppelbrechend sind:

(a) NaCl

(b) Diamant

(c) Graphit (im Infrarot, wo das Material durchlässig ist)

(d) ZnS (Wurtzit)

(e) ZnS (Zinkblende)

(f) kristallisiertes Argon (bei 4 K)

(g) Schwefel

Welche der Materialien sind biaxial?

2.21 (a) Eine Kerr-Zelle besteht aus einem Kerr-Medium, an das Kontakte angebracht sind, sodass ein elektrisches Feld angelegt werden kann. Zeigen Sie, dass die Feldstärke, die erforderlich ist, um eine doppelbrechende Phasenverschiebung von einer halben Wellenlänge zu erzeugen, durch

$$\mathcal{E}_{\lambda/2} = 1/\sqrt{2Kd}$$

gegeben ist. Dabei ist K die Kerr-Konstante und d die räumliche Ausdehnung des Mediums.

(b) Berechnen Sie die Spannung, die erforderlich ist, um in einer aus Chalcogenid-Glas gefertigten Kerr-Zelle der Länge 2 cm und einer Kerr-Konstante von $8{,}7 \times 10^{-14}\,\mathrm{m\,V^{-2}}$ ein Feld der Stärke $\mathcal{E}_{\lambda/2}$ zu erzeugen, wenn die laterale Ausdehnung, über die die Spannung abfällt, 5 mm beträgt.

2.22 (a) Ein transparentes chirales Medium der Dicke d hat die Brechungsindizes n_{L} und n_{R} für links- bzw. rechtszirkular polarisiertes Licht der Vakuumwellenlänge λ. Betrachten Sie linear polarisiertes Licht als eine Superposition von links- und rechtszirkular polarisiertem Licht und zeigen Sie auf diese Weise, dass das Medium die lineare Polarisation um einen Winkel θ dreht, der durch

$$\theta = \frac{\pi d}{\lambda}\left(n_{\mathrm{R}} - n_{\mathrm{L}}\right)$$

gegeben ist.

(b) Der Wert von $|n_{\mathrm{R}} - n_{\mathrm{L}}|$ für kristallinen Quarz ist bei 589 nm $7{,}1 \times 10^{-5}$. Berechnen Sie die Drehleistung von Quarz (definiert als θ/d) bei dieser Wellenlänge in Einheiten von $°/\mathrm{mm}$.

2.23 Betrachten Sie ein optisches Medium, das bei einer Kreisfrequenz ω_0 eine Lorentz-Resonanzlinie der Breite γ hat. Wenn ein magnetisches Feld der Stärke B angelegt wird, verschiebt sich die Übergangsenergie aufgrund des normalen Zeeman-Effekts um $\pm\mu_{\mathrm{B}}B$. Für parallel zum Feld propagierendes Licht wächst die Absorptionsfrequenz für die zirkulare Polarisation σ^+ auf $\omega_0 + \mu_{\mathrm{B}} B/\hbar$, während sie für die Polarisation σ^- auf $\omega_0 - \mu_{\mathrm{B}} B/\hbar$ fällt. Magnetooptische Phänomene können erklärt werden, indem man die Differenz $(\tilde{n}_+ - \tilde{n}_-)$ des komplexen Brechungsindex für Licht der Polarisationen σ^+ und σ^- betrachtet.

(a) Betrachten Sie den Realteil von $(\tilde{n}_+ - \tilde{n}_-)$ und skizzieren Sie die Frequenzabhängigkeit der Faraday-Rotation.

(b) Betrachten Sie den Imaginärteil von $(\tilde{n}_+ - \tilde{n}_-)$ und skizzieren Sie die Frequenzabhängigkeit des magnetischen zirkularen Dichroismus.

2.24 In einem optischen Isolator wird der Faraday-Effekt ausgenutzt, um die Ebene des linear polarisierten Lichts um $45°$ zu drehen. Verwenden Sie für den Verdet-Koeffizienten von Flintglas den Wert $9{,}0\ \mathrm{rad\,T^{-1}\,m^{-1}}$ und berechnen Sie die erforderliche Dicke des Glases, wenn es in einem Isolator mit einem Permantmagneten der Stärke $0{,}5\ \mathrm{T}$ verwendet wird.

3 Interbandabsorption

In Abschnitt 1.4.1 hatten wir festgestellt, dass es im nahinfraroten, im sichtbaren oder im ultravioletten Spektralbereich eine fundamentale Absorptionskante gibt. Die Absorptionskante entsteht durch das Einsetzen von optischen Übergängen über die fundamentale Bandlücke des Materials. Damit stehen wir vor der Aufgabe, die Prozesse zu untersuchen, die im Zusammenhang mit optischen Übergängen der Elektronen zwischen den Bändern eines Festkörpers auftreten. Dieser als **Interbandabsorption** bezeichnete Prozess ist Gegenstand dieses Kapitels. Der umgekehrte Prozess wird **Interbandlumineszenz** genannt. Dabei fallen Elektronen unter Emission von Photonen aus angeregten Zustandsbändern, was in Kapitel 5 untersucht wird.

Interbandübergänge werden in allen Festkörpern beobachtet. Unser Ziel ist es zu erklären, wie das Absorptionspektrum eines gegebenen Materials mit seiner Bandstruktur und insbesondere mit der Zustandsdichte für den Übergang zusammenhängt. Der Einfluss exzitonischer Effekte auf die Absorptionsspektren wird in Kapitel 4 diskutiert. Hier konzentrieren wir uns auf kristalline Festkörper, wobei die wesentlichen Punkte deutlich werden. Die Prinzipien, die wir dabei aufdecken werden, können leicht auf andere Materialien angewendet werden. Dies wird beispielsweise in Abschnitt 7.3.2 durchgeführt, wo wir die Auswirkungen von Interbandübergängen auf die Reflexionsspektren von Metallen betrachten.

Das Verständnis der Interbandabsorption basiert auf der quantenmechanischen Behandlung der Licht-Materie-Wechselwirkung auf die Bandzustände von Festkörpern. Dies setzt anwendungsbereite Kenntnisse der Quantenmechanik und der Bändertheorie voraus. Eine Zusammenstellung der wichtigsten Ergebnisse, die wir in diesem Kapitel benötigen, wird in den Anhängen B und D gegeben. Dem Leser wird empfohlen, bei Verständnisproblemen die in diesen Anhängen aufgelistete Literatur zu Rate zu ziehen.

3.1 Interbandübergänge

Das Energieniveauschema eines isolierten Atoms besteht aus einer Serie von Zuständen mit diskreten Energien. Optische Übergänge zwischen diesen Niveaus führen zu scharfen Linien in den

Absorptions- und Emissionsspektren. Um die Übergangsenergien und die Oszillatorstärken zu berechnen, müssen wir die Quantenmechanik anwenden. Nachdem wir dies getan haben, können wir die Frequenzabhängigkeit des Brechungsindex und des Absorptionskoeffizienten ableiten, indem wir das im letzten Abschnitt beschriebene klassische Oszillatormodell anwenden.

Die optischen Übergänge von Festkörpern sind etwas schwieriger zu behandeln. Manche Eigenschaften, die für isolierte Atome gelten, lassen sich übertragen, jedoch treten auch neue physikalische Phänomene auf, die ihre Ursache in der Bildung von Bändern mit delokalisierten Zuständen haben. Im Rahmen des klassischen Modells ist es schwierig, mit kontinuierlichen Absorptionsbändern anstelle von diskreten Linien zu arbeiten. Wir können nur dann erwarten, dass das klassische Oszillatormodell mit einer gewissen Genauigkeit gilt, wenn die Frequenz weit entfernt von den Absorptionsübergängen zwischen den Bändern ist.

Abbildung 3.1 zeigt ein stark vereinfachtes Energieschema für zwei separierte Bänder in einem Festkörper. Die Energielücke zwischen den Bändern wird als Bandlücke E_g bezeichnet. Optische Interbandübergänge zwischen diesen Bändern sind möglich, sofern es die Auswahlregeln zulassen. Bei einem solchen Übergang springt ein Elektron aus dem Band mit der niedrigeren Energie in das darüber liegende Band, wobei es ein Photon absorbiert. Dies ist nur möglich, wenn es im unteren Band ein Elektron im Anfangszustand gibt. Außerdem fordert das Pauli-Prinzip, dass der Endzustand im oberen Band leer sein muss. Ein typisches Beispiel für eine solche Situation sind die Übergänge über die fundamentale Bandlücke eines Halbleiters oder Isolators. In diesem Fall regt ein Photon ein Elektron aus dem gefüllten Valenzband in das leere Leitungsband an.

Durch Anwendung des Energieerhaltungssatzes auf den in Abbildung 3.1 gezeigten Interbandübergang erhalten wir die Beziehung

$$E_f = E_i + \hbar\omega \tag{3.1}$$

Dabei ist E_i die initiale Energie des Elektrons im unteren Band, E_f die Energie des finalen Zustands im oberen Band und $\hbar\omega$ die Photonenergie. Da es einen kontinuierlichen Bereich von Energien im oberen und unteren Band gibt, sind Interbandübergänge über einen kontinuierlichen Bereich von Frequenzen möglich. Der Frequenzbereich wird durch die obere und untere Energiegrenze der Bänder bestimmt.

In Abbildung 3.1 sehen wir, dass der minimale Wert von $(E_f - E_i)$ gleich E_g ist. Daraus folgt, dass die Absorption ein Schwellwertverhalten zeigt: Interbandübergänge sind nur möglich, wenn $\hbar\omega > E_g$ gilt. Interbandübergänge führen daher zu einem kontinuierlichen

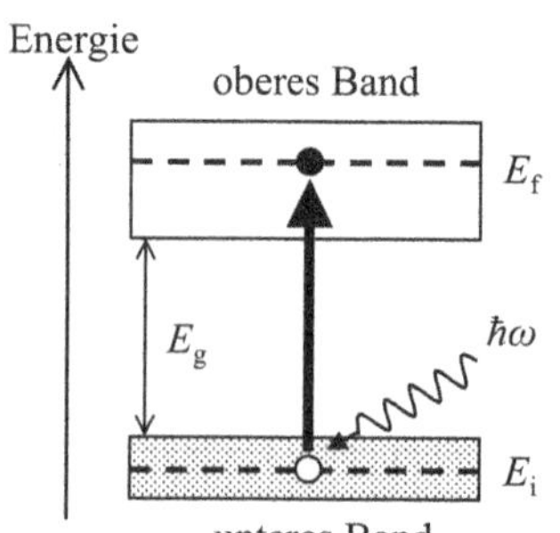

Abb. 3.1: Optische Interbandabsorption zwischen einem Anfangszustand der Energie E_i (i für initial) in einem besetzten unteren Band und einem Endzustand der Energie E_f (f für final) in einem leeren oberen Band. Die Energiedifferenz zwischen den beiden Bändern ist E_g.

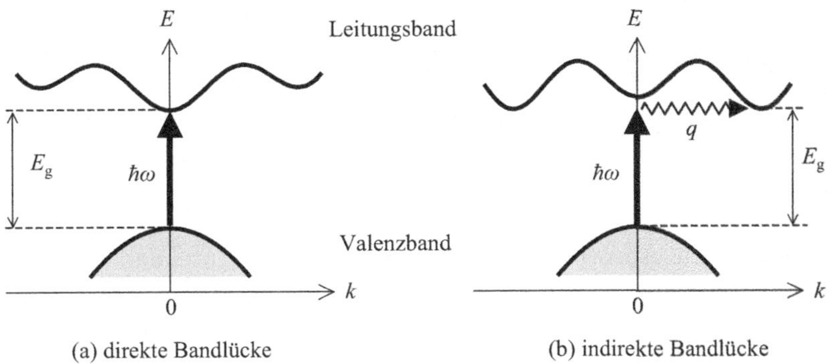

Abb. 3.2: Interbandübergänge in Festkörpern: (a) direkte Bandlücke, (b) indirekte Bandlücke. Der vertikale Pfeil repräsentiert den Absorptionsprozess, während der geschlängelte Pfeil in Teil (b) für die Absorption oder Emission eines Photons steht.

Absorptionsspektrum, das vom unteren Energieschwellwert E_g bis zu einem oberen Wert reicht, der durch die äußersten Grenzen der beteiligten Bänder festgelegt ist. Dies steht im Gegensatz zu den Absorptionsspektren isolierter Atome, die aus diskreten Linien bestehen.

Die Anregung des Elektrons hinterlässt den initialen Zustand der Energie E_i im unteren Band unbesetzt. Dies ist äquivalent zur Erzeugung eines **Lochs** im initialen Zustand. Der Prozess der Interbandabsorption erzeugt also ein Loch im initialen Zustand und ein Elektron im finalen Zustand, sodass er als die Erzeugung eines **Elektron-Loch-Paares** aufgefasst werden kann.

In den folgenden Abschnitten befassen wir uns mit der Abhängigkeit der Rate der Interbandabsorption von der Bandstruktur des Festkörpers. An dieser Stelle treffen wir lediglich eine allgemeine Unterscheidung, die darauf beruht, ob die Bandlücke **direkt** oder **indirekt** ist. Dies ist in Abbildung 3.2 illustriert. Teil (a) der Abbildung zeigt das E-k-Diagramm eines Festkörpers mit direkter Bandlücke, während Teil (b) das entsprechende Diagramm für ein Material mit indirekter Lücke zeigt. Der Unterschied betrifft die relativen Positionen des Minimums des Leitungsbandes und des Maximums des Valenzbandes in der Brillouin-Zone. In einem Material mit direkter Lücke liegen beide im Zonenzentrum, wo $k = 0$ gilt. Bei einem Material mit indirekter Lücke dagegen tritt das Minimum des Leitungsbandes nicht bei $k = 0$ auf, sondern bei einem anderen Wert von k, der gewöhnlich am Zonenrand oder dicht davor liegt.

Die Unterscheidung hinsichtlich der Natur der Bandlücke hat wichtige Konsequenzen für die optischen Eigenschaften. In Abschnitt 3.2 werden wir sehen, dass sich der Wellenvektor des Elektrons wegen der Impulserhaltung während der Photonabsorption nicht signifikant ändert. Wir stellen den Prozess der Photonabsorption in E-k-Diagrammen durch vertikale Linien dar. Aus Abbildung 3.2b, die ein Material mit indirekter Lücke zeigt, ist unmittelbar ersichtlich,

Den Effekt der anziehenden Kraft zwischen dem negativen Elektron und dem positiven Loch betrachten wir in Kapitel 4. Hier vernachlässigen wir diese Effekte und konzentrieren uns auf die Untersuchung der allgemeinen Eigenschaften der Interbandabsorption.

dass sich der Wellenvektor des Elektrons beim Sprung aus dem Valenzband in das Leitungsband signifikant ändern muss. Es ist nicht möglich, diesen Sprung allein durch Absorption eines Photons zu erreichen, vielmehr muss an dem Übergang ein Phonon beteiligt sein, um den Impuls zu erhalten. Dies steht im Gegensatz zum Verhalten in einem Material mit direkter Lücke, wo der Prozess ganz ohne Beteiligung von Phononen ablaufen kann.

Die indirekte Absorption spielt bei technisch bedeutenden Materialien eine wichtige Rolle. Die Behandlung der indirekten Absorption ist wegen der Rolle der Phononen komplizierter als die der direkten Absorption. Wir beginnen daher unsere Diskussion der Interbandübergänge mit direkten Prozessen. Die Interbandabsorption in Materialien mit indirekter Lücke betrachten wir in Abschnitt 3.4.

3.2   Die Übergangsrate für die direkte Absorption

Der optische Absorptionskoeffizient α ist durch die quantenmechanische Übergangsrate $W_{i \to f}$ für die Anregung eines Elektrons aus einem initialen Quantenzustand ψ_i in einen finalen Zustand ψ_f durch Absorption eines Photons der Kreisfrequenz ω verbunden. Unsere Aufgabe besteht also darin, $W_{i \to f}$ zu berechnen und somit die Frequenzabhängigkeit von α zu bestimmen. Die Übergangsrate ist durch Fermis goldene Regel bestimmt (siehe Anhang B):

$$W_{i \to f} = \frac{2\pi}{\hbar} |M|^2 g(\hbar\omega) \tag{3.2}$$

Die Übergangsrate hängt somit von zwei Faktoren ab:

- dem **Matrixelement** M und

- der **Zustandsdichte** $g(\hbar\omega)$.

Der Bra-Ket-Ausdruck $\langle f|H'|i\rangle$ ist ein Beispiel für die **Dirac-Notation.** Das „Ket" $|i\rangle$ repräsentiert die Wellenfunktion ψ_i, während das „Bra" $\langle f|$ für ψ_f^* steht. Das geschlossene Bra-Ket mit der Störung in der Mitte bedeutet, dass wir den in der zweiten Zeile von (3.3) explizit ausgeschriebenen Erwartungswert auswerten.

Im Folgenden betrachten wir zunächst das Matrixelement und anschließend $g(\hbar\omega)$.

Das Matrixelement beschreibt den Effekt der externen Störung, die durch die Lichtwelle auf die Elektronen wirkt. Es ist gegeben durch

$$\begin{aligned} M &= \langle f|H'|i\rangle \\ &= \int \psi_f^*(\mathbf{r}) H'(\mathbf{r}) \psi_i(\mathbf{r}) \, d^3\mathbf{r} \end{aligned} \tag{3.3}$$

Dabei ist H' die mit der Lichtwelle verbundene Störung und $\mathbf{r}$ der Ortsvektor des Elektrons. Wir verwenden hier den semiklassischen Ansatz, d. h., wir behandeln die Elektronen quantenmechanisch, während wir die Photonen durch elektromagnetische Wellen beschreiben.

In der klassischen Elektrodynamik bewirkt das Vorhandensein eines elektrischen Störfeldes $\mathcal{E}$ eine Verschiebung der Energie eines geladenen Teilchens um $-\mathbf{p} \cdot \mathcal{E}$, wobei $\mathbf{p}$ das elektrische Dipolmoment des Teilchens ist. Die geeignete Quantenstörung zur Beschreibung der elektrischen Dipolwechselwirkung zwischen dem Licht und dem Elektron ist daher

$$H' = -\mathbf{p}_\mathrm{e} \cdot \mathcal{E}_\mathrm{Photon} \tag{3.4}$$

wobei $\mathbf{p}_\mathrm{e}$ das Dipolmoment des Elektrons ist und den Wert $-er$ hat. Diese Form der Störung wird in Abschnitt B.2 genauer motiviert.

Die Lichtwelle wird durch ebene Wellen der Form

$$\mathcal{E}_\mathrm{Photon}(\mathbf{r}) = \mathcal{E}_0\,e^{i\mathbf{k}\cdot\mathbf{r}} \tag{3.5}$$

beschrieben. Die Störung ist somit

$$H'(\mathbf{r}) = e\mathcal{E}_0 \cdot \mathbf{r}\,e^{i\mathbf{k}\cdot\mathbf{r}} \tag{3.6}$$

Die elektronischen Zustände in einem kristallinen Festkörper werden durch blochsche Funktionen beschrieben. Dies erlaubt es uns, die Wellenfunktionen als Produkt aus einer ebenen Welle und einer einhüllenden Funktion zu schreiben, welche die Periodizität des Kristallgitters hat. (Siehe auch (1.30) und (D.7)). Wir schreiben daher

$$\psi_\mathrm{i}(\mathbf{r}) = \frac{1}{\sqrt{V}}\,u_\mathrm{i}(\mathbf{r})\,e^{i\mathbf{k}_\mathrm{i}\cdot\mathbf{r}} \tag{3.7}$$

$$\psi_\mathrm{f}(\mathbf{r}) = \frac{1}{\sqrt{V}}\,u_\mathrm{f}(\mathbf{r})\,e^{i\mathbf{k}_\mathrm{f}\cdot\mathbf{r}} \tag{3.8}$$

wobei u_i und u_f die passenden Einhüllenden für das initiale und das finale Band sind und V das normierende Volumen. $\mathbf{k}_i$ und $\mathbf{k}_f$ sind die Wellenvektoren des initialen und des finalen elektronischen Zustands. Durch Substitution der Störung (3.6) und der durch (3.7) und (3.8) gegebenen Wellenfunktionen erhalten wir

$$M = \frac{e}{V} \int u_\mathrm{f}^*(\mathbf{r})\,e^{-i\mathbf{k}_\mathrm{f}\cdot\mathbf{r}}\left(\mathcal{E}_0 \cdot \mathbf{r}\,e^{i\mathbf{k}\cdot\mathbf{r}}\right) u_\mathrm{i}(\mathbf{r})\,e^{i\mathbf{k}_\mathrm{i}\cdot\mathbf{r}}\,\mathrm{d}^3\mathbf{r} \tag{3.9}$$

wobei sich die Integration über den gesamten Kristall erstreckt.

Das Integral in Gleichung (3.9) kann durch zwei Überlegungen vereinfacht werden. Zum einen berücksichtigen wir die Impulserhaltung. Diese erfordert, dass die Änderung im Kristallimpuls des Elektrons gleich dem Impuls des Photons sein muss, also

$$\hbar\mathbf{k}_\mathrm{f} - \hbar\mathbf{k}_\mathrm{i} = \hbar\mathbf{k} \tag{3.10}$$

Beachten Sie, dass wir hier nur die räumliche Abhängigkeit der Lichtwelle berücksichtigen müssen. Die Zeitabhängigkeit $e^{-i\omega t}$ der Störung wurde bereits bei der Herleitung von Fermis goldener Regel berücksichtigt und ist implizit in der Aussage der Energieerhaltung gemäß (3.1) enthalten.

Dies ist äquivalent zu der Forderung, dass der Phasenfaktor in (3.9) null ist. Falls der Phasenfaktor nicht null ist, sind die unterschiedlichen Elementarzellen des Kristalls gegeneinander phasenverschoben und das Integral summiert sich zu null. Die andere Überlegung ist die, dass u_i und u_f nach dem Bloch-Theorem periodische Funktionen sein müssen, die die gleiche Periodizität haben wie das Gitter. Daraus folgt, dass wir das Integral über das gesamte Gitter in eine Summe über identische Elementarzellen separieren können, da die Elementarzellen äquivalent und, wie wir eben gesehen haben, in Phase sind. Wir erhalten also

Wir nehmen hier an, dass das Licht linear polarisiert ist. Außerdem haben wir die Polarisationsrichtung in x-Richtung gewählt. In Kristallen mit kubischer Symmetrie sind x-, y- und z-Richtung äquivalent, was jedoch nicht für anisotrope Materialien gilt. An dieser Stelle interessiert uns einfach nur das allgemeine Prinzip. Mit der Anisotropie beschäftigen wir uns im Rahmen der Diskussion von Quantentöpfen in Kapitel 6. Zirkular polarisiertes Licht wird in Abschnitt 3.3.7 betrachtet.

$$|M| \propto \int_{\text{Elementarzelle}} u_i^*(\mathbf{r})\, x\, u_f(\mathbf{r})\, \mathrm{d}^3\mathbf{r} \qquad (3.11)$$

wobei wir die Achsen so festgelegt haben, dass das Licht in Richtung der x-Achse polarisiert ist. Dieses Matrixelement repräsentiert das elektrische Dipolmoment des Übergangs. Um es auszuwerten, müssen wir die Funktionen u_i und u_f kennen. Diese Funktionen sind aus den atomaren Orbitalen der konstituierenden Atome abgeleitet, sodass jedes Material separat betrachtet werden muss.

Die in Gleichung 3.10 eingebaute Bedingung der Impulserhaltung lässt sich weiter vereinfachen, wenn man die Beträge der Wellenvektoren von Elektron und Photon betrachtet. Der Wellenvektor des Photons ist $2\pi/\lambda$, wobei λ die Wellenlänge des Lichts ist. Photonen mit optischen Frequenzen haben daher k-Werte von etwa $10^7\,\mathrm{m}^{-1}$. Die Wellenvektoren der Elektronen sind dagegen viel größer. Das liegt daran, dass der Wellenvektor mit der Ausdehnung der Brillouin-Zone zusammenhängt. Diese ist gleich π/a, wobei a die Größe der Elementarzelle ist. Wegen $a \sim 10^{-10}\,\mathrm{m}$ ist der Wellenvektor des Photons viel kleiner als die Ausdehnung einer Brillouin-Zone. Wir können daher in (3.10) den Photonenimpuls im Vergleich zum Elektronenimpuls vernachlässigen und schreiben

$$\mathbf{k}_f = \mathbf{k}_i \qquad (3.12)$$

Ein direkter optischer Übergang führt daher zu einer vernachlässigbaren Änderung des Wellenvektors des Elektrons. Dies ist der Grund, warum wir die Absorptionsprozesse in E-k-Diagrammen des Elektrons (siehe Abbildung 3.2) durch vertikale Pfeile darstellen.

Der in (3.2) enthaltene Faktor $g(\hbar\omega)$ ist die für die Photonenergie ausgewertete **gemeinsame Zustandsdichte**. Die Zustandsdichte beschreibt, wie in Abschnitt 1.5.4 erläutert wurde, die Verteilung der Zustände innerhalb der Bänder. Die Bezeichnung *gemeinsame* Zustandsdichte bezieht sich darauf, dass die initialen und finalen Elektronzustände in kontinuierlichen Bändern liegen.

Für Elektronen innerhalb eines Bandes erhält man die Zustandsdichte pro Energieeinheit, $g(E)$, aus

$$g(E)\,\mathrm{d}E = 2\,g(k)\,\mathrm{d}k \tag{3.13}$$

wobei $g(k)$ die Zustandsdichte im Impulsraum ist. Der hier im Vergleich zu (1.32) zusätzlich auftretende Faktor 2 trägt der Tatsache
Rechnung, dass es für jeden k-Zustand zwei Spinzustände gibt. Dies
liefert

$$g(E) = \frac{2\,g(k)}{\mathrm{d}E/\mathrm{d}k} \tag{3.14}$$

wobei $\mathrm{d}E/\mathrm{d}k$ der Gradient der E-k-Dispersionskurve im Bänderdiagramm ist. $g(k)$ selbst erhält man durch Berechnung der Anzahl der
k-Zustände im inkrementellen Volumen zwischen den Schalen vom
Radius k und $k + \mathrm{d}k$ im k-Raum. Dies ist gleich der Anzahl der Zustände pro Volumeneinheit im k-Raum, nämlich $1/(2\pi)^3$ (siehe Aufgabe 3.1), multipliziert mit dem inkrementellen Volumen $4\pi k^2 \mathrm{d}k$.
Folglich ist $g(k)$ durch die Standardformel

$$
\begin{aligned}
g(k)\mathrm{d}k &= \frac{1}{(2\pi)^3}\,4\pi\,k^2\,\mathrm{d}k \\
\Rightarrow g(k) &= \frac{k^2}{2\pi^2}
\end{aligned}
\tag{3.15}
$$

gegeben. Wir können $g(E)$ mithilfe von (3.14) bestimmen, wenn wir
die sich aus der Bandstruktur des Materials ergebende Beziehung
zwischen E und k kennen. Für Elektronen in einem parabolischen
Band mit der effektiven Masse m^* ist $g(E)$ gegeben durch

$$g(E) = \frac{1}{2\pi^2}\left(\frac{2m^*}{\hbar^2}\right)^{3/2} E^{1/2} \tag{3.16}$$

(siehe Aufgabe 3.2). Dies ist die Standardformel für freie Elektronen,
wobei die freie Elektronenmasse m_0 durch m^* ersetzt wurde.

Den Faktor der gemeinsamen Zustandsdichte erhalten wir schließ-
lich, indem wir $g(E)$ an den Stellen E_i und E_f auswerten, wenn diese
mit den Bandenergien über $\hbar\omega$ zusammenhängen. Weiter benötigen
wir eine genaue Kenntnis der Bandstruktur. In Abschnitt 3.3.3 werden wir sehen, wie dies im Falle von parabolischen Bändern möglich ist. Anschließend werden wir in Abschnitt 3.3.4 dieses Ergebnis
verwenden, um die Frequenzabhängigkeit der Absorption nahe der
Bandkante eines Halbleiters mit direkter Lücke zu berechnen. Nicht-
parabolische Bänder betrachten wir in Abschnitt 3.5.

An dieser Stelle können wir bereits eine nützliche allgemeine Aussage treffen. Da die Atomdichte in einem Festkörper sehr groß ist,

muss die Zustandsdichte innerhalb eines Bandes ebenfalls groß sein. Daher ist die Absorptionsstärke für erlaubte Übergänge in einem Festkörper im Allgemeinen viel größer als in verdünnten Medien wie Gasen.

3.3 Bandkantenabsorption in Halbleitern mit direkter Bandlücke

Der grundlegende Prozess beim optischen Übergang über die fundamentale Bandlücke eines direkten Halbleiters ist in Abbildung 3.2a dargestellt. Ein Elektron wird durch Absorption eines Photons aus dem Valenzband in das Leitungsband angeregt. Die Übergangsrate kann, wie wir im letzten Abschnitt gesehen haben, aus dem Matrixelement und der Zustandsdichte berechnet werden. Diese Faktoren werden im Folgenden separat untersucht.

3.3.1 Die Atomphysik von Interbandübergängen

Das auszuwertende Matrixelement ist in Gleichung 3.11 gegeben. Dies erlaubt es uns, die Wahrscheinlichkeit für elektrische Dipolübergänge zu berechnen, wenn wir den atomaren Charakter der einhüllenden Wellenfunktionen $u_i(\mathbf{r})$ und $u_f(\mathbf{r})$ kennen. Die vollständige Behandlung dieses Problems macht Gebrauch von der Gruppentheorie, um den Charakter der beteiligten Bänder zu bestimmen. Dies würde hier zu weit führen, weshalb wir uns mit ein paar qualitativen Argumenten begnügen.

Die Halbleiter, die wir betrachten werden, haben alle vier Valenzelektronen. Offensichtlich ist dies für Elementhalbleiter wie Silicium und Germanium, die in der vierten Hauptgruppe des Periodensystems stehen. Ebenso trifft es auf Verbindungen aus Elementen zu, die symmetrisch in Bezug auf die vierte Hauptgruppe verschoben sind. Die kovalente Bindung entsteht bei diesen Verbindungen dadurch, dass die Elemente Elektronen teilen, sodass jedes Atom vier Außenelektronen hat. Beispielsweise wird die Bindung in den III-V-Verbindungen aus den fünf Valenzelektronen des Elements aus der fünften Hauptgruppe und den drei Valenzelektronen des Elements aus der dritten Hauptgruppe gebildet, was für jedes Paar von Atomen zusammen acht Elektronen ergibt. Dies ist energetisch am günstigsten, denn auf diese Weise können sehr stabile kovalente Kristalle gebildet werden, deren Struktur ähnlich der von Diamant ist. Die gleiche Argumentation ist für II-VI-Halbleiter anwendbar.

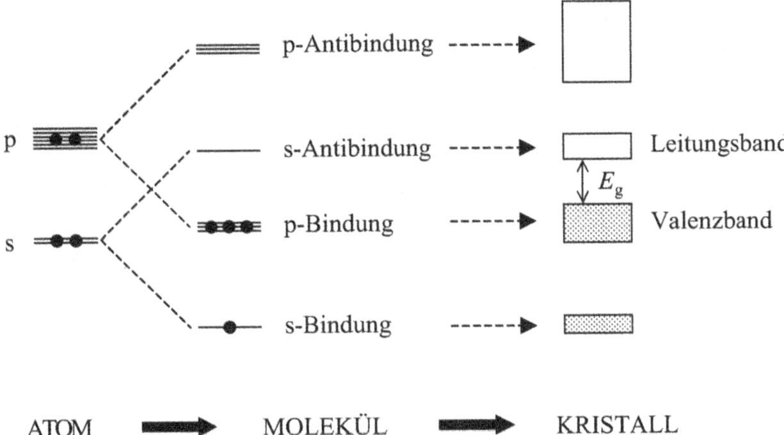

Abb. 3.3: Schematische Darstellung der Elektronenniveaus in einem kovalenten Kristall aus viervalenten Atomen wie Germanium oder binären Verbindungen wie Galliumarsenid. Die s- und p-Zustände der Atome hybridisieren und bilden bindende und antibindende Molekülorbitale, die sich dann zum Leitungs- bzw. Valenzband des Halbleiters entwickeln.

Die Valenzelektronen für ein viervalentes Elektron stammen aus den s- und p-Orbitalen. Die Elektronenkonfiguration von Germanium ist zum Beispiel $4s^2\,4p^2$. In der kristallinen Phase teilen benachbarte Atome die Valenzelektronen, und diese konstituieren eine kovalente Bindung. Abbildung 3.3 zeigt schematisch die Evolution der s- und p-artigen atomaren Zustände über die s- und p-bindenden bzw. antibindenden Orbitale des Moleküls zu den Valenz- und Leitungsbändern des kristallinen Festkörpers. Die gezeigte Reihenfolge der Niveaus gilt für die meisten III-V- und II-VI-Halbleiter und ebenso für Germanium. Für Silicium ist die Reihenfolge der Niveaus eine andere (siehe Aufgabe 3.11).

Die in Abbildung 3.3 dargestellte Evolution der Niveaus macht deutlich, dass der obere Teil des Valenzbandes einen p-artigen atomaren Charakter hat, während der untere Teil des Leitungsbandes s-artig ist. Der Grund ist, dass die vier Valenzelektronen die vier Bindungsorbitale besetzen, die sich dann zum Valenzband entwickeln. Der obere Teil des Valenzbandes entsteht aus den p-bindenden Orbitalen, während der untere Teil des Leitungsbandes aus den s-bindenden Orbitalen resultiert. Daher erfolgen optische Übergänge aus dem Valenzband in das Leitungsband von p-artigen Zuständen nach s-artigen Zuständen. Wir wissen aus den Auswahlregeln für elektrische Dipolübergänge, dass (p→s)-Übergänge erlaubt sind. (Siehe Aufgabe 3.3 und Anhang B.3.) Daraus folgern wir, dass die Übergänge zwischen dem Valenzband und dem Leitungsband eines Halbleiters mit der in Abbildung 3.3 gezeigten Niveaureihenfolge elektrisch dipolerlaubt sind.

Die Erkenntnis aus dieser Diskussion ist, dass die Wahrscheinlichkeit für Interbandübergänge über die Bandlücke in Materialien wie Germanium oder III-V-Verbindungen hoch ist. Da der Zustands-

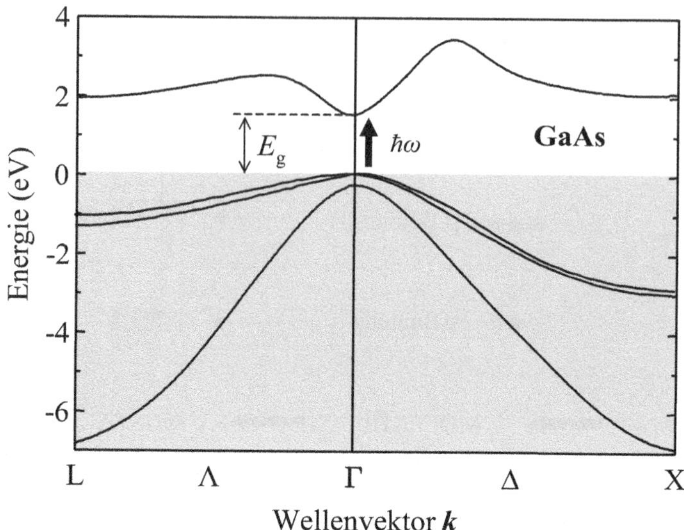

Abb. 3.4: Die Bandstruktur von GaAs. Die Dispersion der Bänder ist für zwei Richtungen der Brillouin-Zone dargestellt: für $\Gamma \to X$ und $\Gamma \to L$. Der Γ-Punkt entspricht dem Zonenzentrum mit einem Wellenvektor $(0,0,0)$, während X und L den Zonenrändern in den Richtungen (100) und (111) entsprechen. Die Valenzbänder liegen unterhalb des Fermi-Niveaus und sind mit Elektronen gefüllt. Dies wird in der Abbildung durch die Schattierung angedeutet. Nach Chelikowsky und Cohen (1976), ©American Physical Society, genehmigter Nachdruck.

dichtefaktor über der Bandkante ebenfalls groß ist, erwarten wir deshalb eine starke Absorption. Dies ist tatsächlich der Fall, wie wir weiter unten sehen werden. Die Behandlung von Germanium ist komplizierter, weil es eine indirekte Bandlücke hat. Wir werden uns daher auf den III-V-Verbindungshalbleiter Galliumarsenid konzentrieren. GaAs hat eine direkte Bandlücke und die Niveaureihenfolge folgt dem in Abbildung 3.3 gezeigten Schema. Die Übergänge über die Bandlücke sind daher sowohl dipolerlaubt als auch direkt. Dies macht GaAs zu einem Standardbeispiel, an dem direkte Interbandübergänge diskutiert werden können. Außerdem ist es ein sehr wichtiges Material für optoelektronische Anwendungen.

3.3.2　Die Bandstruktur von III-V-Halbleitern mit direkter Bandlücke

Die Bandstruktur von GaAs im Energiebereich nahe der fundamentalen Bandlücke ist in Abbildung 3.4 gezeigt. Die Energie E der Elektronen in den verschiedenen Bändern ist gegen den Elektron-Wellenvektor $\mathbf{k}$ aufgetragen. GaAs hat die Zinkblendestruktur, die auf dem flächenzentriert kubischen Gitter (fcc) basiert. Die Banddispersion ist für wachsendes $\mathbf{k}$ in zwei verschiedenen Richtungen der Brilloiun-Zone gezeigt. Der rechte Teil der Abbildung geht vom Zonenzentrum, wo $\mathbf{k} = (0,0,0)$ gilt, in die Richtung (100) zum Zonenrand bei $\mathbf{k} = (2\pi/a)(1,0,0)$, wobei a die Länge der Würfelkante im fcc-Gitter ist. Der linke Teil der Abbildung reicht von $\mathbf{k} = 0$ in Richtung der Raumdiagonale bis zum Zonenrand bei $\mathbf{k} = (\pi/a)(1,1,1)$.

In der Abbildung sehen wir einen schattierten Bereich und einen unschattierten. Der schattierte repräsentiert die Besetzung der Niveaus in den Bändern. Bänder, die in den schattierten Bereich fallen, liegen unterhalb des Fermi-Niveaus und sind mit Elektronen aufgefüllt. Die drei Bänder im schattierten Bereich entsprechen daher Valenzbandzuständen. Das einzige Band im nicht schattierten Bereich enthält keine Elektronen und ist daher das Leitungsband. Die drei Bänder im Valenzband entsprechen in Abbildung 3.3 den drei p-bindenden Orbitalen, während das einzige Leitungsband dem s-antibindenden Zustand entspricht. Strikt ist diese Korrespondenz zwischen den Bändern und den Molekülorbitalen nur am Γ-Punkt im Zentrum der Brillouin-Zone gültig. Der atomare Charakter (oder genauer gesagt die Symmetrie) der Bänder ändert sich mit wachsendem k, und er ist nur wohldefiniert an Punkten der Brillouin-Zone mit hoher Symmetrie wie Γ, X oder L.

In diesem Abschnitt interessieren wir uns für die Übergänge über die Bandlücke für kleine k-Werte nahe dem Γ-Punkt. Dies bedeutet, dass die Korrespondenz mit Abbildung 3.3 bei unserer Diskussion bestätigt wird. Wir können daher annehmen, dass die Übergänge dipolerlaubt sind, und uns darauf konzentrieren, die Zustandsdichte für den Übergang herzuleiten. Hierfür ist es hilfreich, das in Abbildung 3.5 skizzierte Vierbandmodell zu verwenden. Dieses Schema ist typisch für direkte III-V-Halbleiter nahe $k = 0$. Es gibt ein einziges s-artiges Leitungsband und drei p-artige Valenzbänder. Alle vier Bänder zeigen eine parabolische Dispersion. Die positive Krümmung des Leitungsbandes im E-k-Diagramm zeigt, dass es mit einem elektronischen Band (e) korrespondiert, während die negative Krümmung der Valenzbänder den Lochzuständen entspricht. Zwei der Lochbänder sind bei $k = 0$ entartet. Diese werden als Schwerlochband (hh für engl. heavy hole) und Leichtlochband (lh für engl. light hole) bezeichnet, wobei das Schwerlochband dasjenige mit der kleineren Krümmung ist. Das dritte Band ist infolge der Spin-Bahn-Kopplung zu kleineren Energien hin abgespalten (engl. split-off) und wird Split-off-Band (abgekürzt so) genannt. Die Energiedifferenz zwischen dem Maximum des Valenzbandes und dem Minimum des Leitungsbandes ist die Bandlücke E_g, während die Spin-Bahn-Aufspaltung zwischen den Lochbändern bei $k = 0$ üblicherweise mit dem Symbol Δ bezeichnet wird.

Vergleichen wir die schematische Darstellung in Abbildung 3.5 mit der detaillierten Bandstruktur von GaAs in Abbildung 3.4. Die Maxima der Valenzbänder treten am Γ-Punkt der Brillouin-Zone auf, während das Leitungsband eine „Kamelhöcker"-Struktur zeigt, wobei die Minima in den Punkten L und Γ sowie nahe X liegen. Wir können hier die seitlichen Minima bei L und X vernachlässigen, da die Impulserhaltung keine direkten Übergänge in diese Zuständen aus dem oberen Teil des Valenzbandes zulässt. In der Nähe des Zo-

Die Punkte hoher Symmetrie der Brillouin-Zone tragen symbolische Namen. Das Zonenzentrum, wo $\mathbf{k} = (0,0,0)$ gilt, wird Γ-Punkt genannt. Die Zonenränder in den Richtungen (100) und (111) heißen X- bzw. L-Punkt. In der Brillouin-Zone des Diamant- oder Zinkblendegitters lauten die Wellenvektoren am X- und L-Punkt $\mathbf{k} = (2\pi/a)(1,0,0)$ bzw. $(\pi/a)(1,1,1)$, wobei a die Länge der Würfelkante des flächenzentriert kubischen Gitters ist, aus dem die Diamant- oder Zinklblendestruktur abgeleitet ist. Die Richtung $\Gamma \to$ X ist mit Δ bezeichnet, die Richtung $\Gamma \to$ L mit Λ. Weitere Details finden Sie in Anhang D.

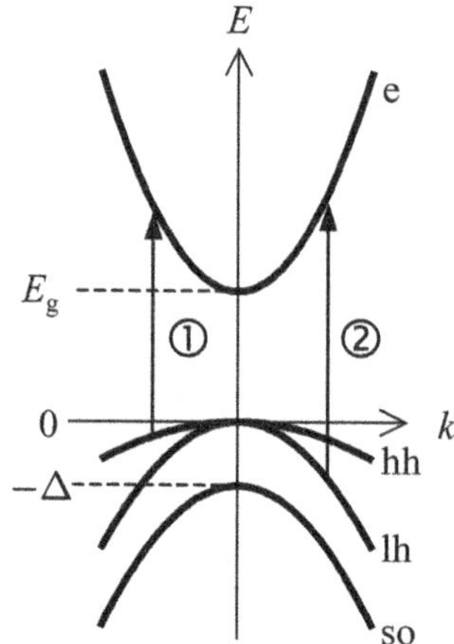

Abb. 3.5: Bandstruktur eines direkten III-V-Halbleiters wie GaAs nahe $k = 0$. $E = 0$ entspricht dem oberen Teil des Valenzbandes, während $E = E_\mathrm{g}$ dem unteren Teil des Leitungsbandes entspricht. Gezeigt sind vier Bänder: das Schwerlochband (hh für engl. heavy hole), das Leichtlochband (lh für engl. light hole), das Split-off-Band (so) und das elektronische Band (e). Außerdem eingezeichnet sind die beiden optischen Übergänge. Übergang 1 ist ein Schwerlochübergang, Übergang 2 dagegen ein Leichtlochübergang. Übergänge können auch zwischen dem Split-off-Band und dem Leitungsband auftreten, doch sind diese hier der Übersichtlichkeit halber nicht gezeigt. Dieses Vierbandmodell wurde ursprünglich in Kane (1957) für InSb entwickelt.

nenzentrums sind die Bänder alle näherungsweise parabolisch, sodass das vereinfachte Schema in Abbildung 3.5 nahe $k = 0$ gültig ist.

Die drei Valenzbandzustände haben alle p-artigen atomaren Charakter, sodass elektrische Dipolübergänge aus einem der Bänder in das Leitungsband möglich sind. Zwei solche Übergänge sind in Abbildung 3.5 eingezeichnet. Wie wir bereits angemerkt hatten, werden diese Absorptionsprozesse im E-k-Diagramm durch vertikale Pfeile dargestellt. Dies bedeutet, dass der k-Vektor des Elektrons der gleiche ist wie der des Lochs, das zusammen mit dem Elektron beim Übergang erzeugt wird (vgl. (3.12)). Der mit 1 gekennzeichnete Übergang beinhaltet die Anregung eines Elektrons aus dem Schwerlochband in das elektronische Band. Der Übergang 2 ist der entsprechende Prozess, der seinen Ursprung im Leichtlochband hat. Direkte Übergänge aus dem Split-off-Band in das Leitungsband sind ebenfalls möglich, doch um die Abbildung übersichtlich zu halten, sind diese hier nicht mit dargestellt.

3.3.3 Die gemeinsame Zustandsdichte

Wir können nun die Frequenzabhängigkeit des Absorptionskoeffizienten berechnen, wenn wir den in (3.14) gegebenen Faktor der gemeinsamen Zustandsdichte kennen. Dieser kann für die vereinfachte Bandstruktur in Abbildung 3.5 analytisch bestimmt werden. Die Dispersion der Bänder wird durch ihre jeweilige effektive Masse bestimmt, also m_e^* für die Elektronen, m_hh^* für die schweren Löcher, m_lh^* für die leichten Löcher und m_so^* für die Split-off-Löcher. Damit können wir die folgenden E-k-Beziehungen für das elektronische Band, das Schwerlochband, das Leichtlochband und das Split-off-Band aufschreiben:

$$E_\mathrm{e}(k) = E_\mathrm{g} + \frac{\hbar^2 k^2}{2m_\mathrm{e}^*} \tag{3.17}$$

$$E_\mathrm{hh}(k) = -\frac{\hbar^2 k^2}{2m_\mathrm{hh}^*} \tag{3.18}$$

$$E_\mathrm{lh}(k) = -\frac{\hbar^2 k^2}{2m_\mathrm{lh}^*} \tag{3.19}$$

$$E_\mathrm{so}(k) = -\Delta - \frac{\hbar^2 k^2}{2m_\mathrm{so}^*} \tag{3.20}$$

Aus Abbildung 3.5 ist unmittelbar ersichtlich, dass wegen der Energieerhaltung bei einem Schwer- oder Leichtlochübergang

$$\hbar\omega = E_\mathrm{g} + \frac{\hbar^2 k^2}{2m_\mathrm{e}^*} + \frac{\hbar^2 k^2}{2m_\mathrm{h}^*} \tag{3.21}$$

gelten muss, wobei $m_h^* = m_{hh}^*$ oder $m_h^* = m_{lh}^*$, je nachdem, ob es sich um einen Schwer- oder Leichtlochübergang handelt. Wir definieren die reduzierte Elektron-Loch-Masse μ als

$$\frac{1}{\mu} = \frac{1}{m_e^*} + \frac{1}{m_h^*} \tag{3.22}$$

Damit können wir Gleichung (3.21) in der einfacheren Form

$$\hbar\omega = E_g + \frac{\hbar^2 k^2}{2\mu} \tag{3.23}$$

schreiben. Wir sind daran interessiert, $g(E)$ für $E = \hbar\omega$ auszuwerten. Die gemeinsame Elektron-Loch-Dichte der Zustände finden wir, indem wir (3.23) in die Gleichungen (3.14) und (3.15) einsetzen. Wir erhalten

$$\text{für} \quad \hbar\omega < E_g, \quad g(\hbar\omega) = 0$$
$$\text{für} \quad \hbar\omega \geq E_g, \quad g(\hbar\omega) = \frac{1}{2\pi^2} \left(\frac{2\mu}{\hbar^2} \right)^{3/2} (\hbar\omega - E_g)^{1/2} \tag{3.24}$$

Hieran sehen wir, dass der Zustandsdichtefaktor für Photonenergien oberhalb der Bandlücke wie $(\hbar\omega - E_g)^{1/2}$ wächst.

3.3.4 Die Frequenzabhängigkeit der Bandkantenabsorption

Nun, da wir das Matrixelement und die Zustandsdichte untersucht haben, können wir alles zusammenfügen und die Frequenzabhängigkeit des Absorptionskoeffizienten α ableiten. Fermis goldene Regel (siehe (3.2)) sagt uns, dass die Absorptionsrate für einen dipolerlaubten Interbandübergang proportional zu der durch (3.24) gegebenen gemeinsamen Zustandsdichte ist. Wir erwarten daher das folgende Verhalten von $\alpha(\hbar\omega)$:

$$\text{für} \quad \hbar\omega < E_g, \quad \alpha(\hbar\omega) = 0$$
$$\text{für} \quad \hbar\omega \geq E_g, \quad \alpha(\hbar\omega) \propto (\hbar\omega - E_g)^{1/2} \tag{3.25}$$

Im Falle $\hbar\omega < E_g$ gibt es keine Absorption, und für Photonenergien, die größer sind als die Bandlücke wächst die Absorption wie $(\hbar\omega - E_g)^{1/2}$. Außerdem erwarten wir, dass Übergänge mit größeren reduzierten Massen aufgrund des in (3.24) enthaltenen Faktors $\mu^{3/2}$ zu einer stärkeren Absorption führen.

Vergleichen wir nun die Vorhersagen von (3.25) mit experimentellen Daten. Abbildung 3.6 zeigt Ergebnisse für den Absorptionskoeffizienten des direkten III-V-Halbleiters Indiumarsenid bei Raumtemperatur. Der Graph zeigt α^2, aufgetragen über der Photonenergie im

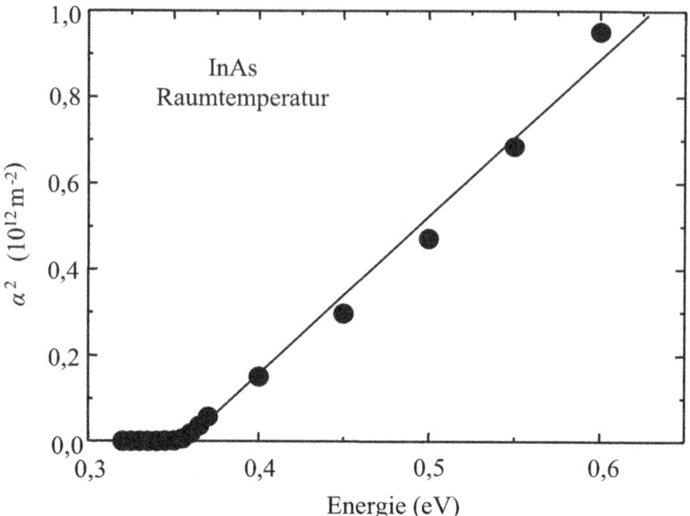

Abb. 3.6: Dargestellt ist das Quadrat des Absorptionskoeffizienten α in Abhängigkeit von der Photonenergie für einen direkten III-V-Halbleiter InAs bei Raumtemperatur. Durch Extrapolation der Absorption nach null können wir schließen, dass die Bandlücke 0,35 eV ist. Daten nach Palik (1985).

Spektralbereich in der Nähe der Bandlücke. Die lineare Beziehung zwischen α^2 und $(\hbar\omega - E_{\mathrm{g}})$ zeigt, dass das oben entwickelte Modell eine gute Näherung ist. Aus den Daten können wir ablesen, dass die Bandlücke bei dem Punkt liegen muss, an dem die Absorption null wird. Dies liefert den Wert 0,35 eV, was in guter Übereinstimmung mit Werten liegt, die aus elektrischen Messungen deduziert werden können. Wie Sie sehen, sind die Werte des Absorptionskoeffizienten sehr groß. Dies ist eine Konsequenz aus der sehr hohen Zustandsdichte in der festen Phase.

Für viele III-V-Halbleiter einschließlich GaAs selbst hat man festgestellt, dass die von (3.25) vorhergesagte Frequenzabhängigkeit nur näherungsweise gültig ist. Hierfür gibt es eine Reihe von Gründen.

- Wir haben die Coulomb-Anziehung zwischen Elektron und Loch vernachlässigt, welche die Absorptionsrate verstärken und zur Bildung von Exzitonen führen kann. Diese Effekte werden umso stärker, je größer die Bandlücke und je kleiner die Temperatur wird. Dies ist der Grund, weshalb wir in Abbildung 3.6 Raumtemperaturdaten für einen Halbleiter mit einer recht kleinen Bandlücke gezeigt haben. In Materialien wie GaAs sind exzitonische Effekte selbst bei Raumtemperatur signifikant. Dies wird in Kapitel 4 ausführlicher diskutiert und ist beispielsweise in den Absorptionsdaten für GaAs in Abbildung 4.3 deutlich zu sehen.

- Der Halbleiter kann Beimengungen (Fremdteilchen) oder Defekte enthalten, deren Energien innerhalb der Bandlücke liegen. Dies kann eine Absorption für Photonenergien unterhalb der Bandlücke möglich machen. Dieser Effekt wird in Abschnitt 7.4.2 diskutiert.

- Die parabolischen Bandapproximationen, die in den Dispersionsrelationen (3.17) bis (3.20) enthalten sind, gelten nur in der Nähe von $k = 0$. Während die Photonenergie über der Bandlücke wächst, wird die gemeinsame Zustandsdichte irgendwann nicht mehr die in (3.24) gegebene Frequenzabhängigkeit erfüllen. In diesen Fällen müssen wir die vollständige Bandstruktur verwenden, um die Zustandsdichte auszuwerten. Siehe hierzu Abschnitt 3.5.

Beispiel 3.1

Indiumphosphid ist ein direkter III-V-Halbleiter mit einer Bandlücke von 1,35 eV bei Raumtemperatur. Der Absorptionskoeffizient bei 775 nm ist $3{,}5 \times 10^6\,\mathrm{m}^{-1}$. Ein 1 µm dickes Plättchen wird mit einer antireflektierenden Oberfläche beschichtet. Schätzen Sie die Transmission der Probe bei 620 nm ab.

Lösung: Da die Probe eine antireflektierende Beschichtung hat, müssen wir hier keine Mehrfachreflexionen berücksichtigen. Wir erhalten daher aus (1.8) für die Transmission $R = 0$. Die Wellenlänge von 775 nm entspricht einer Photonenergie von 1,60 eV, was größer ist als E_g. Die Wellenlänge 620 nm entspricht einer Photonenergie von 2,00 eV, was ebenfalls über E_g liegt. Damit erhalten wir aus (3.25)

$$\frac{\alpha(620\,\mathrm{nm})}{\alpha(775\,\mathrm{nm})} = \frac{(2{,}00 - E_\mathrm{g})^{1/2}}{(1{,}60 - E_\mathrm{g})^{1/2}} = 1{,}6$$

Für die zweite Gleichung haben wir den Wert $E_\mathrm{g} = 1{,}35\,\mathrm{eV}$ verwendet. Daraus erhalten wir $\alpha(620\,\mathrm{nm}) = 5{,}6 \times 10^6\,\mathrm{m}^{-1} \equiv 5{,}6\mu\mathrm{m}^{-1}$ und folglich $\alpha l = 5{,}6$. Für die gesuchte Transmission ergibt sich

$$T(620\,\mathrm{nm}) = \exp(-\alpha l) = \exp(-5{,}6) = 0{,}37\%$$

Der in diesem Beispiel berechnete Wert von T ist nur eine Abschätzung, da wir die exzitonischen Effekte vernachlässigt haben und angenommen haben, dass die parabolische Bandapproximation gilt, obwohl wir tatsächlich weit weg von E_g sind. Der experimentelle Wert von $\alpha(620\,\mathrm{nm})$ liegt etwa 15% über dem hier berechneten Wert.

3.3.5 Der Franz-Keldysh-Effekt

W. Franz und L. V. Keldysh untersuchten 1958 unabhängig voneinander, wie die Bandkantenabsorption durch Anlegen eines äußeren elektrischen Feldes $\mathcal{E}$ modifiziert wird. Sie zeigten, dass es dabei zwei wesentliche Effekte gibt:

- Der Absorptionskoeffizient für Photonenergien kleiner E_g ist nicht mehr null, wie durch (3.25) vorhergesagt, sondern wächst nun exponentiell mit $(E_\mathrm{g} - \hbar\omega)$. Die Frequenzabhängigkeit von α ist gegeben durch

$$\alpha(\hbar\omega) \propto \exp\left(-\frac{4\sqrt{2m_\mathrm{e}^*}}{3|e|\hbar\mathcal{E}}(E_\mathrm{g} - \hbar\omega)^{3/2}\right) \qquad (3.26)$$

Dies bedeutet, dass sich die Bandkante mit wachsendem Feld zu niedrigeren Energien verschiebt (siehe Aufgabe 3.14).

- Der Absorptionskoeffizient für $\hbar\omega > E_\mathrm{g}$ wird durch eine periodische Funktion moduliert. Die Oszillationen in $\alpha(\hbar\omega)$ werden als Franz-Keldysh-Oszillationen bezeichnet.

Diese beiden Effekte werden zusammen **Franz-Keldysh-Effekt** genannt. Sie werden typischerweise beobachtet, wenn der Halbleiter in eine dünne i-Schicht im Kontakt einer p-n-Diode eingebaut ist. Dies erlaubt das Anlegen steuerbarer Felder, indem die Sperrspannung des Bauelements variiert wird (siehe Anhang E).

Aus der durch (2.36) gegebenen Kramers-Kronig-Relation sehen wir, dass eine Änderung im Absorptionskoeffizienten Änderungen im Brechungsindex für Frequenzen unterhalb der Bandlücke bewirkt. Das angelegte elektrische Feld moduliert also sowohl die Absorption als auch den Brechungsindex des Materials. Diese Modulation der optischen Konstanten durch ein elektrisches Feld ist ein Beispiel für einen **elektrooptischen Effekt.** Die Änderungen können linear oder quadratisch vom Feld abhängen, wie wir in Abschnitt 2.5.2 gesehen hatten. In Kapitel 11 wird erklärt, wie sich diese Effekte mithilfe nichtlinearer optischer Suszeptibiltätstensoren beschreiben lassen.

Die durch das elektrische Feld verursachten Änderungen von Real- und Imaginärteil des Brechungsindex implizieren, dass sich der Reflexionsgrad gemäß (1.29) ebenfalls ändert. Dies ist die Grundlage für das Verfahren der **Elektroreflexion,** bei dem die Modulation des Reflexionsgrades als Respons auf ein elektrisches Wechselfeld in Abhängigkeit von der Photonenergie gemessen wird. Das Verfahren der Elektroreflexion wird vielfach eingesetzt, um wichtige Bandstrukturparameter zu bestimmen.

3.3.6   Bandkantenabsorption im Magnetfeld

Aus der klassischen Physik wissen wir, dass das Anlegen eines starken magnetischen Feldes mit der Flussdichte B zu einer kreisförmigen Bewegung der Elektronen um das Feld mit der **Zyklotronfrequenz** ω_c führt. Die Zyklotronfrequenz ω_c ist durch

$$\omega_\mathrm{c} = \frac{eB}{m_0} \qquad (3.27)$$

gegeben (siehe Aufgabe 3.15). Im Rahmen der klassischen Physik können Bahnradius und Energie beliebige Werte annehmen, doch in der Quantenphysik sind beide Größen quantisiert. Die quantisierten Energien sind gegeben durch

$$E_n = (n + \tfrac{1}{2})\hbar\omega_{\mathrm{c}} \tag{3.28}$$

wobei $n = 0, 1, 2, \dots$. Diese quantisierten Energieniveaus werden als **Landau-Niveaus** bezeichnet.

Betrachten wir einen Halbleiter in einem starken magnetischen Feld, das in z-Richtung zeigt. Die Bewegung der Elektronen im Leitungsband und der Löcher im Valenzband ist in der x-y-Ebene quantisiert, doch ihre Bewegung in z-Richtung ist weiterhin frei. Ihre Energien innerhalb der Bänder sind somit gegeben durch

$$E^n(k_z) = (n + \tfrac{1}{2})\frac{e\hbar B}{m^*} + \frac{\hbar^2 k_z^2}{2m^*} \tag{3.29}$$

wobei m^* die zugehörige effektive Masse ist. Der erste Term liefert die Energie der quantisierten Bewegung in der x-y-Richtung, während der zweite die freie Bewegung in z-Richtung beschreibt. In absoluten Ausdrücken relativ zu $E = 0$ sind die Elektron- und Lochenergien im oberen Teil des Valenzbandes gegeben durch

$$\begin{aligned}
E_n^{\mathrm{e}}(k_z) &= E_{\mathrm{g}} + (n + \tfrac{1}{2})\frac{e\hbar B}{m_{\mathrm{e}}^*} + \frac{\hbar^2 k_z^2}{2m_{\mathrm{e}}^*} \\
E_n^{\mathrm{h}}(k_z) &= -(n + \tfrac{1}{2})\frac{e\hbar B}{m_{\mathrm{h}}^*} - \frac{\hbar^2 k_z^2}{2m_{\mathrm{h}}^*}
\end{aligned} \tag{3.30}$$

Diese Gleichungen sind die Entsprechungen zu (3.17) bis (3.19), die für $B = 0$ gelten.

Wenn die Probe angeleuchtet wird, während das Feld angelegt ist, kann es zu einem Interbandübergang kommen. Dabei wird im Leitungsband ein Elektron und im Valenzband ein Loch erzeugt. Man kann zeigen, dass sich das Landau-Niveau n während des Interbandübergangs nicht ändert (siehe Aufgabe 3.15). Aus dieser Auswahlregel folgt, dass Elektron und Loch den gleichen Wert von n haben müssen. Außerdem muss der k_z-Wert für beide Teilchen gleich sein, da der Impuls des Photons vernachlässigbar ist. Die Übergangsenergie ist daher gegeben durch

$$\begin{aligned}
\hbar\omega &= E_n^{\mathrm{e}}(k_z) - E_n^{\mathrm{h}}(k_z) \\
&= E_{\mathrm{g}} + (n + \tfrac{1}{2})\frac{e\hbar B}{\mu} + \frac{\hbar^2 k_z^2}{2\mu}
\end{aligned} \tag{3.31}$$

wobei μ die durch (3.22) gegebene reduzierte Masse ist. Diese Gleichung ist die Entsprechung zu Gleichung (3.23), die für $B = 0$ gilt.

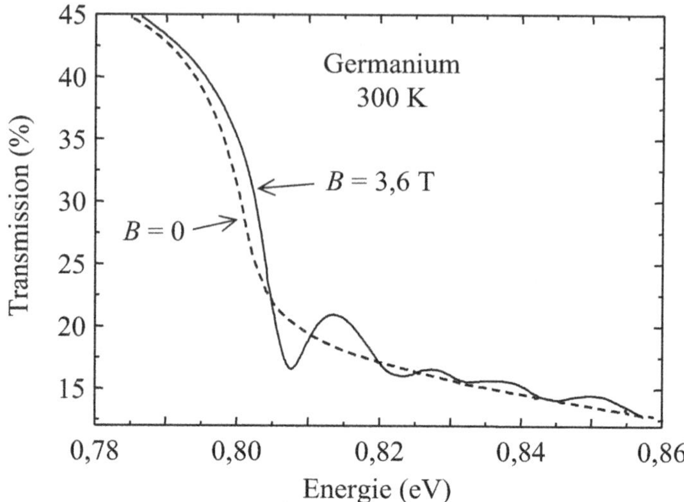

Abb. 3.7: Transmissionspektrum von Germanium für $B = 0$ und $B = 3,6\,\mathrm{T}$ bei $300\,\mathrm{K}$. Nach Zwerdling et al. (1957), ©American Physical Society, genehmigter Nachdruck.

Der von k_z abhängige Term bleibt unverändert, doch die x- und y-Komponenten von $\mathbf{k}$ sind nun durch das magnetische Feld quantisiert.

Die aus (3.31) folgende Frequenzabhängigkeit des Absorptionskoeffizienten wird in Aufgabe 3.14 ausführlich betrachtet. An dieser Stelle nur so viel, dass wir für jede Photonenergie, die (3.31) mit $k_z = 0$ erfüllt, eine hohe Absorption erwarten. Dies führt zu einer Serie von äquidistanten Peaks im Absorptionsspektrum, deren Energien durch

$$\hbar\omega = E_\mathrm{g} + (n + \tfrac{1}{2})\frac{e\hbar B}{\mu}\,; \quad n = 0, 1, 2, \dots \tag{3.32}$$

gegeben sind. Als unmittelbare Konsequenz dieses Ergebnisses erwarten wir, dass die Absorptionskante im Magnetfeld um die Energie $\hbar e B/2\mu$ nach oben verschoben wird.

Abbildung 3.7 zeigt das Transmissionsspektrum (bei Raumtemperatur) von Germanium für $B = 0$ und $B = 3,6\,\mathrm{T}$. Wir sehen, dass die Absorptionskante für $B = 3,6\,\mathrm{T}$ tatsächlich zu höherer Energie verschoben ist und dass es, wie durch (3.32) vorhergesagt, eine Serie von Dellen in der Transmission gibt. Die Spektralbreite dieser Dellen wird hauptsächlich durch Linienverbreiterung infolge Streuung bestimmt. Die effektive Masse des Elektrons kann aus den Energien der Minima in der Transmission bestimmt werden (siehe Aufgabe 3.14).

3.3.7   Spininjektion

Wenn kein Magnetfeld vorhanden ist, haben die Elektronen des Leitungsbandes mit gleicher Wahrscheinlichkeit die Spinzustände „up"

($m_s = +1/2$) und „down" ($m_s = -1/2$). Dies bedeutet, dass es normalerweise keinen Netto-Spin im Elektronengas gibt. Es ist allerdings möglich, durch Absorption von zirkular polarisiertem Licht einen Netto-Elektronenspin zu erzeugen. Dieses als **optische Spininjektion** oder **optische Ausrichtung** bezeichnete Verfahren ist von großer Bedeutung für die **Spintronik,** bei der der Elektronenspin ausgenutzt wird, um neuartige elektronische Bauelemente zu entwickeln.

Die optische Spininjektion ist möglich, weil zirkular polarisierte Photonen Drehimpulskomponenten von $\pm\hbar$ in Propagationsrichtung tragen. Das Vorzeichen der Drehimpulskomponente hängt vom Drehsinn ab, wobei $+\hbar$ für σ^+-Photonen und $-\hbar$ für σ^--Photonen gilt. Dies bedeutet, dass die Absorption eines zirkular polarisierten Lichtstrahls dem Halbleiter als Ganzes einen Drehimpuls verleiht, was in einem Nettospin des Elektronengases resultieren kann.

Betrachten wir einen direkten III-V-Halbleiter im Vierbandmodell mit der in Abbildung 3.5 gezeigten Bandstruktur. Wir konzentrieren uns auf Übergänge an der fundamentalen Bandkante (d. h. bei $k = 0$), wobei das Schwerlochband und das Leichtlochband entartet sind. In Abschnitt 3.3.1 haben wir gesehen, dass das Leitungsband aus s-artigen atomaren Zuständen mit Drehimpulsquantenzahl $L = 0$ abgeleitet ist, während das Valenzband aus p-artigen Zuständen mit $L = 1$ entsteht. Die Elektronen und Löcher haben Spins mit der Quantenzahl $S = 1/2$. Im Leitungsband gibt es daher ein einzelnes ($J{=}1/2$)-Niveau, während es im Valenzband zwei Werte von J gibt, nämlich $J = 3/2$ und $J = 1/2$. Bei $k = 0$ werden diese beiden J-Niveaus um die Spin-Bahn-Energie Δ aufgespalten, wie in Abbildung 3.5 zu sehen ist.

Um die Funktionsweise der Spininjektion zu verstehen, müssen wir zunächst die M_J-Zustände der Niveaus bei $k = 0$ betrachten. Abbildung 3.8 zeigt die genaue Unterniveaustruktur von Leitungs- und Valenzband bei $k = 0$. Das Leitungsband besteht aus den entarteten Unterniveaus mit $M_J = \pm 1/2$, die aus dem Elektronenspin resultieren. Das Valenzband ist komplizierter. Die vier Unterniveaus des Niveaus $J = 3/2$ entsprechen dem entarteten Schwerlochband ($M_J = \pm 3/2$) und dem entarteten Leichtlochband ($M_J = \pm 1/2$). Die Unteriveaus mit $M_J = \pm 1/2$ des ($J{=}1/2$)-Niveaus des Valenzbandes enstprechen dem Split-off-Lochband.

Wenn der Halbleiter mit zirkular polarisiertem Licht angeleuchtet wird, erlauben die Auswahlregeln nur spezielle Übergänge. Licht mit positiver zirkularer Polarisation (σ^+) induziert Übergänge mit $\Delta M_J = +1$ (siehe Aufgabe 3.3). Entsprechend induziert negativ zirkular polarisiertes Licht (σ^-) Übergänge mit $\Delta M_J = -1$. Wenn die Photonenergie unmittelbar über der Bandlückenenergie E_{g} ist, dann sind, wie in Abbildung 3.8 zu sehen ist, vier Übergänge möglich. In

Positiv und negativ zirkular polarisiertes Licht (d.h. σ^+ und σ^-) ist über den Drehsinn relativ zur *Quelle* definiert. Dies macht σ^+ und σ^- äquivalent zu links- bzw. rechtszirkular, da die Händigkeit von zirkularem Licht relativ zum *Beobachter* definiert ist.

Die Regeln für die Addition von quantenmechanischen Drehimpulsen sind in Anhang C zusammengestellt. Siehe insbesondere Gleichung (C.7) und die nachfolgende Diskussion der möglichen Werte von J.

Abb. 3.8: Detaillierte Unterniveaustruktur eines Halbleiters mit dem Vierbandmodell aus Abbildung 3.5 bei $k = 0$. Gezeigt sind zirkular polarisierte Übergänge aus den entarteten Schwer- und Leichtlochbändern in das Leitungsband für ein Photon der Energie E_g.

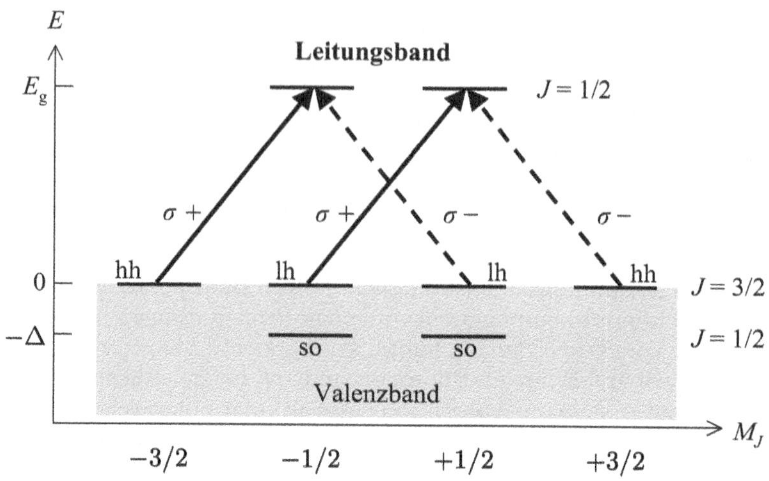

Das Entfernen eines Elektrons mit $J_z^{\mathrm{Elek.}} = M_J\hbar$ aus dem Valenzband erzeugt ein Loch mit $J_z^{\mathrm{Loch}} = -M_J\hbar$. Das liegt daran, dass im Valenzband $\sum J_z = 0$ gilt, wenn es voll besetzt ist, sodass $J_z^{\mathrm{Loch}} = -J_z^{\mathrm{Elek.}}$. Ein σ^+-hh-Übergang erzeugt also ein Elektron mit $M_J = -1/2$ und ein Loch mit $M_J = +3/2$. Für das Elektron-Loch-Paar gilt daher $M_J^{\mathrm{EL}} = M_J^{\mathrm{Elek.}} + M_J^{\mathrm{Loch}} = +1$ wie es wegen der Erhaltung des Drehimpulses beim optischen Übergang gefordert ist. Entsprechend erzeugt ein σ^+-lh-Übergang ein Elektron mit $M_J = +1/2$ und ein Loch mit $M_J = +1/2$, was wiederum $M_J^{\mathrm{EL}} = +1$ ergibt.

In der Atomphysik ist die Spin-Bahn-Wechselwirkung proportional zu $\mathbf{L} \cdot \mathbf{S}$ ($\mathbf{L}$ ist der Bahndrehimpuls und $\mathbf{S}$ der Spin).

σ^+-Licht gibt es Übergänge aus dem Unterniveau $M_J = -3/2$ des Schwerlochbandes in das elektronische Unterniveau $M_J = -1/2$, sowie aus dem Unterniveau $M_J = -1/2$ des Leichtlochbandes in das elektronische Unterniveau $M_J = +1/2$. Für die Polarisation σ^- sind die Vorzeichen der M_J-Zustände umgekehrt. In Aufgabe 3.9 wird gezeigt, dass das Quadrat des Matrixelementes für Schwerlochübergänge dreimal so groß ist wie für Leichtlochübergänge. Daher erzeugt σ^+-Licht dreimal so viele Elektronen mit $M_J = -1/2$ wie solche mit $M_J = +1/2$. Die Polarisation des Elektronenspins ist definiert als

$$\Pi = \frac{N(+1/2) - N(-1/2)}{N(+1/2) + N(-1/2)} \tag{3.33}$$

wobei $N(+1/2)$ und $N(-1/2)$ die Zahl der Elektronen mit Spin $+1/2$ bzw. $-1/2$ bezeichnen. Damit erhalten wir $\Pi = -50\%$ für σ^+-Anregung. Entsprechend können σ^--Photonen mit einer Energie unmittelbar über E_g eine Polarisation des Elektronenspins mit $\Pi = +50\%$ erzeugen. Hieraus schließen wir, dass in einem Volumen-III-V-Halbleiter durch zirkular polarisiertes Licht eine Spinpolarisation von 50% erzeugt werden kann. Um eine Polarisation des Elektronenspins von 100% zu erreichen, ist es notwendig, Quantentopf-Strukturen zu verwenden. Dies wird in Abschnitt 6.4.5 diskutiert.

Die für Elektronen dargelegte Argumentation sollte analog auch für Löcher gelten, da σ^+- und σ^--Übergänge Löcher mit wohldefinierten M_J-Werten erzeugen. Allerdings erfahren die Elektronen (mit $L = 0$) keine Spin-Bahn-Wechselwirkung, während die Löcher (mit $L = 1$) die starke Spin-Bahn-Wechselwirkung spüren, die für die Aufspaltung in die Zustände $J = 1/2$ und $J = 3/2$ verantwortlich ist. Diese Spin-Bahn-Kopplung randomisiert den Lochspin innerhalb sehr kurzer Zeit, weshalb normalerweise angenommen wird, dass die

Polarisation des Lochspins vernachlässigbar ist. Im Gegensatz dazu kann die Polarisation des Elektronenspins über eine signifikante Zeitspanne hinweg andauern, bevor sie durch einen relativ langsamen Spin-Flip-Prozess zerstört wird.

Es sei darauf hingewiesen, dass das hier diskutierte Konzept der Elektronenspininjektion nur für Halbleiter mit kubischer Zinkblendestruktur (beispielsweise InSb und GaAs) anwendbar ist. Für Halbleiter mit breiter Bandlücke, wie etwa GaN oder ZnO, versagt es aus zwei Gründen. Zum einen ist die Spin-Bahn-Wechselwirkung sehr klein und zum anderen haben die Kristalle die Tendenz, die hexagonale Wurtzitstruktur anzunehmen. Dies bedeutet, dass zusätzlich zur Spin-Bahn-Kopplung Kristallfeldwechselwirkungen betrachtet werden müssen. Dies führt letztlich dazu, dass das Vierbandmodell von Kane, welches die in Abbildung 3.8 gezeigte Bandstruktur ergibt, für Halbleiter mit breiter Bandlücke, die die Wurtzitstruktur haben, nicht anwendbar ist.

Die Bandlücke eines Halbleiters nimmt beim Absteigen im Periodensystem der Elemente grundsätzlich ab. So gilt beispielsweise $E_g^{\mathrm{GaN}} > E_g^{\mathrm{GaP}} > E_g^{\mathrm{GaAs}} > E_g^{\mathrm{GaSb}}$. Da die Spin-Bahn-Kopplung mit der Ordnungszahl Z wächst, bedeutet dies, dass Spin-Bahn-Effekte für Halbleiter mit schmaler Lücke eine größere Rolle spielen als bei Halbleitern mit breiter Lücke.

3.4 Bandkantenabsorption in Halbleitern mit indirekter Bandlücke

In den letzten beiden Abschnitten haben wir uns auf direkte Interbandübergänge konzentriert. Nun haben jedoch einige der wichtigsten Halbleiter indirekte Bandlücken, darunter Silicium und Germanium. Bei indirekten Halbleitern ist das Minimum des Leitungsbandes gegenüber dem Zentrum der Brillouin-Zone verschoben, was schematisch in Abbildung 3.2b dargestellt ist. Übergänge an der Bandkante müssen daher mit einer starken Änderung des Elektron-Wellenvektors einhergehen. Photonen mit optischen Frequenzen haben einen sehr kleinen k-Vektor, und es ist nicht möglich, diesen Übergang allein durch Absorption eines Photons zu bewerkstelligen. Vielmehr muss an dem Übergang ein Phonon beteiligt sein, um den Impuls zu erhalten.

Betrachten wir einen indirekten Übergang, der ein Elektron aus dem Zustand $(E_i, \mathbf{k}_i)$ des Valenzbandes in einen Zustand $(E_k, \mathbf{k}_k)$ des Leitungsbandes anregt. Die Photonenergie ist $\hbar\omega$, während das beteiligte Phonon die Energie $\hbar\Omega$ und den Wellenvektor $\mathbf{q}$ hat. Die Energieerhaltung erfordert

$$E_\mathrm{f} = E_\mathrm{i} + \hbar\omega \pm \hbar\Omega \tag{3.34}$$

und die Impulserhaltung erfordert

$$\hbar\mathbf{k}_\mathrm{f} = \hbar\mathbf{k}_\mathrm{i} \pm \hbar\mathbf{q} \tag{3.35}$$

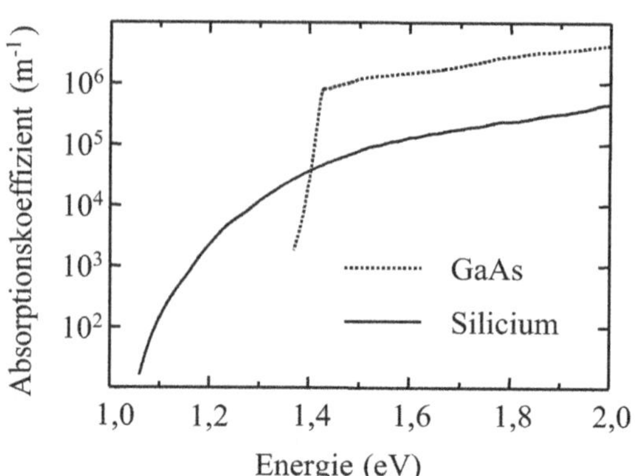

Abb. 3.9: Vergleich der Absorptionskoeffizienten von GaAs und Silicium nahe der Bandkanten. GaAs hat eine direkte Bandlücke bei 1,42 eV, Silicium hingegen hat eine indirekte Bandlücke bei 1,12 eV. Beachten Sie, dass die vertikale Achse logarithmisch ist. Daten nach Palik (1985).

Hierbei steht das Vorzeichen + für die Absorption und das Vorzeichen − für die Emission eines Phonons. Den Impuls des Photons haben wir in (3.35) vernachlässigt. Diese Näherung hatten wir im Zusammenhang mit Gleichung (3.12) verifiziert.

Bevor wir uns näher mit der Form des Bandkantenabsorptionsspektrums befassen, können wir die allgemeine Aussage treffen, dass an indirekten Übergängen sowohl Photonen als auch Phononen beteiligt sind. Quantenmechanisch ausgedrückt ist dies ein Prozess zweiter Ordnung: Es muss ein Photon vernichtet und ein Phonon entweder erzeugt oder vernichtet werden. Direkte Übergänge sind hingegen Prozesse erster Ordnung, da hier keine Phononen beteiligt sind. Die Übergangsrate für die indirekte Absorption ist daher viel kleiner als für die direkte Absorption.

Die kleinere Übergangsrate für indirekte Prozesse ist deutlich an den in Abbildung 3.9 gezeigten Daten für die Bandkantenabsorption von Silicium und GaAs zu erkennen. Silicium hat eine indirekte Bandlücke bei 1,12 eV, während GaAs eine direkte Bandlücke bei 1,42 eV hat. Wir sehen, dass die Absorption in dem Material mit direkter Bandlücke viel schneller anwächst und die des Materials mit indirekter Bandlücke bald übersteigt, obwohl seine Bandlücke größer ist. Die Absorption für Energien größer $\sim 1,43$ eV ist in GaAs etwa um eine Größenordnung stärker als in Silicium.

Die Herleitung der quantenmechanischen Übergangsrate für einen Halbleiter mit indirekter Lücke würde den Rahmen dieses Buches sprengen. Die Ergebnisse einer solchen Berechnung liefern die folgende Beziehung:

Die Herleitung von (3.36) finden Sie beispielsweise in Yu & Cardona (1996) oder Hamaguchi (2001).

$$\alpha^{\text{indirekt}}(\hbar\omega) \propto (\hbar\omega - E_{\text{g}} \mp \hbar\Omega)^2 \tag{3.36}$$

Hieran sehen wir, dass wir für die Absorption einen Schwellwert zu erwarten haben, der nahe E_{g}, aber nicht exakt bei diesem Wert liegt. Die Differenz ist $\mp\hbar\Omega$, wobei das Vorzeichen davon abhängt,

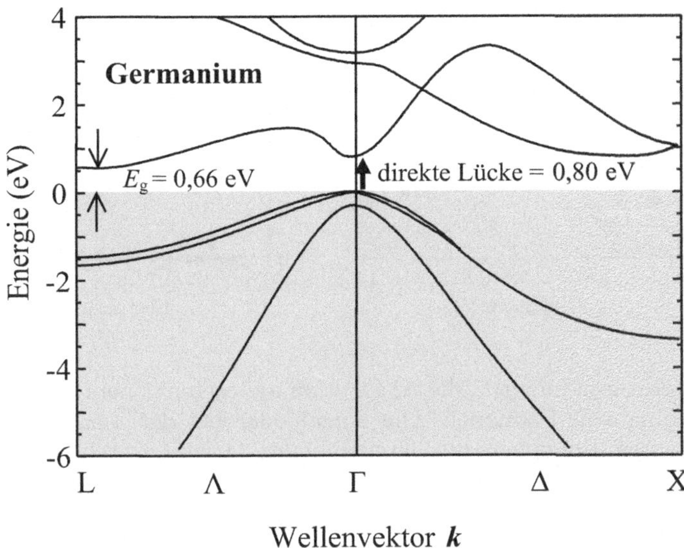

Abb. 3.10: Bandstruktur von Germanium. Nach Cohen und Chelikowsky (1988). ©Springer-Verlag, genehmigter Nachdruck.

ob das Phonon absorbiert oder emittiert wird. Beachten Sie, dass die Frequenzabhängigkeit eine andere ist als die für Halbleiter mit direkter Lücke (vgl. (3.25)). Dies bietet eine einfache Möglichkeit zu entscheiden, ob die Bandlücke eines Materials direkt ist oder nicht. Außerdem liefert die Beteiligung der Phononen weitere Indizien dafür, dass die Bandlücke indirekt ist, wie wir im Folgenden noch diskutieren werden.

Die indirekte Absorption ist in Materialien wie Germanium gründlich untersucht worden. Die Bandstruktur von Germanium ist in Abbildung 3.10 dargestellt. Der Gesamtverlauf der Banddispersion erinnert stark an den von GaAs, der in Abbildung 3.4 gezeigt ist. Dies ist auch kaum überraschend, wenn man bedenkt, dass Gallium und Arsen im Periodensystem links und rechts neben Germanium stehen, sodass GaAs und Ge näherungsweise isoelektronische Materialien sind. Es gibt allerdings einen sehr wichtigen qualitativen Unterschied: Das niedrigste Minimum im Leitungsband von Germanium tritt beim L-Punkt auf, wo $\mathbf{k} = (\pi/a)(1,1,1)$ gilt, und nicht bei $k = 0$. Dies macht Germanium zu einem indirekten Halbleiter mit einer Bandlücke von 0,66 eV.

Abbildung 3.11 zeigt die Ergebnisse von Absorptionsmessungen an Germanium nahe der Bandkante. Teil (a) der Abbildung zeigt die indirekte Absorption nahe der Bandlücke, während sich Teil (b) auf die direkte Absorption bei höheren Energien konzentriert. Betrachten wir zunächst die indirekte Absorptionskante in 3.11a. Im Allgemeinen erwarten wir Beiträge sowohl aus der Emission als auch aus der Absorption von Phononen. Die Emission ist ist bei allen

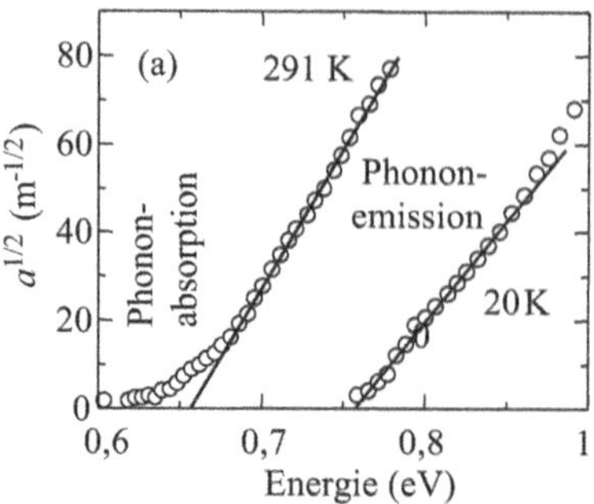
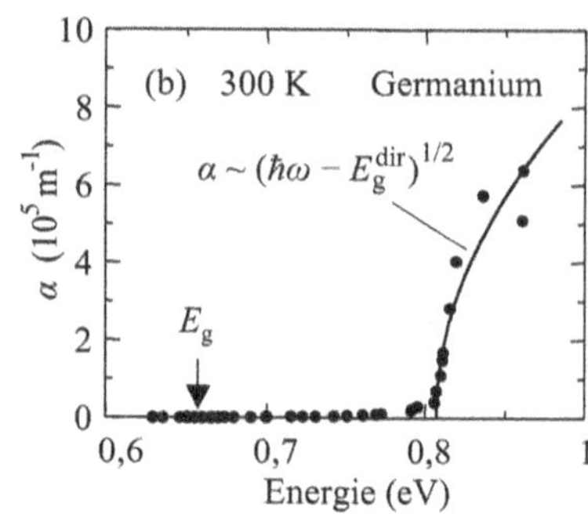

Abb. 3.11: Experimentelle Daten für die Absorption von Germanium nahe der Bandkante. In Teil (a) ist $\alpha^{1/2}$ für die Werte 291 K und 20 K gegen die Photonenergie aufgetragen. Teil (b) zeigt α in Abhängigkeit von der Photonenergie bei 300 K. Nach MacFarlane & Roberts (1955). ©American Physical Society, genehmigter Nachdruck.

Die Bose-Einstein-Formel wird normalerweise in der Form $f_\mathrm{BE}(E) = \dfrac{1}{\exp[(E-\mu)/k_\mathrm{B}T]-1}$ geschrieben, wobei μ das chemische Potential ist. Wenn wir dies auf Phononen anwenden, so ist das chemische Potential null, da die Teilchenzahl nicht erhalten bleiben muss.

Temperaturen möglich, die Absorption dagegen nur bei thermischer Anregung von Phononen. Die Anzahl der bei der Temperatur T angeregten Phononen der Kreisfrequenz Ω wird durch die Bose-Einstein-Verteilung beschrieben:

$$f_\mathrm{BE}(\hbar\Omega) = \frac{1}{\exp(\hbar\Omega/k_\mathrm{B}T) - 1} \tag{3.37}$$

Die hieraus folgende Variation der Phononpopulationen führt zu einer charakteristischen Temperaturabhängigkeit der indirekten Absorptionskante. Wenn wir T senken, frieren die auf Phononenabsorption zurückgehenden Beiträge allmählich aus, und bei sehr niedrigen Temperaturen ist die Absorptionskante schließlich gänzlich durch Phononemission bestimmt. Anders dagegen bei Materialien mit direkter Lücke: Dort verschiebt sich lediglich die Absorptionskante mit der Bandlücke, wenn die Temperatur variiert wird.

Die Absorptionsspektren in Abbildung 3.11a zeigen eindeutig das oben diskutierte Verhalten. Bei 20 K ist nur die Emission von Phononen möglich, und (3.36) sagt vorher, dass $\sqrt{\alpha}$, aufgetragen gegen die Photonenergie eine gerade Linie ergeben sollte, die sich zurück nach $(E_\mathrm{g}+\hbar\Omega)$ extrapolieren lässt. Dies ist aus den Daten klar ersichtlich, die außerdem auf einen Wert von $E_\mathrm{g}+\hbar\Omega \approx 0{,}76\,\mathrm{eV}$ schließen lassen. Die allgemein akzeptierte Bandlücke von Ge bei 20 K ist 0,74 eV, sodass die mittlere Energie der emittierten Phononen etwa 0,02 eV ist. Der Wellenvektor des Phonons muss gleich dem eines Elektrons am L-Punkt der Brillouin-Zone sein, und die experimentellen Ergebnisse sind konsistent mit einem gewichteten Mittel der relevanten Phononenergien (siehe Tabelle 3.1). Bei der höheren Temperatur von 291 K kommt der stärkste Beitrag noch immer von der Phononemission, doch es gibt nun eine signifikante Wahrscheinlichkeit für die Phononabsorption, was zu einem Schwanz der Verteilung führt, der sich bis $\sim 0{,}60\,\mathrm{eV}$ erstreckt. Beachten Sie, dass bei einem indirekten Übergang mehr als ein Phonon absorbiert werden kann. Dies bedeutet, dass sich der Absorptionsschwanz bis unter den Energieschwellwert erstrecken kann, der für Ein-Phonon-Prozesse gilt.

Tab. 3.1: Phononenergien für Germanium am L-Punkt, wo $\mathbf{q} = (\pi/a)(1,1,1)$ gilt (a ist die Größe der Elementarzelle). Daten nach Madelung (1996).

Modus	$\hbar\Omega$ (eV)
longitudinal akustisch (LA)	0,027
transversal akustisch (TA)	0,008
longitudinal optisch (LO)	0,030
transversal optisch (TO)	0,035

Abbildung 3.11b zeigt die Bandkantenabsorption von Germanium bei Raumtemperatur auf einer linearen Skala. Die Bandstruktur von Germanium in Abbildung 3.10 besagt, dass direkte Übergänge am Γ-Punkt (also mit $k = 0$) auftreten können, wenn die Photonenergie 0,80 eV übersteigt. In diesem Fall erwarten wir, dass die Absorption Gleichung (3.25) folgt und nicht (3.36). Dies ist an den Daten tatsächlich zu beobachten, wobei $\alpha \propto (\hbar\omega - E_{\mathrm{g}}^{\mathrm{dir}})^{1/2}$ mit der direkten Bandlücke $E_{\mathrm{g}}^{\mathrm{dir}} = 0{,}805$ eV. Beachten Sie, dass die direkte Absorption hinter dem Schwellwert bei $E_{\mathrm{g}}^{\mathrm{dir}}$ vollständig dominiert. Die indirekte Absorption unterhalb von 0,80 eV ist wesentlich schwächer. Dies unterstreicht unsere Aussage, dass indirekte Übergänge von zweiter Ordnung sind.

3.5 Interbandabsorption über der Bandkante

Bisher haben wir uns auf die Absorption nahe der Bandkante konzentriert. Wie wir in Kapitel 5 sehen werden, ist der Grund hierfür, dass die optischen Eigenschaften an der Bandkante die Emissionsspektren bestimmen. Dies bedeutet nicht, dass der Rest des Absorptionsspektrums uninteressant ist; er ist lediglich schwieriger zu behandeln, weil die parabolische Bandapproximation hier nicht anwendbar ist. Wie wir jedoch weiter unten sehen werden, lassen sich viele nützliche Informationen über die vollständige Bandstruktur aus der Betrachtung des Gesamtspektrums ableiten.

Es ist nicht möglich, explizite Formeln für die Frequenzabhängigkeit des Absorptionsspektrums anzugeben, wie wir es mit den Formeln (3.25) und (3.36) für die Bandkantenabsorption getan hatten. Stattdessen müssen wir das in (3.14) auftretende $\mathrm{d}E/\mathrm{d}k$ aus der vollen Bandstruktur herleiten. In diesem Abschnitt werden wir darlegen, wie dies im Falle von Silicium zu erfolgen hat. Die dabei beschriebenen Prinzipien lassen sich bei bekannter Bandstruktur für andere Materialien anwenden.

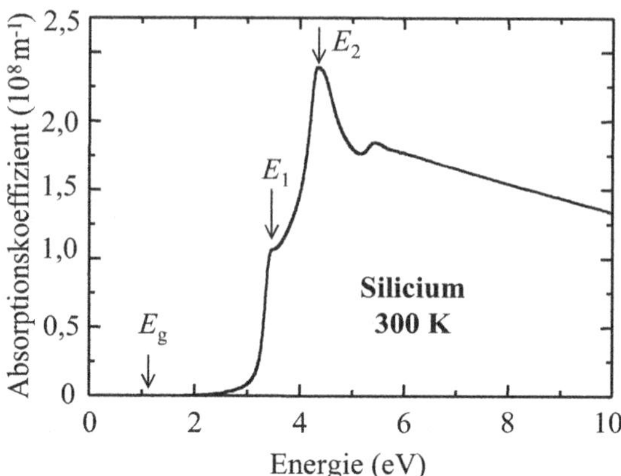

Abbildung 3.12 zeigt das Interbandabsorptionsspektrum von Silicium bis zu einer Energie von 10 eV. In den Daten können leicht zwei charakteristische Werte bei etwa 3,5 eV und 4,3 eV identifiziert werden. Diese beiden Energien werden mit E_1 und E_2 bezeichnet. Sie hängen mit bestimmten Aspekten der Bandstruktur zusammen, was weiter unten noch ausführlicher diskutiert wird. Der Absorptionskoeffizient ist im Spektralbereich um E_1 und E_2 extrem groß, wobei α die Größenordnung von $10^8\,\mathrm{m}^{-1}$ übersteigt. Im Gegensatz dazu liegen die Werte im Spektralbereich direkt über der Bandlücke E_g (1,1 eV, vgl. Abbildung 3.9) bei 10^2 bis $10^6\,\mathrm{m}^{-1}$. Tatsächlich ist die Bandkantenabsorption auf der in Abbildung 3.12 gewählten Skala vollständig vernachlässigbar. Hierfür gibt es zwei Gründe. Erstens ist die Bandkantenabsorption schwach, weil sie indirekt ist, und zweitens ist die Zustandsdichte an der Bandkante vergleichsweise klein. Das gemessene Absorptionsspektrum wird aber dominiert durch direkte Absorption bei Photonenergien, bei denen die Zustandsdichte sehr hoch ist.

Abbildung 3.13 zeigt die Bandstruktur von Silicium in den Richtungen (100) und (111). Die Bandlücke E_g ist indirekt und hat einen Wert von 1,1 eV, wobei das Minimum des Leitungsbandes in der Nähe des X-Punktes der Brillouin-Zone lokalisiert ist. Direkte Übergänge können zwischen jedem beliebigen Zustand des Valenzbandes und den direkt darüber liegenden Zuständen des Leitungsbandes auftreten, falls die Übergänge dipolerlaubt sind. Der minimale direkte Abstand zwischen Leitungs- und Valenzband liegt in der Nähe des L-Punktes, wo die Übergangsenergie 3,5 eV ist. Die Energie dieser Übergänge wird mit E_1 bezeichnet. Er korrespondiert mit dem scharfen Anstieg der Absorption bei 3,5 eV, der in den Daten von Abbildung 3.12 zu beobachten ist. Die Separation von Leitungs- und Valenzband ist also in der Nähe des X-Punktes signifikant. Diese Energie wird mit E_2 bezeichnet, und sie korrespondiert mit dem

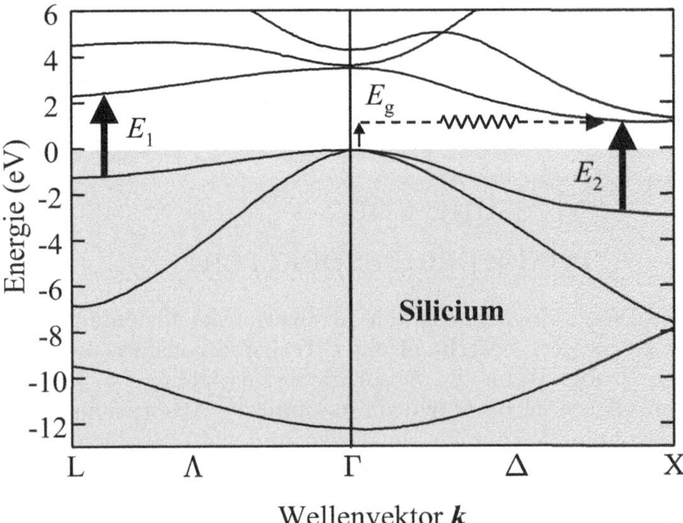

Abb. 3.13: Bandstruktur von Silicium. Die Bandlücke E_{g} ist indirekt und liegt bei 1,1 eV. Leitungs- und Valenzband verlaufen in der Nähe der Zonenkanten an den Punkten L und X in den Richtungen (111) und (100) näherungsweise parallel. Die Abstände der Bänder in diesen Regionen sind mit E_1 bzw. E_2 bezeichnet, die Werte sind 3,5 eV bzw. 4,3 eV. Die Absorption ist an diesen Punkten aufgrund der van-Hove-Singularitäten in der gemeinsamen Zustandsdichte sehr hoch. Nach Cohen & Chelikowsky (1988). ©Springer-Verlag, genehmigter Nachdruck.

Absorptionspeak bei 4,3 eV.

Die Übergänge in der Nähe des L- und des X-Punktes sind wegen der „Kamelhöcker-Form" des Leitungsbandes besonders wichtig, denn aus dieser Form folgt, dass das Leitungsband nahe dieser Punkte der Brillouin-Zone eine negative Krümmung hat. Die Krümmung ist mehr oder weniger die gleiche wie im Valenzband, sodass die beiden Bänder näherungsweise parallel zueinander verlaufen. Dies bedeutet, dass direkte Übergänge mit der gleichen Photonenergie für viele unterschiedliche Werte von k möglich sind. Der Faktor der gemeinsamen Zustandsdichte ist daher bei E_1 und E_2 sehr groß, und wir erwarten eine entsprechend starke Absorption. Dies ist in den experimentellen Daten tatsächlich zu beobachten: Die Absorption steigt bei E_1 scharf an und erreicht bei E_2 ein Maximum. Die Absolutwerte des Absorptionskoeffizienten sind extrem groß, nämlich über $10^8\,\mathrm{m}^{-1}$, wie wir bereits angemerkt hatten.

In einem Bereich der Brillouin-Zone, in dem die Bänder parallel sind, hängt die Photonenergie E für direkte Übergänge nicht von k ab. Dies bedeutet, dass $\mathrm{d}E/\mathrm{d}k$ null ist und folglich dass die gemeinsame Zustandsdichte $g(E)$ divergiert (vgl. (3.14)). Die Energien, bei denen $\mathrm{d}E/\mathrm{d}k$ verschwindet, werden als **kritische Punkte** bezeichnet. Die zugehörigen Divergenzen in der Zustandsdichte nennt man **van-Hove-Singularitäten.** In der Praxis sind die Bänder nur näherungsweise und nur über einen Teil der Brillouin-Zone parallel, sodass $g(\hbar\omega)$ nur sehr groß wird, anstatt wirklich zu divergieren.

Die hier präsentierte Diskussion des Absorptionskoeffizienten von Silicium kann bei bekannter Bandstruktur auf andere Materiali-

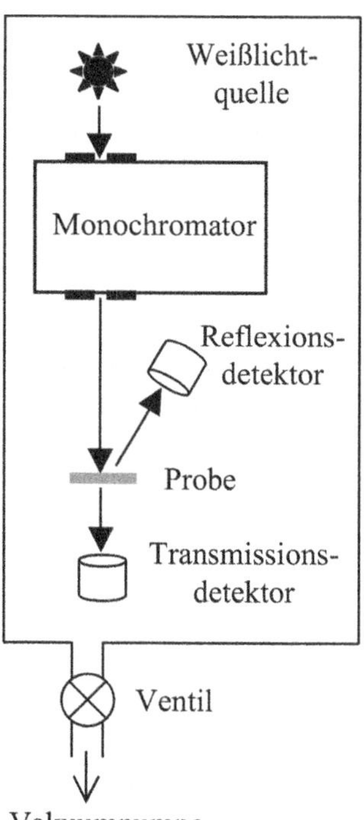

Abb. 3.14: Schematische Darstellung der Versuchsanordnung zur Bestimmung des Absorptionskoeffizienten über einen großen Spektralbereich durch Messung des Reflexionsgrades und des Transmissionsgrades.

en übertragen werden. Die Absorptionsstärke ist proportional zur gemeinsamen Zustandsdichte, und diese ist besonders groß, wenn Leitungs- und Valenzbänder parallel zueinander liegen. Ein Beispiel für Metalle wird in Abschnitt 7.3.2 diskutiert.

3.6　Messung von Absorptionsspektren

Die einfachste Möglichkeit, den Absorptionskoeffizienten eines Materials zu messen, besteht in einer Transmissionsmessung an einer dünnen Probe. Wenn die Absorption stark genug ist, jegliche Interferenzeffekte zu dämpfen, dann kann der Absorptionskoeffizient bei bekannten Werten für die Dicke und die Oberflächenreflexion aus Gleichung (1.8) ermittelt werden. Dies kann allerdings schwieriger sein, als es zunächst klingt, da der Absorptionskoeffizient in Abhängigkeit von der Wellenlänge um mehrere Größenordnungen variieren kann. Meist ist es notwendig, verschiedene Verfahren zu kombinieren, um α über einen breiten Bereich von Photonenergien zu bestimmen.

Abbildung 3.14 illustriert die grundlegenden Prinzipien von Transmissions- und Reflexionsmessungen. Licht aus einer Weißlichtquelle wird durch einen Monochromator gefiltert und fällt auf die Probe. Der transmittierte und der reflektierte Teil des Lichts wird jeweils von Detektoren aufgenommen, während die Photonenergie durch Scannen des Monochromators variiert wird. Der Detektor, der das reflektierte Licht aufnimmt, sollte so positioniert sein, dass der Winkel zwischen dem einfallenden und dem reflektierten Licht möglichst klein ist, denn dann misst das Experiment effektiv die Reflexion bei normalem Einfall. Der Transmissionskoeffizient wird bestimmt, indem man das Signal auf dem Transmissionsdetektor für zwei identische Scans vergleicht, wobei die Probe einmal vorhanden ist und einmal nicht. Der Reflexionsgrad wird bestimmt, indem man das Signal auf dem Reflexionsdetektor mit demjenigen vergleicht, das man von einem kalibrierten Spiegel erhält. Üblicherweise wird Aluminium als Spiegelmaterial verwendet, weil es einen sehr hohen Reflexionsgrad von bis zu 15 eV hat (siehe Abbildung 7.2).

Die Wahl von Quelle und Detektor für ein bestimmtes Experiment hängt von dem Spektralbereich ab, in dem die Messungen durchgeführt werden (siehe Tabelle 3.2). Im sichtbaren oder infraroten Spektralbereich kann ein schwarzer Strahler wie etwa eine Wolframlampe als Quelle für Messungen verwendet werden. Für höhere Frequenzen müssen dagegen Xenon-Bogenlampen oder andere spezielle Ultraviolettquellen eingesetzt werden. Als Detektoren können im sichtbaren und ultravioletten Bereich Photomultiplier-Röhren benutzt wer-

Tab. 3.2: Ergebnisse für Reflexions- und Transmissionsmessungen in verschiedenen Spektralbereichen. Die Grenzen zwischen infrarot und nahinfrarot sowie zwischen ultraviolett und vakuumultraviolett sind nicht eindeutig definiert und die angegebenen Werte sollten nur als Näherung betrachtet werden.

Spektralbereich	Wellenlänge	Quelle	Detektor
infrarot	>1600 nm	schwarzer Körper	gekühlter Halbleiter
nahinfrarot	700 - 1600 nm	schwarzer Körper	Halbleiter
sichtbar	400 - 700 nm	schwarzer Körper	Photomultiplier / Silicium
ultraviolett	200 - 400 nm	Xenonlampe	Photomultiplier / Silicium
vakuum-ultraviolett	< 200 nm	spezielle UV-Quelle	Photomultiplier

den, und für Wellenlängen bis zu 1000 nm kommen Siliciumdetektoren infrage. Im Nahinfrarotbereich, also über der Detektionsgrenze von Silicium, besteht die Möglichkeit, hocheffiziente InGaAs- oder Germaniumdetektoren einzusetzten, die für 1550 nm-Glasfasernetze bei entwickelt wurden. Für noch größere Wellenlängen werden gemäß den in Abschnitt 3.7.1 diskutierten Kriterien Halbleiterdetektoren mit schmaler Bandlücke gewählt.

Für Messungen im Infrarot- und Vakuum-Ultraviolettbereich muss die Versuchsanordnung in einer Vakuumkammer eingeschlossen sein, um die Absorption durch Luftmoleküle zu verhindern. Außerdem sind spezielle optische Komponenten notwendig, da Quarzgläser in diesen Bereichen nicht mehr durchlässig sind. Bei manchen Experimenten werden rein reflektive optische Elemente verwendet, um Probleme aufgrund von Absorption an Flächen und Linsen zu vermeiden. Transmissionsmessungen im infraroten Bereich oberhalb ~ 5 µm werden zumehmend schwierig, weil Laborgegenstände bei Raumtemperatur als schwarze Strahler wirken. Aus diesem Grund wird für die großen Wellenlängen im infraroten Spektralbereich häufig ein anderes Verfahren angewendet, das als Fourier-Transformationsspektroskopie bezeichnet wird.

Das Absorptionsspektrum von sehr reinem Quarzglas ist in Abbildung 2.7b gegeben. Der Transmissionsbereich erstreckt sich ungefähr von 180 nm bis 3500 nm. Die meisten anderen häufigen vorkommenden Glasarten enthalten Zusätze, die den Transmissionsbereich reduzieren.

Abbildung 3.15 zeigt eine moderne experimentelle Anordnung, die für schnelle Transmissionsmessungen im Detektionsbereich von Silicium (~ 200 bis 1000 nm) entworfen wurde. Das Licht aus einer Weißlichtquelle geringer Intensität wird durch die Probe geschickt und das Spektrum des transmittierten Lichts wird mit einem Spektrometer und einem Siliciumdiodendetektor aufgenommen. Der Transmissionskoeffizeinet wird berechnet, indem man das Verhältnis des Lichts auf dem Detektor mit und ohne Probe berechnet. Der Absorptionskoeffizient wird dann mithilfe von (1.8) aus der Transmission berechnet, nachdem der Reflexionsgrad in einem separaten Experiment gemessen wurde. Indem die Probe in einem Heliumkryostat platziert wird, kann der Absorptionskoeffizient als Funktion der Temperatur gemessen werden (bis hinunter zu 2 K).

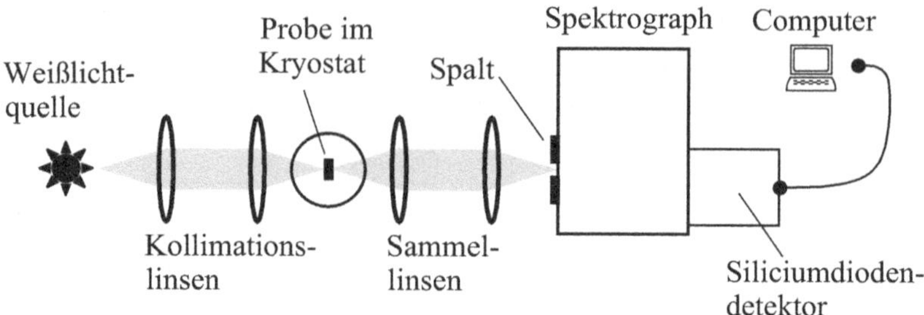

Abb. 3.15: Schematische Darstellung einer modernen Versuchsanordnung zur Messung von Absorptionsspektren im Wellenlängenbereich von 200 bis 1000 nm mithilfe eines Siliciumdiodendetektors.

Die Messung des Absorptionskoeffizienten eines Materials wie Silicium für einen großen Bereich von Photonenergien wie den in Abbildung 3.12 gezeigten ist sehr schwierig, wenn sie sich allein auf Transmissionsexperimente stützt. Der Absorptionskoeffizient variiert von etwa $10^3\,\mathrm{m}^{-1}$ an der indirekten Bandkante bis zu mehr als $10^8\,\mathrm{m}^{-1}$ an den kritischen Punkten. In einem idealen Transmissionsexperiment sollte die Dicke der Probe von der Ordnung α^{-1} sein, sodass die Absorption eine messbare Änderung der Transmission erzeugt, ohne die Probe vollständig lichtundurchlässig zu machen. Dies bedeutet, dass Proben unterschiedlicher Dicke notwendig sind, um die interessierenden Spektralbereiche abzudecken. Für Photonenergien nahe der kritischen Punkte wären dann allerdings unpraktikable Dicken in der Größenordnung von 10 nm erforderlich, weshalb hier üblicherweise eine alternative Methode zum Einsatz kommt, die auf Reflexionsmessungen basiert.

Bei einer Reflexionsmessung wird der Absorptionskoeffizient unter Verwendung von (1.19) aus dem Imaginärteil des komplexen Brechungsindex berechnet. κ selbst wird dann über (1.29) aus dem gemessenen Reflexionsspektrum $R(\hbar\omega)$ bestimmt. Dies mag auf den ersten Blick unmöglich erscheinen, da R nicht nur von κ sondern auch von n abhängt. Wie wir jedoch aus Abschnitt 2.3 wissen, sind n und κ keine unabhängigen Variablen, sondern hängen über die Kramers-Kronig-Relationen (2.36) und (2.37) zusammen. Deshalb können wir durch selbstkonsistentes Fitting der Reflexionsspektren unter Verwendung der Kramers-Kronig-Formeln sowohl n als auch κ aus $R(\hbar\omega)$ bestimmen und dann α aus κ ableiten.

Bei schrägem Einfall auf eine ebene Fläche wird parallel oder senkrecht zur Einfalls- und Reflexionsebene polarisiertes Licht als p-polarisiert bzw. s-polarisiert bezeichnet. Die Differenz der Reflexionskoeffizienten für die beiden Polarisationen wird durch die Fresnel-Gleichungen bestimmt. Siehe zum Beispiel Hecht (2009).

In den letzten Jahren wurde eine verfeinerte Version des Reflexionsverfahrens entwickelt, das sich **Ellipsometrie** nennt. Bei diesem Verfahren wird die Probe unter schrägem Winkel mit linear polarisiertem Licht angeleuchtet, wobei der Polarisationsvektor weder in der s-Ebene noch in der p-Ebene liegt. Das reflektierte Licht wird wegen der unterschiedlichen Reflexionsgrade für s- und p-Polarisation elliptisch polarisiert, und eine sorgfältige Auswertung erlaubt es, Real- und Imaginärteil des Brechungsindex zu bestimmen. Die Genauigkeit dieser Werte kann kritisch von der Reinheit

der Oberfläche abhängen, da das Licht nur über eine sehr kleine
Distanz in das Material eindringt, wenn der Absorptionskoeffizient
sehr groß ist.

3.7 Halbleiterphotodetektoren

Die in Halbleitern zu beobachtende starke Absorption ist die Grundlage von **Halbleiter-Photodetektoren.** Licht mit Photonenergien oberhalb der Bandlücke wird im Halbleiter absorbiert, wodurch
freie Elektronen im Leitungsband und freie Löcher im Valenzband
erzeugt werden. Das Vorhandensein von Licht kann daher detektiert
werden, indem man entweder eine Änderung des Widerstands der
Probe oder einen elektrischen Strom in einem externen Stromkreis
misst. In diesem Abschnitt betrachten wir die Funktionsprinzipien beider Typen von Detektoren und diskutieren anschließend die
Verwendung von Halbleiterdetektoren in Solarzellen.

3.7.1 Photodioden

Abbildung 3.16 zeigt eine schematische Darstellung eines Photodiodendetektors. Der Detektor besteht aus einem p-n-Kontakt mit
einer dünnen intrinsischen (undotierten) Schicht, die in die Verarmungszone eingeschoben ist, sodass insgesamt eine p-i-n-Struktur
gebildet wird. Die Bandanordnungen und die Elektrostatik für solche Strukturen werden in Anhang E diskutiert. Die Diode wird in
Sperrrichtung betrieben. Dies stellt sicher, dass es nur einen sehr
kleinen Strom im Schaltkreis gibt, wenn kein Licht vorhanden ist,
und gleichzeitig wird dadurch ein sehr starkes elektrisches Gleichfeld an der i-Schicht angelegt. In der i-Schicht absorbierte Photonen
erzeugen Elektron-Loch-Paare, die durch das Feld sehr schnell in
Richtung der Kontakte und somit in den externen Schaltkreis geführt werden. Der auf diese Weise erzeugte Strom wird als **Photostrom** bezeichnet.

Viele Detektoren verwenden in ihrer Basisversion einfach p-n-Strukturen ohne i-Schicht. Das Licht wird in der Verarmungszone am Kontakt absorbiert, wo es keine freien Ladungsträger gibt. Zu bevorzugen ist die p-i-n-Struktur, weil diese einen schnelleren Respons ermöglicht. Sie ist allerdings schwieriger herzustellen.

Betrachten wir eine Photodiode mit einer aktiven Länge l, die von
einem Lichtstrahl der optischen Leistung P und der Kreisfrequenz
ω angeleuchtet wird. Der auf den Detektoren liegende Fluss von
Photonen pro Zeiteinheit ist $P/\hbar\omega$. Aus der in (1.4) gegebenen Definition des Absorptionskoeffizienten können wir schließen, dass der
absorbierte Anteil des Lichts auf der Länge l gleich $(1 - e^{-\alpha l})$ ist,
wobei α der Absorptionskoeffizient für die Frequenz ω ist. Jedes absorbierte Photon erzeugt ein Elektron-Loch-Paar, und wir definieren
die **Quantenausbeute** η als den Anteil dieser Ladungsträger, die
in den externen Schaltkreis fließen.Der Betrag des Photostroms I_{pc}

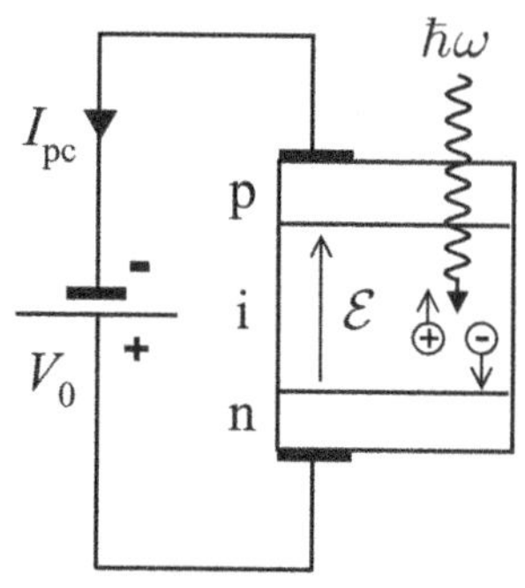

Abb. 3.16: Schematische Darstellung einer p-i-n-Photodiode. Die Diode wird in Sperrrichtung mit einer an die n-Schicht angelegten positiven Spannung V_0 betrieben. Dies erzeugt ein starkes elektrisches Gleichfeld $\mathcal{E}$ auf der i-Schicht. Die Absorption von Photonen in der i-Schicht erzeugt freie Elektronen und Löcher, die durch das Feld in die n-Schicht bzw. die p-Schicht getrieben werden. Die Ladungsträger, die die dotierten Schichten erreichen, fließen in den externen Schaltkreis und erzeugen auf diese Weise den Photostrom I_{pc}.

ist somit

$$I_{\mathrm{pc}} = e\eta\frac{P}{\hbar\omega}\left(1 - \mathrm{e}^{-\alpha l}\right) \tag{3.38}$$

Dabei haben wir angenommen, dass die obere Fläche des Detektors eine antireflektierende Beschichtung hat, um den Schwund durch Reflexion einfallender Photonen zu verhindern. Außerdem haben wir angenommen, dass die Absorption in allen Schichten über der aktiven Schicht vernachlässigbar ist.

Die **Empfindlichkeit** des Bauelements ist das Verhältnis des Photostroms I_{pc} zur optischen Leistung P:

$$\text{Empfindlichkeit} = \frac{I_{\mathrm{pc}}}{P} = \frac{\eta e}{\hbar\omega}\left(1 - \mathrm{e}^{-\alpha l}\right) \text{ Ampere} / \text{Watt} \tag{3.39}$$

Gleichung 3.39 besagt, dass für eine hohe Empfindlichkeit eine starke Absorption und eine hohe Quantenausbeute nötig ist. Idealerweise sollten η wie auch $(1 - \mathrm{e}^{-\alpha l})$ gleich eins sein; dann wäre die Empfindlichkeit einfach $e/\hbar\omega$. Dies definiert eine obere Grenze für die erreichbare Empfindlichkeit. Die maximal mögliche Empfindlichkeit für ein 2 eV-Photon ($\lambda = 620\,\mathrm{nm}$) ist beispielsweise $0{,}5\,\mathrm{A\,W^{-1}}$. Gut entworfene Photodioden kommen diesem idealen Wert sehr nahe.

Das Design von technisch brauchbaren Photodioden basiert auf verschiedenen Kriterien.

- Der Halbleiter wird so ausgewählt, dass bei Sicherstellung von schnellem Respons und geringem Rauschen die Empfindlichkeit optimiert wird. Das fundamentalste Kriterium ist, dass die Bandlücke kleiner sein muss als die Photonenergie. Nachdem zunächst dieses Kriterium erfüllt ist, wollen wir E_{g} so groß wie möglich machen, um den rauschbehafteten Dunkelstrom zu minimieren, der aus der thermischen Anregung von Elektronen und Löchern über der Bandlücke resultiert. Gleichzeitig möchten wir ein Material haben, in dem Elektron- und Lochmobilitäten hoch sind, sodass die photogenerierten Ladungsträger schnell über das Bauelement geleitet werden können und somit eine kurze Responszeit gewährleistet ist.

- Materialien mit direkten Bandlücken sind besser als solche mit indirekten Lücken, da die Absorption stärker ist. Mit typischen α-Werten von über $10^6\,\mathrm{m^{-1}}$ für die direkte Absorption muss die Dicke der aktiven Schicht nur etwa 1 µm sein, um eine sehr starke Absorption zu erreichen. Bei einem Halbleiter mit indirekter Lücke sind größere Dicken notwendig, was die Anforderungen an die Reinheit des Materials erhöht. Außerdem liefern Materialien mit direkter Lücke schnellere Responszeiten, da die dünneren i-Schichten die Durchgangszeit des Bauelments verringern.

Tab. 3.3: Verbreitete Halbleiter-Photodetektoren. E_g ist die Bandlücke, T die Betriebstemperatur und $\lambda_{\max}$ die maximale Wellenlänge, die detektiert werden kann. Die Bandlücke von Legierungshalbleitern wie InGaAs oder HgCdTe kann durch Variation der Zusammensetzung geändert werden. Die hier aufgelisteten Zusammensetzungen entsprechen typischen Werten realer Detektoren.

Halbleiter	E_g (eV)	T (K)	$\lambda_{\max}$ (µm)
Si	1,1	300	1,1
$In_{0,53}Ga_{0,47}As$	0,75	300	1,65
Ge	0,66	300	1,9
Ge	0,73	77	1,7
InAs	0,42	77	3,0
InSb	0,23	77	5,2
$Hg_{0,8}Cd_{0,2}Te$	0,09	77	14

- Der obere Kontakt sollte so ausgelegt sein, dass möglichst viel Licht in die i-Schicht durchgelassen wird. Dies bedeutet, dass der Kontakt möglichst dünn sein sollte. Eine bessere Lösung ist es, unterschiedliche Halbleiter für den p-n-Kontakt und die i-Schicht zu verwenden, sodass die Bandlücke des oberen Kontakts größer ist als die Energie der zu detektierenden Photonen. Möglich ist dies mithilfe moderner Verfahren, bei denen Halbleiter durch epitaxisches Wachstum hergestellt werden.

All diese physikalischen Überlegungen müssen natürlich gegen die Herstellungskosten abgewogen werden.

In Tabelle 3.3 sind einige verbreitete Typen von Halbleiter-Photodetektoren zusammengestellt. Silicium wird, obwohl die Absorption indirekt ist, im sichtbaren und im nahinfraroten Spektralbereich extensiv verwendet. Dies ist vor allem auf den hohen Entwicklungsstandard in der Siliciumindustrie zurückzuführen. Germaniumdetektoren können bis zu Wellenlängen von 1,9 µm verwendet werden, wobei allerdings für anspruchsvollere Anwendungen im Wellenlängenbereich von 1 bis 1,6 µm der III-V-Legierungshalbleiter InGaAs von zunehmender Bedeutung ist. Der Grund hierfür ist, dass dieser eine direkte Lücke und außerdem eine höhere Elektronenmobilität als Germanium hat. Damit lassen sich schnelle, effiziente Detektoren für die in der Telekommunikation verwendeten Wellenlängen 1,3 µm und 1,5 µm herstellen.

Für Wellenlängen über 1,9 µm verwendet man Halbleiter mit schmaler Bandlücke wie InAs oder InSb. Diese langwelligen Detektoren erfordern ausnahmslos kryogenes Kühlen, um die thermischen Dunkelströme zu unterdrücken und gute Signal-Rausch-Verhältnisse zu erreichen. Für Wellenlängen über 5 µm wird oft der II-VI-Legierungshalbleiter HgCdTe verwendet. Er hat eine Bandlücke, die je nach

Zusammensetzung variiert werden kann, und ermöglicht Detektoren deren maximale Empfindlichkeit im Bereich von 5 bis 14 µm liegt. HgCdTe-Detektoren sind somit in der Lage, verschiedene technisch wichtige Infrarotwellenlängen abzudecken, insbesondere den Bereich um 10,6 µm, der einem der Infrarotfenster der Atmosphäre entspricht, sowie den Emissionslinien des Kohlendioxidlasers. In Abschnitt 6.7 werden wir einen alternativen Detektor für 10,6 µm behandeln, der unlängst entwickelt wurde und auf der Grundlage von GaAs-Quantentöpfen arbeitet. Diese Detektoren basieren auf einem anderen Funktionsprinzip als die hier beschriebenen Interbanddetektoren.

Beispiel 3.2

Schätzen Sie die Empfindlichkeit einer 10 µm dicken, antireflektierend beschichteten Silicium-Photodiode bei 800 nm ab. Berechnen Sie den Photostrom, der erzeugt wird, wenn die Diode mit einem 1 mW-Strahl aus einem bei dieser Wellenlänge arbeitenden Halbleiterlaser beleuchtet wird.

Lösung: Die Empfindlichkeit ist durch (3.39) gegeben. Aus Abbildung 3.9 können wir für Silicium bei 800 nm (1,55 eV) einen α-Wert von etwa $1 \times 10^5 \, \mathrm{m}^{-1} \equiv 0,1 \, \mu\mathrm{m}^{-1}$ ablesen. Da das Bauelement antireflektierend beschichtet ist, nehmen wir an, dass keine optische Leistung an der Oberfläche verloren geht. Eine gut konstruierte Photodiode hat bei der verwendeten Wellenlänge am oberen Kontakt eine vernachlässigbare Absorption und eine Quantenausbeute von $\eta \approx 1$. Damit erhalten wir

$$\text{Empfindlichkeit} = \frac{e}{\hbar\omega} \left(1 - e^{-0,1 \times 10}\right)$$
$$= 0,41 \text{ Ampere / Watt}$$

Der Photostrom ist das Produkt aus der Empfindlichkeit und der optischen Leistung, in diesem Fall also 0,41 mA.

3.7.2   Photoleiter

Ein alternatives Prinzip von Halbleiter-Photodetektoren basiert auf dem inneren photoelektrischen Effekt (Photoleitung). Dieser besteht in der Änderung der Leitfähigkeit des Materials, wenn es mit Licht bestrahlt wird. Die Leitfähigkeit ist proportional zur Dichte freier Elektronen und Löcher. Dies bedeutet, dass sie infolge der Erzeugung freier Ladungsträger nach der Absorption von Photonen durch Interbandübergänge wächst.

Die Bauelemente bestehen aus einer Probe mit Kontakten an den Enden, sodass zwischen den Kontakten ein konstanter Gleichstrom durch den Halbleiter fließen kann. Der Widerstand zwischen den Kontakten nimmt bei Beleuchtung ab. Dies ändert die am Bauelement anliegende Spannung und liefert somit einen Detektionsmechanismus. Photoleiter sind einfacher herzustellen als Photodioden, haben allerdings in der Regel längere Responszeiten.

3.7.3 Photovoltaische Bauelemente

Halbleiter-Photodioden können auch im photovoltaischen Modus betrieben werden. In diesem Betriebsmodus hat das Bauelement keine Leistungsversorgung, sondern generiert vielmehr eine Photospannung, wenn es mit Licht bestrahlt wird. Die Spannung kann in einem externen Verbraucher elektrische Leistung erzeugen, also optische Energie in elektrische umwandeln. Dieser Mechanismus ist die Grundlage von **Solarzellen,** die aus dem Licht der Sonne elektrische Energie erzeugen.

Solarzellen können zur Gewinnung erneuerbarer Energie dienen, was die Entwicklung von preisgünstigen, hocheffizienten photovoltaischen Bauelementen zu einem sehr wichtigen Forschungsfeld macht.

Das Funktionsprinzip eines photovoltaischen Bauelements beruht auf der Beziehung zwischen dem Photostrom und der an einer Photodiode anliegenden Vorspannung. Der Photostrom ist empfindlich in Bezug auf die Vorspannung, da diese das elektrische Feld $\mathcal{E}$ in der Verarmungszone beeinflusst. Wie in Anhang E erläutert, kann die Feldstärke sehr groß sein, selbst wenn die externe Vorspannung null ist. Das liegt an der Anordnung der Fermi-Niveaus in der p- und der n-Schicht, die in der Verarmungszone einen Spannungsabfall erzeugt, der als Diffusionsspannung V_{bi} (engl. built-in voltage) bezeichnet wird. Der Betrag von V_{bi} ist näherungsweise E_{g}/e. Es muss daher eine Vorspannung in Vorwärtsrichtung angelegt werden, die gegen V_{bi} geht, bevor $\mathcal{E}$ auf null fällt. Die Diode erzeugt bei Beleuchtung einen Photostrom, vorausgesetzt, es existiert ein Feld, das die Elektronen und Löcher herausdrängt. Es können also Photoströme erzeugt werden, wenn die Vorspannung null ist und sogar bei Vorwärtsspannung, solange diese kleiner ist als V_{bi}.

Angenommen, wir ersetzen in Abbildung 3.16 die Batterie durch einen elektrischen Verbraucher mit dem Widerstand R (siehe Abbildung 3.17a). Im Dunkeln ist die Spannung auf der Diode null. Durch Beleuchtung der Diode wird ein Photostrom generiert, da das Feld aufgrund der Diffusionsspannung die Ladungsträger aus der i-Schicht drängt. Dieser Photostrom fließt durch den Verbraucher, sodass das Bauelement optische Leistung in elektrische umwandelt. Der Photostrom ist so gerichtet, dass die Photospannung $V \equiv I_{\mathrm{pc}}R$ die Diode in Vorwärtsrichtung versetzt. Dies limitiert die maximal generierbare Leistung, da I_{pc} fällt, wenn V auf V_{bi} ansteigt. Dies ist schematisch in Abbildung 3.17b dargestellt. Die beiden in Abbildung 3.17b illustrierten Variablen sind die **Leerlaufspannung** (engl. open-circuit voltage) V_{OC} und der **Kurzschlussstrom** (engl. short-circuit currenz) I_{SC}. V_{OC} ist die Spannung, die erzeugt wird,

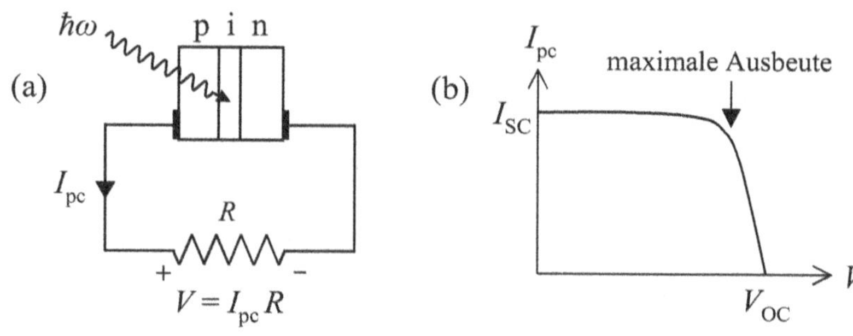

Abb. 3.17: Eine p-i-n-Diode, die im photovoltaischen Modus betrieben wird. Der Photostrom I_{pc} ezeugt eine Leistung im Verbraucherwiderstand R, aber die Photospannung V versetzt das Bauelement in Vorwärts-Bias und wirkt somit der Diffusionsspannung der Diode entgegen. (b) I-V-Kurve für ein typisches photovoltaisches Bauelement unter Beleuchtung.

wenn der Verbraucherwiderstand sehr groß ist, sodass kein Strom fließen kann. I_{SC} hingegen ist der Strom, der erzeugt wird, wenn der Verbraucherwiderstand sehr niedrig ist, sodass keine Spannung erzeugt wird. Die ausgegebene Leistung ist gleich $I_{pc}V$, und die größtmögliche Ausbeute wird gewöhnlich dicht unterhalb von V_{OC} erreicht (siehe Abbildung 3.17b).

Die Strahlung der Sonne hat ein breites Spektrum, was die folgenden Anforderungen an optimale Solarzellen stellt:

- I_{SC} ist proportional zur Anzahl der absorbierten Photonen, und diese wiederum ist proportional zur Anzahl der Photonen im Spektrum, für die $\hbar\omega > E_g$ gilt. Dies favorisiert Solarzellen mit *kleinen* Bandlücken, da dann der größte Teil des Sonnenspektrums eingefangen werden kann.

- Wegen $V_{bi} \sim E_g/e$ wächst die Leerlaufspannung mit E_g, was Bauelemente mit *großen* Bandlücken favorisiert.

Die maximale Effizienz der Leistungsumwandlung, die mit einer Siliciumsolarzelle erreicht werden kann, liegt bei 10 bis 25%, und die maximal erzeugte Spannung beträgt etwa 0,6 V. Eine höhere Effizienz ($\sim 40\,\%$) wurde mit Multi-Junction-Elementen erreicht. Die Multi-Junction-Technik ist sehr teuer, und ihr Einsatz ist bislang auf Anwendungen beschränkt, für die es kaum Alternativen gibt, etwa in der Raumfahrttechnik.

Ein möglicher Ausweg aus diesem Dilemma ist die Entwicklung von „Tandemsolarzellen", in denen zwei oder mehr Materialien mit unterschiedlichen Bandlücken in den aktiven Zonen verarbeitet sind. Die hochenergetischen Photonen der Sonne werden von dem an der Vorderfront der Solarzelle befindlichen Material mit großer Bandlücke eingefangen, während die Photonen mit niedriger Energie in das darunter liegende Material mit kleinerer Bandlücke durchgelassen werden. Auf diese Weise kann ein größerer Teil des Energiespektrums der Sonne mit hoher Effizienz genutzt werden.

Zusammenfassung

- Interbandübergänge treten auf, wenn Elektronen durch Absorption von Elektronen in ein Band von angeregten Zuständen springen. Der Absorptionsprozess kann als Erzeugung eines Elektron-Loch-Paares aufgefasst werden.

- Interbandabsorption ist nur möglich, wenn die Photonenergie die Bandlückenenergie E_g übersteigt. Das Absorptionsspektrum zeigt daher einen Schwellwert bei E_g.

- Die Absorptionsrate für direkte Übergänge ist proprtional zum Produkt aus der gemeinsamen Zustandsdichte und dem Quadrat des Matrixelements des elektrischen Dipols.

- Der Wellenvektor des Photons ist im Vergleich zu dem des Elektrons vernachlässigbar. Daher bleibt der Wellenvektor des Elektrons bei einem direkten Übergang unverändert. Direkte Übergänge werden in E-k-Banddiagrammen durch vertikale Pfeile dargestellt.

- Die Frequenzabhängigkeit der Absorptionskante ist für einen Halbleiter mit direkter Bandlücke in der Nähe von E_g durch Gleichung (3.25) gegeben. Bei höheren Frequenzen ist der Absorptionskoeffizient durch die genaue Frequenzabhängigkeit der gemeinsamen Zustandsdichte bestimmt. Besonders hoch ist die Absorption an kritischen Punkten.

- Das Anlegen eines externen elektrischen Feldes führt zu einer von null verschiedenen Absorption unterhalb der Bandlücke. Dies ist der Franz-Keldysh-Effekt. Das Anlegen eines Magnetfeldes bewirkt eine Verschiebung der Absorptionskante zu höheren Werten.

- Eine Polarisation des Elektronenspins kann in einem Halbleiter mit Zinkblendestruktur durch Anregung mit zirkular polarisiertem Licht erzeugt werden.

- Interbandübergänge in Materialien mit indirekter Lücke sind mit einer Absorption oder Emission eines Photons verbunden, weil der Impuls bei diesem Prozess erhalten bleibt. Die indirekte Absorption ist viel schwächer als die direkte Absorption, da es sich dabei um einen Prozess zweiter Ordnung handelt.

- Die Frequenzabhängigkeit der Absorptionskante in einem Material mit indirekter Lücke ist durch (3.36) gegeben. Diese Beziehung ist eine andere als die bei Halbleitern mit direkter Lücke beobachtete. Sie bietet eine Möglichkeit, das Wesen der Bandlücke experimentell zu bestimmen.

- Die Absorption von Licht durch Interbandübergänge kann bei der Herstellung von Photodetektoren und photovoltaischen Bauelementen ausgenutzt werden. Die Photonen mit Energien oberhalb der Bandlücke erzeugen in einem Photodetektor einen Strom und in einem photovoltaischen Bauelement eine Spannung. Solarzellen sind photovoltaische Bauelemente, die Leistung aus der Strahlung der Sonne generieren.

Weiterführende Literatur

Die elektronischen Zustände von Festkörpern werden in dem Buch von Singleton (2001) sowie in allgemeinen Büchern zur Festkörperphysik behandelt, beispielsweise in Burns (1985), Ibach & Luth (2003) oder Kittel (2006). Etwas ausführlicher ist das Thema in Harrison (1999) dargestellt.

Mehr Informationen zur Interbandabsorption in Halbleitern finden Sie in Klingshirn (1995), Pankove (1971), Seeger (1997) oder Yu & Cardona (1996). Einführende Darstellungen der gruppentheoretischen Behandlung von Interbandübergängen sind in Klingshirn (1995) und Yu & Cardona (1996) enthalten.

Der Franz-Keldysh-Effekt und der Einsatz der Modulationsspektroskopie zur Bestimmung der Bandstrukturparameter werden in Aspnes (1980), Hamaguchi (2001), Seeger (1997) und Yu & Cardona (1996) behandelt. Seeger (1997) liefert eine gute Darstellung des Einflusses von magnetischen Feldern auf die Bandkantenabsorption. Der genauen Bestimmung der optischen Parameter von Halbleitern durch Ellipsometrie ist das Buch von Aspnes & Studna (1983) gewidmet.

Die Physik von Halbleiterphotodetektoren wird ausführlicher in Bhattacharya (1997), Chuang (1995), Sze (1985), Wilson & Hawkes (1998) und Yariv (1997) beschrieben. Das Buch von Sze (1985) umfasst außerdem eine gute Darstellung der physikalischen Grundlagen von Solarzellen.

Aufgaben

3.1 Wenden Sie periodische Randbedingungen nach Born und von Karman an (also $\mathrm{e}^{ikx} = \mathrm{e}^{ik(x+L)}$ usw., wobei L eine makroskopische Länge ist) um zu zeigen, dass die Dichte der Zustände pro Volumeneinheit im k-Raum $1/(2\pi)^3$ ist.

3.2 Zeigen Sie, dass die Zustandsdichte für ein Elektron mit $E(k) = \hbar^2 k^2/2m^*$ durch (3.16) gegeben ist.

3.3 Die Wellenfunktion eines atomaren Zustands mit Hauptquantenzahl n, Bahndrehimpulsquantenzahl l und Magnetquantenzahl m kann in der Form

$$\psi_{nlm}(r, \theta, \phi) = R_{nl}(r) Y_{lm}(\theta, \phi)$$

geschrieben werden. Dabei ist $R_{nl}(r)$ die radiale Wellenfunktion, $Y_{lm}(\theta, \phi)$ eine Kugelfunktionen und (r, θ, ϕ) sind Kugelkoordinaten. Die Kugelfunktion kann in der Form

$$Y_{lm}(\theta, \phi) = C\, P_l^m(\cos\theta)\, \mathrm{e}^{im\phi}$$

geschrieben werden, wobei $P_l^m(\cos\theta)$ eine polynomiale Funktion in $\cos\theta$ und C eine Konstante ist. Die Parität der Kugelfunktion ist $(-1)^l$.

(a) Erläutern Sie, was unter der „Parität" einer atomaren Wellenfunktion zu verstehen ist.

(b) Das Matrixelement für einen elektrischen Dipolübergang zwischen Zuständen mit Wellenfunktionen ψ_i und ψ_f ist gegeben durch

$$M = \left| \int_{r=0}^{\infty} \int_{\theta=0}^{\pi} \int_{\phi=0}^{2\pi} \psi_f^* \, H' \, r^2 \, \sin\theta \, \mathrm{d}r\mathrm{d}\theta\mathrm{d}\phi \right|$$

mit $H' = -er$. Beweisen Sie, indem Sie die Parität der Wellenfunktionen betrachten, dass $M = 0$ gilt, außer wenn l sich während des Übergangs um einen ungeraden Wert ändert.

Durch Ausnutzen der Eigenschaften von $P_l^m(\cos\theta)$ kann man zeigen, dass die Auswahlregel mit Δl strenger ist als die Forderung, dass es sich einfach um eine ungerade Zahl handeln muss. Tatsächlich muss Δl gleich ± 1 sein.

(c) Schreiben Sie die Komponenten von $\mathbf{r}$ in Kugelkoordinaten und beweisen Sie, dass $\Delta m = 0$ gilt, wenn das Licht in z-Richtung polarisiert ist, während für in x- oder y-Richtung polarisiertes Licht $\Delta m = \pm 1$ gilt.

(d) Schreiben Sie zirkular polarisiertes Licht in der durch Gleichung (A.40) gegebenen Form auf und zeigen Sie, dass σ^+- und σ^--Licht Übergänge mit $\Delta m = +1$ bzw. $\Delta m = -1$ induziert.

3.4 Skizzieren Sie eine Versuchsanordnung, mit der man die in Abbildung 3.6 gezeigten Absorptionsdaten erhalten kann.

3.5 Erläutern Sie, wie Sie mithilfe von optischen Absorptionsmessungen feststellen können, ob ein Halbleiter eine direkte oder eine indirekte Bandlücke hat.

3.6 Tabelle 3.4 enthält Absorptionsdaten für Galliumphosphid bei 300 K. Was können Sie aus diesen Daten über die Bandstruktur von GaP schließen?

3.7 Verwenden Sie die in Abbildung 3.11 gegebenen Daten, um den Absorptionskoeffizienten von Germanium bei 1200 nm abzuschätzen.

3.8 Die Bandparameter des in Abbildung 3.5 gezeigten Vierbandmodells sind für GaAs in Tabelle D.2 angegeben.

(a) Berechnen Sie den k-Vektor des Elektrons, das in GaAs aus dem Schwerlochband in das Leitungsband angeregt wird, wenn ein Photon der Energie 1,6 eV bei 300 K absorbiert wird. Wie groß ist der entsprechende Wert für den Leichtlochübergang?

Tab. 3.4: Absorptionskoeffizient α von GaP, tabelliert für verschiedene Photonenergien E bei 300 K. Daten aus Palik (1985).

E (eV)	α (m^{-1})	E (eV)	α (m^{-1})
2,2	$3{,}12 \times 10^1$	2,7	$7{,}39 \times 10^5$
2,3	$7{,}79 \times 10^3$	2,8	$3{,}35 \times 10^6$
2,4	$2{,}72 \times 10^4$	2,9	$5{,}38 \times 10^6$
2,5	$6{,}43 \times 10^4$	3,0	$6{,}81 \times 10^6$
2,6	$1{,}44 \times 10^5$	3,1	$8{,}64 \times 10^6$

(b) Berechnen Sie den Wellenvektor des Photons innerhalb des Kristalls. Bestätigt Ihr Ergebnis die Gültigkeit der in (3.12) gegebenen Näherung? Der Brechungsindex von GaAs bei 1,6 eV ist 3,7.

(c) Berechnen Sie das Verhältnis der gemeinsamen Zustandsdichte für Schwer- und Leichtlochübergänge.

(d) Ab welcher Wellenlänge sind Übergänge aus dem Split-off-Band möglich?

3.9 Betrachten Sie einen elektrischen Dipolübergang mit $\Delta J = -1$, wie er im Zusammenhang mit Übergängen aus dem Schwerlochband und dem Leichtlochband in das Leitungsband bei $k = 0$ auftritt. Die Matrixelemente für Licht mit den Polarisationen σ^-, linear und σ^+ sind gegeben durch

Siehe zum Beispiel Woodgate (1980), Tabelle 8.1, oder Corney, Tabelle 5.1.

$$|\langle J-1, M_J - 1|\sigma^-|J, M_J\rangle|^2 = \tfrac{1}{2}(J + M_J)(J + M_J - 1)C$$

$$|\langle J-1, M_J|z|J, M_J\rangle|^2 = (J^2 - M_J)^2 C$$

$$|\langle J-1, M_J + 1|\sigma^+|J, M_J\rangle|^2 = \tfrac{1}{2}(J - M_J)(J - M_J - 1)C$$

wobei C für alle drei Übergänge gleich ist. Zeigen Sie mithilfe dieser Ergebnisse, dass für zirkular polarisiertes Licht das Quadrat des Matrixelements für Schwerlochübergänge in einem Halbleiter mit der in Abbildung 3.8 gezeigten Bandstruktur dreimal so stark ist wie für Leichtlochübergänge.

3.10 Erläutern Sie, warum die mit linear polarisiertem Licht errzeugte Polarisation des Elektronenspins gleich null ist.

3.11 Diskutieren Sie die Variation der Polarisation des Elektronenspins, die durch Absorption von zirkular polarisierten Photonen erzeugt wird, wenn die Photonenergie über die Bandlückenenergie hinaus erhöht wird.

3.12* In Silicium liegt das s-artige antibindende Orbital bei einer höheren Energie als die p-artigen antibindenden Orbitale, was im Gegensatz zu der in Abbildung 3.3 dargestellten Reihenfolge der Niveaus für Ge oder GaAs steht. Dies führt, wie man durch Vergleich der Abbildungen 3.10 und 3.13 leicht sieht, zu wichtigen qualitativen Unterschieden zwischen den Leitungsband-Zuständen von Silicium und Germanium am Γ-Punkt.

    (a) Leiten Sie aus der schematischen Darstellung der Bandstruktur in Abbildung 3.13 den Wert der direkten Bandlücke von Silicium am Γ-Punkt ab.

    (b) Erklären Sie qualitativ, wann zwischen den Energien E_1 und E_2 Dipolübergänge möglich sind.

3.13 Was erwarten Sie, wo in Germanium bei 4 K die optische Absorptionskante gemessen wird? Die indirekte Bandlücke ist bei dieser Temperatur 0,74 eV.

3.14 Schätzen Sie die elektrische Feldstärke ab, bei der die Bandlücke von GaAs um 0,01 eV rotverschoben ist. Die effektive Masse des Elektrons ist $0{,}067m_0$.

3.15* Zeigen Sie, dass ein klassisches Teilchen der Masse m und der Ladung e kreisförmige Bahnen um ein Magnetfeld durchläuft, wobei die Kreisfrequenz durch eB/m gegeben ist (B ist die Feldstärke). Zeigen Sie, dass die Auswahlregel für das Landau-Niveau n bei einem Interbandübergang $\Delta n = 0$ lautet.

3.16* (a) Zeigen Sie, dass die Zustandsdichte eines Teilchens, das sich nur in einer Dimension frei bewegen kann, proportional zu $E^{-1/2}$ ist (E ist die Energie des Teilchens).

    (b) Skizzieren Sie die Frequenzabhängigkeit der optischen Absorptionskante eines Halbleiters mit eindimensionaler direkter Bandlücke.

    (c) Erklären Sie, warum ein Volumenhalbleiter in einem starken Magnetfeld als eindimensionales System betrachtet werden kann. Erläutern Sie auf dieser Grundlage die Form des optischen Transmissionsspektrums von Germanium bei 300 K und 3,6 T, das in Abbildung 3.7 gezeigt ist.

    (d) Verwenden Sie die Daten in Abbildung 3.7, um unter der Annahme $m_\mathrm{h}^* \gg m_\mathrm{e}^*$ auf Werte für die Bandlücke und die effektive Elektronenmasse von Ge zu schließen. Kommentieren Sie die erhaltenen Werte.

3.17 Der Absorptionskoeffizient von Germanium ist $4{,}6 \times 10^4\,\mathrm{m}^{-1}$ bei 1,55 µm und $7{,}5 \times 10^5\,\mathrm{m}^{-1}$ bei 1,30 µm. Berechnen Sie für diese beiden Wellenlängen die maximale Empfindlichkeit einer Germanium-Photodiode mit einer 10 µm dicken absorbierenden Schicht.

3.18 (a) Die Kapazität einer p-i-n-Photodiode, die in Sperrrichtung betrieben wird, kann berechnet werden, indem man das Bauelement als parallelen Plattenkondensator auffasst. Überprüfen Sie die Zulässigkeit dieser Näherung.

(b) Berechnen Sie die Kapazität einer Silicium-p-i-n-Photodiode mit einer Fläche von $1\,\text{mm}^2$ und einer $10\,\mu\text{m}$ dicken i-Schicht. Die statische relative Permittivität von Silicium ist 11,9.

(c) Schätzen Sie die Zeit ab, die die photogenerierten Elektronen und Löcher benötigen, um durch die i-Schicht zu dringen, wenn die Vorspannung auf der Photodiode $10\,\text{V}$ ist. Nehmen Sie an, dass die Diffusionsspannung $1{,}1\,\text{V}$ ist und dass die Elektron- und Lochmobilitäten von Si bei Raumtemperatur $0{,}15\,\text{m}^2\text{V}^{-1}\text{s}^{-1}$ bzw. $0{,}045\,\text{m}^2\text{V}^{-1}\text{s}^{-1}$ betragen.

(d) Bei welcher Spannung ist die Durchgangszeit der Elektronen gleich der RC-Zeitkonstante der Diode, wenn sie mit einer $50\,\Omega$-Verbraucher verbunden wird?

4 Exzitonen

Im letzten Kapitel haben wir die Absorption von Photonen durch Interbandabsorption diskutiert. Wir haben gelernt, dass dieser Prozess ein Elektron im Leitungsband und ein Loch im Valenzband erzeugt, wobei wir allerdings die Coulomb-Anziehung zwischen beiden vernachlässigt haben. In diesem Kapitel werden wir sehen, dass die Coulomb-Wechselwirkung zur Bildung neuer Anregungen des Kristalls führen kann. Diese werden Exzitonen genannt. Sie besitzen interessante optische Eigenschaften und sind von großer Bedeutung für optoelektronische Anwendungen.

In diesem Buch werden uns Exzitonen immer wieder in unterschiedlichen Zusammenhängen begegnen. In diesem Kapitel konzentrieren wir uns auf die Frage, welche Auswirkungen Exzitonen auf die Absorptionskante von Volumenhalbleitern haben. In Kapitel 6 werden wir sehen, wie die exzitonischen Effekte in quantenbeschränkten Strukturen verstärkt werden können, und in Kapitel 8 diskutieren wir, wieso exzitonische Effekte einen starken Einfluss auf die optischen Eigenschaften von molekularen Materialien haben. In Kapitel 11 werden wir uns schließlich der Frage widmen, durch welche Mechanismen Exzitonen nützliche nichtlineare Eigenschaften hervorrufen können.

4.1 Das Konzept der Exzitonen

Die Absorption eines Photons durch einen Interbandübergang in einem Halbleiter oder Isolator erzeugt ein Elektron im Leitungsband und ein Loch im Valenzband. Die entgegengesetzt geladenen Teilchen werden im gleichen Raumpunkt erzeugt und ziehen einander wegen der Coulomb-Wechselwirkung an. Die anziehende Wechselwirkung erhöht die Wahrscheinlichkeit, dass sich ein Elektron-Loch-Paar bildet, und dadurch erhöht sich die optische Übergangsrate. Außerdem kann sich bei geeigneten Bedingungen ein gebundenes Elektron-Loch-Paar bilden. Dieses neutrale gebundene Paar wird als **Exziton** bezeichnet. Das einfachste Modell des Exzitons fasst dieses als ein kleines Wasserstoffsystem auf, ähnlich einem Positronium, wobei Elektron und Loch auf stabilen Bahnen umeinander kreisen.

Abb. 4.1: (a) Schematische Darstellung eines freien Exzitons und (b) eines gebundenen Exzitons. Freie Exzitonen werden auch als Wannier-Mott-Exzitonen bezeichnet, gebundene als Frenkel-Exzitonen.

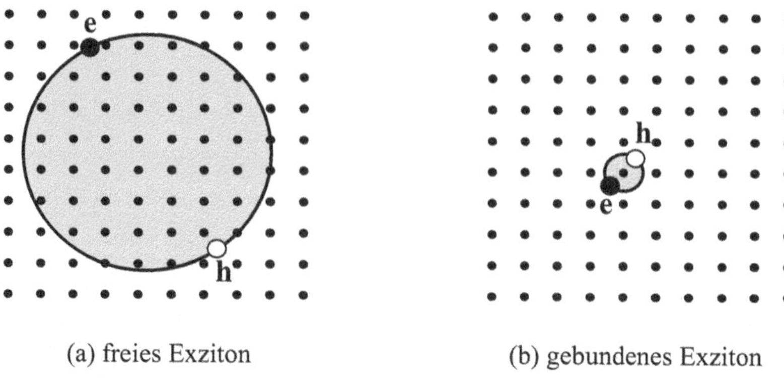

(a) freies Exziton   (b) gebundenes Exziton

Exzitonen werden in vielen kristallinen Materialien beobachtet. Es gibt zwei grundlegende Typen:

- **Wannier-Mott-Exzitonen,** die auch als **freie Exzitonen** bezeichnet werden

- **Frenkel-Exzitonen,** auch **gebundene Exzitonen** genannt

Wannier-Mott-Exzitonen werden vor allem in Halbleitern beobachtet, während Frenkel-Exzitonen in Isolatoren und molekularen Kristallen vorkommen.

Beide Typen von Exzitonen sind schematisch in Abbildung 4.1 dargestellt. Die Illustrationen zeigen ein Elektron und ein Loch, die einander innerhalb eines Kristalls umkreisen. Exzitonen vom Wannier-Mott-Typ haben einen großen Radius, der viele Atome umspannt. Bei ihnen handelt es sich um delokalisierte Zustände, die sich innerhalb des Kristalls frei bewegen können; daher werden sie auch „freie Exzitonen" genannt. Frenkel-Exzitonen haben dagegen einen viel kleineren Radius, der vergleichbar ist mit der Größe der Elementarzelle. Diese Eigenschaft macht sie zu lokalisierten Zuständen, die eng an bestimmte Atome oder Moleküle gebunden sind; daher spricht man auch von „gebundenen Exzitonen". Sie haben eine wesentlich geringere Mobilität als freie Exzitonen und können sich nur durch den Kristall bewegen, indem sie von einem Gitterplatz zum nächsten springen.

Stabile Exzitonen können sich nur dann bilden, wenn das anziehende Potential hinreichend stark ist, um die Exzitonen vor Stößen mit Phononen zu bewahren. Da die maximale Energie eines thermisch angeregten Phonons der Temperatur T etwa $k_\mathrm{B}T$ ist (k_B ist die Boltzmann-Konstante), ist diese Bedingung erfüllt, wenn die Bindungsenergie des Exzitons größer ist als $k_\mathrm{B}T$. Wannier-Mott-Exzitonen haben aufgrund ihres großen Radius kleine Bindungsenergien, wobei typische Werte bei etwa 0,01 eV liegen. Da bei Raumtemperatur $k_{\mathrm{B}}T \sim 0{,}025\,\mathrm{eV}$ gilt, sind Exzitonen in vielen Materialien nur bei Tieftemperaturkühlung zu beobachten. Frenkel-Exzitonen hingegen, die größere Bindungsenergien von 0,1 bis 1 eV haben, sind bei Raumtemperatur stabil.

In den folgenden Abschnitten beschreiben wir zunächst die grundlegenden Eigenschaften freier Exzitonen, um dann zu untersuchen, wie sie durch externe elektrische und magnetische Felder beeinflusst werden. Anschließend diskutieren wir die Wechselwirkungen zwischen Exzitonen. Diese sind die Grundlage für die nichtlinearen optischen Eigenschaften von Exzitonen, die in Kapitel 11 behandelt werden. Wir beschließen das Kapitel mit einer kurzen Diskussion der optischen Eigenschaften von Frenkel-Exzitonen.

4.2 Freie Exzitonen

4.2.1 Bindungsenergie und Radius

In einem freien Exziton ist der mittlere Abstand zwischen Elektron und Loch wesentlich größer als der atomare Abstand (siehe Abbildung 4.1a). Dies ist die definierende Eigenschaft des Wannier-Exzitons, und sie spezifiziert das freie Exziton als ein schwach gebundenes Elektron-Loch-Paar. Da der Elektron-Loch-Abstand so groß ist, können wir in guter Näherung über die detaillierte Struktur der Atome zwischen Elektron und Loch mitteln und annehmen, dass sich die Teilchen in einem homogenen Dielektrikum bewegen. Wir können dann das freie Exziton als ein Wasserstoffsystem ähnlich dem Positronium modellieren.

Aus der Atomphysik wissen wir, dass sich die Bewegung von Wasserstoffatomen in die Schwerpunktsbewegung und die Relativbewegung aufspalten lässt (siehe Aufgabe 4.1). Die Schwerpunktsbewegung beschreibt die kinetische Energie des Atoms als Ganzes, während die Relativbewegung die interne Struktur beschreibt. Die Energien des gebundenen Zustands können bestimmt werden, indem man die Eigenwerte der Schrödinger-Gleichung für die Relativbewegung ermittelt. Eine alternative Möglichkeit ist die Verwendung von Näherungsverfahren wie der Variationsmethode (siehe Aufgaben 4.2 bis 4.4). Die wichtigsten Ergebnisse lassen sich jedoch gut anhand des bohrschen Modells erklären (siehe Aufgabe 4.5), und genau diesen Weg wollen wir hier gehen.

Wenn wir das bohrsche Modell auf das Exziton anwenden, müssen wir berücksichtigen, dass sich Elektron und Loch durch ein Medium mit hoher Permittivität ϵ_{r} bewegen. Wir müssen auch daran denken, dass die reduzierte Masse μ durch (3.22) gegeben ist und nicht den Wert $0{,}9995m_0$ hat, der für das Elektron-Proton-System in einem Wasserstoffatom gilt. Mit diesen beiden Modifikationen können wir dann einfach die Standardergebnisse des bohrschen Modells verwenden. Die gebundenen Zustände sind durch die Hauptquantenzahl n charakterisiert, und die Energie des m-ten Niveaus relativ zur Ionisationsgrenze ist gegeben durch

$$E(n) = -\frac{\mu}{m_0}\frac{1}{\epsilon_{\mathrm{r}}^2}\frac{R_{\mathrm{H}}}{n^2} = -\frac{R_{\mathrm{X}}}{n^2} \qquad (4.1)$$

Dabei ist R_{H} die Rydberg-Energie des Wasserstoffatoms ($13{,}6\,\mathrm{eV}$), und die als $R_{\mathrm{X}} = (\mu/m_0\epsilon_{\mathrm{r}}^2)R_{\mathrm{H}}$ eingeführte Größe ist die exzitonische Rydberg-Energie. Der Radius der Elektron-Loch-Bahn ist gegeben durch

$$r_n = \frac{m_0}{\mu}\epsilon_{\mathrm{r}}\,n^2 a_{\mathrm{H}} = n^2 a_{\mathrm{X}} \qquad (4.2)$$

wobei a_{H} der bohrsche Radius des Wasserstoffatoms ($5{,}29\times10^{-11}\,\mathrm{m}$) ist und $a_{\mathrm{X}} = (m_0\epsilon_{\mathrm{r}}/\mu)a_{\mathrm{H}}$ der exzitonische bohrsche Radius. Die Gleichungen (4.1) und (4.2) zeigen, dass der ($n{=}1$)-Grundzustand die größte Bindungsenergie und den kleinsten Radius hat. Die angeregten Zustände mit $n > 1$ sind weniger stark gebunden und haben einen größeren Radius.

Tabelle 4.1 listet für eine Reihe von III-V- und II-VI-Halbleiter mit direkter Lücke die exzitonische Rydberg-Energie und den exzitonischen bohrschen Radius auf. In den Daten kann man leicht ein allgemeines Muster erkennen, nämlich dass R_{X} mit zunehmendem E_{g} fällt, während a_{X} wächst. Dies erklärt sich aus der Tatsache, dass ϵ_{r} mit zunehmender Bandlücke kleiner und μ größer wird. Aus (4.1) und (4.2) sehen wir, dass dies zu einem Anwachsen der exzitonischen Bindungsenergie und zu einem kleineren Radius führt. In Isolatoren mit Bandlücken größer als $5\,\mathrm{eV}$ wird a_{X} vergleichbar mit der Größe der Elementarzelle. Dann ist das Wannier-Modell nicht mehr gültig. Im anderen Extrem ist R_{X} in Halbleitern mit kleiner Bandlücke wie InSb so klein, dass es schwierig wird, überhaupt irgendwelche Effekte freier Exzitonen zu beobachten. Am besten lässt sich daher das Verhalten freier Exzitonen in Halbleitern mit mittlerer Bandlücke (~ 1 bis $3\,\mathrm{eV}$) beobachten.

Tab. 4.1: Berechnete Rydberg-Energie und bohrscher Radius der freien Exzitonen in verschiedenen III-V- und II-VI-Verbindungshalbleitern mit direkter Lücke. Die in Klammern stehenden Werte für InSb sind experimentell nicht bestätigt. E_{g} ist die Bandlücke, R_{X} die exzitonische Rydberg-Energie gemäß (4.1) und a_{X} der exzitonische bohrsche Radius gemäß (4.2).

Kristall	E_{g} (eV)	R_{X} (meV)	a_{X} (nm)
GaN	3,5	23	3,1
ZnSe	2,8	20	4,5
CdS	2,6	28	2,7
ZnTe	2,4	13	5,5
CdSe	1,8	15	5,4
CdTe	1,6	12	6,7
GaAs	1,5	4,2	13
InP	1,4	4,8	12
GaSb	0,8	2,0	23
InSb	0,2	(0,4)	(100)

Beispiel 4.1

(i) Berechnen Sie die exzitonische Rydberg-Energie und den exzitonischen bohrschen Radius für GaAs. Dieses Material hat die Werte $\epsilon_{\mathrm{r}} = 12{,}8$, $m_{\mathrm{e}}^* = 0{,}067m_0$ und $m_{\mathrm{h}}^* = 0{,}2m_0$.

(ii) GaAs hat eine kubische Kristallstruktur mit einer Größe der Elementarzelle von 0,56 nm. Schätzen Sie die Anzahl der Elementarzellen ab, die innerhalb der Bahn des Exzitons mit $n = 1$ liegen. Verifizieren Sie auf diese Weise die Gültigkeit der Annahme, dass das Medium bei der Herleitung von (4.1) und (4.2) als ein homogenes Dielektrikum behandelt werden kann.

(iii) Schätzen Sie die maximale Temperatur, bei der in GaAs stabile Exzitonen beobachtet werden können.

Lösung: (i) Wir müssen zunächst die reduzierte Elektron-Loch-Masse μ, gegeben durch (3.22), berechnen. Mit $m_e^* = 0{,}067m_0$ und $m_h^* = 0{,}2m_0$ finden wir

$$\mu = \left(\frac{1}{0{,}067m_0} + \frac{1}{0{,}2m_0} \right)^{-1} = 0{,}05m_0$$

Wir setzen nun diesen Wert von μ sowie $\epsilon_r = 12{,}8$ in (4.1) und (4.2) ein und erhalten

$$R_X = \frac{0{,}05}{12{,}8^2} \times 13{,}6\,\text{eV} = 4{,}2\,\text{meV}$$

und

$$a_X = \frac{12{,}8}{0{,}05} \times 0{,}0529\,\text{nm} = 13\,\text{nm}$$

(ii) Aus (4.2) ist ersichtlich, dass der Radius des Exzitons mit $n = 1$ gleich a_X ist. Das durch dieses Exziton besetzte Volumen ist $\frac{4}{3}\pi a_X^3$, was gleich $9{,}2 \times 10^{-24}\,\text{m}^3$ ist. Das Volumen der kubischen Elementarzelle ist gleich $(0{,}56\,\text{nm})^3 = 1{,}8 \times 10^{-28}\,\text{m}^3$. Folglich kann das exzitonische Volumen 5×10^4 Elementarzellen enthalten. Da dies eine große Zahl ist, ist es gerechtfertigt, die atomare Struktur durch ein homogenes Dielektrikum zu nähern.

(iii) Das Exziton mit $n = 1$ hat die größte Bindungsenergie mit einem Wert von 4,2 meV. Dies ist bei 49 K gleich $k_B T$. Wir können also nicht erwarten, dass Exzitonen über ~ 50 K stabil sind.

Es ist keineswegs offensichtlich, welche Permittivität bzw. welche effektive Lochmasse für einen III-V-Halbleiter wie GaAs korrekterweise zu verwenden ist. Dies liegt daran, dass ϵ_r mit der Frequenz variiert (siehe Abschnitt 10.2) und dass Schwerloch- und Leichtlochband bei $k = 0$ entartet sind (siehe Abbildung 3.5). Als Faustregel verwenden wir für ϵ_r den Wert der Photonenergie, der R_X entspricht, sowie ein gewichtetes Mittel aus Schwer- und Leichtlochmasse für m_h^*. In diesem Beispiel ergibt sich hieraus für R_X der Wert 4,2 meV, was im infraroten Spektralbereich liegt. Wir verwenden daher die statische Permittivität ϵ_{st} für ϵ_r.

4.2.2 Exzitonische Absorption

Freie Exzitonen werden typischerweise in Halbleitern mit direkter Lücke wie GaAs beobachtet. Sie entstehen bei direkten optischen Übergängen zwischen Valenz- und Leitungsband. Wie wir in Abschnitt 3.2 diskutiert hatten, entsteht dabei ein Elektron-Loch-Paar, wobei Elektron und Loch den gleichen Wellenvektor $\mathbf{k}$ haben.

Exzitonen können nur gebildet werden, wenn die Gruppengeschwindigkeiten v_e und v_h von Elektron und Loch gleich sind. Dies ist eine notwendige Bedingung an die Elektronen und Löcher, damit diese sich als gebundene Paare gemeinsam bewegen können. Die Gruppengeschwindigkeit eines Elektrons in einem Band ist gegeben durch

$$v_g = \frac{1}{\hbar} \frac{\partial E}{\partial \mathbf{k}} \tag{4.3}$$

(siehe auch (D.4)). Hieraus folgt, dass die Bedingung $v_e = v_h$ nur erfüllt werden kann, wenn die Gradienten von Leitungs- und Valenzband in dem Punkt der Brillouin-Zone, wo der Übergang auftritt, gleich sind. Alle Bänder haben im Zonenzentrum den Gradienten null. Folglich können sich Exzitonen während eines direkten Übergangs bei $\mathbf{k} = 0$ bilden. In einem direkten Halbleiter korrespondieren diese Übergänge mit der Photonenergie E_g (siehe Gleichung 3.23). Wir erwarten daher starke exzitonische Effekte im Spektralbereich nahe der fundamentalen Bandlücke.

Die Energie des Exzitons, das bei einem direkten Übergang bei $k = 0$ erzeugt wird, ist gleich der zur Bildung eines Elektron-Loch-Paares erforderlichen Energie E_g minus der Bindungsenergie aufgrund der Coulomb-Wechselwirkung, die durch (4.1) gegeben ist. Die Energie des Exzitons ist also

$$E_n = E_g - \frac{R_X}{n^2} \tag{4.4}$$

Immer wenn die Photonenergie gleich E_n ist, können Exzitonen entstehen. Es ist eine hohe Wahrscheinlichkeit für die Bildung von Exzitonen zu erwarten, da die Bildung exzitonischer Zustände energetisch günstiger ist als freie Elektron-Loch-Paare. Wir erwarten daher, dass für die Energien E_n starke optische Absorptionslinien zu beobachten sind. Diese erscheinen in den optischen Spektren bei Energien direkt unter der fundamentalen Bandlücke.

Das bei Berücksichtigung der exzitonischen Effekte zu erwartende Bandkanten-Absorptionsspektrum ist schematisch in Abbildung 4.2 dargestellt. Die Coulomb-Wechselwirkung zwischen Elektron und Loch verursacht eine Serie von exzitonischen Absorptionslinien direkt unterhalb der Bandlücke und verstärkt den Absorptionskoeffizienten direkt über der Bandlücke. Die zweite Eigenschaft folgt aus der Tatsache, dass die Coulomb-Anziehung die Größe der Wellenfunktionen von Elektronen und Löchern verringert und dadurch ihre Überlappung vergrößert, was letztlich zu einer vergrößerten Übergangswahrscheinlichkeit führt.

Freie Exzitonen sind nur im Absorptionsspektrum von sehr reinen Proben zu beobachten. Verunreinigungen führen zu ungepaarten freien Elektronen und Löchern, die die Coulomb-Wechselwirkung im

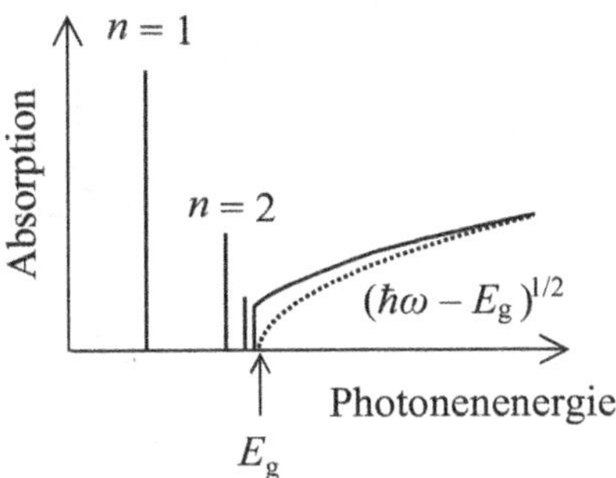

Abb. 4.2: Bandkanten-Absorptionsspektrum für einen Halbleiter mit direkter Lücke unter Berücksichtigung exzitonischer Effekte. Die gepunktete Linie zeigt die erwartete Absorption bei Vernachlässigung der exzitonischen Effekte.

Exziton abschirmen und auf diese Weise die Bindungskräfte stark reduzieren. Aus diesem Grund werden exzitonische Effekte gewöhnlich nicht in dotierten Halbleitern oder Metallen beobachtet, da diese eine sehr hohe Dichte freier Ladungsträger enthalten können. Geladene Beimengungen erzeugen außerdem elektrische Felder, was zur Ionisierung der Exzitonen führen kann, wie wir in Abschnitt 4.3.1 sehen werden.

Freie Exzitonen können auch in der Nähe der fundamentalen Bandlücke von indirekten Halbleitern wie Silicium oder Germanium beobachtet werden. Diese indirekten Exzitonen sind schwieriger zu beschreiben, da die Elektronen und Löcher unterschiedliche **k**-Vektoren haben. Die Bedingung $v_{\mathrm{e}} = v_{\mathrm{h}}$ ist erfüllt, denn für das Elektron im Minimum des Leitungsbandes gilt weiterhin $v_{\mathrm{e}} = 0$, obwohl es einen großen **k**-Vektor hat. Nach experimentellen Ergebnissen sind die Bindungsenergien von freien Exzitonen in Silicium und Germanium 14 meV bzw. 4 meV. Die Werte liegen etwas über dem allgemeinen Trend für Halbleiter mit direkter Lücke (siehe Tabelle 4.1). Dies liegt an der größeren Elektronenmasse an den Zonenrändern verglichen mit der Masse im Γ-Punkt. Wegen der verringerten Wahrscheinlichkeit für indirekte Übergänge ist es schwierig, indireke Exzitonen bei der Absorption zu beobachten. Bei Emissionsexperimenten können sie jedoch klar beobachtet werden, wie wir in Abschnitt 4.4 sehen werden.

4.2.3 Experimentelle Daten für freie Elektronen in GaAs

Abbildung 4.3 zeigt experimentelle Daten für die exzitonische Absorption von undotiertem GaAs zwischen 21 K und 294 K. Erwartungsgemäß zeigen die Daten starke Absorptionslinien bei Photonenergien dicht unter der fundamentalen Bandkante von GaAs. Bei 21 K sehen wir ein Maximum dicht unter der direkten Absorptionskante. Dies entspricht dem Exziton mit $n = 1$. Die Linie ist zu breit, um die Beobachtung irgendeines der angeregten Zustände zu erlau-

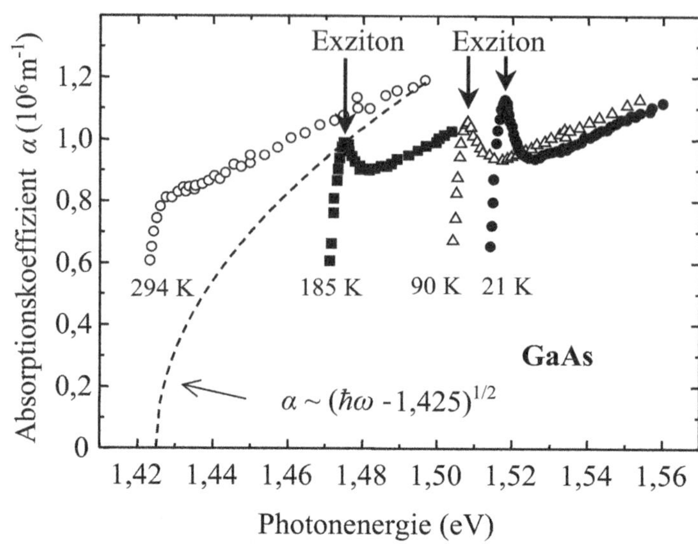

In Kapitel 6 wird diskutiert, wie die exzitonischen Effekte in Materialien wie GaAs in quantenbeschränkten Strukturen verstärkt werden können. Hierdurch ist es möglich, in GaAs-Quantentöpfen selbst bei Raumtemperatur sehr starke freie exzitonische Absorptionslinien zu beobachten.

ben. Mit zunehmender Temperatur verschiebt sich die Bandlücke in Richtung niedrigerer Energie, und die exzitonische Linie wird schwächer. Bei Raumtemperatur, wo $k_{\mathrm B}T \gg R_{\mathrm X}$ gilt, ist die exzitonische Linie vollständig verschwunden.

Das Spektrum bei 185 K zeigt eine schwache exzitonische Linie an der Bandkante, obwohl $k_{\mathrm B}T$ fast viermal größer ist als $R_{\mathrm X}$. Dies ist ein Hinweis darauf, dass das in Beispiel 4.1(iii) verwendete Kriterium $k_{\mathrm B}T < R_{\mathrm X}$ zu streng ist. Der Hauptmechanismus, der für das Aufspalten von Exzitonen sorgt, sind Stöße mit longitudinalen optischen Phononen (LO-Phononen). Mit zunehmender Wahrscheinlichkeit solcher Stöße wird die Lebensdauer der Exzitonen kürzer. Dies führt zu einer entsprechenden Verbreiterung der exzitonischen Linie im Absorptionsspektrum. In GaAs hat das relevante LO-Phonon eine Energie von 35 meV und bei 185 K eine thermische Besetzung von 11% (siehe Gleichung 3.37). Es gibt daher auch bei dieser Temperatur noch relativ wenige LO-Phononen im Kristall, und die exzitonische Linie wird geradeso aufgelöst.

Die gestrichelte Linie in Abbildung 4.3 zeigt die Frequenzabhängigkeit der zu erwartenden Absorptionskante bei Vernachlässigung exzitonischer Effekte. Diese Linie wurde aus (3.25) erhalten, wobei für $E_{\mathrm g}$ der für GaAs bei 294 K passende Wert 1,425 eV eingesetzt wurde. Wie wir sehen, werden die Daten nicht besonders gut gefittet. Dies ist ein Hinweis, dass die Coulomb-Wechselwirkung zwischen Elektron und Loch die Absorptionsrate noch immer beträchtlich erhöht, obwohl im Spektrum keine klaren exzitonischen Linien zu sehen sind.

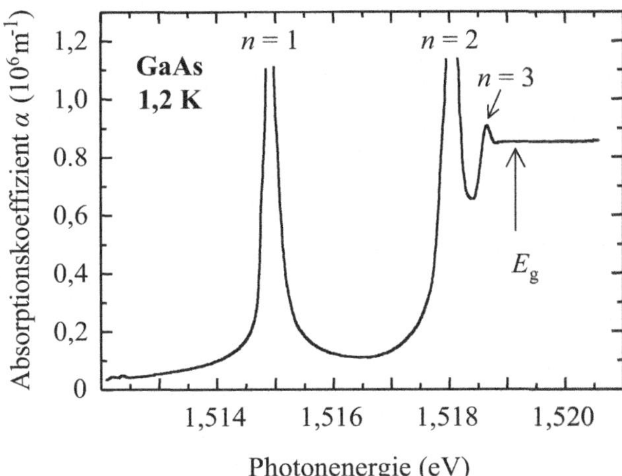

Abb. 4.4: Exzitonische Absorption von ultrareinem GaAs bei 1,2 K. Nach Fehrenbach et al. (1985). ©Excerpta Medica Inc., genehmigter Nachdruck.

Abbildung 4.4 zeigt neuere Daten für die exzitonische Absorption von ultrareinem GaAs bei 1,2 K. Die Daten zeigen klar das wasserstoffartige Energiespektrum des Exzitons in der Umgebung der Bandlücke. Die exzitonischen Linien sind deutlicher ausgeprägt als in Abbildung 4.3, weil die Temperatur niedriger und die Probe reiner ist. Wie wir bereits angemerkt hatten, führt das Vorhandensein von Beimengungen zu einer Abschirmung der Coulomb-Wechselwirkung durch freie Ladungsträger, während die niedrigeren Temperaturen die thermische Verbreiterung der Absorptionslinien reduzieren.

Drei exzitonische Zustände können in dem Absorptionsspektrum in Abbildung 4.4 klar identifiziert werden. Die Energien der Exzitonen mit $n = 1$, $n = 2$ und $n = 3$ sind 1,5149 eV, 1,5180 eV und 1,5187 eV. Diese Energien passen sehr gut zu Gleichung (4.4) mit $E_\mathrm{g} = 1,5191$ eV und $R_\mathrm{X} = 4,2$ meV. Dieser Wert von E_g stimmt gut mit anderen Messungen überein, während der experimentelle Wert von 4,2 meV für R_X in exzellenter Übereinstimmung mit dem in Beispiel 4.1 berechneten Wert ist.

4.3 Freie Exzitonen in externen Feldern

Freie Exzitonen sind durch die elektrostatische Anziehung zwischen dem negativ geladenen Elektron und dem positiv geladenen Loch aneinander gebunden. Externe elektrische und magnetische Felder stören das System, indem auf die geladenen Teilchen Kräfte ausgeübt werden. Die Effekte dieser Störungen werden im Folgenden beispielhaft anhand der Exzitonen in GaAs diskutiert.

4.3.1   Elektrische Felder

Wenn ein elektrisches Gleichfeld $\mathcal{E}$ an ein Exziton angelegt wird, werden die entgegengesetzt geladenen Elektronen und Löcher voneinander weggedrückt. In Aufgabe 4.10 wird gezeigt, dass der Betrag des elektrischen Feldes zwischen Elektron und Loch im Grundzustandsexziton gleich $2R_{\mathrm{X}}/ea_{\mathrm{X}}$ ist. Wenn $\mathcal{E}$ diesen Wert überschreitet, bricht das Exziton auseinander. Dieser Effekt wird als **Feldionisation** bezeichnet.

Elektrische Felder werden an Exzitonen angelegt, indem ein Halbleiter als i-Schicht in eine p-i-n-Diodenstruktur eingebaut wird (siehe Anhang E). Die Feldstärke auf der i-Schicht bei einer angelegten Vorspannung V_0 ist durch Gleichung E.3 gegeben:

$$\mathcal{E} = \frac{|V_{\mathrm{bi}} - V_0|}{l_{\mathrm{i}}} \qquad (4.5)$$

Die Wellenlängenabhängigkeit des Photostroms folgt aus dem Absorptionsspektrum. Dies folgt aus (3.38), wonach der Photostrom proportional zu $(1 - \mathrm{e}^{-\alpha l})$ ist. Für kleine αl ist der Photostrom direkt proportional zu α. Falls αl nicht klein ist, wird der Photostrom weiterhin Peaks an den Maxima von α zeigen.

Dabei ist V_{bi} die Diffusionsspannung (engl. built-in voltage) der Diode und l_{i} die Dicke der intrinsischen Schicht. Das Vorzeichen ist so gewählt, dass positive Werte von V_0 einer Durchlassspannung entsprechen.

In einer typischen GaAs-p-i-n-Diode beträgt die Dicke der i-Schicht etwa 1 μm und V_{bi} ist etwa 1,5 V. Aus (4.5) ergibt sich dann für $\mathcal{E}$ der Wert $1,5 \times 10^6\,\mathrm{V\,m^{-1}}$, wenn die Vorspannung null ist. Gleichzeitig wissen wir aus Tabelle 4.1, dass $2R_{\mathrm{X}}/ea_{\mathrm{X}}$ in GaAs von der Größenordnung $6 \times 10^5\,\mathrm{V\,m^{-1}}$ ist, also wesentlich kleiner als die Feldstärke bei $V_0 = 0$. Wir erwarten daher, dass die Exzitonen schon vor dem Anlegen der Vorspannung ionisiert werden.

Abbildung 4.5 zeigt experimentelle Daten für die Feldionisation der freien Exzitonen in einer GaAs-p-i-n-Diode mit $l_{\mathrm{i}} = 1,0\,\mathrm{μm}$ bei 5 K. Bei diesem Experiment wurde die Diode mit Licht angestrahlt und der generierte Photostrom bei gegebener Spannung und Wellenlänge aufgezeichnet. Die durchgezogene Linie zeigt den unter „Flachband"-Bedingungen ($V_0 = +1,44\,\mathrm{V}$, $\mathcal{E} \approx 0$) aufgezeichneten Photostrom, während die gestrichelte Linie für $V_0 = 1,00\,\mathrm{V}$ ($\mathcal{E} \approx 5 \times 10^5\,\mathrm{V\,m^{-1}}$) gilt. Im Flachbandfall beobachten wir eine gut aufgelöste exzitonische Linie bei 1,515 eV. Wenn wir jedoch die Vorspannung ein klein wenig reduzieren, nähern wir uns schnell dem Ionisierungsfeld, und das Exziton verbreitert sich signifikant. Bei Vorspannung null (nicht dargestellt) befinden wir uns weit oberhalb des Ionisierungsfelds, und das Spektrum zeigt keine exzitonischen Linien.

Aus der obigen Diskussion wird klar, dass exzitonische Effekte für die Physik von Volumenhalbleiterdioden keine große Rolle spielen. Die Exzitonen werden nur über einen kleinen Bereich von Durchlassspannungen dicht unterhalb von V_{bi} beobachtet. Aus diesem Grund

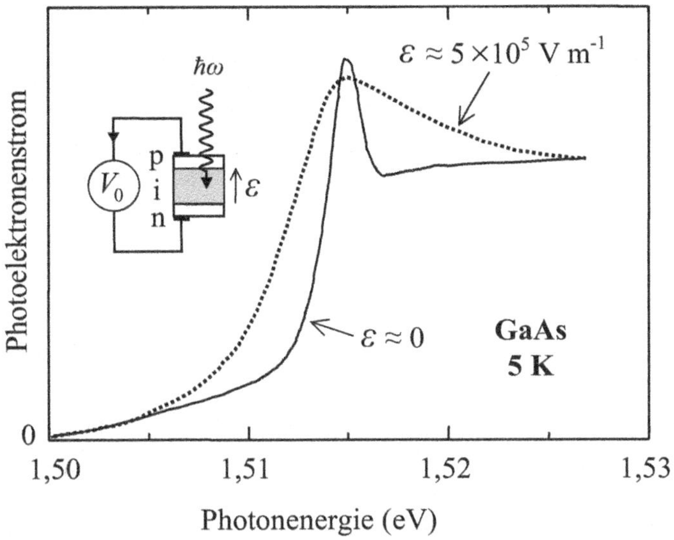

Abb. 4.5: Feldionisation der freien Exzitonen in GaAs bei 5 K. Die Daten stammen von einer GaAs-pin-Diode mit einer 1,0 μm dicken i-Schicht. Die durchgezogene Linie entspricht „Flachband"-Bedingungen (Durchlassspannung $= +1,44\,\mathrm{V}$, $\mathcal{E} \approx 0$), während die gestrichelte Linie für eine Durchlassspannung von $+1,00\,\mathrm{V}$ ($\mathcal{E} \approx 5 \times 10^5\,\mathrm{V\,m^{-1}}$) gilt. Für $V_0 = 0$ zeigt das Spektrum keine exzitonischen Linien. Unveröffentlichte Daten von G. von Plessen und A. M. Tomlinson.

wird die Physik von Volumenhalbleitern in elektrischen Feldern stärker durch den Einfluss des Feldes auf die Bandzustände dominiert, also durch den in Abschnitt 3.3.5 diskutierten Franz-Keldysh-Effekt. Wie wir in Kapitel 6 sehen werden, gilt dies nicht für die verstärkten freien Exzitonen in GaAs-Quantentöpfen. Diese zeigen sogar bei Raumtemperatur interessante Feldeffekte.

4.3.2 Magnetische Felder

Das Anlegen eines Magnetfeldes stört die freien Exzitonen aufgrund der magnetischen Kräfte, die auf Elektron und Loch wirken. Die Stärke der Störung wird durch die exzitonische Zyklotronenergie $\hbar\omega_\mathrm{c}$ bestimmt, die durch

$$\hbar\omega_\mathrm{c} = \hbar\,\frac{eB}{\mu} \tag{4.6}$$

mit der magnetischen Flussdichte B gegeben ist. Dies ähnelt der Formel (3.27) für individuelle Elektronen, mit dem Unterschied, dass hier die reduzierte effektive Masse μ für das Elektron-Loch-Paar anstelle der individuellen Elektronenmasse auftritt.

Das Verhalten kann anhand der Grenzfälle für schwaches und starkes Feld diskutiert werden, wobei der Übergangspunkt durch das Verhältnis aus exzitonischer Rydberg-Energie und Zyklotronenergie gesetzt ist. Für $R_\mathrm{X} \gg \hbar\omega$ sind wir im Regime des schwachen Feldes, während $R_\mathrm{X} \ll \hbar\omega_\mathrm{c}$ dem Regime des starken Feldes entspricht. In GaAs tritt der Übergang zwischen den beiden Grenzfällen für das Exziton mit $n = 1$ etwa bei 2 T auf (siehe Aufgabe 4.12).

Im Grenzfall des schwachen Feldes behandeln wir das Magnetfeld als eine auf die Exzitonen wirkende Störung. Der Grundzustand eines Wasserstoffatoms hat effektiv kein magnetisches Moment, da er kugelsymmetrisch ist. Somit wird die Wechselwirkung zwischen dem Exziton mit $n = 1$ und dem Magnetfeld durch diamagnetische Effekte bestimmt. Die diamagnetische Energieverschiebung ist gegeben durch

$$\delta E = +\frac{e^2}{12\mu}\, r_n^2 B^2 \tag{4.7}$$

(siehe Aufgabe 4.12). Die Verschiebung ist positiv, denn das lenzsche Gesetz besagt, dass das Feld ein ihm entgegen wirkendes magnetisches Moment induziert. Dieser induzierte Dipol wechselwirkt mit dem Feld und liefert eine Energieverschiebung proportional zu $+B^2$.

Im Grenzfall des starken Feldes ist die Wechselwirkung der Elektronen und Löcher mit dem Feld stärker als ihre gegenseitige Coulomb-Anziehung. Wir betrachten daher zunächst die Landau-Energie der individuellen Elektronen und Löcher (wie in Abschnitt 3.3.6). Anschließend fügen wir die Coulomb-Wechselwirkung als kleine Störung hinzu. Die Details dieser Analyse würden den Rahmen dieses Buches sprengen. Das Ergebnis ist jedenfalls, dass die exzitonischen Effekte eine kleine Verschiebung in den Energien der optischen Übergänge zwischen den Landau-Niveaus hervorrufen.

Eine detaillierte Behandlung des Einflusses von Magnetfeldern auf Exzitonen finden Sie in Klingshirn (1995).

4.4 Freie Exzitonen bei hohen Dichten

Wannier-Exzitonen verhalten sich so, als wären sie wasserstoffähnliche Atome, die sich frei durch den Kristall bewegen. Die Atome in einem Gas aus Wasserstoff führen thermische Bewegungen aus und wechselwirken miteinander, wann immer sie dicht zusammenkommen. Die einfachste Form der Wechselwirkung ist die Bildung von H_2-Molekülen, doch es sind auch andere Phänomene möglich, wie etwa die Bildung eines Bose-Einstein-Kondensats. Exzitonen zeigen eine ähnliche Vielfalt von Phänomenen, beispielsweise die Bildung von Molekülen oder die Kondensation in eine flüssige Phase. Welches Verhalten in einem konkreten Material zu beobachten ist, hängt stark von den herrschenden Bedingungen sowie von den Details der Wechselwirkung zwischen den Exzitonen ab.

Wir betrachten zunächst ein Experiment, bei dem ein starker Laser auf eine exzitonische Absorptionslinie gestimmt wird. Der Laser erzeugt Exzitonen in der Probe, wobei die Dichte proportional zur Laserintensität ist. Bei niedrigen Intensitäten ist die Dichte der

Exzitonen klein und der Abstand zwischen den Exzitonen ist groß
(siehe Abbildung 4.6a). Die exzitonischen Wechselwirkungen sind
unter diesen Bedingungen vernachlässigbar. Wenn die Intensität erhöht wird, nimmt die Exzitonendichte zu. Wenn sie schließlich groß
genug ist, dass sich die exzitonischen Wellenfunktionen zu überlappen beginnen (Abbildung 4.6b), dann erwarten wir, dass die Wechselwirkung zwischen den Exzitonen signifikant wird.

In Abbildung 4.6(b) sehen wir, dass es zur Überlappung der exzitonischen Wellenfunktionen kommt, wenn der charakteristische Abstand
zwischen den Exzitonen so groß wird wie der Exzitonendurchmes-
ser. Die Dichte, bei der dies passiert, wird als **Mott-Dichte** N_{Mott}
bezeichnet. Sie ist näherungsweise durch das inverse Volumen des
Exzitons gegeben, d. h.

$$N_{\text{Mott}} \approx \frac{1}{\frac{4}{3}\pi r_n^3} \tag{4.8}$$

Aus Tabelle 4.1 und Gleichung 4.2 entnehmen wir, dass die Mott-
Dichte für die $(n{=}1)$-Exzitonen in GaAs $1{,}1 \times 10^{23}\,\text{m}^{-3}$ ist. Diese
Dichte lässt sich mit einem fokussierten Laserstrahl leicht erreichen.

Wenn die Exzitonendichte N_{Mott} erreicht, tritt eine Reihe von Effekten auf. In GaAs bewirken die Stöße zwischen den Exzitonen,
dass das Exzitonengas in ein Elektron-Loch-Plasma dissoziiert, also in ein neutrales Gas, das die gleiche Anzahl von Elektronen
und Löchern enthält. Dies führt zu einer exzitonischen Verbreiterung, verbunden mit einer Reduktion der Absorptionsstärke. Abbildung 4.7 zeigt den Absorptionskoeffizienten für das $(n{=}1)$-Exziton
in GaAs bei $1{,}2\,\text{K}$ und für drei verschiedene Anregungsintensitäten. Die Abschwächung und Verbreiterung der exzitonischen Linie
bei zunehmender Ladungsträgerdichte ist anhand der Daten deutlich zu sehen. Die Dichte, bei der diese Effekte auftreten, liegt in
guter Übereinstimmung mit dem durch (4.8) gegebenen Wert von
$1{,}1 \times 10^{23}\,\text{m}^{-3}$. Die Veränderung der exzitonischen Absorptionslinie mit wachsender Leistung ist ein Beispiel für einen nichtlinearen
optischen Effekt: der Absorptionskoeffizient hängt von der Lichtintensität ab. In Abschnitt 11.4.7 werden wir uns mit der Anwendung
solcher nichtlinearer Effekte beschäftigen.

Ein weiterer Effekt, der in anderen Materialien bei hohen Exzito-
nendichten auftritt, ist die Bildung von exzitonischen Molekülen,
die als **Biexzitonen** bezeichnet werden. Dies ist der analoge Prozess zur Bildung eines H_2-Moleküls aus zwei isolierten Wasserstoffatomen. Biexzitonen sind in verschiedenen Halbleitern mit breiter
Lücke beobachtet worden, darunter CdS, ZnSe, ZnO und vor allem Kupferchlorid. CuCl hat eine Bandlücke von $3{,}40\,\text{eV}$, und das
Grundzustandsexziton wird bei $3{,}20\,\text{eV}$ beobachtet, was bedeutet,
dass $R_X = 0{,}2\,\text{eV}$ ist. Bei hohen Intensitäten beobachtet man im

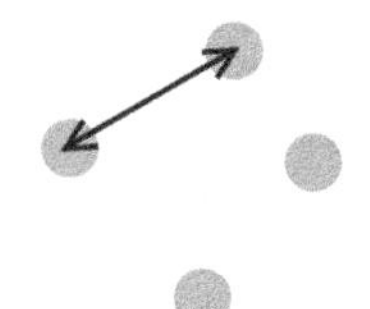

(a) geringe Dichte
Abstand $\gg$ Durchmesser

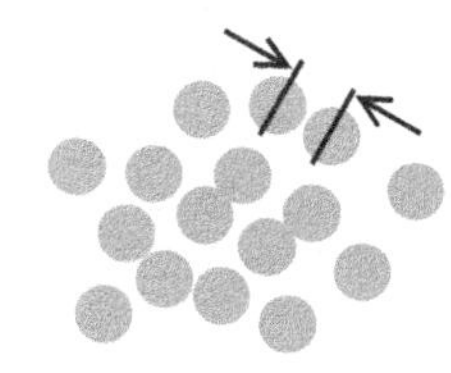

(b) hohe Dichte
Abstand $\approx$ Durchmesser

Abb. 4.6: Verteilung freier
Exzitonen im Kristall.
(a) Bei geringen Dichten
sind die Exzitonen zufällig
im angeregten Volumen
verteilt und die Abstände
zwischen den einzelnen
Exzitonen sind groß. (b) Bei
hohen Dichten beginnen
sich die Wellenfunktionen
zu überlappen, wenn der
charakteristische Abstand
zwischen den Exzitonen
die Größenordnung des
Exzitonendurchmessers
erreicht.

Versuche, Biexzitonen in
Volumen-GaAs zu beobach-
ten, werden durch die oben
beschriebenen nichtlinearen
Sättigungseffekte erschwert.
In quantenbeschränkten
GaAs-Strukturen können
Biexzitonen jedoch leicht
beobachtet werden.

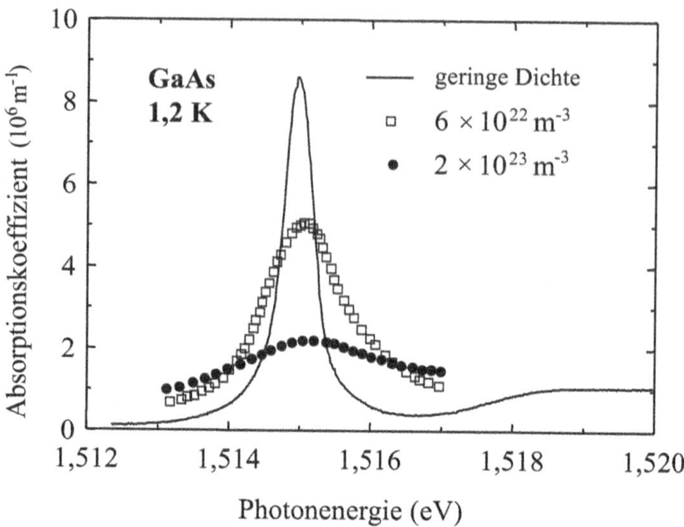

Abb. 4.7: Absorptionskoeffizient von GaAs im Spektralbereich nahe der Bandkante bei 1,2 K für drei verschiedenen Anregungsintensitäten. Für die beiden höheren Intensitäten sind die generierten Ladungsträgerdichten angegeben. Nach Fehrenbach et al. (1995), ©Excerpta Medica Inc., genehmigter Nachdruck.

Absorptionsspektrum bei 3,18 eV ein neues Charakteristikum, das Biexzitonen zuzuschreiben ist. Aus der Energiedifferenz schließen wir, dass die Bindungsenergie des Biexzitons 0,02 eV ist.

In Silicium und Germanium tritt bei hohen Dichten noch ein weiterer Effekt auf. Bei niedrigen Dichten können wir annehmen, dass sich die Exzitonen in der gasförmigen Phase befinden. Mit wachsender Dichte kondensieren die Exzitonen und bilden eine Flüssigkeit. Die flüssige Phase manifestiert sich in der Ausbildung von **Elektron-Loch-Tropfen,** die bei hoher Dichte in der Rekombinationsstrahlung der Exzitonen beobachtet werden. Der Tropfen erscheint als breites Merkmal bei einer tieferen Energie als der freier Exzitonen.

Als letzten exzitonischen Effekt bei hoher Dichte betrachten wir die **Bose-Einstein-Kondensation.** Bei hohen Temperaturen sind die Teilchen in einem nicht wechselwirkenden bosonischen Gas gemäß der Bose-Einstein-Statistik auf die möglichen Energieniveaus des Systems verteilt. Wenn die Temperatur verringert wird, durchläuft die Verteilung eine radikale Änderung und eine makroskopische Anzahl von Teilchen akkumuliert sich im Grundzustand. Die kritische Temperatur T_c, bei der dies geschieht, ist durch

$$N = 2{,}612 \left(\frac{m k_B T_c}{2 \pi \hbar^2} \right)^{3/2} \tag{4.9}$$

festgelegt. Dabei ist N die Anzahl der Teilchen pro Volumeneinheit und m die Teilchenmasse. Bei T_c ist die thermische de-Broglie-Wellenlänge vergleichbar mit dem Abstand zwischen den Teilchen. In diesem Fall sind keine Quanteneffekte zu erwarten (siehe Aufgabe 4.16).

Die Bose-Einstein-Kondensation (BEC) ist in vielen bosonischen Systemen beobachtet worden. Eines der bestuntersuchten Beispiele ist flüssiges Helium. In diesem Fall ist N fest, und Gleichung 4.9 sagt einen Phasenübergang vorher, wenn die Flüssigkeit unter die kritische Temperatur $T_c = 2,2\,\mathrm{K}$ gekühlt wird. Allerdings wird die Physik der Bose-Einstein-Kondensation in flüssigem Helium durch die starken Wechselwirkungen zwischen den Atomen erschwert. Um ein reines BEC-Verhalten zu erreichen, fordern wir, dass die Wechselwirkungen zwischen den Bosonen vernachlässigbar sind. Dies bedeutet, dass wir stark verdünnte Gase betrachten müssen, in denen die Abstände zwischen den Teilchen sehr groß sind. Allerdings zeigt (4.9), dass die Übergangstemperatur für ein solches verdünntes System sehr gering wäre. Die Beobachtung der Bose-Einstein-Kondensation in extrem verdünnten atomaren Gasen bei Temperaturen unter $1\,\mu\mathrm{K}$ war ein herausragendes Forschungsergebnis der jüngeren Atomphysik.

Exzitonen bestehen aus zwei Spin-1/2-Teilchen, sodass ihr Gesamtspin entweder 0 oder 1 ist. Damit sind sie Bosonen und könnten demzufolge eine Bose-Einstein-Kondensation zeigen. Tatsache ist jedoch, dass die Forschung zur exzitonischen BEC eine lange, wechselvolle Geschichte hat und bereits viele Beobachtungen vermeldet worden sind, die dann wieder in Zweifel gezogen wurden. Ein Grund für die Kontroverse ist, dass es tatsächlich äußerst schwierig ist, mit letzter Sicherheit nachzuweisen, dass eine Kondensation stattgefunden hat.

Wir erwähnen hier kurz drei Systeme, die zu den aussichtsreicheren Kandidaten für exzitonische BEC zählen. Einzelheiten zu den Experimenten und Ergebnissen finden Sie in den Artikeln und Büchern, die im Abschnitt Weiterführende Literatur angegeben sind.

- Kupferoxid (Cu_2O) und Kupferchlorid (CuCl). In diesen Halbleitern mit breiter Bandlücke treten besonders starke exzitonische Effekte auf. Bei Cu_2O liefern die Exzitonen mit Spin null besonders vielversprechende Ergebnisse, während bei CuCl vor allem die Biexzitonen von Interesse sind.

- Gekoppelte GaAs-Quantentöpfe. Exzitonische Effekte werden in Quantentöpfen verstärkt (siehe Abschnitt 6.4.4), und die Verwendung von gekoppelten Töpfen führt zu langen Rekombinationszeiten. Damit haben die Exzitonen ausreichend Zeit, um ein kaltes Gas zu bilden, was die Wahrscheinlichkeit für das Auftreten der BEC erhöht

- CdTe-Quantentöpfe in einem Mikrohohlraum. Der Mikrohohlraum führt zur Bildung eines gekoppelten Exziton-Photon-Quasiteilchens, das als „Exziton-Polariton" bezeichnet wird. Die Ergebnisse für diese exzitonischen Polaritonen sind derzeit die wohl überzeugendsten.

4.5   Frenkel-Exzitonen

Das Modell der freien Exzitonen, das auf (4.1) und (4.2) führte, bricht zusammen, wenn der vorhergesagte Radius in die Größenordnung des interatomaren Abstands kommt. Dies passiert in Materialien mit großer Bandlücke, wenn diese kleine Werte der Permittivität und große effektive Massen haben. In diesen Materialien beobachtet man Frenkel-Exzitonen anstatt Wannier-Exzitonen.

Frenkel-Exzitonen sind an den Gitterplätzen, an denen sie erzeugt werden, lokalisiert (Abbildung 4.1b). Die Exzitonen können daher als angeregte Zustände der individuellen Atome oder Moleküle aufgefasst werden, bei denen sie lokalisiert sind. Sie können durch den Kristall propagieren, indem sie von einem Gitterplatz zum nächsten springen. Sie haben sehr kleine Radien und entsprechend große Bindungsenergien von etwa 0,1 eV bis zu mehreren eV. Dies bedeutet, dass Frenkel-Exzitonen bei Raumtemperatur gewöhnlich stabil sind.

Die theoretische Behandlung von Frenkel-Exzitonen erfordert Methoden, die eher der Atom- und Molekülphysik zuzurechnen sind als der Festkörperphysik. Es gibt kein einfaches Modell, das analog zu dem wäre, welches zu den Gleichungen (4.1) und (4.2) führte. Die Berechnung der Exzitonenenergien folgt gewöhnlich dem Tight-Binding-Ansatz, um der Korrespondenz mit den atomaren bzw. molekularen Zuständen Rechnung zu tragen, aus denen die Exzitonen abgeleitet sind. Die Berechnung wird noch weiter erschwert durch die Tatsache, dass die Kopplung zwischen den Exzitonen und dem Kristallgitter normalerweise sehr stark ist. Dies führt zu „Self-Trapping"-Effekten, bei denen das Exziton eine lokale Störung des Gitters verursacht, die dann ihrerseits zur weiteren Lokalisierung der exzitonischen Wellenfunktion führt.

Das Self-Trapping von Elektronen oder Löchern wird durch die Elektron-Phonon-Kopplung verursacht. Diese polaronischen Effekte werden in Abschnitt 10.4 diskutiert.

Frenkel-Exzitonen sind in vielen anorganischen und organischen Materialien beobachtet worden. Die Eigenschaften einiger intensiv untersuchter Kristalle werden im Folgenden kurz beschrieben.

4.5.1   Edelgaskristalle

Die in der achten Hauptgruppe des Periodensystems stehenden Edelgase, Neon, Argon, Krypton und Xenon, kristallisieren bei sehr tiefen Temperaturen. Die Bandlücken reichen von 21,6 eV in Neon bis zu 9,3 eV in Xenon. Tatsächlich hat Neon von allen bekannten in der Natur vorkommenden Kristallen die größte Bandlücke. Die exzitonische Absorption ist ausgiebig untersucht worden, und die Ergebnisse sind in Tabelle 4.2 zusammengestellt. Die exzitonischen Übergänge treten alle im vakuum-ultravioletten Spektralbereich auf, und die Bindungsenergien sind sehr groß.

Man hat experimentell herausgefunden, dass es eine enge Korrespondenz zwischen den Energien der ($n{=}1$)-Exzitonen in den Kris-

Tab. 4.2: Eigenschaften von Frenkel-Exzitonen in Edelgas-Kristallen. Alle Energien sind in eV angegeben. Daten aus Song und Williams (1993). T_m ist die Schmelztemperatur in K, E_g die Bandlücke, E_1 die Energie des $(n{=}1)$-Exzitons und E_b dessen Bindungsenergie.

Kristall	T_m	E_g	E_1	E_b
Ne	25	21,6	17,5	4,1
Ar	84	14,2	12,1	2,1
Kr	116	11,7	10,2	1,5
Xe	161	9,3	8,3	1,0

tallen und den optischen Übergängen der isolierten Atome gibt. Beispielsweise fällt die Energie des $(n{=}1)$-Exzitons in Xenonkristallen fast exakt mit der Absorptionslinie kleinster Energie von Xenonatomen in der gasförmigen Phase zusammen, nämlich dem Übergang $5\mathrm{p}^6 \to 5\mathrm{p}^5 6\mathrm{s}$. Dies unterstreicht die zuvor getroffene Aussage, dass die Lokalisierung der Frenkel-Exzitonen diese äquivalent mit angeregten Zuständen der individuellen Atome und Moleküle macht. Diese Korrespondenz wird für Exzitonen mit größeren n-Werten schwächer. Während der Radius mit n wächst, werden die Exzitonen mehr und mehr delokalisiert, sodass es schließlich gerechtfertigt ist, das Wannier-Modell zu benutzen.

4.5.2 Alkalihalogenide

In den optischen Spektren von Alkalihalogenid-Kristallen sind Frenkel-Exzitonen leicht zu beobachten. Diese haben große direkte Bandlücken im ultravioletten Spektralbereich, die von 5,9 eV für NaI bis zu 13,7 eV in LiF reichen. LiF hat die breiteste Bandlücke von allen technischen optischen Materialien. Nur Argon und Neon haben größere Bandlücken, sie sind jedoch bei Raumtemperatur keine Festkörper.

In Tabelle 4.3 sind die Bandlücken ausgewählter Alkalihalogenid-Kristalle sowie die Energie und die Bindungsenergie des $(n{=}1)$-Exzitons aufgelistet. Die Daten zeigen, dass E_g die Tendenz hat zu wachsen, wenn die Größen von Anion und Kation abnehmen. Die Bindungsenergie folgt einem ähnlichen allgemeinen Trend. Aus detaillierten spektroskopischen Versuchen kann man schließen, dass die Exzitonen bei den negativen (Halogen-)Ionen lokalisiert sind.

Abbildung 4.8 zeigt die Absorptionsspektren zweier repräsentativer Alkalihalogenid-Kristalle bei Raumtemperatur, und zwar von NaCl und LiF. Beide Spektren zeigen eine starke exzitonische Absorptionslinie unterhalb der Bandlücke. Die Bindungsenergien sind 0,9 eV bzw. 1,9 eV. Diese Werte liegen bei Raumtemperatur weit oberhalb $k_\mathrm{B}T$, was erklärt, warum die Exzitonen so deutlich zu beobachten

Tab. 4.3: Eigenschaften von Frenkel-Exzitonen in ausgewählten Alkalihalogenid-Kristallen. Alle Energien sind in eV angegeben. Daten aus Song und Williams (1993). E_g ist die Bandlücke, E_1 die Energie des $(n{=}1)$-Exzitons und E_b dessen Bindungsenergie.

Kristall	E_g	E_1	E_b
KI	6,3	5,9	0,4
KBr	7,4	6,7	0,7
KCl	8,7	7,8	0,9
KF	10,8	9,9	0,9
NaI	5,9	5,6	0,3
NaBr	7,1	6,7	0,4
NaCl	8,7	7,9	0,8
NaF	11,5	10,7	0,9
CsF	9,8	9,3	0,5
RbF	10,3	9,5	0,8
LiF	13,7	12,8	1,9

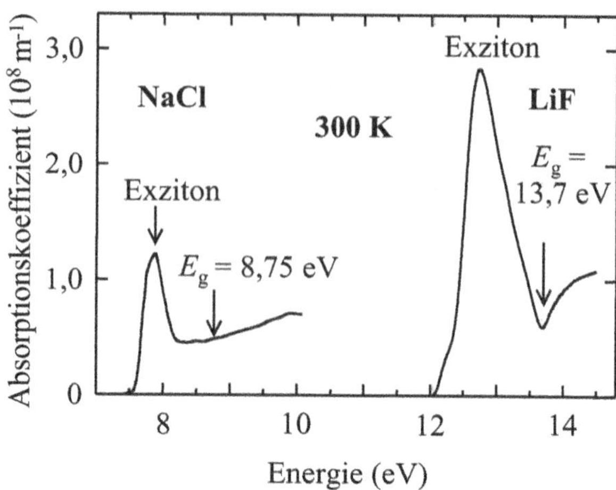

Abb. 4.8: Absorptionsspektren von NaCl und LiF bei Raumtemperatur. Daten nach Palik (1985).

sind. Die Feinstruktur der Exzitonen aufgrund der angeregten Zustände wird erkennbar, wenn man den Kristall kühlt. Man beachte, dass der Absorptionskoeffizient an den exzitonischen Linien extrem groß ist: die Werte liegen in beiden Materialien über 10^8 m^{-1}.

4.5.3 Molekulare Kristalle

Pyren, Anthracen und die anderen aromatischen Kohlenwasserstoffverbindungen sind Beispiele für *konjugierte* Moleküle. Die π-Elektronen der Benzolringe bilden große delokalisierte Molekülorbitale mit optischen Übergängen im blauen/ultravioletten Spektralbereich. Polydiacethylen ist ein weiteres Beispiel für ein konjugiertes Molekül. In Abschnitt 1.4.4 hatten wir erwähnt, dass die unter dem Gesichtspunkt ihrer optischen Eigenschaften interessantesten molekularen Materialien diejenigen sind, die konjugierte Bindungen haben. Mit diesem Aspekten werden wir uns ausführlicher in Kapitel 8 beschäftigen.

Frenkel-Exzitonen können in vielen molekularen Kristallen sowie in organischen dünnen Filmen beobachtet werden. In den meisten Fällen gibt es eine sehr starke Korrespondenz zwischen den optischen Übergängen der isolierten Moleküle und den im Festkörper beobachteten Exzitonen. Dies folgt aus der Tatsache, dass die molekularen Kristalle durch relativ schwache van-der-Waals-Kräfte zusammengehalten werden, sodass die molekularen Niveaus nur schwach gestört werden, wenn sie zur festen Phase kondensieren.

Abbildung 4.9 zeigt die fundamentale Absorptionskante von Pyrenkristallen bei Raumtemperatur. Das Pyrenmolekül hat die Summenformel $C_{16}H_{10}$ und ist ein Beispiel für einen aromatischen Kohlenwasserstoff, also eine auf Benzolringen basierende Wasserstoffverbindung. Die Vierring-Struktur ist als Einschub in der Abbildung zu sehen. Das Absorptionsspektrum zeigt einen deutlichen exzitonischen Peak bei 3,29 eV. Andere aromatische Kohlenwasserstoffe wie Anthracen ($C_{14}H_{10}$) zeigen ebenfalls starke exzitonische Effekte, doch ihre optischen Spektren sind wegen der starken Kopplung an die Vibrationsmoden des Moleküls komplizierter. Diese Effekte werden in Abschnitt 8.3.1 ausführlich diskutiert. Das Spektrum von Pyren ist relativ einfach, da die Vierring-Struktur das Molekül sehr starr macht und so die Effekte der Vibrationskopplung reduziert.

Frenkel-Exzitonen sind auch in konjugierten Polymeren von großer Bedeutung, so zum Beispiel in Polydiacethylen (PDA). Zwar ist

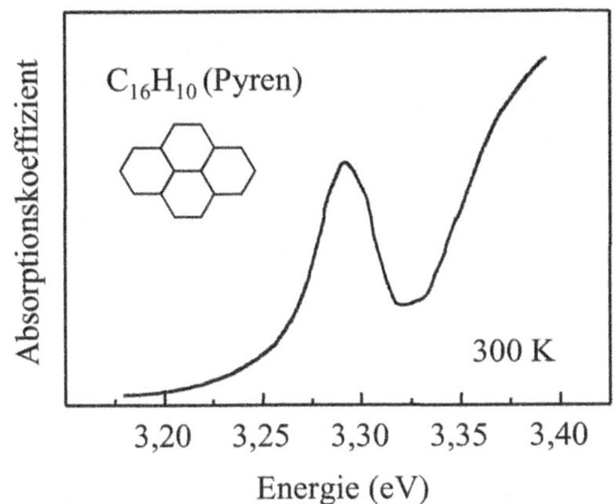

Abb. 4.9: Absorptionsspektrum von Pyren-Einkristallen ($C_{16}H_{10}$) bei Raumtemperatur. Nach Matsui und Nishimura (1980), genehmigter Nachdruck.

es möglich, PDA-Einkristalle zu züchten, doch werden die optischen Eigenschaften häufig an amorphen Filmen untersucht, die auf Glassubstrate aufgebracht sind. Die starken exzitonischen Effekte in konjugierten Polymeren haben in den letzten Jahren eine große technologische Bedeutung erlangt, seit die Entwicklung organischer Leuchtdioden für den Einsatz für Displays vorangetrieben wurde. Die optischen Eigenschaften organischer Halbleiter wie PDA werden ausführlicher in den Abschnitten 8.3.2 und 8.4 diskutiert.

Zusammenfassung

- Exzitonen sind Elektron-Loch-Paare, die durch ihre gegenseitige Coulomb-Anziehung in stabilen Bahnen gebunden sind.

- Es gibt zwei Typen von Exzitonen. Wannier-Exzitonen (auch freie Exzitonen genannt) haben einen großen Radius und bewegen sich frei im Kristall. Frenkel-Exzitonen (gebundene Exzitonen) sind an individuellen Gitterplätzen lokalisiert.

- Die Eigenschaften freier Exzitonen können berechnet werden, indem man diese als wasserstoffähnliche Atome behandelt. Die Bindungsenergien und die Radien sind durch (4.1) und (4.2) gegeben.

- Freie Exzitonen werden in Halbleitern dicht unterhalb von E_g beobachtet. Sie haben recht kleine Bindungsenergien und sind am deutlichsten bei tiefen Temperaturen zu beobachten. Durch elektrische Felder werden sie leicht ionisiert.

- Freie Exzitonen können miteinander wechselwirken. Bei hohen Dichten zeigen sie eine Vielfalt von Phänomenen, die auf Exziton-Exziton-Wechselwirkungen zurückzuführen sind.

- Frenkel-Exzitonen haben sehr kleine Radien und große Bindungsenergien. Sie sind in kristallinen Isolatoren und molekularen Materialien leicht bei Raumtemperaturen zu beobachten. Es gibt eine starke Korrepondenz zwischen den im Festkörper beobachteten Exzitonen und den angeregten Zuständen der individuellen Atome oder Moleküle des Festkörpers.

Weiterführende Literatur

Ergänzende Lektüre zu Exzitonen finden Sie in den meisten Standardwerken zur Festkörperphysik wie etwa Burns (1985) oder Kittel (2006). Ausführliche Informationen über freie Exzitonen in Halbleitern sind in Klingshirn (1995), Pankove (1971), Seeger (1997) sowie Yu & Cardona (1996) enthalten.

Dexter & Knox (1965) ist ein Klassiker zu Exzitonen, während Rashba & Sturge (1982) ein maßgebliches moderneres Referenzwerk ist. Reynolds & Collins (1981) bietet einen guten Überblick über die Physik der Exzitonen, während in Song & Williams (1993) die Eigenschaften von Frenkel-Exzitonen ausführlich dargestellt sind.

Einen Überblick über exzitonische Effekte bei hoher Dichte finden Sie in Klingshirn (1995). Eine allgemeine Abhandlung der Bose-Einstein-Kondensation ist in den meisten Texten zur statistischen Mechanik enthalten, beispielsweise in Mandl (1988). Griffin et al. (1995) bietet eine zusammenfassende Darstellung von BEC-Messungen in einer Vielzahl von Systemen, während sich Moskalenko & Snoke (2000) ausführlicher speziell der BEC in Exzitonen und Biexzitonen widmet. Einzelheiten zu neueren Arbeiten über die BEC in gekoppelten Quantentöpfen und Mikrohohlräumen finden Sie in Butov (2007), Kasprzak et al. (2006) und Kavokin et al. (2007).

Aufgaben

4.1 Schreiben Sie die Schrödinger-Gleichung für ein Wasserstoffatom auf. Definieren Sie Schwerpunkts- und Relativkoordinaten für Elektron und und Proton und zeigen Sie, dass der Hamilton-Operator des Systems in zwei Teile aufgespalten werden kann, von denen der eine die freie Bewegung des gesamten Atoms und der andere die innere Energie des Atoms aufgrund von Coulomb-Energie und Bahnbewegung beschreibt.

4.2 Der Hamilton-Operator für die Relativbewegung eines Elektron-Loch-Paares in einem Halbleiter ist gegeben durch

$$\hat{H} = -\frac{\hbar^2}{2\mu}\,\nabla^2 - \frac{e^2}{4\pi\epsilon_0\epsilon_{\mathrm{r}} r}$$

(a) Erklären Sie die Bedeutung der beiden Terme des Hamilton-Operators.

(b) Zeigen Sie, dass $\Psi(r, \theta, \phi) = C \exp(-r/a_0)$ eine Lösung der Schrödinger-Gleichung

$$\hat{H}\Psi = E\Psi$$

ist und bestimmen Sie die Werte von E und a_0 sowie die Normierungskonstante C.

4.3 Bestimmen Sie den Radius, bei dem die radiale Wahrscheinlichkeitsdichte der in der letzten Aufgabe angegebenen Wasserstoffwellenfunktion ihren maximalen Wert erreicht. Vergleichen Sie dies mit dem Erwartungswert $\langle r \rangle$, der durch

$$\langle r \rangle = \int_{r=0}^{\infty} \int_{\theta=0}^{\pi} \int_{\phi=0}^{2\pi} \Psi^* \, r \, \Psi \, r^2 \, \sin\theta \, \mathrm{d}r\mathrm{d}\theta\mathrm{d}\phi$$

definiert ist.

4.4* Beim Variationsverfahren geht man von einem gut gewählten Ansatz für die Wellenfunktion aus und variiert dann deren Parameter so, dass der Erwartungswert der Energie minimiert wird. Das Variationsprinzip besagt, dass die Wellenfunktion, welche die minimale Energie liefert, die beste Näherung für die tatsächliche Wellenfunktion ist und der zugehörige Erwartungswert der Energie der beste Näherungswert für die tatsächliche Energie.[1]

(a) Erklären Sie, warum die folgende Funktion ein guter Ansatz für die Wellenfunktion des Grundzustands des exzitonischen Systems ist:

$$\Psi(r, \theta, \phi) = \left(\frac{1}{\xi}\right)^{3/2} \frac{1}{\sqrt{\pi}} \exp\left(-\frac{r}{\xi}\right)$$

(b) Berechnen Sie den Erwartungswert für die Energie eines Exzitons mit der Wellenfunktion Ψ,

$$\langle E \rangle = \int \int \int \Psi^* \hat{H}\Psi \, r^2 \, \sin\theta \, \mathrm{d}r \, \mathrm{d}\theta \, \mathrm{d}\phi$$

wobei $\hat{H}$ der in Aufgabe 4.2 gegebene Hamilton-Operator ist.

---

[1] Diese Aufgabe illustriert die Anwendung des Variationsverfahrens zum Bestimmen von Näherungslösungen für die Wellenfunktion und Energie des Grundzustands. Diese können natürlich auch durch eine Brute-Force-Methode aus der Schrödinger-Gleichung gewonnen werden, doch das Variationsverfahren ist sehr intuitiv und kann leicht auf andere Probleme übertragen werden, bei denen es keine analytischen Lösungsmöglichkeiten gibt.

(c) Bestimmen Sie den Wert von ξ, der $\langle E \rangle$ minimiert, und berechnen Sie für diesen Wert $\langle E \rangle$.

(d) Vergleichen Sie die in Teil (c) berechneten minimalen Werte von E und ξ mit denen von Aufgabe 4.2. Kommentieren Sie das Ergebnis.

4.5 (a) Formulieren Sie die Annahmen des bohrschen Modells für das Wasserstoffatom.

(b) Zeigen Sie mithilfe des bohrschen Modells, dass Energie und Radius eines Wasserstoffatoms mit der reduzierten Masse μ in einem Medium mit der relativen Permittivität ϵ_r durch (4.1) und (4.2) gegeben sind.

(c) Wie verhält sich $E(n)$ zur exakten Lösung der in Aufgabe 4.2 betrachteten Schrödinger-Gleichung?

(d) In welcher Beziehung steht r_n zu den Ergebnissen aus Aufgabe 4.3?

4.6 Berechnen Sie die Bindungsenergie und den Radius der freien Exzitonen mit $n = 1$ und $n = 2$ in Zinksulfid. Dieses Material hat die Werte $m_\mathrm{e}^* = 0{,}28 m_0$, $m_\mathrm{h}^* = 0{,}5 m_0$ und $\epsilon_\mathrm{r} = 7{,}9$. Ist zu erwarten, dass diese Exzitonen bei Raumtemperatur stabil sind?

4.7 Berechnen Sie die Differenz der Wellenlängen der Exzitonen mit $n = 1$ und $n = 2$ in InP. Dieses Material hat die Werte $E_\mathrm{g} = 1{,}424\,\mathrm{eV}$, $m_\mathrm{e}^* = 0{,}077 m_0$, $m_\mathrm{h}^* = 0{,}2 m_0$ und $\epsilon_\mathrm{r} = 12{,}4$.

4.8 Bei $4\,\mathrm{K}$ hat das $(n{=}1)$-Exzizon in GaAs ein Maximum des Absorptionskoeffizienten von $3 \times 10^6\,\mathrm{m}^{-1}$ bei $1{,}5149\,\mathrm{eV}$ mit einer Halbwertsbreite von $0{,}6\,\mathrm{meV}$. Wenden Sie das in Kapitel 2 diskutierte Modell des gebundenen Oszillators auf das Exziton an und bestimmen Sie Betrag und Energie des lokalen Maximums im Brechungsindex umittelbar unter der exzitonischen Absorptionslinie. Der nichtresonante Brechungsindex von GaAs bei Energien unterhalb der Bandlücke ist $3{,}5$.

4.9 Exzitonen können Photonen absorbieren, indem sie auf genau die gleiche Weise wie Wasserstoffatome Übergänge in angeregte Zustände ausführen. Berechnen Sie die Wellenlänge des Photons, die erforderlich ist, um ein Exziton in GaAs ($\mu = 0{,}05 m_0, \epsilon_\mathrm{r} = 12{,}8$) vom Zustand $n = 1$ nach $n = 2$ zu versetzen.

4.10 Zeigen Sie mithilfe des bohrschen Modells, dass der Betrag des elektrischen Feldes zwischen Elektron und Loch im Grundzustand eines freien Exzitons gleich $2R_\mathrm{X}/ea_\mathrm{X}$ ist.

4.11 Direkte Exzitonen können in Germanium bei tiefen Temperaturen mit Photonenergien nahe der direkten Bandlücke bei 0,898 eV gebildet werden. Berechnen Sie die Bindungsenergie und den Radius des Grundzustandsexzitons. Verwenden Sie hierfür die Werte $m_{\mathrm{e}}^* = 0,038m_0$, $m_{\mathrm{h}}^* = 0,1m_0$ und $\epsilon_{\mathrm{r}} = 16$. Berechnen Sie die Spannung, bei der das Feld auf den Exziton gleich dem Ionisationsfeld in einer Germanium-p-i-n-Diode mit $V_{\mathrm{bi}} = 0,74\,\mathrm{V}$ und einer $2\,\mu\mathrm{m}$ dicken i-Schicht ist.

4.12 Zeigen Sie, dass die magnetische Feldstärke, bei der die exzitonische Zyklotronenergie gleich der exzitonischen Rydberg-Energie ist, durch

$$B = \frac{\mu^2}{\epsilon_{\mathrm{r}}^2 m_0 \hbar} \left(\frac{R_{\mathrm{H}}}{e} \right)$$

gegeben ist. Werten Sie diesen Ausdruck für die Feldstärke für GaAs mit $\mu = 0,05m_0$ und $\epsilon_{\mathrm{r}} = 12,8$ aus.

4.13* Verifizieren Sie mithilfe von (A.14), dass ein Vektorpotential der Form $\mathbf{A} = (B/2)(-y, x, 0)$ eine konstante magnetische Flussdichte vom Betrag B in z-Richtung erzeugt. Gehen Sie ähnlich wie bei der Herleitung von (B.19) vor, um zu zeigen, dass die diamagnetische Energieverschiebung eines Elektrons in einem Atom mit der Wellenfunktion ψ durch

$$\Delta E = \frac{e^2 B^2}{8m_0} \langle \psi | (x^2 + y^2) | \psi \rangle$$

gegeben ist. Leiten Sie auf diese Weise (4.7) her.

4.14 Berechnen Sie die diamagnetische Energieverschiebung des $(n{=}1)$-Exzitons in GaAs in einem magnetischen Feld von $1,0\,\mathrm{T}$. Wie groß ist die Verschiebung der Wellenlänge des Exzitons, die durch das Anlegen des Feldes verursacht wird? Verwenden Sie $\mu = 0,05m_0$ und als Energie des Exzitons bei $B = 0$ den Wert $1,515\,\mathrm{eV}$.

4.15 Schätzen Sie die Mott-Dichten für die Exzitonen mit $n = 1$ und $n = 2$ in Galliumnitrid (GaN) ab. Dieses Material hat die Werte $m_{\mathrm{e}}^* = 0,2m_0$, $m_{\mathrm{h}}^* = 1,2m_0$ und $\epsilon_{\mathrm{r}} = 10$.

4.16 Zeigen Sie, dass die de-Broglie-Wellenlänge λ_{deB} eines Teilchens der Masse m und der thermischen Energie $\frac{3}{2}k_{\mathrm{B}}T$ durch

$$\lambda_{\mathrm{deB}} = \frac{h}{(3mk_{\mathrm{B}}T)^{1/2}}$$

gegeben ist. Berechnen Sie das Verhältnis des Abstands zwischen den Teilchen zu λ_{deB} an der Bose-Einstein-Kondensationstemperatur.

4.17 Berechnen Sie die Bose-Einstein-Kondensationstemperatur für Exzitonen in Kupferoxid, wenn die Exzitonendichte $10^{24}\,\mathrm{m}^{-3}$ ist. Die effektiven Massen von Elektron und Loch sind $1{,}0m_0$ bzw. $0{,}7m_0$.

4.18 Die Werte von μ und ϵ_r für Natriumiodid (NaI) sind $0{,}18\,m_0$ bzw. 2,9. Die Größe der Elementarzelle ist $0{,}65\,\mathrm{nm}$. Kann man erwarten, dass das Wannier-Modell für das ($n{=}1$)-Exziton gültig ist? Was ist mit dem ($n{=}2$)-Exziton?

5 Lumineszenz

In Kapitel 3 haben wir uns damit beschäftigt, wie Licht in Festkörpern durch Anregung von Interbandübergängen absorbiert werden kann. Anschließend haben wir in Kapitel 4 diskutiert, wie das Absorptionsspektrum durch die Wechselwirkungen modifiziert wird, die zur Bildung von Exzitonen führen. Nun wollen wir den umgekehrten Prozess betrachten, bei dem Elektronen aus einem angeregten Zustand unter Emission von Photonen in tiefere Niveaus fallen. Dies ist das in Festkörpern auftretende Analogon zur Lichtemission in Atomen durch spontane Emission (siehe Anhang B).

Die physikalischen Mechanismen, die für die Lichtemission in Festkörpern verantwortlich sind, variieren in Abhängigkeit vom Material beträchtlich. Wir beginnen in diesem Kapitel mit der Formulierung einiger allgemeiner Prinzipien, die für alle Materialien gelten, und konzentrieren uns dann auf die Lichtemission durch Interbandübergänge in Volumenhalbleitern. Damit schaffen wir die Grundlage, auf der wir in Kapitel 6 die Lichtemissionsprozesse in quantenbeschränkten Strukturen behandeln können. Außerdem dient dies als allgemeine Einführung in die Lichtemissionsprozesse in anderen Typen von Materialien.

5.1 Lichtemission in Festkörpern

Atome emittieren Licht durch spontane Emission, wenn Elektronen in angeregten Zuständen durch Strahlungsübergänge in ein tieferes Niveau übergehen. Bei Festkörpern wird der Prozess der Strahlungsemission als **Lumineszenz** bezeichnet. Es gibt verschiedene Mechanismen, wie die Lumineszenz ablaufen kann. In diesem Buch konzentrieren wir uns auf zwei dieser Prozesse:

- **Photolumineszenz:** die Reemission von Licht nach der Absorption eines Photons mit höherer Energie.

- **Elektrolumineszenz:** die Emission von Licht, die von einem durch das Material fließenden elektrischen Strom verursacht wird.

Die an der Photolumineszenz und der Elektrolumineszenz beteiligten physikalischen Prozesse sind komplizierter als die bei der Ab-

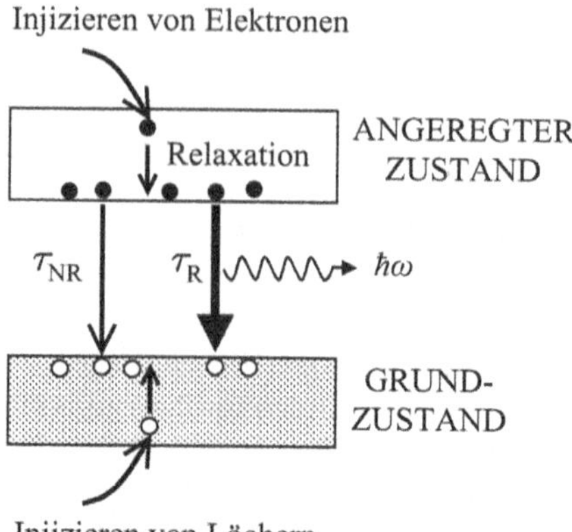

Abb. 5.1: Lumineszenz in einem Festkörper. Elektronen werden in das angeregte Zustandsband injiziert und relaxieren in das tiefste verfügbare Niveau, bevor sie unter Emission eines Photons in leere Niveaus im Grundzustandsband fallen. Diese leeren Niveaus werden durch Injektion von Löchern erzeugt. Die radiative Rekombinationsrate wird durch die radiative Lebensdauer τ_{R} bestimmt. Die Strahlungsemission steht im Wettstreit mit der nichtradiativen Rekombination, die eine charakteristische Zeit τ_{NR} hat. Die Lumineszenz-Effizienz ist durch das Verhältnis aus τ_{R} und τ_{NR}, genauer durch (5.5), bestimmt.

Das Schema in Abbildung 5.1 gilt für die Emission zwischen Bändern, doch grundsätzlich ist die Idee, dass die Ladungsträger vor dem Emittieren des Photons in das niedrigste angeregte Niveau relaxieren, auch dann anwendbar, wenn die Niveaus diskret sind.

sorption auftretenden. Das liegt daran, dass die Erzeugung von Licht durch Lumineszenz aufs Engste mit den Mechanismen der Energierelaxation im Festkörper verbunden ist. Außerdem wird die Form des Emissionsspektrums durch die thermischen Verteilungen von Elektronen und Löchern innerhalb ihrer Bänder beeinflusst. Wir müssen daher zunächst die Emissionsraten und die thermische Verteilung der Ladungsträger betrachten, um zu einem tieferen Verständnis der Emissionseffizienz und des Lumineszenzspektrums zu gelangen.

Abbildung 5.1 zeigt die wichtigsten Prozesse, die bei der Emission von Licht durch einen Festkörper auftreten. Das Photon wird emittiert, wenn ein Elektron aus einem angeregten Zustand in einen leeren Zustand im Grundzustandsband fällt. Damit dies möglich ist, müssen zuerst Elektronen injiziert werden, die dann in den Zustand relaxieren, von dem aus die Emission erfolgt. Dies kann der unterste Teil des Leitungsbandes sein, aber auch ein diskretes Niveau. Das Photon kann nicht emittiert werden, wenn das untere Niveau für den Übergang nicht leer ist, denn nach dem Pauli-Prinzip können sich keine zwei Elektronen im gleichen Zustand aufhalten. Das leere untere Niveau wird durch Injektion von Löchern in das Grundzustandsband erzeugt, also völlig analog zur Injektion von Elektronen in den angeregten Zustand.

Die Rate der spontanen Emission für Strahlungsübergänge zwischen zwei Niveaus ist durch den Einstein-Koeffizienten A bestimmt (siehe Anhang B). Wenn sich im oberen Niveau zur Zeit t eine Population N befindet, dann ist die radiative Emissionsrate

$$\left(\frac{\mathrm{d}N}{\mathrm{d}t}\right)_{\text{radiativ}} = -AN \tag{5.1}$$

Die Anzahl der innerhalb einer gegebenen Zeitspanne emittierten Photonen ist also proportional zum Koeffizienten A des Übergangs sowie zur Population im oberen Niveau. Wenn wir die Ratengleichung lösen, erhalten wir

$$N(t) = N(0)\exp(-At) = N(0)\exp(-t/\tau_\text{R}) \qquad (5.2)$$

wobei $\tau_\text{R} = A^{-1}$ die **radiative Lebensdauer** des Übergangs ist.

Gleichung (B.11) besagt, dass der Einstein-Koeffizient A proportional zum Koeffizienten B ist, der die Wahrscheinlichkeit der Absorption bestimmt. Dies bedeutet, dass Übergänge mit hohen Absorptionskoeffizienten auch hohe Emissionswahrscheinlichkeiten und kurze radiative Lebenszeiten haben. Dass Absorptions- und Emissionswahrscheinlichkeit in enger Beziehung miteinander stehen, bedeutet jedoch nicht, dass die Absorptions- und Emissionsspektren gleich sind. Dies liegt an dem in (5.1) enthaltenen Besetzungsfaktor. Ein Übergang kann zwar eine hohe Emissionswahrscheinlichkeit haben, aber dennoch wird kein Licht emittiert, wenn das obere Niveau nicht besetzt ist.

Wir können diese Überlegungen zusammenfassen, indem wir die Lumineszenzintensität bei der Intensität ν in der Form

$$I(h\nu) \propto |M|^2 g(h\nu) \times \text{Niveau-Besetzungsfaktoren} \qquad (5.3)$$

schreiben. Hierbei geben die Besetzungsfaktoren die Wahrscheinlichkeiten dafür an, dass das relevante obere Niveau besetzt und das untere leer ist. Die anderen beiden Terme sind das Matrixelement und die Zustandsdichte für den Übergang. Sie bestimmen die quantenmechanische Übergangswahrscheinlichkeit gemäß Fermis goldener Regel (siehe Abschnitt B.2).

Die in Gleichung (5.3) eingehenden Besetzungsfaktoren werden in Abschnitt 5.3 ausführlich diskutiert. Der entscheidende Punkt ist, dass die Elektronen sehr schnell in die niedrigsten Niveaus innerhalb des angeregten Zustandsbandes relaxieren und dann eine thermische Verteilung annehmen, die mittels statistischer Mechanik berechnet werden kann. Unter normalen Umständen werden die Elektronen in einen Bereich $\sim k_\text{B}T$ des unteren Teils des angeregten Zustandsbandes relaxieren. Die Löcher folgen einer ähnlichen Serie von Relaxationsprozessen. Das Licht wird zwischen den thermisch besetzten Elektron- und Lochzuständen emittiert, also nur in einem schmalen Energiebereich aus den tiefsten Niveaus im angeregten Zustandsband. Dies steht im Gegensatz zum Verhalten des Absorptionsspektrums: Photonen können in jedem beliebigen Zustand innerhalb des angeregten Zustandsbandes absorbiert werden, egal wie weit dieser Zustand von der Unterkante des Bandes entfernt ist.

Die Strahlungsemission ist nicht nur ein Mechanismus, durch den die Elektronen aus einem angeregten Zustand in den Grundzustand fallen können. Der alternative Weg zwischen dem angeregten und dem Grundzustandsband in Abbildung 5.1 illustriert die Möglichkeit einer **nichtradiativen** Relaxation. Das Elektron kann zum Beispiel seine Anregungsenergie in Form von Wärme verlieren, indem es Phononen emittiert, oder es kann Energie auf Beimengungen oder Defekte übertragen. Wenn diese nichtradiativen Relaxationsprozesse auf einer schnelleren Zeitskala als die Strahlungsübergänge ablaufen, wird nur sehr wenig Licht emittiert.

Um die Quantenausbeute der Lumineszenz η_R zu berechnen, schreiben wir die Ratengleichung für die Population im angeregten Zustand auf, wenn nichtradiative Prozesse möglich sind:

$$\left(\frac{dN}{dt}\right)_{\text{total}} = -\frac{N}{\tau_R} - \frac{N}{\tau_{NR}} = -N\left(\frac{1}{\tau_R} + \frac{1}{\tau_{NR}}\right) \quad (5.4)$$

Die beiden Terme auf der rechten Seite repräsentieren die radiative und die nichtradiative Rate. τ_{NR} ist die nichtradiative Lebensdauer. η_R ist das Verhältnis der radiativen Emissionsrate zur totalen Abregungsrate. Wir erhalten dieses Verhältnis, indem wir (5.1) durch (5.4) teilen und dabei beachten, dass $A = \tau_R^{-1}$ ist:

$$\eta_R = \frac{AN}{N(1/\tau_R + 1/\tau_{NR})} = \frac{1}{1 + \tau_R/\tau_{NR}} \quad (5.5)$$

Für $\tau_R \ll \tau_{NR}$ nähert sich η_R eins und es wird die maximal mögliche Lichtmenge emittiert. Für $\tau_R \gg \tau_{NR}$ dagegen ist η_R sehr klein und die Lichtemission ist sehr ineffizient. Für eine effiziente Lumineszenz ist es also nötig, dass die radiative Lebensdauer wesentlich kürzer ist als die nichtradiative.

Die hier diskutierten Prinzipien sind sehr allgemein und gelten für viele Phänomene im Zusammenhang mit der Lichtemission in Festkörpern. Im Rest dieses Kapitels konzentrieren wir uns auf die Lumineszenz, die durch Interbandübergänge in einem Volumenhalbleiter erzeugt wird. In den folgenden Kapiteln beschäftigen wir uns mit der Lichtemission in quantenbeschränkten Strukturen (Kapitel 6), molekularen Materialien (Kapitel 8) und lumineszenten Beimengungen (Kapitel 9).

5.2 Interbandlumineszenz

Interbandlumineszenz tritt in Halbleitern auf, wenn ein Elektron, dass in das Leitungsband angeregt wurde, unter Emission eines Photons zurück in das Valenzband fällt. Gleichzeitig reduziert sich dabei die Anzahl der Elektronen im Leitungsband und die Anzahl der Löcher im Valenzband jeweils um eins. Die Interbandlumineszenz entspricht also der Vernichtung eines Elektron-Loch-Paares, und man bezeichnet diesen Vorgang als radiative **Elektron-Loch-Rekombination.** Er ist gewissermaßen das Gegenteil der Interbandabsorption, bei der ein Elektron-Loch-Paar erzeugt wird.

In Kapitel 3 hatten wir festgestellt, dass es sehr wichtige Unterschiede in den optischen Eigenschaften von Materialien mit direkter Bandlücke und solchen mit indirekter Bandlücke gibt. Dies zeigt sich in besonderem Maße, wenn wir die Prozesse bei der Interbandemission betrachten. Wir werden die beiden Fälle daher separat diskutieren und beginnen mit Materialien mit direkter Lücke.

5.2.1 Materialien mit direkter Bandlücke

Abbildung 5.2 zeigt das Banddiagramm für eine Interbandlumineszenz in einem Halbleiter mit direkter Bandlücke. Die Photonen werden emittiert, wenn Elektronen im unteren Teil des Leitungsbandes sich mit Löchern aus dem oberen Teil des Valenzbandes rekombinieren. Wie wir in Kapitel 3 gesehen hatten, sind die optischen Übergänge zwischen Valenz- und Leitungsband eines typischen Halbleiters mit direkter Lücke dipolerlaubt und haben große Matrixelemente. Wegen (B.30) bedeutet dies, dass die radiative Lebensdauer kurz ist, wobei typische Werte im Bereich von 10^{-8} bis 10^{-9} s liegen (siehe Aufgabe 5.2). Es ist daher zu erwarten, dass die Quantenausbeute hoch ist.

Die Prozesse, durch die die Elektronen und Löcher in die Bänder injiziert werden, diskutieren wir in den Abschnitten 5.3 und 5.4. In Unterabschnitt 5.3.1 werden wir sehen, dass die injizierten Elektronen und Löcher durch Emission von Phononen sehr schnell in die tiefsten Energiezustände ihrer jeweiligen Bänder relaxieren. Dies bedeutet, dass sich die Elektronen wie in Abbildung 5.2 im unteren Teil des Leitungsbandes akkumulieren, bevor es zur Rekombination kommt. Die Löcher dagegen bewegen sich bei der Relaxation im Bänderdiagramm *aufwärts*. Das liegt daran, dass Bänderdiagramme Elektronenenergien zeigen und keine Lochenergien, sodass die Lochenergie im Maximum des Valenzbandes null ist und anwächst, je wir tiefer im Valenzband absteigen. Löcher akkumulieren sich daher nach der Relaxation an der Oberkante des Valenzbandes.

Da der Impuls des Photons im Vergleich zum Impuls des Elektrons vernachlässigbar ist, müssen Elektron und Loch bei einer Rekombination den gleichen Wellenvektor **k** haben (vgl. (3.12)). Der Übergang wird daher in Bänderdiagrammen wie dem in Abbildung 5.2 gezeigten durch einen vertikalen Pfeil nach unten dargestellt. Die Emission findet nahe $k = 0$ statt und entspricht einem Photon der Energie E_g. Egal, wie die Elektronen und Löcher ursprünglich angeregt wurden, erhält man für Energien in der Nähe der Bandlücke immer Lumineszenz.

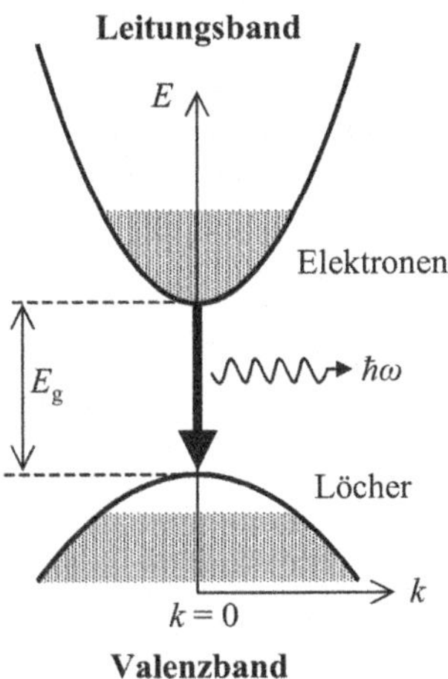

Abb. 5.2: Schematische Darstellung der Interbandlumineszenz in einem Halbleiter mit direkter Lücke. In den schattierten Gebieten sind die Zustände durch Elektronen besetzt. Die besetzten Zustände im unteren Teil des Leitungsbandes und die leeren Zustände im oberen Teil des Valenzbandes werden erzeugt, indem Elektronen und Löcher in den Halbleiter injiziert werden.

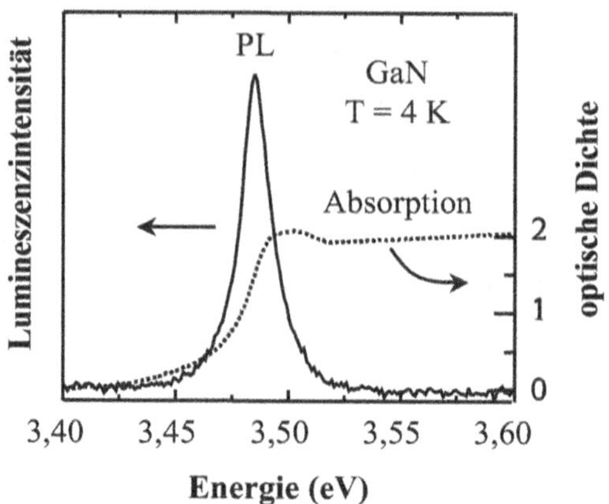

Abb. 5.3: Lumineszenzspektrum (durchgezogene Linie) und Absorptionsspektrum (gepunktete Linie) einer 0,5 µm dicken GaN-Epischicht bei 4 K. Die Photolumineszenz wurde durch Absorption von 4,9 eV-Photonen aus einem frequenzverdoppelten Kupferdampf-Laser angeregt. Unveröffentlichte Daten von K. S. Kyhm und R. A. Taylor.

Abbildung 5.3 zeigt das Lumineszenz- und das Absorptionsspektrum von Galliumnitrid (Halbleiter mit direkter Bandlücke) bei 4 K. Die Bandlücke ist bei dieser Temperatur 3,5 eV. Das Lumineszenzspektrum zeigt eine schmale Emissionslinie nahe der Bandlückenenergie, während das Absorptionsspektrum den üblichen Schwellwert bei E_g mit kontinuierlicher Absorption für $h\nu > E_\mathrm{g}$ zeigt.

Die in Abbildung 5.3 gezeigten Daten illustrieren die Aussage, dass Emissions- und Absorptionsspektrum verschieden sind, obwohl sie durch das gleiche Matrixelement und die gleiche Zustandsdichte bestimmt sind. Die Bandlücke korrespondiert mit dem Schwellwert für die optische Absorption, andererseits jedoch mit der Energie der optischen Emission. Das bedeutet, dass das Kriterium zur Auswahl des besten Materials für einen Emitter einer speziellen Wellenlänge ein anderes ist als für einen Detektor. Für einen Emitter sollte die Bandlücke des Materials etwa der gewünschten Wellenlänge entsprechen. Detektoren hingegen arbeiten für beliebige Wellenlängen, vorausgesetzt, die Photonenergie übersteigt E_g.

5.2.2 Materialien mit indirekter Bandlücke

Abbildung 5.4 illustriert die Prozesse, die bei der Interbandemission in einem Material mit direkter Bandlücke auftreten. Dies ist der umgekehrte Prozess einer indirekten Absorption, die in Abbildung 3.2(b) schematisch dargestellt ist. In einem Material mit indirekter Lücke liegt das Minimum des Leitungsbandes innerhalb der Brillouin-Zone an einer anderen Stelle als das Maximum des Valenzbandes. Die Impulserhaltung erfordert, dass ein Phonon emittiert oder absorbiert werden muss, wenn ein Photon emittiert wird.

Die Forderung, dass während des Übergangs sowohl ein Phonon als auch ein Photon emittiert werden muss, macht diesen Übergang zu einem Prozess zweiter Ordnung mit einer relativ kleinen Übergangs-

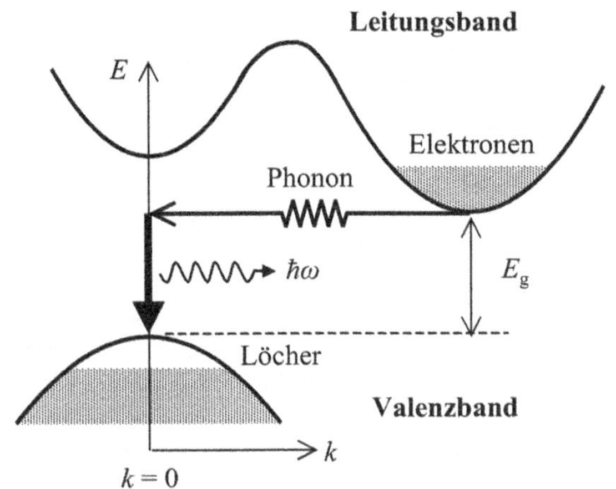

Abb. 5.4: Schematische Darstellung der Interbandlumineszenz in einem Material mit direkter Bandlücke. Der Übergang muss mit der Absorption oder Emission eines Phonons einhergehen, damit der Impuls erhalten bleibt.

wahrscheinlichkeit. Die radiative Lebensdauer ist daher viel größer als bei direkten Übergängen. Gemäß (5.5) folgt daraus, dass die Lumineszenzeffizienz aufgrund des Wettstreits mit der nichtradiativen Rekombination klein ist. Aus diesem Grund sind Materialien mit indirekter Lücke allgemein schlechte Lichtemitter. Sie werden nur dann verwendet, wenn es unter den Materialien mit direkter Lücke keine Alternative gibt. Zwei der wichtigsten Halbleiter, nämlich Silicium und Germanium, haben indirekte Bandlücken und werden daher nicht als Lichtemitter benutzt.

Beispiel 5.1

Die Bandlücke des III-V-Legierungshalbleiters $\mathrm{Al}_x\mathrm{Ga}_{1-x}\mathrm{As}$ bei $k = 0$ variiert mit der Zusammensetzung gemäß $E_{\mathrm{g}}(x) = (1{,}420 + 1{,}087x + 0{,}438x^2)\,\mathrm{eV}$. Die Bandlücke ist für $x \leq 0{,}43$ direkt und für größere Werte von x indirekt. Durch geeignete Wahl der Zusammensetzung lassen sich aus diesem Material Lichtemitter für spezifische Wellenlängen herstellen.

(a) Berechnen Sie die Zusammensetzung der Legierung in einem Bauelement, das bei 800 nm emittiert.

(b) Berechnen Sie den Bereich der Wellenlängen, die man aus einem AlGaAs-Emitter erhalten kann.

Lösung: (a) Die Photonen bei 800 nm haben eine Energie von 1,55 eV. Das Bauelement emittiert für die Bandlückenwellenlänge, daher müssen wir x so wählen, dass $E_{\mathrm{g}}(x) = 1{,}55\,\mathrm{eV}$ gilt. Durch Einsetzen in die angegebene Beziehung für $E_{\mathrm{g}}(x)$ erhalten wir $x = 0{,}11$.

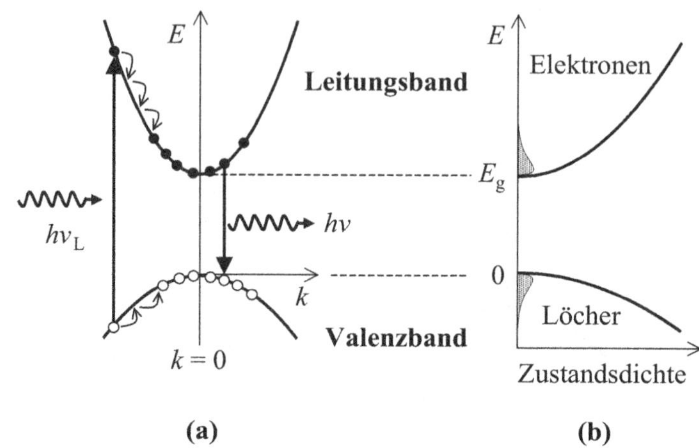

Abb. 5.5: (a) Schematische Darstellung des Prozesses, der bei Photolumineszenz in einem Halbleiter mit direkter Lücke auftritt, nachdem dieser mit der Frequenz ν_L angeregt wurde. Die Elektronen und Löcher relaxieren durch Phononemission schnell zur Unterkante ihres jeweiligen Bandes, bevor sie unter Emission eines Photons rekombinieren. (b) Zustandsdichte und Niveaubesetzungen für Elektronen und Löcher nach optischer Anregung. Die durch die Schattierung dargestellten Verteilungsfunktionen gelten für den klassischen Grenzfall, in dem die Boltzmann-Verteilung gültig ist. Beachten Sie, dass die Verteilungsfunktionen und Zustandsdichten nicht auf der gleichen Skala liegen: Die Niveaubesetzungen sind im Boltzmann-Grenzfall stets klein.

(b) Die obere Grenze für die Wellenlänge wird durch die kleinste Bandlücke gesetzt, die man mit der Legierung erreichen kann, also 1,420 eV für $x = 0$. Die untere Grenze wird durch die größte erreichbare direkte Bandlücke gesetzt, also 1,97 eV für $x = 0{,}43$. Der nutzbare Emissionsbereich reicht somit von 1,42 eV bis 1,97 eV bzw. von 630 nm bis 870 nm. Legierungen mit $x > 0{,}43$ können nicht genutzt werden, da Materialien mit indirekter Lücke eine sehr geringe Lumineszenzeffizienz haben.

5.3　Photolumineszenz

In diesem Abschnitt betrachten wir die Reemission von Licht durch Interbandlumineszenz in einem Halbleiter mit direkter Lücke, der durch ein Photon mit einer Energie größer als E_g angeregt wurde. Wie bereits zu Beginn von Abschnitt 5.1 erwähnt wurde, wird dieser Prozess als Photolumineszenz bezeichnet.

5.3.1　Anregung und Relaxation

Das Bänderdiagramm, das dem Prozess der Photolumineszenz in einem Material mit direkter Lücke entspricht, ist in Abbildung 5.5a dargestellt. Hier sehen wir eine ausführlichere Version des bereits in Abbildung 5.3 gezeigten Bänderdiagramms. Photonen werden aus einer Anregungsquelle wie einem Laser oder einer Lampe absorbiert, was zur Injektion von Elektronen in das Leitungsband und Löchern in das Valenzband führt. Möglich ist dies, wenn die Frequenz ν_L der Quelle so gewählt ist, dass $h\nu_L$ größer ist als E_g.

Aus Abbildung 5.5a ist ersichtlich, dass die Elektronen in Zuständen weit oben im Leitungsband erzeugt werden. Die Elektronen bleiben nicht sehr lange in diesen Anfangszuständen, da sie ihre Energie durch Emission von Phononen sehr schnell abgeben können. Dieser Prozess ist durch die Kaskade von Übergängen innerhalb des Leitungsbandes in Abbildung 5.5a angedeutet. Jeder Schritt entspricht der Emission eines Phonons, dass eine passende Energie und einen passenden Impuls hat, um die Erhaltungssätze zu erfüllen. Die Elektron-Phonon-Kopplung ist in den meisten Festkörpern sehr stark, und diese Streuereignisse finden auf einer Zeitskala von nur $\sim 100\,\mathrm{fs}$ (also $\sim 10^{-13}\,\mathrm{s}$) statt. Dies ist wesentlich schneller als die radiativen Lebensdauern, die im Nanosekundenbereich liegen. Die Elektronen relaxieren daher zur Unterkante des Leitungsbandes, bevor sie Zeit haben, Photonen zu emittieren. Das Gleiche gilt für die Relaxation der Löcher im Valenzband.

Nachdem die Elektronen und Löcher durch Phononemission weitestgehend relaxiert sind, müssen sie an den Unterkanten der Bänder warten, bis sie ein Photon emittieren oder nichtradiativ rekombinieren können. Damit bleibt ausreichend Zeit, dass sich thermische Verteilungen einstellen (siehe Abbildung 5.5b). Die Schattierung veranschaulicht die Besetzung der verfügbaren Zustände. Diese Besetzungsfaktoren können durch Anwendung der statistischen Mechanik auf die Elektron- und Lochverteilung berechnet werden.

Die Verteilungen der optisch angeregten Elektronen und Löcher in ihren Bändern können mithilfe der Fermi-Dirac-Statistik berechnet werden. Die Gesamt-Teilchenzahldichte N_e der Elektronen ist durch die Leistung der Beleuchtungsquelle bestimmt (siehe Aufgaben 5.6 und 5.7). Sie muss die Gleichung

$$N_\mathrm{e} = \int_{E_\mathrm{g}}^{\infty} g_\mathrm{c}(E) f_\mathrm{e}(E)\,\mathrm{d}E \tag{5.6}$$

erfüllen, wobei $g_\mathrm{c}(E)$ die Zustandsdichte im Leitungsband ist und $f_\mathrm{e}(E)$ die Fermi-Dirac-Verteilung für die Elektronen. Die Zustandsdichte $g_\mathrm{c}(E)$ ist durch (3.16) gegeben. Dabei ist m^* durch m_e^* zu ersetzen, also

$$g_\mathrm{c} = \frac{1}{2\pi^2} \left(\frac{2m_\mathrm{e}^*}{\hbar^2} \right)^{3/2} (E - E_\mathrm{g})^{1/2} \tag{5.7}$$

$f_\mathrm{e}(E)$ ist durch die Fermi-Dirac-Formel bei der Temperatur T gegeben:

$$f_\mathrm{e}(E) = \frac{1}{\exp(E - E_\mathrm{F}^\mathrm{c})/k_\mathrm{B}T + 1} \tag{5.8}$$

Beachten Sie den hochgestellten Index c an der Fermi-Energie E_F, der andeutet, dass die Formel nur für Elektronen im Leitungsband (engl. conduction band) gilt. Diese Einschränkung ist notwendig, da

Wenn wir die statistische Mechanik auf die durch optische Anregung erzeugten Ladungsträger anwenden, müssen wir bedenken, dass wir es mit einer Nichtgleichgewichtssituation zu tun haben: Es sind mehr Elektronen und Löcher vorhanden, als es normalerweise bei thermischer Anregung von Elektronen über der Bandlücke der Fall wäre. Das System ist daher in einem Zustand des „Quasigleichgewichts". Dies bedeutet, dass Elektronen und Löcher thermische Verteilungen bilden, jedoch mit unterschiedlichen Fermi-Energien. Dies ist etwas anderes als ein vollständiges thermisches Gleichgewicht, in dem Elektronen und Löcher die gleiche Fermi-Energie haben. Das vollständige thermische Gleichgewicht stellt sich nur dann wieder ein, wenn die Anregungsquelle abgeschaltet wird, oder wenn man wartet, bis die durch eine gepulste Lichtwelle erzeugten Elektronen und Löcher rekombinieren.

wir es hier mit einem **Quasigleichgewicht** zu tun haben, in dem es keine einheitliche Fermi-Energie gibt und Elektronen und Löcher unterschiedliche Fermi-Niveaus haben. Die Fermi-Dirac-Funktion der Löcher hat die gleiche Form wie (5.8), und $f_h(E)$ gibt die Wahrscheinlichkeit an, dass der Zustand nicht durch ein Elektron besetzt ist.

Die Fermi-Integrale können in eine sinnfälligere Form gebracht werden, wenn wir die Variablen so transformieren, dass die elektronische Energie an der Unterkante des Leitungsbandes beginnt. Durch Kombination von (5.6) bis (5.8) erhalten wir dann

$$N_e = \int_0^\infty \frac{1}{2\pi^2} \left(\frac{2m_e^*}{\hbar^2} \right)^{3/2} E^{1/2} \left[\exp\left(\frac{E - E_F^c}{k_B T} \right) + 1 \right]^{-1} dE \qquad (5.9)$$

wobei E_F^c nun relativ zum Boden des Leitungsbandes gemessen wird. In analoger Weise können wir für die Löcher

$$N_h = \int_0^\infty \frac{1}{2\pi^2} \left(\frac{2m_h^*}{\hbar^2} \right)^{3/2} E^{1/2} \left[\exp\left(\frac{E - E_F^v}{k_B T} \right) + 1 \right]^{-1} dE \qquad (5.10)$$

schreiben, wobei $E = 0$ der Oberkante des Valenzbandes entspricht und die Energie in Abwärtsrichtung gemessen wird. Die Fermi-Energie E_F^v für die Löcher wird ebenfalls an der Oberkante des Valenzbandes beginnend in Abwärtsrichtung gemessen. Beachten Sie, dass N_e hier gleich N_h sein muss, da der Prozess der Photoanregung gleich viele Elektronen und Löcher erzeugt.

Die Gleichungen (5.9) und (5.10) können verwendet werden, um für eine gegebene Ladungsträgerdichte die Fermi-Energien für Elektronen und Löcher zu berechnen. Wenn diese einmal bekannt sind, können die für die Bestimmung des Emissionsspektrums erforderlichen Besetzungsfaktoren berechnet werden. Leider ist die Lösung von (5.9) und (5.10) nur mit numerischen Methoden möglich. Immerhin vereinfachen sich die Gleichungen für zwei wichtige Grenzfälle, die wir weiter unten diskutieren werden.

5.3.2   Kleine Ladungsträgerdichten

Für kleine Ladungsträgerdichten können die Elektron- und Lochverteilungen durch klassische Statistik beschrieben werden. Die in Abbildung 5.5b gezeigten Verteilungen gelten für diesen Grenzfall. In dieser Situation sind die Niveaus schwach besetzt, und wir können die Eins im Nenner von (5.8) vernachlässigen. Die Besetzungen sind dann einfach durch die Boltzmann-Statistik

$$f(E) \propto \exp\left(-\frac{E}{k_B T} \right) \qquad (5.11)$$

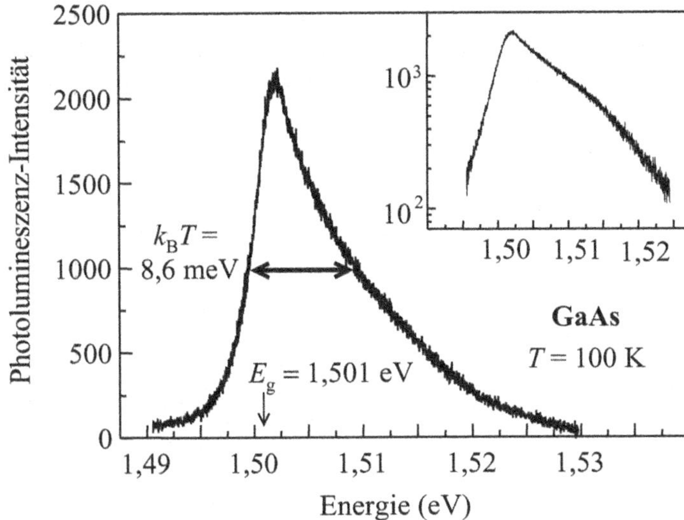

Abb. 5.6: Photolumineszenzspektrum von GaAs bei 100 K. Als Anregungsquelle wurde ein bei 632,8 nm arbeitender Helium-Neon-Laser verwendet. Der Einschub zeigt einen semilogarithmischen Plot der gleichen Daten. Unveröffentlichte Daten von A. D. Ashmore und M. Hopkins.

gegeben. Diese Beziehung gilt für die Elektronen, wenn E_F^c negativ ist und einen großen Betrag hat. Gleichung (5.9) bezieht sich auf diesen Grenzfall. Man kann sich leicht klarmachen, dass sie für niedrige Ladungsträgerdichten und hohe Temperaturen gilt.

Wir können die Frequenzabhängigkeit des Emissionsspektrums im klassischen Grenzfall berechnen, wenn wir annehmen, dass das Matrixelement in (5.3) frequenzunabhängig ist. Unter dieser Annahme können wir alle Faktoren in (5.3) auswerten, und wir erhalten

$$I(h\nu) \propto (h\nu - E_\mathrm{g})^{1/2} \exp\left(-\frac{h\nu - E_\mathrm{g}}{k_\mathrm{B}T}\right) \qquad (5.12)$$

Der Faktor $(h\nu - E_\mathrm{g})^{1/2}$ resultiert aus der gemeinsamen Zustandsdichte für den Interbandübergang (vgl. (3.24)). Der andere Faktor kommt aus der Boltzmann-Statistik der Elektronen und Löcher (siehe Aufgabe 5.8). Das durch (5.12) beschriebene Lumineszenzspektrum steigt bei E_g scharf an und fällt dann aufgrund des Boltzmann-Faktors exponentiell mit einer Zerfallsrate von $k_\mathrm{B}T$. Wir erwarten daher ein Spektrum mit scharfem Peak der Breite $\sim k_\mathrm{B}T$ beginnend bei E_g.

Abbildung 5.6 zeigt das Photolumineszenzspektrum bei GaAs bei 100 K. Für die Erzeugung des Spektrums wurden 1,96 eV-Photonen aus einem Helium-Neon-Laser als Anregungsquelle verwendet. Das Spektrum zeigt einen scharfen Anstieg bei E_g aufgrund des Faktors $(h\nu - E_\mathrm{g})^{1/2}$, um dann aufgrund des Boltzmann-Faktors scharf abzufallen. Die Halbwertsbreite der Emissionslinie liegt wie erwartet sehr dicht bei $k_\mathrm{B}T$. Dass die Energie dann exponentiell abfällt, ist

Bei sehr niedrigen Temperaturen beginnt das Emissionsspektrum eines Halbleiters mit direkter Bandlücke auch für kleine Ladungsträgerdichten von der durch (5.12) vorhergesagten Form abzuweichen. Der Grund hierfür ist die Bildung von Exzitonen sowie die Möglichkeit der radiativen Rekombination unter Beteiligung von Beimengungen.

an dem semilogarithmischen Plot (Einschub in Abbildung 5.6) für die gleichen Daten besonders deutlich zu erkennen. Der Anstieg des Zerfalls ist konsistent mit der Ladungsträgertemperatur von $100\,\mathrm{K}$.

5.3.3   Entartung

Bei hohen Ladungsträgerdichten ist der klassische Grenzfall nicht mehr gültig. Die Fermi-Energien sind positiv und es ist unumgänglich, für die Beschreibung von Elektron- und Lochverteilungen die Fermi-Dirac-Statistik anzuwenden. Diese Situation wird als **Entartung** bezeichnet.

Im Grenzfall $T = 0$ sind alle Zustände bis zum Fermi-Niveau gefüllt und alle darüber liegenden Zustände sind leer. Die Fermi-Energien können explizit berechnet werden (siehe Aufgabe 5.10) und sind gegeben durch

$$E_{\mathrm{F}}^{\mathrm{c,v}} = \frac{\hbar^2}{2m_{\mathrm{e,h}}^*}\,(3\pi^2 N_{\mathrm{e,h}})^{2/3} \tag{5.13}$$

Die Ladungsträgerverteilung für diesen Grenzfall ist in Abbildung 5.7 dargestellt. Eine Elektron-Loch-Rekombination kann zwischen beliebigen Zuständen auftreten, bei denen es ein Elektron im oberen Niveau und ein Loch im unteren Niveau gibt. Die Rekombination ist somit für Photonenergien zwischen E_{g} und $(E_{\mathrm{g}} + E_{\mathrm{F}}^{\mathrm{c}} + E_{\mathrm{F}}^{\mathrm{v}})$ möglich. Wir erwarten daher ein breites Emissionsspektrum, das bei E_{g} beginnt und bei $(E_{\mathrm{g}} + E_{\mathrm{F}}^{\mathrm{c}} + E_{\mathrm{F}}^{\mathrm{v}})$ scharf abfällt.

Bei von null verschiedenen Temperaturen sind die Ladungsträger zunächst weiterhin entartet, falls $E_{\mathrm{F}}^{\mathrm{c,v}} \gg k_{\mathrm{B}}T$, wobei $E_{\mathrm{F}}^{\mathrm{c,v}}$ durch (5.13) bestimmt ist. Mit zunehmendem T verschmieren die Fermi-Dirac-Funktionen um die Fermi-Energien, und wir erwarten, dass der Abfall bei $(E_{\mathrm{g}} + E_{\mathrm{F}}^{\mathrm{c}} + E_{\mathrm{F}}^{\mathrm{v}})$ sich über einen Energiebereich von $\sim k_{\mathrm{B}}T$ verbreitert.

Abbildung 5.8 zeigt das Emissionsspektrum des III-V-Halbleiters $\mathrm{Ga_{0,47}In_{0,53}As}$ im entarteten Grenzfall. $\mathrm{Ga_{0,47}In_{0,53}As}$ hat bei einer Gittertemperatur von $10\,\mathrm{K}$ eine direkte Bandlücke von $0{,}81\,\mathrm{eV}$. Die Spektren wurden mittels zeitaufgelöster Photolumineszenzspektroskopie aufgenommen, ein Verfahren, das in Abschnitt 5.3.5 beschrieben wird. Die Abbildung zeigt das Emissionsspektrum für zwei verschiedene Zeitpunkte, nachdem die Probe mit einem ultrakurzen ($< 8\,\mathrm{ps}$) Puls aus einem $610\,\mathrm{nm}$-Farbstofflaser angeregt wurde. Jeder Puls hat eine Energie von $6\,\mathrm{nJ}$ und kann eine initiale Ladungsträgerdichte von $2 \times 10^{24}\,\mathrm{m}^{-3}$ anregen.

Das 24 ps nach dem Auftreffen des Pulses aufgenommene Spektrum steigt bei E_{g} scharf an und zeigt dann ein flaches Plateau, das bis etwa $0{,}90\,\mathrm{eV}$ reicht. Für höhere Energien fällt das Spektrum allmählich

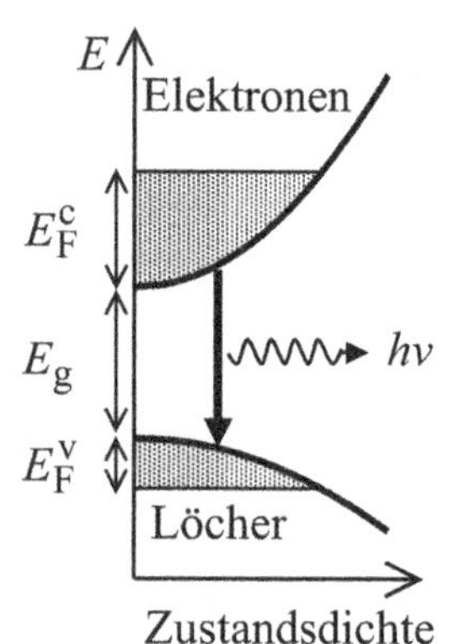

Abb. 5.7: Besetzung der Leitungs- und Valenzbandzustände im entarteten Grenzfall ($T = 0$). Elektronen und Löcher haben unterschiedliche Fermi-Energien $E_{\mathrm{F}}^{\mathrm{c}}$ und $E_{\mathrm{F}}^{\mathrm{v}}$, die durch die Anzahl der in die Bänder injizierten Ladungsträger bestimmt sind. Beide Bänder sind bis zu ihrem jeweiligen Fermi-Niveau gefüllt, was in der Abbildung durch die Schattierung veranschaulicht wird.

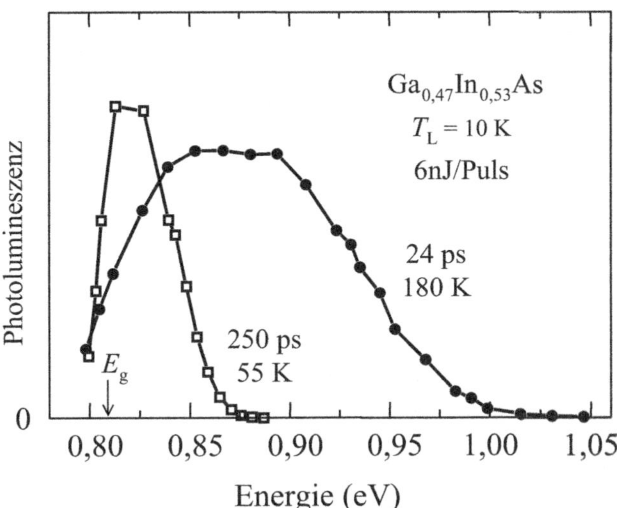

Abb. 5.8: Zeitaufgelöstes Photolumineszenzspektrum des III-V-Legierungshalbleiters Ga$_{0,47}$In$_{0,53}$As bei einer Gittertemperatur von 10 K. Die Probe wurde mit 610 nm-Laserpulsen mit einer Energie von 6 nJ und einer Zeitdauer von 8 ps angeregt. Damit wurde eine initiale Ladungsträgerverteilung von 2×10^{24} m^{-3} erzeugt. Die beiden Spektren wurden für Zeitverzögerungen von 24 ps (Punkte) und 250 ps (Quadrate) nach dem Puls aufgenommen. Für beide Spektren ist die effektive Ladungsträgertemperatur angegeben. Nach Kash & Shah (1984), ©American Institute of Physics, genehmigter Nachdruck.

nach null ab. Das Plateau ist eine Signatur der entarteten Ladungsträger, während die abfallende Flanke für hohe Energien ein Hinweis darauf ist, dass die effektive Ladungsträgertemperatur aufgrund des Effekts der „heißen Ladungsträger" (siehe nächster Absatz) höher ist als die Gittertemperatur. In diesem Fall ist die effektive Ladungsträgertemperatur 180 K. Bei 250 ps ist die Ladungsträgerdichte kleiner, da sich eine signifikante Zahl von Elektronen und Löchern rekombiniert hat. Die Ladungsträger haben sich entsprechend auf 55 K abgekühlt. Zu noch späteren Zeitpunkten ist das Spektrum noch schmaler geworden, während die Ladungsträgerdichte weiter abnimmt und die Ladungsträger weiter bis zur Gittertemperatur von 10 K abkühlen. Schließlich ist die Ladungsträgerdichte so weit gefallen, dass die klassische Statistik zulässig ist und eine Emission nur bei Energien nahe E_g auftritt. Die Analyse dieser Daten wird in Aufgabe 5.12 ausführlicher untersucht.

Effektive Temperaturen oberhalb der Gittertemperatur sind in zeitaufgelösten Photolumineszenz-Experimenten möglich, da sich die Ladungsträger nicht im vollständigen Gleichgewicht mit dem Gitter befinden. Die Ladungsträger sind „heiß" in dem Sinne, wie kochendes Wasser heiß ist, das soeben in eine kalte Tasse gegossen wurde: die Temperaturen sind anfangs verschieden, doch während die Wärme vom Wasser zur Tasse strömt, nähern sie allmählich an. In dem hier betrachteten Fall werden die Elektronen und Löcher weit oben in den Bändern erzeugt. Dies verleiht ihnen eine hohe kinetische Energie, was gleichbedeutend damit ist, dass ihre initiale effektive Temperatur sehr hoch ist, denn die Temperatur ist nichts anderes als ein Maß für die Verteilung der Ladungsträger auf die Energieniveaus des Systems. Wenn die Energie durch Phononemission von den Ladungsträgern auf das Gitter übergeht, sinkt die Temperatur schnell. Die Abkühlung auf die Gittertemperatur ist daher durch die Elektron-Phonon-Wechselwirkung im Material bestimmt.

5.3.4 Optische Ausrichtung

Als **optische Ausrichtung** wird das Phänomen bezeichnet, bei dem den Elektronen durch Wechselwirkung mit Photonen ein Drehimpuls verliehen wird. In Abschnitt 3.3.7 haben wir untersucht, wie durch Anregung mit zirkular polarisiertem Licht eine effektive Polarisation des Elektronenspins erzeugt werden kann. Nun wollen wir verstehen, wie dies die Polarisation des Lichts beeinflusst.

Die Lumineszenzpolarisation ist definiert als

$$P = \frac{I^+ - I^-}{I^+ + I^-} \tag{5.14}$$

wobei I^+ und I^- die Intensitäten von Licht mit σ^+- bzw. σ^--Polarisation sind. Wir betrachten einen Zinkblendehalbleiter, der, wie in Abbildung 3.8 dargestellt, durch zirkular polarisiertes Licht angeregt wird. Wie in Abschnitt 3.3.7 erläutert, wird dadurch eine initiale Polarisation des Elektronenspins von 50% sowie ein vernachlässigbarer Lochspin erzeugt. Die in Abbildung 3.8 angegebenen Auswahlregeln gelten für beide Richtungen, was zu einer erwarteten Lumineszenzpolarisation von 25% führt (siehe Aufgabe 5.15).

Die experimentell tatsächlich beobachtete Polarisation ist kleiner als 25%, da sich der Elektronenspin während der Lebensdauer der Ladungsträger ändern kann. Wenn wir die Lebensdauer der Ladungsträger mit τ und die Spinrelaxationszeit mit τ_S bezeichnen, dann ist die gemessene Polarisation

$$P = \frac{P_0}{1 + \tau/\tau_\mathrm{S}} \tag{5.15}$$

wobei P_0 die erwartete Polarisation ohne Spinrelaxation ist. Dies zeigt, dass die gemessene Polarisation bei schneller Spinrelaxation ($\tau_\mathrm{S} \ll \tau$) klein ist, während sie für langsame Spinrelaxation ($\tau_\mathrm{S} \gg \tau$) nahe P_0 liegt.

Der Hanle-Effekt wurde ursprünglich im Rahmen der Atomphysik untersucht. Man versteht darunter die Depolarisation der Resonanzfluoreszenz durch externe Magnetfelder. Die Herleitung von (5.16) finden Sie zum Beispiel in Meier und Zakharchenya (1984).

Der **Hanle-Effekt** ermöglicht ein elegantes Verfahren, mit dem τ und τ_S durch ein einziges Experiment bestimmt werden können. Er besteht in dem Verlust der Polarisation aufgrund der Präzession des Spins in einem transversalen Magnetfeld B. Die gemessene Polarisation ist gegeben durch

$$P(B) = \frac{P(0)}{1 + (\Omega T_\mathrm{S})^2} \tag{5.16}$$

wobei $P(0)$ die bei $B = 0$ gemessene Polarisation ist, die durch (5.15) gegeben ist. Ω ist die Frequenz der Larmor-Präzession, definiert durch

$$\Omega = \frac{g_e \mu_B B}{\hbar} \tag{5.17}$$

Dabei ist g_e der elektronische g-Faktor und es gilt

$$\frac{1}{T_S} = \frac{1}{\tau} + \frac{1}{\tau_S} \tag{5.18}$$

τ und τ_S erhält man durch Messung von $P(0)$ sowie der Feldstärke, bei der die Polarisation auf die Hälfte ihres Wertes bei $B = 0$ fällt (siehe Aufgabe 5.16).

Es gibt eine Reihe von Mechanismen, die zur Relaxation des Elektronenspins in einem Halbleiter führen können. Die wichtigsten davon sind:

- der **Elliot-Yafet-Mechanismus** (EY). Dieser basiert auf der Spin-Bahn-Wechselwirkung, die eine Mischung der Spin-up- und Spin-down-Wellenfunktionen bewirkt, was die Randomisierung des Spins durch Impulsstreuung zur Folge hat.

- der **Dyakonov-Perel-Mechanismus** (DP). Auch dieser Mechanismus basiert auf der Spin-Bahn-Wechselwirkung. In Kristallen, die keine Inversionssymmetrie aufweisen, ist die Entartung des Spins für $|\mathbf{k}| > 0$ aufgehoben. Die Aufspaltung entspricht einem effektiven Magnetfeld, dessen Achse während einer Impulsstreuung fluktuiert, sodass es zur Depolarisation des Spins durch zufällige fraktionale Rotationen kommt.

- der **Bir-Aronov-Pikus-Mechanismus** (BAP). Dieser Mechanismus ist von Bedeutung, wenn eine Population unpolarisierter Löcher vorhanden ist. Durch Wechselwirkung mit den Löchern können Elektronspins umklappen.

Indem man untersucht, wie sich die Polarisation mit der Temperatur und den Dotierungsniveaus ändert, kann man herausfinden, welcher dieser Mechanismen in einer gegebenen Probe der dominierende ist. Der EY-Mechanismus beispielsweise ist in der Regel besonders wichtig in Halbleitern mit schmaler Bandlücke, da diese eine starke Spin-Bahn-Wechselwirkung haben. Dagegen ist der BAP-Mechanismus mit großer Wahrscheinlichkeit im Materialien vom p-Typ wichtig. Der DY-Mechanismus ist in allen Zinkblendeproben zu erwarten, wobei seine Effektivität eine inverse Abhängigkeit von der Elektronenstreurate aufweist (was der Intuition widerspricht). Weitere Einzelheiten zu den Mechanismen der Elektronenspinrelaxation finden Sie in den unter Weiterführende Literatur genannten Arbeiten.

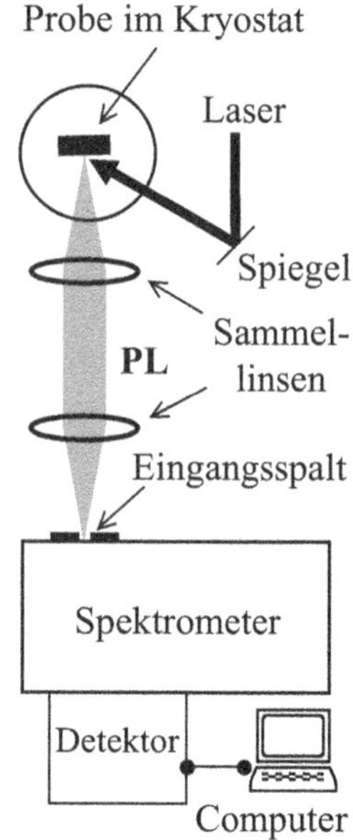

Abb. 5.9: Versuchsanordnung für die Aufnahme von Photolumineszenz-Spektren (PL). Die Probe wird mit einem Laser oder einer Lampe angeregt, wobei die Photonenergie größer ist als die Bandlücke. Aufgezeichnet wird die Emission als Funktion der Wellenlänge mithilfe eines computergesteuerten Spektrometers und eines Detektors. Bei der PLE ist die Detektionswellenlänge fest und es wird über die Anregungswellenlänge gescannt. Bei der zeitaufgelösten Photolumineszenz-Spektroskopie wird ein gepulster Laser verwendet, und es wird auf einem schnellen Detektor für jede Wellenlänge die Emission als Funktion der nach Auftreffen des Pulses vergangenen Zeit aufgezeichnet.

5.3.5   Photolumineszenz-Spektroskopie

Die Photolumineszenz-Spektroskopie wird hauptsächlich in der Diagnostik sowie als Werkzeug in der Halbleiterforschung verwendet. Gewöhnlich besteht das Ziel darin, Elektrolumineszenz-Bauelemente wie LEDs und Laser zu entwickeln. Dies erreicht man in der Regel nur, wenn man zuvor die Emissionsmechanismen mittels Photolumineszenz-Spektroskopie genau untersucht.

Photolumineszenz-Spektren können mit einer Versuchsanordnung wie der in Abbildung 5.9 skizzierten aufgenommen werden. Die Probe befindet sich in einem Kryostat mit variabler Temperatur und wird mit einem Laser oder einer hellen Lampe beleuchtet, wobei die Photonenergie größer ist als E_g. Wenn ein flüssiger Heliumkryostat verwendet wird, lassen sich leicht Temperaturen von 2 K aufwärts erreichen. Die Lumineszenz wird bei niedrigeren Frequenzen und in alle Richtungen emittiert. Ein Teil wird mit einer Linse gesammelt und auf den Eingangsspalt eines Spektrometers fokussiert. Das Spektrum wird aufgenommen, indem das Spektrometer über die Wellenlängen scannt und für jede Wellenlänge mit einem empfindlichen Detektor wie einem Photomultiplier die Intensität gemessen wird. Alternativ kann das gesamte Spektrum in einem Schritt aufgenommen werden, wenn man ein Array von Detektoren wie beispielsweise einen CCD-Sensor verwendet.

Im Laufe der Zeit sind verschiedene nützliche Varianten der Photolumineszenz-Technik entwickelt worden. Bei der Photolumineszenz-Anregungsspektroskopie (PLE von engl. photoluminescence exitation) wird die Probe mit einem stimmbaren Laser angeregt, und während die Laserwellenlänge variiert wird, misst man die Intensität der Lumineszenz für den Emissionspeak. Da die Form des Emissionsspektrums unabhängig von der Art und Weise ist, wie die Ladungsträger angeregt werden, ist die Signalstärke einfach proportional zum Absorptionskoeffizienten bei der jeweiligen Laserwellenlänge. Dies ist scheinbar ein recht komplizierter Weg, um die Absorption zu messen, doch tatsächlich ist er sehr nützlich. Viele Halbleiterproben sind als dünne Schichten auf ein dickes Substrat aufgewachsen, das bei der interessierenden Wellenlänge lichtundurchlässig ist. Dies macht direkte Transmissionsmessungen unmöglich. Die PLE-Technik gestattet somit Absorptionsmessungen unter Bedingungen, bei denen diese ansonsten nicht möglich wären.

Bei der **zeitaufgelösten Photolumineszenz-Spektroskopie** wird die Probe mit einem sehr kurzen Lichtpuls angeregt, und das Emissionsspektrum wird als Funktion der nach dem Auftreffen des Pulses vergangenen Zeit aufgenommen. Verwendet wird eine Versuchsanordnung wie in Abbildung 5.9, jedoch mit einem ultraschnellen Pulslaser als Anregungsquelle. Heute stehen Laser zur Verfügung, die Pulse von 1 ps und kürzer emittieren, und die Zeitauflösung ist gewöhnlich durch die Responszeit des Detektors limi-

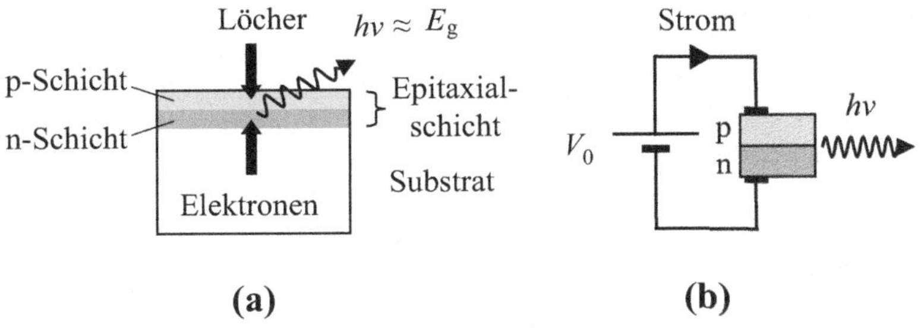

Abb. 5.10: (a) Schicht-struktur und (b) Schaltbild für ein typisches Elektro-lumineszenzbauelement. Die dünne aktive Schicht am Kontakt zwischen der p- und der n-Schicht ist nicht dargestellt und die Größenverhältnisse sind nicht maßstabsgerecht. Die Dicke der epitaxischen Schichten beträgt nur $\sim 1\mu\mathrm{m}$, während das Substrat $\sim 500\mu\mathrm{m}$ dick sein kann. Die laterale Aus-dehnung des Bauelements kann mehrere Millimeter betragen.

tiert. Zeitauflösungen von bis zu $\sim 100\,\mathrm{ps}$ lassen sich mit schnellen Photonenzählern oder Avalanche-Photodioden erreichen, während Auflösungen von $1\,\mathrm{ps}$ mit „Streak-Kameras" oder „Up-Conversion-Technik" möglich sind. Die Zeitabhängigkeit des Emissionsspektrums liefert eine direkte Information über die Ladungsträgerrelaxation und die Rekombinationsmechanismen; außerdem gestattet sie die Messung der radiativen Lebensdauern. Abbildung 5.8 zeigt ein Bei-spiel für Messdaten, die man mit dieser Technik aufnehmen kann.

5.4 Elektrolumineszenz

Von Elektrolumineszenz spricht man, wenn die Lumineszenz durch einen elektrischen Strom erzeugt wird, der durch ein optoelektroni-sches Bauelement fließt. Es gibt im Wesentlichen zwei Typen:

- **Leuchtdioden** (LEDs, von engl. light-emitting diodes), und

- **Laserdioden.**

Im Folgenden konzentrieren wir uns auf anorganische Halbleiter und verschieben die Behandlung von molekularen Leuchtdioden auf Ab-schnitt 8.4. Am Ende des Abschnitts behandeln wir kurz die ver-wandte Methode der Kathodolumineszenz.

5.4.1 Allgemeine Prinzipien

Abbildung 5.10 zeigt die Schichtstruktur und das Schaltbild für ein typisches Elektrolumineszenzbauelement. Das Bauelement besteht aus mehreren **epitaxischen** Schichten, die auf der Oberfläche ei-nes dicken **Kristallsubstrats** aufgewachsen sind. Die epitaxischen Schichten bestehen aus einer p-n-Diode mit einer dünnen **aktiven Zone** am Kontakt. Die Diode wird in Durchlassrichtung betrieben, wobei der Strom aus der p-Schicht in die darunter liegende n-Schicht fließt. Die Lumineszenz wird in der aktiven Zone generiert, indem die aus der n-Schicht kommenden Elektronen mit den aus der p-Schicht kommenden Löchern rekombinieren.

Früher wurden Materialien mit indirekter Lücke benutzt, da es an Alternativen mit direkter Lücke mangelte. GaP wurde z.B. für gelbe und grüne LEDs und SiC für blaue eingesetzt. Die aktiven Zonen wurden dabei oft dotiert, um die Rekombination durch Verunreinigungen zu unterstützen und so die Ausbeute zu erhöhen. Mit dem Aufkommen effizienter Nitrid-LEDs, die direkte Bandlücken haben, wurden diese Bauelemente überflüssig.

Epitaxie ist der Sammelbegriff für Verfahren, bei denen dünne Schichten hoher Qualität auf der Oberfläche eines dickeren Substratkristalls gebildet werden. Das Substrat fungiert als Träger für die epitaxischen Schichten und kann außerdem als Wärmesenke dienen. Kristalle mittlerer Qualität werden durch Flüssigphasenepitaxie (LPE) hergestellt, während für Materialien höchster Qualität die metallorganische Gasphasenepitaxie (MOVPE) oder die Molekularstrahlepitaxie (MBE) zum Einsatz kommt. Diese Verfahren sind eine wesentliche Voraussetzung für das erfolgreiche Züchten von Quantentopfstrukturen höchster Qualität, wie sie im nächsten Kapitel beschrieben werden.

Die mikroskopischen Mechanismen, welche das Emissionsspektrum bestimmen, sind exakt die gleichen wie jene, die wir im Zusammenhang mit der Photolumineszenz in den Abschnitten 5.3.1 und 5.3.3 diskutiert hatten. Der einzige Unterschied ist der, dass die Ladungsträger elektrisch anstatt optisch injiziert werden. Bei Raumtemperatur erwarten wir daher eine einzelne Emissionslinie der Breite $\sim k_{\mathrm{B}}T$ an der Bandlückenenergie E_{g}. Folglich bestimmt E_{g} die Emissionswellenlänge.

In Abschnitt 5.2 hatten wir aufgezeigt, dass die Strahlungseffizienz von Materialien mit indirekter Bandlücke gering ist. Moderne kommerzielle Elektrolumineszenz-Bauelemente werden daher aus Verbindungen mit direkter Bandlücke hergestellt. Im Prinzip kann jeder Halbleiter mit direkter Bandlücke für die aktive Schicht verwendet werden, doch in der Praxis haben sich einige wenige Materialien durchgesetzt. Die wichtigsten Faktoren, die die Wahl des Materials bestimmen, sind folgende:

(1) die Größe der Bandlücke

(2) Einschränkungen, die sich aus dem Gitter-Matching ergeben

(3) die Frage, wie schwierig die p-Dotierung ist.

Der erste Punkt ist offensichtlich, denn die Bandlücke bestimmt die Emissionswellenlänge. Die anderen beiden Punkte sind praktischer Natur und beziehen sich auf die Art und Weise, wie die Bauelemente hergestellt werden. Sie werden im Folgenden ausführlicher diskutiert.

Der Begriff **Gitter-Matching** bezieht sich auf die relative Größe der Gitterparameter der epitaxischen Schichten und des Substrats. Die dünnen epitaxischen Schichten werden auf der Oberfläche eines Substratkristalls gezüchtet (siehe Abbildung 5.10a). Dies geschieht aus praktischen Erwägungen. Es ist schwierig, große Kristalle zu züchten, die eine ausreichende Reinheit haben, um Licht effizient zu emittieren. Daher lässt man mithilfe verschiedener **Epitaxieverfahren** dünne ultrareine Schichten auf der Oberfläche eines Substrats mit reinerer optischer Qualität wachsen. Die Bedingungen für das Kristallwachstum schränken die epitaxischen Schichten dahingehend ein, dass die sich bildende Elementarzelle die gleiche Größe hat wie die des Substratkristalls. Dies bedeutet, dass die epitaxischen Schichten stark verzerrt werden, wenn sie nicht die gleiche Gitterkonstante wie das Substrat haben. Somit gibt es ein „Gitter-Matching" zwischen den epitaxischen Schichten und dem Substrat. Wenn diese Bedingung nicht erfüllt ist, bilden sich in den epitaxischen Schichten mit hoher Wahrscheinlichkeit Versetzungen und andere Defekte, was zu einer erheblichen Beeinträchtigung der optischen Qualität führt.

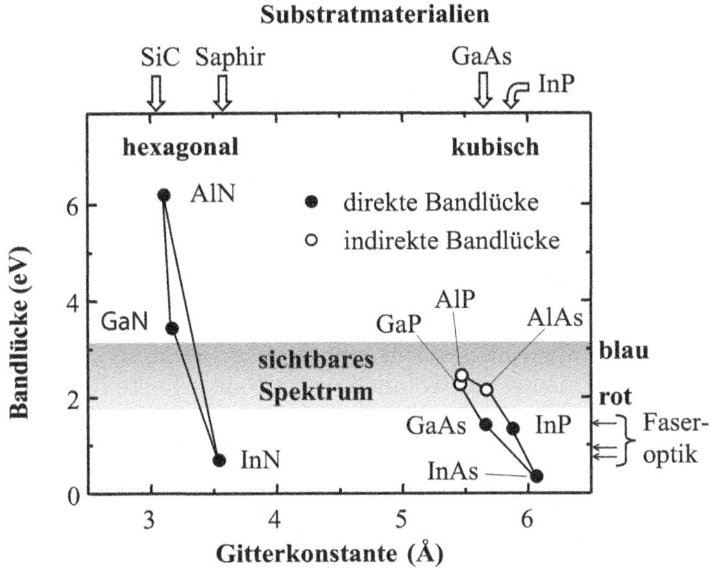

Abb. 5.11: Bandlücke ausgewählter III-V-Halbleiter als Funktion der Gitterkonstante. In der Abbildung sind jene Materialien berücksichtigt, die gewöhnlich für LEDs und Laserdioden verwendet werden. Oben sind die Gitterkonstanten handelsüblicher Substratkristalle angegeben. Die Nitridmaterialien im linken Teil haben hexagonale Wurtzitstruktur, die Arsenide auf der rechten Seite dagegen kubische Zinkblendestruktur. Daten aus Madelung (1996).

Abbildung 5.11 zeigt die Bandlücken für einige III-V-Materialien, die in Elektrolumineszenz-Bauelementen verwendet werden, aufgetragen über der Gitterkonstante. Die Gitterkonstanten der üblicherweise als Substrate verwendeten Kristalle sind oben in der Abbildung angegeben. Die Materialien lassen sich in zwei Gruppen unterteilen. Rechts sehen wir die Arsen- und Phosphorverbindungen, die mit kubischer Zinkblendestruktur kristallisieren, während auf der linken Seite Nitridverbindungen eingetragen sind, die die hexagonale Wurtzitstruktur haben. Wir wollen zunächst die kubischen Materialien diskutieren und anschließend die Nitride betrachten.

Lange Zeit verwendete die optoelektronische Industrie hauptsächlich Galliumarsenid und seine Legierungen. GaAs emittiert im infraroten Bereich bei 870 nm, und durch Legierung mit AlAs erhält man $Al_xGa_{1-x}As$ als Emitter für den Bereich von 630 bis 870 nm (siehe Beispiel 5.1). AlGaAs kann leicht unter Einhaltung des Gitter-Matchings auf GaAs wachsen, da die Gitterkonstanten von GaAs und AlAs nahezu identisch sind. AlGaAs-Emitter, die bei 850 nm arbeiten, sind in lokalen Glasfasernetzen und in der Infrarot-Datenübertragung weit verbreitet, während Bauelemente mit höherem Aluminiumanteil für rote LEDs eingesetzt werden.

AlGaAs ist ein Beispiel für eine „ternäre" Legierung, also ein Material, das aus drei Elementen besteht. „Quarternäre" Legierungen wie $(Al_yGa_{1-y})_xIn_{1-x}P$ können ebenfalls hergestellt werden. All diesen Arsen- und Phosporlegierungen ist das Problem gemeinsam, dass sie indirekt werden, wenn die Bandlücke größer wird. Dies schränkt ihre Verwendung auf den roten und infraroten Spektralbereich ein.

x	y	E_g	λ_g
0	0	1,35	0,92
0,27	0,58	0,95	1,30
0,40	0,85	0,80	1,55
0,47	1	0,75	1,65

Um den Wert der Bandlücke von InN gab es eine gewisse Kontroverse. Ältere Text (auch die erste Auflage des vorliegenden Buches) nennen Werte um 2 eV. Neuere Ergebnisse lassen jedoch vermuten, dass die Bandlücke viel kleiner ist.

Anwendungen in der Faseroptik erfordern lichtemittierende Bauelemente, die bei etwa 1,3 µm und 1,55 µm arbeiten. Dies sind die Wellenlängen, bei denen Quarzfasern die geringste Dispersion bzw. den geringsten Verlust haben. Emitter für diese Wellenlängen werden meist aus der quarternären Legierung $\mathrm{Ga}_x\mathrm{In}_{1-x}\mathrm{As}_y\mathrm{P}_{1-y}$ hergestellt. Ein Gitter-Matching an InP-Substrate lässt sich für $x \approx 0{,}47y$ erreichen. Dies erlaubt die Herstellung eines ganzen Bereiches von Verbindungen mit direkter Lücke, wobei die Emissionswellenlänge von 0,92 µm bis 1,65 µm reicht. Siehe hierzu Tabelle 5.1.

Bis vor nicht allzu langer Zeit war es sehr schwierig, aus III-V-Halbleitern effiziente Elektrolumineszenz-Bauelemente für den grünen und blauen Spektralbereich herzustellen. Grund hierfür ist das bereits erwähnte Problem, dass die Arsen- und Phosphorverbindungen indirekt werden, wenn die Bandlücke größer wird. 1995 jedoch gelang Shuji Nakamura bei der Firma Nichia Chemical Industries (Japan) ein bedeutender Durchbruch, nämlich die Entwicklung von LEDs auf der Basis von Galliumnitrid-Verbindungen. GaN hat bei 4 K eine direkte Bandlücke von 3,5 eV (siehe Abbildung 5.3) und bei Raumtemperatur von 3,4 eV. Durch Legieren mit InN kann die Emissionswellenlänge von Ultraviolett bis zum roten Spektralbereich variiert werden. Mit Nitriden für Blau und Grün und AlGaInP für Rot ist also der gesamte sichtbare Spektralbereich abgedeckt.

Interessant ist die Frage, warum es so lange gedauert hat, Nitridbauelemente zu entwickeln. Es war durchaus bekannt, dass Nitride im Prinzip gute Emitter für Blau und Grün abgeben würden, aber dennoch waren keine kommerziellen Bauelemente erhältlich. Der Grund hierfür hängt mit dem dritten oben genannten Kriterium für die Wahl von Elektrolumineszenz-Materialien zusammen: die p-Dotierung ist bei diesem Material schwierig. Dies ist auch für andere Materialien mit breiter Bandlücke ein hartnäckiges Problem. Beispielsweise sollten auch II-VI-Verbindungen mit direkter Lücke wie ZnSe und CdSe im Prinzip gute LEDs für den blauen/grünen/gelben Spektralbereich abgeben, doch sie haben wegen des Dotierungsproblems keine große kommerzielle Verbreitung gefunden.

Die p-Dotierung ist in Halbleitern mit breiter Bandlücke schwierig, weil diese sehr tiefe Akzeptorniveaus haben. Die Energien der Akzeptoren sind durch (7.29) gegeben, wobei m_e^* durch m_h^* zu ersetzen ist. Der hohe Wert von m_h^* und der für Materialien mit breiter Bandlücke relativ kleine Wert von ϵ_r erhöhen die Akzeptorenergien und reduzieren somit die Anzahl der Löcher, die bei Raumtemperatur thermisch in das Valenzband angeregt werden können. Dieser letzte Punkt folgt aus dem Boltzmann-Faktor (5.11), wobei E gleich der Akzeptorbindungsenergie ist, die signifikant größer ist als $k_\mathrm{B}T$. Die geringe Lochdichte verleiht den Schichten einen hohen Widerstand, sodass es, wenn ein Strom fließt, zur ohmschen Erwärmung und schließlich zum Ausfall des Bauelements kommt. Nakamuras Durchbruch wurde erst möglich mit der Entwicklung neuer Verfahren zum Aktivieren der Löcher in p-GaN durch Ausheizen der Schichten in Stickstoff bei 700 °C.

Im Zusammenhang mit der Entwicklung von Nitrid-LEDs gibt es einen weiteren überraschenden Aspekt. Aus Überlegungen zum Gitter-Matching folgt, dass die Baulemente idealerweise auf Siliciumcarbid-Substraten gezüchtet werden sollten, oder noch besser auf GaN selbst (siehe Abbildung 5.11). Beide Materialien sind aber sehr teuer, weshalb kommerzielle Bauelemente eher auf billigeren Saphirsubstraten gezüchtet werden. Wegen der hohen Defektdichte, die sich aus dem schlechten Gitter-Matching ergibt, sollte man meinen, dass die Strahlungsausbeute gering ist. In Wirklichkeit kann sie jedoch sehr groß sein. Ein Faktor, der dies ermöglicht, ist eine dicke „Pufferschicht" direkt über dem Substrat. Diese bewirkt, dass sich die Anzahl der Versetzungen in der aktiven Zone verringert. Ein weiterer Faktor sind die relativ schwachen Diffusionskoeffizienten von Elektronen und Löchern in GaN, zusammen mit der hohen Strahlungswahrscheinlichkeit. Elektronen und Löcher neigen dann eher zur radiativen Rekombination, bevor sie Zeit haben, zu einem Defekt zu diffundieren und nichtradiativ zu rekombinieren.

Im nächsten Kapitel werden wir uns mit Quantentopfstrukturen befassen, die neuere Entwicklungen auf dem Gebiet der Elektrolumineszenz ermöglicht haben. Tatsächlich haben viele kommerzielle Bauelemente – vor allem Laserdioden, aber auch viele LEDs – mittlerweile Quantentöpfe in ihren aktiven Zonen. Ein anderer wichtiger Durchbruch war die Kombination von Nitrid-LEDs mit Phosphortechnologie, um effiziente Weißlichtquellen herzustellen. Diese Bauelemente, die die Grundlage von Festkörper-Leuchtmitteln bilden, werden wir in Abschnitt 9.5 betrachten.

5.4.2   Leuchtdioden

Das Funktionsprinzip von Leuchtdioden (oder LEDs, von engl. light-emitting diode) lässt sich anhand des in Abbildung 5.12 gezeigten Bänderdiagramms erklären. Die p- und die n-Schicht sind sehr stark dotiert, um entsprechende Verteilungen von Löchern in der p-Schicht und von Elektronen in der n-Schicht zu erzeugen. Beachten Sie, dass dies ein anderer Entartungstyp ist als der, den wir in Abschnitt 5.3.3 betrachtet hatten. Entartung bedeutet hier, dass die durch das Dotieren erzeugte Ladungsträgerdichte so groß ist, dass die Fermi-Energien in der p- und n-Schicht positiv in Bezug auf die Bandkanten sind. Bei $V_0 = 0$ gibt es ein vollständiges thermisches Gleichgewicht mit einer eindeutigen Fermi-Energie für das gesamte Bauelement, und die Bänder sind daher wie in Abbildung 5.12a angeordnet. Am Kontakt bildet sich eine Verarmungszone, in der es

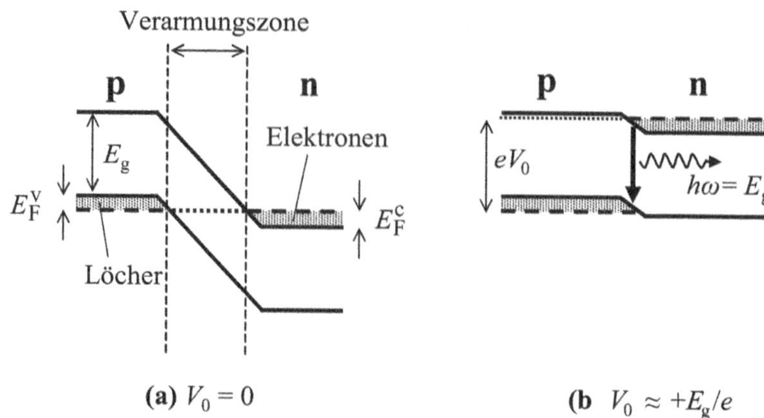

Abb. 5.12: Bänderdiagramm einer Leuchtdiode. Teil (a) zeigt den Fall, dass die Vorspannung null ist, in Teil (b) ist $V_0 \approx E_g/e$. Das Bauelement besteht aus einer p-n-Diode mit stark dotierten p- und n-Schichten. Die gestrichelten Linien in der p- und der n-Schicht zeigen die Positionen der Fermi-Niveaus. Im Fall $V_0 = 0$ müssen sie auf einer Höhe liegen. In Teil (b) wird Licht emittiert, wenn am Kontakt die Elektronen in der n-Schicht mit den Löchern in der n-Schicht rekombinieren.

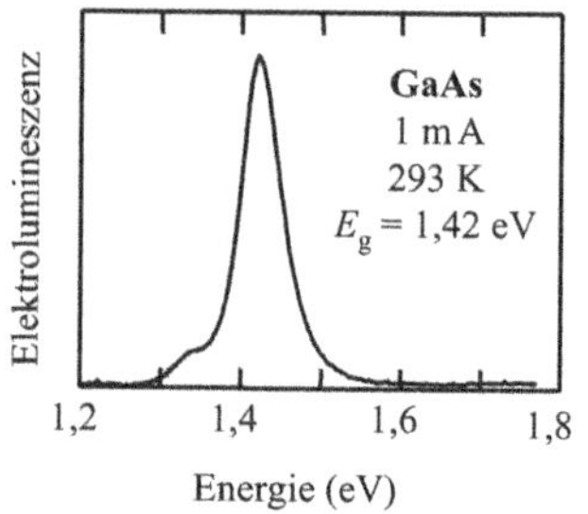

Abb. 5.13: Elektrolumineszenzspektrum einer GaAs-LED bei Raumtemperatur. Unveröffentlichte Daten von A. D. Ashmore.

weder Elektronen noch Löcher gibt. Es wird kein Licht emittiert, da nirgends innerhalb des Bauelements signifikante Populationen sowohl von Elektronen als auch Löchern vorhanden sind.

Anders ist die Situation, wenn eine Durchlassspannung $V_0 \sim E_g/e$ angelegt wird, um einen Strom durch das Gerät zu leiten. Unter dieser Nichtgleichgewichtsbedingung verschieben sich die Fermi-Niveaus in der p- und der n-Schicht relativ zueinander (siehe Abbildung 5.12b). Die Veramungszone schrumpft, was es den Elektronen erlaubt, aus der n-Schicht in die p-Schicht zu diffundieren und umgekehrt. Dadurch entsteht am Kontakt eine Zone, in der es Elektronen und Löcher gibt. Die Elektronen rekombinieren mit den Löchern, wobei per Interbandlumineszenz Photonen der Energie E_g emittiert werden. Die rekombinierten Elektronen und Löcher werden ersetzt durch den Strom, der aus dem externen Stromkreis durch das Bauelement fließt (siehe Abbildung 5.10b).

Abbildung 5.13 zeigt das Spektrum einer in Durchlassrichtung betriebenen GaAs-p-i-n-Diode bei einem Strom von 1 mA. Das Licht wird in der dünnen i-Schicht am Kontakt zwischen p- und n-Schicht erzeugt. Wie bereits erwähnt, hat GaAs bei Raumtemperatur eine Bandlücke von 1,42 eV, was einer Emission im Nahinfrarot etwa bei 870 nm entspricht. Die Halbwertsbreite der Emissionslinie ist 58 meV, was etwa das Doppelte von $k_\mathrm{B}T$ bei 293 K ist.

5.4.3   Diodenlaser

Halbleiterlaser sind schwieriger herzustellen als LEDs, doch sie haben hervorragende Eigenschaften, was ihre Ausbeute, spektrale Linienbreite, Strahlqualität und Responszeit betrifft. Sie werden daher für anspruchsvollere Anwendungen eingesetzt, während die einfacheren den billigeren LEDs überlassen bleiben. Sie werden hauptsächlich aus GaAs-basierten Materialien hergestellt und arbeiten im roten sowie im nahinfraroten Spektralbereich. Seit es effiziente nitridbasierte Emitter gibt, sind auch blaue Laserdioden erhältlich.

Das Wort Laser ist ein Akronym und steht für englisch „light amplification by stimulated emission of radiation". Wie der Name erkennen lässt, basiert die Arbeitsweise des Lasers auf dem quantenmechanischen Prozess der **stimulierten Emission.** Dies darf nicht mit dem Prozess der spontanen Emission verwechselt werden, der für die Lumineszenz verantwortlich ist (siehe Anhang B.1). Die stimulierte Emission bewirkt einen *Anstieg* der Photonenzahl infolge der Wechselwirkung mit den Atomen des Mediums, was zur optischen Verstärkung führt. Im Gegensatz dazu *reduziert* der Prozess der Absorption die Photonenzahl und verursacht eine Abschwächung.

Betrachten wir die Wechselwirkung zwischen einer Lichtwelle der Frequenz ν und einem Medium, das Atome mit einem elektronischen Übergang bei der Energie $h\nu$ enthält (siehe Abbildung B.2). Die Absorptionsprozesse führen zu einer Abschwächung des Strahls, während die stimulierte Emission eine Verstärkung bewirkt. Die Übergangsraten für die beiden Prozesse sind durch (B.5) bzw. (B.6) gegeben. Unter den normalen Bedingungen des thermischen Gleichgewichts wird die Population N_1 im unteren Niveau um den durch (B.8) gegebenen Faktor größer sein als die Population N_2 im oberen Niveau. Dies bedeutet, dass die Absorptionsrate die Rate der stimulierten Emission übersteigt, sodass es eine effektive Abschwächung des Strahls gibt. Wenn wir es aber irgendwie bewerkstelligen könnten, dass N_2 größer ist als N_1, dann würde des Umgekehrte gelten. Die Rate der stimulierten Emission würde die Absorptionsrate übersteigen, und es gäbe eine effektive Verstärkung des Strahls. Die Nichtgleichgewichtssituation mit $N_2 > N_1$ wird als **Besetzungsinversion** bezeichnet. Sie ist eine notwendige Voraussetzung dafür, dass eine Laseroszillation auftritt.

In Abschnitt 5.3.1 hatten wir erklärt, warum die Ladungsträgerverteilungen nach dem Injizieren von Elektronen und Löchern nur ein Quasigleichgewicht und nicht das vollständige thermische Gleichgewicht erreichen. An der Oberkante des Valenzbandes befinden sich überhaupt keine Elektronen, während die Unterkante des Leitungsbandes mit ihnen gefüllt ist. Wir haben somit für die Bandlückenfrequenz E_{g}/e eine Besetzungsinversion. Hieraus resultiert ein effektive optische Verstärkung, die zum Betreiben eines Lasers genutzt werden kann, wenn ein optischer Hohlraum zur Verfügung steht.

Abbildung 5.14 zeigt eine schematische Darstellung eines Laser-Hohlraums, der mit einem aktiven Medium gefüllt ist. An beiden Enden befinden sich Spiegel. Dies ist der typische Aufbau einer Halbleiter-Laserdiode, die meist einfach nur aus dem Halbleiterchip selbst besteht. Die Reflexionsgrade an den Halbleiter-Luft-Grenzflächen betragen typischerweise um 30% (siehe Aufgabe 5.18). Dies kann an sich schon ausreichend sein, um einen Laser zu betreiben,

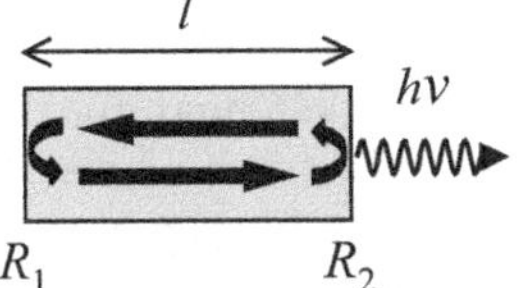

Abb. 5.14: Schematische Darstellung eines Laser-Hohlraums der Länge l. An den seitlichen Begrenzungsflächen des aktiven Mediums werden Atome reflektiert. Die Reflexionsgrade sind R_1 und R_2 mit $R_1 \gg R_2$.

doch im Folgenden nehmen wir an, dass die Reflexionsgrade an den beiden Enden verschieden sind (R_1 und R_2) und dass $R_1 \gg R_2$ gilt.

Wenn ein Strom durch den p-n-Kontakt einer Laserdiode geht, wird durch Elektrolumineszenz Licht der Frequenz $\nu \approx E_{\mathrm{g}}/h$ erzeugt. Dieses Licht wird im Hohlraum hin und her reflektiert und erfährt dabei aufgrund der Besetzungsinversion zwischen Leitungs- und Valenzband eine Verstärkung. An einem bestimmten Schwellenwert des **Injektionsstroms** I_{in}, der als **Laserschwelle** I_{th} bezeichnet wird, beginnt der Laser zu oszillieren. Für Stromstärken über I_{th} wächst die Ausgabeleistung des Lasers linear mit I_{in}. Dies ist in Abbildung 5.15a illustriert. Die Ausgabeleistung wird durch Transmission durch den Spiegel mit dem kleineren Reflexionsgrad (dem sogenannten **Ausgangskoppler** des Lasers) aus dem Hohlraum ausgekoppelt.

Wenn der Laser einmal oszilliert, wird das Emissionsspektrum durch die resonanten **longitudinalen Moden** des optischen Hohlraums bestimmt. Die resonanten Moden müssen die Bedingung erfüllen, dass sie stehende Wellen zwischen den Spiegeln bilden, was bedeutet, dass es innerhalb des Hohlraums ein ganzzahliges Vielfaches der halben Wellenlänge geben muss. Diese Bedingung kann in der Form

$$\text{ganze Zahl} \times \frac{\lambda'}{2} = l \tag{5.19}$$

geschrieben werden, wobei λ' die Wellenlänge innerhalb des Kristalls ist, also gleich λ/n, wobei λ die Wellenlänge in Luft ist und n der Brechungsindex. Dies bedeutet, dass die Frequenzen der longitudinalen Moden die Bedingung

$$\nu = \text{ganze Zahl} \times \frac{c}{2nl} \tag{5.20}$$

erfüllen müssen. Der Laser oszilliert mit einer oder mehreren dieser Resonanzfrequenzen. Manche Halbleiterlaser oszillieren mit einer einzigen longitudinalen Mode und haben Emissionslinien im MHz-Bereich. Dies liegt um viele Größenordnungen unter dem Wert einer äquivalenten Leuchtdiode.

Bedingung für die stabile Oszillation des Lasers ist, dass die Lichtintensität im Hohlraum sich nicht mit der Zeit ändern darf. Diese Bedingung erlaubt es uns, den Wert der Ausbeute in dem Medium zu bestimmen.

Wir nehmen an, dass es im Medium eine Besetzungsinversion und somit eine optische Verstärkung für die Übergangsfrequenz ν gibt. Wir definieren den inkrementellen Verstärkungskoeffizienten γ_ν durch

$$\mathrm{d}I = +\gamma_\nu \mathrm{d}x \times I(x) \tag{5.21}$$

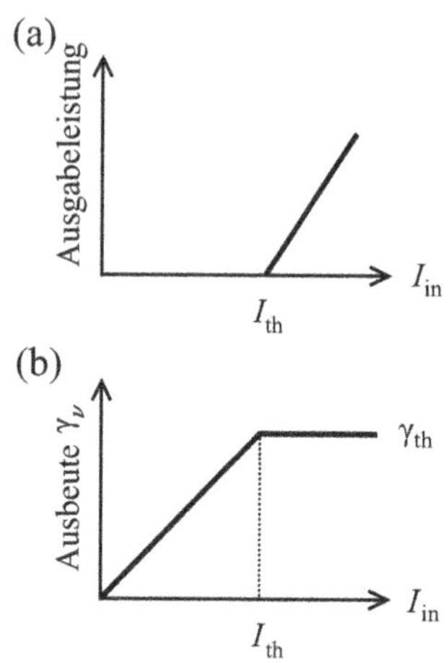

Abb. 5.15: (a) Ausgabeleistung und (b) Verstärkungskoeffizient γ_ν als Funktion des Injektionsstroms I_{in} in einer Halbleiter-Laserdiode. I_{th} ist der Schwellwert des Injektionsstroms (Laserschwelle), und γ_{th} der Schwellwert der Verstärkung, der für eine stabile Laseroszillation notwendig ist. Beachten Sie, dass es sich um idealisierte Kurven handelt und dass reale Bauelemente von dem hier gezeigten Verhalten abweichen können.

Dies ist die gleiche Definition wie für den Absorptionskoeffizienten in (1.3), mit dem Unterschied, dass die Intensität hier mit dem Abstand wächst anstatt kleiner zu werden. Durch Integration von (5.21) erhalten wir

$$I(x) = I_0 \mathrm{e}^{\gamma_\nu x} \tag{5.22}$$

Betrachten wir nun den Weg des Lichts bei der Frequenz ν auf einem Umlauf durch den Hohlraum (Abbildung 5.14). Für eine stabile Oszillation muss der Anstieg der Intensität aufgrund der Verstärkung die Verluste aufgrund des nicht perfekten Reflexionsvermögens der Spiegel sowie aller anderen im Medium vorhandenen Verlustquellen genau aufwiegen. Diese Bedingung kann in der Form

$$R_1 R_2 \, \mathrm{e}^{2\gamma_\nu l} \mathrm{e}^{-2\alpha_\mathrm{b} l} = 1 \tag{5.23}$$

geschrieben werden. Der in beiden Exponentialtermen auftretende Faktor 2 trägt der Tatsache Rechnung, dass das Licht während eines Umlaufs das Medium zweimal passiert. Der Verlustkoeffizient α_b beschreibt die Streuverluste und die Absorption aufgrund anderer Prozesse als Interbandübergängen (z. B. durch Beimengungen). Die Oszillationsbedingung (5.23) kann in der Form

$$\gamma_\mathrm{th} = \alpha_\mathrm{b} - \frac{1}{2l} \ln(R_1 R_2) \tag{5.24}$$

geschrieben werden. Dies definiert den Schwellenwert γ_th, der für die Laseroszillation notwendig ist. Halbleiter mit direkter Bandlücke wie GaAs haben aufgrund ihrer hohen Zustandsdichte und ihrer kurzen radiativen Lebensdauern sehr große Verstärkungskoeffizienten. Dies macht es möglich, mit Hohlraumlängen von nur 1 mm oder noch weniger die Auskopplungsverluste zu kompensieren.

Wir nehmen an, dass der Verstärkungskoeffizient linear mit dem Injektionsstrom I_in wächst (siehe Abbildung 5.15b). Für $I_\mathrm{in} = I_\mathrm{th}$ erreicht die Verstärkung den durch (5.24) definierten Wert, an dem der Laser zu oszillieren beginnt. Wenn dies einmal der Fall ist, muss die Verstärkung bei dem Wert γ_th festgehalten werden, da sie anderenfalls die Verluste übersteigen würde, sodass die Stabilitätsbedingung (5.23) nicht mehr gilt. Das bedeutet, dass für $I_\mathrm{in} > I_\mathrm{th}$ die Injektion von weiteren Elektronen und Löchern keine weitere Verstärkung bewirkt, da diese über stimulierte Emission direkt rekombinieren und zu einem Anstieg der Ausgabeleistung führen (siehe Abbildung 5.15a).

Die Ausgabeleistung P_out oberhalb des Schwellwertes kann in der Form

$$P_\mathrm{out} = \eta \, \frac{h\nu}{e} \, (I_\mathrm{in} - I_\mathrm{th}) \tag{5.25}$$

geschrieben werden, wobei η die Quantenausbeute ist. η bestimmt den Anteil der injizierten Elektron-Loch-Paare, der Laserphotonen erzeugt. Die Quantenausbeute bestimmt die **differenzielle Effizienz** in Watt pro Ampere:

$$\text{differentielle Effizienz} = \frac{P_{\text{out}}}{(I_{\text{in}} - I_{\text{th}})} = \frac{\eta h\nu}{e} \qquad (5.26)$$

In einer idealen Laserdiode gilt $\eta = 1$ und die differenzielle Effizienz ist gleich dem theoretischen Maximum von $h\nu/e$. Die besten Diodenlaser kommen diesem Idealwert sehr nahe.

Einer der Hauptgründe, warum η in einer realen Laserdiode kleiner als eins ist, hat mit dem **optischen Confinement** und dem **elektrischen Confinement** zu tun. Das Bauelement wird niemals effizient arbeiten, wenn es nicht irgendwie gelingt, den Injektionsstrom auf den gleichen Teil des Bauelements zu beschränken wie das Licht. Dies ist wegen der inherent planaren Natur von Halbleiterlasern nicht eben eine leichte Aufgabe. Die Bauelemente haben sehr kleine Abmessungen (etwa von $1\,\mu$m) in vertikaler Richtung (z-Richtung) und wesentlich größere (mehrere Hundert Mikrometer) in der horizontalen Ebene (x- und y-Richtung). Das Licht wird in der dünnen aktiven Zone erzeugt und an der Seite des Chips emittiert. Bei einer solchen planaren Struktur neigt das Licht dazu, sich über die y-z-Ebene zu verteilen, während der Strom sich in x- und y-Richtung ausbreitet. Damit ist es möglich, dass sich Strom und Licht in der x-y-Ebene nicht richtig überlappen, was zu einer geringen Quantenausbeute führt.

Neuere Lasertypen, die als vertikal emittierende Laser bezeichnet werden, haben eine andere Geometrie als die hier diskutierten planaren Laser. Bei diesen wird das Licht von der Oberfläche des Chips emittiert anstatt von den Seitenflächen. Ausführlichere Informationen zu diesen neuartigen Lasern finden Sie in den unter Weiterführende Literatur angegebenen Referenzen.

Es gibt viele verschiedene Möglichkeiten, um optisches und elektrisches Confinement zu erreichen. Die grundlegenden Prinzipien werden verständlich, wenn wir ein spezielles Beispiel betrachten. Abbildung 5.16 zeigt eine schematische Darstellung eines oxidbeschränkten GaAs-AlGaAs-Heterostruktur-Streifenlasers. Der „Streifen" ist durch die Lücke in den isolierenden Oxidschicht definiert, die beim Herstellungsprozess auf der Oberfläche des Bauelementes aufgebracht wird. Der Strom fließt in die negative z-Richtung, während das Licht in $\pm x$-Richtung propagiert. Der obere Kontakt ist nur mit der p-Schicht zwischen den Oxidschichten verbunden, sodass der Strom auf den langen, schmalen Streifen in der x-y-Ebene beschränkt ist, der beim Herstellungsprozess vorgegeben wird.

Das Licht dagegen propagiert in $\pm x$-Richtung. Die Form der Lasermode in der y-z-Ebene wird durch **Lichtleiter**-Effekte bestimmt. Gemeint ist damit, dass der Lichtstrahl in die Richtung senkrecht zur Propagationsrichtung beschränkt ist, anstatt wie gewöhnlich aufgrund der Beugung auseinanderzulaufen. Das Confinement in z-Richtung wird erreicht durch die Tendenz des Lichts, in den Bereich mit dem größten Brechungsindex zu propagieren. Warum dies so ist, lässt sich durch den Mechanismus der Totalreflexion an den

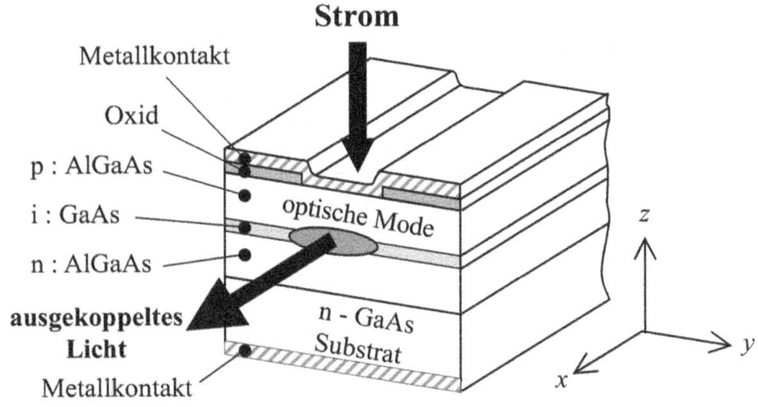

Abb. 5.16: Oxidbeschränkter GaAs-AlGaAs-Heterostruktur-Streifenlasers. Der Strom fließt in die negative z-Richtung und das Licht propagiert in $\pm x$-Richtung. Der Streifen ist durch die Lücke in der isolierenden Oxidschicht definiert, die beim Herstellungsprozess auf der Oberfläche des Bauelementes aufgebracht wird. Die aktive Zone ist die GaAs-Schicht zwischen der n- und der p-dotierten AlGaAs-Schicht.

Grenzflächen zwischen den Materialien mit hohem und niedrigem Brechungsindex erklären. Dieses vertikale Confinement lässt sich in Bauelementen mit **Heterokontakten** wie dem in Abbildung 5.16 gezeigten leicht erreichen. In diesem Beispiel besteht die aktive Schicht aus GaAs, das einen höheren Brechungsindex als die umhüllenden AlGaAs-Schichten hat.

Das optische Confinement in y-Richtung ist schwieriger. Es wird entweder durch Indexführung oder durch Verstärkungsführung erreicht. Indexführung ist das gleiche Phänomen wie das, welches zur Herstellung des vertikalen Confinements benutzt wurde. Die laterale Musterung der Oberseite des Chips kann durch Stress oder andere Effekte zu kleinen Variationen im effektiven Brechungsindex in y-Richtung führen. Die Verstärkungsführung hingegen ist eine Konsequenz aus dem elektrischen Confinement. Die Halbleiterschichten zeigen an der Laserwellenlänge eine sehr starke Absorption, außer in den Bereichen, in denen es eine Verstärkung aufgrund der Besetzungsinversion gibt. Aus diesem Grund ist die optische Mode außer in den Verstärkungszonen, die durch das elektrische Confinment definiert sind, extrem verlustbehaftet. Dies ist in dem in Abbildung 5.16 gezeigten Beispiel der Fall.

Ein Heterokontakt verbindet unterschiedliche Materialien, während bei einem Homokontakt alle Materialen gleich sind. Der Heterokontakt wurde 1963 unabhängig von Zhores I. Alferov und Herbert Kroemer entwickelt. Für diese Leistung wurden beide Forscher im Jahr 2000 mit dem Nobelpreis für Physik ausgezeichnet.

Unter Weiterführende Literatur sind einige Referenzen aufgelistet, die ausführlichere Informationen über die vielen Typen von Halbleiterlasern enthalten. Im nächsten Kapitel wird erklärt, wie sich durch Verwendung von Quantentöpfen in der aktiven Zone eine Verbesserung der Performanz und eine größere Flexibilität der Emissionswellenlänge erreichen lässt.

5.4.4 Kathodolumineszenz

Als Kathodolumineszenz bezeichnet man die Emission von Licht durch einen Festkörper infolge einer Anregung durch Kathoden-

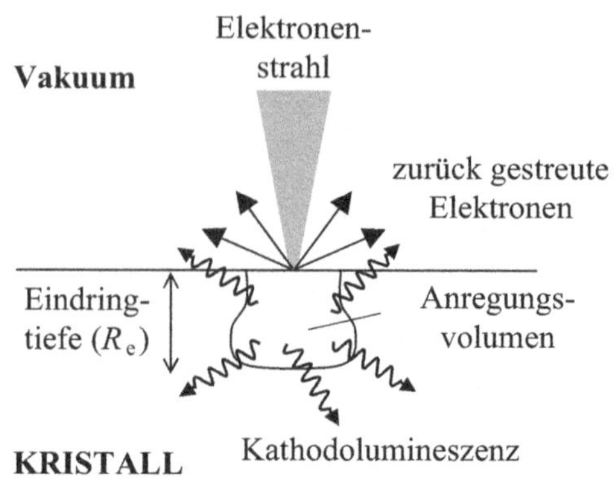

Abb. 5.17: Erzeugung von Kathodolumineszenz durch Anregung eines Kristalls mit einem Elektronenstrahl.

strahlen (Elektronenstrahlen). Da das Licht als Respons auf den Elektronenstrom folgt, kann es als eine Form der Elektrolumineszenz betrachtet werden. In manchen Büchern wird das Phänomen auch als eigenständige Variante der Lumineszenz behandelt. Die Kathodolumineszenz wird vor allem in Kathodenstrahlröhren ausgenutzt. Außerdem ist sie ein mächtiges Werkzeug für Forschungszwecke.

Die grundlegenden Prozesse, die auftreten, wenn ein Elektronenstrahl auf einen Kristall trifft, sind in Abbildung 5.17 illustriert. Die Elektronen des Strahls werden als *primäre* Elektronen bezeichnet. Ihre Energie ist durch die angelegte Spannung bestimmt, die typischerweise zwischen 1 und 100 kV beträgt. Einige der primären Elektronen werden von den Atomen elastisch gestreut (d. h. ohne signifikanten Energieverlust). Dadurch entstehen *rückgestreute* Elektronen hoher Energie. Diese können fokussiert werden, um auf diese Weise ein Bild der Probe zu erzeugen, ähnlich wie es in einem Elektronenmikroskop geschieht. Die verbleibenden Elektronen werden während des Eindringens in den Kristall viele Male inelastisch gestreut, und bei diesem Prozess werden ihre Richtungen randomisiert. Der Bereich des Kristalls, der mit dem Elektronenstrahl wechselwirkt, wird als Anregungsvolumen bezeichnet. Die vom Strahl zurückgelegte Distanz wird als Eindringtiefe R_e bezeichnet. Die Eindringtiefe wächst mit der Energie der primären Elektronen. Typische Werte von R_e liegen zwischen 1 µm und 10 µm. Für Elekronenstrahlen mit Energien unter ~ 10 keV kann R_e aber auch signifikant weniger als 1 µm betragen.

Die über die Oberfläche eindringenden Elektronen übertragen ihre Energie auf den Kristall, indem sie Elektron-Loch-Paare anregen. Die Anzahl der Elektron-Loch-Paare, die pro Primärelektron erzeugt wird, ist gegeben durch

$$N^{\mathrm{eh}} = (1 - \gamma)\,\frac{E^{\mathrm{p}}}{E^{\mathrm{i}}} \tag{5.27}$$

Dabei ist γ der Anteil am Energieverlust, der durch die Rückstreuung verursacht wird. E^{p} ist die Energie des primären Elektrons und E^{i} ist die Ionisierungsenergie (d. h., die Energie, die erforderlich ist, um ein Elektron-Loch-Paar zu bilden). Die Elektron-Loch-Paare werden durch einen komplizierten mehrstufigen Prozess gebildet, der die Reemission und nachfolgende Streuung *sekundärer* Elektronen umfasst. Für viele Materialien hat sich jedoch gezeigt, dass E^{i} durch die folgende einfache semiempirische Formel gegeben ist:

$$E^{\mathrm{i}} = 2{,}8\, E_{\mathrm{g}} + E' \tag{5.28}$$

Die hier auftretende Größe E' hängt nur vom Material ab und hat einen Wert der Größenordnung 0 bis 1 eV. Ein primäres Elektron mit einer Energie von $\sim 10\,\mathrm{keV}$ kann demnach in einem Halbleiter mit einer Bandlücke von 1 bis 3 eV Tausende von Elektron-Loch-Paaren erzeugen. Diese Elektronen und Löcher werden weit oben in ihren jeweiligen Bändern erzeugt und emittieren in alle Richtungen Photonen mit einer Energie $\hbar\omega \gtrsim E_{\mathrm{g}}$, nachdem sie an die Unterkanten der Bänder relaxiert sind. Diese Photonen sind es, die das Kathodolumineszenzsignal enthalten.

Beim Einsatz als Forschungsinstrument wird die Kathodolumineszenz gewöhnlich untersucht, indem man das von der Probe emittierte Licht in einem Elektronenmikroskop fokussiert und detektiert. Besonders nützlich ist dieses Instrument bei der Untersuchung von Materialien mit breiter Bandlücke und von Nanostrukturen. Im ersten Fall ist die Kathodolumineszenz eine Alternative zu Photolumineszenz-Experimenten, die mangels einer Anregungsquelle mit ausreichend hoher Photonenergie undurchführbar sein können, sodass die Kathodolumineszenz in solchen Situationen das einzige verfügbare Verfahren zur Untersuchung von Lichtemssionsprozessen ist. Im zweiten Fall gestattet die Möglichkeit, den Elektronenstrahl auf einen sehr kleinen Bereich zu fokussieren, die selektive Anregung von Strukturen mit Abmessungen im Mikrometerbereich. Diese räumliche Selektivität wird durch die Ausbreitung der Elektronen innerhalb des Anregungsvolumens limitiert, doch Auflösungen von $\sim 100\,\mathrm{nm}$ oder weniger können mit Strahlen niedriger Energie erreicht werden (etwa 5 keV).

Am weitesten verbreitet ist die kommerzielle Anwendung der Kathodolumineszenz in Kathodenstrahlröhren. In diesen Geräten scannt ein Elektronenstrahl einen Schirm ab, der mit einem lichtemittierenden Material, Leuchtstoff genannt, beschichtet ist. In monochromen Displays, wie sie etwa in Oszilloskopen eingesetzt werden, wird nur ein einziger Strahl und ein einziger Leuchtstoff verwendet. Bei Farbdisplays dagegen, die bis vor einiger Zeit vielfach in Computerbildschirmen benutzt wurden, sind drei separate Elektronenstrahlen und drei unterschiedliche Leuchtphosphore notwendig, nämlich für jede Primärfarbe (rot, grün, blau) einer. Jedes Pixel auf dem Bildschirm besteht aus je einem roten, grünen und blauen Unterpixel. Da man jedes dieser Unterpixel separat mit einem der Strahlen ansprechen kann, lässt sich der gesamte Farbraum abbilden. Ausführlicher wird die Physik der Leuchtphosphore in Abschnitt 9.5 behandelt.

Zusammenfassung

- Als Lumineszenz bezeichnet man allgemein die Emission von Licht durch spontane Emission in Festkörpern. Photolumineszenz ist die Reemission von Licht infolge der Absorption von Photonen höherer Energie. Von Elektrolumineszenz spricht man, wenn die Lumineszenz durch elektrische Anregung erzeugt wird.

- Die Emissionsrate ist proportional zum Matrixelement des Übergangs, zur Zustandsdichte und zu den Besetzungsfaktoren des oberen und des unteren Niveaus.

- Übergänge mit hohen Absorptionskoeffizienten haben kurze radiative Lebensdauern. Eine effiziente Lumineszenz wird nur dann erreicht, wenn die radiative Lebensdauer kürzer ist als die nichtradiative.

- Interbandlumineszenz tritt auf, wenn ein Elektron aus dem Leitungsband unter Emission eines Photons in das Valenzband fällt. Der Prozess ist gleichbedeutend mit der Rekombination eines Elektron-Loch-Paares. Der Übergang wird im Bänderdiagramm durch einen nach unten gerichteten Pfeil dargestellt.

- Das Interband-Lumineszenzspektrum ist unabhängig von der Art und Weise, wie das Material angeregt wird. Die Emissionswellenlänge entspricht der fundamentalen Bandlücke des Materials.

- Materialien mit direkter Bandlücke haben kurze radiative Lebensdauern ($\sim 1\,\mathrm{ns}$) und sind starke Emitter. Materialien mit indirekter Bandlücke haben längere Lebensdauern und sind in der Regel sehr ineffiziente Emitter.

- Die durch Photoanregung erzeugten Ladungsträger relaxieren schnell an die Unterkanten ihrer Bänder, bevor es zur Rekombination kommt. Es entsteht ein Zustand des Quasigleichgewichts mit unterschiedlichen Fermi-Energien für Elektronen und Löcher. Das Lumineszenzspektrum kann aus den thermischen Verteilungen der Ladungsträger berechnet werden.

- Die aus die Anregung mit zirkular polarisiertem Licht resultierende Depolarisierung der Lumineszenz liefert Informationen über Relaxationsprozesse der Elektronenspins.

- Leuchtdioden bestehen aus p-n-Dioden, wobei das lichtemittierende Material in der aktiven Zone am Kontakt zwischen p- und n-Schicht liegt. Licht wird emittiert, wenn die Diode in Durchflussrichtung betrieben wird. Für LEDs werden gewöhnlich Halbleiter mit direkter Lücke verwendet.

- Durch Injizieren von Elektronen und Löchern in das Leitungs- und das Valenzband kann an der Bandlückenfrequenz eine Besetzungsinversion erzeugt werden. Dies kann die Arbeit des Lasers unterstützen, wenn die Verstärkung durch stimulierte Emission die Umlaufverluste im optischen Hohlraum ausgleicht.

- Halbleiterlaser sind gewöhnlich planare Strukturen, wobei das Licht an einer seitlichen Begrenzung des Chips emittiert wird. An den seitlichen Luft-Halbleiter-Grenzflächen des Hohlraum befinden sich Spiegel.

- Die Lichtemission durch Anregung mit Kathodenstrahlen wird als Kathodolumineszenz bezeichnet.

Weiterführende Literatur

Eine gute Einführung zu Lumineszenzvorgängen in Festkörpern ist Elliott & Gibson (1974). Die Interbandlumineszenz in Halbleitern wird in Pankove (1971) und Yu & Cardona (1996) diskutiert. Ausführlichere Darstellungen finden Sie in Landsberg (1991) oder Voos et al. (1980).

Die bis 1984 vollständigste Arbeit zu optischen Orientierungsexperimenten ist Meier & Zakharchenya (1984). Einen Überblick über neuere Arbeiten bietet Awschalom et al. (2002), Dyakonov (2008) und Kusrayev & Landwehr (2008). Eine maßgebliche Abhandlung zur zeitaufgelösten Lumineszenzspektroskopie finden Sie in Shah (1999).

Die Physik der Elektrolumineszenz wird in den meisten Texten zur Optoelektronik diskutiert, so zum Beispiel in Bhattacharya (1997), Chuang (1995), Sze (1981), Sze (1985) oder Wilson & Hawkes (1998). Eine umfassende Darstellung zur Physik von Leuchtdioden finden Sie in Schubert (2006). Die Entwicklung von Nitrid-Emittern ist in Nakamura et al. (2000) beschrieben. Ausführliche Informationen über Halbleiterlaserdioden finden Sie in Silfvast (2004), Svelto (1998) oder Yariv (1997). Die Bücher von Yacobi & Holt sowie von Gustafsson et al. (1998) widmen sich der Physik der Kathodolumineszenz.

Aufgaben

5.1 Erklären Sie, warum es schwierig ist, Leuchtdioden aus Materialien mit indirekter Bandlücke anzufertigen.

5.2 Wenn ein Halbleiter mit direkter Bandlücke durch Absorption von Photonen mit Energien oberhalb der Bandlücke angeregt wird, dann stellt man im Allgemeinen fest, dass das Lumineszenzspektrum unabhängig von der Anregungsfrequenz ist. Erklären Sie dieses Phänomen.

5.3* Die Wellenfunktionen für atomaren Wasserstoff können in der Form

$$\Psi_{nlm}(r,\theta,\phi) = R_{nl}(r)\,Y_{l,m}(\theta,\phi)$$

geschrieben werden. Die radialen Wellenfunktionen für die 1s- und 2p-Zustände sind

$$R_{10}(r) = \frac{2}{a_{\mathrm{H}}^{3/2}}\,\mathrm{e}^{-r/a_{\mathrm{H}}}$$

und

$$R_{21}(r) = \frac{r}{\sqrt{24}a_{\mathrm{H}}^{5/2}}\,\mathrm{e}^{-r/2a_{\mathrm{H}}}$$

wobei a_{H} der bohrsche Radius von Wasserstoff ist. Die Kugelfunktionen dieser Zustände sind

$$Y_{0,0}(\theta,\phi) = \frac{1}{\sqrt{4\pi}}$$

$$Y_{1,0}(\theta,\phi) = \sqrt{\frac{3}{4\pi}}\,\cos\theta$$

$$Y_{1,\pm 1}(\theta,\phi) = \mp\sqrt{\frac{3}{8\pi}}\,\mathrm{e}^{\pm\mathrm{i}\phi}\,\sin\theta$$

Berechnen Sie mithilfe von (B.31) den Einstein-Koeffizienten A für den Übergang 2p → 1s. Berechnen Sie hieraus die radiative Lebensdauer des 2p-Zustands.

5.4 Die radiative Lebensdauer τ_{R} des Laserübergangs in titandotiertem Saphir beträgt 3,9 μs. Die Lebensdauer τ des angeregten Zustands wird bei 300 K mit 3,1 μs gemessen und bei 350 K mit 2,2 μs. Erklären Sie, weshalb τ verschieden von τ_{R} ist und geben Sie einen möglichen Grund an, warum τ mit zunehmender Temperatur kleiner wird. Berechnen Sie für die beiden Temperaturen jeweils die Strahlungseffizienz.

5.5 Von einem Halbleiterkristall sei bekannt, dass er, wenn er mit der 488 nm-Linie eines Argonionenlasers bestrahlt wird, effizient bei 540 nm emittiert. Benutzen Sie die Daten aus Tabelle D.3, um eine Vermutung anzustellen, um was für einen Kristall es sich handelt.

5.6 Ein Strahl aus einem Dauerstrichlaser fällt auf ein Material, das bei der Laserfrequenz ν den Absorptionskoeffizienten α hat.

   (a) Zeigen Sie, dass Elektron-Loch-Paare mit einer Rate von $I\alpha/h\nu$ pro Volumeneinheit emittiert werden, wobei I die Intensität im Material ist.

   (b) Zeigen Sie ausgehend von der Balance zwischen Ladungsträgererzeugung und Rekombination unter den Bedingungen des stationären Zustands, dass die Ladungsträgerdichte N im beleuchteten Volumen gleich $I\alpha\tau/h\nu$ ist, wobei τ die Rekombinationslebensdauer der Elektronen und Löcher ist.

   (c) Berechnen Sie N, wenn ein Laserstrahl der Leistung 1 mW auf einen kreisförmigen Bereich vom Radius 50 μm fokussiert wird, der sich auf einer antireflektierend beschichteten Probe befindet, welche einen angeregten Zustand der Lebensdauer 1 ns hat. Nehmen Sie an, dass der Absorptionskoeffizient bei einer Laserwellenlänge von 514 nm den Wert $2 \times 10^6\,\mathrm{m}^{-1}$ hat.

5.7 Ein sehr kurzer Laserpuls von 780 nm fällt auf einen dicken Kristall, der bei dieser Wellenlänge einen Absorptionskoeffizienten von $1{,}5 \times 10^6\,\mathrm{m}^{-1}$ hat. Der Puls hat eine Energie von 10 nJ und wird auf einen kreisförmigen Bereich vom Radius 100 μm gerichtet.

   (a) Berechnen Sie die initiale Ladungsträgerdichte an der Vorderseite der Probe.

   (b) Nehmen Sie an, dass die radiative und die nichtradiative Lebensdauer der Probe 1 ns bzw. 8 ns beträgt, und berechnen Sie die Zeit, die die Ladungsträgerdichte benötigt, um auf 50% des Anfangswertes zu fallen.

   (c) Berechnen Sie die Gesamtzahl der lumineszenten Photonen, die durch die Laserpulse erzeugt werden.

5.8 Erklären Sie, wieso die Emissionswahrscheinlichkeit für einen Interbandübergang proportional zum Produkt der Besetzungsfaktoren f_e und f_h für Elektronen und Löcher ist.
   Zeigen Sie, dass das Produkt $f_\mathrm{e}f_\mathrm{h}$ im klassischen Grenzfall, für den die Boltzmann-Statistik anwendbar ist, proportional zu $\exp(-(h\nu - E_\mathrm{g})/k_\mathrm{B}T)$ ist.

5.9 Zeigen Sie, dass die Anzahl der Elektronen im Leitungsband eines Halbleiters im klassischen Grenzfall durch

$$N_e = \frac{e^{E_F^c/k_B T}}{2\pi^2} \left(\frac{2m_e^* k_B T}{\hbar^2} \right)^{3/2} \int_0^\infty x^{1/2} e^{-x}\, dx$$

gegeben ist. Verwenden Sie $\int_0^\infty x^{1/2}\, e^{-x}\, dx = \sqrt{\pi}/2$ und werten Sie E_F^c bei 300 K für GaAs aus ($m_e^* = 0{,}067 m_0$), wenn (a) $N_e = 1 \times 10^{20}\,\mathrm{m}^{-3}$ und (b) $N_e = 1 \times 10^{24}\,\mathrm{m}^{-3}$. Diskutieren Sie, ob die zur Herleitung dieser Gleichung verwendeten Näherungen in diesen beiden Fällen gerechtfertigt sind.

5.10 Zeigen Sie, dass sich die durch (5.9) und (5.10) gegebenen Fermi-Integrale bei $T = 0$ zu

$$N_{e,h} = \int_0^{E_F^{c,v}} \frac{1}{2\pi^2} \left(\frac{2m_{e,h}^*}{\hbar^2} \right) E^{1/2}\, dE$$

vereinfachen. Werten Sie dieses Integral aus und leiten Sie auf diese Weise Gleichung (5.13) her.

5.11 Ein Laser regt einen Halbleiter mit $m_e^* = 0{,}1 m_0$ und $m_h^* = 0{,}5 m_0$ an. Berechnen Sie die Elektron- und Loch-Fermi-Energien für Ladungsträgerdichten von (a) $1 \times 10^{21}\,\mathrm{m}^{-3}$ und (b) $1 \times 10^{24}\,\mathrm{m}^{-3}$ unter der Annahme, dass die Verteilungen entartet sind. Formulieren Sie für jeden der beiden Fälle eine Bedingung an die Temperatur, damit die Entartungsbedingungen anwendbar sind. Kommentieren Sie Ihr Ergebnis.

5.12 Zeigen Sie, dass im entarteten Grenzfall während der Photolumineszenz die k-Vektoren, die den Fermi-Energien von Leitungs- und Valenzband entsprechen, die gleichen sind, obwohl die Fermi-Energien sich unterscheiden.

5.13* Das Photolumineszenzspektrum von CdTe, das eine direkte Bandlücke bei 1,61 eV und einen Brechungsindex von 2,7 hat, wird unter Verwendung der in Abbildung 5.9 gezeigten Versuchsanordnung gemessen. Ein Argonionenlaser mit einer Leistung von 1 mW und der Photonenergie 2,41 eV wird auf einen kleinen Bereich der Probe fokussiert. Die Lumineszenz wird mit einer Linse vom Durchmesser 25 mm und der Brennweite 100 mm gesammelt.

(a) Berechnen Sie den Raumwinkel, den die Linse in die Probe schneidet.

(b) Schätzen Sie den Anteil der Photolumineszenz ab, der durch die Linse gesammelt wird. Nehmen Sie an, dass die emittierte Lumineszenz innerhalb des Kristalls in allen Richtungen homogen ist und an der Oberfläche reflektiert und gebrochen wird.

(c) Berechnen Sie die gesamte von den Atomen emittierte Lumineszenzleistung in Abhängigkeit von der Strahlungsausbeute η_R der Probe.

(d) Schätzen Sie damit die durch die Linse gesammelte Lumineszenzleistung ab.

5.14* Abbildung 5.8 zeigt das Emissionsspektrum des Halbleiters $Ga_{0,47}In_{0,53}As$ (direkte Bandlücke) für zwei Zeitpunkte, nachdem eine Ladungsträgerdichte von $2 \times 10^{24}\,m^{-3}$ mithilfe eines ultrakurzen Laserpulses angeregt wurde.

(a) Berechnen Sie die Elektron-Fermi-Energie für die initiale Ladungsträgerdichte für $T = 0$. ($m_e^* = 0{,}041m_0$)

(b) Berechnen Sie für die gleichen Bedingungen die Loch-Fermi-Energie unter der Annahme, dass die Zustandsdichten für das Leicht- und das Schwerlochband einfach addiert werden können. ($m_{hh}^* = 0{,}47m_0$, $m_{lh}^* = 0{,}05m_0$)

(c) Die effektive Ladungsträgertemperatur für das Spektrum bei 24 ps ist 180 K. Sind die Ladungsträger entartet?

(d) Erläutern Sie die Form des Spektrums bei 24 ps und verwenden Sie dazu den Wert 0,81 eV für die Bandlücke von $Ga_{0,47}In_{0,53}As$.

(e) Verwenden Sie die für 250 ps vorgelegten Daten, um eine grobe Abschätzung für die Ladungsträgerdichte zu diesem Zeitpunkt zu bekommen. Schätzen Sie die mittlere Lebensdauer der Ladungsträger ab.

5.15 Betrachten Sie einen Zinkblende-III-V-Halbleiter mit einer initialen Polarisation des Elektronenspins von 50 % und der Lochpolarisation null. Zeigen Sie, dass für die Lumineszenz eine zirkulare Polarisation von 25 % zu erwarten ist. Betrachten Sie dazu die relativen Populationen der Elektronenspin-Niveaus und die relativen Gewichte der möglichen Übergänge.

5.16 An einer Probe mit dem g-Faktor g_e für Elektronen werden Experimente zur optischen Orientierung und zum Hanle-Effekt durchgeführt. Schreiben Sie die Lebensdauer τ der Ladungsträger und die Spinlebensdauer τ_S mithilfe des Polarisationsgrades bei Feld null (also $P(0)/P_0$) und des Hanle-Halbwerts $B_{1/2}$ (d. h. der Feldstärke, bei der $P(B) = P(0)/2$ gilt).

5.17 GaP hat eine indirekte Lücke bei 2,27 eV und eine direkte Lücke bei 2,78 eV. Die Bandlücke des Legierungshalbleiters $GaAs_xP_{1-x}$ variiert näherungsweise linear mit der Zusammensetzung, und sie ist direkt für $x \leq 0{,}45$. Die Bandlücke von GaAs ist 1,42 eV.

(a) Was ist die kürzeste Wellenlänge, die mit einer Leuchtdiode aus $GaAs_xP_{1-x}$ effizient erzeugt werden kann?

(b) Schätzen Sie die Zusammensetzung einer Legierung in einer Leuchtdiode, wenn diese bei 670 nm emittiert.

5.18 GaAs hat an seiner Bandlücke einen Brechungsindex von 3,5.

(a) Berechnen Sie den Reflexionsgrad an der Grenzfläche zwischen Luft und dem GaAs-Kristall.

(b) Berechnen Sie die Frequenzseparation der longitudinalen Moden einer GaAs-Laserdiode mit einer Länge von 1 mm.

(c) Die Laserdiode aus Teil (b) sei so beschichtet, dass eine Seite des Chips einen Reflexionsgrad von 95% hat. Die andere Seite sei unbeschichtet. Berechnen Sie den Schwellwert der Verstärkung, wenn Verluste durch Verunreinigung (wie Streuung) vernachlässigbar sind.

5.19 Eine Laserdiode emittiert bei 830 nm, wenn sie mit einem Injektionsstrom von 100 mA betrieben wird.

(a) Berechnen Sie die maximal mögliche Leistung, die das Bauelement emittieren kann.

(b) Berechnen Sie die Leistungskonversion, wenn die tatsächlich ausgegebene Leitung 50 mW und die Betriebsspannung 1,9 V beträgt.

(c) Die Laserschwelle des Lasers sei 35 mA. Wie groß sind die differenzielle Effizienz und Quantenausbeute?

5.20 Ein Elektronenstrahl der Dichte J trifft eine Probe. Zeigen Sie, dass die resultierende Dichte der Elektron-Loch-Paare durch

$$N = \frac{J\tau}{eR_e}\left(1 - \gamma\right)\frac{E^p}{E^i}$$

gegeben ist. Dabei ist τ die Lebensdauer der Ladungsträger und R_e die Eindringtiefe; die übrigen Symbole sind in (5.27) definiert.

6 Quantenbeschränkung

Dieses Kapitel gibt einen Überblick über die optischen Eigenschaften von quantenbeschränkten Halbleitern. Bei diesen handelt es sich um künstliche Strukturen, in denen die Elektronen und Löcher in einer oder mehreren Richtungen beschränkt sind. Sie haben generell Größen im Nanometerbereich und können daher als Beispiele für **Nanostrukturen** angesehen werden. Wir werden uns vorrangig auf Quantentöpfe konzentrieren. Diese Strukturen sind nur in einer Richtung beschränkt und am besten geeignet, um die wichtigsten Prinzipien zu verdeutlichen. Es folgt eine Einführung in die Physik der Quantenpunkte, ein Gebiet, das sich seit der ersten Auflage des vorliegenden Buches enorm weiterentwickelt hat. Wie wir sehen werden, haben Quantentöpfe und Quantenpunkte sehr interessante optische Eigenschaften, die für Anwendungen in der Optoelektronik von Bedeutung sind. Außerdem können die physikalischen Prinzipien, die wir hier für anorganische Halbleiter untersuchen, leicht auf andere Typen von quantenbeschränkten Systemen adaptiert werden. Ein Beispiel hierfür sind die Kohlenstoff-Nanostrukturen, die in Abschnitt 8.5 behandelt werden.

Die optischen Eigenschaften von quantenbeschränkten Halbleitern resultieren aus der Physik von Interbandabsorption, Exzitonen und Interbandlumineszenz (siehe Kapitel 3 bis 5). Diese Kenntnisse werden hier vorausgesetzt. Die Behandlung der Quantenbeschränkung bietet Gelegenheit, sie anzuwenden und zu vertiefen.

6.1 Quantenbeschränkte Strukturen

Die optischen Eigenschaften von Festkörpern hängen gewöhnlich nicht von der Größe des Kristalls ab. Rubine zum Beispiel haben unabhängig von ihrer Größe stets die gleiche rote Farbe. Diese Aussage gilt allerdings nur, solange der Kristall hinreichend groß ist. Für sehr kleine Kristalle hängen die optischen Eigenschaften sehr wohl von der Größe ab. Ein überzeugendes Beispiel hierfür sind halbleiterdotierte Gläser. Wie wir in Abschnitt 6.8.2 ausführen werden, enthalten diese in dem farblosen Trägerglas sehr kleine Halbleiterkristalle, deren Größe die Farbe bestimmt.

Die Größenabhängigkeit der optischen Eigenschaften in sehr kleinen Kristallen ist eine Folge der **Quantenbeschränkung.** Nach der heisenbergschen Unschärferelation weist der Impuls eines Teilchen, welches auf einen Bereich Δx der x-Achse beschränkt ist, eine Unschärfe auf, die durch

$$\Delta p_x \sim \frac{\hbar}{\Delta x} \tag{6.1}$$

gegeben ist. Wenn das Teilchen mit der Masse m sich ansonsten frei bewegen kann, dann verleiht ihm die Beschränkung in x-Richtung eine zusätzliche kinetische Energie vom Betrag

$$E_{\text{Confinement}} = \frac{(\Delta p_x)^2}{2m} \sim \frac{\hbar^2}{2m(\Delta x)^2} \tag{6.2}$$

Diese Confinement-Energie wird signifikant, wenn sie vergleichbar mit der kinetischen Energie wird, die das Teilchens aufgrund seiner thermischen Bewegung in der x-Richtung hat. Diese Bedingung kann in der Form

$$E_{\text{Confinement}} \sim \frac{\hbar^2}{2m(\Delta x)^2} > \frac{1}{2} k_{\text{B}} T \tag{6.3}$$

geschrieben werden. Hieraus entnehmen wir, dass Quantengrößeneffekte wichtig werden, falls

$$\Delta x \lesssim \sqrt{\frac{\hbar^2}{m k_{\text{B}} T}} \tag{6.4}$$

Die Größe Δx muss also vergleichbar mit oder kleiner als die de-Broglie-Wellenlänge $\lambda_{\text{deB}} \equiv h/p_x$ für die thermische Bewegung sein.

Das durch (6.4) definierte Kriterium gibt eine Vorstellung, wie klein die Struktur sein muss, damit darin Effekte der Quantenbeschränkung auftreten. Für ein Elektron in einem typischen Halbleiter mit $m_{\text{e}}^* = 0{,}1 m_0$ muss bei Raumtemperatur demnach $\Delta x \lesssim 5\,\text{nm}$ gelten. Eine „dünne" Halbleiterschicht der Dicke $1\,\mu\text{m}$ ist also, auf der Skala von Elektronen gemessen, keineswegs dünn. Sie ist vielmehr ein Volumenkristall, der, außer bei extrem tiefen Temperaturen, keinerlei Quantengrößeneffekte zeigt (siehe Aufgabe 6.1). Um Quantengrößeneffekte zu beobachten, sind noch dünnere Schichten nötig.

Quantenbeschränkte Strukturen werden allgemein anhand ihrer Dimensionalität klassifiziert. Tabelle 6.1 fasst die drei grundlegenden Typen quantenbeschränkter Strukturen zusammen. Üblicherweise werden die folgenden Bezeichnungen verwendet:

- **Quantentöpfe:** eindimensionale Beschränkung

- **Quantendrähte:** zweidimensionale Beschränkung

- **Quantenpunkte:** dreidimensionale Beschränkung

Das Prinzip der Äquipartition der Energie besagt, dass jeder Freiheitsgrad der Bewegung eine thermische Energie von $k_{\text{B}} T/2$ haben muss.

Tab. 6.1: Anzahl der freien Dimensionen für die verschiedenen Quantenbeschränkungen. Die letzte Spalte zeigt die funktionale Abhängigkeit der Zustandsdichte für freie Elektronen.

Struktur	Quanten- beschränkung	freie Dimensionen	Zustands- dichte
Volumen	keine	3	$E^{1/2}$
Quantentopf/-Supergitter	1-D	2	E^0
Quantendraht	2-D	1	$E^{-1/2}$
Quantenpunkt/-kasten	3-D	0	diskret

In Tabelle 6.1 ist außerdem jeweils die Anzahl der Freiheitsgrade angegeben. Die Elektronen und Löcher in Volumenhalbleitern haben die Freiheit, sich innerhalb ihrer Bänder in allen drei Richtungen zu bewegen, sodass sie drei Freiheitsgrade haben und die Physik dreidimensional ist. Die Elektronen und Löcher in einem Quantentopf sind dagegen in einer Richtung beschränkt und haben deshalb nur zwei Freiheitsgrade. Dies bedeutet, dass sie sich effektiv wie zweidimensionale Materialien verhalten. Entsprechend haben Quantendrähte eine eindimensionale Physik und Quantenpunkte eine „nulldimensionale". Quantentöpfe, Quantendrähte und Quantenpunkte sind somit Beispiele für **niedrigdimensionale Strukturen.**

Die Quantisierung der Bewegung von Elektronen und Löchern hat zwei wichtige Konsequenzen:

(1) Die Energie eines in Ruhe befindlichen Teilchens erhöht sich um die Confinement-Energie.

(2) Die funktionale Abhängigkeit der Zustandsdichte ändert sich.

Beide Aspekte werden in diesem Kapitel ausführlich besprochen. An dieser Stelle sind ein paar allgemeine Vergleiche hilfreich, die in Abbildung 6.1 illustriert sind.

In einem Volumenhalbleiter können die Elektronen des Leitungsbandes jede beliebige Energie oberhalb der Bandlückenenergie E_g haben und die Zustandsdichte ist proportional zu $(E - E_\mathrm{g})^{1/2}$. Dies ist eine Konsequenz aus der freien Bewegung in allen drei Richtungen. Die Zustandsdichte für einen Quantentopf ist durch die in zwei Dimensionen freie Bewegung sowie durch die Energieverschiebung aufgrund der Quantenbeschränkung bestimmt. Wie in Aufgabe 6.3 gezeigt wird, ist die Zustandsdichte unabhängig von der Energie, und somit haben wir für jedes quantisierte Niveau eine Folge von Stufen in der Zustandsdichte. Beachten Sie, dass die Bandkante durch die quantisierte Energie für die quantenbeschränkte Bewegung in der dritten Dimension effektiv zu höheren Energien verschoben wird.

Siehe etwa (3.16), wonach die Zustandsdichte für freie Elektronen in drei Dimensionen wie $E^{1/2}$ variiert. Für ein Elektron im Leitungsband eines Halbleiters muss die Energie relativ zur Unterkante des Leitungsbandes gemessen werden. Beachten Sie, dass die $(E - E_\mathrm{g})$-Abhängigkeit nur im Rahmen der parabolischen Bandnäherung gilt.

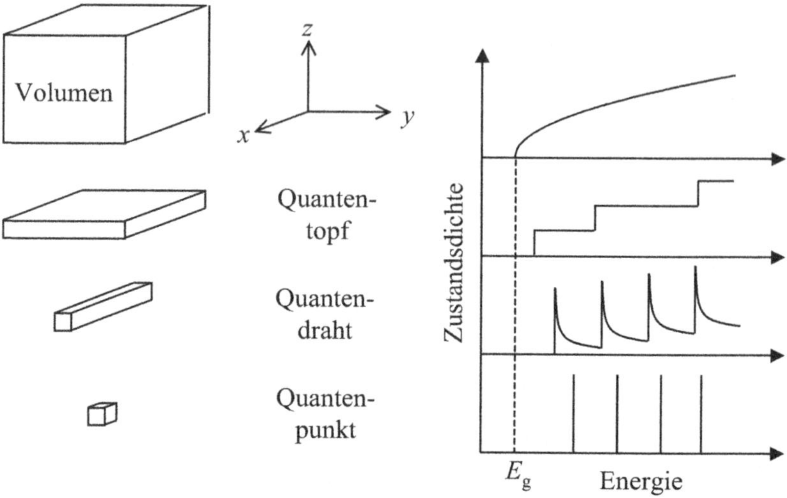

Abb. 6.1: Schematische Darstellung von Quantentöpfen, Quantendrähten und Quantenpunkten. Der rechte Abbildungsteil zeigt für jeden Typ die generische Form der Zustandsdichte für Elektronen im Leitungsband eines Halbleiters mit Bandlücke E_g.

Diese Argumentation kann für Quantendrähte (eindimensionale Strukturen) und Quantenpunkte (nulldimensionale Strukturen) wiederholt werden. Im Falle von Quantendrähten hat die Zustandsdichte eine $E^{-1/2}$-Abhängigkeit (siehe Aufgabe 6.4), was für jeden neuen quantisierten Zustand zu einem Peak führt (siehe Abbildung 6.1). Für Quantenpunkte ist die Bewegung in allen drei Richtungen quantisiert und es gibt überhaupt keine kontinuierlichen Bänder. Die Zustandsdichte besteht aus einer Reihe von diracschen δ-Funktionen für jedes quantisierte Niveau (siehe ebenfalls Abbildung 6.1). In diesem Sinne verhalten sich Quantenpunkte wie „künstliche Atome", in denen die Elektronen diskrete Energien anstelle der in der Festkörperphysik üblichen kontinuierlichen Bändern haben.

Da die Abmessungen der Kristalle sehr klein sein müssen, um Effekte der Quantenbeschränkung zu beobachten, müssen diese Kristalle mit speziellen Verfahren hergestellt werden.

- Quantentöpfe werden mit avancierten Verfahren des epitaxischen Kristallwachstums hergestellt. Dies wird in Abschnitt 6.2 erläutert.

- Quantendrähte werden durch lithografische Bearbeitung von Quantentopfstrukturen oder durch epitaxisches Wachstum auf entsprechend präparierten Substraten hergestellt.

- Quantenpunkte können durch lithografisches Bearbeiten von Quantentöpfen hergestellt werden. Eine Alternative sind Verfahren des spontanen Wachstums, die in Abschnitt 6.8 vorgestellt werden.

Im folgenden Abschnitt konzentrieren wir uns auf Quantentopf-Strukturen. Der Grund hierfür ist, dass diese die physikalischen Prinzipien sehr gut illustrieren und bereits in großem Umfang in vielen kommerziellen optoelektronischen Bauelementen verwendet werden. Außerdem betrachten wir kurz die optischen Eigenschaften von Quantenpunkten. Quantendrähte hingegen werden hier wegen der Probleme im Zusammenhang mit ihrer Herstellung nicht weiter erwähnt. Wir werden jedoch auf eindimensionale Materialien zurückkommen, wenn wir in Kapitel 8.5.3 Kohlenstoffnanoröhren betrachten.

6.2 Wachstum und Struktur von Quantentöpfen

Halbleiter-Quantentöpfe sind Beispiele für kristalline **Heterostrukturen.** Heterostrukturen sind künstliche Kristalle aus Schichten unterschiedlicher Materialien, die auf einem dickeren Substrat aufgewachsen sind. Die Strukturen werden mit speziellen Verfahren des epitaxischen Kristallwachstums hergestellt, die in Abschnitt 5.4.1 eingeführt wurden. Die beiden wichtigsten sind die **Molekularstrahlepitaxie** (MBE) und die **metallorganische Gasphasenepitaxie** (MOVPE). Die Schichtdicke der mit diesen Verfahren gezogenen Kristalle kann mit atomarer Genauigkeit gesteuert werden. Damit wird es möglich, die dünnen Schichten herzustellen, die für die Beobachtung von Effekten der Quantenbeschränkung der Elektronen in einem Halbleiter bei Raumtemperatur notwendig sind.

Abbildung 6.2a zeigt eine schematische Darstellung der einfachsten Variante eines Quantentopfes. Die Struktur besteht aus einer GaAs-Schicht der Dicke d, die sich zwischen zwei wesentlich dickeren Schichten des Legierungshalbleiters AlGaAs befindet. d ist so gewählt, dass die Bewegung der Elektronen in der GaAs-Schicht gemäß dem durch (6.4) gegebenen Kriterium quantisiert ist. Wir wählen die Achsen so, dass die z-Achse in Richtung des Kristallwachstums verläuft, während x- und y-Achse in der Schichtebene liegen. Somit ist die Bewegung in z-Richtung quantisiert und in der x-y-Ebene frei.

Der untere Teil von Abbildung 6.2a zeigt die räumliche Variation von Leitungs- und Valenzband, die die Änderung der Zusammensetzung entlang der z-Richtung widerspiegelt. Die Bandlücke von AlGaAs ist größer als die von GaAs, und die Bänder sind so angeordnet, dass die tiefsten Zustände des Leitungs- und des Valenzbandes von GaAs innerhalb der Lücke von AlGaAs liegen. Dies bedeutet, dass die Elektronen in der GaAs-Schicht wegen der Diskontinuität im Valenzband durch seitliche Potentialbarrieren eingefangen sind. Diese Barrieren quantisieren die Zustände in der z-Richtung, wäh-

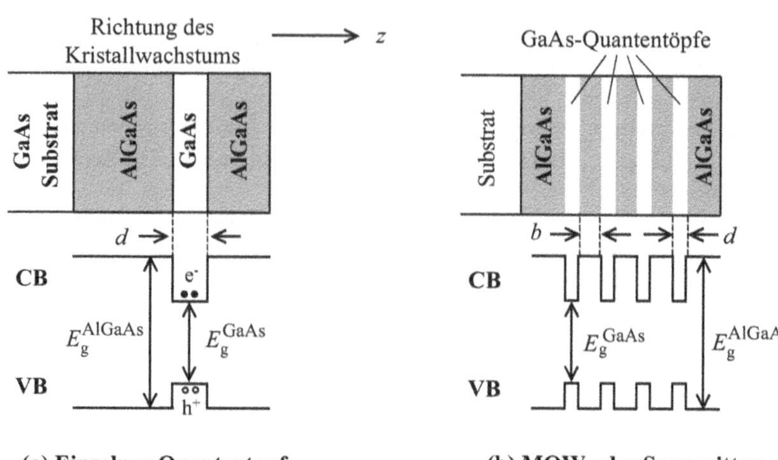

(a) Einzelner Quantentopf　　　　　　　　**(b) MQW oder Supergitter**

Abb. 6.2: (a) Einzelner GaAs/AlGaAs-Quantentopf. Der Quantentopf wird in der dünnen GaAs-Schicht zwischen den AlGaAs-Schichten gebildet, die eine größere Bandlücke haben. Der untere Teil der Abbildung zeigt die räumliche Variation des Leitungsbandes (LB) und des Valenzbandes (VB). (b) Multiple GaAs/AlGaAs-Quantentopfstruktur, auch Supergitter genannt. Ob man von einer multiplen Quantentopfstruktur (MQW) oder einem Supergitter spricht, hängt von der Dicke b der Barriere zwischen den Quantentöpfen ab.

rend die Bewegung in der x-y-Ebene frei bleibt. Effektiv haben wir es also mit einem zweidimensionalen System zu tun.

Epitaxische Verfahren sind sehr vielfältig und erlauben die Herstellung recht unterschiedlicher Quantentopfstrukturen. Abbildung 6.2b zeigt eine Variante, die aus dem in Teil (a) der Abbildung gezeigten einzelnen Quantentopf abgeleitet ist. Der Kristall besteht aus einer Anordnung von GaAs-Quantentöpfen der Breite d, die voneinander durch AlGaAs-Schichten der Dicke b getrennt sind. Solche Strukturen werden in Abhängigkeit von den Systemparametern entweder als **multiple Quantentopfstrukturen** (auch MQW für eng. multiple quantum well) oder **Supergitter** bezeichnet. Die Unterscheidung orientiert sich dabei vor allem am Wert von b.

Multiple Quantentopfstrukturen haben große Werte von b, sodass die individuellen Quantentöpfe als isoliert voneinander betrachtet werden können. Die Eigenschaften des Systems sind dann im Wesentlichen die gleichen wie für die einzelnen Quantentöpfe. Sie werden oft in optischen Anwendungen genutzt, um eine brauchbare optische Dichte zu erreichen. Es wäre sehr schwierig, die optische Absorption eines einzelnen 10 nm dicken Quantentopfes zu messen, einfach weil so wenig Material vorhanden ist, um das Licht zu absorbieren. Durch Züchtung vieler identischer Quantentöpfe lässt sich die Absorption auf einen messbaren Wert erhöhen.

Supergitter hingegen haben viel schmalere Barrieren. Die Quantentöpfe sind durch Tunneln durch die Barriere miteinander gekoppelt und es bilden sich neue ausgedehnte Zustände in z-Richtung. Supergitter haben zusätzliche Eigenschaften, die in den individuellen Quantentöpfen nicht auftreten.

Quantentopfstrukturen des in Abbildung 6.2 gezeigten Typs können nur hergestellt werden, wenn die Eigenschaften der konstituierenden

Verbindungen günstig für die Bildung der künstlichen Kristalle sind. In Abschnitt 5.4.1 hatten wir festgestellt, dass die Größen der Elementarzelle von GaAs und AlAs (und somit auch der $Al_x Ga_{1-x} As$-Legierung) nahezu identisch sind (siehe Abbildung 5.11). Dies bedeutet, dass die GaAs- und AlGaAs-Schichten in den Quantentopfstrukturen ein Gitter-Matching mit dem GaAs-Substrat aufweisen, was es ermöglicht, versetzungsfreie Kristalle zu züchten.

In den letzten Jahren hat man erkannt, dass es auch möglich ist, Quantentöpfe aus Materialien mit unterschiedlich großen Elementarzellen herzustellen. Dies gestattet eine viel größere Flexibilität bei der Kombination der zu verwendenden Materialien. Da es kein Matching zwischen den Gitterkonstanten gibt, unterliegt die Struktur einem Stress. Dennoch ist es möglich, Kristalle hoher Qualität zu züchten, vorausgesetzt, die Gesamtdicke der Struktur bleibt unter einem kritischen Wert. Mit der Anwendung solcher Quantentopfstrukturen ohne Gitter-Matching in Leuchtdioden und Laserdioden werden wir uns in Abschnitt 6.6 beschäftigen.

6.3 Elektronische Niveaus

Die Wellenfunktionen und Energien der quantisierten Zustände im Leitungs- und Valenzband eines Quantentopfes können mithilfe der Schrödinger-Gleichung und der Näherung durch die effektive Masse berechnet werden. Zum Glück müssen wir die Schrödinger-Gleichung nicht in drei Dimensionen lösen, da das Problem sich auf natürliche Weise in die freie Bewegung in der x-y-Ebene und die quantisierte Bewegung in z-Richtung aufspaltet. In diesem Abschnitt wird zunächst diese Separation der Variablen erklärt. Anschließend diskutieren wir zwei unterschiedliche Näherungen für die Behandlung der quantisierten Zustände in z-Richtung. Dabei behandeln wir Elektronen und Löcher separat und verschieben die Diskussion der Coulomb-Wechselwirkung zwischen Elektron und Loch, welche zur Bildung von Exzitonen führt, auf Abschnitt 6.4.

6.3.1 Separation der Variablen

Die Elektronen und Löcher in einer Quantentopfschicht können sich frei in der x-y-Ebene bewegen, sind jedoch in z-Richtung beschränkt. Dies erlaubt es uns, die Wellenfunktionen in der Form

$$\Psi(x,y,z) = \psi(x,y)\,\varphi(z) \tag{6.5}$$

zu schreiben, eine Gleichung, die wir separat für $\psi(x,y)$ und $\varphi(z)$ lösen können. Die Zustände des Systems werden durch zwei Parameter beschrieben: einen Wellenvektor $\mathbf{k}$, der die freie Bewegung in der x-y-Ebene spezifiziert, und eine Quantenzahl n zur Bezeichnung des Energieniveaus in z-Richtung. Die Gesamtenergie erhalten wir dann durch Addition der separaten Energien für die Bewegung in z-Richtung und die in der x-y-Ebene:

$$E^{\text{total}}(n, \mathbf{k}) = E_n + E(\mathbf{k}) \tag{6.6}$$

Dabei ist E_n die quantisierte Energie des n-ten Niveaus.

Die Behandlung der Bewegung in der x-y-Ebene ist sehr einfach. Da die Bewegung frei ist, werden die Wellenfunktionen von Elektron und Loch durch ebene Wellen der Form

$$\psi_k(x, y) = \frac{1}{\sqrt{A}} \, \mathrm{e}^{\mathrm{i}\mathbf{k}\cdot\mathbf{r}} \tag{6.7}$$

beschrieben, wobei $\mathbf{k}$ der Wellenvektor des Teilchens ist und A die Normierungsfläche. Beachten Sie, dass die Vektoren $\mathbf{k}$ und $\mathbf{r}$ hier nur die x-y-Ebene aufspannen. Die zu dieser Bewegung gehörende Energie ist einfach die kinetische Energie, die durch die effektive Masse bestimmt ist:

$$E(\mathbf{k}) = \frac{\hbar^2 \mathbf{k}^2}{2m^*} \tag{6.8}$$

Die Gesamtenergie für ein Elektron oder Loch im n-ten Quantenniveau ist somit

$$E^{\text{total}}(n, \mathbf{k}) = E_n + \frac{\hbar^2 \mathbf{k}^2}{2m^*} \tag{6.9}$$

6.3.2   Unendliche Potentialtöpfe

Die Berechnung der Wellenfunktionen und Energien für die quantisierten Zustände in z-Richtung ist durch die räumliche Abhängigkeit von Leitungs- und Valenzband bestimmt. Wir betrachten zunächst den einfachsten Fall, bei dem angenommen wird, dass die beschränkenden Barrieren unendlich hoch sind. Unter dieser Annahme können wir die Zustände durch die des eindimensionalen Potentialtopfes mit unendlichen Barrieren (siehe Abbildung 6.3) modellieren.

Wir betrachten einen Quantentopf der Breite d und definieren Orts- und Energiekoordinaten so, dass das Potential im Intervall $-d/2 < z < +d/2$ (also innerhalb des Topfes) null ist und überall sonst ∞. Die Wahl von $z = 0$ in der Mitte des Topfes ist naheliegend, da dies der Symmetrieachse des Potentials entspricht. Die Schrödinger-Gleichung innerhalb des Topfes lautet

$$-\frac{\hbar^2}{2m^*} \frac{\mathrm{d}^2\varphi(z)}{\mathrm{d}z^2} = E\varphi(z) \tag{6.10}$$

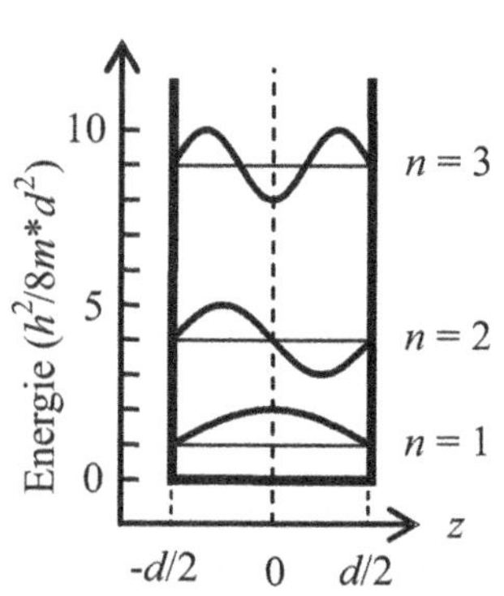

Abb. 6.3: Der unendliche eindimensionale Potentialtopf. Dargestellt sind die ersten drei Energieniveaus und die zugehörigen Wellenfunktionen.

Da die Barrieren unendlich hoch sind, ist die Wahrscheinlichkeit null, dass das Teilchen aus dem Topf tunneln kann. Die Lösungen von (6.10) unterliegen daher der Randbedingung, dass an den Grenzflächen $\varphi = 0$ gelten muss.

Durch Einsetzen überprüft man leicht, dass die normierten Wellenfunktionen, die (6.10) und die Randbedingungen erfüllen, die Form

$$\varphi_n(z) = \sqrt{\frac{2}{d}} \sin\left(k_n z + \frac{n\pi}{2}\right) \tag{6.11}$$

haben. Dabei ist n eine ganze Zahl, die die Quantenzahl des Zustands angibt, und es gilt

$$k_n = \frac{n\pi}{d} \tag{6.12}$$

Diese Form der Wellenfunktion beschreibt eine stehende Welle innerhalb des Topfes, wobei die Wellenknoten an den Grenzflächen liegen. Die mit dem n-ten Niveau korrespondierende Energie ist gegeben durch

$$E_n = \frac{\hbar^2 k_n^2}{2m^*} = \frac{\hbar^2}{2m^*} \left(\frac{n\pi}{2}\right)^2 \tag{6.13}$$

Die Wellenfunktionen der ersten drei Niveaus sind in Abbildung 6.3 gezeigt. Gleichung (6.13) beschreibt eine unendliche Leiter von Niveaus, deren Quantisierungsenergien in Einheiten von $(\hbar^2\pi^2/2m^*d^2)$ proportional zu n^2 ansteigen. Der Grundzustand ist das Niveau mit $n = 1$ und die Niveaus mit höheren n sind die angeregten Zustände des Systems.

Für ein Elektron mit $m^* = 0{,}1m_0$ in einem $10\,\mathrm{nm}$ großen Quantentopf sind die Energien der ersten beiden Niveaus $38\,\mathrm{meV}$ bzw. $150\,\mathrm{meV}$. Zu vergleichen sind diese Werte mit der thermischen Energie $k_\mathrm{B}T$, die bei Raumtemperatur $25\,\mathrm{meV}$ beträgt. Offensichtlich ist die Quantisierungsenergie größer als die thermische Energie bei Raumtemperatur, woraus folgt, dass die quantenmechanische Beschreibung der Bewegung angemessen ist. Der Vergleich der Quantisierungsenergien mit der thermischen Energie liefert ein Kriterium, mit dem man vorhersagen kann, ob ein gegebener Quantentopf für eine bestimmte Temperatur tatsächlich Quanteneffekte zeigen wird. Wir können dieses Kriterium mit jenem vergleichen, das auf der durch (6.4) gegebenen heisenbergschen Unschärferelation basiert. Man kann leicht zeigen, dass beide Kriterien in etwa für den gleichen Wert von d einen Übergang von klassischem zu quantenphysikalischem Verhalten vorhersagen (siehe Aufgabe 6.2).

Obwohl reale Halbleiter-Quantentopfstrukturen endliche Barrieren haben, ist das Modell mit unendlichen Barrieren ein guter Ausgangspunkt für eine Diskussion der Eigenschaften dieser realen Strukturen. Am besten ist die Genauigkeit des Modells für Zustände mit kleinen Quantisierungsenergien in Materialkombinationen, die für hohe Barrieren an den Grenzflächen sorgen. Aus der Analyse lassen sich ein paar nützliche allgemeine Schlüsse ziehen:

(1) Die Energie der Niveaus ist umgekehrt proportional zur effektiven Masse und zum Quadrat der Topfbreite. Dies bedeutet, dass Teilchen geringer Masse, die sich in schmalen Quantentöpfen befinden, die höchsten Energien haben.

(2) Da die Energie von der effektiven Masse abhängt, haben Elektronen, schwere Löcher und leichte Löcher unterschiedliche Quantisierungsenergien. Im Valenzband haben die schweren Löcher die niedrigste Energie und sind in den meisten Situationen dominant, da sie das Grundzustandsniveau bilden.

(3) Die Wellenfunktionen können anhand der Anzahl der Wellenknoten (Anzahl der Nullstellen innerhalb des Topfes) identifiziert werden. Aus Abbildung 6.3 ist ersichtlich, dass das n-te Niveau $(n-1)$ Knoten hat.

(4) Die Zustände sind außerdem durch ihre **Parität** bezüglich der Spiegelung am Mittelpunkt des Topfes gekennzeichnet. Ein Zustand hat gerade Parität für $\varphi(-z) = +\varphi(z)$ und ungerade Parität für $\varphi(-z) = -\varphi(z)$. Zustände mit ungeradem n haben gerade Parität und umgekehrt.

In einem Volumenhalbleiter wie GaAs sind die Schwer- und Leichtlochzustände bei $k = 0$ entartet. Dies folgt aus der hohen Symmetrie des kubischen Gitters. Die Aufhebung dieser Entartung resultiert aus der Differenz der effektiven Massen, doch man kann sie auch als eine Konsequenz der niedrigen Symmetrie des Quantentopfes auffassen. Die Volumenkristalle sind isotrop, Quantentöpfe jedoch nicht: die z-Richtung ist physikalisch unterscheidbar von den beiden anderen Richtungen. Wie in Abschnitt 1.5.1 erläutert, erwarten wir daher, dass bestimmte Entartungen aufgehoben werden, ähnlich wie ein Magnetfeld die Schwer- und Leichtlochzustände von dreidimensionalem GaAs aufgrund der unterschiedlichen magnetischen Energien aufspaltet.

Diese Aussagen gelten auch in realistischeren Modellen für Quantentöpfe, insbesondere wenn die Barrieren an den Grenzflächen nur eine endliche Höhe haben. Wie wir noch sehen werden, überschätzt das unendliche Modell die Quantisierungsenergie. In realen Quantentöpfen mit endlichen Barrieren sind die Teilchen in der Lage, ein Stück in die Barrieren einzudringen, sodass sich die Wellenfunktionen weiter ausbreiten und dadurch die Confinement-Energie reduzieren.

6.3.3 Endliche Potentialtöpfe

Abbildung 6.4 zeigt das Bänderdiagramm eines realistischeren Quantentopfs mit endlichen Potentialbarrieren der Höhe V_0 an den Grenzflächen. In diesem Modell gibt es nur eine endliche Zahl gebundener Zustände mit der Energie $E < V_0$. Diese gebundenen Zustände sind durch eine Quantenzahl n charakterisiert, und man kann zeigen, dass es immer mindestens einen davon gibt, egal wie klein V_0 ist (siehe Aufgabe 6.5).

Die Schrödinger-Gleichung innerhalb des Quantentopfes ist die gleiche wie zuvor (Gleichung 6.10). Sie hat also sinus- und kosinusförmige Lösungen der Form

$$\varphi_{\mathrm{w}}(z) = C \sin(kz) \tag{6.14}$$

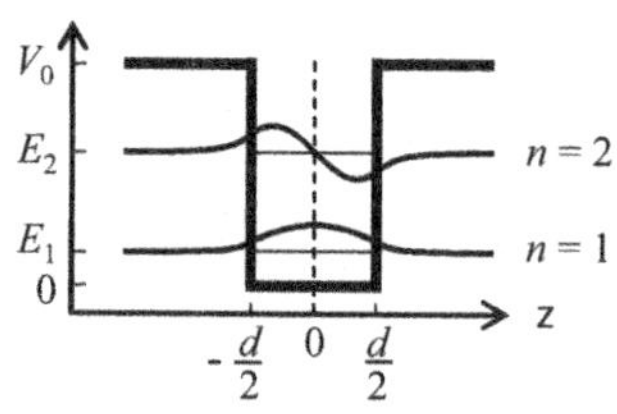

Abb. 6.4: Die ersten beiden gebundenen Zustände eines endlichen Potentialtopfes der Tiefe V_0 und der Breite d.

und

$$\varphi_{\mathrm{w}}(z) = C\,\cos(kz) \tag{6.15}$$

mit

$$\frac{\hbar^2 k^2}{2m_{\mathrm{w}}^*} = E \tag{6.16}$$

Beachten Sie, dass die effektive Masse hier mit dem zusätzlichen Index „w" (für engl. well) versehen wurde, um deutlich zu machen, dass es sich dabei um den Wert für den im Topf verwendeten Halbleiter handelt. Durch Vergleich mit (6.11) sowie mit Abbildung 6.3 stellen wir fest, dass die gebundenen Zustände mit ungeraden Werten von n sinusförmige Lösungen mit einem Knoten bei $z = 0$ haben. Die durch (6.14) und (6.15) gegebenen Wellenfunktionen gelten für das Intervall $-d/2 \le z \le +d/2$.

Wir betrachten nun die in die Barrieren hineinreichenden Ausläufer der Wellenfunktionen. Diese treten auf, weil die mit dem endlichen Potential verbundene Unstetigkeit es den Elektronen und Löchern erlaubt, in die Barrieren hinein zu tunneln. Dies bedeutet, dass es an den Grenzflächen keine Knoten mehr gibt. Die Schrödinger-Gleichung in den Barrierenbereichen lautet

$$-\frac{\hbar^2}{2m_{\mathrm{b}}^*}\,\frac{\mathrm{d}^2\varphi(z)}{\mathrm{d}z^2} + V_0\varphi(z) = E\varphi(z) \tag{6.17}$$

wobei m_{b}^* die effektive Masse des Barrierenmaterials ist. Im Allgemeinen sind m_{b}^* und m_{w}^* nicht gleich, da die Materialien von Quantentopf und Barriere unterschiedliche Bandstrukturen haben. Die Lösungen von (6.17) sind Exponentialfunktionen der Form

$$\varphi_{\mathrm{b}}(z) = C'\,\mathrm{e}^{\pm\kappa z} \tag{6.18}$$

wobei κ die Gleichung

$$\frac{\hbar^2 \kappa^2}{2m_{\mathrm{b}}^*} = V_0 - E \tag{6.19}$$

erfüllt. Für gebundene Zustände fordern wir, dass die Lösungen in der Barriere zerfallen, und daher wählen wir $\varphi(z) = C'\exp(-\kappa z)$ für $z \ge +d/2$ und $\varphi(z) = C'\exp(+\kappa z)$ für $z \le -d/2$.

Die Wellenfunktionen und Energien der gebundenen Zustände finden wir, indem wir den Grenzflächen geeignete Randbedingungen auferlegen. Offensichtlich müssen die Wellenfunktion $\varphi(z)$ und der Teilchenstrom $(1/m^*)\mathrm{d}\varphi/\mathrm{d}z$ bei $\pm d/2$ stetig sein. Folglich gilt

$$\varphi_{\mathrm{w}}(\pm d/2) = \varphi_{\mathrm{b}}(\pm d/2) \tag{6.20}$$

und

$$\frac{1}{m_{\mathrm{w}}^*}\left(\frac{\mathrm{d}\varphi_{\mathrm{w}}}{\mathrm{d}z}\right)_{z=\pm d/2} = \frac{1}{m_{\mathrm{b}}^*}\left(\frac{\mathrm{d}\varphi_{\mathrm{b}}}{\mathrm{d}z}\right)_{z=\pm d/2} \tag{6.21}$$

Da die Wellenfunktionen um $z = 0$ symmetrisch sein müssen, können wir uns einfach auf $z = +d/2$ konzentrieren. Betrachten wir zunächst die Lösungen mit kosinusförmigem Verlauf im Quantentopf. Die Stetigkeit der Wellenfunktion erfordert

$$C\,\cos(kd/2) = C'\,\exp(-\kappa d/2) \tag{6.22}$$

und wegen der Stetigkeit des Teilchenstroms muss

$$C\,\frac{k}{m_{\mathrm{w}}^*}\,\sin(kd/2) = -C'\,\frac{\kappa}{m_{\mathrm{b}}^*}\,\exp(-\kappa d/2) \tag{6.23}$$

gelten. Indem wir (6.23) durch (6.22) teilen, erhalten wir

$$\tan(kd/2) = \frac{m_{\mathrm{w}}^* k}{m_{\mathrm{b}}^* \kappa} \tag{6.24}$$

Die entsprechende Rechnung für die Lösungen mit sinusförmigem Verlauf im Quantentopf führt auf

$$\tan(kd/2) = -\frac{m_{\mathrm{b}}^* k}{m_{\mathrm{w}}^* \kappa} \tag{6.25}$$

Wenn wir in diese Ergebnisse die durch (6.16) und (6.19) festgelegten Werte von k und κ einsetzen, können wir die Gleichungen nach E auflösen und somit die Wellenfunktionen bestimmen. Allerdings gibt es leider keine analytische Lösung für E. Die Gleichungen müssen numerisch oder grafisch gelöst werden. Demonstriert wird dieses Vorgehen in Beispiel 6.1.

Es ist nützlich, an dieser Stelle ein paar allgemeine Aussagen zu den Lösungen festzuhalten, ähnlich wie wir es im letzten Abschnitt für den unendlichen Topf getan haben.

(1) Das Ausbreiten der Wellenfunktionen in die Barrieren durch Tunneln erhöht k und reduziert somit die Confinement-Energie im Vergleich zu einem Topf mit unendlichen Barrieren.

Die Möglichkeit des Tunnelns in die Barriere ist die Grundlage einer ganzen Reihe von elektronischen und optoelektronischen Quantentopf-Bauelementen.

(2) Die Zerfallskonstante erhalten wir, wenn wir in (6.19) E durch E_n ersetzen. Das heißt, dass die Niveaus im oberen Bereich des Topfes, für die E_n dicht bei V_0 liegt, tiefer in den Barrierenbereich eindringen, da sie kleinere Zerfallsraten haben.

(3) Die Eigenzustände können wie beim unendlichen Topf durch eine Reihe von Knoten identifiziert werden. Der n-te gebundene Zustand hat $(n-1)$ Knoten. Die potentielle Energie hat eine gerade Symmetrie um $z = 0$, und somit haben die Eigenzustände wohldefinierte Paritäten.

Tab. 6.2: Gebundene Zustände eines 10 nm breiten GaAs-Quantentopfs mit $Al_{0,3}Ga_{0,7}As$-Barrieren, berechnet mithilfe des endlichen und des unendlichen Topfmodells. Angegeben ist für jeden Zustand der Teilchentyp (e für Elektron, hh für Schwerloch und lh für Leichtloch) und die Quantenzahl n. Sämtliche Energien sind in meV angegeben.

Zustand	endlicher Topf	unendlicher Topf
e1	32	57
e2	120	227
e3	247	510
hh1	7	11
hh2	30	44
hh3	66	100
hh4	112	177
lh1	21	40
lh2	78	160

Abbildung 6.4 zeigt die Wellenfunktionen für einen typischen endlichen Topf mit zwei gebundenen Zuständen. Die Ähnlichkeit zwischen diesen Wellenfunktionen und den ersten beiden Zuständen des in Abbildung 6.3 gezeigten unendlichen Topfes ist offensichtlich. Der wichtigste Unterschied besteht darin, dass die Wellenfunktionen des unendlichen Topfes wegen des Tunnelns in die Barriere weiter ausgebreitet sind, während die Wellenfunktionen des unendlichen Topfes an den Grenzflächen abrupt aufhören.

Es ist instruktiv, die unmittelbaren Vorhersagen des endlichen Topfmodells mit denen des unendlichen zu vergleichen. In Tabelle 6.2 sind für beide Modelle die Energien der gebundenen Zustände eines 10 nm breiten GaAs-Quantentopfs mit $Al_{0,3}Ga_{0,7}As$-Barrieren angegeben. In allen Fällen überschätzt das unendliche Topfmodell die Quantisierungsenergie. Die Abweichung wird umso gravierender, je höher das Niveau liegt. Die Quantisierungsenergien der schweren Löcher sind wegen ihrer größeren effektiven Masse kleiner als die der Elektronen. Außerdem ist der Abstand zwischen den beiden ersten elektronischen Niveaus mehr als dreimal so groß wie die thermische Energie bei Raumtemperatur ($k_B T \sim 25$ meV). Dies steht damit im Einklang, dass wir für die Elektronen bei 300 K ein zweidimensionales Verhalten beobachten. Die Quantenbeschränkung der schweren Löcher ist weniger stark, doch sie ist immerhin noch spürbar, da $E_2 - E_1$ bei 300 K mit $k_B T$ vergleichbar ist. Obwohl das Modell des unendlichen Topfes die Confinement-Energien überschätzt, ist es ein brauchbarer Ausgangspunkt für die Diskussion der zugrunde liegenden Physik.

Beispiel 6.1

Berechnen Sie die Energie des ersten elektronischen gebundenen Zustands in einem GaAs/AlGaAs-Quantentopf mit $d = 10\,\text{nm}$ und $V_0 = 0{,}3\,\text{eV}$. Verwenden Sie $m_\text{w}^* = 0{,}067 m_0$ und $m_\text{b}^* = 0{,}092 m_0$. Vergleichen Sie diesen Wert mit dem, den wir für einen unendlichen Quantentopf berechnet haben.

Lösung: Der erste gebundene Zustand hat ein Maximum bei $z = 0$, und daher suchen wir nach den Lösungen mit Kosinus-Wellenfunktion im Bereich des Topfes. Wenn wir die Substitution $x = kd/2$ durchführen, können wir (6.16) und (6.19) verwenden, um (6.24) umzuformen. Wir erhalten

$$x \tan x = \left(\frac{m_\text{w}^*}{m_\text{b}^*}\right)^{1/2} \sqrt{\xi - x^2} \qquad (6.26)$$

mit

$$\xi = \frac{m_\text{w}^* d^2 V_0}{2\hbar^2} \qquad (6.27)$$

und

$$E = \frac{2\hbar^2 x^2}{m_\text{w}^* d^2} \qquad (6.28)$$

Die Aufgabe besteht also darin, Gleichung (6.26) mit den Werten

$$\left(\frac{m_\text{w}^*}{m_\text{b}^*}\right)^{1/2} = \left(\frac{0{,}067}{0{,}092}\right)^{1/2} = 0{,}85$$

und

$$\xi = \frac{0{,}067 m_0 \times (10^{-8})^2 \times 0{,}30\,\text{eV}}{2\hbar^2} = 13{,}2$$

zu lösen.

Abbildung 6.5 zeigt $y = x \tan x$ und $y = 0{,}85\sqrt{13{,}2 - x^2}$ auf der gleichen Skala. Wir sehen, dass der erste Wert von x, für den die beiden Funktionen gleich sind, bei 1,18 liegt. Damit erhalten wir aus (6.28) die geforderte Energie des gebundenen Zustands:

$$E = \frac{2\hbar^2 (1{,}18)^2}{0{,}067 m_0 \times (10^{-8})^2} = 31{,}5\,\text{meV}$$

Diesen Wert von E können wir mit dem vergleichen, der gemäß (6.13) für einen unendlichen Topf gegeben ist:

$$E_1 = \frac{\hbar^2 \pi^2 (1)^2}{2 \times 0{,}067 m_0 \times (10^{-8})^2} = 57\,\text{meV}$$

Das Modell des unendlichen Topfes überschätzt also die Energie des gebundenen Zustands um den Faktor 1,8.

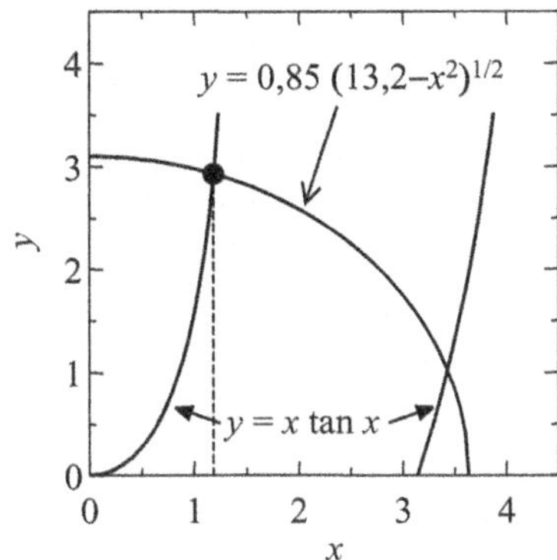

Abb. 6.5: Graphische Lösung von (6.26) für die in Beispiel 6.1 angegebenen Parameter.

6.4 Absorption im Quantentopf und Exzitonen

In den Abschnitten 3.2 und 3.3 hatten wir Fermis goldene Regel angewendet, um das Absorptionsspektrum eines Volumenhalbleiters zu berechnen. Später hatten wir in Abschnitt 4.2 untersucht, wie sich das Spektrum aufgrund exitonischer Effekte ändert. Hier folgen wir nun einem ähnlichen Ansatz für Quantentöpfe, beginnend mit den Auswahlregeln und der Zustandsdichte für die optischen Übergänge, und widmen uns den exitonischen Effekten.

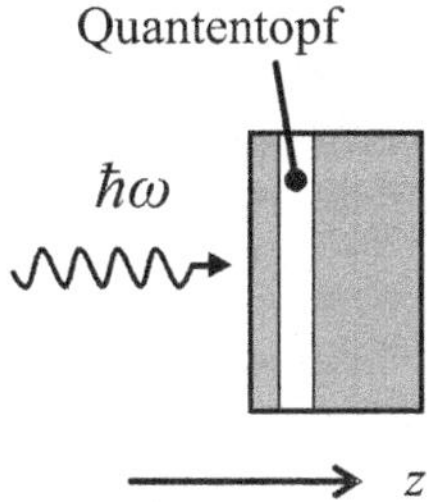

Abb. 6.6: Auf einen Quantentopf einfallende Photonen. Das Licht propagiert in z-Richtung.

6.4.1 Auswahlregeln

Wir betrachten einen Quantentopf, der mit Licht der Kreisfrequenz ω beleuchtet wird, welches in z-Richtung propagiert (siehe Abbildung 6.6). Die Photonen werden absorbiert, indem Elektronen aus einem initialen Zustand $|\mathrm{i}\rangle$ mit der Energie E_i im Valenzband in einen finalen Zustand $|\mathrm{f}\rangle$ mit der Energie E_f im Leitungsband angeregt werden. Wegen der Energieerhaltung gilt $E_\mathrm{f} = (E_\mathrm{i} + \hbar\omega)$.

Nach Fermis goldener Regel ist die Absorptionsrate durch die Zustandsdichte und das Quadrat des elektrischen Dipol-Matrixelements bestimmt (siehe Anhang, Abschnitt B.2). Die Übergangsrate kann mithilfe der Gleichungen (3.2), (3.3) und (3.6) berechnet werden. Wir erhalten

$$W_{\mathrm{i}\to\mathrm{f}} = \frac{2\pi}{\hbar}\,|\langle \mathrm{f}|-e\mathbf{r}\cdot\boldsymbol{\mathcal{E}}|\mathrm{i}\rangle|^2\,g(\hbar\omega) \qquad (6.29)$$

Wir verwenden hier die Dirac-Notation. Siehe hierzu die Randnotiz auf Seite 84.

Dabei ist $\mathbf{r}$ der Ortsvektor des Elektrons, $\boldsymbol{\mathcal{E}}$ die Amplitude des elektrischen Feldes der Lichtwelle und $g(\hbar\omega)$ die Zustandsdichte. Wir haben hier die Form der elektrischen Dipolstörung vereinfacht, indem wir den in (3.6) enthaltenen Faktor $e^{\pm i\mathbf{k}\cdot\mathbf{r}}$ des Lichts gleich eins setzen. Wie wir im Zusammenhang mit (3.12) erörtert hatten, ist diese Näherung gerechtfertigt, da der Wellenvektor des Photons im Vergleich zu dem des Elektrons vernachlässigbar ist.

Betrachten wir zunächst das Matrixelement für den Übergang. Dies gestattet es uns, wichtige Auswahlregeln abzuleiten. Wenn die Photonen wie in Abbildung 6.6 dargestellt in z-Richtung einfallen, liegt der Polarisationsvektor des Lichts in der x-y-Ebene. Wir müssen daher Matrixelemente der Form

$$M = \langle \mathrm{f}|x|\mathrm{i}\rangle = \int \Psi_{\mathrm{f}}^*(\mathbf{r})\, x\, \Psi_{\mathrm{i}}(\mathbf{r})\, \mathrm{d}^3\mathbf{r} \tag{6.30}$$

auswerten. Als wir in Abschnitt 3.2 Matrixelemente von diesem Typ betrachtet hatten, mussten wir nicht unterscheiden, ob wir $\langle \mathrm{f}|x|\mathrm{i}\rangle$, $\langle \mathrm{f}|y|\mathrm{i}\rangle$ oder $\langle \mathrm{f}|z|\mathrm{i}\rangle$ auswerten. Dies war eine Konsequenz der Isotropie der dort diskutierten Halbleiter mit kubischem Gitter. Im Falle des Quantentopfes dagegen sind x- und y-Richtung äquivalent, aber die z-Richtung ist physikalisch verschieden. Für Quantentöpfe gilt also

In z-Richtung polarisiertes Licht diskutieren wir in Abschnitt 6.7.

$$\langle \mathrm{f}|x|\mathrm{i}\rangle = \langle \mathrm{f}|y|\mathrm{i}\rangle \neq \langle \mathrm{f}|z|\mathrm{i}\rangle \tag{6.31}$$

In diesem Abschnitt konzentrieren wir uns auf Licht, das in der x-y-Ebene polarisiert ist, was dem üblichen experimentellen Aufbau entspricht.

Wir wollen (6.30) für Übergänge zwischen gebundenen Quantentopf-zuständen im Valenz- und Leitungsband auswerten. Abbildung 6.7 illustriert den Typ des hier betrachteten Übergangs. Sie zeigt insbesondere einen Übergang von einem ($n{=}1$)-Lochniveau in ein ($n{=}1$)-Elektronenniveau sowie von einem ($n{=}2$)-Lochniveau in ein ($n{=}2$)-Elektronenniveau.

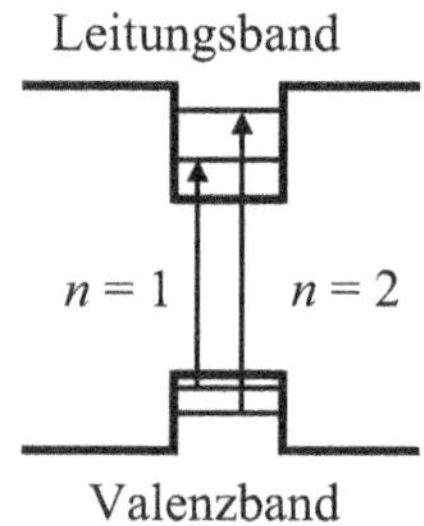

Abb. 6.7: Optische Interbandübergänge ($n = 1$ und $n = 2$) in einem Quantentopf.

Wir betrachten einen allgemeinen Übergang aus dem n-ten Lochzu-stand in den n'-ten Elektronenzustand. In Analogie zu den Bloch-Funktionen in (3.7) und (3.8) können wir (6.5) und (6.7) verwen-den, um die initiale und die finale Quantentopf-Wellenfunktion in der Form

$$\Psi_{\mathrm{i}} \equiv |\mathrm{i}\rangle = \frac{1}{\sqrt{A}} u_{\mathrm{v}}(\mathbf{r})\varphi_{\mathrm{h}n}(z)\, \mathrm{e}^{\mathrm{i}\mathbf{k}_{xy}\cdot\mathbf{r}_{xy}} \tag{6.32}$$

$$\Psi_{\mathrm{f}} \equiv |\mathrm{f}\rangle = \frac{1}{\sqrt{A}} u_{\mathrm{c}}(\mathbf{r})\varphi_{\mathrm{e}n'}(z)\, \mathrm{e}^{\mathrm{i}\mathbf{k}_{xy}'\cdot\mathbf{r}_{xy}} \tag{6.33}$$

zu schreiben. Die in diesen Funktionen auftretenden drei Faktoren sind die einhüllende Funktion für das Valenz- bzw. das Leitungs-band, die gebundenen Zustände des Quantentopfes in z-Richtung und die ebenen Wellen für die freie Bewegung in der x-y-Ebene. Wir haben hier explizit Indizes verwendet, um deutlich zu machen, dass die Wellenfunktionen nur den zweidimensionalen Raum (Ko-ordinaten x, y) aufspannen. A ist die normierende Fläche in der x-y-Ebene.

Der Impuls des Photons ist sehr klein im Vergleich zu dem des Elektrons, und daher erfordert die Impulserhaltung während des Übergangs, dass $\mathbf{k}_{xy} = \mathbf{k}'_{xy}$ gelten muss. Dies ist das zweidimensionale Analogon zu Gleichung (3.12), die für dreidimensionale Volumenhalbleiter gilt. Daher sehen wir, wenn wir (6.32) und (6.33) in Gleichung (6.30) einsetzen, dass sich das Matrixelement in zwei Faktoren aufspaltet:

$$M = M_{\mathrm{cv}} M_{nn'} \tag{6.34}$$

Dabei ist M_{cv} das Dipolmoment zwischen Valenz- und Leitungsband,

$$M_{\mathrm{cv}} = \langle u_{\mathrm{c}} | x | u_{\mathrm{v}} \rangle = \int u'_{\mathrm{c}}(\mathbf{r})\, x\, u_{\mathrm{v}}(\mathbf{r})\, \mathrm{d}^3\mathbf{r} \tag{6.35}$$

und $M_{nn'}$ ist die Elektron-Loch-Überlappung, die durch

$$M_{nn'} = \langle en' | hn \rangle = \int_{-\infty}^{+\infty} \varphi^*_{en'}(z)\varphi_{hn}(z)\, \mathrm{d}z \tag{6.36}$$

gegeben ist.

Gewöhnlich hat das konstituierende Material des Quantentopfs (beispielsweise GaAs) starke erlaubte elektrische Dipolübergänge zwischen Leitungs- und Valenzband. Diesen Aspekt hatten wir bereits in Abschnitt 3.3.1 betrachtet. Wir können daher annehmen, dass M_{cv} groß ist und von null verschieden. Das Matrixelement für die optischen Übergänge ist somit proportional zur Überlappung von Elektron- und Lochzustand, die durch (6.36) gegeben ist. Dies erlaubt es uns, einige offensichtliche Auswahlregeln für $\Delta n = (n' - n)$ abzuleiten.

Betrachten wir zunächst einen unendlichen Quantentopf mit Wellenfunktionen, die die in (6.11) angegebene Form haben. Der Überlappungsfaktor ist

$$M_{nn'} = \frac{2}{d} \int_{-d/2}^{+d/2} \sin\left(k_n z + \frac{n\pi}{2}\right) \sin\left(k'_n z + \frac{n'\pi}{2}\right)\, \mathrm{d}z \tag{6.37}$$

Dies ist eins, falls $n = n'$ und ansonsten null (siehe Aufgabe 6.7). Damit erhalten wir die folgende Auswahlregel für einen unendlichen Quantentopf:

$$\Delta n = 0 \tag{6.38}$$

Dies ist der Grund, warum in Abbildung 6.7 nur Übergänge mit $\Delta n = 0$ gezeigt sind.

In endlichen Quantentöpfen sind Elektron- und Lochwellenfunktionen mit unterschiedlichen Quantenzahlen nicht unbedingt orthogonal zueinander, da sie in den Barrierebereichen nicht die gleichen Zerfallskonstanten haben. Dies bedeutet, dass es kleine Abweichungen von der Auswahlregel (6.38) gibt. Jedoch sind diese Übergänge mit $\Delta n \neq 0$ gewöhnlich schwach, und sie sind strikt verboten, wenn Δn eine ungerade Zahl ist, da die Überlappung von Zuständen mit entgegengesetzten Paritäten null ist (siehe Aufgabe 6.7).

6.4.2   Zweidimensionale Absorption

Die Form des Absorptionsspektrums in einem Quantentopf wird verständlich, wenn wir die eben hergeleiteten Auswahlregeln anwenden. Wenn die Photonenergie startend bei null anwächst, sind zunächst keine Übergänge möglich, bis der Schwellenwert für die Anregung von Elektronen aus dem Grundzustand des Valenzbandes (das Lochniveau mit $n = 1$) in den tiefsten Zustand des Leitungsbandes (das Elektronniveau mit $n' = 1$) erreicht wird. Dies ist ein Übergang mit $\Delta n = 0$ und er ist somit erlaubt. Der Schwellenwert tritt bei einer Photonenergie auf, die durch

$$\hbar\omega = E_{\mathrm{g}} + E_{\mathrm{hh1}} + E_{\mathrm{e1}} \tag{6.39}$$

gegeben ist. Dabei ist E_{g} die Bandlücke des Materials, aus dem der Quantentopf besteht. Hieraus erhalten wir die sehr wichtige Aussage, dass die optische Absorptionskante des Quantentopfes relativ zum Wert für den Volumenhalbleiter um $(E_{\mathrm{hh1}} + E_{\mathrm{e1}})$ verschoben ist. Da die Confinement-Energien durch die Wahl der Topfbreite variiert werden können, ergibt sich hieraus eine Möglichkeit, die Frequenz der Absorptionskante einzustellen.

Der rechte Teil von Abbildung 6.8 zeigt das E-k_{xy}-Diagramm für den Übergang zwischen den ($n{=}1$)-Niveaus. Die Bänder haben parabolische Dispersionen gemäß (6.9). Wegen der Impulserhaltung und da der **k**-Vektor vernachlässigbar ist, haben Elektron- und Lochzustände die gleichen k_{xy}-Werte. Die Energie des durch den vertikalen Pfeil angezeigten Übergangs ist gegeben durch

$$\begin{aligned}
\hbar\omega &= E_{\mathrm{g}} + \left(E_{\mathrm{hh1}} + \frac{\hbar^2 k_{xy}^2}{2m_{\mathrm{hh}}^*} \right) + \left(E_{\mathrm{e1}} + \frac{\hbar^2 k_{xy}^2}{2m_{\mathrm{e}}^*} \right) \\
&= E_{\mathrm{g}} + E_{\mathrm{hh1}} + E_{\mathrm{e1}} + \frac{\hbar^2 k_{xy}^2}{2\mu}
\end{aligned} \tag{6.40}$$

Dabei ist μ die durch (3.32) definierte reduzierte Masse des Elektron-Loch-Paars. Damit ist klar, dass Übergänge mit $\hbar\omega = (E_{\mathrm{g}} + E_{\mathrm{hh1}} + E_{\mathrm{e1}})$ bei $k_{xy} = 0$ auftreten.

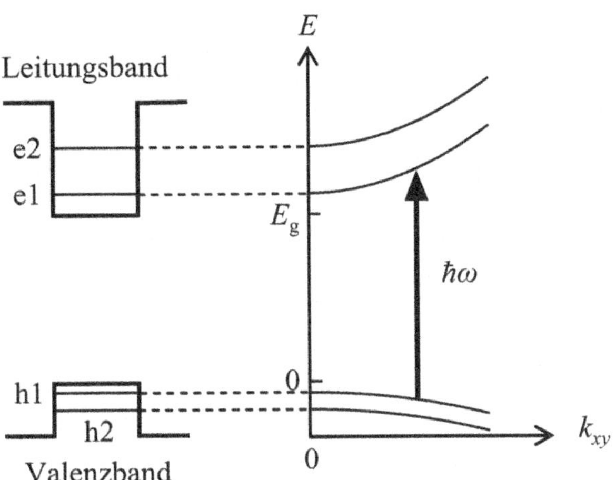

Abb. 6.8: Optischer Interbandübergang mit $n = 1$ in einem Quantentopf bei einem von null verschiedenen Wert von k_{xy}.

Vergleichen wir nun (6.40) mit Gleichung (3.23), die für Volumenhalbleiter gilt. Wie wir bereits festgestellt hatten, gibt es eine Verschiebung der Absorptionsschwelle von E_g nach $(E_\mathrm{g} + E_\mathrm{hh1} + E_\mathrm{e1})$. Der andere wesentliche Unterschied ist der, dass der Wellenvektor in (6.40) für den Quantentopf nur den zweidimensionalen Unterraum der Koordinaten x und y aufspannt und nicht den vollständigen dreidimensionalen Raum. Dies hat eine sehr wichtige Konsequenz für den gemeinsame Zustandsdichtefaktor, der in die durch (6.29) gegebene Übergangsrate eingeht. Der dreidimensionale Volumenhalbleiter hat eine parabolische Zustandsdichte, gegeben durch (3.16), die zu der durch (3.25) gegebenen Absorptionskante führte. Die gemeinsame Zustandsdichte für ein zweidimensionales Material ist dagegen unabhängig von der Energie und durch

$$g_\mathrm{2D}(E) = \frac{\mu}{\pi\hbar^2} \tag{6.41}$$

gegeben (siehe Aufgabe 6.3). Dies bedeutet, dass der Absorptionskoeffizient einen stufenartigen Verlauf hat, d. h., er ist bis zum Energieschwellwert (6.39) null und nimmt für größere Photonenergien einen konstanten von null verschiedenen Wert an.

Das obige Argument kann auch auf die anderen erlaubten optischen Übergänge im Quantentopf angewendet werden. Der nächste Übergang mit $\Delta n = 0$ für die Schwerlochzustände tritt für eine Energie von $(E_\mathrm{g} + E_\mathrm{hh2} + E_\mathrm{e2})$ auf, die der Anregung eines Elektrons aus dem $(n{=}2)$-Schwerlochzustand in das $(n'{=}2)$-Elektronniveau entspricht. Nachdem die Photonenergie diesen Schwellwert überschritten hat, zeigt der Absorptionskoeffizient eine neue Stufe. Ebenso gibt es weitere Stufen, die den Übergängen aus den Leichtlochzuständen des Leitungsbandes entsprechen.

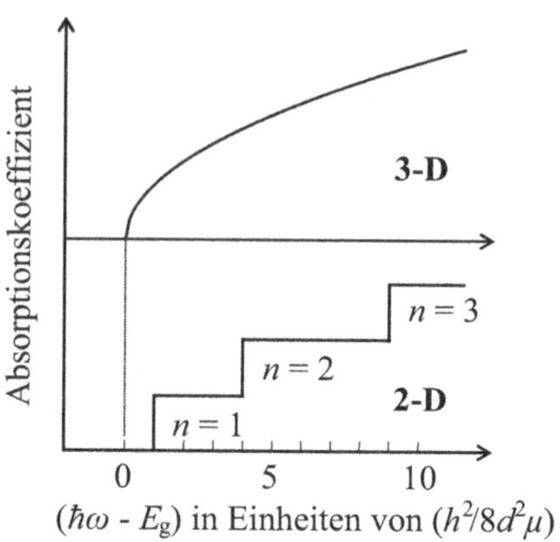

Abb. 6.9: Absorptionskoeffizient für einen unendlichen Quantentopf der Breite d, verglichen mit dem entsprechenden Volumenhalbleiter. μ ist die reduzierte Masse des Elektron-Loch-Paares. Exzitonische Effekte wurden vernachlässigt.

Der Verlauf des Absorptionskoeffizienten für einen unendlichen Quantentopf ist in Abbildung 6.9 dargestellt. Die Confinement-Energien der Elektron- und Lochzustände sind durch (6.13) gegeben, und die Auswahlregel $\Delta n = 0$ wird strikt erfüllt. Der Energieschwellwert für den n-ten Übergang ist somit

$$\hbar\omega = E_{\mathrm{g}} + \frac{\hbar^2 n^2 \pi^2}{2m_{\mathrm{e}}^* d^2} + \frac{\hbar^2 n^2 \pi^2}{2m_{\mathrm{h}}^* d^2} = E_{\mathrm{g}} + \frac{\hbar^2 n^2 \pi^2}{2\mu d^2} \qquad (6.42)$$

Das Spektrum besteht also aus einer Reihe von Stufen, deren Energieschwellen durch (6.42) gegeben sind. Zum Vergleich ist in der Abbildung außerdem die Energieabhängigkeit des Absorptionskoeffizienten für den entsprechenden Volumenhalbleiter dargestellt. Die Verschiebung der Absorptionskante um die Confinement-Energie ist evident, ebenso die Änderung der Form von parabolisch (Volumenhalbleiter) in stufenförmig (Quantentopf), die durch den Wechsel von einer zweidimensionalen Zustandsdichte zu einer dreidimensionalen verursacht wird.

Beispiel 6.2

Schätzen Sie die Differenz der Wellenlängen der Absorptionskante für einen 20 nm breiten GaAs-Quantentopf und Volumen-GaAs bei 300 K ab.

Lösung: Aus (6.39) sehen wir, dass die Absorptionskante eines Quantentopfes bei $E_{\mathrm{g}} + E_{\mathrm{hh1}} + E_{\mathrm{e1}}$ liegt. Wir können die Confinement-Energie unter Verwendung des Modells des unendlichen Potentialtopfes abschätzen. Mit (6.13) und dem in Tabelle D.2 gegebenen Wert für die effektive Masse von GaAs erhalten wir $E_{\mathrm{hh1}} = 2\,\mathrm{meV}$ und $E_{\mathrm{e1}} = 14\,\mathrm{meV}$. Diese Energien sind klein im Vergleich zu typischen Höhen von Quantenbarrieren, sodass die Näherung durch das Modell des unendlichen Quantentopfes

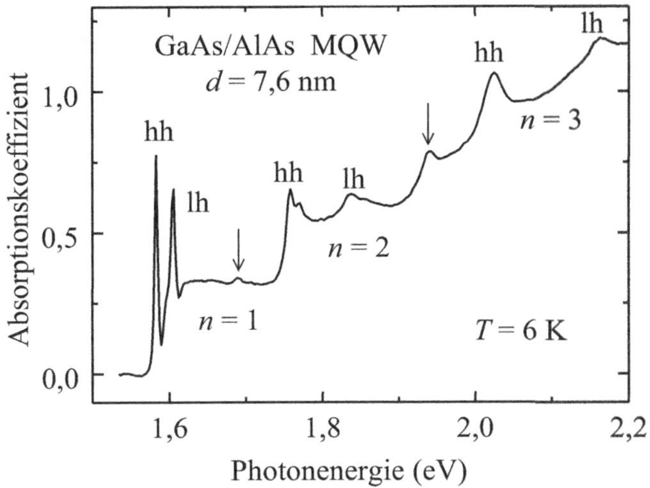

Abb. 6.10: Absorptionskoeffizient für eine multiple GaAs/AlAs-Quantentopfstruktur mit 40 Perioden und Topfbreiten von 7,6 nm bei 6 K (in beliebigen Einheiten). Nach Fox (1996), ©Taylor & Francis Ltd., genehmigter Nachdruck.

hinreichend genau sein sollte. Die Bandkante verschiebt sich daher von 1,424 eV nach $(1{,}424 + 0{,}002 + 0{,}014) = 1{,}440$ eV. Dies entspricht einer Blauverschiebung von 10 nm.

6.4.3 Experimentelle Daten

Abbildung 6.10 zeigt das Absorptionsspektrum einer qualitativ hochwertigen GaAs-MQW-Strukur, welche 40 Quantentöpfe von 7,6 nm Breite enthält. Die Barrieren bestehen aus AlAs und die Temperatur der Probe betrug 6 K. Offensichtlich spiegelt sich das vorhergesagte stufenförmige Verhalten (dargestellt in Abbildung 6.9) in den Daten gut wider, wenngleich das experimentell erhaltene Spektrum durch exzitonische Effekte kompliziert wird. Diese bewirken die ausgeprägten Absorptionspeaks an den Kanten der Stufen und werden in Abschnitt 6.4.4 näher diskutiert. Zunächst konzentrieren wir uns auf die grundsätzlichen Eigenschaften des Absorptionsspektrums.

Die auffälligsten Stufen im Spektrum sind diejenigen, die zu den Übergängen mit $\Delta n = 0$ gehören. Die erste solche Stufe tritt für den ($n{=}1$)-Schwerlochübergang bei 1,59 eV auf. Dicht auf diese Stufe folgt die Stufe für den ($n{=}1$)-Leichtlochübergang bei 1,61 eV. Wenn wir dies mit den in den Abbildungen 4.3 und 4.4 gezeigten Bandkantenabsorptionsspektren von Volumen-GaAs bei tiefen Temperaturen vergleichen, dann sehen wir, dass die Bandkante im Quantentopf um 0,07 eV verschoben ist.

Auf die Peaks an der Bandkante folgt ein flacher Verlauf des Spektrums bis zu 1,74 eV. In diesem Bereich ist die Absorption nahezu unabhängig von der Energie. Bei 1,77 eV hat das Spektrum eine weitere Stufe, die durch das Einsetzen des ($n{=}2$)-Schwerlochübergangs

Die beiden schwachen Peaks, die durch die Pfeile gekennzeichnet sind, entstehen durch paritätserhaltende Übergänge mit $\Delta n \neq 0$. Der Übergang bei 1,69 eV ist der (hh3 → e1)-Übergang und der Übergang bei 1,94 eV ist der (hh1 → e3)-Übergang.

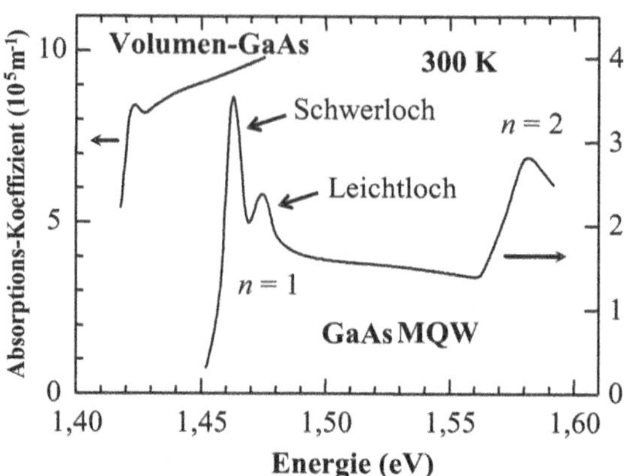

Abb. 6.11: Absorptionsspektrum einer multiplen GaAs/Al$_{0,28}$Ga$_{0,72}$As-Quantentopfstruktur bei Raumtemperatur. Die Struktur enthielt 77 GaAs-Quantentöpfe von je 10 nm Breite. Zum Vergleich wird außerdem das Absorptionsspektrum von Volumen-GaAs gezeigt. Nach Miller et al. (1982), ©American Institute of Physics, genehmigter Nachdruck.

verursacht wird. Dieser folgt die Stufe für den ($n{=}2$)-Leichtlochübergang bei 1,85 eV. Weitere Stufen, verursacht durch die ($n{=}3$)-Übergänge (Schwerloch und Leichtloch) treten bei 2,03 eV und 2,16 eV auf.

6.4.4   Exzitonen in Quantentöpfen

Wir wollen nun die exzitonischen Effekte untersuchen, die zu den in Abbildung 6.10 zu sehenden scharfen Peaks führen. In Kapitel 4 hatten wir Exzitonen als gebundene Elektron-Loch-Paare eingeführt, die durch ihre gegenseitige Coulomb-Anziehung zusammengehalten werden. Da der optische Übergang als Erzeugung eines Elektron-Loch-Paares aufgefasst werden kann, erhöht die Coulomb-Anziehung die Absorptionsrate, denn sie verstärkt die Wahrscheinlichkeit für die Bildung des Elektron-Loch-Paares. Folglich beobachten wir Peaks an den Resonanzenergien für die Exzitonenbildung. Die Energie, bei der diese Peaks auftreten, ist die Summe der Einteilchenenergien abzüglich der Bindungsenergie des gebundenen Paares. Eine detaillierte Analyse der Daten aus Abbildung 6.10 zeigt, dass die Bindungsenergien der Quantentopfexzitonen etwa 10 meV beträgt. Dies liegt signifikant über dem Wert von 4,2 meV für Volumen-GaAs (siehe Abschnitt 4.2).

Dass die exzitonische Bindungsenergie real nicht um den Faktor vier verstärkt wird, liegt daran, dass ein realer Quantentopf kein perfekt zweidimensionales System ist. Der Quantentopf hat eine endliche Breite, und die Wellenfunktionen erstrecken sich durch Tunneln in die Barrieren hinein.

Die Verstärkung der exzitonischen Bindungsenergie im Quantentopf folgt aus der Quantenbeschränkung der Elektronen und Löcher. Diese zwingt die Elektronen und Löcher enger zusammen als es in einem Volumenhalbleiter der Fall ist, sodass das anziehende Potential wächst. Man kann zeigen, dass die Bindungsenergie des Grundzustandsexzitons in einem idealen zweidimensionalen System gegenüber dem Volumenmaterial um den Faktor vier verstärkt wird (siehe Aufgabe 6.9). Anhand der experimentellen Daten schließen wir dagegen auf einen Faktor von etwa 2,5. Doch auch wenn wir keine perfekte zweidimensionale Verstärkung der Bindungsenergie beobachten, ist der Anstieg substantiell. Wie wir im nächsten Abschnitt sehen werden, hat die Verstärkung der exzitonischen Effekte in Quantentöpfen sehr nützliche Anwendungen in der Elektronik.

Eine der wichtigsten Konsequenzen aus der Verstärkung des exzitonischen Bindungsenergie in Quantentöpfen besteht darin, dass die Exzitonen noch bei Raumtemperatur stabil sind. Anders die Situation bei Volumen-GaAs, das nur bei tiefen Temperaturen starke exzitonische Effekte zeigt. Deutlich ist dies in Abbildung 6.11 zu sehen, wo der Absorptionskoeffizient einer GaAs-MQW-Struktur mit 10 nm breiten Quantentöpfen mit dem von Volumen-GaAs bei Raumtemperatur verglichen wird. Die dreidimensionale Probe zeigt einfach einen schwachen Buckel an der Bandkante, während die MQW-Struktur ausgeprägte Peaks für Schwer- und Leichtlochexzitonen hat. Ebenfalls klar zu erkennen ist der mehr oder weniger flache Verlauf des Absorptionskoeffizienten, der für Quantentöpfe oberhalb dieser Peaks zu erwarten ist.

Ein auffälliger Unterschied zwischen der Absorption im Quantentopf und im Volumen (Abbildung 6.11) ist die Aufhebung der Entartung der Schwer- und Leichtlochzustände. Die Volumenprobe zeigt einen einzelnen exzitonischen Buckel an der Bandkante, der Quantentopf hingegen zwei separate Peaks. Wie in Punkt (2) von Abschnitt 6.3.2 erläutert, folgt dies aus den unterschiedlichen effektiven Massen von schweren und leichten Löchern, und es illustriert die niedrigere Symmetrie der Quantentopf-Probe.

6.4.5   Spininjektion in Quantentöpfen

In Abschnitt 3.3.7 hatten wir untersucht, wie die Anregung eines Volumenhalbleiters mit zirkular polarisiertem Licht zur Erzeugung von spinpolarisierten Elektronen führen kann. Im Falle eines III-V-Halbleiters mit Zinkblendestruktur, wie zum Beispiel GaAs, hatten wir festgestellt, dass die maximal zu erzeugende Spinpolarisation bei 50% liegt. Diese Situation wollen wir nun noch einmal für den Fall eines Quantentopfes betrachten. Wie wir feststellen werden, macht es die Aufhebung der Entartung in diesem Fall möglich, vollständig spinpolarisierte Elektronen zu erzeugen.

Abbildung 6.12 zeigt die optischen Übergänge, die bei zirkular polarisiertem Licht in einem Quantentopf wie GaAs/AlGaAs auftreten können. Wie wir in Abschnitt 3.3.7 herausgearbeitet hatten, sind die Valenzbandzustände aus atomaren p-Zuständen abgeleitet und durch die Spin-Bahn-Wechselwirkung abgespalten, wobei die Schwer- und Leichtlochniveaus den Unterniveaus $M_J = \pm 3/2$ und $M_J = \pm 1/2$ des Niveaus $J = 3/2$ entsprechen. Das Leitungsband hat s-artigen atomaren Charakter, wobei $M_J = \pm 1/2$ den Zuständen Spin-up und Spin-down entspricht. Für $\sigma^{\pm}$-Übergänge gelten die Auswahlregeln $\Delta M_J = \pm 1$ bei der Absorption, was bedeutet, dass die Übergänge zwischen verschiedenen Unterniveaus die in Abbildung 6.12 angegebenen wohldefinierten zirkularen Polarisationen haben.

Vergleichen wir nun Abbildung 6.12 mit der entsprechenden Abbildung für Volumen-GaAs (Abbildung 3.8). Der Hauptunterschied besteht darin, dass die Energien der Quantentopfzustände alle um

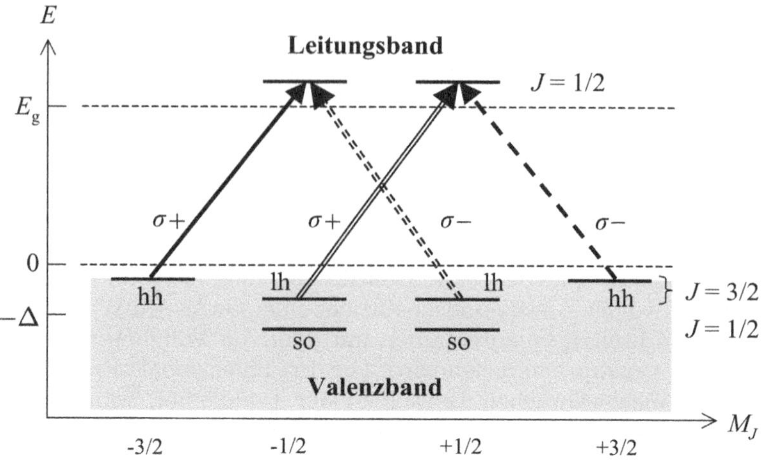

Abb. 6.12: Auswahlregeln für zirkular polarisiertes Licht in einem Quantentopf mit Zinkblende-Bandstruktur. Zum Vergleich siehe Abb. 3.8 für Volumenhalbleiter. Beachten Sie insbesondere, dass die Schwer- und Leichtlochübergänge nicht mehr entartet sind.

die Confinement-Energie verschoben sind. Die Schwer- und Leichtlochniveaus sind nicht mehr entartet, und die Energien der Übergänge $hh1 \rightarrow e1$ und $lh1 \rightarrow e1$ sind um die Differenz zwischen den Confinement-Energien von hh1 und lh1 aufgespalten. Folglich ist es mittels polarisiertem Licht mit einer Energie im Intervall

$$E_g + E_{e1} + E_{hh1} \leq \hbar\omega < E_g + E_{e1} + E_{lh1} \qquad (6.43)$$

möglich, Elektronen mit 100% Spinpolarisation anzuregen. Die Richtung des Elektronenspins ist durch die Polarisation des Lichts bestimmt, wobei σ^-- bzw. σ^+-Licht dem Zustand Spin-up bzw. Spin-down des Elektrons entspricht.

Die Aufspaltung von Schwer- und Leichtlochzuständen hat eine weitere wichtige Konsequenz. In einem Volumenhalbleiter bedeutet die Entartung des Schwer- und Leichtlochbandes bei $k = 0$, dass die Lochzustände einen gemischten Charakter haben und somit dass die Lochspinrelaxation sehr schnell ist. Dies ist in einem Quantentopf nicht mehr der Fall, da dort die ($M_J = \pm 3/2$)-Schwerlochzustände reine Eigenzustände sind. Zirkular polarisierte Photonen mit einer Energie in dem durch 6.43 definierten Bereich erzeugen 100% spinpolarisierte schwere Löcher sowie Elektronen. Wenn wir die Spinrelaxation in Quantentöpfen betrachten, müssen wir daher an die Löcher und ebenso an die Elektronen denken.

Die Mechanismen für die Spinrelaxation in Quantentöpfen sind die gleichen wie die in Halbleitern, also die in Abschnitt 5.3.4 diskutierten EY-, DP- und BAP-Prozesse. Die Bedeutung jedes einzelnen dieser Prozesse hängt allerdings von der Quantenbeschränkung ab. Beispielsweise bedeutet die Verstärkung von exzitonischen Effekten in Quantentöpfen sowie die Tatsache, dass die Schwer- und Leichtlochzustände nicht mehr entartet sind, dass wir gewöhnlich die Spinrelaxation von Exzitonen anstatt von individuellen Elektronen oder Löchern betrachten müssen. Hieraus folgt, dass der BAP-Mechanismus, der auf Elektron-Loch-Austausch basiert, in Quantentöpfen wichtiger ist als im Volumenmaterial. Für eine ausführliche Behandlung der unterschiedlichen Spinrelaxationsprozesse sei der Leser auf die unter Weiterführende Literatur genannten Referenzen verwiesen.

6.5 Der quantenbeschränkte Stark-Effekt

In Abschnitt 4.3.1 hatten wir die Effekte eines elektrischen Gleichfeldes auf die Exzitonen in Volumen-GaAs betrachtet. Dabei hatten wir festgestellt, dass relativ kleine elektrische Felder die Exzitonen ionisieren können, indem sie Elektronen und Löcher in entgegengesetzte Richtungen drücken. In Quantentöpfen ist die Situation anders, wenn das Feld in z-Richtung anliegt. Zwar drückt das Feld auch unter diesen Umständen Elektronen und Löcher in entgegengesetzte Richtungen, doch die Barrieren verhindern, dass die Exzitonen auseinanderbrechen. Diese quantenbeschränkten Exzitonen wechselwirken mit dem Feld und verschieben die Energien zu niedrigeren Werten. In der Atomphysik wird die Verschiebung der Energieniveaus im elektrischen Feld als Stark-Effekt bezeichnet. Die Verschiebung der quantenbeschränkten Energieniveaus in einem Quantentopf wird in Analogie dazu **quantenbeschränkter Stark-Effekt** genannt.

Der quantenbeschränkte Stark-Effekt beschreibt den Respons eines quantenbeschränkten Systems auf ein äußeres elektrisches Feld. Damit ist er ein elektrooptischer Effekt. Wie wir feststellen werden, kann er linear oder quadratisch sein.

Wenn ein elektrisches Feld $\mathcal{E}_z$ in z-Richtung an einen Halbleiter angelegt wird, ist die potentielle Energie

$$\Delta E = -p_z \mathcal{E}_z \qquad (6.44)$$

wobei p_z die z-Komponente des Elektrondipols ist. Da das Elektron negativ geladen ist, schreiben wir

$$p_z = -ez \qquad (6.45)$$

Dabei ist e der Betrag der Ladung des Elektrons und z die Ortskoordinate in z-Richtung. Die potentielle Energie des Elektrons ist dann

$$\Delta E_e = +ez\mathcal{E}_z \qquad (6.46)$$

Das Anlegen des Feldes bewirkt also, dass sich die potentielle Energie des Elektrons linear mit dem Abstand in z-Richtung ändert.

Abbildung 6.13 illustriert den quantenbeschränkten Stark-Effekt für die ersten Elektron- und Schwerlochzustände eines 10 nm breiten

Abb. 6.13: Elektronen- und Schwerlochwellenfunktionen für die ersten quantisierten Niveaus eines 10 nm breiten GaAs/Al$_{0,3}$Ga$_{0,7}$As-Quantentopfes für die Feldstärken null (Teil a) und $\mathcal{E}_z = 10^7\,\mathrm{V\,m^{-1}}$. Die Energien sind relativ zur Oberkante des Valenzbandes im Topfzentrum (also bei $z = 0$) definiert und die Bandlücke von GaAs wird als 1425 meV angenommen. In beiden Abbildungsteilen sind die normierten Wahrscheinlichkeitsdichten dargestellt (also $\varphi^*\varphi$). Die Zahlen an den e1- und hh1-Zuständen geben die Energieniveaus an. Das Feld in Teil (b) verläuft von links nach rechts.

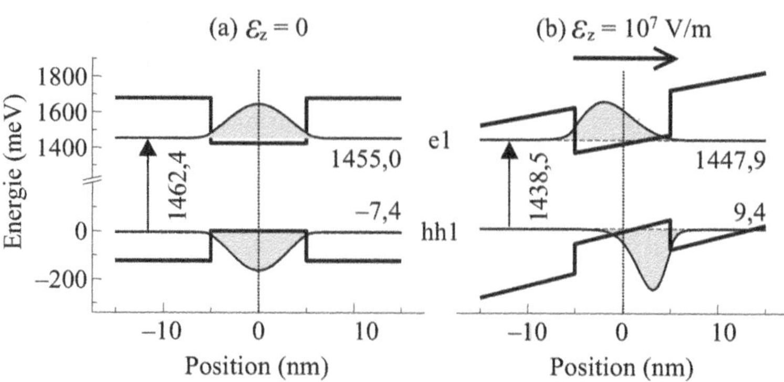

GaAs/Al$_{0,3}$Ga$_{0,7}$As-Quantentopfs. Teil (a) zeigt die Wahrscheinlichkeitsdichten für die e1- und hh1-Wellenfunktionen bei der Feldstärke null und Teil (b) zeigt die entsprechenden Größen bei $\mathcal{E}_z = 10^7\,\mathrm{V\,m^{-1}}$. Der mit z lineare Anstieg der Energie von Valenz- und Leitungsband in Teil (b) ergibt sich durch die Addition eines Potentials der Form (6.46) zu dem in Teil (a) gezeigten Potentialtopf. Die Energien der e1- und hh1-Niveaus sind in beiden Teilen angegeben, wobei der Wert null der Energie als die Oberkante des Valenzbandes im Topfzentrum (also bei $z = 0$) definiert ist.

Einige wichtige Eigenschaften sind durch Vergleich der beiden Abbildungsteile unmittelbar ersichtlich.

Lochenergien werden auf elektronischen Bänderdiagrammen *nach unten* gemessen, und die Confinement-Energie wird deshalb als $-[E_{\mathrm{hh1}} - E^{\mathrm{v}}(z = 0)]$ definiert. Dass sich dies bei $\mathcal{E}_z = 10^7\,\mathrm{V\,m^{-1}}$ als negativ erweist, ist nicht wichtig. Tatsächlich liegt das Lochniveau 40,6 meV *über* dem Boden des Topfes, der sich bei $z = +5$ nm befindet.

(1) Die Elektronen haben bei $\mathcal{E}_z = 0$ eine Confinement-Energie von $(E_{\mathrm{e1}} - E_{\mathrm{g}}^{\mathrm{GaAs}}) = (1455,0 - 1425) = 30,0\,\mathrm{meV}$ und bei $\mathcal{E}_z = 10^7\,\mathrm{V\,m^{-1}}$ von $(1447,9 - 1425) = 22,9\,\mathrm{meV}$. Die entsprechenden Energien für die Löcher sind 7,4 meV und $-9,4$ meV. Das Feld bewirkt also eine Verringerung der Energien der beschränkten Zustände.

(2) Wegen der Stark-Verschiebung fällt die Energiedifferenz zwischen den e1- und hh1-Niveaus ($E_{\mathrm{e1}} - E_{\mathrm{hh1}}$) von 1462,4 meV bei Feldstärke null auf 1438,7 meV bei $\mathcal{E}_z = 10^7\,\mathrm{V\,m^{-1}}$. Wir erwarten daher eine Rotverschiebung der Übergangsenergie.

(3) Wenn das Feld null ist, sind die Wellenfunktionen spiegelsymmetrisch bezüglich des Topfzentrums, doch das Anlegen eines Feldes zerstört die Symmetrie und bewirkt, dass sich die Wahrscheinlichkeitsdichten für Elektron und Loch in entgegengesetzte Richtungen verlagern.

(4) Wenn das Feld null ist, ist die Überlappung von Elektron und Loch, gegeben durch (6.36), mit $|\langle \varphi_{\mathrm{e1}} | \varphi_{\mathrm{hh1}} \rangle|^2 = 0{,}99$ nahezu

perfekt. Die Verlagerung der Wellenfunktionen von Elektron und Loch in entgegengesetzte Richtungen bei $\mathcal{E}_z = 10^7\,\mathrm{V\,m^{-1}}$ reduziert diese Überlappung auf 0,38.

Aus dieser Auflistung von Eigenschaften wird klar, dass der quantenbeschränkte Stark-Effekt eine Rotverschiebung des Übergangs tiefster Energie sowie eine Reduzierung der zugehörigen Oszillatorstärke verursacht.

Die in Abbildung 6.13 gezeigten Wellenfunktionen und Energieniveaus wurden mithilfe numerischer Verfahren berechnet, was für Quantentöpfe mit endlichen Barrieren die einzige Option ist. Für unendliche Potentialtöpfe sind dagegen analytische Lösungen möglich. Mittels Störungstheorie erhalten wir für die Verschiebung in das $(n{=}1)$-Niveau bei kleinem elektrischen Feld

$$\Delta E = -24 \left(\frac{2}{3\pi}\right)^6 \frac{e^2 \mathcal{E}_z^2 m^* d^4}{\hbar^2} \tag{6.47}$$

(siehe Aufgabe 6.13). Dabei ist d die Breite des Topfes und $\mathcal{E}_z$ die z-Komponente des elektrischen Feldes. Dieses Ergebnis ist das Analogon zum quadratischen Stark-Effekt in atomarem Wasserstoff: die Niveaus sind proportional zu $-\mathcal{E}_z^2$ in Richtung kleinerer Energien verschoben.

Die quadratische Rotverschiebung der Niveaus lässt sich folgendermaßen erklären. Der Erwartungswert der durch das Feld verursachten Energieverschiebung ist gemäß (6.45)

$$\langle \Delta E \rangle = -\langle p_z \rangle \mathcal{E}_z \tag{6.48}$$

wobei $\langle p_z \rangle$ der Erwartungswert des elektronischen Dipols ist. Aus (6.45) folgt, dass $\langle p_z \rangle$ durch

$$\langle p_z \rangle = -e \langle z_\mathrm{e} \rangle \tag{6.49}$$

gegeben ist, wobei $\langle z_\mathrm{e} \rangle$ der Erwartungswert für die Position des Elektrons in z-Richtung ist, also

$$\langle z_\mathrm{e} \rangle = \int_{-\infty}^{+\infty} \varphi_\mathrm{e}(z)^*\, z\, \varphi_\mathrm{e}(z)\, \mathrm{d}z \tag{6.50}$$

Wenn das Feld null ist, ist die $(n{=}1)$-Wellenfunktion des Elektrons spiegelsymmetrisch bezüglich des Topfzentrums. Daraus folgt, dass $\langle z_\mathrm{e} \rangle$ und $\langle p_z \rangle$ null sind, wenn kein Feld angelegt ist. Wenn in positive z-Richtung ein von null verschiedenes Feld angelegt ist, werden die Elektronen in Richtung negativer z gedrückt, sodass $\langle z_\mathrm{e} \rangle$ einen negativen Wert annimmt. Diese Verschiebung der mittleren Elektronenposition entgegen dem Feld ist an der e1-Wellenfunktion in

Die e1-hh1-Überlappung ist bei $\mathcal{E}_z = 0$ kleiner als 100%, was an den Differenzen der effektiven Massen und der Barrierehöhen liegt, die das Eindringen in die Barrieren mittels Tunneln beeinflussen. Eine perfekte Überlappung ist nur für den Grenzfall unendlicher Barrieren zu erwarten (siehe Aufgabe 6.7).

Eine exakte Lösung existiert für ein Teilchen, das in einem unendlichen Potentialtopf mit angelegtem elektrischen Feld beschränkt ist. Siehe zum Beispiel Miller (2008). Diese Lösung macht Gebrauch von Airy-Funktionen und ist somit etwas komplizierter; daher soll sie hier nicht weiter diskutiert werden.

Abbildung 6.13b deutlich zu sehen. Die Verschiebung des Elektrons erzeugt einen positiven Dipol, dessen Betrag für kleine Felder proportional zu $\mathcal{E}_z$ ist. Somit gilt $\langle p_z \rangle \propto +\mathcal{E}_z$ und $\langle \Delta E \rangle \propto -\mathcal{E}_z^2$. Das gleiche Argument kann auf die Löcher angewendet werden.

In Abschnitt 6.4.4 haben wir gesehen, dass die Absorptionskante eines Quantentopfes tatsächlich durch exzitonische Effekte beeinflusst wird. Die Verschiebung der exzitonischen Übergangsenergie ist gegeben durch die Summe der Verschiebungen der Elektron- und Lochniveaus abzüglich jeglicher Reduktion in der exzitonischen Bindungsenergie, die durch das Feld verursacht wird. Der zuletzt genannte Effekt ist relativ klein, sodass die Verschiebung in der Übergangsenergie gut durch die Summe der Verschiebungen von Elektron- und Lochniveaus approximiert wird:

$$
\begin{aligned}
\Delta(\hbar\omega) &= \langle \Delta E_\mathrm{e} \rangle + \langle \Delta E_\mathrm{h} \rangle \\
&= - \left(\langle p_z^\mathrm{e} \rangle + \langle p_z^\mathrm{h} \rangle \right) \mathcal{E}_z \\
&= - \left(-e\langle z_\mathrm{e} \rangle + e\langle z_\mathrm{h} \rangle \right) \mathcal{E}_z \\
&= -e \left(\langle z_\mathrm{h} \rangle - \langle z_\mathrm{e} \rangle \right) \mathcal{E}_z
\end{aligned}
\tag{6.51}
$$

Dies zeigt, dass es die Verschiebung des Elektrons relativ zum Loch ist, welche die Rotverschiebung des Übergangs verursacht. Außerdem zeigt Gleichung (6.47), dass das Loch wegen seiner größeren effektiven Masse am stärksten zur Energieverschiebung beiträgt. Wie bereits erwähnt, erwarten wir, dass die Verschiebung der Wellenfunktion proportional zu $\mathcal{E}_z$ ist, was zu einer quadratischen Stark-Verschiebung führt. Allerdings kann sich dieses Verhalten nicht beliebig weit fortsetzen, da die Verschiebung des Elektrons relativ zum Loch durch die Breite des Topfes limitiert ist. Folglich sättigt der Elektron-Loch-Dipol für große Feldstärken bei einem Wert der Größenordnung $+ed$, und die Energieverschiebung wird linear in $\mathcal{E}_z$. Es gibt hier eine gewisse Analogie zum linearen Stark-Effekt der Atomphysik, wenn auch die Erklärung qualitativ verschieden ist. Tatsächlich ist die in Abbildung 6.13b gezeigte Situation nahe am Sättigungslimit, da hier bewusst eine große Feldstärke gewählt wurde, um die Elektron-Loch-Verschiebung deutlich zu machen.

Um den quantenbeschränkten Stark-Effekt zu beobachten, kann man die Quantentöpfe in die i-Schicht einer p-i-n-Diode bringen (siehe Abbildung 6.14). Die Diode wird wie eine Photodiode in Sperrrichtung betrieben, sodass starke elektrische Wechselfelder in der Wachstumsrichtung angelegt werden können. Die Stärke des Feldes ist durch (E.3) gegeben:

$$
\mathcal{E}_z = \frac{|V_\mathrm{bi} - V_0|}{l_\mathrm{i}}
\tag{6.52}
$$

Dabei ist V_bi die Diffusionsspannung, V_0 die angelegte Vorspannung und l_i die Dicke der i-Schicht. V_0 ist in Sperrrichtung null, und da-

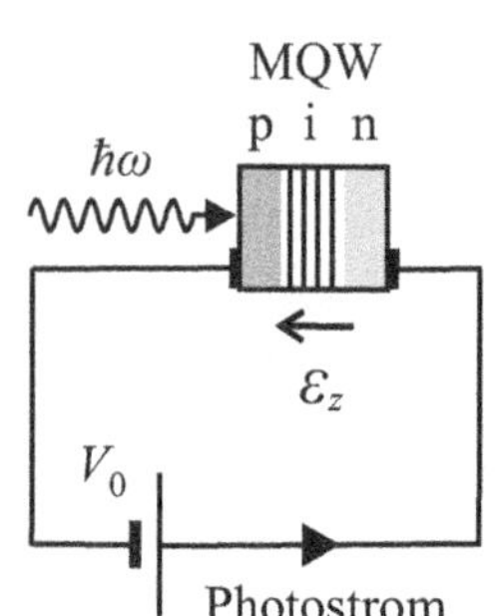

Abb. 6.14: Versuchsanordnung zur Beobachtung des quantenbeschränkten Stark-Effektes. Die Quantentöpfe befinden sich in der i-Schicht einer p-i-n-Diode und das Bauelement wird in Sperrrichtung betrieben. Dies erzeugt ein starkes elektrisches Feld $\mathcal{E}_z$ auf den Quantentöpfen. Der durch einfallendes Licht generierte Photostrom wird durch die Absorption der MQW-Schicht bestimmt.

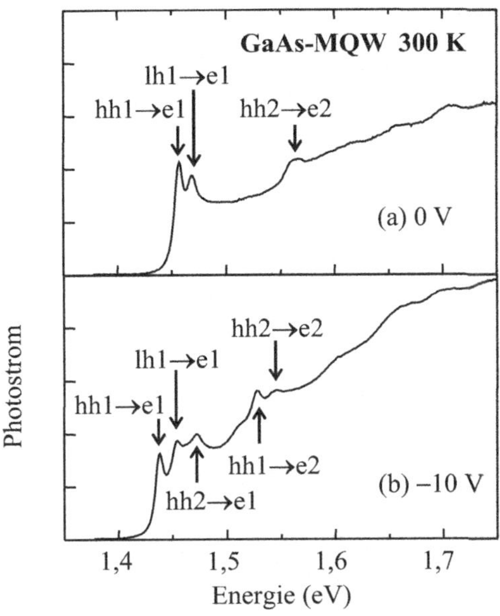

Abb. 6.15: Photostrom-Spektren für eine GaAs/Al$_{0,3}$Ga$_{0,7}$As-MQW-p-i-n-Diode mit einer 1 μm dicken i-Schicht bei Raumtemperatur. (a) $V_0 = 0$, (b) $V_0 = -10$ V. Die Breite des Quantentopfes war 9,0 nm. Die Übergänge sind mit den beteiligten Elektronen- und Lochzuständen bezeichnet. Nach Fox (1996), ©Taylor & Francis Ltd., genehmigter Nachdruck.

her verstärkt die angelegte Spannung das Feld aufgrund der Diffusionsspannung. Wie wir in Abschnitt 4.3.1 gelernt haben, folgt der im Bauelement erzeugte Photostrom der Frequenzabhängigkeit der Absorption.

Abbildung 6.15 zeigt das Photostrom-Spektrum einer MQW-p-i-n-Diode (GaAs/Al$_{0,3}$Ga$_{0,7}$As) für Vorspannungen von 0 V und -10 V. Die Topfbreite betrug 9,0 nm und die Temperatur war 300 K. Die Dicke der i-Schicht war 1 μm und V_{bi} war 1,5 V. Aus (6.52) können wir ableiten, dass die Spannungen Feldstärken von $1,5 \times 10^6$ V m^{-1} und $1,15 \times 10^7$ V m^{-1} entsprechen. Obwohl die Temperatur 300 K beträgt und $\mathcal{E}_z$ das exzitonische Ionisationsfeld von Volumen-GaAs deutlich übersteigt (dieses hat den Betrag 6×10^5 V m^{-1}, siehe Abschnitt 4.3.1), sind die ($n=1$)-Linien der Schwer- und Leichtlochexzitonen für beide Feldstärken deutlich ausgeprägt.

Das Spektrum bei -10 V zeigt eine deutliche Rotverschiebung für Schwer- und Leichtlochexzitonen. Erwartungsgemäß ist die Verschiebung für die Schwerlochexzitonen wegen ihrer größeren Masse stärker. Der Abfall der Exzitonenabsorption für die größere Feldstärke kommt durch die Reduzierung der Elektron-Loch-Überlappung zustande, wie in Punkt (4) weiter oben erläutert wurde. Zwei paritätsverbotene Übergänge sind in Abbildung 6.15 klar zu identifizieren, nämlich hh2 → e1 und hh1 → e2.

Die Möglichkeit, die Form des Absorptionsspektrums durch Anlegen einer Spannung zu kontrollieren, ist die Grundlage mehrerer elektrooptischer Bauelemente. Die Absorption bei 1,44 eV (864 nm) in den

Die paritätsverbotenen Übergänge, für die Δn eine ungerade Zahl ist, werden zu erlaubten Übergängen, wenn ein Feld angelegt ist, welches die Symmetrie des Systems reduziert (siehe Aufgabe 6.7).

in Abbildung 6.15 untersuchten Quantentöpfen kann durch Anlegen der Vorspannung ein- und ausgeschaltet werden. Dies gestattet es, mit der gleichen Anordnung wie in Abbildung 6.14 spannungsgeregelte Photodetektoren zu konstruieren. Das gleiche Bauelement kann auch als Intensitätsmodulator betrieben werden, wenn man einen spannungsabhängigen Verbraucher einführt. Außerdem muss sich nach den Kramers-Kronig-Relationen (Abschnitt 2.3) bei einer Änderung der Absorption auch der Brechungsindex ändern, sodass das Bauelement auch als Phasenmodulator verwendet werden kann.

6.6 Optische Emission

Der Einsatz in Elektrolumineszenz-Bauelementen ist derzeit das bedeutendste Anwendungsgebiet von Quantentopfstrukturen. Durch Einfügen von Quantentöpfen in die aktive Zone kann der Bereich der Emissionswellenlängen vergrößert und gleichzeitig die Effizienz des Bauelements erhöht werden.

Die allgemeinen Prinzipien der Lichtemission in Halbleitern wurden in Kapitel 5 behandelt. Das Licht wird erzeugt, wenn Elektronen im Leitungsband mit Löchern aus dem Valenzband rekombinieren. In den Abschnitten 5.2 bis 5.4 haben wir gesehen, dass das allgemeine Lumineszenzspektrum durch einen Peak an der Bandlückenenergie charakterisiert ist, dessen Breite durch die Ladungsträgerdichte und die Temperatur bestimmt ist.

Für die Lichtemission in Quantentöpfen sind im Wesentlichen die gleichen physikalischen Prozesse verantwortlich wie bei Volumenhalbleitern. Die elektrisch oder optisch injizierten Elektronen und Löcher relaxieren schnell an die Unterkante ihres jeweiligen Bandes, bevor sie über radiative Rekombination Photonen emittieren. In einem Quantentopf entsprechen die tiefsten für die Elektronen und Löcher erreichbaren Niveaus den beschränkten Zuständen mit $n = 1$. Folglich besteht das Lumineszenzspektrum bei niedriger Intensität aus einem Peak der Spektralbreite $\sim k_\mathrm{B}T$ bei der Energie

$$h\nu = E_\mathrm{g} + E_\mathrm{hh1} + E_\mathrm{e1} \tag{6.53}$$

Dies zeigt, dass der Emissionspeak durch die Quantenbeschränkung der Elektronen und Löcher zu höheren Energien gegenüber dem Volumenhalbleiter verschoben werden.

Abbildung 6.16 zeigt das Photolumineszenzspektrum eines 2,5 nm breiten ZnCdSe-Quantentopfes mit einer Cadmiumkonzentration von 20%. $Zn_{0,8}Cd_{0,2}Se$ ist ein II-VI-Legierungshalbleiter mit einer direkten Bandlücke von 2,55 eV bei 10 K, was dem blaugrünen Spektralbereich entspricht. Die Barrieren des Quantentopfs bestehen aus ZnSe. Dieses Material hat eine Bandlücke von 2,82 eV. Bei 10 K hat

Die Form des Emissionsspektrums wird nur wenig beeinflusst, wenn sich die Dimensionalität des Systems von zwei auf drei Dimensionen reduziert. In einem Volumenhalbleiter ist das Emissionsspektrum bei niedriger Intensität durch (5.12) gegeben. In einem Quantentopf wird der in der dreidimensionalen Zustandsdichte auftretende Faktor $(h\nu - E_\mathrm{g})^{1/2}$ durch die Stufenfunktion ersetzt, die aus der zweidimensionalen Zustandsdichte abgeleitet ist. In beiden Fällen ist der Nettoeffekt der, dass wir einen Peak der Breite $\sim k_\mathrm{B}T$ erhalten, der am Energieschwellwert für die Absorption beginnt.

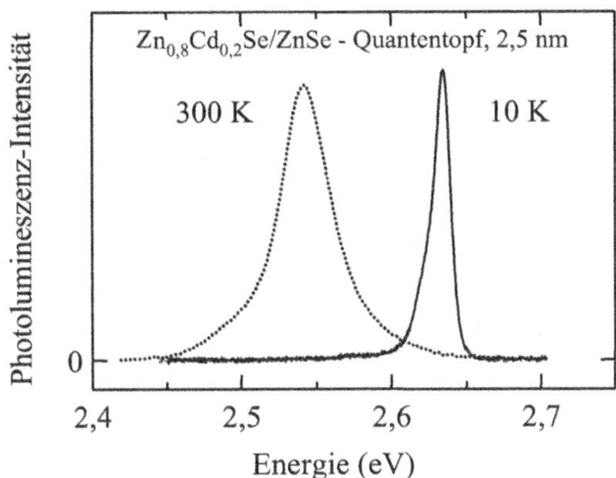

Abb. 6.16: Emissionsspektrum eines 2,5 nm breiten Zn$_{0,8}$Cd$_{0,2}$Se/ZnSe-Quantentopfes bei 10 K und bei Raumtemperatur. Die Spektren wurden normiert, sodass ihre Peaks die gleiche Höhe haben. Unveröffentlichte Daten von C. J. Stevens und R. A. Taylor.

das Spektrum einen Peak bei 2,64 eV (470 nm) und eine Halbwertsbreite von 16 eV. Die Emissionsenergie ist etwa 0,1 eV größer als die Bandlücke des Volumenmaterials, und die Linienbreite ist durch die unvermeidlichen Fluktuationen der Topfbreite limitiert, die während des epitaxischen Wachstums auftreten (siehe Aufgabe 6.18). Bei Raumtemperatur ist der Peak der Emissionsenergie nach 2,55 eV (486 nm) verschoben und das Spektrum hat sich verbreitert, sodass die Linienbreite nun etwa 48 meV ($\sim 2k_B T$) beträgt.

Die Verschiebung zu kleineren Energien zwischen 10 K und 300 K ergibt sich aus der mit der Temperatur kleiner werdenden Bandlücke von ZnCdSe. Die Emissionsenergie liegt nach wie vor um etwa 0,1 eV über der Bandlücke von Volumen-Zn$_{0,8}$Cd$_{0,2}$Se bei 300 K.

Wie bereits zu Beginn dieses Abschnitts erwähnt, war der Einsatz von Quantentöpfen in lichtemittierenden Bauelementen eine der wichtigsten Motivationen für deren Entwicklung. Quantentöpfe haben gegenüber den entsprechenden Volumenmaterialien drei mögliche Hauptvorteile:

- Die Verschiebung des Lumineszenzpeaks durch die Confinement-Energie ($E_{e1} + E_{hh1}$) macht es möglich, die Wellenlänge des Bauelements durch die Wahl der Topfbreite einzustellen.

- Die im Quantentopf größere Überlappung zwischen den Wellenfunktionen von Elektron und Loch bedeutet, dass die Emissionswahrscheinlichkeit höher ist. Dies verkürzt die radiative Lebensdauer, und die radiative Rekombination dominiert gegenüber den nichtradiativen Zerfallsmechanismen. Die Strahlungseffizienz ist daher in Quantentöpfen größer, was es einfacher macht, helle lichtemittierende Bauelemente herzustellen.

Die in Abschnitt 5.4.1 erwähnten blau-grün emittierenden GaN-Strukturen auf Saphirsubstraten sind typische Vertreter für optoelektronische Bauelemente ohne Gitter-Matching. Bei diesen kommerziellen Bauelementen sind tatsächlich Quantentöpfe in der aktiven Zone. Weitere Beispiele sind die 980 nm-Ga$_x$In$_{1-x}$As-Quantentopflaser, die auf GaAs-Substraten aufgewachsen sind und mit optischen Faserverstärkern benutzt werden (siehe Abb. 9.14.)

- Die Gesamtbreite der Quantentöpfe in einem Elektrolumineszenz-Bauelement ist sehr klein (~ 10 nm). Dieser Wert liegt weit unterhalb der kritischen Breite für die Bildung von Versetzungen bei epitaxischen Schichten ohne Gitter-Matching. Somit können Materialkombinationen verwendet werden, für die kein Gitter-Matching vorliegt, wodurch eine größerer Flexibilität der Emissionswellenlängen erreicht wird.

Elektrolumineszenz-Bauelemente können leicht aus Quantentöpfen hergestellt werden, indem man diese in die aktive Zone am Kontakt einer p-n-Diode einbaut, wie wir dies in Abschnitt 5.4 für Volumenmaterialien diskutiert hatten. Die Bauelemente werden in Durchlassrichtung betrieben, und das Licht wird emittiert, wenn die durch den Strom injizierten Elektronen und Löcher am Kontakt rekombinieren. GaAs-Quantentöpfe, die bei etwa 800 nm emittieren, werden vielfach als Laser in CD-Playern und Laserdruckern eingesetzt. GaAs-basierte Legierungen werden verwendet, um die Wellenlänge in den roten oder infraroten Spektralbereich zu verschieben und so die optimalen Wellenlängen von 1,3 µm und 1,55 µm für Glasfasersysteme zu erreichen (siehe Aufgabe 6.19).

Beispiel 6.3

Schätzen Sie die Emissionswellenlänge eines 15 nm breiten GaAs-Quantentopf-Lasers bei 300 K ab.

Lösung: Die Emissionswellenlänge ist durch (6.53) gegeben. Die Confinement-Energien können wir mithilfe von (6.13) abschätzen. Unter Verwendung der Daten aus Tabelle D.2 für die effektive Masse erhalten wir $E_{\mathrm{hh1}} = 3\,\mathrm{meV}$ und $E_{\mathrm{e1}} = 25\,\mathrm{meV}$. Die Emissionsenergie ist daher $1{,}424 + 0{,}003 + 0{,}025 = 1{,}452\,\mathrm{eV}$, was einer Wellenlänge von 854 nm entspricht.

6.7   Intersubbandübergänge

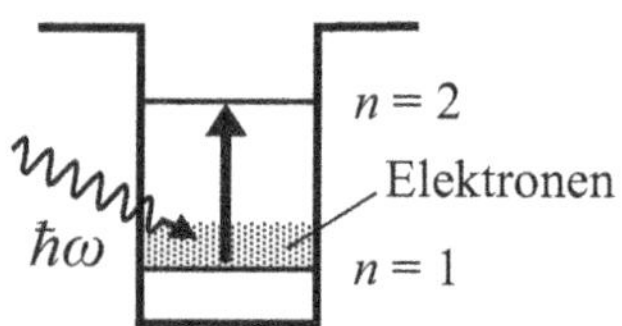

Abb. 6.17: Der Intersubbandübergang e1 → e2 in einem n-dotierten Quantentopf.

Bei einem **Intersubbandübergang** werden Elektronen und Löcher zwischen den Niveaus (oder „Subbändern") innerhalb des Leitungs- bzw. Valenzbandes angeregt. Hierdurch unterscheiden sie sich von den bisher betrachteten Interbandübergängen, bei denen die Elektronen aus dem Valenzband ins Leitungsband oder umgekehrt übergehen. Abbildung 6.17 zeigt einen typischen Intersubbandübergang, bei dem ein Elektron aus dem ($n{=}1$)-Niveau eines Quantentopfs in das ($n{=}2$)-Niveau angeregt wird, indem es ein Photon absorbiert. Ein kurzer Blick in Tabelle 6.2 sagt uns, dass Intersubbandübergänge bei viel kleineren Photonenergien auftreten als Interbandübergänge. Beispielsweise ist der Energieabstand zwischen den Elektronenniveaus $n = 1$ und $n = 2$ in einem 10 nm breiten GaAs/AlGaAs-Quantentopf von der Ordnung 0,1 eV. Dies entspricht einer Infrarotwellenlänge von etwa 12 µm. Intersubbandübergänge in GaAs-Quantentöpfen können daher für Detektoren und Emitter im infraroten Spektralbereich verwendet werden. Dies bietet gegenüber Halbleitern mit schmaler Bandlücke einige potentielle Vorteile, zum einen in Bezug auf die Leistungsfähigkeit und zum anderen, weil sie relativ einfach herzustellen sind.

Intersubbandübergänge werden durch Licht angeregt, das in z-Richtung polarisiert ist. Das Matrixelement für einen Übergang aus dem n-ten in das n'-te Subband ist $\langle n|z|n'\rangle$. Nach der Auswahlregel für $\Delta n = (n-n')$ muss Δn eine ungerade Zahl sein (siehe Aufgabe 6.19).

Die Forderung, dass die Polarisation in z-Richtung liegen muss, bringt einige technische Schwierigkeiten mit sich. Wenn das Licht, wie in Abbildung 6.6 dargestellt, in Normalrichtung zur Oberfläche einfällt, hat die Polarisation keine Komponente in z-Richtung. Um eine z-Komponente zu erzeugen, muss das Licht unter einem von null verschiedenen Winkel einfallen. Es ist allerdings auf diese Weise nur möglich, etwa 10% des Lichts für die Interbandübergänge auszukoppeln, da Halbleiter wie GaAs einen hohen Brechungsindex haben (siehe Aufgabe 6.21). Eine bessere Lösung des Problems besteht darin, auf der Probe ein metallisches Gitter aufzubringen. Auf diese Weise erhält man eine hinreichend große z-Komponente, selbst wenn das Licht normal zur Oberfläche einfällt.

Intersubbanddetektoren für die Infrarotfotografie werden seit den späten 1980er-Jahren entwickelt. Sie werden mit n-dotierten Quantentöpfen hergestellt, sodass es eine große Population von Elektronen im ($n=1$)-Niveau des Leitungsbandes gibt, die das Licht absorbieren können. 1994 wurde ein Intersubbandlaser entwickelt, der als „Quantenkaskadenlaser" bezeichnet wurde. Diese Intersubbandlaser arbeiten bei Wellenlängen im Infrarotbereich (~ 5 bis $15\,\mu\mathrm{m}$) und werden für viele wichtige Anwendungen, etwa die Untersuchung der Atmosphäre, benötigt. Die untere Grenze für die Wellenlänge ist durch die Differenz der Leitungsbandenergien der Halbleiterelemente bestimmt, während die obere Grenze durch die Betriebstemperatur gesetzt ist (der Abstand der Energieniveaus muss die Bedingung $E_2 - E_1 \gtrsim k_\mathrm{B}T$ erfüllen, um die thermische Besetzung des oberen Niveaus zu vermeiden). 2002 gelang ein wichtiger Durchbruch, indem die maximale Wellenlänge für einen Quantenkaskadenlaser in den Terahertzbereich ($\nu \lesssim 10\,\mathrm{THz} \equiv \lambda \gtrsim 30\,\mu\mathrm{m}$) ausgedehnt wurde.

Experimentelle Ergebnisse zeigen, dass die Bedingung $T \lesssim (E_2 - E_1)/k_\mathrm{B}$ in Wirklichkeit zu streng ist und dass Quantenkaskadenlaser bei Temperaturen über dieser Grenze arbeiten können, da es sich bei ihnen um Nichtgleichgewichtssysteme handelt. Die höchste Betriebstemperatur, die sich für größere Wellenlängen erreichen lässt, skaliert allerdings tatsächlich mit der Laserfrequenz.

6.8 Quantenpunkte

In Abschnitt 6.1 hatten wir erwähnt, dass neben Quantentöpfen weitere quantenbeschränkte Halbleiterstrukturen gibt. In Tabelle 6.1 und Abbildung 6.1 sehen wir, dass die Beschränkung der Elektronen in allen drei Richtungen einen Quantenpunkt ergibt. Mit Abmessungen im Nanometerbereich enthalten diese Quantenpunkte typischerweise 10^4 bis 10^6 Atome. Es wurde experimentell nachgewiesen, dass sich in manchen Materialien durch epitaxisches Wachstum und kolloidale Synthese spontan Quantenpunkte bilden können. Dies macht es relativ einfach, Quantenpunkte herzustellen, sodass in den letzten Jahren enorme Fortschritte erreicht wurden.

6.8.1   Quantenpunkte als künstliche Atome

In Quantenpunkten ist die Bewegung der Elektronen und Löcher in allen drei Richtungen beschränkt, sodass es angemessen ist, sie als nulldimensionale Strukturen zu bezeichnen. Die Elektron- und Lochzustände sind vollständig quantisiert, und das Energiespektrum besteht aus einer Reihe diskreter Linien (siehe Abbildung 6.1). Wir haben gesehen, dass die Beschränkung der Elektronen und Löcher zu interessanten optischen Effekten führt und die Leistungsfähigkeit von optoelektronischen Bauelementen verbessern kann. Man darf daher erwarten, dass der erhöhte Grad der Beschränkung zu weiteren Vorteilen führt. Beispielsweise kann man durch Beschränkung der Ladungsträger in allen drei Dimensionen die Elektron-Loch-Überlappung vergrößern und somit die Strahlungseffizienz steigern. Außerdem reduziert die diskrete Natur der Zustandsdichte die thermische Ausbreitung der Ladungsträger innerhalb ihrer Bänder.

Die Berechnung der Energieniveaus für einen Quantenpunkt ist eine sehr schwierige Aufgabe, da viele unterschiedliche Formen möglich sind. Im Folgenden betrachten wir die in Abbildung 6.18 schematisch dargestellten Formen, also den Quader, die Kugel und die invertierte Linse. Anhand dieser Beispiele sollen drei wichtige allgemeine Aussagen über Quantenpunkte illustriert werden:

1. Das Energiespektrum und die Zustandsdichte ähneln generisch denen eines Atoms (quantisierte Zustände für diskrete Energien). Quantenpunkte werden daher manchmal als „künstliche Atome" bezeichnet.

2. Die Confinement-Energie skaliert wie $1/d^2$, wobei d die Größe des Punktes ist. Dies ist konsistent mit dem allgemeinen Argument zur Quantenbeschränkung, welches auf Gleichung (6.3) führte.

3. Der Grundzustand ist eindeutig, während die angeregten Zustände entartet sind. Der Grundzustand kann daher nur zwei Elektronen aufnehmen (Spin-up und Spin-down), die angeregten Zustände dagegen mehrere.

Quaderförmige Quantenpunkte. Die einfachste Form, die wir hier betrachten wollen, ist ein Quader mit den Kantenlängen (d_x, d_y, d_z), dargestellt in Abbildung 6.18a. In diesem Fall zerfällt das Problem in unabhängige Teilprobleme, die jeweils die Bewegung entlang einer der drei Achsen durch eine Schrödinger-Gleichung für den Quantentopf beschreiben. Wenn wir annehmen, dass es an den Rändern des Quaders unendliche Potentialbarrieren gibt, dann sind

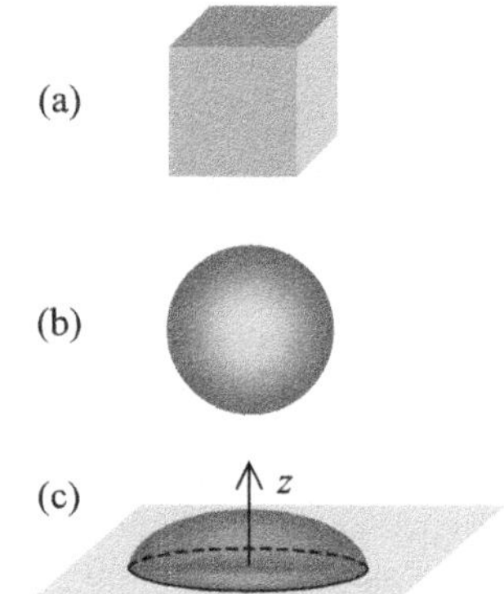

(a)

(b)

(c)

Abb. 6.18: Drei unterschiedlich geformte Quantenpunkte: (a) Quader, (b) Kugel, (c) invertierte Linse.

die Energieniveaus durch

$$E(n_x, n_y, n_z) = \frac{\pi^2 \hbar^2}{2m^*} \left(\frac{n_x^2}{d_x^2} + \frac{n_y^2}{d_y^2} + \frac{n_z^2}{d_z^2} \right) \tag{6.54}$$

gegeben (vgl. (6.13)), wobei die Quantenzahlen n_x, n_y und n_z für jede Richtung die quantisierten Niveaus spezifizieren. Der Spezialfall eines kubischen Quantenpunkts mit $d_x = d_y = d_z$ wird in Aufgabe 6.22 betrachtet. Der Grundzustand ist eindeutig, während der erste und zweite angeregte Zustand jeweils dreifach entartet ist.

Kugelförmige Quantenpunkte. Kugelförmige Quantenpunkte können modelliert werden, indem man annimmt, dass die Elektronen innerhalb des Punktes ein Potential $-V_0$ spüren und außerhalb das Potential null. Die Kugelsymmetrie des Problems legt es nahe, in Kugelkoordinaten (r, θ, ϕ) zu arbeiten. Die Schrödinger-Gleichung für einen Quantenpunkt vom Radius R_0 lautet dann

$$\left[-\frac{\hbar^2}{2m^*} \boldsymbol{\nabla}^2 + V(r) \right] \Psi(\mathbf{r}) = E\Psi(\mathbf{r}) \tag{6.55}$$

mit $V(r) = -V_0$ für $r \leq R_0$ und $V(r) = 0$ für $r > R_0$. Da das Potential nur von r abhängt, kann die Wellenfunktion in eine radiale und eine angulare Komponente zerlegt werden:

$$\Psi(\mathbf{r}) = R_{nl}(r) Y_{lm}(\theta, \phi) \tag{6.56}$$

Die angularen Wellenfunktionen $Y_{lm}(\theta, \phi)$ sind die Kugelfunktionen, die bei allen Zentralfeldproblemen auftreten (also bei Problemen, bei denen die Kraft in radialer Richtung vom Ursprung weg zeigt, sodass $V(r)$ nur von r abhängt). Die Energie finden wir durch Lösen der radialen Schrödinger-Gleichung

$$\left[-\frac{\hbar^2}{2m^*} \frac{1}{r^2} \frac{\mathrm{d}}{\mathrm{d}r} \left(r^2 \frac{\mathrm{d}}{\mathrm{d}r} \right) + \frac{\hbar^2 l(l+1)}{2m^* r^2} + V(r) \right] R_{nl}(r)$$
$$= E_{nl} R_{nl}(r) \tag{6.57}$$

(n ist eine ganze Zahl). Die Energie kann im Allgemeinen in der Form

$$E_{nl} = \frac{\hbar^2}{2m^*} \frac{C_{nl}^2 \pi^2}{R_0^2} \tag{6.58}$$

geschrieben werden. Die Werte von C_{nl} für die ersten fünf gebundenen Zustände eines unendlichen Potentialtopfs mit $V_0 = \infty$ sind in Tabelle 6.3 aufgelistet. Man kann leicht zeigen, dass C_{nl} für $l = 0$ eine ganze Zahl ist (siehe Aufgabe 6.23).

Tab. 6.3: Die ersten fünf gebundenen Zustände eines sphärischen Potentialtopfs mit einer unendlichen Barriere. g bezeichnet die Entartung einschließlich des Spins. Nach Bimberg et al. (1999).

Niveau	n	l	g	C_{nl}
Grundzustand	1	0	2	1
erster angeregter Zustand	1	1	6	1,43
zweiter angeregter Zustand	1	2	10	1,83
dritter angeregter Zustand	2	0	2	2
vierter angeregter Zustand	1	3	14	2,22

Invertierte Linsen. Quantenpunkte in der Form invertierter Linsen (Abbildung 6.18c) haben eine zylindrische Symmetrie um die z-Achse. Dies macht es sinnvoll, in Zylinderkoordinaten (r, ϕ, z) zu arbeiten, sodass das Problem in eine laterale und eine vertikale Bewegung separiert. Desweiteren wird angenommen, das die Ausdehnung des Punktes in z-Richtung wesentlich kleiner ist als die laterale Ausdehnung und dass das laterale Potential für kleine r durch einen flachen harmonischen Oszillator mit $V(r, \phi) \propto r^2$ genähert werden kann. Mit diesen Näherungen können wir die Wellenfunktion in der Form $\Psi(\mathbf{r}) = \psi(r, \phi)\varphi(z)$ schreiben. Wir erhalten dann separate Schrödinger-Gleichungen für die laterale und die vertikale Bewegung:

$$\left[-\frac{\hbar^2}{2m^*}\boldsymbol{\nabla}^2_{xy} + \frac{1}{2}m^* \omega_0^2 r^2 \right] \psi(r, \phi) = E^{xy}\psi(r, \phi) \quad (6.59)$$

$$\left[-\frac{\hbar^2}{2m^*}\frac{\mathrm{d}^2}{\mathrm{d}z^2} + V(z) \right] \varphi(z) = E^z \varphi(z) \qquad (6.60)$$

Die Gesamtenergie ist dabei

$$E = E^{xy} + E^z \tag{6.61}$$

Betrachten wir zunächst die vertikale Bewegung (also in z-Richtung). Gleichung (6.60) beschreibt einen Potentialtopf, der gebundene Zustände mit quantisierten Energien als Lösungen hat. Da die Abmessungen sehr klein sind, ist es wahrscheinlich, dass es nur einen gebundenen Zustand gibt, oder falls es mehrere gibt, dass die Energiedifferenz zum zweiten Niveau viel größer ist als die Energieseparation der mit der lateralen Bewegung verbundenen Niveaus. Es ist daher vernünftig anzunehmen, dass wir für die vertikale Bewegung mit der Energie E_1^z nur einen gebundenen Zustand betrachten müssen.

Kommen wir nun zur lateralen Bewegung. Die Schrödinger-Gleichung (6.59) beschreibt einen zweidimensionalen harmonischen Oszillator. Wenn wir wieder zu kartesischen Koordinaten übergehen,

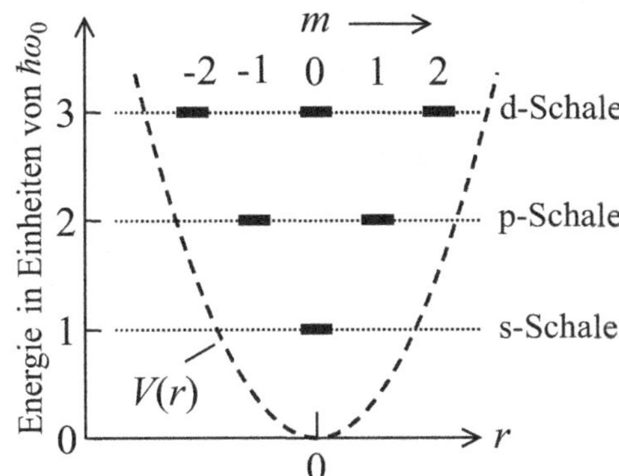

Abb. 6.19: Die ersten drei Energieniveaus eines zweidimensionalen harmonischen Oszillators. Eingezeichnet sind die erlaubten Werte von m sowie die Form des Potentials.

können wir leicht zeigen, dass die Energie durch

$$E^{xy} = (n+1)\hbar\omega_0 \qquad (6.62)$$

mit $n = 0, 1, 2, \ldots$ gegeben ist (siehe Aufgabe 6.25). Die Gesamtenergie ist somit

$$E_n = E_1^z + (n+1)\hbar\omega_0 \qquad (6.63)$$

Das n-te Niveau hat n entartete Unterniveaus, die durch die Quantenzahl m charakterisiert sind. Diese quantifiziert den Drehimpuls um die z-Achse und kann ganzzahlige Werte in Schritten von zwei zwischen $-n$ und $+n$ annehmen. Abbildung 6.19 zeigt die erlaubten Werte von m für die ersten drei Niveaus. In Analogie zur Notation in der Atomphysik werden diese Niveaus oft als „s-", „p-", „d-Schalen" usw. bezeichnet. Allerdings hat die Analogie ihre Grenzen, da die Notation ihren Ursprung in der Analyse von dreidimensionalen Zentralfeldern hat.

Die oben dargelegten Argumente können auf Quantenpunkte von komplizierterer Form verallgemeinert werden, solange diese das Kriterium erfüllen, dass die vertikale Ausdehnung signifikant kleiner ist als die laterale, und dass das laterale beschränkende Potential relativ schwach ist. In diesem Fall müssen wir für die laterale Bewegung normalerweise nur den ersten gebundenen Zustand betrachten, und die ersten angeregten Zustände resultieren aus der lateralen Bewegung. Wenn keine Zylindersymmetrie um die z-Achse mehr vorliegt (wenn also beispielsweise der Quantenpunkt eine elliptische Form in der x-y-Ebene hat), können wir nicht mehr erwarten, dass die Unterniveaus des n-ten Niveaus entartet sind.

6.8.2 Kolloidale Quantenpunkte

Eine Möglichkeit zur Herstellung von Quantenpunkten ist das Verfahren der kolloidalen Synthese. Die resultierenden Punkte, die ge-

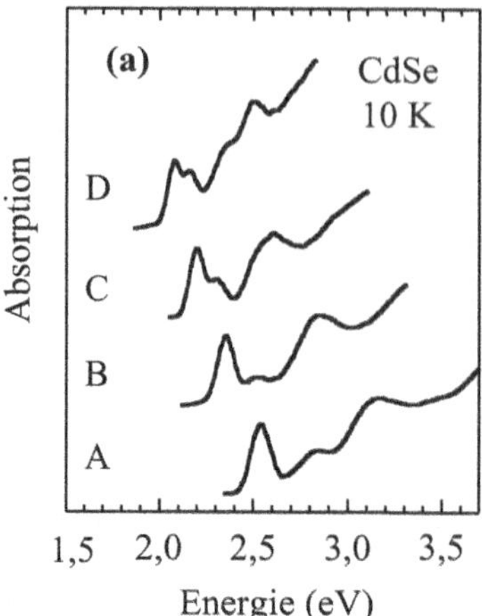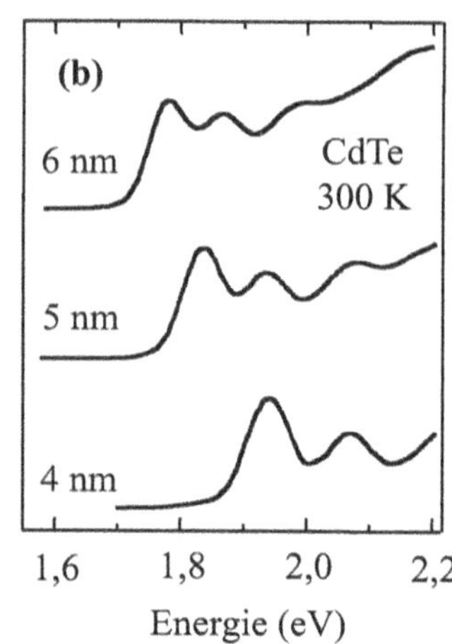

Abb. 6.20: (a) Absorptionsspektren von dichtgepackten kolloidalen CdSe-Quantenpunkten, die bei 10 K auf Saphirsubstraten liegen. Die Punktdurchmesser sind (A) 3,03 nm, (B) 3,94 nm, (C) 4,80 nm und (D) 6,21 nm. Nahansicht der Bandkante von kolloidalen CdTe-Quantenpunkten in Lösung bei Raumtemperatur. Nach Kagan et al. (1996), ©American Physical Society, sowie De Giorgi et al. (2005), ©Elsevier, genehmigter Nachdruck.

wöhnlich aus II-VI- oder III-V-Halbleitern hergestellt werden, sind kugelförmig und können in Lösung oder in der festen Phase untersucht werden. Letzteres bedeutet entweder, dass die Punkte als dünner Film auf transparenten Substraten liegen oder in ein Glas dotiert werden.

Abbildung 6.20 zeigt die Absorptionsspektren zweier unterschiedlicher Typen von kolloidalen II-VI-Quantenpunkten. Abbildung 6.20a zeigt die Daten für CdSe-Punkte auf Saphirsubstraten bei 10 K und Abbildung 6.20b zeigt die Daten für CdTe-Punkte in Lösung bei Raumtemperatur. In beiden Fällen sind Spektren für mehrere unterschiedliche Punktgrößen dargestellt. Die angegebenen Durchmesser sind Durchschnittswerte. In der Praxis gibt es immer eine gewisse Variation der Größen, was die Ursache für die Verbreiterung der optischen Spektren ist. Tatsächlich besteht die Kunst bei der Herstellung von Quantenpunkten zu einem großen Teil darin, die Größe möglichst präzise kontrollieren zu können. Für die in Abbildung 6.20a gezeigten Punkte zum Beispiel betrug die Standardabweichung der Durchmesser weniger als 5%.

Die Spektren in beiden Teilen von Abbildung 6.20 zeigen eine deutliche größenabhängige Verschiebung der Absorptionkante relativ zur Bandkante. ($E_\mathrm{g} = 1{,}85$ eV für CdSe bei 10 K und 1,50 eV für CdTe bei Raumtemperatur.) Exzitonische Peaks, die mit den beschränkten Elektron- und Lochzuständen assoziiert sind, sind für beide Temperaturen gut aufgelöst. Die Absorptionskante liegt bei der Energie des Exzitons aus dem ersten beschränkten Zustand der Elektronen und Löcher. Unter der Annahme, dass für Elektronen und Löcher $C_{10} \approx 1$ gilt, folgt aus (6.58), dass die Bandkante bei

$$\hbar\omega \approx E_\mathrm{g} + \frac{2\pi^2\hbar^2}{\mu d^2} - E_\mathrm{X} \qquad (6.64)$$

liegen sollte. Dabei ist μ die reduzierte Masse des Elektron-Loch-Paares, d der Punktdurchmesser und E_X die exzitonische Bindungsenergie. Die Verschiebung der Absorptionskante proportional zu $1/d^2$ ist eine klare Demonstration von Quantengrößeneffekten. Beachten Sie, dass der Quantengrößeneffekt hier sehr stark ausgeprägt ist: für die CdSe-Probe mit $d = 3{,}03$ nm beträgt die Verschiebung $0{,}6$ eV.

Eine Anwendung von kolloidalen Punkten gibt es im Zusammenhang mit halbleiterdotierten Gläsern. Wie bereits in Abschnitt 1.4.5 erwähnt, können II-VI-Halbleiter wie CdS, CdSe, ZnS und ZnSe während des Schmelzvorgangs einem Glas hinzugefügt werden. Unter geeigneten Bedingungen lassen sich so kolloidale Quantenpunkte bilden. Die Größe der Quantenpunkte hängt von der Art und Weise der Herstellung des Glases ab, wobei durch sorgfältige Präparation eine hohe Gleichmäßigkeit erreicht werden kann. Die in Abbildung 6.20 gezeigte größenabhängige Verschiebung der Absorption bietet eine Möglichkeit, die Farbe von Filtern aus halbleiterdotiertem Glas zu steuern. Auf diese Weise ist es möglich, durch Variation der Größe der Quantenpunkte Farbfilter aus Glas herzustellen, die den größten Teil des sichtbaren Spektrums abdecken.

Eine andere wichtige Anwendung von kolloidalen Quantenpunkten ist die Fluoreszenzfotografie in Chemie und Biologie. Die Punkte werden in Lösung präpariert und durch Synthesetechniken an die zu untersuchenden Moleküle angeheftet. Unter Ausnutzung ihrer hohen Lumineszenzeffizienz und der stimmbaren Emissionsenergie lassen sich die Punkte unter optischer Beleuchtung als Molekülmarker einsetzen. Früher wurden zu diesem Zweck organische Farbstoffe verwendet, doch Quantenpunkte liefern schärfere Linien und sind außerdem komfortabler zu handhaben.

6.8.3 Selbstorganisierte Epitaxie von Quantenpunkten

1990 entdeckte man, dass sich Quantenpunkte während des epitaxischen Wachstums im Stranski-Krastanov-Regime spontan bilden können. Inzwischen wurden auf diese Weise unter Verwendung der Verfahren MBE und MOCVD viele verschiedene Typen von III-V- und II-VI-Quantenpunkten hergestellt. Dass die Punkte direkt während des epitaxischen Wachstums gebildet werden können bedeutet, dass sie leicht in Laserdiodenstrukturen eingepflanzt werden können. Ihre nulldimensionale Physik sorgt dafür, dass der Schwellenstrom kleiner wird und die Temperaturempfindlichkeit abnimmt.

Das verbreitetste Beispiel von Stranski-Krastanov-Punkten ist InAs in GaAs. InAs ist ein Halbleiter mit schmaler Bandlücke, dessen Elementarzelle um 7% größer ist als die von GaAs. Die Punkte bilden sich, wenn sich dünne Schichten von InAs-Molekülen während

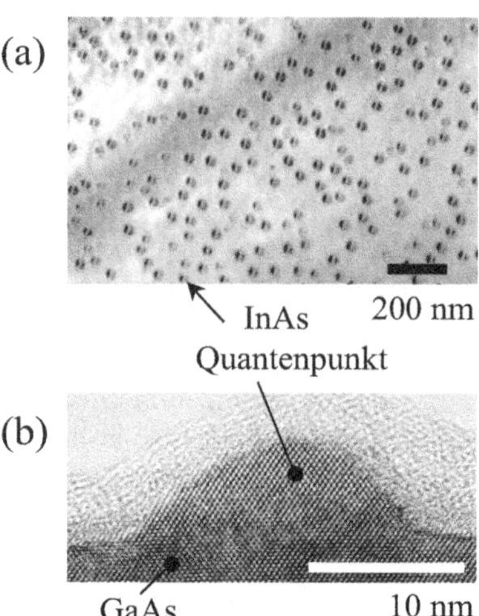

Abb. 6.21: (a) Draufsicht auf eine unbedeckte Schicht von InAs-Quantenpunkten, die durch Stranski-Krastanow-Wachstum auf einem GaAs-Kristall entstanden sind. (b) Seitenansicht von einem dieser InAs-Punkte (Blickrichtung nach unten entlang der Waferkante). Das Fleckenmuster über dem Punkt ist auf den Klebstoff zurückzuführen, mit dem die Probe in Position gehalten wurde. Beide Bilder wurden mit einem Transmissionselektronenmikroskop aufgenommen. Nach M. Hopkinson (unveröffentlicht) und Fry et al. (2000), ©American Physical Society, genehmigter Nachdruck.

des MBE-Wachstums auf GaAs ablagern. Die InAs-Moleküle versuchen, sich der Gitterkonstante des GaAs-Substrats anzupassen. Dies führt zur Ausbildung einer stark verzerrten Schicht, der sogenannten „Benetzungsschicht", auf der Kristalloberfläche. Die für das Verzerren der Schicht erforderliche Energie ist so groß, dass es nicht mehr vorteilhaft ist, eine gleichmäßige Schicht zu bilden, wenn die Dicke nur einige wenige Atome beträgt. Stattdessen ballen sich die InAs-Moleküle zu Clustern, was zur Bildung von InAs-Quantenpunkten auf der Oberseite der Benetzungsschicht führt. Durch Ablagern von GaAs-Schichten auf den Punkten werden die Elektronen und Löcher dann vertikal und lateral beschränkt.

Abbildung 6.21 zeigt Bilder von InAs-Quantenpunkten (aufgenommen mit einem Transmissionselektronenmikroskop), die mit dem Stranski-Krastanov-Verfahren gezüchtet wurden. Teil (a) zeigt eine Draufsicht und Teil (b) eine Seitenansicht bei höherer Auflösung mit Blickrichtung nach unten entlang der Waferkante. Auf den Bildern sieht man, dass die vertikalen und lateralen Ausdehnungen der Punkte im Nanometerbereich liegen, sodass in allen Richtungen eine starke Beschränkung herrscht. Die Form der Punkte entspricht näherungsweise der in Abschnitt 6.8.1 modellierten Linse. Die Homogenität in der Größenverteilung ist in Abbildung 6.21a recht gut zu erkennen: die meisten Punkte haben ungefähr die gleiche Größe, wobei eine gewisse Variation vorhanden ist.

Dass es angemessen ist, Quantenpunkte als „künstliche Atome" zu beschreiben, zeigt sich besonders deutlich, wenn man mithilfe spezieller Verfahren die optischen Spektren einzelner Punkte isoliert. Abbildung 6.22 zeigt typische Spektren, die man auf diese Weise erhalten kann. Das untere Spektrum in Abbildung 6.22a zeigt das Photolumineszenzspektrum, das man durch Anregung eines InAs/GaAs-

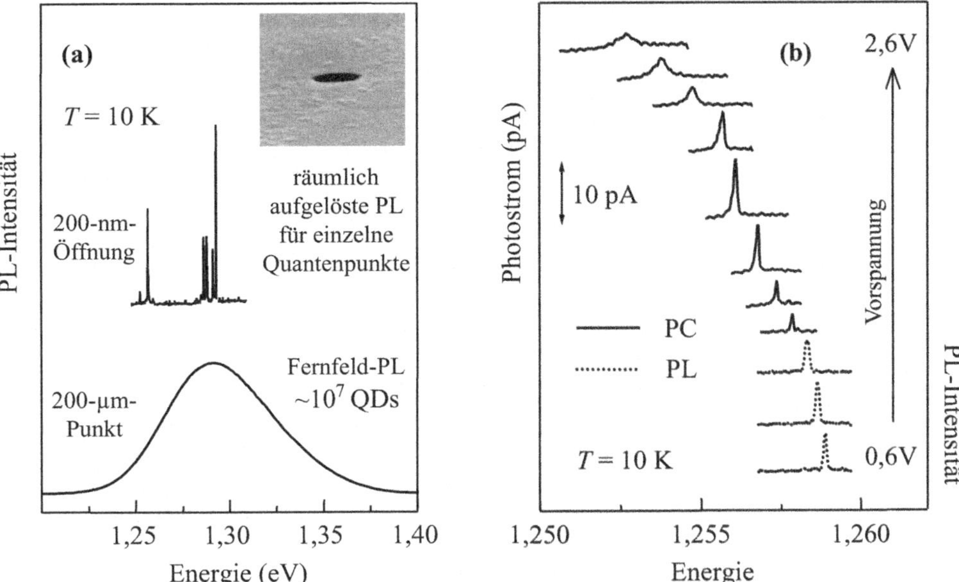

Abb. 6.22: Photolumineszenzspektrum (PL) von selbstorganisierten InAs/GaAs-Quantenpunkten bei 10 K. Das Spektrum für einen großen Laserspot wird mit dem verglichen, das man durch eine Nanoöffnung (Einschub) erhält. (b) Spannungsabhängigkeit des PL-Spektrums und des Photostromspektrums (PC) eines einzelnen InGaAs/GaAs-Quantenpunkts bei 10 K, der in eine Schottky-Diode eingebaut ist. Die Spektren wurden durch eine Nanoöffnung vom Durchmesser 800 nm aufgenommen. Sie sind für Vorspannungswerte von 0,6 V bis 2,6 V in Schritten von 0,2 V angegeben. Nach J. J. Finley & M.Ṡ. Skolnick (unveröffentlicht) und Oulton et al. (2002), ©American Physical Society, genehmigter Nachdruck.

Quantenpunkt-Wafers mit einem Laser mit großem Spot erhält. In der beleuchteten Fläche liegen mehrere Millionen Punkte. Dies führt zu einem breiten Spektrum, das die Größenverteilung der Punkte widerspiegelt. Beachten Sie, dass die Quantenbeschränkung die Emissionsenergie um fast 1 eV gegenüber der Bandlücke von Volumen-InAs (0,4 eV) erhöht. Das obere Spektrum in Abbildung 6.22a zeigt die Ergebnisse, die man erhält, wenn die Punkte durch eine Nanoöffnung vom Durchmesser 200 nm angeregt werden. Die Größe der Öffnung ist so gewählt, dass das Licht von nur wenigen Punkten gesammelt wird. Das Spektrum zerfällt in eine Reihe von scharfen Emissionslinien, die von den Exzitonen des Grundzustands und der angeregten Zustände einzelner Quantenpunkte herrühren. Wenn es hinter der Öffnung mehr als einen Punkt gibt, gestattet die Änderung der Punktenergie aufgrund der unvermeidlichen Größen- und Formschwankungen die Identifikation der Linien einzelner Punkte.

Die Breite der exzitonischen Linie eines einzelnen Quantenpunkts ist durch die radiative Lebensdauer limitiert. Typische Werte von τ_R liegen um 1 ns, sodass Linienbreiten von wenigen µeV beobachtet

Einige der Linien, die im Spektrum eines einzelnen Punktes auftreten, stammen von geladenen Exzitonen. Beispielsweise kann der Punkt ein freies Elektron aus dem Leitungsband einfangen, und dann kann ein negativ geladenes Exziton aus zwei Elektronen und einem Loch gebildet werden, wenn ein Elektron-Loch-Paar durch ein Photon angeregt wird. Die Energien dieser geladenen Exzitonen sind aufgrund von Coulomb-Wechselwirkungen leicht gegen die der neutralen Exzitonen verschoben.

werden konnten. Da ein einzelner Quantenpunkt bei einem gegebenen Übergang immer nur ein Photon emittiert, kann er als **Einzelphotonenquelle** dienen, die viele potentielle Anwendungen in der Quantenoptik hat.

Abbildung 6.22b zeigt die Spannungsabhängigkeit der exzitonischen Spektren für einen einzelnen-InGaAs/GaAs-Quantenpunkt, der bei 10 K in eine Schottky-Diode eingebettet ist. Verwendet wurde eine Kombination aus Photolumineszenz- (PL) und Photostromverfahren (PC) mit einem stimmbaren Ti:Saphirlaser als Anregungsquelle. Für die PL-Spektren wurde die Anregungsenergie auf $\sim 1{,}35\,\mathrm{eV}$ gesetzt (also deutlich oberhalb der Exzitonenenergie), während der Laser bei den PC-Messungen durch die exzitonische Linie gestimmt wurde. Die Vorspannung kontrolliert das am Quantenpunkt anliegende elektrische Feld. Bei niedrigen Vorspannungen ist das Feld klein, und die Exzitonen rekombinieren durch Emission von Photonen. Wenn die Vorspannung erhöht wird, wächst das Feld, was wiederum zu einer vergrößerten Wahrscheinlichkeit führt, dass die Elektronen und Löcher den Quantenpunkt durch Tunneln verlassen, bevor sie rekombinieren. Dies führt zu einer Reduzierung der Lumineszenzeffizienz, die begleitet wird von einem Anstieg der Photostromeffizienz. Gleichzeitig wird das Exziton durch den quantenbeschränkten Stark-Effekt zu einer niedrigeren Energie verschoben, und die Linienstärke nimmt aufgrund der feldinduzierten Reduktion der Elektron-Loch-Überlappung ab.

All diese Effekte sind in Abbildung 6.22b gut zu sehen. Das auffälligste Detail in den Daten ist die Rotverschiebung mit zunehmender Spannung aufgrund des quantenbeschränkten Stark-Effekts. Die PL-Effizienz ist bei 0,6 V hoch, fällt dann aber oberhalb von 1,0 V stark ab. Gleichzeitig steigt die PC-Effizienz oberhalb von 1,0 V an und erreicht bei 1,8 V ihr (als eins angenommenes) Maximum. Dann fällt die Linienintensität wieder, während die Elektron-Loch-Überlappung abnimmt, und man beobachtet eine Verbreiterung, während sich die Lebensdauer des Exzitons wegen des Tunnelns von Elektronen und Löchern aus dem Topf verkürzt. Diese Ergebnisse sind typisch für viele III-V- und II-VI-Quantenpunkte.

Zusammenfassung

- Quantenbeschränkung bedeutet, dass die räumlichen Ausdehnungen der Struktur so klein sind, dass die Confinement-Energie größer ist als die thermische Energie.

- Eine Struktur mit Quantenbeschränkung in einer Dimension wird als Quantentopf bezeichnet. Strukturen mit Quantenbeschränkung in zwei oder drei Dimensionen heißen Quantendrähte bzw. Quantenpunkte.

- Halbleiter-Quantentöpfe werden durch epitaxisches Wachstum sehr dünner Schichten hergestellt. Die Quantenbeschränkung resultiert aus den Potentialbarrieren an den Grenzflächen zwischen verschiedenen Halbleitern aufgrund ihrer unterschiedlichen Bandlücken. Die Physik der Elektronen und Löcher ist dann zweidimensional.

- Ein multipler Quantentopf (MQW) ist ein Kristall, der viele klar voneinander separierte Quantentöpfe enthält. Eine ähnliche Struktur ist das Supergitter. Dieses hat jedoch schmalere Barrieren, sodass benachbarte Quantentöpfe durch Tunneln durch die Barrieren miteinander gekoppelt sind.

- Die Energien der beschränkten Zustände in einem Quantentopf können berechnet werden, indem man das System als eindimensionalen Potentialtopf modelliert, dessen Tiefe durch die Differenz der Bandlücken der beteiligten Halbleiter bestimmt ist.

- Die Quantenbeschränkung verschiebt die Absorptionskante eines Quantentopfes zu höheren Energien im Vergleich zu denen des Volumenhalbleiters. Das Absorptionsspektrum wird in erster Linie durch die zweidimensionale Zustandsdichte des Quantentopfes bestimmt und besteht aus einer Reihe von Stufen. Die Aufspaltung von Leicht- und Schwerlochband erlaubt die Bildung von vollständig spinpolarisierten Elektronen durch Absorption von zirkular polarisiertem Licht.

- Exzitonische Effekte werden in Quantentöpfen verstärkt. Exzitonische Absorptionspeaks können bei Raumtemperatur beobachtet werden.

- Als quantenverstärkter Stark-Effekt wird die Verschiebung der Quantentopfniveaus durch ein elektrisches Feld bezeichnet. Sie führt zu einer Rotverschiebung der Bandkante und der exzitonischen Energien. Der Effekt kann für die Herstellung optischer Modulatoren ausgenutzt werden.

- Die Emissionsenergie für die Lumineszenz ist in quantenbeschränkten Strukturen größer als in den entsprechenden Volumenhalbleitern. Quantentöpfe ermöglichen helle lichtemittierende Bauelemente, und die Emissionswellenlänge kann über die Quantentopfparameter eingestellt werden.

- Intersubbandübergänge treten auf, wenn Elektronen zu Übergängen zwischen den Subbändern eines Quantentopfes angeregt werden, wobei sie jeweils ein Photon absorbieren. Die Übergänge erfolgen bei Infrarotwellenlängen.

- Quantenpunkte haben eine nulldimensionale Physik mit vollständig quantisierten Energien und einer diskreten Zustandsdichte. Sie können durch kolloidale Synthese oder Selbstorganisation während des epitaxischen Wachstums im Stranski-Krastanov-Regime hergestellt werden. Aufgrund von Variationen der Punktgrößen zeigen die Absorptions- und Emissionsspektren breite Linien, doch wenn man die Spektren individueller Quantenpunkte mittels Nanopunktierung isoliert, beobachtet man sehr scharfe Linien.

Weiterführende Literatur

Die wegbereitende Arbeit zu Halbleiter-Quantentöpfen war Esaki & Tsu (1970). Ergänzende Einführungen zu der hier vorgelegten Darstellung finden Sie in Burns (1985) oder Singleton (2001). Gründlicher wird das Thema in Yu & Cardona behandelt sowie auch in einigen speziell den Quantentöpfen gewidmeten Texten wie etwa Bastard (1990), Jaros (1989), Kelly (1995), Singh (1993) oder Weisbuch & Winter (1991).

Die Spindynamik von Elektronen, Löchern und Exzitonen in Quantentöpfen wird in der Artikelsammlung Awschalom et al. (2002) sowie in Dyakonov (2008) diskutiert. Eine speziell diesem Thema gewidmete Übersichtsarbeit ist Viña (1999).

Der Stark-Effekt in Wasserstoff wird in den meisten Büchern zur Quantenmechanik behandelt, beispielsweise in Gasiorowicz (2012) oder Schiff (1969), oder auch in Büchern über Atomphysik wie Woodgate (1980). Eine ausführliche Diskussion des Einflusses von elektrischen Feldern auf Teilchen in Potentialtöpfen finden Sie in Miller (2008), während Chuang (1995) eine gründliche Behandlung des quantenbeschränkten Stark-Effekts bietet.

Blood (1999) enthält einen Überblick über die Verwendung von Quantentöpfen von Diodenlasern, die im sichtbaren Spektralbereich arbeiten. Die Physik der Intersubbbandübergänge wird in Helm (2000), Liu & Capasso (2000a) und Liu & Capasso (2000b) diskutiert. Der Terahertz-Quantenkaskadenlaser wird in Williams (2007) vorgestellt. Davies et al. (2004) enthält eine Sammlung von Artikeln, die die Bedeutung der Terahertz-Technologie illustrieren.

Die Physik der Quantenpunkte wird in Bimberg et al. (1999), Harrison (2005) und Woggon (1997) beschrieben. Murray et al. (2000) gibt eine detaillierte Beschreibung der Synthese und Eigenschaften von kolloidalen Quantenpunkten. Eine Diskussion der Spektren eines einzelnen Quantenpunktes sowie der Anwendungen in der Quantenoptik finden Sie in Miller (2003).

Aufgaben

6.1 Schätzen Sie die Temperatur ab, bei der Quanteneffekte für eine $1\,\mu\mathrm{m}$ dicke Halbleiterschicht wichtig werden, wenn die effektive Masse des Elektrons $0{,}1m_0$ beträgt.

6.2 Ein Teilchen der Masse m^* ist in einem Quantentopf der Breite d und unendlichen Barrieren beschränkt. Zeigen Sie, dass die Energieseparation der ersten beiden Niveaus gleich $k_\mathrm{B}T/2$ ist, wenn d gleich $(3\hbar^2/4m^*k_\mathrm{B}T)^{1/2}$ ist. Berechnen Sie d für Elektronen der effektiven Masse m_0 und $0{,}1m_0$ bei $300\,\mathrm{K}$. Zeigen Sie, dass dieser Wert von d um den Faktor $\sqrt{3\pi^2}$ kleiner ist als der in (6.4) gegebene Wert für Δx.

6.3 Betrachten Sie ein Gas aus Spin-1/2-Teilchen mit der Masse m, die sich in einer zweidimensionalen Schicht bewegen. Verwenden Sie periodische Randbedingungen nach Born und von Karman (d. h. $\mathrm{e}^{\mathrm{i}kx} = \mathrm{e}^{\mathrm{i}k(x+L)}$ usw., wobei L eine makroskopische Länge ist) und zeigen Sie, dass die Zustandsdichte im k-Raum $1/(2\pi)^2$ ist. Betrachten Sie die infinitesimale Fläche, die zwischen zwei Kreisen im k-Raum eingeschlossen ist, deren Radien sich um die Differenz $\mathrm{d}k$ unterscheiden. Zeigen Sie, dass die Anzahl der Zustände mit k-Vektoren zwischen k und $k+\mathrm{d}k$ durch $g(k)\mathrm{d}k = (k/2\pi)\mathrm{d}k$ gegeben ist. Zeigen Sie somit, dass die Zustandsdichte im Energieraum durch

$$g_{2\mathrm{D}}(E)\,\mathrm{d}E = \frac{m}{\pi\hbar^2}\,\mathrm{d}E$$

gegeben ist, wenn für die Energiedispersion $E(k) = \hbar^2 k^2/2m$ angenommen wird.

6.4 Wiederholen Sie Aufgabe 6.3 für ein Gas aus freien Spin-1/2-Teilchen der Masse m, die sich in einem eindimensionalen Draht bewegen. Zeigen Sie, dass die Zustandsdichte im Energieraum dann durch

$$g_{1\mathrm{D}}(E)\,\mathrm{d}E = \sqrt{m/2\hbar^2\pi^2}\, E^{-1/2}\,\mathrm{d}E$$

gegeben ist.

6.5 Erklären Sie unter Bezugnahme auf (6.26), warum ein endlicher Quantentopf immer wenigstens einen gebundenen Zustand hat, egal wie klein V_0 ist.

6.6 Berechnen Sie die Energie des ersten gebundenen Schwerlochzustands für einen GaAs/AlGaAs-Quantentopfs mit $d = 10\,\mathrm{nm}$. Verwenden Sie die Werte $V_0 = 0{,}15\,\mathrm{eV}$, $m_\mathrm{w}^* = 0{,}34m_0$ und $m_\mathrm{b}^* = 0{,}5m_0$. Vergleichen Sie diese Energie mit der eines ansonsten äquivalenten Topfes mit unendlichen Barrieren.

6.7 Betrachten Sie das Überlappungsintegral $M_{nn'}$ für einen Quantentopf, welches durch

$$M_{nn'} = \int_{-\infty}^{\infty} \varphi_{\mathrm{e}n'}^*(z)\,\varphi_{\mathrm{h}n'}(z)\,\mathrm{d}z$$

gegeben ist.

   (a) Zeigen Sie, dass $M_{nn'}$ in einem Quantentopf mit unendlichen Barrieren im Fall $n = n'$ gleich eins ist und andernfalls null.

   (b) Zeigen Sie, dass $M_{nn'}$ in einem Quantentopf mit endlichen Barrieren gleich null ist, wenn $(n - n')$ eine ungerade Zahl ist.

6.8 Skizzieren Sie für den Bereich von $1,4\,\mathrm{eV}$ bis $2,0\,\mathrm{eV}$ die Energieabhängigkeit des Absorptionsspektrums für einen $5\,\mathrm{nm}$ breiten GaAs-Quantentopf bei $300\,\mathrm{K}$. Nehmen Sie an, dass die beschränkenden Barrieren unendlich sind und vernachlässigen Sie exzitonische Effekte. Bandstukturdaten für GaAs finden Sie in Tabelle D.2.

6.9 Erläutern Sie, wie sich das Spektrum aus Aufgabe 6.8 ändert, wenn (a) die Barrieren unendlich hoch sind und (b) exzitonische Effekte berücksichtigt werden.

6.10* Zur Berechnung der Energie und des Radius eines zweidimensionalen Exzitons kann das in Aufgabe 4.3 eingeführte Variationsverfahren verwendet werden.[1] Der Hamilton-Operator für die Relativbewegung eines Elektron-Loch-Paares in einem zweidimensionalen Material ist in Polarkoordinaten gegeben durch

$$\hat{H} = -\frac{\hbar^2}{2\mu}\left(\frac{1}{r}\frac{\partial}{\partial r}\left(r\frac{\partial}{\partial r}\right) + \frac{1}{r^2}\frac{\partial^2}{\partial\phi^2}\right) - \frac{e^2}{4\pi\epsilon_0\epsilon_\mathrm{r}r}$$

mit $r^2 = (x^2 + y^2)$. Wie für das dreidimensionale Exziton, welches wir in Aufgabe 4.3 betrachtet hatten, gehen wir von dem Ansatz

$$\Psi(r,\phi) = \left(\frac{2}{\pi\xi^2}\right)^{1/2}\exp\left(-\frac{r}{\xi}\right)$$

für eine Wellenfunktion mit 1s-artiger radialer Abhängigkeit aus. Dabei ist ξ der Variationsparameter.

---

[1] Das zweidimensionale Exzitonproblem kann auch exakt gelöst werden, und zwar mithilfe von Laguerre-Polynomen, aber das Variationsverfahren ist einfacher.

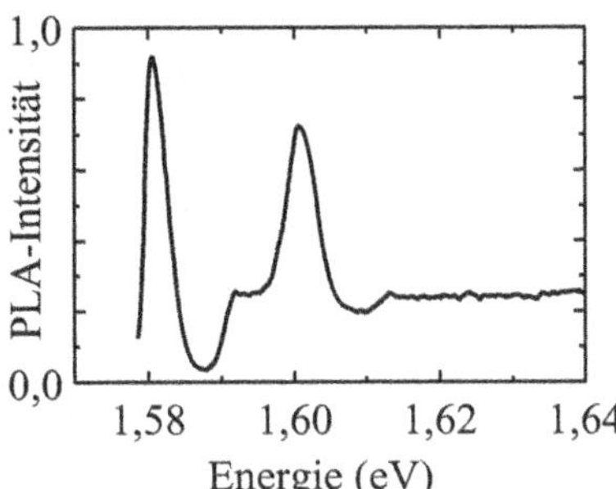

Abb. 6.23: Photolumineszenz-Anregungsspektrum (PLE) eines GaAs/AlAs-Quantentopfes bei 4 K. Unveröffentliche Daten aus R. A. Taylor.

(a) Zeigen Sie, dass die Ansatzfunktion korrekt normiert ist.

(b) Die Variationsenergie $\langle E \rangle_{\mathrm{var}}$ ist gegeben durch

$$\langle E \rangle_{\mathrm{var}} = \int_{r=0}^{\infty} \int_{\phi=0}^{2\pi} \Psi^* \hat{H} \Psi \, r \, \mathrm{d}r \mathrm{d}\phi$$

Zeigen Sie, dass

$$\langle E \rangle_{\mathrm{var}} = \frac{\hbar^2}{2\mu\xi^2} - \frac{e^2}{2\pi\epsilon_{\mathrm{r}}\epsilon_0\xi}$$

(c) Variieren Sie $\langle E \rangle_{\mathrm{var}}$ bezüglich ξ, um die beste Schätzung für die Energie zu erhalten. Zeigen Sie, dass dieser Wert viermal so groß ist wie der entsprechende Wert des Volumenhalbleiters.

(d) Zeigen Sie, dass der bohrsche Radius eines zweidimensionalen Exzitons, d. h, jener Wert von ξ, der $\langle E \rangle_{\mathrm{var}}$ minimiert, halb so groß ist wie der Wert für das entsprechende dreidimensionale Exziton.

6.11* Diskutieren Sie qualitativ, wie die exzitonische Bindungsenergie in einem GaAs/Al$_{0,3}$Ga$_{0,7}$As-Quantentopf von der Breite des Topfes abhängt, wenn die Bindungsenergien der Exzitonen in Volumen-GaAs und Al$_{0,3}$Ga$_{0,7}$As 4 m eV bzw. 6 meV sind.

6.12 Abbildung 6.23 zeigt das Absorptionsspektrum für einen GaAs/AlAs-Quantentopf bei 4 K, das mittels Photolumineszenzanregung aufgenommen wurde. Die relevanten Bandstrukturdaten entnehmen Sie Tabelle D.2.

(a) Erklären Sie die Prinzipien der PLE.

(b) Begründen Sie die Form des Absorptionsspektrums.

(c) Schätzen Sie die Breite der Quantentöpfe unter der Annahme ab, dass diese sich wie ein perfektes zweidimensionales System mit unendlichen Barrieren verhalten. Was meinen Sie: Ist die tatsächliche Topfbreite größer oder kleiner als die auf diese Weise erhaltene Abschätzung?

(d) Leiten Sie die Bindungsenergien von Schwer- und Leichtlochexzitonen ab und kommentieren Sie die erhaltenen
Werte.

6.13 Diskutieren Sie die Variation der Polarisation des Elektronenspins, die mit σ^+-Licht in einem GaAs/AlGaAs-Quantentopf
erzeugt wird, wenn die Photonenergie oberhalb der fundamentalen Absorptionskante variiert wird.

6.14* Die Stark-Verschiebung der beschränkten Niveaus in einem
Quantentopf kann mittels Störungstheorie zweiter Ordnung
berechnet werden. Betrachten Sie die Wechselwirkung zwischen den Elektronen in einem Quantentopf der Breite d und
einem elektrischen Gleichfeld der Stärke $\mathcal{E}_z$, das in z-Richtung
(Wachstumsrichtung) angelegt wird. Gleichung (6.46) zeigt,
dass die Störung die Form $H' = e\mathcal{E}_z\, z$ hat.

(a) Erklären Sie, warum die erste Ordnung der Verschiebung
der Energieniveaus, gegeben durch

$$\Delta E^{(1)} = \int_{-\infty}^{\infty} \varphi(z)^*\, H'\, \varphi(z)\, \mathrm{d}z$$

null ist.

(b) Die zweite Ordnung der Energieverschiebung des $(n{=}1)$-
Niveaus ist

$$\Delta E^{(2)} = \sum_{n>1} \frac{|\langle 1|H'|n\rangle|^2}{E_1 - E_n}$$

mit

$$\langle 1|H'|n\rangle = \int_{-\infty}^{\infty} \varphi_1(z)^*\, H'\, \varphi_n(z)\, \mathrm{d}z$$

Für unendliche Barrieren kann dies exakt ausgewertet
werden. Zeigen Sie, dass die Stark-Verschiebung im Rahmen dieser Näherung durch

$$\Delta E = -24 \left(\frac{2}{3\pi}\right)^6 \frac{e^2\, \mathcal{E}_z^2\, m^*\, d^4}{\hbar^2}$$

gegeben ist.

6.15 Bei $-10\,\mathrm{V}$ ist der Betrag der Rotverschiebung des $(n{=}1)$-
Schwerlochexzitons für die in Abbildung 6.15 gezeigte MQW-
Diode $10{,}5\,\mathrm{nm}$. Die p-i-n-Probe hat eine $1{,}0\,\mu\mathrm{m}$ dicke i-Schicht
und eine Diffusionsspannung von $1{,}5\,\mathrm{V}$.

(a) Vergleichen Sie den Betrag der Stark-Verschiebung mit dem in Abbildung 6.13 vorhergesagten Wert und geben Sie Gründe für die Unterschiede an.

(b) Schätzen Sie den Betrag der Rotverschiebung bei $-5\,\mathrm{V}$.

(c) Schätzen Sie die mittlere relative Verschiebung der Wahrscheinlichkeitsdichten von Elektron und Loch bei $-10\,\mathrm{V}$.

6.16 Tabelle 6.4 enthält experimentelle Daten für die Rotverschiebung des $(n{=}1)$-Schwerlochübergangs aufgrund des quantenbeschränkten Stark-Effekts in zwei GaAs-Quantentopfproben mit Topfbreiten von 10 nm und 18 nm. Vergleichen Sie die experimentellen Daten mit den Vorhersagen aus Aufgabe 6.13b und begründen Sie die wichtigsten Unterschiede. Bandstrukturdaten für GaAs finden Sie in Tabelle D.2.

Tab. 6.4: Abhängigkeit des $(n{=}1)$-Schwerlochübergangs von der elektrischen Feldstärke $\mathcal{E}_z$ für zwei GaAs-Quantentopfproben. Probe A hatte eine Topfbreite von 10 nm und Probe B von 18 nm. Die Übergangsenergien sind in eV angegeben, $\mathcal{E}_z$ in $\mathrm{V\,m^{-1}}$.

$\mathcal{E}_z$	A	B
0	1,548	1,524
3×10^6	1,547	1,518
6×10^6	1,543	1,497
9×10^6	1,535	1,470

6.17 An einen Quantentopf wird ein elektrisches Gleichfeld vom Betrag $\mathcal{E}_z$ in z-Richtung (Wachstumsrichtung) angelegt. Erklären Sie mithilfe von Symmetrieargumenten, warum Übergänge zwischen beschränkten Elektron- und Lochzuständen mit ungeradzahligem Δn bei $\mathcal{E}_z = 0$ verboten sind, nicht jedoch bei von null verschiedenem $\mathcal{E}_z$.

6.18 Nehmen Sie an, dass die Confinement-Energie wie d^{-2} variiert und schätzen Sie die Lumineszenzenergie ab, die entsteht, wenn sich d für einen 2,5 nm breiten ZnCdSe-Quantentopf um $\pm 5\%$ ändert (bei $d = 2,5$ nm sei die Confinement-Energie für Elektronen und Löcher insgesamt 0,1 eV). Vergleichen Sie diesen Wert mit der gemessenen Linienbreite der in Abbildung 6.16 gezeigten Daten bei 10 K. Kommentieren Sie das Ergebnis. Die Elementarzelle des Kristalls hat eine Größe von 0,28 nm und die effektiven Massen von Elektron und Loch für $\mathrm{Zn_{0,8}Cd_{0,2}Se}$ sind $0{,}15m_0$ bzw. $0{,}5m_0$.

6.19 Ein $\mathrm{Ga_{0,47}In_{0,53}As}$-Quantentopf-Laser ist so ausgelegt, dass er bei Raumtemperatur bei 1,55 µm emittiert. Schätzen Sie die Breite der Quantentöpfe des Instruments ab. ($E_\mathrm{g} = 0{,}75\,\mathrm{eV}$, $m_\mathrm{e}^* = 0{,}041m_0$, $m_\mathrm{hh}^* = 0{,}47m_0$)

6.20* Das Matrixelement für einen Intersubband-Übergang zwischen dem n-ten und dem n'-ten Subband eines Quantentopfes ist

$$\langle n|z|n'\rangle = \int_{-\infty}^{\infty} \varphi_n^*(z)\, z\, \varphi_{n'}(z)\, \mathrm{d}z$$

(a) Beweisen Sie mithilfe der Parität der Zustände, dass $\Delta n = (n - n')$ eine ganze Zahl sein muss.

(b) Vergleichen Sie die relativen Stärken der Übergänge $1 \rightarrow 2$ und $1 \rightarrow 4$ in einem $20\,\mathrm{nm}$ breiten GaAs-Quantentopf mit unendlichen Barrieren. Wie groß ist die Wellenlänge des Übergangs $1 \rightarrow 2$? $(m_{\mathrm{e}}^* = 0{,}067m_0)$

6.21 Linear polarisiertes Licht fällt unter einem Winkel θ zur Normalrichtung (z) auf eine Quantentopfprobe. Die Polarisationsrichtung liegt in der Einfallsebene. Wie groß ist der maximale Anteil der Strahlleistung, der durch Interbandübergänge absorbiert werden kann, wenn der Brechungsindex des Kristalls 3,3 ist?

6.22 Schreiben Sie die ersten sieben quantisierten Energien eines kubischen Quantenpunkts (Kantenlängen d) mit unendlichen Barrieren auf. Wie sind die Entartungen der einzelnen Niveaus?

6.23 Zeigen Sie, dass $R(r) = \sin kr / r$ für Zustände mit $l = 0$ eine Lösung der radialen Gleichung eines kugelförmigen Quantenpunkts ist. Zeigen Sie, dass in einem Quantenpunkt mit unendlichen Barrieren und $R(R_0) = 0$ die Confinement-Energie der Zustände mit $l = 0$ gleich $(\hbar^2/2m^*)(n\pi/R_0)^2$ ist (n ist eine ganze Zahl).

6.24 Vergleichen Sie die Confinement-Energien der Grundzustände von kubischen Punkten mit denen von sphärischen Punkten gleichen Volumens und unendlichen Potentialbarrieren.

6.25 Betrachten Sie einen zweidimensionalen harmonischen Oszillator mit der Schrödinger-Gleichung

$$\left[-\frac{\hbar^2}{2m_{\mathrm{e}}} \boldsymbol{\nabla}_{\mathrm{2D}}^2 + \frac{1}{2} m_{\mathrm{e}} \omega_0^2 r^2 \right] \psi(\mathbf{r}) = E\psi(\mathbf{r})$$

und $r^2 = x^2 + y^2$. Der Operator hat in Polarkoordinaten die Form

$$\boldsymbol{\nabla}_{\mathrm{2D}}^2 = \frac{1}{r}\frac{\partial}{\partial r}\left(r \frac{\partial}{\partial r} \right) + \frac{1}{r^2}\frac{\partial^2}{\partial \phi^2}$$

und in kartesischen Koordinaten

$$\boldsymbol{\nabla}_{\mathrm{2D}}^2 = \frac{\partial^2}{\partial x^2} + \frac{\partial^2}{\partial y^2}$$

(a) Arbeiten Sie mit kartesischen Koordinaten um zu zeigen, dass die Schrödinger-Gleichung in zwei quantenmechanische harmonische Oszillatorgleichungen zerfällt (für die Bewegung in x- und y-Richtung), sodass

$$E = (n + 1)\hbar\omega_0$$

Dabei gilt $n = n_x + n_y$, wobei n_x und n_y die Quantenzahlen für die harmonischen Oszillatoren in x- und y-Richtung sind. Schreiben Sie die ersten fünf Energieniveaus und ihre Entartungen auf.

(b) Arbeiten Sie mit Polarkoordinaten um zu zeigen, dass die Lösungen die Form $\psi(r, \phi) = R(r)e^{im\phi}$ haben, wobei m eine ganze Zahl ist.

(c)* Die Wellenfunktionen eines eindimensionalen harmonischen Oszillators sind gegeben durch

$$\psi_n(x) = \left(\frac{1}{\sqrt{\pi}2^n n!}\right)^{1/2} H_n(\xi) e^{-\xi^2/2}$$

mit $\xi = \sqrt{\alpha}x$, $\alpha = m_e\omega_0/\hbar$. $H_n(\xi)$ sind die hermiteschen Polynome $H_0(\xi) = 1, H_1(\xi) = 2\xi, H_2(\xi) = 2 - 4\xi^2$ usw. Entsprechend haben die ersten sechs Wellenfunktionen $\psi_{n,m}(r, \phi)$ des zweidimensionalen harmonischen Oszillators in Polarkoordinaten die Form

$$\psi_{0,0}(r, \phi) \propto \exp(-\alpha r^2/2)$$
$$\psi_{1,\pm 1}(r, \phi) \propto r\exp(-\alpha r^2/2)e^{\pm i\phi}$$
$$\psi_{2,0}(r, \phi) \propto (\alpha r^2 - 1)\exp(-\alpha r^2/2)$$
$$\psi_{2,\pm 2}(r, \phi) \propto r^2 \exp(-\alpha r^2/2)e^{\pm 2i\phi}$$

Verifizieren Sie durch Vergleich der Wellenfunktionen gleicher Energien in Polarkoordinaten und kartesischen Koordinaten, dass die erlaubten Werte von m für die ersten drei Niveaus die in Abbildung 6.19 dargestellten sind.

7 Freie Elektronen

In diesem Kapitel untersuchen wir die optischen Eigenschaften, die mit freien Elektronen verbunden sind. Wir betrachten also Systeme, in denen auf die Elektronen keine rücktreibende Kraft wirkt, während diese sich unter dem Einfluss des elektrischen Feldes einer Lichtwelle bewegen. Die beiden wichtigsten Festkörpersysteme, die starke elektronische Effekte zeigen, sind:

- **Metalle.** Sie haben eine hohe Dichte freier Elektronen, die von den Valenzelektronen der Metallatome herrührt.

- **Dotierte Halbleiter.** n-dotierte Halbleiter enthalten freie Elektronen, p-dotierte dagegen freie Löcher. Die Dichte der freien Ladungsträger ist durch die Konzentration der Beimengungen bestimmt.

Bei der Behandlung der optischen Eigenschaften gehen wir von dem in Abschnitt 2.1.3 eingeführten Drude-Modell aus. Dies wird uns in die Lage versetzen, die wichtigste optische Eigenschaft von Metallen zu erklären, die wir in Abschnitt 1.4.3 erwähnt hatten, nämlich ihr hohes Reflexionsvermögen im sichtbaren Spektrum. Anschließend wenden wir unser Wissen über Interbandübergänge aus Kapitel 3 an, um die Form der Reflexionsspektren von Metallen wie Aluminium und Kupfer genauer zu verstehen. Als nächstes wenden wir das Drude-Lorentz-Modell auf dotierte Halbleiter an, um zu erklären, warum das Dotieren zur Infrarotabsorption führt. Dann betrachten wir die kollektive Oszillation des gesamten Gases, was auf natürliche Weise auf das Konzept der Plasmonen führt. Wir beschließen das Kapitel mit einer kurzen Diskussion des negativen Brechungsindex.

7.1 Plasmareflexion

Ein neutrales Gas aus geladenen Teilchen wird **Plasma** genannt. Metalle und dotierte Halbleiter können als Plasmen aufgefasst werden, da sie die gleiche Anzahl positiver (Gitter-)Ionen und freier Elektronen enthalten. Die freien Elektronen erfahren keine rücktreibenden Kräfte, wenn sie mit den elektromagnetischen Wellen wechselwirken. Darin unterscheiden sie sich von gebundenen Elektronen, die aufgrund der rücktreibenden Kräfte im Medium natürliche Resonanzfrequenzen im nahinfraroten, sichtbaren oder ultravioletten Spektralbereich haben.

In diesem Abschnitt leiten wir die relative Permittivität eines Elektronenplasmas her, wobei wir das in Abschnitt 2.2 diskutierte klassische Oszillatormodell verwenden. Dieser Ansatz kombiniert das **Drude-Modell** der Leitfähigkeit durch freie Elektronen mit dem **Lorentz-Modell** der Dipoloszillatoren (siehe Abschnitt 2.1.3) und wird deshalb **Drude-Lorentz-Modell** genannt.

Wir beginnen, indem wir die Oszillationen eines freien Elektrons betrachten, die durch das elektrische Wechselfeld $\mathcal{E}(t)$ einer elektromagnetischen Welle induziert werden. Die Bewegungsgleichung für die Auslenkung x des Elektrons ist

$$m_0 \frac{\mathrm{d}^2 x}{\mathrm{d}t^2} + m_0 \gamma \frac{\mathrm{d}x}{\mathrm{d}t} = -e\mathcal{E}(t) = -e\mathcal{E}_0 \mathrm{e}^{-\mathrm{i}\omega t} \tag{7.1}$$

wobei ω die Kreisfrequenz des Lichts und $\mathcal{E}_0$ die Amplitude ist. Der erste Term beschreibt die Beschleunigung des Elektrons und der zweite die Dämpfung aufgrund der Reibung im Medium. Der Term auf der rechten Seite ist die vom Licht ausgeübte treibende Kraft. Gleichung (7.1) hat im Wesentlichen dieselbe Form wie Gleichung (2.5), die einen gebundenen Oszillator beschreibt, mit dem Unterschied, dass es hier keine rücktreibende Kraft gibt, da wir es mit freien Elektronen zu tun haben.

Wenn wir $x = x_0 \mathrm{e}^{-\mathrm{i}\omega t}$ in (7.1) einsetzen, erhalten wir

$$x = \frac{e\mathcal{E}}{m_0(\omega^2 + \mathrm{i}\gamma\omega)} \tag{7.2}$$

Die Polarisation P des Gases ist gleich $-Nex$, wobei N die Anzahl der Elektronen pro Volumeneinheit ist. Mithilfe der Definitionen der elektrischen Verschiebung D und der relativen Permittivität ϵ_r (siehe (A.2) und (A.3)) können wir schreiben

$$\begin{aligned} D &= \epsilon_\mathrm{r}\epsilon_0\mathcal{E} \\ &= \epsilon_0\mathcal{E} + P \\ &= \epsilon_0\mathcal{E} - \frac{N\,e^2\mathcal{E}}{m_0(\omega^2 + \mathrm{i}\gamma\omega)} \end{aligned} \tag{7.3}$$

Somit gilt

$$\epsilon_\mathrm{r}(\omega) = 1 - \frac{N\,e^2}{\epsilon_0 m_0} \frac{1}{(\omega^2 + \mathrm{i}\gamma\omega)} \tag{7.4}$$

Diese Gleichung ist identisch mit (2.14) für den gebundenen Oszillator, mit dem Unterschied, dass die Resonanzfrequenz ω_0 null ist.

Wir haben hier angenommen, dass das Licht in x-Richtung polarisiert ist. Diese willkürliche Wahl hat keinen Einfluss auf das Modell, vorausgesetzt, das Medium ist isotrop.

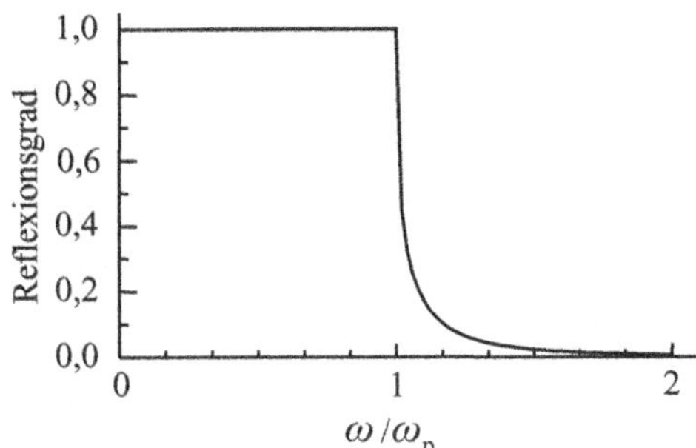

Abb. 7.1: Reflexionsgrad eines ungedämpften Gases freier Ladungsträger in Abhängigkeit von der Frequenz.

Außerdem haben wir die Effekte der Polarisierbarkeit des Hintergrunds noch nicht berücksichtigt. Gleichung (7.4) wird oft in der kompakteren Form

$$\epsilon_\mathrm{r}(\omega) = 1 - \frac{\omega_\mathrm{p}^2}{(\omega^2 + i\gamma\omega)} \tag{7.5}$$

geschrieben

$$\omega_\mathrm{p} = \left(\frac{N e^2}{\epsilon_0 m_0}\right)^{1/2} \tag{7.6}$$

Dabei ist ω_p die sogenannte **Plasmafrequenz.**

Betrachten wir nun ein schwach gedämpftes System. In diesem Fall setzen wir in (7.5) $\gamma = 0$, sodass

$$\epsilon_\mathrm{r}(\omega) = 1 - \frac{\omega_\mathrm{p}^2}{\omega^2} \tag{7.7}$$

In Abschnitt 7.5 werden wir sehen, dass ω_p der Eigenfrequenz des aus freien Ladungsträgern bestehenden Gases entspricht. Die Eigenfrequenz der individuellen Elektronen dagegen ist natürlich null, da diese sich frei bewegen können.

Der komplexe Brechungsindex $\tilde{n}$ des Mediums hängt mit der komplexen relativen Permittivität über die Beziehung $\tilde{n} = \sqrt{\epsilon_\mathrm{r}}$ zusammen. Dies bedeutet, dass $\tilde{n}$ für $\omega < \omega_\mathrm{p}$ imaginär ist und für $\omega > \omega_\mathrm{p}$ positiv, wobei der Wert null exakt bei $\omega = \omega_\mathrm{p}$ angenommen wird. Der Reflexionsgrad R kann aus (1.29) berechnet werden:

$$R = \left|\frac{\tilde{n} - 1}{\tilde{n} + 1}\right|^2 \tag{7.8}$$

Wenn wir die Frequenzabhängigkeit von $\tilde{n}$ in diese Formel einsetzen, dann sehen wir, dass R für $\omega \leq \omega_\mathrm{p}$ eins ist, für $\omega > \omega_\mathrm{p}$ abfällt und sich für $\omega \to \infty$ dem Wert null nähert. Diese Frequenzabhängigkeit ist in Abbildung 7.1 dargestellt.

Die grundlegende Schlussfolgerung ist, dass der Reflexionsgrad eines Gases aus freien Elektronen für Frequenzen bis ω_p 100% sein sollte. Dieses Ergebnis wird durch Experimente sehr gut bestätigt. In den Abschnitten 7.3 und 7.4 werden wir sehen, dass die Plasmareflexion sowohl in Metallen als auch in dotierten Halbleitern auftreten kann.

Die Tatsache, dass der Brechungsindex unterhalb von ω_p imaginär ist, bedeutet, dass der Extinktionskoeffizient groß und das Medium somit stark dämpfend ist. Dieser Aspekt wird in Abschnitt 7.2 genauer betrachtet. Es ist eine allgemeine Eigenschaft von Systemen mit großen Extinktionskoeffizienten, dass sie auch große Reflexionsgrade haben.

Eines der besten Beispiele für Effekte der Plasmareflektivität ist die Reflexion von Radiowellen an der oberen Atmosphäre. Die Atome der Ionosphäre werden durch das UV-Licht der Sonne ionisiert, sodass ein Plasma aus Ionen und freien Elektronen entsteht. Die Plasmafrequenz liegt im MHz-Bereich, sodass die niedrigfrequenten Wellen, die für die AM-Radioübertragung genutzt werden, reflektiert werden, nicht aber die höherfrequenten Wellen der FM-Radioübertragung oder der Fernsehübertragung (siehe Aufgabe 7.2).

Beispiel 7.1

Aluminium ist ein trivalentes Metall mit $6{,}0 \times 10^{28}\,\mathrm{m}^{-3}$ Atomen pro Volumeneinheit. Erklären Sie, wie das Metall zu seinem glänzenden Aussehen kommt.

Lösung: Aluminium hat drei Valenzelektronen pro Atom, und somit ist die Dichte N der freien Elektronen $3 \times (6{,}0 \times 10^{28}) = 1{,}8 \times 10^{29}\,\mathrm{m}^{-3}$. Wir setzen diesen Wert von N in (7.6) ein und erhalten $\omega_\mathrm{p} = 2{,}4 \times 10^{16}\,\mathrm{rad/s}$. Die freien Elektronen reflektieren alle Frequenzen unterhalb von ω_p. Dieser Wert entspricht einer Wellenlänge von $2\pi c/\omega_\mathrm{p} = 79\,\mathrm{nm}$, was im ultravioletten Spektralbereich liegt. Folglich werden alle sichtbaren Wellenlängen reflektiert. Deshalb hat Aluminium eine glänzende Oberfläche, was unter anderem bei der Herstellung von Spiegeln ausgenutzt wird.

7.2 Leitung durch freie Ladungsträger

Bei der Herleitung von (7.7) haben wir die Dämpfung der Oszillationen der freien Ladungsträger vernachlässigt. Wir können die Bewegungsgleichung so umformen, dass die physikalische Bedeutung des Dämpfungsterms offensichtlicher wird. Wenn wir die Elektronengeschwindigkeit $\dot{x}$ mit $\mathbf{v}$ bezeichnen, können wir (7.1) in der Form

$$m_0\,\frac{\mathrm{d}\mathbf{v}}{\mathrm{d}t} + m_0\gamma\mathbf{v} = -e\boldsymbol{\mathcal{E}} \tag{7.9}$$

schreiben. Die Größe $m_0\mathbf{v}$ ist der Impuls $\mathbf{p}$, für den demzufolge

$$\frac{\mathrm{d}\mathbf{p}}{\mathrm{d}t} = -\frac{\mathbf{p}}{r} - e\boldsymbol{\mathcal{E}} \tag{7.10}$$

gilt. Hier haben wir die Dämpfungsrate γ durch $1/\tau$ ersetzt, wobei τ die Dämpfungszeit ist. Dies zeigt, dass das Elektron durch das Feld beschleunigt wird, aber innerhalb der Zeit τ seinen Impuls verliert. Wir können τ daher auch als **Impulsrelaxationszeit** bezeichnen.

In einem Wechselfeld $\mathcal{E}(t) = \mathcal{E}_0 e^{-\mathrm{i}\omega t}$ suchen wir nach Lösungen der Bewegungsgleichung, welche die Form $x = x_0 e^{-\mathrm{i}\omega t}$ haben. Aus diesem Ansatz folgt, dass $|\mathbf{v}| = \dot{x}$ ebenfalls eine zeitliche Variation der Form $\mathbf{v} = \mathbf{v}_0 e^{-\mathrm{i}\omega t}$ haben muss. Wenn wir dies in (7.9) einsetzen, erhalten wir

$$\mathbf{v}(t) = \frac{-e\tau}{m_0}\,\frac{1}{1 - \mathrm{i}\omega\tau}\,\boldsymbol{\mathcal{E}}(t) \tag{7.11}$$

Die Stromdichte $\mathbf{j}$ hängt mit der Geschwindigkeit bzw. dem Feld
über die Beziehung

$$\mathbf{j} = -N\,e\mathbf{v} = \sigma\boldsymbol{\mathcal{E}} \tag{7.12}$$

zusammen, wobei σ die elektrische Leitfähigkeit ist. Wenn wir (7.11)
und (7.12) kombinieren, dann erhalten wir die **AC-Leitfähigkeit**:

$$\sigma(\omega) = \frac{\sigma_0}{1 - \mathrm{i}\omega\tau} \tag{7.13}$$

mit

$$\sigma_0 = \frac{N\,e^2\tau}{m_0} \tag{7.14}$$

Die Größe σ_0 ist die bei elektrischen Gleichfeldern gemessene Leitfähigkeit. Wir können also die Impulsrelaxationszeit mittels (7.14)
aus der DC-Leitfähigkeit ermitteln. Für ein typisches Metall oder
einen dotierten Halbleiter liefert dies Werte von τ zwischen 10^{-14}
und 10^{-13} s bei Raumtemperatur.

Durch Vergleich von (7.4) und (7.13) stellen wir fest, dass die AC-
Leitfähigkeit und die relative Permittivität über die Beziehung

$$\epsilon_\mathrm{r}(\omega) = 1 + \frac{\mathrm{i}\sigma(\omega)}{\epsilon_0\omega} \tag{7.15}$$

miteinander verbunden sind. Damit sind optische Messungen von
$\epsilon_\mathrm{r}(\omega)$ gleichbedeutend mit Messungen der AC-Leitfähigkeit $\sigma(\omega)$,
und das Reflexionsspektrum der freien Ladungsträger kann auf Ba-
sis der Leitfähigkeit anstatt der relativen Permittivität diskutiert
werden.

Für sehr kleine Frequenzen $\omega \ll \tau^{-1}$ können wir eine nützliche
Beziehung zwischen der Leitfähigkeit eines Gases freier Ladungsträger und dem Absorptionskoeffizienten für elektromagnetische Wel-
len herleiten. Dazu spalten wir $\epsilon_\mathrm{r}(\omega)$ zunächst wie in (1.21) in Real-
und Imaginärteil auf. Gleichung (7.5) mit $\gamma = \tau^{-1}$ liefert dann

$$\epsilon_1 = 1 - \frac{\omega_\mathrm{p}^2\tau^2}{1 + \omega^2\tau^2} \tag{7.16}$$

$$\epsilon_2 = \frac{\omega_\mathrm{p}\tau^2}{\omega(1 + \omega^2\tau^2)} \tag{7.17}$$

Nun leiten wir daraus unter Verwendung von (1.25) und (1.26), n
und κ, den Real- bzw. Imaginärteil des komplexen Brechungsindex,
ab. Anschließend können wir aus κ den Absorptionskoeffizienten α
ableiten. Da $\omega\tau \ll 1$ bedeutet, dass $\epsilon_2 \gg \epsilon_1$, erhalten wir Lösungen

mit $n \approx \kappa = (\epsilon_2/2)^{1/2}$. Unter Verwendung von (1.19) folgt

$$\alpha = \frac{2\omega(\epsilon_2/2)^{1/2}}{c} = \left(\frac{2\omega_{\mathrm{p}}^2\tau\omega}{c^2}\right)^{1/2} \tag{7.18}$$

Diese Gleichung können wir in eine komfortablere Form bringen. Aus (7.14) erhalten wir $\omega_{\mathrm{p}}^2\tau = \sigma_0/\epsilon_0$, und gemäß (A.28) ist $c^2 = 1/\epsilon_0\mu_0$. Dies liefert

$$\alpha = (2\sigma_0\omega\mu_0)^{1/2} \tag{7.19}$$

Wir stellen also fest, dass der Absorptionskoeffizient proportional zur Wurzel aus der DC-Leitfähigkeit und der Frequenz ist.

Aus (7.19) folgt, dass elektrische Wechselfelder nur über eine kurze Distanz in einen Leiter, also etwa in ein Metall, eindringen können. Dies ist der sogenannte **Skin-Effekt**. Wenn die Feldstärke mit der Distanz z wie $\exp(-z/\delta)$ variiert, dann fällt die Leistung wie $\exp(-2z/\delta)$. Durch Vergleich der Definition von α gemäß (1.4) erhalten wir

$$\delta = \frac{2}{\alpha} = \left(\frac{2}{\sigma_0\omega\mu_0}\right)^{1/2} \tag{7.20}$$

Die Größe δ wird als **Skin-Tiefe** bezeichnet.

Die in dem Leiter exponentiell abklingenden Felder werden als **evaneszente Wellen** bezeichnet. Im letzten Abschnitt hatten wir gesehen, dass bei einem Metall für Frequenzen unter ω_{p} ein sehr hoher Reflexionsgrad zu erwarten ist. Nach dem, was wir hier abgeleitet haben, ist es nun offensichtlich, dass dies nur dann gilt, wenn die Dicke l des Mediums wesentlich größer ist als die Skin-Tiefe. Wenn l vergleichbar mit δ oder kleiner ist, sind die evaneszenten Wellen an der Rückseite des Mediums noch nicht vollständig abgeklungen, und ein Teil der Energie wird durchgelassen. Aus der Energieerhaltung folgt dann, dass der Reflexionsgrad entsprechend fallen muss. Dies wiederum bedeutet, dass R von l abhängt, wenn $l \lesssim \delta$. Für ein sehr dünnes Medium fällt der Reflexionsgrad praktisch auf null.

Die Variation von R mit l wird zum Beispiel in Born & Wolf (1999) behandelt.

Für höhere Frequenzen gilt (7.19) nicht, da die Annahme $\omega\tau \ll 1$ nicht mehr zutrifft. In diesem Fall können wir eine andere Frequenzabhängigkeit für den Verstärkungskoeffizienten herleiten. Dies werden wir diskutieren, wenn wir in Abschnitt 7.4.1 die Absorption durch freie Ladungsträger in einem dotierten Halbleiter betrachten.

Beispiel 7.2

Die DC-Leitfähigkeit von Kupfer beträgt bei Raumtemperatur $6{,}5\times10^7\,\Omega^{-1}\mathrm{m}^{-1}$. Berechnen Sie die Skin-Tiefe bei 50 und 100 Hz.

Lösung: Die Skin-Tiefe ist durch (7.20) gegeben. Bei einer Frequenz von 50 Hz ist $\omega = 2\pi \times 50 = 314\,\mathrm{rad/s}$. Wenn wir diesen Wert in (7.20) einsetzen und $\sigma_0 = 6{,}5 \times 10^7\,\Omega^{-1}\mathrm{m}^{-1}$ verwenden, dann erhalten wir $\delta = 8{,}8\,\mathrm{mm}$. Für 100 MHz erhalten wir $\omega = 6{,}28 \times 10^8\,\mathrm{rad/s}$ und die Skin-Tiefe δ beträgt nur 6,2 μm.

7.3 Metalle

Das Modell der freien Elektronen für Metalle wurde 1900 von Paul Drude vorgeschlagen. Es liefert eine einfache Erklärung dafür, warum Metalle gute Leiter für Wärme und Elektrizität sind. Gleichzeitig ist es der Ausgangspunkt für avanciertere Theorien. Wie wir in diesem Abschnitt sehen werden, kann es außerdem erfolgreich erklären, warum Metalle oft gute Reflektoren sind. Warum manche Metalle (beispielsweise Kupfer und Gold) farbig sind, lässt sich dagegen nur mithilfe der Bändertheorie verstehen.

7.3.1 Das Drude-Modell

Im Rahmen des Drude-Modells des Ladungstransports in Metallen werden die Valenzelektronen der Atome als frei aufgefasst. Wenn ein elektrisches Feld angelegt wird, werden die freien Elektronen beschleunigt und erfahren Stöße mit einer charakteristischen Stoßzeit τ, die in (7.10) eingeführt wurde. Die elektrische Leitfähigkeit ist daher durch die Streuung limitiert, und Messungen von σ gestatten die Bestimmung von τ unter Verwendung von (7.14).

Die Dichte N der freien Elektronen im Drude-Modell ist gleich der Dichte der Metallatome mal ihrer Valenz. In Tabelle 7.1 sind die Drude-Dichten für einige häufig vorkommende Metalle aufgeführt. Die Werte liegen zwischen 10^{28} und $10^{29}\,\mathrm{m}^{-3}$. Diese hohen Werte erklären, warum Metalle so gute elektrische Leitfähigkeiten und Wärmeleitfähigkeiten haben. Ebenfalls in der Tabelle aufgeführt sind die nach (7.6) berechneten Plasmafrequenzen ω_p und die zugehörigen Wellenlängen λ_p. Wie man sieht, führen die sehr hohen Werte von N zu Plasmafrequenzen im ultravioletten Spektralbereich.

Im sichtbaren Spektralbereich ist $\omega/2\pi \sim 10^{15}\,\mathrm{Hz}$, sodass gewöhnlich der Fall $\omega \gg \gamma$ vorliegt, denn dann hat $\tau = \gamma^{-1}$ typischerweise die Größenordnung $10^{-14}\,\mathrm{s}$. Damit ist die Vereinfachung von (7.5) auf (7.7) eine gute Näherung. Wenn ω_p im ultravioletten Bereich liegt, haben die sichtbaren Photonen Frequenzen unterhalb von ω_p, sodass ϵ_r negativ ist. Wie wir in Abschnitt 7.1 erläutert hatten, bedeutet dies, dass der Reflexionsgrad bis ω_p bei 100% liegt. Dies erklärt die offensichtlichste Eigenschaft der Metalle, nämlich die, dass sie bei sichtbaren Frequenzen gute Reflektoren sind.

Tab. 7.1: Dichte freier Elektronen und Plasmaeigenschaften einiger Metalle. Die Angaben gelten, falls nichts anderes angegeben ist, für Raumtemperatur. Die Werte für die Elektronendichten basieren auf Daten von Wyckoff (1963). Die Plasmafrequenz ω_p wurde mithilfe von (7.6) berechnet, und λ_p ist die Wellenlänge, die dieser Frequenz entspricht.

Metall	Valenz	$N(10^{28}\,\mathrm{m}^{-3})$	$\omega_p/2\pi(10^{15}\,\mathrm{Hz})$	λ_p (nm)
Li (77 K)	1	4,70	1,95	154
Na (5 K)	1	2,65	1,46	205
K (5 K)	1	1,40	1,06	282
Rb (5 K)	1	1,15	0,96	312
Cs (5 K)	1	0,91	0,86	350
Cu	1	8,47	2,61	115
Ag	1	5,86	2,17	138
Au	1	5,90	2,18	138
Be	2	24,7	4,46	67
Mg	2	8,61	2,63	114
Ca	2	44,61	1,93	156
Al	3	18,1	3,82	79

Eine interessante Schlussfolgerung aus dem Modell freier Ladungsträger ist die, dass sich die relative Permittivität an der Plasmafrequenz von einem negativen Wert in einen positiven ändert. Dies bedeutet, dass das Reflexionsvermögen oberhalb von ω_p nicht mehr bei 100% liegt (siehe Abbildung 7.1) und ein Teil des Lichts durch das Metall durchgelassen wird. Wir erwarten daher, dass alle Metalle letztendlich lichtdurchlässig werden, wenn wir weit genug in den ultravioletten Bereich gehen, sodass $\omega > \omega_p$ gilt. Dieses Phänomen wird als **Ultravioletttransparenz der Metalle** bezeichnet.

Tab. 7.2: Wellenlänge λ_{UV} der Ultravioletttransmission für die Alkalimetalle. Daten aus Givens (1958).

Metall	λ_{UV} (nm)
Li	205
Na	210
K	315
Rb	360
Cs	440

Damit der Schwellwert der Ultravioletttransmission an der Plasmafrequenz zu beobachten ist, dürfen bei ω_p keine anderen Absorptionsprozesse auftreten. Diese Bedingung wird am besten in Alkalimetallen erfüllt. Tabelle 7.2 listet die Wellenlängen der ultravioletten Transmissionskante für die Alkalimetalle auf. Die experimentell erhaltenen Wellenlängen können mit den aus der Plasmafrequenz berechneten verglichen werden (siehe Tabelle 7.1). Die experimentellen Ergebnisse zeigen eine gute Übereinstimmung mit den Vorhersagen; vor allem zeigen sie den korrekten Trend innerhalb des Periodensystems. Die Abweichungen lassen sich größtenteils damit erklären, dass wir die freie Elektronenmasse durch die effektive Masse des Elektrons ersetzt haben, die aus der Bandstruktur des Metalls hergeleitet wurde. (Siehe auch Aufgabe 7.4).

Abbildung 7.2 zeigt den gemessenen Reflexionsgrad von Aluminium als Funktion der Photonenenergie vom infraroten bis zum ultravioletten Spektralbereich. Wie in Beispiel 7.1 angemerkt, liegt die

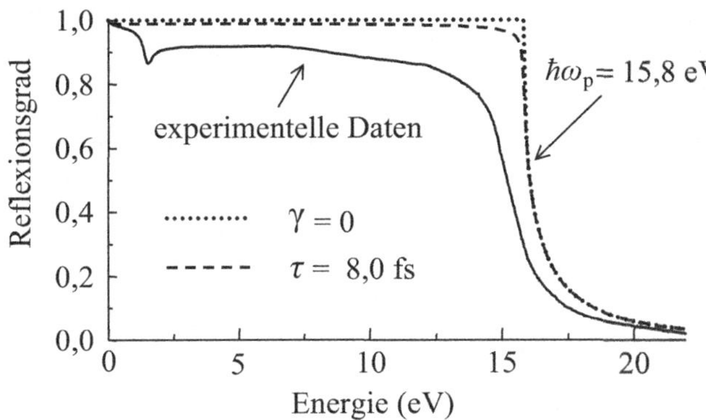

Abb. 7.2: Experimentelle Daten für den Reflexionsgrad von Aluminium in Abhängigkeit von der Photonenergie. Zum Vergleich sind Vorhersagen nach dem Modell freier Elektronen mit $\hbar\omega_{\mathrm{p}} = 15{,}8$ eV eingezeichnet. Die gepunktete Kurve ist das Ergebnis ohne Dämpfung. Für die gestrichelte Linie wurde der Wert $\tau = 8{,}0 \times 10^{15}$ s verwendet. Die experimentellen Daten stammen aus Ehrenreich et al. (1963). ©American Physical Society, genehmigter Nachdruck.

Plasmafrequenz im ultravioletten Spektralbereich, und somit ist zu erwarten, dass das Reflexionsvermögen für alle sichtbaren Frequenzen hoch ist. Die Daten zeigen, dass das Reflexionsvermögen für alle Photonenergien bis zu ~ 15 eV über 80% liegt und dann bei höheren Energien auf null fällt. Aluminium zeigt also die durch das Drude-Modell vorhergesagte charakteristische Ultraviolettransparenz. Das relativ gleichmäßige Reflexionsvermögen bei sichtbaren Frequenzen wird in kommerziellen Spiegeln ausgenutzt.

Die in Tabelle 7.1 für Aluminium angegebene Plasmafrequenz entspricht einer Photonenergie von 15,8 eV. Die gepunktete Linie in Abbildung 7.2 zeigt den Reflexionsgrad, der durch (7.7) mit $\hbar\omega_{\mathrm{p}} = 15{,}8$ eV vorhergesagt wird. Durch Vergleich der experimentellen und theoretischen Ergebnisse sehen wir, dass das Modell die allgemeine Form des Spektrums widerspiegelt, doch es gibt ein paar wichtige Details, die es nicht erklären kann.

Mit der Elektronenenergieverlustspektroskopie (EELS) kann die Plasmafrequenz direkt bestimmt werden, siehe Abschnitt 7.5.1.

Die Modellierung der experimentellen Daten kann dadurch verbessert werden, dass man den Dämpfungsterm in der relativen Permittivität berücksichtigt. In Beispiel 7.3 werden wir sehen, wie dies gemacht wird. Der aus (7.5) berechnete Reflexionsgrad für den Wert $\tau = 8{,}0 \times 10^{-15}$ s, der aus der DC-Leitfähigkeit abgeleitet wurde, ist in Abbildung 7.2 als gestrichelte Linie dargestellt. Der Hauptunterschied zwischen den beiden berechneten Kurven ist der, dass der Reflexionsgrad aufgrund der Dämpfung unterhalb von ω_{p} kleiner als eins ist. Außerdem ist die ultraviolette Transmissionskante etwas verbreitert. Wegen $\omega_{\mathrm{p}} \gg \tau^{-1}$ ist dies jedoch ein relativ kleiner Effekt.

Das Einbeziehen der Dämpfung bringt zwar eine geringfügige Verbesserung der Anpassung an die experimentellen Daten, doch es gibt zwei wichtige Details, die nach wie vor nicht erklärt werden können. Zum einen ist der Reflexionsgrad signifikant kleiner als vorhergesagt, und zum anderen gibt es um den Wert 1,5 eV eine Eindellung, während wir eine glatte Kurve erwartet hätten. Beide Eigenschaften lassen sich erklären, wenn wir die Raten der Interbandabsorption betrachten. Dies ist Gegenstand des nächsten Abschnitts.

Beispiel 7.3

Die Leitfähigkeit von Aluminium bei Raumtemperatur ist $4{,}1 \times 10^7 \Omega^{-1} \mathrm{m}^{-1}$. Berechnen Sie auf Grundlage des Drude-Lorentz-Modells den Reflexionsgrad bei 500 nm.

Lösung: Wir bestimmen zunächst mittels (7.14) die Dämpfungszeit τ aus der Leitfähigkeit. Mit dem Wert $N = 1{,}81 \times 10^{29} \mathrm{m}^{-3}$ aus Tabelle 7.1 erhalten wir

$$\tau = \frac{m_0 \sigma_0}{N e^2} = 8{,}0 \times 10^{-15}\,\mathrm{s}$$

In Tabelle 7.1 ist auch der Wert der Plasmafrequenz angegeben; dieser ist für Aluminium $\omega_\mathrm{p} = 2{,}4 \times 10^{16}\,\mathrm{rad/s}$. Die Wellenlänge von 500 nm entspricht einer Kreisfrequenz von $\omega = 2\pi c/\lambda = 3{,}8 \times 10^{15}\,\mathrm{rad/s}$. Wir verwenden diese Frequenzen, um mithilfe von (7.16) und (7.17) Real- und Imaginärteil der komplexen Permittivität zu berechnen. Wir erhalten

$$\epsilon_1 = 1 - \frac{\omega_\mathrm{p}^2 \tau^2}{1 + \omega^2 \tau^2} = -39$$

und

$$\epsilon_2 = \frac{\omega_\mathrm{p}^2 \tau}{\omega(1 + \omega^2 \tau^2)} = 1{,}3$$

Hieraus bestimmen wir mithilfe von (1.25) und (1.26) den Real- und Imaginärteil des komplexen Brechungsindex. Dies liefert

$$n = \frac{1}{\sqrt{2}} \left(-39 + \left[(-39)^2 + (1{,}3)^2 \right]^{1/2} \right)^{1/2} = 0{,}10$$

und

$$\kappa = \frac{1}{\sqrt{2}} \left(+39 + \left[(-39)^2 + (1{,}3)^2 \right]^{1/2} \right)^{1/2} = 6{,}2$$

Schließlich erhalten wir aus (1.29) den Reflexionsgrad:

$$R = \frac{(n-1)^2 + \kappa^2}{(n+1)^2 + \kappa^2} = \frac{(-0{,}9)^2 + (6{,}2)^2}{(1{,}1)^2 + (6{,}2)^2} = 99\%$$

Dies zeigt, dass die Berücksichtigung der Dämpfung den Reflexionsgrad in diesem Fall lediglich um 1% reduziert.

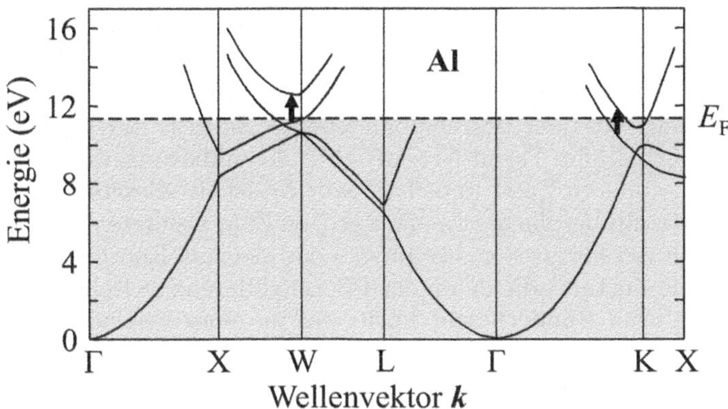

Abb. 7.3: Bänderdiagramm von Aluminium. Eingezeichnet sind die Übergänge an den Punkten W und K, die für die Eindellung des Reflexionsgrades bei 1,5 eV verantwortlich sind. Nach Segall (1961), ©American Physical Society, genehmigter Nachdruck.

7.3.2 Interbandübergänge in Metallen

Die Absorption von Licht durch direkte Interbandübergänge wurde in Kapitel 2 ausführlich behandelt. Direkte Übergänge sind verbunden mit der Anhebung von Elektronen in ein höheres Band durch Absorption von Photonen mit der passenden Energie. Das Elektron ändert seinen k-Vektor nicht signifikant, da das Photon einen sehr geringen Impuls hat. Deshalb erscheinen die Übergänge im E-k-Bänderdiagramm des Festkörpers als vertikale Pfeile.

Die Interbandabsorption ist in Metallen von Bedeutung, da die elektromagnetischen Wellen über eine kurze Distanz in das Material eindringen. Falls es eine signifikante Wahrscheinlichkeit für die Interbandabsorption gibt, reduziert sich dadurch die Reflexion. Wir betrachten im Folgenden die Reflexionsspektren von Aluminium und Kupfer, um die Effekte der Interbandabsorption zu illustrieren. Beschließen werden wir den Abschnitt mit einigen allgemeinen Anmerkungen zu anderen Metallen wie Silber und Gold.

Aluminium. Abbildung 7.3 zeigt das Bänderdiagramm von Aluminium. Aluminium hat eine Elektronenkonfiguration von $[\text{Ne}]3\text{s}^23\text{p}^1$ mit drei Valenzelektronen. Die Kristallstruktur ist kubisch-flächenzentriert, sodass das reziproke Gitter kubisch-raumzentriert ist (siehe Abbildung D.5). Die erste Brillouin-Zone ist vollständig gefüllt, und die Elektronen besetzen die zweite, dritte und teilweise die vierte Zone. Diese Bandstruktur erscheint aufgrund der irregulären Form der bcc-Brillouin-Zone recht komplex. Tatsächlich liegt sie jedoch sehr nahe an der Bandstruktur für das Modell freier Elektronen, wobei es signifikante Abweichungen nur an den Rändern der Brillouin-Zone gibt. Die Bänder sind bis zur Fermi-Energie E_F gefüllt, wie im Bänderdiagramm zu sehen ist. Direkte Übergänge kann es von jedem beliebigen Zustand unterhalb des Fermi-Niveaus in unbesetzte Bänder direkt darüber geben.

In Abschnitt 3.5 hatten wir ein ähnliches Beispiel für parallele Bänder gesehen, als wir die Absorptionsrate an den kritischen Punkten in der Bandstruktur von Silicium diskutiert hatten.

Die Positionen der W- und K-Punkte auf dem Rand der fcc-Brillouin-Zone sind in Abbildung D.5 dargestellt.

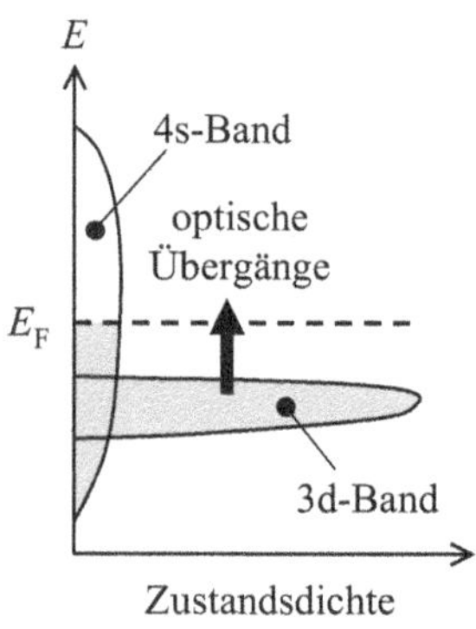

Abb. 7.4: Schematische Darstellung der Zustandsdichte für die 3d- und 4s-Bänder eines Übergangsmetalls wie Kupfer.

Übergänge zwischen d- und s-Zuständen sind für elektrisch dipolerlaubte Prozesse verboten (siehe Tabelle B.1). Das Matrixelement für Übergänge 3d → 4s ist daher relativ klein, was aber durch die sehr hohe Zustandsdichte im Festkörper kompensiert wird.

Nach Fermis goldener Regel (3.2) ist die Absorptionsrate proportional zur Zustandsdichte des Übergangs. Die in Abbildung 7.2 zu sehende Delle in der Kurve für den Reflexionsgrad bei 1,5 eV ist eine Konsequenz aus dem „Parallelbandeffekt". Sie tritt auf, wenn es ein Band oberhalb des Fermi-Niveaus gibt, das näherungsweise parallel zu einem anderen Band unterhalb von E_F ist. In diesem Fall treten die Interbandübergänge von einer großen Zahl besetzter k-Zustände unterhalb des Fermi-Niveaus alle bei der gleichen Energie auf. Folglich ist die Zustandsdichte an der Energiedifferenz zwischen den beiden parallelen Bändern sehr hoch, was zu einer besonders starken Absorption bei dieser Photonenergie führt.

Eine genaue Betrachtung des Bänderdiagramms von Aluminium zeigt, dass der Parallelbandeffekt bei beiden W- und K-Punkten der Brillouin-Zone auftritt. Diese Übergänge sind in Abbildung 7.3 markiert. Die Energieseparation der parallelen Bänder ist in beiden Fällen näherungsweise 1,5 eV. Die verstärkte Übergangsrate bei dieser Photonenergie erklärt also die Delle bei 1,5 eV in den experimentellen Daten für den Reflexionsgrad. Außerdem ist dem Bänderdiagramm zu entnehmen, dass es für einen ganzen Bereich von Photonenergien größer 1,5 eV weitere Übergänge unterhalb des Fermi-Niveaus in unbesetzte Bänder oberhalb E_F gibt. Die Zustandsdichte für diese Übergänge wird kleiner sein als bei 1,5 eV, da die Bänder nicht parallel sind. Die Absorptionsrate ist jedenfalls weiterhin signifikant, und sie ist die Ursache für die Verminderung des Reflexionsgrades auf einen Wert, der im sichtbaren und ultravioletten Spektralbereich unter dem durch das Drude-Modell vorhergesagten liegt.

Kupfer. Kupfer hat die Elektronenkonfiguration $[\mathrm{Ar}]3\mathrm{d}^{10}4\mathrm{s}^1$. Die äußeren Bänder lassen sich zufriedenstellend durch freie Elektronenzustände approximieren, wobei die Dispersion durch $E = \hbar^2 k^2/2m_0$ gegeben ist. Sie bilden daher ein breites Band, das einen großen Energiebereich abdeckt. Die 3d-Bänder sind dagegen stärker gebunden und relativ dispersionsfrei, sodass nur ein schmaler Bereich von Energien besetzt ist. Die Zustandsdichte der beiden Bänder ist schematisch in Abbildung 7.4 dargestellt. Die schmalen 3d-Bänder können zehn Elektronen aufnehmen, und daher hat ihre Zustandsdichte einen scharfen Peak. Die 4s-Bänder, die zwei Elektronen aufnehmen können, sind viel breiter und haben ein niedrigeres Maximum. Die 11 Valenzelektronen von Kupfer füllen das 3d-Band auf und besetzen einen Teil des 4s-Bandes. Die Fermi-Energie liegt innerhalb des 4s-Bandes über dem 3d-Band. Von den gefüllten 3d-Bändern zu den unbesetzten Zuständen im 4s-Band oberhalb von E_F sind, wie in Abbildung 7.4 illustriert, Interbandübergänge möglich. Daraus folgt, dass es einen wohldefinierten Schwellwert für Interbandübergänge aus den 3d-Bändern in die 4s-Bänder gibt.

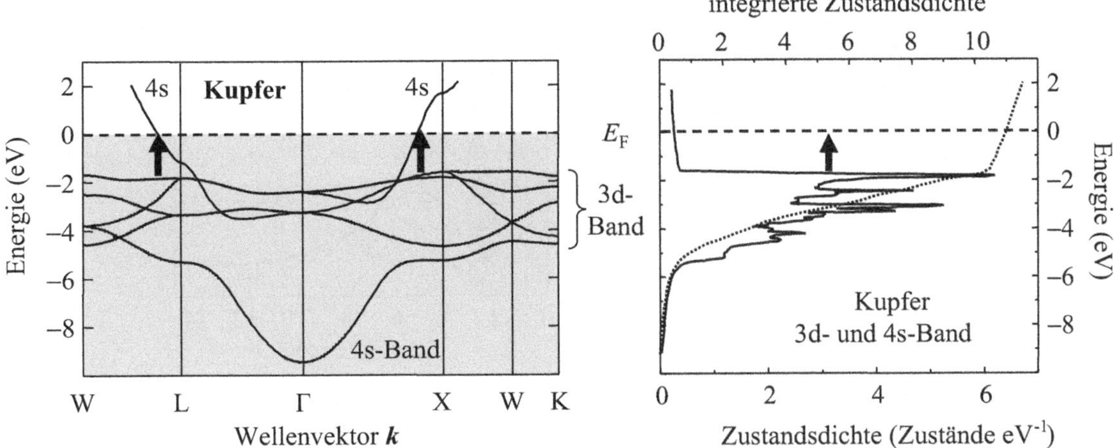

Abb. 7.5: Berechnete Bandstruktur von Kupfer. Markiert sind die Übergänge von den 3d-Bändern, die für die Interbandübergänge um 2 eV verantwortlich sind. Der rechte Teil der Abbildung zeigt die aus der Bandstruktur berechnete Zustandsdichte. Die ausgeprägten Peaks zwischen −2 eV und −5 eV resultieren aus den 3d-Bändern. Die gepunktete Linie ist die integrierte Zustandsdichte. Das Fermi-Niveau (hier definiert als $E = 0$) entspricht der Energie, bei der die integrierte Zustandsdichte gleich 11 ist. Nach Moruzzi et al. (1978).

Abbildung 7.5 zeigt die tatsächliche Bandstruktur und die Zustandsdichte von Kupfer. Die in Abbildung 7.4 markierten Charakteristika sind in den berechneten Kurven klar zu erkennen. Das 4s-Band ist die Parabel, die am Γ-Punkt bei −9 eV beginnt. Die 3d-Bänder sind die fünf Kurven, die im Energiebereich von −5 eV bis −2 eV gebündelt sind. Das 4s-Band kreuzt die 3d-Bänder und taucht dann als das einzige Band mit einer Energie > -2 eV wieder auf. Wie man sieht, liegen die 3d-Elektronen in relativ schmalen Bändern mit sehr hohen Zustandsdichten. Die Fermi-Energie liegt in der Mitte des 4s-Bandes über dem 3d-Band. Interbandübergänge sind möglich aus den 3d-Bändern unterhalb von E_F in unbesetzte Niveaus im 4s-Band oberhalb von E_F. Die Übergänge niedrigster Energie sind in dem Bänderdiagramm in Abbildung 7.5 markiert. Die Übergangsenergie ist 2,2 eV, was einer Wellenlänge von 560 nm entspricht.

Abbildung 7.6 zeigt den gemessenen Reflexionsgrad von Kupfer vom infraroten bis zum ultravioletten Spektralbereich. Ausgehend von der in Tabelle 7.1 angegebenen Plasmafrequenz erwarten wir einen Reflexionsgrad von nahezu 100% für Photonenergien unter 10,8 eV, was einer Wellenlänge im ultravioletten Bereich von 115 nm entspricht. Allerdings fällt der experimentell bestimmte Reflexionsgrad oberhalb von 2 eV aufgrund der oben diskutierten Interbandabsorptionskante oberhalb von 2 eV scharf ab. Dies ist die Erklärung für die rötliche Farbe von Kupfer.

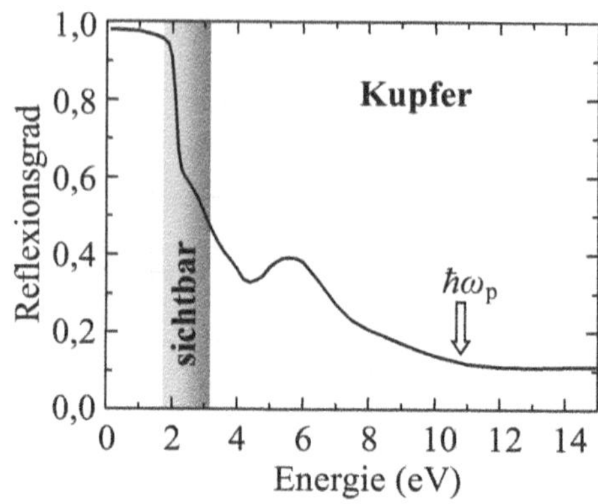

Abb. 7.6: Reflexionsgrad von Kupfer vom infraroten bis zum ultravioletten Spektralbereich. Der Reflexionsgrad fällt oberhalb von 2 eV aufgrund von Interbandübergängen scharf ab. Daten aus Lide (1996).

In Si und Ge (vierte Hauptgruppe) wird die n-Dotierung erreicht, indem Atome der fünften Hauptgruppe hinzugefügt werden, während die p-Dotierung durch Atome der dritten Hauptgruppe entsteht. In Verbindungshalbleitern wie den III-V-Halbleitern ist das Dotieren kompliziert. Wenn das Fremdteilchen ein Atom der dritten Hauptgruppe ersetzt, dann bewirkt ein Element aus der zweiten Hauptgruppe eine p-Dotierung und ein Element aus der vierten Hauptgruppe eine n-Dotierung. Auf dem Platz eines Atoms der fünften Hauptgruppe liefert ein Fremdatom der vierten Hauptgruppe eine p-Dotierung und ein Atom der sechsten Hauptgruppe eine n-Dotierung. Das Dotieren eines III-V-Halbleiters mit einem Element der vierten Hauptgruppe kann also entweder entweder vom n-Typ oder vom p-Typ sein, je nachdem, wie die Femdteilchen in den Kristall eingepasst sind.

Silber und Gold. Die für Kupfer ausgearbeitete Argumentation lässt sich auf andere Edelmetalle übertragen. Der maßgebliche Parameter ist die Energielücke zwischen den d-Bändern und der Fermi-Energie (siehe Abbildung 7.4). In Gold liegt der Schwellwert der Interbandabsorption bei einer etwas höheren Energie als für Kupfer, was seine gelbliche Farbe erklärt. In Silber hingegen liegt die Interbandabsorptionskante bei etwa 4 eV. Diese Frequenz liegt im ultravioletten Bereich, sodass der Reflexionsgrad im gesamten sichtbaren Bereich hoch bleibt. (Siehe auch Abbildung 1.5.) Dies erklärt, warum Silber keine spezifische Farbe hat und auch, warum es so gern für die Herstellung von Spiegeln verwendet wird. Auch Gold wird für Spiegel verwendet, aber nur für Infrarotwellenlängen.

7.4   Dotierte Halbleiter

Das kontrollierte Dotieren von Halbleitern mit Fremdteilchen ist ein wichtiger Aspekt der Festkörpertechnologie. Die allgemeinen Prinzipien werden in Anhang D.1 diskutiert. Das Hinzufügen von **Donatoren** führt zu einem Elektronenüberschuss, während durch **Akzeptoren** ein Elektronendefizit erreicht wird, was gleichbedeutend mit einem Überschuss an Löchern ist. Erzeugt das Dotieren einen Elektronenüberschuss, dann spricht man von einer **n-Dotierung**, bei Lochüberschuss dagegen von einer **p-Dotierung.**

Messungen an dotierten Halbleitern zeigen, dass die Fremdteilchen für neue Absorptionsmechanismen sorgen und außerdem für eine Reflexionskante wie bei einem Plasma aus freien Ladungsträgern. Wir wollen hier diese Effekte erklären, indem wir eine geeignet modifizierte Version des Modells der freien Ladungsträger anwenden und die quantisierten Niveaus betrachten, die durch die Fremdatome erzeugt werden. In den beiden folgenden Unterabschnitten betrachten wir zunächst die Effekte freier Ladungsträger und diskutieren anschließend die mit den Störniveaus verbundene Absorption.

7.4.1 Reflexion und Absorption durch freie Ladungsträger

Das Modell der freien Ladungsträger, mit dem wir uns in den Abschnitten 7.1 und 7.2 befasst hatten, kann auch auf dotierte Halbleiter angewendet werden, wenn wir zwei Modifikationen vornehmen. Zum einen müssen wir der Tatsache Rechnung tragen, dass sich die Elektronen und Löcher im Leitungs- oder Valenzband eines Halbleiters bewegen. Dies erreichen wir durch die Annahme, dass sich die Ladungsträger wie Teilchen mit einer effektiven Masse m^* (anstelle von m_0 für freie Elektronen) verhalten. Zum anderen müssen wir beachten, dass der Halbleiter für die uns interessierenden Frequenzen auch schon vor dem Dotieren eine hohe relative Permittivität hat.

Um die beiden Modifikationen umzusetzen, schreiben wir (7.3) in der Form

$$
\begin{aligned}
D &= \epsilon_{\mathrm{r}}\epsilon_0\mathcal{E} \\
&= \epsilon_0\mathcal{E} + P_{\text{andere}} + P_{\text{freie Ladungsträger}} \\
&= \epsilon_{\text{opt}}\epsilon_0\mathcal{E} - \frac{Ne^2\mathcal{E}}{m^*(\omega^2 + \mathrm{i}\gamma\omega)}
\end{aligned}
\tag{7.21}
$$

Der Term P_{andere} modelliert die Polarisierbarkeit der gebundenen Elektronen vor dem Dotieren, und die effektive Masse m^* trägt der Bandstruktur des Halbleiters Rechnung. Die in dieser Gleichung auftretende Ladungsdichte N ist die Dichte der freien Elektronen oder Löcher, die durch den Vorgang des Dotierens erzeugt wird. Beachten Sie, dass das Vorzeichen der Ladung wegfällt, sodass der einzige Unterschied zwischen Elektronen und Löchern im Rahmen dieser Behandlung die verwendete effektive Masse ist.

Besonders spürbar sind die Effekte freier Ladungsträger infolge des Dotierens im Spektralbereich von 5 µm bis 30 µm, wo wir normalerweise einen völlig transparenten Halbleiter erwarten würden. Deshalb ist der Wert von ϵ_{opt}, den wir in (7.21) verwendet haben, derjenige, der im transparenten Spektralbereich unterhalb der Interbandabsorptionskante gemessen wurde. Diesen Wert erhalten wir aus dem Brechungsindex des undotierten Halbleiters: $\epsilon_{\text{opt}} = n^2$. (Siehe (1.27) mit $\kappa = 0$ unterhalb der Bandkante.)

Aus (7.21) folgt für die Frequenzabhängigkeit der relativen Permittivität

$$
\epsilon_{\mathrm{r}}(\omega) = \epsilon_{\text{opt}} - \frac{Ne^2}{m^*\epsilon_0}\frac{1}{(\omega^2 + \mathrm{i}\gamma\omega)}
\tag{7.22}
$$

Wie in Abschnitt 2.2.2 erläutert wurde, haben Festkörper eine Reihe von Resonanzfrequenzen, die alle durch Dipoloszillatoren modelliert werden können. Es gibt Resonanzfrequenzen im Infrarotbereich aufgrund der Phononen und andere im nahinfraroten, sichtbaren und ultravioletten Bereich aufgrund der gebundenen Elektronen. Die phononischen Absorptionsbänder werden in Kapitel 10 ausführlich diskutiert. Sie treten für einen typischen III-V-Halbleiter zwischen 30 µm und 100 µm auf.

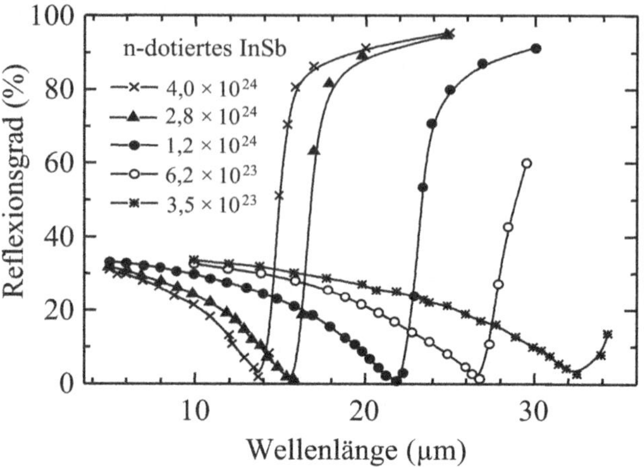

Abb. 7.7: Infrarot-Reflexionsspektrum von n-dotiertem InSb bei Raumtemperatur für unterschiedliche Werte der Dichte freier Elektronen.

was wir auf die Form

$$\epsilon_{\mathrm{r}}(\omega) = \epsilon_{\mathrm{opt}} \left(1 - \frac{\omega_{\mathrm{p}}^2}{(\omega^2 + \mathrm{i}\gamma\omega)} \right) \tag{7.23}$$

bringen können. Die dabei auftretende Plasmafrequenz ω_{p} ist durch

$$\omega_{\mathrm{p}}^2 = \frac{Ne^2}{\epsilon_{\mathrm{opt}}\epsilon_0 m^*} \tag{7.24}$$

gegeben. Wir haben die relative Permittivität in dieser Form geschrieben, weil so die Verbindung mit dem Drude-Modell offensichtlich wird. Der Unterschied zwischen der Plasmafrequenz für einen Halbleiter gemäß (7.24) und der durch (7.6) gegebenen besteht darin, dass wir m_0 durch m^* ersetzt haben und dass ϵ_{opt} hinzugekommen ist, um der Polarisierbarkeit des undotierten Halbleiters Rechnung zu tragen.

Wenn wir annehmen, dass das System schwach gedämpft ist, dann können wir den Dämpfungsterm in (7.23) vernachlässigen. Dann ist ϵ_{r} unterhalb von ω_{p} negativ und für höhere Frequenzen positiv. Wir erwarten also eine Plasmareflexionskante bei ω_{p}, wie es bei Metallen der Fall war. Da die Ladungsträgerdichte viel kleiner ist als in Metallen, liegt die Plasmakante bei Frequenzen im infraroten Spektralbereich. Diese Vorhersage wird durch experimentelle Daten zur Infrarotreflexion sehr gut bestätigt.

Abbildung 7.7 zeigt den gemessenen Reflexionsgrad von n-dotiertem InSb in Abhängigkeit von der Elektronendichte. Die fundamentale Absorptionskante an der Bandlücke von InSb liegt bei 6 μm, während das Phononenband bei 50 μm liegt. Wir sollten daher erwarten, dass reines InSb in dem dargestellten Wellenlängenbereich transparent ist und ein Reflexionsspektrum ohne besondere Charakteristika hat. Tatsächlich zeigen die Daten jedoch eine klare Reflexionskante, die sich zu kürzeren Wellenlängen verschiebt, wenn die Elektronendichte steigt. Dies steht in Übereinstimmung mit (7.24).

Die Daten in Abbildung 7.7 illustrieren das Phänomen der Plasmareflexionskante deutlicher als viele prinzipiell ähnliche Ergebnisse für Metalle. Der Grund ist, dass es in Metallen nicht möglich ist, die Elektronendichte zu variieren. Außerdem sind die Plasmafrequenzen in Metallen viel höher, und die Reflexionskante wird häufig durch Interbandübergänge verdeckt.

Eine Auffälligkeit in den Daten ist die Nullstelle, welche der Reflexionsgrad für Wellenlängen direkt unter der Plasmakante aufweist. Dies geschieht bei der Frequenz

$$\omega^2 = \frac{\epsilon_{\mathrm{opt}}}{\epsilon_{\mathrm{opt}} - 1} \, \omega_{\mathrm{p}}^2 \tag{7.25}$$

(siehe Aufgabe 7.8). Durch Fitten dieser Formel an die Daten kann die effektive Masse von InSb bestimmt werden (siehe Aufgabe 7.9).

Bei Frequenzen oberhalb ω_{p} führt das Vorhandensein freier Ladungsträger zur Absorption von Licht. Dieser Effekt wird als **Absorption durch freie Ladungsträger** bezeichnet. Er wird im infraroten Spektralbereich unterhalb der fundamentalen Absorptionskante an der Bandlücke beobachtet, wo der Halbleiter normalerweise transparent wäre. Um zu sehen, wie es zu diesem Effekt kommt, spalten wir die durch (7.23) gegebene relative Permittivität in Real- und Imaginärteil auf. Dies ergibt

$$\epsilon_1 = \epsilon_{\mathrm{opt}} \left(1 - \frac{\omega_{\mathrm{p}}^2 \tau^2}{1 + \omega^2 \tau^2} \right) \tag{7.26}$$

$$\epsilon_2 = \frac{\epsilon_{\mathrm{opt}} \omega_{\mathrm{p}}^2 \tau}{\omega(1 + \omega^2 \tau^2)} \tag{7.27}$$

wobei wir wie üblich γ durch τ^{-1} ersetzt haben. In einem typischen Halbleiter mit $\tau \sim 10^{-13}\,\mathrm{s}$ bei Raumtemperatur ist es gerechtfertigt, für Frequenzen im Infrarotbereich $\omega\tau \gg 1$ anzunehmen. Außerdem wird der Term für die freien Ladungsträger in ϵ_{r} klein sein. Daher können wir $\epsilon_1 \approx \epsilon_{\mathrm{opt}}$ sowie $\epsilon_2 \ll \epsilon_1$ annehmen. Unter diesen Voraussetzungen finden wir als Lösungen von (1.25) und (1.26) $n = \sqrt{\epsilon_{\mathrm{opt}}}$ und $\kappa = \epsilon_2/2n$. Damit ist es möglich, aus (1.19) den Absorptionskoeffizienten zu bestimmen. Wir erhalten

$$\alpha_{\text{freie Ladungsträger}} = \frac{\epsilon_{\mathrm{opt}} \omega_{\mathrm{p}}^2}{nc\omega^2\tau} = \frac{Ne^2}{m^*\epsilon_0 nc\tau} \frac{1}{\omega^2} \tag{7.28}$$

Dies zeigt, dass die Absorption durch freie Ladungsträger proportional zur Ladungsdichte ist und mit der Frequenz wie ω^{-2} variiert.

Der in Abschnitt 7.2 betrachtete Skin-Effekt kann auch als Absorption freier Ladungsträger aufgefasst werden. Allerdings wird beim Skin-Effekt die Absorption bei tiefen Frequenzen unterhalb von ω_{p} betrachtet, wo das Material stark reflektierend ist. Hier dagegen betrachten wir die Absorption oberhalb von ω_{p}, wo das Material transparent sein sollte.

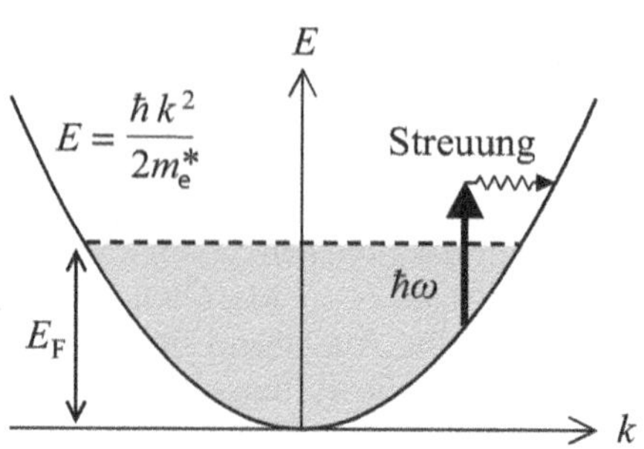

Abb. 7.8: Übergang durch freie Ladungsträger in einem dotierten Halbleiter.

Die Näherung, dass τ unabhängig von ω ist, bedeutet effektiv, dass die Relaxationszeit der Elektronen nicht von ihrer Anfangsenergie abhängt. Dies ist äquivalent zu der energieunabhängigen Näherung der Relaxationszeit, die in der Theorie des Elektronentransports verwendet wird. Es ist bekannt, dass diese Näherung nur unter bestimmten Bedingungen gültig ist. Ausführlicheres hierzu finden Sie in Ashcroft & Mermin (2012).

Experimentelle Daten für eine Reihe von n-dotierten Proben führen zu dem Schluss, dass $\alpha_{\text{freie Ladungsträger}} \propto \omega^{-\beta}$ gilt, wobei β zwischen 2 und 3 liegt. Die Abweichung von β vom vorhergesagten Wert 2 resultiert aus unserer Annahme, dass τ unabhängig von ω ist. Um zu verstehen, warum dies wichtig ist, betrachten wir Abbildung 7.8. Hier sind die bei der Absorption durch freie Ladungsträger auftretenden Prozesse illustriert. Die Abbildung zeigt das Leitungsband eines n-dotierten Halbleiters, das bis zum Fermi-Niveau gefüllt ist (dieses ist durch die Ladungsträgerdichte bestimmt). Durch Absorption eines Photons wird ein Elektron aus einem besetzten Zustand unter dem Fermi-Niveau in ein unbesetztes Niveau über E_F angeregt. Das Photon hat im Vergleich zum Elektron nur einen sehr kleinen Impuls und kann daher den Impuls des Elektrons nicht signifikant ändern. Aus Abbildung 7.8 ist ersichtlich, dass es ein Streuereignis geben muss, damit bei dem Prozess der Impuls erhalten bleibt. Folglich muss die Absorption in Übereinstimmung mit der Vorhersage von (7.28) proportional zur Streurate $1/\tau$ sein.

Zu den Mechanismen, die zur Impulserhaltung bei der Absorption durch freie Ladungsträger beitragen können, gehört die Phononstreuung und die Streuung an ionisierten Fremdteilchen, die nach der Freisetzung von Elektronen von ihren Dopanten zurückbleiben. Es ist eine grobe Vereinfachung, alle möglichen Streuprozesse durch eine einzelne, frequenzunabhängige Streuzeit τ zu charakterisieren, die aus der DC-Leitfähigkeit abgeleitet ist. Daher ist es kaum überraschend, dass die experimentellen Daten von der exakten Abhängigkeit (proportional zu ω^{-2}) abweichen.

Die Reflexion und Absorption durch freie Ladungsträger eines p-dotierten Halbleiters kann auf ähnliche Weise modelliert werden, wie es hier für n-dotierte Proben dargelegt wurde. Die einzig notwendige Änderung betrifft die effektive Masse, die bei der Berechnung zu verwenden ist. Wir können daher erwarten, dass alle wesentlichen Ergebnisse gültig bleiben, vorausgesetzt, wir berücksichtigen in geeigneter Weise die Tatsache, dass die Streuzeit für Löcher nicht notwendigerweise die gleiche ist wie die der Elektronen. Allerdings

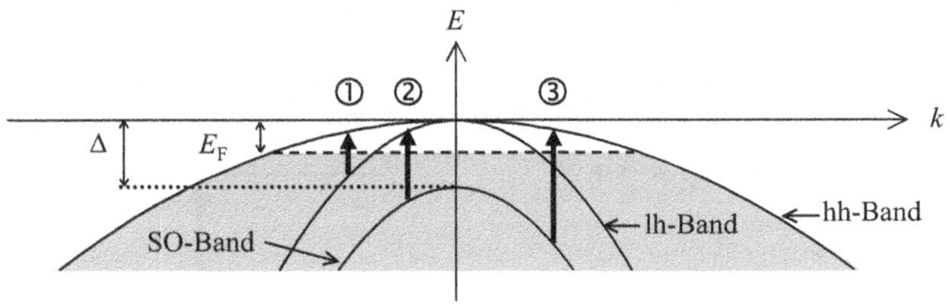

Abb. 7.9: Intervalenzbandabsorption in einem p-dotierten Halbleiter. E_F ist die Fermi-Energie, die durch die Dotierungsdichte bestimmt ist. (1) Übergänge aus dem Leichtlochband (lh) in das Schwerlochband (hh); (2) Übergänge aus dem Split-off-Band (SO) in das Leichtlochband; (3) Übergänge aus dem Split-off-Band in das Schwerlochband.

gibt es für p-dotierte Proben noch einen anderen Effekt, den wir im Folgenden diskutieren.

Abbildung 7.9 zeigt das Valenzband eines p-dotierten III-V-Halbleiters. Wir sehen fast die gleiche Bandstruktur wie Abbildung 3.5 (auf größerer Skala), mit dem Unterschied, dass es nun aufgrund der p-Dotierung ungefüllte Zustände nahe $k = 0$ gibt. Es können optische Übergänge auftreten, bei denen ein Elektron von einem besetzten Zustand unterhalb von E_F aus dem Leichtlochband (lh) in einen leeren Zustand im Schwerlochband (hh) oberhalb von E_F angehoben wird. Dieser Übergang wird **Intervalenzbandabsorption** genannt. Möglich sind noch andere Intervalenzbandübergänge, bei denen ein Elektron aus dem Split-off-Band entweder in das Leichtlochband oder das Schwerlochband angehoben wird. Der Energiebereich, in dem diese Übergänge auftreten, kann aus den effektiven Massen, der Dotierungsdichte und der Spin-Bahn-Energie Δ berechnet werden (siehe Aufgabe 7.12). Die Absorption tritt im infraroten Spektralbereich auf, und aus Messungen des Spektrums kann man die Werte von Δ und das Verhältnis der effektiven Lochmassen bestimmen. Die Absorption kann ein starker Prozess sein, da keine Streuereignisse zur Impulserhaltung notwendig sind.

Intervalenzbandübergänge bei $k = 0$ sind verboten, da sämtliche Lochbänder von p-artigen atomaren Zuständen abgeleitet sind. Für von null verschiedene k ist der atomare Charakter der Bänder weniger gut definiert. Dies macht Übergänge abseits vom Zentrum der Brillouin-Zone möglich.

7.4.2 Absorption durch Fremdteilchen

Die n-Dotierung eines Halbleiters mit Donatoratomen führt zu einer Serie von Wasserstoffniveaus direkt unterhalb des Leitungsbandes. Diese quantisierten Zustände werden **Donatorniveaus** genannt und sind in Abbildung 7.10 illustriert. Die Fremdniveaus sorgen für zwei neue Absorptionsmechanismen, die zu den im letzten Abschnitt diskutierten Effekten freier Ladungsträger hinzukommen. Falls die Donatorzustände besetzt sind, ist es möglich, dass Photonen durch Anregung von Elektronen zwischen diesen Niveaus absorbiert werden (Abbildung 7.10a). Wenn die Zustände dagegen leer sind, kann Licht durch Anregung aus dem Valenzband in die Donatorzustände absorbiert werden (Abbildung 7.10b).

Wir betrachten zunächst die Übergänge zwischen den Donatorniveuaus. Damit ein solcher Prozess auftreten kann, müssen die Donator-

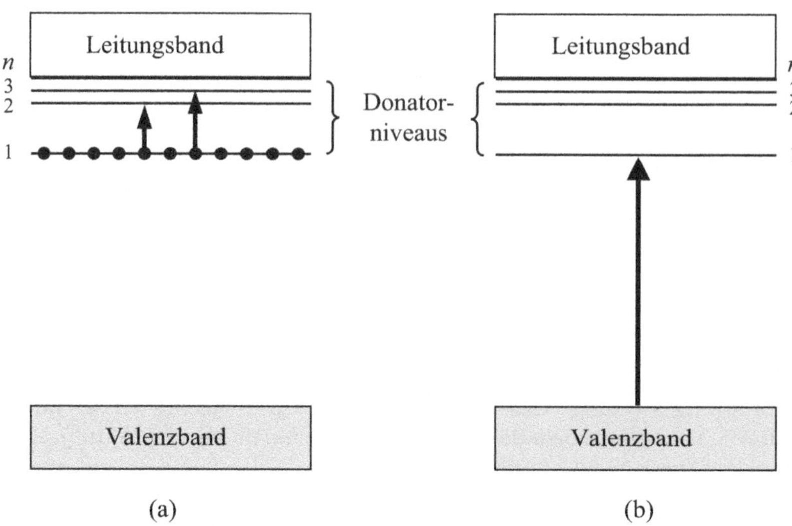

Abb. 7.10: Mechanismen für die Absorption von Fremdteilchen in einem n-dotierten Halbleiter. (a) Übergänge zwischen Donatorniveaus. (b) Übergänge aus dem Valenzband in leere Donatorniveaus. Die Energieabstände zwischen den Donatorniveaus wurden in diesem Diagramm übertrieben dargestellt, um die Mechanismen deutlicher zu machen.

niveaus besetzt sein. Dies ist bei niedrigen Temperaturen der Fall, wenn die thermische Energie nicht ausreicht, um Elektronen aus den Donatorniveaus in das Leitungsband anzuheben.

Die Frequenzen der Übergänge zwischen den Donatorniveaus können berechnet werden, wenn die Energien der Fremdzustände bekannt sind. Beim einfachsten Modell wird angenommen, dass das Elektron in den Kristall abgegeben und dann wieder durch das positiv geladene Fremdion angezogen wird. Das Elektron und das ionisierte Fremdteilchen bilden dann ein Wasserstoffsystem, dass durch die Coulomb-Anziehung zusammengehalten wird. Als erste Näherung können wir die bohrsche Formel verwenden, wobei wir allerdings die effektive Masse m_e^* anstelle der freien Elektronenmasse m_0 einsetzen müssen und auch die relative Permittivität ϵ_r für den Halbleiter zu berücksichtigen haben. Damit ist die Energie E_n^D des Donatorniveaus durch

Dies ähnelt Gleichung (4.1), welche für die exzitonische Bindungsenergie gilt. Allerdings tritt hier die effektive Elektronenmasse anstatt die reduzierte Elektron-Loch-Masse auf. Der Grund ist, dass wir nun die Anziehung eines Elektrons durch ein schweres Ion betrachten, das im Gitter gebunden ist, anstatt wie zuvor die Anziehung zwischen einem freien Elektron und einem freien Loch.

$$E_n^D = -\frac{m_e^*}{m_0}\frac{1}{\epsilon_r^2}\frac{R_H}{n^2} \tag{7.29}$$

gegeben. Dabei ist R_H die Rydberg-Energie (13,6 eV) und n eine ganze Zahl.

Bei tiefen Temperaturen können wir annehmen, dass alle Elektronen aus den Donatoren im ($n=1$)-Grundzustandsniveau des Fremdatoms sind. Es können optische Übergänge auftreten, bei denen die Elektronen durch Absorption eines Photons in höhere Donatorniveaus oder in das Leitungsband angehoben werden. Abbildung 7.10a illustriert zwei mögliche Übergänge dieser Art. Hier wird das Elektron entweder in das ($n=2$)- oder das ($n=3$)-Donatorniveau angehoben.

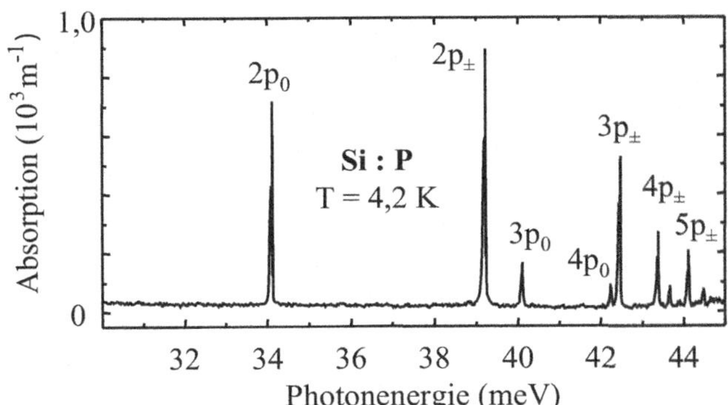

Abb. 7.11: Infrarotabsorptionsspektrum von n-dotiertem Silicium mit Phosphor-Fremdatomen bei einer Dichte von $1,2 \times 10^{20}\,\mathrm{m}^{-3}$. Die Temperatur betrug $4,2\,\mathrm{K}$. Nach Jagannath et al. (1981), ©American Society, genehmigter Nachdruck.

Diese Übergänge ergeben Absorptionslinien, die analog zur Lyman-Serie von Wasserstoff sind. Die Frequenzen sind gegeben durch

$$h\nu = \frac{m_e^*}{m_0}\frac{R_\mathrm{H}}{\epsilon_\mathrm{r}^2}\left(1 - \frac{1}{n^2}\right) \tag{7.30}$$

wobei n die Quantenzahl des finalen Fremdniveaus ist. Wenn wir in diese Gleichung typische Werte einsetzen, dann stellen wir fest, dass die Photonenergien zwischen $0,01\,\mathrm{eV}$ und $0,1\,\mathrm{eV}$ liegen. Dies bedeutet, dass die Übergänge im infraroten Spektralbereich auftreten.

Abbildung 7.11 zeigt das Absorptionsspektrum von n-dotiertem Silicium bei der Temperatur von flüssigem Helium. Die Probe wurde mit Phosphor dotiert, wobei die Dichte $1,2 \times 10^{20}\,\mathrm{m}^{-3}$ betrug. Die Absorptionslinien korrespondieren mit Übergängen, die Elektronen aus der ersten in höhere Schalen anregen. In der Notation der Atomphysik sind dies $(1s \rightarrow np)$-Übergänge. Diese Übergänge konvergieren für hohe n gegen die Donator-Ionisierungsenergie von Phosphor in Silicium, also gegen $45\,\mathrm{meV}$.

Das in Abbildung 7.11 gezeigte Spektrum ist durchaus komplizierter, als es (7.30) nahelegen würde. Es besteht aus zwei Serien von Übergängen, die mit np_0 bzw. $np_\pm$ bezeichnet sind. Die np_0-Serie erfüllt (7.30) sehr gut, doch die $np_\pm$-Übergänge haben eine andere Frequenzabhängigkeit. Ursache hierfür ist die Anisotropie der effektiven Masse von Silicium. Die Frequenzabhängigkeit der beiden Serien kann modelliert werden, indem man den Zuständen 0 und $\pm$ unterschiedliche effektive Rydberg-Energien zuordnet. (Siehe hierzu Aufgabe 7.13.)

Betrachten wir nun den in Abbildung 7.10b gezeigten Absorptionsmechanismus. Diese Übergänge beobachtet man bei Temperaturen, bei denen die Donatorniveaus aufgrund der thermischen Anregung der Elektronen in das Leitungsband nicht vollständig besetzt sind.

Der Absolutwert des Absorptionskoeffizienten für die Übergänge in Abb. 7.11 ist etwa $10^3\,\mathrm{m}^{-1}$. Dies liegt deutlich unter den Werten für Interbandübergänge (typischerweise 10^6 bis $10^8\,\mathrm{m}^{-1}$). Wenn wir jedoch annehmen, dass die Absorptionsstärke proportional zur Anzahl der beitragenden Atome ist, dann erwarten wir, dass die Absorption durch Fremdteilchen etwa um den Faktor 10^9 kleiner ist als die Interbandabsorption. Das gemessene Verhältnis ist viel größer, da die Absorptionslinien der Fremdteilchen sehr scharf sind, während sich die Interbandübergänge zu Bändern verbreitern.

Es können dann Absorptionsprozesse auftreten, bei denen Elektronen von der Oberkante des Valenzbandes in die leeren Donatorniveaus angeregt werden.

Die Übergänge vom Valenzband in das Donatorniveau treten bei Photonenergien dicht unter der Bandlücke E_g auf, wobei der Schwellwert durch $E_\mathrm{g} - E_1^\mathrm{D}$ gegeben ist. Allerdings werden die Übergänge tendenziell zu einem Kontinuum verbreitert, wobei zum einen thermische Effekte eine Rolle spielen und zum anderen die Tatsache, dass die Übergänge von einem ganzen Intervall innerhalb des Valenzbandes ausgehen können. Deshalb führen Übergänge durch Fremdatome zum „Verschmieren" der Absorptionskante und somit zu einem deutlichen Unterschied zu der scharfen Kante an der Bandlücke eines reinen Halbleiters. Die Absorptionsstärke ist wegen der relativ kleinen Anzahl von Fremdatomen im Verhältnis zur Zustandsdichte innerhalb des Leitungsbandes immer schwach im Vergleich zu den Interband- und exzitonischen Übergängen. Andererseits treten die Übergänge im Spektralbereich direkt unter der Bandlücke auf, wo wir normalerweise überhaupt keine Absorption erwarten würden. Deshalb haben diese Übergänge durchaus einen Effekt auf die fundamentale Absorptionskante, wodurch sie die genaue Bestimmung von E_g aus den Absorptionsspektren bei Raumtemperatur komplizierter machen.

Für viele Halbleiter mit direkter Bandlücke hat man experimentell festgestellt, dass die Absorption unterhalb der Bandlücke exponentiell fällt. Dieser Verlauf folgt der **Urbach-Regel:** für $\hbar\omega < E_\mathrm{g}$ gilt $\alpha(\hbar\omega) \propto \exp\left(\sigma(\hbar\omega - E_\mathrm{g})/k_\mathrm{B}T\right)$. Dabei ist σ ein phänomenologischer Parameter, der durch Fitting bestimmt wird.

7.5   Plasmonen

Gemäß (7.7) sollte die relative Permittivität eines schwach gedämpften Gases freier Elektronen bei ω_p null sein. Dies legt die Vermutung nahe, dass bei dieser Frequenz irgendetwas Interessantes passiert. Tatsächlich ist dies der Fall, was wir im Folgenden diskutieren wollen.

7.5.1   Volumenplasmonen

Ein Plasma ist ein Gas aus geladenen Teilchen, die sich im dynamischen Gleichgewicht befinden. Die Teilchen befinden sich in konstanter Bewegung, wodurch lokale Ladungsfluktuationen entstehen können. Angenommen, eine Fluktuation erzeugt einen kleinen Bereich mit Ladungsüberschuss, dann werden die Ladungen innerhalb dieses Volumens durch die umgebenden Ladungen abgestoßen. Die bei diesem Prozess aufgenommene Geschwindigkeit kann dazu führen, dass die Ladungen sich über ihre ursprüngliche Position hinaus bewegen, sodass sie anschließend wieder in die entgegengesetzte Richtung gestoßen werden. Dieser Prozess kann insgesamt in oszillatorischen Bewegungen münden, die als **Plasmaoszillationen** bezeichnet werden. Plasmaoszillationen kennt man von Gasentladungsröhren, doch sie können auch in Plasmen aus freien Elektronen auftreten, wie sie in Metallen und dotierten Halbleitern – also den hier betrachteten Materialien – vorkommen.

Die Frequenz von Plasmaoszillationen kann folgendermaßen berechnet werden. Wir betrachten einen Bereich eines leitfähigen Mediums vom Volumen V, welches von einer Oberfläche S umschlossen wird. Wegen der Ladungserhaltung muss der Nettostrom in ein Volumen hinein oder aus ihm heraus durch eine Änderung der Gesamtladung innerhalb des Volumens ausgeglichen sein. Diese Kontinuitätsbedingung kann in der Form

$$\oint_S \mathbf{j} \cdot \mathrm{d}\mathbf{S} = -\frac{\partial}{\partial t} \int_V \rho \mathrm{d}V \tag{7.31}$$

geschrieben werden, wobei $\mathbf{j}$ die Stromdichte, $\mathrm{d}\mathbf{S}$ ein Oberflächenelement, ρ die lokale Ladungsdichte und $\mathrm{d}V$ ein Volumenelement ist. Durch Anwendung des gaußschen Integralsatzes erhalten wir

$$\int_V \boldsymbol{\nabla} \cdot \mathbf{j} \, \mathrm{d}V = -\int_V \frac{\partial \rho}{\partial t} \, \mathrm{d}V \tag{7.32}$$

und folglich (da das Volumen, über das integriert wird, beliebig ist)

$$\boldsymbol{\nabla} \cdot \mathbf{j} = -\frac{\partial \rho}{\partial t} \tag{7.33}$$

Dies ist die **Kontinutätsgleichung** für die Ladungsdichte.

Betrachten wir nun den Fall einer kollektiven Bewegung der freien Elektronen relativ zum festen Gitter der positiven Ionen in einem Metall oder dotierten Halbleiter. Die Gesamtladungsdichte ist null, doch kann die Bewegung der Elektronen lokale Ströme erzeugen. Da die positiven Ladungen der Ionen stationär sind, erzeugen sie keinen Strom, sodass wir die Kontinuitätsgleichung allein auf den Strom der Elektronen anwenden können. Dies ergibt

$$\boldsymbol{\nabla} \cdot \mathbf{j} = -\frac{\partial \rho_\mathrm{e}}{\partial t} \tag{7.34}$$

wobei ρ_e die Ladungsdichte der Elektronen ist. Indem wir für ρ_e den durch das gaußsche Gesetz ($\boldsymbol{\nabla} \cdot \boldsymbol{\mathcal{E}} = \rho_\mathrm{e}/\epsilon_0$) gegebenen Wert einsetzen, erhalten wir

$$\boldsymbol{\nabla} \cdot \left(\mathbf{j} + \epsilon_0 \frac{\partial \boldsymbol{\mathcal{E}}}{\partial t} \right) = 0 \tag{7.35}$$

Nun lässt sich aber ein Vektor, dessen Divergenz null ist, immer als Rotation eines anderen Vektors schreiben. Aus der vierten maxwellschen Gleichung (A.13) entnehmen wir, dass dieser Vektor $\mathbf{B}/\mu_0$ sein muss. Dies führt auf

$$\mathbf{j} + \epsilon_0 \frac{\partial \boldsymbol{\mathcal{E}}}{\partial t} = \frac{1}{\mu_0} \boldsymbol{\nabla} \times \mathbf{B} \tag{7.36}$$

Nach dem gaußschen Integralsatz gilt $\oint_S \mathbf{j} \cdot \mathrm{d}\mathbf{S} = \int_V \boldsymbol{\nabla} \cdot \mathbf{j} \, \mathrm{d}V$, wobei das Volumenintegral über das von der Fläche S umschlossene Gebiet zu nehmen ist.

Indem wir die zeitliche Ableitung bilden und die dritte maxwellsche Gleichung (A.12) einsetzen, erhalten wir

$$\frac{\partial \mathbf{j}}{\partial t} + \epsilon_0 \frac{\partial^2 \boldsymbol{\mathcal{E}}}{\partial t^2} = \frac{1}{\mu_0}\,\boldsymbol{\nabla} \times \frac{\partial \mathbf{B}}{\partial t}$$
$$= -\frac{1}{\mu_0}\,\boldsymbol{\nabla} \times (\boldsymbol{\nabla} \times \boldsymbol{\mathcal{E}}) \tag{7.37}$$

Die Elektronen bewegen sich als Antwort auf ein lokales elektrisches Feld entsprechend ihrer Bewegungsgleichung

$$m\dot{\mathbf{v}} = -e\boldsymbol{\mathcal{E}} \tag{7.38}$$

Nun beachten wir, dass die Stromdichte durch $\mathbf{j} = -Ne\mathbf{v}$ gegeben ist, sodass aus der vorherigen Gleichung

$$\frac{\partial \mathbf{j}}{\partial t} = \frac{Ne^2}{m}\,\boldsymbol{\mathcal{E}} \tag{7.39}$$

folgt. Dies setzen wir in (7.37) ein und erhalten nach Umstellung

$$\frac{\partial^2 \boldsymbol{\mathcal{E}}}{\partial t^2} + \omega_\mathrm{p}^2 \boldsymbol{\mathcal{E}} = -c^2\,\boldsymbol{\nabla} \times (\boldsymbol{\nabla} \times \boldsymbol{\mathcal{E}}) \tag{7.40}$$

Dabei haben wir den durch (7.6) gegebenen Ausdruck für ω_p eingesetzt und $c^2 = 1/\mu_0\epsilon_0$ (vgl. (A.28)) verwendet.

An dieser Stelle ist es von Vorteil, das elektrische Feld in seine transversale und seine longitudinale Komponente aufzuspalten, also

$$\boldsymbol{\mathcal{E}} = \boldsymbol{\mathcal{E}}_\mathrm{t} + \boldsymbol{\mathcal{E}}_\mathrm{l} \tag{7.41}$$

Dabei gilt $\boldsymbol{\nabla} \cdot \boldsymbol{\mathcal{E}}_\mathrm{t} = 0$ und $\boldsymbol{\nabla} \times \boldsymbol{\mathcal{E}}_\mathrm{l} = 0$. Durch Einsetzen in (7.40) und unter Verwendung der Vektoridentität (A.24) folgt hieraus

$$\frac{\partial^2 \boldsymbol{\mathcal{E}}_\mathrm{t}}{\partial t^2} + \omega_\mathrm{p}^2 \boldsymbol{\mathcal{E}}_\mathrm{t} - c^2 \nabla^2 \boldsymbol{\mathcal{E}}_\mathrm{t} = -\left(\frac{\partial^2 \boldsymbol{\mathcal{E}}_\mathrm{l}}{\partial t^2} + \omega_\mathrm{p}^2 \boldsymbol{\mathcal{E}}_\mathrm{l}\right) \tag{7.42}$$

Wenn man jeweils die Divergenz und die Rotation bildet, wird offensichtlich, dass in (7.42) beide Seiten null sein müssen.

Damit haben wir zwei unabhängige Bewegungsgleichungen für die transversale Komponente und die longitudinale Komponente:

$$\frac{\partial^2 \boldsymbol{\mathcal{E}}_\mathrm{t}}{\partial t^2} + \omega_\mathrm{p}^2 \boldsymbol{\mathcal{E}}_\mathrm{t} - c^2 \nabla^2 \boldsymbol{\mathcal{E}}_\mathrm{t} = 0 \tag{7.43}$$

$$\frac{\partial^2 \boldsymbol{\mathcal{E}}_\mathrm{l}}{\partial t^2} + \omega_\mathrm{p}^2 \boldsymbol{\mathcal{E}}_\mathrm{l} = 0 \tag{7.44}$$

Uns interessieren wellenartige Lösungen, die zeitlich und räumlich wie $\exp \mathrm{i}(\mathbf{k} \cdot \mathbf{r} - \omega t)$ variieren. Für die transversalen Lösungen erhalten wir

$$c^2 k^2 = \omega^2 - \omega_\mathrm{p}^2 \tag{7.45}$$

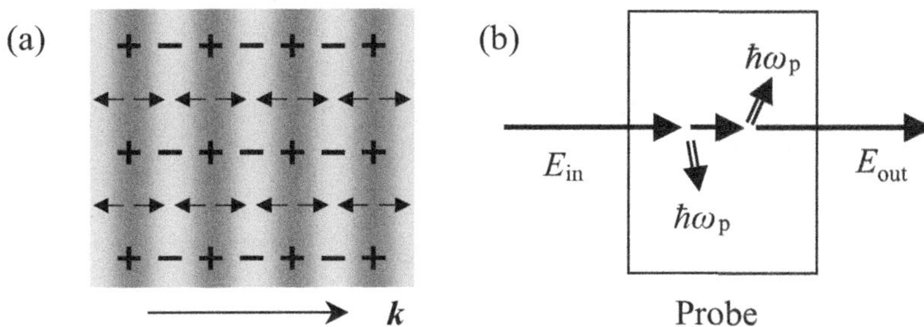

Abb. 7.12: (a) Ladungsfluktuationen in einer Plasmaoszillation freier Ladungsträger. In den helleren Bereichen herrscht Elektronenüberschuss. Die Pfeile kennzeichnen die Richtung der elektrischen Felder. (b) Anregung von Plasmonen durch inelastische Streuung. Gezeigt ist der Fall, dass zwei Plasmonen angeregt werden. Für Metalle werden Elektronen mit keV-Energien verwendet, während für dotierte Halbleiter Photonen mit optischen Frequenzen ausreichend hohe Energien haben.

Dies beschreibt die Dispersion von konventionellen transversalen elektromagnetischen Wellen im Plasma. Die Dispersion ist weiter hinten in Abbildung 7.16a dargestellt. Es gibt keine fortschreitenden-Wellen-Lösungen mit $\omega < \omega_{\mathrm{p}}$, da die Wellen durch das Plasma reflektiert werden.

Für die longitudinalen Moden gilt einfach

$$\omega = \omega_{\mathrm{p}} \tag{7.46}$$

Dies zeigt, dass das Medium longitudinale Moden der Plasmafrequenz unterstützen kann und dass die Moden dispersionslos sind, d. h., ω ist unabhängig von k. Diese longitudinalen Moden korrespondieren mit den Plasmaoszillationen, die wir zu Beginn dieses Abschnitts qualitativ diskutiert hatten. Abbildung 7.12a zeigt eine schematische Darstellung der longitudinalen Elektronenauslenkungen bei einer Plasmaoszillation und die durch sie generierten Felder.

Die Existenz von longitudinalen Lösungen für die Plasmafrequenz ω_{p} folgt aus der Tatsache, dass $\epsilon_{\mathrm{r}} = 0$ gilt. Für ein Medium, in dem die mittlere Ladungsdichte null ist, können wir aus dem gaußschen Satz und (A.3)

$$\nabla \cdot \mathbf{D} = \nabla \cdot (\epsilon_{\mathrm{r}}\epsilon_{0}\boldsymbol{\mathcal{E}}) = 0 \tag{7.47}$$

schlussfolgern. Im Falle $\epsilon_{\mathrm{r}} \neq 0$ folgt hieraus $\nabla \cdot \boldsymbol{\mathcal{E}} = 0$. Dies ist die normale Situation für transversale elektromagnetische Wellen, in denen das elektromagnetische Feld senkrecht zur Richtung der Welle ist. Wenn dagegen $\epsilon = 0$ gilt, kann (7.47) durch Wellen mit $\nabla \cdot \boldsymbol{\mathcal{E}} \neq 0$ erfüllt werden, d. h. durch longitudinale Wellen. Wir können also schlussfolgern, dass ein Dielektrikum longitudinale Wellen für Frequenzen mit $\epsilon_{\mathrm{r}}(\omega) = 0$ unterstützen kann.

Gleichung (7.44) besagt, dass die longitudinalen Oszillationen des Plasmas sich wie harmonische Oszillatoren mit der Eigenfrequenz ω_{p} verhalten. Die Herleitung ist vollständig klassisch und der Oszillator kann jede beliebige Energie haben. Allerdings wissen wir, dass

Tatsächlich variiert in Metallen die Frequenz der longitudinalen Moden leicht mit k. Grund für den (sehr kleinen) Korrekturterm ist, dass einige bei der Herleitung verwendete Näherungen nicht sehr genau sind. Siehe hierzu auch Aufgabe 7.18.

Ein anderes Beispiel für longitudinale Moden bei Frequenzen mit $\epsilon_{\mathrm{r}} = 0$ folgt in Kapitel 10, wo wir uns mit Phononen befassen. (Siehe Abschnitt 10.2.2.)

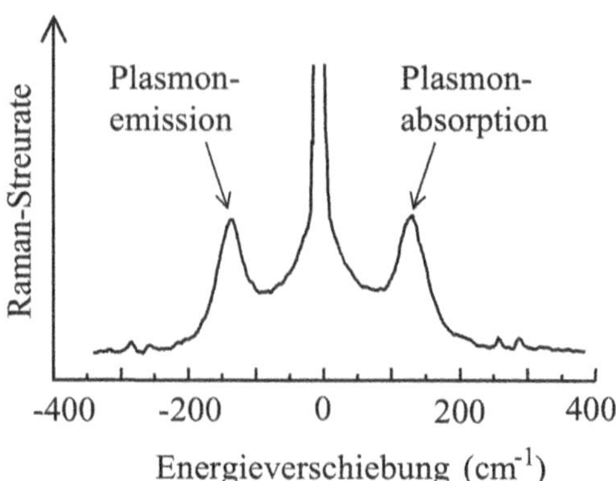

Abb. 7.13: Raman-Streuung an n-dotiertem GaAs bei 300 K. Die Dotierungsdichte betrug $1{,}75 \times 10^{23}$ m^{-3}. Die Daten sind dargestellt als Funktion der Energieverschiebung der austretenden Photonen relativ zu den einfallenden (in Einheiten der Wellenzahl). Nach Mooradian (1972), ©Excerpta Medica Inc., genehmigter Nachdruck.

die Energie harmonischer Oszillatoren in Wirklichkeit quantisiert ist. Wir erwarten daher, dass die Energie der Plasmaoszillationen in Einheiten von $\hbar\omega_\mathrm{p}$ quantisiert ist. Die Quasiteilchen, die diesen quantisierten Plasmaoszillationen entsprechen, werden als **Plasmonen** bezeichnet. Wie Gleichung (7.46) zeigt, ist die Frequenz der Plasmonen unabhängig von ihrem Wellenvektor.

Da Plasmonen mit longitudinalen Plasmaoszillationen verbunden sind, können sie nicht direkt durch Licht angeregt werden, denn Licht besteht aus transversalen Wellen. Vielmehr müssen inelastische Streumethoden verwendet werden. Dabei regt ein durch das Medium dringender Teilchenstrahl Plasmonen an, was in Abbildung 7.12b illustriert ist. Die Energie E_in der einlaufenden Teilchen muss signifikant größer sein als die Plasmonenergie. Wegen der Energieerhaltung muss die Gleichung

$$E_\mathrm{out} = E_\mathrm{in} - n\hbar\omega_\mathrm{p} \tag{7.48}$$

erfüllt sein, wobei E_out die Energie des austretenden Teilchens ist und n die Anzahl der emittierten Plasmonen. Durch Detektion von Teilchen mit den durch (7.48) gegebenen Energien wird nachgewiesen, dass Plasmonen angeregt wurden.

Bei Metallen betragen die Plasmonenergien mehrere eV und daher werden gewöhnlich Elektronen mit Energien im keV-Bereich verwendet. Durch Messung des Energiespektrums der Elektronen, die aus einer dünnen Probe austreten, kann die Plasmafrequenz bestimmt werden. Dieses Verfahren wird als **Elektronenenergieverlustspektroskopie** (oder abgekürzt **EELS**) bezeichnet.

Plasmonen können auch in dotierten Halbleitern beobachtet werden. Da hier die Plasmafrequenzen wesentlich kleiner sind, können inelastische Lichtstreuverfahren (Raman-Streuung) verwendet werden, um die Plasmonenergien zu messen. Die allgemeinen Prinzipien der Raman-Streuung werden in Abschnitt 10.5 behandelt. Der entscheidende Punkt ist, dass die Energie $\hbar\omega_{\mathrm{out}}$ des austretenden Photons die Gleichung

$$\hbar\omega_{\mathrm{out}} = \hbar\omega_{\mathrm{in}} \pm \hbar\omega_{\mathrm{p}} \tag{7.49}$$

erfüllen muss, wobei $\hbar\omega_{\mathrm{in}}$ die Energie das einfallenden Photons ist. Das Vorzeichen $+$ entspricht der Plasmonabsorption und das Vorzeichen $-$ der Plasmonemission. Die Plasmonabsorption ist für dotierte Halbleiter möglich, für Metalle dagegen nicht, da die Plasmonenergien vergleichbar sind mit der thermischen Energie $k_{\mathrm{B}}T$. Dies bedeutet, dass in der Probe bereits Plasmonen angeregt sein können, bevor das einfallende Photon auftrifft, und daher gibt es eine gewisse Wahrscheinlichkeit, dass ein Plasmon zerstört und seine Energie auf das Photon übertragen werden kann.

Abbildung 7.13 zeigt die Ergebnisse eines Raman-Streuversuchs an n-dotiertem GaAs bei 300 K. Die Dotierungsdichte betrug $1{,}75 \times 10^{23}\,\mathrm{m}^{-3}$. Dargestellt ist die Raman-Intensität als Funktion der Frequenzverschiebung der Lichtwelle in Einheiten der Wellenzahl. Die Daten zeigen zwei deutliche Peaks, die infolge der Plasmonabsorption und -emission um $\pm 130\,\mathrm{cm}^{-1}$ relativ zum einfallenden Laserstrahl verschoben sind. Die effektive Elektronenmasse von GaAs ist $0{,}067 m_0$ und ϵ_{opt} ist 10,6. Damit erhalten wir aus (7.24) $\omega_{\mathrm{p}} = 2{,}8 \times 10^{13}\,\mathrm{rad/s}$, was $150\,\mathrm{cm}^{-1}$ entspricht. Die experimentellen Daten zeigen also eine recht gute Übereinstimmung mit dem Modell.

7.5.2   Oberflächenplasmonen

Eine sorgfältige Analyse der EELS-Spektren eines Metalls zeigt in der Regel, dass es innerhalb des Metalls zwei unterschiedliche Typen von Plasmonen gibt, nämlich Volumen- und Oberflächenplasmonen. Mit dem ersten Typ haben wir uns im vorherigen Abschnitt beschäftigt. In diesem Abschnitt wollen wir den zweiten Typ erklären. Das Interesse an Oberflächenplasmonen hat in den letzten Jahren enorm zugenommen, und es ist sogar ein neues, eigenständiges Forschungsgebiet entstanden, das **Plasmonik** genannt wird.

Oberflächenplasmonen sind quantisierte elektromagnetische Oberflächenwellen, die in der Grenzschicht zwischen einem Plasma und einem dielektrischen Material lokalisiert sind. Wir sind hier an dem Fall interessiert, dass es sich bei dem Plasma um ein Metall handelt. Das Dielektrikum ist gewöhnlich Luft, doch es könnte auch Glas oder ein Halbleiter sein. Die Wellen propagieren entlang der Grenzebene, und die Fluktuationen der Elektronenladungsdichte innerhalb des Metalls erzeugen elektrische Feldlinien wie die in Abbildung 7.14 gezeigten. Die Amplitude des elektrischen Feldes zerfällt beiderseits der Grenzschicht exponentiell.

In Abbildung 7.13 sind außerdem zwei schwache Peaks bei $\pm 272\,\mathrm{cm}^{-1}$ und $\pm 296\,\mathrm{cm}^{-1}$ zu sehen. Diese werden durch optische Phononen verursacht (siehe Abschnitt 10.5.2). Die Phononsignale sind linear polarisiert und wurden für die aufgenommenen Daten stark unterdrückt, indem orthogonale Polarisatoren vor dem Detektor platziert wurden. Beachten Sie, dass bei der Raman-Spektroskopie sehr oft Einheiten der Wellenzahl verwendet werden. Die Wellenzahl $\overline{\nu}$ ist gleich dem Reziproken der Wellenlänge: $\overline{\nu} = 1/\lambda$. Sie ist effektiv eine Energieeinheit, wobei $1\,\mathrm{cm}^{-1} \equiv 0{,}124\,\mathrm{meV}$.

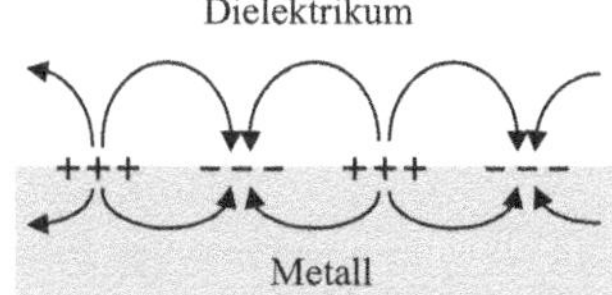

Abb. 7.14: Schematische Darstellung der elektrischen Felder aufgrund der Fluktuationen der Elektronenladungsdichte an der Oberfläche eines Metalls.

Im Prinzip wäre es auch denkbar, dass die Komponenten von elektrischem und magnetischem Feld in y- bzw. x-Richtung zeigen. Man kann jedoch zeigen, dass solche Lösungen nicht möglich sind. Siehe Maier (2007).

Der interessanteste Fall ist $\omega < \omega_{\mathrm{p}}$, in dem ϵ_{m} *negativ* ist. $\mathcal{E}_z^{\mathrm{d}}$ und $\mathcal{E}_z^{\mathrm{m}}$ zeigen dann, wie in Abbildung 7.14 dargestellt, in entgegengesetzte Richtungen.

Aus Abbildung 7.14 ist ersichtlich, dass die Oberflächenplasmonen sowohl transversale als auch longitudinale Komponenten des elektrischen Feldes haben. Diese Eigenschaft unterscheidet sie von Volumenplasmonen, die rein longitudinal sind. Das Vorhandensein der transversalen Komponente bedeutet, dass Oberflächenplasmonen direkt mit Photonen wechselwirken können. Diese Wechselwirkung ist stark genug, dass wir das Photon und das Plasmon als ein gekoppeltes System betrachten müssen. Dieses System wird als **Polariton** bezeichnet. Allgemein sind Polaritonen gekoppelte elektrische *Polari*sations-Pho*ton*-Wellen. Es gibt unterschiedliche Typen von Polaritonen. Der hier betrachtete Typ, wird **Oberflächenplasmon-Polariton** genannt. (Zu Phonon-Polaritonen siehe Abschnitt 10.3.)

Die Dispersion der Oberflächenplasmon-Polaritonen erhält man durch Lösen der Maxwell-Gleichungen. Wir legen das Koordinatensystem so, dass die Ebene $z = 0$ der Grenzfläche entspricht, wobei positive z dem Dielektrikum und negative dem Metall entsprechen (siehe Abbildung 7.15a). Es wird angenommen, dass die Welle in z-Richtung propagiert. Das elektrische Feld hat Komponenten in x- und z-Richtung, und seine Amplitude fällt exponentiell als Funktion des Abstands von der Grenzfläche (siehe Abbildung 7.15b). In dieser Geometrie können die elektrischen und magnetischen Felder in der Form

$$\boldsymbol{\mathcal{E}}^{\mathrm{d}}(x, z, t) = \left[\mathcal{E}_x^{\mathrm{d}}, 0, \mathcal{E}_z^{\mathrm{d}}\right] \mathrm{e}^{\mathrm{i}(k_x^{\mathrm{d}} x - \omega t)} \, \mathrm{e}^{-k_z^{\mathrm{d}} z}$$
$$\mathbf{H}^{\mathrm{d}}(x, z, t) = \left[0, H_y^{\mathrm{d}}, 0\right] \mathrm{e}^{\mathrm{i}(k_x^{\mathrm{d}} x - \omega t)} \, \mathrm{e}^{-k_z^{\mathrm{d}} z}$$
$$\boldsymbol{\mathcal{E}}^{\mathrm{m}}(x, z, t) = \left[\mathcal{E}_x^{\mathrm{m}}, 0, \mathcal{E}_z^{\mathrm{m}}\right] \mathrm{e}^{\mathrm{i}(k_x^{\mathrm{m}} x - \omega t)} \, \mathrm{e}^{+k_z^{\mathrm{m}} z}$$
$$\mathbf{H}^{\mathrm{m}}(x, z, t) = \left[0, H_y^{\mathrm{d}}, 0\right] \mathrm{e}^{\mathrm{i}(k_x^{\mathrm{m}} x - \omega t)} \, \mathrm{e}^{+k_z^{\mathrm{m}} z} \tag{7.50}$$

geschrieben werden, wobei die Indizes d und m das Dielektrikum bzw. das Metall bezeichnen. Das negative Vorzeichen des Zerfallsterms in z-Richtung im Dielektrikum und im Metall stellt sicher, dass die Felder in der Grenzschicht lokalisiert sind.

Die durch (7.50) gegebenen Felder müssen die Maxwell-Gleichungen sowie die Randbedingungen erfüllen, die gelten wenn es keine freie Ladungsdichte gibt. Betrachten wir zunächst die Randbedingungen. Die tangentialen Komponenten von $\boldsymbol{\mathcal{E}}$ und $\mathbf{H}$ sowie die Normalkomponente der elektrischen Flussdichte $\mathbf{D}$ müssen an der Grenzfläche stetig sein. Wenn wir $\mathbf{D} = \epsilon_{\mathrm{r}}\epsilon_0 \boldsymbol{\mathcal{E}}$ beachten, dann erhalten wir

$$\mathcal{E}_x^{\mathrm{d}} = \mathcal{E}_x^{\mathrm{m}}$$
$$H_y^{\mathrm{d}} = H_y^{\mathrm{m}}$$
$$\epsilon_{\mathrm{d}} \mathcal{E}_z^{\mathrm{d}} = \epsilon_{\mathrm{m}} \mathcal{E}_z^{\mathrm{m}} \tag{7.51}$$

wobei ϵ_{d} und ϵ_{m} die relativen Permittivitäten des Dielektrikums und des Metalls sind. Die Forderung, dass diese Bedingungen auf der gesamten Oberfläche gelten, führt auf

$$k_x^{\mathrm{d}} = k_x^{\mathrm{m}} \equiv k_x \qquad (7.52)$$

wobei k_x die gemeinsame x-Komponente des Wellenvektors auf beiden Seiten der Grenzfläche ist.

Betrachten wir nun die vierte maxwellsche Gleichung (A.13) mit $\mathbf{j} = 0$ und $\mathbf{D} = \epsilon_{\mathrm{r}}\epsilon_0\boldsymbol{\mathcal{E}}$. Da $\mathcal{E}_y = 0$ und $H_x = 0$ gilt, können wir H_y mit $\mathcal{E}_x$ in Beziehung setzen:

$$-\frac{\partial H_y}{\partial z} = \epsilon_{\mathrm{r}}\epsilon_0 \frac{\partial \mathcal{E}_x}{\partial t} \qquad (7.53)$$

Wenn wir in diese Gleichung die Felder aus (7.50) einsetzen, erhalten wir

$$\begin{aligned} k_z^{\mathrm{d}} H_y^{\mathrm{d}} &= -\mathrm{i}\epsilon_{\mathrm{d}}\epsilon_0\omega\,\mathcal{E}_x^{\mathrm{d}} \\ -k_z^{\mathrm{m}} H_y^{\mathrm{m}} &= -\mathrm{i}\epsilon_{\mathrm{m}}\epsilon_0\omega\,\mathcal{E}_x^{\mathrm{m}} \end{aligned} \qquad (7.54)$$

Mit $\mathcal{E}_x^{\mathrm{d}} = \mathcal{E}_x^{\mathrm{m}}$ und $H_y^{\mathrm{d}} = H_y^{\mathrm{m}}$ ergibt sich hieraus

$$\frac{k_z^{\mathrm{d}}}{\epsilon_{\mathrm{d}}} + \frac{k_z^{\mathrm{m}}}{\epsilon_{\mathrm{m}}} = 0 \qquad (7.55)$$

Man beachte, dass dies konsistent damit ist, dass k_z^{d} und k_z^{m} beide positiv sind, wenn ϵ_{m} negativ ist, d. h. für $\omega < \omega_{\mathrm{p}}$. Da die Gesamtladungsdichte null ist, müssen die Felder die Gleichung

$$\nabla^2 \boldsymbol{\mathcal{E}} = \frac{\epsilon_{\mathrm{r}}}{c^2} \frac{\partial^2 \boldsymbol{\mathcal{E}}}{\partial t^2} \qquad (7.56)$$

erfüllen (siehe (A.25) und (A.28) mit $\mu_{\mathrm{r}} = 1$). Hier setzen wir wieder die Felder aus (7.50) ein und verwenden (7.52). Damit erhalten wir

$$\begin{aligned} k_x^2 - \left(k_z^{\mathrm{d}}\right)^2 &= \frac{\epsilon_{\mathrm{d}}}{c^2}\,\omega^2 \\ k_x^2 - \left(k_z^{\mathrm{m}}\right)^2 &= \frac{\epsilon_{\mathrm{m}}}{c^2}\,\omega^2 \end{aligned} \qquad (7.57)$$

Schließlich verwenden wir (7.55), um die k_z-Komponenten zu eliminieren. Dies ergibt die Dispersionskurve für Oberflächenplasmon-Polaritonen:

$$k_x = \frac{\omega}{c}\left(\frac{\epsilon_{\mathrm{m}}\epsilon_{\mathrm{d}}}{\epsilon_{\mathrm{m}} + \epsilon_{\mathrm{d}}}\right)^{1/2} = \frac{\omega\sqrt{\epsilon_{\mathrm{d}}}}{c}\left(\frac{\epsilon_{\mathrm{m}}}{\epsilon_{\mathrm{m}} + \epsilon_{\mathrm{d}}}\right)^{1/2} \qquad (7.58)$$

Abbildung 7.16 zeigt eine Gegenüberstellung der Dispersion der Oberflächenplasmon-Polaritonen und der Photondispersion im Volumen eines Metalls, dessen relative Permittivität durch

$$\epsilon_{\mathrm{m}} = 1 - \frac{\omega_{\mathrm{p}}^2}{\omega^2} \qquad (7.59)$$

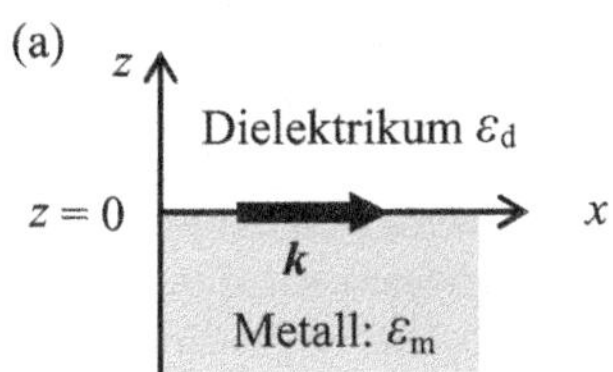

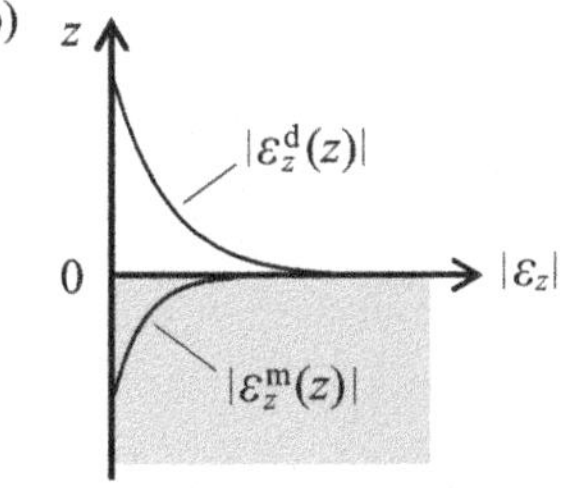

Abb. 7.15: (a) Achsendefinition für die Grenzfläche zwischen einem Dielektrikum und einem Metall mit den relativen Permittivitäten ϵ_{d} bzw. ϵ_{m}. Die Ebene $z = 0$ definiert die Grenzfläche. Das Polariton propagiert in x-Richtung. (b) Exponentieller Abfall der Feldamplituden als Funktion des Abstands von der Grenzfläche.

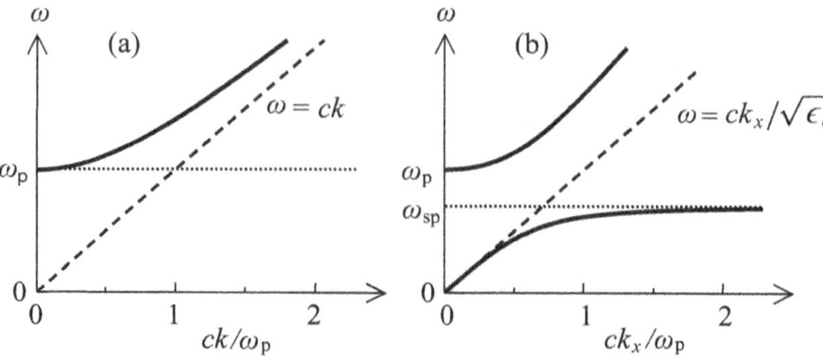

Abb. 7.16: (a) Photonendispersion im Volumen eines Metalls mit Permittitivität gemäß (7.7). (b) Dispersion der Oberflächenplasmon-Polaritonen für das gleiche Metall. Die Kurve zeigt den Fall, dass das Dielektrikum Luft ist (also $\epsilon_{\mathrm{d}} = 1$). Die gestrichelte Linie in (b) zeigt die Dispersion für Licht im Dieelektrikum.

gegeben ist (vgl. (7.7)). Die relative Permittivität des Dielektrikums wird als reell und unabhängig von der Frequenz angenommen.

Betrachten wir zunächst die Dispersion im Volumen des Metalls, die in Abbildung 7.16a dargestellt ist. Für Frequenzen kleiner ω_{p} wird das Licht reflektiert, und es gibt lediglich evaneszente Felder im Medium. Es gibt also keine propagierenden Moden mit $\omega < \omega_{\mathrm{p}}$. Für $\omega > \omega_{\mathrm{p}}$ ist die Dispersion gegeben durch

$$\omega = \left(\omega_{\mathrm{p}}^2 + c^2 k^2\right)^{1/2} \tag{7.60}$$

(siehe (7.45)). Dieser Ausdruck strebt für große Wellenvektoren gegen $\omega = ck$.

Für die Oberflächenplasmon-Polaritonen ist die Situation qualitativ anders, wie Abbildung 7.16b zeigt. Zum Vergleich ist die „Lichtlinie" für das durch $\omega = ck_x/\sqrt{\epsilon_{\mathrm{d}}}$ definierte Dielektrikum mit eingezeichnet. Es lassen sich drei unterschiedliche Frequenzbereiche ausmachen:

(1) $0 < \omega < \omega_{\mathrm{p}}/\sqrt{1 + \epsilon_{\mathrm{d}}}$. In diesem Frequenzbereich ist sowohl ϵ_{m} als auch $(\epsilon_{\mathrm{m}} + \epsilon_{\mathrm{d}})$ negativ, sodass k_x reell ist. Für kleine ω ist $|\epsilon_{\mathrm{m}}|$ groß. Daher erreicht die Plasmon-Dispersionskurve für kleine k_x die Lichtlinie.

(2) $\omega_{\mathrm{p}}/\sqrt{1 + \epsilon_{\mathrm{d}}} < \omega < \omega_{\mathrm{p}}$. In diesem Bereich ist ϵ_{m} negativ, aber $(\epsilon_{\mathrm{m}} + \epsilon_{\mathrm{d}})$ ist positiv. k_x ist somit imaginär und es gibt keine propagierenden Moden.

(3) $\omega > \omega_{\mathrm{p}}$. ϵ_{m} und $(\epsilon_{\mathrm{m}} + \epsilon_{\mathrm{d}})$ sind beide positiv, sodass es wieder reelle Lösungen für k_x gibt. Für hohe Frequenzen gilt $\epsilon_{\mathrm{m}} \to 1$ und die Dispersion nähert sich dem Grenzfall mit $\omega = ck_x\sqrt{1 + \epsilon_{\mathrm{d}}}/\sqrt{\epsilon_{\mathrm{d}}}$.

Im Frequenzbereich (1) ist die Gruppengeschwindigkeit (d. h. $d\omega/dk$) bei großen k_x null und es gilt $\omega \to \omega_{\mathrm{sp}}$. Diese asymptotische Frequenzgrenze wird als Oberflächenplasmon-Frequenz bezeichnet. Gleichung (7.58) zeigt, dass k_x für $(\epsilon_m + \epsilon_d) \to 0$ gegen unendlich geht. Daher können wir ω_{sp} bestimmen, indem wir $\epsilon_m(\omega) = -\epsilon_d$ lösen. Für ein ungedämpftes Plasma mit $\epsilon_m(\omega)$ gemäß (7.59) erhalten wir

$$\omega_{sp} = \frac{\omega_p}{\sqrt{1 + \epsilon_d}} \tag{7.61}$$

Falls das Dielektrikum Luft ist, gilt $\omega_{sp} = \omega_p/\sqrt{2}$.

Das Verhalten der Oberflächenplasmon-Polaritonen im Frequenzbereich (1), also für $\omega < \omega_{sp}$, ist am interessantesten, da es den propagierenden Moden für Frequenzen unterhalb der Plasmafrequenz entspricht. Die räumliche Ausdehnung der Felder in z-Richtung kann aus den Werten von k_z im Metall und im Dielektrikum abgeleitet werden. Dazu setzen wir (7.58) wieder in (7.57) ein und erhalten

$$k_z^d = \frac{\omega}{c} \left(\frac{-\epsilon_d^2}{\epsilon_m + \epsilon_d} \right)^{1/2}$$

$$k_z^m = \frac{\omega}{c} \left(\frac{-\epsilon_m^2}{\epsilon_m + \epsilon_d} \right)^{1/2} \tag{7.62}$$

Da $(\epsilon_m + \epsilon_d)$ bei ω_{sp} gegen null geht, wachsen die Zerfallskonstanten mit ω und divergieren, wenn sie sich ω_{sp} nähern. Die Abklinglänge l_z des Feldes ist gleich $1/|k_z|$. Dies impliziert, dass die Polaritonen stärker lokalisiert werden, wenn sich ω dem Wert ω_{sp} nähert. Man beachte, dass gewöhnlich $|k_z^m| > |k_z^d|$ gilt und dass sich das Plasmon folglich weiter in das Dielektrikum hinein erstreckt als in das Metall (siehe Abbildung 7.15). Bei optischen Frequenzen haben l_z^d und l_z^m typischerweise Werte von wenigen Hundert Nanometern oder noch weniger (siehe auch Aufgabe 7.10).

Eines der Forschungsziele der Plasmonik ist die Übertragung von elektromagnetischen Wellen in einem Metall in Form von Oberflächenplasmon-Polaritonen. Mit Werten von l_z^m, die unterhalb von $100\,\text{nm}$ liegen, können die Wellen auf räumliche Bereiche beschränkt werden, die kleiner sind als die Wellenlänge des Lichts. Dies erschließt den Geltungsbereich der **Nanophotonik,** der aufgrund der Beugungsgrenzen mittels konventioneller Optik nicht zugänglich ist. Die Distanz, über die die Plasmonmoden entlang der Oberfläche propagieren können, ist durch den Imaginärteil von ϵ_m bestimmt. Sie kann einige zehn Mikrometer betragen (siehe Aufgabe 7.20), was mehr als genug für die hier betrachteten Anwendungen ist.

Andere Fragestellungen der Plasmonik beschäftigen sich mit der Steigerung der Strahlungseffizienz sowie mit der erhöhten Transmission von Licht durch Öffnungen, die kleiner sind als die Wellenlänge. Die Strahlungseffizienz eines Atoms in einem Dielektrikum kann erhöht werden, indem man es nahe einer Metalloberfläche platziert und somit die große Amplitude des elektrischen Feldes ausnutzt, die an der Grenzfläche herrscht. Dass plasmonische Effekte die Transmission von Licht durch Löcher, die kleiner sind als die Wellenlänge, verstärken können, wurde an periodischen Lochanordnungen in einem optisch dicken Metallfilm gezeigt. Einzelheiten zu diesen und anderen Anwendungen finden Sie in den Referenzen (siehe Weiterführende Literatur).

Ein Problem, das sich in der Plasmonik stellt, ist die Art und Weise, wie das Licht an die Polaritonen gekoppelt wird. Aus Abbildung 7.16b ist ersichtlich, dass die Polaritonmoden immer unterhalb der Lichtlinie liegt. Dies bedeutet, dass Polaritonen niemals direkt in Licht umgewandelt werden können; es handelt sich bei ihnen um nichtradiative Moden. Außerdem folgt daraus, dass es nicht möglich ist, Licht direkt aus dem Dielektrikum in die Polaritonmoden auszukoppeln, da die Wellenvektoren nirgends in Übereinstimmung gebracht werden können. Um also externes Licht in die Oberflächenplasmon-Polaritonen auszukoppeln, müssen Methoden eingesetzt werden, mit denen sich der Wellenvektor des Lichts ändern lässt. Eine Möglichkeit hierfür ist die Verwendung von Gittern. Tatsächlich ist seit langem bekannt, dass das Reflexionsvermögen von Gittern mit Metallrillen signifikant fallen kann, wenn eine der Beugungsordnungen parallel zur Oberfläche propagiert. Von diesem Effekt, der als **woodsche Anomalie** bezeichnet wird, weiß man inzwischen, dass er durch die Anregung von Oberflächenplasmon-Polaritonen in einem Metall hervorgerufen wird. Einzelheiten darüber, wie die Kopplung an die Polaritonmoden in der Praxis erreicht wird, finden Sie in den unter Weiterführende Literatur genannten Referenzen.

Kolloide können Festkörper, Flüssigkeiten oder Gase sein. Die Partikelgröße in einem Kolloid sollte kleiner sein als die Wellenlänge von Licht. Angewendet werden Metallkolloide z. B. bei der Herstellung von farbigem Glas. Im Mittelalter wurden dem Glas während des Schmelzens etwa Nanopartikel aus Gold, Silber und Kupfer zugesetzt.

Ein eindrucksvolles Beispiel für die Effekte von Oberflächenplasmonen lässt sich im Zusammenhang mit den optischen Eigenschaften von Metallkolloiden beobachten. Metallkolloide werden durch Dispergieren einer großen Anzahl sehr kleiner Metallteilchen (also von „Nanopartikeln") in einem homogenen Medium wie Glas oder Wasser hergestellt. Bereits in der Antike war bekannt, dass die Farbe von Metallkolloiden eine andere ist als die des Volumenmetalls. Heute weiß man, dass dieses Phänomen durch die resonante Anregung von Oberflächenplasmonen in den Metallnanopartikeln verursacht wird. Im Unterschied zu den Oberflächenplasmon-Polaritonen allerdings propagieren die Oberflächenfelder in den metallischen Nanoteilchen nicht, da sie innerhalb der Nanopartikel beschränkt sind. Sie werden aus diesem Grund als **lokalisierte Oberflächenplasmonen** bezeichnet.

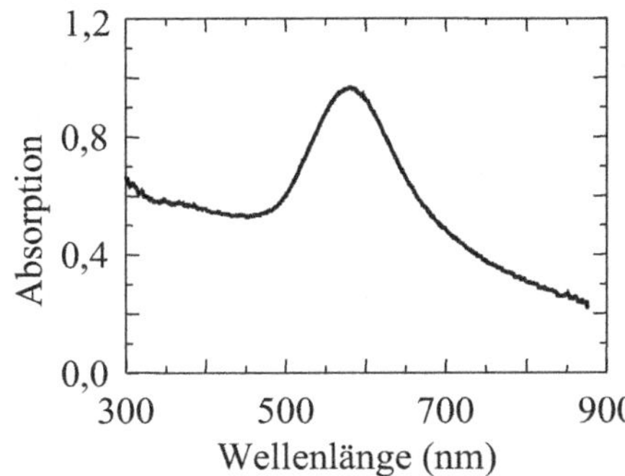

Eine einfache Erklärung für die Änderung der optischen Eigenschaften von Kolloidmetallen gegenüber denen des Volumenmetalls stützt sich auf die Polarisierbarkeit. Wenn der Teilchenradius a wesentlich kleiner ist als die Wellenlänge des Lichts, dann kann man zeigen, dass die Polarisierbarkeit durch

$$\alpha = 4\pi a^3 \frac{\epsilon_\mathrm{m} - \epsilon_\mathrm{d}}{\epsilon_\mathrm{m} + 2\epsilon_\mathrm{d}} \tag{7.63}$$

gegeben ist. Dieser Ausdruck hat eine Resonanz bei $\epsilon_\mathrm{m} = -2\epsilon_\mathrm{d}$. In einem ungedämpften Plasma tritt die Resonanz bei $\omega_\mathrm{p}/\sqrt{3}$ auf, wenn das Dielektrikum Luft ist (siehe Aufgabe 7.21), und sie ist unabhängig von der Teilchengröße. Allerdings verschiebt sich die Resonanz in realen Metallen durch Interbandabsorption, und sie zeigt eine leichte Größenabhängigkeit. Abbildung 7.17 zeigt das Absorptionsspektrum eines dünnen Films aus Goldnanopartikeln, die in ein organisches Dielektrikum mit $\epsilon_\mathrm{d} \approx 2{,}5$ eingebettet sind. Ein starker plasmonischer Absorptionspeak um 580 nm (2,1 eV) ist in den Daten deutlich aufgelöst. Wenn die Nanopartikel in Wasser suspendiert sind, tritt die Resonanz wegen der geringeren Permittivität des Dielektrikums bei höheren Frequenzen auf (siehe Aufgabe 7.22). Tatsächlich liegt die Absorptionsresonanz im grünen Spektralbereich und die Kolloide erscheinen rot anstatt golden wie im Volumenmetall. Ähnliche Effekte beobachtet man auch für andere Metalle.

Abb. 7.17: Absorptionsspektrum für einen dünnen Film aus Goldnanopartikeln, die in ein organisches Dielektrikum mit $\epsilon_\mathrm{d} \approx 2{,}5$ eingebettet sind. Der Film wurde auf einem Glassubstrat gezüchtet. Das Spektrum wurde bei Raumtemperatur aufgenommen. Die Partikelgröße betrug 6 bis 7 nm. Unveröffentlichte Daten von M. R. Sugden und T. R. Richardson.

Die Herleitung von (7.63), finden Sie zum Beispiel in Maier (2007). Die allgemeine Behandlung der Wechselwirkung von Licht mit leitenden Metallkugeln erfolgt im Rahmen der **Mie-Theorie,** siehe Born & Wolf (1999).

7.6   Negative Brechung

In diesem Kapitel haben wir die optischen Eigenschaften von Materialien untersucht, die negative Werte von ϵ_r haben. Nun wollen wir uns kurz mit den Eigenschaften von Materialien beschäftigen, die zusätzlich auch negative Werte der relativen magnetischen Permeabilität μ_r haben. Wie wir feststellen werden, führt diese Kombination auf das bemerkenswerte Konzept des *negativen* Brechungsindex, das in den letzten Jahren große Beachtung gefunden hat.

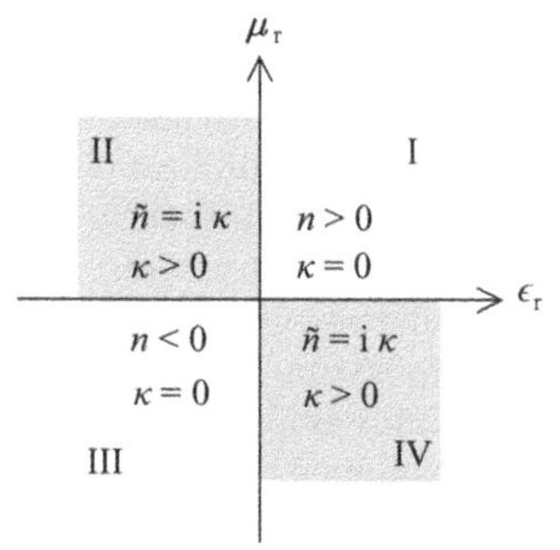

Abb. 7.18: Real- und Imaginärteile des komplexen Brechungsindex für die vier möglichen Vorzeichenkombinationen von ϵ_{r} und μ_{r}. Das Regime des negativen Brechungsindex tritt im dritten Quadranten auf, wo ϵ_{r} und μ_{r} beide negativ sind.

Die allgemeine Beziehung zwischen dem Brechungsindex eines Mediums und μ_{r} folgt unmittelbar aus den maxwellschen Gleichungen. Gleichung (A.29) zeigt, dass die Lichtgeschwindigkeit in einem Medium gleich $c/\sqrt{\epsilon_{\mathrm{r}}\mu_{\mathrm{r}}}$ ist. Daher können wir schreiben

$$\tilde{n} = \sqrt{\epsilon_{\mathrm{r}}\mu_{\mathrm{r}}} \tag{7.64}$$

Bisher haben wir in diesem Buch immer $\mu_{\mathrm{r}} = 1$ angenommen, wodurch sich (7.64) auf $\tilde{n} = \sqrt{\epsilon_{\mathrm{r}}}$ vereinfacht. Tatsächlich charakterisiert ($\mu_{\mathrm{r}} - 1$) den magnetischen Respons des Mediums, und magnetische Dipole antworten auf oszillierende elektromagnetische Felder in der gleichen Weise wie elektrische Dipole. Allerdings sind die natürlichen Resonanzfrequenzen niedrig (höchstens im GHz-Bereich), sodass der magnetische Respons bei optischen Frequenzen gewöhnlich vernachlässigbar ist. Es ist daher wichtig, zunächst einmal klarzustellen, dass es keine bekannten natürlichen Materialien gibt, die bei optischen Frequenzen ein signifikant von eins abweichendes μ_{r} haben. Bei den im Folgenden betrachteten Materialien handelt es sich ausschließlich um künstlich hergestellte.

Die vier möglichen Vorzeichenkombinationen von ϵ_{r} und μ_{r} sind in Abbildung 7.18 schematisch dargestellt. Im ersten Quadranten ist sowohl ϵ_{r} als auch μ_{r} positiv. Dies ist der Normalfall in transparenten optischen Medien. Die Maxwell-Gleichungen haben dann fortschreitende-Wellen-Lösungen, wobei die Phasengeschwindigkeit durch einen Brechungsindex n bestimmt ist, der reell und positiv ist. Im zweiten Quadranten ist μ_{r} positiv, ϵ_{r} dagegen negativ. Dies ist das Regime, das wir in diesem Kapitel ausführlich behandelt haben, da es auf Metalle unterhalb ihrer Plasmafrequenz zutrifft. Unter diesen Bedingungen ist $\tilde{n}$ rein imaginär. Dies bedeutet, dass die Wellen im Medium exponentiell zerfallen: Es gibt keine propagierenden Lösungen, und von der Luft her einfallende Lösungen werden an der Oberfläche reflektiert. Eine ähnliche Situation liegt im vierten Quadranten vor, wo ϵ_{r} positiv und μ_{r} negativ ist. Schließlich gibt es im dritten Quadranten den Fall, dass ϵ_{r} und μ_{r} *beide* negativ sind. Die Eigenschaften von Materialien, die in den dritten Quadranten fallen, wurden erstmals 1968 von Veselago untersucht.

Veselagos wichtigste Schlussfolgerung war, dass ein Medium, für das sowohl ϵ_{r} als auch μ_{r} negativ ist, transparent sein und ein *negativen* Brechungsindex haben muss. Es überrascht nicht, dass hieraus viele ungewöhnliche Eigenschaften resultieren. Der **k**-Vektor der Welle zeigt in die entgegengesetzte Richtung wie der Energiefluss. Da der Energiefluss durch den Poynting-Vektor $\boldsymbol{\mathcal{E}} \times \mathbf{H}$ bestimmt ist, ist die Umkehrung der Richtung des Energieflusses relativ zu **k** konsistent mit der Richtungsumkehr des Magnetfeldes. Dies bedeutet, dass $\boldsymbol{\mathcal{E}}$, **H** und **k** nun ein linkshändiges System bilden, anstatt, wie normalerweise üblich, eine rechthändige Anordnung. Deshalb werden Materialien mit $n < 0$ manchmal auch als linkshändig bezeichnet.

Noch eindrucksvollere Effekte treten auf, wenn Licht beim Auftreffen auf ein Medium mit negativem Index gebrochen wird. Nach dem snelliusschen Gesetz hängt der Winkel des gebrochenen Strahls, θ_r mit dem Einfallswinkel θ_i über die Beziehung

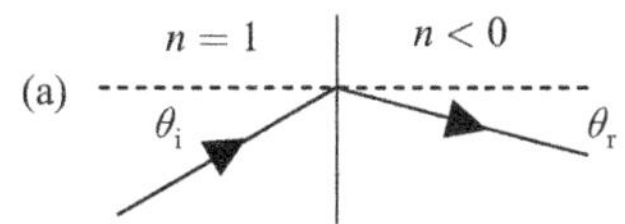

$$\frac{\sin \theta_\mathrm{i}}{\sin \theta_\mathrm{r}} = n \tag{7.65}$$

zusammen. Wenn n negativ ist, haben θ_i und θ_r unterschiedliche Vorzeichen (siehe Abbildung 7.19a). Dadurch besteht die Möglichkeit, dass sich das Medium wie eine Linse verhält (siehe Abbildung 7.19b). Das Licht eines Objekts, das sich links vom Medium befindet, wird auf der rechten Seite des Mediums fokussiert, nachdem es einen dazwischen liegenden Brennpunkt durchlaufen hat. Die Trajektorie der Strahlen hängt nur von der Dicke des Mediums ab, sodass es keine Abbildungsfehler gibt. Aus diesem Grund sagt man, dass sich das Medium wie eine *perfekte* Linse verhält. Da die Strahlen genau so erscheinen, als würden sie von der Quelle kommen, ist das Medium unsichtbar.

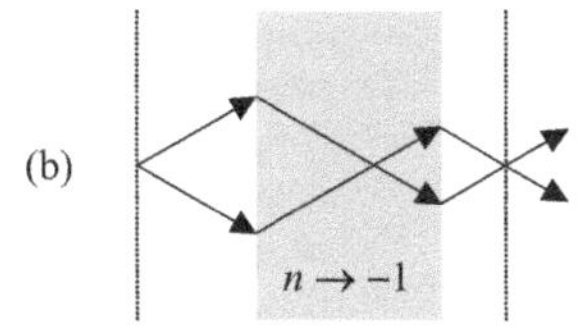

So interessant diese Ideen auch sein mögen, würden sich Forscher dennoch kaum mit ihnen beschäftigen, wenn es keine Möglichkeit gäbe, tatsächlich ein Medium herzustellen, für das $n < 0$ gilt. Metalle wie Silber und Gold haben bei den meisten Frequenzen negative Werte von ϵ_r, so dass die Aufgabe darin besteht, negative Werte von μ_r zu erreichen. Wie bereits erwähnt, sind keine natürlich vorkommenden Materialien bekannt, die diese Eigenschaft bei sinnvollen Frequenzen aufweisen. Deshalb muss der negative Brechungsindex künstlich erzeugt werden. Ein solches Material wird **Metamaterial** genannt. Erst Mitte der 1990er-Jahre fand dieses Thema stärkere Beachtung, nachdem John Pendry erste tragfähige Konzepte für Metamaterialien mit negativem Brechungsindex vorgeschlagen hatte.

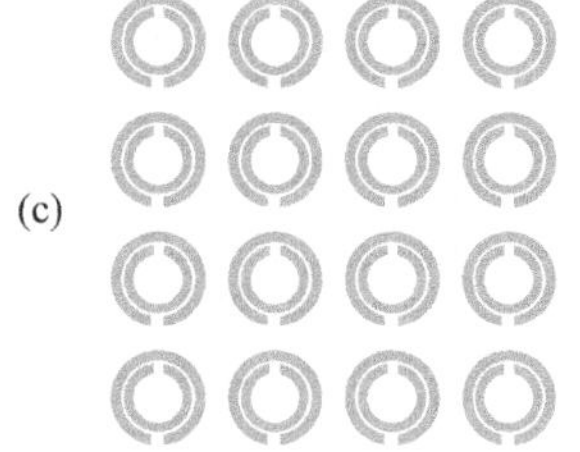

(c)

Abb. 7.19: (a) Negative Brechung in einem Medium mit $n < 0$. (b) Für $n < 0$ wirkt das Medium wie eine perfekte Linse. (c) Split-Ring-Design zum Erzeugen eines negativen Brechungsindex. Die Pfeile in (a) und (b) zeigen die Richtung des Poynting-Vektors an.

Das Konstruktionsprinzip, das hinter einem Metamaterial steckt, ist eine metallische Struktur, die so aufgebaut ist, dass sie sich wie ein magnetischer Dipolresonator verhält. Abbildung 7.19c zeigt ein Standarddesign, das in der Literatur häufig betrachtet wird, nämlich eine sogenannte Split-Ring-Anordnung. Hier ist der magnetische Respons durch die Anordnung der konstituierenden Elemente (den Split-Ringen) bestimmt, die kleiner sein müssen als die Wellenlänge der elektromagnetischen Wellen, aber deutlich größer als die zugrunde liegenden Atome. Dies ist der Grund, warum ein solches Medium als *Meta*material bezeichnet wird.

Aus Kapitel 2 wissen wir, dass der refraktive Respons eines elektrischen Dipoloszillators oberhalb der Eigenfrequenz ω_0 negativ ist (siehe zum Beispiel Abbildung 2.6). Magnetische Resonatoren verhalten sich ähnlich, und wir können $\mu_\mathrm{r} < 0$ im Frequenzbereich oberhalb ihrer Resonanzfrequenz erhalten. Das Problem besteht darin, dass ω_0 von der Größe der Struktur abhängt. Eine Split-Ring-Anordnung mit einer Periode von etwa 10 mm hat für Frequenzen im GHz-Bereich negative Brechungsindizes, doch für Experimente mit optischen Frequenzen müssen wesentlich kleiner Strukturen verwendet werden. Aus diesem Grund werden die Prinzipien von Materialien mit negativem Brechungsindex häufig erst an Mikrowellen getestet. Weitere Einzelheiten zum Design von Metamaterialien und neuere Forschungsergebnisse zur negativen Brechung bei optischen Frequenzen finden Sie in den unter Weiterführende Literatur genannten Referenzen.

Zusammenfassung

- Effekte freier Elektronen treten in Metallen und dotierten Halbleitern auf. Sie können durch das Modell des klassischen Dipoloszillators ohne rücktreibende Kraft beschrieben werden. Dieser Ansatz wird als Drude-Lorentz-Modell bezeichnet.

- Das Plasma aus freien Elektronen ist bis zur Plasmafrequenz stark reflektierend, und diese hängt von der Elektronendichte ab. Die Dämpfungsrate der Oszillationen ist durch die Impulsstreuzeit bestimmt, die durch Messungen der elektrischen Leitfähigkeit ermittelt wird.

- Metalle sind wegen des Effekts der Plasmareflexion stark reflektierend. Bei Frequenzen oberhalb der Plasmafrequenz werden Metalle transparent. Dieser Effekt wird als Ultraviolett-transparenz der Metalle bezeichnet.

- In Metallen sind Interbandübergänge aus Zuständen unterhalb der Fermi-Energie in leere Niveaus oberhalb davon möglich. Die Interbandabsorption kann den Reflexionsgrad gegenüber dem durch das Drude-Lorentz-Modell vorhergesagten Wert reduzieren. Sie muss daher mit berücksichtigt werden, wenn man eine gute Annäherung an experimentelle Daten für den Reflexionsgrad erreichen will.

- Dotierte Halbleiter reflektieren wegen der freien Elektronen und Löcher, die durch das Dotieren erzeugt werden, bei Frequenzen im Infrarotbereich. Die Absorption durch freie Ladungsträger tritt für Frequenzen auf, die oberhalb der Plasmafrequenz, aber unterhalb der fundamentalen Absorptionskante an der Bandlücke liegen.

- p-dotierte Halbleiter weisen aufgrund von Intervalenzbandübergängen einen zusätzlichen Absorptionsmechanismus im infraroten Spektralbereich auf.

- Dotierte Halbleiter haben scharfe Absorptionslinien im Infra-rotbereich, die durch Störstellenübergänge bei tiefen Tempe-raturen entstehen. Bei Raumtemperatur verbreitern die Stör-stellen die fundamentale Absorptionskante.

- An der Plasmafrequenz können Plasmaoszillationen auftreten. Die quantisierten Oszillationen werden in Metallen durch das EELS-Verfahren beobachtet bzw. in dotierten Halbleitern mit-tels Raman-Streuung.

- Oberflächenplasmonen entsprechen lokalisierten elektromagne-tischen Feldern an der Grenzfläche zwischen einem Metall und einem Dielektrikum. Propagierende Oberflächenplasmon-Pola-ritonmoden können durch Koppeln von Licht an das Metall mithilfe eines Gitters oder Prismas angeregt werden.

- Materialien, in denen sowohl die relative Permittivität als auch die magnetische Permeabilität negativ sind, haben einen nega-tiven Brechungsindex. Die künstlich hergestellten Strukturen, welche diese Effekte zeigen, werden Metamaterialien genannt.

Weiterführende Literatur

Die Eigenschaften von elektromagnetischen Wellen in einem leitfä-higen Medium werden in vielen Büchern zur Elektrodynamik und Optik behandelt, so zum Beispiel in Bleaney & Bleaney (1976), Born & Wolf (1999) oder Hecht (2009).

Das Modell der freien Ladungsträger in Metallen wird in Single-ton (2001) behandelt, ebenso in Ashcroft & Mermin (2012), Burns (1985) oder Kittel (2006).

Die Reflexion und Absorption durch freie Ladungsträger in Halb-leitern ist zusammenfassend in Pidgeon (1980) dargestellt und wird auch in Yu & Cardona (1996) behandelt. Das zuletzt genannte Buch enthält auch ausführliche Informationen zur Intervalenzbandabsorp-tion und zur Absorption an Fremdteilchen.

Die Eigenschaften von Plasmonen werden umfassend in Maier (2007) behandelt. Kittel (2006) behandelt Volumenplasmonen, während Raether (1988) die klassische Referenz zu Oberflächenplasmonen ist. Übersichtsartikel zur Plasmonik und zur Nanophotonik finden Sie in Barnes et al. (2003), Lal et al. (2007), Maier & Atwater (2005), Murray & Barnes (2007) sowie Ebbeson et al. (2008).

Das Konzept der negativen Brechung wurde in Veselago (1968) vorgeschlagen. Einführungstexte zum Thema finden Sie in Pendry (2004) oder Pendry & Smith (2004). Einen ausführlichen Überblick bietet Ramakrishna (2005). Fortschritte beim Erzeugen von negativer Brechung bei optischen Frequenzen sind in Shalaev (2007) zusammengefasst.

Aufgaben

7.1 Leiten Sie die Beziehung zwischen der Fermi-Energie E_F eines Metalls und seiner Plasmafrequenz ω_p her.

7.2 Die Ionosphäre reflektiert Radiowellen mit Frequenzen bis etwa 3 MHz, während sie Wellen mit höheren Frequenzen durchlässt. Schätzen Sie die Dichte der freien Elektronen in der Ionosphäre ab.

7.3 Schätzen Sie die Skin-Tiefe von Radiowellen mit einer Frequenz von 200 kHz in Meerwasser ab, das eine mittlere elektrische Leitfähigkeit von etwa $4\,\Omega^{-1}\mathrm{m}^{-1}$ hat. Diskutieren Sie die Probleme, die bei dem Versuch auftreten können, mit einem U-Boot mittels Radiowellen zu kommunizieren.

7.4 Caesium erweist sich für elektromagnetische Strahlung mit Wellenlängen unter 440 nm als transparent. Berechnen Sie aus den Daten in Tabelle 7.1 einen Wert für die effektive Elektronenmasse.

7.5 Die Impulsstreuzeit von Silber ist $4{,}0 \times 10^{-14}\,\mathrm{s}$ bei Raumtemperatur. Berechnen Sie die relative Permittivität bei 500 nm unter Vernachlässigung der Interbandabsorption. Die Plasmafrequenz von Silber finden Sie in Tabelle 7.1.

7.6 Schätzen Sie den Anteil von Licht der Wellenlänge 1 μm ab, der bei 77 K durch einen 20 nm dicken Goldfilm durchgelassen wird, wenn die DC-Leitfähigkeit $2 \times 10^8\,\Omega^{-1}\mathrm{m}^{-1}$ ist. Die Plasmafrequenz und die Elektronendichte von Gold finden Sie in Tabelle 7.1.

7.7 Abbildung 7.20 zeigt den gemessenen Reflexionsgrad von Gold im Wellenlängenbereich von 100 nm bis 1000 nm. Geben Sie eine qualitative Begründung für die Form des Spektrums und leiten Sie daraus die Energielücke zwischen den d-Bändern und der Fermi-Energie ab. Erklären Sie mithilfe der Daten die charakteristische Farbe von Gold.

7.8 Wie groß ist der Wert der relativen Permittivität in einem Medium, dessen Reflexionsgrad null ist? Zeigen Sie mithilfe von (7.22), dass der Reflexionsgrad eines schwach gedämpften dotierten Halbleiters bei der durch (7.25) gegebenen Kreisfrequenz null ist.

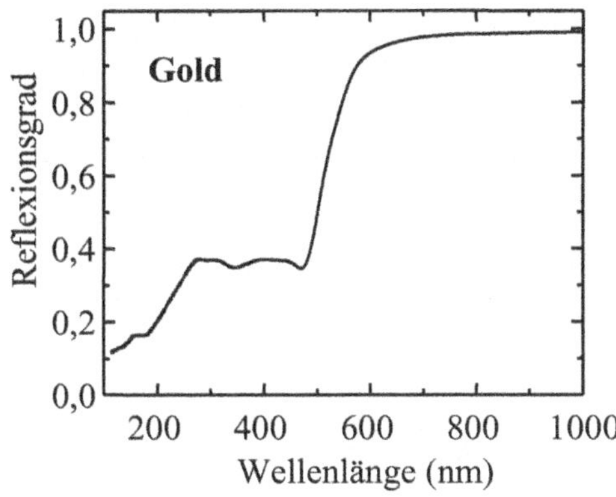

Abb. 7.20: Reflexionsgrad von Gold im Wellenlängenbereich von 100 nm bis 1000 nm. Daten aus Lide (1996).

7.9 Bestimmen Sie aus den in Abbildung 7.20 gezeigten Daten für jede Ladungsträgerdichte den Wert der effektiven Elektronenmasse in InSb. Verwenden Sie $\epsilon_{opt} = 15{,}6$.

7.10 Der Absorptionskoeffizient bei Raumtemperatur in einer n-dotierten InAs-Probe mit einem Dotierungsniveau von $1{,}4 \times 10^{23}\,\mathrm{m}^{-3}$ wird bei 10 µm mit $500\,\mathrm{m}^{-1}$ gemessen. Schätzen Sie die Impulsstreuzeit ab, wenn die effektive Elektronenmasse $0{,}023\,m_0$ und der Brechungsindex 3,5 ist.

7.11* Ein bei 632,8 nm arbeitender Laserstrahl mit einer Intensität von $10^6\,\mathrm{W\,m}^{-2}$ fällt bei Raumtemperatur auf eine Probe aus reinem InP. Der Absorptionskoeffizient bei dieser Wellenlänge ist $6 \times 10^6\,\mathrm{m}^{-1}$ und die Ladungsträgerlebensdauer beträgt 1 ns. Schätzen Sie den Absorptionskoeffizienten durch freie Ladungsträger für die Wellenlänge eines CO_2-Lasers (10,6 µm) ab, wenn der Brechungsindex 3,1 ist. Die effektive Masse und die Impulsstreuzeit ist für Elektronen $0{,}08\,m_0$ bzw. $2 \times 10^{-13}\,\mathrm{s}$ und für Löcher $0{,}06\,m_0$ bzw. $5 \times 10^{-14}\,\mathrm{s}$.

7.12* Betrachten Sie den in Abbildung 7.9 illustrierten Intervalenzbandprozess für eine stark p-dotierte GaAs-Probe, in der $1 \times 10^{25}\,\mathrm{m}^{-3}$ Akzeptoren enthalten sind. Die Valenzbandparameter für GaAs finden Sie in Tabelle D.2.

    (a) Bestimmen Sie die Fermi-Energie im Valenzband unter der Annahme, dass die Löcher entartet sind. Wie lauten die Wellenvektoren der schweren und leichten Löcher an der Fermi-Energie?

    (b) Berechnen Sie die oberen und unteren Grenzen der Photonenergien für die drei in Abbildung (7.9) markierten Absorptionsprozesse (die Übergänge lh → hh, SO → lh und SO → hh).

7.13 Abbildung (7.11) zeigt ein Infrarotabsorptionsspektrum von n-dotiertem Silicium, das eine relative Permittivität von 16 hat. Zwei Serien von Linien, gekennzeichnet durch np_0 und $np_\pm$, sind in den Daten zu identifizieren.

   (a) Zeigen Sie, dass die np_0-Serie konsistent mit (7.30) ist und schließen Sie hieraus auf den Wert für die relative Elektronenmasse bei diesen Übergängen.

   (b) Zeigen Sie, dass die $np_\pm$-Serie der Formel

$$hv = \frac{R_0^*}{1^2} - \frac{R_\pm^*}{n^2}$$

   folgt, wobei die Werte von R_0^* und $R_\pm^*$ aus den Daten zu erschließen sind.

7.14 Das Infrarotabsorptionsspektrum eines schwach n-dotierten Halbleiters mit einer relativen Permittivität von 15,2 zeigt eine Serie von scharfen Linien bei tiefen Temperaturen. Die Energien der Linien sind gegeben durch

$$E(n) = R^*(1 - 1/n^2)$$

mit $R^* = 2{,}1\,\mathrm{meV}$, und n ist eine ganze Zahl größer als eins. Erklären Sie, warum die Energien der Absorptionslinien nahezu unabhängig von der Art der dotierten Fremdatome sind, und leiten Sie einen Wert für die relative Elektronenmasse her.

7.15 Die fundamentale Absorptionskante eines Halbleiters wird durch Dotieren mit Akzeptoren von 5,26 µm nach 5,44 µm verschoben. Leiten Sie einen Wert für die Energie des Grundzustands-Akzeptorniveaus relativ zum Valenzband her.

7.16 Der Strahl eines bei 514,5 nm arbeitenden Argonionenlasers fällt auf eine n-dotierte GaAs-Probe. Bei 534,3 nm wird ein Peak in der Intensität des gestreuten Lichts beobachtet. Erklären Sie diese Beobachtung und verwenden Sie dabei die Werte $m_e^* = 0{,}067\,m_0$ und $n = 3{,}3$.

7.17 Berechnen Sie die Dotierungsdichte, bei der die Plasmonen in n-dotiertem GaAs die gleiche Wellenzahl haben wie das longitudinale optische Phonon bei $297\,\mathrm{cm}^{-1}$. Verwenden Sie $m_e^* = 0{,}067\,m_0$ und $n = 3{,}3$.

7.18 In einem Metall variiert die Frequenz, bei der $\epsilon_r = 0$ gilt, leicht mit dem Wellenvektor $k \equiv |\mathbf{k}|$. Für kleine k gilt

$$\omega(k) \approx \omega_p \left(1 + \frac{3v_F^2 k^2}{10\omega_P^2} \right)$$

wobei v_{F} die Fermi-Geschwindigkeit der Elektronen ist. Betrachten Sie ein Metall mit der Elektronendichte $N = 10^{29}\,\mathrm{m}^{-3}$ und der Gitterkonstante $a = 4\,\text{Å}$. Berechnen Sie die relative Größe des k^2-Terms für $k = 0{,}1\,\pi/a$, also 10% der Größe der Brillouin-Zone.

7.19 Bei einem EELS-Experiment mit einem Metall werden zwei Serien von Peaks beobachtet, die Gleichung (7.48) mit $\hbar\omega_{\mathrm{p}} = 10{,}3\,\mathrm{eV}$ bzw. $15{,}3\,\mathrm{eV}$ erfüllen. Bestimmen Sie mithilfe der Daten in Tabelle 7.1, welches Metall hier untersucht wird, und erklären Sie die beiden Serien von Peaks.

7.20 Eine Oberflächenplasmon-Mode mit einer Frequenz, die einer Vakuumwellenlänge von 600 nm entspricht, wird an der Grenzfläche zwischen Silber und Luft angeregt. Die relative Permittivität von Silber bei dieser Frequenz ist näherungsweise durch $\epsilon_{\mathrm{m}} = -18 + \mathrm{i}$ gegeben.

(a) Berechnen Sie die Zerfallsraten k_z^{d} und k_z^{m} und schließen Sie hieraus auf die Abklinglängen des Feldes senkrecht zur Oberfläche (für Luft und das Metall).

(b) Die Propagationslänge parallel zur Oberfläche ist als die Distanz definiert, über die die Intensität um den Faktor e^{-1} fällt. Berechnen Sie den Imaginärteil von k_x und schließen Sie hieraus auf die Abklinglänge für Silber bei 600 nm.

7.21 Zeigen Sie, dass die Resonanz der Polarisierbarkeit von kolloidalen Metall-Nanopartikeln, welche die Gleichung (7.7) erfüllen, in einem Medium mit dem Brechungsindex n bei einer Kreisfrequenz von $\omega_{\mathrm{p}}/\sqrt{1 + 2n^2}$ auftritt. Bestimmen Sie diese Frequenz für den Fall, dass das Dielektrikum Luft ist.

7.22 (a) Die komplexe relative Permittivität von Gold im Bereich von 500 bis 550 nm ist in Tabelle 7.3 angegeben. Schätzen Sie mithilfe dieser Angaben die Resonanzwellenlänge von kolloidalen Gold-Nanopartikeln in Wasser ab, das einen Brechungsindex von 1,33 hat.

(b) Verwenden Sie die in Tabelle 7.1 angegebenen Daten, um das in Teil (a) erhaltene Ergebnis mit der Vorhersage aus der vorhergehenden Aufgabe zu vergleichen. Erklären Sie die auftretenden Unterschiede.

Tab. 7.3: Komplexe relative Permittivität von Gold im Bereich von 500 bis 550 nm. Übernommen aus Raether (1988).

Wellenlänge	ϵ_1	ϵ_2
500 nm	−2,3	3,6
510 nm	−3,0	3,1
520 nm	−3,7	2,7
530 nm	−4,4	2,4
540 nm	−5,2	2,2
550 nm	−6,0	2,0

8 Molekulare Materialien

In diesem Kapitel betrachten wir die optischen Eigenschaften von elektronischen Materialien, die auf Kohlenstoff-Kohlenstoff-Bindungen basieren. Dies umfasst im Prinzip einen riesigen Bereich von Verbindungen, weshalb wir uns auf diejenigen mit den interessantesten optischen Eigenschaften beschränken müssen.

Der Großteil des Kapitels beschäftigt sich mit organischen optoelektronischen Materialien. Deren Bedeutung hat dank der Entwicklung organischer Leuchtdioden und photovoltaischer Bauelemente seit den 1990er-Jahren beträchtlich zugenommen. Der abschließende Teil dieses Kapitels bietet einen Überblick über die optischen Eigenschaften von Kohlenstoffnanostrukturen. Auch dies ist ein Gebiet, das sich in den vergangenen Jahren rasant entwickelt hat, was sich vor allem in qualitativ hochwertigen Kohlenstoffnanoröhren und Graphenschichten niedergeschlagen hat.

8.1 Einführung: Organische Materialien

Die Chemie der organischen Moleküle basiert auf den kovalenten Bindungen zwischen den Kohlenstoffatomen. Kohlenstoff hat eine Elektronenkonfiguration von $1s^2\,2s^2\,2p^2$ mit vier Valenzelektronen in der zweiten Schale. In der Diamantstruktur hat jedes Kohlenstoffatom vier kovalente Einfachbindungen zu seinen nächsten Nachbarn. In organischen Verbindungen dagegen kann es Einfach-, Doppel- oder Dreifachbindungen zwischen benachbarten Kohlenstoffatomen geben. In Molekülen mit Doppel- oder Dreifachbindung werden die Valenzelektronen in σ- und π-Bindungen unterteilt. Anhand von Beispielen ist es am einfachsten zu sehen, wie dies funktioniert.

Betrachten wir das in Abbildung 8.1a schematisch dargestellte Ethylenmolekül ($H_2C{=}CH_2$). Jedes Kohlenstoffatom ist mit zwei Wasserstoffatomen verbunden und hat eine Doppelbindung mit dem anderen Kohlenstoffatom. Die beiden 2s-Elektronen hybridisieren mit einem der 2p-Elektronen und bilden so drei sp^2-Bindungen. Dies sind die σ-Bindungen, und sie sind so in einer Ebene angeordnet, dass sie einen Winkel von etwa $120°$ miteinander bilden. Das andere 2p-Elektron bildet ein π-Orbital, das aus dem $2p_z$-Atomorbital abgelei-

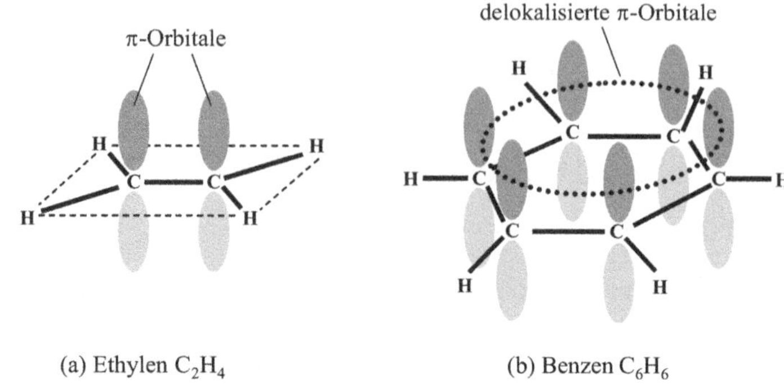

Abb. 8.1: (a) Das Ethylenmolekül (C_2H_4). Die Kohlenstoff- und Wasserstoffmoleküle liegen in einer Ebene, die durch die σ-Bindungen (dicke schwarze Linien) definiert ist. Die π-Orbitale liegen ober- und unterhalb dieser Ebene. (b) Das Benzenmolekül (C_6H_6). Die π-Elektronen bilden ein delokalisiertes Ringorbital ober- und unterhalb der Ebene des Hexagons, das durch die sechs Kohlenstoffatome definiert ist.

tet ist, wobei die hantelförmige Wellenfunktion oberhalb und unterhalb der Ebene liegt, die durch die Kerne der Kohlenstoff- und Wasserstoffatome definiert ist. Die Elektronen in diesen π-Orbitalen werden als **π-Elektronen** bezeichnet. Die Überlappung der π-Orbitale erzeugt die zweite Bindung zwischen den beiden Kohlenstoffatomen.

Betrachten wir nun das in Abbildung 8.1b gezeigte Benzen-Molekül (C_6H_6). Bei diesem handelt es sich ebenfalls um ein ebenes Molekül, wobei die sechs Kohlenstoffatome in Form eines Hexagons angeordnet sind. Jedes Kohlenstoffatom bildet σ-Bindungen mit einem Wasserstoffatom und seinen beiden Kohlenstoffnachbarn. Die π-Elektronen bilden bei diesem Molekül ein Ringorbital oberhalb und unterhalb der Ebene des Hexagons. Die chemische Struktur von Benzen wird üblicherweise als Hexagon mit alternierenden Doppel- und Einfachbindungen zwischen den Kohlenstoffatomen gezeichnet (siehe zum Beispiel Abbildung 8.12a). Tatsächlich jedoch sind die π-Elektronen gleichmäßig zwischen den beiden Bindungen eines jeden Kohlenstoffatoms aufgeteilt. Organische Moleküle, die wie Benzene alternierende Mehrfach- und Einfachbindungen haben, werden als **konjugiert** bezeichnet.

Die π-Elektronen in konjugierten Verbindungen sind in der Lage, sich in großen, delokalisierten Orbitalen auszubreiten. Beispielsweise erlaubt die Bildung des Ringorbitals in Benzen den π-Elektronen, sich viel weiter auszubreiten als die Elektronen in den σ-Bindungen. Die Anwendung der in Abschnitt 6.1 dargelegten Konzepte der Quantenbeschränkung führt zu der Vorhersage, dass die Verbreiterung der Wellenfunktionen des π-Elektrons zu einer Reduzierung der Energie führt. Dies ist tatsächlich der Fall, was sich darin zeigt, dass der niedrigste elektronische Übergang von Ethylen bei etwa 6,9 eV auftritt, während der entsprechende Übergang in Benzen bei 4,6 eV erfolgt. Für größere Moleküle mit mehr delokalisierten π-Elektronen können wir die Confinement-Energie noch weiter reduzieren und die Übergangsenergien nach unten in den sichtbaren Bereich drücken. Dies ist der Grund, weshalb die Übergänge der π-Elektronen in konjugierten Molekülen in diesem Kapitel im Mittelpunkt des Interesses stehen.

Der Benzenring ist ein Beispiel für ein **zyklisch konjugiertes Molekül.** Diese Bezeichnung leitet sich daraus ab, dass die Elektronenwellenfunktionen um den geschlossenen Ring periodische Randbedingungen haben müssen. Es gibt viele andere zyklisch konjugierte Moleküle, die gebildet werden können, und die optischen Eigenschaften einiger dieser Moleküle werden in Abschnitt 8.3.1 betrachtet. Es ist auch möglich, **linear konjugierte Moleküle** zu bilden, in denen die π-Elektronen entlang einer Kette anstatt zu einem Ring delokalisieren. Die konjugierten Polymere, die in Abschnitt 8.3.2 betrachtet werden, sind gute Beispiele für diesen Typ der Konjugation.

Festkörper, die auf konjugierten Molekülen basieren, werden durch Kondensation der neutralen organischen Verbindungen gebildet und durch van-der-Waals-Wechselwirkungen zusammengehalten. Diese Wechselwirkungen sind relativ schwach im Vergleich zu den intramolekularen Kräften, die aus den starken kovalenten Bindungen zwischen den Atomen resultieren. Dies zeigt sich exemplarisch an der niedrigen Schmelztemperatur organischer Festkörper und ihrer allgemein weichen Struktur. Wegen der relativ schwachen intermolekularen Bindung bleiben die elektronischen Zustände fest an die konstituierenden Moleküle gebunden. Daher werden wir uns vornehmlich mit **lokalisierten** elektronischen Zuständen beschäftigen, was von den in Kapitel 3 bis 7 betrachteten delokalisierten Zuständen abzugrenzen ist. Eine ähnliche Überlegung lässt sich auf Vibrationssmoden anwenden. Die wichtigsten Phononen in molekularen Festkörpern sind lokalisierte Moden der konstituierenden Moleküle. Bei diesen handelt es sich im Wesentlichen einfach um die Vibrationsmoden der konstituierenden Moleküle, wobei eventuell ihre Frequenzen in der kondensierten Phase leicht geändert sind.

Aus der Tatsache, dass die elektronischen Zustände und die Vibrationszustände die Tendenz zur Lokalisierung haben, können wir schlussfolgern, dass die optischen Eigenschaften der Festkörper denen der Moleküle ähneln, aus denen sie aufgebaut sind. In vielen Fällen bietet die feste Phase einfach eine komfortable Möglichkeit, große Moleküldichten in einem optoelektronischen Gerät zu erreichen, ohne dass es dabei zu grundsätzlich neuen physikalischen Eigenschaften kommt. Damit ist klar, dass wir zunächst die optischen Eigenschaften von isolierten Molekülen verstehen müssen, bevor wir uns dem Verhalten molekularer Festkörper zuwenden können. Der nächste Abschnitt bietet daher einen Überblick über die elektronischen Zustände und optischen Übergänge einfacher Moleküle.

Ein wichtiger Aspekt molekularer Spektren ist die starke Kopplung zwischen den elektronischen Zuständen und den Vibrationszuständen. Aufgrund dieser starken Kopplung haben die optischen Über-

Es ist gelungen, einzelne Kristalle einiger konjugierter organischer Materialien herzustellen, doch meistens sind die Proben amorph und wurden aus der Lösung als dünne Filme auf Glassubstraten präpariert. Es ist nicht sinnvoll, diese amorphen Materialien im Rahmen der traditionellen Festkörperphysik zu betrachten, da diese auf der Vorstellung periodischer kristalliner Strukturen basiert.

gänge **vibronischen** Charakter. Dies gilt gleichermaßen für isolierte Moleküle wie für die hier betrachteten Festkörper. Die grundlegenden Prinzipien der vibronischen Übergänge in einfachen isolierten Molekülen werden in den Abschnitten 8.2.2 bis 8.2.4 diskutiert. Damit haben wir eine gute Ausgangsbasis, um die Physik molekularer Festkörper zu verstehen. Darüber hinaus kann diese Betrachtung als Einstieg in die Behandlung anderer vibronischer Systeme dienen (siehe Kapitel 9).

8.2 Optische Spektren von Molekülen

Bei der Untersuchung der optischen Eigenschaften von Molekülen werden allgemein drei Spektralbereiche unterschieden:

- das Ferninfrarotspektrum: Wellenlänge $\lambda > 100\,\mu m$

- das Infrarotspektrum: $\lambda \sim 1 - 100\,\mu m$

- das sichtbare und ultraviolette Spektrum: $\lambda < 1\,\mu m$

Diese drei Spektralbereiche korrespondieren mit Übergängen zwischen den Rotations-, Vibrations- und elektronischen Zuständen des Moleküls. In diesem Kapitel beschäftigen wir uns nur mit den sichtbaren/ultravioletten Spektren, weshalb wir unsere Aufmerksamkeit auf elektronische Übergänge beschränken und dabei die Betonung auf konjugierte Moleküle legen.

8.2.1 Elektronische Zustände und Übergänge

Um die elektronischen Spektren von Molekülen zu verstehen, müssen wir uns zunächst mit der Terminologie der elektronischen Zustände und Übergänge befassen. Molekulare elektronische Zustände können ganz ähnlich wie im Falle von Atomen in der Reihenfolge zunehmender Energie angeordnet werden. Abbildung 8.2 zeigt ein Schema, wie dies für ein typisches konjugiertes Molekül aussehen kann. Die Elektronen füllen die molekularen Orbitale, bis sie alle untergebracht sind. Das höchste gefüllte Energieniveau wird als **HOMO**-Niveau bezeichnet (Abkürzung für engl. highest occupied molecular orbital). Im Falle eines konjugierten Moleküls ist dies das π-Orbital, da die Elektronen in den σ-Bindungen sehr fest gebunden sind. Das erste Energieniveau über dem HOMO-Zustand wird **LUMO**-Niveau genannt (Abkürzung für engl. lowest unoccupied molecular orbital). Dies ist eine angeregte Konfiguration der π-Orbitale, welche als π^*-Zustand bezeichnet wird. Der Übergang niedrigster Energie geht also mit der Anhebung eines π-Elektrons in einen π^*-Zustand einher und wird deshalb mit $\pi \to \pi^*$ bezeichnet. Übergänge, an denen die σ-Zustände beteiligt sind, treten bei viel höheren

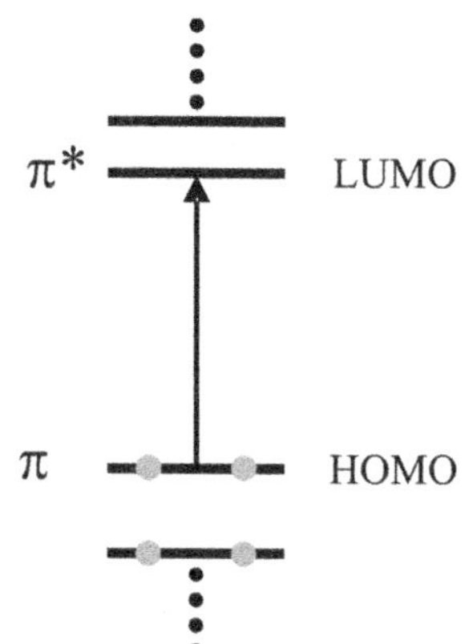

Abb. 8.2: Schematisches Energieniveaudiagramm für ein konjugiertes Molekül. Der niedrigste Energieübergang findet zwischen dem HOMO- und dem LUMO-Zustand statt. Dies ist ein $(\pi \to \pi^*)$-Übergang.

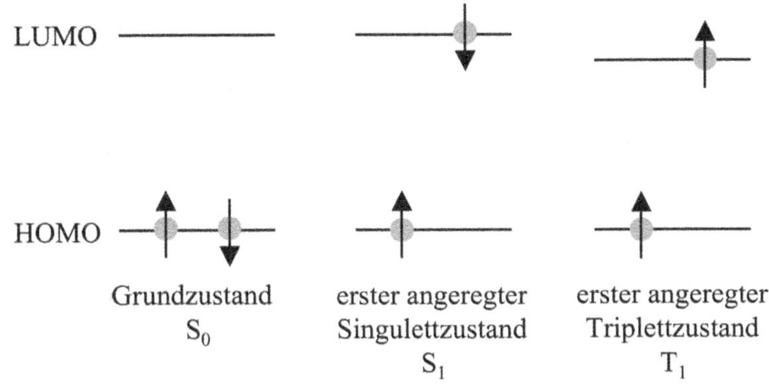

Abb. 8.3: Die ungepaarten Elektronen eines angeregten Moleküls können entweder parallele oder antiparallele Spins haben. Die Zustände mit antiparallelen Spins haben die Spinquantenzahl $S = 0$ und werden gemäß ihrem Entartungsgrad als Singuletts bezeichnet. Zustände mit parallelen Spins haben die Spinquantenzahl $S = 1$ und heißen Tripletts. Der Grundzustand ist immer ein Singulett.

Energien auf, da ein sehr hoher Energiebetrag erforderlich ist, um eine σ-Bindung aufzubrechen.

Die Elektronen im Grundzustand eines Moleküls treten alle paarweise in Bindungen auf, wobei die Spins jeweils antiparallel sind. Das bedeutet, dass das Grundzustands-HOMO-Niveau eine Spinquantenzahl S gleich null hat. Für die angeregten Zustände dagegen gilt entweder $S = 0$ oder $S = 1$, weil der Anregungsprozess ein ungepaartes Elektron in den angeregten Zustand versetzt und ein ungepaartes Elektron im HOMO-Zustand belässt. Gemäß den Additionsregeln von Drehimpulsen können sich die beiden Spin-1/2-Elektronen so kombinieren, dass der Gesamtspin entweder 0 oder 1 ist (siehe Anhang C). Dies ist in Abbildung 8.3 illustriert. Der **Entartungsgrad** des Spins ist gleich $(2S + 1)$, da es $(2S + 1)$ entartete M_S-Niveaus gibt. Deshalb nennt man die ($S{=}0$)-Zustände **Singuletts** und die ($S{=}1$)-Zustände **Tripletts**. Tripletts haben tendenziell niedrigere Energien als die entsprechenden Singuletts.

Die Unterteilung der elektronischen Niveaus in Singulett- und Triplettzustände hat weitreichende Konsequenzen für die optischen Spektren. Jedes Molekül hat zusätzlich zum Grundzustand S_0 eine Reihe von angeregten Singulettzuständen, die mit S_1, S_2, S_3, ...bezeichnet werden. Außerdem gibt es eine entsprechende Reihe von Triplettzuständen T_1, T_2, T_3, ... Da Photonen keinen Spin tragen, können sie nur Übergänge zwischen elektronischen Zuständen des gleichen Spins anregen. Aus diesem Grund sind Übergänge aus dem Grundzustand S_0 in den angeregten Triplettzustand nicht erlaubt. Die maßgebliche optische Absorptionskante entspricht somit dem Singulett-Singulett-Übergang $S_0 \rightarrow S_1$. Entsprechend ist das Emissionsspektrum durch den ($S_1 \rightarrow S_0$)-Übergang dominiert.

Die angeregten Singulettzustände haben wegen der dipolerlaubten Übergänge in den S_0-Grundzustand kurze Lebensdauern von 1 bis 10 ns. Der tiefste Triplettzustand hingegen hat wegen der geringen

Man könnte erwarten, dass die Wahrscheinlichkeit für Triplett-Singulett-Übergänge wegen der Spinauswahlregel exakt null ist. Die Spin-Bahn-Kopplung kann jedoch einen gewissen Singulettcharakter in die Triplettzustände mischen, woraus eine kleine Wahrscheinlichkeit für die Übergänge resultiert.

Wahrscheinlichkeit für den $(T_1 \rightarrow S_0)$-Übergang eine lange radiative Lebensdauer. Die unterschiedlichen Zeitskalen für Singulett-Singulett-Übergänge einerseits und Singulett-Triplett-Übergänge andererseits lassen sich gut unterscheiden, wenn man die Emissionsprozesse als **Fluoreszenz** bzw. **Phosphoreszenz** beschreibt. Wie in Anhang B.3 näher erläutert wird, basiert diese Unterscheidung darauf, ob die Emission schnell oder langsam erfolgt. Die Trennlinie liegt in Molekülen bei etwa 10^{-7} bis 10^{-8} s. Eine schematische Darstellung der beiden unterschiedlichen Emissionsprozesse sehen Sie in Abbildung 8.12b.

8.2.2 Vibronische Kopplung

Wenn ein Molekül einen elektronischen Übergang ausführt, kann es dabei auch seinen Vibrationszustand ändern. Dies führt auf das Konzept der **vibronischen** Übergänge (zusammengesetzt aus *Vi*brationsübergang und elektr*onische*r Übergang). Die physikalischen Prinzipien der vibronischen Übergänge lassen sich anhand von Abbildung 8.4 erklären. Das Schema zeigt Absorptions- und Emissionsübergänge zwischen zwei elektronischen Zuständen eines Moleküls mit den Energien E_1 und E_2. Der Einfachheit halber nehmen wir an, dass der untere Zustand der S_0-Grundzustand ist und der obere ein angeregter Singulettzustand mit elektrisch dipolerlaubten Übergängen aus S_0.

Isolierte Moleküle können natürlich während eines elektronischen Übergangs ihren Rotationszustand ändern. Die Rotationsenergien sind jedoch so klein, dass dies nicht relevant ist.

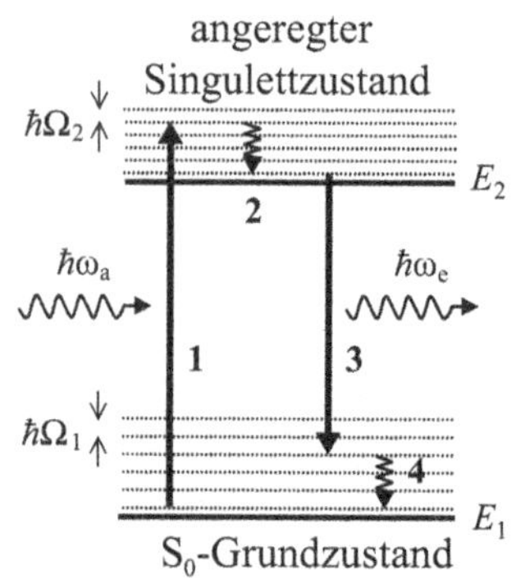

Abb. 8.4: Vibronische Übergänge im Molekül. Die markierten Prozesse sind die Absorption (1), die nichtradiative Relaxation (2), die Emission (3) und die nichtradiative Relaxation (4).

Die Atome in einem Molekül können um ihre Bindungen vibrieren, wodurch das Molekül zusätzlich zu seiner elektronischen Energie eine Vibrationsenergie erhält. Wir müssen daher, wie in Abbildung 8.4 dargestellt, jedem elektronischen Niveau eine Serie von Vibrationsniveaus zuordnen. Aus der Quantenmechanik wissen wir, dass die Energie einer Vibration der Kreisfrequenz Ω gleich $(n + 1/2)\hbar\Omega$ ist, wobei n die Anzahl der angeregten Quanten ist. Wenn n_1 Quanten der Frequenz Ω_1 angeregt sind, ist die Energie des Moleküls im Grundzustand also gegeben durch

$$E = E_1 + (n_1 + 1/2)\hbar\Omega_1 \tag{8.1}$$

Entsprechend ist die Energie des Moleküls im angeregten elektronischen Zustands mit n_2 angeregten Quanten der Frequenz Ω_2 gegeben durch

$$E = E_2 + (n_2 + 1/2)\hbar\Omega_2 \tag{8.2}$$

Die Indizes von Ω lassen die Möglichkeit zu, dass die Vibrationsfrequenzen der beiden elektronischen Frequenzen unterschiedlich sind.

Wir betrachten einen optischen Übergang, bei dem ein Elektron unter Absorption eines Photons aus dem Grundzustand in den angeregten Zustand übergeht. Dies ist der mit (1) gekennzeichnete Prozess in Abbildung 8.4. Wir nehmen an, dass sich das Molekül anfangs im niedrigsten Vibrationsniveau des Grundzustands befindet. Diese Annahme ist gerechtfertigt, da die Energien der Vibrationsquanten typischerweise von der Größenordnung 0,1 eV sind, sodass es bei Raumtemperatur ($k_{\mathrm{B}}T \sim 0{,}025$ eV) nur sehr wenige angeregte Quanten gibt (siehe zum Beispiel Aufgabe 8.3). Wenn wir den Energieerhaltungssatz auf den Übergang mit $n_1 = 0$ anwenden, erhalten wir

$$\begin{aligned}
\hbar\omega_{\mathrm{a}} &= (E_2 + (n_2 + 1/2)\hbar\Omega_2) - (E_1 + \hbar\Omega_1/2) \\
&= \hbar\omega_0 + n_2\hbar\Omega_2
\end{aligned} \tag{8.3}$$

Dabei ist ω_{a} die Kreisfrequenz des absorbierten Photons und es gilt

$$\hbar\omega_0 = E_2 - E_1 + \tfrac{1}{2}\hbar(\Omega_2 - \Omega_1) \tag{8.4}$$

Dieser vibronische Prozess bewirkt, dass das Elektron in den angeregten elektronischen Zustand hüpft, wobei ein Vibrationsquant erzeugt wird. Da n_2 nur ganzzahlige Werte annehmen kann, besteht das Absorptionsspektrum im Prinzip aus einer Serie von diskreten Linien, die durch (8.3) gegeben sind. In der Praxis sind diese diskreten Linien oft zu einem Kontinuum verbreitert. (Siehe hierzu die Diskussion der experimentellen Daten in Abschnitt 8.2.5.)

Der Absorptionsübergang hinterlässt das Molekül im angeregten Zustand und mit einer sehr hohen Vibrationsenergie. Diese überschüssige Vibrationsenergie geht durch nichtstrahlende Relaxationsprozesse rasch verloren, was in Abbildung 8.4 durch die geschlängelte Linie (2) markiert ist. Der Relaxationsprozess verteilt die Vibrationsenergie des individuellen angeregten Moleküls auf den Rest des Systems. (Siehe hierzu auch die Diskussion in Unterabschnitt 8.2.4.) Letztendlich wird die überschüssige Vibrationsenergie in Wärme umgewandelt.

Nachdem das Molekül einmal zum Boden des angeregten Zustands relaxiert ist, kehrt es in den Grundzustand zurück, indem es ein Photon der Energie $\hbar\omega_{\mathrm{e}}$ emittiert. Dies ist in Abbildung 8.4 der mit 3 gekennzeichnete Prozess. Das Molekül ist nun in einem angeregten Vibrationsniveau des Grundzustands. Die Frequenz des Photons ist

$$\begin{aligned}
\hbar\omega_{\mathrm{e}} &= (E_2 + \hbar\Omega_1/2) - (E_1 + (n_1 + 1/2)\hbar\Omega_1) \\
&= \hbar\omega_0 + n_1\hbar\Omega_1
\end{aligned} \tag{8.5}$$

Das Emissionsspektrum besteht also aus einer Serie von vibronischen Linien mit den durch (8.5) gegebenen Frequenzen. Schließlich kehrt das Molekül in das ($n_1{=}0$)-Niveau des Grundzustands

Es kommt häufig vor, dass die Vibrationsfrequenzen von oberem und unterem Zustand ähnlich sind, sodass es plausibel ist, $\Omega_2 = \Omega_1$ anzunehmen. Dann bezeichnen wir die gemeinsame Vibrationsfrequenz einfach mit Ω.

zurück, indem es die überschüssigen Vibrationsquanten in weiteren nichtstrahlenden Relaxationsprozessen verliert. Dies ist Schritt 4 in Abbildung 8.4.

Wenn wir (8.3) und (8.5) vergleichen, dann sehen wir, dass die Absorption bei einer höheren Energie auftritt als die Emission. Ausnahmen bilden jene Fälle, bei denen während der elektronischen Übergänge keine Vibrationsquanten angeregt werden. Dies ist ein sehr verbreitetes Phänomen und stellt einen Unterschied zu den atomaren Übergängen dar, bei denen die Absorptions- und Emissionsfrequenzen zusammenfallen. Die Energiedifferenz zwischen Absorptions- und Emissionsspektrum wird als **Stokes-Shift** bezeichnet.

8.2.3 Molekulare Konfigurationsdiagramme

Um die vibronischen Spektren von Molekülen genauer zu verstehen, werden oft **Konfigurationsdiagramme** benutzt. In diesen Diagrammen ist die elektronische Energie eines Moleküls als Funktion der **Konfigurationskoordinaten** dargestellt. Um zu verstehen, wie diese Diagramme zu interpretieren sind, betrachten wir zunächst den einfachsten Typ eines Moleküls, also ein zweiatomiges. In diesem gibt es nur eine Vibrationsmode, nämlich die Dehnung der Bindung zwischen den beiden Atomen. Die Vibrationskonfiguration des Moleküls kann daher unmittelbar physikalisch interpretiert werden als der Abstand zwischen den Kernen.

Die Gültigkeit der Born-Oppenheimer-Näherung wird experimentell durch die Tatsache demonstriert, dass die Vibrationen des Moleküls (hervorgerufen durch Auslenkungen der Kerne aus ihren Gleichgewichtslagen) bei Frequenzen im infraroten Spektralbereich ($\sim 10^{13}$ Hz) auftreten, die elektronischen Übergänge hingegen im sichtbaren und ultravioletten Spektralbereich (10^{14}–10^{15} Hz).

Die elektronische Energie eines zweiatomigen Moleküls wird gewöhnlich mithilfe der **Born-Oppenheimer-Näherung** berechnet. Diese beinhaltet die Annahme, dass die Bewegungen von Kern und Elektronen unabhängig voneinander sind, und dies wiederum bedeutet, dass wir die elektronische Energie als Funktion des Abstands zwischen den Kernen darstellen können. Die Näherung ist gerechtfertigt, da die Kerne viel schwerer sind als die Elektronen und sich daher auf einer viel langsameren Zeitskala bewegen.

Abbildung 8.5 zeigt ein Konfigurationsdiagramm für ein typisches zweiatomiges Molekül. Dargestellt ist die Energie des Grundzustands sowie eines angeregten Zustands als Funktion des Abstands r zwischen den beiden Kernen. Wenn die Zustände gebunden sind, muss es für irgendeinen Wert von r ein Energieminimum geben. Die Lage des Minimums im Grundzustand ist mit r_1 gekennzeichnet und entspricht dem Gleichgewichtsabstand der Kerne im nicht angeregten Molekül. Das Minimum r_2 ist der mittlere Abstand der Kerne, wenn sich das Molekül im angeregten elektronischen Zustand befindet. Im Allgemeinen sind r_1 und r_2 nicht gleich.

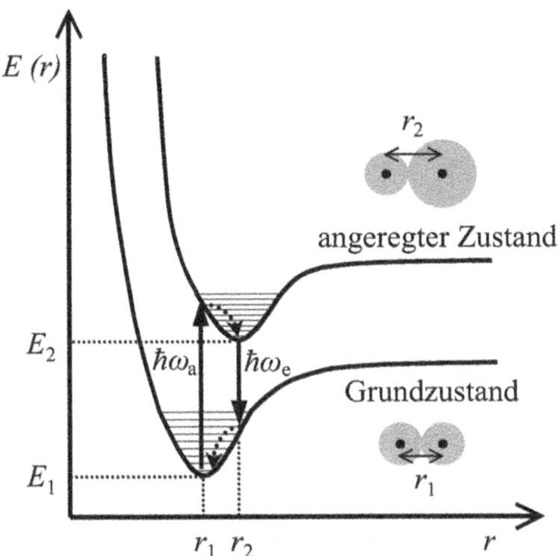

Abb. 8.5: Energieniveauschema für den Grundzustand und einen angeregten Zustand eines einfachen zweiatomigen Moleküls, dargestellt als Funktion des Abstands r zwischen den beiden Kernen. Eingezeichnet sind vibronische Absorptions- und Emissionsübergänge bei den Energien $\hbar\omega_a$ und $\hbar\omega_e$. Die „Hantel"-Diagramme des Moleküls mit dem vergrößerten Radius von einem der Atome im angeregten Zustand illustrieren die Tatsache, dass die Gleichgewichtsabstände des Kerns in den beiden elektronischen Zuständen verschieden sind.

Um zu verstehen, warum die Minima an unterschiedlichen Stellen liegen, betrachten wir das Verhalten des einfachsten zweiatomigen Moleküls, also Wasserstoff. Schauen wir uns zunächst den Grundzustand des H_2-Moleküls an. Für $r = \infty$ sind die Atome unabhängig voneinander, und die Grundzustandsenergie ist die der beiden separaten Wasserstoffatome, die jeweils im Niveau 1s sind. Für kleiner werdendes r muss die Gesamtenergie des Systems aufgrund der Kohäsionsenergie der kovalenten H–H-Bindung abnehmen. Wenn r allerdings zu klein wird, steigt die Energie aufgrund der Elektron-Elektron- und der Proton-Proton-Abstoßung wieder an. Demzufolge muss die Energie für einen bestimmten Wert von r ein Minimum durchlaufen (dies ist r_1) und dann für noch kleinere r stark ansteigen. Für das H_2-Molekül ist $r_1 = 0{,}074\,\text{nm}$, was dem Gleichgewichtsabstand der Kerne im Grundzustand entspricht.

Betrachten wir nun die Energie des ersten optisch erreichbaren angeregten Zustands des H_2-Moleküls. Bei $r = \infty$ entspricht dies der Situation, dass sich ein Atom im 1s-Niveau befindet und das andere im 2p-Niveau. Die Energie des Systems nimmt zunächst aufgrund der anziehenden Kräfte zwischen den Atomen ab. Dann durchläuft sie ein weiteres, in Abbildung 8.5 mit r_2 bezeichnetes Minimum, während die abstoßenden Kräfte für kleine r signifikant werden. Im Allgemeinen ist r_2 nicht gleich r_1, da sich die minimale Energie einstellt, wenn die Anziehungskräfte zwischen dem Elektron des einen Atoms und dem Proton des anderen maximal werden, während die Summe aus der Proton-Proton- und der Elektron-Elektron-Abstoßung minimal wird. Dieser Prozess hängt offensichtlich von der Überlappung der elektronischen Wellenfunktionen ab, die für die Orbitale des $1s^2$-Grundzustands und die des angeregten 1s 2p-Zustands unterschiedlich sind. Im Falle von H_2 liegt das Energieminimum für den 1s 2p-Zustand bei $r_2 = 0{,}13\,\text{nm}$, was wesentlich größer ist als r_1.

Optische Übergänge aus dem $1s^2$-Grundzustand in den angeregten 1s 2p-Zustand von H_2 treten bei 11,3 eV auf, was etwas größer ist als die Lyman-α-Linie in atomarem Wasserstoff (siehe Aufgabe 8.4).

Für den Unterschied zwischen r_1 und r_2 gibt es eine recht einfache Interpretation, wenn man die schematischen Darstellungen des Moleküls in Abbildung 8.5 verwendet. Der Gleichgewichtsabstand der Kerne ist in grober Näherung durch den Punkt festgelegt, in dem die atomaren Orbitale sich zu berühren und aneinander zu binden beginnen. Im Grundzustand haben beide Atome den gleichen Radius, doch im angeregten Zustand ist einer von beiden größer. Daher ist es offensichtlich, dass r_2 größer ist als r_1.

Die Abhängigkeit der Elektronenenergie von den in Abbildung 8.5 gezeigten Ortskoordinaten ist typisch für viele Moleküle und kann als Grundlage für die Behandlung der Vibrationsmoden benutzt werden. Die Vibrationsbewegung des Moleküls ist durch die Form der $E(r)$-Kurve bestimmt. Die genaue funktionale Form von $E(r)$ ist zwar kompliziert, doch man kann zeigen, dass die Kurve für kleine Verschiebungen vom Minimum immer durch eine Parabel genähert werden kann (siehe zum Beispiel Aufgabe 8.5). In der Nähe des Minimums können wir daher schreiben

$$E(x) = E_{\min} + \tfrac{1}{2}\mu\Omega^2 x^2 \tag{8.6}$$

wobei μ die reduzierte Masse des Moleküls und x die Verschiebung aus der Gleichgewichtslage ist. Für den Grundzustand gilt $x = r - r_1$, für den angeregten dagegen $x = r - r_2$. Gleichung (8.6) beschreibt einen einfachen harmonischen Oszillator der Frequenz Ω. Die quantisierten Vibrationen um die Gleichgewichtslage sind mit einer Serie von äquidistanten Energieniveaus verbunden. Dabei sind die elektronischen Zustände in Abbildung 8.5 gezeigt. Der Abstand zwischen den Vibrationsniveaus ist für jeden elektronischen Zustand anders, da der Wert von Ω von der Krümmung der $E(r)$-Kurve abhängt (siehe Aufgabe 8.5), was von Zustand zu Zustand variiert.

8.2.4   Das Franck-Condon-Prinzip

Die optischen Übergänge zwischen den gekoppelten vibronischen Niveaus eines Moleküls können auf der Basis des **Franck-Condon-Prinzips** erklärt werden. Das Franck-Condon-Prinzip ist, wie auch die Born-Oppenheimer-Näherung, eine Konsequenz aus der Tatsache, dass Elektronen viel leichter sind als Kerne.

Was passiert, wenn Photonen gemäß dem Franck-Condon-Prinzip absorbiert und reemittiert werden, ist in Abbildung 8.6 schematisch dargestellt. Das Molekül startet mit einem mittleren Kernabstand von r_1 im Grundzustand. Die Absorption des Photons hebt ein Elektron in einen angeregten Zustand ohne r zu ändern. Der Übergang hinterlässt das Molekül also im angeregten Zustand, wobei der mittlere Kernabstand weiterhin r_1 ist und nicht der Gleichgewichtsabstand r_2. Bevor ein Photon reemittiert wird, relaxiert der Kernabstand schnell nach r_2. Nach der Emission des Photons verbleibt das

Photon im Grundzustand mit einem mittleren Kernabstand von r_2. Es treten weitere schnelle Relaxationsprozesse auf, wodurch der Zyklus geschlossen wird und das Molekül in seinen Gleichgewichtsabstand im Grundzustand zurückkehrt. Diese vier Schritte entsprechen den vier Prozessen, die in dem vereinfachten Energieniveauschema von Abbildung 8.4 dargestellt sind.

Die „schnelle Relaxation", welche die optischen Übergänge begleitet, bedarf einer gewissen Erklärung. Wenn wir uns die Kernschwingungen analog zu den Schwingungen einer Feder vorstellen, dann sehen wir, dass der Übergang die molekulare Feder bei $t = 0$ in einem zusammengedrückten oder auseinandergedehnten Zustand hinterlässt. Wir wissen, dass die Feder unter diesen Umständen für $t > 0$ unweigerlich mit ihrer Eigenfrequenz zu schwingen beginnt. Dies ist äquivalent damit, die Schwingung einer speziellen Vibrationsmode in einem bestimmten Molekül anzuregen. Das Molekül kann allerdings weitere Vibrationsmoden haben, und ebenso kann es mit anderen Molekülen in seiner Umgebung wechselwirken. Die Relaxation der während des Übergangs erzeugten Vibrationsenergie ist also mit der Ausbreitung der lokalisierten Vibrationsenergie einer bestimmten Mode auf die anderen Moden des Moleküls und auf andere Moleküle verbunden. Dies ist eine eher formale Art zu sagen, dass die überschüssige Energie als Wärme endet. Die Vibrationsrelaxation erfolgt in einem Festkörper typischerweise in weniger als 1 ps und ist somit wesentlich schneller als das Reemittieren eines Photons ($\sim 1\,\mathrm{ns}$).

Das Franck-Condon-Prinzip impliziert, dass die optischen Übergänge in Konfigurationsdiagrammen durch vertikale Pfeile dargestellt werden (siehe Abbildung 8.5). Die Absorption eines Photons versetzt das Molekül in einen angeregten Vibrationszustand sowie in einen angeregten elektronischen Zustand. Die überschüssige Energie geht sehr schnell durch nichtstrahlende Relaxationsprozesse verloren, was durch die gepunkteten Linien in Abbildung 8.5 angedeutet ist. Die Frequenzen der absorbierten und emittierten Photonen sind durch (8.3) und (8.5) gegeben. Sie beschreiben eine Serie von scharfen Linien mit gleichen Energieabständen.

In komplizierteren Molekülen mit vielen Freiheitsgraden wird die Vibrationsbewegung mithilfe der Normalmoden des gekoppelten Systems beschrieben. Diese Vibrationsmoden werden gewöhnlich durch eine verallgemeinerte Koordinate Q dargestellt, die die Dimension einer Länge hat. Die Born-Oppenheimer-Näherung erlaubt es uns, ein Konfigurationsdiagramm zu erstellen, in dem die elektronische Energie als Funktion von Q aufgetragen ist. Abbildung 8.7 zeigt ein Beispiel für ein solches Konfigurationsdiagramm. Im Allgemeinen haben der Grundzustand und der angeregte Zustand näherungsweise parabolische Minima bei unterschiedlichen Werten der

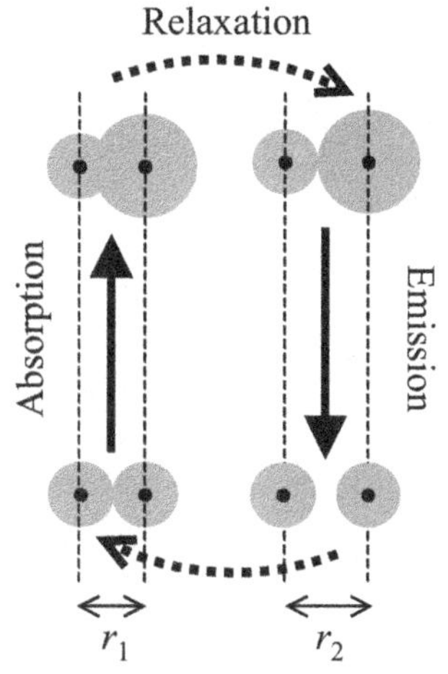

Abb. 8.6: Schematische Darstellung der Prozesse, die während der Absorption und Emission von Photonen durch vibronische Übergänge in einem Molekül auftreten. r_1 und r_2 sind die Gleichgewichtsabstände des Kerns im Grundzustand bzw. im angeregten Zustand. Eines der Atome hat im angeregten Molekül einen größeren Radius, da das Atom selbst in einem angeregten Zustand ist.

Konfigurationskoordinate. Die optischen Übergänge sind, wie durch das Franck-Condon-Prinzip festgelegt, durch vertikale Pfeile gekennzeichnet. Die Absorptions- und Emissionsspektren bestehen aus einer Serie von Linien mit Frequenzen, die durch (8.3) und (8.5) gegeben sind (siehe rechte Seite der Abbildung).

Die relativen Intensitäten der verschiedenen vibronischen Übergänge können mit der Franck-Condon-Näherung berechnet werden. Das Matrixelement für einen elektrischen Dipolübergang von einem Anfangszustand Ψ_1 in einen Endzustand Ψ_2 ist gegeben durch

$$M_{12} = \langle 2| - e\mathbf{r} \cdot \boldsymbol{\mathcal{E}}_0 |1\rangle \equiv -e \int d\xi_1 \ldots \int d\xi_N \, \Psi_2^* \mathbf{r} \cdot \Psi_1 \qquad (8.7)$$

Dabei ist $\mathbf{r}$ der Ortsvektor des Elektrons, $\boldsymbol{\mathcal{E}}$ das elektrische Feld der Lichtwelle und $\xi_1, \ldots, \xi_N$ sind die Koordinaten für alle relevanten internen Freiheitsgrade des Moleküls. Für die hier betrachteten gekoppelten vibronischen Zustände ist die Gesamtwellenfunktion das Produkt aus einer elektronischen Wellenfunktion, die nur von der Koordinate $\mathbf{r}$ des Elektrons abhängt, und einer Vibrationswellenfunktion, die nur von der Konfigurationskoordinate Q abhängt. Wir schreiben daher die vibronische Wellenfunktion für einen elektronischen Zustand i und ein Vibrationsniveau n in der Form

$$\Psi_{i,n}(\mathbf{r}, Q) = \psi_i(\mathbf{r}) \, \varphi_n(Q - Q_0) \qquad (8.8)$$

Die Vibrationswellenfunktion $\varphi_n(Q - Q_0)$ entspricht der Wellenfunktion eines einfachen harmonischen Oszillators, der um Q_0, die Gleichgewichtskonfiguration des i-ten elektronischen Zustands, zentriert ist. Im Allgemeinen müssen wir davon ausgehen, dass die Gleichgewichtslagen für unterschiedliche elektronische Zustände nicht gleich sind. Wir bezeichnen daher die Gleichgewichtslagen von Grundzustand und angeregtem Zustand mit Q_0 und Q_0' (siehe Abbildung 8.7). Der Unterschied zwischen Q_0 und Q_0' kann durch den **Huang-Rhys-Parameter** S quantifiziert werden, der als

$$S = \frac{\frac{1}{2}\mu\Omega^2 (Q_0' - Q_0)^2}{\hbar\Omega} = \frac{(Q_0' - Q_0)^2}{2(\hbar/\mu\Omega)} \qquad (8.9)$$

definiert ist. Dabei ist μ die Masse des Vibrationsoszillators und Ω die Kreisfrequenz. Beachten Sie, dass $\hbar/\mu\Omega$ das quadratische Mittel der Amplitude für die Nullpunktsbewegung des Oszillators ist.

Betrachten wir nun einen vibronischen Übergang, bei dem die Vibrationsquantenzahlen von Anfangs- und Endzustand n_1 und n_2 sind. Durch Einsetzen der vibronischen Wellenfunktionen gemäß (8.8) in das durch (8.7) gegebene Matrixelement erhalten wir

$$M_{12} \propto \iint \psi_2^*(\mathbf{r})\varphi_{n_2}^*(Q - Q_0')x\psi_1(\mathbf{r})\varphi_{n_1}(Q - Q_0) \, d^3\mathbf{r} \, dQ \qquad (8.10)$$

Bei einem elektronischen Übergang ist der in M_{12} auftretende Ortsvektor die Koordinate des Elektrons, da wir hier speziell die Wechselwirkung mit dem Dipolmoment des Elektrons betrachten. Das Licht wird natürlich auch mit dem Dipolmoment des Kerns wechselwirken, doch diese Übergänge treten bei viel kleineren Frequenzen auf und können bei der Franck-Condon-Näherung vernachlässigt werden.

Der Huang-Rhys-Parameter für einen speziellen Übergang wird gewöhnlich durch eine Analyse der Form der vibronischen Spektren bestimmt. Siehe zum Beispiel Aufgabe 8.6.

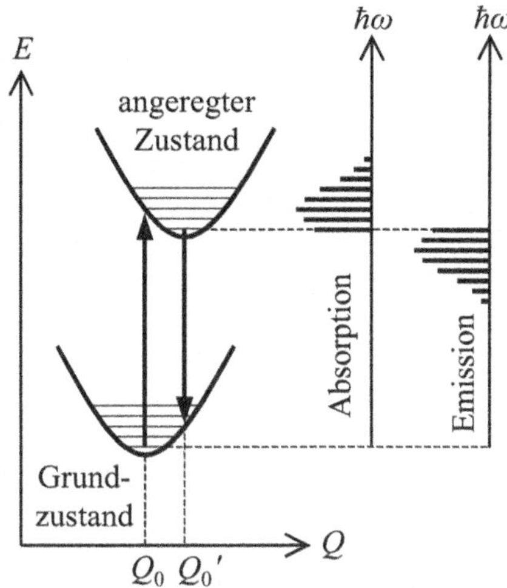

Abb. 8.7: Konfigurationsdiagramm für zwei elektronische Zustände in einem Molekül. Vibronische Übergänge sind durch vertikale Pfeile gekennzeichnet. Rechts eine schematische Darstellung des Absorptions- und des Emissionsspektrums. Die Wahrscheinlichkeitsamplituden für die relevanten Vibrationsniveaus des Absorptionsübergangs sind in Abbildung 8.8 dargestellt.

Dabei haben wir angenommen, dass das Licht in Richtung der x-Achse polarisiert ist. Das Matrixelement kann in zwei Teile separiert werden:

$$M_{12} \propto \int \psi_2^*(\mathbf{r}) x \psi_1(\mathbf{r})\, d\mathbf{r} \times \int \varphi_{n_2}^*(Q - Q_0')\varphi_{n_1}(Q - Q_0)\, dQ \quad (8.11)$$

Der erste Faktor ist das elektronische Dipolmoment für den elektronischen Übergang, von dem wir annehmen, dass es von null verschieden ist. Der zweite ist die Überlappung von initialer und finaler Vibrationswellenfunktion. Aus Fermis goldener Regel (B.14) wissen wir, dass die Übergangsrate proportional zum Quadrat des Matrixelements ist. Folglich ist die Intensität I des vibronischen Übergangs gegeben durch

$$I \propto |\langle n_2, Q_0' | n_1, Q_0 \rangle|^2 \equiv \left| \int_0^\infty \varphi_{n_2}^*(Q - Q_0')\varphi_{n_1}(Q - Q_0)\, dQ \right|^2 \quad (8.12)$$

Das hierbei auftretende Vibrations-Überlappungsintegral wird **Franck-Condon-Faktor** genannt.

Um zu sehen, wie sich der Franck-Condon-Faktor in der Praxis auswirkt, müssen wir die Wahrscheinlichkeitsdichten (also die Quadrate der Wellenfunktionen) für die an dem Übergang beteiligten Vibrationsniveaus betrachten. Bei dem in Abbildung 8.7 gezeigten Absorptionsübergang startet das Molekül im Niveau $n_1 = 0$ des Grundzustands, das seine Gleichgewichtslage bei Q_0 hat, und endet im n_2-ten Niveau des angeregten Zustands, der um Q_0' zentriert ist. Die relevanten Wellenfunktionen sind in Abbildung 8.8 dargestellt. Wie wir sehen, gibt es für verschiedene Übergänge eine gute Überlappung,

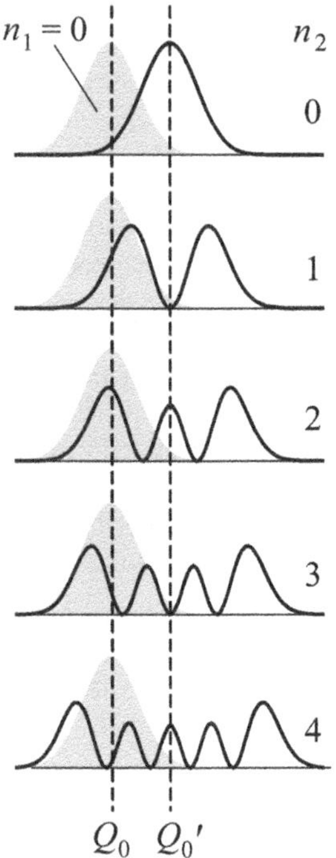

Abb. 8.8: Wahrscheinlichkeitsdichten für die Vibrationsniveaus, die an dem in Abbildung 8.7 gezeigten Absorptionsübergang beteiligt sind. Die initiale Wellenfunktion ist jeweils schattiert dargestellt. Das Molekül startet in dem $(n_1=0)$-Niveau des angeregten Zustands und endet im n_2-ten Niveau des angeregten Zustands. Q_0 und Q_0' sind die Gleichgewichtslagen für den Grundzustand bzw. die angeregten Zustände.

wobei der Franck-Condon-Faktor für $n_2 \sim 2$ am größten ist. Daher erwarten wir, dass die Intensität für das $(n_2=2)$-Niveau am größten ist, wie es in dem schematischen Absorptionsspektrum in Abbildung 8.7 dargestellt ist. Da Wellenfunktionen des harmonischen Oszillators mit großen n in der Nähe der klassischen Umkehrpunkte an den Rändern des Potentialtopfes ihr Maximum haben, können wir näherungsweise annehmen, dass der Franck-Condon-Faktor für diejenigen Niveaus am größten ist, deren klassische Potentialwand nahe bei Q_0 liegt.

Das umgekehrte Argument kann für Emissionsübergänge angewendet werden. Dies führt auf das schematische Absorptionsspektrum, das im rechten Teil von Abbildung 8.7 gezeigt ist. In dem einfachen Modell erwarten wir, dass das Emissionsspektrum das Absorptionsspektrum „spiegelt", wenn es um die zentrale Frequenz $\hbar\omega_0$ invertiert wird. Diese Eigenschaft wird **Spiegelsymmetrieregel** genannt.

8.2.5   Experimentelle Spektren

Die elektronischen Übergänge für sehr kleine Moleküle treten gewöhnlich im ultravioletten Spektralbereich auf. Abbildung 8.9 zeigt das Absorptionsspektrum von Ammoniak (NH_3). Ammoniak ist bei Raumtemperatur ein farbloses Gas mit einer Absorptionskante bei $5{,}7\,\mathrm{eV}$ ($217\,\mathrm{nm}$). Für Photonenergien über $5{,}7\,\mathrm{eV}$ beobachtet man eine Reihe diskreter Linien, die das allgemeine Verhalten aufweisen, das schematisch in Abbildung 8.7 dargestellt ist. Der Linienabstand entspricht der Vibrationsmode des Moleküls, die die Krümmung aus der Ebene heraus beschreibt und eine quantisierte Energie von etwa $0{,}114\,\mathrm{eV}$ hat. Bei etwa $n_2 \sim 6$ erreichen die Sequenzen ein Maximum. Einen erneuten Anstieg vibronischer Übergänge zeigen die Daten zwischen $7{,}3\,\mathrm{eV}$ und $8{,}6\,\mathrm{eV}$. Dies ist auf elektronische Übergänge in höhere angeregte Singulettzustände des Moleküls zurückzuführen. Offensichtlich zeigen die Daten eine sehr gute Übereinstimmung mit den allgemeinen Vorhersagen des Konfigurationsdiagramms, wenngleich die genaue Interpretation wegen der Überlappung der verschiedenen vibronischen Bänder recht kompliziert sein kann.

Abbildung 8.10 zeigt das Absorptions- und das Emissionsspektrum des Laserfarbstoffs Pyrromethen 567 in Benzenlösung. Pyrromethen 567 ist ein großes organisches Molekül mit starken elektronischen Übergängen im sichtbaren Spektralbereich. Dass die Übergangsenergie im Vergleich zu Ammoniak (in erster Näherung) kleiner ist, folgt aus der Tatsache, dass das Molekül größer und folglich die Quantenbeschränkung der Elektronen kleiner ist. Die Stokes-Shift der Emission ist aus den Daten klar ersichtlich, ebenso die Spiegelsymmetrie zwischen Absorptions- und Emissionsspektren.

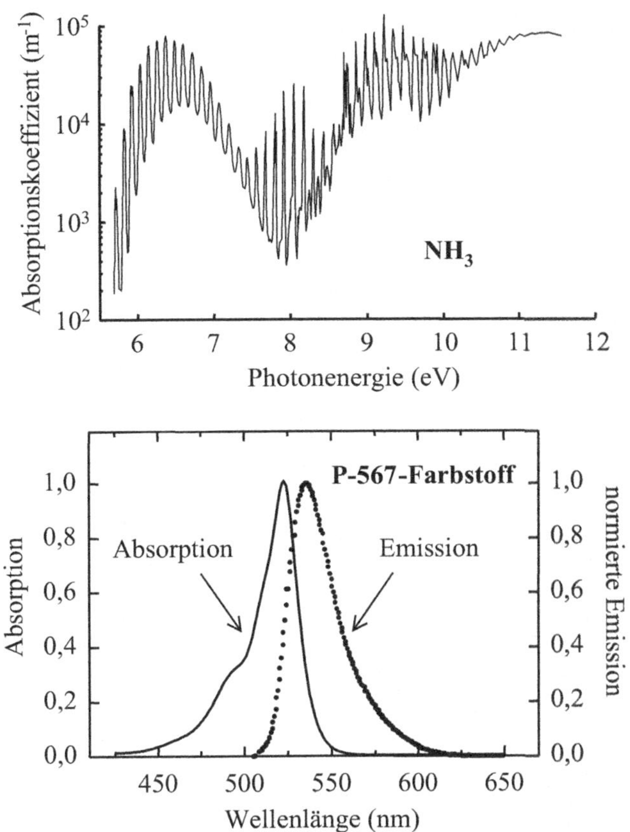

Abb. 8.9: Ultraviolettabsorption von Ammoniak (NH$_3$) bei Standardtemperatur und -druck. Nach Watanabe (1954), ©American Institute of Physics, genehmigter Nachdruck.

Abb. 8.10: Absorptions- und Emissionsspektrum von Pyrromethen 567 in Benzenlösung. Nach Gorman et al. (2000). ©Excerpta Medica Inc., genehmigter Nachdruck.

Für den Laserfarbstoff werden keine diskreten vibronischen Linien beobachtet, da das große Molekül viele Vibrationsmoden verschiedener Frequenzen besitzt. Diese erzeugen überlappende Sequenzen von Linien, welche sich zu einem Kontinuum verbinden. Außerdem verbreitern sich die Übergänge durch die thermische Bewegung der Moleküle sowie durch Kollisionen mit der Benzenlösung, sodass die individuellen Linien nicht mehr aufgelöst werden. Wir erhalten daher kontinuierliche Absorptions- und Emissionsbänder, die der Einhüllenden der vibronischen Sequenz folgen.

Die Korrelation zwischen der Größe eines Moleküls und seinen optischen Übergangsenergien ist gut in Abbildung 8.11 zu sehen. Hier sind die Absorptionsdaten für einige Polyinmoleküle dargestellt. Polyine sind linear konjugierte Moleküle mit abwechselnden Einfach- und Dreifach-Kohlenstoff-Kohlenstoffbindungen. Der einfachste Typ von Polyinen sind Kohlenwasserstoffverbindungen, wobei die Sequenz mit Acetylen (C$_2$H$_2$) beginnt und mit Diacetylen (C$_4$H$_2$), Triacetylen (C$_6$H$_2$) usw. weitergeht (siehe Tabelle 8.1).

Wir zeigen hier keine Spektren für die einfachsten Moleküle wie H$_2$, da der erste angeregte elektronische Zustand über der Ionisierungsgrenze des Moleküls liegt und die vibronischen Linien nicht gut ausgeprägt sind. Ammoniak zeigt diskrete vibronische Linien, da es ein kleines, starres Molekül mit sehr scharf definierten Vibrationsfrequenzen ist.

Tab. 8.1: Kohlenwasserstoff-Polyin-Moleküle.

	n	Bindung
C_2H_2	1	$H{-}C{\equiv}C{-}H$
C_4H_2	2	$H{-}C{\equiv}C{-}C{\equiv}C{-}H$
C_6H_2	3	$H{-}C{\equiv}C{-}C{\equiv}C{-}C{\equiv}C{-}H$
⋮	⋮	⋮
$C_{2n}H_2$	n	$H{-}(C{\equiv}C{-})_n H$

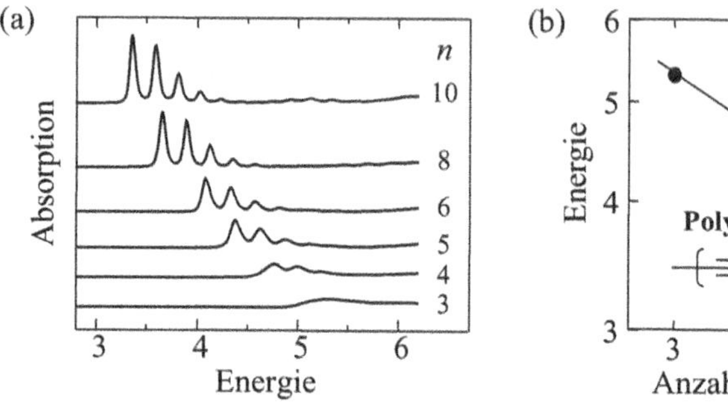

Abb. 8.11: Absorptionsdaten für Polyinmoleküle mit Trisopopylsilyl-Enden in Hexanlösung bei Raumtemperatur. Die Größe des π-Orbitals ist durch die Anzahl der Kohlenstoff-Kohlenstoff-Einheiten n bestimmt. (a) Absorptionsspektrum. (b) Log-log-Plot der Variation der HOMO-LUMO-Energielücke E mit n. Nach Slepkov et al. (2004), ©American Institute of Physics, genehmigter Nachdruck.

In dem in Abbildung 8.11 betrachteten Spezialfall sind die Wasserstoffatome am Ende der Kohlenstoffketten durch molekulare „TIPS"-Einheiten (Trisopopylsilyl, $[(CH_3)_2CH]_3Si$) ersetzt. Diese Modifikation wird aus rein praktischen Erwägungen vorgenommen, die mit der molekularen Stabilität und Löslichkeit zu tun haben. An der grundlegenden Argumentation ändert sie nichts.

Die Elektronen in den π-Bindungen der Polyinmoleküle können sich über die Kohlenstoffkette ausbreiten, sodass die Anzahl n der Kohlenstoff-Kohlenstoff-Einheiten wächst. Nach den einfachen Konzepten der Quantenbeschränkung, wie sie in Abschnitt 6.1 entwickelt wurden, erwarten wir, dass die elektronischen Energien abnehmen, wenn die Molekülorbitale größer werden. Die HOMO-LUMO-Übergangsenergie sollte also mit n sinken. Diese Vorhersage wird tatsächlich durch die experimentellen Daten gestützt. Die Absorptionsspektren in Abbildung 8.11a zeigen für wachsendes n eine deutliche Rotverschiebung, und das Fitting durch die Gerade in der log-log-Darstellung von Teil (b) der Abbildung zeigt, dass die Übergangsenergien wie $n^{-0,38}$ skalieren. Ein weiteres interessantes Detail der Spektren ist die deutliche Ausbildung der vibronischen Sequenz für $n \geq 4$ im Vergleich zu Abbildung 8.10. Dies ist eine Konsequenz aus der relativ starren Natur des linearen Kohlenstoffmoleküls, die zu sehr scharf definierten Vibrationsfrequenzen führt.

8.3 Konjugierte Moleküle

Nachdem wir die Spektren von isolierten Molekülen betrachtet haben, können wir dieses Wissen auf konjugierte organische Festkörper anwenden. Die organische Chemie ist in der Lage, eine enorme Vielfalt von konjugierten Molekülen zu produzieren. Wir konzentrieren uns hier auf jene, die für optoelektronische Bauelemente interessant sind. Es gibt im Wesentlichen zwei Klassen von Molekülen, die für diese Anwendungen infrage kommen: zum einen kleine Moleküle und zum anderen konjugierte Polymere. Die optischen Eigenschaften dieser beiden Typen werden in den beiden folgenden Unterabschnitten separat betrachtet. Anschließend beschäftigen wir uns im Abschnitt 8.4 mit den optoelektronischen Geräten, die daraus hergestellt werden können.

8.3.1 Kleine konjugierte Moleküle

Die Festlegung, was „klein" ist, wenn man den Begriff auf ein konjugiertes Molekül anwendet, ist naturgemäß schwierig. Wir nehmen hier als einfache Arbeitsdefinition an, dass ein „kleines" Molekül *kein Polymer* ist. Außerdem beschränken wir uns auf die größeren unter den kleinen Molekülen, die Übergangsenergien im sichtbaren Bereich oder in dessen Nähe haben. Wir verwenden Anthracen als Beispiel zur Verdeutlichung der zugrunde liegende Physik und betrachten dann das Alq$_3$-Molekül, das große technologische Bedeutung hat.

Anthracen ($C_{14}H_{10}$) ist ein Beispiel für einen aromatischen Kohlenwasserstoff. Aromatische Kohlenwasserstoffe sind Verbindungen aus Kohlenstoff und Wasserstoff, die in ihrer Struktur Benzenringe enthalten. Der Name leitet sich aus dem starken Aroma der Flüssigkeiten und Gase her. Wir werden uns hier allerdings auf kristalline Festkörper konzentrieren. Anthracenkristalle werden durch van-der-Waals-Wechselwirkungen zusammengehalten, was bedeutet, dass die kovalente Bindung innerhalb des Moleküls viel stärker ist als die Wechselwirkungen zwischen den benachbarten Molekülen im Kristall. Wir erwarten daher, dass die elektronischen Zustände stark lokalisiert sind und dass die Spektren der Kristalle denen von Anthracen in Lösung recht ähnlich sind.

Die optischen Eigenschaften von Molekülen mit Benzenringen sind durch ihre großen delokalisierten π-Orbitale bestimmt (siehe Abschnitt 8.2.1). Die Absorptionskante von Benzen selbst liegt klar im ultravioletten Bereich bei 4,6 eV (267 nm), doch größere aromatische Kohlenwasserstoffverbindungen haben Übergänge bei niedrigeren Energien. (Siehe die Diskussion von Polyin in Abschnitt 8.2.5.) Anthracen hat drei Benzenringe (Abbildung 8.12a). Im violetten Spektralbereich sind ($\pi \rightarrow \pi^*$)-Übergänge aus dem S$_0$-Grundzustand in den ersten angeregten Singulettzustand möglich.

Das exzitonische Absorptionsspektrum eines anderen aromatischen Kohlenwasserstoffs, nämlich Pyren ($C_{16}H_{10}$), wird in Abschnitt 4.5.3 behandelt. Einzelne Kristalle einfacher aromatischer Kohlenwasserstoffe wie Anthracen und Pyren lassen sich leicht herstellen, doch auf andere organische Festkörper trifft dies nicht zu. Oft werden diese als amorphe dünne Filme präpariert.

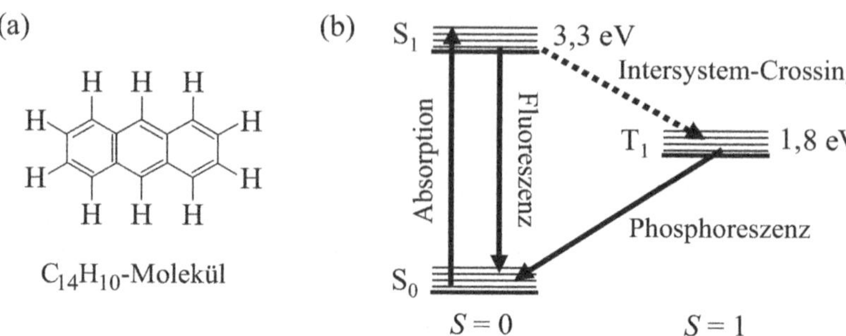

Abb. 8.12: (a) Chemische Struktur des Anthracenmoleküls ($C_{14}H_{10}$). (b) Jablonski-Schema für Anthracen. Absorption und Fluoreszenzübergänge können zwischen dem S_0-Grundzustand und dem angeregten S_1-Zustand auftreten. Phosphoreszenzübergänge aus dem T_1-Zustand in den Grundzustand sind spinverboten und treten auf einer langsamen Zeitskala auf. Elektronen im S_1-Zustand haben eine kleine Wahrscheinlichkeit, durch Intersystem-Crossing nichtstrahlend in den T_1-Zustand überzugehen.

Abbildung 8.12b zeigt ein vereinfachtes Niveauschema für die ersten drei elektronischen Zustände des Anthracenmoleküls und die zwischen ihnen möglichen Übergänge. Ein Diagramm von diesem Typ wird als **Jablonski-Schema** bezeichnet. Wie in Abschnitt 8.2.1 erörtert wurde, werden die Zustände anhand ihrer Spinquantenzahl S klassifiziert. Der Grundzustand ist ein Singulett und wird mit S_0 bezeichnet. Der erste angeregte Singulettzustand (S_1) tritt bei 3,3 eV auf, was um 1,5 eV über dem ersten angeregten Triplettzustand (T_1) liegt. In Abschnitt 8.2.1 wurde gezeigt, dass Singulett-Triplett-Übergänge wegen der Spinauswahlregel eine sehr geringe Wahrscheinlichkeit haben. Die Absorptions- und Emissionsspektren werden daher durch ($S_0 \leftrightarrow S_1$)-Übergänge domininiert. ($T_1 \leftrightarrow S_0$)-Phosphoreszenzübergänge können nur mithilfe spezieller Techniken beobachtet werden (siehe unten).

In Abbildung 8.13 ist das Absorptionsspektrum einer verdünnten Lösung von molekularem Anthracen in Ethanol dem Absorptionsspektrum von Anthracenkristallen bei 90 K gegenübergestellt. Bei höheren Temperaturen ist die Vibrationsstruktur aufgrund der thermischen Verbreiterung der vibronischen Linien weniger gut ausgeprägt. Die Absorptionskante der Lösung liegt für die Energie des ($S_0 \rightarrow S_1$)-Übergangs bei 3,3 eV. Es zeigen sich etwa sechs vibronische Linien mit näherungsweise gleichem Abstand, wobei der Übergang mit $n_2 = 1$ die größte Intensität hat. Eine ähnliche Vibrationsstruktur beobachtet man für den Kristall. Es gibt drei größere Absorptionspeaks, die wie im Falle der Lösung näherungsweise den gleichen Abstand haben. Diese entsprechen Übergängen, an denen lokalisierte Vibrationen der Anthracenmoleküle beteiligt sind. Zusätzlich treten Linien auf, die auf die Kopplung an neue Vibrationsmoden im Kristall zurückzuführen sind. Ein weiterer Unterschied besteht darin, dass die Absorptionskante bei einer etwas kleineren Energie als im Falle der Lösung liegt.

Man beachte, dass die Absorptionsstärke im Kristall sehr groß ist: sie erreicht Werte von bis zu 10^7 m^{-1}. Die Zunahme der Absorption oberhalb von 4,2 eV ist auf das Einsetzen von ($S_0 \rightarrow S_2$)-Übergängen zurückzuführen.

Der angeregte S_1-Zustand hat aufgrund des dipolerlaubten ($S_1 \rightarrow S_0$)-Fluoreszenzübergangs eine Lebensdauer von 27 ns. Das Fluoreszenzspektrum des Kristalls besteht aus einem breiten vibronischen Band,

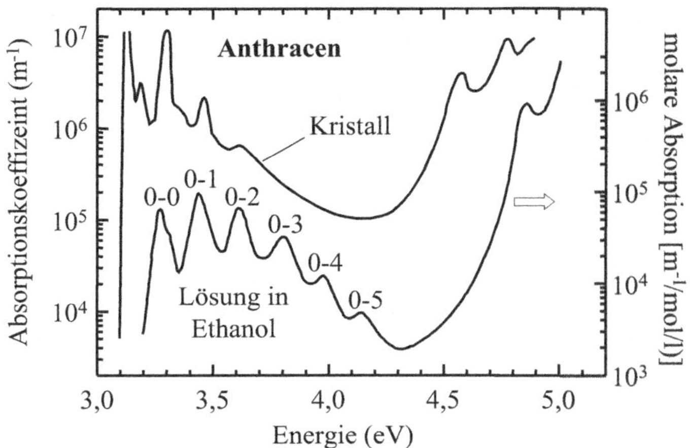

Abb. 8.13: Absorptionsspektrum von Anthracen. Dargestellt ist das Absorptionsspektrum von Einkristallen bei 90 K und das einer verdünnten Lösung in Ethanol. Die vibronischen Übergänge der Lösung sind mit den Vibrationsquantenzahlen von Grundzustand und angeregtem Zustand gekennzeichnet. Nach Wolf (1958), genehmigter Nachdruck.

das sich von etwa 3,2 eV (390 nm) bis 2,3 eV (530 nm) erstreckt. Auffällige vibronische Peaks treten bei 3,05 eV, 2,93 eV, 2,76 eV und 2,61 eV auf. Diese passen hervorragend mit den Energien zusammen, die durch Anwendung der Spiegelsymmetrieregel auf das in Abbildung 8.13 gezeigte Spektrum vorhergesagt werden (siehe Aufgabe 8.12).

Phosphoreszenzübergänge aus dem T_1-Zustand bei 1,8 eV können mithilfe von Verfahren der **verzögerten Fluoreszenz** beobachtet werden. Dabei wird ein Kristall durch einen Laserpuls angeregt, um dann in großem zeitlichen Abstand die Emission zu beobachten. Aufgrund der Spinauswahlregel werden nur die S_1-Zustände besetzt. Die meisten Moleküle kehren durch Strahlungsübergänge direkt in den Grundzustand zurück, wobei sie unmittelbar nach dem Eintreffen des Pulses – nämlich innerhalb der ersten 27 ns – eine Fluoreszenzemission erzeugen. Es gibt jedoch auch eine kleine Wahrscheinlichkeit für nichtstrahlendes $(S_1 \rightarrow T_1)$-**Intersystem-Crossing.** Der T_1-Zustand hat wegen der geringen Wahrscheinlichkeit der Strahlungsemission eine lange Lebensdauer von 24 ms. Die schwache Phosphoreszenzemission aus den T_1-Zuständen hält also als „Nachglühen" 24 ms lang an, nachdem der Puls die Probe angeregt hat.

Die für Anthracen beschriebenen Effekte sind typisch für viele molekulare Materialien. Die Absorptions- und Emissionsspektren sind durch Übergänge in angeregte Singulettzustände bestimmt. Die Triplettzustände werden in Emissionsversuchen nur als schwache Phosphoreszenz beobachtet. Jeder elektronische Übergang zeigt eine Menge von vibronischen Peaks, wobei die Energieabstände durch die Vibrationsfrequenzen des Systems bestimmt sind.

Triplett-Singulett-Übergänge können wegen der Spin-Bahn-Kopplung auftreten, die eine Mischung zwischen Singulett- und Triplettzuständen verursacht. Da Spin-Bahn-Wechselwirkungen näherungsweise wie Z^2 skalieren, nimmt die Übergangsrate zu, wenn schwere Elemente vorhanden sind. Tatsächlich ist gezeigt worden, dass die Beimengung von Schwermetallen wie Iridium, Palladium oder Platin zur molekularen Struktur eine erhebliche Verstärkung der Phosphoreszenz verursacht.

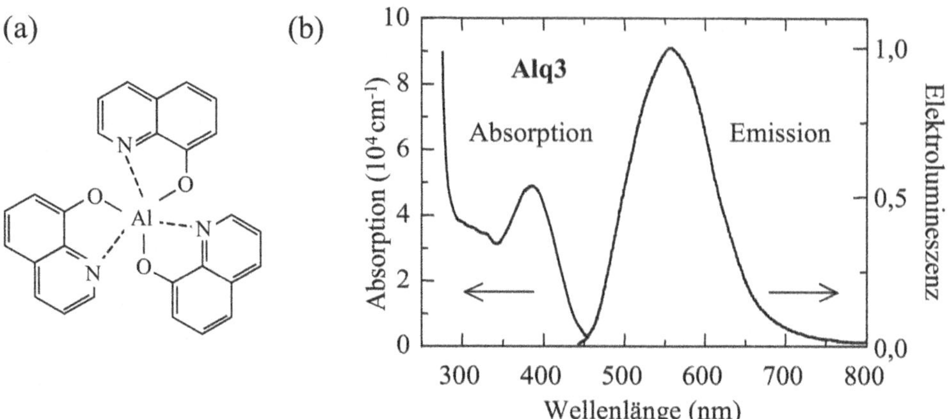

Abb. 8.14: (a) Chemische Struktur von Aluminiumoxinat (Alq3). (b) Absorptions- und Emissionsspektren von Alq3 bei Raumtemperatur. Das Emissionsspektrum wurde aus einer Alq3-Elektrolumineszenzdiode erhalten. Daten nach Garbuzov et al. (1996). ©Elsevier und Tang & VanSlyke (1987), ©American Institute of Physics, genehmigter Nachdruck.

Abbildung 8.14 zeigt die Absorptions- und Emissionsspektren von Aluminiumoxinat (Alq3). Dabei handelt es sich um ein besonders kleines Molekül, das vielfach in organischen Leuchtdioden eingesetzt wird (siehe Abschnitt 8.4). Das $(S_0 \rightarrow S_1)$-Absorptionsband hat sein Maximum bei 385 nm, und die Emission zeigt eine Stokes-Shift in den grünen Spektralbereich, wobei das Maximum bei 560 nm liegt. Das Molekül ist weniger starr als andere und zeigt bei Raumtemperatur keine ausgeprägten Vibrationslinien.

8.3.2   Konjugierte Polymere

Polymere sind langkettige Moleküle, die aus wiederholten Sequenzen individueller molekularer Einheiten auf Basis von Kohlenstoffbindungen zusammengesetzt sind. Die Bezeichnung **Polymer** bedeutet „aus vielen Teilen aufgebaut". Ein einzelnes dieser Teile heißt entsprechend **Monomer** (einzelnes Molekül) und ein aus zwei Teilen bestehender Molekülverbund heißt **Dimer**. Ein Beispiel hierfür ist in Abbildung 8.15 illustriert. Das Dimer ist $[C_2H_4]_2$ (Cyclobutan, C_4H_8). Das Polymer ist Polyethylen mit der Formel $[CH_2]_n$, wobei n eine große Zahl ist.

Polymere können in zwei generische Typen unterteilt werden: konjugierte und gesättigte Polymere. Wie in Abschnitt 8.2.1 erklärt wurde, basiert diese Unterteilung darauf, ob es entlang der Polymerkette abwechselnd Einfach- und Doppelbindungen gibt. Die in Abbildung 8.15c gezeigte Polyethylenstruktur ist ein Beispiel für ein gesättigtes Polymer. In gesättigten Polymeren wie Polyethylen

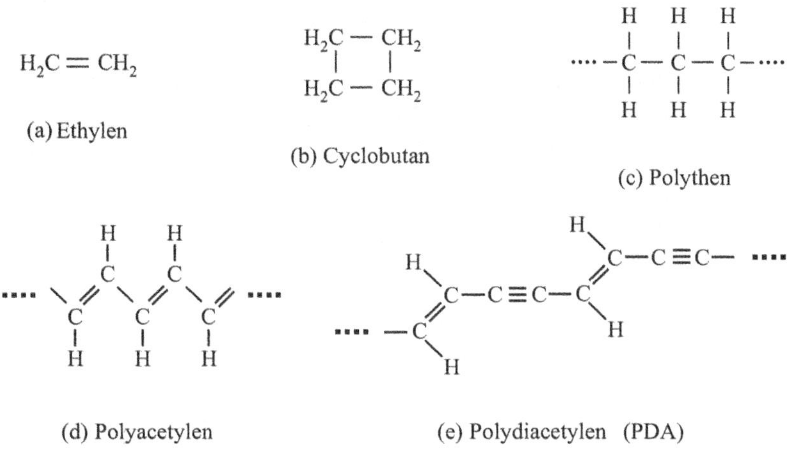

$H_2C = CH_2$

(a) Ethylen

$$\begin{array}{c} H_2C - CH_2 \\ |\qquad | \\ H_2C - CH_2 \end{array}$$

(b) Cyclobutan

$$\cdots - \overset{\displaystyle H}{\underset{\displaystyle H}{\overset{|}{\underset{|}{C}}}} - \overset{\displaystyle H}{\underset{\displaystyle H}{\overset{|}{\underset{|}{C}}}} - \overset{\displaystyle H}{\underset{\displaystyle H}{\overset{|}{\underset{|}{C}}}} - \cdots$$

(c) Polythen

(d) Polyacetylen

(e) Polydiacetylen (PDA)

Abb. 8.15: Chemische Strukturen. (a) Ethylen-Monomer (C_2H_4). (b) Ethylen-Dimer: $[C_2H_4]_2 \equiv C_4H_8$ (Cyclobutan). (c) Polyethylen (Polyten): $[CH_2]_n$. (d) Polyacethylen. (e) Polydiacetylen (PDA).

sind alle Elektronen in σ-Bindungen eingebaut und daher sehr fest gebunden. Ihre Übergänge liegen bei hohen Energien im ultravioletten Spektralbereich und sind hier nicht von besonderem Interesse. Viele konjugierte Polymere haben dagegen ($\pi \to \pi^*$)-Übergänge im sichtbaren Spektralbereich und können daher als **lichtemittierende Polymere** bezeichnet werden.

In Abbildung 8.15 sehen wir auch die chemischen Strukturen der beiden konjugierten Polymere. Teil (c) zeigt das einfachste konjugierte Polymer, nämlich Polyacetylen. Dieses Polymer wird gebildet, indem viele Acetylenmoleküle (HC$\equiv$CH) zu einer langen Kette zusammengefügt werden, wobei sich Einfach- und Doppelbindungen zwischen den Molekülen abwechseln, also

$$\cdots = CH - CH = CH - \cdots$$

Die Beschreibung des Moleküls mit abwechselnden Einfach- und Doppelbindungen ist nur schematisch. Tatsächlich ist das überzählige Elektron der Doppelbindung gleichmäßig zwischen den beiden Bindungen in einem delokalisierten π-Orbital aufgeteilt.

Abbildung 8.15e zeigt die chemische Struktur des etwas komplizierteren Polymers Polydiacetylen (PDA), das sowohl doppelt als auch dreifach gebundene π-Elektronen enthält. PDA gehört zu den am intensivsten untersuchten konjugierten Polymeren, da es bei Raumtemperatur Kristalle hoher Qualität bilden kann. Für die meisten anderen konjugierten Polymere ist dies nicht der Fall. In der Regel stehen diese nur als amorphe Proben (erhalten durch Beschichtung aus der Lösung) zur Verfügung. Abbildung 8.16 zeigt das Absorptionsspektrum eines PDA-Einkristalls. Das Spektrum hat ein breites Band für den Übergang $S_0 \to S_1$, das bei $1{,}8\,\mathrm{eV}$ beginnt. Das Band weist eine deutlich erkennbare Substruktur mit zwei vibroni-

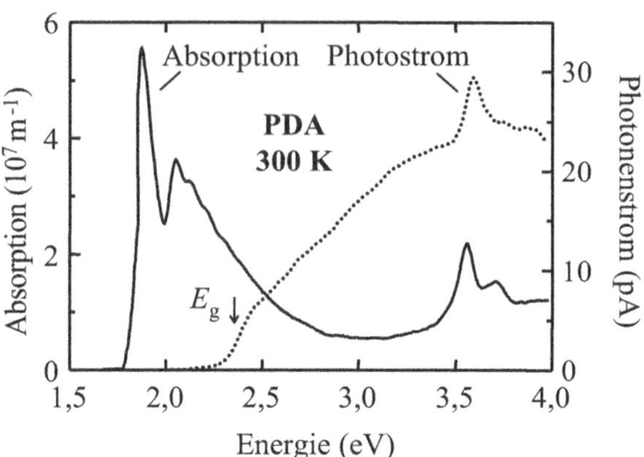

Abb. 8.16: Absorptionsspektrum von Polydiacetylenkristallen (PDA) bei Raumtemperatur. Zum Vergleich ist das Photostromspektrum des gleichen Kristalls gezeigt. Nach Möller & Weiser (1999). ©Excerpta Medica Inc., genehmigter Nachdruck.

schen Peaks bei 1,9 eV und 2,1 eV auf. Die Peaks um 3,6 eV sind auf $S_0 \rightarrow S_2$-Übergänge zurückzuführen.

Die optischen Spektren von konjugierten Polymeren wie PDA sind stark durch exzitonische Effekte beeinflusst. In Kapitel 4 hatten wir diskutiert, dass die Coulomb-Wechselwirkung dahingehend wirkt, Elektronen und Löcher aneinander zu binden und Exzitonen zu bilden. Dies hat starke Auswirkungen auf die optischen Spektren. Exzitonische Effekte treten in molekularen Materialien auf, da das ungepaarte Elektron, welches bei einem optischen Übergang im Grundzustand zurückbleibt, als Loch betrachtet werden kann, ähnlich wie unbesetzte Zustände in dem ansonsten gefüllten Valenzband eines Halbleiters als Löcher betrachtet werden. Dieses Loch wirkt wie eine positive Ladung, da es das Fehlen eines negativen Elektrons widerspiegelt. Da die elektronischen Zustände molekularer Materialien stark lokalisiert sind, sind die gebildeten Exzitonen vom stark gebundenen Typ, also Frenkel-Exzitonen (siehe Abschnitt 4.5, insbesondere Unterabschnitt 4.5.3). Diese Frenkel-Exzitonen treten als gebundene Zustände unterhalb der Bandkante des Polymers auf.

Wir haben hier eine andere Situation als bei den Photostromspektren freier Exzitonen, die in den Abbildungen 4.5 und 6.15 zu sehen sind. Die schwach gebundenen freien Exzitonen in GaAs können nach ihrer Bildung leicht wieder dissoziieren und so freie Elektronen und Löcher produzieren. Die Frenkel-Exzitonen in molekularen Materialien dagegen dissoziieren aufgrund ihrer wesentlich größeren Bindungsenergie nicht so leicht.

Die Bindungsenergie der Exzitonen in PDA kann durch Vergleich des Absorptionsspektrums mit dem Photostromspektrum des gleichen Kristalls bestimmt werden. Das in Abbildung 8.16 gezeigte Photostromspektrum zeigt einen Schwellwert bei 2,4 eV, was etwa 0,5 eV über der Absorptionskante liegt. Dies ist ein Hinweis, dass die Absorptionslinie bei 1,9 eV exzitonischen Charakter hat, da die neutralen, stark gebundenen Exzitonen nicht zur Leitfähigkeit beitragen. Die Photonenergie muss die HOMO-LUMO-Bandlücke bei 2,4 eV überschreiten, bevor es freie Elektronen und Löcher gibt, die einen Photostrom erzeugen können. Die Messungen zeigen somit, dass die Bindungsenergie des Exzitons 0,5 eV ist.

Abbildung 8.17 zeigt das Absorptions- und das Emissionsspektrum eines dünnen Films des konjugierten Polymers MeLPPP bei Raum-

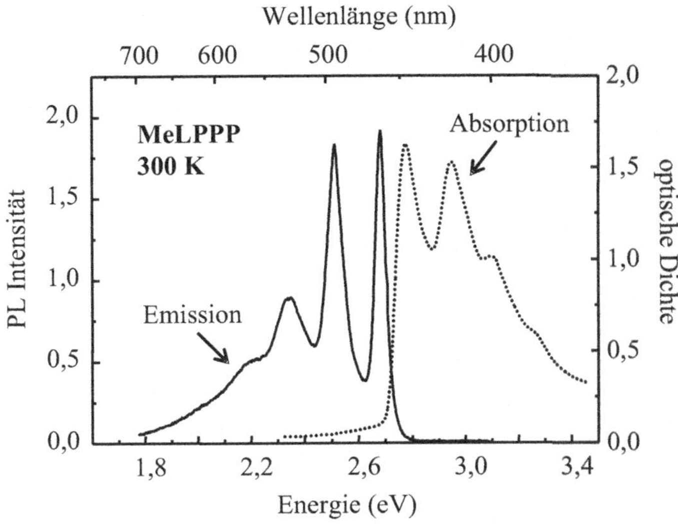

Abb. 8.17: Absorptions- und Emissionsspektren dünner Filme des Leiterpolymers MeLPPP bei Raumtemperatur. MeLPPP ist ein methylsubstituiertes Leiterpolymer auf der Basis von Polyparaphenylen. Nach Hertel et al. (1999), ©American Institute of Physics, genehmigter Nachdruck.

temperatur. Der $(S_0 \rightarrow S_1)$-Übergang liegt im grün-blauen Spektralbereich und ist daher für optoelektronische Anwendungen von Bedeutung, wie wir im nächsten Abschnitt sehen werden. Die näherungsweise Spiegelsymmetrie zwischen Absorption und Emission ist in diesen Daten evident, in denen vier Vibrationslinien klar zu unterscheiden sind.

Die deutliche Vibrationsstruktur in Abbildung 8.17, im Vergleich etwa mit Abbildung 8.10, ist offensichtlich. Ein Grund für diese verbesserte vibronische Auflösung ist die Starrheit des MeLPPP-Moleküls, ein anderer die gegenüber der Lösung verminderte thermische Bewegung in einem dünnen Film. Bemerkenswert ist außerdem, dass die vibronische Struktur im Emissionsspektrum deutlicher aufgelöst ist als im Absorptionsspektrum. Dies ist eine Folge der Unordnung im Polymer. Die vibronischen Linien sind aufgrund zufälliger Schwankungen der Bandlückenenergie entlang des Polymerstrangs inhomogen verbreitert. Das Absorptionsspektrum mittelt über alle diese Energiezustände, während im Emissionsspektrum nur eine Teilmenge davon aufgenommen ist, da die Exzitonen Zeit haben, in die niedrigsten Energiezustände zu wandern, bevor sie das Photon emittieren.

8.4   Organische Optoelektronik

In den Abbildungen 8.14 und 8.17 sehen wir, dass die elektronischen Übergänge von konjugierten Molekülen wie Alq3 und MeLPPP im sichtbaren Spektralbereich liegen können ($\sim$ 1,7 bis 3 eV). Diese im sichtbaren Bereich emittierenden Moleküle haben eine Reihe von wichtigen optoelektronischen Anwendungen. Wir wollen hier zwei der wichtigsten kurz diskutieren, nämlich organische Leuchtdioden (OLEDs) und organische photovoltaische Bauelemente.

Wie wir am Anfang von Abschnitt 8.3 erwähnt hatten, gibt es zwei allgemeine Forschungsansätze in der OLED-Technologie, von denen der eine auf kleinen Molekülen basiert und der andere auf lichtemittierenden Polymeren. Die Erforschung der Elektrolumineszenz in kleinen Molekülen wie Anthracen reicht viele Jahre zurück, doch ihre Effizienz war so gering und die erforderliche Betriebsspannung so hoch, dass brauchbare Bauelemente auf diese Weise nicht hergestellt werden konnten. Das erste OLED aus kleinen Molekülen (SMOLED, Abkürzung für engl. small molecule OLED), das mit niedriger Spannung arbeitet, wurde 1987 vorgestellt, und das erste Polymer-OLED im Jahr 1990. Letzteres baute auf Vorarbeiten auf, die im Zusammenhang mit leitfähigen Polymeren geleistet wurden. Für das SMOLED wurde Aluminiumoxinat (Alq3) in der aktiven Zone verwendet. Es lieferte für Spannungen unter 10 V eine effiziente grüne Emission. Für das Polymer-OLED wurde Polyphenylenvinylen (PPV) als aktive Schicht verwendet. Es lieferte für Spannungen um 15 V eine helle Emission im grün-gelben Bereich. Seitdem wurde viel Forschungsarbeit geleistet, um neue kleine Moleküle und Polymere zu entwickeln, die über den gesamten sichtbaren Bereich emittieren können, und um die erforderliche Betriebsspannung zu reduzieren. Die Frage, ob kleine Moleküle oder aber lichtemittierende Polymere die ultimativ besten Ergebnisse bringen, ist nicht abschließend geklärt.

Das Arbeitsprinzip von OLEDs ist im wesentlichen das gleiche wie bei ihren anorganischen Pendants. Elektronen und Löcher werden von entgegengesetzten Seiten der Diode injiziert, und in der aktiven Schicht in der Mitte der Struktur kommt es zur Rekombination unter Emission von Licht. Abbildung 8.18 zeigt eine schematische Darstellung der Schichtfolge, die in einem idealen OLED verwendet wird (vgl. Abbildung 5.10). Die lichtemittierende Schicht befindet sich zwischen der Elektron- und der Lochtransportschicht, und die Elektronen und Löcher werden von der Kathode bzw. der Anode injiziert. Die Kathode ist typischerweise aus Aluminium, Magnesium oder Calcium und die Anode aus der Legierung Indiumzinnoxid (ITO), welche den Vorteil hat, sowohl ein effizienter Lochinjektor als auch transparent für sichtbare Wellenlängen zu sein. Aus diesem Grund verhält sich ITO effektiv wie eine Art leitendes Glas. Die gesamte Struktur ist auf einem nichtleitenden Glassubstrat aufgewachsen. Das in der Lumineszenzschicht erzeugte Licht wird durch das Substrat emittiert.

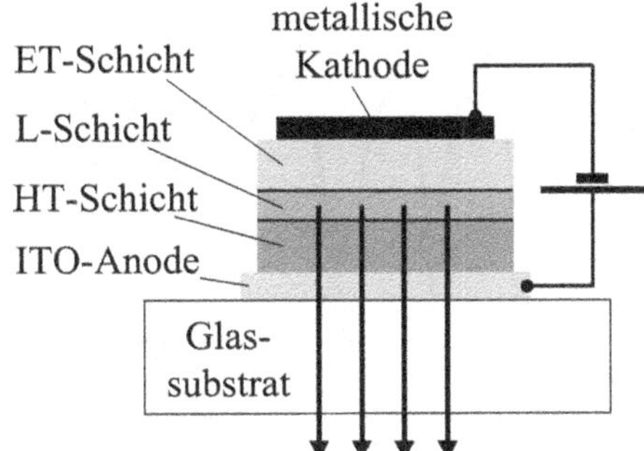

Abb. 8.18: Schematische Darstellung der Schichtfolge eines Doppelheterostruktur-OLEDs. Die lochinduzierende Anode ist gewöhnlich aus Indiumzinnoxid (ITO), während für die Kathode meist Metalle wie Aluminium, Magnesium oder Calcium verwendet werden. Die Löcher und Elektronen driften durch die Lochtransportschicht (HT) bzw. die Elektrontransportschicht (ET) und rekombinieren in der Lumineszenzschicht (L).

Das in Abbildung 8.18 gezeigte OLED enthält drei verschiedene organische Materialien, die durch zwei Heterokontakte separiert sind. Damit ist es ein Beispiel für ein Doppelheterostruktur-Bauelement. Diese Anordnung ist die optimale, da sie es gestattet, für jede der drei erforderlichen Funktionalitäten unterschiedliche Materialien zu verwenden, also für den Transport der Löcher von der Anode, die Emission in der aktiven Schicht und den Transport der Elektronen von der Kathode. Es ist wichtig zu verstehen, dass die Mechanismen für den Ladungstransport in organischen Bauelementen andere sind als in anorganischen elektronischen Materialien. Halbleiter wie Silicium und GaAs haben delokalisierte Bandzustände, die zu hohen Elektron- und Lochmobilitäten führen, doch für organische Materialien ist dies im Allgemeinen nicht der Fall. Stattdessen bewegen sich die Elektronen und Löcher, indem sie zwischen lokalisierten Zuständen auf individuellen Molekülen hüpfen, und dies führt allgemein zu viel kleineren Mobilitäten. Die Effizienz von Injektion und Transport von Ladungsträgern in die aktive Zone ist deshalb eine wichtige Kenngröße von organischen Bauelementen. Die beste Performanz erreicht man in der Regel mit Materialien, die jeweils für den Elektron- und den Lochtransport optimiert wurden – also mit Doppelheterostruktur-Bauelementen.

In der Praxis verwenden viele organische optoelektronische Bauelemente eine einfachere Schichtfolge als die in Abbildung 8.18 gezeigte Doppelheterostruktur. Das Elektrolumineszenzspektrum von Alq3 (Abbildung 8.14) ist ein Beispiel für die Leistungsfähigkeit, die sich mit einer einzelnen Heterostruktur erreichen lässt. In diesem Fall hat das Bauelement lediglich zwei organische Schichten, nämlich Alq3 und Diamin, und einen einzelnen Heterokontakt dazwischen. Die Alq3-Schicht dient sowohl dem Elektronentransport als auch als Lichtemitter, während die Diaminschicht dem Lochtransport dient. Die Rekombination erfolgt in der Alq3-Schicht auf einer Distanz von etwa 30 nm vom Heterokontakt. Diese kurze Rekombinationsdistanz ist eine Folge der geringen Diffusivität der Löcher in Alq3.

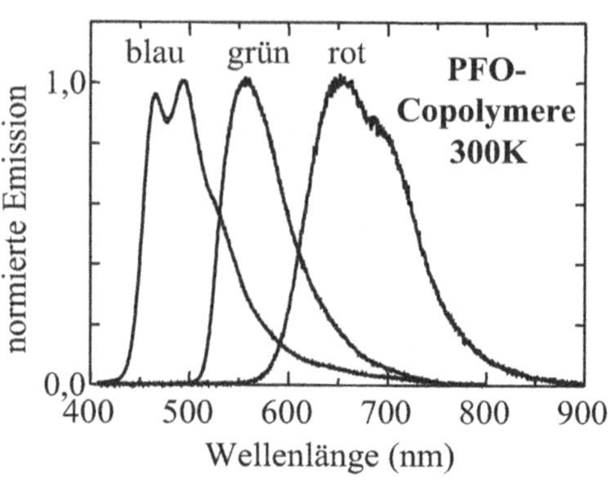

Abb. 8.19: Emission für drei Polyfluoren-Copolymere (PFO) bei Raumtemperatur. Die Verschiebung der Emissionswellenlänge resultiert aus Beimengen von unterschiedlichen Substituten zum Polymer-Backbone. Daten von D. G. Lidzey zu Materialien von Cambridge Display Technology Ltd.

Das Absorptionsspektrum des polyfluorenbasierten Polymers F8, das dem „blauen" Polymer in Abb. 8.19 entspricht, ist in Abb. 1.6 zu sehen. Die Absorption ist bei 380 nm maximal, und die Emission ist durch Stokes-Shift blauverschoben.

Ein Beispiel für die Ergebnisse, die mit Polymer-Bauelementen erreicht werden können, ist in Abbildung 8.19 gezeigt. Hier sehen wir die Emissionsspektren für drei Copolymere von Polyfluoren. Wie man sieht, kann das gesamte sichtbare Spektrum durch geeignete Wahl der Polymerstruktur abgedeckt werden, was die Möglichkeit zur Herstellung farbfähiger Displays eröffnet. Die Entwicklung dieser Technologie wird von mehreren Optoelektronik-Firmen intensiv vorangetrieben.

Im Vergleich zu anorganischen Bauelementen haben organische zwar eine etwas verminderte elektrische Leistungsfähigkeit, doch stehen diesem Nachteil zwei Vorzüge gegenüber, nämlich die geringen Kosten für die aktiven Materialien und die relativ einfache Herstellung der Bauelemente. Im Gegensatz zu anorganischen optoelektronischen Bauelementen müssen organische Leuchtdioden nicht kristallin sein. Vielmehr genügt es oft, dünne Beschichtungen aus amorphen Materialien auf das Substrat aufzubringen. Wir hatten bereits festgestellt, dass sich die optischen Eigenschaften von molekularen Materialien nicht wesentlich von denen der individuellen Moleküle unterscheiden. Somit hat das Fehlen einer langreichweitigen Ordnung nur einen geringen Einfluss auf die grundlegenden Eigenschaften der optischen Spektren. Das wiederum bedeutet, dass die Präparation der Materialien viel einfacher und billiger ist, was sie für viele Anwendungen zu einer attraktiven Alternative zu kristallinen anorganischen LEDs macht. Allerdings sind trotz der enormen Verbesserung der Performanz von OLEDs bislang alle Versuche fehlgeschlagen, einen elektrisch injizierten organischen Laser zu entwickeln, wenngleich es beträchtliche Fortschritte bei optisch gepumpten Lasern gab.

Die zweite Hauptanwendung von organischen Materialien in der Optoelektronik liegt im Bereich der Photovoltaik, also in der Entwicklung von Solarzellen. Aus dem Photostromspektrum in Abbildung 8.16 ist ersichtlich, dass ein Strom erzeugt werden kann, wenn

Licht auf das Bauelement einfällt. Dies liefert einen Mechanismus für die Umwandlung von Sonnenlicht in elektrische Energie. Die Entwicklung von organischen Solarzellen ist seit Jahren ein sehr aktiv betriebenes Forschungsgebiet. Zwar sind organische Solarzellen von ihrer Effizienz her den besten kristallinen anorganischen Bauelementen noch immer unterlegen, doch werden mittlerweile Wirkungsgrade von mehreren Prozent erreicht, was sich im Vergleich mit typischen amorphen Siliciumbauelementen (Wirkungsgrad $\sim 10\%$) sehen lassen kann. In Anbetracht der geringen Kosten und der einfachen Herstellung von organischen Materialien gegenüber anorganischen erscheint die Verwendung organischer Materialien in photovoltaischen Bauelementen sehr vielversprechend. Allerdings sind in diesem Zusammenhang noch Fragen zum Langzeitverhalten zu beantworten (chemische Stabilität der Moleküle).

8.5 Kohlenstoffnanostrukturen

8.5.1 Einführung

Kohlenstoff ist das Grundelement der gesamten organischen Chemie. Insofern überrascht es nicht, dass elementarer Kohlenstoff für sich genommen von großem Interesse ist. Kohlenstoff kommt in vielen verschiedenen Formen vor, wobei zwei seiner bekanntesten Modifikationen Diamant und Graphit sind. Diamant ist ein dreidimensionaler kristalliner Isolator mit einer direkten Bandlücke im ultravioletten Spektralbereich bei 5,5 eV. Graphit dagegen ist ein quasizweidimensionales Halbmetall. Seine Struktur besteht aus Schichten von Kohlenstoffatomen, die durch π-Bindungen zusammengehalten werden. Die einzelnen Schichten werden als **Graphenschichten** bezeichnet. Die elektrische Leitfähigkeit resultiert aus der Bewegung der Elektronen in den delokalisierten π-Orbitalen in der Richtung parallel zu den Schichten.

Die optischen Eigenschaften einer bestimmten Art von Defekten in Diamant, die sogenannten NV-Zentren, haben in den letzten Jahren großes Interesse erfahren. Siehe Abschnitt 9.2.

Die Kohlenstoffatome in einer Graphenschicht sind in hexagonalen Mustern angeordnet, wie sie in Abbildung 8.20a illustriert sind. Mit einer Dicke von einer Atomschicht ist Graphen effektiv ein zweidimensionales Material. Individuelle Graphenschichten wurden erstmals 2004 isoliert, und seither ist das Interesse an der Untersuchung seiner optischen Eigenschaften stetig gewachsen. Eine kurze Zusammenfassung der optischen Eigenschaften von Graphen folgt in Unterabschnitt 8.5.2.

Eine Graphenschicht kann zu einer **Nanoröhre** aufgerollt werden, wie sie in Abbildung 8.20b zu sehen ist. Die π-Elektronen können leicht entlang der Röhre auf und ab fließen, doch ihre Bewegung senkrecht zur Röhrenachse ist durch den Durchmesser der Röhre limitiert. Kohlenstoffnanoröhren sind daher eindimensionale Mate-

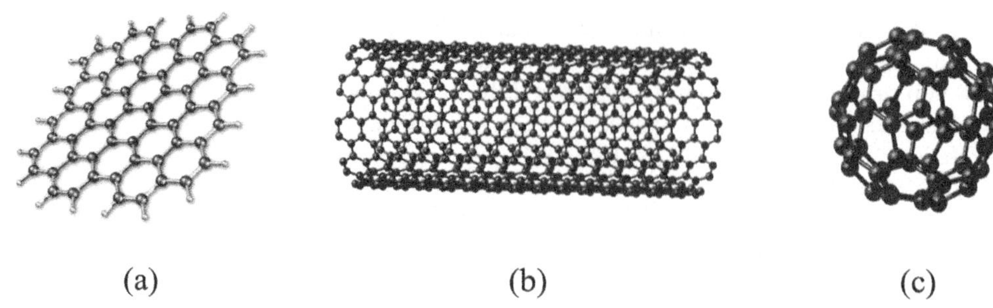

(a)　　　　　　　　　　(b)　　　　　　　　　　(c)

Abb. 8.20: Kohlenstoffnanostrukturen. (a) Graphen. (b) Kohlenstoffnanoröhre. (c) Buckminster-Fulleren (C_{60}). Quelle für Teil (b) und (c): `http://homepage.mac.com/jhgowen/research/nanotube_page/nanotube.html`.

rialien. Ihre optischen Eigenschaften werden in Unterabschnitt 8.5.3 betrachtet.

Die letzte Kohlenstoffnanostruktur, die wir hier betrachten wollen, ist das C_{60}-Molekül (siehe Abbildung 8.20c). Die Struktur hat die Form eines abgestumpften Ikosaeders und wird auch **Buckminster-Fulleren** genannt. Sie besteht aus 20 Hexagonen und 12 Pentagonen. Die optischen Eigenschaften von Buckminster-Fullerenen werden in Unterabschnitt 8.5.4 betrachtet.

8.5.2　Graphen

Graphen ist ein zweidimensionales Material mit vielen interessanten physikalischen Eigenschaften. Seine Bandstruktur ist in Abbildung 8.21a dargestellt. Die Notation für die Symmetriepunkte der Brillouin-Zone ist in Abbildung 8.21b angegeben. Die Oberkante des Valenzbandes liegt am K-Punkt, wo es keine Energielücke zu den π^*-Zuständen im Leitungsband gibt. Abbildung 8.21c zeigt eine vergrößerte Darstellung der Bandstruktur in der Nähe des K-Punktes. Beachten Sie, dass die Bänder an diesem Punkt linear sind.

Die lineare Banddispersion von Graphen am K-Punkt führt zu vielen bemerkenswerten Eigenschaften. Die offensichtlichste ist, dass alle Leitungselektronen unabhängig von ihrer Energie die gleiche Geschwindigkeit von etwa $c/300$ haben (siehe (2.25)). Dies steht im Gegensatz zu dem gewohnten Verhalten, wonach E proportional zu k^2 ist und die Geschwindigkeit mit E wächst. Die Abweichung von diesem Verhalten kommt dadurch zustande, dass das Teilchen eine vernachlässigbar kleine Restmasse hat. Dies können wir uns klar machen, wenn wir die Einstein-Energie betrachten:

$$E^2 = m^2c^4 + c^2p^2 \tag{8.13}$$

Dabei ist m die Ruhemasse und p der lineare Impuls. Wenn m ver-

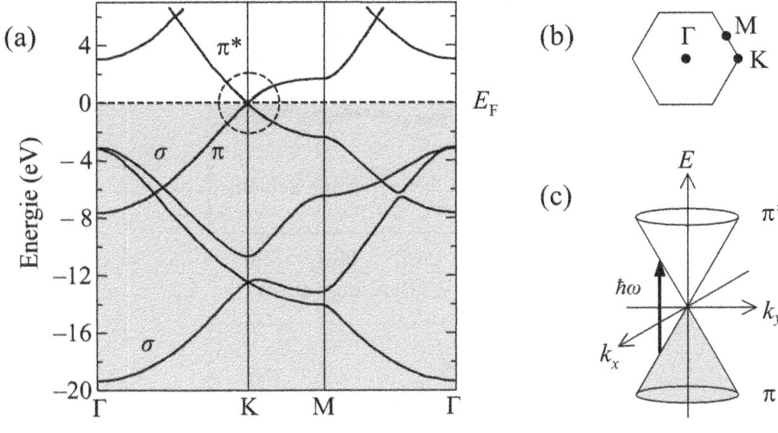

Abb. 8.21: Bandstruktur von Graphen. (a) Vollständige Bandstruktur. (b) Punkte hoher Symmetrie der hexagonalen Brillouin-Zone. (Zur Gitterstruktur siehe Abb. 8.23.) (c) Ein optischer Übergang nahe dem Punkt K, der dem eingekreisten Bereich in Teil (a) entspricht. Schattierungen zeigen an, dass die betreffenden Zustände besetzt sind. Die Daten in (a) stammen aus Machón et al. (2002), ©American Physical Society, genehmigter Nachdruck.

nachlässigbar ist, dann dominiert der zweite Term, und da die Energie linear in p ist, folgt $E \propto k$. Die lineare Dispersion impliziert also, dass sich die Leitungselektronen wie relativistische Teilchen mit vernachlässigbarer Masse verhalten und deshalb durch die Dirac-Gleichung der relativistischen Quantenmechanik behandelt werden müssen. Aus diesem Grund wird der K-Punkt der Brillouin-Zone von Graphen als Dirac-Punkt bezeichnet.

Die relativistischen Eigenschaften der Elektronen in Graphen haben viele faszinierende Implikationen. Hier wollen wir uns auf die optischen Eigenschaften konzentrieren. Diese werden durch optische Übergänge zwischen den Valenz- und Leitungsbändern am Dirac-Punkt bestimmt (siehe Abbildung 8.21c). Da die Energielücke null ist, sind Übergänge für alle Photonfrequenzen möglich. In einem gewöhnlichen zweidimensionalen Material ist die Übergangsrate wegen der konstanten Zustandsdichte unabhängig von der Frequenz (siehe Abschnitt 6.4.2). Diese Argumentation, die sich auf die parabolische E-k-Dispersion stützt, ist für Graphen offensichtlich nicht anwendbar. Trotzdem zeigt Graphen ein recht ähnliches Verhalten, insofern als die Absorption unabhängig von der Energie der optischen Frequenzen ist. Interessant ist, dass die Absorptionsrate allein durch die Feinstrukturkonstante $\alpha = c^2/\hbar c$ bestimmt ist, wobei die Absorbanz einer einzelnen Schicht gleich $\pi\alpha = 2{,}3\%$ ist. Damit haben wir einen einfachen Festkörper, der offensichtlich Effekte der Quantenelektrodynamik zeigt.

Diese Vorhersagen für Graphen sind experimentell bestätigt worden. Abbildung 8.22a zeigt das Transmissionsspektrum einer einzelnen Graphenschicht im sichtbaren Spektralbereich. Die Daten zeigen, dass die Absorbanz tatsächlich unabhängig von der Frequenz ist und je Graphenschicht den Wert $\pi\alpha = 2{,}3\%$ hat. Das bedeutet, dass der Transmissionsgrad einer Multilayer-Probe gleich $1 - \pi\alpha N$ ist, wobei

Abb. 8.22: (a) Transmission einer einzelnen Graphenschicht im sichtbaren Spektralbereich. Die gestrichelte Linie ist die für eine konstante Absorbanz von $\pi\alpha$ erwartete Transmission. Der leichte Abfall der Transmission bei kurzen Wellenlängen ist vermutlich auf Kohlenwasserstoffkontamination zurückzuführen. (b) Variation der Transmission mit der Anzahl der Graphenschichten. Nach Nair et al. (2008). ©AAAS, genehmigter Nachdruck.

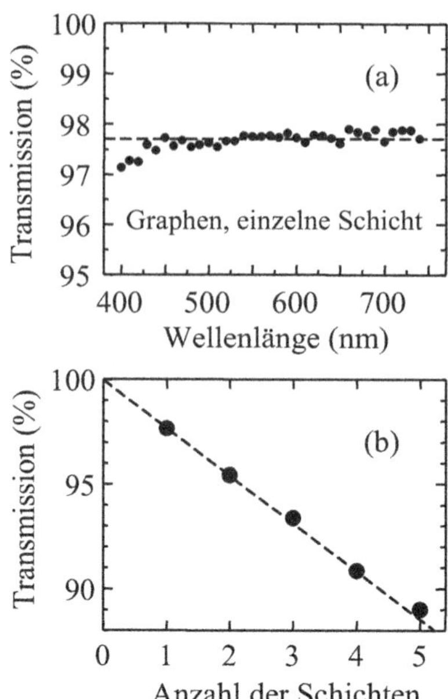

N die Anzahl der Graphenschichten ist. Diese Aussage wird durch die Daten in Abbildung 8.22b klar bestätigt. Die Absorbanz von 2,3% pro Schicht mag auf den ersten Blick klein erscheinen, doch tatsächlich ist sie sehr stark, wenn man bedenkt, dass die Graphenschicht nur ein Atom dick ist.

8.5.3 Kohlenstoffnanoröhren

Eine Kohlenstoffnanoröhre kann als zusammengerolltes Blatt Graphen aufgefasst werden. Es gibt viele verschiedene Möglichkeiten, dies zu bewerkstelligen, und dementsprechend gibt es auch eine große Vielfalt von Nanostrukturen. Betrachten wir das in Abbildung 8.23 gezeigte Graphen-Honigwabengitter. Eingezeichnet sind die fundamentalen Gittervektoren $\mathbf{a}_1$ und $\mathbf{a}_2$ der Struktur. In einer Nanoröhre ist das Graphenblatt zusammengerollt, sodass einer der Translationsvektoren des Gitters nun der Umfang ist. Wir definieren daher den Umfangsvektor der Nanoröhre als

$$\mathbf{c} = n_1\mathbf{a}_1 + n_2\mathbf{a}_2 \tag{8.14}$$

wobei n_1 und n_2 ganze Zahlen sind. Die Röhrenachse ist senkrecht zu $\mathbf{c}$. Dieser Umfangsvektor wird auch Chiralvektor genannt und mit (n_1, n_2) bezeichnet. Der Durchmesser einer Nanoröhre ist durch

$$d = \frac{|\mathbf{c}|}{\pi} = \frac{a_0}{\pi}\sqrt{n_1^2 + n_1 n_2 + n_2^2} \tag{8.15}$$

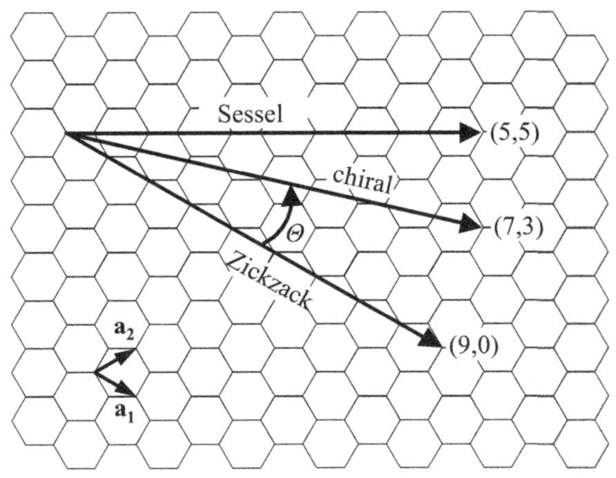

Abb. 8.23: Definition der Gittervektoren $\mathbf{a_1}$ und $\mathbf{a_2}$ für das Graphengitter sowie die Chiralvektoren für eine Nanoröhre. Der Chiralwinkel θ ist der Winkel zwischen dem Chiralvektor und der „Zickzack-Richtung".

gegeben (Aufgabe 8.18). Dabei ist $a_0 = |\mathbf{a_1}| = |\mathbf{a_2}| = 0{,}2461\,\mathrm{nm}$ die Länge der Basisvektoren.

In Abbildung 8.23 sehen wir drei unterschiedliche Arten von Umfangsvektoren. Jene mit $n_2 = 0$ und $n_2 = n_1$ werden als Zickzack-Röhren bzw. Sessel-Röhren bezeichnet, während alle übrigen einfach chiral genannt werden. Der Chiralwinkel θ ist definiert als der Winkel zwischen dem Chiralvektor und der Zickzack-Richtung. In Aufgabe 8.18 sollen Sie zeigen, dass für den Winkel

$$\theta = \tan^{-1}\left(\frac{\sqrt{3}n_2}{2n_1 + n_2}\right) \tag{8.16}$$

gilt. Sessel-Röhren haben also Chiralwinkel von $30°$.

Wenn man die Eigenschaften von Kohlenstoffnanoröhren untersucht, ist es wichtig, zwischen **einwandigen** und **mehrwandigen** Strukturen zu unterscheiden. Wie die Begriffe schon andeuten, sind damit Nanostrukturen gemeint, die entweder aus einem einzelnen Zylinder mit einem eindeutigen Chiralvektor oder aber aus mehreren konzentrischen Zylindern mit verschiedenen Chiralvektoren bestehen. In den letzten Jahren sind beträchtliche Fortschritte bei der Entwicklung von Verfahren zum Isolieren von individuellen, einwandigen Strukturen erzielt worden, was die Untersuchung von Nanoröhren mit wohldefinierten Chiralvektoren möglich gemacht hat.

Die elektronischen Eigenschaften von Nanoröhren ergeben sich aus ihrer Chiralstruktur. Wir haben gesehen, dass Graphen aufgrund seiner verschwindenden Energielücke am K-Punkt der Brillouin-Zone ein Halbmetall ist (siehe Abbildung 8.21). Nanoröhren dagegen können entweder metallisch oder halbleitend sein. Die Nanoröhre ist metallisch, falls

$$n_1 - n_2 = 3m \tag{8.17}$$

Mehrwandige Nanoröhren enthalten typischerweise einige metallische und einige halbleitende Röhren, weshalb sie normalerweise stark leitend sind.

(siehe Aufgabe 8.19), wobei m eine ganze Zahl ist (positiv, negativ oder null). In allen anderen Fällen ist die Nanoröhre ein Halbleiter mit einer von null verschiedenen Energielücke zwischen Valenz- und Leitungsband. Dies bedeutet, dass ein Drittel aller Nanoröhren metallisch sind und zwei Drittel halbleitend.

Die Elektronen in einer Nanoröhre können sich entlang der Achse (gewöhnlich in z-Richtung definiert) frei bewegen, während sie senkrecht dazu einer zylindrischen Beschränkung unterliegen. Wir haben es daher mit einem nahezu idealen eindimensionalen System zu tun, welches als **Quantendraht** aufgefasst werden kann (siehe Abschnitt 6.1). Die Wellenfunktionen der Elektronen haben die Form

$$\Psi(x,y,z) = \frac{1}{\sqrt{L}}\psi_{ij}(x,y)\,\mathrm{e}^{\mathrm{i}k_z z} \tag{8.18}$$

Dabei ist k_z der Wellenvektor in Richtung der Röhrenachse und L die Normierungslänge. Die Indizes i und j kennzeichnen die quantenbeschränkten Umfangszustände der Röhre. Die Energie der Elektronen ist somit

$$E(k_z, n) = E_n + \frac{\hbar^2 k_z^2}{2m^*} \tag{8.19}$$

wobei n eine ganze Zahl ist, welche den quantenbeschränkten Zustand spezifiziert. Die Zustandsdichte pro Längeneinheit ist für jedes Band durch

$$g_n(E) = \frac{\sqrt{2m^*}}{\pi\hbar}(E - E_n)^{-1/2} \tag{8.20}$$

gegeben (siehe Aufgabe 8.20), wie es für ein eindimensionales Material zu erwarten ist. Wir erwarten deshalb, dass die Zustandsdichte an den Energien der quantisierten Niveaus **van-Hove-Singularitäten** (siehe Abschnitt 3.5) aufweist.

Abbildung 8.24 zeigt die Bandstruktur für halbleitende und metallische Nanoröhren zusammen mit ihren jeweiligen Zustandsdichten. Für jeden beschränkten Zustand gibt es ein parabolisches Band mit einer van-Hove-Singularität am Energieschwellwert. In halbleitenden Nanoröhren gibt es eine Energielücke zwischen dem höchsten gefüllten Zustand im Valenzband und dem tiefsten leeren Zustand im Leitungsband (siehe Teil (a) der Abbildung). Die Größe dieser Lücke variiert mit dem Röhrendurchmesser und liegt für eine Röhre vom Durchmesser 1 nm bei etwa 0,8 eV (1500 nm) (siehe Abbildung 8.25). Metallische Nanoröhren weisen das zusätzliche lineare Band auf, das aus dem K-Punkt der Brillouin-Zone von Graphen abgeleitet ist (siehe Abbildung 8.21 und die zugehörige Diskussion). Da das Band durch den Ursprung verläuft, gibt es keine Bandlücke

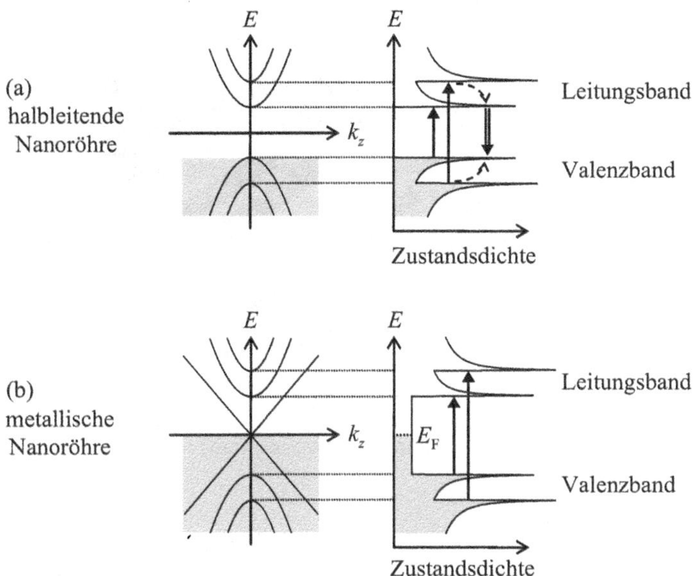

Abb. 8.24: Energiebänder und zugehörige Zustandsdichten für (a) halbleitende Nanoröhren und (b) metallische Nanoröhren. Die Schattierung kennzeichnet besetzte Zustände. E_F ist die Fermi-Energie. Die ersten beiden Absorptionsübergänge bei den Energien der van-Hove-Singularitäten sind in beiden Fällen durch aufwärts gerichtete Pfeile markiert. Der nach unten zeigende Pfeil in (a) verweist auf einen Emissionsübergang, wobei die gestrichelten Linien für Relaxationsprozesse stehen.

zwischen der Oberkante des Valenzbandes und der Unterkante des Leitungsbandes. Vielmehr gibt es ein Kontinuum von Zuständen zwischen den quantenbeschränkten Niveaus, wie in Teil (b) von Abbildung 8.24 zu sehen ist.

Zwischen den Zuständen im Valenz- und Leitungsband können optische Übergänge auftreten. Die Auswahlregeln schreiben vor, dass die Quantenzahlen n von Elektron- und Lochzuständen identisch sein müssen, und die Impulserhaltung verlangt, dass k_z unverändert bleibt. Aufgrund der van-Hove-Singularitäten an den Schwellwerten der Bänder wird die Übergangsrate für Photonenergien verstärkt, welche die Bedingung

$$\hbar\omega = E_n^\mathrm{c} - E_n^\mathrm{v} \equiv E_{nn} \tag{8.21}$$

erfüllen. Die hochgestellten Indizes stehen hier für das Leitungsband (engl. conduction band) und das Valenzband. Die Übergänge E_{11} und E_{22} sind für halbleitende wie auch für metallische Nanoröhren in Abbildung 8.24 illustriert. Optische Übergänge sind natürlich auch bei anderen Photonenergien möglich, doch es ist zu erwarten, dass die Übergänge bei Frequenzen, welche die Bedingung (8.21) erfüllen, aufgrund ihrer größeren Übergangsrate aus dem Kontinuum herausragen.

Fluoreszenz kann in halbleitenden Nanoröhren beobachtet werden, wenn angeregte Elektronen aus dem Leitungsband mit Löchern aus dem Valenzband rekombinieren. Dies geschieht typischerweise durch Anregung von Elektronen und Löchern in ein höheres Band durch

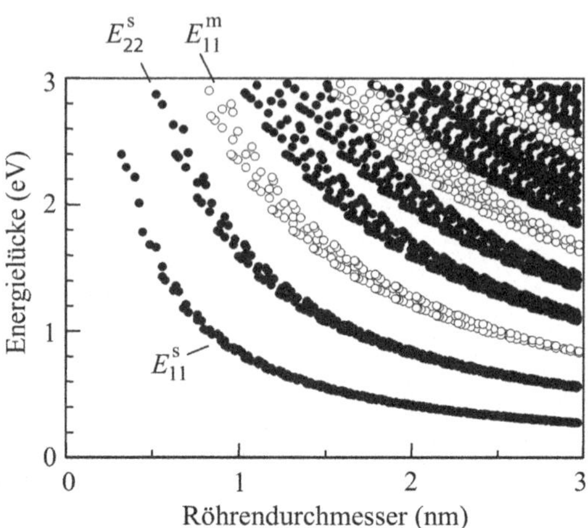

Photoanregung. Die Elektronen und Löcher relaxieren dann durch Phononemission in die tiefsten Bänder und emittieren Photonen mit Energien von $\hbar\omega = E_{11}$. Dieser Prozess wird in Abbildung 8.24a für den Fall illustriert, dass die Elektronen und Löcher anfangs in den ($n{=}2$)-Bändern angeregt sind. Für metallische Nanoröhren tritt keine Fluoreszenz auf, da das Loch im Valenzband sehr schnell mit Elektronen aus den darüber liegenden besetzten Zuständen aufgefüllt wird.

Abbildung 8.25 zeigt einen Plot der durch (8.21) definierten Energielücke als Funktion des Röhrendurchmessers. Ein solches Diagramm wird „Kataura-Plot" genannt. Die gefüllten Kreise stehen für halbleitende und die gefüllten für metallische Nanoröhren. Wie für einen Effekt der Quantenbeschränkung zu erwarten ist, nimmt die Größe der Energielücken mit zunehmendem Röhrendurchmesser ab, und zwar näherungsweise wie $1/d$. Für jede spezielle Röhre gibt es eine Reihe von Energielücken, die mit den ansteigenden Werten von n korrespondieren. Die fundamentale Bandlücke (E_{11}^{s}) einer halbleitenden Röhre reicht für Röhrendurchmesser, die kleiner sind als 5 nm, bis in den sichtbaren Spektralbereich. Beachten Sie, dass die Zustände mit Bandlücke null der metallischen Röhren in Abbildung 8.25 nicht gezeigt sind.

Die berechneten Energielücken in Abbildung 8.25 können mit experimentellen Daten verglichen werden, die man durch eine Vielzahl von Verfahren erhalten kann, wozu die Absorptions-, Fluoreszenz- und Photolumineszenz-Anregungsspektroskopie sowie die resonante Raman-Streuung gehören. Die experimentellen Daten stimmen prinzipiell gut mit den theoretischen Berechnungen überein. Beispielsweise zeigt Abbildung 8.26a die Emissionsspektren eines Ensembles von halbleitenden einwandigen Nanoröhren, die in D_2O suspendiert

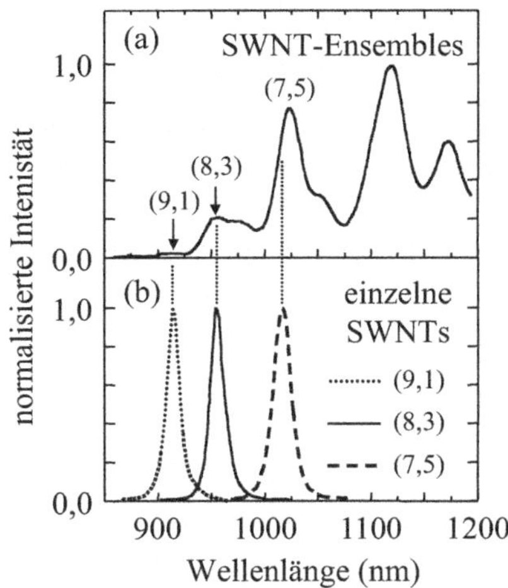

Abb. 8.26: Emissionsspektren von einwandigen Kohlenstoffnanoröhren bei Raumtemperatur. (a) Suspension in D_2O. (b) Einzelne Nanoröhren auf einem Glassubstrat. Angegeben sind die Chiralvektoren (n_1, n_2) der Nanoröhren. Nach Hartschuh et al. (2003), ©AAAS, genehmigter Nachdruck.

sind. Mehrere starke Peaks, die den E_{11}-Übergängen von Nanoröhren mit unterschiedlichen Durchmessern entsprechen, sind deutlich auszumachen. Besonders gekennzeichnet sind drei spezielle Peaks, nämlich

- 915 nm (1,355 eV): $(n_1, n_2) = (9, 1)$, $d = 0{,}75$ nm;

- 955 nm (1,298 eV): $(n_1, n_2) = (8, 3)$, $d = 0{,}77$ nm;

- 1023 nm (1,212 eV): $(n_1, n_2) = (7, 5)$, $d = 0{,}82$ nm.

Wie erwartet, nimmt die Emissionsenergie mit wachsendem Röhrendurchmesser ab. Außerdem zeigen andere Experimente, dass die E_{11}-Absorptions- und Emissionslinien bei sehr ähnlichen Energien liegen, was das in Abbildung 8.24 skizzierte physikalische Bild bestätigt.

Wenn individuelle einwandige Nanoröhren isoliert werden, dann besteht das Spektrum einfach aus einer einzelnen, starken Linie (siehe 8.26b). Die Emissionslinien haben eine lorentzsche Linienform mit einer Breite von 23 meV, was bei Raumtemperatur sehr dicht an $k_B T$ liegt. Man beachte, dass es in Abbildung 8.26b eine leichte Verschiebung des Peaks (7,5) im Vergleich zu Abbildung 8.26a gibt. Hierin manifestiert sich die Tatsache, dass das Spektrum des Ensembles das gewichtete Mittel einer inhomogenen Verteilung vieler unterschiedlicher Nanoröhren repräsentiert, von denen jede einzelne ein Lorentz-Spektrum wie in Teil (b) hat, doch jeweils mit einer leicht abweichenden Übergangsenergie. Die maximale Energie einer einzelnen einwandigen Nanoröhre kann deshalb an jeder beliebigen Stelle innerhalb der inhomogenen Linienbreite des Ensembles liegen. Ein ähnliches Phänomen wurde für Quantenpunkte im Zusammenhang mit Abbildung 6.22a diskutiert.

Bei der obigen Diskussion wurden Überlegungen zu exzitonischen Effekten zurückgestellt. Die exzitonische Bindungsenergie E_X in einer Kohlenstoffnanoröhre ist aufgrund der reduzierten Dimensionalität viel größer als in einem typischen III-V-Volumenhalbleiter. Die Bindungsenergie variiert umgekehrt proportional zum Durchmesser und ist näherungsweise durch $E_X \sim 0{,}3/d$ gegeben, wenn E_X in eV und d in nm gemessen wird. Damit gilt $E_X \approx 0{,}4\,\text{eV}$ für $d = 0{,}8\,\text{nm}$. Wie in Kapitel 4 erläutert wurde, tritt der dominante exzitonische Übergang bei $(E_G - E_X)$ auf, wobei E_G die Bandlücke und E_X die exzitonische Bindungsenergie ist. Damit ist die tatsächliche Bandlücke etwas größer, als die bei den Absorptions- und Emissionsexperimenten gemessenen Energien, da die beobachteten Übergänge exzitonischer Natur sind.

8.5.4 Fullerene

Für die Entdeckung des C_{60}-Moleküls im Jahr 1985 wurden Curl, Kroto und Smalley 1996 mit dem Nobelpreis für Chemie geehrt. Das Molekül hat die in Abbildung 8.20 gezeigte Struktur des „Buckminster-Fullerens". Diese Struktur ähnelt einem Fußball und ist nach dem Architekten Buckminster Fuller benannt, der für die Konstruktion von geodätischen Kuppeln bekannt ist.

Das wichtigste Merkmal der optischen Spektren von C_{60}-Molekülen sind in dem Jablonski-Diagramm in Abbildung 8.27a zusammengefasst. Die Zustände sind durch ihre Parität indiziert, also mit „g" für gerade und „u" für ungerade. Der HOMO-Grundzustand (S_0) hat gerade Parität, ebenso der erste angeregte LUMO-Singulettzustand (S_1) bei 1,85 eV. Damit sind Übergänge von S_0 nach S_1 aufgrund der Auswahlregel für die Parität verboten. Der erste erlaubte Übergang ist daher der Übergang nach S_2 bei 2,7 eV.

Nachdem das Molekül einmal in einen höher liegenden Singulettzustand angeregt wurde, relaxiert es aufgrund von nichtstrahlenden Relaxationsprozessen sehr schnell in den S_1-Zustand. Es gibt dann zwei mögliche Zerfallswege zurück in den Grundzustand: zum einen Strahlungsübergänge und zum anderen Intersystem-Crossing in das T_1-Triplettniveau, gefolgt von einem nichtstrahlenden Phosphoreszenzzerfall. Elektrische Dipolübergänge von S_1 nach S_0 sind wieder verboten, jedoch können die vibronische Kopplung im angeregten Zustand und die Kristallunordnung eine kleine Mischkomponente aus geraden und ungeraden Zuständen erzeugen und dadurch die Paritätsauswahlregel partiell aufheben. Die resultierende radiativen Lebensdauer liegt typischerweise bei rund 1,8 µs. Diese lange Lebensdauer ist mit der kürzeren Dauer für das Intersystem-Crossing

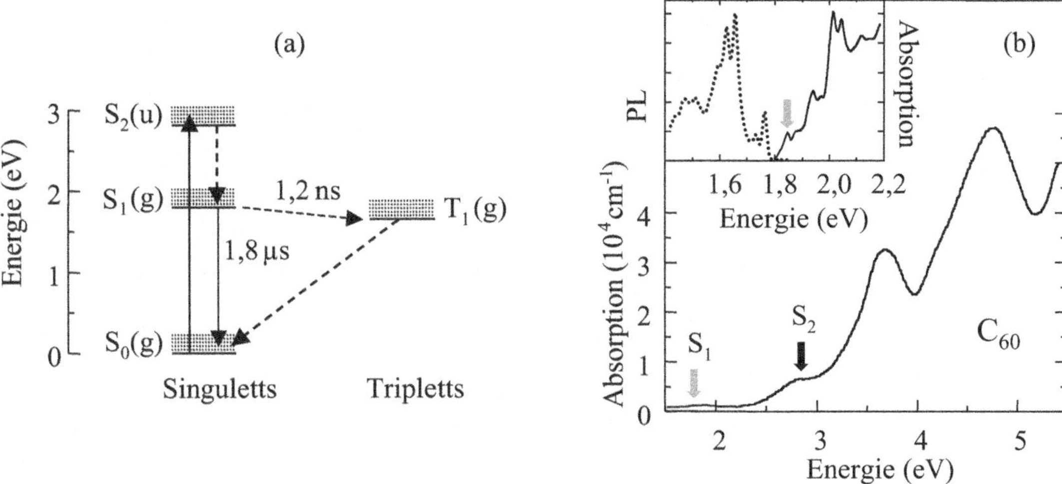

Abb. 8.27: (a) Jablonski-Diagramm für C$_{60}$. Mit „g" und „u" sind die Paritäten der Zustände bezeichnet. Die durchgezogenen Pfeile verweisen auf optische Übergänge und die gestrichelten auf nichtradiative Relaxationsprozesse. Die angegebenen Zeitkonstanten sind typische Werte und können von Probe zu Probe leicht variieren. (b) Absorptionsspektrum für einen dünnen C$_{60}$-Film bei Raumtemperatur. Der Einschub zeigt das Absorptionsspektrum und das normierte Photolumineszenzspektrum (PL, gepunktete Linie) für kristallines C$_{60}$ bei 10 K. Die Pfeile markieren das Einsetzen der Übergänge S$_0$ → S$_1$ und S$_0$ → S$_2$. Daten aus Ren et al. (1991), ©American Institute of Physics, sowie Schlaich et al. (1995), ©Elsevier, genehmigter Nachdruck.

zu vergleichen, die nur 1,2 ns beträgt. Die Übergänge T$_1$ → S$_0$ sind stark verboten und haben eine sehr geringe Wahrscheinlichkeit, was den Zerfallsweg über T$_1$ effektiv zu einem nichtstrahlenden macht. Aus (5.5) folgt daher, dass die Strahlungseffizienz sehr niedrig ist. Typische Werte für kristallines C$_{60}$ bei niedrigen Temperaturen liegen etwa bei 10^{-3}.

Abbildung 8.27b zeigt das Absorptionsspektrum eines festen C$_{60}$-Films bei Raumtemperatur. Die Absorption an der HOMO-LUMO-Lücke von 1,85 eV ist schwach, wie es für dipolverbotene Übergänge zu erwarten ist. Der erste hohe Wert ist bei 2,7 eV zu beobachten, und dieser korrespondiert mit dem (S$_0$ → S$_2$)-Übergang. Die starke Linie bei 3,6 eV entspricht einem Übergang aus einem tiefen Niveau ungerader Parität im Valenzband in ein S$_1$-Niveau gerader Parität, während die Linie bei 4,7 eV aus (S$_0$ → S$_n$)-Übergängen resultiert, wobei S$_n$ der nächste angeregte Singulettzustand ungerader Parität oberhalb von S$_2$ ist.

Der Einschub in Abbildung 8.27b zeigt das Photolumineszenzspektrum von kristallinem C$_{60}$ bei 10 K und das detaillierte Absorptionsspektrum an der HOMO-LUMO-Bandlücke. Wie oben bereits

Beachten Sie, dass die hier genannten Zeitkonstanten nur typische Werte sind und von Probe zu Probe beträchtlich variieren können. Die Rate für das Intersystem-Crossing in C$_{60}$ ist relativ groß, da die Niveaus S$_1$ und T$_1$ nahezu entartet sind.

erwähnt, sind elektrisch dipolerlaubte Übergänge zwischen HOMO- und LUMO-Zuständen durch die Paritätsauswahlregel verboten. Dies bedeutet, dass die Übergänge entweder durch Prozesse höherer Ordnung (etwa durch elektrische Quadrupolübergänge) erfolgen müssen oder durch Mechanismen, die die Parität der Zustände zerstören. Beispiele für Mechanismen vom zuletzt genannten Typ sind Kristallfehler und die vibronische Kopplung. Beide führen zu Störungen der Ikosaedersymmetrie des C_{60}-Moleküls – im ersten Fall statisch und im zweiten dynamisch – und folglich zu einem Verlust der Inversionssymmetrie, welche die Parität festlegt.

Sowohl das Absorptionsspektrum als auch das Photolumineszenzspektrum in Abbildung 8.27 zeigt eine ausgeprägte vibronische Substruktur sowie zusätzliche Peaks, die auf die Feinstruktur des S_1-Niveaus zurückzuführen sind. Es zeigt sich, dass die relative Intensität der vibronischen Peaks im Photolumineszenzspektrum von Probe zu Probe erheblich variiert, was mit der starken Abhängigkeit von Defekten und der kristallinen Unordnung zu tun hat. Die rein elektronisch-vibronische 0-0-Linie tritt bei $1{,}846\,\mathrm{eV}$ auf und ist durch den grauen Pfeil gekennzeichnet. Die Tatsache, dass diese Linie im Photolumineszenzspektrum fehlt, zeigt deutlich, dass die vibronische Kopplung (d. h. die Kopplung an Phononen) ein wichtiger Faktor dafür ist, dass eine Strahlungsemission auftreten kann.

Potentielle Anwendungen haben Fullerene als optische Begrenzer im Spektralbereich von 500 bis 800 nm. Die Absorptionsrate ist bei niedriger Leistung klein, da die Photonenergie unter dem Schwellwert von $2{,}7\,\mathrm{eV}$ für den $(S_0 \rightarrow S_2)$-Übergang liegt. Wenn die Leistung erhöht wird, gehen die photoangeregten Elektronen durch Intersystem-Crossing schnell in den tiefsten Triplettzustand über und akkumulieren sich dort aufgrund der langen Lebensdauer des T_1-Niveaus. Diese Elektronen können dann Licht im gleichen Spektralbereich absorbieren, indem sie Übergänge in angeregte Triplettzustände ungerader Parität ausführen. Damit eröffnet sich für hohe Intensitäten ein neuer Weg der Absorption, wodurch die Transmission von Hochleistungsimpulsen beschränkt wird. Eine solche optische Schranke ist beispielsweise von potenziellem Nutzen, um Schutzbrillen gegen intensive Laserpulse herzustellen.

Die Lebensdauer des T_1-Niveaus ist sehr lang ($\gtrsim$ ms), da die Übergänge in das S_0-Niveau die Auswahlregeln für den Spin und die Parität verletzen.

Zusammenfassung

- Optische Spektren von molekularen Festkörpern sind durch lokalisierte elektronische und Vibrationszustände bestimmt, die eng mit den Zuständen isolierter Moleküle zusammenhängen.

- Übergänge zwischen elektronischen Zuständen haben vibronischen Charakter. Während des Übergangs werden gleichzeitig Vibrationsquanten angeregt.

- Das vibronische Spektrum kann mithilfe von Konfigurationsdiagrammen erklärt werden. Das Franck-Condon-Prinzip besagt, dass die Konfigurationskoordinaten sich während eines
vibronischen Übergangs nicht ändern, weshalb die Übergänge in Konfigurationsdiagrammen durch vertikale Pfeile dargestellt werden.

- Nach dem Übergang kommt es innerhalb der vibronischen
Bänder zur strahlungsfreien Relaxation. Die Emissionsspektren sind gegenüber den Absorptionsspektren rotverschoben.

- Die angeregten Zustände des Moleküls können in Singuletts
und Tripletts unterteilt werden. Der Grundzustand ist immer
ein Singulett. Übergänge in angeregte Singulettzustände sind
spinerlaubt und dominieren die Absorptions- und Emissionsspektren. Singulett-Triplett-Übergänge sind spinverboten und
haben sehr geringe Wahrscheinlichkeiten.

- Die Emission aus Singulettzuständen wird als Fluoreszenz bezeichnet, die Triplett-Singulett-Emission hingegen als Phosphoreszenz.

- Konjugierte organische Moleküle haben delokalisierte π-Orbi-
tale. Größere Moleküle haben aufgrund der reduzierten Beschränkung der π-Elektronen kleinere Übergangsenergien.

- Konjugierte Moleküle werden allgemein in kleine Moleküle
und Polymere unterteilt. Viele dieser Moleküle haben Übergänge im sichtbaren Spektralbereich und sind als Material
für Leuchtdioden interessant. Ihre absorbierenden Eigenschaften können auch in photovoltaischen Bauelementen ausgenutzt
werden.

- Graphen ist eine zweidimensionale Struktur aus Kohlenstoffatomen. Das Material hat einen frequenzunabhängigen Absorptionskoeffizienten, der durch die Feinstrukturkonstante bestimmt ist.

- Kohlenstoffnanoröhren können als eindimensionale Systeme
(also als Quantendrähte) betrachtet werden. In Abhängigkeit
von ihrer Chiralität können sie metallisch oder halbleitend
sein. In ihren optischen Spektren treten am Energieschwellwert für neue beschränkte Zustände van-Hove-Peaks auf. Nur
halbleitende Nanoröhren fluoreszieren.

- C_{60}-Moleküle werden auch Fullerene oder „Fußball-Moleküle"
genannt. Ihre Strahlungseffizienz ist gering, da elektrische Dipolübergänge aus dem tiefsten angeregten Singulettzustand
verboten sind.

Weiterführende Literatur

Die elektronischen Zustände einfacher Moleküle werden in vielen einführenden Texten zur Quantenmechanik behandelt, so zum Beispiel in Gasiorowicz (2012). Molekülspektren werden ausführlicher in Banwell & McCash (1994) sowie in Haken & Wolf (1995) behandelt. Eine anspruchsvollere Darstellung der Photophysik organischer Moleküle finden Sie in Klessinger & Michl (1995).

Als Einführung in das Gebiet der molekularen Kristalle empfiehlt sich Wright (1995), während Pope & Swenberg (1999) die maßgebliche Abhandlung zu den optischen Eigenschaften von organischen Kristallen, Polymeren und Fullerenen ist. Einen Überblick über die Eigenschaften von Exzitonen in nanoskaligen Systemen finden Sie in Scholes & Rumbles (2006).

Eine nützliche Sammlung von Artikeln über organische elektronische Materialien ist Farchioni & Grosso (2001). Als Übersichtsartikel zum Thema organische Elektrolumineszenz-Baulemente empfehlen sich Friend et al. (1999) sowie Mueller (2000). Eine interessante Artikelsammlung über organische elektronische Bauelemente einschließlich Lasern und Solarzellen ist Forrest & Thompson (2007). Organische photovoltaische Bauelemente werden auch in Brabec et al. (2008) ausführlich beschrieben.

Übersichtsartikel zu den Eigenschaften von Graphen sind Geim & Novoselov (2007), Geim & MacDonald (2007) und Castro Neto et al. (2009). Einen Überblick über die Eigenschaften von Fullerenen und Nanoröhren bietet Dresselhaus et al. (1996). Neuere Beiträge zu Nanoröhren und Graphen sind Reich et al. (2004), Dresselhaus et al. (2007) sowie Saito & Zettl (2008). Mögliche Anwendungen von Nanoröhren in der Elektronik und Photonik werden in Avouris (2009) diskutiert.

Aufgaben

8.1 Die Schrödinger-Gleichung für einen eindimensionalen harmonischen Oszillator lautet

$$-\frac{\hbar^2}{2m}\frac{\mathrm{d}^2\Psi}{\mathrm{d}x^2} + \tfrac{1}{2}m\Omega^2 x^2\Psi = E\Psi$$

Zeigen Sie, dass die folgenden Wellenfunktionen Lösungen sind, indem Sie die Werte von a und die Energien der drei Zustände angeben

$$\Psi_1 = C_1\, e^{-x^2/2a^2}$$

$$\Psi_2 = C_2\, x\, e^{-x^2/2a^2}$$

$$\Psi_3 = C_3 \left(1 - \frac{2x^2}{a^2}\right) e^{-x^2/2a^2}$$

8.2 Betrachten Sie die π-Elektronen entlang eines konjugierten Polymers als ein eindimensionales System der Länge d, wobei diese durch die Gesamtlänge des Moleküls definiert ist. Unter dieser Annahme ist es möglich, das in Abschnitt 6.3.2 beschriebene Modell des unendlichen Potentialtopfs zu verwenden, um die Elektronenenergie abzuschätzen. Verwenden Sie diese Approximation, um den Wert von d zu bestimmen, der für den Übergang niedrigster Energie bei 500 nm nötig ist. Schätzen Sie dann die Anzahl der Monomere eines bei dieser Wellenlänge emittierenden Polymers ab, wenn die Länge der Kohlenstoff-Kohlenstoff-Bindung etwa 0,1 nm beträgt.

8.3 Die drei Vibrationsmoden des Kohlenstoffdioxidmoleküls haben Frequenzen von 2×10^{13} Hz, 4×10^{13} Hz und 7×10^{13} Hz. Berechnen Sie für jede Mode das Verhältnis der Anzahl der Moleküle mit einem angeregten Vibrationsquantum zur Anzahl der Moleküle ohne Vibrationsquantum bei einer Temperatur von 300 K.

8.4 Berechnen Sie die Energiedifferenz zwischen zwei Paaren von isolierten Wasserstoffatomen, von denen eines beide Atome im 1s-Zustand hat und das andere ein Atom im 1s-Zustand und das andere im 2p-Zustand. Geben Sie eine qualitative Begründung für die Differenz zwischen diesem Wert und der gemessenen Übergangsenergie von 11,3 eV für den Übergang zwischen dem Grundzustand und dem ersten elektronisch angeregten Zustand des H_2-Moleküls.

8.5 Die potentielle Energie $U(r)$ zweier neutraler Moleküle, die voneinander den Abstand r haben, wird durch das Lennard-Jones-Potential

$$U(r) = \frac{A}{r^{12}} - \frac{B}{r^6} \tag{8.22}$$

mit den positiven Fitting-Konstanten A und B beschrieben.

(a) Verifizieren Sie die r^{-6}-Abhängigkeit des attraktiven Teils des Potentials.

(b) Skizzieren Sie den Verlauf von $U(r)$ und zeigen Sie, dass die Energie ein Minimum bei $r = r_0 = (2A/B)^{1/6}$ hat.

(c) Schreiben Sie die Taylor-Entwicklung von $U(r)$ für kleine Auslenkungen um r_0 auf und zeigen Sie, dass das Potential in der Nähe des Minimums parabolisch verläuft. Berechnen Sie die Kreisfrequenz für harmonische Oszillationen um dieses Minimum, ausgedrückt durch A, B und die reduzierte Masse μ des Moleküls.

8.6 Betrachten Sie einen vibronischen Übergang aus dem Grundzustand in einen angeregten Zustand bei $T = 0$.

(a) Erklären Sie, warum das Absorptionsspektrum die folgende Form hat:

$$I(\hbar\omega) \propto \sum_{n=0}^{\infty} |\langle n, Q_0'|0, Q_0\rangle|^2 \delta(\hbar\omega - \hbar\omega_0 - n\hbar\Omega)$$

Dabei sind Q_0 und Q_0' die Gleichgewichtskoordinaten des Grundzustands bzw. des angeregten Zustands, $|\langle n, Q_0'|0, Q_0\rangle|^2$ ist ein Franck-Condon-Faktor, $\hbar\omega_0$ die Energie der Nullphononlinie, Ω die Vibrationsfrequenz des angeregten Zustands und $\delta(x)$ die diracsche Deltafunktion.[1]

(b) Der in dem Ausdruck für $I(\hbar\omega)$ auftretende Überlappungsfaktor kann exakt ausgewertet werden und ist gegeben durch

$$|\langle n, Q_0'|0, Q_0\rangle|^2 = \frac{\exp(-S)S^n}{n!}$$

mit dem Huang-Rhys-Parameter S für den Übergang. Skizzieren Sie die für die folgenden Fälle zu erwartenden Spektren: (i) $S = 0$, (ii) $S = 1$, (iii) $S = 5$.

8.7 Das Absorptionsspektrum von Benzen besteht aus einer Serie von Linien mit Wellenlängen von 267 nm, 261 nm, 254 nm, 248 nm, 243 nm, 238 nm und 233 nm. Schätzen Sie die Energie des angeregten S_1-Zustands sowie die dominante Vibrationsfrequenz des Moleküls.

8.8 Verwenden Sie die in Abbildung 8.9 gezeigten Daten, um ein Konfigurationsdiagramm für den Grundzustand und die ersten beiden angeregten Singulettzustände des Ammoniakmoleküls zu skizzieren.

8.9 Erklären Sie, warum die Spin-Bahn-Kopplung dazu führen kann, dass Strahlungsübergänge zwischen Singulett- und Triplettzuständen erlaubt sind.

---

[1] Die diracsche Deltafunktion ist definiert als $\delta(x) = 0$ für $x \neq 0$ und $\int_{-\infty}^{+\infty} \delta(x)\,\mathrm{d}x = 1$. Sie kann als der Limes $\xi \to 0$ einer Funktion betrachtet werden, die überall null ist, außer im Intervall $[-\xi/2, +\xi/2]$, wo sie den Wert $1/\xi$ annimmt.

8.10 Unter bestimmten Umständen ist es möglich, an dem in Abbildung 8.10 betrachteten Pyrromethen-Farbstoff eine schwache Emission bei 760 nm zu beobachten. Es zeigt sich, dass diese Emission eine Lebensdauer von 0,3 ms hat. Schlagen Sie eine mögliche Erklärung für diese Beobachtung vor.

8.11 Verwenden Sie die in Abbildung 8.13 gezeigten Daten, um die Energie der dominierenden Vibrationsmoden eines Anthracenkristalls und von gelösten Molekülen abzuschätzen.

8.12 Wenden Sie die Regel der Spiegelsymmetrie auf das in Abbildung 8.13 gezeigte Absorptionsspektrum des Anthracenkristalls an, um auf die Form des Emissionsspektrums zu schließen.

8.13 Wiederholen Sie Aufgabe 8.12 für das in Abbildung 8.16 gezeigte Absorptionsspektrum von PDA.

8.14 Die Absorptionskante von kristallinem Anthracen ($C_{14}H_{10}$) liegt bei 400 nm, doch Experimente zur Photoleitung ergeben einen anderen Schwellwert bei 295 nm. Schließen Sie auf den Wert der Bindungsenergie des Grundzustands-Frenkel-Exzitons von Anthracen.

8.15 Bei der Raman-Streuung werden Photonen zu einer niedrigeren Energie verschoben, indem sie beim Durchgang durch die Probe Vibrationsquanten emittieren. Die Kreisfrequenz des nach unten verschobenen Photons ist $(\omega - \Omega)$, wobei ω die Frequenz des einlaufenden Photons und Ω die Frequenz der Vibrationsmode ist. Verwenden Sie die Daten aus Abbildung 8.17, um die Wellenlänge der Raman-verschobenen Photonen abzuschätzen, die erzeugt werden, wenn ein bei 633 nm arbeitender Helium-Neon-Laser auf eine MeLPPP-Probe fällt.

8.16 In zwei identischen Proben eines molekularen Materials werden gleich viele Elektronen und Löcher injiziert. In einem Fall erfolgt die Injektion optisch, in dem anderen elektrisch. Erklären Sie, warum die elektrisch angeregte Probe nur ein Viertel der Lumineszenz der optisch angeregten Probe zeigt. (Hinweis: Dies hängt mit der Bildung von Triplettzuständen zusammen.)

8.17 Eine Polymer-Leuchtdiode emittiert bei einem Betriebsstrom von 10 mA bei 550 nm.

(a) Erklären Sie, warum die maximale Quantenausbeute, die wir von diesem Bauelement erwarten können, nur 25 % beträgt.

(b) Berechnen Sie die gesamte emittierte optische Leistung unter der Annahme, dass die interne Quantenausbeute 25 % beträgt.

(c) Wenn die Betriebsspannung 5 V beträgt, wie groß ist dann die Effizienz der Leistungsumwandlung? Können Sie erwarten, diese Effizienz in einem realen Bauelement zu erhalten?

8.18 (a) Betrachten Sie die in Abbildung 8.23 gezeigten Gittertranslationsvektoren von Graphen. Zeigen Sie, dass $a_0 = \sqrt{3}a$ gilt, wobei $a_0 = |\mathbf{a_1}| = |\mathbf{a_2}|$. Dabei ist a die Kohlenstoff-Kohlenstoff-Distanz (0,142 nm).

(b) Beweisen Sie die Gültigkeit von (8.15).

(c) Beweisen Sie die Gültigkeit von (8.16).

8.19 (a) Erklären Sie, warum die $\mathbf{k}$-Zustände, die für Elektronen in einer Kohlenstoffnanoröhre mit dem Chiralvektor $\mathbf{c}$ erreichbar sind, die Bedingung

$$\mathbf{k} \cdot \mathbf{c} = 2\pi m$$

mit einer ganzen Zahl m erfüllen müssen.

(b) Die metallische Natur von Graphen resultiert aus der Null-Energielücke bei $\mathbf{k} = (\mathbf{k}_1 - \mathbf{k}_2)/3$, d. h. am K-Punkt der Brillouin-Zone. ($\mathbf{k}_1$ und $\mathbf{k}_2$ sind die Gittervektoren des reziproken Gitters von Graphen.) Eine Nanoröhre ist daher metallisch, wenn der K-Punkt durch einen der erlaubten $\mathbf{k}$-Vektoren beschrieben wird. Zeigen Sie, dass diese Bedingung nur erfüllt ist, wenn der Chiralvektor (n_1, n_2) die Gleichung

$$n_1 - n_2 = 3m$$

mit einer ganzen Zahl m erfüllt.

8.20 Betrachten Sie eine Nanoröhre als eindimensionalen Quantendraht mit Elektronenenergien gemäß (8.19). Zeigen Sie, dass die Zustandsdichte dann durch (8.20) gegeben ist.

8.21 Berechnen Sie die Strahlungseffizienz eines C_{60}-Moleküls mit den in Abbildung 8.27a angegebenen Zeitkonstanten.

9 Lumineszenzzentren

In diesem Kapitel betrachten wir die Physik von optisch aktiven Defekten und Beimengungen in kristallinen Trägermaterialien. Die elektronischen Zustände der Defekte sind über die Elektron-Phonon-Wechselwirkung stark an die Phononen des Kristalls gekoppelt. Wir haben es also mit einem vibronischen System zu tun, dessen optische Eigenschaften den vibronischen Spektren der in Kapitel 8 betrachteten molekularen Materialien entsprechen. Wir beginnen daher mit einer Zusammenfassung der Physik vibronischer Übergänge und konzentrieren uns dann auf zwei allgemeine Kategorien von Lumineszenzzentren, nämlich auf Farbzentren und paramagnetische Fremdionen. Diese Materialien werden vielfach in Festkörperlasern und Leuchtstoffen eingesetzt.

9.1 Vibronische Absorption und Emission

Die elektronischen Zustände von Fremdatomen, die einem Kristall beigemengt sind, koppeln über die Elektron-Phonon-Wechselwirkung stark an die Vibrationsmoden des Trägermaterials. Dies schlägt sich in kontinuierlichen vibronischen Bändern nieder, die konzeptuell verschieden sind von den elektronischen Bändern, die im Rahmen der Bändertheorie von Festkörpern untersucht werden. Die elektronischen Zustände sind in der Nähe bestimmter Gitterplätze des Kristalls lokalisiert, und die stetigen Spektralbänder resultieren aus der Kopplung der diskreten elektronischen Zustände an ein stetiges Spektrum von Vibrations(phonon)moden. Dies ist ein großer Unterschied zu den Interbandübergängen, bei denen stetige Bänder von delokalisierten elektronischen Zuständen betrachtet werden.

Die grundlegenden Prozesse, die bei vibronischen Übergängen in molekularen Materialien auftreten, wurden in den Abschnitten 8.2.2 bis 8.2.4 beschrieben. Die dort dargelegten Prinzipien stellen einen guten Ausgangspunkt dar, um die allgemeineren vibronischen Systeme zu behandeln, um die es in diesem Kapitel geht. Allerdings gibt es hier zwei zusätzliche physikalische Aspekte.

1. Wir werden uns mit den optischen Übergängen lumineszenter Fremdionen oder Defekte befassen, die in geringer Dichte in

Abb. 9.1: (a) Optische Übergänge zwischen dem Grundzustand und einem angeregten Zustand eines isolierten Atoms. (b) Absorptions- und Emissionsübergänge in einem vibronischen Festkörper, in dem die Elektron-Phonon-Wechselwirkung jeden elektronischen Zustand an ein stetiges Band von Phononen koppelt. Beachten Sie, dass die Energien der elektronischen Zustände auch im Festkörper verschoben sein können. Siehe auch Abschnitt 9.3.1.

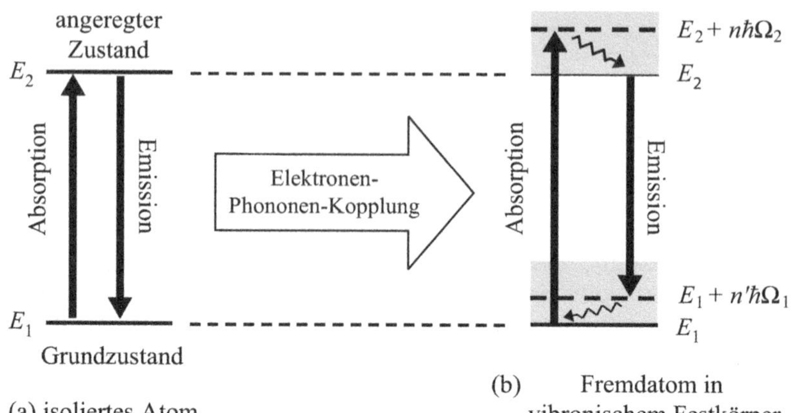

Im Prinzip haben molekulare Kristalle ebenfalls stetige Phononbänder. In der Praxis werden die vibronischen Spektren allerdings durch die lokalisierten Vibrationsmoden dominiert, die mit den internen Vibrationen des Moleküls selbst verbunden sind. Die delokalisierten Phononmoden des Gesamtkristalls sind daher von untergeordneter Bedeutung.

optisch inaktiven Kristallen vorhanden sind. Die Wechselwirkung mit dem Trägerkristall hat einen starken Einfluss auf die Spektren.

2. Anstelle der diskreten Moden eines Moleküls müssen wir die Kopplung der elektronischen Zustände an ein stetiges Spektrum von Vibrationsmoden betrachten. Die Zustandsdichte für die Vibrationsmoden ist durch die Phonondispersionsmoden bestimmt.

Die Ausbildung von vibronischen Bändern ist schematisch in Abbildung 9.1 dargestellt. Abbildung 9.1a zeigt die optischen Übergänge zwischen dem Grundzustand des isolierten Atoms bei der Energie E_1 und einem seiner elektronisch angeregten Zustände bei der Energie E_2. Wenn dieses Atom in ein kristallines Trägermaterial eingefügt wird, können die elektronischen Niveaus über die Elektron-Phonon-Wechselwirkung an die Vibrationen des Gitters koppeln. An dieser Stelle lassen wir die mikroskopischen Details einer solchen Wechselwirkung außer Acht und nehmen einfach an, dass sie auftritt. Das Vorhandensein der Kopplung bedeutet, dass mit jedem elektronischen Zustand ein stetiges Band von Phononmoden assoziiert ist (siehe Abbildung 9.1b).

Zwischen den vibronischen Bändern können optische Übergänge auftreten, falls die Auswahlregeln dies zulassen. Wir betrachten zunächst einen Absorptionsübergang. Bevor das Photon auftrifft, befindet sich das Elektron an der Unterkante des Grundzustandsbandes. Die Absorption eines Photons versetzt das Elektron in einen angeregten elektronischen Zustand und erzeugt gleichzeitig ein oder mehrere Phononen (siehe Abbildung 9.1b). Die Energieerhaltung erfordert

$$\hbar\omega_{\mathrm{a}} = (E_2 + n\hbar\Omega_2) - E_1 = (E_2 - E_1) + n\hbar\Omega_2 \qquad (9.1)$$

Dabei ist $\hbar\omega_a$ die Energie des Photons, n eine ganze Zahl und Ω_2 die Kreisfrequenz des Phonons. Gleichung (9.1) zeigt, dass eine Absorption für Bandenergien von $(E_2 - E_1)$ bis zur maximal durch die Elektron-Phonon-Kopplung erlaubten Energie möglich ist.

Nachdem das Photon absorbiert wurde, relaxiert das Elektron durch nichtstrahlende Prozesse an die Unterkante des oberen Bandes. Das System kehrt dann durch einen vibronischen Übergang der Energie

$$\hbar\omega_e = E_2 - (E_1 + n'\hbar\Omega_1) = (E_2 - E_1) - n'\hbar\Omega_1 \quad (9.2)$$

in das Grundzustandsband zurück. Dabei ist Ω_1 die Kreisfrequenz des Phonons und n' eine ganze Zahl. Nachdem das Elektron im Grundzustandsband angekommen ist, relaxiert es durch nichtstrahlende Übergänge an die Unterkante des Bandes, wobei die überschüssige Vibrationsenergie als Wärme im Gitter dissipiert wird.

> Bei dem Relaxationsprozess überträgt sich die Vibrationsenergie der während des optischen Übergangs angeregten Phononen schnell auf die anderen Phononmoden und wird schließlich zu Wärme.

Wenn wir (9.1) und (9.2) vergleichen, dann sehen wir, dass die Emission in einem vibronischen System allgemein bei einer niedrigeren Energie auftritt als die Absorption. Diese Rotverschiebung wird als **Stokes-Shift** bezeichnet. Aus Abbildung 9.1b ist ersichtlich, dass die Stokes-Shift aus der Vibrationsrelaxation resultiert, die innerhalb der vibronischen Bänder auftritt. Dies steht im Gegensatz zu der Situation bei isolierten Atomen, bei denen die Absorptions- und die Emissionslinien bei der gleichen Frequenz auftreten.

Die Stokes-Shift zwischen Absorption und Emission lässt sich mit Konfigurationsdiagrammen genauer verstehen. Konfigurationsdiagramme wurden in Abschnitt 8.2.3 im Zusammenhang mit den vibronischen Spektren von Molekülen eingeführt. Dieses Modell lässt sich direkt auf die Diskussion von optischen Übergängen in einem vibronischen Festkörper übertragen. Die elektronische Energie des optisch aktiven Materials ist eine Funktion der Vibrationskonfiguration des Systems, wie sie schematisch in Abbildung 9.2 dargestellt ist. Dieses Diagramm zeigt die Energie zweier elektronischer Zustände eines vibronischen Systems als Funktion von Q, der Konfigurationskoordinate. Wir haben angenommen, dass die elektronischen Zustände gebunden sind, und daher haben sie für einen gegebenen Wert von Q ein Minimum. Im Allgemeinen liegen die Gleichgewichtslagen für die beiden Zustände bei verschiedenen Werten der Konfigurationskoordinate. Wir bezeichnen daher die Positionen der Minima für den Grundzustand und den angeregten Zustand mit Q_0 und Q_0'. Die Differenz zwischen Q_0 und Q_0' wird gemäß (8.9) durch den Huang-Rhys-Parameter des Übergangs quantifiziert.

> Die physikalische Interpretation der Konfigurationskoordinate eines Konfigurationsdiagramms ist erklärungsbedürftig. Für Moleküle (Abschnitt 8.3.2) entspricht Q der Amplitude einer Normalmode des vibrierenden Moleküls. In einem vibronischen Festkörper kann Q z. B. der mittlere Abstand des Fremdions von den Nachbarionen des Trägerkristalls sein. In diesem Fall korrespondieren die Vibrationen mit einer Atmungsschwingung, bei der die Umgebung radial um das optisch aktive Ion pulsiert. Dies ist äquivalent mit einer lokalisierten Phononschwingung des gesamten Kristalls. Im Allgemeinen gibt es eine große Anzahl von Vibrationsschwingungen in einem Festkörper, und die Konfigurationskoordinate kann die Amplitude irgendeiner davon repräsentieren oder auch eine Linearkombination von mehreren.

Die grundlegenden physikalischen Prozesse, die an den optischen Übergängen eines vibronischen Festkörpers beteiligt sind, ähneln denen in einem Molekül, weshalb hier nur eine kurze Zusammenfassung gegeben wird. Genaueres finden Sie in Abschnitt 8.2.3. Die

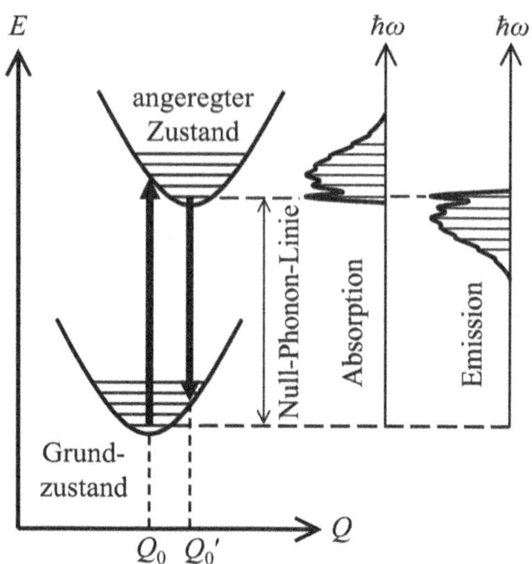

Energie des elektronischen Grundzustands kann an der Stelle Q_0 in eine Taylor-Reihe entwickelt werden:

$$E(Q) = E(Q_0) + \frac{\mathrm{d}E}{\mathrm{d}Q}(Q - Q_0) + \frac{1}{2}\frac{\mathrm{d}^2 E}{\mathrm{d}Q^2}(Q - Q_0)^2 + \cdots \qquad (9.3)$$

Da an der Stelle Q_0 ein Minimum ist, wissen wir, dass $\mathrm{d}E/\mathrm{d}Q$ null sein muss. Somit ist die Kurve für $E(Q)$ für kleine Auslenkungen um Q_0 näherungsweise parabolisch. Die gleiche Überlegung kann für den angeregten Zustand angewendet werden. Dies bedeutet, dass wir in erster Ordnung harmonische Oszillatorpotentiale mit einer Serie von äquidistanten Energieniveaus haben (siehe Abbildung 9.2).

Gemäß dem in Abschnitt 8.2.4 diskutierten Franck-Condon-Prinzip stellen wir optische Übergänge im Konfigurationsdiagramm durch vertikale Pfeile dar. Der Absorptionsübergang beginnt im tiefsten Vibrationsniveau des angeregten Zustands, gefolgt von einer nicht-radiativen Relaxation. Dies führt zu vibronischen Absorptions- und Emissionsbändern wie sie im rechten Teil der Abbildung dargestellt sind. Im Prinzip sollten die Absorptions- und Emissionsbänder für eine bestimmte Vibrationsmode ähnlich wie bei Molekülen aus einer Serie von diskreten Linien bestehen, wobei jede der Erzeugung einer charakteristischen Anzahl von Phononen entspricht. In der Praxis können die elektronischen Zustände jedoch an viele verschiedene Phononmoden mit einem ganzen Bereich von Frequenzen koppeln. Deshalb füllen die Spektren gewöhnlich kontinuierliche Bänder.

Die Übergänge aus dem tiefsten Vibrationsniveau des Grundzustands in das tiefste Niveau des angeregten Zustands werden **Null-Phonon-Linien** genannt. Da hier keine Phononen involviert sind,

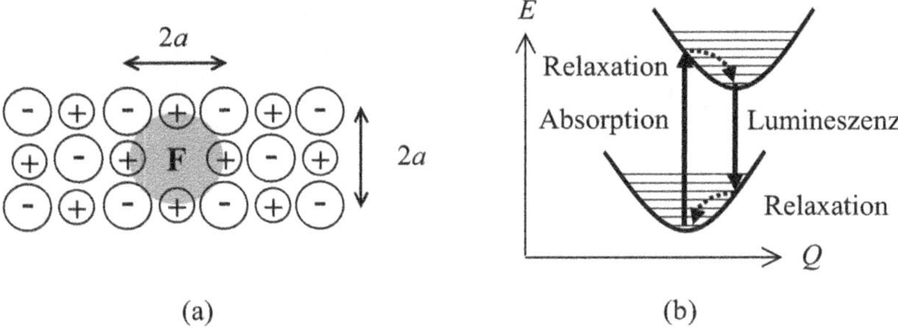

Abb. 9.3: (a) F-Zentrum in einem Alkalihalogenid-Kristall, bestehend aus einem Elektron, das an einer Anionfehlstelle gefangen ist. Der schattierte Bereich repräsentiert die Wellenfunktion des Elektrons. (b) Konfigurationsdiagramm der Vibrationsübergänge eines in einem F-Zentrum gefangenen Elektrons.

gilt in den Gleichungen (9.1) und (9.2) $n = n' = 0$, sodass die Absorptionslinien bei den gleichen Frequenzen auftreten wie die Emissionslinien. Im Absorptionsspektrum gibt es ein Band vibronischer Übergänge mit Energien, die größer sind als die der Null-Phonon-Linie, während es in den Emissionsspektren ein entsprechendes Band mit geringerer Energie gibt. Die Form der Absorptions- und Emissionsbänder hängt von der Überlappung der Vibrationswellenfunktionen ab, welche durch den Franck-Condon-Faktor (8.12) bestimmt ist. Im Allgemeinen liegt das Maximum wegen der Differenz zwischen Q_0 und Q_0' nicht bei der Null-Phonon-Linie. Wie im Falle von Molekülen erwarten wir, dass Emission und Absorption bezüglich der Null-Phonon-Linie spiegelsymmetrisch sind. In den folgenden Abschnitten wenden wir diese allgemeinen Prinzipien auf die optischen Spektren und lumineszenten Beimengungen an.

9.2 Farbzentren

Kristalline Isolatoren wie Diamant haben große Bandlücken und sind daher eigentlich farblos. Imperfekte Kristalle, die aufgrund von Fehlstellen farbig sind (beispielsweise rosafarbene Diamanten), sind allerdings nichts Ungewöhnliches. Die Defekte, die diese Färbungen verursachen, werden als **Farbzentren** oder **F-Zentren** bezeichnet. In diesem Abschnitt betrachten wir die beiden wichtigsten Beispiele für Farbzentren: die F-Zentren in Alkalihalogeniden und Stickstoff-Fehlstellen in Diamant.

9.2.1 F-Zentren in Alkalihalogeniden

Die Alkalihalogenide sind farblose Isolatoren mit Bandlücken im ultravioletten Spektralbereich (siehe Tabelle 4.3). Abbildung 9.3 zeigt eine schematische Darstellung eines F-Zentrums in einem Alkalihalogenid-Kristall. Das F-Zentrum besteht aus einem Elektron, das an einer Anionfehlstelle gefangen ist. Die Anionfehlstellen werden typischerweise durch einen Überschuss von Metallionen erzeugt. Dies lässt sich zum Beispiel erreichen, indem den Kristall in Alkalidampf

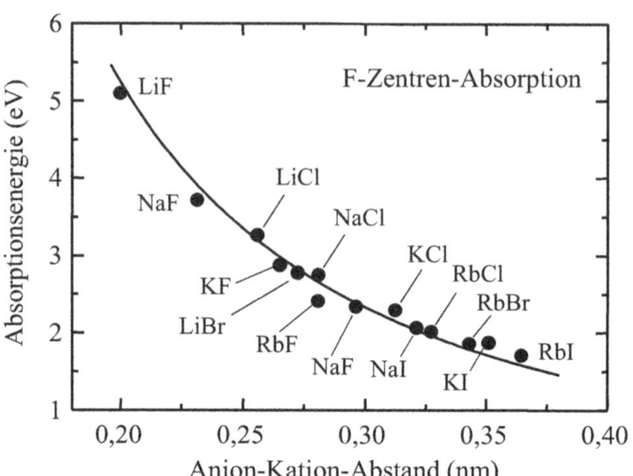

Abb. 9.4: Energie (E) des Absorptionspeaks im F-Band für verschiedene flächenzentrierte kubische Alkalihalogenidkristalle. Die Energien sind gegen den Anion-Kation-Abstand a aufgetragen. Die durchgezogene Linie ist gefittet mit $E \propto 1/a^2$. Nach Baldacchini (1992), Nachdruck genehmigt durch Plenum Publishers.

erhitzt und anschließend schnell abkühlt. Andere Möglichkeiten sind die Röntgenbestrahlung oder die Elektrolyse. Das Fehlen des negativen Ions wirkt wie ein positives Loch, das ein Elektron anziehen kann. Das eingefangene Elektron befindet sich in einem gebundenen Zustand mit charakteristischen Energieniveaus.

Optische Übergänge zwischen den gebundenen Zuständen des gefangenen Elektrons sind die Ursache für die Färbung des Kristalls. Die gefangenen Elektronen koppeln an die Vibrationen des Trägerkristalls, was zur vibronischen Absorption und Emission führt. Die hierbei auftretenden Prozesse sind in dem generischen Konfigurationsdiagramm in Abbildung 9.3b illustriert. Diese Übergänge werden als F-Bänder bezeichnet.

Die meisten Alkalihalogenid-Kristalle besitzen die kubisch-flächenzentrierte Natriumchloridstruktur (Kantenlänge $2a$). Ausnahmen sind CsCl, CsBr und CsI, die einfache kubische Strukturen haben.

Experimentelle Daten für die F-Zentren von Alkalihalogeniden zeigen, dass die Frequenz der F-Band-Absorption proportional zu a^{-2} ist, wobei a den Anion-Kation-Abstand im Trägerkristall bezeichnet. Diese Abhängigkeit ist aus den Daten in Abbildung 9.4 klar ersichtlich. Dort ist die Energie des Spitzenwerts der Absorption als Funktion von a aufgetragen. Die durchgezogene Linie fittet die Daten, wobei die Energie näherungsweise proportional zu $1/a^2$ ist.

Diese näherungsweise invers-quadratische Abhängigkeit von a kann durch ein einfaches Modell erklärt werden, das ein intuitives Verständnis der zugrunde liegenden Physik ermöglicht. Wir nehmen an, dass das Elektron in einem starren kubischen Kasten der Kantenlänge $2a$ beschränkt ist (siehe Abbildung 9.3). Die Energieniveaus eines Elektrons der Masse m_0, das in einem solchen Kasten gefangen ist, sind gegeben durch

$$E = \frac{\hbar^2 \pi^2}{2m_0(2a)^2}(n_x^2 + n_y^2 + n_z^2) \tag{9.4}$$

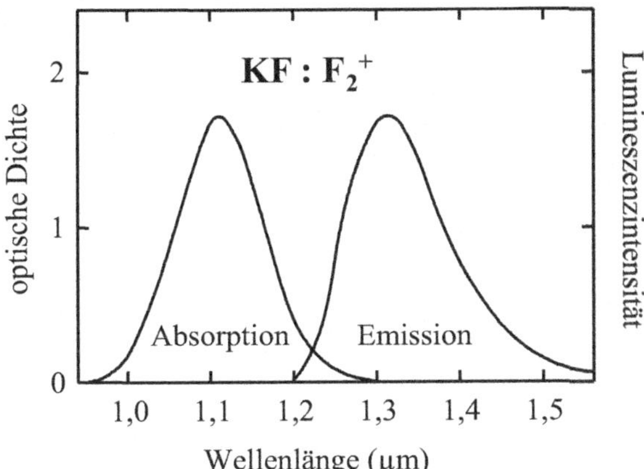

Abb. 9.5: Absorptions- und Emissionsbänder des F_2^+-Zentrums in KF. Nach Mollenhauer (1985), ©Excerpta Medica Inc., genehmigter Nachdruck.

wobei n_x, n_y und n_z Quantenzahlen sind, die die gebundenen elektronischen Zustände spezifizieren. Für den Grundzustand gilt $n_x = n_y = n_z = 1$, während im ersten angeregten Zustand eine der Quantenzahlen 2 ist. Der Übergang niedrigster Energie tritt daher bei der Photonenergie

$$h\nu = \frac{3h^2}{8m_0} \frac{1}{(2a)^2} \qquad (9.5)$$

auf. Dieses Modell sagt also die approximative a^{-2}-Abhängigkeit der F-Band-Absorptionsenergie voraus, überschätzt aber leicht die Übergangsenergien (siehe Aufgabe 9.2). Bei einem realistischeren Ansatz muss man berechnen, wie die Elektronenwellenfunktion ihre Überlappung mit den positiven Ionen maximieren kann und gleichzeitig die Überlappung mit den negativen Ionen minimieren.

Eine genaue Analyse zeigt, dass die Energie der F-Band-Absorption wie $a^{-1,84}$ skaliert. Diese empirische Formel wird Mollwo-Ivey-Beziehung genannt.

Das einfache Modell mit dem Elektron im Kasten vermag auch den mikroskopischen Ursprung der Kopplung zwischen den gefangenen Elektronen und den Vibrationen im Trägerkristall zu erklären. Eine Auslenkung der benachbarten Elektronen aus ihren Gleichgewichtslagen würde die Größe des Kastens verändern, in dem das Elektron gefangen ist. Dies wiederum würde gemäß (9.4) die Elektronenenergie verändern. Eine solche Auslenkung der Ionen kann durch eine Vibration des Kristalls entstehen. Auf diese Weise sind die Vibrationen an die Energieniveaus der Elektronen gekoppelt, sodass ein vibronisches System vorliegt.

Abbildung 9.5 zeigt die Absorptions- und Emissionsbänder für ein etwas komplizierteres Farbzentrum, nämlich das F_2^+-Zentrum in KF. Die Emissionsbänder dieses Farbzentrums liegen im infraroten Spektralbereich, und die Kristalle können zur Herstellung von stimmbaren Lasern verwendet werden. Dies wird in Abschnitt 9.4 diskutiert. Das F_2^+-Zentrum besteht aus einem einzelnen Elektron,

Die Übergangsenergien in F_2^+-Zentren sind kleiner als die von F-Zentren, da sich das Elektron über zwei Gitterplätze bewegen kann und folglich der Kasten, in dem das Elekron eingeschlossen ist, größer ist. (Siehe Aufgabe 9.4.)

das an zwei benachbarten Anionfehlstellen festgehalten wird. Da das Zentrum aus einem Elektron und zwei Löchern besteht, hat es eine positive Nettoladung von einer Einheit. Die Stokes-Shift und die Spiegelsymmetrie zwischen der Absorption und der Emission sind anhand der Daten evident.

9.2.2 NV-Zentren in Diamant

In Diamant gibt es verschiedene andere Defektzentren, die für Anwendungen in der Quanteninformatik von Interesse sind. Das NE8-Zentrum, bestehend aus einem Nickelatom umgeben von vier Stickstoffatomen in einem Diamantkristall, ist z. B. eine sehr gute Einzelphotonquelle bei 802 nm. Mehr hierzu in Gaebel et al. (2004).

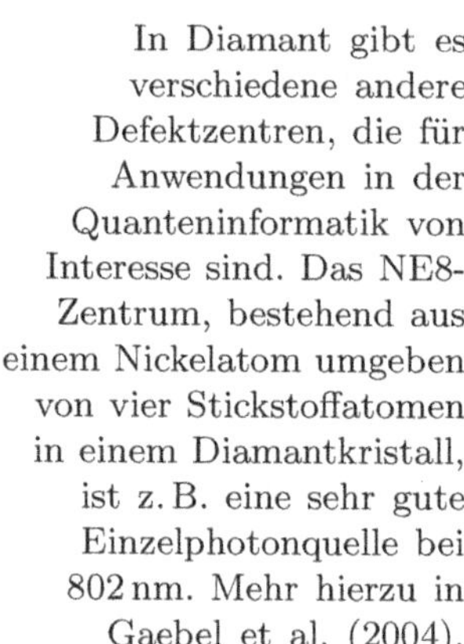

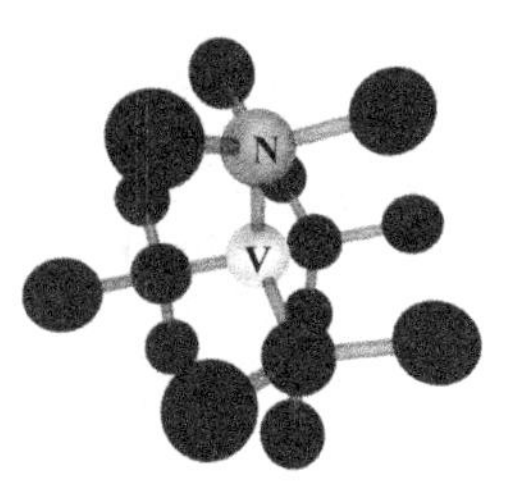

Abb. 9.6: Schematische Darstellung eines NV-Zentrums in Diamant, bestehend aus einem substituierten Stickstoffatom mit einer benachbarten Fehlstelle. Diese Abbildung wurde von P. Neumann und F. Reinhard zur Verfügung gestellt.

Das Stickstoff-Fehlstellen-Zentrum (oder NV-Zentrum für engl. nitrogen vacancy) in Diamant ist in den letzten Jahren wegen der Möglichkeit seiner Anwendung in der Quanteninformationsverarbeitung sowie in der Magnetometrie intensiv untersucht worden. Abbildung 9.6 zeigt eine schematische Darstellung des Defekts. Er besteht aus einem substituierten Stickstoffatom in einem Diamantkristall mit einer Fehlstelle an einem benachbarten Gitterplatz. Diese Defekte treten in natürlichen Diamanten auf, werden aber normalerweise in kontrollierter Form an synthetischen Kristallen untersucht. Die Stickstoffatome können natürlich im Kristall vorhanden sein, und die Fehlstellen werden dann beispielsweise durch Bestrahlung mit Elektronen, Protonen oder Neutronen eingeführt. Alternativ können sowohl die Stickstoffatome als auch die Fehlstellen durch Stickstoffimplantationstechniken in hochreine Kristalle eingefügt werden.

NV-Zentren werden üblicherweise durch einen hochgestellten Index gekennzeichnet, der den Ladungszustand angibt. Das neutrale Zentrum wird mit NV^0 bezeichnet. NV^{-1} hingegen bezeichnet ein Zentrum, das ein einzelnes gefangenes Elektron enthält. Das NV^{-1}-Zentrum ist der häufigste geladene Zustand, und wir werden unsere Aufmerksamkeit hauptsächlich diesem Zentrum widmen. Das gefangene Atom in einem NV^{-1}-Zentrum wechselwirkt mit den ungepaarten Elektronen der drei benachbarten Kohlenstoffatome sowie mit den beiden ungepaarten Elektronen des Stickstoffatoms. Auf diese Weise entsteht ein System mit sechs Elektronen. Diese sechs Elektronen können als zwei Löcher in einer gefüllten ($n{=}2$)-Schale aufgefasst werden, die zu Spinzuständen mit $S = 0$ (Singulettes) oder $S = 1$ (Tripletts) führen.

Das Niveauschema für das NV^{-1}-Zentrum ist in Abbildung 9.7a dargestellt. Der Grundzustand ist ein Triplett, das mit ^3A bezeichnet wird. Diese Bezeichnung bezieht sich auf die Symmetrie, wobei der hochgestellte Index den Spinentartungsgrad angibt, also beispielsweise ($2S + 1$). Elektrisch dipolerlaubte optische Übergänge in den ersten angeregten Zustand ^3E sind möglich. Dieser liegt 1,945 eV über dem Grundzustand. Dann sind dipolerlaubte Übergänge zurück in den Grundzustand mit einer Lebensdauer von 13 ns möglich. Sowohl der Grundzustand als auch die angeregten Zustände werden durch vibronische Kopplung verbreitert, was zu breiten Absorptions- und Emissionsbändern führt.

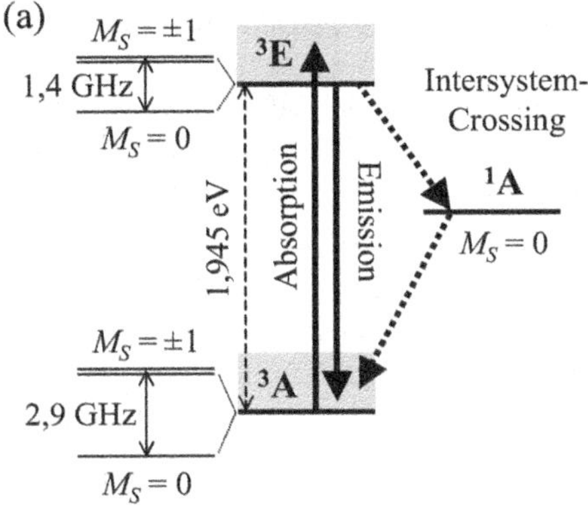

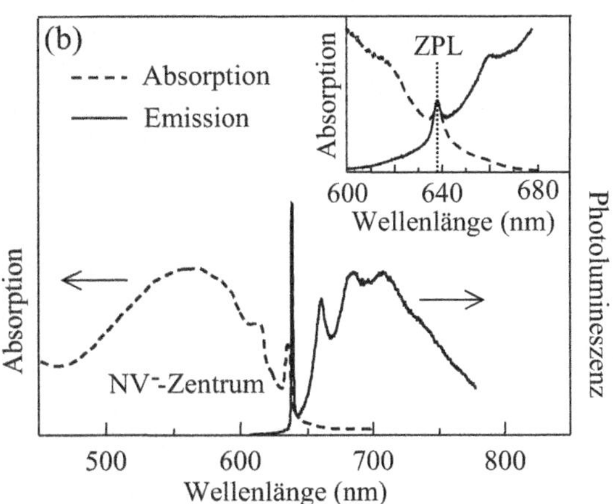

Abb. 9.7: (a) Niveauschema für das NV$^-$-Zentrum in Diamant. Sowohl der Grundzustand als auch der angeregte Zustand ist durch das Kristallfeld in ein Singulett und ein Dublett aufgespalten (siehe vergrößerte Skala, links). (b) Absorptionsspektrum bei 80 K und Emissionsspektrum bei 2 K. Der Einschub zeigt die entsprechenden Spektren bei Raumtemperatur nahe der Null-Phonon-Linie (ZPL) in feinerer Auflösung. Daten aus Mita (1996), ©American Physical Society, Jelezko et al. (2002), © American Institute of Physics, und Acosta et al. (2009), © American Physical Society, genehmigter Nachdruck.

Abbildung 9.7b zeigt das Absorptionsspektrum von NV^{-1}-Zentren bei 80 K sowie das Emissionsspektrum bei 2 K. Das Lumineszenzspektrum wird gemessen, indem man den Kristall im vibronischen Absorptionsband anregt, zum Beispiel mit einem Argonionenlaser, der bei 514 nm (2,41 eV) arbeitet. Die Null-Phonon-Linie bei 1,945 eV (637,2 nm) ist in beiden Spektren gut aufgelöst, wobei Absorption und Emission nahezu spiegelsymmetrisch bezüglich dieser Linie sind. Die Quantenausbeute bei tiefen Temperaturen beträgt weniger als 100%, was auf einen einzelnen angeregten Zustand zurückzuführen ist, der mit ^{1}A bezeichnet ist und zwischen ^{3}E und ^{3}A liegt. Elektronen im ^{3}E-Band können per Intersystem-Crossing nichtstrahlend in das ^{1}A-Niveau übergehen. Die Zeitkonstante hierfür liegt bei etwa 30 ns für die ($M_S = \pm 1$)-Unterniveaus des ^{3}E-Zustands. Das ^{1}A-Niveau ist aufgrund seiner langen Lebensdauer ($\sim$ 300 ns) metastabil, worin sich widerspiegelt, dass die Übergänge zurück in den Grundzustand spinverboten sind. Folglich ist die Intersystemzerfallsroute über das ^{1}A-Niveau effektiv nichtstrahlend.

Die Attraktivität von NV^{-1}-Zentren für die Quanteninformatik basiert auf einer Reihe von Faktoren.

1. Die Defektdichte kann bis zu einem Niveau kontrolliert werden, bei dem nur noch ein einziger Defekt innerhalb eines scharfen Laserspots vorhanden ist. Auf diese Weise können die Eigenschaften *einzelner* NV^{-1}-Zentren untersucht werden.

2. Der ^{3}A-Grundzustand ist paramagnetisch (d. h. $S \neq 0$). Die Unterniveaus $M_S = 0$ und $M_S = \pm 1$ sind wie in Abbildung 9.7a dargestellt durch das Kristallfeld aufgespalten und bilden ein Zwei-Niveau-Quantensystem, das als Quantenbit (oder „Qubit") dienen kann.

3. Der Zustand des Qubits kann durch Elektronenspinresonanz (ESR) kohärent kontrolliert werden, wenn die Frequenz der Energieaufspaltung der Unterniveaus ($2{,}9\,\mathrm{GHz}$) entspricht. Die Kohärenzzeit des Spins kann extrem lang sein (bei Raumtemperatur bis etwa $2\,\mathrm{ms}$), sodass viele Operationen ausgeführt werden können, bevor es zur Dekohärenz kommt.

4. Der Anfangszustand kann durch optisches Pumpen definiert werden, und der Endzustand wird durch optische Spektroskopie ausgelesen.

Zu den Details, wie dies alles bewerkstelligt wird, sei auf die unter Weiterführende Literatur genannten Arbeiten hingewiesen. Wir beschränken uns hier auf eine kurze Diskussion des vierten Punktes, welcher die optischen Eigenschaften des Defekts betrifft. Dabei verwenden wir eine Notation, bei der ein tiefgestellter Index den Wert von M_S angibt, sodass also beispielsweise ^{3}A$_0$ das Unterniveau mit $M_S = 0$ des ^{3}A-Zustands bezeichnet.

Die Möglichkeit, einen wohldefinierten initialen Spinzustand zu erzeugen, ist eine wichtige Anforderung für die Quanteninformatik mit dem NV$^-$-Zentrum. Wegen der geringen Energieaufspaltung zwischen den Unterniveaus ^{3}A$_0$ und ^{3}A$_{\pm 1}$ ist dies nicht so leicht zu bewerkstelligen, und normalerweise sind dazu sehr tiefe Temperaturen erforderlich (siehe Aufgabe 9.5). Die Auswahlregeln für optische Übergänge machen es jedoch möglich, durch optisches Pumpen das ^{3}A$_0$-Unterniveau selektiv zu füllen. Die Auswahlregeln schreiben vor, dass M_S bei einem optischen Übergang erhalten bleibt. Wenn das System also im ^{3}A$_0$-Unterniveau startet, kehrt es nach der Anregung in den angeregten Zustand ^{3}E in das gleiche Unterniveau zurück. Wenn das System aber in den Unterniveaus ^{3}A$_{\pm 1}$ startet und in die ^{3}E$_{\pm 1}$-Zustände angeregt wird, dann gibt es eine von null verschiedene Wahrscheinlichkeit, dass es in das Unterniveau ^{3}A$_0$ relaxiert, falls ein Intersystem-Crossing über den ^{1}A$_0$-Zustand auftritt. Somit kann nach einigen Zyklen der optischen Anregung mit anschließender Relaxation eine nichtthermische Besetzung des ^{3}A$_0$-Unterniveaus erzeugt werden.

Der andere Aspekt der optischen Eigenschaften des NV$^-$-Zentrums, der dieses für die Quanteninformatik interessant macht, ist die Möglichkeit, den M_S-Wert des Grundzustands durch optische Spektroskopie auszulesen. Diese Methode beruht auf der Tatsache, dass M_S bei der optischen Anregung erhalten bleibt, und darauf, dass die

---

Beim optischen Pumpen wird eine Spinpolarisation im Grundzustand erzeugt. Das Verfahren beinhaltet die wiederholte Anregung in einen angeregten Zustand, gefolgt von der Relaxation zurück in den Grundzustand. Es basiert auf Auswahlregeln, durch die die Relaxation in bestimmte magnetische Unterniveaus im Vergleich zu anderen bevorzugt wird.

Intersystem-Crossing vom angeregten Zustand ^{3}E$_0$ in den Zwischenzustand ^{1}A$_0$ hat eine sehr geringe Wahrscheinlichkeit. Die relative Wahrscheinlichkeit für Intersystem-Crossing von ^{3}E$_{\pm 1}$ nach ^{1}A$_0$ im Vergleich zur radiativen Relaxation von ^{3}E$_{\pm 1}$ nach ^{1}A$_1$ liegt etwa bei 40%. Zur Diskussion der relativen Zerfallsraten siehe Manson et al. (2006).

Wahrscheinlichkeit für $^3E \rightarrow {}^1A$-Intersystem-Crossing für die Unterniveaus $^3E_{\pm 1}$ viel größer ist als für für das Unterniveau $^3E_0$. Die Unterniveaus $^3E_{\pm 1}$ haben daher eine viel kleinere Strahlungseffizienz, und dies bedeutet, dass der M_S-Wert des Grundzustands bestimmt werden kann, indem man das System mit einem Laser in das ^3E-Band anregt und die Emissionsintensität misst. Wenn das System durch optisches Pumpen im Unterniveau $^3A_0$ präpariert wird, kann man anschließend eine durch Elektronenspinresonanz induzierte Änderung des M_S-Wertes detektieren, indem man den Abfall der Fluoreszenzintensität misst.

9.3 Paramagnetische Beimengungen in ionischen Kristallen

In diesem Abschnitt diskutieren wir die optischen Übergänge von paramagnetischen Metallionen, die in ionische Kristalle dotiert wurden. Wir konzentrieren uns auf Ionen der Übergangsmetalle und der Seltenerdmetalle. Diese haben optisch aktive ungefüllte 3d- bzw. 4f-Schalen (siehe Tabelle 9.1). Sie sind in bestimmten Mineralen natürlich enthalten, doch für technologische Anwendungen zieht man es vor, sie in synthetische Kristalle zu dotieren. Die optischen Übergänge dieser dotierten Kristalle sind die Grundlage vieler Festkörperlaser. Außerdem werden sie vielfach in Leuchtstoffen für Fluoreszenzbeleuchtung sowie in Kathodenstrahlröhren verwendet.

Tab. 9.1: Ordnungszahl Z und Elektronenkonfiguration der Atome von Übergangsmetallen (oben) und Seltenerdmetallen (unten).

Z	Konfiguration
21–30	[Ar] $3d^n\,4s^2$
58–70	[Xe] $4f^n\,6s^2$

9.3.1 Kristallfeldeffekt und vibronische Kopplung

Metallionen, die als Beimengungen in ionische Kristalle dotiert werden, substituieren an den Kation-Gitterplätzen. Wenn beispielsweise Cr_2O_3 in einen Al_2O_3-Kristall dotiert wird, um einen Rubin zu bilden, dann ersetzen die Cr^{3+}-Ionen unmittelbar die Al^{3+}-Ionen. Die Beimengungen sind normalerweise in geringer Konzentration vorhanden, sodass die Wechselwirkungen zwischen benachbarten Dopanten aufgrund des großen Abstands vernachlässigbar sind. Aus diesem Grund ist der Haupteffekt, den wir zu berücksichtigen haben, die Störung der elektronischen Niveaus der Fremdionen durch die Kristallumgebung, in die sie gebracht werden.

Die optischen Eigenschaften von freien Ionen in der gasförmigen Phase sind durch scharfe Emissions- und Absorptionslinien charakterisiert, deren Wellenlängen durch die entsprechenden Energieniveaus bestimmt sind. Wenn die gleichen Ionen in einen kristallinen Träger dotiert werden, ändern sich die optischen Eigenschaften aufgrund der Wechselwirkungen mit dem Kristall. Bei schwacher Wechselwirkung bestehen die Emissions- und Absorptionsspektren weiter

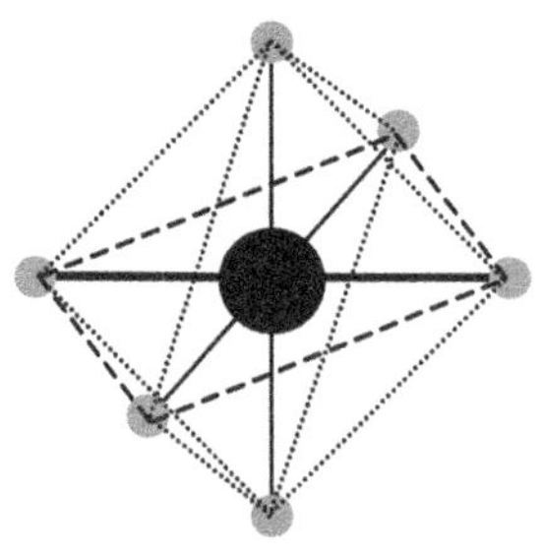

Abb. 9.8: Oktaedrische Kristallumgebung. Der Kationdopant ist von sechs äquidistanten Anionen umgeben, die in den Ecken eines Oktaeders lokalisiert sind.

aus diskreten Linien, wobei eventuell die Frequenz leicht verschoben ist und einige Entartungen aufgehoben sind. Bei starker Wechselwirkung jedoch unterscheiden sich die Frequenzen der Übergänge völlig von denen der isolierten Ionen. Spektren können zum Kontinuum verbreitert sein. Weiter unten werden wir sehen, dass Fremdionen der 4f-Serie im Allgemeinen schwach an den Kristall gekoppelt sind, während die 3d-Serie tendentiell stark gekoppelt ist.

Ein positives Ion, das in einen Kristall dotiert wird, befindet sich innerhalb einer regulären Matrix von Anionen (also negativen Ionen). Die Cr^{3+}-Ionen in einem Rubin sind beispielweise von sechs O^{2-}-Ionen umgeben, die eine oktaedrische Anordnung haben (siehe Abbildung 9.8). Diese negativen Ionen erzeugen ein elektrisches Feld am Gitterplatz des Kations, das die atomaren Niveaus des Ions stört. Diese Wechselwirkung wird **Kristallfeldeffekt** genannt.

Die durch das Kristallfeld verursachte Verschiebung der Energieniveaus des Fremdions kann störungstheoretisch berechnet werden. Ausgangspunkt ist die Grobstruktur des freien Ions, wobei die Elektronen in den Hauptschalen des Atoms angeordnet sind. Sukzessive werden immer kleinere Störungen hinzugefügt. Die Einzelheiten dieser Störungsrechnung würden den Rahmen dieses Buches sprengen, weshalb wir uns hier auf qualitative Aussagen beschränken wollen.

Die Gruppentheorie ist ein mächtiges Werkzeug, um die Aufhebung von Entartungen durch das statische Kristallfeld zu analysieren. Wir können so z. B. feststellen, dass die fünffach entarteten 3d-Orbitale eines freien Übergangsmetallions durch ein oktaedrisches Kristallfeld in ein Dublett und ein Triplett aufspalten. Allerdings erfahren wir hieraus nicht, welches der Niveaus bei höherer Energie liegt oder wie groß die Aufspaltung ist. Dies erfordert eine quantitative Modellierung der Wechselwirkung von Kation und elektrischem Feld der benachbarten Anionen (Aufgabe 9.7).

(1) Die Kristallfeldkopplung kann als aus zwei verschiedenen Beiträgen bestehend aufgefasst werden. Der erste resultiert aus dem **statischen** Kristallfeld. Dies ist die Störung an den Energieniveaus, welche durch das elektrische Feld des Kristalls hervorgerufen wird, wenn sich alle Ionen an ihren zeitlich gemittelten Gleichgewichtslagen befinden. Der zweite Beitrag ist ein **dynamischer** Effekt. Er beschreibt die zusätzliche Störung, die durch die Auslenkung der benachbarten Anionen aus ihren Gleichgewichtslagen entsteht. Durch diese Auslenkung ändert sich das elektrische Feld, welches die Fremdionen spüren, und dadurch ändert sich auch die Störung der entsprechenden Energieniveaus.

(2) Die Aufhebung der Entartung der atomaren Niveaus des freien Ions aufgrund des *statischen* Feldes ist durch die Symmetrie der Kristallumgebung bestimmt (siehe auch Aufgaben 9.8 und 9.9). Hilfreich ist hier ein Vergleich mit dem Fall eines freien Atoms in einem Magnetfeld. Das freie Atom ist kugelsymmetrisch, was zur Folge hat, dass die magnetischen Niveaus entartet sind. Durch Anlegen eines externen Feldes wird eine Vorzugsrichtung vorgegeben, und die Niveaus werden durch den Zeeman-Effekt aufgespalten. Das gleiche gilt für die in den Kristall dotierten Ionen. Die magnetischen Niveaus des freien Ions sind entartet – im Kristall sind sie jedoch aufgespalten, da wegen der Kristallachsen nicht alle Richtungen äquivalent sind. Diese Konstellation ist in Abbildung 1.8 illustriert.

(3) Der *dynamische* Kristallfeldeffekt ist der Ursprung der vibronischen Kopplung in diesen Systemen. Vibrationen des Kristalls bewirken, dass die Ionen aus ihren Gleichgewichtslagen ausgelenkt werden und daher das elektrische Feld ändern, welches das Fremdion spürt. Dies wiederum verändert die Störung der elektronischen Niveaus, sodass die Vibrationen an die elektronischen Niveaus des Systems gekoppelt sind. Dies ist äquivalent mit einer Elektron-Phonon-Wechselwirkung. Ein möglicher Ansatz zur Behandlung dieser Situation besteht darin, das Phonon als eine auf das Kristallfeld wirkende Amplitudenmodulation zu betrachten. Diese induziert über den Kristallfeldeffekt Seitenbänder an der Phononfrequenz für die elektronischen Niveaus. In einigen Fällen ist es möglich, unterschiedliche Seitenbänder in den optischen Spektren aufzulösen, die jeweils einer bestimmten Phononfrequenz entsprechen. Häufiger jedoch bilden die Seitenbänder aufgrund der kontinuierlichen Verteilung der Frequenzen der Phononmoden ein Kontinuum.

(4) Die Stärke des Kristallfeldeffektes ist für Übergangsmetalle eine andere als für Seltenerdionen. Dies ist eine Folge der unterschiedlichen Elektronenkonfigurationen der optisch aktiven Elektronen (siehe Tabelle 9.1). Übergangsmetallionen werden gebildet, wenn die 4s-Außenelektronen der neutralen Atome entfernt werden. Die 3d-Orbitale liegen daher auf der Außenseite des Ions und haben einen großen Radius. Bei Seltenerdionen dagegen fehlen die 6s-Außenelektronen. Sie haben einen relativ kleinen Radius (siehe Aufgabe 9.7) und sind teilweise durch die Elektronen der gefüllten 5s- und 5p-Schale von äußeren Feldern abgeschirmt. Dies ist der Grund, weshalb Ionen der Übergangsmetalle wesentlich empfänglicher für den Kristallfeldefekt sind als Ionen der Seltenerdmetalle.

Diese vier Anmerkungen gelten für einen großen Bereich von paramagnetischen Ionen in kristallinen Trägern. In den folgenden Unterabschnitten diskutieren wir die Eigenschaften von Ionen der 3d- und der 4f-Reihe separat, wobei wir mit den Seltenerdionen beginnen.

9.3.2 Ionen der Seltenerdmetalle

Die Seltenerdmetalle kommen im Periodensystem nach Lanthan (Ordnungszahl 57) und werden deshalb auch als **Lanthenoide** bezeichnet. Dies Ionen treten oft in divalenter oder trivalenter Form auf. Beispielsweise hat das neutrale Europiumatom eine Elektronenkonfiguration von $[Xe]\,4f^7 6s^2$. Ionen werden aus diesem Atom gebildet, indem es zuerst die 6s-Elektronen und dann eins der 4f-Elektronen verliert, was zu den Konfigurationen $[Xe]\,4f^7$ (Eu^{2+}) und $[Xe]\,4f^6$ (Eu^{3+}) führt. Wir konzentrieren uns hier auf trivalente Ionen, deren Konfigurationen in Tabelle 9.2 aufgelistet sind.

Der Kristallfeldeffekt ist in Ionen der Seltenerdmetalle wegen der Abschirmung der optisch aktiven Niveaus nur relativ schwach (sie-

Tab. 9.2: Elektronenkonfigurationen von trivalenten Ionen der Seltenerdmetalle. Z ist die Ordnungszahl.

Ion	Z	Konfiguration
Ce^{3+}	58	$[Xe]\,4f^1$
Pr^{3+}	59	$[Xe]\,4f^2$
Nd^{3+}	60	$[Xe]\,4f^3$
Pm^{3+}	61	$[Xe]\,4f^4$
Sm^{3+}	62	$[Xe]\,4f^5$
Eu^{3+}	63	$[Xe]\,4f^6$
Gd^{3+}	64	$[Xe]\,4f^7$
Tb^{3+}	65	$[Xe]\,4f^8$
Dy^{3+}	66	$[Xe]\,4f^9$
Ho^{3+}	67	$[Xe]\,4f^{10}$
Er^{3+}	68	$[Xe]\,4f^{11}$
Tm^{3+}	69	$[Xe]\,4f^{12}$
Yb^{3+}	70	$[Xe]\,4f^{13}$

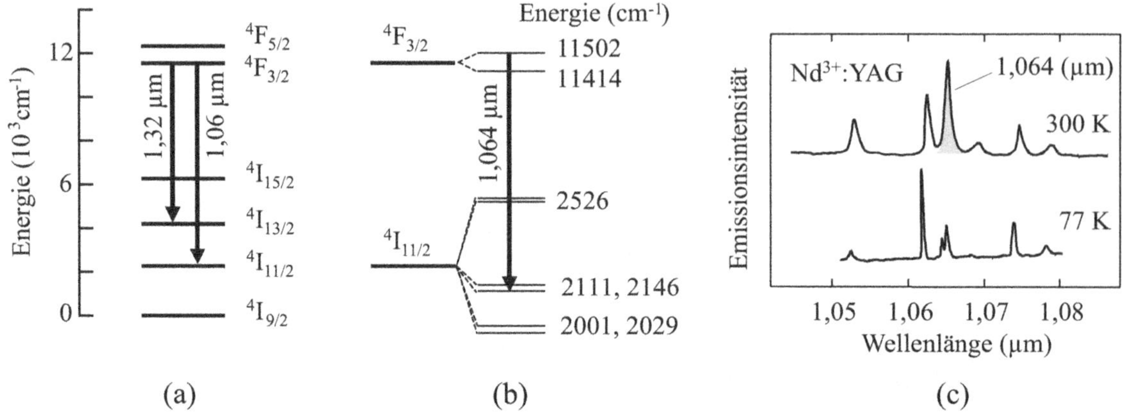

Abb. 9.9: (a) Energieniveauschema für Nd^{3+}-Ionen in einem YAG-Kristall. Die Energien sind in Einheiten der Wellenzahl gegeben. ($1\,\mathrm{cm}^{-1} \equiv 1{,}240 \times 10^{-4}$ eV). (b) Feinstruktur des Übergangs ^{4}F$_{3/2} \to {}^4$I$_{11/2}$. (c) Emissionsspektrum für den Übergang ^{4}F$_{3/2} \to {}^4$I$_{11/2}$ bei 77 K und bei 300 K. Der Laserübergang bei 1,064 µm ist durch die Schattierung gekennzeichnet. Nach Koningstein & Geusic (1964), © American Physical Society, genehmigter Nachdruck.

In Atomen mit einem Elektron skaliert die Spin-Bahn-Wechselwirkung wie Z^4, doch dies reduziert sich auf eine näherungsweise Z^2-Abhängigkeit, wenn die Abschirmung durch andere Elektronen berücksichtigt wird.

he Punkt (4) oben). Außerdem ist die Spin-Bahn-Kopplung recht stark, da sie näherungsweise wie Z^2 skaliert und Z zwischen 58 und 70 liegt. Dies bedeutet, dass der Kristallfeldeffekt kleiner ist als die Spin-Bahn-Kopplung. Deshalb müssen wir bei der störungstheoretischen Behandlung des Kristallfeldeffekts zunächst die Spin-Bahn-Wechselwirkung betrachten.

Die Spin-Bahn-Wechselwirkung spaltet die Grobstruktur der freien Ionen in Feinstrukturterme auf, die durch die Quantenzahlen $|L, S, J\rangle$ definiert sind (oder in spektroskopischer Notation $^{2S+1}L_J$, siehe Anhang C). Diese Zustände werden durch das Kristallfeld gestört, sodass ihre Energien leicht verschoben werden und neue Aufspaltungen entstehen. Diese Aufspaltungen sind jedoch viel kleiner als die Spin-Bahn-Aufspaltungen, weshalb die optischen Spektren der Fremdionen denen der freien Ionen stark ähneln.

Als Beispiel für diese Effekte betrachten wir die optischen Spektren von Nd^{3+}-Ionen, die in einen Yttrium-Aluminium-Granat-Kristall (Y$_3$Al$_5$O$_{12}$ oder „YAG") dotiert wurden. Dieses Beispiel wurde deshalb gewählt, weil Nd:YAG-Kristalle das aktive Medium der wichtigsten Festkörperlaser bildet. Die Elektronenkonfiguration von Nd^{3+} ist [Xe] 4f^3. Nach den hundschen Regeln gilt $S = 3/2$, $L = 6$ und $J = 9/2$, was ein ^{4}I$_{9/2}$-Niveau ist. Oberhalb dieses Grundzustands gibt es eine Reihe von angeregten Zuständen. Abbildung 9.9a zeigt die ersten fünf angeregten Zustände ohne Kristallfeld-Feinstruktur. Gekennzeichnet sind zwei wichtige Übergänge, nämlich die Linie ^{4}F$_{3/2} \to {}^4$I$_{13/2}$ bei 1,32 µm und die Linie ^{4}F$_{3/2} \to {}^4$I$_{11/2}$ bei

1,06 µm. Für beide Übergänge ist der Betrieb eines Lasers möglich, wobei allerdings die 1,06 µm-Linie die wichtigere ist.

Für die Laserübergänge $^4F_{3/2} \to {}^4I_{13/2}$ und $^4F_{3/2} \to {}^4I_{11/2}$ in Nd^{3+} ist $\Delta J = 5$ bzw. $\Delta J = 4$. Für das freie Ion sind diese Übergänge verboten. Im Kristall gelten die Auswahlregeln nicht streng, sodass die Übergänge mit einer geringen Wahrscheinlichkeit auftreten. Der Mechanismus, der die Auswahlregeln aufweicht, ist die Kristallfeldwechselwirkung, die Zustände mit verschiedenen J mischen kann. Da die Zustände aus der gleichen Elektronenkonfiguration von $4f^3$ resultieren, haben sie die gleiche Parität, und den Übergängen müssen magnetische Dipolprozesse folgen. Allerdings bedeutet das Fehlen der lokalen Inversionssymmetrie an den Nd^{3+}-Plätzen, dass die Parität im Kristall nicht mehr wohldefiniert ist und folglich, dass es auch eine gewisse Wahrscheinlichkeit für elektrische Dipolprozesse gibt. Der obere Zustand hat wegen der Auswahlregeln bei $300\,K$ eine lange Lebensdauer von $230\,µs$. Diese lange Lebensdauer ist von Vorteil für die Energiespeicherung und erklärt, warum Nd^{3+}-Laser in der Lage sind, so hohe Pulse zu liefern.

Abbildung 9.9b zeigt die Kristallfeld-Feinstruktur für den Übergang $^4F_{3/2} \to {}^4I_{11/2}$ bei $1,06\,µm$. Die oktaedrische Symmetrie des YAG-Kristallfelds hebt die Entartung der M_J-Zustände des freien Ions auf, wobei Zustände mit gleichem $|M_J|$ die gleiche Energie haben. Damit wird das obere $^4F_{3/2}$-Niveau, welches vier entartete M_J-Zustände ($M_J = -3/2, -1/2, +1/2$ und $+3/2$) im freien Ion hat, durch das Kristallfeld in zwei Unterniveaus aufgespalten, die durch $M_J = \pm 3/2$ und $M_J = \pm 1/2$ gegeben sind. Entsprechend wird das untere $^4I_{11/2}$-Niveau in sechs Unterniveaus aufgespalten. Die Kristallfeld-Aufspaltung hat die Größenordnung $100\,cm^{-1}$, ist also um eine Größenordnung kleiner als die Spin-Bahn-Aufspaltung.

Abbildung 9.9c zeigt experimentelle Daten für das Emissionsspektrum des Übergangs $^4F_{3/2} \to {}^4I_{11/2}$ bei $77\,K$ und $300\,K$. Das Spektrum besteht aus scharfen Linien anstatt aus einem Kontinuum, was die schwache Natur der vibronischen Kopplung demonstriert. Übergänge, an denen die meisten der Unterniveaus des oberen und unteren Niveaus beteiligt sind, sind in den Spektren klar zu identifizieren. Der Laserübergang bei $1,064\,µm$ ist im $300\,K$-Spektrum gekennzeichnet, und die daran beteiligten Zustände sind in Teil (b) der Abbildung angegeben.

Die Emissionslinien in Abbildung 9.9c sind bei $300\,K$ breiter als bei $77\,K$. Dies ist eine Folge der stärkeren Elektron-Phonon-Kopplung bei der höheren Temperatur. Die Linienbreite der $1,064\,µm$-Emissionslinie bei $300\,K$ ist $120\,GHz$. Wie wir in Abschnitt 9.4 sehen werden, ist diese Verbreiterung sehr von Vorteil, wenn es darum geht, Laser mit kurzer Pulsdauer herzustellen.

In der Atomphysik wird die Aufspaltung der Niveaus durch ein elektrisches Feld als Stark-Effekt bezeichnet. Die Energieverschiebung hängt normalerweise von $|M_J|$ anstatt von M_J ab. Da die Kristallfeldaufspaltung durch elektrische Felder verursacht wird, ist es nicht überraschend, dass die Verschiebung vom Vorzeichen von M_J unabhängig ist.

9.3.3   Ionen der Übergangsmetalle

Tab. 9.3: Elektronenkonfiguration für gewöhnliche Übergangsmetallionen.

Ion	Konfiguration
Ti^{3+}, V^{4+}	$[Ar]\ 3d^1$
V^{3+}, Cr^{4+}	$[Ar]\ 3d^2$
V^{2+}, Cr^{3+}	$[Ar]\ 3d^3$
Cr^{2+}, Mn^{3+}	$[Ar]\ 3d^4$
Mn^{2+}, Fe^{3+}	$[Ar]\ 3d^5$
Fe^{2+}	$[Ar]\ 3d^6$
Co^{2+}	$[Ar]\ 3d^7$
Ni^{2+}	$[Ar]\ 3d^8$
Cu^{2+}	$[Ar]\ 3d^9$

Das Transmissionsspektrum von Rubin ist in Abbildung 1.7 gegeben. Die rote Farbe ist auf zwei starke Absorptionsbänder im grün-gelben bzw. blauen Spektralbereich zurückzuführen.

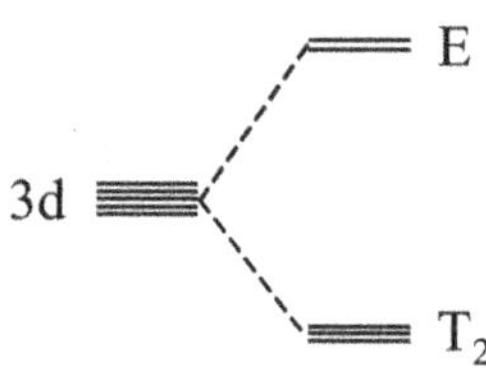

Abb. 9.10: Aufspaltung der entarteten 3d-Niveaus eines Ti^{3+}-Ions in einer oktaedrischen Kristallumgebung.

Die Übergangsmetalle stehen in der vierten Reihe des Periodensystems und haben Ordnungszahlen von 21 bis 30. Die Elektronenkonfigurationen sind $[Ar]\ 3d^n4s^2$. Die divalenten Ionen werden durch Entfernen der 4s-Außenelektronen gebildet. Höhere Valenzen sind möglich, falls ein oder mehrere 3d-Elektronen verloren gehen. In Tabelle 9.3 sind die Konfigurationen für die häufigsten in Festkörperkristallen vorkommenden Ionen angegeben.

Ein Charakteristikum der Physik von Übergangsmetallionen ist die starke Wechselwirkung mit dem Kristallfeld und hieraus resultierend die starke vibronische Kopplung. Wie in Punkt (4) in Abschnitt 9.3.1 erwähnt, ist die Ursache hierfür der relativ große Radius der 3d-Orbitale und die Tatsache, dass diese nicht durch weiter außen liegende gefüllte Schalen abgeschirmt sind. Dies macht ihre elektronischen Zustände sehr empfindlich gegenüber der Kristallumgebung. Ein eindrucksvolles Beispiel für diese Tatsache sehen wir bei Cr^{3+}-Ionen, die sowohl für die rote Farbe von Rubinen als auch die grüne Farbe von Smaragden verantwortlich sind. Die Änderung der Farbe ergibt sich aus der Verschiebung der Energieniveaus, wenn der Trägerkristall Saphir (Al_2O_3) bei Rubin durch Beryll ($Be_3Al_2Si_6O_{18}$) bei Smaragd ersetzt wird. Dies hebt sich von dem Verhalten bei Änderung des Trägerkristalls im Falle einer Dotierung mit Seltenerdionen ab. Beispielsweise verschiebt sich der $1{,}064\,\mu m$-Übergang von Nd:YAG nur nach $1{,}053\,\mu m$, wenn der Trägerkristall durch YLF ($YLiF_4$) ersetzt wird.

Im Vergleich zu den Seltenerdmetallen ist der Kristallfeldeffekt bei den Übergangsmetallen stärker, während die Spin-Bahn-Wechselwirkung kleiner ist. Letzteres ist eine Konsequenz aus der Z^2-Abhängigkeit der Spin-Bahn-Wechselwirkung. Daher müssen wir bei der störungstheoretischen Behandlung des Kristallfeldeffekts zuerst die Kristallfeldwechselwirkung betrachten und danach die Spin-Bahn-Kopplung anwenden. Dies bedeutet, dass der Charakter der Zustände sehr verschieden von dem der Zustände des freien Ions ist.

Als Beispiel betrachten wir ein Übergangsmetallion, das in eine oktaedrische Kristallumgebung (Abbildung 9.8) dotiert ist. Wir nehmen den einfachsten Fall an, in dem das Metall nur ein einziges 3d-Elektron hat. Dies ist etwa in Ti^{3+} der Fall, das eine Elektronenkonfiguration von $3d^1$ hat. Das oktaedrische Kristallfeld wechselwirkt mit den entarteten 3d-Niveaus des freien Ions und spaltet diese in ein Dublett und ein Triplett auf (siehe Abbildung 9.10). Diese Aufspaltung kann gruppentheoretisch abgeleitet oder explizit störungstheoretisch berechnet werden (siehe Aufgabe 9.9).

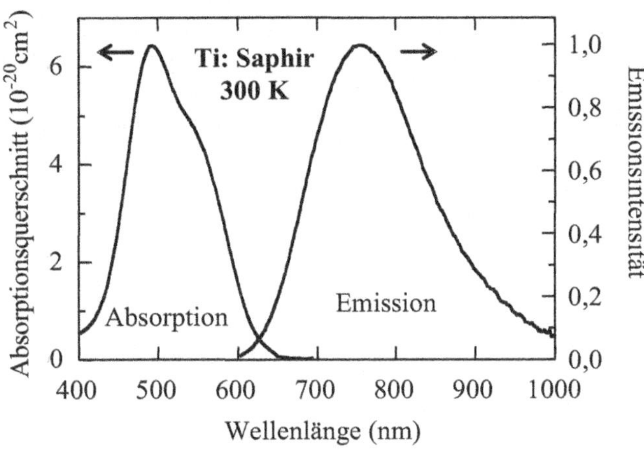

Abb. 9.11: Absorptions- und Emissionsspektren für Ti^{3+}-Ionen, die bei 300 K in Saphir (Al_2O_3) dotiert wurden. Nach Moulton (1986), genehmigter Nachdruck.

Die in Abbildung 9.10 verwendete Nomenklatur für die Niveaus der Kristallfeldaufspaltung ist aus der Gruppentheorie übernommen. Das Dublett wird als ein E-Zustand bezeichnet und das Triplett als ein T_2-Zustand. Diese Zustände werden manchmal näher durch ihren Spinentartungsgrad und ihre Parität spezifiziert. Damit ist das Dublett ein ^2E_g-Zustand und das Triplett wird mit $^2T_{2g}$ bezeichnet. Das hochgestellte Präfix bezieht sich auf den Spinentartungsgrad (das einzelne Elektron hat also zwei Spinzustände), während der tiefgestellte Index (g für gerade) die Parität angibt.

Abbildung 9.11 zeigt die Absorptions- und Emissionsspektren von Ti^{3+}-Ionen, die bei 300 K in den oktaedrischen Träger Saphir (Al_2O_3) dotiert wurden. Die Spektren gehören zu Übergängen zwischen dem Grundzustandsniveau T_{2g} und dem angeregten Zustand E_g. Da das obere und das untere Niveau beide gerade Parität haben, sollten elektrische Dipolübergänge verboten sein. Durch die Ti^{3+}-Beimengungen wird jedoch die oktaedrische Umgebung des Trägers leicht gestört, und es werden Zustände ungerader Parität eingemischt, was eine kleine Übergangswahrscheinlichkeit erlaubt. Dies ergibt eine radiative Lebensdauer von 3,9 µs für den oberen Zustand, was kürzer ist als die nichtradiative Lebensdauer bei 300 K. Die Lumineszenzeffizienz bei 300 K ist daher hoch (siehe (5.5) und Aufgabe 5.4), weshalb Ti:Saphir-Kristalle gute Laser abgeben.

Die experimentellen Daten zeigen klar, dass die Absorptions- und Emissionsspektren aus kontinuierlichen Bändern anstatt aus scharfen Linien bestehen. Dies ist eine Folge der starken vibronischen Verbreiterung des Grundzustands und der angeregten Zustände. Auch die Stokes-Shift der Emission ist aus den Daten ersichtlich, ebenso die näherungsweise Spiegelsymmetrie von Emission und Absorption um die Null-Phonon-Wellenlänge von etwa 630 nm.

Die Details der Niveauschemata werden komplizierter, wenn es mehr als ein 3d-Elektron gibt und/oder die Kristallumgebung eine niedrigere Symmetrie als die oktaedrische hat.

Zur Besetzungsinversion in Rubin siehe Aufgabe 9.12. Rubin unterscheidet sich von den meisten anderen Lasermedien, da es ein **Drei-Niveau-System** anstatt ein **Vier-Niveau-System** ist. Die Unterscheidung basiert darauf, ob das untere Laserniveau der Grundzustand oder ein angeregter Zustand ist. Im ersten Fall hat das untere Laserniveau eine hohe initiale Besetzung und es müssen mehr als 50% der Atome in das obere Niveau gepumpt werden, um eine Besetzungsinversion zu erhalten. Bei Vier-Niveau-Lasern ist dies nicht der Fall.

Die allgemeine Form der in Abbildung 9.11 gezeigten Spektren ist typisch für Kristalle mit dotierten Übergangsmetallionen. Das Kristallfeld spaltet die aus den 3d-Zuständen abgeleiteten atomaren Niveaus auf, und dann verbreitert die starke Phononkopplung diese Zustände in kontinuierliche vibronische Bänder. Dies führt zu kontinuierlichen vibronischen Absorptions- und Emissionsbändern, die insbesondere für die Anwendung in stimmbaren Lasern nützlich sind. Diese werden wir im nächsten Abschnitt behandeln.

9.4 Festkörperlaser und optische Verstärker

Viele wichtige Festkörperlaser verwenden Ionen der Übergangsmetalle oder der Seltenerdmetalle als aktives Medium. Der erste Laser überhaupt verwendete beispielsweise Rubin (Cr^{3+}-Ionen dotiert in Al_2O_3) als aktives Material. Laser können allgemein in Laser mit festen Wellenlängen und stimmbare Laser unterteilt werden. Die Emissionsspektren von Ionen der Seltenerdmetalle zeigen gewöhnlich sehr charakteristische Wellenlängen und fallen normalerweise in die erste Kategorie. Ionen der Übergangsmetalle haben dagegen oft breite Emissionsbänder, weshalb sie für stimmbare Laser verwendet werden können, die über einen breiten Bereich von Wellenlängen arbeiten.

Eine entscheidende Anforderung für den Betrieb eines Lasers ist die, dass es möglich sein muss, eine **Besetzungsinversion** zwischen dem oberen und dem unteren Niveau herzustellen (siehe (B.13)). Gemeint ist damit, dass die Besetzung des oberen Niveaus die Besetzung des unteren übersteigt. Dadurch ist sichergestellt, dass die Rate der stimulierten Emission die Absorptionsrate übersteigt, sodass es zu einer optischen Verstärkung (also einem Gewinn) im Laserkristall kommt.

Erreicht wird die Besetzungsinversion durch „Pumpen" von Atomen in das obere Laserniveau, wofür eine Vielzahl von Mechanismen infrage kommt. Abbildung 9.12 zeigt, wie dies für die 1,064 µm-Linie eines Nd:YAG-Lasers erfolgt. Das obere Niveau ist der $^4F_{3/2}$-Zustand. Dieses Niveau wird durch das erste Pumpen von Elektronen aus dem Grundzustand in die angeregten Zustände wie das $^4F_{5/2}$-Niveau besetzt, das in Abbildung 9.9a ausgewiesen ist. Alternativ kann das obere Laserniveau durch Pumpen der anderen angeregten Zustände besetzt werden, die nicht in Abbildung 9.9a dargestellt sind. Einige davon sind durch vibronische Kopplung zu Bändern verbreitert und können daher einen ganzen Bereich von Frequenzen absorbieren, wodurch das Pumpen erleichtert wird. Die Elektronen in den höheren angeregten Zuständen relaxieren durch nichtstrahlenden Zerfall schnell in das obere Laserniveau. Dies führt zur Besetzungsinversion in Bezug auf den $^4I_{11/2}$-Zustand, und wenn ein geeigneter Hohlraum zur Verfügung steht, ist der Betrieb eines Lasers möglich. Der schnelle nichtstrahlende Zerfall in den $^4I_{9/2}$-Zustand stellt sicher, dass die Elektronen sich nicht im unteren Laserniveau akkumulieren und so die Besetzungsinversion reduzieren.

Nd:YAG-Laser wurden traditionell mit hellen Blitzröhren gepumpt. Der Übergang aus dem Grundzustand in den $^4F_{5/2}$-Zustand trifft jedoch recht gut die optimale Wellenlänge von GaAs-Quantentopf-Diodenlasern, die bei etwa 800 nm liegt (siehe Abschnitt 6.6). Diese Eigenschaft hat eine neue Generation von Nd:YAG-Lasern möglich gemacht, die durch Hochleistungslaser gepumpt werden, welche effizienter und stabiler sind als ihre mit Blitzröhren arbeitenden Alternativen.

Der Mechanismus der Besetzungsinversion in Ti:Saphir-Lasern folgt der in Abbildung 9.13 illustrierten allgemeinen Prozedur. Elektronen werden aus dem Grundzustand des $^2T_2$-Bandes in ein angeregtes Niveau im ^2E-Band gepumpt. Diese Elektronen relaxieren durch Phononemission zur Unterkante des ^2E-Bandes und erzeugen eine Besetzungsinversion bezüglich der vibronischen Niveaus des $^2T_2$-Bandes, die durch weitere Phononemission schnell aufgebraucht wird. Laseroszillationen können dann über einen breiten Bereich von Wellenlängen innerhalb des in Abbildung 9.11 gezeigten Emissionsbandes auftreten.

Ti:Saphir-Laser können durch Argonionenlaser gepumpt werden, deren Emissionslinien bei 488 nm und 514 nm sehr gut zu den Absorptionsbändern des in Abbildung 9.11 gezeigten Ti:Saphir-Lasers passen. Alternativ können bei etwa 532 nm arbeitende frequenzverdoppelte Nd-Laser (zum Beispiel Nd:YAG, Nd:YLF oder Nd:YVO$_4$) verwendet werden. Bei Letzteren erhält man die 532 nm-Strahlung durch Verdopplung der Frequenz der 1064 nm-Laserlinie mithilfe von Verfahren der nichtlinearen Optik, die in Kapitel 11 vorgestellt werden. Es scheint auf den ersten Blick der Intuition zu widersprechen, einen Laser zu verwenden, um einen anderen zu pumpen, doch tatsächlich macht dies Sinn, weil es ein effizienter Weg ist, die diskreten Frequenzen eines Hochleistungslasers mit fester Wellenlänge in kontinuierlich stimmbare Strahlung umzuwandeln.

Tabelle 9.4 zeigt die Daten einiger wichtiger Festkörperlaser, die mit Übergangs- oder Seltenerdmetallen arbeiten. Die Daten zeigen, dass es möglich ist, mit diesen Quellen einen großen Bereich von Frequenzen im sichtbaren und nahinfraroten Bereich abzudecken. Von den hier genannten Lasern haben vor allem die Nd^{3+}-Laser Anwendung in Industrie und Medizin gefunden, was ihrer großen Ausgabeleistung und ihrer robusten Bauweise zu verdanken ist.

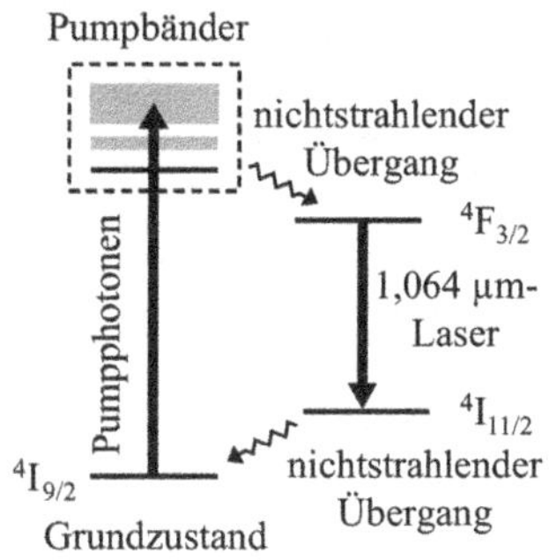

Abb. 9.12: Besetzungsinversion für den 1,064 µm-Übergang in einem Nd:YAG-Laser. Die Pumpphotonen stammen z. B. aus einer Blitzröhre oder einem Diodenlaser.

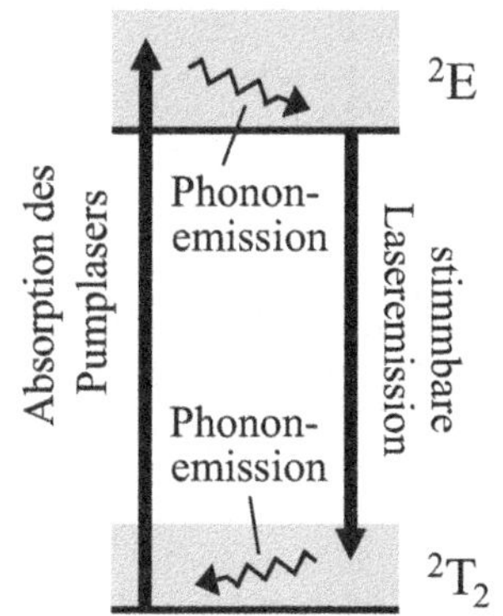

Abb. 9.13: Niveauschema für die stimmbare vibronische Emission in einem Ti:Saphir-Laser.

Tab. 9.4: Verbreitete Festkörperlaser, die mit Ionen von Seltenerdmetallen oder Übergansmetallen arbeiten. Falls nicht anders angegeben, werden die Laser bei Raumtemperatur betrieben.

Laser	aktives Ion	Konfig.	Träger	Wellenlänge (nm)
Ti:Saphir	Ti^{3+}	$3d^1$	Saphir (Al_2O_3)	700–1100
Rubin	Cr^{3+}	$3d^3$	Saphir (Al_2O_3)	694
Alexandrit	Cr^{3+}	$3d^3$	Beryll ($BeAl_2O_4$)	700–820
Cr:LiSAF	Cr^{3+}	$3d^3$	LiSAF ($LiSrAlF_6$)	780–1010
Cr:LiCAF	Cr^{3+}	$3d^3$	LiCAF ($LiCaAlF_6$)	720–840
Cr:Forsterit	Cr^{4+}	$3d^2$	Forsterit (Mg_2SiO_4)	1150–1350
Co:MgF$_2$	Co^{2+}	$3d^7$	Magnesiumfluorid (MgF_2)	1500–2500 bei 77 K
Nd:YAG	Nd^{3+}	$4f^3$	Yttrium-Aluminium-Granat (YAG: $Y_3Al_5O_{12}$)	1064
Nd:Glas	Nd^{3+}	$4f^3$	Phosphatglas	1054
Nd:YLF	Nd^{3+}	$4f^3$	Yttrium-Lithium-Fluorid (YLF: $LiYF_4$)	1047 und 1053
Nd:Vanadat	Nd^{3+}	$4f^3$	Yttrium-Vanadat (YVO_4)	1064
Yb:YAG	Yb^{3+}	$4f^{13}$	Yttrium-Aluminium-Granat (YAG: $Y_3Al_5O_{12}$)	1030 bei 100 K
Erbiumfaser	Er^{3+}	$4f^{11}$	optische Faser	1530–1560

Das letzte in Tabelle 9.4 aufgeführte Lasermedium, die mit Erbium dotierte optische Faser, hat im Zusammenhang mit Telekommunikationsnetzen wachsende Bedeutung erlangt. Das Niveauschema von Er^{3+}-Ionen ist in Abbildung 9.14a dargestellt. Das $^4I_{11/2}$-Band der Er^{3+}-Ionen liegt 1,27 eV über dem Grundzustand, weshalb es geeignet ist, mit 980 nm-Diodenlasern gepumpt zu werden. Es kommt zu einer raschen nichtstrahlenden Relaxation zur Unterkante des $^4I_{13/2}$-Bandes, wo sich die Elektronen aufgrund der langen Lebensdauer des Zustands (11 ms) akkumulieren. Dies erzeugt eine Besetzungsinversion, die für das vibronische Band $^4I_{13/2} \rightarrow {}^4I_{15/2}$ zwischen 1,53 µm und 1,56 µm eine optische Verstärkung erzeugt.

Die Faserverluste sind bei 1,55 µm sehr klein. Trotzdem müssen die Signale in der Faser bei langreichweitigen Systemen (zum Beispiel Transatlantikverbindungen) in regelmäßigen Intervallen verstärkt werden, um die Verluste zu kompensieren.

Die Erbiumionen sind in einen Abschnitt einer optischen Faser dotiert, die durch einen 980 nm-Halbleiterdiodenlaser über eine Faserkopplung gepumpt wird (siehe Abbildung 9.14b). Laseroszillationen können auftreten, wenn um das aktive Medium Spiegel platziert werden. Gewöhnlich gibt es jedoch keinen Hohlraum und die Verstärkung der Erdiumionen wird zur Verstärkung von Signalen benutzt. Die Verstärkung hat ihren Peak um 1,55 µm, was eine der bevorzugten Wellenlängen für Glasfasersysteme ist. Mit wenigen Metern Erbiumfaser lassen sich Verstärkungsfaktoren um 10^3 erreichen.

In Abschnitt 9.2 hatten wir erwähnt, dass Farbzentren auch für Laserkristalle verwendet werden. Der Mechanismus der Besetzungsinversion folgt dem gleichen allgemeinen Schema wie bei dem in Abbildung 9.13 gezeigten Ti:Saphirlaser. Die Elektronen werden zunächst in einen Zwischenzustand im oberen Band gepumpt, von wo aus sie durch Phononemission relaxieren. Sie kehren dann durch Emission von Laserphotonen in das untere Band zurück und relaxieren

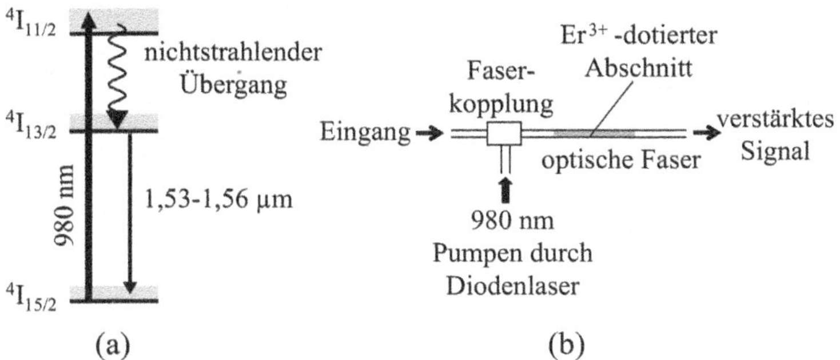

Abb. 9.14: Erbiumdotierter Faserverstärker. (a) Niveauschema. Das ^{4}I$_{11/2}$-Band liegt 1,27 eV über dem Grundzustand und ist geeignet für das Pumpen mit 980 nm-Diodenlasern. Es kommt zu einer schnellen Relaxation zur Unterkante des ^{4}I$_{13/2}$-Bandes. Dies erzeugt eine Besetzungsinversion für den vibronischen Übergang ^{4}I$_{13/2} \rightarrow {}^4$I$_{15/2}$ und folglich eine Verstärkung zwischen 1,53 µm und 1,56 µm. (b) Aufbau eines Faserverstärkers. Der 980 nm-Pumplaser koppelt über einen Faserkoppler in den erbiumdotierten Abschnitt.

schließlich unter weiteren Phononemissionen in den Grundzustand. Farbzentrenlaser werden vor allem für Untersuchungen im infraroten Spektralbereich verwendet. Beispielsweise wurden Laseroszillationen für das F$_2^+$-Zentrum in KF zwischen 1,22 µm und 1,50 µm demonstriert, was den größten Teil der Emissionsbänder dieses Kristalls abdeckt (siehe Abbildung 9.5). Zum Pumpen des Lasers geeignet ist die 1,064 µm-Linie eines Nd:YAG-Lasers, die gut mit dem Absorptionsband zwischen 1,0 µm und 1,2 µm zusammenpasst. Mit anderen Kombinationen von Trägerkristallen und Farbzentren kann ein großer Bereich von Wellenlängen im infraroten Spektralbereich zwischen 1 µm und 4 µm abgedeckt werden.

Für viele moderne Laseranwendungen ist es wünschenswert, sehr kurze Lichtpulse erzeugen zu können. Die Zeitdauer Δt der kürzesten Pulse, die durch einen Laser erzeugt werden können, ist durch die Spektralbreite $\Delta \nu$ der Emissionslinie gesetzt. Es gilt

$$\Delta\nu\Delta t \sim 1 \tag{9.6}$$

Dieses **Zeit-Bandbreite-Produkt** ist eine Form des Unschärfeprinzips. Es besagt, dass Laserkristalle mit breiten Emissionslinien gute Kandidaten für sehr kurze Pulse sind. Der genaue Wert des Produkts hängt von der Form des Pulses ab. Für gaußsche Pulse gilt beispielsweise $\Delta\nu\Delta t = 0{,}441$ (siehe Aufgabe 9.13).

Im Zusammenhang mit Abbildung 9.9c hatten wir erwähnt, dass die Linienbreite der 1064 nm-Linie in Nd:YAG bei 300 K etwa 120 GHz beträgt. Damit werden Pulse von wenigen Pikosekunden erreicht. Die kürzesten derzeit möglichen Pulse erhält man mit Ti:Saphirlasern. Die extrem große Spektralbreite des Emissionsbandes ($\Delta \nu \sim 10^{14}$ Hz) macht es möglich, Pulse von weniger als 10 fs zu erzeugen, was viele interessante Untersuchungen dynamischer Effekte in Physik, Chemie und Biologie erlaubt. Diese ultraschnellen Laser werden meist durch diodengepumpte Nd:YAG-Laser gepumpt. Sie kombinieren Halbleiterquantentöpfe (Kapitel 6) mit nichtlinearer Optik (Kapitel 11) und der Theorie von Festkörperlasern und sind somit eine Glanzleistung der modernen optischen Festkörpertechnologie.

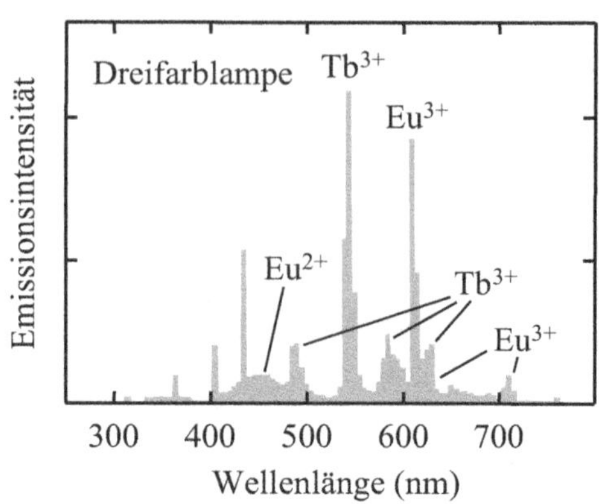

9.5 Leuchtstoffe

Die Bezeichnung **Leuchtstoff** (oder Phosphor) umfasst eine große Bandbreite von Festkörpern, die sichtbares Licht emittieren, wenn sie durch einen Elektronenstrahl oder kurzwellige Photonen angeregt werden. In diesem Abschnitt diskutieren wir die Anwendungen von Leuchtstoffen.

Der traditionelle Anwendungsbereich sind Fluoreszenzröhren. Diese Technologie wurde etwa in der Zeit des Zweiten Weltkriegs entwickelt und setzte sich für allgemeine Beleuchtungszwecke aufgrund ihrer größeren Effizienz schnell gegenüber der Glühlampe durch. Die Röhren enthalten Quecksilberdampf bei niedrigem Druck, und das Innere der Glasröhre ist mit dem Leuchtstoff beschichtet. Eine elektrische Entladung regt die Quecksilberatome an, die ultraviolette Strahlung von 254 nm und 185 nm emittieren. Dieses ultraviolette Licht wird dann von dem Leuchtstoff absorbiert und im sichtbaren Bereich reemittiert.

Lange Zeit über waren in der Technologie der Fluoreszenzleuchten Halophosphat-Leuchtstoffe vorherrschend, in die Sb^{3+} und Mn^{2+} dotiert wurden. Durch das Aufkommen von Leuchtstoffen aus Seltenerdmetallen im Jahr 1975 wurde die Technologie revolutioniert. Durch Verwendung eines Gemischs aus drei Seltenerddopanten, von denen jeweils eine im blauen, grünen und roten Spektralbereich emittiert, können hocheffiziente Röhren mit sehr guter Weißlicht-Farbbalance hergestellt werden.

Abbildung 9.15 zeigt das Emissionsspektrum einer Dreifarblampe, die so gemischt ist, dass ihre Farbbalance der einer Schwarzkörperquelle bei 4000 K entspricht. Die Lampe enthält eine sorgfältig abgestimmte Mischung aus $BaMgAl_{10}O_{17}{:}Eu^{2+}$; $CeMgAl_{11}O_{19}{:}Tb^{3+}$ und $Y_2O_3{:}Eu^{3+}$. Die Eu^{2+}-Ionen ($4f^7$) emittieren im blauen Bereich bei 450 nm, die Tb^{3+}-Ionen ($4f^8$) im grünen Bereich bei 550 nm und die Eu^{3+}-Ionen ($4f^6$) im roten Bereich bei 610 nm. Diese Emissions-

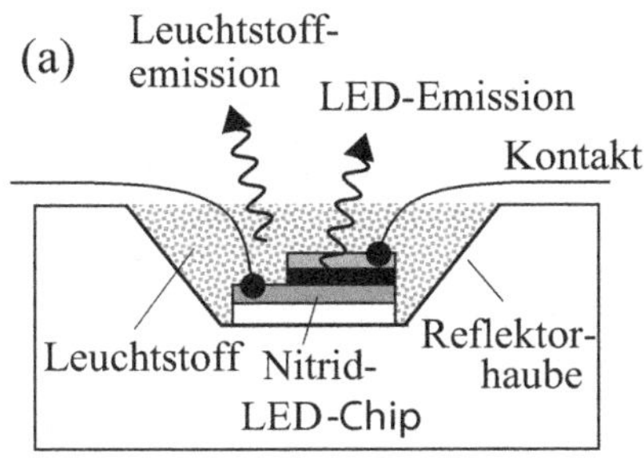

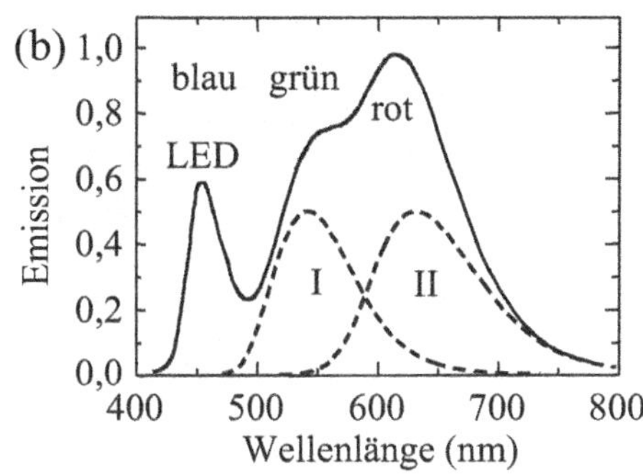

Abb. 9.16: (a) Schematische Darstellung einer leuchtstoffkonvertierenden LED. (b) Emissionsspektrum einer Weißlicht-LED. Das Bauelement enthält eine blau emittierende GaIn-Quantentopf-LED in Kombination mit einem grünen Leuchtstoff (I, $SrSi_2O_2N_2$:Eu^{2+}) und einem roten Leuchtstoff (II, $Sr_2Si_5N_8$:Eu^{2+}). Nach Mueller-Mach et al. (2005), genehmigter Nachdruck.

linien sind im Spektrum der Dreifarblampe deutlich zu sehen, daneben sieht man schwächere Emissionslinien von den Leuchtstoffen sowie Quecksilberlinien bei 405 nm, 436 nm und 545 nm. Diese Dreifarblampen sind wesentlich effizienter als die älteren Halophosphate, zudem bieten sie eine bessere Farbbalance.

In den letzten Jahren haben Leuchtstoffe eine wichtige neue Anwendung in leuchtstoffkonvertierenden LEDs (Leuchtstoff-LEDs) gefunden. In diesen Bauelementen wird ein Leuchtstoff (oder eine Leuchtstoffmischung) mit einer kurzwelligen Halbleiter-LED kombiniert, um weißes Licht zu erzeugen. Diese Weißlicht-LEDs sind die Grundlage der sich rasch entwickelnden Technologie der Festkörperleuchtstoffe.

Abbildung 9.16a zeigt eine schematische Darstellung einer Weißlicht-LED. Das Bauelement besteht aus einer kurzwelligen Halbleiter-LED, die auf einem Nitridmaterial (siehe Abschnitt 5.4) in Kombination mit einem geeigneten Leuchtstoff basiert. Es sind mehrere Strategien üblich, um nach diesem Prinzip Weißlicht-LEDs herzustellen:

Der Zweck einer Reflektorhaube in einer LED ist es, die Ausgabe in Vorwärtsrichtung zu erhöhen, indem das nach unten emittierte Licht reflektiert wird.

- Verwendung eines GaN-Elements, das im ultravioletten Bereich emittiert, um wie bei einer Dreifarblampe eine Mischung aus drei Leuchtstoffen (rot, blau, grün) anzuregen

- Verwendung einer blau emittierenden GaInN-Legierung zusammen mit einem gelben Leuchtstoff (etwa Ce^{3+}:YAG)

- Verwendung einer blau emittierenden GaInN-Legierung zusammen mit einer Mischung aus grünen und roten Leuchtstoffen

Die erste Methode bietet die beste Farbkontrolle, sie ist jedoch weniger effizient, da die Entwicklung der UV-LED-Technologie noch nicht so weit vorangeschritten ist und mehr Energie beim Prozess der Farbumwandlung verloren geht (siehe Aufgabe 9.18). Für die anderen beiden Ansätze dient die Nitrid-LED sowohl als Blau-Emitter als auch als Anregungsquelle für die Leuchtstoffe. Das nur auf einem einzigen Leuchtstoff basierende Bauelement ist einfacher herzustellen, bietet aber im Vergleich zu dem Element mit zwei Leuchtstoffen eine weniger gute Farbwiedergabe.

Die Eu^{2+}-Leuchtmittel emittieren Licht durch dipolerlaubte $(5d{\rightarrow}4f)$-Übergänge. Die 5d-Schalen der angeregten Zustände haben relativ große Radien und sind daher sehr empfindlich in Bezug auf Kristallfeldeffekte und vibronische Kopplung. Sie werden daher zu Bändern verbreitert, wobei ihre Energie stark von den Eigenschaften des Trägerkristalls abhängt.

Abbildung 9.16b zeigt das Emissionsspektrum einer Weißlicht-LED auf der Basis eines blau emittierenden GaInN-Quantentopf-Chips. Das Bauelement verwendet eine Mischung aus zwei Leuchtstoffen, die mit I und II bezeichnet sind. Beide Leuchtstoffe basieren auf dem Eu^{2+}-Ion. Die Leuchtstoffe haben Absorptionsbänder im blauen Spektralbereich, die die LED-Ausgabe überlappen. Ihre Emissionswellenlänge wird durch die Wahl des Trägermaterials kontrolliert. Für den Leuchtstoff I ist der Träger $SrSi_2O_2N_2$, und die Emission liegt im grünen Spektralbereich. Für den Leuchtstoff II ist der Träger $Sr_2Si_5N_8$, und die Emission liegt im roten Bereich. Das kombinierte Emissionsspektrum der LED zeigt einen Peak im blauen Spektralbereich um 450 nm, der vom Nitrid-Quantentopf stammt, sowie ein breites Emissionsband im grünen und roten Spektralbereich, das von den Leuchtstoffen kommt. Die äquivalente Farbtemperatur des Bauelements ist 3200 K.

Weißlicht-LEDs bieten für Beleuchtungszwecke viele Vorteile gegenüber Fluoreszenzröhren. Erstens arbeiten sie bei niedrigen Spannungen, was sie geeignet für kleine batteriebetriebene Geräte macht (z. B. Mobiltelefone, Taschenlampen). Zweitens enthalten sie keine umweltschädigenden Elemente wie Quecksilber. Drittens schließlich ist die Gesamtenergieeffizienz bereits vergleichbar mit jener, die in Fluoreszenzröhren erreicht wird, und es ist anzunehmen, dass sie in Zukunft noch weiter steigt. Dank dieser Vorzüge haben leuchtstoffkonvertierende LEDs bereits jetzt viele Anwendungen und gelten als Grundlage für die nächste Generation von Leuchtmitteln.

Zusammenfassung

- Lumineszenzzentren sind optisch aktive Defekte und Beimengungen innerhalb kristalliner Träger. Die elektronischen Zustände der Zentren sind an den Defekten oder Beimengungen lokalisiert, aus denen sie resultieren.

- Die elektronischen Zustände koppeln über die Elektron-Phonon-Wechselwirkung an die Gitterschwingungen des Trägerkristalls. Optische Übergänge zwischen den Zuständen sind vibronisch und mit der Anregung von Phononen verbunden.

- Die vibronische Kopplung führt in vielen Materialien zu breiten Absorptions- und Emissionsbändern. Die Emission tritt bei einer niedrigeren Energie auf als die Absorption. Diese Rotverschiebung der Emissionsbänder wird als Stokes-Shift bezeichnet.

- Farbzentren (oder F-Zentren) bestehen aus einem Elektron, das an einer Fehlstelle in einem kristallinen Isolator gefangen ist. Vibronische Übergänge zwischen den gebundenen Zuständen des Elektrons führen zu breiten Absorptions- und Emissionsbändern. Stickstoff-Fehlstellen-Zentren (NV-Zentren) eröffnen vielversprechende Möglichkeiten für Anwendungen in der Quanteninformatik.

- Die Energieniveaus von paramagnetischen Ionen, die in ionische Kristalle dotiert wurden, werden durch das Kristallfeld ihrer lokalen Umgebung gestört. Für Ionen der Seltenerdmetalle sind die Kristallfeldeffekte sehr klein, für Ionen der Übergangsmetalle dagegen sehr groß.

- Die optischen Spektren von Ionen der Seltenerdmetalle bestehen im Wesentlichen aus diskreten Linien. Der Kristallfeldeffekt führt zu feinen Aufspaltungen der Übergänge, die in freien Ionen entartet sind.

- Die optischen Spektren von Ionen der Übergangsmetalle bestehen aus breiten vibronischen Bändern. Die Emissions weist eine Stokes-Shift gegenüber der Absorption auf.

- Paramagnetische Ionen und Farbzentren können als aktives Medium in Festkörperlasern verwendet werden. Laser mit Seltenerdionen arbeiten vornehmlich bei diskreten Wellenlängen, während Übergangsmetalle und Farbzentren stimmbare Laser ermöglichen. In optische Fasern dotierte Erbiumionen können als optische Verstärker bei 1,55 µm verwendet werden.

- Leuchtstoffe aus Seltenerdmetallionen werden häufig als lichtemittierendes Material in Fluoreszenzlampen und Kathodenstrahlröhren verwendet. Sie können auch mit kurzwelligen Halbleiter-LEDs verwendet werden, um Weißlicht-LEDs für Anwendungen in Festkörperlampen zu erhalten.

Weiterführende Literatur

Die grundlegende Physik von Farbzentren wird in Ashcroft & Mermin (2012), Burns (1985) oder Kittel (2006) behandelt. Der Kristallfeldeffekt wird etwas ausführlicher in Blundell (2001) diskutiert. Eine gute Einführung zur Lumineszenz bietet Elliott & Gibson (1974), während die maßgeblichen Abhandlungen zu vibronischen Systemen in Henderson & Imbusch (1989) und Hayes & Stoneham (1985) zu finden sind.

Als Übersichtsartikel zu Farbzentren in Diamant und zum Auslesen von Spins durch optische Spektroskopie empfehlen sich Jelezko & Wrachtrup (2006) und Jelezko & Wrachtrup (2004). Eine ausführliche Behandlung der Zerfallsdynamik von NV^--Zentren finden Sie in Mason et al. (2006). In Balasubramanian et al. (2009) ist der aktuelle Forschungsstand auf dem Gebiet der kohärenten Manipulationen von einzelnen Spins in NV-Zentren von Diamant dargestellt.

Ausführliche Informationen zu Festkörperlasern finden Sie in Henderson & Bartram (2000), Silfvast (2004) oder Svelto (1998). Eine Sammlung von Übersichtsartikeln zu Farbzentren, Übergangsmetallionen und Leuchtstoffen bietet Di Bartolo (1992). Als Übersichtsartikel zu Weißlicht-LEDs und Festkörperlampen empfehlen sich Narukawa (2004), Shur & Žukauskas (2005) oder Schubert et al. (2006).

Aufgaben

9.1 Ein Farbzentrum kann als Elektron der Masse m_0 modelliert werden, dessen Bewegung in einem kubischen Kasten der Kantenlänge $2a$ beschränkt ist. Lösen Sie die Schrödinger-Gleichung unter der Annahme, dass die Potentialbarrieren an den Rändern des Kastens unendlich sind, und leiten Sie daraus (9.4) ab.

9.2 Die durchgezogene Linie in Abbildung 9.4 ist durch Fitten der Daten mit $E = 0{,}21/a^2$ entstanden, wobei E in eV gemessen ist und a in nm. Wie verhält sich die gefittete Kurve im Vergleich mit der Vorhersage gemäß (9.5)?

9.3 Der Anion-Kation-Abstand in KBr ist $0{,}33\,$nm. Schätzen Sie für diesen Kristall die Energie des Absortionspeaks im F-Band ab.

9.4 Ein Elektron ist einem harten rechteckigen Kasten gefangen, der sich in Richtung der z-Achse erstreckt und quadratische Grundflächen hat. Berechnen Sie die Energie des Elektrons, wenn die Höhe des Kasten $2b$ und der Querschnitt der Grundfläche b^2 ist. Erklären, warum zu erwarten ist, dass die Übergänge eines F_2^+-Zentrums bei etwa der Hälfte der Energie des äquivalenten F-Zentrums erfolgt. Spiegelt dieses Modell die in den Abbildungen 9.4 und 9.5 gezeigten experimentellen Daten für KF wieder?

9.5 (a) Berechnen Sie die relative Besetzung der Unterniveaus mit $M_S = 0$ und $M_S = \pm 1$ des ^{3}A-Grundzustands eines NV$^-$-Zentrums im thermischen Gleichgewicht bei 2 K.

(b) Berechnen Sie die Temperatur, die nötig ist, um 80% der Elektronen im $(M_S{=}0)$-Niveau zu initialisieren.

9.6 Verwenden Sie die Daten aus Abbildung 9.7, um die Energie der dominierenden Phononmode zu bestimmen, die mit dem NV$^-$-Zentrum wechselwirkt.

9.7 Der Erwartungswert für den Radius eines Elektrons in einem Wasserstoffatom ist

$$\langle r \rangle = \frac{n^2 a_{\mathrm{H}}}{Z} \left(\frac{3}{2} - \frac{l(l+1)}{2n^2} \right)$$

Dabei ist Z die Ordnungszahl, a_{H} der bohrsche Radius von Wasserstoff, n die Hauptquantenzahl und l die Drehimpuls-quantenzahl. Verwenden Sie dieses Ergebnis, um Folgendes zu zeigen:

(a) Der Radius der 3d-Orbitale in einem Übergangsmetallion ist kleiner als die 4f-Orbitale in einem Seltenerdion.

(b) Die 3d-Orbitale eines Übergangsmetallions sind die äußersten Orbitale des Atoms, die 4f-Orbitale eines Seltenerdions dagegen nicht.

9.8* Betrachten Sie die Wechselwirkung zwischen einem Elektron in einem äußeren p-Orbital und dem elektrischen Feld einer kristallinen Trägerumgebung.

(a) Erklären Sie, warum die p$_x$-, p$_y$- und p$_z$-Orbitale entartet sind, falls das Ion wie in Abbildung 9.8 in einem oktaedrischen Kristall platziert wird.

(b) Erklären Sie, warum die p-Zustände in ein Singulett und ein Dublett aufgespalten werden, falls der Kristall eine uniax-iale Symmetrie hat, d. h., wenn die Ionen des Trägerkristalls in Richtung der z-Achse dichter sind als in x- und y-Richtung.

(c) Liegt die Energie des Singuletts höher oder tiefer als die des Dubletts, wenn die Nachbarionen negativ sind?

9.9* In dieser Aufgabe betrachten wir die Aufspaltung der 3d-Niveaus eines Übergangsmetaliones in einer oktaedrischen Kris-tallumgebung. Wir nehmen an, dass das Kation im Ursprung lokalisiert und von sechs Anionen der Ladung q umgeben ist, die bei $(\pm a, 0, 0)$, $(0, \pm a, 0)$ und $(0, 0, \pm a)$ lokalisiert sind (siehe Abbildung 9.8). In diesem Fall hat das Potential in der Nähe des Ursprungs die Form

$$V(\boldsymbol{r}) = \frac{6\alpha}{a} + \frac{35\alpha}{4a^5}\left(x^4 + y^4 + z^4 - \frac{3}{5}r^4\right)$$

mit $\alpha = q/4\pi\epsilon_0$, und $\mathbf{r} \equiv (x, y, z)$ ist der Ortsvektor relativ zum Ursprung. In sphärischen Koordinaten kann dies als

$$V(r) = \frac{6\alpha}{a} + \frac{7\alpha r^4}{2a^5}\left(C_{4,0} + \sqrt{5/14}(C_{4,4} + C_{4,-4})\right)$$

geschrieben werden, wobei $C_{l,m}(\theta, \phi)$ eine Kugelfunktion ist.

(a) Die fünf m-Zustände der 3d-Orbitale können in der Form

$$\psi_m(\mathbf{r}) \equiv |m\rangle = f(r)\, C_{2,m}$$

geschrieben werden. Die Kugelfunktionen sind

$$C_{2,0} = \left(3\cos^2\theta - 1\right)/2$$
$$C_{2,\pm 1} = \mp(3/2)^{1/2}\cos\theta\,\sin\theta\,\mathrm{e}^{\pm\mathrm{i}\phi}$$
$$C_{2,\pm 2} = (3/8)^{1/2}\sin^2\theta\,\mathrm{e}^{\pm\mathrm{i}2\phi}$$

Benutzen Sie die Tatsache, dass $|m\rangle \propto \mathrm{e}^{\mathrm{i}m\phi}$, um zu zeigen, dass die Matrixelemente

$$\langle m|V|m'\rangle \equiv \iiint \psi_m^* \, V \, \psi_{m'} \, \mathrm{d}^3\mathbf{r}$$

null sind, außer für $m' = m$ und $m' = m \pm 4$.

(b) Verwenden Sie die Notation

$$\langle \pm 2|V| \pm 2\rangle = A$$
$$\langle \pm 1|V| \pm 1\rangle = B$$
$$\langle 0|V|0\rangle = C$$
$$\langle m|V|m \pm 4\rangle = D$$

und zeigen Sie, dass die Eigenzustände des Systems folgendermaßen lauten:

Energie	Wellenfunktion
$A + D$	$(|2\rangle + |-2\rangle)/\sqrt{2}$
$A - D$	$(|2\rangle - |-2\rangle)/\sqrt{2}$
B	$|\pm 1\rangle$
C	$|0\rangle$

(c) Symmetrieargumente (oder eine explizite Rechnung) zeigen, dass $A + D = C$ und $A - D = B$ gelten muss. Hieraus

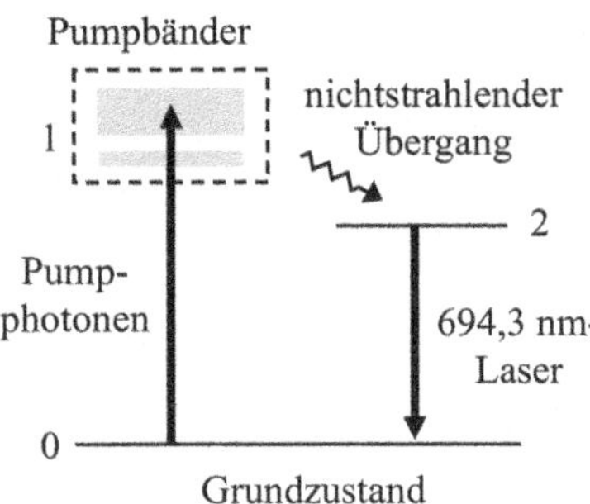

Abb. 9.17: Niveauschema für einen Rubinlaser. Der Übergang erfolgt zwischen den Niveaus 2 und 0, nachdem Atome über das Niveau 1 in den oberen Zustand gepumpt wurden.

folgt, dass das System in ein Dublett und ein Triplett aufspaltet, deren Zustände wir mit dγ und dϵ bezeichnen. Zeigen Sie, dass diese Zustände in kartesischen Koordinaten die folgende Form haben:

$$\psi_{\mathrm{d}\gamma} \propto (2z^2 - x^2 - y^2) \text{ and } (x^2 - y^2)$$
$$\psi_{\mathrm{d}\epsilon} \propto xy, \ yz, \text{ and } zx$$

(b) Betrachten Sie die Formen der Wellenfunktionen für dγ und dϵ und erläutern Sie, warum das Dublett in einer d^1-Konfiguration die höhere Energie hat, und in einer d^9-Konfiguration die niedrigere. *Hinweis:* Eine d^9-Konfiguration kann als einzelnes Loch in einer gefüllten d-Schale aufgefasst werden.

9.10 Erläutern Sie, warum die 1,064 µm-Linie des Nd:YAG-Kristalls bei 300 K größer ist als bei 77 K. (Siehe Abbildung 9.9c.)

9.11 Erläutern Sie, warum eine Besetzungsinversion zwischen zwei Niveaus eine optische Verstärkung entsprechend der Energiedifferenz der beiden Niveaus ermöglicht.

9.12 Das Niveauschema für die 694,3 nm-Linie eines Rubinlasers ist in Abbildung 9.17 dargestellt. Das untere Laserniveau (Niveau 0) ist der Grundzustand und das obere Niveau ist ein angeregter Zustand (Niveau 2). Rubin hat starke Absorptionsbänder im grünen und blauen Spektralbereich (siehe Abbildung 1.7), und diese werden als intermediäre Pumpbänder (Niveau 1) benutzt, um eine Besetzungsinversion zwischen den Niveaus 2 und 0 zu erzeugen.

(a) Erklären Sie, warum es keine Laseroszillationen geben kann, solange nicht mehr als 50% der Atome aus dem Grundzustand in das obere Laserniveau gehoben wurden.

(b) In einem gegebenen Laser pumpt eine Blitzlampe 60% der Atome aus dem Grundzustand in das obere Laserniveau, das dann einen kurzen Laserpuls emittiert. Berechnen Sie die maximale Energie dieses Pulses, wenn der Laserstab ein Volumen von $10^{-6}\,\mathrm{m}^3$ hat und die Dotierungsdichte der Cr^{3+}-Ionen im Kristall $1 \times 10^{25}\,\mathrm{m}^{-3}$ ist.

9.13 Ein Laser emittiert Pulse mit einer gaußschen Zeitabhängigkeit der Form $I(t) = I_0 \exp(-t^2/\tau^2)$. Die zentrale Frequenz des Lasers ist ω_0.

(a) Betrachten Sie die Fouriertransformierte des elektrischen Feldes und zeigen Sie, dass die Pulse ein Spektrum der Form $I(\omega) = I(\omega_0) \exp[-\tau^2(\omega - \omega_0)^2]$ haben.

(b) Zeigen Sie, dass das Zeit-Bandbreite-Produkt des Pulses, also $\Delta\nu\Delta t$, gleich $2\ln 2/\pi$ ist. ($\Delta\nu$ und Δt sind die Halbwertsbreiten des Pulses im Frequenz- und Zeitraum.)

9.14 Die Linienbreite des $1{,}054\,\mu\mathrm{m}$-Übergangs von Nd^{3+} in einem Phosphatglasträger ist $7{,}5 \times 10^{12}$ Hz. Schlagen Sie eine mögliche Erklärung vor, warum dies etwa 60-mal so groß ist, wie bei der $1{,}064\,\mu\mathrm{m}$-Linie in einem Nd:YAG-Kristall. Schätzen Sie die Dauer der kürzesten Pulse ab, die mit einem Nd:Glas-Laser erreicht werden können.

9.15 Erklären Sie, warum die radiative Lebensdauer des Übergangs $\mathrm{E_g} \to \mathrm{T_{2g}}$ in titandotiertem Saphir im Mikrosekundenbereich liegt. Würden Sie diese Emission als Fluoreszenz oder Phosphoreszenz einordnen?

9.16 Die radiative Lebensdauer des oberen Laserniveaus von $\mathrm{Co:MgF_2}$ ist $1{,}8\,\mathrm{ms}$. Die gemessene Lebensdauer des angeregten Zustands fällt von $1{,}4\,\mathrm{ms}$ bei $77\,\mathrm{K}$ auf $0{,}06\,\mathrm{ms}$ bei $300\,\mathrm{K}$. Erklären Sie unter Beachtung der Temperaturabhängigkeit der Lebensdauer des angeregten Zustands, warum die Betriebstemperatur für den $\mathrm{Co:MgF_2}$-Laser $77\,\mathrm{K}$ und nicht $300\,\mathrm{K}$ ist.

9.17 Ein bei $800\,\mathrm{nm}$ arbeitender titandotierter Saphirlaser wird durch einen Argonionenlaser bei $514\,\mathrm{nm}$ gepumpt. Berechnen Sie die maximal mögliche Ausgabeleistung, wenn die Pumpleistung $5\,\mathrm{W}$ beträgt, und formulieren Sie die Annahmen, die Sie dabei machen.

9.18 Eine Weißlicht-LED enthält einen Leuchtstoff, der bei $650\,\mathrm{nm}$ emittiert. Berechnen Sie die Energieumwandlungseffizienz des Leuchtstoffs, wenn dieser (a) durch eine ultraviolette LED bei $350\,\mathrm{nm}$ bzw. (b) durch eine blaue LED bei $450\,\mathrm{nm}$ angeregt wird.

10 Phononen

In diesem Kapitel widmen wir uns der Wechselwirkung zwischen Licht und den Phononen in einem Festkörper. Phononen sind Vibrationen der Atome in einem Kristallgitter, die Resonanzfrequenzen im infraroten Spektralbereich haben. Dies unterscheidet sie von den Eigenschaften gebundener Elektronen, die bei sichtbaren und ultravioletten Frequenzen auftreten.

Die wichtigsten optischen Eigenschaften von Phononen können im Wesentlichen durch klassische Modelle erklärt werden. Wir werden also umfangreichen Gebrauch von dem in Kapitel 2 vorgestellten klassischen Modell des Dipoloszillators machen. Im Rahmen dieses Modells können wir verstehen, warum polare Festkörper innerhalb eines Bandes von Infrarotfrequenzen stark reflektieren und absorbieren. Anschließend führen wir die Konzepte der Polaritonen und Polaronen ein, bevor wir uns der Physik der inelastischen Lichtstreuung zuwenden. Wir werden sehen, wie wir durch Methoden der Raman- und Brillouin-Streuung komplementäre Informationen zu Infrarot-Reflexionsdaten erhalten können, was der Grund dafür ist, dass sie in der Physik der Phononen so ausgiebig verwendet werden. Schließlich erörtern wir kurz, warum Phononen eine endliche Lebensdauer haben und wie sich dies auf den Reflexionsgrad und die elastischen Streuspektren auswirkt.

Wir setzen voraus, dass der Leser grundsätzlich mit der Physik der Phononen vertraut ist, die in allen einführenden Büchern zur Festkörperphysik behandelt wird. Einige Referenzwerke zur Vorbereitung auf den Stoff dieses Kapitels sind im Abschnitt Weiterführende Literatur genannt.

10.1 Infrarotaktive Phononen

Die Atome in einem Festkörper sind durch die Kräfte, die den Kristall zusammenhalten, an ihre Gleichgewichtslagen gebunden. Wenn sie aus den Gleichgewichtslagen ausgelenkt werden, erfahren sie eine Rückstellkraft und beginnen, mit charakteristischen Frequenzen zu vibrieren. Diese Vibrationsfrequenzen sind durch die Phononmoden des Kristalls bestimmt.

Die Resonanzfrequenzen der Phononen liegen im infraroten Spektralbereich, und die Moden, die direkt mit Licht wechselwirken,

Die gruppentheoretische Behandlung würde den Rahmen dieses Buches sprengen. Wir werden aber ein paar einfache Symmetrieargumente verwenden, wenn wir in Abschnitt 10.5 inelastisches Streulicht behandeln.

werden **infrarotaktiv (IR-aktiv)** genannt. Detaillierte Auswahlregeln, welche Phononmoden IR-aktiv sind, können unter Verwendung der Gruppentheorie abgeleitet werden. Wir diskutieren hier jedoch lediglich die Auswahlregeln, die auf der Dispersion der Moden basieren, ihre Polarisation und die Art der Bindung im Kristall.

Die Phononmoden eines Kristalls werden nach zwei allgemeinen Kriterien klassifiziert:

- akustisch oder optisch

- transversal oder longitudinal

Die Feststellung, dass es die „optischen" und nicht die akustischen Moden sind, die IR-aktiv sind, kommt nicht überraschend. Diese optisch aktiven Phononen sind in der Lage, Licht ihrer Resonanzfrequenz zu absorbieren. Der grundsätzliche Prozess, durch den ein Phonon durch das Gitter absorbiert und ein Phonon erzeugt wird, ist in Abbildung 10.1 dargestellt. Erhaltungssätze erfordern, dass das Photon und das Phonon die gleiche Energie und den gleichen Impuls haben müssen. Wie wir weiter unten sehen werden, kann diese Bedingung nur für die optischen Moden erfüllt sein.

Die Phonondispersionskurven für reale Kristalle sind komplizierter als die in Abbildung 10.2 gezeigten, da die longitudinale und die transversale Polarisation unterschiedliche Frequenzen haben.

Abbildung 10.2 zeigt die generischen Disperionskurven für akustische und optische Phononen in einem einfachen Kristall. Die Kreisfrequenz Ω der akustischen und optischen Phononen ist in der positiven Hälfte der ersten Brillouin-Zone gegen den Wellenvektor q aufgetragen. Für kleine Wellenvektoren ist der Anstieg des akustischen Zweigs gleich v_s, der Schallgeschwindigkeit im Medium, während die optischen Moden nahe $q = 0$ im Wesentlichen dispersionsfrei sind.

Die Abbildung zeigt auch die Dispersion von Lichtwellen im Kristall, die einen konstanten Anstieg von $v = c/n$ haben, wobei n der Brechungsindex ist. Der Brechungsindex wurde hier stark übertrieben gewählt, damit die Dispersion des Photons auf der gleichen Skala wie die Phonondisperion wahrnehmbar ist. Die Forderung, dass das Photon und das Phonon die gleiche Frequenz und den gleichen Wellenvektor haben müssen, ist an den Stellen erfüllt, wo sich die Dispersionskurven schneiden. Wegen $c/n \gg v_\mathrm{s}$ ist der einzige Schnittpunkt für den akustischen Zweig der Ursprung, der dem Respons des Kristalls auf ein statisches elektrisches Feld entspricht. Für den optischen Zweig ist die Situation eine andere. Hier gibt es einen Schnittpunkt für ein von null verschiedenes ω, das in Abbildung 10.2 durch den kleinen Kreis gekennzeichnet ist. Da der optische Zweig für kleine q sehr flach verläuft, ist die Frequenz dieser Resonanz gleich der Frequenz der optischen Mode bei $q = 0$.

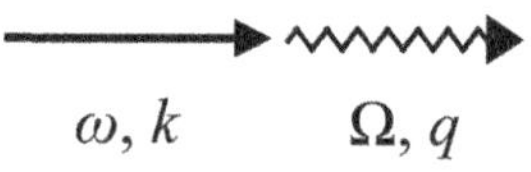

Abb. 10.1: Gitterabsorption durch ein infrarotaktives Phonon. Der gerade Pfeil repräsentiert das Photon, das absorbiert wird. Der geschlängelte Pfeil repräsentiert das erzeugte Phonon.

Photonen koppeln an die Phononen über die treibende Kraft, welche durch das elektrische Wechselfeld des Lichts auf die Atome ausgeübt wird. Da elektromagnetische Wellen transversal sind, wirkt die

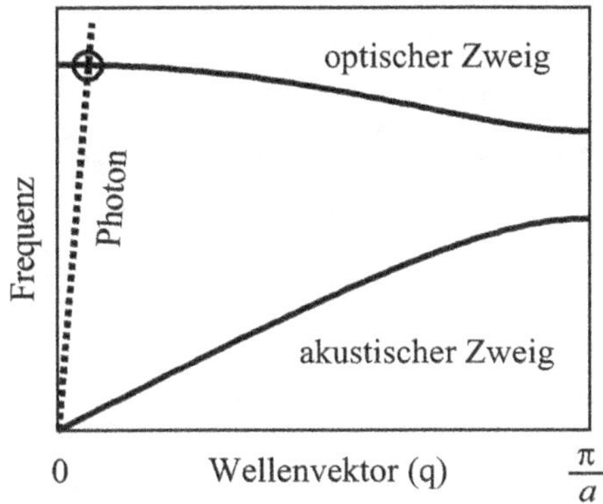

Abb. 10.2: Dispersionskurven für den akustischen und den optischen Phononzweig in einem typischen Kristall mit Gitterkonstante a. Die gepunktete Linie zeigt die Dispersion der Photonmoden im Kristall.

treibende Kraft nur auf die transversalen Vibrationen des Kristalls, sodass sie nur an die transversalen optischen Moden (TO-Moden) koppeln. Außerdem gibt es nur dann eine Wechselwirkung, wenn die Atome geladen sind. Der Kristall muss also ionischen Charakter haben, damit seine TO-Phononen optisch aktiv sind.

Die Ionizität eines Festkörpers ergibt sich aus der Art seiner Kristallbindung. Ein ionischer Kristall besteht aus einer alternierenden Sequenz von positiven und negativen Ionen, die durch Coulomb-Wechselwirkungen zusammengehalten werden. Kovalente Kristalle dagegen bestehen aus neutralen Atomen, deren Elektronen gleichmäßig zwischen den Nachbarkernen aufgeteilt sind. Somit sind die optischen Phononen rein kovalenter Festkörper wie Silicium grundsätzlich nicht IR-aktiv. Die meisten anderen Materialien liegen zwischen diese beiden Grenzfällen. Beispielsweise ist die Bindung in einem III-V-Halbleiter nur teilweise kovalent, und die geteilten Elektronen liegen etwas näher an den Atomen der fünften Gruppe als an denen der dritten Gruppe, wodurch die Bindung leicht ionischen Charakter bekommt. Die Bindungen mit ionischem Charakter werden als **polare** Bindungen bezeichnet, was die Eigenschaft ausdrückt, dass die asymmetrische Elektronenwolke zwischen den Atomen einen Dipol erzeugt, der mit den elektrischen Feldern wechselwirken kann. Wenn also die Bindung des Materials einen gewissen polaren Charakter hat, dann können seine Phononen IR-aktiv sein. Diese Schlussfolgerungen sind in Tabelle 10.1 zusammengefasst.

Tab. 10.1: Infrarotaktivität einiger Phononmoden in polaren und nichtpolaren Kristallen. LA: longitudinal akustisch, TA: transversal akustisch, LO: longitudinal optisch, TO: transversal optisch.

Mode	polar	nichtpolar
LA	nein	nein
TA	nein	nein
LO	nein	nein
TO	ja	nein

10.2 Infrarotreflexion und -absorption in polaren Festkörpern

Experimentelle Daten zeigen, dass polare Festkörper Licht im infraroten Spektralbereich sehr stark absorbieren und reflektieren, wenn die Frequenz in der Nähe der Resonanz der TO-Phononmoden liegt.

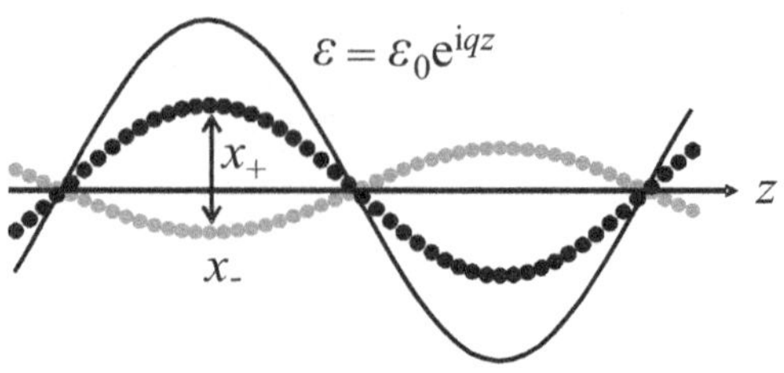

Abb. 10.3: Wechselwirkung einer in z-Richtung propagierenden TO-Phononmode mit einer elektromagnetischen Welle mit dem gleichen Wellenvektor. Die schwarzen Kreise repräsentieren die positiven Ionen und die grauen die negativen. Die durchgezogene Linie zeigt die räumliche Abhängigkeit des elektrischen Feldes von der elektromagnetischen Welle.

Einige Beispiele hierfür sind uns bereits begegnet. Beispielsweise zeigen die Übergangsspektren von Saphir und CdSe in Abbildung 1.4, dass es Bereiche im infraroten Teil des Spektrums gibt, wo kein Licht durchgelassen wird. Dies ist eine Folge der Gitterabsorption.

Ziel dieses Abschnitts ist es, diesen Befund durch Modellierung der Wechselwirkung zwischen Photonen und TO-Phononen zu erklären. Dazu werden wir Gebrauch von dem in Kapitel 2 vorgestellten klassischen Oszillatormodell machen. Damit werden wir in der Lage sein, die Frequenzabhängigkeit der komplexen relativen Permittivität $\tilde{\epsilon}_\mathrm{r}(\omega)$ zu berechnen, aus der wir dann die wichtigen optischen Eigenschaften wie Reflexions- und Absorptionsgrad erhalten.

10.2.1 Das klassische Oszillatormodell

Die Wechselwirkung zwischen elektromagnetischen Wellen und einem TO-Phonon in einem ionischen Kristall lässt sich am einfachsten behandeln, indem wir eine lineare Kette (siehe Abbildung 10.3) betrachten. Die Kette besteht aus einer Reihe von Elementarzellen, von denen jede ein positives Ion (schwarzer Kreis) und ein negatives Ion (grauer Kreis) enthält. Es wird angenommen, dass die Wellen entlang der Kette in z-Richtung propagieren. Wir haben es mit einer transversalen Schwingung zu tun, sodass die Auslenkung der Atome in x- oder y-Richtung erfolgt. Außerdem bewegen sich in einer optischen Mode die verschiedenen Atome innerhalb jeder Elementarzelle in entgegengesetzten Richtungen, und zwar mit einem festen Verhältnis, das nicht unbedingt eins sein muss.

Wir sind interessiert an der Wechselwirkung zwischen einer TO-Phononmode mit $q \approx 0$ und einer infraroten Lichtwelle mit der gleichen Frequenz und dem gleichen Wellenvektor. Das bedeutet, dass wir Phononen mit sehr großen Wellenlängen von $\sim 10\,\mu\mathrm{m}$ betrachten, die an diejenigen eines infraroten Photons angepasst sind. Diese Phononwellenlänge ist riesig im Vergleich zur Größe einer Elementarzelle des Kristalls, die gewöhnlich kleiner als $10^{-9}\,\mathrm{m}$ ist. Die relative Größe der Atome ist in Abbildung 10.3 stark übertrieben dargestellt, um die Physik der Wechselwirkung deutlich zu machen. Tatsächlich ist die räumliche Ausdehnung der Atome winzig im Vergleich zu den Wellenlängen, und es gibt innerhalb einer Periode der Welle Tausende von Elementarzellen.

Die durchgezogene Linie zeigt die räumliche Abhängigkeit des elektrischen Wechselfeldes von der Infrarotwelle. An der Resonanz ist der Wellenvektor des Photons der gleiche wie der des Phonons. Das bedeutet, dass die treibende Kraft, welche das Licht auf die positiven und negativen Ionen ausübt, in Phase mit den Gitterschwingungen ist. Gleichzeitig erzeugen die antiparallelen Auslenkungen der entgegengesetzt geladenen Atome ein elektrisches Wechselfeld, dass in Phase mit dem externen Licht ist. Hieraus folgt, dass es eine starke Wechselwirkung zwischen der TO-Phononmode und der Lichtwelle gibt, wenn die Wellenvektoren und Frequenzen zusammenpassen.

Für langwellige TO-Moden mit $q \approx 0$ ist die Bewegung der Atome in unterschiedlichen Elementarzellen nahezu identisch, und wir müssen uns deshalb darauf konzentrieren, was innerhalb der Elementarzelle selbst passiert. Dies wird uns in die Lage versetzen, die enge Verbindung zwischen den TO-Phononmoden bei $q = 0$ und den Vibrationsmoden der Moleküle zu erkennen, aus denen der Kristall aufgebaut ist. Wir können daher von einigen Prinzipien Gebrauch machen, die in der Molekularphysik entwickelt wurden, beispielsweise von den Auswahlregeln, die darüber entscheiden, ob eine gegebene Phononmode IR- oder Raman-aktiv ist (siehe Abschnitt 10.5.2).

Die Wechselwirkung zwischen dem TO-Phonon und der Lichtwelle kann durch die Bewegungsgleichungen für die ausgelenkten Ionen modelliert werden. Die Auslenkungen der positiven und negativen Ionen in einer TO-Mode haben entgegengesetzte Richtungen und werden mit den Symbolen x_+ und x_- bezeichnet (siehe Abbildung 10.3). Die zugehörigen Bewegungsgleichungen lauten

$$m_+ \frac{\mathrm{d}^2 x_+}{\mathrm{d}t^2} = -K(x_+ - x_-) + q\mathcal{E}(t) \qquad (10.1)$$

$$m_- \frac{\mathrm{d}^2 x_-}{\mathrm{d}t^2} = -K(x_- - x_+) - q\mathcal{E}(t) \qquad (10.2)$$

Dabei sind m_+ und m_- die Massen der beiden Ionen, K ist die Rückststellkonstante des Mediums und $\mathcal{E}(t)$ das äußere elektrische Feld aufgrund der Lichtwelle. Die effektive Ladung pro Ion wird als $\pm q$ angenommen.

Indem wir (10.1) durch m_+ teilen und (10.2) durch m_-, und beide Gleichungen dann voneinander subtrahieren, erhalten wir

$$\frac{\mathrm{d}^2}{\mathrm{d}t^2}(x_+ - x_-) = -\frac{K}{\mu}(x_+ - x_-) + \frac{q}{\mu}\,\mathcal{E}(t) \qquad (10.3)$$

Dabei ist μ die reduzierte Masse, welche durch die Gleichung

$$\frac{1}{\mu} = \frac{1}{m_+} + \frac{1}{m_-} \qquad (10.4)$$

festgelegt ist. Wenn wir $x = x_+ - x_-$ für die relative Auslenkung der positiven und negativen Ionen innerhalb ihrer Elementarzellen

Die Daten in Abbildung 2.7 für SiO_2-Glas illustrieren die Verbindung zwischen der Infrarotabsorption in Festkörpern und der der konstituierenden Moleküle recht gut. Das Glas ist amorph, hat also keine langreichweitige Ordnung mit delokalisierten Phononmoden. Die Absorption bei 10^{13} bis 10^{14} Hz wird v. a. durch die Vibrationsabsorption der SiO_2-Moleküle selbst verursacht, auch wenn die Frequenzen im Festkörper nicht exakt die gleichen sind wie im Molekül.

Das q für die Ladung darf nicht mit dem q für den Phonon-Wellenvektor verwechselt werden. Für einen stark ionischen Kristall wie NaCl ist q einfach $\pm e$. Für Kristalle mit polaren kovalenten Bindungen wie die III-V-Verbindungen repräsentiert q hingegen eine effektive Ladung, die durch die Asymmetrie der Elektronenwolke in der Bindung bestimmt ist.

setzen, dann können wir (10.3) in die einfachere Form

$$\frac{\mathrm{d}^2 x}{\mathrm{d}t^2} + \Omega_{\mathrm{TO}}^2 x = \frac{q}{\mu}\,\mathcal{E}(t) \tag{10.5}$$

bringen. Dabei haben wir Ω_{TO}^2 für K/μ geschrieben. Ω_{TO} repräsentiert die Eigenfrequenz der TO-Mode bei $q = 0$ in Abwesenheit des externen Lichtfeldes. Beachten Sie, dass die Auslenkung der geladenen Atome einen elektrischen Dipol der Stärke qx erzeugt. Somit haben wir einen Dipol, wie er in Abschnitt 2.1.2 diskutiert wurde.

Gleichung (10.5) ist die Bewegungsgleichung für ungedämpfte Oszillationen des Gitters, die durch die Kräfte angetrieben werden, welche das elektrische Wechselfeld der Lichtwelle ausübt. Realistischerweise müssten wir zusätzlich einen Dämpfungsterm berücksichtigen, um der endlichen Lebensdauer der Phononmoden Rechnung zu tragen. Die physikalische Bedeutung der Phononlebensdauer wird in Abschnitt 10.6 ausführlicher diskutiert. An dieser Stelle führen wir einfach eine phänomenologische Dämpfungsrate γ ein und schreiben anstelle von (10.5)

$$\frac{\mathrm{d}^2 x}{\mathrm{d}t^2} + \gamma\frac{\mathrm{d}x}{\mathrm{d}t} + \Omega_{\mathrm{TO}}^2 x = \frac{q}{\mu}\,\mathcal{E}(t) \tag{10.6}$$

Dies beschreibt nun den Respons eines gedämpften TO-Phononoszillators auf eine resonante Lichtwelle.

Gleichung (10.6) hat die gleiche Form wie (2.5), wobei m_0 durch μ ersetzt ist, ω_0 durch Ω_{TO} und $-e$ durch q. Wir können daher alle in Abschnitt 2.2 hergeleiteten Ergebnisse verwenden, um den Respons des Mediums auf ein Lichtfeld der Kreisfrequenz ω mit $\mathcal{E}(t) = \mathcal{E}_0 e^{-\mathrm{i}\omega t}$ zu modellieren. Insbesondere können wir direkt zu der Formel für die Frequenzabhängigkeit der Permittivität gehen, ohne die einzelnen Schritte der Herleitung zu wiederholen. Durch geeignete Anpassung der Symbole in (2.14) erhalten wir

$$\epsilon_{\mathrm{r}}(\omega) = 1 + \chi + \frac{Nq^2}{\epsilon_0\mu}\frac{1}{(\Omega_{\mathrm{TO}}^2 - \omega^2 - \mathrm{i}\gamma\omega)} \tag{10.7}$$

wobei $\epsilon_{\mathrm{r}}(\omega)$ die komplexe relative Permittivität bei der Kreisfrequenz ω ist. χ repräsentiert die nichtresonante Suszeptibilität des Mediums und N ist die Anzahl der Elementarzellen pro Volumeneinheit.

Gleichung (10.7) kann durch Einführung der statischen und der Hochfrequenzpermittivität, ϵ_{st} und ϵ_∞, kompakter geschrieben werden. In den Grenzfällen sehr niedriger und sehr hoher Frequenz erhalten wir aus (10.7)

$$\epsilon_{\mathrm{st}} \equiv \epsilon_{\mathrm{r}}(0) = 1 + \chi + \frac{Nq^2}{\epsilon_0\mu\Omega_{\mathrm{TO}}^2} \tag{10.8}$$

und

$$\epsilon_\infty \equiv \epsilon_r(\infty) = 1 + \chi \qquad (10.9)$$

Damit können wir schreiben:

$$\epsilon_r(\omega) = \epsilon_\infty + (\epsilon_{st} - \epsilon_\infty)\,\frac{\Omega_{TO}^2}{(\Omega_{TO}^2 - \omega^2 - i\gamma\omega)} \qquad (10.10)$$

Dies ist unser wichtigstes Ergebnis, und wir werden es in den nächsten Unterabschnitten anwenden, um die optischen Koeffizienten im Infrarotbereich herzuleiten. Wie wir in Abschnitt 2.2.2 und besonders im Zusammenhang mit Abbildung 2.6 erörtert hatten, sollte „$\omega = \infty$" hier nicht als streng betrachtet werden. ϵ_∞ repräsentiert die relative Permittivität bei Frequenzen weit oberhalb der Phononresonanz, aber unterhalb der nächsten Eigenfrequenz des Kristalls aufgrund (beispielsweise) der gebundenen elektronischen Übergänge im sichtbaren bzw. ultravioletten Spektralbereich.

Eigentlich müssten wir hier die in Abschnitt 2.2.4 behandelten Lokalfeldkorrekturen betrachten. Dies wäre jedoch auf dem hier diskutierten Niveau eine unnötige Komplikation, die nicht viel an den wesentlichen Schlüssen ändert. Wir vernachlässigen daher die Lokalfeldeffekte und gehen bei unserer Diskussion von (10.10) aus.

10.2.2 Die Lyddane-Sachs-Teller-Beziehung

Bevor wir uns der Herleitung der Frequenzabhängigkeit der Infrarotreflektivität zuwenden, ist es hilfreich, eine recht erstaunliche Implikation von (10.10) zu untersuchen. Angenommen, dass System ist schwach gedämpft, sodass wir $\gamma = 0$ setzen können. Dann folgt aus (10.10), dass die Permittivität bei einer bestimmten Frequenz ω' auf null fallen kann. Die Bedingung hierfür lautet

$$\epsilon_r(\omega') = 0 = \epsilon_\infty + (\epsilon_{st} - \epsilon_\infty)\,\frac{\Omega_{TO}^2}{\left(\Omega_{TO}^2 - \omega'^2\right)} \qquad (10.11)$$

Dies kann nach ω' aufgelöst werden:

$$\omega' = \left(\frac{\epsilon_{st}}{\epsilon_\infty}\right)^{1/2} \Omega_{TO} \qquad (10.12)$$

Was bedeutet nun $\epsilon_r = 0$ physikalisch? Wir hatten bereits ein anderes System mit $\epsilon_r = 0$ kennengelernt, als wir uns in Abschnitt 7.5.1 mit Plasmaoszillationen befasst hatten. Dort hatten wir gesehen, dass ein Dielektrikum longitudinale Wellen unterstützen kann, wenn die Frequenz die Bedingung $\epsilon_r(\omega) = 0$ erfüllt. Betrachten wir dazu das gaußsche Gesetz. Wenn es in dem Medium keine freien Ladungsträger gibt, ist die Gesamtladungsdichte null und es gilt

$$\nabla \cdot \mathbf{D} = \nabla \cdot (\epsilon_r\epsilon_0\boldsymbol{\mathcal{E}}) = 0 \qquad (10.13)$$

Dabei haben wir (A.3) benutzt, um die elektrische Flussdichte $\mathbf{D}$ mit dem elektrischen Feld $\boldsymbol{\mathcal{E}}$ in Beziehung zu setzen. Für $\epsilon_r \neq 0$ muss

Transversale und longitudinale elektromagnetische Wellen müssen die Gleichung $\nabla \cdot \boldsymbol{\mathcal{E}} = 0$ bzw. $\nabla \times \boldsymbol{\mathcal{E}} = 0$ erfüllen. Wie in Abschnitt 7.5.1 diskutiert, sind separate Lösungen für zwei verschiedene Wellentypen möglich. Die longitudinalen Moden können nur bei Frequenzen mit $\epsilon_r = 0$ existieren.

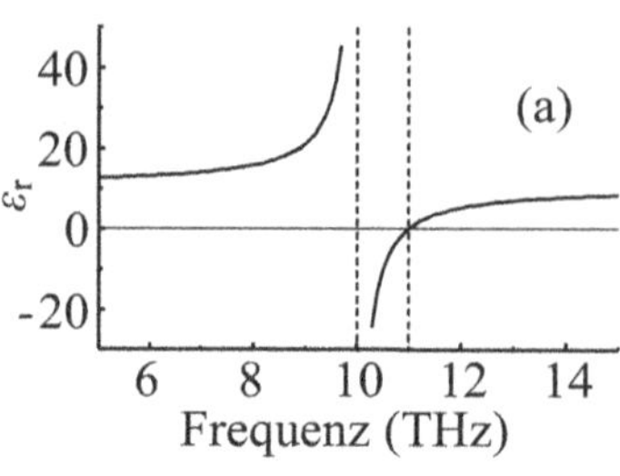
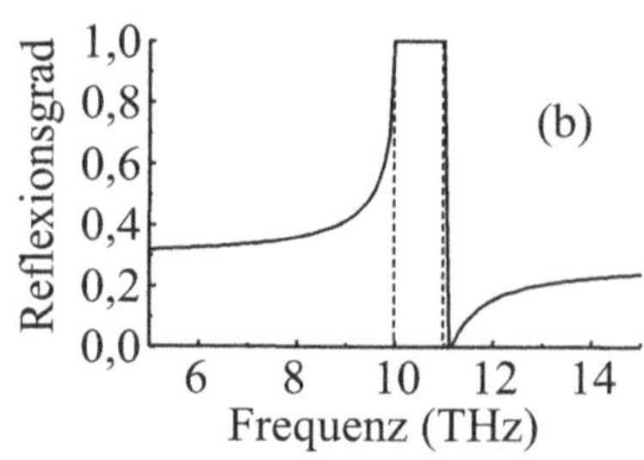

Abb. 10.4: Frequenzabhängigkeit von relativer Permittivität und Reflektivität für einen Kristall mit $\nu_{\mathrm{TO}} = 10\,\mathrm{THz}$, $\nu_{\mathrm{LO}} = 11\,\mathrm{THz}$, $\epsilon_{\mathrm{st}} = 12,1$ und $\epsilon_\infty = 10$. Die Kurven wurden aus (10.15) und (10.16) berechnet. Die Phonondämpfung wurde bei dieser Berechnung vernachlässigt.

$\nabla \cdot \boldsymbol{\mathcal{E}} = 0$ gelten, und dies bedeutet, dass die Wellen transversal sein müssen. Dies ist der gewöhnliche Fall, der vorliegt, wenn man die Propagation von elektromagnetischen Wellen in einem Dieelektrikum betrachtet. Im Falle $\epsilon_{\mathrm{r}} = 0$ jedoch kann (10.13) für Wellen erfüllt sein, für die $\nabla \cdot \boldsymbol{\mathcal{E}} \neq 0$ gilt, also für longitudinale Wellen.

Die hier betrachteten longitudinalen elektromagnetischen Wellen werden durch longitudinale optische Phononen (LO-Phononen) erzeugt. So wie TO-Phononen transversale elektromagnetische Wellen erzeugen, erzeugen LO-Phononmoden longitudinale elektromagnetische Wellen. Die Wellen bei $\omega = \omega'$ entsprechen daher LO-Phononen, und wir identifizieren ω' als die Frequenz der LO-Mode bei $q = 0$, also Ω_{LO}. Dies gestattet es uns, (10.12) in der Form

$$\frac{\Omega_{\mathrm{LO}}^2}{\Omega_{\mathrm{TO}}^2} = \frac{\epsilon_{\mathrm{st}}}{\epsilon_\infty} \tag{10.14}$$

zu schreiben. Dieses Ergebnis ist die sogenannte **Lyddane-Sachs-Teller-Beziehung** (LST-Beziehung). Die Gültigkeit dieser Beziehung kann überprüft werden, indem man die gemäß (10.14) berechneten Werte (unter Verwendung der bekannten Werte der Permittivität) mit den Werten vergleicht, die man durch Neutronen- oder Raman-Streuversuche erhält. Tabelle 10.2 zeigt für einige Materialien die Ergebnisse. Wie man sieht, ist die Übereinstimmung im Allgemeinen sehr gut.

Eine interessante Implikation der LST-Beziehung ist, dass LO- und TO-Phononmoden von nichtpolaren Kristallen entartet sind. Dies folgt aus der Tatsache, dass es keine Infrarotresonanz gibt und somit $\epsilon_{\mathrm{st}} = \epsilon_\infty$ gelten muss. Tatsächlich ist dies der Fall für die rein kovalenten Kristalle der vierten Hauptgruppe, also für Diamant (C), Silicium und Germanium.

Tab. 10.2: Vergleich zwischen dem gemessenen Verhältnis $\Omega_{\mathrm{LO}}/\Omega_{\mathrm{TO}}$ für verschiedene Materialien mit dem durch die Lyddane-Sachs-Teller-Beziehung vorhergesagten Wert. Daten nach Madelung (1996).

Kristall	$\dfrac{\Omega_{\mathrm{LO}}}{\Omega_{\mathrm{TO}}}$	$\sqrt{\dfrac{\epsilon_{\mathrm{st}}}{\epsilon_\infty}}$
Si	1	1
GaAs	1,07	1,08
AlAs	1,12	1,11
BN	1,24	1,26
ZnSe	1,19	1,19
MgO	1,81	1,83
AgF	1,88	1,88

10.2.3 Reststrahlen

Nachdem wir die Eigenschaften des Systems für die spezielle Frequenz $\omega = \Omega_{\mathrm{LO}}$ diskutiert haben, können wir nun die optischen Konstanten im Infrarotbereich berechnen. Es ist leichter, das allgemeine

Verhalten zu verstehen, wenn wir annehmen, dass der Dämpfungs-term klein ist. Wir setzen daher in (10.10) $\gamma = 0$ und diskutieren die Eigenschaften eines Materials mit einer relativen Permittivität, die die folgende Frequenzabhängigkeit hat:

$$\epsilon_r(\nu) = \epsilon_\infty + (\epsilon_{st} - \epsilon_\infty) \frac{\nu_{TO}^2}{(\nu_{TO}^2 - \nu^2)} \tag{10.15}$$

Wir haben hier alle Kreisfrequenzen durch 2π geteilt, sodass wir die Vorhersagen mit den experimentellen Daten vergleichen können, welche üblicherweise in Abhängigkeit von der Frequenz (ν) anstatt von der Kreisfrequenz (ω) präsentiert werden. Den Effekt, der sich durch die zusätzliche Berücksichtigung des Dämpfungsterms ergibt, werden wir diskutieren, wenn wir im Zusammenhang mit Abbildung 10.5 unser Modell mit experimentellen Daten vergleichen.

Abbildung 10.4a zeigt die Frequenzabhängigkeit der relativen Permittivität $\epsilon_r(\nu)$, berechnet gemäß (10.15), für einen polaren Kristall mit den Parametern $\nu_{TO} = 10\,\text{THz}$, $\nu_{LO} = 11\,\text{THz}$, $\epsilon_{st} = 12{,}1$ und $\epsilon_\infty = 10$. Diese Werte liegen sehr dicht an jenen, die man bei typischen III-V-Halbleitern vorfindet. Beachten Sie, dass die Phonon-frequenzen so gewählt wurden, dass sie die durch (10.14) gegebene LST-Beziehung erfüllen.

Bei niedrigen Frequenzen ist die relative Permittivität einfach ϵ_{st}. Mit wachsendem ν wächst auch $\epsilon_r(\nu)$ allmählich an, bis es an der Resonanz bei ν_{TO} divergiert. Zwischen ν_{TO} und ν_{LO} ist ϵ_r negativ. Exakt bei $\nu = \nu_{LO}$ gilt $\epsilon_r = 0$. Danach ist ϵ_r positiv und nähert sich asymptotisch dem Wert ϵ_∞.

Die wichtigste optische Eigenschaft eines polaren Festkörpers im infraroten Spektralbereich ist die Reflektivität. Der Reflexionsgrad kann mithilfe von (1.29) aus der relativen Permittivität berechnet werden. Es gilt

$$R = \left| \frac{\tilde{n} - 1}{\tilde{n} + 1} \right|^2 = \left| \frac{\sqrt{\epsilon_r} - 1}{\sqrt{\epsilon_r} + 1} \right|^2 \tag{10.16}$$

Aus Gleichung (1.20) sehen wir, dass $\sqrt{\epsilon_\infty}$ dem Brechungsindex des Mediums weit oberhalb der optischen Phononresonanzen entspricht. Dieser Brechungsindex wird im nahinfraroten und sichtbaren Spektralbereich unter der Bandlücke des Materials gemessen.

Abbildung 10.14b zeigt den gemäß (10.16) berechneten Reflexions-grad für die in Abbildung 10.14a gezeigte Permittivität. Bei niedri-gen Frequenzen ist der Reflexionsgrad $(\sqrt{\epsilon_{st}} - 1)^2/(\sqrt{\epsilon_{st}} + 1)^2$. Wenn sich ν dem Wert ν_{TO} nähert, wächst R auf eins an. Im Frequenz-bereich zwischen ν_{TO} und ν_{LO} ist $\sqrt{\epsilon_r}$ imaginär, sodass R gleich eins bleibt. Wenn ν oberhalb von ν_{LO} ansteigt, fällt R schnell auf null (siehe Aufgabe 10.2) und steigt dann allmählich auf den Wert $(\sqrt{\epsilon_\infty} - 1)^2(\sqrt{\epsilon_\infty} + 1)^2$ der Hochfrequenzasymptote an.

Aus dieser Analyse sehen wir, dass die Reflektivität im Bereich zwi-schen ν_{TO} und ν_{LO} 100% ist. Dieser Frequenzbereich wird als **Rest-strahlband** bezeichnet. Licht im Reststrahlband kann niemals in das Medium eindringen.

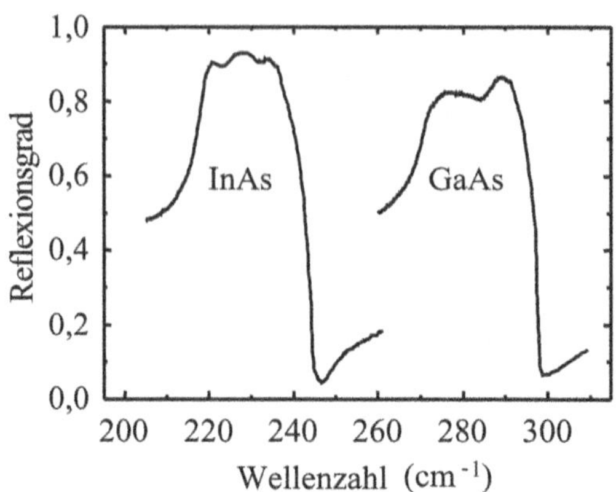

Experimentelle Infrarotspektren werden häufig über der Wellenzahl $\tilde{\nu} \equiv 1/\lambda$ aufgetragen. Die Wellenzahl ist effektiv eine Frequenzeinheit, wobei $1\,\mathrm{cm}^{-1}$ einer Frequenz von $2{,}998 \times 10^{10}$ entspricht.

Abbildung 10.5 zeigt experimentelle Daten für den Reflexionsgrad von InAs und GaAs im infraroten Spektralbereich. InAS hat TO- und LO-Phononfrequenzen bei $218{,}9\,\mathrm{cm}^{-1}$ bzw. $243{,}3\,\mathrm{cm}^{-1}$, während für GaAs $\nu_{\mathrm{TO}} = 273{,}3\,\mathrm{cm}^{-1}$ und $\nu_{\mathrm{LO}} = 297{,}3\,\mathrm{cm}^{-1}$ gilt. Die Reflektivität ist also für Frequenzen zwischen der TO- und der LO-Phononfrequenz in beiden Materialien sehr hoch und unmittelbar über der LO-Phononresonanz gibt es einen scharfen Abfall.

Wenn wir diese Ergebnisse mit der in Abbildung 10.4 gezeigten Vorhersage vergleichen, dann sehen wir, dass die allgemeine Übereinstimmung zwischen dem Modell und den experimentellen Daten sehr gut ist. Der Hauptunterschied ist der, dass in beiden Materialien die maximale Reflektivität im Reststrahlband kleiner als 100% ist. Diese Verringerung der Reflektivität ist dadurch zu erklären, dass wir den Dämpfungsterm vernachlässigt haben (siehe Beispiel 10.1 und 10.4). Die Dämpfung verbreitert außerdem die Kante, sodass R direkt über ν_{LO} lediglich ein Minimum hat, anstatt auf null zu fallen.

Die Größe von γ lässt sich bestimmen, indem man die experimentellen Daten an die vollständige Abhängigkeit gemäß (10.10) fittet. Die auf diese Weise bestimmten Werte von γ liegen bei etwa 10^{11} bis $10^{12}\,\mathrm{s}^{-1}$, sodass die optischen Phononen eine Lebensdauer von 1 bis 10 ps haben. Die physikalische Bedeutung dieser kurzen Lebensdauer wird in Abschnitt 10.6 diskutiert.

10.2.4   Gitterabsorption

Bei der Behandlung des klassischen Oszillators in Abschnitt 2.2 hatten wir darauf hingewiesen, dass immer dann hohe Absorptionskoeffizienten zu erwarten sind, wenn die Frequenz mit den natürlichen Resonanzen des Mediums zusammenfällt. Sie könnten sich also fragen, warum wir uns auf die Berechnung der Reflektivität konzentriert haben, anstatt auf die Absorption aufgrund der TO-Phononresonanzen.

Diese Frage kann noch weitergetrieben werden, wenn wir uns an die Analogie zwischen der Infrarotabsorption von polaren Festkörpern und der von isolierten Molekülen erinnern. In beiden Fällen behandeln wir im Wesentlichen die Wechselwirkung von Photonen mit quantisierten Vibrationsmoden. In der Molekülphysik wird dies gewöhnlich anhand des Infrarotabsorptionsspektrums diskutiert. Die Absorptionsspektren zeigen jedesmal starke Peaks, wenn die Frequenz mit den infrarotaktiven Vibrationsmoden zusammenfällt und das Molekül ein Photon absorbieren kann, indem es ein Vibrationsquantum erzeugt. Dies entspricht genau dem in Abbildung 10.1 gezeigten Prozess für Festkörper, bei dem ein Photon absorbiert und ein Phonon erzeugt wird.

Die Antwort auf diese Fragen lautet, dass das Gitter tatsächlich immer sehr stark absorbiert, wenn das Photon in die Nähe einer Resonanz mit dem TO-Phonon kommt. Wie in Kapitel herausgearbeitet wurde, sind die optischen Eigenschaften eines Dielektrikums – Absorption, Brechung und Reflektivität – alle miteinander verbunden, da sie alle durch die komplexe relative Permittivität festgelegt sind. Der Unterschied zwischen Absorption und Reflexion ist rein praktischer Natur. Polare Festkörper haben im infraroten Spektralbereich so hohe Absorptionskoeffizienten, dass sie, sofern sie nicht weniger als $\sim 1\,\mu\mathrm{m}$ dick sind, kein Licht durchlassen. In den Transmissionspektren von $\mathrm{Al_2O_3}$ und CdSe, die in Abbildung 1.4 gezeigt sind, ist dies deutlich zu sehen. Aus diesem Grund macht es nur für dünne Filme Sinn, die Gitterabsorption zu betrachten. In dicken Kristallen müssen wir Reflexionsmessungen verwenden, um die Vibrationsfrequenzen zu bestimmen. Dies ist von der typischen Situation in der Molekularphysik zu unterscheiden, wo man es normalerweise mit Gasen geringer Dichte und demzufolge mit viel kleineren Absorptionskoeffizienten zu tun hat.

Die an der Resonanz mit dem TO-Phonon erwarteten Absorptionskoeffizienten können aus dem Imaginärteil der relativen Permittivität berechnet werden. Bei $\omega = \Omega_{\mathrm{TO}}$ erhalten wir aus (10.10)

$$\epsilon_{\mathrm{r}}(\Omega_{\mathrm{TO}}) = \epsilon_\infty + \mathrm{i}(\epsilon_{\mathrm{st}} - \epsilon_\infty)\frac{\Omega_{\mathrm{TO}}}{\gamma} \tag{10.17}$$

Der Extinktionskoeffizient κ kann mithilfe von (1.26) aus ϵ_{r} abgeleitet werden. Über (1.19) erhält man dann den Absorptionskoeffizienten α aus κ. Typische Werte von α liegen im Bereich von 10^6 bis $10^7\,\mathrm{m^{-1}}$ (siehe Beispiel 10.1 und Aufgabe 10.6). Dies ist der Grund, warum die Probe für die praktische Durchführung von Absorptionsmessungen dünner sein muss als $\sim 1\,\mu\mathrm{m}$. Infrarotabsorptionsmessungen an dünnen Proben bestätigen tatsächlich, dass die Absorption an der TO-Phononresonanz sehr hoch ist.

Beispiel 10.1

Die statische und die Hochfrequenzpermittivität von NaCl sind $\epsilon_{\mathrm{st}} = 5{,}9$ bzw. $\epsilon_\infty = 2{,}25$, und die Phononfrequenz ν_{TO} ist $4{,}9\,\mathrm{THz}$.

(a) Berechnen Sie die obere und untere Wellenlänge des Reststrahlbandes.

(b) Schätzen Sie den Reflexionsgrad bei $50\,\mu\mathrm{m}$ ab, wenn die Dämpfungskonstante γ der Phononen $10^{12}\,\mathrm{s}^{-1}$ ist.

(c) Berechnen Sie den Absorptionskoeffizienten bei $50\,\mu\mathrm{m}$.

Lösung: (a) Des Reststrahlband läuft von ν_{TO} bis ν_{LO}. ν_{TO} ist gegeben, und ν_{LO} können wir aus der LST-Beziehung (10.14) berechnen. Dies ergibt

$$\nu_{\mathrm{LO}} = \left(\frac{\epsilon_{\mathrm{st}}}{\epsilon_\infty}\right)^{1/2} \times \nu_{\mathrm{TO}} = \left(\frac{5{,}9}{2{,}25}\right)^{1/2} \times 4{,}9\,\mathrm{THz} = 7{,}9\,\mathrm{THz}$$

Dabei läuft das Reststrahlband von $4{,}9\,\mathrm{THz}$ bis $7{,}9\,\mathrm{THz}$, bzw. $38\,\mu\mathrm{m}$ bis $61\,\mu\mathrm{m}$.

(b) Bei $50\,\mu\mathrm{m}$ befinden wir uns in der Mitte des Reststrahlbandes. Wir erwarten daher, dass der Reflexionsgrad hoch ist. Wir setzen die Werte für ϵ_{st}, ϵ_∞, γ und $\Omega_{\mathrm{TO}} = 2\pi\nu_{\mathrm{TO}}$ in (10.10) ein (mit $\omega = 2\pi\nu$, $\nu = 6\,\mathrm{THz}$) und erhalten

$$\epsilon_{\mathrm{r}} = 2{,}25 + 3{,}65\,\frac{(4{,}9)^2}{(4{,}9)^2 - 6^2 - \mathrm{i}(1)(6)/2\pi} = -5{,}0 + 0{,}57\mathrm{i}$$

Real- und Imaginärteil des Brechungsindex können dann aus den Gleichungen (1.25) und (1.26) berechnet werden. Wir erhalten

$$n = \frac{1}{\sqrt{2}}\left(-5{,}0 + [(-5{,}0)^2 + (0{,}57)^2]^{1/2}\right)^{1/2} = 0{,}13$$

und

$$\kappa = \frac{1}{\sqrt{2}}\left(+5{,}0 + [(-5{,}0)^2 + (0{,}57)^2]^{1/2}\right)^{1/2} = 2{,}2$$

Schließlich substituieren wir diese Werte von n und κ in (1.29), um den Reflexionsgrad zu bestimmen:

$$R = \frac{(n-1)^2 + \kappa^2}{(n+1)^2 + \kappa^2} = \frac{(-0{,}87)^2 + (2{,}2)^2}{(1{,}13)^2 + (2{,}2)^2} = 0{,}91$$

Dieser Wert liegt recht nahe an dem gemessenen Reflexionsgrad von NaCl im Reststrahlband bei Raumtemperatur.

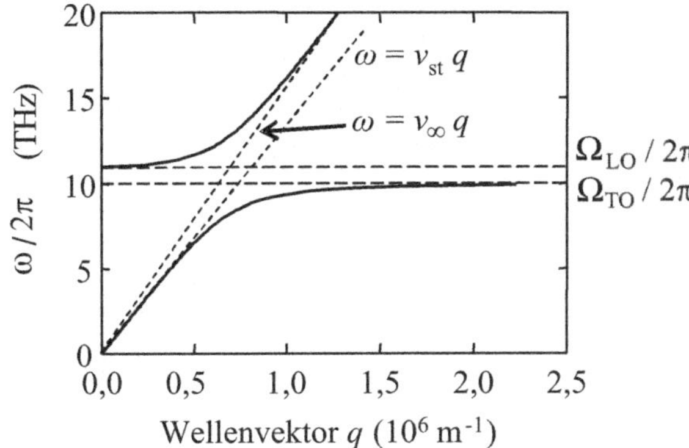

Abb. 10.6: Polaritondispersion, vorhergesagt durch (10.18) mit ϵ_{r} gemäß (10.15). Die Kurven wurden für einen Kristall mit $\nu_{\mathrm{TO}} = 10\,\mathrm{THz}$, $\epsilon_{\mathrm{st}} = 12{,}1$ und $\epsilon_{\infty} = 10$ berechnet. Die asymptotischen Geschwindigkeiten v_{st} und v_{∞} sind $c/\sqrt{\epsilon_{\mathrm{st}}}$ und $c/\sqrt{\epsilon_{\infty}}$.

(c) Mithilfe von (1.19) können wir dann den Absorptionskoeffizienten α aus dem Extinktionskoeffizienten berechnen. In Teil (b) hatten wir bereits $\kappa = 2{,}2$ bestimmt. Damit erhalten wir

$$\alpha = \frac{4\pi\kappa}{\lambda} = \frac{4\pi \times 2{,}2}{50 \times 10^{-6}} = 5{,}5 \times 10^{5}\,\mathrm{m}^{-1}$$

Dies zeigt, dass Licht bei einer Dicke von etwa $2\,\mu\mathrm{m}$ absorbiert wird.

10.3 Polaritonen

Die Dispersionskurven der Photonen und TO-Phononen wurden in Zusammenhang mit Abbildung 10.2 ausgiebig diskutiert. Wir wollen nun den durch den Kreis markierten Schnittpunkt in Abbildung 10.2 ausführlicher betrachten. Wie wir sehen, schneiden sich die beiden Dispersionskurven nicht wirklich. Dies ist eine Konsequenz aus der starken Kopplung zwischen den TO-Phononen und den Photonen, wenn ihre Frequenzen und Wellenvektoren zueinander passen. Dies führt zu dem typischen Anticrossing-Verhalten, das in vielen gekoppelten Systemen zu beobachten ist.

Die gekoppelten Phonon-Photon-Wellen werden **Phononpolaritonen** genannt. Wie die Bezeichnung nahelegt, sind diese klassischen Wellen gemischte Moden, die charakteristische Eigenschaften sowohl von den Polarisationswellen (den TO-Phononen) als auch den Photonen haben. Die Dispersion die Polaritonen kann aus der Beziehung

$$\omega = vq = \frac{c}{\sqrt{\epsilon_{\mathrm{r}}}}\, q \qquad (10.18)$$

abgeleitet werden. Das zweite Gleichheitszeichen gilt wegen (A.29) mit $\mu_{\mathrm{r}} = 1$. Der resonante Respons des polaren Festkörpers ist implizit in der Frequenzabhängigkeit von ϵ_{r} enthalten.

Ein anderer Typ des Polaritons – das Oberflächenplamon-Polariton – wurde in Abschnitt 7.5.2 betrachtet.

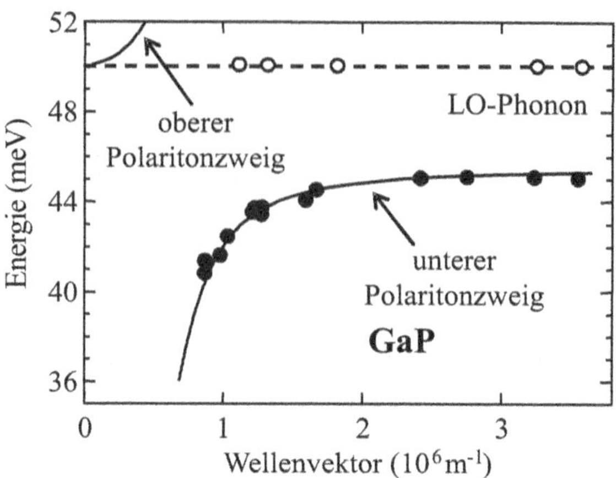

Abb. 10.7: Dispersion der TO- und LO-Phononen in GaP, gemessen mittels Raman-Streuung. Die durchgezogenen Linien sind die Vorhersagen aus dem Polaritonmodell mit $h\nu_{TO} = 45{,}5$ meV, $\epsilon_\infty = 9{,}1$ und $\epsilon_{st} = 11{,}0$. Nach Henry & Hopfield (1965), © American Physical Society, genehmigter Nachdruck.

Abbildung 10.6 zeigt die Polaritondispersion für ein schwach gedämpftes Medium. Die Permittivität ist durch (10.15) gegeben und für die gleichen Parameter in Abbildung 10.4a dargestellt. Bei kleinen Frequenzen ist die relative Permittivität gleich ϵ_{st}, und die Dispersion der Moden ist gegeben durch $\omega = cq/\sqrt{\epsilon_{st}}$. Wenn ω sich Ω_{TO} nähert, wächst die Permittivität. Die Geschwindigkeit der Wellen sinkt und ist für Ω_{TO} null. Für Frequenzen im Reststrahlband, also zwischen Ω_{TO} und Ω_{LO}, ist die Permittivität negativ. Es können keine Moden propagieren, und alle auf das Medium einfallenden Photonen werden reflektiert. Für Frequenzen oberhalb von Ω_{LO} ist ϵ_r wieder positiv und propagierende Moden sind wieder möglich. Die Geschwindigkeit der Wellen nimmt mit wachsender Frequenz allmählich zu und nähert sich für hohe Frequenzen dem Wert $c/\sqrt{\epsilon_\infty}$.

Die Dispersion der Polaritonmoden wurde für eine Reihe von Materialien gemessen. Abbildung 10.7 zeigt die gemessene Dispersion der TO- und LO-Phononen in GaP bei kleinen Wellenvektoren.

Diese Ergebnisse stammen aus Raman-Streuversuchen (siehe Abschnitt 10.5.2). Die experimentellen Daten reproduzieren die in Abbildung 10.6 gezeigten Aussagen des Polariton-Dispersionsmodell sehr gut. Die durchgezogene Linie ist die berechnete Polaritondispersion und liefert ein sehr genaues Fitting an die experimentellen Werte für die transversalen Moden. Die LO-Phononen zeigen hier keinerlei Dispersion, da sie nicht an die Lichtwellen koppeln.

10.4 Polaronen

Bislang haben wir in diesem Kapitel die direkte Wechselwirkung zwischen einer Lichtwelle und den Phononen in einem Kristall betrachtet. Wie wir gesehen haben, führt diese im infraroten Spektralbereich zu einer starken Absorption und Reflexion. Die optischen

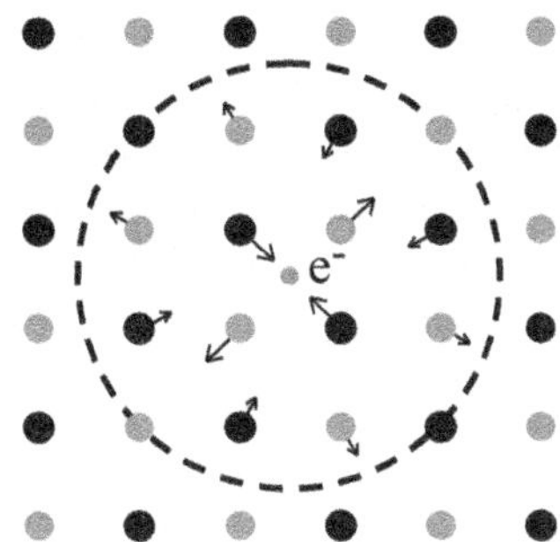

Abb. 10.8: Schematische Darstellung eines Polarons. Ein sich durch ein ionisches Gitter bewegendes freies Elektron zieht die positiven Ionen (schwarz) an und stößt die negativen (grau) ab. Dadurch entsteht eine lokale Störung des Gitters innerhalb des Polaronradius (gestrichelte Kreislinie).

Phononen können aber auch indirekt zu optischen Eigenschaften beitragen, die über die **Elektron-Phonon-Kopplung** primär von den Elektronen abhängen. In diesem Abschnitt behandeln wir den **Polaroneffetkt**, der eines der wichtigsten Beispiele hierfür ist.

Wir betrachten die Bewegung eines freien Elektrons in einem polaren Festkörper (siehe Abbildung 10.8). Das Elektron zieht die in seiner Nähe befindlichen positiven Ionen an und stößt die negativen ab. Dies erzeugt eine lokale Gitterstörung in der unmittelbaren Umgebung des Elektrons. Diese Gitterstörung begleitet das Elektron während seiner Bewegung durch den Kristall. Das Elektron mit seiner lokalen Gitterstörung ist gleichbedeutend mit einer neuen Elementaranregung des Kristalls und wird als Polaron bezeichnet.

Das Polaron kann als ein Elektron aufgefasst werden, welches von einer Wolke virtueller Phononen umgeben ist. Wir nehmen an, dass das Elektron während seiner Bewegung durch den Kristall Phononen absorbiert und emittiert. Diese Phononen erzeugen eine lokale Gitterstörung. Die Ionen werden in die Richtung des elektrischen Feldes des Elektrons ausgelenkt, sodass wir es hier mit longitudinalen optischen Phononen zu tun haben.

Man kann zeigen, dass die mittlere Anzahl der virtuellen LO-Phononen, die sich mit dem Elektron bewegen, gleich $\alpha_{\mathrm{ep}}/2$ ist, wobei $\alpha_{\mathrm{ep}}/2$ durch (10.19) definiert ist. Die longitudinalen akustischen Moden betrachten wir hier nicht, da sie keine Polarisation im Medium erzeugen: Die positiven und negativen Ionen bewegen sich in die gleiche Richtung, wobei kein elektrisches Dipolmoment erzeugt wird.

Die Stärke der Elektron-Phonon-Wechselwirkung in einem polaren Festkörper kann durch die dimensionslose Konstante α_{ep} quantifiziert werden, die durch

$$\alpha_{\mathrm{ep}} = \frac{1}{137} \left(\frac{m^* c^2}{2 h \nu_{\mathrm{LO}}} \right)^{1/2} \left[\frac{1}{\epsilon_\infty} - \frac{1}{\epsilon_{\mathrm{st}}} \right] \qquad (10.19)$$

gegeben ist. Der Faktor $1/137$ ist die Feinstrukturkonstante. Die Masse m^* ist die gewöhnliche effektive Masse, die aus der Krümmung der Bandstruktur (vgl. (D.6)) abgeleitet wird:

$$m^* = \hbar^2 \left(\frac{\mathrm{d}^2 E}{\mathrm{d}k^2} \right)^{-1} \qquad (10.20)$$

Die Polarontheorie kann gleichermaßen auf Elektronen und Löcher angewendet werden, indem man einfach die passende effektive Masse in die Formel einsetzt.

Tab. 10.3: Elektron-Phonon-Kopplungskonstante α_{ep} für GaAs, ZnSe und AgCl, berechnet aus (10.19), ν_{LO} in THz. Die Daten für ZnSe beziehen sich auf die kubische Kristallstruktur. Daten nach Madelung (1996).

	GaAs	ZnSe	AgCl
m_{e}^*/m_0	0,067	0,13	0,30
ϵ_∞	10,9	5,4	3,9
ϵ_{st}	12,4	7,6	11,1
ν_{LO}	8,5	7,6	5,9
α_{ep}	0,06	0,40	2,2

Besonders deutlich zeigt sich die Elektron-Phonon-Kopplung in Zyklotronresonanzexperimenten, wenn $B = m^*\Omega_{\mathrm{LO}}/e$ und somit $\omega_{\mathrm{c}} = \Omega_{\mathrm{LO}}$. Die entarteten Elektron- und Phonon-moden überkreuzen sich gegenseitig, wenn das Feld diesen Wert durchläuft. Die Zyklotronresonanz-linie spaltet sich in ein Dublett auf. Die Aufspal-tung ist direkt proportional zur Kopplungskonstante α_{ep} der Elektron-Phonon-Wechselwirkung. Dieser Effekt wurde erstmals in n-dotiertem InSb beobachtet.

Werte für α_{ep} für drei binäre Verbindungshalbleiter (GaAs, ZnSe und AgCl) sind in Tabelle 10.3 gegeben. Wir sehen, dass die Kopplungskonstante von GaAs (0,06) über ZnSe (0,40) bis AgCl (2,2) anwächst. Der Grund hierfür ist die zunehmende Ionizität, die für den III-V-Halbleiter (teilweise kovalente Bindung) am kleinsten ist und für die I-VII-Verbindung (stark ionisch) am größten ist. In nichtpolaren Kristallen wie Silicium gilt $\epsilon_\infty = \epsilon_{\mathrm{st}}$ und $\alpha_{\mathrm{ep}} = 0$. Diese zeigen demzufolge keinen Polaroneffekt.

Die durch (10.20) gegebene effektive Masse wird unter der Annahme eines starren Gitters berechnet. Allerdings ist das Konzept des starren Gitters ein rein theoretisches, und jedes Experiment zur Messung von m^* misst in Wirklichkeit immer die Polaronmasse m^{**}. Denn tatsächlich kann das Gitter nicht starr gehalten werden, während sich die Elektronen hindurch bewegen. Die Polaronmasse ist größer als die Masse des starren Gitters, da das Elektron die lokale Gitterstörung bei seiner Bewegung durch das Gitter mitschleppt.

Falls die Elektron-Phonon-Kopplungskonstante α_{ep} klein ist, können wir eine explizite Beziehung zwischen der effektiven Masse m^* des starren Gitters und der Polaronmasse m^{**} angeben:

$$\frac{m^{**}}{m^*} = \frac{1}{1 - \alpha_{\mathrm{ep}}/6} \approx 1 + \frac{1}{6}\alpha_{\mathrm{ep}} \qquad (10.21)$$

Werte für m^* werden üblicherweise über die Beziehung (10.21) aus den gemessenen Werten von m^{**} abgeleitet. Für III-V-Halbleiter wie GaAs mit $\alpha_{\mathrm{ep}} < 0,1$ weicht m^{**} nur um 1% von m^* ab. Der Polaroneffekt stellt somit nur eine kleine Korrektur dar. Diese Korrektur wird für II-VI-Verbindungen signifikanter (für ZnSe beispielsweise $\sim$ 7%). Für stark ionische Kristalle wie AgCl ist die Näherung kleiner α_{ep} nicht gültig. Die tatsächliche Polaronmasse von AgCl ist $0,43m_0$, also etwa 50% größer als der Wert für das starre Gitter.

Als Beispiel für ein Experiment zur Messung der effektiven Masse betrachten wir die **Zyklotronresonanztechnik**. Bei diesem Verfahren wird die Infrarotabsorption unter einem magnetischen Feld B gemessen. Wie wir in Abschnitt 3.3.6 erörtert hatten, wird die Elektronenenergie durch die Zyklotronenergie quantisiert. Es gilt

$$E_n = (n + 1/2)\hbar\omega_{\mathrm{c}} \qquad (10.22)$$

mit einer ganzen Zahl n und

$$\omega_{\mathrm{c}} = \frac{eB}{m^*} \qquad (10.23)$$

Zwischen den durch (10.22) definierten Niveaus können optische Übergänge mit $\Delta n = \pm 1$ auftreten. Wir beobachten also eine Absorption, wenn die Wellenlänge λ die Bedingung

$$\frac{hc}{\lambda} = \frac{e\hbar B}{m^*} \qquad (10.24)$$

erfüllt. Diese Absorption tritt gewöhnlich im Ferninfrarotbereich auf, und die effektive Masse kann aus den Werten von λ und B an der Resonanz bestimmt werden. Bei einem typischen Experiment wird ein Infrarotlaser fester Wellenlänge verwendet und dann der Wert von B bestimmt, der die maximale Absorption liefert. Beispielsweise tritt die Zyklotronresonanz für die 118 µm-Linie eines Methanollasers in GaAs bei etwa 6,1 T auf ($m^* = 0{,}067 m_0$). Die auf diese Weise bestimmte effektive Masse ist die Polaronmasse m^{**}, nicht der Wert, der durch die Krümmung der Bänder gemäß (10.20) gegeben ist.

Man kann zeigen, dass das Polaron außer der Änderung der Masse eine Reduzierung der Bandlücke bewirkt, und zwar um den Betrag

$$\Delta E_{\mathrm{g}} = -\,\alpha_{\mathrm{ep}}\, \hbar \Omega_{\mathrm{LO}} \tag{10.25}$$

Bei einem III-V-Material wie GaAs ist dies wiederum nur ein relativ kleiner Effekt: ΔE_{g} ist etwa 0,1 %. Praktisch bedeutet dies, dass bei einer Messung von E_{g} immer der Polaronwert gemessen wird.

Ein weiterer wichtiger Parameter des Polarons ist sein Radius r_{p}. Dieser gibt an, wie weit sich die Gitterstörung ausdehnt. Schematisch ist er in Abbildung 10.8 als gestrichelter Kreis um das die Gitterstörung auslösende Elektron dargestellt. Für kleine α_{ep} können wir eine explizite Formel für r_{p} angeben:

$$r_{\mathrm{p}} = \left(\frac{\hbar}{2 m^* \Omega_{\mathrm{LO}}} \right)^{1/2} \tag{10.26}$$

Dies liefert $r_{\mathrm{p}} = 4{,}0\,\mathrm{nm}$ für GaAs und $3{,}1\,\mathrm{nm}$ für ZnSe. Beide Werte sind signifikant größer als die Elementarzelle ($\sim 0{,}5\,\mathrm{nm}$), was wichtig ist, da die für die Herleitung von (10.21) bis (10.26) benutzte Theorie auf der Annahme beruht, dass das Medium als polarisierbares Kontinuum betrachtet werden kann. Diese Näherung ist nur gültig, wenn der Radius des Polarons sehr viel größer ist als die Elementarzelle. Ein Polaron, das dieses Kriterium erfüllt, wird als **großes Polaron** bezeichnet. In stark ionischen Festkörpern wie AgCl und den Alkalihalogeniden ist α_{ep} nicht klein, und der Polaronradius ist vergleichbar mit der Größe der Elementarzelle. In diesem Fall haben wir es mit einem **kleinen Polaron** zu tun. Masse und Radius müssen aus ersten Prinzipien berechnet werden.

Der kleine Polaroneffekt in stark ionischen Kristallen führt zum **Self-Trapping** der Ladungsträger. Die lokale Gitterstörung ist sehr stark, und die Ladungsträger können vollständig in ihrer eigenen Gitterstörung eingefangen werden. Der Ladungsträger gräbt sich sozusagen selbst eine Grube, aus der er nicht entkommen kann. Dies gilt insbesondere für die Löcher in Alkalihalogenidkristallen. Die

Polaronische Hopping-Effekte sind auch bei Leitungsprozessen in organischen Halbleitern wie Polydiacetylen von Bedeutung.

einzige Möglichkeit, um sich zu bewegen, ist für sie das **Hopping** auf einen neuen Gitterplatz. Die elektrische Leitfähigkeit der meisten Alkalihalogenidkristalle ist bei Raumtemperatur durch diesen thermisch aktivierten Sprungprozess limitiert.

Self-Trapping ist auch im Zusammenhang mit Frenkel-Exzitonen ein wichtiger Effekt. Frenkel-Exzitonen sind gebundene Elektron-Loch-Paare, die an einem bestimmten Atom- oder Molekülplatz innerhalb des Gitters lokalisiert sind (siehe Abschnitt 4.5). Das Self-Trapping entweder des Elektrons oder des Lochs kann die Neigung des Exzitons zur Lokalisierung verschärfen und somit dazu führen, dass sich das Verhalten des Exzitons vom Wannier-Typ (frei) zum Frenkel-Typ ändert. Die in vielen Alkalihalogeniden, Edelgasen und organischen Kristallen beobachteten Grundzustandsexzitonen sind vom Self-Trapping-Typ (Frenkel-Typ).

10.5   Inelastische Lichtstreuung

Als inelastische Lichtstreuung wird das Phänomen bezeichnet, dass ein Lichtstrahl durch ein optisches Medium gestreut wird und dabei seine Frequenz ändert. Im Gegensatz dazu bleibt bei der elastischen Lichtstreuung die Frequenz des Lichts unverändert. Dieser Wechselwirkungsprozess ist in Abbildung 10.9 illustriert. Mit der Kreisfrequenz ω_1 und dem Wellenvektor $\mathbf{k}_1$ einfallendes Licht wird durch eine Anregung des Mediums mit der Frequenz Ω und dem Wellenvektor $\mathbf{q}$ gestreut. Das gestreute Phonon hat die Frequenz ω_2 und den Wellenvektor $\mathbf{k}_2$. Eine inelastische Lichtstreuung kann durch viele verschiedene Typen von Elementaranregungen in einem Kristall vermittelt werden, etwa durch Phononen, Magnonen oder Plasmonen. In diesem Kapitel beschäftigen wir uns ausschließlich mit Phononprozessen.

Die inelastische Lichtstreuung durch Phononen wird allgemein anhand des Typs der beteiligten Phononen klassifiziert:

Abbildung 7.13 zeigt ein Raman-Streuspektrum für Plasmonen in n-dotiertem GaAs.

- **Raman-Streuung.** Dies ist die inelastische Lichtstreuung durch optische Phononen.

- **Brillouin-Streuung.** Dies ist die inelastische Lichtstreuung durch akustische Phononen.

Die Physik der beiden Prozesse ist im Wesentlichen die gleiche, doch die experimentellen Methoden unterscheiden sich. Wir betrachten daher zunächst die allgemeinen Prinzipien und im Anschluss daran jeweils einzeln die beiden Verfahren.

10.5.1 Allgemeine Prinzipien

Bei der inelastischen Lichtstreuung können zwei generische Typen
unterschieden werden:

- **Stokes-Streuung**

- **Anti-Stokes-Streuung**

Die Stokes-Streuung entspricht der Emission eines Phonons (oder
einem anderen Typ von materieller Anregung), die Anti-Stokes-
Streuung hingegen der Phononabsorption. Die in Abbildung 10.9
gezeigte Wechselwirkung ist somit ein Stokes-Prozess. Die Energieerhaltung während der Wechselwirkung erfordert

$$\omega_1 = \omega_2 \pm \Omega \tag{10.27}$$

und die Impulserhaltung liefert

$$\mathbf{k}_1 = \mathbf{k}_2 \pm \mathbf{q} \tag{10.28}$$

Das Vorzeichen $+$ entspricht in den Gleichungen (10.27) und (10.28)
der Phononemission (Stokes-Streuung) und das Vorzeichen $-$ der
Phononabsorption (Anti-Stokes-Streuung). Die Frequenz des Lichtes wird also bei einem Stokes-Prozess nach unten verschoben und
bei einem Anti-Stokes-Prozess nach oben.

Eine Anti-Stokes-Streuung ist nur möglich, wenn es in dem Material vor dem Einfallen des Lichtes keine Phononen gibt. Die Wahrscheinlichkeit für eine Anti-Stokes-Streuung nimmt also mit kleiner
werdender Temperatur ab, da dann die Phononpopulationen kleiner werden. Das bedeutet, dass die Wahrscheinlichkeit für die Anti-
Stokes-Streuung durch optische Phononen bei tiefen Temperaturen
sehr klein ist. Bei der Stokes-Streuung dagegen muss kein Phonon
vorhanden sein, sodass dieser Prozess bei beliebigen Temperaturen auftreten kann. Eine vollständig quantenmechanische Behandlung zeigt, dass das Verhältnis von Anti-Stokes- zu Stokes-Streuung
durch

$$\frac{I_{\text{Anti-Stokes}}}{I_{\text{Stokes}}} = \exp\left(-\hbar\Omega/k_{\text{B}}T\right) \tag{10.29}$$

gegeben ist. Dies ist das Verhältnis der Intensitäten der Anti-Stokes-
und Stokes-Linien, welches in den Raman- oder Brillouin-Spektren
beobachtet wird.

Die Frequenzen der beteiligten Phononen können mithilfe von (10.27)
aus der Frequenzverschiebung des gestreuten Lichts gewonnen werden. Aus diesem Grund ist die wichtigste Anwendung der inelastischen Lichtstreuung die Messung von Phononfrequenzen. Das bedeutet, dass die inelastische Lichtstreuung komplementäre Informationen zu denjenigen liefern kann, die man aus den Infrarotspektren

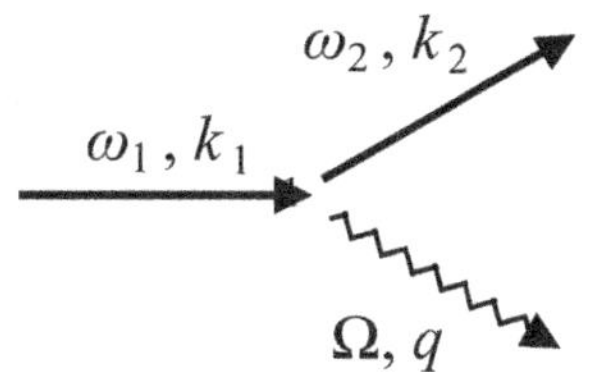

Abb. 10.9: Inelastischer
Lichtstreuprozess.
Die geraden Pfeile
repräsentieren Photonen,
der geschlängelte das
Phonon. Dieser Prozess
entspricht einer Stokes-
Streuung, bei der das
Photon zu einer niedrigeren
Frequenz verschoben wird.

erhält. Beispielsweise sagen Infrarotspektren gar nichts über akustische Phononen aus, doch wir können die Frequenzen einiger akustischer Moden durch Brillouin-Streuversuche messen. Wir betrachten diese Komplementarität ausführlicher im Zusammenhang mit den Auswahlregeln für die Raman-Streuung in Abschnitt 10.5.2.

Die maximale Phononfrequenz in einem typischen Kristall beträgt etwa 10^{12} bis 10^{13} Hz. Dies liegt fast zwei Größenordnungen unter der Frequenz eines Photons im sichtbaren Spektrum. Aus (10.27) folgt daher, dass die maximale Frequenzverschiebung für das Photon etwa 1% ist. Der Betrag des Photon-Wellenvektors ist direkt proportional zu seiner Frequenz, sodass wir die Näherung

$$|\mathbf{k}_2| \approx |\mathbf{k}_1| = \frac{n\omega}{c} \tag{10.30}$$

machen können. Dabei ist n der Brechungsindex des Kristalls und ω die Kreisfrequenz des einfallenden Lichts.

Aus (10.28) wissen wir, dass für die Wellenvektoren $|\mathbf{q}| = |\mathbf{k}_1 - \mathbf{k}_2|$ gilt. Der maximal mögliche Wert von $|\mathbf{q}|$ tritt deshalb für die **Rückstreugeometrie** auf, bei der das auslaufende Photon in der Richtung zurück zur Quelle emittiert wird. In diesem Fall gilt

$$q \approx |\mathbf{k} - (-\mathbf{k})| \approx 2\frac{n\omega}{c} \tag{10.31}$$

Wenn wir in diese Beziehung typische Werte einsetzen, können wir schlussfolgern, dass der maximale bei einem inelastischen Lichtstreuversuch erreichbare Wert von q die Größenordnung $10^7\,\mathrm{m}^{-1}$ hat. Dies ist im Vergleich zur Größe der Brillouin-Zone in einem typischen Kristall ($\sim 10^{10}\,\mathrm{m}^{-1}$) sehr klein. Mittels inelastischer Lichtstreuung können daher nur Phononen mit kleinem Wellenvektor untersucht werden.

Raman- und Brillouin-Streuung sind generell schwache Prozesse, weshalb wir entsprechend kleine Streuraten erwarten. Der Grund ist, dass wir es mit Wechselwirkungen höherer Ordnung zu tun haben anstatt mit einer linearen Wechselwirkung wie bei der Absorption. Abbildung 10.9 zeigt, dass im Feynman-Diagramm für die inelastische Lichtstreuung drei Teilchen vorkommen anstatt nur zwei wie bei der Absorption (vgl. Abbildung 10.1). Das bedeutet, dass ein Störterm höherer Ordnung beteiligt sein muss. Zur Beobachtung der Signale ist daher gewöhnlich ein sehr sensitiver Detektor nötig, selbst wenn die Anregungsquelle ein leistungsstarker Laserstrahl ist.

Die Effizienz der inelastischen Lichtstreuung kann durch Ausnutzung von plasmonischen Effekten um viele Größenordnungen verstärkt werden. Wie wir aus Abschnitt 7.5.2 wissen, wird die Amplitude des elektrischen Feldes an der Oberfläche metallischer Strukturen durch Oberflächenplasmonen spürbar verstärkt, was die Streuwahrscheinlichkeit stark erhöht. Dieses Phänomen wird als **oberflächenverstärkte Raman-Streuung** bezeichnet. Siehe Maier (2007).

10.5.2   Raman-Streuung

C. V. Raman wurde 1930 für seine Entdeckung der inelastischen Lichtstreuung durch Moleküle mit dem Nobelpreis ausgezeichnet. Der Prozess, der heute seinen Namen trägt, bezieht sich auf die

Streuung infolge hochfrequenter Anregungen wie etwa den Vibrationsmoden von Molekülen. In dem hier vorliegenden Kontext der Physik der Phononen bezieht er sich speziell auf die inelastische Lichtstreuung durch optische Phononen.

Optische Phononen sind in der Umgebung von $q = 0$ im Wesentlichen dispersionsfrei. Wir hatten argumentiert, dass die inelastische Lichtstreuung nur Phononmoden mit $q \approx 0$ untersuchen kann. Daher liefert die Raman-Streuung kaum Informationen über die Dispersion optischer Phononen. Ihr Haupteinsatzzweck ist die Bestimmung der LO- und TO-Moden nahe des Zentrums der Brillouin-Zone. Wenn die Raman-Technik zum Beispiel verwendet wird, um Polaritondispersionskurven zu messen (siehe Abschnitt 10.3 und besonders Abbildung 10.7), dann wird dabei nur ein sehr kleiner Teil der Brillouin-Zone nahe $q = 0$ untersucht.

Die Komplementarität zwischen Infrarotreflexionsmessungen und inelastischen Lichtstreuversuchen wird offensichtlicher, wenn wir die Auswahlregeln betrachten, die darüber entscheiden, ob ein bestimmtes optisches Phonon Raman-aktiv ist oder nicht. Diese Regeln sind nicht die gleichen wie bei der Festlegung, ob die Mode IR-aktiv ist. Die vollständige Behandlung erfordert die Anwendung der Gruppentheorie. Immerhin kann für Kristalle mit Inversionssymmetrie eine einfache Regel angegeben werden. Bei diesen zentrosymmetrischen Kristallen müssen die Schwingungsmoden unter Inversion entweder gerade oder ungerade Symmetrie haben. Die Moden mit ungerader Parität sind IR-aktiv, während die Moden mit gerader Parität Raman-aktiv sind. Die Raman-aktiven Moden sind also niemals IR-aktiv und umgekehrt. Dieses für die Molekülphysik wichtige Ergebnis wird als **Alternativverbot** bezeichnet. Für nicht zentrometrische Kristalle können einige Moden gleichzeitig IR- und Raman-aktiv sein.

Als Beispiel für diese Regeln betrachten wir Silicium und GaAs. Silicium hat die Diamantstruktur mit Inversionssymmetrie, während GaAs die nicht zentrometrische Zinkblendestruktur hat. Die TO-Moden von Silicium sind nicht IR-aktiv, aber Raman-aktiv, während die TO-Moden von GaAs sowohl Raman- als auch IR-aktiv sind.

Die Aufnahme eines Raman-Spektrums erfordert einige Vorkehrungen, um die der Technik innewohnenden Schwierigkeiten zu überwinden. Da das Signal relativ schwach ist, muss eine intensive Quelle (Laser) verwendet werden, um eine messbare Streurate zu erzeugen. Wir müssen also ein schwaches Raman-Signal auflösen, dessen Wellenlänge sehr nahe an der des elastisch gestreuten Laserlichts liegt.

Abbildung 10.10 zeigt eine einfache Versuchsanordnung zur Messung von Raman-Spektren. Die Probe wird mit einem geeigneten Laser angeregt, und das gestreute Licht wird gesammelt und auf den Eingangsspalt eines Scanning-Spektrometers fokussiert. Die Anzahl der

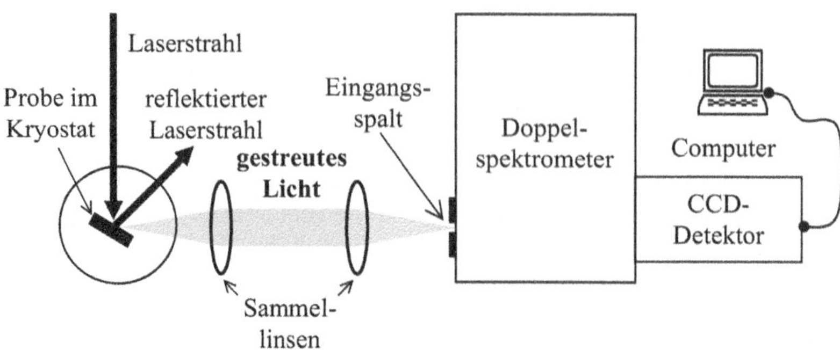

Abb. 10.10: Versuchsanordnung zur Aufzeichnung von Raman-Spektren. Die Probe wird mit einem Laser angeregt, und die gestreuten Photonen werden gesammelt und in ein Spektrometer gelenkt. Die Signale werden mithilfe eines empfindlichen Photonenzählers aufgezeichnet, etwa mit einem Photomultiplier oder einem CCD-Sensor.

emittierten Photonen bei einer bestimmten Wellenlänge wird von einem Potonenzähler registriert, und schließlich werden die Ergebnisse zwecks Analyse auf einem Computer gespeichert. Traditionell werden bei diesem Experiment Photomultiplier-Röhren als Detektoren verwendet. Moderne Varianten benutzen zunehmend Felddetektoren (CCD-Arrays). Durch geeignete Ausrichtung der Probe kann man erreichen, dass das reflektierte Laserlicht nicht von der Sammeloptik eingefangen wird. Trotzdem lässt es sich nicht ganz vermeiden, dass eine große Anzahl elastisch gestreuter Laserphotonen in das Spektrometer eintritt. Um dieses Problem zu umgehen, werden hochauflösende Spektrometer mit guter Streulichtunterdrückung benutzt.

Eine gute Streulichtunterdrückung lässt sich erreichen, wenn man Doppelspektrometer verwendet.

Abbildung 10.11 zeigt das Raman-Spektrum, das aus vier III-V-Halbleiterkristallen bei 300 K erhalten wurde. Als Quelle wurde ein Nd:YAG-Laser bei 1,06 µm verwendet und zur Detektion ein Doppelmonochromator mit Photomultiplier-Röhre. Für jeden Kristall sieht man zwei starke Linien. Diese entsprechen den Stokes-verschobenen Signalen der TO- und LO-Phononen, wobei die LO-Phononen die höheren Frequenzen haben. Die aus diesen Daten erhaltenen Werte stimmen sehr gut mit den mittels Infrarotreflexion bestimmten überein (siehe Aufgabe 10.13).

10.5.3   Brillouin-Streuung

L. Brillouin legte 1922 eine theoretische Behandlung der Streuung von Licht durch akustische Wellen vor. Das heute nach ihm benannte Verfahren bezieht sich auf die inelastische Lichtstreuung durch akustische Phononen. Eingesetzt wird es vor allem zur Bestimmung der Dispersion dieser akustischen Moden.

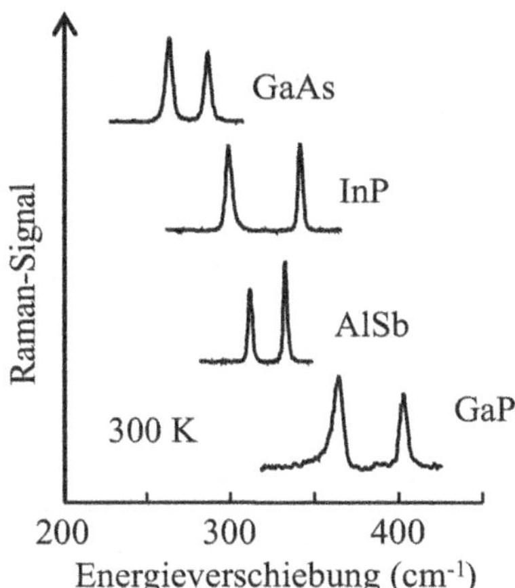

Abb. 10.11: Raman-Spektren für die TO- und LO-Phononen von GaAs, InP, AlSb und GaP bei 300 K, aufgenommen mithilfe eines Nd:YAG-Lasers bei 1,06 µm. Die Spektren sind gegen die Wellenzahlverschiebung aufgetragen: $1\,\mathrm{cm}^{-1}$ ist äquivalent mit einer Energieverschiebung von 0,124 meV. Die LO-Mode ist die mit der höheren Frequenz. Nach Mooradian (1972), © Excerpta Medica Inc., genehmigter Nachdruck.

Die Frequenzverschiebung der Photonen bei einem Brillouin-Streuversuch ist

$$\delta\omega = v_\mathrm{s} \frac{2n\omega}{c} \sin \frac{\theta}{2}, \tag{10.32}$$

(siehe Aufgabe 10.14). Dabei ist ω die Kreisfrequenz des einfallenden Lichtes, n der Brechungsindex des Kristalls, v_s die Geschwindigkeit der akustischen Wellen und θ der Winkel, um den das Licht gestreut wird. Messungen von $\delta\omega$ gestatten es daher, bei bekanntem Brechungsindex die Geschwindigkeit der Schallwellen zu bestimmen.

Die bei der Brillouin-Streuung benutzten experimentellen Techniken sind raffinierter als bei der Raman-Streuung, da hier sehr viel kleinere Frequenzverschiebungen detektiert werden müssen. Es müssen Single-Mode-Laser verwendet werden, um sicherzustellen, dass die Linienbreite des Lasers hinreichend klein ist, und anstelle eines Gitterspektrometers wird ein Fabry-Pérot-Interferometer benutzt, um die spektrale Auflösung zu erhöhen.

Beispiel 10.2

Wenn Licht aus einem bei 514,5 nm arbeitenden Argonionenlaser durch optische Phononen in einer AlAs-Probe gestreut wird, dann beobachtet man zwei Peaks bei 524,2 nm und 525,4 nm. Bestimmen Sie die Werte der TO- und LO-Phononenergien.

Lösung: Die Energien der Phononen können mithilfe von (10.27) hergeleitet werden. Die Photonen sind rotverschoben, sodass wir es hier mit einem Stokes-Prozess zu tun haben. Für die 524,2 nm-Linie erhalten wir daher

$$\Omega = \omega_1 - \omega_2 = 2\pi c(1/\lambda_1 - 1/\lambda_2) = 6{,}8 \times 10^{13}\ \mathrm{rad/s}$$

Für die 525,4 nm-Linie finden wir $\Omega = 7{,}6 \times 10^{13}$ rad/s. Das Phonon mit der höheren Frequenz ist die LO-Mode. Folglich erhalten wir $\hbar\Omega_{\text{TO}} = 45$ meV und $\hbar\Omega_{\text{LO}} = 50$ meV.

10.6 Phononlebensdauer

Die Behandlung der Phononmoden als klassische Oszillatoren in Abschnitt 10.2 brachte es mit sich, eine phänomenologische Dämpfungsrate γ einzuführen. Dieser Dämpfungsterm ist nötig, um zu erklären, warum der Reflexionsgrad im Reststrahlband kleiner ist als eins. Die Analyse der experimentellen Daten führte uns zu dem Schluss, dass γ typischerweise im Bereich von 10^{11} bis 10^{12} s^{-1} liegt. Diese sehr schnelle Dämpfung ist eine Konsequenz der endlichen Lebensdauer τ der optischen Phononen. Da γ gleich τ^{-1} ist, folgt aus den Daten, dass τ zwischen 1 ps und 10 ps liegt.

Die sehr kurze Lebensdauer der optischen Phononen wird durch eine **Anharmonizität** des Kristalls verursacht. Phononmoden sind Lösungen der Bewegungsgleichung unter der Annahme, dass die vibrierenden Atome harmonische Rückstellkräfte erfahren (also für Kräfte, die linear in der Auslenkung sind). Tatsächlich ist diese Annahme nur eine Näherung, die nur für kleine Auslenkungen gut ist. Im Allgemeinen sitzen die Atome in einer Potentialmulde der Form

$$U(x) = C_2 x^2 + C_3 x^3 + C_4 x^4 + \cdots \tag{10.33}$$

Ein Beispiel dafür, wie interatomare Wechselwirkungen zu einem Potential dieser Form führen, wird in Aufgabe 10.16 betrachtet.

Der in (10.33) auftretende Term x^2 ist ein harmonischer Term. Er führt auf einfache harmonische Oszillatorgleichungen mit einer Rückstellkraft $-\mathrm{d}U/\mathrm{d}x$, die proportional zu $-x$ ist. Die Terme in x^3 und höheren Ordnungen sind die **anharmonischen** Terme, die aus den nichtlinear mit x variierenden Rückstellkräften resultieren (zum Beispiel $\propto -x^2$). Diese anharmonischen Terme erlauben Phonon-Phonon-Streuprozesse. Beispielsweise gestattet der Term in x^3 Wechselwirkungen, an denen drei Phononen beteiligt sind. Abbildung 10.12 illustriert zwei mögliche Permutationen für einen Drei-Phonon-Prozess.

Abbildung 10.12a zeigt eine Drei-Phonon-Wechselwirkung, bei der ein Phonon vernichtet und zwei neue Phononen erzeugt werden. Dieser Typ der anharmonischen Wechselwirkung ist für den schnellen Zerfall der optischen Phononen verantwortlich. Wir verstehen, warum das so ist, wenn wir uns die generische Phonondispersionskurve für die erste Brillouin-Zone anschauen (Abbildung 10.13). Durch Gitterabsorption oder Raman-Streuung werden optische Phononen mit $q \approx 0$ erzeugt. Drei-Phonon-Prozesse gestatten diesen

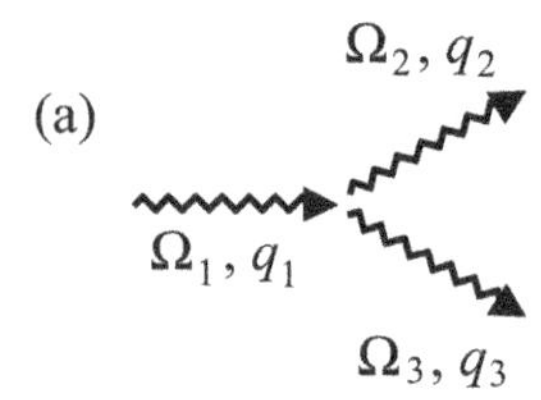

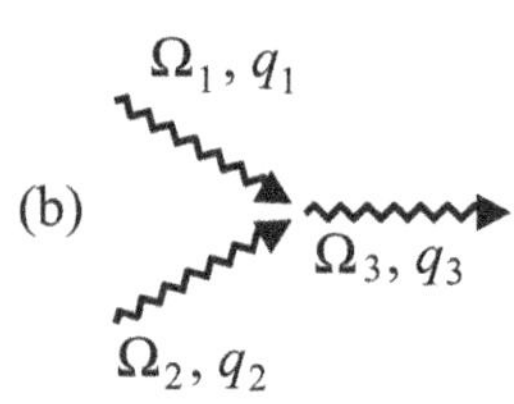

Abb. 10.12: Drei-Phonon-Wechselwirkung. Jeder der geschlängelten Pfeile repräsentiert ein Phonon. Diese Prozesse werden durch die Anharmonizität des Kristalls verursacht.

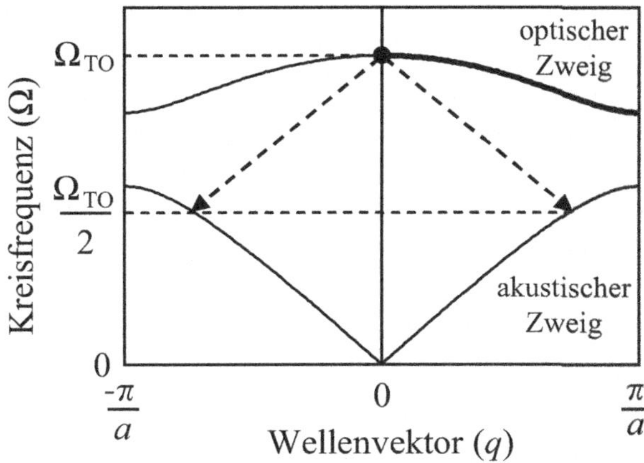

Abb. 10.13: Zerfall eines optischen Phonons in zwei akustische Phononen durch Drei-Phonon-Wechselwirkung des in Abb. 10.12 gezeigten Typs.

Phononen, wie in Abbildung 10.13 gezeigt, in zwei akustische Phononen zu zerfallen. Impuls und Energie können erhalten bleiben, wenn die beiden akustischen Phononen entgegengesetzte Wellenvektoren haben. Ihre Frequenz ist halb so groß wie die des optischen Phonons. Mit komplexeren Dispersionsbeziehungen und der Möglichkeit für Prozesse höherer Ordnung können viele andere Zerfallstypen zu der kurzen Lebensdauer der optischen Phononen beitragen.

Die Lebensdauer der optischen Phononen kann auf zwei Arten aus den Raman-Daten erschlossen werden. Erstens wird die Spektralbreite der Raman-Linie durch die Verbreiterung der Lebensdauer beeinflusst. Vorausgesetzt, andere mögliche Quellen der Verbreiterung sind kleiner, ist zu erwarten, dass die Linienbreite in Frequenzeinheiten $(2\pi\tau)^{-1}$ ist. Somit liefern Messungen der Linienbreite einen Wert für τ, der unabhängig von den Reflexionsdaten ist. Zweitens kann τ mittels zeitaufgelöster Raman-Spektroskopie direkt gemessen werden. Die Lebensdauer der LO-Phononen in GaAs wurde auf diese Weise mit 7 ps (bei 77 K) gemessen. Dieser Wert stimmt mit der Linienbreite überein, die im konventionellen Raman-Spektrum gemessen wurde. Er ähnelt auch der Lebensdauer der TO-Phononen, die aus Reflexionsmessungen bestimmt wurden.

Zusammenfassung

- Die TO-Phononmoden polarer Festkörper koppeln im infraroten Spektralbereich stark an Photonen, wenn ihre Frequenzen und Wellenvektoren zusammenpassen. Akustische Phononen und LO-Phononen koppeln nicht direkt an Lichtwellen.

- Die Wechselwirkung zwischen Licht und dem TO-Phonon kann durch einen klassischen Oszillator modelliert werden. Dieses

Modell erklärt, warum der Reflexionsgrad eines polaren Festkörpers für Frequenzen im Reststrahlband zwischen ν_{TO} und ν_{LO} sehr hoch ist.

- Die Reflektivität im Reststrahlband ist für einen ungedämpften Oszillator 100%, aber die Dämpfung aufgrund der endlichen Phononlebensdauer reduziert die Reflektivität in realen Kristallen.

- Die Frequenzen der TO- und LO-Phononmoden sind miteinander durch die Lyddane-Sachs-Teller-Beziehung verbunden, die durch (10.14) gegeben ist.

- Das Gitter ist an der TO-Phononfrequenz stark absorbierend. In dünnen Filmen ist die Absorption direkt messbar.

- Die stark gekoppelten Phonon-Photon-Wellen bei Frequenzen nahe des Reststrahlbandes werden als Phonon-Polaritonmoden gemessen.

- Die Elektron-Phonon-Kopplung in polaren Kristallen führt zu Polaroneffekten. Polaronen sind Ladungsträger, die von einer lokalen Gitterstörung umgeben sind. Die Phononwolke um das Elektron oder Loch vergrößert seine Masse. Starke polaronische Effekte treten in ionischen Kristallen wie Alkalihalogeniden auf.

- Raman- und Brillouin-Streuung sind inelastische Streuprozesse aufgrund optischer bzw. akustischer Phononen. Energie und Impuls müssen bei dem Streuprozess erhalten bleiben.

- Stokes- und Anti-Stokes-Prozesse der inelastischen Lichtstreuung entsprechen der Emission bzw. Absorption von Phononen. Eine Anti-Stokes-Streuung durch optische Phononen ist bei niedrigen Temperaturen sehr unwahrscheinlich.

- Optische Phononen haben aufgrund der Möglichkeit des Zerfalls in zwei akustische Phononen durch anharmonische Wechselwirkung sehr kurze Lebensdauern.

Weiterführende Literatur

Einführendes zu Phononen finden Sie praktisch in allen Büchern über Festkörperphysik, beispielsweise in Ashcroft & Mermin (2012), Burns (1985), Ibach & Luth (2003) oder Kittel (2006).

Die Theorie der Polaritonen und Polaronen wird ausführlicher in Madelung (1978) beschrieben. In Pidgeon (1980) und Seeger (1997) werden Zyklotronresonanzexperimente ausführlich besprochen. Das

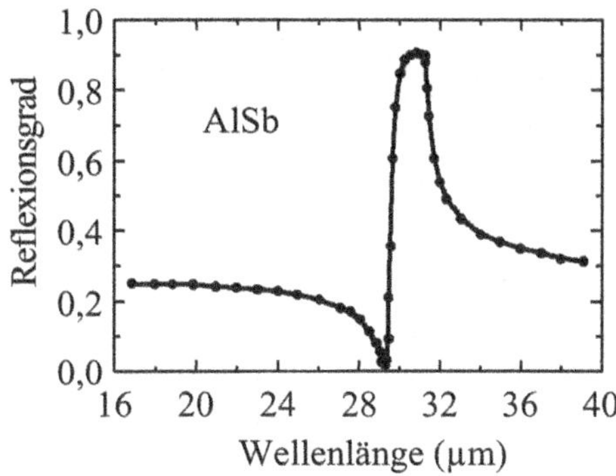

Abb. 10.14: Infrarotreflexion von AlSb. Nach Turner & Reese (1962), © American Physical Society, genehmigter Nachdruck.

Self-Trapping von Exzitonen wird in Song & Williams (1993) behandelt. In Pope & Swenberg (1999) wird das Hopping bei Polaronen, insbesondere in organischen Halbleitern, diskutiert.

Ein Klassiker zur Infrarotphysik von Molekülen und Festkörpern ist Houghton & Smith (1966). Die Verfahren der inelastischen Lichtstreuung werden ausführlich in Mooradian (1972) sowie Yu & Cardona (1996) diskutiert. Die Untersuchung der Dynamik von Phononen mit ultraschnellen Lasertechniken wird in Shah (1999) beschrieben.

Aufgaben

10.1 Für welche der folgenden Festkörper ist eine starke Infrarotabsorption zu erwarten? Begründen Sie Ihre Aussagen. (a) Eis, (b) Germanium, (c) festes Argon bei $4\,\mathrm{K}$, (d) ZnSe, (e) SiC.

10.2 Zeigen Sie, dass der Reflexionsgrad eines ungedämpften polaren Festkörpers bei der Frequenz

$$\nu = \left(\frac{\epsilon_{\mathrm{st}} - 1}{\epsilon_\infty - 1}\right)^{1/2} \nu_{\mathrm{TO}},$$

auf null fällt. Dabei sind ϵ_{st} und ϵ_∞ die relativen Permittivitäten für niedrige und hohe Frequenz, und ν_{TO} ist die Frequenz der TO-Phononmode im Zentrum der Brillouin-Zone.

10.3 Der statische bzw. der Hochfrequenzwert der relativen Permittivität von LiF ist $\epsilon_{\mathrm{st}} = 8{,}9$ bzw. $\epsilon_\infty = 1{,}9$, und die TO-Phononfrequenz ist $9{,}2\,\mathrm{THz}$. Berechnen Sie die obere und untere Wellenlänge des Reststrahlbandes.

10.4 Schätzen Sie den Reflexionsgrad in der Mitte des Reststrahlbandes für einen Kristall mit $\nu_{\mathrm{TO}} = 10\,\mathrm{THz}$, $\epsilon_{\mathrm{st}} = 12{,}1$ und $\epsilon_\infty = 10$, wenn die Dämpfungsrate $10^{11}\,\mathrm{s}^{-1}$ bzw. $10^{12}\,\mathrm{s}^{-1}$ ist.

10.5 Abb. 10.14 zeigt den gemessenen Reflexionsgrad von AlSb. Schätzen Sie mit diesen Daten folgende Parameter ab:

(a) die Frequenzen der TO- und LO-Phononen von AlSb in der Nähe des Zentrums der Brillouin-Zone;

(b) den statischen und den Hochfrequenzwert der relativen Permittivität, ϵ_{st} und ϵ_∞;

(c) die Lebensdauer der TO-Phononen.

Sind die in (a) und (b) bestimmten Werte konsistent mit der Lyddane-Sachs-Teller-Beziehung?

10.6 Schätzen Sie den Absorptionskoeffizienten für die TO-Phononfrequenz in einem typischen polaren Festkörper mit einer Dämpfungsrate von (a) $10^{11}\,\mathrm{s}^{-1}$ und (b) $10^{12}\,\mathrm{s}^{-1}$. Verwenden Sie die Werte $\nu_{TO} = 10\,\mathrm{THz}$, $\epsilon_{st} = 12{,}1$ und $\epsilon_\infty = 10$.

10.7 Erklären Sie qualitativ, warum der Reflexionsgrad von NaCl in der Mitte des Reststrahlbandes von 98% bei 100 K auf 90% bei 300 K fällt.

10.8 Der statische und der Hochfrequenzwert der relativen Permittivität in InP ist $\epsilon_{st} = 12{,}5$ bzw. $\epsilon_\infty = 9{,}6$, und die TO-Phononfrequenz ν_{TO} ist 9,2 THz. Berechnen Sie den Wellenvektor einer Polaritonmode mit einer Frequenz von 8 THz. (Vernachlässigen Sie die Phonondämpfung.)

10.9 Bei einem Infrarotabsorptionsexperiment an n-dotiertem CdTe wird die Zyklotron-Resonanzbedingung bei 3,4 T für die 306 µm-Linie eines deuterierten Methanollasers erfüllt. Berechnen Sie für die Werte $\epsilon_\infty = 7{,}1$, $\epsilon_{st} = 10{,}2$ und $\nu_{LO} = 5{,}1\,\mathrm{THz}$

(a) die Polaronmasse und

(b) die effektive Elektronenmasse im starren Gitter.

10.10 Erläutern Sie die qualitativen Unterschiede, die zwischen dem Raman-Spektrum von Diamant und dem in Abbildung 10.11 gezeigten Spektrum für III-V-Kristalle zu erwarten sind.

10.11 Bei einem inelastischen Streuversuch an Silicium, für den ein Argonionenlaser bei 514,5 nm verwendet wird, treten Raman-Peaks bei 501,2 nm und 528,6 nm auf. Wodurch entstehen diese beiden Peaks? Schätzen Sie ihre Intensitätsverhältnisse, wenn die Temperatur der Probe 300 K beträgt.

10.12 NaCl ist ein zentrosymmetrischer Kristall. Erwarten Sie, dass die TO-Phononmoden IR-aktiv sind oder Raman-aktiv oder beides?

10.13 Verwenden Sie die Daten aus Abbildung 10.11, um die Energien (in meV) der TO- und LO-Phononen von GaAs, InP, AlSb und GaP bei 300 K zu bestimmen. Wie verhalten sich die aus diesen Daten bestimmten Werte für GaAs zu den Daten aus Abbildung 10.5 für die Infrarotreflektivität?

10.14 Ein Photon mit der Kreisfrequenz ω wird durch ein akustisches Phonon der Kreisfrequenz Ω inelastisch um den Winkel θ gestreut. Zeigen Sie unter Ausnutzung der für diesen Prozess geltenden Impulserhaltung, dass Ω durch

$$\Omega = v_\mathrm{s} \frac{2n\omega}{c} \sin \frac{\theta}{2}$$

gegeben ist. Dabei ist v_s die Schallgeschwindigkeit und n der Brechungsindex des Mediums. (Sie können annehmen, dass $\omega \gg \Omega$ gilt.) Überprüfen Sie hiermit (10.32).

10.15 An einem Kristall mit einem Brechungsindex von 3 wird ein Brillouin-Streuversuch durchgeführt, wobei Laserlicht mit einer Wellenlänge von 488 nm verwendet wird. Es zeigt sich, dass die Frequenz der gestreuten Photonen um 10 GHz nach unten verschoben werden, wenn sie in der 180°-Rückstreugeometrie gemessen werden. Berechnen Sie die Schallgeschwindigkeit im Kristall.

10.16* Die potentielle Energie pro Molekül in einem ionischen Kristall mit einem Abstand von r zwischen nächsten Nachbarn kann durch

$$U(r) = \frac{\beta}{r^{12}} - \frac{\alpha e^2}{4\pi\epsilon_0 r}$$

approximiert werden. Dabei ist α die Madelung-Konstante des Kristalls und β ein Fitting-Parameter.

10.17 Hochauflösende Raman-Experimente an einem GaAs-Kristall haben ergeben, dass die LO-Phononlinie eine Spektralbreite von $0{,}85\,\mathrm{cm}^{-1}$ hat. Verwenden Sie diesen Wert, um die Lebensdauer der LO-Phononen abzuschätzen. Nehmen Sie dabei an, dass das Spektrum eine Lebensdauerverbreiterung hat.

11 Nichtlineare Optik

Praktisch alles, was in diesem Buch bisher beschrieben wurde, fällt in den Bereich der linearen Optik, d. h., es wird vorausgesetzt, dass Brechungsindex, Absorptionskoeffizient und Reflexionsgrad unabhängig von der optischen Leistung sind. Diese Annahme ist allerdings nur im Bereich niedriger Leistung gerechtfertigt. Mit Hochleistungslasern ist es möglich, in den Bereich der **nichtlinearen Optik** vorzustoßen, in dem das Verhalten grundsätzlich anders ist. In diesem Kapitel untersuchen wir, was es für Folgen hat, wenn die elektrische Suszeptibilität und die aus ihr abgeleiteten Eigenschaften mit der elektrischen Feldstärke des Lichtstrahls variieren.

Die nichtlineare Optik ist ein eigenständiges Fachgebiet, das im Zuge der weiten Verbreitung von Laseranwendungen eine wachsende Bedeutung erlangt hat. Ein Buch wie das vorliegende wäre unvollständig, wenn die unterschiedlichen Typen von Phänomenen, die in Festkörpern auftreten können, nicht wenigstens erwähnt würden. Gedacht ist dieses Kapitel als kurze Einführung in das Thema, wobei wir uns vor allem auf das in Kapitel 2 behandelte klassische Modell des Dipoloszillators stützen werden. Meine Hoffnung ist, dass dies als Einstieg in das Studium umfassenderer Abhandlungen zum Thema dienen kann. Einige einführende Werke zur nichtlinearen Optik sind im Literaturverzeichnis genannt.

11.1 Der nichtlineare Suszeptibilitätstensor

Die optischen Eigenschaften von Materialien werden durch Real- und Imaginärteil der relativen Permittivität ϵ_r beschrieben. Die relative Permittivität wird aus der Polarisation $\mathbf{P}$ des Mediums abgeleitet, wobei der Zusammenhang durch

$$\begin{aligned} \mathbf{D} &= \epsilon_0 \boldsymbol{\mathcal{E}} + \mathbf{P} \\ &= \epsilon_0 \epsilon_r \boldsymbol{\mathcal{E}} \end{aligned} \tag{11.1}$$

gegeben ist. In der linearen Optik nehmen wir an, dass $\mathbf{P}$ linear vom elektrischen Feld $\boldsymbol{\mathcal{E}}$ der Lichtwelle abhängt, sodass wir schreiben können:

$$\mathbf{P} = \epsilon_0 \chi \boldsymbol{\mathcal{E}} \tag{11.2}$$

Die hierbei auftretende Größe χ ist die elektrische Suszeptibilität. Indem wir (11.1) und (11.2) kombinieren, können wir die bekannte Beziehung zwischen ϵ_r und χ ableiten, nämlich

$$\epsilon_r = 1 + \chi \tag{11.3}$$

Die nichtlineare Optik berücksichtigt die Möglichkeit, dass die Beziehung zwischen $\mathbf{P}$ und $\mathcal{E}$ eine allgemeinere ist, als die durch (11.2) gegebene. Wir beginnen mit der Untersuchung eines nichtlinearen Mediums, in dem die Polarisation parallel zum elektrischen Feld ist, sodass wir zunächst von der vektoriellen Natur von $\mathbf{P}$ und $\mathcal{E}$ absehen können. Wir spalten die Polarisation P auf in einen Term $P^{(1)}$, der den linearen Respons beschreibt, sowie in eine Reihe von nichtlinearen Termen $P^{(n)}$ ansteigender Ordnung n:

$$P^{\text{nichtlinear}} = P^{(1)} + P^{(2)} + P^{(3)} + \cdots \tag{11.4}$$

In Anaolgie zu (11.2) führen wir nun die nichtlineare Suszeptibiltät $\chi^{\text{nichtlinear}}$ ein, die entsprechend in nichtlineare Suszeptibilitäten n-ter Ordnung, $\chi^{(n)}$, aufgespalten wird. Diese sind durch

$$\begin{aligned}
P^{\text{nichtlinear}} &= \epsilon_0 \chi^{\text{nichtlinear}} \mathcal{E} \\
&= \epsilon_0 \chi^{(1)} \mathcal{E} + \epsilon_0 \chi^{(2)} \mathcal{E}^2 + \epsilon_0 \chi^{(3)} \mathcal{E}^3 + \cdots
\end{aligned} \tag{11.5}$$

definiert, wobei $\mathcal{E}$ der Betrag des angelegten Feldes ist.

Die einzelnen Terme in (11.4) und (11.5) stehen in direkter Beziehung miteinander:

$$P^{(1)} = \epsilon_0 \chi^{(1)} \mathcal{E} \tag{11.6}$$

$$P^{(2)} = \epsilon_0 \chi^{(2)} \mathcal{E}^2 \tag{11.7}$$

$$P^{(3)} = \epsilon_0 \chi^{(3)} \mathcal{E}^3 \tag{11.8}$$

$$\vdots$$

Wenn wir (11.3) mit (11.5) vergleichen, dann erhalten wir die Beziehung

$$\begin{aligned}
\epsilon_r^{\text{nichtlinear}} &= 1 + \chi^{\text{nichtlinear}} \\
&= 1 + \chi^{(1)} + \chi^{(2)} \mathcal{E} + \chi^{(3)} \mathcal{E}^2 + \cdots
\end{aligned} \tag{11.9}$$

wobei $\chi^{(1)}$ die normale lineare Suszeptibilität ist. Gleichung (11.9) besagt, dass die relative Permittivität über die nichtlinearen Suszeptibilitäten vom elektrischen Feld abhängt. Da die optische Leistung proportional zu $\mathcal{E}^2$ ist, bedeutet dies, dass ϵ_r auch von der optischen Leistung abhängt. Folglich sind Eigenschaften wie der Brechungsindex und der Absorptionskoeffizient in nichtlinearen Materialien leistungsabhängig.

Die verschiedenen Ordnungen der nichtlinearen Suszeptibilität führen zu einer Fülle von nichtlinearen Effekten. Die meisten dieser Phänomene können auf die Terme $\chi^{(2)}$ oder $\chi^{(3)}$ der Polarisation zurückgeführt werden, und diese werden entsprechend als **nichtlineare Effekte zweiter und dritter Ordnung** bezeichnet. Einige davon werden wir in den Abschnitten 11.3 und 11.4 diskutieren.

Wegen der wohldefinierten Achsen kristalliner Materialien muss beachtet werden, dass der nichtlineare Respons des Mediums von den Richtungen der angelegten Felder abhängen kann. Beispielsweise könnten wir zwei optische Felder in unterschiedlichen Richtungen anlegen und dann in einer dritten Richtung eine nichtlineare Polarisation erzeugen. Diesen Typ von Verhalten können wir beschreiben, wenn wir (11.7) und (11.8) so verallgemeinern, dass der anisotrope Respons des Mediums erfasst ist. Beispielsweise können wir die zweite Ordnung der nichtlinearen Polarisation in der Form

$$P_i^{(2)} = \epsilon_0 \sum_{j,k} \chi_{ijk}^{(2)} \mathcal{E}_j \mathcal{E}_k \qquad (11.10)$$

schreiben. Die Größe $\chi_{ijk}^{(2)}$ ist der **nichtlineare Suszeptibilitätstensor zweiter Ordnung**, wobei die Indizes i, j und k den Achsen x, y und z des kartesischen Koordinatensystems entsprechen. In der Regel ist es sinnvoll, diese Achsen so zu legen, dass sie nach Möglichkeit mit den Hauptachsen des Kristalls zusammenfallen.

Gleichung (11.10) zeigt, dass jede Komponente von $\mathbf{P}^{(2)}$ neun verschiedene Beiträge hat. Der Term $\chi_{xyz}^{(2)}$ gibt zum Beispiel die in x-Richtung erzeugte nichtlineare Polarisation an, wenn ein optisches Feld in y-Richtung und ein anderes in z-Richtung angelegt wird. Man kann auch über den Term $\chi_{xxx}^{(2)}$ eine nichtlineare Polarisation in x-Richtung erzeugen, indem man zwei Felder in x-Richtung anlegt; entsprechend können alle neun möglichen Permutationen von j und k interpretiert werden. Auf den ersten Blick sieht es vielleicht so aus, als müssten wir 27 verschiedene Größen messen, um den nichtlinearen Respons zweiter Ordnung in einem anisotropen Medium vollständig zu bestimmen. Zum Glück ist dies normalerweise nicht der Fall, da wegen der hohen Symmetrie von Kristallen viele Terme null sein müssen und viele von den anderen gleich sind. Dieser Aspekt wird in Abschnitt 11.3.2 näher beleuchtet.

Der nichtlineare Respons dritter Ordnung in einem anisotropen Medium wird ebenfalls durch eine Tensorbeziehung beschrieben. Wir können (11.8) verallgemeinern, indem wir die Komponenten der nichtlinearen Polarisation dritter Ordnung in der Form

$$P_i^{(3)} = \epsilon_0 \sum_{j,k,l} \chi_{ijkl}^{(3)} \mathcal{E}_j \mathcal{E}_k \mathcal{E}_l \qquad (11.11)$$

Es ist nicht notwendig, dass $\mathcal{E}_k$ und $\mathcal{E}_l$ in (11.10) von unterschiedlichen Lichtstrahlen abgeleitet sind. In vielen Fällen trifft nur ein einziger Strahl auf den Kristall, und $\mathcal{E}_k$ und $\mathcal{E}_l$ sind einfach die Komponenten des elektrischen Feldes entlang geeigneter Achsen.

schreiben. Dabei gilt $\{i, j, k, l\} \in \{x, y, z\}$ und $\chi^{(3)}_{ijkl}$ ist der nichtlineare Suszeptibilitätstensor dritter Ordnung. $\chi^{(3)}_{ijkl}$ ist ein Tensor vierter Stufe, und er hat 81 Komponenten. Wie bei der nichtlinearen Suszeptibilität zweiter Ordnung kann es aufgrund der Kristallsymmetrie sein, dass viele dieser Terme entfallen oder gleich sind.

Beispiel 11.1

Kaliumdihydrogenphosphat (KDP) ist ein uniaxialer Kristall mit einer vierzähligen Rotationssymmetrie um die z-Achse. Die tetragonale $\bar{4}2m$-Symmetrieklasse des Kristalls erfordert, dass die einzigen von null verschiedenen Komponenten des nichtlinearen Suszeptibilitätstensors zweiter Ordnung diejenigen sind, für die j, j und k alle verschieden sind, also $\chi^{(2)}_{xyz}$, $\chi^{(2)}_{yxz}$, $\chi^{(2)}_{xzy}$ $\chi^{(2)}_{zxy}$, $\chi^{(2)}_{yzx}$ und $\chi^{(2)}_{zyx}$. Außerdem erfordert die Symmetrie

$$\chi^{(2)}_{xyz} = \chi^{(2)}_{yxz} = \chi^{(2)}_{xzy} = \chi^{(2)}_{yzx} \qquad (11.12)$$

und

$$\chi^{(2)}_{zxy} = \chi^{(2)}_{zyx} \qquad (11.13)$$

Bestimmen Sie die Richtung der nichtlinearen Polarisation, wenn ein leistungsstarker Laserstrahl in Richtung der optischen Achse propagiert.

Lösung: Wenn der Laser in z-Richtung propagiert, dann wird das Licht in x- oder y-Richtung polarisiert. Die nichtlineare Polarisation ist daher gegeben durch (11.10) mit $\mathcal{E}_z = 0$. Das ergibt

$$P^{(2)}_i = \epsilon_0 \left(\chi^{(2)}_{ixx} \mathcal{E}_x \mathcal{E}_x + \chi^{(2)}_{ixy} \mathcal{E}_x \mathcal{E}_y + \chi^{(2)}_{iyx} \mathcal{E}_y \mathcal{E}_x + \chi^{(2)}_{iyy} \mathcal{E}_y \mathcal{E}_y \right)$$

Für $i = x$ oder $i = y$ sind alle Terme auf der rechten Seite null, da $\chi^{(2)}_{ijk}$ null ist, außer wenn i, j und k alle verschieden sind. Dies bedeutet für den nichtlinearen Polarisationsvektor

$$P^{(2)}_x = 0$$
$$P^{(2)}_y = 0$$
$$P^{(2)}_z = \epsilon_0 \left(\chi^{(2)}_{zxy} \mathcal{E}_x \mathcal{E}_y + \chi^{(2)}_{zyx} \mathcal{E}_y \mathcal{E}_x \right)$$

Wir schließen daraus, dass die nichtlineare Polarisation unabhängig von der Polarisationsrichtung des Eingangslaserstrahls in Richtung der optischen Achse zeigt.

11.2 Zum physikalischen Ursprung optischer Nichtlinearitäten

Die Diskussion im letzten Abschnitt enthielt keinerlei Hinweise, ob bzw. warum ein bestimmtes Material als nichtlinear zu betrachten ist. Die Stärke des elektrischen Feldes, das ein Elektron an ein Atom bindet, liegt typischerweise bei 10^{10} bis $10^{11}\,\mathrm{V\,m^{-1}}$ (siehe Aufgabe 11.1). Es ist daher zu erwarten, dass nichtlineare Effekte wichtig werden, wenn das elektrische Feld des Lichts in diese Größenordnung kommt. Aus der Beziehung zwischen der Intensität des Lichtstrahls und seinem elektrischen Feld

$$I = \frac{1}{2}c\epsilon_0 n \mathcal{E}^2 \tag{11.14}$$

(zur Herleitung siehe (A.44)), sehen wir, dass optische Intensitäten von etwa $10^{19}\,\mathrm{W\,m^{-2}}$ notwendig sind, um Felder dieser Größenordnung zu erzeugen. Derart hohe Intensitäten lassen sich allenfalls mit sehr leistungsstarken Lasern erreichen, doch tatsächlich setzen die nichtlinearen Effekte bei viel geringeren Intensitäten ein. Das liegt daran, dass wir ein recht großes makroskopisches Ergebnis erreichen können, indem wir die sehr kleinen nichtlinearen Effekte einer sehr großen Anzahl von Atomen kombinieren. Dies funktioniert nur, wenn die nichtlinearen Phänomene aller Atome in Phase sind. Diese Situation wird als „Phasen-Matching" bezeichnet. Wir befassen uns mit diesem Effekt in Abschnitt 11.3.3.

Wie man vorgeht, um den mikroskopischen Ursprung der optischen Nichtlinearitäten zu erklären, hängt davon ab, ob die Frequenz sehr nahe an einer der Eigenfrequenzen des Atoms liegt. Wenn dies der Fall ist, dann haben wir es mit einem **resonanten** nichtlinearen Effekt zu tun, anderenfalls mit einer **nichtresonanten** Nichtlinearität. Diese beiden Alternativen werden im Folgenden separat diskutiert, beginnend mit dem nichtresonanten Fall. Es zeigt sich, dass die nichtresonanten Effekte im Rahmen des klassischen Oszillatormodells erklärt werden können, wenn man zusätzlich anharmonische Terme einführt. Für resonante Effekte ist dagegen ein quantenmechanischer Ansatz erforderlich.

11.2.1 Nichtresonante Nichtlinearitäten

In Kapitel 2 wurde erklärt, wie wir den Respons eines Mediums auf elektromagnetische Wellen berechnen können, indem wir annehmen, dass das Medium aus vielen Oszillatoren mit charakteristischen Eigenfrequenzen besteht. Im nahinfraroten, sichtbaren und ultravioletten Spektralbereich betrachten wir normalerweise den Respons durch die Elektronen. Wir haben angenommen, dass diese durch harmonische Rückstellkräfte an die Atome gebunden sind, sodass die durch das treibende Feld der Lichtwelle induzierte Auslenkung linear ist. Wie bei den meisten oszillatorischen Systemen gilt dies nur für kleine Auslenkungen. Wenn das System durch das starke Feld eines intensiven Laserstrahls angetrieben wird, sind die Auslenkungen groß, und es ist nicht mehr gerechtfertigt anzunehmen, dass sie linear mit dem treibenden Feld variieren.

Nichtresonante nichtlineare Effekte können wir behandeln, indem wir annehmen, dass das Elektron in einem **anharmonischen** Potentialtopf der Form

$$U(x) = \frac{1}{2}m_0\omega_0^2 x^2 + \frac{1}{3}m_0 C_3 x^3 + \frac{1}{4}m_0 C_4 x^4 + \cdots \qquad (11.15)$$

gebunden ist. Dabei ist ω_0 die natürliche Resonanzfrequenz und $x = 0$ entspricht der Gleichgewichtslage des Elektrons. Wir nehmen $\omega_0^2 \gg C_3 x \gg C_4 x^2 \dots$ an, sodass es Sinn macht, die Potenzreihenentwicklung auszuführen; außerdem nehmen wir an, dass der harmonische Term für kleine Auslenkungen dominiert. Die Potenzreihenentwicklung ist eine Vereinfachung der komplizierteren funktionalen Abhängigkeiten, die in realen Atomen auftreten. (Ein ausgearbeitetes Beispiel für die potentielle Vibrationsenergie ist Aufgabe 10.15.)

Wir konzentrieren uns hier auf Effekte zweiter Ordnung und betrachten ausschließlich den x^3-Term in (11.15). Die Rückstellkraft für die Auslenkungen aus der Gleichgewichtslage ist gegeben durch

$$F(x) = -\frac{\mathrm{d}U}{\mathrm{d}x} = -\left(m_0\omega_0^2 x + m_0 C_3 x^2\right) \qquad (11.16)$$

Dies zeigt, dass die Rückstellkraft nun von der Richtung der Auslenkung abhängt: das Elektron erfährt für positive Auslenkungen eine stärkere Kraft als für negative. Wenn das Elektron durch das elektrische Wechselfeld einer Lichtwelle angetrieben wird, fallen die Auslenkungen während des positiven Teils eines Zyklus kleiner aus als für den negativen Teil. Da das Dipolmoment pro Volumeneinheit des Mediums gleich $-Nex$ ist, zeigt die Polarisation eine entsprechende Asymmetrie in Feldrichtung. Damit ist die Beziehung zwischen P und $\mathcal{E}$ nicht mehr linear, sondern enthält höhere Potenzen von $\mathcal{E}$.

Die nichtlineare Beziehung zwischen P und $\mathcal{E}$ ist in Abbildung 11.1 skizziert. Für kleine Felder ist die Abweichung vom linearen Respons zu vernachlässigen. Die Polarisation folgt also, wie in Teil (a) dargestellt, sehr dicht dem angelegten Feld. Wenn die Amplitude des angelegten Feldes jedoch größer wird, dann wird der Respons asymmetrisch, wobei die Auslenkungen für negative Felder größer sind. Dieser Effekt ist in Abbildung 11.1b illustriert: Wenn das Material nichtlinear ist, dann bewirkt das Anlegen eines sinusförmigen elektrischen Feldes eine verzerrte Ausgabe. Wie aus der Theorie der

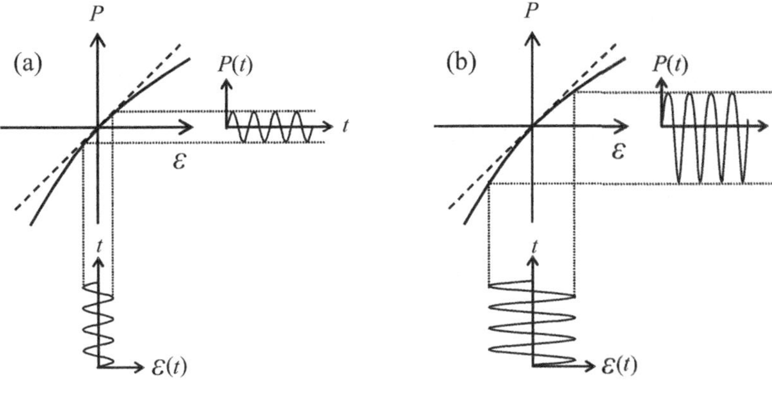

Abb. 11.1: Respons eines anharmonischen Mediums auf ein sinusförmiges treibendes Feld. Die lineare Abhängigkeit zwischen P und $\mathcal{E}$ ist durch die gestrichelte Linie dargestellt, während die durchgezogene Linie einer nichtlinearen Abhängigkeit entspricht. (a) Schwaches elektrisches Feld: Die Abweichung vom linearen Respons ist gering. (b) Starkes Feld: Die Polarisation ist asymmetrisch, wobei die Abweichungen für negative $\mathcal{E}$ größer sind.

elektrischen Schaltkreise bekannt ist, kann ein verzerrtes Ausgabesignal dadurch beschrieben werden, dass man höhere Harmonische berücksichtigt. In dem in Abbildung 11.1b gezeigten Fall enthält das Ausgabesignal eine zweite Harmonische, deren Amplitude 20% der Fundamentalwelle beträgt.

Diese einfache Betrachtung zeigt, dass die Berücksichtigung des anharmonischen Terms ein Signal mit der doppelten Frequenz der angelegten Welle erzeugt. Aus (11.7) sehen wir, dass dies äquivalent mit einer Nichtlinearität zweiter Ordnung ist, denn wenn $\mathcal{E}(t) = \mathcal{E}_0 \sin \omega t$ gilt, haben wir

$$
\begin{aligned}
P^{(2)}(t) &= \epsilon_0 \chi^{(2)} \mathcal{E}_0^2 \sin^2 \omega t \\
&= \frac{1}{2} \epsilon_0 \chi^{(2)} \mathcal{E}_0^2 (1 - \cos 2\omega t)
\end{aligned}
\tag{11.17}
$$

Falls $\chi^{(2)}$ von null verschieden ist, generiert das Medium also eine Welle mit 2ω, wenn es mit der Frequenz ω angetrieben wird. Dies ist der gleiche Schluss, den wir bei der Betrachtung des anharmonischen Terms im Potential gezogen haben, und wir sehen, dass die beiden Betrachtungsweisen äquivalent sind.

Die Beziehung zwischen C_3 und $\chi^{(2)}$ lässt sich genauer fassen, wenn wir eine Näherungslösung der Bewegungsgleichung des Elektrons finden, das durch ein elektrisches Wechselfeld der Frequenz ω angetrieben wird. Dazu gehen wir wie in Abschnitt 2.2 vor, berücksichtigen nun aber in der Rückstellkraft den anharmonischen Term. Die Bewegungsgleichung lautet dann

$$
m_0 \frac{\mathrm{d}^2 x}{\mathrm{d}t^2} + m_0 \gamma \frac{\mathrm{d}x}{\mathrm{d}t} + m_0 \omega_0^2 x + m_0 C_3 x^2 = -e\mathcal{E}
\tag{11.18}
$$

wobei γ für die Dämpfung sorgt. $\mathcal{E}$ ist das treibende Feld der elektromagnetischen Welle, von der wir annehmen, dass sie die folgende

Zeitabhängigkeit hat:

$$\mathcal{E}(t) = \mathcal{E}_0 \cos \omega t = \frac{1}{2}\mathcal{E}_0 \left(e^{i\omega t} + e^{-i\omega t}\right) \qquad (11.19)$$

Oben haben wir gesehen, dass die Berücksichtigung des C_3-Terms zu einem Respons bei der Frequenz 2ω führt (zusätzlich zu dem Respons bei ω). Wir schreiben daher die Zeitabhängigkeit der Auslenkung des Elektrons als

$$x(t) = \frac{1}{2}\left(X_1 e^{-i\omega t} + X_2 e^{-2i\omega t} + \text{c.c.}\right) \qquad (11.20)$$

wobei „c.c." für die konjugiert Komplexe steht. Wir nehmen an, dass der nichtlineare Term so klein ist, dass $X_1 \gg X_2$ gilt.

Durch Einsetzen von (11.20) in (11.18) erhalten wir

$$(-\omega^2 - i\omega\gamma + \omega_0^2)(X_1 e^{-i\omega t} + \text{c.c.})/2$$
$$+ (-4\omega^2 - 2i\omega\gamma + \omega_0^2)(X_2 e^{-2i\omega t} + \text{c.c.})/2$$
$$+ C_3(X_1^2 e^{-2i\omega t} + 2X_1^* X_2 e^{-i\omega t} + \cdots + \text{c.c.})/4 \qquad (11.21)$$
$$= \frac{-e\mathcal{E}_0}{2m_0}\left(e^{-i\omega t} + \text{c.c.}\right)$$

Bei diesem Modell ist es wichtig, alle konjugierten Terme mitzunehmen, da ansonsten wichtige Kreuzterme verloren gehen könnten. Wir konzentrieren uns auf die negativen Frequenzterme, um Konsistenz mit Abschnitt 2.2 zu wahren.

wobei wir angenommen haben, dass der anharmonische Term klein ist. Damit (11.21) für alle Zeitpunkte gilt, müssen die Koeffizienten von $e^{\pm i\omega t}$ und $e^{\pm 2i\omega t}$ auf den beiden Seiten der Gleichung gleich sein. Wir nehmen an, dass der nichtlineare Respons klein ist, und können daher den Term mit der Frequenz ω, der durch den anharmonischen Teil des Potentials erzeugt wird, vernachlässigen. Damit erhalten wir

$$X_1 = \frac{-e\mathcal{E}_0}{m_0}\frac{1}{(\omega_0^2 - \omega^2) - i\gamma\omega} \qquad (11.22)$$

Dies ist exakt das gleiche Ergebnis wie (2.9) in Abschnitt 2.2, was kaum überraschend ist, da es den linearen Respons eines Systems beschreibt. Die Polarisation bei der Frequenz ω kann hieraus unmittelbar abgeleitet werden:

$$P(\omega, t) = -Nex(\omega, t)$$
$$= -Ne\left(X_1 e^{-i\omega t} + \text{c.c.}\right)/2 \qquad (11.23)$$
$$= \epsilon_0 \chi(\omega)\mathcal{E}(t)$$

Die dritte Zeile ist die Standarddefinition der linearen Suszeptibilität, siehe (11.2). Durch Kombination der Gleichungen (11.19), (11.22) und (11.23) erhalten wir das bekannte Ergebnis für die lineare Suszeptibilität:

$$\chi(\omega) = \frac{Ne^2}{m_0\epsilon_0[(\omega_0^2 - \omega^2) - i\gamma\omega]} \qquad (11.24)$$

Nun lösen wir (11.21) nach X_2 auf, um durch Auswerten der Koeffizienten von $e^{-2i\omega t}$ den nichtlinearen Respons zu bestimmen. Wir erhalten

$$(-4\omega^2 - 2i\omega\gamma + \omega_0^2)\frac{X_2}{2} + \frac{C_3}{4}X_1^2 = 0 \tag{11.25}$$

und hieraus unter Verwendung von (11.22) und (11.24)

$$\begin{aligned} X_2 &= -\frac{C_3 X_1^2}{2(\omega_0^2 - 4\omega^2 - 2i\omega\gamma)} \\ &= -\frac{C_3 e^2 \mathcal{E}_0^2}{2m_0^2(\omega_0^2 - \omega^2 - i\gamma\omega)^2(\omega_0^2 - 4\omega^2 - 2i\omega\gamma)} \\ &= -\frac{m_0 C_3 \epsilon_0^3 \chi(\omega)^2 \chi(2\omega)}{2N^3 e^4}\mathcal{E}_0^2 \end{aligned} \tag{11.26}$$

Die Polarisation bei der Frequenz 2ω ist gegeben durch

$$P(2\omega, t) = -Nex(2\omega, t) = -Ne(X_2 e^{-2i\omega t} + \text{c.c.})/2 \tag{11.27}$$

Wir betrachten hier den Fall, dass die Polarisation bei der Frequenz 2ω durch nichtlineare Umwandlung des treibenden Feldes der Frequenz ω erzeugt wird. In diesem Fall ist $P(2\omega)$ auch durch (11.7) und (11.19) gegeben:

$$P(2\omega, t) = \epsilon_0 \chi^{(2)}\mathcal{E}(t)^2 = \epsilon_0 \chi^{(2)}\left(\frac{\mathcal{E}_0}{2}\right)^2(e^{-2i\omega t} + \text{c.c.}) \tag{11.28}$$

Zusammen liefern (11.26) bis (11.28) das Endergebnis

$$\chi^{(2)} = \frac{m_0 C_3 \chi(\omega)^2 \chi(2\omega)\epsilon_0^2}{N^2 e^3} \tag{11.29}$$

(millersche Regel). Die nichtlineare Suszeptibilität zweiter Ordnung ist also direkt proportional zu C_3, dem anharmonischen Term in der Bewegungsgleichung. Für viele Kristalle ist (11.29) besonders erfolgreich bei der Vorhersage der Dispersion von $\chi^{(2)}$. Der Grund hierfür ist, dass (wie experimentell bestätigt ist) die anharmonische Konstante C_3 von Material zu Material nur wenig variiert.

Gleichung (11.29) besagt, dass $\chi^{(2)}$ wegen der durch (11.24) gegebenen Frequenzabhängigkeit wächst, wenn ω sich ω_0 nähert. Dieser Effekt wird als Resonanzverstärkung bezeichnet. In einem schwach gedämpften System versagt die klassische Behandlung aufgrund der Divergenz in $\chi(\omega)$, wenn wir uns der Resonanzfrequenz nähern. Deshalb müssen wir in der Nähe der Resonanz einen anderen Weg wählen, was im nächsten Abschnitt diskutiert wird.

Wir haben unsere Aufmerksamkeit hier auf die Nichtlinearität zweiter Ordnung beschränkt, doch es ist offensichtlich, dass die Herleitung dahingehend verallgemeinert werden kann, dass sie anharmonische Terme höherer Ordnung umfasst. Mit diesem umfassenderen Ansatz lässt sich auch der Ursprung von Nichtlinearitäten höherer Ordnung erklären.

11.2.2   Resonante Nichtlinearitäten

Die im letzten Abschnitt betrachteten nichtresonanten nichtlinearen Effekte sind allesamt „virtuelle" Prozesse. Das bedeutet, dass keine realen Übergänge stattfinden, da die Photonenergie nicht mit irgendeiner Übergangsfrequenz des Atoms zusammenfällt. Offensichtlich ist die Situation völlig anders, wenn die Laserfrequenz resonant mit einem atomaren Übergang ist. In diesem Fall können die Atome Photonen absorbieren und Übergänge in angeregte Zustände ausführen, während der Strahl durch das Medium propagiert.

Die Absorptionsrate wird normalerweise durch das Matrixelement des Übergangs und die Zustandsdichte gemäß Fermis goldener Regel (B.14) bestimmt. Dies gestattet es uns, den Absorptionskoeffizienten für ein gegebenes Material bei einer bestimmten Frequenz zu bestimmen. All dies setzt voraus, dass die Intensität des auf die Probe fallenden Lichtstrahls klein ist. Bei hoher Intensität wird der Absorptionskoeffizient intensitätsabhängig. Da der Absorptionskoeffizient mit der relativen Permittivität zusammenhängt, bedeutet dies, dass auch Letztere intensitätsabhängig ist. Wir haben es daher mit einer optischen Nichtlinearität zu tun.

Die Intensitätsabhängigkeit der Absorptionsrate kann mithilfe der Einsteinkoeffizienten B erklärt werden (siehe Abschnitt B.1). Betrachten wir die Propagation eines intensiven Laserstrahls der Frequenz ν durch ein absorbierendes Medium. Abbildung 11.2 illustriert den einfachsten Fall, nämlich ein Medium, das aus Atomen mit nur zwei Niveaus besteht: Niveau 1 bei der Energie E_1 und Niveau 2 bei der Energie E_2, wobei $E_2 > E_1$ gilt. Wir nehmen an, dass es N_1 Atome pro Volumeneinheit im unteren Niveau gibt und N_2 Atome pro Volumeneinheit im oberen Niveau. Die Gesamtanzahl der Atome pro Volumeneinheit ist N_0 mit $N_0 = N_1 + N_2$.

Wir betrachten den Fall, dass der Laser resonant mit der Übergangsfrequenz der Atome ist, also $h\nu = E_2 - E_1$. Der Laserstrahl wird durch Übergänge vom unteren in das obere Niveau absorbiert, während er durch das Medium propagiert. Gleichzeitig werden über stimulierte Emissionen Photonen zu dem Strahl hinzugefügt. Die Rate der stimulierten Emission wird bei der Behandlung der Propagation durch ein absorbierendes Medium normalerweise nicht berücksichtigt, da angenommen wird, dass N_2 vernachlässigbar ist. Bei hoher Laserintensität ist diese Annahme nicht mehr zulässig, da die Absorptionsübergänge eine ausreichende Besetzung des oberen Niveaus erzeugen. Dies führt zu einer signifikanten Rate für die stimulierte Emission und und somit effektiv zu einer Verringerung des Absorptionskoeffizienten.

Wir können die Verringerung des Absorptionskoeffizienten aufgrund der stimulierten Emission modellieren, indem wir eine inkrementelle

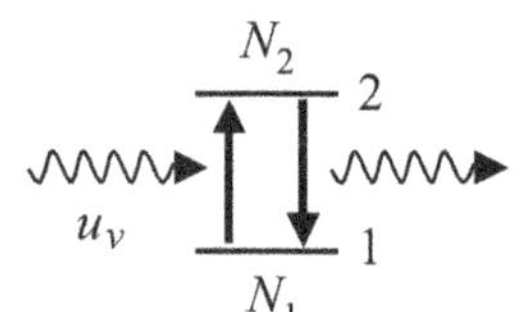

Abb. 11.2: Übergänge, die durch einen resonanten Laserstrahl der Energiedichte u_ν induziert werden. Photonen werden durch Absorptionsübergänge aus dem Niveau 1 in das Niveau 2 aus dem Strahl entfernt und durch stimulierte Emissionsübergänge aus dem Niveau 2 in das Niveau 1 hinzugefügt.

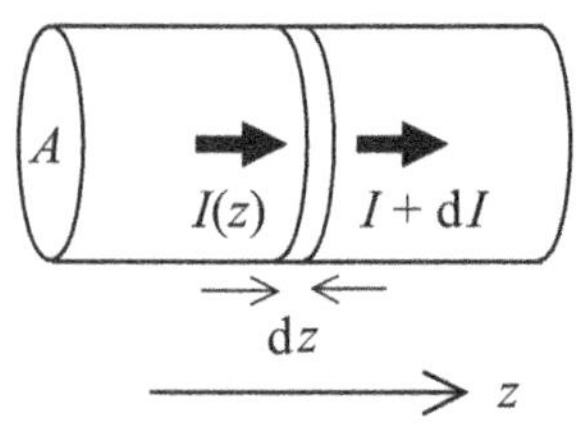

Abb. 11.3: Propagation eines Laserstrahls der Querschnittsfläche A durch ein absorbierendes Medium.

Scheibe des Strahls betrachten (siehe Abbildung 11.3). Die Anzahl der pro Zeiteinheit absorbierten Photonen in der Scheibe ist

$$\delta N_{\text{absorbiert}} = B_{12}N_1 u_\nu g(\nu) \times A\mathrm{d}z \tag{11.30}$$

Dabei ist u_ν die Energiedichte des Strahls an der Stelle z, $g(\nu)$ die spektrale Linienform des Übergangs, A die Querschnittsfläche und $\mathrm{d}z$ die Dicke der Scheibe. Der im Vergleich mit (B.5) zusätzlich auftretende Faktor $g(\nu)$ resultiert aus dem Unterschied zwischen der Energiedichte u_ν des Strahls (Einheit: $\mathrm{J\,m^{-3}}$) und der spektralen Energiedichte $u(\nu)$ (Einheit: $\mathrm{J\,m^{-3}\,Hz^{-1}}$). Für die Definition der Einstein-Koeffizienten betrachtet man traditionell die Wechselwirkung einer breitbandigen Lichtquelle (beispielsweise Schwarzkörperstrahlung) mit einer schmalen atomaren Absorptionslinie. Hier dagegen betrachten wir einen Laserstrahl mit einer spektralen Linienbreite, die kleiner ist als die des Übergangs. Die Berücksichtigung der spektralen Linienformfunktion ist aus Gründen der räumlichen Konsistenz notwendig und stellt sicher, dass die Übergangsrate proportional zur Form der Absorptionslinie ist.

Die stimulierte Emissionsrate kann auf die gleiche Weise behandelt werden. Gemäß (B.6) ist die Anzahl der Photonen, die pro Zeiteinheit zu dem Strahl hinzukommen, gleich

$$\delta N_{\text{stimuliert}} = B_{21}N_2 u_\nu g(\nu) \times A\mathrm{d}z \tag{11.31}$$

Damit ist die Reduktion der Photonenzahl pro Zeiteinheit insgesamt

$$\begin{aligned} \delta N_{\text{gesamt}} &= \delta N_{\text{absorbiert}} - \delta N_{\text{stimuliert}} \\ &= (B_{12}N_1 - B_{21}N_2)u_\nu g(\nu)A\mathrm{d}z \end{aligned} \tag{11.32}$$

Dies ist die effektive Netto-Absorptionsrate.

Während der Strahl durch das Medium propagiert, nimmt die Intensität des Strahls aufgrund der Absorption ab. Wenn wir die Intensität an der Stelle z mit $I(z)$ bezeichnen und die Intensitätsänderung in einer infinitesimalen Scheibe mit $\mathrm{d}I$, dann können wir schreiben

$$\begin{aligned} A\mathrm{d}I &= -\delta N_{\text{gesamt}} \times h\nu \\ &= -(B_{12}N_1 - B_{21}N_2)u_\nu g(\nu)h\nu A\mathrm{d}z \end{aligned} \tag{11.33}$$

Auf der linken Seite steht die Energieänderung pro Zeiteinheit in der infinitesimalen Scheibe bei z (Querschnittsfläche A). Die rechte Seite ist das Produkt aus der Änderung der Photonenzahl pro Zeiteinheit, gegeben durch (11.32), und der Energie der einzelnen Photonen. Die Energieerhaltung erfordert, dass diese beiden Größen gleich sind.

Gleichung (11.33) kann vereinfacht werden, wenn man ausnutzt, dass $I = cu_\nu/n$ gilt (siehe (A.43)), wobei n der Brechungsindex des Mediums ist. Damit erhalten wir

$$\frac{\mathrm{d}I}{\mathrm{d}z} = -\frac{B_{12}(N_1 - N_2)g(\nu)h\nu n}{c}\,I \tag{11.34}$$

Für eine lorentzsche Linie nimmt $g(\nu)$ die Form $\frac{\Delta\nu}{2\pi}/(\nu - \nu_0)^2 + (\Delta\nu/2)^2$ an. Dabei ist ν_0 die Übergangsfrequenz und $\Delta\nu$ die Halbwertsbreite. Beachten Sie die Normierung $\int_0^\infty g(\nu)\,\mathrm{d}\nu = 1$.

Dieses Argument kann leicht auf den Fall unterschiedlicher Entartungen verallgemeinert werden.

Hierbei haben wir angenommen, dass die Entartungen der beiden Niveaus gleich sind, sodass $B_{12} = B_{21}$. Gleichung (11.34) kann mit der Standarddefinition des durch (1.4) gegebenen Absorptionskoeffizienten verglichen werden. Hieraus folgt

$$\frac{dI}{dz} = -\alpha I \tag{11.35}$$

Durch Vergleich von (11.34) und (11.35) erhalten wir

$$\alpha = B_{12}(N_1 - N_2)g(\nu)h\nu n/c \tag{11.36}$$

Dies zeigt, dass der Absorptionskoeffizient porportional zur Besetzungsdifferenz zwischen oberem und unterem Niveau ist.

Bei geringen Intensitäten können wir $N_1 \approx N_0$ und $N_2 \approx 0$ annehmen. Gleichung (11.36) reduziert sich dann auf das gewöhnliche Ergebnis, nach dem der Absorptionskoeffizient proportional zur Anzahl der Atome im System ist. Bei hohen Intensitäten dagegen pumpt der Laser eine große Anzahl von Atomen in das obere Niveau, sodass N_2 wächst und N_1 fällt. Folglich beginnt der Absorptionskoeffizient abzunehmen, wenn die Besetzungsdifferenz zwischen oberem und unterem Niveau sinkt.

Beachten Sie, dass (11.37) nur für homogen verbreiterte Systeme gilt und dass die für eine spezielle Absorptionslinie gemessene Sättigungsintensität von den genauen Ratenkonstanten für diesen speziellen Übergang abhängt.

Die Verringerung der Absorption mit der Laserleistung kann durch die **Sättigungsintensität** I_s charakterisiert werden. Experimentell ist gezeigt worden, dass der Absorptionskoeffizient die folgende Abhängigkeit von der Intensität hat:

$$\alpha(I) = \frac{\alpha_0}{1 + I/I_s} \tag{11.37}$$

Dabei ist α_0 die im linearen Regime gemessene Absorption für den Fall $I \ll I_s$. Ein Medium, welches das durch (11.37) beschriebene Verhalten zeigt, wird als **sättigbarer Absorber** bezeichnet.

Bei niedrigen Intensitäten ergibt die Reihenentwicklung von (11.37)

$$\alpha(I) = \alpha_0 - (\alpha_0/I_s)I \tag{11.38}$$

Die Intensität fällt dann also linear mit I. Nun ist α proportional zum Imaginärteil von ϵ_r (vgl. (1.19) und (1.24)), und I ist proportional zu $\mathcal{E}^2$. Folglich ist ϵ_r proportional zu $\mathcal{E}^2$, und aus (11.9) sehen wir, dass dies einem $\chi^{(3)}$-Prozess entspricht. Somit sind die resonanten Nichtlinearitäten aufgrund der sättigbaren Absorption nichtlineare Effekte dritter Ordnung (siehe Aufgabe 11.11).

Die oben vorgestellte Analyse der sättigbaren Absorber gilt vor allem für die diskreten Absorptionslinien, die man in atomaren Systemen vorfindet. Im Falle von festen Stoffen interessiert man sich jedoch eher für die Sättigung eines Absorptionsbandes anstatt einer diskreten Linie. In Abschnitt 11.4.7 werden zum Beispiel die Daten für die sättigbare Absorption von Interbandübergängen und auch von Exzitonen besprochen.

Bei der Behandlung der nichtlinearen Sättigung der Interbandabsorption ist es sinnvoll, einen etwas anderen Ansatz zu wählen, der vom Pauli-Prinzip ausgeht. Die durch (11.46) beschriebene Abhängigkeit des Absorptionskoeffizienten α von $(N_1 - N_2)$ kann als eine Konsequenz der Fermi-Dirac-Statistik für die Elektronen betrachtet werden. Damit eine Absorption möglich ist, muss das untere Niveau ein Elektron enthalten, während das obere leer ist. Folglich muss der Absorptionskoeffizient die Gleichung

$$\alpha = \alpha_0(f_1 - f_2) \tag{11.39}$$

erfüllen, wobei f_1 und f_2 die Fermi-Besetzungen des unteren und des oberen Niveaus sind. α_0 ist die Absorptionsrate für den Fall, dass das untere Niveau vollständig besetzt und das obere leer ist, also $f_1 = 1$ und $f_2 = 0$. Die Absorption bei hohen Leistungen wird berechnet, indem man die Auffüllung der Niveaus betrachtet, nachdem eine große Anzahl von Elektronen und Löchern durch die Absorption eines Laserpulses angeregt wurde.

11.3 Nichtlinearitäten zweiter Ordnung

In diesem Abschnitt diskutieren wir die wichtigsten Effekte, die mit der nichtlinearen Suszeptibilität zweiter Ordnung $\chi^{(2)}$ verbunden sind. Wir beginnen mit der Betrachtung der allgemeinen Prinzipien der nichtlinearen Frequenzmischung und dem Einfluss der Kristallsymmetrie auf die nichtlinearen Koeffizienten. Anschließend führen wir das Konzept des Phasen-Matchings ein, das von entscheidender Bedeutung für die Erzeugung starker nichtlinearer Signale ist. Beschließen werden wir den Abschnitt mit einer kurzen Diskussion des linearen optischen Effekts.

11.3.1 Nichtlineare Frequenzmischung

Die nichtlineare Polarisation zweiter Ordnung ist durch (11.7) gegeben. Wenn das Medium durch sinusförmige Wellen der Frequenzen ω_1 und ω_2 mit den Amplituden $\mathcal{E}_1$ und $\mathcal{E}_2$ angeregt wird, dann ist die nichtlineare Polarisation gleich

$$\begin{aligned} P^{(2)}(t) &= \epsilon_0 \chi^{(2)} \times \mathcal{E}_1 \cos\omega_1 t \times \mathcal{E}_2 \cos\omega_2 t \\ &= \epsilon_0 \chi^{(2)} \mathcal{E}_1 \mathcal{E}_2 \left[\cos(\omega_1 + \omega_2)t + \cos(\omega_1 - \omega_2)t\right]/2 \end{aligned} \tag{11.40}$$

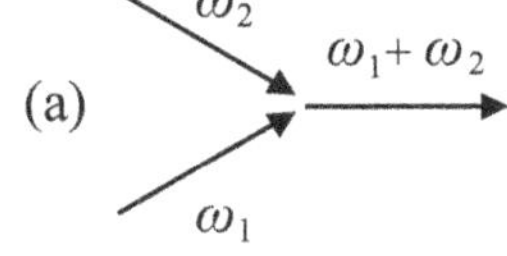

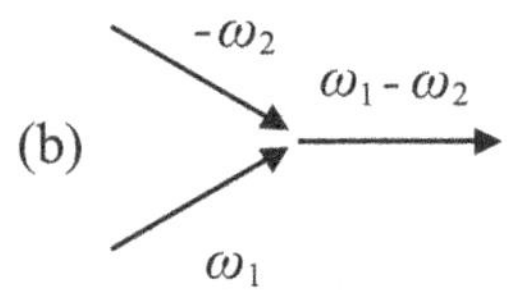

Abb. 11.4: Feynman-Graphen für nichtlineare Frequenzmischung zweiter Ordnung.

Dies zeigt, dass der nichtlineare Respons zweiter Ordnung polarisierte Wellen mit der Summen- und der Differenzfrequenz der Eingabefelder erzeugt:

$$\omega_{\text{sum}} = \omega_1 + \omega_2 \qquad (11.41)$$

$$\omega_{\text{diff}} = \omega_1 - \omega_2 \qquad (11.42)$$

Das Medium strahlt dann bei ω_{sum} und ω_{diff} zurück, wobei es Licht der Frequenzen $(\omega_1 + \omega_2)$ und $(\omega_1 - \omega_2)$ abgibt. Dieser Effekt wird als **nichtlineare Frequenzmischung** bezeichnet. Falls die Frequenzen gleich sind, ist die Summenfrequenz doppelt so groß wie die Eingangsfrequenz. Dieser Effekt wird **Frequenzverdopplung** genannt und wurde bereits bei der Diskussion von (11.17) erwähnt.

Nichtlineare Frequenzmischungsprozesse können durch Feyman-Diagramme wie in Abbildung 11.4 dargestellt werden. Teil (a) zeigt das Diagramm für die Summenfrequenzmischung und Teil (b) die Differenzfrequenzmischung. Für jeden Knoten gilt die Energieerhaltung. Die negative Eingangsfrequenz ω_2 für die Differenzfrequenzmischung in Abbildung 11.4b widerspiegelt die Identität $\cos\omega t = (\text{e}^{+\text{i}\omega t} + \text{e}^{-\text{i}\omega t})/2$, sodass wir reale Wellen mit positiven wie auch mit negativen Frequenzen durch Feynman-Diagramme darstellen können. In der Sprache der Quantenmechanik bedeutet dies, dass die Summenfrequenzmischung zwei einfallende Photonen der Frequenzen ω_1 und ω_2 vernichtet, wobei ein neues Photon der Frequenz ω_{sum} erzeugt wird. Bei der Differenzfrequenzmischung hingegen wird ein Photon der Frequenz ω_1 vernichtet, während zwei Photonen erzeugt werden, von denen eines die Frequenz ω_2 hat und das andere die Frequenz ω_{diff}. Die Erzeugung des Photons der Frequenz ω_2 im letzteren Fall wird durch das Vorhandensein einer großen Anzahl von Photonen der Frequenz ω_2 aus diesem Eingangsfeld stimuliert.

Eine der wichtigsten Anwendungen nichtlinearer optischer Prozesse ist die Erzeugung neuer Frequenzen mithilfe von Lasern fester Wellenlänge. Die verbreitetste Technik ist die Frequenzverdopplung. In diesem Fall gibt es einen einzelnen Eingangsstrahl, und die Summenfrequenzmischung bewirkt, dass aus zwei Photonen des Eingangsstrahls ein neues Photon der doppelten Frequenz erzeugt wird.

Abbildung 11.5 zeigt eine Versuchsanordnung für die Erzeugung der zweiten, dritten und vierten Harmonischen eines Nd:YAG-Lasers bei 1064 nm. Die zweite Harmonische bei 1064/2=532 nm wird durch Frequenzverdopplung der Fundamentalfrequenz erzeugt. Der zweite harmonische Strahl kann wiederum verdoppelt werden, wozu ein weiterer nichtlinearer Kristall verwendet wird, um die vierte Harmonische bei 266 nm zu erzeugen. Die dritte Harmonische wird durch Summenfrequenzmischung der Fundamentalfrequenz und der zweiten Harmonischen in einem dritten nichtlinearen Kristall erzeugt. Diese Verfahren gehören zum Standard der modernen Laserphysik.

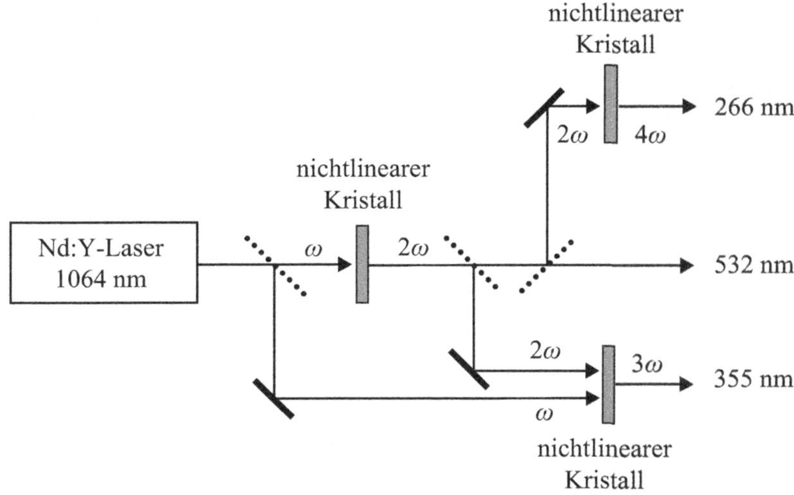

Abb. 11.5: Nichtlineare Frequenzumwandlung für einen bei 1064 nm arbeitenden Nd:YAG-Laser. Zuerst wird der Strahl auf 532 nm verdoppelt. Dieser Strahl kann entweder als Eingabe verwendet und nochmals verdoppelt werden (auf 266 nm) oder er wird mit der Grundfrequenz gemischt, um die dritte Harmonische bei 355 nm zu erzeugen. Die durch den Kristall durchgelassenen Restpumpstrahlen werden mithilfe von Filtern (hier nicht dargestellt) von den Harmonischen getrennt.

Wenn die beiden Eingangsfelder die gleiche Frequenz haben, folgt aus (11.42), dass die Differenzfrequenz null ist. Dieser Effekt wird als **optische Rektifikation** bezeichnet. Dabei wird aus Feldern mit optischen Frequenzen ein statisches elektrisches Feld erzeugt. Der **Pockels-Effekt**, der auch **linearer elektrooptischer Effekt** genannt wird, ist die Umkehrung dieses Prozesses. Dieser Effekt wird in Unterabschnitt 11.3.4 ausführlicher behandelt.

Die in Abbildung 11.4a gezeigte Summenfrequenzmischung kann ebenso gut in der entgegengesetzten Richtung ablaufen. Dann gibt es ein einzelnes Eingangsfeld der Frequenz ω und es werden zwei neue Photonen der Frequenzen ω_1 und ω_2 erzeugt, wobei $\omega_1 + \omega_2 = \omega$ gilt. Dieser Prozess wird **Abwärtswandlung** genannt. Offensichtlich sind die durch die Abwärtswandlung erzeugten Frequenzen nicht eindeutig definiert. Im Prinzip kann jede Frequenzkombination erzeugt werden, die die Forderungen der Energieerhaltung erfüllt. Allerdings ist die Anzahl der für eine bestimmte Frequenz emittierten Photonen nur dann groß, wenn die in Abschnitt 11.3.3 diskutierten Bedingungen für das Phasen-Matching erfüllt sind.

Die Abwärtswandlung kann zur **paramagnetischen Verstärkung** eines schwachen Strahls verwendet werden. Wenn wir ein schwaches „Signalfeld" der Frequenz ω_s bei gleichzeitigem Vorhandensein eines starken Pumpfeldes der Frequenz ω einführen, dann kann dieses durch Differenzfrequenzmischung mit dem Pumpfeld ein sogenanntes Idlerfeld mit $\omega_i = \omega - \omega_s$ erzeugen. Diese neuen Idlerphotonen erzeugen dann wiederum durch Mischung mit dem Pumpfeld weitere Signalphotonen. Dieser Prozess treibt sich selbst an. Wenn die Bedingungen für das Phasen-Matching erfüllt sind, ist es möglich, Leistung aus dem Pumpstrahl auf den Signal- und den Idlerstrahl zu

Ein sehr interessanter Aspekt der parametrischen Fluoreszenz ist der, dass die Photonen immer in Paaren erzeugt werden. Dies bedeutet, dass die Photonenstatistik bei der Frequenz ω_1 direkt mit der bei ω_2 korreliert ist. Dies führt zu einer ganzen Reihe von quantenoptischen Effekten. Beispielsweise kann das korrelierte Photonenpaar als Grundlage für eine mögliche Einzelphotonquelle dienen: Die Detektion eines Photons in dem einem Strahl verrät das Vorhandensein eines individuellen Photons in dem anderen.

Tab. 11.1: Nichtlineare Effekte zweiter Ordnung. Die zweite Spalte enthält die Frequenzen des auf den nichtlinearen Kristall einfallenden Lichtstrahls und die dritte die Frequenz des Ausgangsstrahls oder die nichtlineare Polarisation. Die Frequenz null bedeutet, dass ein DC-Feld anliegt.

Effekt	Eingangs- frequenzen	Ausgangs- frequenzen
Frequenzverdopplung	ω	2ω
optische Rektifikation	ω	0
Abwärtswandlungn	ω	ω_1, ω_2
Sumenfrequenzmischung	ω_1, ω_2	$(\omega_1 + \omega_2)$
Differenzfrequenzmischung	ω_1, ω_2	$|\omega_1 - \omega_2|$
Pockels-Effekt	$\omega, 0$	ω

übertragen. Wenn sich der Kristall in einem optischen Hohlraum befindet, der resonant mit ω_s oder ω_i ist, können Oszillationen auftreten. Dieser Prozess wird als **parametrische Oszillation** bezeichnet. Er kann zur Erzeugung intensiver Strahlen mit stimmbaren Frequenzen führen, obwohl der Ausgangspunkt ein Laser mit fester Wellenlänge ist. In Tabelle 11.1 sind die verschiedenen nichtlinearen Effekte zweiter Ordnung zusammengestellt, die wir in diesem Abschnitt betrachten werden.

11.3.2   Einfluss der Kristallsymmetrie

Die durch (11.10) eingeführte nichtlineare Suszeptibilität zweiter Ordnung ist ein Tensor dritter Stufe mit 27 Komponenten. Zum Glück ist es nicht nötig, all diese Komponenten zu messen, um den nichtlinearen Respons des Mediums zu bestimmen. Es ist unmittelbar ersichtlich, dass einige der 27 Komponenten gleich sein müssen. Beispielsweise muss der Term $\chi^{(2)}_{xyz}\mathcal{E}_y\mathcal{E}_z$ identisch sein mit $\chi^{(2)}_{xzy}\mathcal{E}_z\mathcal{E}_y$, da der Respons nicht von der mathematischen Anordnung der Felder abhängen kann. Deshalb gibt es tatsächlich nur 18 physikalisch verschiedene Komponenten der nichtlinearen Suszeptibilität. Das bedeutet, dass wir den nichtlinearen Respons in der einfacheren Form eines verjüngten Tensors schreiben können, der als **nichtlinearer optischer Koeffiziententensor** d_{ij} bezeichnet wird. Explizit ausgeschrieben lauten die Komponenten der nichtlinearen Polarisation

$$
\begin{pmatrix} P_x^{(2)} \\ P_y^{(2)} \\ P_z^{(2)} \end{pmatrix} = \begin{pmatrix} d_{11} & d_{12} & d_{13} & d_{14} & d_{15} & d_{16} \\ d_{21} & d_{22} & d_{23} & d_{24} & d_{25} & d_{26} \\ d_{31} & d_{32} & d_{33} & d_{34} & d_{35} & d_{36} \end{pmatrix} \begin{pmatrix} \mathcal{E}_x\mathcal{E}_x \\ \mathcal{E}_y\mathcal{E}_y \\ \mathcal{E}_z\mathcal{E}_z \\ 2\mathcal{E}_y\mathcal{E}_z \\ 2\mathcal{E}_z\mathcal{E}_x \\ 2\mathcal{E}_x\mathcal{E}_y \end{pmatrix} \tag{11.43}
$$

Wenn wir dies mit (11.10) vergleichen, dann erhalten wir $d_{11} = \epsilon_0 \chi_{xxx}^{(2)}$, $d_{14} = \epsilon_0 \chi_{xyz}^{(2)}$ usw.

Für viele Kristalle kann der nichtlineare optische Koeffiziententensor weiter vereinfacht werden, da die Kristallsymmetrie verlangt, dass viele Terme null und viele weitere einander gleich sind. Dies ist eine Konsequenz aus dem Neumann-Prinzip, wonach die makroskopischen physikalischen Eigenschaften eines Kristalls invariant unter den Symmetrieoperationen des Kristalls sein müssen (siehe Abschnitt 1.5.1). Dadurch wird die Charakterisierung des nichtlinearen Materials viel einfacher als es auf den ersten Blick scheint.

Der einfachste Fall, den wir betrachten wollen, ist der eines zentrosymmetrischen Kristalls. Angenommen, wir erzeugen in einem solchen Kristall durch Anlegen eines einzelnen Feldes $\mathcal{E}$ eine nichtlineare Polarisation. Die Komponenten von $\mathbf{P}^{(2)}$ sind durch (11.10) gegeben. Wenn wir nun die Richtung des elektrischen Feldes umkehren, passiert gar nichts, denn es gilt:

$$
\begin{aligned}
P_i^{(2)}(-\mathcal{E}) &= \epsilon_0 \sum_{j,k} \chi_{ijk}^{(2)}(-\mathcal{E}_j)(-\mathcal{E}_k) \\
&= \epsilon_0 \sum_{j,k} \chi_{ijk}^{(2)}\mathcal{E}_j\mathcal{E}_k \qquad (11.44) \\
&= P_i^{(2)}(+\mathcal{E})
\end{aligned}
$$

Da der Kristall inversionssymmetrisch ist, wissen wir allerdings aus dem Neumann-Prinzip, dass wir das gleiche physikalische Ergebnis erhalten, wenn wir die ursprüngliche Richtung des Feldes beibehalten und den Kristall invertieren. Dies bedeutet, dass $\mathcal{E}$ und $\mathbf{P}^{(2)}$ das Vorzeichen wechseln. Für den invertierten Kristall gilt daher

$$
-P_i^{(2)} = \epsilon_0 \sum_{j,k} \chi_{ijk}^{(2)}(-\mathcal{E}_j)(-\mathcal{E}_k) \qquad (11.45)
$$

Gleichung (11.45) kann nur dann vereinbar mit (11.44) sein, wenn $\chi_{ijk}^{(2)} = 0$ für alle Permutationen von i, j, k gilt. Daraus können wir schließen, dass die Suszeptibilität zweiter Ordnung in zentrosymmetrischen Kristallen null ist, sodass $d_{ij} = 0$ für alle i und j.

Wenn der Kristall nicht inversionssymmetrisch ist, dann sind einige Komponenten von d_{ij} nicht null. In triklinen Kristallem mit der kleinstmöglichen Symmetrie ist es nötig, alle 18 Werte von d_{ij} zu spezifizieren, um den nichtlinearen Respons vollständig zu beschreiben. Für das andere Extrem, also in Materialien mit der Zinkblendestruktur (Klasse $\overline{4}3m$) muss nur ein Wert spezifiziert werden, da der sehr hohe Grad der Kristallsymmetrie erzwingt, dass die einzigen von null verschiedenen Terme d_{14}, d_{25} und d_{36} sind und dass diese drei Terme identisch sind.

Ein anderes Argument, warum in zentrosymmetrischen Kristallen $\chi^{(2)} = 0$ gilt, folgt aus (11.15). In einem zentrosymmetrischen Kristall muss $U(x) = U(-x)$ gelten, da die physikalischen Eigenschaften beim Invertieren des Kristalls erhalten bleiben. Dies bedeutet $C_3 = 0$ und somit wegen (11.29) $\chi^{(2)} = 0$.

Die von null verschiedenen Terme in d_{ij} für den kubischen Kristall sind aus den Termen vom Typ $\chi_{xyz}^{(2)}$ abgeleitet. Offensichtlich gilt in einem kubischen Kristall $\chi_{xyz}^{(2)} = \chi_{yzx}^{(2)} = \chi_{zxy}^{(2)}$, da hier alle Achsen äquivalent sind.

Tab. 11.2: Nichtlineare Koeffizienten für einige wichtige nichtlineare Kristalle. Alle Koeffizienten wurden bei 1064 nm gemessen. Daten aus Tang (1995) und Klein et al. (2003).

Kristall	Symmetrie	Transmissions-bereich (nm)	nichtlinearer Koeffizient (pm/V)
KDP (KH_2PO_4)	$\overline{4}$2m	200–1500	$d_{36} = 0{,}39$
			$d_{14} = 0{,}4$
KTP ($KTiOPO_4$)	mm2	350–4400	$d_{31} = 6{,}5$
			$d_{32} = 5{,}0$
			$d_{33} = 14$
			$d_{24} = 7{,}6$
			$d_{15} = 6{,}1$
BBO (β-BaB_2O_4)	3m	190–2500	$d_{22} = 2{,}1$
			$d_{31} = 0{,}26$
LBO (LiB_3O_5)	mm2	160–2600	$d_{32} = 1{,}2$
$LiNbO_3$	3m	400–5000	$d_{31} = -4{,}8$
			$d_{33} = -30$
			$d_{22} = 2{,}3$

In Kristallen mit mittlerer Symmetrie müssen unterschiedlich viele physikalisch verschiedene Terme in d_{ij} spezifiziert werden. Beispielsweise hatten wir in Beispiel 11.1 bereits den uniaxialen nichtlinearen Kristall KDP betrachtet. KDP gehört zur tetragonalen Kristallklasse $\overline{4}$2m und hat eine vierzählige Rotationssymmetrie um die z-Achse. Die von null verschiedenen Komponenten von $\chi^{(2)}_{ijk}$, die in (11.12) und (11.13) spezifiziert sind, implizieren, dass die einzigen von null verschiedenen Komponenten von d_{ij} die Komponenten d_{14}, d_{25} und d_{36} sind, wobei d_{14} gleich d_{25} ist. Demzufolge können wir den nichtlinearen Respons durch lediglich zwei separate Messungen vollständig charakterisieren, bei denen d_{14} und d_{36} bestimmt wird. Bei anderen Kristalltypen gibt es entsprechend andere Beziehungen zwischen den Koeffizienten von d_{ij}. Tabellen dieser Beziehungen findet man in Büchern über Kristallografie und nichtlineare Optik. Einige repräsentative Werte für nichtlineare Koeffizienten sind in Tabelle 11.2 zusammengestellt. In Aufgabe 11.6 wird ein spezielles Beispiel durchgearbeitet.

11.3.3 Phasen-Matching

Nichtlineare Effekte sind im Allgemeinen klein, weshalb wir das nichtlineare Medium über eine große räumliche Ausdehnung betrachten müssen, um eine relevante Effizienz der nichtlinearen Umwandlung zu erhalten. Damit dies funktioniert, müssen die Phasen der erzeugten nichtlinearen Wellen überall im Kristall gleich sein, sodass die Felder kohärent sind. Wenn dies gewährleistet ist, befinden wir uns in einem Regime, das als **Phasen-Matching** bezeichnet wird. Wie wir weiter unten sehen werden, tritt Phasen-Matching normalerweise nicht auf und kann nur erreicht werden, wenn der nichtlineare Kristall in eine sehr präzise Orientierung gebracht wird.

Um zu verstehen, warum das Phasen-Matching von großer Bedeutung ist, betrachten wir ein einfaches Beispiel. Angenommen, wir wollen mithilfe eines nichtlinearen Kristalls die Frequenz eines Nd:YAG-Lasers von 1064 nm auf 532 nm verdoppeln. Schematisch ist dies in Abbildung 11.5 dargestellt. Alle Materialien sind zu einem gewissen Grad dispersiv, was zur Folge hat, dass der Brechungsindex bei 532 nm anders ist als bei 1064 nm. Die zweiten Harmonischen mit 532 nm propagieren daher mit einer anderen Phasengeschwindigkeit als die Fundamentalwelle mit 1064 nm. Das wiederum bedeutet, dass die an der Front erzeugten zweiten Harmonischen zu einer anderen Zeit am Ende des Kristalls ankommen werden als die Fundamentalwelle. Daher werden die am Ende des Kristalls erzeugten 532 nm-Wellen phasenverschoben gegenüber denen an der Front sein.

Die durch die Frequenzverdopplung eingeführte Phasenverschiebung kann aus den Wellenvektoren der beiden Wellen berechnet werden. Wenn sich die Strahlen in z-Richtung ausbreiten, dann propagieren die nichtlinearen Wellen wie $\exp(ik^{(2\omega)}z)$, wobei $k^{(2\omega)}$ der Wellenvektor bei der Frequenz 2ω ist. Andererseits propagiert der Fundamentalstrahl wie $\exp(ik^{(\omega)}z)$, wobei $k^{(\omega)}$ der Wellenvektor bei der Frequenz ω ist. Da nun $P^{(2)} \propto \mathcal{E}^2$ gilt, wird die nichtlineare Polarisation in einem gegebenen Punkt des Mediums mit einer Phase von $[\exp(ik^{(\omega)}z)]^2 = \exp(i2k^{(\omega)}z)$ erzeugt. Folglich ist die Phasendifferenz $\Delta\Phi$ zwischen den nichtlinearen Wellen, die im Abstand z im Kristall erzeugt werden, und den an der Front des Kristalls erzeugten gegeben durch

$$\Delta\Phi = (k^{(2\omega)} - 2k^{(\omega)})z \tag{11.46}$$

Wir führen die Kohärenzlänge l_c für den nichtlinearen Prozess als diejenige Distanz ein, über die die Phasenabweichung gleich 2π wird:

$$(k^{(2\omega)} - 2k^{(\omega)}) \times l_\mathrm{c} = 2\pi \tag{11.47}$$

Dies können wir umformen und durch die Brechungsindizes $n^{2\omega}$ und n^{ω} für die beiden Frequenzen ausdrücken:

$$\frac{2\omega}{c}[n^{2\omega} - n^{\omega}]\,l_\mathrm{c} = 2\pi \tag{11.48}$$

Damit gilt

$$l_\mathrm{c} = \frac{\pi c}{\omega[n^{2\omega} - n^{\omega}]} = \frac{\lambda}{2[n^{2\omega} - n^{\omega}]} \tag{11.49}$$

wobei λ die Vakuumwellenlänge des Fundamentalstrahls ist. Für typische Werte $\lambda = 1\,\mu\mathrm{m}$ und $n^{2\omega} - n^{\omega} \sim 10^{-2}$ erhalten wir $l_\mathrm{c} \sim 50\,\mu\mathrm{m}$.

Gleichung (11.49) zeigt, dass sich nur Wellen kohärent zusammenfügen, die dicht unterhalb der Oberfläche emittiert werden. Dies ist eine starke Beschränkung für die Effizienz des nichtlinearen Umwandlungsprozesses, da nur ein sehr kurzes Stück des nichtlinearen Kristalls wirklich ausgenutzt wird. Die Situation wäre völlig anders, wenn wir es irgendwie bewerkstelligen könnten, dass $n^{2\omega} = n^{\omega}$ gilt. In diesem Fall hätten die im Kristall erzeugten Wellen überall die gleiche Phase und wären somit kohärent. Dies ist die Bedingung des Phasen-Matchings.

Auf den ersten Blick scheint es, dass es keine Möglichkeit gibt, die Bedingung $n^{2\omega} = n^{\omega}$ in irgendeinem Material mit normalen Dispersionseigenschaften zu erfüllen. Bei diesem etwas voreiligen Schluss wird allerdings die Tatsache nicht berücksichtigt, dass die für das nichtlineare Mischen verwendeten anisotropen Kristalle doppelbrechend sind. Dies eröffnet neue Möglichkeiten für den Ausgleich der Dispersion. Betrachten wir zum Beispiel einen uniaxialen Kristall mit normaler Dispersion und negativer Doppelbrechung, also mit $n^{2\omega} > n^{\omega}$ und $n_\mathrm{e} < n_\mathrm{o}$ (siehe Abschnitt 2.4 und 2.5.1). In einem solchen Kristall ist es möglich, ein Phasen-Matching zu erreichen, indem man den Strahl mit der Frequenz 2ω als außerordentlichen Strahl propagieren lässt, während der Strahl mit ω als ordentlicher Strahl fungiert. In Beispiel 11.2 wird gezeigt, dass dann für eine bestimmte Orientierung des Kristalls Phasen-Matching erreicht werden kann.

Für die Bedingung des Phasen-Matchings gibt es eine naheliegende physikalische Interpretation. Dazu halten wir zunächst fest, dass aus $n^{2\omega} = n^{\omega}$ die Gleichung $k^{(2\omega)} = 2k^{(\omega)}$ folgt. Dies entspricht der Impulserhaltung in dem nichtlinearen Prozess. In dem allgemeineren Fall, dass ein Photon mit dem Wellenvektor $\mathbf{k}$ durch Mischen der beiden Photonen mit den Wellenvektoren $\mathbf{k}_1$ und $\mathbf{k}_2$ erzeugt wird, kann die Bedingung für das Phasen-Matching in der Form

$$\mathbf{k} = \mathbf{k}_1 + \mathbf{k}_2 \tag{11.50}$$

geschrieben werden. Bei der Abwärtswandlung, bei der ein Photon in zwei Ausgabephotonen aufgespalten wird, gilt die Bedingung (11.50) für jedes Paar von Photonen, das bei dem Prozess erzeugt wird.

Beispiel 11.2

Sei n_o der ordentliche und n_e der außerordentliche Brechungsindex eines uniaxialen Kristalls. Ein Laserstrahl propagiert, wie in Abbildung 2.13 dargestellt, mit einem Winkel θ zur optischen Achse (z-Achse). Der Laser ist linear polarisiert in x-Richtung.

(a) Zeigen Sie, dass es einen Winkel θ gibt, bei dem die Bedingung für das Phasen-Matching von harmonischen Wellen zweiter Ordnung erfüllt werden kann, die wie außerordentliche Strahlen polarisiert sind.

(b) Bestimmen Sie den Winkel für das Phasen-Matching für KDP bei der Wellenlänge eines Nd:YAG-Lasers (1064 nm). Die relevanten Brechungsindizes für KDP sind $n_\mathrm{o}(1064\,\mathrm{nm})$ = 1,494, $n_\mathrm{o}(532\,\mathrm{nm})$ = 1,512 und $n_\mathrm{e}(532\,\mathrm{nm})$ = 1,471.

Lösung: Die allgemeine Bedingung für Phasen-Matching lautet

$$n^{2\omega} = n^{\omega} \tag{11.51}$$

Die Fundamentalwelle ist in x-Richtung polarisiert, und daher ist ihr Brechungsindex n_o^{ω} anstatt θ. Der Brechungsindex für die zweiten Harmonischen, die als außerordentliche Strahlen polarisiert sind, ist durch das Ergebnis von Aufgabe 2.16 gegeben, also

$$\frac{1}{n(\theta)^2} = \frac{\sin^2\theta}{n_\mathrm{e}^2} + \frac{\cos^2\theta}{n_\mathrm{o}^2} \tag{11.52}$$

wobei n_o und n_e beide bei 2ω genommen werden. Folglich ist die durch (11.51) gegebene Bedingung für das Phasen-Matching erfüllt, wenn

$$\frac{1}{(n_\mathrm{o}^{\omega})^2} = \frac{\sin^2\theta}{(n_\mathrm{e}^{2\omega})^2} + \frac{\cos^2\theta}{(n_\mathrm{o}^{2\omega})^2} \tag{11.53}$$

(b) Wenn wir die passenden Brechungsindizes in (11.53) einsetzen, erhalten wir

$$\frac{1}{1{,}494^2} = \frac{\sin^2\theta}{1{,}471^2} + \frac{\cos^2\theta}{1{,}512^2}$$

Dies ist für Winkel $\theta = 41°$ erfüllt. Um Phasen-Matching zu erreichen, wird der Kristall in einer Kardanaufhängung gelagert und so ausgerichtet, dass die optische Achse einen Winkel von 41° mit der Richtung des Laserstrahls bildet.

Die Anordnung mit dem Pumpstrahl als ordentlichem Strahl (o) und der zweiten Harmonischen als außerordentlichem Strahl (e) wird als **Typ-I-Phasen-Matching** bezeichnet. Bei einer **Typ-II-Phasen-Matching** ist eines der Pumpphotonen ein o-Strahl und das andere ein e-Strahl, während die zweite Harmonische wieder ein e-Strahl ist.

11.3.4 Elektrooptik

In der Elektrooptik wird der Brechungsindex eines optischen Materials durch ein Gleichfeld geändert. Wie wir in Abschnitt 2.5.2 gesehen haben, kann die Änderung des Brechungsindex linear (Pockels-Effekt) oder quadratisch (Kerr-Effekt) in der Feldstärke sein.

In diesem Abschnitt beschäftigen wir uns mit dem linearen elektrooptischen Effekt. Die Diskussion des quadratischen Effekts wird auf Abschnitt 11.4.3 verschoben.

Wie wir bereits in Abschnitt 11.3.1 angemerkt hatten, kann der lineare elektrooptische Effekt als eine Nichtlinearität zweiter Ordnung betrachtet werden, bei der die Frequenz des treibenden Feldes null ist. Dies hat eine unmittelbare Konsequenz. Da die nichtlineare Suszeptibilität zweiter Ordnung null ist, wenn der Kristall inversionssymmetrisch ist, kann der lineare elektrooptische Effekt nur in Kristallen beobachtet werden, die keine Inversionssymmetrie aufweisen. Tatsächlich werden die gleichen Materialien (zum Beispiel KDP, $LiNbO_3$) häufig sowohl in der nichtlinearen Optik als auch in der Elektrooptik eingesetzt.

Das Indexellipsoid und seine Verwendung in der linearen Optik wird zum Beispiel in Born & Wolf (1999), Nye (1957) und Yariv (1997) behandelt. In uniaxialen Kristallen, deren optische Achse in z-Richtung liegt, setzen wir in (11.54) $n_x = n_y = n_o$ und $n_z = n_e$, doch in biaxialen Kristallen sind alle Indizes verschieden.

Die allgemeine Behandlung des linearen elektrooptischen Effekts geht vom Indexellipsoid des anisotropen Mediums aus. Das Indexellipsoid beschreibt die Variation des Brechungsindex mit der Richtung des elektrischen Feldes. Es hat die Form

$$\frac{x^2}{n_x^2} + \frac{y^2}{n_y^2} + \frac{z^2}{n_z^2} = 1 \tag{11.54}$$

wobei n_x, n_y und n_z die Brechungsindizes sind, die für Licht gemessen wurden, das in Richtung der Hauptachsen propagiert. Der Brechungsindex in der Richtung (x, y, z) ist somit

$$n = \sqrt{x^2 + y^2 + z^2} \tag{11.55}$$

Wie wir in Abschnitt 2.5.2 erwähnt hatten, besteht der grundlegende Effekt des elektrischen Feldes darin, dass es die Anisotropie des Kristalls ändert. Dieser Effekt kann quantifiziert werden, indem man das Indexellipsoid in der folgenden Form schreibt:

$$\left(\frac{1}{n^2}\right)_1 x^2 + \left(\frac{1}{n^2}\right)_2 y^2 + \left(\frac{1}{n^2}\right)_3 z^2$$
$$+ 2\left(\frac{1}{n^2}\right)_4 yz + 2\left(\frac{1}{n^2}\right)_5 xz + 2\left(\frac{1}{n^2}\right)_6 xy = 1 \tag{11.56}$$

Ein Vergleich von (11.54) und (11.56) zeigt unmittelbar, dass ohne angelegtes Feld gelten muss

$$\left(\frac{1}{n^2}\right)_1 = \frac{1}{n_x^2}, \quad \left(\frac{1}{n^2}\right)_2 = \frac{1}{n_y^2}, \quad \left(\frac{1}{n^2}\right)_3 = \frac{1}{n_z^2} \tag{11.57}$$

und

$$\left(\frac{1}{n^2}\right)_4 = \left(\frac{1}{n^2}\right)_5 = \left(\frac{1}{n^2}\right)_6 = 0 \tag{11.58}$$

Die Änderungen im Indexellipsoid sind durch die Komponenten des
elektrooptischen Koeffiziententensors r_{ij} bestimmt, der durch

$$\Delta\left(\frac{1}{n^2}\right)_i = \sum_{j=1}^{3} r_{ij}\mathcal{E}_j \qquad (11.59)$$

definiert ist. Explizit ausgeschrieben ergibt dies

$$\begin{pmatrix}\Delta(1/n^2)_1\\\Delta(1/n^2)_2\\\Delta(1/n^2)_3\\\Delta(1/n^2)_4\\\Delta(1/n^2)_5\\\Delta(1/n^2)_6\end{pmatrix} = \begin{pmatrix}r_{11}&r_{12}&r_{13}\\r_{21}&r_{22}&r_{23}\\r_{31}&r_{32}&r_{33}\\r_{41}&r_{42}&r_{43}\\r_{51}&r_{52}&r_{53}\\r_{61}&r_{62}&r_{63}\end{pmatrix}\begin{pmatrix}\mathcal{E}_x\\\mathcal{E}_y\\\mathcal{E}_z\end{pmatrix} \qquad (11.60)$$

Wie beim nichtlinearen optischen Koeffiziententensor erfordert die
Symmetrie, dass viele der Tensorkomponenten null sind und dass ei-
nige oder alle der von null verschiedenen Komponenten den gleichen
Betrag haben.

Betrachten wir zum Beispiel den Kristall KDP (KH_2PO_4), der die
tetragonale $\overline{4}2m$-Symmetrie besitzt. Ohne angelegtes Feld ist KDP
ein uniaxialer, doppelbrechender Kristall, mit dem ordentlichen Brechungsindex n_o und dem außerordentlichen Berchungsindex n_e (siehe Abschnitt 2.5.1). In Beispiel 11.3 wird gezeigt, dass das Anlegen eines Gleichfelds in Richtung der optischen Achse (z-Achse) die
Hauptachsen des Kristalls um 45° dreht, siehe Abbildung 11.6a.
Die modifizierten Brechungsindizes bezüglich der neuen Hauptachsen $(\hat{\mathbf{x}}',\hat{\mathbf{y}}',\hat{\mathbf{z}}')$ sind

$$\begin{aligned}n_1(\mathcal{E}) &= n_o + n_o^3 r_{63}\mathcal{E}/2\\ n_2(\mathcal{E}) &= n_o - n_0^3 r_{63}\mathcal{E}/2\\ n_3(\mathcal{E}) &= n_e\end{aligned} \qquad (11.61)$$

Dies zeigt, dass das Feld eine Anisotropie in der x-y-Ebene induziert,
wo es vorher keine gab. Der Effekt des Feldes besteht also darin, eine
Doppelbrechung zu induzieren (siehe auch Abschnitt 2.5.2).

Betrachten wir nun einen in z-Richtung propagierenden Strahl, der
auf einen KDP-Kristall einfällt. Ohne äußeres Feld ist dies ein ordentlicher Strahl, er erfährt keine Doppelbrechung und erscheint
mit unveränderter Polarisation. Wenn aber ein Feld angelegt wird,
erfährt der Strahl wegen der in der x-y-Ebene induzierten Anisotropie eine Doppelbrechung. Das bedeutet, dass die Polarisation am
Ausgang eine andere ist als am Eingang.

Angenommen, der Eingabestrahl ist linear in y-Richtung polarisiert.
Der Vektor $\mathcal{E}$ kann in gleiche Komponenten in die Richtungen x' und

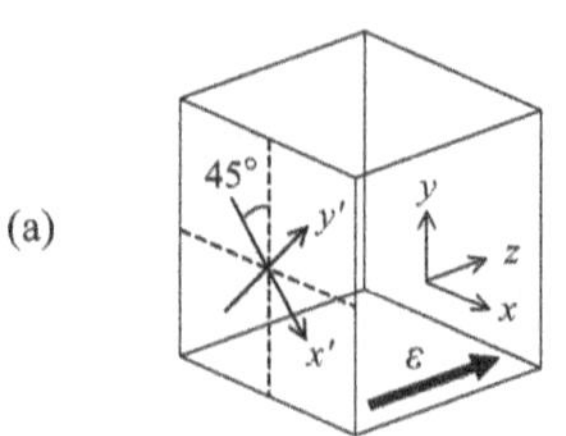

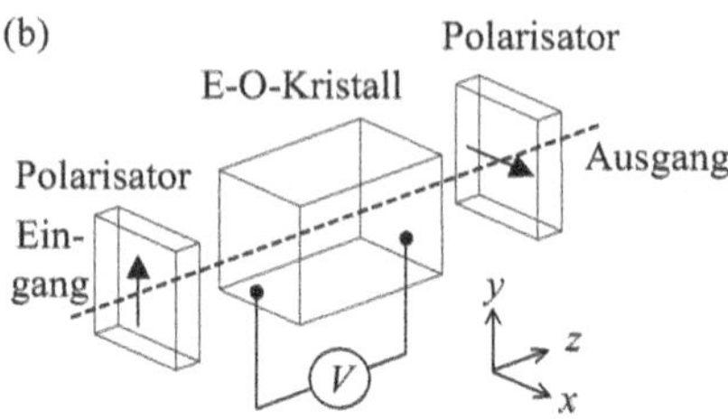

Abb. 11.6: (a) Gedrehte Hauptachsen x' und y' für einen Kristall mit tetragonaler $\overline{4}$2m-Klasse unter Einfluss eines Feldes in z-Richtung. (b) Ein elektrooptischer Modulator (E-O) auf Basis des in Teil (a) gezeigten Kristalls. Diese Anordnung wird auch als Pockels-Zelle bezeichnet.

y' aufgelöst werden, welche die Brechungsindizes $n_1(\mathcal{E})$ und $n_2(\mathcal{E})$ spüren. Die Phasendifferenz zwischen beiden ist

$$\Delta\Phi(\mathcal{E}) = \frac{2\pi}{\lambda}|n_1 - n_2|L = \frac{2\pi}{\lambda}n_\mathrm{o}^3 r_{63}\mathcal{E}L \qquad (11.62)$$

wobei L die räumliche Ausdehnung des Kristalls und λ die Vakuumwellenlänge ist. Im Allgemeinen ist der Ausgabestrahl elliptisch polarisiert. Wenn jedoch $\Delta\Phi = \pi/2$ gilt, dann wirkt der elektrooptische Kristall wie eine Viertelwellenplatte und wandelt den Strahl in polarisiertes Licht. Für $\Delta\Phi = \pi$ hingegen wirkt der elektrooptische Kristall wie eine Halbwellenplatte, und der Strahl erscheint linear polarisiert, wobei seine Polarisation um 90° gedreht ist.

Die durch das Feld induzierte Änderung der Polarisation kann ausgenutzt werden, um einen Amplitudenmodulator zu konstruieren (siehe Abbildung 11.6). Der Kristall wird dabei zwischen zwei orthogonalen Polarisatoren befestigt, sodass es ohne angelegtes Feld keine Ausgabe gibt. Wenn ein Strahl einfällt, der parallel zur Achse des Eingangspolarisators polarisiert ist, und wenn eine Spannung angelegt ist, dann tritt der Strahl aus dem elektrooptischen Kristall mit einer anderen Polarisation aus. Das bedeutet, dass ein Teil des Lichts nun durch den zweiten Polarisator geht. Die Ausgabe des Bauelements wird also durch die an den Kristall angelegte Spannung kontrolliert, wobei die maximale Ausgabe dann auftritt, wenn die angelegte Spannung eine π-Phasenverschiebung induziert.

Die Prinzipien, die wir für den KDP-Kristall mit tetragonaler $\overline{4}$2m-Symmetrie dargelegt haben, lassen sich auch auf Kristalle mit anderen Symmetrienklassen anwenden. In Aufgabe 11.8 werden trigonale Kristalle mit 3m-Symmetrie untersucht (zum Beispiel LiNbO$_3$).

Dabei wird erklärt, wie diese Kristalle als elektrooptische Phasenmodulatoren verwendet werden können. In Aufgabe 11.9 geht es um Kristalle mit kubischer Symmetrie. In Tabelle 11.3 sind für eine Reihe von häufig in Modulatoren verwendeten Kristallen die Werte der elektrooptischen Koeffizienten zusammengestellt.

Beispiel 11.3

Wir betrachten einen uniaxialen Kristall der tetragonalen $\overline{4}2\mathrm{m}$-Klasse (beispielsweise KDP) mit einem ordentlichen Brechungsindex von n_o und einem außerordentlichen Brechungsindex von n_e. Wenn die optische Achse in z-Richtung verläuft, dann folgt aus dem Neumann-Prinzip, dass der elektrooptische Koeffiziententensor von Kristallen dieser Symmetrieklasse die Form

$$
\mathbf{r} = \begin{pmatrix} 0 & 0 & 0 \\ 0 & 0 & 0 \\ 0 & 0 & 0 \\ r_{41} & 0 & 0 \\ 0 & r_{41} & 0 \\ 0 & 0 & r_{36} \end{pmatrix}
\tag{11.63}
$$

hat.

(a) Schreiben Sie das modifizierte Indexellipsoid für den Fall auf, dass ein elektrisches Feld vom Betrag $\mathcal{E}$ in Richtung der z-Achse angelegt ist.

(b) Zeigen Sie, dass die Hauptachsen des Feldes bei angelegtem Feld um $-45°$ gegenüber dem feldfreien Fall gedreht sind.

(c) Bestimmen Sie die modifizierten Brechungsindizes des Kristalls, relativ zu den gedrehten Hauptachsen gemessen.

Lösung: (a) Wir betrachten einen uniaxialen Kristall mit einem Brechungsindex von n_o für linear in x- oder y-Richtung polarisiertes Licht und einem Brechungsindex von n_e für Licht, das in z-Richtung polarisiert ist. Wenn kein Feld angelegt ist, hat das Indexellipsoid daher die Form

$$
\frac{x^2 + y^2}{n_\mathrm{o}^2} + \frac{z^2}{n_\mathrm{e}^2} = 1
$$

Das modifizierte Ellipsoid bei Vorhandensein eines Feldes erhalten wir durch Einsetzen in (11.60) mit $\mathcal{E}_x = \mathcal{E}_y = 0$ und $\mathcal{E}_z = \mathcal{E}$. Es gibt nur einen nicht verschwindenden Term, nämlich

$$
\Delta\left(\frac{1}{n^2}\right)_6 = r_{63}\mathcal{E}
$$

Tab. 11.3: Elektrooptische Koeffizienten r_{ij} für häufig verwendete elektrooptische Kristalle bei 633 nm. KDP und ADP sind Abkürzungen für $\mathrm{KH_2PO_4}$ und $\mathrm{NH_4H_2PO_4}$. Nach Yariv (1997).

Kristall	Sym.	r_{ij} (pm/V)
KDP	$\overline{4}2\mathrm{m}$	$r_{41} = 8$
		$r_{63} = 11$
ADP	$\overline{4}2\mathrm{m}$	$r_{41} = 23$
		$r_{63} = 7{,}8$
LiNbO$_3$	3m	$r_{13} = 9{,}6$
		$r_{22} = 6{,}8$
		$r_{33} = 31$
		$r_{51} = 33$
KNbO$_3$	2mm	$r_{13} = 28$
		$r_{42} = 380$
		$r_{51} = 105$
GaP	$\overline{4}3\mathrm{m}$	$r_{41} = -0{,}97$

Das modifizierte Indexellipsoid ist somit gemäß (11.56)

$$\frac{x^2}{n_{\mathrm{o}}^2} + \frac{y^2}{n_{\mathrm{o}}^2} + \frac{z^2}{n_{\mathrm{e}}^2} + 2r_{63}\mathcal{E}xy = 1$$

(b) Wir definieren die Achsen

$$x' = (x - y)/\sqrt{2}$$
$$y' = (x + y)/\sqrt{2}$$
$$z' = z$$

die um $-45°$ um die z-Achse gedreht sind. Damit ist $x = (x' + y')/\sqrt{2}$, $y = (-x' + y')/\sqrt{2}$ und $z = z'$. Durch Einsetzen in den Ausdruck für das modifizierte Indexellipsoid erhalten wir

$$\frac{x'^2 + y'^2}{n_{\mathrm{o}}^2} + \frac{z'^2}{n_{\mathrm{e}}^2} + r_{63}\mathcal{E}(-x'^2 + y'^2) = 1$$

Dies können wir in der Form

$$\frac{x'^2}{n_1^2} + \frac{y'^2}{n_2^2} + \frac{z'^2}{n_3^2} = 1\,,$$

schreiben, wenn wir die folgenden Transformationen verwenden:

$$1/n_1^2 = 1/n_{\mathrm{o}}^2 - r_{63}\mathcal{E}$$
$$1/n_2^2 = 1/n_{\mathrm{o}}^2 + r_{63}\mathcal{E}$$
$$1/n_3^2 = 1/n_{\mathrm{e}}^2$$

Dies zeigt, dass x' und y' die modifizierten Hauptachsen des Kristalls bei angelegtem Feld sind.

(c) Aus (b) folgt unmittelbar $n_3(\mathcal{E}) = n_{\mathrm{e}}$. $n_1(\mathcal{E})$ und $n_2(\mathcal{E})$ erhalten wir, wenn wir schreiben

$$n_1(\mathcal{E}) = n_{\mathrm{o}}(1 - n_{\mathrm{o}}^2 r_{63}\mathcal{E})^{-1/2}$$
$$n_2(\mathcal{E}) = n_{\mathrm{o}}(1 + n_{\mathrm{o}}^2 r_{63}\mathcal{E})^{-1/2}$$

und annehmen, dass die feldinduzierten Änderungen klein gegenüber n_{o} sind. Es gilt dann die Approximation $(1 + x)^{-1/2} = (1 - x/2)$, und somit erhalten wir

$$n_1(\mathcal{E}) = n_{\mathrm{o}} + n_{\mathrm{o}}^3 r_{63}\mathcal{E}/2$$
$$n_2(\mathcal{E}) = n_{\mathrm{o}} - n_{\mathrm{o}}^3 r_{63}\mathcal{E}/2$$
$$n_2(\mathcal{E}) = n_{\mathrm{e}}$$

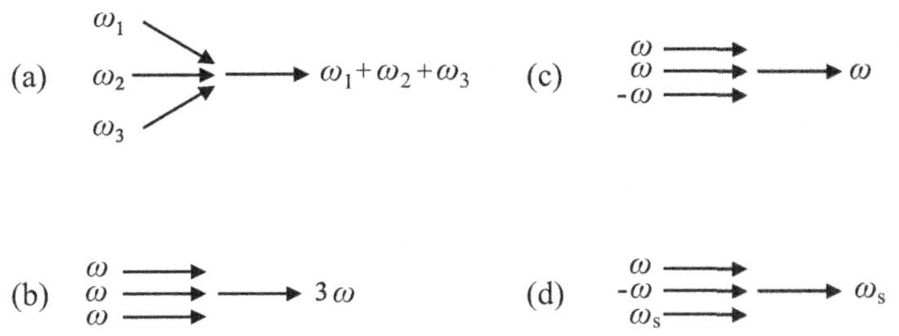

Abb. 11.7: Feynman-Graphen für nichtlineare Prozesse dritter Ordnung. (a) Vierwellenmischung, (b) Frequenzverdreifachung, (c) optischer Kerr-Effekt, (d) Raman-Effekt.

11.4 Nichtlineare Effekte dritter Ordnung

Nichtlineare Effekte dritter Ordnung sind besonders in isotropen Medien wie Gasen, Flüssigkeiten und Gläsern von Bedeutung. Der Grund hierfür ist, dass isotrope Medien inversionssymmetrisch sind und deshalb alle Komponenten von $\chi_{ijk}^{(2)}$ null sein müssen (siehe Abschnitt 11.3.2). Folglich ist die niedrigste nichtlineare Ordnung der Suszeptibilität mit von null verschiedenen Komponenten $\chi^{(3)}$. Wir beginnen diesen Abschnitt mit einem Überblick über nichtlineare Phänomene dritter Ordnung und betrachten dann isotrope Medien im Detail, wobei wir optische Fasern als illustrierendes Beispiel verwenden. Zum Schluss diskutieren wir resonante nichtlineare Effekte dritter Ordnung in Halbleitern.

11.4.1 Überblick über Phänomene dritter Ordnung

Eine nichtlineare Polarisation dritter Ordnung wird erzeugt, wenn drei Eingangsfelder an das nichtlineare Medium angelegt werden. Wenn die Eingangsfelder die Frequenzen ω_1, ω_2 und ω_3 haben, dann ist die nichtlineare Polarisation durch (11.8) oder allgemeiner (11.11) gegeben. Im einfachsten Fall, bei dem der Tensorcharakter der Suszeptibilität nicht berücksichtigt wird, ergibt dies

$$P^{(3)}(t) = \epsilon_0 \chi^{(3)} \times \mathcal{E}_1 \cos \omega_1 t \times \mathcal{E}_2 \cos \omega_2 t \times \mathcal{E}_3 \cos \omega_3 t \qquad (11.64)$$

wobei $\mathcal{E}_1$, $\mathcal{E}_2$ und $\mathcal{E}_3$ die Amplituden der drei Wellen sind. Folglich muss die Frequenz ω_4 der nichtlinearen Polarisation die Bedingung

$$\omega_4 = \omega_1 + \omega_2 + \omega_3 \qquad (11.65)$$

erfüllen. Die Frequenzen auf der rechten Seite können wegen $\cos \omega t = (e^{+i\omega t} + e^{-i\omega t})/2$ positiv oder negativ sein.

Abbildung 11.7 zeigt die Feynman-Diagramme für einige nichtlineare Prozesse dritter Ordnung. Das Diagramm in Teil (a) gilt für

Wie für Prozesse zweiter Ordnung repräsentieren die negativen Frequenzen die Erzeugung von Photonen. Man beachte, dass Photonen Bosonen sind, weshalb die nichtlineare Wechselwirkung die Erzeugung von Photonen der Eingangsfrequenz ebenso stimulieren kann wie die Vernichtung von Eingangsphotonen.

Tab. 11.4: Nichtlineare Effekte dritter Ordnung.

Effekt	Eingangs-frequenzen	Ausgangs-frequenzen
generische Vierwellenmischung	$\omega_1, \omega_2, \omega_3$	$\lvert \pm\omega_1 \pm \omega_2 \pm \omega_3 \rvert$
Frequenzverdreifung	ω	3ω
optischer Kerr-Effekt	ω	ω
DC-Kerr-Effekt	$\omega, 0$	ω
stimulierte Vierwellenmischung	$\omega, \omega_\mathrm{s}$	ω_s

den allgemeinen Prozess. Die drei einfallenden Photonen entsprechen den treibenden Feldern und ein Ausgangsphoton entspricht der nichtlinearen Polarisation. Die Ausgabefrequenz muss wegen der Erhaltung der Photonenergie gleich der Summe der Eingabefrequenzen sein. Da vier Photonen beteiligt sind, wird dieses Phänomen auch als **Vierwellenmischung** bezeichnet. Bei der folgenden Diskussion konzentrieren wir uns auf drei spezielle Beispiele der Vierwellenmischung, die in Abbildung 11.7b-d illustriert sind: die Frequenzverdreifachung, den optischen Kerr-Effekt und die stimulierte Raman-Streuung. Es gibt selbstverständlich noch viele weitere nichtlineare Phänomene dritter Ordnung, die aber aus Platzgründen hier nicht alle vorgestellt werden können. Die wichtigsten Effekte sind in Tabelle 11.4 zusammengestellt.

11.4.2   Frequenzverdreifachung

In der Praxis ist es meist einfacher, die dritte Harmonische eines Lasersstrahls durch zwei Prozesse zweiter Ordnung zu erzeugen (siehe Abbildung 11.5), anstatt durch einen einzelnen Prozess dritter Ordnung, der die $\chi^{(3)}$-Nichtlinearität verwendet.

Abbildung 11.7b zeigt das Feynman-Diagramm für die Frequenzverdreifachung. Dies ist äquivalent mit einer Frequenzverdopplung für einen $\chi^{(2)}$-Prozess. Drei kolineare Felder der gleichen Frequenz fallen aus einer gemeinsamen Laserquelle auf das Medium ein. Mit $\omega_1 = \omega_2 = \omega_3 = +\omega$ ergibt sich aus (11.65), dass die Ausgabefrequenz 3ω ist. Der nichtlineare Prozess erzeugt also direkt die dritte Harmonische der Fundamentalfrequenz. Wie im Falle der Frequenzverdopplung wird die Effizienz der Umwandlung nur dann groß sein, wenn die durch die Impulserhaltung definierte Bedingung für das Phasen-Matching erfüllt ist (siehe Abschnitt 11.3.3). Experimente zur Frequenzverdreifachung sind wegen der spektroskopischen Information von Nutzen, die sie über den Betrag von $\chi^{(3)}$ und ihre Beziehung zu den atomaren Übergängen des Mediums liefern.

11.4.3   Optischer Kerr-Effekt und nichtlinearer Brechungsindex

Abbildung 11.7c zeigt das Feynman-Diagramm für den optischen Kerr-Effekt. Bei diesem Prozess fällt ein einzelner Strahl der Frequenz ω auf das nichtlineare Medium, und die nichtlineare Wechselwirkung erzeugt eine Polarisation dritter Ordnung mit der Frequenz des Eingangsstrahls. In diesem Fall ist $\omega_1 = \omega_2 = +\omega$ und $\omega_3 = -\omega$. Es treten hier keine Probleme mit dem Phasen-Matching auf, da die nichtlineare Polarisation die gleiche Frequenz hat wie die treibenden Felder und die Felder folglich im gesamten Medium in Phase sind. Da die Frequenzen aller vier Photonen gleich sind, wird der optische Kerr-Effekt auch als entartete Vierphasenmischung bezeichnet.

Eine der wichtigsten Konsequenzen aus dem optischen Kerr-Effekt ist, dass der Brechungsindex von der Intensität des Strahls abhängig wird. Man erkennt dies, wenn man die Änderung der relativen Permittivität berechnet, die durch das Licht erzeugt wird. Aus Gleichung (11.9) sehen wir, dass die relative Permittivität in einem nichtlinearen Medium mit $\chi^{(2)} = 0$ gegeben ist durch

$$\epsilon_{\mathrm{r}}^{\mathrm{nichtlinear}} = 1 + \chi^{(1)} + \chi^{(3)}\mathcal{E}^2 \tag{11.66}$$

Dabei ist $\chi^{(1)}$ die lineare Suszeptibilität und $\mathcal{E}$ die Amplitude des optischen elektrischen Feldes. Wir spalten dies in einen linearen und einen nichtlinearen Teil auf und schreiben

$$\epsilon_{\mathrm{r}}^{\mathrm{nichtlinear}} = \epsilon_{\mathrm{r}} + \Delta\epsilon \tag{11.67}$$

mit

$$\epsilon_{\mathrm{r}} = 1 + \chi^{(1)} \tag{11.68}$$

und

$$\Delta\epsilon = \chi^{(3)}\mathcal{E}^2 \tag{11.69}$$

ϵ_{r} ist die gewöhnliche relative Permittivität für das lineare Regime und $\Delta\epsilon$ die Änderung, die durch den nichtlinearen Prozess verursacht wird. In einem nicht absorbierenden Medium ist der Brechungsindex n gleich der Quadratwurzel der relativen Permittivität (vgl. (A.31)). Daher können wir schreiben

$$n = (\epsilon_{\mathrm{r}} + \Delta\epsilon)^{1/2} = \sqrt{\epsilon_{\mathrm{r}}} + \frac{\Delta\epsilon}{2\sqrt{\epsilon_{\mathrm{r}}}} \equiv n_0 + \Delta n \tag{11.70}$$

wobei wir für das zweite Gleichheitszeichen $\Delta\epsilon \ll \epsilon_{\mathrm{r}}$ angenommen haben. Im letzten Schritt haben wir den Brechungsindex in seinen linearen Teil $n_0 = \sqrt{\epsilon_{\mathrm{r}}}$ und seinen nichtlinearen Teil Δn aufgespalten. Durch Vergleich von (11.69) und (11.70) erhalten wir

$$n = n_0 + \frac{\chi^{(3)}\mathcal{E}^2}{2n_0} = n_0 + \frac{\chi^{(3)}}{n_0^2 c\epsilon_0}I \tag{11.71}$$

wobei wir für die zweite Gleichung angenommen haben, dass die Proportionalität zwischen I und $\mathcal{E}^2$ durch (11.14) gegeben ist.

Tab. 11.5: Nichtlinearer Brechungsindex n_2 ausgewählter Materialien. E_g: Bandlücke, λ: Messwellenlänge, $\hbar\omega$: Photonenergie, n_0: linearer Brechungsindex. Daten aus Sheik-Bahae et al. (1991), DeSalvo et al. (1996).

Material	E_{g} (eV)	λ (nm)	$\hbar\omega/E_{\mathrm{g}}$	n_0	n_2 (m^2 W^{-1})
GaAs	1,42	10640	0,87	3,47	$-3{,}3 \times 10^{-17}$
CdTe	1,44	1064	0,81	2,84	$-2{,}9 \times 10^{-17}$
AlGaAs	1,57	850	0,93	3,30	$-2{,}5 \times 10^{-17}$
AlGaAs	1,57	830	0,95	3,30	$-8{,}9 \times 10^{-17}$
AlGaAs	1,57	810	0,98	3,30	$-3{,}3 \times 10^{-16}$
ZnTe	2,26	1064	0,52	2,79	$1{,}3 \times 10^{-17}$
CdS	2,42	1064	0,48	2,34	$5{,}0 \times 10^{-18}$
CdS	2,42	532	0,96	2,34	$-6{,}1 \times 10^{-17}$
ZnSe	2,58	1064	0,45	2,48	$2{,}9 \times 10^{-18}$
ZnSe	2,58	532	0,90	2,70	$-6{,}2 \times 10^{-18}$
Quarzglas (SiO$_2$)	7,8	1064	0,15	1,48	$2{,}1 \times 10^{-20}$
Quarzglas (SiO$_2$)	7,8	532	0,30	1,48	$2{,}2 \times 10^{-20}$
Quarzglas (SiO$_2$)	7,8	355	0,45	1,48	$2{,}4 \times 10^{-20}$
Quarzglas (SiO$_2$)	7,8	266	0,60	1,50	$7{,}8 \times 10^{-20}$

Wir führen nun den **nichtlinearen Brechungsindex** n_2 ein, indem wir schreiben

$$n(I) = n_0 + n_2 I \tag{11.72}$$

Durch Vergleich von (11.71) und (11.72) erhalten wir

$$n_2 = \frac{1}{n_0^2 c \epsilon_0}\, \chi^{(3)} \tag{11.73}$$

Dies zeigt, dass n_2 direkt proportional zu $\chi^{(3)}$ ist und somit Nichtlinearitäten dritter Ordnung dazu führen, dass der Brechungsindex mit der Intensität variiert.

In Tabelle 11.5 sind die gemessenen Werte des nichtlinearen Brechungsindex für eine Reihe von Materialien zusammengestellt. Wie man sieht, kann der nichtlineare Brechungsindex sowohl positiv als auch negativ sein. Für ein gegebenes Material ist n_2 bei kleinen Photonenergien positiv und wird für $\hbar\omega \gtrsim 0{,}7 E_{\mathrm{g}}$ negativ (E_{g} ist die Bandlücke). Beachten Sie, dass $|n_2|$ resonant verstärkt wird, wenn sich die Photonenergie E_{g} nähert. Dies wird beispielsweise durch die Daten für AlGaAs demonstriert.

Gemäß (11.71) ist Δn beim optischen Kerr-Effekt proportional zu $\mathcal{E}^2$. Dies erinnert an den DC-Kerr-Effekt, den wir in Abschnitt 2.5.2 betrachtet hatten, was die Bezeichnung „optischer Kerr-Effekt" erklärt. Beide Arten des Kerr-Effekts sind Beispiele für quadratische elektrooptische Effekte. Beim DC-Kerr-Effekt ist $\mathcal{E}$ ein angelegtes

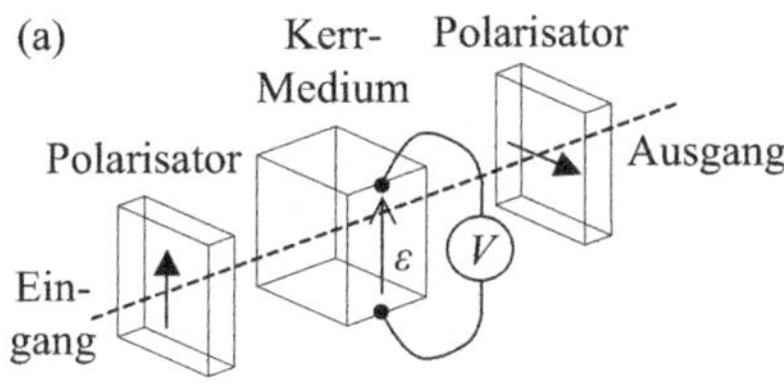

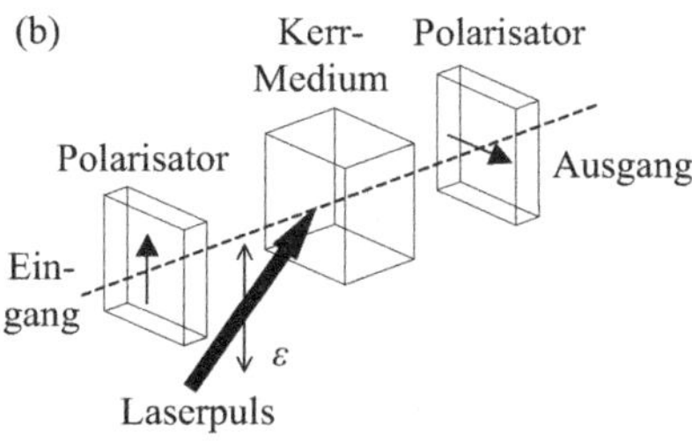

Abb. 11.8: (a) Kerr-Zelle basierend auf dem DC-Kerr-Effekt. (b) Kerr-Gatter basierend auf dem optischen Kerr-Effekt.

Gleichfeld, beim optischen Kerr-Effekt dagegen das elektrische Feld des Lichts. Der DC-Kerr-Effekt kann in der Tat als ein $\chi^{(3)}$-Effekt betrachtet werden, wobei $\omega_1 = \omega_2 = 0$ und $\omega_3 = \omega$ gilt. Dies kontrastiert mit dem *linearen* elektrooptischen Effekt, den wir in Abschnitt 11.3.4 betrachtet hatten und der ein $\chi^{(2)}$-Prozess ist.

Die Analogie zwischen DC- und optischem Kerr-Effekt ist in Abbildung 11.8 illustriert. Teil (a) zeigt eine konventionelle, auf dem DC-Kerr-Effekt basierende Kerr-Zelle, die ganz ähnlich arbeitet wie die in Abbildung 11.6b gezeigte Pockels-Zelle. Die Zelle enthält ein Kerr-Medium, das sich zwischen zwei orthogonalen Polarisationen befindet. Ohne angelegtes Feld ist das Kerr-Medium isotrop, und es wird kein Licht durch die Polarisatoren durchgelassen. Das Anlegen einer Spannung induziert eine Doppelbrechung proportional zu $\mathcal{E}^2$, und das aus dem Kerr-Medium austretende Licht ist nicht mehr vertikal polarisiert. Das bedeutet, dass ein Teil des Lichts nun durch den zweiten Polarisator gelassen wird, sodass die Zelle als Intensitätsmodulator verwendet werden kann.

Abbildung 11.8b illustriert ein Kerr-Gatter, das auf dem optischen Kerr-Effekt basiert. Das Funktionsprinzip ist das gleiche wie bei der in Teil (a) der Abbildung gezeigten Kerr-Zelle, mit dem Unterschied, dass hier keine Spannung angelegt wird. Die Doppelbrechung wird in diesem Fall durch einen intensiven Laserpuls über den optischen Kerr-Effekt induziert. Das Gatter lässt also nur solange Licht durch, wie der Laserpuls auf den Kristall trifft. Mithilfe eines ultraschnellen Pulses aus einem modengekoppelten Laser ist es möglich, diese Anordnung zur Erzeugung einer sehr schnellen (Größenordnung 1 ps) optischen Blende zu benutzen.

11.4.4   Stimulierte Raman-Streuung

Die spontane Raman-Streuung (Abschnitt 10.5) kann in Verbindung zu den stimulierten Effekten gebracht werden. Dazu betrachten wir eine Analogie mit der spontanen und stimulierten Strahlungsemission. Die spontane Emission von Strahlung kann als ein stimulierter Prozess aufgefasst werden, der durch ein Vakuumphoton aus den Nullpunktsfluktuationen des quantisierten elektromagnetischen Feldes angetrieben wird. Analog dazu können wir die spontane Raman-Streuung als einen stimulierten nichtlinearen Prozess betrachten, der durch Vakuumphotonen angestoßen wird. Wenn man stimulierte Raman-Strahlen erzeugt, indem man einen Laser durch ein geeignetes Medium schickt, dann gibt es i.d.R. tatsächlich kein initiales Feld bei der Frequenz ω_s, um den Prozess zu starten. Dieses Feld muss aus der spontanen Raman-Streuung kommen, das selbst wiederum durch Vakuumfluktuationen initiiert wird. Deshalb kann die Erzeugung eines stimulierten Raman-Strahls als Folge der Nullpunktsfluktuationen des Feldes aufgefasst werden.

Abbildung 11.7d zeigt das Feynman-Diagramm für den **stimulierten Raman-Effekt**. Ein schwacher Strahl der Frequenz ω_s fällt zusammen mit einem leistungsstarken Pumpstrahl der Frequenz ω auf das Medium. Mit $\omega_1 = +\omega$, $\omega_2 = -\omega$ und $\omega_3 = \omega_s$ entnehmen wir aus (11.65), dass die nichtlineare Welle bei der Frequenz ω_s auftritt. Das Vorhandensein eines Feldes bei ω_s erzeugt durch nichtlineares Mischen mit dem Pumpfeld mehr Photonen der gleichen Frequenz. Der Strahl der Frequenz ω_s kann dann eine Verstärkung durch die gleiche Art des paramagnetischen Mischens erlangen, wie wir sie in Abschnitt 11.3.1 diskutiert haben. Der Prozess wird ein Raman-Effekt, wenn wir die Frequenz ω_s so stimmen, dass $\omega - \omega_s = \Omega$ gilt, wobei Ω die Frequenz einer Vibrationsmode des Mediums ist. Die nichtlineare Suszeptibilität wird unter diesen Umständen resonant verstärkt, da die beiden Frequenzen über die natürlichen Vibrationen des Mediums stark miteinander gekoppelt sind.

Die stimulierte Raman-Streuung wurde sehr bald nach der Erfindung des Lasers entdeckt. 1962 beobachteten E. J. Woodbury und W. K. Ng, dass ein intensiver Strahl bei 766 nm erzeugt wird, wenn ein starker Strahl aus einem Rubinlaser bei 694,3 nm über eine Nitrobenzen-Zelle fährt. Die Analyse dieser Ergebnisse zeigte, dass die Differenz in der Frequenz der beiden Photonen exakt mit einer Vibrationsmode des Moleküls bei $4,0 \times 10^{13}$ korrespondiert. Das gleiche Phänomen wurde später in vielen unterschiedlichen Flüssigkeiten und Gasen sowie auch in Festkörpern beobachtet.

In Festkörpern kann die Streuung entweder durch die optischen oder die akustischen Vibrationsmoden vermittelt sein. Im ersten Fall sind die Raman-aktiven LO- und TO-Phononen bei $q = 0$ beteiligt, wobei q der Wellenvektor des Phonons ist (siehe Abschnitt 10.5.2). Dies führt zu diskreten Frequenzverschiebungen, analog zu denjenigen, die man in Molekülen beobachtet. Im zweiten Fall sind die akustischen Phononen beteiligt, und der Prozess wird gewöhnlich **stimulierte Brillouin-Streuung** genannt. Die durch die Brillouin-Streuung verursachte Frequenzverschiebung hängt von dem Winkel ab, um den das Licht gestreut wird, was durch die Erhaltungssätze für Energie und Wellenvektor bestimmt ist (siehe (10.32)).

11.4.5   Isotrope nichtlineare Medien dritter Ordnung

Der nichtlineare Respons dritter Ordnung wird durch den nichtlinearen Suszeptibilitätstensor $\chi^{(3)}_{ijkl}$ bestimmt (siehe (11.11)). Dieser hat 81 Elemente, von denen in Materialien mit hoher Symmetrie viele null oder einander gleich sind. In einem vollständig isotropen Medi-

Tab. 11.6: Von null verschiedene Komponenten der nichtlinearen Suszeptibilität dritter Ordnung in einem isotropen Medium.

$$\chi^{(3)}_{xxxx} = \chi^{(3)}_{yyyy} = \chi^{(3)}_{zzzz}$$

$$\chi^{(3)}_{xxyy} = \chi^{(3)}_{yyxx} = \chi^{(3)}_{xxzz} = \chi^{(3)}_{zzxx} = \chi^{(3)}_{yyzz} = \chi^{(3)}_{zzyy}$$

$$\chi^{(3)}_{xyxy} = \chi^{(3)}_{yxyx} = \chi^{(3)}_{xzxz} = \chi^{(3)}_{zxzx} = \chi^{(3)}_{yzyz} = \chi^{(3)}_{zyzy}$$

$$\chi^{(3)}_{xyyx} = \chi^{(3)}_{yxxy} = \chi^{(3)}_{xzzx} = \chi^{(3)}_{zxxz} = \chi^{(3)}_{yzzy} = \chi^{(3)}_{zyyz}$$

um wie etwa einem Gas gibt es 21 von null verschiedene Elemente, die in Tabelle 11.6 aufgelistet sind. Die in der Tabelle ebenfalls angegebenen Beziehungen lassen vermuten, dass es vier unabhängige Werte gibt. Das ist jedoch nicht der Fall, denn wie man zeigen kann, müssen die Suszeptibilitäten außerdem die Gleichung

$$\chi^{(3)}_{xxxx} = \chi^{(3)}_{xxyy} + \chi^{(3)}_{xyxy} + \chi^{(3)}_{xyyx} \tag{11.74}$$

erfüllen. Tatsächlich gibt es also nur drei unabhängige Elemente. Außerdem gilt weit unterhalb der Resonanzfrequenzen des Atoms

$$\chi^{(3)}_{xxyy} = \chi^{(3)}_{xyxy} = \chi^{(3)}_{xyyx} = \frac{1}{3}\chi^{(3)}_{xxxx} \tag{11.75}$$

Dieses Ergebnis gilt nur für kleine Frequenzen und wird **Kleinman-Symmetrie** genannt. In diesem Grenzfall gibt es nur zwei physikalisch verschiedene nichtlineare Suszeptibilitäten dritter Ordnung.

Gläser sind vielleicht die interessantesten Beispiele für isotrope optische Materialien. Wir verwenden normalerweise Gläser bei Wellenlängen, bei denen sie transparent sind. Dieser Bereich liegt weit unterhalb der Bandlücke im ultravioletten Spektralbereich, sodass die durch (11.75) gegebene Bedingung der Kleinman-Symmetrie in der Regel erfüllt ist.

Wenn ein intensiver Laserstrahl durch ein Glas propagiert, kann er den Brechungsindex über den optischen Kerr-Effekt gemäß (11.72) ändern. Dies erzeugt eine nichtlineare Phasenverschiebung

$$\Delta\Phi^{\text{nichtlinear}} = \frac{2\pi}{\lambda}\,\Delta n\,L = \frac{2\pi}{\lambda}\,n_2 I\,L \tag{11.76}$$

Gläser sind isotrop, da sie keine Kristallstruktur und somit auch keine Vorzugsrichtungen haben. Dotierte Gläser haben optische Übergänge im sichtbaren Bereich (siehe Abschnitt 1.4.5), und die Kleinman-Symmetriebedingung gilt nicht für Frequenzen in der Nähe der Bandlücke des Dopanten.

Dabei ist λ die Vakuumwellenlänge, L die räumliche Ausdehnung des Mediums und I die Intensität. Der Laserstrahl ändert somit seine eigene Phase, ein Effekt, der als **Selbstphasenmodulation** bezeichnet wird.

11.4.6　Nichtlineare Propagation in optischen Fasern und Solitonen

Selbstphasenmodulationseffekte können in optischen Fasern klar beobachtet werden, auch wenn der nichtlineare Brechungsindex sehr klein ist. Grund hierfür ist die Fokussierung des Strahls auf eine sehr kleine Fläche innerhalb der Faser, sodass die Intensität selbst für moderate Leistung sehr hoch ist. Mit sehr langen Fasern können dann große Phasenverschiebungen erreicht werden.

Das Phänomen der **Solitonen** ist ein sehr interessanter Aspekt der Propagation von Lichtwellen durch eine optische Faser im nichtlinearen Regime. Ein kurzer Laserpuls muss notwendigerweise ein Band von Frequenzen enthalten, um den näherungsweise durch (9.6) gegebenen Grenzfall der Fouriertransformierten zu erfüllen. Da das Glas, aus dem die Faser besteht, dispersiv ist (Abbildung 2.10), erfahren die unterschiedlichen Frequenzkomponenten des Pulses leicht unterschiedliche Brechungsindizes. Das bedeutet, dass ihre Geschwindigkeiten unterschiedlich sind, sodass der Puls mit der Zeit langsam breiter wird, während er durch die Faser propagiert (siehe Aufgabe 2.15). Dies wird zum ernsthaften Problem, wenn man versucht, eine Sequenz von dicht benachbarten Datenpulsen über die Faser zu übertragen. Der von John Scott Russell 1834 entdeckte Solitoneneffekt kann dieses Problem eliminieren. Russell bemerkte, dass die Bugwelle eines Lastkahns, der auf einem schottischen Kanal fuhr, nicht zerlief, wenn die Amplitude der Welle groß genug war. Er konnte seine Beobachtung zufriedenstellend erklären, weil er erkannte, dass die Dispersion der Wasserwelle wegen der großen Amplitude durch nichtlineare Effekte ausbalanciert wird. Das gleiche Phänomen kann in optischen Fasern auftreten.

Solitonen können in optischen Fasern bei Frequenzen beobachtet werden, für die die Dispersion negativ ist. Das liegt daran, dass das n_2 der Faser im nahinfraroten Spektralbereich positiv ist und die Dispersion folglich negativ sein muss, damit sich die beiden Effekte gegenseitig aufheben. Die meisten Gläser haben aufgrund der elektronischen Absorption im ultravioletten Bereich bei optischen Frequenzen eine positive Dispersion. Die Dispersion von SiO_2, dem Material, aus dem optische Fasern hergestellt werden, ist aber für $1{,}3\,\mu\mathrm{m}$ null und wird für größere Wellenlängen negativ (siehe Abschnitt 2.4 sowie die Daten in Abbildung 2.7). Das bedeutet, dass wir uns im richtigen Regime befinden, um Solitonen bei $1{,}55\,\mu\mathrm{m}$ zu beobachten, was die bevorzugte Wellenlänge für Telekommunikationssysteme ist, da dort die Verluste der Faser am kleinsten sind.

Der physikalische Mechanismus hinter der Propagation von Solitonen lässt sich durch eine einfache Analogie verstehen, die ohne komplizierte Mathematik auskommt. Betrachten wir hierzu Abbil-

Abb. 11.9: Eine Gruppe von Läufern auf einer Matte kann als Analogie eines Solitonpulses in einer optischen Faser betrachtet werden. Das Einsinken der Gruppe verlangsamt die schnellen Läufer und macht die langsamen schneller. Auf diese Weise wird die Tendenz kompensiert, dass die Gruppe auseinander reißt. Analog dazu kann die nichtlineare Phasenverschiebung eines intensiven kurzen Pulses den Verbreiterungseffekt aufgrund der Dispersion in einer optischen Faser kompensieren. Nach Molenauer und Gordon (1994), Nachdruck genehmigt durch Plenum Publishers.

dung 11.9. Sie zeigt eine Gruppe von Sportlern, die auf einer Matte laufen; die schnelleren liegen naturgemäß vorn. Die Gruppe erzeugt durch ihr Gewicht eine Eindellung in der Matte, die die schnelleren Läufer behindert, aber den langsameren hilft. Auf hartem Boden würde die Gruppe bald auseinander reißen, doch die Eindellung der Matte wirkt diesem Effekt entgegen und hält die Gruppe beisammen. Unter den richtigen Bedingungen kann die nichtlineare Phasenverschiebung eines intensiven Laserpulses in einer optischen Faser einen ähnlichen Effekt haben, sodass, analog zu der durch die Delle eingefangenen Gruppe, ein gefangener Lichtpuls entsteht. Der resultierende Puls kann sich über unendlich große Distanzen ohne signifikante Verbreiterung durch die Faser bewegen. Dies ist eine sehr wichtige Eigenschaft für die langreichweitige Telekommunikation auf der Basis von Glasfasern.

Beispiel 11.4

Ein Laserpuls mit Frequenz 1,55 µm und Intensität $10^{12}\,\mathrm{W\,m^{-2}}$ propagiert durch eine optische Faser der Länge 100 m. Berechnen Sie die nichtlineare Phasenverschiebung, wenn der nichtlineare Brechungsindex $2 \times 10^{-20}\,\mathrm{m^2\,W^{-1}}$ ist.

Lösung: Wir berechnen die nichtlineare Phasenverschiebung mithilfe von (11.76) für die Werte $\lambda = 1{,}55 \times 10^{-6}\,\mathrm{m}$, $n_2 = 2 \times 10^{-20}\,\mathrm{m^2\,W^{-1}}$ und $I = 10^{12}\,\mathrm{W\,m^{-2}}$. Dies ergibt

$$\Delta\Phi^{\text{nichtlinear}} = \frac{2\pi}{1{,}55 \times 10^{-6}} \times (2 \times 10^{-20}) \times 10^{12} \times 100 = 8{,}1$$

Die nichtlineare Phasenverschiebung ist somit $2{,}6\pi$. Dieses Beispiel zeigt, dass die nichtlineare Phasenverschiebung auch dann sehr groß sein kann, wenn die Nichtlinearität klein ist. Der Grund hierfür sind die sehr großen Werte von L, die in optischen Fasern verwendet werden können.

11.4.7 Resonante Nichtlinearitäten in Halbleitern

In Abschnitt 11.2.2 wurde erklärt, wie der Absorptionskoeffizient eines absorbierenden Mediums bei hohen Leistungen von der Intensität abhängt. Dieses Phänomen ist für Halbleiter ausführlich erforscht worden, wobei die besondere Betonung auf der Entwicklung nichtlinearer Schaltelemente für die Anwendung in der optischen Informationsverarbeitung lag.

Der einfachste Mechanismus, der zu einer sättigbaren Absorption führen kann, ist in Abbildung 11.10 illustriert. Diese zeigt das Banddiagramm eines Halbleiters mit direkter Bandlücke, wenn eine große Anzahl von Elektronen aus dem Leitungsband in das Valenzband angeregt wurde. Die Elektronen werden durch Absorption eines intensiven Laserpulses mit einer Photonenergie über der Bandlücke angeregt. Die Elektronen füllen die Zustände im unteren Bereich des Valenzbandes und hinterlassen dabei leere Zustände im oberen Bereich des Leitungsbandes. Dadurch werden weitere Interbandabsorptionsübergänge für Photonenergien nahe der Bandlücke (wie der in der Abbildung angedeutete) blockiert, da es keine Elektronen im Valenzband gibt, die angeregt werden könnten. Außerdem sind die möglichen Zielzustände im Leitungsband besetzt. Daher werden wir, wenn wir die Intensität des anregenden Lasers erhöhen, feststellen, dass die Absorption allmählich sättigt, während sich die Bänder füllen. Dieser Effekt wird daher als **Bandfüllungsnichtlinearität** bezeichnet.

Ein anderer Effekt, der dazu führen kann, dass die Absorption von der Intensität abhängt, ist die Sättigung der Exzitonen. Dieser Effekt wurde in Abschnitt 4.4 beschrieben. Bei hohen Ladungsträgerdichten wird die Coulomb-Kraft, welche die Exzitonen zusammenhält, abgeschirmt, und die Elektron- und Lochzustände nahe $k = 0$, die für die Bildung von Exzitonen erforderlich sind, werden gefüllt. Beide Effekte führen zu einem Ausbleichen der exzitonischen Absorption. Wenn die Ladungsträger durch die Absorption eines Laserstrahls angeregt werden, nimmt die exzitonische Absorption mit wachsender Laserintensität ab.

Abbildung 11.11 zeigt die Intensitätsabhängigkeit der exzitonischen Absorption in einer GaInAs-MQW-Struktur bei Raumtemperatur. Das lineare Absorptionsspektrum ist in Teil (a) der Abbildung zu sehen. Das für die zweidimensionalen Quantentöpfe zu erwartende stufenförmige Spektrum ist in den Daten klar zu erkennen, ebenso die durch die Exzitonen verbreiterten Peaks. Abbildung 11.11b zeigt die Sättigung des Absorptionskoeffizienten α am ersten exzitonischen Peak als Funktion der Intensität I. Die Intensitätsabhän-

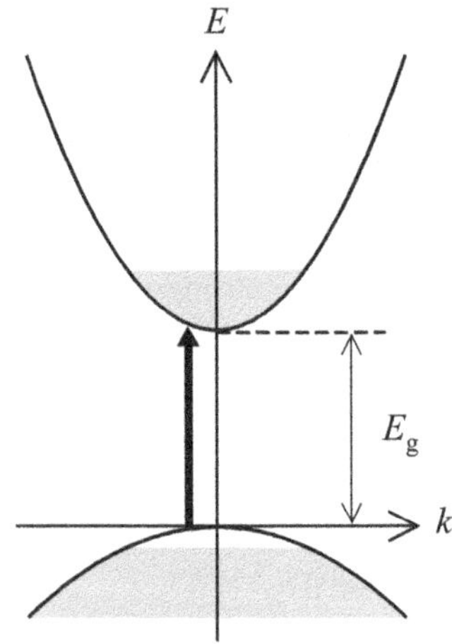

Abb. 11.10: Bandfüllungsnichtlinearität in einem angeregten Halbleiter. Der durch den Pfeil angedeutete Interbandabsorptionsübergang ist blockiert, weil es keine Elektronen im Valenzband gibt, die absorbiert werden könnten. Die Zielzustände im Leitungsband sind gefüllt.

Quantentöpfe sind gut geeignete Materialien für die Demonstration exzitonischer Nichtlinearitäten, da sie bei Raumtemperatur eine starke exzitonische Absorption zeigen. Siehe auch Abschnitt 6.4.4.

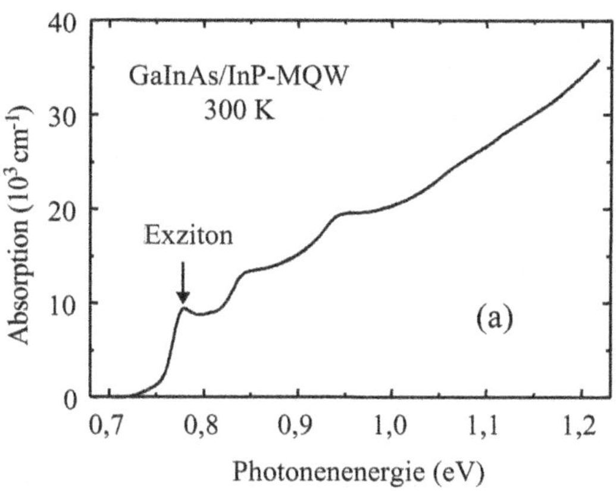

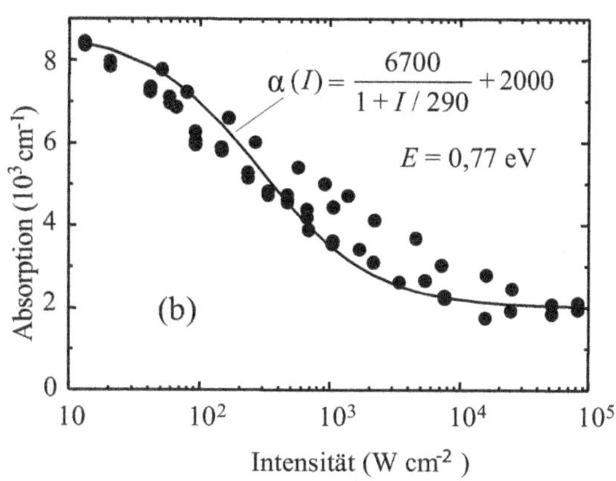

Abb. 11.11: Sättigbare exzitonische Absorption in einem Halbleiter-MQW. Die Probe entielt 30 $Ga_{0,53}In_{0,47}As$-Quantentöpfe der Breite $15,4\,nm$ mit InP-Barrieren. Die Temperatur betrug $300\,K$. Teil (a) zeigt die lineare Absorption der Probe und Teil (b) die Intensitätsabhängigkeit der Absorption bei $0,77\,eV$. Diese Photonenergie entspricht dem ersten exzitonischen Peak im linearen Absorptionsspektrum und ist in Teil (a) durch den Pfeil markiert. Die durchgezogene Linie in (b) fittet (11.77) an die Daten. Nach Westland et al. (1987) und Fox et al. (1987), © American Institute of Physics, genehmigter Nachdruck.

gigkeit von α hat die Form

$$\alpha(I) = \alpha_b + \frac{\alpha_0}{1 + I/I_s} \tag{11.77}$$

mit $\alpha_b = 2000\,cm^{-1}$, $\alpha_0 = 6700\,cm^{-1}$ und $I_s = 290\,W\,cm^{-2}$. Der Term α_b repräsentiert eine ungesättigte Hintergrundabsorption, während der zweite Term eine sättigbare Absorption in der durch (11.37) gegebenen Form beschribt.

Die in Abbildung 11.11b gezeigte Intensitätsabhängigkeit führt zu einer sehr großen Änderung im Brechungsindex (Aufgabe 11.13). Der mit der exzitonischen Sättigung verbundene nichtlineare Brechungsindex n_2 ist $\sim 10^{-8}\,m^2\,W^{-1}$. Dies liegt um viele Größenordnungen über den in Tabelle 11.5 gegebenen Werten und illustriert die Aussage, dass resonante Nichtlinearitäten viel größer sind als nichtresonante. Allerdings wird der hohe Wert von $|n_2|$ durch die starke Absorption bei der verwendeten Wellenlänge bezahlt. Dies schränkt die räumliche Ausdehnung der verwendbaren Bauelemente ein und setzt somit der maximal erreichbaren nichtlinearen Phasenverschiebung eine Grenze.

Die sättigbare Absorption von Quantentöpfen hat in der ultraschnellen Laserphysik eine wichtige Anwendung gefunden. Ultraschnelle Laser arbeiten nach dem Prinzip der Modenkopplung. Eine Methode, um diese Modenkopplung zu erreichen, besteht darin, in den

Abb. 11.12: (a) Exzitonische Absorptionslinie eines einzelnen selbstorganisierten Quantenpunkts bei der Temperatur von flüssigem Helium. (b) Sättigung der Absorption als Funktion resonanter Laserleistung. Die gefittete Linie ist eine Sättigungskurve der Form (11.78), wobei die Sättigungsleistung 18 nW ist. Nach Kroner et al. (2008), © Elsevier, genehmigter Nachdruck.

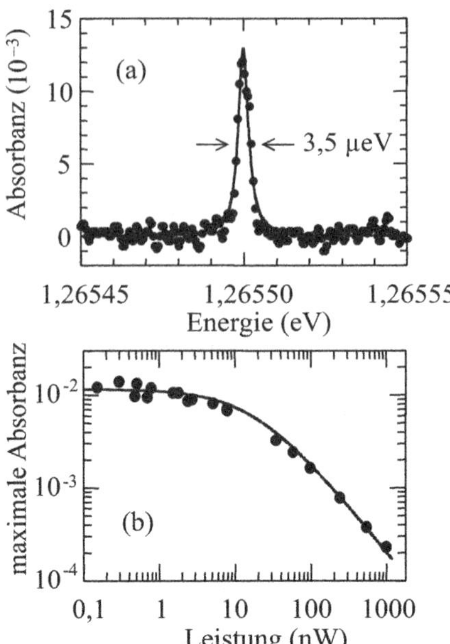

Laserhohlraum einen sättigbaren Absorber einzubauen. Mittels Molekularstrahlepitaxie ist es möglich, einen sättigbaren absorbierenden Spiegel aus einem Halbleitermaterial (SESAM, für engl. semiconductor saturable absorber mirror) herzustellen, der aus halbleitenden Quantentopfschichten besteht, die auf einem dielektrischen Spiegel aufgewachsen sind. Solche Spiegel werden mittlerweile in einer Vielzahl von kommerziellen modengekoppelten Festkörperlasern verwendet.

Zunehmendes Interesse hat in den letzten Jahren die Erforschung der nichtlinearen Eigenschaften von Halbleiter-Quantenpunkten gefunden. Die optischen Eigenschaften von Quantenpunkten wurden in Abschnitt 6.8 behandelt, wobei Unterabschnitt 6.8.3 speziell den selbstorganisierten III-V-Punkten gewidmet ist. Abbildung 11.12a zeigt die exzitonische Absorptionslinie eines einzelnen selbstorganisierten InGaAs-Quantenpunkts bei der Temperatur von flüssigem Helium. Bei geringer Leistung der Anregung beobachtet man eine sehr scharfe Linie mit einer Linienbreite von nur 3,5 µeV. Abbildung 11.12b zeigt die Absorptionsstärke (Absorbanz), die gemessen wird, wenn man den Topf mit einem Laser anstrahlt, der auf Resonanz mit dem Exziton gestimmt ist. Es zeigt sich, dass die Absorbanz als Funktion der Laserleistung P stark sättigt. Die gefittete Linie ist eine Sättigungskurve der Form

$$\alpha(I) = \alpha_\mathrm{b} + \frac{\alpha_0}{1 + I/I_\mathrm{s}} \tag{11.78}$$

(vgl. (11.37)) mit einer Sättigungsleistung P_s von 18 nW. Die gute Übereinstimmung mit den Daten zeigt, dass der Quantenpunkt eine gute Approximation für ein sättigbares Zwei-Niveau-System ist, welches den Ausgangspunkt für die Analyse der nichtlinearen Optik im Rahmen der Atomphysik bildet. Dies ist einer der Gründe, warum die Quantenpunkte manchmal als „Festkörperatome" bezeichnet werden und interessante Anwendungsmöglichkeiten in der Quantenoptik bieten.

Zusammenfassung

- Nichtlineare optische Effekte sind von Bedeutung bei hohen Leistungen, wie sie mit Lasern erreichbar sind. Nichtlineare Effekte führen dazu, dass die optische Suszeptibilität und alle aus ihr folgenden Eigenschaften vom Betrag des elektrischen Feldes des Lichts abhängen.

- Nichtlineare Effekte sind charakterisiert durch den nichtlinearen Suszeptibilitätstensor. Alle Komponenten des nichtlinearen Suszeptibilitätstensors zweiter Ordnung sind null, falls das Medium inversionssymmetrisch ist. Manche Kristalle besitzen keine Inversionssymmetrie und haben von null verschiedene nichtlineare Suszeptibilitäten zweiter Ordnung. Die Form des Tensors ist durch die Symmetrieklasse des Kristalls bestimmt.

- Nichtresonante Nichtlinearitäten entstehen durch die Anharmonizität der auf die gebundenen Elektronen wirkenden Rückstellkraft.

- Resonante Nichtlinearitäten resultieren aus der stimulierten Emission aus dem oberen Niveau, wenn dessen Besetzung signifikant wird. Die Sättigung der Interbandabsorption lässt sich als Blockierung der Übergänge aufgrund des Pauli-Prinzips erklären.

- Die nichtlineare Polarisation bei einem Effekt zweiter Ordnung ist proportional zu dem Produkt der beiden elektrischen Felder. Dies führt zu einer Reihe von Effekten zweiter Ordnung wie Frequenzverdopplung, Summenfrequenzerzeugung und Differenzfrequenzerzeugung.

- Starke nichtlineare Signale zweiter Ordnung werden nur erreicht, wenn die Bedingung des Phasen-Matchings erfüllt ist.

- Die durch ein elektrisches Gleichfeld in einem elektrooptischen Kristall erzeugte Anisotropie wird als Pockels-Effekt bezeichnet. Sie kann ausgenutzt werden, um Amplituden- und Phasenmodulatoren herzustellen.

- Die nichtlineare Polarisation bei einem Effekt dritter Ordnung ist proportional zum Produkt dreier Felder. Effekte dritter Ordnung werden allgemein als Vierwellenmischung bezeichnet.

- Die Suszeptibilität dritter Ordnung ist der Term niedrigster nichttrivialer Ordnung beim nichtlinearen Respons isotroper Medien wie Gasen, Flüssigkeiten und Gläsern.

- Zu den Effekten dritter Ordnung gehören die nichtlineare Brechung, die Frequenzverdreifachung und die stimulierte Raman-Streuung. Als Selbstphasenmodulation wird die nichtlineare Phasenverschiebung bezeichnet, die ein Strahl aufgrund eines nichtlinearen Brechungsindex verursacht.

- Die Sättigung von Interbandübergängen und exzitonischer Absorption in Halbleitern führt zu starken Nichtlinearitäten dritter Ordnung.

Weiterführende Literatur

Ausführlichere Einführungstexte zur nichtlinearen Optik finden Sie in Yariv (1997) oder Tang (1995). Butcher & Cotter (1990) bietet eine umfassende Einführung in die Theorie der nichtlinearen Optik.

Eine klassische Abhandlung des Einflusses der Kristallsymmetrie auf die physikalischen Eigenschaften von Materialien ist Nye (1957).

Einen Überblick über die optischen Nichtlinearitäten, die durch Exzitonen verursacht werden, bietet Chemla (1985). Eine umfassendere Betrachtung der exzitonischen Nichtlinearitäten in Quantentöpfen bietet Schmitt-Rink et al. (1989).

Aufgaben

11.1 Zeigen Sie mithilfe des bohrschen Atommodells, dass das elektrische Feld, das ein in der n-ten Schale eines wasserstoffähnlichen Atoms mit Ordnungszahl Z gebundenes Elektron spürt, gleich $(Z^3/n^4)e/4\pi\epsilon_0 a_{\mathrm{H}}^2$ ist (a_{H} ist der bohrsche Radius von Wasserstoff). Geben Sie eine grobe Schätzung dieses Wertes für die Valenzelektronen von Silicium an.

11.2 Schätzen Sie für die folgenden Fälle den Betrag des elektrischen Feldes der Lichtwelle ab:

(a) ein 10 ns langer Puls der Energie 1 J aus einem Nd:Glaslaser mit einem Strahldurchmesser von 5 mm,

(b) ein 1 mW Dauerstrich-Halbleiterlaser, der in eine optische Faser mit einer Kernquerschnittsfläche von $20\,\mu m^2$ und einem Brechungsindex von 1,45 fokussiert wird.

11.3 Ein atomares Gas wird einem starken elektrischen Gleichfeld ausgesetzt. Ist für das Gas eine Frequenzverdopplung zu erwarten? Begründen Sie Ihre Antwort.

11.4 Von welchen der folgenden Materialien erwarten Sie, dass sie von null verschiedene Komponenten in der nichtlinearen Suszeptibilität zweiter Ordnung haben? (a) NaCl, (b) Wasser, (d) Glas, (e) kristalliner Quarz, (f) ZnS (Wurtzit).

11.5* Ein intensiver Laserstrahl propagiert, wie in Abschnitt 11.2.2 beschrieben, durch ein absorbierendes Medium. Das Medium besteht aus Atomen mit zwei nichtentarteten Niveaus 1 und 2, und der Abstand ist resonant mit der Laserfrequenz. Die Atome befinden sich anfangs in einem Zustand mit $N_1 = N_0$ und $N_2 = 0$, und der Laser wird zum Zeitpunkt $t = 0$ eingeschaltet.

(a) Erklären Sie, warum es unabhängig von der Intensität des Lasers nicht möglich ist, eine Besetzungsinversion zu erreichen.

(b) Zeigen Sie, dass bei Vernachlässigung der spontanen Emission die Zeitabhängigkeit der Besetzungsdifferenz $\Delta N = N_1 - N_2$ zwischen den beiden Niveaus durch

$$\Delta N(t) = N_0 \exp\left(-2B_{12}u_\nu g(\nu)t\right)$$

gegeben ist. Dabei ist u_ν die Energiedichte des Strahls, $g(\nu)$ die spektrale Linienform und B_{12} der Einstein-Koeffizient B für die Absorption. Was bedeutet diese Beziehung für den Absorptionskoeffizienten?

11.6 Der nichtlineare optische Koeffiziententensor eines Kristalls mit orthorhombischer Symmetrie ist

$$\mathbf{d} = \begin{pmatrix} 0 & 0 & 0 & d_{14} & 0 & 0 \\ 0 & 0 & 0 & 0 & d_{25} & 0 \\ 0 & 0 & 0 & 0 & 0 & d_{36} \end{pmatrix}$$

Ein Laserstrahl fällt auf den Kristall. Der Strahl verläuft in der x-y-Ebene und wird mit seinem elektrischen Feld in der x-y-Ebene polarisiert. Zeigen Sie, dass ein zweiter harmonischer Strahl erzeugt wird, der in z-Richtung polarisiert ist. Zeigen Sie, dass der Betrag des zweiten harmonischen Strahls maximal wird, wenn der einfallende Strahl einen Winkel von 45° mit der x-Achse bildet.

11.7 Berechnen Sie den Phasen-Matching-Winkel für KDP an der Wellenlänge des Rubinlasers (694 nm). Die relevanten Brechungsindizes sind $n_\text{o}(694\,\text{nm}) = 1{,}506$, $n_\text{o}(347\,\text{nm}) = 1{,}534$, $n_\text{e}(347\,\text{nm}) = 1{,}490$.

11.8 Trigonale Kristalle mit 2m-Symmetrie (zum Beispiel LiNbO$_3$) sind uniaxial und haben optoelektronische Koeffiziententensoren der Form

$$\mathbf{r} = \begin{pmatrix} 0 & -r_{22} & r_{13} \\ 0 & r_{22} & r_{13} \\ 0 & 0 & r_{13} \\ 0 & r_{51} & 0 \\ r_{51} & 0 & 0 \\ -r_{22} & 0 & 0 \end{pmatrix}$$

wenn die optische Achse so definiert ist, dass sie mit der z-Achse zusammenfällt.

(a) Bestimmen Sie die Änderungen im ordentlichen und außerordentlichen Brechungsindex (n_o und n_e), wenn ein elektrisches Gleichfeld vom Betrag $\mathcal{E}$ in Richtung der optischen Achse angelegt wird.

(b) Bestimmen Sie die Phasenänderung, die durch das elektrische Feld in einem Kristall der Länge L induziert wird, wenn Licht mit der Vakuumwellenlänge λ mit linearer Polarisation in z-Richtung entlang der y-Achse propagiert.

(c) Erklären Sie, wie ein solches Bauelement als Phasenmodulator benutzt werden kann.

11.9 Die durch ein in z-Richtung angelegtes Feld induzierte Anisotropie in Kristallen mit kubischer Zinkblendestruktur ($\overline{4}$3m-Symmetrie) kann, wie bei dem in Abbildung 11.6a betrachteten tetragonalen Kristall in der folgenden Form geschrieben werden:

$$n_{x'} = n_0 + \frac{1}{2}n_0^3 r_{41}\mathcal{E}_z$$

$$n_{y'} = n_0 - \frac{1}{2}n_0^3 r_{41}\mathcal{E}_z$$

$$n_z = n_0$$

x' und y' sind Achsen im Winkel von jeweils 45° zu den kristallografischen Achsen x und y. n_0 ist der Brechungsindex bei $\mathcal{E}_z = 0$ und r_{41} ist der elektrooptische Koeffizient.

(a) Angenommen, Licht der Vakuumwellenlänge λ propagiert in z-Richtung durch den Kristall. Zeigen Sie, dass die Phasendifferenz zwischen den Polarisationen x' und y' gleich

$$\Delta\Phi(\mathcal{E}) = \frac{2\pi}{\lambda} r_{41} n_0^3 V$$

ist, wobei V die am Kristall angelegte Spannung zur Erzeugung des Feldes in z-Richtung ist.

(b) Berechnen Sie für CdTe bei $10{,}6\,\mu$m ($r_{41} = 6{,}8\,$pm/V, $n_0 = 2{,}6$) die Spannung, bei der die Phasenänderung gleich π ist.

11.10 Der elektrooptische Koeffizient r_{63} von KDP bei $633\,$nm ist gleich $11\,$pm/V, wobei $n_\text{o} = 1{,}5074$. Berechnen Sie die Spannung, die angelegt werden muss, um den Transmissionsgrad des in Abbildung 11.6a gezeigten Modulators bei dieser Wellenlänge auf 50% zu ändern.

11.11 Erklären Sie, warum der Imaginärteil der nichtlinearen Suszeptibilität dritter Ordnung in einem sättigbaren Absorbermedium von null verschieden sein muss.

11.12 Zeigen Sie, dass die nichtlineare Polarisation dritter Ordnung in einem isotropen Medium immer parallel zum Vektor $\mathcal{E}$ des Lasers ist.

11.13 Ein Laserstrahl der Wellenlänge $1{,}55\,\mu$m propagiert durch eine optische Faser der Länge $10\,$m und dem Kerndurchmesser $5\,\mu$m. Berechnen Sie die Leistung, die in die Faser eingekoppelt werden muss, um eine nichtlineare Phasenverschiebung von π zu erzeugen. Nehmen Sie an, dass die optische Faser einen nichtlinearen Brechungsindex von $2 \times 10^{-20}\,\text{m}^2\,\text{W}^{-1}$ hat.

11.14* Ein kurzer Laserpuls regt in einer GaAs-Probe bei $4\,$K $10^{24}\,\text{m}^{-3}$ Elektron-Loch-Paare an. Berechnen Sie die Verschiebung der Absorptionskante an der Bandlücke aufgrund des Vorhandenseins der photoangeregten Ladungsträger. Die Bandparameter für GaAs sind in Tabelle D.2 gegeben. Vernachlässigen Sie exzitonische Effekte.

11.15* Das Schwerloch-Exziton mit $n = 1$ einer GaAs-MQW-Probe hat einen Absorptionspeak von $8 \times 10^5\,\text{m}^{-1}$ bei $847\,$nm. Nehmen Sie an, dass sich das Exziton wie ein klassischer Dipoloszillator verhält, und schätzen Sie die Änderung des Brechungsindex ab, der für diese Probe durch vollständige Sättigung der Absorption erreicht werden kann. Der nichtresonante Brechungsindex ist $3{,}5$.

11.16 (a) Benutzen Sie (4.8), um die Sättigungsdichte für Exzitonen in InP zu berechnen. (Die relevanten Bandstrukturparameter für InP finden Sie in Tabelle D.2, und die relative Permittivität ist 12,5.)

(b) Die Ladungsträgerrekombinationszeit sei 1 ns und der Absorptionskoeffizient $10^6\,\mathrm{m}^{-1}$. Schätzen Sie die Sättigungsintensität ab, wenn ein Laser auf die Exzitonwellenlänge gestimmt ist.

A   Elektromagnetismus in Dielektrika

Dieser Anhang fasst die wichtigsten Ergebnisse der Elektrodynamik zusammen, auf die in dem vorliegenden Buch immer wieder zurückgegriffen wird. Dabei wird vorausgesetzt, dass der Leser grundsätzlich mit dem Stoff vertraut ist. Das Hauptanliegen ist es, die benötigten Gleichungen in übersichtlicher Form zum schnellen Nachschlagen zusammenzustellen und dabei die Notation festzulegen. Es werden ausschließlich SI-Einheiten verwendet. Am Schluss dieses Anhangs finden Sie eine kurze Liste mit Hinweisen auf weiterführende Literatur.

A.1   Elektromagnetische Felder und Maxwell-Gleichungen

Der Respons eines Dielektrikums auf ein externes elektrisches Feld ist durch drei makroskopische Vektoren charakterisiert:

- die **elektrische Feldstärke** $\mathcal{E}$,

- die **Polarisation P**,

- und die **dielektrische Verschiebung D**.

Der mikroskopische Respons des Materials wird vor allem durch die Polarisation bestimmt. Aus diesem Grund wird bei jedem der in diesem Buch mittels Elektrodynamik behandelten Beispiele zunächst **P** berechnet. Anschließend wird aus **P** die relative Permittivität ϵ_r berechnet, aus der dann die optischen Eigenschaften abgeleitet werden.

Die Polarisation ist als das Netto-Dipolmoment pro Volumeneinheit definiert. Durch Anlegen eines Feldes wird wegen der positiven und negativen Ladungen der im Medium enthaltenen Atome eine Polarisation erzeugt. Wenn die Moleküle permanente Dipolmomente besitzen, wird das Feld auf diese zufällig orientierten Dipole ein Drehmoment ausüben, wodurch diese die Tendenz haben, sich alle in Richtung des Feldes auszurichten. Wenn es keine permanenten

Dipole gibt, treibt das Feld positive und negative Ladungen in entgegengesetzte Richtungen und induziert einen Dipol parallel zum Feld. In beiden Fällen ist das Endergebnis das gleiche: Durch das Anlegen des Feldes entstehen viele mikroskopische Dipole, die parallel zur Richtung des externen Feldes ausgerichtet sind. Dies erzeugt ein Netto-Dipolmoment innerhalb des Dielektrikums und folglich eine Polarisation.

Die mikroskopischen Dipole haben alle die Neigung, sich in Feldrichtung anzuordnen, sodass der Polarisationsvektor parallel zu $\mathcal{E}$ ist. Damit können wir schreiben

$$\mathbf{P} = \epsilon_0 \chi \mathcal{E} \tag{A.1}$$

wobei ϵ_0 die **Permittivität** des Vakuums ist und χ die **elektrische Suszeptibilität** des Mediums. Der Wert von ϵ_0 in SI-Einheiten ist $8{,}854 \times 10^{-12}\,\mathrm{F \cdot m^{-1}}$.

Gleichung (A.1) basiert auf zwei Annahmen, die einer kurzen Erläuterung bedürfen.

Wie anisotrope Materialien zu behandeln sind, wird in Abschnitt 2.5 diskutiert. Die nichtlineare Optik ist Gegenstand von Kapitel 11.

(1) Wie haben vorausgesetzt, dass das Medium isotrop ist, obwohl wir wissen, dass manche Materialien anisotrop sind. Insbesondere haben anisotrope Kristalle nichtäquivalente Vorzugsachsen und $\mathbf{P}$ liegt nicht unbedingt parallel zu $\mathcal{E}$.

(2) Wir haben angenommen, dass $\mathbf{P}$ linear mit $\mathcal{E}$ variiert. Dies ist jedoch nicht immer der Fall. Vor allem wenn die optische Intensität sehr groß ist, kann es sein, dass wir den Geltungsbereich der nichtlinearen Optik betreten, wo Gleichung (A.1) nicht mehr erfüllt ist.

Die Berücksichtigung dieser beiden Modifikationen würden auf diesem Niveau der Betrachtung nur unnötige Komplikationen mit sich bringen. Sie werden hier deshalb nicht weiter betrachtet.

Die dielektrische Verschiebung $\mathbf{D}$ des Mediums hängt mit dem elektrischen Feld und $\mathcal{E}$ und der Polarisation $\mathbf{P}$ über die Beziehung

$$\mathbf{D} = \epsilon_0 \mathcal{E} + \mathbf{P} \tag{A.2}$$

zusammen. Dies kann als Definition für $\mathbf{D}$ angesehen werden. Durch Kombination der Gleichungen (A.1) und (A.2) erhalten wir

$$\mathbf{D} = \epsilon_0 \epsilon_r \mathcal{E} \tag{A.3}$$

wobei

$$\epsilon_r = 1 + \chi \tag{A.4}$$

die **relative Permittivität** des Mediums ist. Dieser Parameter ist für das Verständnis der Propagation von Licht durch Dielektrika außerordentlich wichtig.

Bei elektrostatischen Problemen sind wir häufig daran interessiert, die räumliche Abhängigkeit des elektrischen Feldes und somit das elektrische Potential V aus der freien Ladungsdichte ϱ zu berechnen. Diese Berechnung kann mithilfe der Poisson-Gleichung

$$\nabla^2 V = -\frac{\varrho}{\epsilon_r \epsilon_0} \tag{A.5}$$

ausgeführt werden. Die Poisson-Gleichung ist aus dem gaußschen Satz für die Elektrostatik abgeleitet. Dieser hat die Form

$$\boldsymbol{\nabla} \cdot \boldsymbol{\mathcal{E}} = \frac{\varrho}{\epsilon_r \epsilon_0} \tag{A.6}$$

Es sei daran erinnert, dass die elektrische Feldstärke der Gradient des Potentials ist

$$\boldsymbol{\mathcal{E}} = -\boldsymbol{\nabla} V \tag{A.7}$$

Gleichung (A.5) folgt direkt durch Einsetzen von $\boldsymbol{\mathcal{E}}$ gemäß (A.7) in (A.6). Wenn wir einmal V kennen, können wir $\boldsymbol{\mathcal{E}}$ aus (A.7) berechnen. Nützlich ist dieser Ansatz bei der Behandlung von Bauelementen, an denen durch eine externe Spannungsquelle ein festes Potential anliegt.

Der Respons eines Materials auf externe Magnetfelder wird ganz ähnlich wie der Respons von Dielektrika auf elektrische Felder behandelt. Die **Magnetisierung M** des Mediums ist proportional zur **magnetischen Feldstärke H**, wobei die **magnetische Suszeptibilität** χ_M die Proportionalitätskonstante ist:

$$\mathbf{M} = \chi_M \mathbf{H} \tag{A.8}$$

Die **magnetische Flussdichte B** hängt folgendermaßen mit **H** und **M** zusammen:

$$\begin{aligned} \mathbf{B} &= \mu_0(\mathbf{H} + \mathbf{M}) \\ &= \mu_0(1 + \chi_M)\mathbf{H} \\ &= \mu_0 \mu_r \mathbf{H} \end{aligned} \tag{A.9}$$

Dabei ist μ_0 die magnetische Permeabilität des Vakuums und $\mu_r = 1 + \chi_M$ die **Permeabilitätszahl** des Mediums. Der Wert von μ_0 ist in SI-Einheiten $4\pi \times 10^{-7}\,\mathrm{H\,m^{-1}}$.

Die Gesetze, die den kombinierten elektrischen und magnetischen Respons eines Mediums beschreiben, sind in den **Maxwell-Glei-**

chungen zusammengefasst:

$$\nabla \cdot \mathbf{D} = \varrho \tag{A.10}$$

$$\nabla \cdot \mathbf{B} = 0 \tag{A.11}$$

$$\nabla \times \boldsymbol{\mathcal{E}} = -\frac{\partial \mathbf{B}}{\partial t} \tag{A.12}$$

$$\nabla \times \mathbf{H} = \mathbf{j} + \frac{\partial \mathbf{D}}{\partial t} \tag{A.13}$$

Dabei ist ϱ die freie Ladungsträgerdichte und $\mathbf{j}$ die Stromdichte. Der erste der vier Gleichungen ist der gaußsche Satz für die Elektrostatik (Gleichung (A.6)), ausgedrückt durch $\mathbf{D}$ anstatt $\boldsymbol{\mathcal{E}}$. Die zweite Gleichung ist äquivalent zum gaußschen Satz der Elektrostatik unter der Annahme, dass es keine freien magnetischen Monopole gibt. Die dritte Gleichung kombiniert das faradaysche und das lenzsche Gesetz der elektromagnetischen Induktion. Die vierte Gleichung schließlich ist eine Formulierung des ampèreschen Gesetzes, wobei der erste Term auf der rechten Seite für den Verschiebungsstrom verantwortlich ist.

Die zweite Maxwell-Gleichung führt auf natürliche Weise zu dem Konzept des **Vektorpotentials.** Dieses ist durch die Gleichung

$$\mathbf{B} = \nabla \times \mathbf{A} \tag{A.14}$$

definiert. Es ist offensichtlich, dass das Vektorpotential $\mathbf{A}$ automatisch Gleichung (A.11) erfüllt, denn für alle $\mathbf{A}$ gilt $\nabla \cdot (\nabla \times \mathbf{A}) = 0$. Indem wir den durch (A.14) gegebenen Ausdruck für $\mathbf{B}$ in die dritte Maxwell-Gleichung einsetzen, erhalten wir

$$\nabla \times \boldsymbol{\mathcal{E}} = -\frac{\partial}{\partial t}(\nabla \times \mathbf{A}) = \nabla \times \left(-\frac{\partial \mathbf{A}}{\partial t} \right) \tag{A.15}$$

Die Lösung ist

$$\boldsymbol{\mathcal{E}} = -\frac{\partial \mathbf{A}}{\partial t} + \text{Konstante} \tag{A.16}$$

wobei die Konstante ein beliebiger Vektor mit Rotation null ist. Wir können (A.16) mit (A.7) zu

$$\boldsymbol{\mathcal{E}} = -\frac{\partial \mathbf{A}}{\partial t} - \nabla V \tag{A.17}$$

kombinieren, wobei V das skalare Potential ist. Dies funktioniert wegen $\nabla \times \nabla V = 0$. Die durch (A.17) gegebene allgemeinere Definition von $\boldsymbol{\mathcal{E}}$ reduziert sich bei zeitlich konstantem Magnetfeld auf (A.7), und bei räumlich konstantem skalaren Potential auf

$$\boldsymbol{\mathcal{E}} = -\frac{\partial \mathbf{A}}{\partial t} \tag{A.18}$$

Wichtig ist die Feststellung, dass das Vektorpotential $\mathbf{A}$ durch (A.14) nicht eindeutig festgelegt ist. Wir können einen beliebigen Vektor der Form $\boldsymbol{\nabla}\varphi$ zu $\mathbf{A}$ hinzufügen, ohne $\mathbf{B}$ zu ändern, denn es gilt

$$\boldsymbol{\nabla} \times (\mathbf{A} + \boldsymbol{\nabla}\varphi) = \boldsymbol{\nabla} \times \mathbf{A} + \boldsymbol{\nabla} \times (\boldsymbol{\nabla}\varphi) = \boldsymbol{\nabla} \times \mathbf{A} \qquad \text{(A.19)}$$

Dabei kann $\varphi(\mathbf{r})$ eine beliebige skalare Funktion von $\mathbf{r}$ sein. Aus diesem Grund benötigen wir eine weitere Definition, die die verwendete **Eichung** festlegt. Die **Coulomb-Eichung** ist definiert als

$$\boldsymbol{\nabla} \cdot \mathbf{A} = 0 \qquad \text{(A.20)}$$

Diese Eichung ist vorteilhaft, da sie es gestattet, wieder zur Poisson-Gleichung (A.5) gelangen, indem man von (A.17) die Divergenz nimmt. Das Vektorpotential in der Coulomb-Eichung wird bei der semiklassischen Behandlung der Wechselwirkung von Licht mit Atomen verwendet (siehe Anhang B.2).

A.2   Elektromagnetische Wellen

Maxwell konnte zeigen, dass die Gleichungen (A.10) bis (A.13) in einem Medium, in dem es keine freien Ladungsträger bzw. keine Ströme gibt, konsistent mit Wellenlösungen sind. Um dies zu sehen, vereinfachen wir zunächst die Gleichungen (A.12) und (A.13), indem wir $\mathbf{j} = 0$ setzen und unter Verwendung von (A.3) und (A.9) die Felder $\mathbf{B}$ und $\mathbf{D}$ eliminieren. Dies ergibt

$$\boldsymbol{\nabla} \times \boldsymbol{\mathcal{E}} = -\mu_0\mu_{\mathrm{r}} \frac{\partial \mathbf{H}}{\partial t} \qquad \text{(A.21)}$$

und

$$\boldsymbol{\nabla} \times \mathbf{H} = \epsilon_0\epsilon_{\mathrm{r}} \frac{\partial \boldsymbol{\mathcal{E}}}{\partial t} \qquad \text{(A.22)}$$

Dann bilden wir von Gleichung (A.21) die Rotation und eliminieren mithilfe von (A.21) $\boldsymbol{\nabla} \times \mathbf{H}$. Wir erhalten

$$\boldsymbol{\nabla} \times (\boldsymbol{\nabla} \times \boldsymbol{\mathcal{E}}) = -\mu_0\mu_{\mathrm{r}}\epsilon_0\epsilon_{\mathrm{r}} \frac{\partial^2 \boldsymbol{\mathcal{E}}}{\partial t^2} \qquad \text{(A.23)}$$

Die linke Seite kann durch die Vektoridentität

$$\boldsymbol{\nabla} \times (\boldsymbol{\nabla} \times \boldsymbol{\mathcal{E}}) = \boldsymbol{\nabla}(\boldsymbol{\nabla} \cdot \boldsymbol{\mathcal{E}}) - \nabla^2 \boldsymbol{\mathcal{E}} \qquad \text{(A.24)}$$

vereinfacht werden. Gleichung (A.6) mit $\varrho = 0$ sagt uns, dass $\boldsymbol{\nabla} \cdot \boldsymbol{\mathcal{E}}$ null sein muss. Damit erhalten wir schließlich das Endergebnis

$$\nabla^2 \boldsymbol{\mathcal{E}} = \mu_0\mu_{\mathrm{r}}\epsilon_0\epsilon_{\mathrm{r}} \frac{\partial^2 \boldsymbol{\mathcal{E}}}{\partial t^2} \qquad \text{(A.25)}$$

Diese Gleichung hat die gleiche Form wie die Wellengleichung, nämlich

$$\frac{\partial^2 y}{\partial x^2} = \frac{1}{v^2}\frac{\partial^2 y}{\partial t^2} \tag{A.26}$$

wobei v die Geschwindigkeit der Welle ist. Wir interpretieren Gleichung (A.25) daher als die mathematische Beschreibung von elektromagnetischen Wellen mit einer Phasengeschwindigkeit v, die durch

$$\frac{1}{v^2} = \mu_0\mu_r\epsilon_0\epsilon_r \tag{A.27}$$

gegeben ist. Im Vakuum gilt $\epsilon_r = \mu_r = 1$, und die Geschwindigkeit der Welle ist c, sodass

$$c = \frac{1}{\sqrt{\mu_0\epsilon_0}} = 2{,}998 \times 10^8\,\mathrm{m\,s^{-1}} \tag{A.28}$$

Gleichzeitig sehen wir aus (A.27) und (A.28), dass die Geschwindigkeit in einem Medium durch

$$v = \frac{1}{\sqrt{\epsilon_r\mu_r}}\,c \tag{A.29}$$

gegeben ist. Wir definieren den **Brechungsindex** n des Mediums als das Verhältnis der Vakuumlichtgeschwindigkeit zur Geschwindigkeit im Medium:

$$n = \frac{c}{v} \tag{A.30}$$

Bei optischen Frequenzen können wir $\mu_r = 1$ setzen und somit schlussfolgern, dass

$$n = \sqrt{\epsilon_r} \tag{A.31}$$

Die Verwendung von komplexen Lösungen wie in (A.32) vereinfacht die Rechnung. In diesem Buch wird dieser Ansatz ausgiebig genutzt. Physikalisch messbare Größen erhält man aus Real- und Imaginärteil der komplexen Welle. In manchen Texten wird i durch -j ersetzt, was jedoch keinen physikalischen Unterschied macht.

Dies erlaubt es uns, die bei der Propagation von elektromagnetischen Wellen in einem Medium auftretenden Konstanten mit der Permittivität in Beziehung zu setzen.

Die Lösungen von (A.25) haben die Form

$$\mathcal{E}(z,t) = \mathcal{E}_0\,\mathrm{e}^{\mathrm{i}(kz-\omega t)} \tag{A.32}$$

Dabei ist $\mathcal{E}_0$ die Amplitude der Welle, z die Propagationsrichtung, k der Wellenvektor und ω die Kreisfrequenz. Der Betrag des Wellenvektors ist gegeben durch

$$k = \frac{2\pi}{\lambda} = \frac{\omega}{v} = \frac{n\omega}{c} \tag{A.33}$$

wobei λ die Wellenlänge innerhalb des Mediums ist. Das erste Gleichheitszeichen definiert k, das zweite folgt durch Einsetzen von (A.32) in (A.25), wobei v durch (A.27) gegeben ist. Das dritte Gleichheitszeichen folgt schließlich aus der Definition von n gemäß (A.30).

Die Richtung des elektrischen Feldes in einer elektromagnetischen Welle wird als **Polarisation** bezeichnet. Die folgenden unterschiedlichen Polarisationstypen sind möglich:

- **Linear:** Der elektrische Feldvektor zeigt in eine konstante Richtung.

- **Zirkular:** Der elektrische Feldvektor dreht sich mit der Propagation der Welle, wobei für jeden Zyklus der Welle ein Kreis abgefahren wird.

- **Elliptisch:** Dieser Typ ähnelt der zirkularen Polarisation, mit dem Unterschied, dass der Vektor während eines Umlaufs eine Ellipse anstelle des Kreises zeichnet.

- **Unpolarisiert:** Das Licht ist zufällig polarisiert.

Im Vakuum ist die Polarisation einer propagierenden Welle konstant. In einem anisotropen oder chiralen Medium dagegen kann sich die Polarisation ändern, während die Welle propagiert. (Siehe Abschnitte 2.5 und 2.6.)

Abbildung A.1 zeigt eine linear in x-Richtung polarisierte Welle, die in z-Richtung propagiert. Wenn sich der Strahl parallel zu einer optischen Bank ausbreitet, wobei die x-Achse senkrecht zur Oberfläche steht, dann sagt man, dass die in Abbildung A.1(a) dargestellte, in x-Richtung polarisierte Welle **vertikal polarisiert** ist. Entsprechend heißt ein in y-Richtung polarisierter Strahl **horizontal polarisiert**. Aus Gleichung (A.21) wie auch aus (A.22) ist ersichtlich, dass das magnetische Feld senkrecht zum elektrischen sein muss. $\mathcal{E}$, $\mathbf{H}$ und $\mathbf{k}$ bilden daher, wie in Abbildung A.1(a) dargestellt, ein rechtshändiges System. Die orthogonal zueinander stehenden Felder $\mathcal{E}$ und $\mathbf{H}$ variieren sinusförmig im Raum (siehe Teil (b) der Abbildung).

Für die in Abbildung A.1(a) gezeigte Welle, die in x-Richtung polarisiert ist und in z-Richtung propagiert, haben die Feldkomponenten die folgende Form:

$$
\begin{aligned}
\mathcal{E}_x(z,t) &= \mathcal{E}_{x0}\, e^{i(kz-\omega t)} \\
\mathcal{E}_y(z,t) &= 0 \\
H_x(z,t) &= 0 \\
H_y(z,t) &= H_{y0}\, e^{i(kz-\omega t)}
\end{aligned}
\tag{A.34}
$$

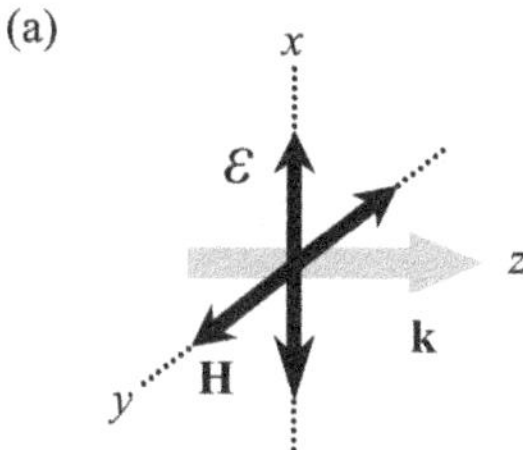

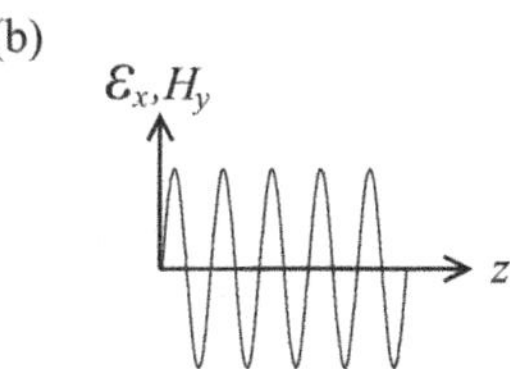

Abb. A.1: (a) Elektrisches und magnetisches Feld einer elektromagnetischen Welle bilden ein rechtshändiges System. Die Abbildung zeigt die Richtungen der Felder in einer Welle, die in x-Richtung polarisiert ist und in z-Richtung propagiert. (b) Räumliche Variation von elektrischem und magnetischem Feld.

Dabei ist k der Betrag des in (A.33) definierten Wellenvektors und ω dessen Kreisfrequenz. Durch Einsetzen der Felder in (A.34) in (A.21) erhalten wir

$$k\,\mathcal{E}_{x0} = \mu_0\mu_{\mathrm{r}}\omega\,H_{y0} \tag{A.35}$$

und folglich

$$H_{y0} = \frac{\mathcal{E}_{x0}}{Z} \tag{A.36}$$

wobei

$$Z = \frac{\mu_0\mu_{\mathrm{r}}\omega}{k} = \sqrt{\frac{\mu_0\mu_{\mathrm{r}}}{\epsilon_0\epsilon_{\mathrm{r}}}} = \frac{1}{c\epsilon_0 n} \tag{A.37}$$

Das zweite Gleichheitszeichen folgt dabei aus den Gleichungen (A.33) und (A.27), während das dritte aus (A.28) und (A.31) mit $\mu_{\mathrm{r}} = 1$ folgt. Die Größe Z wird als **Wellenwiderstand** bezeichnet. Sie hat im Vakuum den Wert $377\,\Omega$.

Im Allgemeinen hat eine in z-Richtung propagierende Welle elektrische Feldkomponenten sowohl in x- als auch in y-Richtung, die in der Form

$$\begin{aligned}
\mathcal{E}_x(z,t) &= \mathcal{E}_{x0}\,\mathrm{e}^{\mathrm{i}(kz-\omega t)} \\
\mathcal{E}_y(z,t) &= \mathcal{E}_{y0}\,\mathrm{e}^{\mathrm{i}(kz-\omega t+\Delta\phi)}
\end{aligned} \tag{A.38}$$

geschrieben werden können. Zusammengefasst kann dies auch in der Form

$$\mathcal{E}_0 = \mathcal{E}_{x0}\,\widehat{\mathbf{x}} + \mathcal{E}_{y0}\,\mathrm{e}^{\mathrm{i}\Delta\phi}\,\widehat{\mathbf{y}} \tag{A.39}$$

geschrieben werden. Tabelle A.1 gibt eine Übersicht über die Effekte variierender relativer Amplituden und Phasen der beiden orthogonalen Komponenten.

Im Falle von linear polarisiertem Licht ist die Richtung der Polarisation durch die Resultierende von $(\mathcal{E}_{x0}\widehat{\mathbf{x}} \pm \mathcal{E}_{y0}\mathrm{e}^{\mathrm{i}\Delta\phi}\widehat{\mathbf{y}})$ gegeben, wobei das Pluszeichen verwendet wird, wenn $\Delta\phi = 0$, und das Minuszeichen im Falle $\Delta\phi = \pi$.

Zirkular polarisiertes Licht kann entweder **rechts-** oder **linkszirkular** polarisiert sein. Die Polarisation hängt davon ab, ob sich der elektrische Feldvektor in einer festen Ebene rechts (im Uhrzeigersinn) oder links (entgegen den Uhrzeigersinn) herum dreht, wenn der Beobachter zur Lichtquelle blickt. Für die Polarisation $\boldsymbol{\sigma}^+$ dreht sich das elektrische Feld von der Quelle aus betrachtet im Uhrzeigersinn, was es äquivalent mit linkszirkularem Licht macht; das Umgekehrte gilt für die Polarisation $\boldsymbol{\sigma}^-$. Da die Phasendifferenz zwischen den

Tab. A.1: Die relativen Amplituden und Phasen für die orthogonalen Komponenten des elektrischen Feldes für verschiedene Polarisationstypen. $\mathcal{E}_{x0}, \mathcal{E}_{y0}$ und $\Delta\phi$ sind in (A.38) definiert.

Polarisation		relative Amplitude	relative Phase
linear		beliebig	$0, \pi$
positiv zirkular	σ^+	$\mathcal{E}_{x0} = \mathcal{E}_{y0}$	$+\pi/2$
negativ zirkular	σ^-	$\mathcal{E}_{x0} = \mathcal{E}_{y0}$	$-\pi/2$
elliptisch		$\mathcal{E}_{x0} \neq \mathcal{E}_{y0}$	$\pm\pi/2$
		$\mathcal{E}_{x0} = \mathcal{E}_{y0}$	$\neq 0, \pm\pi/2,$ oder π
polarisiert		zufällig	zufällig

orthogonalen linearen Komponenten $\pm\pi/2$ ist, können wir σ^+- und σ^--Licht in der Form

$$\begin{aligned}
\sigma^+ &= \mathcal{E}_0(\hat{\mathbf{x}} + i\hat{\mathbf{y}})/\sqrt{2} \\
\sigma^- &= \mathcal{E}_0(\hat{\mathbf{x}} - i\hat{\mathbf{y}})/\sqrt{2}
\end{aligned} \tag{A.40}$$

darstellen. Dies kann leicht umgestellt werden um zu zeigen, dass linear polarisiertes Licht als aus zwei entgegengesetzten zirkularen Polarisationen bestehend betrachtet werden kann. Für in x-Richtung polarisiertes Licht gilt beispielsweise

$$\mathcal{E}_{\mathbf{x}} \equiv \mathcal{E}_0\hat{\mathbf{x}} = (\sigma^+ + \sigma^-)/\sqrt{2} \tag{A.41}$$

Der Energiefluss in einer elektromagnetischen Welle kann aus dem **Poynting-Vektor** berechnet werden. Dieser ist definiert als

$$\mathbf{I} = \boldsymbol{\mathcal{E}} \times \mathbf{H} \tag{A.42}$$

Dies liefert den Leistungsfluss pro Flächeneinheit in $\mathrm{W\,m}^{-2}$, was gleich der **Intensität** der Lichtwelle ist. Die Intensität ist definiert als die Energie, die eine Flächeneinheit pro Zeiteinheit durchfließt. Sie ist also gegeben durch

$$I = vu_\nu \tag{A.43}$$

wobei v die Geschwindigkeit der Welle und u_ν die Energiedichte pro Volumeneinheit des Strahls ist. Für eine linear polarisierte Welle kann der Poynting-Vektor durch Einsetzen von (A.34) bis (A.37) in (A.42) leicht ausgewertet werden. Man erhält

$$I = \frac{\langle \mathcal{E}(t)^2 \rangle_{\mathrm{QM}}}{Z} = \frac{1}{2} c\epsilon_0 n\mathcal{E}_0^2 \tag{A.44}$$

wobei $\langle \mathcal{E}(t)^2 \rangle_{\mathrm{QM}}$ das zeitliche quadratische Mittel bezeichnet. Dies zeigt, dass die Intensität einer Lichtwelle proportional zum Quadrat

Bei der Auswertung des Poynting-Vektors für komplexe Felder, die die durch (A.32) definierte Form haben, muss vor der Ausführung der Multiplikation der Realteil genommen werden.

der Amplitude des elektrischen Feldes ist. Die Beziehung kann für alle Lichtwellen, also ungeachtet der Polarisation des Strahls, verallgemeinert werden.

Bei vielen der in diesem Buch behandelten Probleme ist es nötig, den Brechungsindex als komplexe Größe zu behandeln. Ein bekanntes Beispiel für eine solche Situation ist die Propagation elektromagnetischer Wellen durch ein leitendes Medium, also etwa ein Metall. In einem Leiter hängt die Stromdichte mit dem elektrischen Feld gemäß

$$\mathbf{j} = \sigma \boldsymbol{\mathcal{E}} \qquad (A.45)$$

zusammen, wobei als Proportionalitätskonstante die elektrische Leitfähigkeit σ auftritt. Wir verwenden nun diese Beziehung und substituieren in Gleichung (A.13) $\mathbf{j}$. Damit können wir in ähnlicher Weise, wie wir zuvor Gleichung (A.25) erhalten hatten, die Felder $\mathbf{D}$, $\mathbf{B}$ und $\mathbf{H}$ eliminieren. Dies führt auf die Gleichung

$$\nabla^2 \boldsymbol{\mathcal{E}} = \sigma \mu_0 \mu_{\mathrm{r}} \frac{\partial \boldsymbol{\mathcal{E}}}{\partial t} + \mu_0 \mu_{\mathrm{r}} \epsilon_0 \epsilon_{\mathrm{r}} \frac{\partial^2 \boldsymbol{\mathcal{E}}}{\partial t^2} \qquad (A.46)$$

Wir suchen nun nach Lösungen in Form von ebenen Wellen, wie sie durch (A.32) gegeben sind. Einsetzen von (A.32) in (A.46) liefert

$$k^2 = \sigma \mu_0 \mu_{\mathrm{r}} \omega \, \mathrm{i} + \mu_0 \mu_{\mathrm{r}} \epsilon_0 \epsilon_{\mathrm{r}} \omega^2 \qquad (A.47)$$

Dies kann in Einklang mit der üblichen Beziehung zwischen ω und k (siehe (A.33)) gebracht werden, wenn wir zulassen, dass n eine komplexe Zahl ist. Der komplexe Brechungsindex wird gewöhnlich mit $\tilde{n}$ bezeichnet und ist definiert durch

$$k = \tilde{n} \frac{\omega}{c} \qquad (A.48)$$

Durch Kombination der Gleichungen (A.47) und (A.48) erhalten wir

$$\tilde{n}^2 = \frac{\mu_{\mathrm{r}} \sigma}{\epsilon_0 \omega} \, \mathrm{i} + \mu_{\mathrm{r}} \epsilon_{\mathrm{r}} \qquad (A.49)$$

In Kapitel 7 wird gezeigt, dass Gleichung (A.49) nur für kleine Frequenzen gültig ist. Dies liegt daran, dass die AC-Leitfähigkeit bei hohen Frequenzen nicht die gleiche ist wie die DC-Leitfähigkeit, die in (A.45) eingeht.

Dabei haben wir Gebrauch von Gleichung (A.28) gemacht. Mit $\sigma = 0$ und $\mu_{\mathrm{r}} = 1$ reduziert sich dies offensichtlich auf (A.31). Die in (A.49) enthaltene physikalische Bedeutung des komplexen Brechungsindex wird ausführlicher in Abschnitt 1.3 beleuchtet.

Die Maxwell-Gleichungen gestatten es auch, die Transmission und die Reflexion von Licht an einer Grenzfläche zwischen zwei Materialien zu behandeln. Diese Situation ist in Abbildung A.2 dargestellt. Ein Teil des Strahl dringt in das Medium ein, während der Rest reflektiert wird. Die Lösung für einen beliebigen Einfallswinkel wurde von Fresnel behandelt, weshalb die resultierenden Formeln als

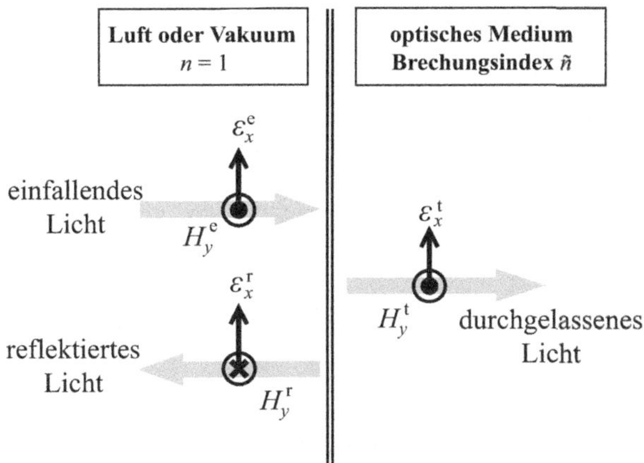

Abb. A.2: Transmission und Reflexion von Licht an einer Grenzfläche zwischen Luft und einem Medium mit dem Brechungsindex $\tilde{n}$. Einfallender, durchgelassener und reflektierter Strahl sind der Übersichtlichkeit wegen gegeneinander verschoben gezeichnet. Alle Strahlen verlaufen normal zur Grenzfläche. Das Symbol $\odot$ für die magnetischen Felder des einfallenden und des durchgelassenen Strahls zeigt an, dass das Feld aus der Papierebene heraus zeigt. Das Symbol $\otimes$ für die reflektierte Welle besagt, dass das entsprechende Feld in die Papierebene hinein zeigt.

Fresnel-Gleichungen bekannt sind. Wir beschränken uns hier auf den einfacheren Fall, dass der Einfallswinkel null ist.

Wir betrachten wieder einen in x-Richtung polarisierten Lichtstrahl, der in z-Richtung propagiert. Die Feldrichtungen sind wie in Abbildung A.1(a) skizziert. Das elektrische und das magnetische Feld sind durch die Gleichungen (A.34) gegeben. Der Strahl fällt auf ein Medium mit komplexem Brechungsindex $\tilde{n}$. Die Felder stehen miteinander gemäß Gleichung (A.36) in Beziehung, wobei Z durch (A.37) gegeben ist. Allerdings müssen wir nun die Möglichkeit zulassen, dass n komplex ist.

Die Randbedingungen an der Grenzfläche zwischen den beiden Dielektrika fordern, dass die tangentialen Komponenten von elektrischem und magnetischem Feld stetig sind. Wenden wir dies auf die in Abbildung A.2 gezeigte Situation an, dann sehen wir, dass sowohl $\mathcal{E}_x$ als auch H_y an der Grenze erhalten bleiben. Wir können daher schreiben

$$\mathcal{E}_x^\mathrm{e} + \mathcal{E}_x^\mathrm{r} = \mathcal{E}_x^\mathrm{t} \tag{A.50}$$

und

$$H_y^\mathrm{e} - H_y^\mathrm{r} = H_y^\mathrm{t} \tag{A.51}$$

wobei die hochgestellten Buchstaben e, r und t für den einfallenden, reflektierten bzw. transmittierten Strahl stehen. Wir verwenden die durch (A.36) und (A.37) gegebenen Beziehungen zwischen elektrischem und magnetischem Feld, um (A.51) umzuformen:

$$\mathcal{E}_x^\mathrm{e} - \mathcal{E}_x^\mathrm{r} = \tilde{n}\mathcal{E}_x^\mathrm{t} \tag{A.52}$$

Dabei haben wir angenommen, dass das Licht von Luft einfällt (also $\tilde{n} = 1$) und dass für die hier betrachteten optischen Frequenzen

$\mu_{\mathrm{r}} = 1$ gilt. Die Gleichungen (A.50) und (A.52) können zusammen gelöst werden. Wir erhalten

$$\frac{\mathcal{E}_x^{\mathrm{r}}}{\mathcal{E}_x^{\mathrm{e}}} = -\frac{\tilde{n} - 1}{\tilde{n} + 1} \tag{A.53}$$

Dies kann so umgestellt werden, dass wir das gesuchte Ergebnis für den Reflexionsgrad R erhalten:

$$R = \left| \frac{\mathcal{E}_x^{\mathrm{r}}}{\mathcal{E}_x^{\mathrm{e}}} \right|^2 = \left| \frac{\tilde{n} - 1}{\tilde{n} + 1} \right|^2 \tag{A.54}$$

Für den allgemeinen Fall, dass das Licht an der Grenzfläche zwischen zwei Materialien mit komplexen Brechungsindizes $\tilde{n}_1$ und $\tilde{n}_2$ reflektiert wird, lautet das entsprechende Ergebnis

$$R = \left| \frac{\tilde{n}_2 - \tilde{n}_1}{\tilde{n}_2 + \tilde{n}_1} \right|^2 \tag{A.55}$$

Diese Formeln werden in vielen Beispielen in diesem Buch benutzt.

Weiterführende Literatur

In diesem Anhang werden Standardergebnisse der Elektrodynamik zusammengestellt, die wir in diesem Buch des Öfteren benötigen. Zur Elektrodynamik gibt es zahlreiche empfehlenswerte Lehrbücher, darunter Bleaney & Bleaney (1976), Duffin (1990), Good (1999), Grant & Phillips (1990) oder Lorrain, Corsin & Lorrain (2000). Die Thematik wird auch in vielen Büchern zur Optik mit abgedeckt, etwa Born & Wolf (1999), Hecht (2009) oder Smith, King & Wilkins (2007).

B Quantentheorie der Strahlungsübergänge

Bei der Diskussion der Absorption und Emission von Licht durch Atome wurde in diesem Buch stets vorausgesetzt, dass der Leser grundsätzlich mit der Behandlung dieser Prozesse vertraut ist, wie man sie allen einführenden Texten zur Quantenphysik findet. Dieser Anhang bietet eine kurze Zusammenfassung der wichtigsten Ergebnisse. Wir beginnen mit der Diskussion der Einstein-Koeffizienten, um die Konzepte von Absorption und Emission einzuführen und die Zusammenhänge zwischen ihnen klarzustellen. Dann wenden wir uns der Frage zu, wie die Raten von Absorption und Emission mithilfe der Quantenmechanik berechnet werden können. Abschließend diskutieren wir kurz die für Strahlungsübergänge geltenden Auswahlregeln. Dem Leser wird empfohlen, ein Lehrbuch über Quantenmechanik zu Rate zu ziehen, falls er mit einem dieser Konzepte nicht vertraut ist.

B.1 Einstein-Koeffizienten

In der Quantentheorie der Strahlung wird angenommen, dass Licht emittiert oder absorbiert wird, wann immer ein Atom einen Sprung zwischen zwei Quantenzuständen ausführt. Diese beiden Prozesse sind in Abbildung B.1 illustriert. Absorption tritt auf, wenn das Atom in ein höheres Niveau springt. Bei der Emission dagegen geht das Atom in ein tieferes Niveau über und gibt dabei ein Photon ab. Üblicherweise wird der obere Zustand als Niveau 2 bezeichnet und der untere als Niveau 1. Die Energieerhaltung erfordert, dass die Frequenz ν des Photons die Gleichung

$$h\nu = E_2 - E_1 \tag{B.1}$$

erfüllt, wobei E_2 die Energie von Niveau 2 und E_1 die Energie von Niveau 1 ist.

Aus der statistischen Physik wissen wir, dass Atome in angeregten Zuständen die natürliche Neigung haben, sich wieder abzuregen und ihre überschüssige Energie abzugeben. Somit ist die Emission eines Photons durch ein Atom in einem angeregten Zustand ein

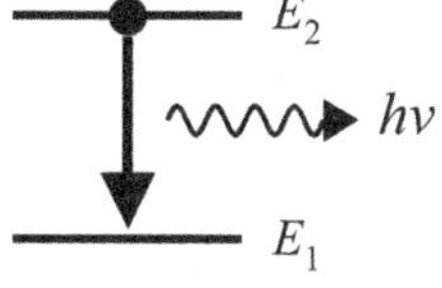

(a) Emission

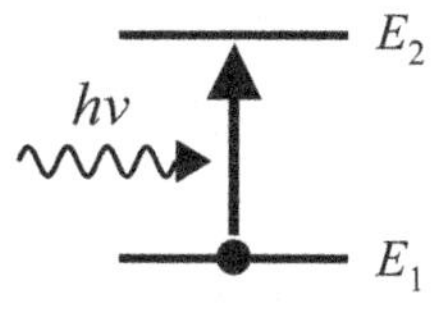

(b) Absorption

Abb. B.1: Optische Übergänge im Atom: (a) Emission, (b) Absorption.

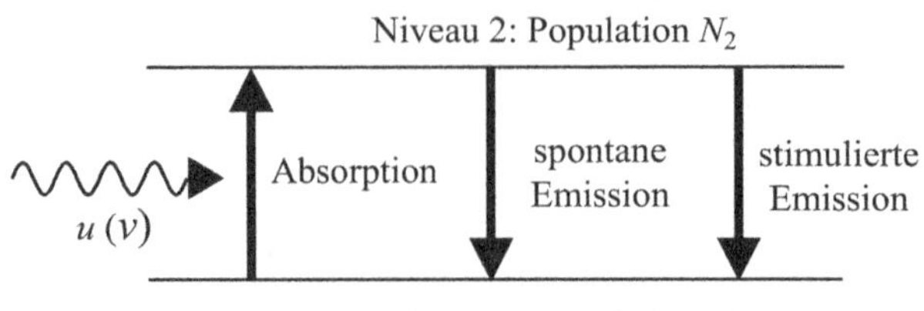

Abb. B.2: Absorption, spontane Emission und stimulierte Emission zwischen zwei Niveaus eines Atoms unter Einfluss elektromagnetischer Strahlung mit der Spektraldichte $u(\nu)$.

spontaner Prozess. Die Abstrahlung von Licht durch Atome in angeregten Zuständen wird daher als **spontane Emission** bezeichnet. Dieser Prozess ist in Abbildung B.1a illustriert. Eines der Elektronen des Atoms befindet sich am Anfang des Prozesses im Niveau 2 und fällt durch Emission eines Photons in Niveau 1. Die Frequenz des Photons entspricht der Energiedifferenz der beiden Niveaus gemäß (B.1). Folglich hat jeder Atomtyp ein charakteristisches Spektrum, das durch seine Energieniveaus festgelegt ist.

Der Prozess der **Absorption** ist in Abbildung B.2b illustriert. Das Atom wird in einen angeregten Zustand angehoben, indem es die dazu erforderliche Energie aus einem Photon absorbiert. Dies versetzt ein Elektron von Niveau 1 in Niveau 2. Anders als bei der Emission gibt es in diesem Fall keinen entsprechenden spontanen Prozess. Ohne das absorbierte Photon kann das Elektron nicht in den angeregten Zustand springen.

Im Abschnitt B.2 wird erklärt, wie man mithilfe der Quantenmechanik die Raten von spontaner Emission und Absorption berechnen kann. An dieser Stelle beschränken wir uns auf eine einfachere Analyse, die auf den **Einstein-Koeffizienten** des Übergangs basiert.

Die spontane Emission wird durch den Einstein-Koeffizienten A bestimmt. Dieser gibt die Wahrscheinlichkeit pro Zeiteinheit an, mit der das Elektron in Niveau 2 unter Emission eines Photons in das Niveau 1 fällt. Die Photon-Emissionsrate ist also proportional zur Anzahl der Atome im angeregten Zustand und zum Koeffizienten A des Übergangs. Wir notieren daher die folgende Ratengleichung für $N_2(t)$, die Anzahl der Atome im angeregten Zustand:

$$\frac{dN_2}{dt} = -A_{21}N_2 \tag{B.2}$$

Der Index „21" am Koeffizienten A in Gleichung (B.2) besagt, dass der Übergang im Niveau 2 beginnt und im Niveau 1 endet.

Gleichung (B.2) kann nach $N_2(t)$ aufgelöst werden. Wir erhalten

$$\begin{aligned} N_2(t) &= N_2(0)\,\exp(-A_{21}t) \\ &= N_2(0)\,\exp(-t/\tau) \end{aligned} \tag{B.3}$$

mit

$$\tau = \frac{1}{A_{21}} \tag{B.4}$$

τ ist die **natürliche radiative Lebensdauer** des angeregten Zustands. Gleichung (B.4) zeigt, dass die Anzahl der Atome im angeregten Zustand aufgrund spontaner Emission exponentiell mit einer Zeitkonstante τ fällt. Der Wert von τ für einen Übergang kann von etwa 1 ns bis zu einigen Millisekunden variieren. Die Auswahlregeln, welche festlegen, ob ein bestimmter Übergang schnell oder langsam ist, werden in Abschnitt B.3 diskutiert.

Die Absorptionsrate zwischen den Niveaus 1 und 2 ist durch den Einstein-Koeffizienten B bestimmt. Wie oben bereits erwähnt, muss dieser Prozess durch ein einfallendes Photonenfeld stimuliert werden. Einsteins Behandlung folgend schreiben wir die Absorptionsrate pro Zeiteinheit als

$$\frac{\mathrm{d}N_1}{\mathrm{d}t} = -B_{12}N_1 u(\nu) \tag{B.5}$$

Dabei ist $N_1(t)$ die Anzahl der Atome im Niveau 1 zur Zeit t, B_{12} ist der Einstein-Koeffizient B des Übergangs und $u(\nu)$ die spektrale Energiedichte der elektromagnetischen Welle bei der Frequenz ν in Einheiten von $\mathrm{J\,m^{-3}\,Hz^{-1}}$. Indem wir $u(\nu)$ schreiben, sagen wir explizit, dass nur derjenige Teil des Spektrums der einfallenden Strahlung den Absorptionsübergang induzieren kann, der die Frequenz ν mit $h\nu = E_2 - E_1$ hat. Gleichung (B.5) kann als Definition des Einstein-Koeffizienten B aufgefasst werden.

Die oben betrachteten Prozesse der Absorption und der spontanen Emission sind recht intuitiv. Einstein erkannte jedoch, dass die Analyse damit noch nicht vollständig war, und führte einen dritten Übergangstyp ein, der als **stimulierte Emission** bezeichnet wird. Bei diesem Prozess kann das einfallende Photonenfeld abwärts gerichtete Emissionsübergänge wie auch aufwärts gerichtete Absorptionsübergänge stimulieren. Die stimulierte Emissionsrate wird durch einen zweiten Einstein-Koeffizienten B bestimmt, der mit B_{21} bezeichnet wird. Der Index ist nun zwingend erforderlich, um die beiden unterschiedlichen Prozesse von Absorption und stimulierter Emission zu unterscheiden.

In Analogie zu (B.5) schreiben wir für die stimulierte Emission die folgende Ratengleichung auf:

$$\frac{\mathrm{d}N_2}{\mathrm{d}t} = -B_{21}N_2 u(\nu) \tag{B.6}$$

Die stimulierte Emission ist ein kohärenter quantenmechanischer Effekt, bei dem die emittierten Photonen mit den Photonen, welche den Übergang induzieren, in Phase sind.

Bei der vollständig quantenoptischen Behandlung der Strahlungsemission ist das Photonfeld quantisiert. Das Energiespektrum entspricht dem des harmonischen Oszillators, d. h. es ist $E_n = (n + \frac{1}{2})h\nu$, wobei n die Anzahl der Photonen ist. Der Faktor 1/2 entspricht den Nullpunktsfluktuationen des elektromagnetischen Feldes. Die spontane Emission wird dann als ein stimulierter Prozess infolge der stets vorhandenen Nullpunktsfluktuationen betrachtet.

Auf der stimulierten Emission basiert das Arbeitsprinzip des Lasers. Das Akronym „Laser" steht für engl. „light amplification by stimulated emission of radiation" (dt. Lichtverstärkung durch stimulierte Strahlungsemission).

Die drei Einstein-Koeffizienten sind keine unabhängigen Parameter, sondern hängen alle miteinander zusammen. Wenn wir einen von ihnen kennen, können wir die anderen beiden ableiten. Um zu sehen, wie dies funktioniert, folgen wir Einsteins Behandlung.

Wir stellen uns vor, dass sich das Atom in einem Kasten mit schwarzen Wänden befindet, in dem die Temperatur T herrscht. Das Atom ist dann in Schwarzkörperstrahlung eingetaucht. Die Schwarzkörperstrahlung induziert sowohl Absorptionsübergänge als auch stimulierte Emissionsübergänge, während gleichzeitig mit einer Rate, die durch den Einsteinkoeffizienten A bestimmt ist, spontane Emissionsübergänge auftreten. Die drei Übergangstypen sind in Abbildung B.2 dargestellt. Wenn wir das Atom lange genug sich selbst überlassen, wird es ins thermische Gleichgewicht mit der Schwarzkörperstrahlung kommen. Unter diesen Gleichgewichtsbedingungen muss die Rate der aufwärts gerichteten Absorptionsübergänge die Rate der nach unten gerichteten spontanen und stimulierten Emission exakt ausbalancieren. Gemäß den Gleichungen (B.2), (B.5) und (B.6) muss daher gelten

$$B_{12}N_1 u(\nu) = A_{21}N_2 + B_{21}N_2 u(\nu) \tag{B.7}$$

Da die Atome im thermischen Gleichgewicht mit dem Strahlungsfeld sind, wird die Verteilung der Atome auf die verschiedenen Energieniveaus durch die Gesetze der Thermodynamik bestimmt. Das Verhältnis von N_2 zu N_1 ist also durch die Boltzmann-Statistik gegeben:

$$\frac{N_2}{N_1} = \frac{g_2}{g_1} \exp\left(-\frac{h\nu}{k_{\mathrm{B}}T}\right) \tag{B.8}$$

Dabei sind g_1 und g_2 die Entartungen von Niveau 1 und 2. Das Energiespektrum eines schwarzen Strahlers ist durch die Planck-Formel

$$u(\nu) = \frac{8\pi h\nu^3}{c^3}\frac{1}{\exp(h\nu/k_{\mathrm{B}}T) - 1} \tag{B.9}$$

gegeben. Die Gleichungen (B.7) bis (B.9) können nur dann für alle Temperaturen miteinander verträglich sein, wenn die Gleichungen

$$g_1 B_{12} = g_2 B_{21} \tag{B.10}$$

und

$$A_{21} = \frac{8\pi h\nu^3}{c^3} B_{21} \tag{B.11}$$

erfüllt sind. Eine kurze Überlegung macht klar, dass es ohne den Term der stimulierten Emission nicht möglich ist, Konsistenz zwischen den Gleichungen zu erzielen. Diese Überlegung ist es, die Einstein dazu veranlasste, das Konzept einzuführen. Gleichung (B.10)

Der Gleichgewichtszustand zwischen den Atomen und der Strahlung tritt unabhängig davon auf, ob es sich bei dem Niveau 1 um den Grundzustand handelt und ob Übergänge von oder in andere Niveaus erfolgen. Das Prinzip der **detaillierten Balance** stellt sicher, dass (B.7) stets erfüllt ist.

Wenn das Atom in ein optisches Medium mit einem Brechungsindex n eingebettet ist, ersetzen wir in (B.11) c durch c/n, um die im Medium reduzierte Geschwindigkeit des Lichts zu berücksichtigen.

besagt, dass die Wahrscheinlichkeiten für die stimulierte Absorption und Emission abgesehen von den Entartungsfaktoren gleich sind. Außerdem wissen wir aus den zwischen den Einstein-Koeffizienten bestehenden Beziehungen, dass Übergänge mit einer hohen Absorptionswahrscheinlichkeit auch eine hohe Emissionswahrscheinlichkeit haben, sowohl bei spontanen Prozessen als auch bei stimulierten.

Die durch (B.10) und (B.11) gegebenen Beziehungen zwischen den Einstein-Koeffizienten wurden für den Fall eines Atoms hergeleitet, das sich im Gleichgewicht mit Schwarzkörperstrahlung befindet. Sie gelten jedoch in allen anderen Fällen ebenso. Dies ist eine sehr nützliche Eigenschaft, da wir so nur einen Koeffizienten kennen müssen, um die anderen beiden herzuleiten. Beispielsweise können wir die radiative Lebensdauer messen und aus (B.4) den Koeffizienten A_{21} bestimmen, um daraus dann mithilfe von (B.11) und (B.10) die B-Koeffizienten herzuleiten.

Eine wichtige Anwendung der Einstein-Koeffizienten tritt bei der Analyse der optischen Verstärkung in einem Lasermedium auf. Eine Verstärkung wird erreicht, wenn die Rate der stimulierten Emission die Absorptionsrate übersteigt, sodass die Lichtintensität zunimmt anstatt zu fallen, während das Licht durch das Medium propagiert. Aus (B.5) und (B.6) folgt, dass diese Bedingung in der Form

$$B_{21}N_2 u(\nu) > B_{12}N_1 u(\nu) \tag{B.12}$$

geschrieben werden kann. Durch Einsetzen von (B.10) erhalten wir hieraus

$$N_2 > \frac{g_2}{g_1} N_1 \tag{B.13}$$

Diese Ungleichung beschreibt eine nichtthermische Verteilung, bei der die gewichtete Besetzung des oberen Niveaus die des unteren Niveaus übersteigt. Diese Konstellation wird als **Besetzungsinversion** bezeichnet und ist eine notwendige Voraussetzung für das Betreiben eines Lasers.

B.2   Quantenübergangsraten

Die quantenmechanische Berechnung der Raten von Strahlungsübergängen erfolgt mithilfe der zeitabhängigen Störungstheorie. Die Wechselwirkung zwischen Licht und Materie wird durch Übergangswahrscheinlichkeiten beschrieben, die mithilfe von **Fermis goldener Regel** berechnet werden können. Für die in Abbildung B.1 illustrierten radiativen Prozesse können wir die Übergangsraten in der Form

$$W_{1\to 2} = \frac{2\pi}{\hbar} |M_{12}|^2 g(h\nu) \tag{B.14}$$

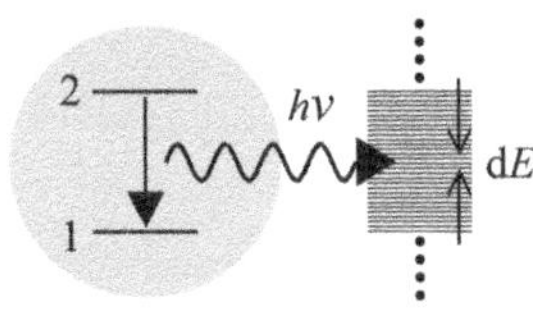

Abb. B.3: Optische Übergänge zwischen diskreten atomaren Zuständen unter Emission von Photonnen in das Kontinuum der Vakuumzustände.

Die photonische Zustandsdichte, ausgedrückt durch die Energie, lautet $g(h\nu) = g_\nu/h^3$. Beachten Sie, dass die photonische Zustandsdichte und somit die radiative Emissionsrate modifiziert werden kann, indem man annimmt, dass das Atom in einen optischen Hohlraum anstatt in ein Vakuum emittiert. (Siehe Fox (2006), Kapitel 10.)

schreiben, wobei M_{12} das **Matrixelement** ist und $g(h\nu)$ die **Zustandsdichte**.

Die Zustandsdichte ist so definiert, dass $g(h\nu)\mathrm{d}E$ die Anzahl der *finalen* Zustände pro Volumeneinheit ist, die auf den Energiebereich von E bis $E + \mathrm{d}E$ entfallen (dabei ist $E = h\nu$). Im Falle der Strahlungsübergänge zwischen quantisierten Niveaus in einem Atom sind die initialen und finalen Elektronenzustände *diskret*, und die Photonen werden ins Vakuum emittiert, was schematisch in Abbildung B.3 dargestellt ist. Der in (B.14) eingehende Zustandsdichtefaktor ist in diesem Falle also die Dichte der *Photonenzustände*. Die photonische Zustandsdichte im freien Raum wird normalerweise durch die Frequenz anstatt durch die Energie ausgedrückt, und zwar durch

$$g_\nu(\nu) = \frac{8\pi\nu}{c^3} \tag{B.15}$$

In einem Medium mit dem Brechungsindex n ist c durch c/n zu ersetzen. Die Zustandsdichte ist somit proportional zum Quadrat der Frequenz, weshalb die Übergangsrate grundsätzlich mit der Photonenfrequenz wächst.

In der Festkörperphysik kommt es häufig vor, dass die Elektronenzustände nicht mehr diskret, sondern zu Bändern verbreitert sind. Dann ist es notwendig, die Dichte der Elektronenzustände ebenso wie die Dichte der Photonenzustände zu betrachten. Dieser elektronische Zustandsdichtefaktor wird in den Kapiteln dieses Buch immer wieder ausführlich diskutiert, wann immer er auftritt. Wenn sowohl die initialen als auch die finalen Niveaus als kontinuierliche Bänder vorliegen, muss eine geeignet gewichtete gemeinsame Zustandsdichte für die initalen und finalen Bänder betrachtet werden.

Das in Fermis goldener Regel auftretende Matrixelement kann in kompakter Dirac-Notation geschrieben werden oder auch explizit mithilfe der Überlappungsintegrale:

$$M_{12} = \langle 2|H'|1\rangle = \int \psi_2^*(\mathbf{r})H'(\mathbf{r})\psi_1(\mathbf{r})\,\mathrm{d}^3\mathbf{r} \tag{B.16}$$

Dabei ist H' die durch die Lichtwelle verursachte Störung und $\mathbf{r}$ der Ortsvektor des Elektrons. $\psi_1(\mathbf{r})$ und $\psi_2(\mathbf{r})$ sind die Wellenfunktionen der initialen und finalen Zustände. Um M_{12} auszuwerten, benötigen wir die Wellenfunktionen der Zustände sowie die Form der Störung durch die Lichtwelle.

Die Störung aufgrund des Lichts kann ausgewertet werden, indem man den Effekt des elektromagnetischen Feldes auf das Elektron im Atom berechnet. Aus der klassischen Theorie des Elektromagnetismus wissen wir, dass das Feld den Impuls eines geladenen Teilchens von $\mathbf{p}$ in $(\mathbf{p} - q\mathbf{A})$ ändert. Dabei ist q die Ladung und $\mathbf{A}$ das

durch (A.14) definierte Vektorpotential. Der Hamilton-Operator für
ein Elektron mit $q = -e$ in einem elektromagnetischen Feld ist somit

$$
\begin{aligned}
H &= \frac{1}{2m_0}(\mathbf{p} + e\mathbf{A})^2 + V(\mathbf{r}) \\
&= H_0 + \frac{e}{2m_0}(\mathbf{p} \cdot \mathbf{A} + \mathbf{A} \cdot \mathbf{p}) + \frac{e^2\mathbf{A}^2}{2m_0}
\end{aligned}
\tag{B.17}
$$

Dabei repräsentiert H_0 den Hamilton-Operator des Elektrons vor
dem Anlegen des Feldes. Er ist gegeben durch

$$
H_0 = \frac{\mathbf{p}^2}{2m_0} + V(\mathbf{r})
\tag{B.18}
$$

mit der potentiellen Energie $V(\mathbf{r})$ des Elektrons im Atom. Die Störung H' aufgrund des elektromagnetischen Feldes ist also

$$
H' = \frac{e}{2m_0}(\mathbf{p} \cdot \mathbf{A} + \mathbf{A} \cdot \mathbf{p}) + \frac{e^2\mathbf{A}^2}{2m_0}
\tag{B.19}
$$

Im Falle statischer Felder sorgen die ersten beiden Terme für den
Zeeman-Effekt, während der dritte für den Diamagnetismus verant-
wortlich ist. Wir betrachten diese Effekte hier nicht weiter, da unser
Interesse der Antwort des Systems auf die oszillierenden Felder einer
Lichtwelle gilt.

Der die Wechselwirkung beschreibende Hamilton-Operator (B.19)
kann in zweierlei Hinsicht vereinfacht werden. Zum einen vernachlässigen wir den $\mathbf{A}^2$-Term, da dieser im Vergleich zu den beiden
anderen Termen auf der rechten Seite sehr klein ist. Zum anderen können wir die beiden ersten Terme von H' zusammenfassen,
da die beiden Operatoren kommutieren. Dies ist der Fall, weil bei
Coulomb-Eichung (siehe (A.20)) $\mathbf{\nabla} \cdot \mathbf{A} = 0$ gilt, und daher folgt
$\mathbf{p} \cdot \mathbf{A} = \mathbf{A} \cdot \mathbf{p}$, wenn $\mathbf{p} = -i\hbar\mathbf{\nabla}$ gilt.

Mit diesen beiden Vereinfachungen können wir die Störung aufgrund
des Lichtfeldes in der Form

$$
H' = \frac{e}{m_0}\mathbf{p} \cdot \mathbf{A}
\tag{B.20}
$$

schreiben. Dies hat nun eine Form, die für das Vektorpotential einer
elektromagnetischen Welle ausgewertet werden kann.

Wenn das elektrische Feld $\mathcal{E}$ und das Magnetfeld $\mathbf{B}$ der Lichtwelle
räumlich und zeitlich wie der Realteil von $\exp i(\mathbf{k} \cdot \mathbf{r} - \omega t)$ mit $\omega = ck$
variieren, dann folgt aus (A.14) und (A.18), dass dies auch für $\mathbf{A}$
gelten muss. Wir können daher schreiben

$$
\mathbf{A}(\mathbf{r}, t) = \mathbf{A}_0(\exp i(\mathbf{k} \cdot \omega t) + \text{c.c.})
\tag{B.21}
$$

Der Term mit $\mathbf{A}^2$
korrespondiert mit
Wechselwirkungen zwischen
dem Atom und dem
Lichtfeld, an denen zwei
Photonen beteiligt sind
anstatt nur ein einzelnes.
Diese Zwei-Photonen-
Wechselwirkungen sind
gewöhnlich sehr schwach,
doch bei intensiven
Laserfeldern können sie
von Bedeutung werden.
Der $\mathbf{A}^2$-Term ist auch
für die Rayleigh-Streuung
verantwortlich.

wobei wir aus (A.18) ablesen können, dass $\mathbf{A}_0$ in die gleiche Richtung wie $\boldsymbol{\mathcal{E}}$ zeigen muss, nämlich in die Richtung der Polarisation.

Für den in (B.21) auftretende Exponentialterm in $\mathbf{k} \cdot \mathbf{r}$ betrachten wir die Taylor-Entwicklung

$$e^{i\mathbf{k}\cdot\mathbf{r}} = 1 + i\mathbf{k} \cdot \mathbf{r} + \tfrac{1}{2}(i\mathbf{k} \cdot \mathbf{r})^2 + \ldots \tag{B.22}$$

Bei optischen Frequenzen ist die Wellenlänge etwa $1\,\mu\mathrm{m}$, und die räumliche Ausdehnung eines typischen Atoms ist $\sim 10^{-10}\,\mathrm{m}$. Somit gilt $|\mathbf{k}\cdot\mathbf{r}| \approx 2\pi|\mathbf{r}|/\lambda \sim 10^{-3}$. Das bedeutet, dass wir in (B.22) nur den ersten Term betrachten müssen und $\exp i\mathbf{k} \cdot \mathbf{r} \sim 1$ als eine sehr gute Näherung verwenden können. Dies wird als **elektrische Dipolnäherung** bezeichnet, und die Gründe hierfür werden im Folgenden klar werden. Bei dieser Näherung müssen wir Matrixelemente des Typs

$$M_{12} = \frac{e}{m_0} \langle 2|\mathbf{p} \cdot \mathbf{A}_0|1\rangle \tag{B.23}$$

betrachten. Im Wechselwirkungsbild können wir die Bewegungsgleichung eines zeitabhängigen Operators $\hat{O}$ in der Form

$$\frac{\mathrm{d}}{\mathrm{d}t}\,\hat{O}(t) = \frac{i}{\hbar}[H_0, \hat{O}] = \frac{i}{\hbar}(H_0\hat{O} - \hat{O}H_0) \tag{B.24}$$

schreiben. Mit $\mathbf{p} = m_0 \mathrm{d}\mathbf{r}/\mathrm{d}t$ haben wir daher

$$\begin{aligned}
\langle 2|\mathbf{p}|1\rangle &= m_0\langle 2|\mathrm{d}\mathbf{r}/\mathrm{d}t|1\rangle \\
&= \frac{im_0}{\hbar}\langle 2|[H_0, \mathbf{r}]|1\rangle \\
&= \frac{im_0}{\hbar}(E_2 - E_1)\langle 2|\mathbf{r}|1\rangle \\
&= im_0\omega_{21}\langle 2|\mathbf{r}|1\rangle
\end{aligned} \tag{B.25}$$

Dabei ist $\hbar\omega_{21}$ die Übergangsenergie. Beim Zwischenschritt von der zweiten zur dritten Zeile haben wir ausgenutzt, dass wegen der Schrödinger-Gleichung die Beziehung $H_0\Psi_i = E_i\Psi_i$ gilt. Da das in (B.23) auftretende $\mathbf{A}_0$ ein einfacher Vektor und kein Operator ist, können wir (B.25) verwenden, um (B.23) wie folgt umzuformen:

$$M_{12} = ie\omega_{21}\langle 2|\mathbf{r} \cdot \mathbf{A}_0|1\rangle \tag{B.26}$$

Schließlich beachten wir, dass aus den Gleichungen (B.21) und (A.18) die Beziehung $\boldsymbol{\mathcal{E}}_0 = i\omega\mathbf{A}_0$ folgt. Wenn also $\omega = \omega_{21}$ gilt, wie wir die ganze Zeit über angenommen haben, dann ist das Matrixelement des elektrischen Dipols gegeben durch

$$M_{12} = \langle 2|e\mathbf{r} \cdot \boldsymbol{\mathcal{E}}_0|1\rangle \tag{B.27}$$

Die Zeitabhängigkeit von $\mathbf{A}$ tritt hier nicht auf, da bereits bei der Herleitung von Fermis goldener Regel angenommen wurde, dass die Störung eine Zeitabhängigkeit der Form $e^{\pm i\omega t}$ hat.

Ein Vergleich zwischen (B.16) und (B.27) zeigt, dass der Hamilton-Operator im Rahmen der elektrischen Dipolnäherung einfach

$$H' = -\mathbf{p}_e \cdot \boldsymbol{\mathcal{E}}_0 \tag{B.28}$$

ist. $\mathbf{p}_e = -e\mathbf{r}$ ist das elektrische Dipolmoment des Elektrons. Das ist exakt das Gleiche wie die Wechselwirkungsenergie, die wir für einen Dipol in einem elektrischen Feld erwarten. Aus diesem Grund werden diese Übergänge elektrische Dipolübergänge genannt.

Das durch (B.27) gegebene Ergebnis versetzt uns in die Lage, die Matrixelemente für spezielle Übergänge auszuwerten, wenn die Wellenfunktionen der initialen und finalen Zustände bekannt sind. Wir können Fermis goldene Regel anwenden, um aus (B.14) $W_{1\to2}$ zu bestimmen und so die Absorptionsrate zu erhalten. Gemäß (B.5) muss diese gleich $B_{12}u(\nu)$ sein. Die spektrale Energiedichte $u(\nu)$ einer elektromagnetischen Welle ist proportional zu $\mathcal{E}_0^2$ (vgl. (A.43) und (A.44)), sodass wir B_{12} aus $W_{1\to2}$ und A_{21} aus (B.11) erhalten.

Das Endergebnis für Übergänge zwischen nichtentarteten diskreten atomaren Niveaus durch Absorption oder Emission von unpolarsiertem Licht lautet

$$B_{12} = \frac{\pi e^2}{3\epsilon_0 \hbar^2} |\langle 2|\mathbf{r}|1\rangle|^2 \tag{B.29}$$

und

$$A_{21} = \frac{e^2 \omega_{21}^3}{3\pi\epsilon_0 \hbar c^3} |\langle 2|\mathbf{r}|1\rangle|^2 \tag{B.30}$$

Wenn die Niveaus entartet sind, müssen wir (B.29) und (B.30) so modifizieren, dass unterschiedliche Pfade des Übergangs erlaubt sind. Wenn wir beispielsweise Übergänge zwischen atomaren Niveaus mit den Quantenzahlen j und i betrachten, von denen jedes aus einer Menge von entarteten Niveaus besteht, die jeweils durch eine zusätzliche Quantenzahl m_j und m_i bezeichnet werden, dann modifiziert sich (B.30) zu

$$A_{ji} = \frac{e^2 \omega_{ji}^3}{3\pi\epsilon_0 \hbar c^3} \frac{1}{g_j} \sum_{m_j, m_i} |\langle j, m_j|\mathbf{r}|i, m_i\rangle|^2 \tag{B.31}$$

Zwei der Potenzen von ω in (B.30) und (B.31) stammen aus der photonischen Zustandsdichte (siehe (B.15)). Die dritte kommt aus der Photonenenergie.

wobei g_j die Entartung des oberen Zustands ist. In Festkörpersystemen mit kontinuierlichen Bändern wird die Summation über diskrete Niveaus durch die gemeinsame Zustandsdichte der initialen und finalen Bänder ersetzt.

Das Matrixelement für einen Übergang ist direkt proportional zur **Oszillatorstärke** f_{ij}, die bei der klassischen Behandlung der Absorption von Licht durch Atome in Abschnitt 2.2.2 eingeführt wurde.

Für Übergänge zwischen nichtentarteten Niveaus gilt

$$f_{ij} = \frac{2m\omega_{ji}}{3\hbar}\,|\langle j|\mathbf{r}|i\rangle|^2 \tag{B.32}$$

Die Oszillatorstärke wurde vor der Entwicklung der Quantentheorie eingeführt, um zu erklären, warum manche atomaren Absorptions- und Emissionslinien stärker sind als andere. Vor dem Hintergrund der Quantenmechanik wird klar, dass dies ganz einfach auf die unterschiedlichen Matrixelemente zurückzuführen ist.

Ausführungen zu optischen Rabi-Ozillationen und ihrem Zusammenhang mit den Einstein-Koeffizienten finden Sie in Fox (2006), Kapitel 9.

Wie wir aus der quantenoptischen Behandlung der Wechselwirkung zwischen Licht und Materie sehen, oszillieren die Atome bei Vorhandensein eines Feldes zwischen initialen und finalen Zuständen. Diese Oszillationen werden als Rabi-Oszillationen bezeichnet. Wir können diese Vorstellung in Einklang mit dem Konzept der diskreten Übergänge bringen, wenn wir uns klarmachen, dass die Oszillationen nur dann zu beobachten sind, wenn die Atome nicht in irgendeiner Weise streuen. Falls Streuvorgänge auftreten, bricht dies die Kohärenz der Oszillationen, und das Atom verbleibt schließlich entweder im initialen oder im finalen Zustand, je nachdem, wo es sich gerade befindet, wenn das Streuereignis stattfindet. Dies liefert dann die Wahrscheinlichkeit dafür, dass das Atom aufgrund der Wechselwirkung mit dem Licht einen Übergang in den finalen Zustand ausführt. In den Systemen, die wir in diesem Buch betrachten, sind die Rabi-Oszillationen immer stark gedämpft und müssen daher nicht berücksichtigt werden.

B.3 Auswahlregeln

Das durch (B.27) gegebene Matrixelement des elektrischen Dipols kann für einfache Atome mit bekannten Wellenfunktionen leicht ausgewertet werden. Dies führt zur Formulierung von **Auswahlregeln** für den elektrischen Dipol. Wenn die Zustände die Auswahlregeln nicht erfüllen, ist die Übergangsrate des elektrischen Dipols null.

Übergänge, die diese Auswahlregeln erfüllen, werden **erlaubte** Übergänge genannt, die übrigen **verbotene** Übergänge. Elektrisch dipolerlaubte Übergänge haben hohe Übergangswahrscheinlichkeiten und daher kurze radiative Lebensdauern, die typischerweise in der Größenordnung von 1 bis 10 ns liegen. Verbotene Übergänge sind im Vergleich dazu wesentlich langsamer. Die unterschiedlichen Zeitskalen für erlaubte und verbotene Übergänge führen zu einer weiteren allgemeinen Unterteilung spontaner Emissionsvorgänge: man unterscheidet **Fluoreszenz-** und **Phosphoreszenzübergänge.** Fluoreszenz ist ein „prompter" Prozess, bei dem das Photon innerhalb weniger Nanosekunden nach der Anregung des Atoms emittiert wird,

Tab. B.1: Auswahlregeln für den elektrischen Dipol einzelner Elektronen. Die z-Achse wird gewöhnlich in Richtung eines äußeren statischen magnetischen oder elektrischen Feldes gewählt. Die Auswahlregel an Δm für zirkulare Polarisation gilt für die Absorption. Für die Emission kehrt sich das Vorzeichen um.

Quantenzahl	Auswahlregel	Polarisation
Parität	Änderung	
l	$\Delta l = \pm 1$	
m	$\Delta m = +1$	zirkular: σ^+
	$\Delta m = -1$	zirkular: σ^-
	$\Delta m = 0$	linear: $\parallel z$
	$\Delta m = \pm 1$	linear: $\parallel (x,y)$
s	$\Delta s = 0$	
m_s	$\Delta m_s = 0$	

während die Phosphoreszenz mit einer „verzögerten" Emission verbunden ist, die sich über eine beträchtliche Zeitspanne erstreckt.

Die Auswahlregeln für den elektrischen Dipol für ein einzelnes Elektron in einem wasserstoffähnlichen System mit den Quantenzahlen l, m, s und m_s sind in Tabelle B.1 zusammengestellt. Die Ursachen dieser Regeln sind folgende:

- Die Auswahlregel für die Parität folgt aus der Tatsache, dass der Operator für den elektrischen Dipol proportional zu **r** ist, und dies ist eine ungerade Funktion.

- Die Regel für Δl leitet sich aus den Eigenschaften der Kugelfunktionen her und ist konsistent mit der Paritätsregel, da die Wellenfunktionen die Parität $(-1)^l$ haben.

- Die Regeln für Δm werden verständlich, wenn man bemerkt, dass zirkular mit σ^+ und σ^- polarisierte Photonen die Drehimpulse $+\hbar$ bzw. $-\hbar$ in Richtung der z-Achse tragen. Folglich muss m sich um eins ändern, damit der Drehimpuls erhalten bleibt. Für linear in Richtung der z-Achse polarisiertes Licht hat der Drehimpuls der Photonen keine z-Komponente, woraus $\Delta m = 0$ folgt, während in x- oder y-Richtung polarisiertes Licht als eine gleichverteilte Kombination aus σ^+- und σ^--Photonen betrachtet werden kann, was auf $\Delta m = \pm 1$ führt.

  Die Definition von zirkularer Polarisation mit σ^+ und σ^- finden Sie in Anhang A.2.

- Die Auswahlregeln für den Spin folgen aus der Tatsache, dass das Photon nicht mit dem Elektronenspin wechselwirkt und sich daher die Spinquantenzahl während des Übergangs nicht ändert.

Diese Auswahlregeln können auf den Fall von Atomen mit mehreren Elektronen der Quantenzahlen (L, S, J) verallgemeinert werden:

(1) Die Parität der Wellenfunktion muss sich ändern.

(2) Für das sich ändernde Elektron gilt $\Delta l = \pm 1$.

(3) $\Delta L = 0, \pm 1$, doch $L = 0 \to 0$ ist verboten.

(4) $\Delta J = 0, \pm 1$, doch $J = 0 \to 0$ ist verboten.

(5) $\Delta S = 0$.

Die Paritätsregel folgt aus der ungeraden Parität des Dipoloperators. Die Regel für l gilt für das individuelle Elektron, das bei dem Übergang den Sprung ausführt. Die Regeln für L und J folgen aus der Tatsache, dass das Photon eine Einheit des Drehimpulses trägt. Die letzte Regel ist eine Konsequenz aus der Tatsache, dass das Photon nicht mit dem Spin wechselwirkt.

Wenn elektrische Dipolübergänge verboten sind, dann können andere Arten von Prozessen auftreten. Beispielsweise sind **magnetische Dipolübergänge** und **elektrische Quadrupolübergänge** zwischen Zuständen der gleichen Parität möglich. Diese Prozesse korrespondieren mit Termen höherer Ordnung, die wir in (B.22) vernachlässigt haben. Sie haben kleinere Übergangswahrscheinlichkeiten und somit längere radiative Lebensdauern (10^{-6} s und mehr). In Extremfällen kann es vorkommen, dass alle Arten von Einzel-Photon-Strahlungsübergängen verboten sind. Dann wird der angeregte Zustand als **metastabil** bezeichnet, und das Atom kann sich nur abregen, indem es seine Energie bei Stößen auf andere Atome überträgt, oder aber durch andere Mechanismen geringerer Wahrscheinlichkeit (etwa durch Multi-Photon-Emission), die wir hier nicht betrachtet haben.

Übergänge mit $J = 0 \to 0$ sind für Einzel-Photon-Übergänge strikt verboten.

Weiterführende Literatur

Dieser Stoff wird in den meisten Lehrbüchern zur Quantenmechanik behandelt. Siehe zum Beispiel Gasiorowicz (2012) oder Schiff (1969). Ausführlichere Informationen über Auswahlregeln und Übergangsraten für Atome finden Sie in Büchern über Atomphysik wie Corney (1977) oder Woodgate (1980).

C Der Drehimpuls in der Atomphysik

Die atomphysikalische Behandlung des Drehimpulses ist recht kompliziert und führt nicht selten zur Verwirrung, besonders was die dabei verwendete Notation betrifft. Da ein Verständnis der atomaren Drehimpulszustände an vielen Stellen in diesem Buch erforderlich ist, soll hier eine kurze Zusammenfassung beigefügt werden.

C.1 Der Drehimpuls in der Quantenmechanik

In der klassischen Physik ist es möglich, die Länge eines Drehimpulsvektors $\mathbf{J}$ und seine drei Komponenten in Richtung der kartesischen Achsen, J_x, J_y und J_z zu kennen. Anders in der Quantenmechanik: hier kann man nur $|\mathbf{J}|^2$ und eine der drei Komponenten kennen, wobei gewöhnlich angenommen wird, dass diese Komponente J_z ist. Für die Eigenzustände des Drehimpulsoperators gilt

$$\langle \hat{\mathbf{J}}^2 \rangle = J(J+1)\,\hbar^2 \tag{C.1}$$

$$\langle \hat{J}_z \rangle = M_J\,\hbar \tag{C.2}$$

mit den Quantenzahlen J und M_J. J kann positive ganzzahlige oder halbzahlige Werte annehmen, während M_J Werte von $-J$ bis $+J$ in ganzzahligen Schritten annehmen kann. In Dirac-Notation schreibt man die Zustände mit den Quantenzahlen J und M_J als $|J, M_J\rangle$.

Bei der Addition zweier quantisierter Drehimpulse können wir nicht einfach wie in der klassischen Mechanik die üblichen Regeln der Vektoraddition anwenden, da die Länge des resultierenden Vektors (C.1) genügen muss. Sei $\mathbf{J}$ der resultierende Vektor aus $\mathbf{J}_1$ und $\mathbf{J}_2$ gemäß

$$\mathbf{J} = \mathbf{J}_1 + \mathbf{J}_2 \tag{C.3}$$

Die zu $\mathbf{J}$ gehörende Quantenzahl J kann nur die Werte

$$(J_1 + J_2),\ (J_1 + J_2 - 1),\ \cdots\ |J_1 - J_2|$$

annehmen. Dabei sind J_1 und J_2 die Quantenzahlen zu $\mathbf{J}_1$ und $\mathbf{J}_2$. Diese Regel gilt ganz allgemein und kann auf die Addition unterschiedlicher Arten von Drehimpulsen angewendet werden. Im nächsten Abschnitt betrachten wir verschiedene Beispiele.

C.2   Notation für atomare Drehimpulszustände

In der Quantenmechanik gibt es zwei unterschiedliche Typen von Drehimpulsen. Der erste ist der **Bahndrehimpuls**; er ist die quantenmechanische Entsprechung des klassischen Drehimpulses. Der zweite ist der sogenannte **Spin**, für den es keine klassische Entsprechung gibt.

Wir beginnen mit der Betrachtung eines einzelnen Elektrons. Nach einer allgemeinen Konvention der Atomphysik werden einzelne Elektronen mit Kleinbuchstaben bezeichnet, während die Großbuchstaben für die entsprechenden resultierenden Größen des gesamten Atoms verwendet werden. Der Bahndrehimpuls $\mathbf{l}$ wird durch die Quantenzahl l beschrieben, die positive ganzzahlige Werte gemäß Tabelle C.1 annehmen kann. Die z-Komponente von $\mathbf{l}$ wird durch die Quantenzahl m_l (manchmal auch einfach nur m) spezifiziert, welche ganzzahlige Werte von $-l$ bis $+l$ annehmen kann.

Die Quantenzahlen für den Betrag und die z-Komponente des Spins $\mathbf{s}$ werden mit s und m_s bezeichnet. Versuche mit Elektronen, Protonen und Neutronen zeigen, dass diese Teilchen alle den Spin $s = 1/2$ haben, sodass $m_s = \pm 1/2$ gilt. Die Zustände $m_s = \pm 1/2$ werden üblicherweise „Spin-up" und „Spin-down" genannt.

Wenn ein einzelnes Teilchen (beispielsweise das Elektron in einem Wasserstoffatom) sowohl einen Bahndrehimpuls als auch einen Spin hat, dann berechnen wir den Gesamtdrehimpuls $\mathbf{j}$ als

$$\mathbf{j} = \mathbf{l} + \mathbf{s} \tag{C.4}$$

Durch Anwenden Regel (C.3) für die Addition von Drehimpulsen stellen wir fest, dass die zu $\mathbf{j}$ gehörende Quantenzahl j Werte von $|l - s|$ bis $(l + s)$ in ganzzahligen Schritten annehmen kann. Für jeden Wert von j wird die z-Komponente durch m_j spezifiziert, die Werte in ganzzahligen Schritten von $-j$ bis $+j$ annehmen kann.

In einem Atom mit mehreren Elektronen müssen wir überlegen, wie die verschieden Drehimpulsarten der individuellen Elektronen zu kombinieren sind, um die resultierenden Drehimpulszustände des gesamten Atoms zu finden. Diese Arbeit wird stark vereinfacht durch die Tatsache, dass die Elektronen in Schalen um den Kern angeordnet sind und dass der Gesamtdrehimpuls einer gefüllten Schale null ist. Daher müssen wir nur die Valenzelektronen der nicht vollständig gefüllten Schalen betrachten.

Wir widmen uns hier ausschließlich dem Elektronenspin. Der Kernspin und die mit ihm verbundenen Effekte, beispielsweise die Hyperfeinstruktur, werden hier nicht betrachtet.

Tab. C.1: Spektroskopische Notation zur Bezeichnung der Bahnzustände.

l	0	1	2	3	4	$\cdots$
	s	p	d	f	g	$\cdots$

Es gibt eine Reihe von Möglichkeiten, wie Spin und Bahndrehimpuls in einem Atom mit mehreren Elektronen kombiniert sein können. Spin und Bahndrehimpuls wechselwirken über die Spin-Bahn-Kopplung miteinander, wobei die Art der Kopplung von der relativen Stärke dieser Wechselwirkung im Vergleich zu den anderen auf die Elektronen wirkenden Kräfte abhängt. Diese anderen Wechselwirkungen können in zwei allgemeine Kategorien unterteilt werden:

Für ein einzelnes Elektron hat die Spin-Bahn-Wechselwirkung die Form $\xi \mathbf{l} \cdot \mathbf{s}$. In einem Atom mit mehreren Elektronen verallgemeinert sich dies auf $\xi' \mathbf{L} \cdot \mathbf{S}$.

- Interne Effekte innerhalb des Atoms. Der wichtigste dieser Effekte ist die elektrostatische Restwechselwirkung, die aus dem nichtzentralen Teil der Coulomb-Kraft zwischen den Elektronen resultiert.

- Externe Störungen, die von einem Magnetfeld oder einem elektrischen Feld ausgehen. In ionischen Kristallen stellen die elektrischen Felder, die von den anderen geladenen Atome im Kristall erzeugt werden, eine besonders wichtige Quelle solcher Störungen dar (siehe Abschnitt 9.3.2).

Der Betrag der Spin-Bahn-Wechselwirkung wächst im allgemeinen proportional zu Z^2, wobei Z die Ordnungszahl ist. Daher können sich die Verhältnisse der Stärken unterschiedlicher Wechselwirkungen ändern, wenn Z wächst. In allen isolierten Atomen ohne externe Störungen führt die Kugelsymmetrie zu Zuständen mit wohldefinierten Werten für den Gesamtdrehimpuls und folglich für die Quantenzahl J.

In vielen isolierten Atomen ist die elektrostatische Restwechselwirkung die dominierende Störung. Sie führt zu einer speziellen Art der Kopplung, die als **LS-Kopplung** (auch Russell-Saunders-Kopplung) bezeichnet wird. In diesem Fall bestimmen sich Gesamtspin und Bahndrehimpuls des Atoms aus

$$\mathbf{L} = \sum_i \mathbf{l}_i \qquad (C.5)$$

$$\mathbf{S} = \sum_i \mathbf{s}_i \qquad (C.6)$$

wobei die Summe über die Valenzelektronen zu nehmen ist. Die Vektoradditionen sind gemäß der durch (C.3) gegebenen Regel auszuführen. Nachdem die Werte von S und L bestimmt sind, erhalten wir den Gesamtdrehimpuls aus

$$\mathbf{J} = \mathbf{L} + \mathbf{S} \qquad (C.7)$$

Im Gegensatz zu Gleichung (C.4), die für ein einzelnes Elektron gilt, werden hier Großbuchstaben verwendet. J-Zustände mit gleichen LS-Werten werden als **Terme** bezeichnet, die individuellen J-Zustände dagegen als Niveaus.

Als Endergebnis erhalten wir für jede Elektronenkonfiguration der Valenzelektronen eine Menge von Zuständen, die durch die Quantenzahlen L, S und J gekennzeichnet sind, wobei J Werte von $|L-S|$

bis $L + S$ in ganzzahligen Schritten annimmt. Die LS-Zustände sind infolge der elektrostatischen Restwechselwirkung aufgespalten, und die zu jedem LS-Term gehörenden J-Zustände sind infolge der schwächeren Spin-Bahn-Kopplung aufgespalten. Die $|L, S, J\rangle$-Zustände werden in spektroskopischer Notation als

$$|L, S, J\rangle \equiv {}^{(2S+1)} \mathrm{L}_J \tag{C.8}$$

geschrieben, wobei der gerade Großbuchstabe L den Wert von L gemäß der in Tabelle C.1 gegebenen Konvention bezeichnet. Der Faktor $(2S + 1)$ gibt den Entartungsgrad des Spins an: für jeden Wert von S sind $(2S + 1)$ M_S verfügbar.

In Atomen mit zwei Valenzelektronen gibt es zwei mögliche Werte von S, nämlich 0 und 1. Terme mit $S = 0$ und $S = 1$ werden als **Singuletts** bzw. **Tripletts** bezeichnet. Singulett- und Triplett-terme werden durch die Austauschenergie aufgespalten, die aus der elektrostatischen Restwechselwirkung stammt. Der Unterschied zwischen Singulett- und Triplettzuständen ist von großer Bedeutung, wenn wir die beiden Elektronen einer molekularen Bindung betrachten (siehe Abschnitt 8.2.1).

C.3 Aufspaltung in Unterniveaus

Bei sphärischer Symmetrie sind die Unterniveaus eines speziellen Drehimpulszustands entartet. Diese Unterniveaus können aufgespalten werden, wenn externe Störungen (zum Beispiel Magnetfelder) die Symmetrie brechen. Aus diesem Grund werden die Quantenzahlen, welche die z-Komponente des Drehimpulses bezeichnen (d. h. m_l, m_s, M_J usw.) oft als *magnetische* Quantenzahlen bezeichnet.

Die Aufspaltung der J-Zustände eines Atoms in Unterniveaus aufgrund eines Magnetfeldes wird als **Zeeman-Effekt** bezeichnet. Die Feldrichtung legt die z-Achse fest, und die Energieverschiebung ist

$$\Delta E = g_J \mu_\mathrm{B} B_z M_J \tag{C.9}$$

Dabei ist g_J der g-Faktor des Niveaus und B_z ist der Betrag des Feldes. Durch das Feld werden die ansonsten entarteten M_J-Zustände in $(2J + 1)$ äquidistante Unterniveaus aufgespalten (siehe Abbildung C.1). Bei LS-Kopplung ist g_J durch den Landé-g-Faktor gegeben:

$$g_J = 1 + \frac{J(J + 1) + S(S + 1) - L(L + 1)}{2J(J + 1)} \tag{C.10}$$

Im Falle $S = 0$ gilt $g_J = 1$ (reiner Bahndrehimpuls: $J = L$), für $L = 2$ dagegen $g_J = 2$ (reiner Spin: $J = S$).

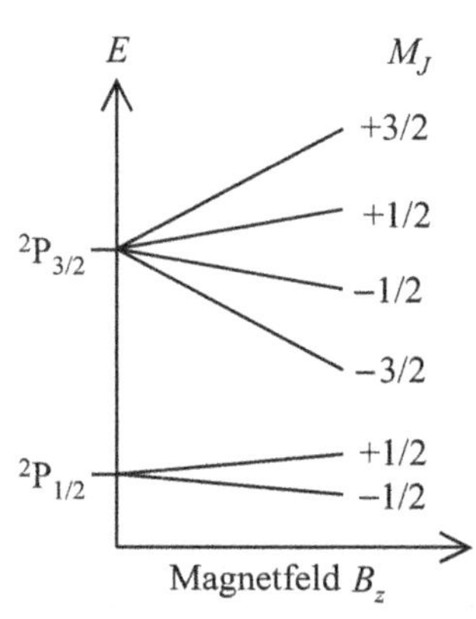

Abb. C.1: Zeeman-Aufspaltung der Terme $^2\mathrm{P}_{3/2}$ und $^2\mathrm{P}_{1/2}$ eines Alkaliatoms. Diese beiden Terme haben Landé-g-Faktoren von 4/3 bzw. 2/3.

Die Verschiebung der atomaren Niveaus in einem elektrischen Feld wird als **Stark-Effekt** bezeichnet. Die Art und Weise, wie die Niveaus verschoben werden, hängt von der relativen Stärke der Störung ab. Bei kleinen Feldstärken variiert die Energieverschiebung normalerweise quadratisch mit $\mathcal{E}_z$:

$$|\Delta E| \propto \mathcal{E}_z^2 M_J^2 \tag{C.11}$$

Die Energieverschiebung kann positiv oder negativ sein, und die Entartung der Unterniveaus wird nur partiell aufgehoben, da Zustände mit gleichem $|M_J|$ die gleiche Verschiebung erfahren. Das Verhalten ändert sich, wenn die Feldstärke so weit steigt, dass die Wechselwirkungsenergie größer ist als die ungestörte Energiedifferenz zwischen dem speziellen Zustand und einem anderen mit der entgegengesetzten Parität. In diesem Grenzfall variiert die Energieverschiebung linear mit $\mathcal{E}_z$. Dieser Wechsel vom quadratischen zum linearen Stark-Effekt kann in Halbleiter-Quantentöpfen sehr gut beobachtet werden (siehe Abschnitt 6.5).

In einem Kristall kann sich das Kopplungsschema für den Drehimpuls von dem für das freie Atom unterscheiden, wenn die von den anderen Atomen des Kristalls erzeugten elektrischen Felder eine starke Störung verursachen. Diese Tatsache wird besonders dann wichtig, wenn wir die optischen Eigenschaften von paramagnetischen Ionen betrachten, die in einem Trägerkristall eingebettet sind (siehe Abschnitt 9.3). Die durch die Kristallfeldwechselwirkung verursachte Verschiebung und Aufspaltung der Niveaus wird Kristallfeldeffekt genannt.

Weiterführende Literatur

Die Quantentheorie des Drehimpulses wird in den meisten Lehrbüchern zur Quantenmechanik behandelt, siehe zum Beispiel Gasiorowicz (1996), Miller (2008) oder Schiff (1969). Ausführlichere Informationen zu Drehimpulszuständen in Atomen finden Sie in Büchern über Atomphysik, etwa Corney (1977) oder Woodgate (1980).

D   Bändertheorie

Die elektronischen Zustände von Kristallen werden durch die Bändertheorie der Festkörperphysik beschrieben. Dieses Thema wird in allen Büchern zur Festkörperphysik ausgiebig behandelt, und die Kenntnis der wichtigsten Konzepte wird in dem vorliegenden Buch vorausgesetzt. Dieser Anhang enthält eine kurze Zusammenfassung der wichtigsten Aussagen sowie eine Übersicht über die Bandstruktur einiger repräsentativer Materialien. Eine umfassendere Behandlung des Themas finden Sie in den unter Weiteführende Literatur genannten Werken.

D.1   Metalle, Halbleiter und Isolatoren

Das Konzept des Bändermodells für Kristalle wird in Abschnitt 1.5.2 beschrieben. Die äußeren Orbitale der Atome in einem dicht gepackten Festkörper überlappen einander, wenn sich die chemischen Bindungen des Kristalls ausbilden. Dadurch werden die diskreten Energieniveaus der freien Atome zu Bändern verbreitert, was schematisch in Abbildung 1.9 dargestellt ist. Jedes Band kann $2N$ Elektronen enthalten, wobei N die Anzahl der Elementarzellen im Kristall ist. Der Faktor 2 resultiert aus der Entartung des Elektronenspins. Elektronen füllen die Bänder bis zur **Fermi-Energie** E_F, die durch die Gesamtelektronendichte bestimmt ist.

Abbildung D.1a zeigt ein schematisches Energiediagramm für ein monovalentes Metall wie Natrium oder ein trivalentes Metall wie Aluminium. Diese haben eine ungerade Anzahl von Elektronen je Atom, sodass das höchste besetzte Band nur halb gefüllt ist. Die Fermi-Energie liegt daher in der Mitte des höchsten besetzten Bandes. Elektronen mit Energien dicht unter E_F können leicht in leere Zustände dicht über E_F angeregt werden. Dies macht es einfach, die Elektronen durch ein elektrisches Feld zu beschleunigen, was der Grund für die gute elektrische Leitfähigkeit von Metallen ist.

Abbildung D.1b zeigt das entsprechende Energieniveaudiagramm für einen Halbleiter wie Silicium oder einen Isolator wie Diamant. Diese haben eine gerade Anzahl von Elektronen je Atom, und das höchste besetzte Band ist daher mit Elektronen gefüllt. Dieses Band wird **Valenzband** genannt, während das tiefste unbesetzte Band als **Leitungsband** bezeichnet wird. Das Fermi-Niveau liegt irgendwo

In divalenten Metallen wie Magnesium ist die Situation etwas komplizierter. Diese haben eine gerade Anzahl von Elektronen je Atom, sodass man erwarten könnte, dass sie sich wie Halbleiter oder Isolatoren verhalten. Dies ist jedoch nicht der Fall, weil Valenz- und Leitungsbänder einander überlappen. Elektronen unterhalb des Fermi-Niveaus können daher in leere Niveaus angeregt werden, ohne eine Energielücke überwinden zu müssen. Dies macht sie wie monovalente oder trivalente Metalle zu guten Leitern.

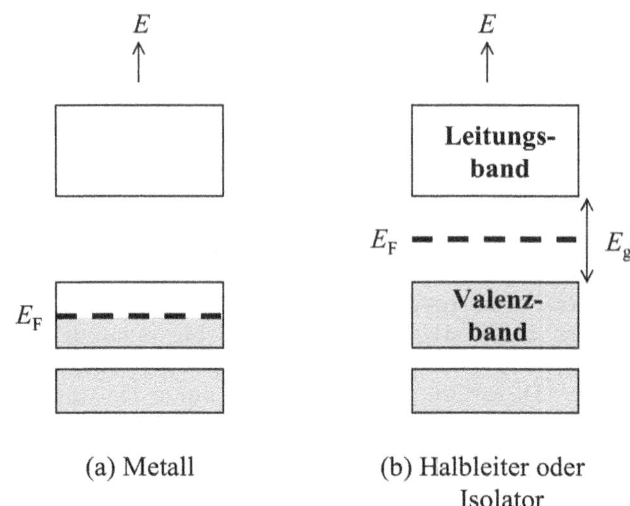

(a) Metall

(b) Halbleiter oder Isolator

Abb. D.1: Energieniveaudiagramme für (a) ein monovalentes oder trivalentes Metall und (b) einen Halbleiter oder Isolator. Die Bänder sind bis zum Fermi-Niveau E_F mit Elektronen gefüllt, was durch die Schattierung symbolisiert ist.

innerhalb der Lücke zwischen Valenz- und Leitungsband. Der ersten leeren Zustände für die Elektronen befinden sich im Leitungsband und es erfordert mindestens einen Energieaufwand, der gleich der **Bandlücke** E_g ist, um die Elektronen in die verfügbaren Zustände anzuregen. Dies macht es schwierig, die Elektronen durch ein externes elektrisches Feld zu beschleunigen, wodurch verhindert wird, dass ein elektrischer Strom durch die Probe fließt. Halbleiter und Isolatoren haben daher viel kleinere elektrische Leitfähigkeiten als Metalle.

Die Unterscheidung zwischen einem Isolator und einem Halbleiter basiert auf der Größe der Bandlücke. Halbleiter haben kleinere Bandlücken als Isolatoren. Die kleine Bandlücke macht es möglich, bei Raumtemperatur eine signifikante Anzahl von Elektronen thermisch aus dem Valenzband in das Leitungsband anzuregen. Die freien Elektronen im Leitungsband können auf dieselbe einfache Weise wie die freien Elektronen in Metallen Elektrizität transportieren. Halbleiter haben daher eine höhere Leitfähigkeit als Isolatoren, aber wegen der kleineren Anzahl freier Elektronen eine geringere Leitfähigkeit als Metalle.

Abbildung D.2 zeigt eine detailliertere Darstellung der Leitungs- und Valenzbänder von Halbleitern. Teil (a) zeigt den Fall eines reinen Kristalls. Dieser Fall ist identisch mit dem in Abbildung D.1b betrachteten, und das Fermi-Niveau liegt etwa in der Mitte zwischen den beiden Bändern. Die thermische Anregung eines Elektrons in das Leitungsband hinterlässt im Valenzband einen leeren Zustand, der als **Loch** bezeichnet wird. Das Loch, das dem Fehlen eines Elektrons entspricht, verhält sich wie eine freie positive Ladung. Elektrischer Strom kann sowohl von den Elektronen im Leitungsband als

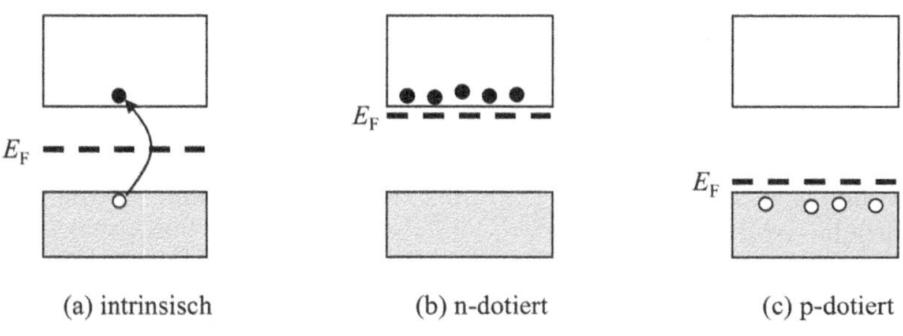

(a) intrinsisch   (b) n-dotiert   (c) p-dotiert

Abb. D.2: Valenz- und Leitungsbänder für (a) einen reinen (intrinsischen) Halbleiter, (b) einen Halbleiter mit n-Dotierung und (c) einen Halbleiter mit p-Dotierung. Die Symbole • und ○ repräsentieren freie Elektronen bzw. Löcher. Die Fermi-Energien der n-dotierten bzw. p-dotierten Proben liegen sehr dicht an den Fremdniveaus, die aus den Donator- bzw. Akzeptoratomen resultieren.

auch von den Löchern im Valenzband getragen werden. Die Leitung durch die thermisch angeregten Elektronen und Löcher in einem reinen Kristall wird als **intrinsisch** bezeichnet.

Abbildung D.2b zeigt einen Kristall mit **n-Dotierung.** Hier werden während des Kristallwachstums gezielt Beimengungen mit zusätzlichen Elektronen eingebracht. Für kristalline Halbleiter wie Silicium und Germanium, die in der vierten Hauptgruppe des Periodensystems stehen, also vier Valenzelektronen pro Atom haben, erfolgt dies typischerweise durch Hinzufügen von Atomen der fünften Hauptgruppe. Die Fremdatome spenden jeweils ein zusätzliches Elektron. Die zusätzlichen Elektronen liegen in **Donatorniveaus** dicht unter dem Leitungsband. Die elektronischen Zustände werden bis zu den Donatorniveaus gefüllt, sodass die Fermi-Energie sehr dicht an den Donatorniveauenergien liegen muss (siehe Abbildung D.2b). Die Elektronen in den Donatorniveaus können bei Raumtemperatur leicht in das Leitungsband angeregt werden, und die elektrischen Eigenschaften des n-dotierten Materials werden durch diese **extrinsischen** Elektronen bestimmt, die aus den Fremdatomen herrühren.

Abbildung D.2c zeigt einen Kristall mit **p-Dotierung.** In diesem Fall werden Atome, die jeweils ein Elektron zu wenig haben, während des Kristallwachstums hinzugefügt. Für Elementhalbleiter der vierten Hauptgruppe wie Silicium geschieht dies durch Dotieren mit Atomen der dritten Hauptgruppe. Jedes Fremdatom kann ein Elektron aus dem Valenzband aufnehmen. Die **Akzeptorniveaus** liegen dicht über dem Valenzband, sodass Elektronen bei Raumtemperatur leicht in diese leeren Zustände angeregt werden können. Dies erzeugt eine Besetzung der freien Löcher im Valenzband, welche die extrinsische elektrische Leitfähigkeit der Probe bestimmt.

D.2   Modell quasifreier Elektronen

Die Bewegung freier Elektronen und Löcher ist durch die E-k-Dispersion des Festkörpers bestimmt. Falls die Elektronen völlig frei sind, haben sie nur eine kinetische Energie. In diesem Fall ist die

E-k-Dispersion gegeben durch

$$E = \frac{p^2}{2m_0} = \frac{\hbar^2 k^2}{2m_0} \tag{D.1}$$

wobei $p = h/\lambda_e = \hbar k$ der Impuls des Elektrons und λ_e die de-Broglie-Wellenlänge ist.

In einem Kristall ist diese E-k-Dispersionsbeziehung modifiziert, weil die Elektronen nicht wirklich frei sind. Jedes Elektron besitzt eine bestimmte Anzahl von Valenzelektronen. Dies sind die Elektronen in der Außenschale, welche die chemischen Eigenschaften bestimmen. Das Modell der quasifreien Elektronen geht von der Annahme aus, dass die Valenzelektronen durch ihre jeweiligen Atome freigegeben werden und sich durch den Kristall bewegen. Dies hinterlässt ein reguläres Gitter aus positiv geladenen Ionen. Das Potential der Ionenrümpfe stört die Bewegung der Elektronen und verändert die E-k-Beziehung.

Abbildung D.3 zeigt die typische Bandstruktur eines einfachen Kristalls. Das E-k-Diagramm ist in verschiedene **Brillouin-Zonen** unterteilt, die sich jeweils über einen reziproken Gittervektor **G** erstrecken. Diese Aufteilung des **k**-Raums in Brillouin-Zonen spiegelt die zugrunde liegende Kristallsymmetrie wider. Die reziproken Gittervektoren sind definiert als

$$e^{i\mathbf{G}\cdot(\mathbf{r}+\mathbf{T})} = e^{i\mathbf{G}\cdot\mathbf{r}} \tag{D.2}$$

wobei **T** ein primitiver Gittertranslationsvektor des Kristalls ist.

Die in Abbildung D.3 gezeigte E-k-Beziehung gilt für einen einfachen kubischen Kristall mit der Gitterkonstante a. In diesem Fall ist (D.2) erfüllt mit

$$\mathbf{G} = \frac{2}{a}(n_x, n_y, n_z) \tag{D.3}$$

wobei n_x, n_y und n_z ganze Zahlen sind. Die Banddispersion ist für die Richtung (100) im **k**-Raum gezeichnet. Die den Ursprung beinhaltende zentrale Brillouin-Zone reicht von $-\mathbf{G}/2$ bis $+\mathbf{G}/2$, also von $-\pi/a$ bis $+\pi/a$. Die nächste Zone umfasst die Intervalle π/a bis $2\pi/a$ und $-\pi/a$ bis $-2\pi/a$ des **k**-Raums usw.

Die gestrichelte Linie auf der linken Seite von Abbildung D.3 zeigt die Banddispersion für freie Elektronen, die (D.1) genügen. Die durchgezogenen Linien zeigen die Banddispersion für quasifreie Elektronen. Das periodische Potential bewirkt eine Aufspaltung der Zonengrenzen, hat aber an anderen Punkten in der Brillouin-Zone nur relativ kleine Auswirkungen. Die Banddispersion weicht daher nur in der Nähe der Zonengrenzen signifikant von derjenigen der freien Elektronen ab.

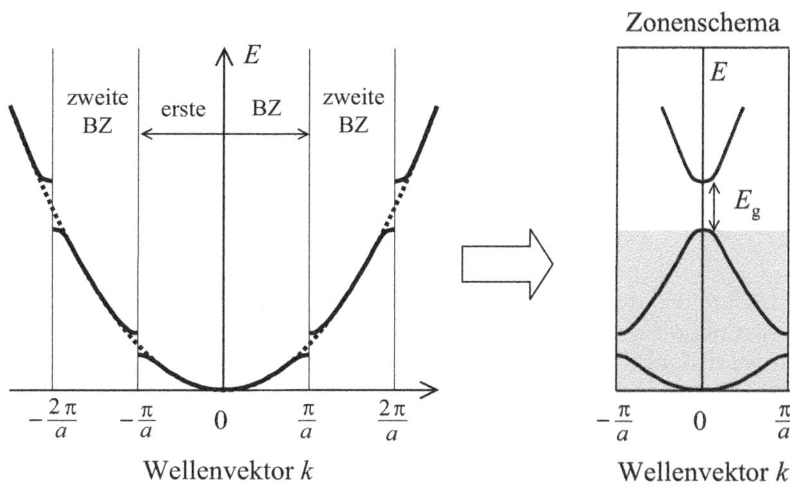

Abb. D.3: Bandstruktur eines einfachen kubischen Festkörpers mit Gitterkonstante a. Die linke Seite der Abbildung zeigt die E-k-Beziehung über mehrere Brillouin-Zonen, während die rechte Seite die gleiche Bandstruktur im reduzierten Zonenschema skizziert. Die gepunktete Linie zeigt die parabolische Dispersion freier Elektronen gemäß (D.1). Jedes Band innerhalb einer Brillouin-Zone kann $2N$ Elektronen enthalten, wobei N die Anzahl der Elementarzellen im Kristall ist. Die Schattierung bedeutet, dass die Bandzustände mit Elektronen gefüllt sind. Der dargestellte Fall gilt für Atome wie Silicium, die vier Valenzelektronen haben.

Die Gruppengeschwindigkeit der Elektronenwelle ist gegeben durch

$$v_{\mathrm{g}} = \frac{\mathrm{d}\omega}{\mathrm{d}k} = \frac{1}{\hbar}\frac{\mathrm{d}E}{\mathrm{d}k} \tag{D.4}$$

Die Bänder krümmen sich, wenn sie sich den Zonengrenzen nähern (siehe Abbildung D.3), und zwar so, dass genau an der Zonengrenze $\mathrm{d}E/\mathrm{d}k = 0$ gilt. Dies bedeutet, dass die Gruppengeschwindigkeit null ist, was einer stehenden Welle entspricht.

Bandstrukturdiagramme werden gewöhnlich im reduzierten Zonenschema gezeichnet, wie es im rechten Teil von Abbildung D.3 zu sehen ist. In diesem Schema verschieben wir den Wellenvektor des Elektrons um eine ganze Anzahl von reziproken Gittervektoren, bis er innerhalb der ersten Brillouin-Zone liegt. Dies können wir tun, weil es nach (D.2) in einem periodischen Gitter keinen physikalischen Unterschied zwischen den Wellenvektoren $\mathbf{k}$ und $\mathbf{k} + \mathbf{G}$ gibt. Dies folgt auch aus dem Bloch-Theorem (siehe unten).

Jede Brillouin-Zone enthält N Zustände des $\mathbf{k}$-Vektors und kann daher wegen der up-down-Spin-Entartung jedes $\mathbf{k}$-Zustands $2N$ Elektronen aufnehmen. Wenn jedes Atom vier Valenzelektronen hat, sind die ersten beiden Bänder gefüllt, was durch die Schattierung in Abbildung D.3 angedeutet ist. Dies ist die Situation, die bei viervalenten Halbleitern wie Silicium und Germanium vorliegt. Die ersten verfügbaren leeren Elektronenzustände befinden sich im nächsten Band. Damit entspricht diese Situation dem Fall des in Abbildung D.1b gezeigten Halbleiters oder Isolators mit einer Energielücke von E_{g} zwischen den besetzten Elektronenzuständen im Valenzband und dem ersten leeren Zustand im Leitungsband.

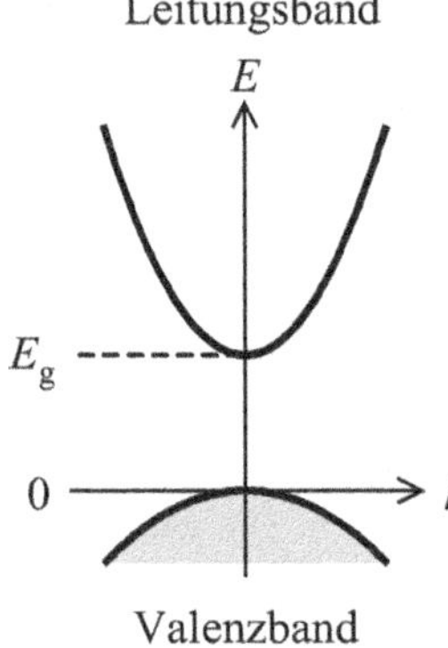

Abb. D.4: Banddispersion eines Halbleiters oder Isolators nahe der Oberkante des Valenzbandes bzw. der Unterkante des Leitungsbandes. Die Energieachse ist so definiert, dass $E = 0$ der Oberkante des Valenzbandes entspricht.

Abbildung D.4 zeigt die Banddispersion nahe $k = 0$ für einen Halbleiter oder Isolator im Detail. Dargestellt sind die Oberkante des Valenzbandes und die tiefsten Zustände im Leitungsband. Die Bänder sind für kleine k parabolisch. Ihre Dispersion ist gegeben durch

$$E_{\mathrm{c}}(k) = E_{\mathrm{g}} + \frac{\hbar^2 k^2}{2m_{\mathrm{e}}^*}$$
$$E_{\mathrm{v}}(k) = -\frac{\hbar^2 k^2}{2m_{\mathrm{h}}^*} \tag{D.5}$$

wobei $E = 0$ der Oberkante des Valenzbandes entspricht. Die Indizes der Energie stehen für das Leitungsband (engl. conduction band, daher c) und das Valenzband (v). Wie wir aus (D.5) entnehmen, ist die Banddispersion durch die effektive Masse m_{e}^* bzw. m_{h}^* bestimmt.

Allgemein wird die effektive Masse durch die Krümmung des E-k-Bandes bestimmt, genauer durch

$$m^* = \hbar^2 \left(\frac{\mathrm{d}^2 E}{\mathrm{d}k^2}\right)^{-1} \tag{D.6}$$

Die effektive Masse ist somit ein Bandstrukturparameter, der die Abweichung der E-k-Beziehung von der Dispersion freier Elektronen quantifiziert. Im Allgemeinen wird weder m_{e}^* noch m_{h}^* gleich der Masse m_0 des freien Elektrons sein; außerdem ist die genaue Beziehung je nach Material unterschiedlich. Die negative Krümmung des Valenzbandes weist darauf hin, dass es sich um einen Lochzustand (engl. hole) handelt; daher der Index „h" an der effektiven Masse im Valenzband. Elektronen im Leitungsband verhalten sich wie negativ geladene Teilchen der Masse m_{e}^*, während sich die Löcher im Valenzband wie positiv geladene Teilchen der Masse m_{h}^* verhalten. In den Tabellen D.1 und D.2 sind die Werte der effektiven Massen für einige wichtige Halbleiter angegeben.

Das Modell der quasifreien Elektronen kann kombiniert werden mit den atomaren Zuständen des Atoms, aus denen über das Bloch-Theorem (vgl. Abschnitt 1.5.2) die Valenzelektronen abgeleitet sind:

> *Die Eigenfunktionen der Wellengleichung für ein periodisches Potential sind das Produkt aus einer ebenen Welle und einer Einhüllenden, die die Periodizität des Kristallgitters hat.*

Das bedeutet, dass die Wellenfunktion eines Elektrons in einem periodischen Gitter die Form

$$\psi(\mathbf{r}) = u(\mathbf{r})\, \mathrm{e}^{\mathrm{i}\mathbf{k}\cdot\mathbf{r}} \tag{D.7}$$

annimmt, wobei $u(\mathbf{r})$ der Gleichung $u(\mathbf{r}) = u(\mathbf{r} + \mathbf{T})$ erfüllen muss. Die Bloch-Funktionen sind daher modulierte ebene Wellen. Die Einhüllende $u(\mathbf{r})$ ist eine wellenartige periodische Funktion, die den atomaren Charakter der Valenzelektronen widerspiegelt. Diese Verbindung wird im Modell der starken Bindung für Strukturberechnungen formalisiert.

D.3 Bandstruktur: Beispiel

Die Bandstruktur von Aluminium ist in Abbildung 7.3 dargestellt. Aluminium ist ein trivalentes Metall mit drei Valenzelektronen in der Konfiguration $3s^2\,3p^1$. Die Bandstruktur sieht viel komplizierter aus als in Abbildung D.3, was jedoch vor allem eine Konsequenz aus der Art und Weise ist, wie Banddiagramme gezeichnet werden. Um das Diagramm zu verstehen, müssen wir zunächst die dreidimensionale Form der Brillouin-Zone betrachten.

Aluminium hat ein **flächenzentriert-kubisches Gitter** (fcc). Die kubische Elementarzelle eines fcc-Gitters ist nicht die primitive Elementarzelle, da sie vier Gitterpunkte enthält: einen im Ursprung und drei weitere in den Zentren der Würfelseiten mit den Koordinaten $(1/2, 1/2, 0)$, $(1/2, 0, 1/2)$ und $(0, 1/2, 1/2)$. Die Brillouin-Zone des fcc-Gitters ist daher kein Würfel, sondern hat die in Abbildung D.5 gezeigte Form. Die in Abbildung 7.3 gezeigte Dispersion der Bänder beginnt für wachsende $\mathbf{k}$ im Ursprung und geht in Richtung des Punktes X weiter. Dann geht es über den W-Punkt weiter zum L-Punkt und zurück zum Ursprung. Schließlich geht es von dort weiter über den K-Punkt zum X-Punkt.

Die Abweichung von der Dispersion freier Elektronen ist für Aluminium sehr klein. Das Bänderdiagramm kann größtenteils erklärt werden, indem man die parabolische Dispersion der freien Elektronen (gestrichelte Linie in Abbildung D.3) zurück auf die komplizierte Gestalt der fcc-Brillouin-Zone faltet. Die Änderungen in der Krümmung der Bänder an den Zonenrändern entstehen dann einfach durch die Änderung der Richtung, in der wir uns durch die Brillouin-Zone bewegen. Beachten Sie, dass es kleine Bandlücken zwischen den meisten Bändern an den Zonenkanten gibt. Dies sind die durch das Gitterpotential eingeführten Bandlücken.

Die Bandstruktur von Kupfer ist in Abbildung 7.5 dargestellt. Kupfer hat die fcc-Kristallstruktur und ist ein Übergangsmetall mit der Elektronenkonfiguration $3d^{10}\,4s^1$. Die Bandstruktur ist komplizierter als die von Aluminium, da hier sowohl die Dispersion der 3d-Bänder als auch die der 4s-Bänder berücksichtigt werden muss, die sich in der Energie überlappen. Die 4s-Bänder sind näherungsweise parabolisch, doch die 3d-Bänder sind näherungsweise flach. Dies ist eine Konsequenz der starken Lokalisierung der d-Elektronen, wegen

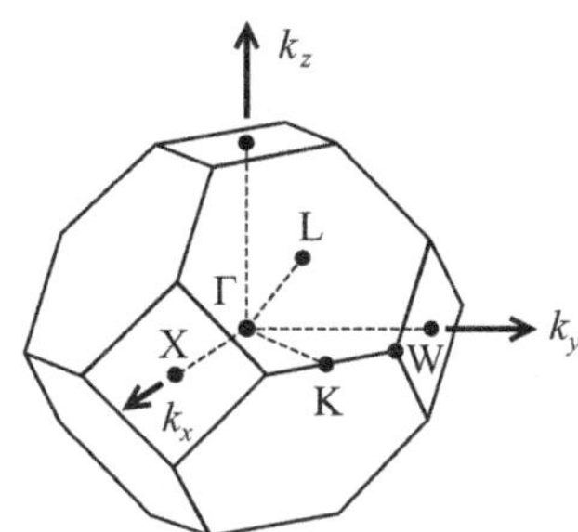

Abb. D.5: Brillouin-Zone eines fcc-Gitters. a ist die Größe der kubischen Elementarzelle des Kristalls. Punkte hoher Symmetrie in der Brillouin-Zone tragen symbolische Bezeichnungen, die aus der Gruppentheorie stammen. Der Ursprung bei $\mathbf{k} = (0,0,0)$ wird Γ-Punkt genannt. Der X-Punkt bei $(2\pi/a)(1,0,0)$ identifiziert die Zonenkante entlang der sechs äquivalenten (100)-Richtungen. Der L-Punkt bei $(\pi/a)(1,1,1)$ liegt an der Zonenkante entlang der acht äquivalenten (111)-Richtungen. Ein beliebiger Punkt auf der Linie von Γ nach X wird mit Δ bezeichnet und ein beliebiger Punkt auf der Linie von Γ nach L mit Λ. Der K-Punkt entspricht der Zonenkante in der (110)-Richtung, während der W-Punkt der Schnitt zwischen den quadratischen und hexagonalen Flächen des Polyeders ist. Der X-Punkt entspricht einem Wellenvektor von $2\pi/a$ anstatt π/a, was Abb. D.3 nahelegen würde, da die kubische Elementarzelle des fcc-Gitters nicht primitiv ist.

Tab. D.1: Bandstrukturparameter für die Elemente der vierten Hauptgruppe, Diamant, Silicium und Germanium. Alle drei Materialien kristallisieren mit Diamantstruktur und haben indirekte Bandlücken. $E_{\mathrm{g}}^{\mathrm{ind}}$: indirekte Bandlücke; k_{min}: Position des Leitungsbandminimums innerhalb der Brillouin-Zone; Talentartung: Anzahl der äquivalenten Leitungsbandminima innerhalb der Brillouin-Zone; $m_{\mathrm{e}}^*(\|)$: longitudinale effektive Elektronenmasse; $m_{\mathrm{e}}^*(\perp)$: transversale effektive Elektronenmasse; $E_{\mathrm{g}}^{\mathrm{dir}}$: direkte Bandlücke am Γ-Punkt; Δ: Spin-Bahn-Aufspaltung am Γ-Punkt; m_{hh}^*: effektive Schwerlochmasse; m_{lh}^*: effektive Leichtlochmasse; m_{so}^*: effektive Split-off-Lochmasse. Die effektiven Massen sind in Einheiten der freien Elektronenmasse m_0 angegeben. Die Valenzbandparameter beziehen sich auf das in Abbildung 3.5 gezeigte Vierbandmodell. Nach Madelung (1996).

Eigenschaft	Diamant	Silicium	Germanium
$E_{\mathrm{g}}^{\mathrm{ind}}$ (eV) (300 K)	5,47	1,12	0,66
$E_{\mathrm{g}}^{\mathrm{ind}}$ (eV) (0 K)	5,5	1,17	0,74
k_{min}	0,76 X	0,85 X	L
Talentartung	6	6	4
$m_{\mathrm{e}}^*(\|)$	1,4	0,92	1,58
$m_{\mathrm{e}}^*(\perp)$	0,36	0,19	0,08
$E_{\mathrm{g}}^{\mathrm{dir}}$ (eV) (300 K)	6,5	4,1	0,805
Δ (eV)	0,006	0,044	0,29
m_{hh}^*	1,08	0,54	0,3
m_{lh}^*	0,36	0,15	0,04
m_{so}^*	0,15	0,23	0,095

der sich ihre Orbitale im Kristall kaum überlappen. Die schwach dispergierenden d-Bänder haben eine hohe Zustandsdichte innerhalb eines relativ schmalen Bereiches von Energien. Diese Zustände sind für die optischen und magnetischen Eigenschaften sehr wichtig.

Die Bandstruktur von Silicium ist in Abbildung 3.13 dargestellt. Silicium hat vier Valenzelektronen und kristalliert in der **Diamantstruktur.** Die Diamantstruktur besteht aus zwei identischen, ineinandergreifenden fcc-Gittern, die um den Vektor $(a/4, a/4, a/4)$ gegeneinander verschoben sind. Die Struktur ist kubisch flächenzentriert mit einer Basis von zwei Atomen, die jedem Gitterpunkt zugeordnet sind: eines am Gitterpunkt selbst und eines relativ zu diesem um $(a/4, a/4, a/4)$ verschoben. Silicium hat daher eine fcc-Brillouin-Zone, wie sie in Abbildung D.5 skizziert ist.

Vergleichen wir die reale Bandstruktur von Silicium mit den schematischen Darstellungen in den Abbildungen D.3 und D.4. Wir sehen, dass das reale Material das gleiche allgemeine Verhalten wie die schematischen Diagramme zeigt, auch wenn das reale Banddiagramm komplizierter ist. Ein signifikaner Unterschied ist der „Kamelhöcker" des Leitungsbandes, was bedeutet, dass das Minimum des Leitungsbandes in der Nähe des X-Punktes anstatt des Γ-Punktes liegt. Die Bandlücke von Silicium ist daher indirekt. Dies hat weitreichende Konsequenzen für die optischen Eigenschaften, was in den Kapi-

Tab. D.2: Bandstrukturparameter für ausgewählte III-V-Halbleiter mit direkter Bandlücke und Zinkblendestruktur. Die aufgelisteten Parameter beziehen sich auf das in Abbildung 3.5 gezeigte Vierbandmodell. E_g: Bandlücke; Δ: Spin-Bahn-Aufspaltung; m_e^*: effektive Elektronenmasse; m_{hh}^*: effektive Schwerlochmasse; m_{lh}^*: effektive Leichtlochmasse; m_{so}^*: effektive Split-off-Lochmasse. Die effektiven Massen sind in Einheiten der freien Elektronenmasse m_0 ausgedrückt. Nach Madelung (1996) und Madelung (1982).

Kristall	E_g (eV) (0 K)	E_g (eV) (300 K)	Δ (eV)	m_e^*	m_{hh}^*	m_{lh}^*	m_{so}^*
GaAs	1,519	1,424	0,34	0,067	0,5	0,08	0,15
GaSb	0,81	0,75	0,76	0,041	0,28	0,05	0,14
InP	1,42	1,34	0,11	0,077	0,6	0,12	0,12
InAs	0,42	0,35	0,38	0,022	0,4	0,026	0,14
InSb	0,24	0,18	0,85	0,014	0,4	0,016	0,47

teln 3 und 5 diskutiert wird. Ein anderer wichtiger Unterschied ist die Entartung der Valenzbandzustände am Γ-Punkt. Dies wird üblicherweise im Rahmen des in Abbildung 3.5 gezeigten Vierbandmodells beschrieben. Tabelle D.1 enthält die Parameter, die für diese Beschreibung des Valenzbandes von Silicium notwendig sind. Die Spin-Bahn-Aufspaltung von Silicium ist zu klein, um in dem Banddiagramm von Abbildung 3.13 sichtbar zu sein. In Tabelle D.1 sind außerdem die effektiven Massen angegeben, die die Leitungsbandminima in der Nähe des X-Punktes beschreiben. Man beachte, dass zwei separate effektive Massen notwendig sind, um die Anisotropie des Leitungsbandminimums zu parametrisieren.

Die Bandstruktur von Germanium ist in Abbildung 3.10 dargestellt. Germanium liegt im Periodensystem direkt unter Silicium und hat wie dieses die Diamantstruktur. Es ist daher nicht überraschend, dass die Bandstrukturen sehr ähnlich sind. Es gibt allerdings eine Reihe von wichtigen Unterschieden. Der wichtigste ist die Tatsache, dass das Leitungsbandminimum am Γ-Punkt nur ganz knapp über dem des L-Punkts liegt. Die Bandlücke ist somit zwar weiterhin indirekt, doch die optischen Übergänge werden schnell direkt, wenn die Photonenergie über E_g anwächst. Die wichtigsten Bandstrukturparameter von Germanium sind in Tabelle D.1 angegeben.

Die Bandstruktur des III-V-Verbindungshalbleiters GaAs, der die **Zinkblendestruktur** hat, ist in Abbildung 3.4 dargestellt. Die Zinkblendestruktur ähnelt der Diamantstruktur, mit dem Unterschied, dass das Atom bei $(a/4, a/4/a/4)$ von einer anderen Sorte ist als das bei $(0, 0, 0)$. Die Bandstruktur ähnelt der von Germanium, allerdings liegt hier das Leitungsbandminimum im Γ-Punkt. GaAs hat daher eine direkte Bandlücke. Das bedeutet, dass GaAs-Kristalle Licht bei Anregung effizient emittieren können (siehe Kapitel 5). In Tabelle D.2 sind die wichtigsten Bandparameter von GaAs sowie einiger anderer III-V-Materialien mit direkter Lücke aufgelistet.

Tab. D.3: Struktur- und Bandlückendaten für einige gewöhnliche Halbleiter. E_g ist die Bandlücke bei 300 K. Die Angabe i/d bezieht sich auf den Typ der Bandlücke (indirekt oder direkt). SiC kristallisiert in mehr als 200 verschiedenen Modifikationen. Die Daten beziehen sich auf 6H-Polytyp, das eine hexagonale Elementarzelle hat. ZnS, ZnSe, CdS und CdSe können stabile Kristalle mit hexagonalen oder kubischen Elementarzellen bilden, wobei die Bandlücken der beiden strukturellen Varianten leicht unterschiedlich sein können. Die negative Bandlücke von HgTe zeigt an, dass es sich um ein Halbmetall handelt: die Oberkante des Valenzbandes liegt bei einer höheren Energie als die Unterseite des Leitungsbandes. Es sei angemerkt, dass die Bandlücke von InN ursprünglich bei etwa 2 eV vermutet wurde. Durch neuere Arbeiten ist der in dieser Tabelle angegebene Wert bestätigt worden. Nach Madelung (1996).

Verbindung	Kristallstruktur	E_g (eV)	Typ
SiC	6H-Polytyp	2,9	i
AlN	Wurtzit	6,2	d
AlP	Zinkblende	2,41	i
AlAs	Zinkblende	2,15	i
AlSb	Zinkblende	1,62 i	
GaN	Wurtzit	3,44	d
GaP	Zinkblende 2,27	i	
InN	Wurtzit	0,7	d
ZnO	Wurtzit	3,4	d
ZnS	Wurtzit oder Zinkblende	3,8 oder 3,7	d
ZnSe	Wurtzit oder Zinkblende	2,8 oder 2,7	d
ZnTe	Zinkblende	2,3	d
CdS	Wurtzit oder Zinkblende	2,5	d
CdSe	Wurtzit oder Zinkblende	1,8	d
CdTe	Zinkblende	1,5	d
HgTe	Zinkblende	−0,14	Halbmetall
CuCl	Zinkblende	3,17	d
Cu_2O	Cuprit	2,2	d

Weniger detailliert sind die Bandstrukturdaten anderer wichtiger Verbindungshalbleiter in Tabelle D.3 angegeben. Einige dieser Kristalle haben die Zinkblendestruktur, andere die **Wurtzitstruktur** (hexagonale Symmetrie). Verschiedene II-VI-Verbindungen können stabile Kristalle beider Strukturen bilden, wobei die Bandlücken der kubischen und der hexagonalen Form leicht verschieden sein können. Cu_2O hat seine eigene spezielle Struktur, die – wenig überraschend – als Cupritstruktur bezeichnet wird. Die Cupritstruktur hat kubische Symmetrie.

Weiterführende Literatur

Eine einführende Darstellung der Bändertheorie finden Sie in Rosenberg (1988). Ausführlichere Beiträge gibt es in Ashcroft & Mermin (1976), Burns (1985), Ibach & Luth (2003), Kittel (2005) oder Singleton (2001) sowie in vielen Büchern über Festkörperphysik.

E   Halbleiter-p-i-n-Dioden

Die p-i-n-Struktur wird in großem Umfang in optoelektronischen Bauelementen wie Photodioden, Solarzellen, LEDs und optischen Modulatoren verwendet. Die Struktur ist in Abbildung E.1 schematisch dargestellt. Sie besteht aus einer normalen Halbleiter-p-n-Diode mit einer am Kontakt eingefügten dünnen undotierten i-Schicht der Dicke l_i. Diese i-Schicht ist der optisch aktive Teil der Diode. Der Zweck des p-n-Kontakts ist es, die Anzahl der Elektronen und Löcher zu regulieren, die in die aktive Schicht injiziert werden, und auf diese Weise das Anlegen starker Felder zu gestatten.

In diesem Anhang diskutieren wir die Bandanordnung und die Elektrostatik der p-i-n-Struktur, wenn eine externe Vorspannung V_0 an das Bauelemente angelegt wird. Die Ausbildung der **Verarmungszone** am Kontakt ist ein wesentliches Merkmal der Physik der p-n-Diode. Die externe Spannung fällt über der Verarmungszone ab, da diese einen sehr hohen Widerstand im Vergleich zu den stark dotierten p- und n-Schichten hat. Die Breite der Verarmungszone bei einer gegebenen Spannung ist durch die Dotierungsniveaus der p- und der n-Schicht bestimmt, wobei höhere Dotierungen zu schmaleren Verarmungszonen führen. In einer p-i-n-Struktur ist das Restdotierungsniveau in der i-Schicht sehr klein, sodass sich die Veramungszone über die gesamte i-Schicht ausdehnen kann. Die Ausdehnung der Verarmungszone in die p- und die n-Schicht ist wegen des hohen Dotierungsniveaus am Kontakt sehr klein im Verhältnis zu l_i. Das bedeutet, dass die gesamte angelegte Spannung über der i-Schicht fast vollständig abfällt.

Abbildung E.2 zeigt das Bänderdiagramm einer p-i-n-Struktur. In Teil (a) ist die Anordnung für den Fall $V_0 = 0$ dargestellt, während Teil (b) die Situation bei einer angelegten Spannung zeigt. Ohne Spannung stimmen die Fermi-Niveaus der p- und der n-Schicht überein. Die Energiedifferenz zwischen den Fermi-Energien und den Bandkanten von Leitungs- und Valenzband ist klein im Vergleich zur Bandlücke, und daher gibt es gemäß Abbildung E.2a einen Spannungsabfall von E_g/e über der i-Schicht. Dies ist äquivalent mit der Diffusionsspannung V_{bi}, die für den Betrieb von Solarzellen von Bedeutung ist (siehe Abschnitt 3.7). Wenn die Spannung angelegt wird, ergibt sich eine Energiedifferenz von $|eV_0|$ zwischen den Fermi-Niveaus der p- und der n-Schicht. Dies ist in Abbildung E.2b für den Fall einer Spannung in Sperrrichtung illustriert, also wenn an die p-

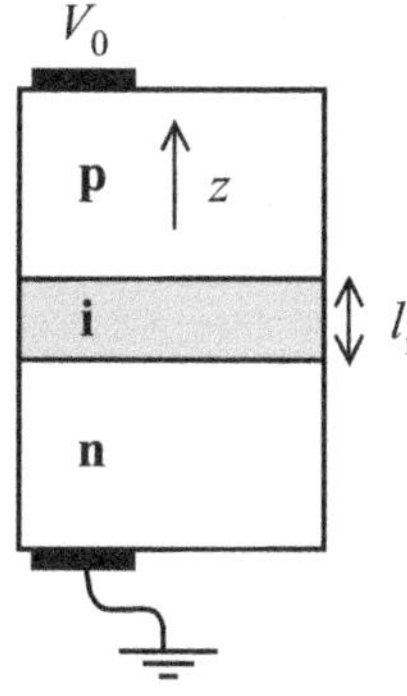

Abb. E.1: Schematische Darstellung einer p-i-n-Diode. Die Vorspannung V_0 wird an der p-Schicht angelegt, sodass positive V_0 einer Spannung in Durchlassrichtung und negative V_0 einer Spannung in Sperrrichtung entsprechen. Die Zeichnung ist nicht maßstabsgerecht, da die i-Schicht typischerweise nur wenige Mikrometer dick ist.

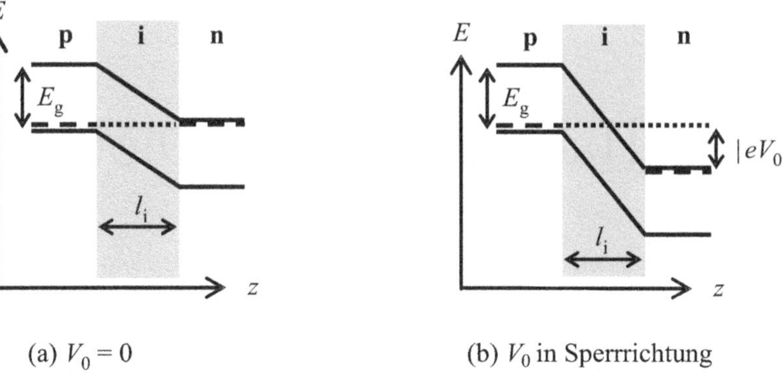

(a) $V_0 = 0$

(b) V_0 in Sperrrichtung

Abb. E.2: Bandanordnungen in einer p-i-n-Diodenstruktur mit einer i-Schicht der Dicke l_i. (a) $V_0 = 0$. (b) Vorspannung V_0 in Sperrrichtung angelegt. Die dick gestrichelten Linien zeigen die Fermi-Niveaus der dotierten Schichten, die direkt über dem Valenzband (p-Schicht) bzw. direkt unter dem Leitungsband (n-Schicht) liegen. E_g ist die Bandlücke des für die p- un die n-Schicht verwendeten Halbleiters.

Schicht eine negative Spannung relativ zur n-Schicht angelegt wird. Eine Sperrspannung bewirkt eine Verstärkung des Spannungsabfalls über der i-Schicht, während eine Spannung in Durchlassrichtung den Spannungsabfall reduziert.

Um das elektrische Feld in der i-Schicht zu berechnen, müssen wir die Poisson-Gleichung lösen (Gleichung (A.5), Anhang A):

$$\nabla^2 V = -\frac{\varrho}{\epsilon_\mathrm{r}\epsilon_0} \tag{E.1}$$

Dabei ist V die Spannung und ϱ die Ladungsdichte. Wir legen die Achsen so, dass die z-Richtung normal zur Ebene der Diode ist. Aus Symmetriegründen müssen die Ableitungen in der x- und der y-Ebene null sein. Die Poisson-Gleichung reduziert sich daher auf

$$\frac{\partial^2}{\partial z^2} V(z) = -\frac{\varrho(z)}{\epsilon_\mathrm{r}\epsilon_0} \tag{E.2}$$

Wir nehmen an, dass in der i-Schicht $\varrho = 0$ gilt, da diese undotiert und von sämtlichen Ladungsträgern frei ist. Die Lösung von (E.2) in der Schicht ist daher $V(z) = C_1 z + C_2$, wobei C_1 and C_2 Konstanten sind. Die elektrische Feldstärke kann mithilfe von (A.7) berechnet werden. Dies ergibt $\mathcal{E} = -\mathrm{d}V/\mathrm{d}z = -C_1$, was bedeutet, dass das elektrische Feld in der i-Schicht konstant ist.

Aus Abbildung E.2b können wir entnehmen, dass die Größe des Spannungsabfalls in der i-Schicht näherungsweise $(V_\mathrm{bi} - V_0)$ ist. Der Wert des elektrischen Feldes in der i-Schicht ist daher

$$\mathcal{E} = \frac{V_\mathrm{bi} - V_0}{l_\mathrm{i}} \tag{E.3}$$

Dies zeigt, dass eine negative Spannung das Feld in der i-Schicht verstärkt, während eine Spannung in Durchlassrichtung $\mathcal{E}$ reduziert. Für eine Durchlassspannung von V_bi ist das Feld null. Ohne Spannung ist das Feld in der i-Schicht gleich $V_\mathrm{bi}/l_\mathrm{i}$. Dies kann ein sehr großer Wert sein. Für eine GaAs-Diode beispielsweise kann $V_{bi} = 1{,}5\,\mathrm{V}$ und $l_i = 1\,\mu\mathrm{m}$ gelten. Das Feld ohne Spannung ist somit $1{,}5 \times 10^6\,\mathrm{V\,m^{-1}}$.

In diesem Buch haben wir es häufiger mit in Sperrrichtung betriebenen p-i-n-Strukturen zu tun, wenn wir uns mit dem Einfluss elektrischer Felder auf die optischen Eigenschaften von Halbleitern befassen. In Abschnitt 3.3.5 wird der Einfluss eines elektrischen Feldes auf die Bandkantenabsorption von Volumenhalbleitern diskutiert, während in den Abschnitten 4.3.1 und 6.5 Effekte im Zusammenhang mit Exzitonen in Volumenhalbleitern und Quantentöpfen betrachtet werden. In all diesen Beispielen erfolgt die Kalibrierung der elektrischen Feldstärke bezüglich der angelegten Spannung mithilfe von (E.3).

In Sperrrichtung betriebene p-i-n-Strukturen werden auch in Halbleiter-Photodioden und Solarzellen benutzt (siehe Abschnitt 3.7). In Durchlassrichtung betriebene p-i-n-Strukturen kommen in Elektrolumineszenzbauelementen zum Einsatz (siehe Abschnitt 5.4).

Weiterführende Literatur

Die Physik des p-n-Kontakts wird in den meisten Büchern zur Festkörperphysik behandelt. Siehe etwa Bleaney & Bleaney (1976), Rosenberg (1988) oder Sze (1985). Die p-i-n-Struktur wird ausführlich in Sze (1981) beschrieben.

Lösungen zu den Aufgaben

Kapitel 1

1.1 $R = 0{,}041$ und $T = 0{,}92$, wobei $\alpha = 0$ angenommen wird, da Glas transparent ist

1.2 2,1

1.3 $v = 9{,}97 \times 10^7 \, \mathrm{ms}^{-1}$, $\alpha = 9{,}6 \times 10^6 \, \mathrm{m}^{-1}$ und $R = 25{,}6\%$

1.4 $18 \, \mu\mathrm{m}$

1.5 $T = 0{,}034$, optische Dichte $= 1{,}1$

1.6 $\tilde{\epsilon}_\mathrm{r} = 1{,}77 + \mathrm{i}\, 9{,}2 \times 10^{-8}$

1.7 absorbierend für blaues Licht, jedoch nicht für rotes und grünes

1.8 (a) $T = (1 - R_1)(1 - R_2)\mathrm{e}^{-\alpha l} \sum_{k=0}^{\infty}(R_1 R_2 \mathrm{e}^{-2\alpha l})^k$

(b) (i) -10%, (ii) -1%, (iii) $-0{,}6\%$

(c) Es ist gerechtfertigt, multiple Reflexionen zu vernachlässigen, falls $\alpha l \gtrsim 1$ sowie für transparente Materialien mit geringem Brechungsindex.

1.9 (a) Die Amplitude des durchgelassenen Feldes ist

$$\mathcal{E}^\mathrm{t} = tt'x\mathcal{E}_0 \sum_{k=0}^{\infty}(x^2 r'^2)^k$$

wobei r (bzw. r') und t (bzw. t') die Amplituden der Absorptions- und Transmissionskoeffizienten beim Wechsel von Luft in das Medium (bzw. vom Medium in Luft) sind; außerdem ist $x = \mathrm{e}^{-\alpha l/2}\, \mathrm{e}^{\mathrm{i}\Phi/2}$. Die Transmission ist gegeben durch $T = |\mathcal{E}^\mathrm{t}|^2/|\mathcal{E}_0|^2$, und das Ergebnis erhält man mit $r = -r'$, $r^2 = r'^2 = R$ und $tt' = 1 - r^2 = 1 - R$.

(b) Mit den gleichen Definitionen wie in Teil (a) ist die Amplitude des reflektierten Feldes

$$\mathcal{E}^\mathrm{r} = \mathcal{E}_0 \left(r + \frac{r'tt'x^2}{1 - x^2 r'^2} \right)$$

Durch Einsetzen von $r' = -r$ und $tt' = 1 - r^2 = 1 - R$ erhalten wir

$$\mathcal{E}^\mathrm{r} = \mathcal{E}_0 r \left(\frac{1 - x^2}{1 - x^2 R} \right)$$

Der Reflexionsgrad ergibt sich aus dem Verhältnis $|\mathcal{E}^\mathrm{r}|^2/|\mathcal{E}_0|^2$.

(c) Setzen Sie $\alpha = 0$ in die Ausdrücke für den Transmissionsgrad und den Reflexionsgrad ein und addieren Sie beide.

(d) $(1 - R)^2 \, \mathrm{e}^{-\alpha l}$

(e) Dünnfilm-Interferenzstreifen mit Transmissionspeaks bei $2nl = m\lambda$ für ganze Zahlen m.

1.10 Fabry-Pérot-Streifen oberhalb der Bandkante mit Transmissionspeaks bei 875, 933 und 1000 nm. Exponentiell fallende Transmission unterhalb der Bandkante mit nahezu konstantem Reflexionsgrad von 31%.

1.11 Setzen Sie Gleichung (1.29) mit $\kappa = 0$ in Gleichung (1.9) ein.

1.12 18%, 6% und 4%

1.13 Aus Gleichung (1.8) folgt

$$-\log_{10}(T) = -2\log_{10}(1 - R) + \alpha l / \ln(10)$$

Die optische Dichte findet man, wenn man dies mit (1.11) vergleicht. Wenn das Medium bei λ' transparent ist und der inkohärente Grenzfall gilt, ist die Transmission durch (1.9) gegeben, sodass R durch eine Transmissionsmessung bestimmt werden kann. Die optische Dichte bei λ kann dann durch eine Messung der Transmission bei dieser Wellenlänge bestimmt werden. Dieses Ergebnis gilt nur, wenn λ' nahe bei λ liegt, da wir annehmen, dass R nicht signifikant mit der Wellenlänge variiert.

1.14 99,6%

1.15 14 nm

1.16 $\tilde{\epsilon}_\mathrm{r} \approx 1$

1.17 (a) 0,294 eV

(b) 8 W und 2 W

(c) 4 W und 6 W

1.18 521 nm

1.19 81%. Der Streuquerschnitt ist bei 850 nm elfmal so groß wie bei 1550 nm.

1.20 3,5 m; 0,22 m

1.21 Eis ist ein uniaxialer Kristall, Wasser dagegen eine Flüssigkeit ohne bevorzugte Achsen.

Kapitel 2

2.1

$$m_1 \ddot{x}_1 = -K_\mathrm{s}(x_1 - x_2)$$
$$m_2 \ddot{x}_2 = -K_\mathrm{s}(x_2 - x_1)$$

Teilen Sie diese Gleichungen durch m_1 bzw. m_2 und subtrahieren Sie sie, um die Bewegungsgleichung für einen Oszillator der Frequenz $(K_s/\mu)^{1/2}$ zu erhalten:

$$\frac{\mathrm{d}^2}{\mathrm{d}t^2}(x_1 - x_2) = -K_s\left(\frac{1}{m_1} + \frac{1}{m_2}\right)(x_1 - x_2)$$

2.2 $-\tan^{-1}\left[\omega\gamma/(\omega_0^2 - \omega^2)\right]$

2.3 $6{,}3 \times 10^{-4}$

2.4 $270\,\mathrm{m}^{-1}$

2.5 $\alpha(\omega_0) = Ne^2/n\epsilon_0 m_0\gamma c$

2.6 (a) $5{,}9$

(b) $5{,}0 \times 10^{12}\,\mathrm{Hz}$

(c) $23\,\mathrm{N}$

(d) $3{,}0 \times 10^{28}\,\mathrm{m}^{-3}$

(e) etwa $6 \times 10^{12}\,\mathrm{s}^{-1}$

(f) etwa $1 \times 10^6\,\mathrm{m}^{-1}$.

In Teil (c) müssen Sie die Federkonstante K_s unter Verwendung von (2.2) bestimmen. Achten Sie darauf, dass Sie die korrekte reduzierte Masse ($2{,}3 \times 10^{-26}\,\mathrm{kg}$) verwenden. Die Lösung der Teile (e) und (f) ist nur näherungsweise möglich, da die Daten nicht exakt einer einfachen lorentzschen Linienform folgen. Die Dämpfungsrate hängt in starkem Maße von der Frequenz ab, was der Grund für die starke Asymmetrie der Resonanzlinie ist.

2.7 Der durch ω ausgedrückte Zusammenhang kann hergeleitet werden, indem man das Reziproke von (2.25) nimmt und $k = n\omega/c$ verwendet. So erhält man

$$\frac{1}{v_g} = \frac{1}{c}\left(n + \omega\frac{\mathrm{d}n}{\mathrm{d}\omega}\right)$$

Gleichung (2.26) folgt durch Substitution $v = c/n$. Die durch λ ausgedrückte Beziehung ergibt sich durch die Substitution $\lambda = 2\pi c/\omega$, und hieraus erhalten wir $\mathrm{d}n/\mathrm{d}\omega = -(\lambda^2/2\pi c)\mathrm{d}n/\mathrm{d}\lambda$.

2.8 Die Dispersion in diesem ungedämpften System ist immer normal, sodass wir aus (2.26) ablesen, dass $v_g < v$ gilt. Im Falle $\omega < \omega_0$ gilt $\epsilon_r > 1$ und somit $v = c/n = c/\sqrt{\epsilon_r} < c$. Folglich gilt $v_g < c$ für $\omega < \omega_0$. Für $\omega > \omega_0$ müssen wir v_g explizit bestimmen:

$$v_g = nc\left(1 + \frac{Ne^2}{\epsilon_0 m_0}\frac{\omega_0^2}{(\omega_0^2 - \omega^2)^2}\right)^{-1}$$

Der Nenner ist größer als eins und es gilt $n < 1$, sodass $v_g < c$.

2.9 Diese Herleitung finden Sie in vielen Büchern zur Festkörperphysik und zur Elektrodynamik. Siehe zum Beispiel Kittel (2006), *Einführung in die Festkörpertheorie* (14. Auflage), Oldenbourg Verlag, München.

2.10 Entweder wenn die Dichte der absorbierenden Atome klein ist oder wenn die Frequenz weit entfernt von der Resonanz ist.

2.11 $\chi_a = 2{,}2 \times 10^{-29}\,\mathrm{m}^3$. Die Feldstärken sind $0{,}8 \times 10^{11}\,\mathrm{Vm}^{-1}$ und $1{,}4 \times 10^{11}\,\mathrm{Vm}^{-1}$. Es überrascht nicht, dass diese Werte von ähnlicher Größenordnung sind, da das äußere Feld gegen die Coulomb-Kräfte im Molekül wirken muss, um einen Dipol zu induzieren.

2.12 Bestimmen Sie $\kappa(E)$ aus $\alpha(E)$ mithilfe von (1.19) und verwenden Sie dann (2.36), um $n(E)$ zu bestimmen:

$$n(E) = 1 + \frac{2}{\pi} \int_{E_1}^{E_2} \frac{E' \kappa(E')}{E'^2 - E^2} \, \mathrm{d}E'$$

2.13 (a) $\lambda_j = 2\pi c/\omega_{0j}$; $A_j = Ne^2 f_j \lambda_j^2 / 4\pi^2 \epsilon_0 m_0 c^2$

(b) $C_1 = (1 + A_1)^{1/2}$; $C_2 = A_1 \lambda_1^2 / 2(1 + A_1)^{1/2}$; $C_3 = A_1(4 + 3A_1)\lambda_1^4 / 8(1 + A_1)^{3/2}$

2.14 (a) $C_1 = 1{,}5255, C_2 = 4824{,}7\,\mathrm{nm}^2$

(b) $1{,}5493$ und $1{,}5369$

(c) $1{,}26°$

2.15 $14\,\mathrm{ps}$ wenn wir ein Zeit-Bandbreite-Produkt von $\Delta\nu\Delta t = 1$ annehmen.

2.16 Verwenden Sie $\epsilon_{11}/\epsilon_0 = \epsilon_{22}/\epsilon_0 = n_\mathrm{o}$, $\epsilon_{33}/\epsilon_0 = n_\mathrm{e}$, $x = 0$, $z/n(\theta) = \sin\theta$ und $y/n(\theta) = \cos\theta$, um das Ergebnis herzuleiten.

2.17 $37{,}1° - 42{,}3°$

2.18 Legen Sie das Koordinatensystem so, dass z in Richtung der optischen Achse zeigt und x in Propagationsrichtung. Damit ist die Eingangspolarisation $\cos\theta\hat{\mathbf{z}} + \sin\theta\hat{\mathbf{y}}$.

(a) Die Ausgangspolarisation ist $\cos\theta\hat{\mathbf{z}} - \sin\theta\hat{\mathbf{y}}$, also um 2θ gedreht.

(b) Ausgangspolarisation $1/\sqrt{2}(\hat{\mathbf{z}} + \mathrm{i}\hat{\mathbf{y}})$, d. h. zirkulare Polarisation.

(c) elliptisch polarisiertes Licht.

2.19 $14\,\mathrm{\mu m}$

2.20 (a) nein (flächenzentriert-kubisch)

(b) nein (kubisch)

(c) ja (hexagonal)

(d) ja (hexagonal)

(e) nein (kubisch)

(f) nein (flächenzentriert kubisch)

(g) ja (orthorombisch)

Schwefel ist biaxial.

2.21 (a) Setzen Sie $\Delta n\,d = \lambda/2$ mit Δn gemäß (2.51) und lösen Sie nach $\mathcal{E}$ auf.

(b) $85\,\mathrm{kV}$

2.22 (a) Spalten Sie die lineare Eingangspolarisation in zwei phasengleiche links- und rechtszirkulare Strahlen auf und rekombinieren Sie diese am Ausgang mit einer relativen Phasendifferenz ϕ von $2\pi(n_\mathrm{R} - n_\mathrm{L})d/\lambda$. Der Polarisationsdrehwinkel ist gleich $\phi/2$.

(b) $21{,}7°/\mathrm{mm}$.

2.23 (a) Die Faraday-Rotation ist oberhalb und unterhalb von ω_0 negativ und in der Nähe von ω_0 positiv. Die Rotation zerfällt, wenn die Frequenz auf Werte abseits der Resonanz eingestellt wird.

(b) Der magnetische zirkulare Dichroismus folgt einer dispersiven Linienform mit einem negativen Signal unterhalb von ω_0, das seinen Peak bei $\omega_0 - \mu_\mathrm{B}B/\hbar$ hat, und einem positiven Signal oberhalb von ω_0 mit Peak bei $\omega_0 + \mu_\mathrm{B}B/\hbar$. Exakt bei ω_0 ist das Signal null.

2.24 $17\,\mathrm{cm}$

Kapitel 3

3.1 $\mathbf{k} = (2\pi/L)(n_x, n_y, n_z)$, wobei n_x, n_y und n_z ganze Zahlen sind. Jeder erlaubte $\mathbf{k}$-Zustand besetzt ein Volumen $(2\pi/L)^3$ des $\mathbf{k}$-Raums, woraus folgt, dass die Anzahl der Zustände in einer Volumeneinheit des $\mathbf{k}$-Raums gleich $L^3/(2\pi)^3$ ist. Folglich hat eine Volumeneinheit des Materials $1/(2\pi)^3$ Zustände pro Volumeneinheit des $\mathbf{k}$-Raums.

3.2 $\mathrm{d}E/\mathrm{d}k = \hbar^2 k/m^*$. Verwenden Sie dies in (3.14).

3.3 (a) Die Parität einer Wellenfunktion ist ± 1, je nachdem ob $\psi(-\mathbf{r}) = +\psi(\mathbf{r})$ oder $\psi(-\mathbf{r}) = -\psi(\mathbf{r})$ gilt. Atomare Wellenfunktionen haben wohldefinierte Paritäten, da Atome um $\mathbf{r} = 0$ Inversionssymmetrie zeigen und somit $|\psi(-\mathbf{r})|^2 = |\psi(\mathbf{r})|^2$ gelten muss.

(b) $\mathbf{r}$ ist eine ungerade Funktion, und daher ist das Integral null, außer wenn die beiden Wellenfunktionen unterschiedliche Parität haben.

(c) Für in z-Richtung polarisiertes Licht gilt

$$M \propto \int_{\phi=0}^{2\pi} \mathrm{e}^{\mathrm{i}m'\phi}(r\cos\theta)\,\mathrm{e}^{\mathrm{i}m\phi}\,\mathrm{d}\phi$$

Dies ist null, außer für $m = m'$. Für Licht, das in x- oder y-Richtung polarisiert ist, gilt

$$M \propto \int_{\phi=0}^{2\pi} \mathrm{e}^{\mathrm{i}m'\phi}\left(r\sin\theta(\mathrm{e}^{\mathrm{i}\phi} \pm \mathrm{e}^{-\mathrm{i}\phi})\right)\mathrm{e}^{\mathrm{i}m\phi}\,\mathrm{d}\phi$$

Dies ist null, außer für $m' = m \pm 1$.

(d) $\mathcal{E}^\pm \propto \mathrm{e}^{\pm \mathrm{i}\phi}$, und daher ist

$$M^\pm \propto \int_{\phi=0}^{2\pi} \mathrm{e}^{\mathrm{i}m'\phi}\,\mathrm{e}^{\pm \mathrm{i}\phi}\,\mathrm{e}^{\mathrm{i}m\phi}\,\mathrm{d}\phi$$

Dies liefert $m' = m + 1$ für $\mathcal{E}^+$ und $m' = m - 1$ für $\mathcal{E}^-$.

3.4 Die Versuchsanordnung sollte aussehen wie in Abbildung 3.15, nur dass ein Scan-Monochromator und ein InSb-Detektor verwendet wird.

3.5 Tragen Sie α^2 und $\alpha^{1/2}$ gegen $\hbar\omega$ auf. Untersuchen Sie außerdem die Temperaturabhängigkeit von α.

3.6 indirekte Bandlücke bei 2,2 eV, direkte Bandlücke bei $\sim 2{,}75$ eV

3.7 $\alpha \approx 1{,}2 \times 10^6\,\mathrm{m}^{-1}$

3.8 (a) $5{,}3 \times 10^8\,\mathrm{m}^{-1}$ und $4{,}1 \times 10^8\,\mathrm{m}^{-1}$

(b) $3{,}0 \times 10^7\,\mathrm{m}^{-1}$. Dies ist um mehr als eine Größenordnung kleiner als der Wellenvektor des Elektrons.

(c) 2,1

(d) 704 nm

3.9 $|M|^2 = 3C$ für Schwerlochübergänge, $|M|^2 = C$ für Leichtlochübergänge

3.10 Dies folgt aus (A.41).

3.11 fallend oberhalb von $E_\mathrm{g} + \Delta$

3.12 (a) 4,1 eV. Dies entspricht Übergängen aus dem p-artigen Valenzband in das s-artige Leitungsband.

(b) Die Diskussion des atomaren Charakters der Bänder in Abschnitt 3.3.1 gilt nur für den Γ-Punkt. Das bedeutet, dass elektrische Dipolübergänge an den Zonenrändern erlaubt sein können, obwohl sie bei $k = 0$ verboten sind.

3.13 0,75 eV

3.14 $\mathcal{E} \approx 1{,}8 \times 10^6\,\mathrm{V}\,\mathrm{m}^{-1}$. Diesen Wert erhält man, indem man das Feld bestimmt, bei dem α zwischen E_g und $(E_\mathrm{g} - 0{,}01)\,\mathrm{eV}$ um den Faktor e^{-1} fällt.

3.15 Der erste Teil kann leicht hergeleitet werden, indem man die Zentralkraft, die für die zirkulare Bewegung zuständig ist, gleich der Lorentz-Kraft setzt, also $m\omega^2 r = e\omega r B$. Die Auswahlregel $\Delta n = 0$ folgt aus der Orthogonalität der Wellenfunktionen φ_n des harmonischen Oszillators, wenn man Landau-Niveau-Wellenfunktionen der Form

$$\psi_n(\mathbf{r}) \propto u(\mathbf{r})\varphi_n(x, y)\,\mathrm{e}^{\mathrm{i}k_z z}$$

verwendet.

3.16 (a) $g_{1\mathrm{D}}(E) = (2m/Eh^2)^{-1/2}$, wobei m die Teilchenmasse ist

(b) $\alpha \propto (\hbar\omega - E_\mathrm{g})^{-1/2}$

(c) Das Magnetfeld quantisiert die Bewegung in zwei Dimensionen. Der Absorptionskoeffizient für die Übergänge zwischen Landau-Niveaus variiert wie $(\hbar\omega - E_n)^{-1/2}$ mit $E_n = E_\mathrm{g} + (n + 1/2)(e\hbar B/\mu)$. Dies folgt aus der eindimensionalen Zustandsdichte und der Auswahlregel $\Delta n = 0$. $\alpha(\hbar\omega)$ divergiert jedesmal, wenn die Frequenz den Schwellenwert für ein neues n überschreitet. Diese Divergenzen werden durch Streuung verbreitert. Wir sehen daher in der Transmissionskurve überall dort eine Eindellung, wo der Wert von $\hbar\omega$ die Gleichung (3.32) erfüllt.

(d) $m_e^* \approx 0{,}035m_0$ und $E_g = 0{,}08\,\text{eV}$. Diese Werte beziehen sich auf den Γ-Punkt der Brillouin-Zone.

3.17 $0{,}46\,\text{A}\,\text{W}^{-1}$ bei $1{,}55\,\mu\text{m}$ und $1{,}05\,\text{A}\,\text{W}^{-1}$ bei $1{,}30\,\mu\text{m}$

3.18 (a) Die p-Schicht und die n-Schicht sind gute Leiter, während die i-Schicht von Ladungsträgern befreit ist und deshalb wie ein Isolator wirkt.

(b) $10\,\text{pF}$

(c) $60\,\text{ps}$ für die Elektronen und $200\,\text{ps}$ für die Löcher

(d) $0{,}2\,\text{eV}$

Kapitel 4

4.1 Dies ist ein Standardergebnis für beliebige Zweiteilchensysteme.

4.2 (a) kinetische Energie plus Coulomb-Energie

(b) $E = -\mu e^4/8\epsilon_r^2\epsilon_0^2h^2 = -(\mu/m_0\epsilon_r^2)R_H$, $a_0 = \epsilon_0\epsilon_r h^2/\pi\mu e^2 = (\epsilon_r m_0/\mu)a_H$, $C = \pi^{-1/2}a_0^{-3/2}$

4.3 a_0; $\langle r \rangle = (3/2)a_0$

4.4 (a) Dies ist eine kugelsymmetrische Funktion mit einem Maximum bei $r = 0$.

(b) $\langle E \rangle = \hbar^2/2\mu\xi^2 - e^2/4\pi\epsilon_r\epsilon_0\xi$

(c) $\xi_{\min} = 4\pi\epsilon_0\epsilon_r\hbar^2/\mu e^2$, $\langle E \rangle_{\min} = -\mu e^4/8h^2\epsilon_0^2\epsilon_r^2$

(d) $\xi_{\min}$ und $\langle E \rangle_{\min}$ haben die gleiche Form wie a_0 und E in Aufgabe 4.2. Das Variationsverfahren liefert die Energie und die Wellenfunktion in diesem Fall exakt, da unsere Ansatzfunktion die korrekte funktionale Form hat.

4.5 (b) $E(n) = -\mu e^4/8h^2\epsilon_0^2\epsilon_r^2n^2$ und $r_n = 4\pi\epsilon_0\epsilon_r\hbar^2n^2/\mu e^2$

(c) $E(n)$ ist identisch mit der Lösung der Schrödinger-Gleichung für das Wasserstoffatom.

(d) r_1 entspricht dem Peak in der radialen Wahrscheinlichkeitsdichte für die Grundzustands-(1s)-Wellenfunktion.

4.6 $E(1) = -39{,}1\,\text{meV}$, $r_1 = 2{,}3\,\text{nm}$, stabil; $E(2) = -9{,}8\,\text{meV}$, $r_2 = 9{,}3\,\text{nm}$, instabil

4.7 $2{,}2\,\text{nm}$

4.8 Der Brechungsindex hat ein Maximum von $3{,}60$ bei $1{,}5146\,\text{eV}$.

4.9 $394\,\mu\text{m}$

4.10 Setzen Sie $|E(n)| = \mu e^4/8(\epsilon_0\epsilon_r hn)^2$ und $r_n = 4\pi\epsilon_0\epsilon_r\hbar^2n^2/\mu e^2$ in $\mathcal{E} = e/4\pi\epsilon_0\epsilon_r r^2$ ein und verwenden Sie $|E(1)| = R_X$ und $r_1 = a_X$ um das Ergebnis zu erhalten.

4.11 $1{,}5\,\text{meV}$ und $31\,\text{nm}$; $V_0 = +0{,}55\,\text{V}$

4.12 $1{,}8\,\mathrm{T}$

4.13 $\mathbf{B} = \boldsymbol{\nabla} \times \mathbf{A} = (0,0,B)$; $\hat{H}' = e^2\mathbf{A}^2/2m_0 = e^2B^2(x^2+y^2)/8m_0$; $\langle E \rangle = \langle\psi|\hat{H}|\psi\rangle$. Gleichung (4.7) folgt direkt durch Addition der Beiträge von Elektron und Loch, wenn man beachtet, dass wegen der Kugelsymmetrie $\langle x^2 \rangle = \langle y^2 \rangle = \langle z^2 \rangle = \frac{1}{3}\langle r^2 \rangle$ gilt.

4.14 $\delta E = +4{,}9 \times 10^{-5}\,\mathrm{eV}$, $\delta\lambda = -0{,}026\,\mathrm{nm}$

4.15 $8{,}1 \times 10^{24}\,\mathrm{m}^{-3}$ und $1{,}3 \times 10^{23}\,\mathrm{m}^{-3}$

4.16 $0{,}50$

4.17 $17{,}2\,\mathrm{K}$

4.18 $r_1 = 0{,}85\,\mathrm{nm}$: ungültig; $r_2 = 3{,}4\,\mathrm{nm}$: gültig

Kapitel 5

5.1 Siehe Abschnitt 5.2.2.

5.2 Die Relaxation innerhalb der Bänder ist schneller als die radiative Rekombination.

5.3 $A_{2\mathrm{p}\to 1\mathrm{s}} = 6{,}27 \times 10^8\,\mathrm{s}^{-1}$; $\tau_\mathrm{R} = 1{,}6\,\mathrm{ns}$

5.4 Schnellere nichtradiative Rekombination bei höheren Temperaturen aufgrund von Phonemissionen. $\eta_\mathrm{R}\,(300\,\mathrm{K}) = 79\%$, $\eta_\mathrm{R}\,(350\,\mathrm{K}) = 56\%$.

5.5 ZnTe

5.6 (a) Dies folgt direkt aus der Definition von α, welche in (1.3) gegeben ist.

(b) Setzen Sie $\dot{N} = I\alpha/h\upsilon - N/\tau$ gleich null.

(c) $6{,}6 \times 10^{20}\,\mathrm{m}^{-3}$

5.7 (a) $1{,}9 \times 10^{24}\,\mathrm{m}^{-3}$

(b) $0{,}62\,\mathrm{ns}$

(c) $3{,}5 \times 10^{10}$ Photonen

5.8 Die Emissionsrate ist proportional zur Wahrscheinlichkeit, dass das obere Niveau besetzt ist und das untere Niveau leer, d.h. zu $f_\mathrm{e} \times f_\mathrm{h}$. Im klassischen Grenzfall gilt $f_\mathrm{e,h} \propto \exp(-E_\mathrm{e,h}/k_\mathrm{B}T)$ und somit

$$f_\mathrm{e}f_\mathrm{h} = \exp(-(E_\mathrm{e}+E_\mathrm{h})/k_\mathrm{B}T)$$
$$= \exp(-(h\nu - E_\mathrm{g})/k_\mathrm{B}T)$$

5.9 (a) $E_\mathrm{F} = -0{,}216\,\mathrm{eV} = -8{,}4k_\mathrm{B}T$, gültig

(b) $E_\mathrm{F} = +0{,}021\,\mathrm{eV} = +0{,}83k_\mathrm{B}T$, ungültig

5.10 Verwenden Sie $f(E) = 1$ für $E < E_\mathrm{F}$ und $f(E) = 0$ für $E > E_\mathrm{F}$, um das Ergebnis herzuleiten.

5.11 Elektronen: (a) 0,36 meV, entartet für $T \ll 4{,}2$ K

(b) 36 meV, entartet für $T \ll 420$ K

Löcher: (a) 0,073 meV, entartet für $T \ll 0{,}9$ K

(b) 7,3 meV, entartet für $T \ll 85$ K

5.12 $k_{\mathrm{F}} = (3\pi^2 N)^{1/3}$

5.13 (a) Raumwinkel $\Omega = 0{,}049$

(b) $4{,}2 \times 10^{-4}$

(c) $0{,}53\eta_{\mathrm{R}}$ mW

(d) $0{,}22\eta_{\mathrm{R}}$ μW

5.14 (a) 0,14 eV

(b) 0,012 eV

(c) Elektronen sind entartet, Löcher jedoch nicht

(d) Aus dem Spektrum kann bei etwa 0,94 eV, wo die Lumineszenz auf 50% ihres Maximums fällt, $E_{\mathrm{g}} + E_{\mathrm{F}}^{\mathrm{c}}$ abgelesen werden. Dies stimmt sehr gut mit der Schätzung von $E_{\mathrm{F}}^{\mathrm{c}}$ anhand der Ladungsdichte überein.

(e) Lesen Sie $E_{\mathrm{F}}^{\mathrm{c}}$ aus den Daten ab, dann finden Sie $N_{\mathrm{e}} \approx 3 \times 10^{23}\,\mathrm{m}^{-3}$, $\tau \approx 0{,}13$ ns.

5.15 Das Ergebnis folgt aus den relativen Intensitäten der σ^+- und σ^--Übergänge für eine Anfangspopulation, die in einem der Spin-Unterniveaus dreimal so viele Elektronen enthält wie in dem anderen und in der die Löcher gleichmäßig auf ihre Unterniveaus verteilt sind.

5.16 $\tau = (\hbar/g_{\mathrm{e}}\mu_{\mathrm{B}}B_{1/2})\,[P_0/P(0)]$

$\tau_{\mathrm{S}} = (\hbar/g_{\mathrm{e}}\mu_{\mathrm{B}}B_{1/2})[1 - P(0)/P_0]^{-1}$

5.17 (a) 610 nm

(b) $x = 0{,}316$

5.18 (a) 31%

(b) $4{,}3 \times 10^{10}$ Hz

(c) $610\,\mathrm{m}^{-1}$

5.19 (a) 150 mW

(b) 26%

(c) $0{,}77\,\mathrm{W\,A}^{-1}$, 51%

5.20 Setzen Sie die Erzeugungsrate gleich der Zerfallsrate, um das Ergebnis herzuleiten.

Kapitel 6

6.1 etwa 0,01 K

6.2 9,3 nm und 30 nm

6.3 Der k-Vektor muss die Gleichung $k = $ ganze Zahl $\times 2\pi/L$ erfüllen, sodass die Flächenzustandsdichte im k-Raum $(1/2\pi)^2$ ist. Das Ergebnis für $g_{2D}(E)$ erhält man, indem $g_{2D}(k)\mathrm{d}k = 2\pi k\mathrm{d}k \times (1/2\pi)^2$ schreibt und dann die Beziehung $g_{2D}(E) = 2g_{2D}(k)\mathrm{d}k/dE$ mit $\mathrm{d}k/dE = m/\hbar^2 k$ verwendet.

6.4 Verwenden Sie Randbedingungen nach Born und van Karman, um $g_{1D}(k)\mathrm{d}k = 1/2\pi\mathrm{d}k$ herzuleiten. Mithilfe von (3.14) und $E = \hbar^2 k^2/2m$ erhalten Sie dann das gesuchte Ergebnis.

6.5 Die Funktion auf der rechten Seite von (6.26) fällt bei $x = \sqrt{\xi}$ auf null. Sie wird daher zwischen 0 und $\pi/2$ immer die Funktion $x\tan x$ schneiden, egal wie klein ξ ist.

6.6 7,5 meV für den endlichen Topf und 11 meV für den unendlichen

6.7 (a) Dieses Ergebnis folgt aus der Orthonormalität der Wellenfunktionen.

(b) Anfangs- und Endzustände müssen entgegengesetzte Paritäten haben.

6.8 Erste Stufe bei 1,679 eV wegen des ($n{=}1$)-Schwerlochübergangs. Zweite Stufe bei 1,837 eV wegen des Leichtlochübergangs. Die Höhen der beiden Stufen stehen im gleichen Verhältnis wie die reduzierten Massen, also $0,059 : 0,036$.

6.9 (a) Die Übergangsenergien wären kleiner. Übergänge wie hh3 $\rightarrow$ e1 wären schwach erlaubt.

(b) Unterhalb der Stufen der exzitonischen Absorption würden Peaks erscheinen.

6.10 (a) Direkte Substitution liefert

$$\int_{r=0}^{\infty} \int_{\phi=0}^{2\pi} \Psi^*\Psi \, r\mathrm{d}r\mathrm{d}\phi = 1$$

(b) Sie erhalten das Ergebnis, indem Sie zeigen, dass

$$\hat{H}\Psi = \left(-\frac{\hbar^2}{2\mu\xi^2} + \frac{\hbar^2}{2\mu\xi^2 r} - \frac{e^2}{4\pi\epsilon_0\epsilon_\mathrm{r} r} \right)\Psi$$

und dann das Integral auswerten.

(c) $E_{\min} = -\mu e^4/8(\pi\epsilon_0\epsilon_\mathrm{r}\hbar)^2$. Dies ist viermal so groß wie die exzitonische Bindungsenergie im Volumen, die wir in Aufgabe 4.3 gefunden hatten.

(d) $\xi_{\min} = 2\pi\hbar^2\epsilon_0\epsilon_\mathrm{r}/\mu e^2 = a_\mathrm{X}/2$, wobei a_X in (4.2) definiert ist.

6.11 Bei $d = \infty$ haben wir Volumen-GaAs, bei $d = 0$ dagegen Volumen-AlGaAs. Wenn d ausgehend von ∞ reduziert wird, wächst die Bindungsenergie ausgehend von 4 meV, durchläuft einen Peak und fällt dann auf 6 meV. Die Höhe des Peaks liegt bei etwa 17 meV und ist somit viermal so groß wie die Bindungsenergie von Volumen-GaAs.

6.12 (a) Siehe Abschnitt 5.3.5.
(b) Schwerlochexziton und Kontinuumabsorption, gefolgt von Leichtlochexziton und Kontinuumabsorption.

(c) Das Schwerlochkontinuum startet bei 1,592 eV. Hieraus folgt $d = 9{,}3\,\mathrm{nm}$ im Modell des unendlichen Topfes. Die tatsächliche Breite ist kleiner, da im Modell des unendlichen Topfes die Confinement-Energie überschätzt wird.

(d) 11 meV bzw. 12 meV. In einem perfekten zweidimensionalen Quantentopf ist $E_\mathrm{b} = 4R_\mathrm{X} = 16{,}8\,\mathrm{meV}$. Die experimentellen Bindungsenergien liegen darunter, da ein realer Quantentopf kein perfektes zweidimensionales System ist.

6.13 $\Pi = -100\%$ für Photonen aus dem durch (6.43) gegebenen Bereich. Π nimmt für $\hbar\omega > E_\mathrm{g} + E_\mathrm{e1} + E_\mathrm{lh1}$ ab und fällt für $\hbar\omega > E_\mathrm{g} + \Delta + E_\mathrm{e1} + E_\mathrm{so1}$ auf null.

6.14 (a) z ist eine ungerade Funktion, während $\varphi^*\varphi$ gerade ist.

(b) Sie erhalten das gesuchte Ergebnis, wenn Sie in der Störung nur den ersten Term, also $|\langle 1|H'|2\rangle|^2/(E_1 - E_2)$, berücksichtigen und die Wellenfunktionen und Energien aus (6.11) und (6.13) substituieren.

6.15 (a) Die experimentelle Verschiebung ist kleiner, vor allem aufgrund des kleineren Wertes von d.

(b) 3,4 nm, wenn man eine quadratische Stark-Verschiebung annimmt.

(c) $\langle \delta z \rangle \approx 1{,}6\,\mathrm{nm}$

6.16 Das Modell funktioniert für Probe A recht gut, jedoch nicht für Probe B. Das Modell versagt, wenn die Größe der Stark-Verschiebung mit der Energieaufspaltung der ungestörten hh1- und hh2-Niveaus vergleichbar wird. Dies ist im Wesentlichen das gleiche Kriterium wie für den Übergang vom quadratischen zum linearen Stark-Effekt in der Atomphysik. In der Probe B befinden wir uns für alle fraglichen Feldstärken in diesem Regime.

6.17 Bei endlichem $\mathcal{E}_z$ ist die Inversionssymmetrie des Quantentopfes gebrochen. Die Zustände haben keine wohldefinierten Paritäten mehr und die auf der Parität basierende Auswahlregel ist nicht mehr anwendbar.

6.18 Die Verschiebung beträgt etwa 0,02 eV, was mit der aus den Daten ersichtlichen Linienbreite vergleichbar ist. Eine Variation von $\pm 5\%$ entspricht mehr oder weniger einer Fluktuation einer atomaren Schicht.

6.19 14 nm, wenn unendliche Barrieren vorausgesetzt werden

6.20 (a) z ist eine ungerade Funktion, und daher ist das Integral null, außer wenn $\varphi_n^*\varphi_{n'}$ ebenfalls eine ungerade Funktion ist. Dazu müssen die Wellenfunktionen unterschiedliche Paritäten haben.

(b) Die Matrixelemente sind gegeben durch

$$\langle 1|z|2\rangle = \frac{2}{d}\int_0^d \sin(\pi z/d)\, z \,\sin(2\pi z/d)\, \mathrm{d}z$$
$$= -(16/9\pi^2)d$$
$$\langle 1|z|4\rangle = \frac{2}{d}\int_0^d \sin(\pi z/d)\, z \,\sin(4\pi z/d)\, \mathrm{d}z$$
$$= -(4/45\pi^2)d$$

Die Übergangsrate ist proportional zu $|M^2|$, und daher ist der Übergang $1 \to 4$ um den Faktor $(1/20)^2 = 2{,}5 \times 10^{-3}$ schwächer als $1 \to 2$. $\lambda_{1 \to 2} = 29\,\mu\mathrm{m}$.

6.21 Die elektrische Energie der Lichtwelle im Medium ist maximal bei flachem Einfall mit $\theta = 90°$, wenn die fraktionale Leistung der z-Komponente $1/n^2$ ist. Die maximal mögliche fraktionale Absorption ist daher gleich 9%, wenn $n = 3{,}3$ ist.

6.22 Die quantisierten Niveaus treten bei den Energien $3, 6, 9, 11,\ 12, 14, 17$ auf (in Einheiten von $h^2/8m^*d^2$). Die Entartungen der einzelnen Niveaus sind 1, 3, 3, 3, 1, 6, 3.

6.23 Setzen Sie $R(r)$ in (6.57) mit $l = 0$ und $V(r) = -V_0$ ein, um zu zeigen, dass innerhalb des Quantenpunktes $E = -V_0 + \hbar^2 k^2/2m^*$ gilt. Setzen Sie dann $\sin(kR_0/R_0) = 0$, woraus $k = n\pi/R_0$ mit einer ganzen Zahl n folgt. Die Energie relativ zum Boden des Topfes ist somit $\hbar^2 n^2 \pi^2/2m^* R_0^2$.

6.24 Sie ist für kubische Punkte um den Faktor $3(3/4\pi)^{2/3} = 1{,}15$ größer.

6.25 (a) $E = (n_x + 1/2)\hbar\omega_0 + (n_y + 1/2)\hbar\omega_0$; Entartung $= n$

(b) Separieren Sie die Variablen und zeigen Sie, dass die Wellenfunktion $\Phi(\phi)$ die Gleichung $\mathrm{d}^2\Phi/\mathrm{d}\phi^2 = -m^2\Phi$ erfüllen muss, wobei m^2 die Separationskonstante ist. Die Lösungen haben die Form $\exp\,\mathrm{i}m\phi$ und müssen eindeutig sein. Folglich muss m eine ganze Zahl sein.

(c) $\psi_{0,0}(r, \phi) = \psi_0(x)\psi_0(y)$,

$\psi_{1,\pm 1}(r, \phi) \propto \psi_1(x)\psi_0(y) \pm \mathrm{i}\psi_0(x)\psi_1(y)$

$\psi_{2,0}(r, \phi) \propto \psi_2(x)\psi_0(y) + \psi_0(x)\psi_2(y)$

$\psi_{2,\pm 2}(r, \phi) \propto -\psi_2(x)\psi_0(y) \pm \sqrt{2}\mathrm{i}\psi_1(x)\psi_1(y) + \psi_0(x)\psi_2(y)$

Kapitel 7

7.1 $E_\mathrm{F}^3 = (9\epsilon_0^2\hbar^2/8m_0)(\pi\hbar\omega_\mathrm{p}/e)^4$

7.2 $N \sim 10^{11}\,\mathrm{m}^{-3}$

7.3 $\delta \sim 0{,}5\,\mathrm{m}$. Um in einem untergetauchten U-Boot ein starkes Signal zu erhalten, müssen viel kleinere Frequenzen verwendet werden. Die Datenrate wäre dann aufgrund der kleinen Trägerfrequenz sehr gering.

7.4 $m_\mathrm{e}^* = 1{,}6\,m_0$

7.5 $R = 99{,}6\%$

7.6 $T = 0{,}16$

7.7 Der Abfall des Reflexionsvermögens für $\lambda < 600\,\mathrm{nm}$ wird durch Interbandübergänge hervorgerufen. Die Energielücke zwischen den d-Bändern und der Fermi-Energie kann aus den Daten abgelesen werden und ist demnach etwa $2{,}4\,\mathrm{eV}$. Das geringe Reflexionsvermögen für grünes und blaues Licht ist die Ursache für die charakteristische gelbliche Farbe.

7.8 $\epsilon_\mathrm{r} = 1$

7.9 m_{e}^* wächst von $0{,}020m_0$ bei $3{,}5 \times 10^{23}\,\mathrm{m}^{-3}$ auf $0{,}048\,m_0$ bei $4 \times 10^{24}\,\mathrm{m}^{-3}$. Die Zunahme von m_{e}^* mit N_{e} ist damit zu erklären, dass das Leitungsband von InSb nicht parabolisch ist.

7.10 $\tau \sim 1\,\mathrm{ps}$

7.11 Berechnen Sie die Ladungsträgerdichte wie in Aufgabe 5.6 und die Absorption durch freie Ladungsträger mithilfe von (7.28). Addieren Sie dann die Beiträge der Elektronen und der Löcher. Das Ergebnis liegt etwa bei $200\,\mathrm{m}^{-1}$.

7.12 (a) $E_{\mathrm{F}} = 0{,}032\,\mathrm{eV}$. k_{F} ist $6{,}5 \times 10^8\,\mathrm{m}^{-1}$ bzw. $2{,}6 \times 10^8\,\mathrm{m}^{-1}$ für schwere bzw. leichte Löcher.

    (b) (1): 0,03–0,17 eV, (2): 0,32–0,34 eV, (3): 0,34–0,42 eV

7.13 (a) $m_{\mathrm{e}}^* = 0{,}85\,m_0$

    (b) $R_0^* \approx 45\,\mathrm{meV}$, $R_{\pm}^* \approx 25\,\mathrm{meV}$

7.14 $R^* = (m_{\mathrm{e}}^*/m_0\epsilon_{\mathrm{r}}^2) \times R_{\mathrm{H}}$; $m_{\mathrm{e}}^* = 0{,}036\,m_0$

7.15 Akzeptorenergie $E_{\mathrm{A}} \sim 8\,\mathrm{meV}$

7.16 Raman-Streuung durch Plasmonmoden: $N = 4{,}2 \times 10^{24}\,\mathrm{m}^{-3}$

7.17 $7{,}2 \times 10^{23}\,\mathrm{m}^{-3}$

7.18 0,2 %

7.19 Aluminium: Oberflächen- und Volumenplasmonen

7.20 (a) $l_z^{\mathrm{d}} = 390\,\mathrm{nm}$ und $l_z^{\mathrm{m}} = 22\,\mathrm{nm}$

    (b) 28 μm

7.21 Resonanz bei $\omega_{\mathrm{p}}/\sqrt{3}$ für Luft

7.22 (a) 517 nm

    (b) 294 nm. Die Differenz ist hauptsächlich auf Interbandübergänge zurückzuführen.

Kapitel 8

8.1 $E_1 = (1/2)\hbar\Omega$, $E_2 = (3/2)\hbar\Omega$, $E_3 = (5/2)\hbar\Omega$, $a = (\hbar/m\Omega)^{1/2}$

8.2 $d \approx 6{,}7 \times 10^{-10}\,\mathrm{m}$, was etwa sechs Kohlenstoff-Kohlenstoff-Bindungen entspricht

8.3 4×10^{-2}, $1{,}6 \times 10^{-3}$, $1{,}4 \times 10^{-5}$

8.4 10,2 eV. Der Grundzustand des Moleküls ist stärker gebunden als der angeregte Zustand, sodass die Übergangsenergie größer ist.

8.5 (a) Die Energie der van-der-Waals-Wechselwirkung variiert wie r^{-6}.

(b) Bestimmen Sie den Punkt, für den $dU/dr = 0$ gilt.

(c) $U(r) = U(r_0) + d^2U/dr^2(r - r_0)^2/2 + \cdots$, wobei die Ableitung bei $r = r_0$ auszuwerten ist.

$$\Omega^2 = (18B^2/A\mu)(B/2A)^{1/3}$$

8.6 (a) Dies folgt direkt aus dem Franck-Codon-Prinzip: Summieren Sie über (8.12) für alle vibronischen Unterniveaus.

(b) (i) nur Null-Phonon-Linie; (ii) und (iii) Poisson-Verteilung mit Mittelwert 1 bzw. 5.

8.7 S_1 at $4{,}64\,\mathrm{eV}$, $\Omega/2\pi = 3 \times 10^{13}\,\mathrm{Hz}$

8.8 Das Konfigurationsschema ist ähnlich wie in Abbildung 8.7, jedoch mit zwei angeregten Zuständen. S_1-Zustand: Energie $= 5{,}7\,\mathrm{eV}$, Vibrationsaufspaltung $0{,}11\,\mathrm{eV}$, Umkehrpunkt des Niveaus $n = 6$ ausgerichtet an Q_0. S_2-Zustand: Energie $7{,}3\,\mathrm{eV}$, Vibrationsaufspaltung $0{,}13\,\mathrm{eV}$, Umkehrpunkt des ($n{=}5$)-Niveaus ausgerichtet an Q_0.

8.9 Die Spin-Bahn-Kopplung mischt S und L, sodass die Triplettzustände durch die Mischung mit gewöhnlichen L-Zuständen eine kleine Komponente mit Singulettcharakter enthalten.

8.10 Phosphoreszenz durch einen Triplettzustand bei $1{,}6\,\mathrm{eV}$

8.11 Beides liefert $\hbar\Omega \approx 0{,}17\,\mathrm{eV}$.

8.12 Es wird ein vibronisches Band der Breite $\sim 1\,\mathrm{eV}$ geben, das sich von $3{,}1\,\mathrm{eV}$ abwärts erstreckt, wobei es drei oder vier Peaks bei den Energien $(3{,}1 - n\hbar\Omega)$ mit $\hbar\Omega \approx 0{,}17\,\mathrm{eV}$ gibt.

8.13 breites vibronisches Band von $1{,}9\,\mathrm{eV}$ bis hinunter zu $1{,}0\,\mathrm{eV}$; Peaks bei $1{,}9\,\mathrm{eV}$ und $1{,}7\,\mathrm{eV}$

8.14 $1{,}1\,\mathrm{eV}$

8.15 $693\,\mathrm{nm}$. (Zusätzlich zu dieser gibt es weitere Raman-Linien.)

8.16 Optische Anregung erzeugt nur Singuletts und Tripletts, wobei die Wahrscheinlichkeit durch das jeweilige statistische Gewicht bestimmt ist, also $1 : 3$. Nur Singuletts emittieren effizient, und deren Besetzung ist bei elektrischer Injektion um einen Faktor vier niedriger.

8.17 (a) Siehe Aufgabe 8.16.

(b) $5{,}6\,\mathrm{mW}$

(c) 11%. Die Ausbeute eines realen Bauelements liegt viel niedriger, was vor allem daran liegt, dass es schwierig ist, die in alle Richtungen emittierten Photonen einzusammeln.

8.18 (a) $|\mathbf{a_1}| = |\mathbf{a_2}| = 2 \times a\cos 30°$

(b) Bestimmen Sie $|\mathbf{c}|$ durch Auswerten von $\mathbf{c} \cdot \mathbf{c}$.

(c) $\tan\theta = (n_2 a_0 \sin 60°)/(n_1 a_0 + n_2 a_0 \cos 60°)$

8.19 (a) Aus Symmetriegründen muss die elektronische Wellenfunktion einen festen Wert behalten, wenn die Röhre um 2π gedreht wird. Das Ergebnis folgt aus der Phasenänderung, die mit einem Umlauf um die Röhre verbunden ist.

(b) Setzen Sie $\mathbf{k} = (\mathbf{k_1} - \mathbf{k_2})/3$ in das Ergebnis aus Teil (a) ein und verwenden Sie die Definition $\mathbf{a_i} \cdot \mathbf{k_j} = 2\pi\delta_{ij}$.

8.20 Mit periodischen Randbedingungen erhalten Sie $g(k) = 1/2\pi$. Verwenden Sie dann (3.14) mit einem zusätzlichen Faktor zwei, um der Tatsache Rechnung zu tragen, dass die Geschwindigkeitszustände $-k$ und $+k$ entartet sind.

8.21 $6{,}7 \times 10^{-4}$

Kapitel 9

9.1 Die Lösung für einen eindimensionalen Potentialtopf ist in Abschnitt 6.3.2 gegeben. In einem Kubus ist die Bewegung in drei Richtungen quantisiert, und die Energien für die Richtungen x, y und z sind einfach zu addieren.

9.2 Gemäß (9.4) ist $E = 0{,}28/a^2$. Die experimentellen Werte sind kleiner, da ein reales F-Zentrum kein starrer Kubus ist.

9.3 Berechnen Sie entweder $h\nu = 2{,}6\,\mathrm{eV}$ gemäß (9.5) oder lesen Sie einfach aus Abbildung 9.4 $h\nu \approx 2\,\mathrm{eV}$ ab.

9.4 $E = (\hbar^2\pi^2/2m_0b^2)(n_x^2 + n_y^2 + n_z^2/4)$ und $h\nu = 3h^2/32m_0b^2$. Die Frequenz ist halb so groß wie der durch (9.5) gegebene Wert, falls $b = \sqrt{2}a$, was für ein F_2^+-Zentrum zutrifft. Das experimentell ermittelte Verhältnis ist etwa 0,4, was in Anbetracht des einfachen Modells eine gute Übereinstimmung ist.

9.5 (a) $N_0 : N_{\pm 1} = 1 : 1{,}87$

(b) $0{,}07\,\mathrm{K}$

9.6 $0{,}064\,\mathrm{eV}$

9.7 (a) $\langle r\rangle_{3\mathrm{d}}/\langle r\rangle_{4\mathrm{f}} = (7/12)\,(Z_{4\mathrm{f}}/Z_{3\mathrm{d}}) \sim 1{,}5$ für $Z_{4\mathrm{f}} \sim 64$ und $Z_{3\mathrm{d}} \sim 25$

(b) Ionen des Übergangsmetalls haben die 4s-Außenelektronen verloren, während die 4f-Orbitale der Seltenerdmetalle innerhalb der gefüllten 5s- und 5p-Orbitale liegen.

9.8 Die Richtungen x, y und z sind äquivalent, und daher müssen die p_x-, p_y- und p_z-Orbitale alle die gleiche Wechselwirkungsenergie mit dem Kristall spüren.

(b) Die z-Richtung ist nun verschieden, und daher haben die p_z-Orbitale eine andere Energie als die p_x- und p_y-Zustände.

(c) Das Singulett liegt bei höherer Energie, weil die Abstoßung wegen der näheren negativen Ladung größer ist.

9.9 (a) Das Ergebnis folgt aus

$$\int_0^{2\pi} \mathrm{e}^{-im\phi}\mathrm{e}^{im''\phi}\mathrm{e}^{im'\phi}\,\mathrm{d}\phi = 2\pi\delta_{m,(m'+m'')}$$

(b) Dies folgt durch Diagonalisierung des Kristallfeld-Hamilton-Operators, der durch

$$H_{\mathrm{cf}} = \begin{pmatrix} A & 0 & 0 & 0 & D \\ 0 & B & 0 & 0 & 0 \\ 0 & 0 & C & 0 & 0 \\ 0 & 0 & 0 & B & 0 \\ D & 0 & 0 & 0 & A \end{pmatrix}$$

gegeben ist.

(c)
$$2z^2 - x^2 - y^2 \propto |0\rangle\,,$$
$$x^2 - y^2 \propto (|2\rangle + |-2\rangle)/\sqrt{2}\,,$$
$$xy \propto (|2\rangle - |-2\rangle)/\sqrt{2}\,,$$
$$yz \propto (|1\rangle - |-1\rangle)/\sqrt{2}\,,$$
$$zx \propto (|1\rangle + |-1\rangle)/\sqrt{2}\,.$$

(d) Die dγ-Zustände haben entlang der Kristallachse eine höhere Wahrscheinlichkeitsdichte, und daher erfährt das Elektron einer d^1-Konfiguration eine starke Abstoßung, während das Loch in einer d^9-Konfiguration eine starke Anziehung erfährt.

9.10 Die Besetzungen der Niveaus $11502\,\mathrm{cm}^{-1}$ und $11414\,\mathrm{cm}^{-1}$ des $^4\mathrm{F}_{3/2}$-Terms sind proportional zu $\exp(-\Delta E/k_\mathrm{B}T)$. Die relative Besetzung des Niveaus $11502\,\mathrm{cm}^{-1}$ wächst also von 0,19 bei 77 K auf 0,66 bei 300 K, und die Emissionsintensität wächst proportional zu diesen Faktoren.

9.11 Die Rate der stimulierten Emission übersteigt die Absorptionsrate, wenn eine Besetzungsinversion vorliegt; siehe Anhang B.1.

9.12 (a) Es muss eine Besetzungsinversion vorliegen, d. h., die Population im Niveau 2 muss die im Niveau 0 übersteigen.

(b) 0,3 J. Der Laser hört auf zu funktionieren, wenn 10% der Atome im oberen Niveau in das untere Niveau übergegangen sind.

9.13 (a) Das Spektrum ist proportional zu $|\mathcal{E}(\omega)|^2$, wobei

$$\mathcal{E}(\omega) = \frac{1}{\sqrt{2\pi}} \int_{-\infty}^{+\infty} \mathcal{E}(t)\,\mathrm{e}^{\mathrm{i}\omega t}\,\mathrm{d}t$$

und $\mathcal{E}(t) = \exp(-t^2/2\tau^2)\,\mathrm{e}^{-\mathrm{i}\omega_0 t}$.

(b) $\Delta t = 2\sqrt{\ln 2}\,\tau$; $\Delta\nu = \sqrt{\ln 2}/\pi\tau$

9.14 Inhomogenitäten im Glas verursachen lokale Variationen in der Umgebung, und diese führen zur Linienverbreiterung durch Kopplung der Laserniveaus an das lokale Kristallfeld. Für gaußsche Pulse gilt $\Delta t = 60\,\mathrm{s}$.

9.15 Der Übergang ist paritätsverboten. Phosphoreszenz.

9.16 Die Wahrscheinlichkeit für einen phononassistierten nichtlinearen Zerfall wächst mit T. Aus (5.5) folgt $\eta_R(77) = 0{,}78$ und $\eta_R(300) = 0{,}03$. Die Strahlungseffizienz ist bei 300 K zu gering, um den Betrieb eines Lasers zu ermöglichen.

9.17 $P = 3{,}2\,\mathrm{W}$, wenn angenommen wird, dass die gesamte Pumpleistung absorbiert wird, und die Strahlungseffizienz ist eins. Die verbleibenden 1,8 W werden vom Kristall in Form von Wärme aufgenommen.

9.18 (a) 54%

(b) 69%

Kapitel 10

10.1 (a) ja, (b) nein, (c) nein, (d) ja, (e) ja. Germanium und Argon sind nicht-polare Materialien.

10.2 Lösen Sie Gleichung (10.15) mit $\epsilon_r = 1$.

10.3 15–33 μm

10.4 (a) 98%

(b) 84%

10.5 (a) $\nu_{TO} = 9{,}5\,\mathrm{THz}$, $\nu_{LO} = 10\,\mathrm{THz}$

(b) $\epsilon_\infty = 9{,}5$, $\epsilon_{st} = 11{,}8$

(c) Etwa 11,8 s. Lyddane-Sachs-Teller sagt ein Verhältnis von $\nu_{LO}/\nu_{TO} = 1{,}11$ vorher, doch der experimentelle Wert ist etwas kleiner. Der Unterschied ist nicht signifikant, wenn man bedenkt, dass die Verbreiterung eine gewisse Unschärfe in den experimentellen Daten zur Folge hat.

10.6 (a) $3{,}3 \times 10^6\,\mathrm{m}^{-1}$

(b) $1{,}1 \times 10^7\,\mathrm{m}^{-1}$

10.7 Die Phononlebensdauer fällt mit T, wenn die Wahrscheinlichkeit für einen anharmonischen Zerfall zunimmt.

10.8 $7{,}8 \times 10^5\,\mathrm{m}^{-1}$

10.9 (a) $m^{**} = 0{,}097\,m_0$

(b) $m^* = 0{,}092\,m_0$

10.10 Der Diamantkristall hätte nur einen Peak im Stokes- oder im Anti-Stokes-Spektrum.

10.10 Stokes- und Anti-Stokes-Peaks aufgrund des optischen Phonons bei 15,5 THz. $I(501{,}2\,\mathrm{nm})/I(528{,}6\,\mathrm{nm}) = 0{,}08$.

10.12 IR-aktiv, aber nicht Raman-aktiv.

10.13 GaAs: $h\nu_{\text{TO}} = 32{,}5\,\text{meV}$, $h\nu_{\text{LO}} = 35{,}5\,\text{meV}$

InP: $h\nu_{\text{TO}} = 37{,}1\,\text{meV}$, $h\nu_{\text{LO}} = 42{,}3\,\text{meV}$

AlSb: $h\nu_{\text{TO}} = 38{,}7\,\text{meV}$, $h\nu_{\text{LO}} = 41{,}1\,\text{meV}$

GaP: $h\nu_{\text{TO}} = 45{,}1\,\text{meV}$, $h\nu_{\text{LO}} = 50{,}0\,\text{meV}$

Die geringfügige Verschiebung einiger Wellenzahlen gegenüber den Infrarot-Daten von GaAs in Abbildung 10.5 wird durch den leichten Abfall der optischen Phononfrequenzen zwischen 4 K und 300 K verursacht.

10.14 Wenden Sie die Impulserhaltung mit $k_1 = k_2 = n\omega/c$ an.

10.15 $v_{\text{s}} = 810\,\text{m}\,\text{s}^{-1}$

10.16 (a) Der negative Term entspricht der gesamten Coulomb-Anziehung, wobei die Madelung-Konstante die Beiträge der positiven und negativen Ionen des Kristalls berücksichtigt. Der positive Term repräsentiert die kurzreichweitige abstoßende Kraft aufgrund des Pauli-Prinzips, wenn sich die elektronischen Wellenfunktionen überlappen.

(b) r_0 ist der Wert, für den $\mathrm{d}U/\mathrm{d}r = 0$ gilt.

(c) Die Taylor-Reihe um r_0 ist

$$U(r) = U(r_0) + (1/2)(\mathrm{d}^2U/\mathrm{d}r^2)_{r=r_0}(r - r_0)^2$$
$$+ (1/6)(\mathrm{d}^3U/\mathrm{d}r^3)_{r=r_0}(r - r_0)^3 + \cdots$$

Durch die Transformation $x = r - r_0$ können Sie dies in die Form von (10.33) bringen, wobei $U(x)$ relativ zum Minimum bei r_0 definiert ist. $C_3 = -22\alpha e^2/3\pi\epsilon_0 r_0^4$.

10.17 6 ps, wobei eine lorentzsche Linienform angenommen wird.

Kapitel 11

11.1 $\mathcal{E} = Ze/4\pi\epsilon_0 r_n^2$. Verwenden Sie für die 3s- und 3p-Außenelektronen in Silicium $Z = 4$ und $n = 3$. Sie erhalten einen Wert von $\sim 5 \times 10^{11}\,\text{V}/\text{m}$.

11.2 (a) $6{,}2 \times 10^7\,\text{V}/\text{m}$

(b) $1{,}6 \times 10^5\,\text{V}/\text{m}$

11.3 Nur wenn das Feld angelegt ist.

11.4 (a) nein

(b) ja, (c) nein, (d) nein, (e) ja, (f) ja. Die nichtlineare Suszeptibilität zweiter Ordnung ist null, wenn das Material ein Inversionszentrum hat.

11.5 (a) N_2 kann nicht über $N_0/2$ ansteigen, da es bei gleichen Populationen keine Nettoabsorption gibt.

(b) Die Ratengleichungen sind $\dot{N}_1 = -B_{12}u_\nu g(\nu)(N_1 - N_2)$ und $\dot{N}_2 = B_{12}u_\nu g(\nu)(N_1 - N_2)$. Wenn Sie diese voneinander abziehen, erhalten Sie $\mathrm{d}\Delta N/\mathrm{d}t = -2B_{12}u_\nu g(\nu)\Delta N$ mit $\Delta N = N_1 - N_2$. Integrieren Sie dann mit $\Delta N(0) = N_0$, um das gesuchte Ergebnis zu erhalten.

Es impliziert, dass sich die Populationen schließlich ausgleichen, egal wie schwach der Laserstrahl ist. Diese irreführende Schlussfolgerung resultiert daraus, dass wir die spontane Emission und Übergänge in andere Niveaus vernachlässigt haben.

11.6 $P_x^{(2)} = d_{14}2\mathcal{E}_y\mathcal{E}_z = 0$ und $P_y^{(2)} = d_{25}2\mathcal{E}_z\mathcal{E}_x = 0$. Nehmen Sie an, dass der Strahl einen Winkel θ mit der x Achse bildet und maximieren Sie $P_z^{(2)} = d_{36}2\mathcal{E}_x\mathcal{E}_y$.

11.7 $52°$

11.8 (a) $n_\mathrm{o}(\mathcal{E}) = n_\mathrm{o} - n_\mathrm{o}^3 r_{13}\mathcal{E}/2$, $n_\mathrm{e}(\mathcal{E}) = n_\mathrm{e} - n_\mathrm{e}^3 r_{33}\mathcal{E}/2$

(b) $\Delta\Phi(\mathcal{E}) = -\pi n_\mathrm{e}^3 r_{33}\mathcal{E}L/\lambda$

(c) Die Phasenänderung ist proportional zum elektrischen Feld und somit zur angelegten Spannung.

11.9 (a) $\Delta\Phi_{x'} = -\Delta\Phi_{y'} = (2\pi L/\lambda)(n_0^3 r_{41}\mathcal{E}_z/2)$, wobei L die Länge des Kristalls ist. $\Delta\Phi = \Delta\Phi_{x'} - \Delta\Phi_{y'}$ liefert das Ergebnis mit $\mathcal{E}_z L = V$.

(b) $44\,\mathrm{kV}$

11.10 $4{,}2\,\mathrm{kV}$

11.11 $\Delta\alpha = (\alpha_0/I_\mathrm{s})I \propto \Delta\epsilon_2$ und $\Delta\epsilon_2 \propto \mathrm{Im}(\chi^{(3)})I$; folglich $(\alpha_0/I_\mathrm{s}) \propto \mathrm{Im}(\chi^{(3)})$

11.12 Wählen Sie die z-Richtung als Propagationsrichtung und x als Polarisationsrichtung, sodass $\mathcal{E}_y = \mathcal{E}_z = 0$. Der einzige von null verschiedene Term ist $P_x^{(3)} = \epsilon_0\chi_{xxxx}\mathcal{E}_x^3$, woraus folgt, dass $\mathbf{P}$ parallel zu $\mathcal{E}$ ist.

11.13 $76\,\mathrm{W}$

11.14 $0{,}06\,\mathrm{eV}$

11.15 Gehen Sie vor wie in Beispiel 2.1, um den Betrag des lokalen Maximums in n unterhalb der Absorptionslinie herzuleiten. Unter der Annahme, dass dieses lokale Maximum vollständig gesättigt ist, erhalten Sie dann $|\Delta n| = 0{,}027$.

11.16 (a) $1{,}8 \times 10^{23}\,\mathrm{m}^{-3}$

(b) I_s ist die Intensität, die erforderlich ist, um diese Ladungsträgerdichte zu erzeugen, nämlich $4 \times 10^7\,\mathrm{W\,m}^{-2}$.

Literaturverzeichnis

Kapitel 1: Einführung

Bach, H. and Neuroth, N. (1995). *The properties of optical glass.* Springer-Verlag, Berlin.

Bleaney, B.I. and Bleaney, B. (1976). *Electricity and magnetism* (3rd edn). Clarendon Press, Oxford. Reissued in two volumes in 1989.

Born, M. and Wolf, E. (1999). *Principles of optics* (7th edn). Cambridge University Press, Cambridge.

Buckley, A.R., Rahn, M.D., Hill, J., Cabanillas-Gonzalez, J., Fox, A.M., and Bradley, D.D.C. (2001). Energy transfer dynamics in polyfluorene-based polymer blends. *Chem. Phys. Lett.*, **339**, 331–6.

Driscoll, W.G. and Vaughan, W. (1978). *Handbook of optics.* McGraw-Hill, New York .

Hecht, Eugene (2009). *Optik* (5. Auflage). Oldenbourg Verlag, München.

Kaye, G.W.C. and Laby, T.H. (1986). *Tables of physical and chemical constants* (15th edn). Longman Scientific, Harlow, UK.

Krause, D. (2005). Glasses. In *Springer handbook of condensed matter and materials data* (eds W. Martienssen and H. Warlimont). Springer-Verlag, Berlin, pp. 523–72.

Lide, D.R. (1996). *CRC handbook of chemistry and physics* (77th edn). CRC Press, Boca Raton, FL.

Lorrain P., Corson D.R., and Lorrain F. (2000). *Fundamentals of electromagnetic phenomena.* W.H. Freeman, Basingstoke.

McCarthy, D.E. (1967). Transmittance of optical materials from $0.17\,\mu$ to $3.0\,\mu$. *Applied Optics*, **6**, 1896–8.

Madelung, O. (1996). *Semiconductors, basic data* (2nd edn). Springer-Verlag, Berlin.

Nye, J.F. (1985). *Physical properties of crystals.* Clarendon Press, Oxford.

Kapitel 2: Klassische Propagation

Bleaney, B.I. and Bleaney, B. (1976). *Electricity and magnetism* (3rd edn). Clarendon Press, Oxford. Reissued in two volumes in 1989.

Born, M. and Wolf, E. (1999). *Principles of optics* (7th edn). Cambridge University Press, Cambridge.

Dressel, M. and Grüner, G. (2002). *Electrodynamics of solids*. Cambridge University Press, Cambridge.

Driscoll, W.G. and Vaughan, W. (1978). *Handbook of optics*. McGraw-Hill, New York.

Hecht, Eugene (2009). *Optik* (5. Auflage). Oldenbourg Verlag, München.

Hoffmann, H.-J. (1995). Differential changes of the refractive index. In *The properties of optical glass* (eds H. Bach and N. Neuroth). Springer-Verlag, Berlin, pp. 96–123.

Kaye, G.W.C. and Laby, T.H. (1986). *Tables of physical and chemical constants* (15th edn). Longman Scientific, Harlow, UK.

Klein, M.V. and Furtak, T.E. (1986). *Optics* (2nd edn). Wiley, New York.

Nye, J.F. (1985). *Physical properties of crystals*. Clarendon Press, Oxford.

Palik, E.D. (1985). *Handbook of the optical constants of solids*. Academic Press, San Diego.

Smith, D.Y., Shiles, E., and Inokuti, M. (2004). Refraction and dispersion in optical glass. *Nuclear instruments and methods in physics research B: beam interactions with materials and atoms*, **218**, 170–5.

Smith, F.G., King, T.A., and Wilkins, D. (2007). *Optics and photonics* (2nd edn). Wiley, Chichester.

Kapitel 3: Interbandabsorption

Aspnes, D.E. (1980). Modulation spectroscopy/electric field effects on the dielectric function of semiconductors. In *Handbook on Semiconductors*, vol. 2 (ed. M. Balkanski). North Holland, Amsterdam, pp. 109–54.

Aspnes, D.E. and Studna, A.A. (1983). Dielectric functions and optical parameters of Si, Ge, GaP, GaAs, GaSb, InP, InAs, and InSb from 1.5 to 6.0 eV. *Phys. Rev. B*, **27**, 985–1009.

Bhattacharya, P. (1997). *Semiconductor optoelectronic devices* (2nd edn). Prentice Hall, New Jersey.

Burns, G. (1985). *Solid state physics*. Academic Press, San Diego.

Chelikowsky J.R. and Cohen, M.L. (1976). Nonlocal pseudopotential calculations for the electronic structure of eleven diamond and zinc-blende semiconductors. *Phys. Rev. B*, **14**, 556–82.

Chuang, S.L. (1995). *Physics of optoelectronic devices*. Wiley, New York.

Cohen, M.L. and Chelikowsky, J. (1988). *Electronic structure and optical properties of semiconductors*. Springer-Verlag, Berlin.

Corney, Alan (1977). *Atomic and laser spectroscopy*. Clarendon Press, Oxford.

Dash, W.C. and Newman, R. (1955). Intrinsic optical absorption in single-crystal germanium and silicon at 77°K and 300°K. *Phys. Rev.*, **99**, 1151–5.

Hamaguchi, C. (2001). *Basic semiconductor physics*. Springer-Verlag, Berlin.

Harrison, W. (1999). *Elementary electronic structure*. World Scientific, Singapore.

Hecht, Eugene (2009). *Optik* (5. Auflage). Oldenbourg Verlag, München.

Ibach, H. and Luth, H. (2003). *Solid-state physics* (3rd edn). Springer-Verlag, Berlin.

Kane, E.O. (1957). Band structure of indium antimonide. *J. Phys. Chem. Solids*, **1**, 249–61.

Kittel, Charles (2006). *Einführung in die Festkörperphysik* (14. Auflage). Oldenbourg Verlag, München.

Klingshirn, C.F. (1995). *Semiconductor optics*. Springer-Verlag, Berlin.

MacFarlane, G.G. and Roberts, V. (1955). Infrared absorption of germanium near the lattice edge. *Phys. Rev.*, **97**, 1714–6.

Madelung, O. (1996). *Semiconductors, basic data* (2nd edn). Springer-Verlag, Berlin.

Palik, E.D. (1985). *Handbook of the optical constants of solids*. Academic Press, San Diego.

Pankove, J.I. (1971). *Optical processes in semiconductors*. Dover, New York.

Seeger, K. (1997). *Semiconductor physics* (6th edn). Springer-Verlag, Berlin.

Singleton, J. (2001). *Band structure and electrical properties of solids*. Clarendon Press, Oxford.

Sze, S.M. (1985). *Semiconductor devices*. Wiley, New York.

Wilson, J. and Hawkes, J. (1998). *Optoelectronics* (3rd edn). Prentice Hall Europe, London.

Woodgate, G.K. (1980). *Elementary atomic structure* (2nd edn). Clarendon Press, Oxford.

Yariv, Amnon (1997). *Optical electronics in modern communications* (5th edn). Oxford University Press, New York.

Yu, P.Y. and Cardona, M. (1996). *Fundamentals of semiconductors*. Springer-Verlag, Berlin.

Zwerdling, S., Lax, B., and Roth, L.M. (1957). Oscillatory magneto-absorption in semiconductors. *Phys. Rev.*, **108**, 1402–8.

Kapitel 4: Exzitonen

Burns, G. (1985). *Solid state physics*. Academic Press, San Diego.

Butov, L.V. (2007). Cold exciton gases in coupled quantum well structures. *J. Phys.: Condens. Matter*, **19**, 295202.

Dexter, D.L. and Knox, R.S. (1965). *Excitons*. Wiley, New York.

Fehrenbach, G.W., Schäfer, W., and Ulbrich, R.G. (1985). Excitonic versus plasma screening in highly excited gallium arsenide. *J. Luminescence*, **30**, 154–61.

Griffin, A., Snoke, D.W., and Stringari, S. (1995). *Bose–Einstein condensation*. Cambridge University Press, Cambridge.

Kavokin, A.V., Baumberg, J.J., Malpuech, G., and Laussy, F.P. (2007). *Microcavities*. Oxford University Press, Oxford.

Kasprzak, J., Richard, M., Kundermann, S., Baas, A., Jeambrun, P., Keeling, J.M.J., et al. (2006). Bose–Einstein condensation of exciton polaritons. *Nature*, **443**, 409–14.

Kittel, Charles (2006). *Einführung in die Festkörperphysik* (14. Auflage). Oldenbourg Verlag, München.

Klingshirn, C.F. (1995). *Semiconductor optics*. Springer-Verlag, Berlin.

Mandl, F. (1988). *Statistical physics* (2nd edn). Wiley, Chichester.

Matsui, A. and Nishimura, H. (1980). Luminescence of free and self trapped excitons in pyrene. *J. Phys. Soc. Jap.*, **49**, 657–63.

Moskalenko, S.A. and Snoke, D.W. (2000). *Bose–Einstein condensation of excitons and biexcitons*. Cambridge University Press, Cambridge.

Palik, E.D. (1985). *Handbook of the optical constants of solids*. Academic Press, San Diego.

Pankove, J.I. (1971). *Optical processes in semiconductors*. Dover, New York.

Rashba E.I. and Sturge, M.D. (1982). *Excitons*. North Holland, Amsterdam.

Reynolds, D.C. and Collins, T.C. (1981). *Excitons: their properties and uses*. Academic Press, New York.

Seeger, K. (1997). *Semiconductor physics* (6th edn). Springer-Verlag, Berlin.

Song, K.S. and Williams, R.T. (1993). *Self-trapped excitons*. Springer-Verlag, Berlin.

Sturge, M.D. (1962). Optical absorption of gallium arsenide between 0.6 and 2.75 eV. *Phys. Rev.*, **127**, 768–73.

Yu, P.Y. and Cardona, M. (1996). *Fundamentals of semiconductors*. Springer-Verlag, Berlin.

Kapitel 5: Lumineszenz

Awschalom, D.D., Loss, D., and Samarth, N. (2002). *Semiconductor spintronics and quantum computation*. Springer-Verlag, Berlin.

Bhattacharya, P. (1997). *Semiconductor optoelectronic devices* (2nd edn). Prentice Hall, New Jersey.

Chuang, S.L. (1995). *Physics of optoelectronic devices*. Wiley, New York.

Dyakonov, M.I. (2008). *Spin physics in semiconductors*. Springer-Verlag, Berlin.

Elliott, R.J. and Gibson, A.F. (1974). *An introduction to solid state physics and its applications*. Macmillan, New York.

Gustafsson, A., Pistol, M.-E., Montelius, L., and Samuelson, L. (1998). Local probe techniques for luminescence studies of low-dimensional semiconductor structures. *J. Appl. Phys.*, **84**, 1715–75.

Kash K. and Shah J. (1984). Carrier energy relaxation in $In_{0.53}Ga_{0.47}As$ determined from picosecond luminescence studies. *Appl. Phys. Lett.*, **45**, 401–3.

Kusrayev, Y. and Landwehr, G. (2008). Special issue on optical orientation. *Semicond. Sci. Technol.*, **23**, 110301–114018.

Landsberg, P.T. (1991). *Recombination in semiconductors*. Cambridge University Press, Cambridge.

Madelung, O. (1996). *Semiconductors, basic data* (2nd edn). Springer-Verlag, Berlin.

Meier, F. and Zakharchenya, B.P. (1984). *Optical orientation*. North Holland, Amsterdam.

Nakamura, F., Pearton S., and Fasol, G. (2000). *The blue laser diode* (2nd edn). Springer-Verlag, Berlin.

Pankove, J.I. (1971). *Optical processes in semiconductors*. Dover, New York.

Schubert, E.F. (2006). *Light-emitting diodes* (2nd edn). Cambridge University Press, Cambridge.

Shah, J. (1999). *Ultrafast spectroscopy of semiconductors and semiconductor nanostructures* (2nd edn). Springer-Verlag, Berlin.

Silfvast, W.T. (2004). *Laser fundamentals* (2nd edn). Cambridge University Press, Cambridge.

Svelto, O. (1998). *Principles of lasers* (4th edn). Plenum Press, New York.

Sze, S.M. (1981). *Physics of semiconductor devices* (2nd edn). Wiley, New York.

Sze, S.M. (1985). *Semiconductor devices*. Wiley, New York.

Voos, M., Leheney, R.F., and Shah, J. (1980). Radiative recombination. In *Handbook on semiconductors*, vol. 2 (ed. M. Balkanski). North Holland, Amsterdam, pp. 329–416.

Wilson, J. and Hawkes, J. (1998). *Optoelectronics* (3rd edn). Prentice Hall Europe, London.

Yacobi, B.G. and Holt, D.B. (1990). *Cathodoluminescence microscopy of inorganic solids*. Plenum, New York.

Yariv, Amnon (1997). *Optical electronics in modern communications* (5th edn). Oxford University Press, New York.

Yu, P.Y. and Cardona, M. (1996). *Fundamentals of semiconductors*. Springer-Verlag, Berlin.

Kapitel 6: Quantenbeschränkung

Awschalom, D.D., Loss, D., and Samarth, N. (2002). *Semiconductor spintronics and quantum computation*. Springer-Verlag, Berlin.

Bastard, G. (1990). *Wave mechanics applied to semiconductor heterostructures*. Wiley, New York.

Bimberg, D., Grundmann M., and Ledentsov, N.N. (1999). *Quantum dot heterostructures*. Wiley, Chichester.

Blood. P (1999). Visible-emitting quantum well lasers. In *Semiconductor quantum electronics* (eds A. Miller, M. Ebrahimzadeh, and D.M. Finlayson). Institute of Physics, Bristol, pp. 193-211.

Burns, G. (1985). *Solid state physics*. Academic Press, San Diego.

Chuang, S.L. (1995). *Physics of optoelectronic devices*. Wiley, New York.

Davies, A.G., Linfield, E.H., and Pepper, M. (2004). Proceedings of the Discussion Meeting on 'The terahertz gap: the generation of far-infrared radiation and its applications'. *Phil. Trans. R. Soc. Lond. A*, **362**, pp. 197–414.

De Giorgi, M., Tarì, Manna, L., Krahne, R., and Cingolani, R. (2005). Optical properties of colloidal nanocrystal spheres and tetrapods. *Microelectronics Journal*, **36**, 552–4.

Dyakonov, M.I. (2008). *Spin physics in semiconductors*. Springer-Verlag, Berlin.

Esaki, L. and Tsu, R. (1970). Superlattice and negative differential conductivity in semiconductors. *IBM Journal of Research and Development*, **14**, 61–5.

Fox A.M. (1996). Optoelectronics in quantum well structures. *Contemporary Physics*, **37**, 111–25.

Fry, P.W., Itskevich, I.E., Mowbray, D.J., Skolnick, M.S., Finley, J.J., Barker, J.A., et al. (2000). Inverted electron-hole alignment in InAs-GaAs self-assembled quantum dots. *Phys. Rev. Lett.*, **84**, 733–6.

Gasiorowicz, Stephen (2012). *Quantenphysik* (10. Auflage). Oldenbourg Verlag, München.

Harrison, P. (2005). *Quantum wells, wires and dots* (2nd edn). Wiley, Chichester.

Helm, M. (2000). *Long wavelength infrared emitters based on quantum wells and superlattices*. Gordon and Breach, Amsterdam.

Jaros, M. (1989). *Physics and applications of semiconductor microstructures*. Clarendon Press, Oxford.

Kagan, C.R., Murray, C.B., and Bawendi, M.G. (1996). Long-range resonance transfer of electronic excitations in close-packed CdSe quantum-dot solids. *Phys. Rev. B*, **54**, 8633–43.

Kelly, M.J. (1995). *Low-dimensional semiconductors*. Clarendon Press, Oxford.

Liu, H.C. and Capasso, F. (2000a). *Intersubband transitions in quantum wells: physics and device applications I, Semiconductors and Semimetals*, vol. 62 (series eds R.K. Willardson and E.R. Weber). Academic Press, San Diego.

Liu, H.C. and Capasso, F. (2000b). *Intersubband transitions in quantum wells: physics and device applications II, Semiconductors and Semimetals*, vol. 66 (series eds R.K. Willardson and E.R. Weber). Academic Press, San Diego.

Michler, P. (2003). *Single quantum dots*. Springer-Verlag, Berlin.

Miller, D.A.B., Chemla, D.S., Eilenberger, D.J., Smith, P.W., Gossard, A.C. and Tsang, W.T. (1982). Large room-temperature optical nonlinearity in $GaAs/Ga_{1-x}Al_xAs$ multiple quantum well structures. *Appl. Phys. Lett.*, **41**, 679–81.

Miller, D.A.B. (2008). *Quantum mechanics for scientists and engineers*. Cambridge University Press, New York.

Murray, C.B., Kagan, C.R., and Bawendi, M.G. (2000). Synthesis and characterization of monodisperse nanocrystals and close-packed nanocrystal assemblies. *Annu. Rev. Mater. Sci.*, **30**, 545–610.

Oulton R., Finley J.J., Ashmore A.D., Gregory I.S., Mowbray D.J., Skolnick M.S., et al. (2002). Manipulation of the homogeneous linewidth of an individual In(Ga)As quantum dot. *Phys. Rev. B*, **66**, 045313.

Schiff, L.I. (1969). *Quantum mechanics*. McGraw-Hill, New York.

Singh, J. (1993). *Physics of semiconductors and their heterostructures*. McGraw-Hill, New York.

Singleton, J. (2001). *Band structure and electrical properties of solids*. Clarendon Press, Oxford.

Viña, L. (1999). Spin relaxation in low-dimensional systems. *J. Phys.: Condens. Matter*, **11**, 5929–52.

Weisbuch, C. and Vinter, B. (1991). *Quantum semiconductor structures*. Harcourt, San Diego.

Williams, B.S. (2007). Terahertz quantum-cascade lasers. *Nature Photonics*, **1**, 517.

Woggon, U. (1997). *Optical properties of semiconductor quantum dots*. Springer-Verlag, Berlin.

Woodgate, G.K. (1980). *Elementary atomic structure* (2nd edn). Clarendon Press, Oxford.

Yu, P.Y. and Cardona, M. (1996). *Fundamentals of semiconductors*. Springer-Verlag, Berlin.

Kapitel 7: Freie Elektronen

Ashcroft, Neil W. und Mermin, David N. (2012). *Festkörperphysik* (4. Auflage). Oldenbourg Verlag, München.

Barnes, W.L., Dereux, A., and Ebbeson, T.W. (2003). Surface plasmon subwavelength optics. *Nature*, **424**, 824–30.

Bleaney, B.I. and Bleaney, B. (1976). *Electricity and magnetism* (3rd edn). Clarendon Press, Oxford. Reissued in two volumes in 1989.

Born, M. and Wolf, E. (1999). *Principles of optics* (7th edn). Cambridge University Press, Cambridge.

Burns, G. (1985). *Solid state physics.* Academic Press, San Diego.

Ebbeson, T.W., Genet, C., and Bozhevolnyi, S.I. (2008). Surface-plasmon circuitry. *Physics Today*, **61**(5), 44–50.

Ehrenreich, H., Philipp, H.R., and Segall, B. (1963). Optical properties of aluminium. *Phys. Rev.*, **132**, 1918–28.

Givens, M.P. (1958). Optical properties of metals. In *Solid state physics*, vol. 6 (eds F. Seitz and D. Turnbull). Academic Press, New York, pp. 313–52.

Hecht, Eugene (2009). *Optik* (5. Auflage). Oldenbourg Verlag, München.

Jagannath, C., Grabowski, Z.W., and Ramdas, A.K. (1981). Linewidths of the electronic excitation spectra of donors in silicon. *Phys. Rev. B*, **23**, 2023–98.

Kittel, Charles (2006). *Einführung in die Festkörperphysik* (14. Auflage). Oldenbourg Verlag, München.

Lal, S., Link, S., and Halas, N.J. (2007). Nano-optics from sensing to waveguiding. *Nature Photonics*, **1**, 641–8.

Lide D.R. (1996). *CRC handbook of chemistry and physics* (77th edn), CRC Press, Boca Raton.

Maier, Stefan A. (2007). *Plasmonics: fundamentals and applications.* Springer-Verlag, Berlin.

Maier, S.A., and Atwater, H.A. (2005). Plasmonics: localization and guiding of electromagnetic energy in metal/dielectric structures. *J. Appl. Phys.*, **98**, 011101.

Mooradian, A. (1972). Raman spectroscopy of solids. In *Laser handbook* vol. II (eds F.T. Arecchi and E.O. Schulz-duBois). North Holland, Amsterdam, pp. 1409–56.

Moruzzi, V.L., Janak, J.F., and Williams, A.R. (1978). *Calculated electronic properties of metals.* Pergamon Press, New York.

Murray, W.A. and Barnes, W.L. (2007). Plasmonic materials. *Adv. Mater.*, **19**, 3771–82.

Pendry, J.B. (2004). Negative refraction. *Contemp. Phys.*, **45**, 191–202.

Pendry, J.B. and Smith, D.R. (2004). Reversing light with negative refraction. *Physics Today*, **57**(6), 37–43.

Pidgeon, C.R. (1980). Free carrier optical properties of semiconductors. In *Handbook on Semiconductors*, vol. 2 (ed. M. Balkanski). North Holland, Amsterdam, pp. 223–328.

Raether, Heinz (1988). *Surface plasmons*. Springer-Verlag, Berlin.

Ramakrishna, S.A. (2005). Physics of negative refractive index materials. *Rep. Prog. Phys.*, **68**, 449–521.

Segall, B. (1961). Energy bands of aluminium. *Phys. Rev.*, **124**, 1797–806.

Shalaev, V.M. (2007). Optical negative-index metamaterials. *Nature Photonics*, **1**, 41–8.

Singleton, J. (2001). *Band structure and electrical properties of solids*. Clarendon Press, Oxford.

Spitzer, W.G. and Fan, H.Y. (1957). Determination of optical constants and carrier effective mass of semiconductors. *Phys. Rev.*, **106**, 882–90.

Veselago, V.G. (1968). The electrodynamics of substances with simultaneously negative values of ϵ and μ. *Soviet Physics USPEKHI*, **10**, 509–14.

Wyckoff, R.W.G. (1963). *Crystal structures* (2nd edn). Wiley Interscience, New York .

Yu, P.Y. and Cardona, M. (1996). *Fundamentals of semiconductors*. Springer-Verlag, Berlin.

Kapitel 8: Molekulare Materialien

Avouris, P. (2009). Carbon nanotube electronics and photonics. *Physics Today*, **62**(1), 34–40.

Banwell, C.N. and McCash, E.M. (1994). *Fundamentals of molecular spectroscopy* (4th edn). McGraw-Hill, London.

Brabec, C., Dyakonov, V., and Scherf, U. (2008). *Organic photovoltaics*. Wiley–VCH, Weinheim.

Castro Neto, A.H., Guinea, F., Peres, N.M.R., Novoselov, K.S., and Geim, A.K. (2009). The electronic properties of graphene. *Rev. Mod. Phys.*, **81**, 109–62

Dresselhaus, M.S., Dresselhaus, G., and Eklund, P.C. (1996). *Science of fullerenes and carbon nanotubes*. Academic Press, San Diego.

Dresselhaus, M.S., Dresselhaus, G., Saito, R., and Jorio, A. (2007). Exciton photophysics or carbon nanotubes. *Annu. Rev. Phys. Chem.*, **58**, 719–47.

Farchioni, R. and Grosso, G. (2001). *Organic electronic materials*. Springer-Verlag, Berlin.

Forrest, S.R. and Thompson, M.E. (2007). Special issue on organic electronics and optoelectronics. *Chemical Reviews*, **107**, 923–1386.

Friend, R.H., Gymer, R.W., Holmes, A.B., Burroughes, J.H., Marks, R.N., Taliani, C., et al. (1999). Electroluminescence in conjugated polymers. *Nature*, **397**, 121–8.

Garbuzov, D.Z., Bulović, V., Burrows, P.E., and Forrest, S.R. (1996). Photoluminescence efficiency and absorption of aluminium-tris-quinolate (Alq$_3$) thin films. *Chem. Phys. Lett.*, **249**, 433–7.

Gasiorowicz, Stephen (2012). *Quantenphysik* (10. Auflage). Oldenbourg Verlag, München.

Geim, A.K. and MacDonald, A.H. (2007). Graphene: exploring carbon flatland. *Physics Today*, **60**(8), 35–41.

Geim, A.K. and Novoselov, K.S. (2007). The rise of graphene. *Nature Materials*, **6**, 183–91.

Gorman, A.A., Hamblett, I., King, T.A., and Rahn, M.D. (2000). A pulse radiolysis and laser study of the pyrromethene 567 triplet state. *J. Photochem. Photobiol. A: Chemistry*, **130**, 127–132.

Haken, H. and Wolf, H.C. (1995). *Molecular physics and elements of quantum chemistry*. Springer-Verlag, Berlin.

Hartschuh, A., Pedrosa, H.N., Novotny, L., and Krauss, T.D. (2003). Simultaneous fluorescence and Raman scattering from single carbon nanotubes. *Science*, **301**, 1354–6.

Hertel, D., Bässler, H., Scherf, U., and Hörhold, H.H. (1999). Charge carrier transport in conjugated polymers. *J. Chem. Phys.*, **110**, 9214–22.

Kataura, H., Kumazawa, Y., Maniwa, Y., Umezu, I., Suzuki, S., Ohtsuka, Y., and Achiba, Y. (1999). Optical Properties of single-wall carbon nanotubes. *Synthetic Metals*, **103**, 2555–8.

Klessinger, M. and Michl, J. (1995). *Excited states and photochemistry of organic molecules*. VCH Publishers, New York.

Machón, M., Reich, S., Thomsen, C., Sánchez-Portal, D., and Ordejón, P. (2002). *Ab initio* calculations of the optical properties of 4-Å-diameter single-walled nanotubes. *Phys. Rev. B*, **66**, 155410.

Möller, S. and Weiser, G. (1999). Photoconductivity of polydiacetylene chains in polymer and monomer single crystals. *Chem. Phys.*, **246**, 483-94.

Mueller, G. (2000). *Electroluminescence I & II, Semiconductors and Semimetals*, vols 64 & 65 (series eds R.K. Willardson and E.R. Weber). Academic Press, San Diego.

Nair, R.R., Blake, P., Grigorenko, A.N., Novoselov, K.S., Booth, T.J., Stauber, T., et al. (2008). Fine structure constant defines visual transparency of graphene. *Science*, **320**, 1308.

Pope, M. and Swenberg, C.E. (1999). *Electronic processes in organic crystals and polymers* (2nd edn). Oxford University Press, New York.

Reich, S., Thomsen, C., and Maultzsch, J. (2004). *Carbon nanotubes*. Wiley–VCH, Weinheim.

Ren, S.L., Wang, Y., Rao, A.M., McRae, E., Holden, J.M., Hager, T., et al. (1991). Ellipsometric determination of the optical properties of C$_{60}$ (Buckminsterfullerene) films. *Appl. Phys. Lett.*, **59**, 2678–80.

Saito, S. and Zettl, A. (2008). *Carbon nanotubes: quantum cylinders of graphene*. Elsevier, Amsterdam.

Schlaich, H., Muccini, M., Feldmann, J., Bässler, H., Göbel, E.O., Zamboni, R., et al. (1995). Absorption at the dipole-forbidden optical gap of C_{60}. *Chem. Phys. Lett.*, **236**, 135–40.

Scholes, G.D. and Rumbles, G. (2006). Excitons in nanoscale systems. *Nature Materials*, **5**, 683–96.

Slepkov, A.D., Hegmann, F.A., Eisler, S., Elliott, E., and Tykwinski, R.R. (2004). The surprising nonlinear optical properties of conjugated polyyne oligomers. *J. Chem. Phys.*, **120**, 6807–10.

Tang, C.W. and VanSlyke S.A. (1987). Organic electroluminescent diodes. *Appl. Phys. Lett.*, **51**, 913–5.

Watanabe, K. (1954). Photoionization and total cross section of gases. I. Potentials of several molecules. Cross sections of NH_3 and NO. *J. Chem. Phys.*, **22**, 1564–70.

Wolf, von H.C. (1958). Die niedersten elektronischen Anregungszustände des Anthracen-Kristalls. *Z. Natürforsch.*, **A13**, 414–9.

Wright, J.B. (1995). *Molecular crystals* (2nd edn). Cambridge University Press, Cambridge.

Kapitel 9: Lumineszenzzentren

Acosta, V.M., Bauch, E., Ledbetter, M.P., Santori, C., Fu, K.-M.C., Barclay, P.E., et al. (2009). Diamonds with a high density of nitrogen-vacancy centers for magnetometry applications. *Phys. Rev. B*, **80**, 115202.

Ashcroft, Neil W. und Mermin, David N. (2012). *Festkörperphysik* (4. Auflage). Oldenbourg Verlag, München.

Balasubramanian, G., Neumann, P., Twitchen, D., Markham, M., Kolesov, R., Mizuochi, N., et al. (2009). Ultralong spin coherence time in isotopically engineered diamond. *Nature Materials*, **8**, 383–7

Baldacchini G. (1992). Relaxed excited states of color centers. In *Optical properties of excited states in solids* (ed. B. Di Bartolo), NATO ASI Series B, vol. 301. Plenum Press, New York, pp. 255–303.

Blundell, S. (2001). *Magnetism in condensed matter physics*. Clarendon Press, Oxford.

Burns, G. (1985). *Solid state physics*. Academic Press, San Diego.

Di Bartolo, B. (1992). *Optical properties of excited states in solids*, NATO ASI Series B, vol. 301. Plenum Press, New York.

Elliott, R.J. and Gibson, A.F. (1974). *An introduction to solid state physics and its applications*. Macmillan, New York.

Gaebel, T., Popa, I., Gruber, A., Domhan, M., Jelezko, F., and Wrachtrup, J. (2004). Stable single-photon source in the near infrared. *New Journal of Physics*, **6**, 98.

Hayes, W. and Stoneham, A.M. (1985). *Defect and defect processes in nonmetallic solids*. Wiley, New York.

Henderson, B. and Bartram, R.H. (2000). *Crystal-field engineering of solid-state laser materials*. Cambridge University Press, Cambridge.

Henderson, B. and Imbusch, G.F. (1989). *Optical spectroscopy of inorganic solids*. Clarendon Press, Oxford.

Jelezko, F., Popa, I., Gruber, A., Tietz, C., Wrachtrup, J., Nizivtsev, A., and Kilin, S. (2002). Single spin states in a defect center resolved by optical spectroscopy. *Appl. Phys. Lett.*, **81**, 2160–2.

Jelezko, F. and Wrachtrup, J. (2004). Read-out of single spins by optical spectroscopy. *J. Phys.: Condens. Matter*, **16**, R1089–104.

Jelezko, F. and Wrachtrup, J. (2006). Single defect centres in diamond: a review. *Physica Stat. Sol.*(a), **203**, 3207–25.

Kittel, Charles (2006). *Einführung in die Festkörperphysik* (14. Auflage). Oldenbourg Verlag, München.

Koningstein, J.A. and Geusic, J.E.(1964). Energy levels and crystal-field calculations of neodymium in yttrium aluminium garnet. *Phys. Rev*, **136**, A711–6.

Manson, N.B., Harrison, J.P., and Sellars, M.J. (2006). Nitrogen-vacancy center in diamond: Model of the electronic structure and associated dynamics. *Phys. Rev. B*, **74**, 104303.

Mita, Y. (1996). Change of absorption spectra in type-Ib diamond with heavy neutron bombardment. *Phys. Rev. B*, **53**, 11360–4.

Mollenauer, L.F. (1985). Color center lasers. In *Laser handbook*, vol. 4., (eds M.L. Stitch and M. Bass). Elsevier Science Publishers, North Holland, pp. 143–228.

Moulton P.F. (1986). Spectroscopic and laser characteristics of Ti:Al$_2$O$_3$. *J. Opt. Soc. Am. B*, **3**, 125–33.

Mueller-Mach, R., Mueller, G., Krames, M.R., Höppe, H.A., Stadler, F., Schnick, W., et al. (2005). Highly efficient all-nitride phosphor-converted white light emitting diode. *Physica Stat. Sol.* (a), **202**, 1727–32.

Narukawa Y. (2004). White-light LEDs. *Optics & Photonics News*, **15**(4), 24–9.

Schubert, E.F., Kim, J.K., Luo, H., and Xi, J.-Q. (2006). Solid-state lighting—a benevolent technology. *Rep. Prog. Phys.*, **69**, 3069–99.

Shur, M.S. and Žukauskas A. (2005). Solid-state lighting; toward superior illumination. *Proc. IEEE*, **93**, 1691–703.

Silfvast, W.T. (2004). *Laser fundamentals* (2nd edn). Cambridge University Press, Cambridge.

Smets, B. (1992). Advances in sensitization of phosphors. In *Optical properties of excited states in solids* (ed. B. Di Bartolo), NATO ASI Series B, vol. 301. Plenum Press, New York, pp. 349–98.

Svelto, O. (1998). *Principles of lasers* (4th edn). Plenum Press, New York.

Kapitel 10: Phononen

Ashcroft, Neil W. und Mermin, David N. (2012). *Festkörperphysik* (4. Auflage). Oldenbourg Verlag, München.

Burns, G. (1985). *Solid state physics*. Academic Press, San Diego.

Hass, M. (1967). Lattice reflection. In *Semiconductors and Semimetals, vol. 3: Optical properties of III–V compounds* (eds R.K. Willardson and A.C. Beer). Academic Press, New York, pp. 3–16.

Henry, C.H. and Hopfield, J.J. (1965). Raman scattering by polaritons. *Phys. Rev. Lett.*, **15**, 964–6.

Houghton, J.T. and Smith, S.D. (1966). *Infra-red physics*. Clarendon Press, Oxford.

Ibach, H. and Luth, H. (2003). *Solid-state physics* (3rd edn). Springer-Verlag, Berlin.

Kittel, Charles (2006). *Einführung in die Festkörperphysik* (14. Auflage). Oldenbourg Verlag, München.

Madelung, O. (1978). *Introduction to solid-state theory.* Springer-Verlag, Berlin.

Madelung, O. (1996). *Semiconductors, basic data* (2nd edn). Springer-Verlag, Berlin.

Maier, Stefan A. (2007). *Plasmonics: fundamentals and applications.* Springer-Verlag, Berlin.

Mooradian, A. (1972). Raman spectroscopy of solids. In *Laser Handbook*, vol. II (eds F.T. Arecchi and E.O. Schulz-duBois). North Holland, Amsterdam, pp. 1409–56.

Pidgeon, C.R. (1980). Free carrier optical properties of semiconductors. In *Handbook on Semiconductors*, vol. 2 (ed. M. Balkanski). North Holland, Amsterdam, pp. 223–328.

Pope, M. and Swenberg, C.E. (1999). *Electronic processes in organic crystals and polymers* (2nd edn). Oxford University Press, New York.

Seeger, K. (1997). *Semiconductor physics* (6th edn). Springer-Verlag, Berlin.

Shah, J. (1999). *Ultrafast spectroscopy of semiconductors and semiconductor nanostructures* (2nd edn). Springer-Verlag, Berlin.

Song, K.S. and Williams, R.T. (1993). *Self-trapped excitons.* Springer-Verlag, Berlin.

Turner, W.J. and Reese, W.E. (1962). Infrared lattice bands of AlSb. *Phys. Rev.*, **127**, 126-31.

Yu, P.Y. and Cardona, M. (1996). *Fundamentals of semiconductors.* Springer-Verlag, Berlin.

Kapitel 11: Nichtlineare Optik

Born, M. and Wolf, E. (1999). *Principles of optics* (7th edn). Cambridge University Press, Cambridge.

Butcher, P.N. and Cotter, D. (1990). *The elements of nonlinear optics.* Cambridge University Press, Cambridge.

Chemla, D.S. (1985). Excitonic optical nonlinearities. *J. Opt. Soc. Am. B,* **2,** 1135–1243.

DeSalvo, R., Said, A.A., Hagan, D.J., Van Stryland, E.W., and Sheik–Bahae, M. (1996). Infrared to ultraviolet measurements of two-photon absorption and n_2 in wide bandgap solids. *IEEE J. Quantum Electron.,* **32,** 1324–33.

Fox, A.M., Maciel, A.C., Shorthose, M.G., Ryan, J.F., Scott, M.D., Davies, J.I., and Riffat, J.R. (1987). Nonlinear excitonic optical absorption in GaInAs/InP quantum wells. *Appl. Phys. Lett.,* **51,** 30–2.

Klein, R.S., Kugel, G.E., Maillard, A. Sifi, A., and Polgár, K. (2003). Absolute non-linear optical coefficients measurements of BBO single crystal and determination of angular acceptance by second harmonic generation. *Optical Materials,* **22,** 163–9.

Kroner, M., Rémi, S., Högele, A., Seidl, S., Holleitner, A.W., Warburton, R.J., et al. (2008). Resonant saturation laser spectroscopy of a single self-assembled quantum dot. *Physica E,* **40,** 1994–6.

Mollenauer, L.F. and Gordon, J.P. (1994). In *Nonlinear spectroscopy of solids* (ed. B. Di Bartolo), NATO ASI Series B, vol. 339. Plenum Press, New York, pp. 451–80.

Nye, J.F. (1957). *Physical properties of crystals.* Clarendon Press, Oxford.

Schmitt-Rink, S., Chemla, D.S., and Miller, D.A.B. (1989). Linear and nonlinear optical properties of semiconductor quantum wells. *Adv. Phys.,* **38,** 89–188.

Sheik–Bahae, M., Hutchings, D.C., Hagan, D.J., and Van Stryland, E.W. (1991). Dispersion of bound electronic nonlinear refraction in solids. *IEEE J. Quantum Electron.,* **27,** 1296–309.

Tang, C.L. (1995). Nonlinear optics. In *Handbook of optics,* vol. II (ed. M. Bass). McGraw-Hill, New York, chapter 38.

Westland, D.J., Fox, A.M., Maciel, A.C., Ryan, J.F., Scott, M.D., Davies, J.I., and Riffat, J.R. (1987). Optical studies of excitons in $Ga_{0.47}In_{0.53}As/InP$ multiple quantum wells. *Appl. Phys. Lett.,* **50,** 839–41.

Yariv, Amnon (1997). *Optical electronics in modern communications* (5th edn). Oxford University Press, New York.

Anhänge

Ashcroft, Neil W. und Mermin, David N. (2012). *Festkörperphysik* (4. Auflage). Oldenbourg Verlag, München.

Bleaney, B.I. and Bleaney, B. (1976). *Electricity and magnetism* (3rd edn). Clarendon Press, Oxford. Reissued in two volumes in 1989.

Born, M. and Wolf, E. (1999). *Principles of optics* (7th edn). Cambridge University Press, Cambridge.

Burns, G. (1985). *Solid state physics*. Academic Press, San Diego.

Corney, Alan (1977). *Atomic and laser spectroscopy*. Clarendon Press, Oxford.

Duffin W.J. (1990). *Electricity and magnetism* (4th edn). McGraw-Hill, London.

Fox, M. (2006). *Quantum optics: an introduction*. Clarendon Press, Oxford.

Gasiorowicz, Stephen (2012). *Quantenphysik* (10. Auflage). Oldenbourg Verlag, München.

Good R.H. (1999). *Classical electromagnetism*. Saunders College Publishing, Fort Worth.

Grant, I.S. and Phillips, W.R. (1990). *Electromagnetism* (2nd edn). Wiley, New York.

Hecht, Eugene (2009). *Optik* (5. Auflage). Oldenbourg Verlag, München.

Ibach, H. and Luth, H. (2003). *Solid-state physics* (3rd edn). Springer-Verlag, Berlin.

Kittel, Charles (2006). *Einführung in die Festkörperphysik* (14. Auflage). Oldenbourg Verlag, München.

Lorrain P., Corson D.R., and Lorrain F. (2000). *Fundamentals of electromagnetic phenomena*. W.H. Freeman, Basingstoke.

Madelung, O. (1996). *Semiconductors, basic data* (2nd edn). Springer-Verlag, Berlin.

Madelung, O. (1982). *Semiconductors: physics of group IV elements and III–V compounds*, Landolt-Börnstein New Series, vol. III/17a. Springer-Verlag, Berlin.

Miller, D.A.B. (2008). *Quantum mechanics for scientists and engineers*. Cambridge University Press, New York.

Rosenberg, H.M. (1988). *The solid state* (3rd edn). Clarendon Press, Oxford.

Schiff, L.I. (1969). *Quantum mechanics*. McGraw-Hill, New York.

Singleton, J. (2001). *Band structure and electrical properties of solids*. Clarendon Press, Oxford.

Smith, F.G., King, T.A., and Wilkins, D. (2007). *Optics and photonics* (2nd edn). Wiley, Chichester.

Sze, S.M. (1981). *Physics of semiconductor devices* (2nd edn). Wiley, New York.

Sze, S.M. (1985). *Semiconductor devices*. Wiley, New York.

Woodgate, G.K. (1980). *Elementary atomic structure* (2nd edn). Clarendon Press, Oxford.

Liste der verwendeten Symbole

A	Fläche
$\mathbf{A}$	magnetisches Vektorpotential
A_{ij}	Einstein-Koeffizient A
a	Länge der Elementarzelle
a_X	exzitonischer bohrscher Radius
b	Barrierendicke
$\mathbf{B}$	magnetische Flussdichte
B_{ij}	Einstein-Koeffizient B
C	Kapazität
d	Dicke, u.a. für Quantentopf
d_{ij}	nichtlinearer optischer Koeffiziententensor
$\mathbf{D}$	elektrische Verschiebung
D	materialabhängiger Dispersionsparameter
E	Energie
E_b	Bindungsenergie
E_F	Fermi-Energie
E_g	Bandlückenenergie
E^i	Ionisierungsenergie
E^p	primäre Elektronenergie
$\mathcal{E}$	elektrisches Feld
$f_\mathrm{e,\,h}$	Fermi-Dirac-Verteilung für Elektronen bzw. Löcher
f_BE	Bose-Einstein-Besetzungsfaktor
f_j	Oszillatorstärke
F	Kraft
g_i	Entartung des atomaren Niveaus i
$g(E)$	Zustandsdichte im Energieraum
$g_\mathrm{c}(E)$	Zustandsdichte im Leitungsband
$g_\mathrm{v}(E)$	Zustandsdichte im Valenzband
$g(k)$	Zustandsdichte im Wellenvektorraum
$g(\nu)$	spektrale Linienformfunktion
g_e	g-Faktor des Elektrons
g_l	g-Faktor des Lochs
$\mathbf{G}$	reziproker Gittervektor
H	Hamilton-Operator
H_0	ungestörter Hamilton-Operator
$H\prime$	gestörter Hamilton-Operator
$\mathbf{H}$	magnetisches Feld
I	Intensität
I_s	Sättigungsintensität

I_{pc}	Photostrom
I_{in}	Injektionsstrom
I_{SW}	Schwellstrom
$\mathbf{j}$	Stromdichte, Drehimpuls
$\mathbf{J}$	Drehimpuls
$\mathbf{k}$	Wellenvektor
k_{F}	Fermi-Wellenvektor
K	Kerr-Konstante, Federkonstante
l	Länge, Drehimpulsquantenzahl
l_{c}	Kohärenzlänge
l_{i}	Dicke der i-Schicht
$\mathbf{l}$	Bahndrehimpuls
L	Länge, Drehimpulsquantenzahl
$\mathbf{L}$	Bahndrehimpuls
m	Masse, magnetische Quantenzahl
$m*$	effektive Masse
$m**$	Polaronmasse
$m*_{\mathrm{e}}$	effektive Masse des Elektrons
$m*_{\mathrm{l}}$	effektive Masse eines Lochs
$m*_{\mathrm{sl}}$	effektive Masse eines Schwerlochs
$m*_{\mathrm{ll}}$	effektive Masse eines Leichtlochs
$m*_{\mathrm{so}}$	effektive Masse eines Split-off-Lochs
M	Matrixelement
$\mathbf{M}$	Magnetisierung
n	Brechungsindex
$\tilde{n}$	komplexer Brechungsindex
n_{o}	Brechungsindex des ordentlichen Strahls
n_{e}	Brechungsindex des außerordentlichen Strahls
n_0	linearer Brechungsindex
n_2	nichtlinearer Brechungsindex
N	Teilchenanzahl pro Volumeneinheit
N_{e}	Elektrondichte
N_{l}	Lochdichte
N_{Mott}	Mott-Dichte
$\widehat{O}$	quantenmechanischer Operator
$\mathbf{p}$	Dipolmoment
p	Impuls
$\mathbf{P}$	Polarisation
P	optische Leistung, Lumineszenzpolarisation
q	elektrische Ladung
$\mathbf{q}$	Phonon- oder Plasmonwellenvektor
Q	verallgemeinerte Ortskoordinate
$\mathbf{r}$	Ortsvektor
r_{ij}	elektrooptischer Koeffizient
r_{P}	Polaronradius
R	Reflexionsgrad, elektrischer Widerstand

R_X	exzitonische Rydberg-Konstante
S	Huang-Rhys-Parameter
$\mathbf{S}$	Spin
t	Zeit
T	Transmissionsgrad, Temperatur
T_c	kritische Temperatur
T_L	Gittertemperatur
T_m	Schmelztemperatur
$\mathbf{T}$	Gittertranslationsvektor
u	Einhüllende bei einer Bloch-Funktion
$u(\nu)$	Energiedichte einer elektromagnetischen Welle der Frequenz ν
U	potentielle Energie
v	Geschwindigkeit von Licht in einem Medium
v_g	Gruppengeschwindigkeit
v_s	Schallgeschwindigkeit
$\mathbf{v}$	Elektrongeschwindigkeit
V	Volumen, Spannung, Verdet-Koeffizient
V_bi	Diffusionsspannung
W	Übergangsrate
x	Ortskoordinate
y	Ortskoordinate
z	Ortskoordinate
Z	Impedanz, Ordnungszahl
α	Absorptionskoeffizient, Polarisierbarkeit
α_ep	Elektron-Phonon-Kopplungskonstante
γ	Dämpfungsrate
γ_ν	Verstärkungskoeffizient
γ_SW	Laserschwelle
δ	Skin-Tiefe
Δ	Split-off-Loch-Bandenergie
ϵ_r	relative Permittivität
$\tilde{\epsilon}_\mathrm{r}$	komplexe relative Permittivität
ϵ_1	Realteil der komplexen relativen Permittivität
ϵ_2	Imaginärteil der komplexen relativen Permittivität
ϵ_st	statische relative Permittivität
ϵ_∞	Hochfrequenz-Permittivität
η	Quantenausbeute
η_R	Strahlungseffizienz
θ	Winkel
κ	Imaginärteil des komplexen Brechungsindex
λ	Wellenlänge
λ_deB	de-Broglie-Wellenlänge
μ	reduzierte Masse, chemisches Potential
μ_r	relative magnetische Permeabilität
ν	Frequenz
$\bar{\nu}$	Wellenzahl
ν_LO	LO-Phononfrequenz bei $q = 0$

ν_{TO}	TO-Phononfrequenz bei $q = 0$
Π	Spinpolarisation
ρ	Zustandsdichte
ϱ	elektrische Ladungsdichte
σ	elektrische Leitfähigkeit
σ_s	Streuquerschnitt
τ	Lebensdauer
τ_{NR}	nichtradiative Lebensdauer
τ_R	adiative Lebensdauer
τ_S	Spinrelaxationszeit
ϕ	Azimutwinkel bei Kugelkoordinaten
Φ	optische Phase
φ	Wellenfunktion
χ	elektrische Suszeptibilität
χ_a	elektrische Suszeptibilität pro Atom
χ_M	magnetische Suszeptibilität
ψ	Wellenfunktion
Ψ	Wellenfunktion
ω	Kreisfrequenz
ω_c	Zyklotronfrequenz
ω_p	Plasmafrequenz
ω_{sp}	Oberflächenplasmonfrequenz
Ω	Phononkreisfrequenz, Larmor-Präzession
Ω_{LO}	LO-Phononkreisfrequenz bei $q = 0$
Ω_{TO}	TO-Phononkreisfrequenz bei $q = 0$

Quantenzahlen

j, J	Gesamtdrehimpuls
l, L	Bahndrehimpuls
m_j, M_J	magnetische Quantenzahl (Gesamtdrehimpuls)
m_l, M_L	magnetische Quantenzahl (Bahndrehimpuls)
m_s, M_S	magnetische Quantenzahl (Spin)
n	Hauptquantenzahl
s, S	Spin

Index

Printed and bound by CPI Group (UK) Ltd, Croydon, CR0 4YY

06/07/2026

02159993-0003